Nr. 25
S. 8857—9220

1962
20. Juni

Chemisches Zentralblatt

Vollständiges Repertorium für alle Zweige der reinen und angewandten Chemie

1830 gegründet. 1897—1945 von der Deutschen Chemischen Gesellschaft fortgeführt. Im Auftrage der Deutschen Akademie der Wissenschaften zu Berlin, der Chemischen Gesellschaft in der DDR, der Akademie der Wissenschaften zu Göttingen und der Gesellschaft Deutscher Chemiker (in der BRD)

herausgegeben von Prof. Dr. Heinrich Bertsch und Prof. Dr. Dr. h. c. Wilhelm Klemm

133. Jahrgang
1962

Chefredakteure: Dr. Eugen Klever und Dr. Willi Barz

Akademie-Verlag GmbH., Berlin — Verlag Chemie, GmbH., Weinheim/Bergstr.

Inhalt

Chemisches Zentralblatt

1962 **Bibliographien** Nr. 25

Neue Bücher

Geschichte. Unterricht

—, Chymia; annual studies in the history of chemistry. Vol. 7. Philadelphia: Univ. of Pennsylvania. Pr. 1961. (152 S. m. Abb.) $ 5.—.

—, Wissenschaftlicher Nachlaß. Bd. 4. Briefe russischer Chemiker an A. M. Butlerow. Moskau: Verl. der Akad. der Wiss. der UdSSR. 1961. (429 S., 1 Beil.) 2 Rbl., 32 Kop. [Russ.]

A_2. Optisches Verhalten der Materie

P. A. Apanassewitsch und **W. Ss. Aisenschtadt**, Tabellen der Energie- und Photonenverteilung im Spektrum der Gleichgewichtsstrahlung. Minsk: Verl. der Akad. der Wiss. der BelorussSSR. 1961. (252 S.) 1 Rbl. 43 Kop. [Russ.]

A_3. Elektrizität. Magnetismus. Elektrochemie

M. A. Dassojan, Chemische Stromquellen. Handbuch. Moskau-Leningrad: Gossenergoisdat. 1961. (350 S. m. Abb.) 1 Rbl. 25 Kop. [Russ.]

M. Ss. Ssominski, Halbleiter. Moskau: Fismatgis. 1961. (415 S. m. Abb.) 72 Kop. [Russ.]

A_4. Thermodynamik. Thermochemie

Je. W. Kudrjawzew, K. N. Tschakalew und **N. W. Schumakow**, Nichtstationärer Wärmeaustausch Moskau: Verl. der Akad. der Wiss. der UdSSR. 1961. (158 S. m. Abb.) 55 Kop. [Russ.]

I. I. Nowikow und **W. M. Saitzew**, Thermodynamik in Fragen und Antworten. Moskau: Gossatomisdat. 1961. (144 S. m. Zeichng.) 42 Kop. [Russ.]

A_6. Strukturforschung

M. V. Volkenštejn, Struktura a fyzikální vlastnosti molekul. Praha: Nakladatelství Československé akademie věd. 1961. (704 S.] Kčs 70.—.

Joseph Wiemann, Relation entre la structure et les propriétés physiques. Paris: Centre de documentation universitaire. 1961. (369 S. m. Abb.) 4°. 22 NF.

A_7. Gleichgewichte. Kinetik

J. C. Jungers, Chemická kinetika. Praha: Nakladatelství Československé akademie věd. 1961. (724 S.) Kčs 82.—.

A_8. Präperative anorganische Chemie. Komplexverbindungen

Joseph William Mellor, A comprehensive treatise on inorganic and theoretical chemistry. Vol. 2. Supplement 2: The alkali metals. Part 1: Li, Na. London: Longmans. 1961. (XXXIX + 1458 S. m. Tab. u. Diagr.) 15 £.

Robert F. Rolsten, Iodide metals and metal iodides. New York: Wiley. 1961. (441 S. m. Abb.) $ 17.50.

A_9. Mineralogische und geologische Chemie

W. A. Nikolajew und **W. W. Doliwo-Dobrowolski**, Grundlagen der Theorie der Magmatismus- und Metamorphismusprozesse. Moskau: Gossgeoltechisdat. 1961. (340 S.) 1 Rbl. 99 Kop. [Russ.]

C. Präparative organische Chemie. Naturstoffe

Louis Frederick Fieser, Advanced organic chemistry. New York: Reinhold. 1961. (1158 S. m. Abb.) $ 14.—.

Charles Augustus MacKenzie, Experimental organic chemistry. 2nd edit. Englewood Cliffs (New Jersey): Prentice-Hall. 1962. (262 S. m. Abb.) $ 4.95.

B. A. Ssokolow, Neue Trennungsmethoden für leichte Kohlenwasserstoffe. Moskau: Gosstoptechisdat. 1961. (330 S. m. Zeichng.) 1 Rbl. 26 Kop. [Russ.]

D. Makromolekulare Chemie

D. J. Bell and **I. K. Grant**, eds., The structure and biosynthesis of macromolecules: Biochemical Society symposium No. 21 held at Senate House, University of London on 27 and 28 March 1961 to commerate the fiftieth anniversary of the Biochemical Society. Cambridge: Cambridge U. P. 1962. (132 S. m. 5 Taf., Tab. u. Diagr.) 30 s.

Houben-Weyl, Methoden der organischen Chemie. 4., völlig neu gestaltete Aufl. Bd. XIV, Teil 1: Makromolekulare Stoffe. Stuttgart: Georg Thieme Verl. 1962. (LXIV + 1360 S. m. 65 Abb. u. 177 Tab.) 8°. DM 287,—.

E. H. Mercer, Keratin and keratinization: an essay in molecular biology. Oxford, London: Pergamon. 1961. (XIV + 316 S. m. 24 Taf., Tab. u. Diagr.) 70 s.

R. Thomas, Recherches sur la structure et les fonctions des acides désoxyribonucléiques. Paris: Masson. 1961. (104 S.) 24 NF.

H I. Allgemeine chemische Technologie

A. Ss. Newski, Wärmeaustausch in Hochöfen und Kesselfeuerungen durch Strahlung. Moskau: Metallurgisdat. 1958. (368 S.) 1 Rbl. 41 Kop. [Russ.]

IV. Wasser. Abwasser

O. A. Alekin, Grundlagen der Wasserchemie. Leipzig: Deutscher Verl. für Grundstoffindustrie. 1961. (Etwa 304 S. m. 66 Abb.) Etwa DM 32,—.

Hans Liebmann, Handbuch der Frischwasser- und Abwasser-Biologie. 2 Bde. Bd. I, 2. Aufl. (Etwa 550 S. mit 436 Abb. u. 18 Taf.) Etwa DM 80,—. Bd. II: DM 147,—. Jena: Gustav Fischer Verl. 1961.

VI. Silicatchemie. Baustoffe

Ju. A. Brodski, Das geschliffene Glas (Herstellung und Anwendung). Moskau: Gosstroiisdat. 1961. (268 S.) 89 Kop. [Russ.]

I. L. Mak, W. B. Ratinow und **Ss. G. Ssilenok,** Herstellung von Gips und Gipserzeugnissen. Moskau: Gosstroiisdat. 1961. (200 S. m. Abb.; 1 Bl. Zeichng.) 79 Kop. [Russ.]

A. G. Ssorotschischin, Glasplaste. Herstellung und Anwendung. Moskau: Gosstroiisdat. 1961. (167 S. m. Abb.; 2 Bl. Abb.) 48 Kop. [Russ.]

W. I. Tretjakow, Metallokeramische feste Legierungen. Physik.-chem. Grundlagen der Herstellung, Eigenschaften und Anwendungsgebiete. Moskau: Metallurgisdat. 1962. (592 S. m. Abb.; 10 Bl. Abb.) 2 Rbl. 12 Kop. [Russ.]

VIII. Metallurgie. Korrosion

Georgii Viktorovich Uzhik, Strength and plasticity of metals at low temperatures. Boston Spa (Yorkshire): National Lending Library for Science & Technology. 1961. 35 s.

XVII. Fette. Seifen. Wasch- und Reinigungsmittel. Wachse. Bohnermassen usw.

Herbert Manneck, Moderne Wasch- und Reinigungsmittel. Heft 4: Fettalkohole, Fettalkoholsulfate und Alkylsulfate. Nachtr.-Bd. 2. Mit Anschluß-Literatur bis 1960. Garmisch-Partenkirchen: Moser. 1961. (60 Bl.) 4⁰. DM 20.—.

XIX. Brennstoffe. Erdöl. Mineralöle

D. W. van Krevelen, Coal. Typology, chemistry, physics, constitution. Amsterdam: Elsevier Publishing Cy. 1961. (XVIII + 514 S. m. Abb.) hfl. 50.—.

Jacques Meunier, Vergasung fester Brennstoffe und oxydative Umwandlung von Kohlenwasserstoffen. Theoretische Grundlagen und industrielle Anwendung. Weinheim/Bergstr.: Verl. Chemie. 1962. (XVI + 584 S. m. 105 Abb.) DM 40,—.

Heinz Prinzler, Einführung in die Technologie des Erdöls. Leipzig: Deutscher Verl. für Grundstoffindustrie. 1961. (239 S. m. 98 Abb. u. 76 Tab.) DM 19.80.

Wojciech Świetosławski, Physikalische Chemie des Steinkohlenteers. Köln: N. J. Hoffmann; Warszawa: Pánstwowe Wydawnictwo naukowe. 1959. (315 S.) 8⁰. DM 28,—.

Ausgewertete Bibliographie-Fachzeitschriften

Belgien	Bibliographie de Belgique — Belgische Bibliographie
ČSSR	Bulletin — Die Neuesten Forschungsergebnisse der Tschechoslowakischen Wissenschaft
	Nové Knihy (Neue Bücher)
	Novinky (Neuheiten)
Dänemark	Danske Bogmarked
Deutschland	Börsenblatt für den Deutschen Buchhandel — Frankfurter Ausgabe
	Börsenblatt für den Deutschen Buchhandel — Leipziger Ausgabe
	Deutsche Bibliographie. Wöchentliches Verzeichnis. Ausgabe II. [Frankfurt/Main]
	Deutsche Nationalbibliographie. Reihe A: Neuerscheinungen des Buchhandels [Leipzig]
England	British Books (Incorporating the Publishers Circular & Bookseller Record)
	British National Bibliography
Frankreich	Bibliographie de la France
Holland	Nieuwsblad voor de Boekhandel
Italien	Bibliografia Nazionale Italiana
Japan	Nōhon Shūhō (Current Publications)
Österreich	Österreichische Bibliographie
Schweiz	Schweizer Buch. Serie A und Serie B
UdSSR	Bücherverzeichnis des Jahres (Книжная летопись)
USA	Publishers' Weekly

Namenregister

Patentregister

Deutsche Patente [München] (D.B.P.)

Auslegeschriften der Patentanmeldungen des Deutschen Patentamtes München (D.A.S.)

Deutsche Patente (D.P.[DDR])

Amerikanische Patente (A.P.)

Australische Patente (Aust.P.)

Belgische Patente (Belg.P.)

Chemisches Zentralblatt

1962 Nr. 25 20. Juni

Geschichte. Unterricht

Dr. J. Kenyon, F.R.S. J. W. Smith. (Nature [London] **193.** 117–18. 13/1. 1962.) (Engl.)
Nachruf. Kurzer Abriß des Lebensweges von J. KENYON (geb. 8/4. 1885 in Blackburn, gest. 12/11. 1961) u. Würdigung seiner Arbeiten (Darst. von Chloramin T, Aufklärung der koaxialen Struktur von Diphenyl, Unterss. des Konfigurationswechsels während der WALDENschen Umkehr usw.). CH. WEISKE. 1□

M. W. Lomonossow und die Entwicklung der Physik. B. I. Spasski. (Успехи Физических Наук [Fortschr. physik. Wiss.] **75.** 397–410. Nov. 1961.) (Russ.)
Übersicht über die Arbeiten u. Anschauungen von M. W. LOMONOSSOW (1711–1765) auf den Gebieten der Physik u. Chemie aus Anlaß des 250. Geburtstages.
E. KLEVER. 1□

Vorgeschichte der ersten Pharmacopoea Germanica. c) Die Jahre 1865–1872. Untersuchungen über die Pharmazie in der Neueren und Neuesten Geschichte. 3. Mitt. Wolfgang Schneider. (Pharmaz. Ztg. verein. Apotheker-Ztg. **104.** 1085–90. 8/10. 1959. Braunschweig, TH., Pharmaziegeschichtl. Seminar.) (Dt.) — 2. vgl. C. **1961.** 5673.
Überblick über die Entw. der deutschen Arzneimittelgesetzgebung von der Pharmacopoea Germaniae (Arzneibuch des Deutschen Apothekervereins von 1865) u. den 21 Pharmacopöen der einzelnen Bundesstaaten bis zur Einführung der Pharmacopoea Germanica (DAB. 1) als einheitliches offizielles Arzneibuch des Deutschen Reiches am 1/11. 1872. P. NEULAND. 2□

Hundert Jahre Akkumulatorenindustrie. M. Georges Génin. (Bull. Soc. franç. Électriciens [8] **2.** 175–82. März 1961.) (Franz.)
Vf. würdigt zunächst den Beitrag französ. Wissenschaftler u. Techniker bei der Entw. techn. galvan. Primär- u. Sekundärelemente. Nachfolgend wird in einer Übersicht über die Fortschritte berichtet, die auf dem Sektor Sekundärelemente speziell beim Bleiakkumulator in den vergangenen hundert Jahren erzielt wurden.
E. WINKLER. 2□

Omegatron für die Laboratoriumsbestimmung des e/m-Verhältnisses des Protons durch Studenten. Robert G. Marcley. (Amer. J. Physics **29.** 90–94. Febr. 1961. New York, N.Y., Amer. Inst. of Phys.) (Engl.)
Vf. beschreibt ein Omegatron zur Messung der Cyclotronresonanz von leichten positiven Ionen. Aus dem Stoß von Elektronen u. Restgas-Moll. in der App. erzeugte Protonen werden senkrecht zu Achse von zwei halbzylindr. Elektroden durch ein elektr. Feld beschleunigt. Ein starkes gleichförmiges Magnetfeld, das parallel zur Elektrodenachse ausgerichtet ist, zwingt die Protonen, Spiralbahnen zu beschreiben.
D. HOENE. 6□

Dreidimensionale Darstellung der elektrolytischen Abscheidung. W. H. Reinmuth. (J. chem. Educat. **38.** 149–50. März 1961. New York City, N.Y., Columbia Univ.) (Engl.)
Beschreibung einer anschaulichen graph. Darst. elektrolyt. Abscheidungsvorgänge mit der Konz., dem Potential u. der Stromstärke als Koordinaten.
A. BLASCHETTE. 6□

Ein modifizierter Apparat zur Abtrennung von wasserfreiem Eisen(III)-chlorid. R. J. Hateley. (School Sci. Rev. **42.** 294–95. März 1961. West Kirby, Cheshire, Calday Grange Grammar School.) (Engl.)
Im unteren Teil eines waagerecht befestigten Dest.-Kolbens wird Stahlwolle eingebracht, mit Hilfe eines Bunsenbrenners erwärmt u. darauf durch ein Glasrohr, das durch einen durchbohrten Gummistopfen eingeführt ist, Cl_2 eingeleitet. Das entstandene dunkle $FeCl_3$ sublimiert am Kolbenhals u. kann nach Beendigung leicht mit einem Spatel herausgebracht werden. Das überschüssige Cl_2 wird durch den Seitenansatz des Kolbens mit Hilfe eines Trichters in eine Soda-Lsg. geleitet u. dort rasch umgesetzt.
M. STRASCHILL. 6□

—, Chymia: annual studies in the history of chemistry. Vol. 7. Philadelphia: Univ. of Pennsylvania Pr. 1961. (152 S. m. Abb.) $ 5.—.

—, Wissenschaftlicher Nachlaß. Bd. 4. Briefe russischer Chemiker an A. M. Butlerow. Moskau: Verl. der Akad. der Wiss. der UdSSR. 1961. (429 S., 1 Beil.) 2 Rbl. 32 Kop. [Russ.]

A. Allgemeine, physikalische und anorganische Chemie

Untersuchungen einiger Grundprobleme der Relativitätstheorie vom Standpunkt der chemischen Überlagerung der Zustände. Mizuho Odagiri. (Sci. Rep. Soc. Res. theoret. Chem. [Japan] **3.** 1–12. April 1957. Fuse Osaka-fu, Japan, Kinki Univ., Faculty of Sci. and Technology, Dep. of Chem.) (Engl.) — Vgl. Sci. Rep. Soc. Res. theoret. Chem. [Japan] **1.** [1955.] Nr. 1. 7; **2.** 1956.] Nr. 2. 19.

Vf. diskutiert Probleme der Allg. Relativitätstheorie, bes. die Beschreibung von Syst. in ihren beobachteten Zuständen, auf der Grundlage der von ihm l. c. entwickelten Theorie der „Chem. Überlagerung der Zustände". Nach Ansicht der Vf. bedarf von diesem Standpunkte aus die Relativitätstheorie einer Modifizierung (vgl. C. **1961.** 18206 u. **1962.** 5217.) D. JÖRCHEL. 10□

Weitere Untersuchungen über die Quantenbedingungen (Vertauschungsrelationen) und das Heisenbergsche Unschärfeprinzip vom Standpunkt der chemischen Überlagerung der Zustände. Mizuho Odagiri. (Sci. Rep. Soc. Res. theoret. Chem. [Japan] **3.** 13–21. April; 26–28. Juli 1957.) (Engl.) — Vgl. vorst. Referat.

Vf. diskutiert die Einführung der Quantenbedingungen u. der Unschärferelation auf der Grundlage der l. c. entwickelten Theorie. D. JÖRCHEL. 10□

Über die Ableitung der Wellengleichung des Elementarteilchens vom Standpunkt der chemischen Überlagerung der Zustände; einige Bemerkungen darüber, insbesondere über die Masse. Mizuho Odagiri. (Sci. Rep. Soc. Res. theoret. Chem. [Japan] **3.** 1–14. Juli 1957.) (Engl.) — Vgl. vorst. Referate.

Vf. zeigt, wie man die Wellengleichung vom DIRAC-Typ aus den Formeln der Theorie der chem. Überlagerung der Zustände (l. c.) für ein Syst. ableiten kann, in dem ein „freies" Teilchen (z. B. ein freies Elektron) in einem bestimmten Zustand beobachtet wird. Ferner wird das Problem der Masse im Rahmen der nach Ansicht des Vf. durch seine Theorie vereinheitlichten Quanten- u. Relativitätstheorie erörtert.

D. JÖRCHEL. 10□

Nicht-Existenz des Elementarteilchens: Eine Ergänzung zu der Arbeit „Eine skeptische Ansicht über die Existenz der Elementarteilchen". Mizuho Odagiri. (Sci. Rep. Soc. Res. theoret. Chem. [Japan] **3.** 15–25. Juli 1957.) (Engl.) — Vgl. vorst. Referate u. Sci. Rep. Soc. Res. theoret. Chem. [Japan] **2.** [1956.] Nr. 1. 9.

Vf. führt weitere Argumente für seine aus seiner Theorie (l. c.) folgende Überzeugung an, daß nur die „beobachteten Fakten" bei Verss. über sog. „Elementarteilchen" existieren, die wahre oder substantielle Existenz dieser „Elementarteilchen" jedoch zu leugnen ist. Ohne den Prozeß der Ableitung der Elementarteilchen-Wellengleichung aus den Formeln der l. c. entwickelten Theorie (was dem Teilchen die Bedingung der Beobachtbarkeit verleiht), also ohne Beobachtung, existiert kein Teilchen. D. JÖRCHEL. 10□

A_1. Kernphysik und Kernchemie

Eine Beziehung zwischen solarer Radioemission und solaren Höhenstrahlen niedriger Energie. K. Sakurai und H. Maeda. (J. geophys. Res. **66.** 1966–69. Juni 1961. Kyoto, Kyoto Univ., Geophys. Inst.) (Engl.)

Vff. unterscheiden zwei Typen von Höhenstrahlen geringer Energie, die mit Sonnenfackeln verbunden sind, solche, deren Weg von der Sonne (Lage der Fackeln) zur Erde kürzer ist als 5 Std. u. solche, deren Weg länger ist. Die ersteren sind mit stärkeren Flüssen von 3000-MHz-Radiowellen korreliert, die letzteren mit schwächeren. Bei der 200-MHz-Emission wurde dieser Unterschied nicht beobachtet. Im Zusammenhang damit wurden Emission u. Ausbreitung der solaren Höhenstrahlung niedriger Energie behandelt.

M. WIEDEMANN. 85□

Bewegung energiearmer solarer Höhenstrahlteilchen im Magnetfeld der Erde. Kunitomo Sakurai. (J. Geomagnetism Geoelectr. [Kyoto] **12.** 59–69. 1961.) (Engl.) — Vgl. vorst. Referat.

Die Bahnen der Höhenstrahlteilchen solaren Ursprungs u. niedriger Energie im magnet. Dipolfeld der Erde werden berechnet u. ihre asymptot. Geschw.-Vektoren vor Eintritt in dieses Feld abgeschätzt. Die Stoßzonen werden behandelt. Ferner wird der Übergang vom anisotropen Einfall zum isotropen unmittelbar vor Einsetzen des magnet. Sturms behandelt. M. WIEDEMANN. 85□

Steife-Abhängigkeit der solaren täglichen Variation der Höhenstrahlenintensität. S. P. Duggal, K. Nagashima und M. A. Pomerantz. (J. geophys. Res. **66.** 1970—73. Juni 1961. Swarthmore, Pa., Bartol Res. Found. of the Franklin Inst.) (Engl.)

Amplitude sowie Zeit des Maximums der täglichen Variation wurden für eine Reihe von Stationen (+88 bis −73° geomagnet. Breite) für die Zeit von August 1957 bis Juli 1958 bestimmt. Diese Daten wurden mit theoret. Berechnungen verglichen, wobei die Abhängigkeit vom differentiellen Spektrum der magnet. Steife ermittelt wurde.
M. Wiedemann. 85□

Absorptionsmessung der kosmischen Strahlung mit dem Scintillationszähler. C. Burckhardt. (Helv. physica Acta **29.** 533—44. 15/12. 1956. Bern, Univ., Phys. Inst.) (Dt.) — Vgl. C. **1950/54.** 5823 S.

Mit Hilfe des gleichen Impulsspektrographen wie l. c. mit 10 Diskriminatoren u. unter Verw. des Energiefixpunktes der μ-Mesoneneichung wird das integrale Impulsspektrum der ionisierenden Ereignisse in einem zylinderförmigen NaJ(Tl)-Kristall von 22 m Höhe u. 37 mm Ø im Energiebereich von 5—300 MeV aufgenommen. Dargestellt sind der Verlauf der Gesamtzahl der Ereignisse im Scinzillationskristall für verschiedene Energiestufen sowie derjenige der Häufigkeit neutral ausgelöster Ereignisse im Kristall. Bei den Kurven $E > 80$ MeV findet Vf. den gleichen Verlauf für die Gesamtzahl der Ereignisse wie für den Verlauf der Zahl der neutral ausgelösten, wobei die neutral ausgelösten die Hälfte der Gesamtzahl ausmachen. Die Übergangseffekte werden in gleicher Weise von geladenen u. von neutralen Teilchen hervorgerufen. Für kleinere Energien werden die Übergangseffekte in ihrer relativen Höhe immer kleiner.
Gerhard Schmidt. 85□

Die Reichweite-Energie-Beziehung für energiereiche Myonen. F. Ashton. (Proc. physic. Soc. **77.** 587—92. 1/3. 1961. Leeds, Univ., Dep. of Phys.) (Engl.)

Mittels eines Höhenstrahlspektrographen wurde das differentielle Impulsspektrum der Myonen auf Seehöhe aufgenommen u. in das integrale Energiespektrum bis zu 1000 GeV umgewandelt. Aus einem Vgl. mit der Tiefe-Intensitätskurve unter der Erde (bis ca. 1000 m Wasseräquivalent) wird die Reichweite-Energie-Beziehung der Myonen abgeleitet. Der Energieverlust. der Myonen scheint bis zu 1000 GeV der Theorie zu entsprechen.
M. Wiedemann. 90□

Zahl der im „Saturne" erzeugten K^+. J. Teiger. (Nuovo Cimento [10] **19.** 826—27. 16/2. 1961.) (Franz.)

Die differentiellen Wrkg.-Querschnitte für die Erzeugung von K^+ mit 0,6 GeV/c, im Falle von Cu-Targets auch von 0,7 u. 0,8 GeV/c, unter 35° zum Protonenbündel werden im Synchrotron mit Protonen von 1,27—2,92 GeV an *C*, *Cu* u. *Pb* bestimmt. Die K^+ werden durch ein Teleskop aus 3 Scintillatoren u. einem Čerenkov-Zähler erfaßt. Auch das π^+/K^+-Verhältnis wird bestimmt.
M. Wiedemann. 90□

$K_1^0-K_2^0$-Massendifferenz. V. Barger und E. Kazes. (Physic. Rev. [2] **124.** 279—80. 1/10. 1961. University Park, Pa., Pennsylvania State Univ., Phys. Dep.) (Engl.)

Zur Berechnung der $K_1^0-K_2^0$-Massendifferenz wird eine direkte $K_1^0-2\pi$-Wechselwrkg. eingeführt.
Herbert Weber. 90□

Massendifferenzen in der Störungstheorie zweiter Ordnung. A. I. Solomon. (Nuclear Physics [Amsterdam] **21.** 161—63. Nov. (4) 1960. Cambridge, Peterhouse.) (Engl.)

Auf der Basis der Störungstheorie zweiter Ordnung u. unter der Annahme, daß die Massenaufspaltungen von Massendifferenzen der intermediären Teilchen herrühren, werden die Massendifferenzen Neutron–Proton, K^0-K^+ u. π^+-π^- berechnet.
M. Wiedemann. 90□

Dispersionsbeziehungen und Analyse der Energieabhängigkeit des Querschnittes in der Nähe der Schwelle von neuen Reaktionen. L. I. Lapiduss und Guan-tschshao Tschshou. (Журнал Экспериментальной и Теоретической Физики [J. exp. theoret. Physik] **39.** 112—19. Juli 1960. Dubna, Verein. Inst. für Kernforsch.) (Russ.; Auszug: Engl.)

Die Anwendung der Disperionsbeziehungen für die Analyse der Abhängigkeit der Streu- u. Rk.-Amplitude von der Energie in der Nähe eines Schwellenwertes wird untersucht. Für die Rk. $a + b \rightarrow c + d$ finden Vff. allg. Ausdrücke, welche die nichtmonotone Variation der Vorwärtsstreuamplitude als eine Energiefunktion charakterisieren. Unter anderem wird die Energieabhängigkeit einer der Amplituden für elast. Streuung von γ-Quanten an Deuteronen nahe der Photozertrümmerungsschwelle des Deuterons abgeleitet.
G. Ewald. 90□

Polarisation der Nucleonen aus dem Break-up des Deuterons im elektromagnetischen Feld eines Kerns. J. Sawicki. (Bull. Acad. polon. Sci., Cl. III **5.** 283—89. 1957. Warsaw, Univ., Inst. of Theor. Phys.) (Engl.)

Das elektromagnet. Break-up läßt sich experimentell mit Hilfe von Neutron–Proton-Koinzidenzmessungen trennen. Koinzidenz-Verss. bei großen Winkeln in Verb. mit Polarisationsmessungen ermöglichen den Nachw. des magnet. Effektes. Für die Berechnung werden die Annahmen von KOGAN (nicht veröffentlicht) angewandt. Die Rk.-Amplitude wird nach der stationären Störungstheorie berechnet.

GERHARD SCHMIDT. 90□

Messung der Polarisation von Photoneutronen aus Deuterium. Walter John und Frederick V. Martin. (Physic. Rev. [2] **124.** 830–32. 1/11. 1961. Livermore, Calif., Univ. of California, Lawrence Radiat. Labor.) (Engl.)

Die theoret. Annahme einer Neutronenpolarisation bei der Rk. D(γ, n)H wird nach Unterss. der Vff. bestätigt. Photoneutronen durch Beschuß von deuteriertem Polyäthylen mit 2,75-MeV-γ-Strahlen aus dem Zerfall von ^{24}Na werden an Mg gestreut. Die Impulse des hierdurch aufgespaltenen Neutronenbündels werden links u. rechts vom Streumaterial gezählt; aus den Zählraten wird bei verschiedenen γ, n-Winkeln die Polarisation bestimmt.

H.-D. FREYER. 90□

Das Bremsvermögen von C für ^{210}Po-α-Teilchen. S. Barkan. (Nuovo Cimento [10] **20.** 443–49. 1/5. 1961. Argonne, Ill., Argonne Nat. Labor.) (Engl.)

Die C-Folie wurde durch Versprühen einer koll. Graphit-Lsg. in Isopropylalkohol auf eine Glasplatte hergestellt. Die Dicke betrug 1,5 bzw. 1,3 mg/cm^2 bzw. Variationen der beiden. Verwendet wurde ein Halbleiterzähler u. ein 100-Kanalanalysator. Vf. untersuchte die Reichweite der 5,3-MeV-α-Teilchen in *Al* u. C. Die Abhängigkeiten Zählrate/Diskriminatorniveau für verschiedene Flächenmassen, Zählrate/Flächenmasse u. Reichweite/Diskriminatorniveau werden für beide Elemente dargestellt. Die Reichweiten betragen in Al 6,02 u. in C 4,43 mg/cm^2. Das Bremsvermögen der C-Atome relativ zu Luft beträgt 0,899 $\pm$ 0,009.

G. EWALD. 90□

Das relative Bremsvermögen mehrerer Gase für Po-α-Teilchen. B. Yaramiş. (Istanbul Üniv. Fen Fak. Mecmuasi [Rev. Sci. Univ. İstanbul], Ser. C **21.** 81–84. April 1956. Istanbul, Univ., Nucl. Phys. Dep.) (Engl.)

Mit einem (Glimmer-)Endfenster-GEIGER-MÜLLER-Zähler bestimmt Vf. das relative Bremsvermögen von C_2H_6, C_2H_4, C_3H_8, C_3H_6, C_4H_{10}, u. C_2H_2 zu 1,565, 1,343, 2,222, 2,000, 2,908 bzw. 1,121. Die Differenz zwischen experimentellem Wert u dem nach dem additiven Gesetz berechneten ist innerhalb des experimentellen Fehlers.

GERHARD SCHMIDT. 90□

Die α-Teilchen-Ionisation bei mehratomigen Gasen und die Energieabhängigkeit von W. William P. Jesse. (Physic. Rev. [2] **122.** 1195–1202. 15/5. 1961. Lisle, Ill., St. Procopius Coll.) (Engl.) — Vgl. C. **1962.** 4811.

In Vers.-Reihen nach drei verschiedenen Meth. wurde W, die mittlere Energie zur Erzeugung von Ionenpaaren, in N_2 u. C_2H_4 als Funktion der Energie der α-Teilchen bestimmt. W-Werte für α-Teilchen der Anfangsenergie bis zu 9 MeV wurden durch Vgl. der relativen Ionisationswerte von α-Teilchen aus Po- u. ThC'-Quellen ein N_2 u. C_2H_4 erhalten. Die Ergebnisse sämtlicher Messungen zeigen eine kontinuierliche Abnahme der W-Werte in N_2 u. C_2H_4 mit zunehmender Energie der α-Teilchen von 1–9 MeV. Die Größe dw nimmt ebenfalls mit steigender α-Energie ab u. nähert sich dabei den entsprechenden W-Werten für β-Teilchen, ohne diese jedoch zu erreichen.

G. M. NEUMANN. 90□

Messung der Fluktuation der durch α-Teilchen in Argon hervorgerufenen Ionisation. A. P. Komar, A. A. Worobjew und W. A. Korolew. (Доклады Академии Наук СССР [Ber. Akad. Wiss. UdSSR] **136.** 795–97. 1/2. 1961. Akad. der Wiss., physikal.-techn. Inst.) (Russ.)

Vff. messen mit einer Ionisationskammer, die mit 99,96 % Ar bei einem CH_4-Geh. von 1,5% gefüllt war, die Ionisation durch ^{224}Ra- u. ^{221}Fr-α-Teilchen. Bes. Vorkehrungen wurden getroffen, um den Background auf einen möglichst geringen Wert abzuschwächen. Die Halbbreite der α-Linie von ^{224}Ra betrug 17 keV. Das mittlere Quadrat (δ) der Ionisation durch eine Anzahl von Ionenpaaren N für eine bestimmte Energie der ionisierenden Teilchen beträgt 7,2 keV. Zur Best. von δ in Abhängigkeit von der Energie der α-Teilchen (E_α) wird die Formel $\delta_N(E_\alpha) = 5{,}8\ (E_\alpha/6{,}0)^{1/2}$ vorgeschlagen. Sie stimmt mit der Theorie von FANO (Physic. Rev. [2] **72.** [1947.] 26) überein.

D. HOENE. 90□

Theorie der Kernmaterie. Franz Mohling. (Physic. Rev. [2] **124.** 583–601. 15/10. 1961. Ithaca, N.Y., Cornell Univ., Labor. of Nucl. Stud.) (Engl.)

Die vom Vf. entwickelten Meth. der Quantenstatistik werden auf die Best. der Eigg. des Grundzustandes von Kernmaterie angewandt. Es wird ein Modell angenommen, das aus wechselwirkenden Quasi-Teilchen besteht, deren Energien die effektiven Einteilchenenergien sind. Die Theorie wird sowohl mit der Brueckner'schen Theorie als auch mit der phänomenolog. Theorie von Landau der Fermi-Fl. verglichen.

Gerhard Schmidt. 95□

Lebensdauer des 3,56-MeV-Niveaus von ^{6}Li. I. Sh. Vashakidze, T. I. Kopaleishvili und G. A. Chilashvili. (Nuclear Physics [Amsterdam] **23.** 694–95. März 1961. Tbilissi, GSSR, Acad. of Sci. of the Georgian Republic, Phys. Inst.) (Engl.)

Unter Benutzung der Isobareninvarianz wird die Lebensdauer des 3,56-MeV-Niveaus von ^{6}Li mittels der Matrixelemente des β-Zerfalls $^6\text{He} \rightarrow {}^6\text{Li}$ berechnet. Die Berechnung ergab $0{,}8 \cdot 10^{-17}$ s, d. i. ca. $^1/_{10}$ des experimentellen Ergebnisses.

Herbert Weber. 95□

Neutron-Proton-Paarungswechselwirkung in Transuranelementen. N. C. Ghosh und D. Sen. (Proc. physic. Soc. **75.** 689–96. 1/5. 1960. Univ. of Calcutta, Dep. of Phys.) (Engl.)

Vff. beschäftigen sich mit den Bindungsenergien des letzten Nucleons der Transurane u. setzen die Bindungsenergien mit der Protonenzahl (bei konst. Neutronenzahl) u. der Neutronenzahl in Beziehung. Es werden einige Anhaltspunkte für die Existenz einer Unterschale bei $N = 152$ gefunden. H. Schroeder. 95□

Feinstruktur des α-Zerfalls von gerade-gerade-Kernen. W. G. Nossow. (Известия Академии Наук СССР, Серия Физическая [Nachr. Akad. Wiss. UdSSR, physik. Ser.] **21.** 1551–55. Dez. 1957.) (Russ.)

Beim α-Zerfall nichtsphär. schwerer Kerne wird häufig eine Anregung der Rotationsniveaus der Tochterkerne beobachtet. Die Wahrscheinlichkeiten dieser Anregungen lassen sich durch die Deformationsparameter ausdrücken, u. zwar für das 2^+-Niveau durch den quadrat. u. für das 4^+ auch noch durch α_4. Für Isotope des *Ra, Th, U, Pu, Cm* u. *Cf* wurden die Wahrscheinlichkeiten für verschiedene Werte des Radius R_0 berechnet.

M. Wiedemann. 95□

Theorie des β-Zerfalls des gebundenen Zustandes. John N. Bahcall. (Physic. Rev. [2] **124.** 495–99. 15/10. 1961. Bloomington, Ind., Indiana Univ.) (Engl.)

Vf. entwickelt in erlaubter Approximation die Theorie der β-Zerfallsprozesse, bei denen ein Elektron in einem gebundenen Atomzustand erzeugt wird. Die Korrelationen u. die Zerfallsrate werden nach der renormalisierten V–A-Theorie berechnet. Die Ergebnisse gelten für Atome beliebiger Elektronenkonfiguration. Gerhard Schmidt. 103□

Prüfung der ξ-Approximation bei einigen erstverbotenen $2^- \rightarrow 2^+$-β-Übergängen. R. M. Steffen. (Physic. Rev. [2] **123.** 1787–93. 1/9. 1961. Lafayette, Ind., Purdue Univ., Dep. of Phys.) (Engl.)

Vf. untersucht die β-γ-Richtungskorrelationen der erstverbotenen nichteindeutigen $2^- \rightarrow 2^+$-β-Übergänge von ^{42}K, ^{122}Sb u. ^{198}Au u. vergleicht die Ergebnisse mit den Vorhersagen der ξ-Approximation. Der Anisotropie-Koeff. in der β-γ-Richtungskorrelation, der den 1,98-MeV-β-Übergang von ^{42}K einschließt, ändert sich von $A_2(1{,}66) = -0{,}009 \pm 0{,}002$ bis $A_2(4{,}60) = -0{,}0049 \pm 0{,}002$, wobei die Zahl in der Klammer die Einheiten von mc^2 angibt. Die Energieabhängigkeit des Koeff. weicht von den Vorhersagen obiger Approximation um ca. 40% über dem gemessenen Energiebereich ab. Der Anisotropiefaktor der β-γ-Richtungskorrelation mit dem 1,40-MeV-β-Übergang von ^{122}Sb ändert sich von $+0{,}035 \pm 0{,}003$ bis $+0{,}081 \pm 0{,}004$. Der Anisotropiefaktor der ^{198}Au-β-γ-Richtungskorrelation mit dem 0,96-MeV-β-Übergang ändert sich von $+0{,}00076 \pm 0{,}0010$ bis $+0{,}0286 \pm 0{,}0010$, seine Energieabhängigkeit stimmt mit den Vorhersagen der ξ-Approximation überein. Gerhard Schmidt. 103□

Halbwertszeiten einiger Kernzustände im Millimikrosekundenbereich. T. D. Nainan. (Physic. Rev. [2] **123.** 1751–57. 1/9. 1961. Bloomington, Ind., Indiana Univ., Phys. Dep.) (Engl.)

Mit einem Zeit- zu Impulshöhenkonverter, einer Anordnung für schnelle Koinzidenzen u. einem Mehrkanalanalysator werden die Halbwertszeiten einiger Kernzustände im mμs-Bereich gemessen. Die Halbwertszeiten betragen für das 325-keV-Niveau in ^{51}V $(2{,}80 \pm 0{,}04) \cdot 10^{-10}$ s, das 555-keV-Niveau in ^{52}Mn $(1{,}85 \pm 0{,}47) \cdot 10^{-9}$ s, das 1490-keV-Niveau in ^{77}Se $(1{,}30 \pm 0{,}08) \cdot 10^{-9}$ s, das 155-keV-Niveau in ^{119}Sb $(0{,}83 \pm 0{,}2) \cdot 10^{-9}$ s, das 123-keV-Niveau in ^{131}Cs $(4{,}15 \pm 0{,}08) \cdot 10^{-9}$ s u. das 103-keV-Niveau in ^{153}Eu $(3{,}8 \pm 0{,}02) \cdot 10^{-9}$ s. Das bekannte Niveau von ^{181}Ta bei 48 keV ergibt $(1{,}10 \pm 0{,}02) \cdot 10^{-8}$ s u. dasjenige von ^{154}Gd bei 122 keV $1{,}15 \cdot 10^{-9}$ s. Die Ergebnisse werden mit der Theorie u. hier hauptsächlich mit dem Einzelteilchenmodell verglichen.

Gerhard Schmidt. 103□

Untersuchung der Lebensdauer der tiefliegenden beim Elektroneneinfang angeregten Kernniveaus. E. Je. Berlowitsch, K. M. Grotowski, M. P. Bonitz, W. I. Bresslaw und B. K. Preobrashenski. (Известия Академии Наук СССР, Серия Физическая [Nachr. Akad. Wiss. UdSSR, physik. Ser.] **21.** 1643—52. Dez. 1957.) (Russ.)

Durch Bestrahlung von *Ta* mit 660-MeV-Protonen wurden ^{167}Tm, ^{147}Eu u. ^{145}Gd hergestellt, ^{190}Ir wurde durch Bestrahlung von Bi gewonnen. Nach der Meth. der verzögerten Koinzidenzen zwischen charakterist. Röntgenstrahluug u. γ-Strahlung oder Konversionselektronen wurden die Lebensdauern der beim Elektroneneinfang angeregten Niveaus bestimmt; es ergaben sich Werte in der Größenordnung von 10^{-10} bis 10^{-9} s. Hieraus werden Schlüsse auf die Multipolarität der entsprechenden Strahlung u. auf die Kernstruktur gezogen. M. Wiedemann. 103□

Winkelkorrelation zwischen Neutrino und γ-Quant beim K-Einfang. 2. Mitt. K. Nagy. (Acta physica Acad. Sci. hung. **12.** 193—98. 1960. Budapest, Roland Eötvös Univ., Inst. of Theor. Physics.) (Engl.) — Vgl. C. **1960.** 9784.

Die Winkelkorrelation zwischen dem Neutrino u. dem beim Elektroneneinfang in die K-Schale emittierten zirkular polarisierten Licht wird ermittelt. Dabei wird die exakte Dirac-Elektronenfunktion für die K-Schale benutzt u. die V–A-Kombination für die β-Wechselwirkung. M. Wiedemann. 103□

Beitrag zur Untersuchung der inneren Konversion in den L-Unterschalen durch halbkreisförmige Magnetspektrographie mit Vor- und Nachbeschleunigung. Jacques Delesalle. (J. Rech. Centre nat. Rech. sci. **1957.** 237—50. Dez.) (Franz.)

Vf. entwickelt eine Meth. zur genauen Messung der Verhältnisse $L_I/L_{II}/L_{III}$ (3—4%) durch halbkreisförmige Magnetspektrographie, photograph. Nachw., Vor- u. Nachbeschleunigung. Es werden u. a. die Konversionsverhältnisse des 68-keV-γ-Strahls der Umwandlung Io → Ra gemessen. Der L_I-Konversionsstrahl ergibt sich als E 2-Strahlung. Die experimentell erhaltenen Werte stimmen mit den theoret. Werten von Rose u. Mitarbeitern (Siegbahn: β- u. γ-Spektroskopie) überein. Gerhard Schmidt. 103□

Der 9,17-MeV-Zustand in ^{14}N. R. E. Segel, J. W. Daughtry und J. W. Olness. (Physic. Rev. [2] **123.** 194—96. 1/7. 1961. Dayton, Ohio, Aeronaut. Res. Labor.) (Engl.)

Vff. bestimmen die Winkelverteilungen des 9,17-MeV-Grundzustand-γ-Strahls u. der γ-Strahlen der 2,73—6,44-MeV-Kaskade, die sich aus der 1,75-MeV-Protonenresonanz an ^{13}C (^{14}N* = 9,17 MeV) ergibt. Die aus den Winkelverteilungen für den 9,17-MeV-Zustand u. 6,44-MeV-Zustand abgeleiteten Spins stimmen mit früheren Zuordnungen überein. Die erforderlichen Drehimpulsbeimischungen sind dagegen im Widerspruch mit einem Schalenmodell von ^{14}N. Sämtliche Daten sind im Einklang mit dem 9,17-MeV-Zustand mit negativer Parität u. können durch geeignete Multipolbeimischungen wiedergegeben werden, wonach auch der 6,44-MeV-Zustand negative Parität besitzt. Gerhard Schmidt. 103□

(α, d)-Reaktionen an ^{14}N und ^{6}Li. B. Zeidman und J. L. Yntema. (Nuclear Physics [Amsterdam] **12.** 298—304. Juli 1959. Lemont, Ill., A.N.L.) (Engl.)

Die Winkelverteilungen der Deuteronen der Rkk. ^{6}Li(α, d)^{8}Be (**I**) u. ^{14}N(α, d)^{16}O (**II**) wurden für die α-Energien von 43 MeV in einer 60-in.-Streukammer u. mit einem NaJ(Tl)-Kristalldetektor zur Deuteronenselektion bestimmt. Die gemessenen Verteilungen weisen einen starken Intensitätsanstieg in Vorwärts-Richtung u. anschließende Minima u. Maxima auf. Die Winkelverteilung der Deuteronen der Rk. (I) kann durch Bessel-Funktionen angenähert wiedergegeben werden. B. Stein. 103□

Verzögerte Neutronen aus ^{17}N. G. J. Perlow, W. J. Ramler, A. F. Stehney und J. L. Yntema. (Physic. Rev. [2] **122.** 899—901. 1/5. 1961. Argonne, Ill., Argonne Nat. Labor.) (Engl.)

Vff. bestimmen die Energien der verzögerten Neutronen, die dem Zerfall von ^{17}N folgen, mittels eines Dreifach-Proportionalzähler-Rückstoßspektrometers. Das ^{17}N-Target wird aus der Rk. ^{14}C(α, p)^{17}N bei einer mittleren α-Energie von 25 MeV aus dem 60-in.-Cyclotron erhalten. Zwei Neutronengruppen mit Energien von 1,22 ± 0,06 u. 0,426 ± 0,18 MeV werden beobachtet. Diese Gruppen entsprechen der Neutronenemission aus den 3/2$^-$-Zuständen von ^{17}O bei 5,38 bzw. 4,55 MeV. Das Ergebnis ist im Einklang mit dem erwarteten J^{π}-Wert von 1/2$^-$ für den Grundzustand von ^{17}N u. mit den geringen Stripping-Breiten für diese Niveaus bei der Rk. ^{16}O(d, p)^{17}O. Das Verhältnis der Intensität der Gruppe höherer Energie zur Gruppe niedrigerer Energie ist 1,6, was einem Verhältnis von 4 für die Quadrate der β-Zerfalls-Matrixelemente entspricht. Gerhard Schmidt. 103□

Mittlere Lebensdauer des 1,61-MeV-Niveaus von ^{25}Mg. V. K. Rasmussen, F. R. Metzger und C. P. Swann. (Physic. Rev. [2] **123.** 1386—92. 15/8. 1961. Swarthmore, Pa., Bartol Res. Found. of the Franklin Inst.) (Engl.)

Vff. verwenden die Kernresonanzfluorescenztechnik zur Messung der mittleren Lebensdauer des 1,61-MeV-Niveaus von ^{25}Mg u. des 1,83-MeV-Niveaus von ^{26}Mg. Die anregende γ-Strahlung wird durch Beschuß metall. ^{25}Mg- u. ^{26}Mg-Targets mit 4,0- u. 4,4-MeV-Protonen erhalten. Für das ^{25}Mg-Niveau ($7/2^+$) ergibt die Selbstabsorption der Resonanzstrahlung $\tau = 2{,}5\,(+0{,}6, -0{,}4)\cdot 10^{-14}$ s. Die Winkelverteilung für die Resonanzstreuung ist formelmäßig gleich $1 + (0{,}42 \pm 0{,}03)\ P_2\ (\cos\Theta) + (0{,}03 \pm 0{,}003)\ P_4\ (\cos\Theta)$. Für das ^{26}Mg-Niveau liefert der Resonanzstreuquerschnitt in Verbindung mit früheren Schätzungen der Verlangsamungszeiten für die angeregten Kerne $\tau = (7 \pm 3)\cdot 10^{-13}$ s. Frühere Annahmen anderer Autoren werden durch den Befund gestützt, daß das 1,61-MeV-Niveau von ^{25}Mg u. das 2,21-MeV-Niveau von ^{27}Al die $7/2^+$-Glieder von $K = 5/2^+$-Rotationsbanden sind. GERHARD SCHMIDT. 103□

Zweiter angeregter 0^+-Zustand von ^{32}S. T. Wakatsuki, Y. Hirao, E. Okada und I. Miura. (Progr. theoret. Physics [Kyoto] **24.** 918—20. Okt. 1960. Osaka, Osaka Univ., Fac. of Sci., Labor. of Nucl. Stud., Dep. of Phys.) (Engl.)

Das γ-Spektrum bei der Rk. ^{32}S(p,p'γ) bei einer Protonenenergie von 5,7 MeV wurde mittels Kristall-Scintillationsspektrometern beobachtet. Es wurden eine 2,24-MeV-Strahlung u. eine 1,54-MeV-Strahlung festgestellt, die dem Übergang vom ersten angeregten zum Grundzustand bzw. vom zweiten zum ersten angeregten Zustand entsprechen. Die 3,78-MeV-Strahlung, die dem direkten Übergang vom zweiten angeregten zum Grundzustand entsprechen würde, konnte nicht beobachtet werden. Ferner wurden Kaskadenmessungen u. Messungen der Winkelverteilung der 1,54-MeV-Strahlung in Koinzidenz mit der 2,24-MeV-Strahlung durchgeführt. Die Verteilung war isotrop. Vff. ordnen dem zweiten angeregten Zustand mit 3,78 MeV 0^+ statt 1^+ zu.
M. WIEDEMANN. 103□

Polarisationsmessungen der γ-Strahlung von Schwefel-34. G. G. Shute und P. S. Fisher. (Philos. Mag. [8] **3.** 726—37. Juli 1958. Birmingham, Univ., Dep. of Phys.) (Engl.)

Vff. berichten über Polarisationsmessungen an der γ-Kaskade von ^{34}S. Die experimentellen Ergebnisse stimmen mit einer Spinfolge 2^+, 2^+, 0^+ mit einer Mischung von M1 u. 1,5% von E2 für den ersten Übergang überein. Der β-Zerfall zum 2^+-Niveau vom 3^+-Niveau des ^{34m}*Cl* ist dann ein erlaubter GAMON-TELLER-Übergang in Übereinstimmung mit den beobachteten *ft*-Werten. Die gefundenen Polarisations-Richtungsbeziehungen werden diskutiert u. Angaben über die γ-Kaskade an Hand des Schalenmodells gemacht. G. M. NEUMANN. 103□

γ-γ-Winkelkorrelation bei der Reaktion ^{48}Ti(n, γ)^{49}Ti. B. Kardon, D. Kiss, I. Lovas und Z. Zámori. (Nuclear Physics [Amsterdam] **24.** 151—59. April 1959. Budapest, Central Res. Inst. for Phys.) (Engl.)

Ti-Pulver wurde mit therm. Neutronen bestrahlt u. für die γ-Kaskaden 0,34 bis 1,38 MeV u. 1,38—6,43 MeV die Winkelkorrelation bestimmt. Hierzu dienten 2 Scintillatoren. Das Termschema von ^{49}Ti wird diskutiert. Der 0,34-MeV-Übergang dürfte vom Typ Ml sein. Den 1,38- u. 1,72-MeV-Niveaus werden die Spins 3/2 u. 1/2 zugeordnet.
M. WIEDEMANN. 103□

Virtuelle Niveaus in den Vanadin-Isotopen aus Protonenbeschuß von Titan-Isotopen. J. Dubois. (Nuclear Physics [Amsterdam] **23.** 537—58. März 1961. Gothenburg, Chalmers Univ. of Technol., Dep. of Phys.) (Engl.)

Elektromagnet. getrennte Ti-Isotope (^{46,47,48,49,50}Ti) wurden mit Protonen von 800 bis 1400 keV beschossen. Aus den (p, γ)-Resonanzen wurden die virtuellen Niveaus in den V-Isotopen ^{47,48,49,50,51}V bestimmt. Niveauabstände werden diskutiert.
HERBERT WEBER. 103□

Nachweis eines isomeren Zustandes von ^{90}Y. W. L. Alford, D. R. Koehler und C. E. Mandeville. (Physic. Rev. [2] **123.** 1365—68. 15/8. 1961. Redstone Arsenal, Ala., Army Rocket and Guided Missile Agency.) (Engl.) — Vgl. BOCCIOLINI u. Mitarbeiter, C. **1961.** 18584.

Die l. c. mitgeteilte Aktivität, die durch Neutronenbeschuß von Nb induziert worden ist, wird durch 14-MeV-Neutronen u. durch Neutronen mit Energien < 6 MeV sowohl an *Nb* als auch an *Zr* hervorgerufen. In jedem Falle zeigt die chem. Trennung, daß die Aktivität von einem Y-Isotop herrührt. 2 koinzidierende γ-Strahlen mit Energien von 0,200 u. 0,485 MeV u. einer Halbwertszeit von $3{,}1 \pm 0{,}1$ h werden beobachtet; diese Beobachtungen stimmen mit früheren Ergebnissen überein. Die beobachtete Aktivität scheint sehr ähnlich derjenigen zu sein, die bisher dem Zerfall von ^{92}Y zugeschrieben worden ist. Schwellenbetrachtungen u. GEIGER-Zählermessungen weisen jedoch auf einen isomeren Zustand von ^{90}Y hin. Verss. mit abgetrennten Isotopen von ^{90}Zr u. ^{92}Zr stützen diese Zuordnung. GERHARD SCHMIDT. 103□

Das 3,1-Stunden-^{90m}Y. W. S. Lyon, J. S. Eldridge und L. C. Bate. (Physic. Rev. [2] **123.** 1747—49. 1/9. 1961. Oak Ridge, Tenn., Oak Ridge Nat. Labor.) (Engl.)

Y_2O_3-Proben hoher Reinheit werden im Graphitreaktor für Zeiträume von einigen Min. bis zu mehreren Std. beschossen. Die Unters. der bestrahlten Y-Probe mit einem NaJ(Tl)-γ-Spektrometer zeigt die Ggw. von 2 γ-Strahlen von 203 u. 480 keV an. Bei dem Beschuß wird ein 3,1-h-Isomer ^{90m}Y durch Neutroneneinfang in Y erzeugt. Die beiden beobachteten γ-Strahlen werden durch den isomeren Übergang zweier koinzidierender γ-Strahlen nahezu gleicher Intensität hervorgerufen. Die Massen- u. Kernladungszahlzuordnung erfolgt nach verschiedenen Meth., u. a. durch chem. Trennungen. Als Erzeugungsmodi werden die Rkk. ^{89}Y(n, γ)^{90m}Y (therm. u. epi-Cd-Neutronen) ^{93}Nb(n, α)^{90m}Y u. ^{90}Zr(n, p)^{90m}Y (14-MeV-Neutronen) vorgeschlagen.
GERHARD SCHMIDT. 103□

$0^+ \rightarrow 0^+$-Übergang in ^{90}Zr. T. Yuasa, J. Laberrigue-Frolow und L. Feuvrais. (Известия Академии Наук СССР, Серия Физическая [Nachr. Akad. Wiss. UdSSR, physik. Ser.] **21.** 1576—79. Dez. 1957. Paris, Coll. de France, Labor. für Kernphys. u. -chemie.) (Russ.)

Aus ^{90}Y im Gleichgewicht mit ^{90}Sr wurden Quellen mit bis 15 mc/mg u. einem Verhältnis C_{Sr}/C_Y unter 10^{-7} erhalten. Ihre γ-Strahlung wurde mit einem Scintilliationsspektrometer mit NaJ (Tl)-Kristall u. 50 Kanälen, die β-Strahlung mit einem Spektrometer mit magnet. Linse untersucht. Die Intensität der γ-Linien 1,74 u. 1,4 MeV wurde bestimmt. Es ist möglich, daß der $0^+ \rightarrow 0^+$-Übergang in ^{90}Zr mit 1,74 MeV innere Paar-Bldg. hervorruft. Im Positronenspektrum wurde die Andeutung eines Maximums bei 720 keV gefunden. Das Verhältnis der Konversionselektronen zur Positronenzahl ergab sich zu 3 ± 1. M. WIEDEMANN. 103□

Isomerer M3-Übergang in Zinn-113. M. Schmorak, G. T. Emergy und G. Scharff-Goldhaber. (Physic. Rev. [2] **124.** 1186—89. 15/11. 1961. Upton, N.Y., Brookhaven Nat. Labor.) (Engl.)

Vff. erzeugen den isomeren Zustand von ^{113}Sn durch Bestrahlung von in ^{112}Sn angereichertem Sn mit therm. Neutronen. Die Halbwertszeit dieses Zustandes ergibt sich zu 20 ± 1 Minuten. Zur Messung wird ein NaJ-Kristallspektrometer, das mit einem 256-Kanalanalysator gekoppelt ist, verwendet. Das Scintillationsspektrum zeigt K-Röntgenstrahlen u. einen einzelnen γ-Strahl von 79 ± 3 keV. Der K-Konversions-Koeff. (95 ± 15) u. die Halbwertszeit zeigen, daß der isomere Übergang M 3 u. nicht M 4, wie bisher angenommen, ist. Es wird ein 9 ± 2%ig. Elektroneneinfangzweig aus dem isomeren Zustand festgestellt u. eine obere Grenze von 10^{-4} für das Verhältnis von Positronenemission zu Elektroneneinfang angenommen. Der letztere Wert begrenzt die Zerfallsenergie zum Grundzustand von ^{113}In auf $< 1,15$ MeV. Spins u. Paritäten von $7/2^+$ u. $1/2^+$ werden ^{113m}Sn (20 Min.) bzw. ^{113g}Sn (118 Tage) zugeordnet. Das Verhältnis $\sigma(^{113m}\mathrm{Sn})/\sigma(^{113g}\mathrm{Sn})$ ergibt sich zu $0,41 \pm 0,06$ u. ein Wert von $0,35 \pm 0,08$ barn wird für den Erzeugungsquerschnitt des Isomers erhalten. GERHARD SCHMIDT. 103□

Der innere Compton-Effekt. Eine Bestimmung des Wirkungsquerschnitts und der Winkelkorrelation. Torstein Lindqvist, Bo-Göran Pettersson und Kai Siegbahn. (Nuclear Physics [Amsterdam] **5.** 47—57. Jan. (1) 1958. Uppsala, Inst. of Phys.) (Engl.)

Die Lsg. mit ^{137}Cs wurde auf Al aufgedampft u. der 662-keV-Übergang vom Typ M 4 des ^{137m}Ba (2,6 Min.) mittels eines β-Spektrometers mit einem Anthracenkristall u. eines γ-Spektrometers mit einem NaJ(Tl)-Kristall in Koinzidenz untersucht. Es wurde die Existenz des inneren COMPTON-Effekts nachgewiesen, eines Kernübergangs, bei dem gleichzeitig ein gebundenes Elektron u. ein γ-Strahl emittiert werden. Im Bereich von 97—120 keV ergab sich der Wrkg.-Querschnitt zu $1,86 \cdot 10^{-5}$ Photonen je Konversionselektron bei 90° zwischen den Richtungen von Elektron u. Photon. Auch die Winkelkorrelation wurde untersucht. Mit der Theorie von SPRUCH u. GOERTZEL (C. **1950/54.** 4387 S) wurde Übereinstimmung gefunden. M. WIEDEMANN. 103□

Strahlungen des 83-Minuten-^{139}Ba. J. T. Wasson und C. D. Coryell. (J. inorg. Nuclear Chem. **20.** 1—5. Nov. 1961. Cambridge, Mass., MIT, Dep. of Chem. and Labor. for Nucl. Sci.) (Engl.)

Das Zerfallsschema von ^{139}Ba wurde durch γ-Scintillationsspektroskopie untersucht. Die folgenden γ-Energien in MeV u. relativen Intensitäten wurden gefunden: 0,165 (100), $1,092 \pm 0,015$ (0,12), $1,272 \pm 0,012$ (0,30) u. $1,433 \pm 0,008$ (1,8). Die 2. u. die

3. Energie sind neu u. unabhängig von BUNKER u. STAMER (private Mitt.) bestätigt worden. Ein Zerfallsschema wird, vom Grundzustand $f_{7/2}$ ausgehend, angegeben.

G. M. NEUMANN. 103 □

Kernniveaus in einer Anzahl von gerade-gerade-Kernen der Seltenen Erden (150 ≤ A ≤ 184). B. Harmatz, T. H. Handley und J. W. Mihelich. (Physic. Rev. [2] **123.** 1758—86. 1/9. 1961. Oak Ridge, Tenn., Oak Ridge Nat. Labor.; Notre Dame, Ind., Univ. of Notre Dame.) (Engl.)

Messungen von elektroneneinfangenden Quellen in magnet. Spektrographen u. mit Scintillationszählern ergeben, daß ^{150}Eu 2 isomere Zustände (14 Std. u. > 5 Jahre) besitzt. Es werden Niveaus bei 740,7 (0^+) u. 773,3 (4^+) keV in ^{150}Sm vorgeschlagen. Eine Unters. der beiden isomeren Aktivitäten von ^{154}Tb zeigt die Ggw. von Niveaus in ^{154}Gd an, die als eine γ-Schwingungsbande (bei 997,3 keV) u. eine β-Schwingungsbande (bei 680,6 keV) beschrieben werden können. Die für ^{166}Tm (7,7 Std.) erhaltenen Daten sind im Einklang mit Niveaus in ^{166}Er bei 2137,3 u. 2164,6 keV. Der Zerfall von ^{172}Lu scheint eine große Anzahl von Niveaus gerader Parität in ^{172}Yb zu besetzen, die zu Rotationsbanden entsprechend prim. u. Grundzuständen bei 1174,0 keV ($I = 3^+$), 1467,5 keV ($I = 2^+$), 1664,3 keV ($I = 3^+$), 1702,1 keV ($I = 3^+$), 2075,0 keV ($I = 4^+$) u. bei 2287,3 keV ($I = 4^+$) angeordnet werden können. Der sehr komplexe Zerfall der beiden Isomere von ^{182}Re regt mehrere Niveaus ungerader Parität an, die in 7 oder mehr Banden angeordnet werden können. Der Elektroneneinfangzerfall von ^{184}Re besetzt eine γ-Schwingungsbande in ^{184}W der Spins 2, 3 u. 4.

GERHARD SCHMIDT. 103 □

Untersuchung des Zerfalls von ^{144}Ce durch die β-γ-Koinzidenzmethode. W. P. Parfenowa, N. W. Forafontow und W. Ss. Schpinel. (Известия Академии Наук СССР, Серия Физическая [Nachr. Akad. Wiss. UdSSR, physik. Ser.] **21.** 1601—06. Dez. 1957.) (Russ.)

Mittels eines β-Spektrometers mit 2 Linsen u. eines Luminescenz-γ-Spektrometers wurde durch Messungen von β-γ-Koinzidenzen mit einer Auflösungszeit von $3 \cdot 10^{-8}$ s der Zerfall von ^{144}Ce gedeutet. Es wurden folgende β-Partialspektren erhalten: 130 ± 10, 175 ± 5, 230 ± 15 u. 310 ± 5 keV mit den Intensitäten 7 ± 2, 26 ± 4, 6 ± 1 bzw. 61 ± 9%. Aus dem Spektrum der Konversionselektronen wurden γ-Energien von 29,2 (AUGER); 33,7; 41,0; 53,0; 81,0; 94,7; 100,6 u. 134,1 keV entnommen, aus dem Luminescenz-Spektrum Energien von 36, 80, 95—100 u. 134 keV. Ein entsprechendes Termschema von ^{144}Pr wurde aufgestellt.

M. WIEDEMANN. 103 □

Weitere Untersuchung der Fokussierung in einem Doppellinsen-β-Spektrometer. K. P. Mitrofanow und W. Ss. Schpinel. (Известия Академии Наук СССР, Серия Физическая [Nachr. Akad. Wiss. UdSSR, physik. Ser.] **21.** 1607—13. Dez. 1957. Moskau, Lomonossow-Univ., Forschungsinst. für Kernphys.) (Russ.) — Vgl. vorst. Referat.

Mittels eines Elektronenbündels u. eines Fluorescenzschirms wurden die Fokussierungs-Eigg. des Spektrometers in Abhängigkeit von der Stellung der beiden Linsen u. auch der Einfl. einer inneren korrigierenden Hülse untersucht. Dispersion u. Auflösungsvermögen wurden bestimmt. Als Abstand der Linsen wurde 62 cm gewählt. Die Spektren von ^{137}Cs u. ^{144}Ce wurden zur Prüfung der Anordnung vermessen.

M. WIEDEMANN. 103 □

Untersuchung des Zerfalls von ^{144}Pr, ^{106}Rh und ^{134}Cs mit Hilfe des Luminescenzspektrometers. Je. I. Firssow und A. A. Baschilow. (Известия Академии Наук СССР, Серия Физическая [Nachr. Akad. Wiss. UdSSR, physik. Ser.] **21.** 1633—40. Dez. 1957. Zentr. Röntgen-radiolog. Forschungsinst.) (Russ.)

Mittels eines Luminescenz-Spektrometers mit NaJ(Tl)- u. CsJ(Tl)-Kristall, Photomultipliern u. einem 50-Kanal-Amplitudenanalysator wurden die γ-Spektren von ^{144}Pr, ^{106}Rh u. ^{134}Cs untersucht. Auch γ-γ-Koinzidenzen wurden aufgenommen. Bei ^{144}Pr wurden Linien bei 2,18; 1,49; 1,1 u. 0,7 MeV ferner bei 1,7 u. 2,8 MeV beobachtet, bei ^{106}Rh Linien bei 0,513; 0,624; 1,045; 1,13; 1,55; 1,77; 1,85; 1,96; 2,09; 2,28; 2,42; 2,66; 2,86; 2,93; 3,05 u. 3,42 MeV, bei ^{134}Cs Linien bei 0,1; 0,21; 0,32; 0,6; 0,8; 1,039; 1,17; 1,37; 1,64; 1,75; 1,87; 1,96 u. 2,03 MeV. Die Intensitätsverhältnisse sind teilweise angegeben. Ferner sind die Termschemata der Tochterkerne ^{144}Nd, ^{106}Pd u. ^{134}Ba angeführt.

M. WIEDEMANN. 103 □

Neues Hafniumisotop ^{182}Hf. J. Wing, B. A. Swartz und J. R. Huizenga. (Physic. Rev. [2] **123.** 1354—55. 15/8. 1961. Argonne, Ill., Argonne Nat. Labor.) (Engl.)

Im intensiven Neutronenfluß des MTR wird ein neues Isotop von Hf, ^{182}Hf, durch doppelten Neutroneneinfang in ^{180}Hf erzeugt. Die massenspektrometr. Analyse des bestrahlten Hf ergibt ein ^{182}Hf/^{180}Hf-Atomverhältnis von 0,00147 ± 0,00001. Das neue Hf-Isotop zerfällt mit einer Halbwertszeit von $(9 \pm 2) \cdot 10^6$ Jahren durch β^--Strahlung

überwiegend zu einem 271-keV-Niveau in ^{182}Ta. Die Anzahl der 271-keV-γ-Strahlen pro β^--Zerfall ist $0{,}84 \pm 0{,}10$. Der log ft-Wert für den β-Übergang zum Grundzustand von ^{182}Ta ist > 15, wodurch angezeigt wird, daß dieser Übergang mindestens im dritten Grad verboten ist. Der Neutroneneinfangquerschnitt von ^{181}Hf ist 40 (+ 40, − 20) barn.
Gerhard Schmidt. 103□

Tiefer angeregte Zustände von ^{185}W. H. Morinaga und K. Nagatani. (Nuclear Physics [Amsterdam] **19.** 327—36. Okt. (3) 1960.) (Engl.)

Metall. W wurde mit der 25 MeV-Bremsstrahlung beschossen. Es wurden u. a. ^{185}Ta (50 Min.) u. ^{185m}W (1,6 Min.) gebildet, deren γ-Strahlung mittels eines NaJ(Tl)-Spektrometers untersucht wurde. ^{185}Ta zeigte neben der K-Röntgenstrahlung Linien mit 75, 100, 110, 135, 175 u. 245 keV, ^{185m}W Linien mit 75, 100, 125, 175 u. 225 keV. Die Termschemata werden aufgestellt. ^{185}Ta kann mit dem vereinheitlichten Modell für stark deformierte Kerne gedeutet werden, ^{185m}W dagegen nicht.
M. Wiedemann. 103□

Untersuchung der Kernverdampfung in Ag und Pt nach der Emulsions-Sandwichmethode. Cl. Zangger und J. Rossel. (Helv. physica Acta **29.** 507—32. 15/12. **1956.** Neuchâtel, Univ., Inst. de Phys.) (Franz.)

Vff. verwenden die Sandwich-Meth. für Metallfolien zur Unters. der Kernverdampfung, die durch Höhenstrahlen in Ag u. Pt auf 3600 m Höhe induziert worden ist. Die Charakteristiken der Sterngrößenverteilung u. die Kernverdampfung werden speziell bzgl. der Anomalien im Energiespektrum der emittierten α-Teilchen untersucht.
Gerhard Schmidt. 103□

Lebensdauer des 241-keV-Zustandes von ^{220}Tn. J. G. Siekman und G. T. Pott. (Physica [Utrecht] **24.** 910—12. Nov. 1958. Groningen, Rijks-Univ., Natuurk. Labor.) (Engl.)

Mittels einer verzögerten schnellen Koinzidenztechnik wurde die Lebensdauer des angeregten 241-keV-Zustandes von ^{220}Tn gemessen, der von einem α-Zweig ($E_\alpha = 5{,}44$ MeV) von ThX angeregt wird u. durch Emission von E2-Strahlung mit einem Konversions-Koeff. $\alpha = 0{,}3$ in den Grundzustand zerfällt. Es ergeben sich $\tau = (4{,}5 \pm 1{,}0) \cdot 10^{-10}$ s u. ein intrinsikes Quadrupolmoment $|Q_0| = (3{,}0 \pm 0{,}6) \cdot 10^{-24}$ cm² für den ^{220}Tn-Kern.
J. M. Spaeth. 103□

Untersuchungen mit verzögerten Neutronen aus der Spaltung von ^{241}Pu durch thermische Neutronen. Samson A. Cox. (Physic. Rev. [2] **123.** 1735—37. 1/9. 1961. Argonne, Ill., Argonne Nat. Labor.) (Engl.)

Vf. untersucht die Aktivität verzögerter Neutronen, die sich aus der Spaltung von ^{241}Pu durch therm. Neutronen ergibt. Die gemessene totale Ausbeute verzögerter Neutronen, die aus einer Vgl.-Messung zwischen ^{241}Pu u. ^{235}U bestimmt wird, ist $0{,}0154 \pm 0{,}0015$ Neutronen/Spaltung (f). Die gemessenen Werte für die einzelnen Gruppenausbeuten u. die assoziierten Halbwertszeiten sind $0{,}000154 \pm 0{,}00004$ n/f, $54{,}0 \pm 1$ s; $0{,}00365 \pm 0{,}0001$ n/f, $23{,}2 \pm 0{,}5$ s; $0{,}00275 \pm 0{,}004$ n/f, $5{,}6 \pm 0{,}6$ s; $0{,}0062 \pm 0{,}0008$ n/f, $1{,}97 \pm 0{,}1$ s u. $0{,}0029 \pm 0{,}0003$ n/f, $0{,}43 \pm 0{,}04$ s. Das systemat. Verh. der Emission verzögerter Neutronen wird diskutiert, wobei sich zeigt, daß die Änderung der Ausbeute verzögerter Neutronen sowohl mit der Massenzahl als auch mit der Kernladungszahl stärker durch Änderungen in der Spalt-Prod.-Ladungsverteilung als durch Änderungen in der Spalt-Prod.-Massenverteilung beeinflußt wird. Gerhard Schmidt. 103□

Ein experimenteller Kernreaktor niedriger Leistung mit hohem thermischem Fluß. M. Osredkar und R. Stephenson. (J. nuclear Energy **5.** 210—14. 1957. New York, N.Y., Univ., Coll. of Engng.) (Engl.) — Vgl. C. **1960.** 12232.

Die Betrachtungen über verschiedene Anordnungen von therm. u. schnellen Reaktoren mit Zentralbereich-Reflektor zeigen, daß ein Reaktor mit höherem therm. Fluß nicht durch eine bessere Wärmeabführung aus dem Core, sondern dadurch ausgelegt werden kann, daß die Spaltung nur im schnellen Bereich durchgeführt u. die Thermalisierung der Neutronen auf den Zentralbereich-Reflektor beschränkt wird.
Gerhard Schmidt. 110□

Der Reaktor in der Kernkraftstation der Akademie der Wissenschaften der UdSSR. D. I. Blokhintsev, N. A. Dollezhal und A. K. Krasin. (J. nuclear Energy **3.** 83—95. Aug. 1956.) (Engl.)

Beschreibung des graphitmoderierten Wasserreaktors mit 5 MW Leistung.
Gerhard Schmidt. 110□

Anwendung eines Strahlungscalorimeters zur Messung der gespeicherten Energie in bestrahltem Graphit. M. S. Wechsler, R. R. Coltman, R. H. Kernohan und M. C. Wittels. (J. appl. Physics **30.** 42—45. Jan. 1959. Oak Ridge, Tenn., Oak Ridge Nat. Labor., Solid State Div.) (Engl.)

Die zylindr. Probe mit einem Cu/Konstantan-Thermoelement im Zentrum befindet sich in einem auf $5 \cdot 10^{-5}$ Torr evakuierten Hohlzylinder aus Cu, dessen Temp. durch Eintauchen in ein Ölbad von $199{,}1 \pm 0{,}3^0$ erhöht wird. Gemessen wird der Temp.-Verlauf in der Probe. In Graphitproben ($\sim 0{,}5$ g), die im ORNL-Graphitreaktor bei 45^0 mit $3 \cdot 10^{20}$ Neutronen/cm² bestrahlt wurden, wurde beim Erwärmen auf $199{,}1^0$ eine gespeicherte Strahlungsenergie von 26 cal/g freigesetzt. B. Stein. 110□

Verbesserung der Auflösung von Proportionalzählern durch eine Kathodeneinlage aus Graphit. S. D. Bloom, E. G. Reilly und B. J. Toppel. (Rev. sci. Instruments **26.** 1201—02. Dez. 1955. Upton, N.Y., Brookhaven Nat. Labor.) (Engl.)

Das Auflösungsvermögen von Proportionalzählern kann durch eine Graphiteinlage der Kathode um etwa den Faktor 3 verbessert werden. W. Menz. 112□

Röntgen-Interferenz-Messungen mit Proportional-Zählrohr und Einkanal-Diskriminator. Adolf Trost. (Z. angew. Physik **10.** 404—10. Sept. 1958. Wildbad, Labor. Prof. Dr. Berthold.) (Dt.)

Vf. beschreibt Aufbau u. Eigg. der Proportionalzählrohre u. das Diskriminators. Anzeige u. Ausgangsstrom sind bei 50% Kanalbreite bis zu 10000 Imp/s, bei 20% bis zu 3000 Imp/s, auf 1% proportional zur Intensität. Die Absorptionsempfindlichkeit der Zählrohre für Cu_K-Strahlung beträgt 78%, die Halbwertsbreite der Impulsgrößenverteilung nur 11—15% der mittleren Impulsgröße. Dadurch erhält man mit Kanalbreiten von ca. 20% wesentlich bessere Interferenzdiagramme, als sie mit Scintillationszählern erreichbar sind. Beim Zählrohr für Mo_K-Strahlung wird durch eine bes. Gasmischung die Aufspaltung in 2 verschiedene Impulsgrößen wesentlich unterdrückt u. so bei einer Absorptionempfindlichkeit von 45% eine Ansprechempfindlichkeit von 32% im Kanal erreicht. Die Zählrohre haben eine sehr lange Lebensdauer, sie entspricht ca. 10^{11} Stößen. G. Ruban. 112□

Verbesserter α-Luft-Proportionalzähler. Frank J. Lynch und James B. Baumgardner. (Rev. sci. Instruments **26.** 1134—37. Dez. 1955. Lemont, Ill., Argonne Nat. Labor.) (Engl.)

Vff. beschreiben Detektor mit abgeschirmter Schutzringisolatoreinrichtung, die Isolatorfehler bei hohen Feuchtigkeiten verhindert. Die Verringerung der relativen Feuchtigkeit durch einen kleinen Erhitzer, der in dem Detektor eine Temp. von 20^0 F über Raum-Temp. aufrecht erhält, schützt vor unechten Impulsen u. sorgt für eine hohe Verfügbarkeit von 98%. Zum Nachw. der niedrigen Komponenten der Ionisationsimpulse, die verbunden sind mit der Übergangszeit der negativen Sauerstoffionen, sind ein Verstärker u. ein Diskriminator vorgesehen. Der resultierende Wrkg.-Grad beträgt 39% der gesamten Zerfälle mit einem Plateau über 150 V u. einer Neigung von weniger als 4%/100 V. W. Menz. 112□

^{14}C-Altersbestimmung mit einem Methan-Proportionalzähler. W. H. Burke jun. und W. G. Meinschein. (Rev. sci. Instruments **26.** 1137—40. Dez. 1955. Dallas, Tex., Magnolia Petrol. Co., Field Res. Labor.) (Engl.) — Vgl. C. **1955.** 11.

Vff. beschreiben App. u. Arbeitsweise für den Umsatz von C-Proben in CO_2, die quant. Hydrierung von CO_2 in Methan u. die Best. des ^{14}C im Methan. Es werden 2 Größen von Zählern benutzt, die bei einem Betriebsdruck von 2 at 0,85 g u. 0,22 g C enthalten. W. Menz. 112□

$^{14}C_{(7)}$-Benzoesäure in Toluol als ^{14}C-β-Strahlungsstandard für Flüssigkeits-Scintillationszähler. W. F. Marlow und R. W. Medlock. (J. Res. nat. Bur. Standards, A **64.** 143—46. März/April 1960. Washington, D.C.) (Engl.)

Als Standard für Fl.-Scintillationsmessungen wurde eine Lsg. von *$^{14}C_{(CO)}$-Benzoesäure* in Toluol angesetzt. Ihre abs. Radioaktivität wurde durch Verbrennung zu $^{14}CO_2$ u. dessen Vgl. mit $^{14}CO_2$ aus $Ba^{14}CO_3$ bekannter Absolutaktivität in einer Ionisationskammer bestimmt. H.-G. Floss. 112□

Die spezifische Fluorescenz des Plaste-Scintillators NE 102. J. R. Prescott und A. S. Rupaal. (Canad. J. Physics **39.** 221—27. Jan. 1961. Vancouver, Univ. of Brit. Columbia; Physics Dep.) (Engl.)

Die spezif. Fluorescenz beim Durchgang ionisierender Teilchen wird formelmäßig dargestellt. Für γ-Strahlung gilt $dS/dE = A$, für α-Strahlung $dS/dx = A/kB$. Proben von NE 102 0,7 cm dick u. 4 cm Ø wurden α-Teilchen u. γ-Strahlung von 279, 511 u. 662 keV ausgesetzt, ferner Rückstoßprotonen. Der Wert für kB dürfte nahe bei $0{,}0091 \pm 0{,}0006$ g/cm² MeV liegen. M. Wiedemann. 112□

Wirkungsgrad des Nachweises von 1—14-MeV-Neutronen in einem plastischen Scintillator. H. Grässler und K. Tesch. (Nuclear Instruments Methods [Amsterdam] **10.** 353—55. April 1961. Aachen, TH, Physik. Inst.) (Engl.)

Die Streuung der 14,1-MeV-Neutronen aus der Rk. $T(d,n)^4He$ in Polyäthylen unter verschiedenen Winkeln wurde mit einem Laufzeit-Spektrometer bestimmt, um die Streuung an H u. C zu diskriminieren. Als Detektor diente dabei der Scintillator B von *Pilot Chemicals*, der Maxima für die Streuung der Neutronen an H sowie die unelast. u. elast. Streuung an C ergibt. Da diese Werte rechner. aus der Kenntnis der entsprechenden Werte für die differentiellen Wrkg.-Querschnitte berechnet werden können, kann aus dem gemessenen Laufzeitspektrum der Wrkg.-Grad des Scintillators als Funktion der Neutronenenergie berechnet werden. W. REUSSE. 112□

Ein neues Thermoluminescenz-Dosimeter. James H. Schulman, Frank H. Attix, Edward J. West und Robert J. Ginther. (Rev. sci. Instruments **31.** 1263—69. Dez. 1960. Washington, D.C., U. S. Naval Res. Labor.) (Engl.)

Es wird eine einfache Dosimeteranordnung beschrieben, bei der ein Thermoluminescenzphosphor auf einer elektr. heizbaren Unterlage befestigt ist; dieser Aufbau befindet sich in einem evakuierten oder gasgefüllten Glasrohr. Bei Verw. eines CaF_2:Mn-Phosphors ergibt sich ein linearer Gang von einigen mr bis zu $2 \cdot 10^5$ r. H. SCHIRRWITZ. 112□

Die räumliche Verteilung der γ-Dosis aus einer ebenen Strahlenquelle. U. Ia. Margulis und A. V. Khrustalev. (Int. J. appl. Radiat. Isotopes **4.** 109—11. Dez. 1958. — C. **1959.** 1012.) (Engl.) W. REUSSE. 112□

Erhöhung der Empfindlichkeit bei der γ-defektoskopischen Kontrolle. R. A. Akbajew, B. Ss. Masitow und T. Ch. Imamow. (Известия Академии Наук УзССР, Серия Физико-Математических Наук [Nachr. Akad. Wiss. UsbekSSR, Ser. physik.-math. Wiss.] **1960.** Nr. 5. 80—82. Inst. für Kernphys. der Akad. der Wiss. der UsbekSSR.) (Russ.)

Um die Empfindlichkeit u. den Kontrast eines γ-Instruments zur Kontrolle von Defekten in Festkörpern zu erhöhen, wurde ein Block aus Pb-Folien von 0,3 mm Dicke mit Papier dazwischen verwendet. Es wurden die Materialien Pb, Stahl u. Al mit der γ-Strahlung von ^{60}Co, ^{137}Cs u. ^{192}Ir untersucht. Bei Verw. dieses Absorptionsblocks steigt auch die Expositionsdauer, aber weit weniger als die Empfindlichkeit. M. WIEDEMANN. 112□

A₂. Optisches Verhalten der Materie

Polarlichtbeobachtungen während der Jahre 1958—1960 in Deutschland. W. Schröder. (Z. Naturforsch. **16a.** 1239. Nov. 1961. Bremen.) (Dt.)

Vf. berichtet über eigene Polarlichtbeobachtungen in Norddeutschland, bes. der Farben u. Formen des Polarlichts, sowie über die Korrelation mit erdmagnet. Unruhe. G. M. NEUMANN. 113□

Über neue Rechnungsgrundlagen der Atom- und Strahlungsphysik. K. Nowak. (Neue Physik [Wien] **1959.** 1—29. 1959.) (Dt.) — Vgl. C. **1960.** 11534 (Bibl.).

Es werden neue Rechnungsansätze für einen Masse- u. Ladungstransport der Strahlungen, die Strahlungsenergie u. den Strahlungsimpuls sowie für eine einheitliche Gesetzmäßigkeit aller Strahlungsvorgänge angegeben. Der Strahlungsvorgang weist eine wesentlich feinere Photonenstruktur als bisher angenommen auf, die bisher festgestellte Quantenhaftigkeit entspringt der Wechselwrkg. der Strahlung mit elektr. Erscheinungen. Die angegebenen Rechnungsansätze werden durch Erläuterungen über die anzunehmenden Verhältnisse der Photonenemission u. Bewegung sowie über das Wesen eines Lichtquants, Neutrinos u. Antineutrinos ergänzt (Vgl. auch C. **1961.** 18206 u. 18207). J. PETERS. 114□

Über die Bethe-Salpeter-Gleichung und die angeregten Zustände des Wasserstoffatoms. Hideji Kita und Masami Wakano. (Progr. theoret. Physics [Kyoto] **17.** 63—79. Jan. 1957. Kyoto, Univ., Fac. of Sci., Dep. of Phys.) (Engl.)

Vff. zeigen an Hand einer Analyse des asymptot. Verh. der mit den Photonen-Koordinaten bei großen Abständen verknüpften Zweiteilchen-Amplituden, daß die exakte BETHE-SALPETER-Gleichung im Prinzip keine Best. der höheren angeregten Niveaus des H-Atoms erlaubt, u. geben eine Näherungs-Meth. zur Behandlung des Problems der angeregten Zustände an. D. JÖRCHEL. 114□

Verschiebungen der atomaren Energieniveaus in wasserstoff-ähnlichen Atomen. A. Petermann. (Fortschr. Physik **6.** 505—23. 1958. Geneva, CERN, Theoret. Study Div.) (Engl.)

Vf. erörtert die sog. „1/2-MHz-Diskrepanz" zwischen den experimentellen u. theoret. LAMB-Verschiebungen für H u. D sowie den Ursprung dieser Unstimmigkeit, der sich als ein Berechnungsfehler bei der Bestimmung der Korrekturen 4. Ordnung herausgestellt hat. Im einzelnen werden das anomale magnet. Moment des Elektrons, die Anpassung der atomaren Konst. unter Berücksichtigung der neuen Anomalie nach der Meth. der kleinsten Quadrate, die Feinstrukturen von H, D u. He^+ sowie die einzelnen (von der einfachen Dirac-Theorie nicht vorausgesagten) Strahlungskorrekturen 2. u. 4. Ordnung ($2^2S_{1/2}-2^2P_{1/2}$-Verschiebungen) behandelt. D. Jörchel. 114□

Über einige Probleme der Spektroskopie komplizierter Moleküle. Ss. I. Kubarew. (Оптика и Спектроскопия [Optik u. Spektroskopie] **9.** 1—6. Juli 1960.) (Russ.)

Auch die grundlegenden spektroskop. Erscheinungen komplizerter Moll. können nach Vf. von einem einheitlichen Standpunkt aus betrachtet werden. Die möglichen Ursachen der Entstehung zusammenhängender Banden von komplizierten Moll. werden genannt. Es wird gezeigt, daß die Anwendbarkeit der Oscillatornäherung auf komplizierte Moll. in Übereinstimmung mit dem Experiment die Temp.-Abhängigkeit von Banden zu prüfen gestattet. U.-L. Rau. 114□

Anharmonizität der Schwingungen in Molekülen. K. S. Viswanathan. (Proc. Indian Acad. Sci., Sect. A **47.** 85—97. Febr. 1958. Bangalore, Indian, Raman Res. Inst.) (Engl.)

Vf. untersucht den Einfl. der Anharmonizität von Mol.-Schwingungen auf das Spektrum. In der Näherung für den harmon. Oscillator sind die einzelnen Schwingungsarten zunächst voneinander unabhängig, erst durch Berücksichtigung von Anharmonizitäten werden die Schwingungsarten voneinander abhängig u. beeinflussen einander. Vf. behandelt diese gegenseitige Wechselwrkg. nach der Meth. von Hartree u. entwickelt ihre Wellenfunktionen u. Eigenwerte. Es zeigt sich, daß in erster Näherung die normalen Schwingungen antisymm. Natur sind u. nicht miteinander in Wechselwrkg. treten u. daher auch keine Anharmonizität besitzen. Schließlich wird die Frage von Entartungen behandelt u. Beziehungen für die Energiewerte der verschiedenen Unterniveaus angegeben, in die ein Oberschwingungsniveau eines entarteten Syst. nach gruppentheoret. Betrachtungen aufspaltet. G. M. Neumann. 114□

Elektronische $n \to \pi^*$-Übergänge in reinen Alkalinitratschmelzen. G. Pedro Smith und Charles R. Boston. (J. chem. Physics **34.** 1396—1406. April 1961. Oak Ridge, Tenn., Oak Ridge Nat. Labor., Metallurg. Div.) (Engl.)

Der Übergang $n \to \pi^*$ beim Nitration ändert sich in Energie u. Intensität systemat. vom *$LiNO_3$* zum *$CsNO_3$*. Die Energie des Bandenmaximums ist eine lineare Funktion des Kationenradius. Ihre Temp.-Abhängigkeit liegt in der Größenordnung von -10^{-4}eV/Grad u. nimmt mit ansteigendem $1/r_0$ (Kationradius $= r_0$) zu. Die f-Zahl fällt vom $LiNO_3$ ($4{,}1 \cdot 10^{-4}$) zum *$RbNO_3$* ($0{,}86 \cdot 10^{-4}$) ab u. steigt zum $CsNO_3$ ($1{,}0 \cdot 10^{-4}$) wieder an. Der therm. Koeff. $(1/f)\,(df/dT)$ liegt im Bereich von 10^{-4} bis 10^{-3} $Grad^{-1}$. Die Bandbreite wechselt mit Änderung des Kations oder der Temperatur. Der Ursprung der beobachteten Verschiebungen wird in Abhängigkeit von den Bindungskräften zwischen den Ionen betrachtet. G. Herzog. 118□

Z-Zentren in Natriumchlorid, das Ca enthält. J. E. Caffyn und B. K. Ridley. (Proc. physic. Soc. **77.** 153—64. 1/1. 1961. London, Northampton Coll. of Advanced Technol.; Redhill, Surrey, Salfords, Mullard Res. Labor.) (Engl.)

Vff. messen die opt. Absorption von NaCl-Einkristallen mit Ca-Verunreinigungen, wobei sie eine neue Bande bei **345** mμ beobachten. Bei Zimmer-Temp. tritt die Z_1-Bande an Proben auf, die durch Röntgenstrahlen verfärbt sind. Es wird die Entstehung der Absorptionsbande sowie die Verfärbung der Kristalle, die Ca^{2+} enthalten, versucht zu erklären. D. Hahn. 119□

Das Absorptionsspektrum von Tellurmonosulfid im ultravioletten Gebiet. H. Mohan und K. Majumdar. (Proc. physic. Soc. **77.** 147—52. 1/1. 1961. Allahabad, India, Univ. of Allahabad, Dep. of Phys.) (Engl.)

Das Absorptionsspektrum von Te in einer Mischung mit ZnS oder CdS im Dampfzustand wird im Gebiet von 2190—2450 Å untersucht. Dabei werden 2 neue Banden-Syst. gefunden. Syst. I liegt von 2190—2360 Å u. Syst. II von 2310—2450 Å. Diese neuen Banden werden klassifiziert, die Wellenlängen der Syst. angegeben u. einem neuen Mol. TeS zugeschrieben. D. Hahn. 119□

Messung der optischen Konstanten von Berylliumoxidacetat mit Hilfe des Reflexionsspektrums zwischen 650 und 900 cm^{-1}. Claude Deloupy. (C. R. hebd. Séances Acad. Sci. **252.** 3221—23. 24/5. 1961. Montpellier, Hérault, Fac. des Sci., Labor. de Phys.) (Franz.)

Von einem kub. *Be-Oxidacetat*-Einkristall wird das Reflexionsspektrum mit natürlichem Licht bei normalem Einfall zwischen 500 u. 1700 cm^{-1} aufgenommen. In der Nähe der Bande bei 792 (cm^{-1}), d. h. zwischen 650 u. 900, werden die opt. Konst. n u. $\varkappa$ nach der Drude-Formel berechnet; aus dem Reflexionsspektrum werden die notwendigen Daten für die transversale Wellenlänge $\nu_0 = 781 \pm 2$ (cm^{-1}), Dämpfungs-Konst. $f = 24 \pm 8$, $\zeta = (1,5 \pm 0,2) \cdot 10^5\ cm^{-2}$ u. $n_0 = 1,43 \pm 0,04$ abgeleitet. n u. $\varkappa$ sind als Funktion der Wellenzahl graph. dargestellt. HERBERT MÜLLER. 119☐

Über die Intensitäten von Raman-Linien. I. I. Kondilenko, P. A. Korotkow und W. L. Strishewski. (Оптика и Спектроскопия [Optik u. Spektroskopie] **9.** 26–33. Juli 1960.) (Russ.)

Die Intensitäten von RAMAN-Linien werden einer theoret. Unters. im Rahmen der Quantenelektrodynamik unterzogen. Ausgehend von der Gleichung für die Energie der Wechselwrkg. eines Mol. mit dem Licht nach HEITLER leiten Vff. Ausdrücke für die Intensität von RAMAN-Linien ab. Die erhaltenen Formeln werden mit Hilfe der adiabat. Näherung umgewandelt. Zur Prüfung der Ergebnisse berechnen Vff. die Intensitätsverhältnisse I_k/I_e, I_f/I_e u. I_r/I_e der Linien 992 u. 3062 cm^{-1} von *Benzol*. I_e, I_k, I_f, I_r sind die Intensitäten der entsprechenden Linien bei Anregung durch die e-, k-, f- bzw. r-Linie. Die Berechnung wird nach der Formel $I = (\omega/\omega_0)^2\, a_j\, [\omega_{j_0}'^2 + \omega_0^2/(\omega_{j_0}'^2 - \omega_0^2)^2]^2$ durchgeführt, wo die Frequenz der RAMAN-Strahlung durch ω, des Erregerlichtes durch ω_0 u. der zugehörigen Elektronenbande durch ω_{0j}' bezeichnet wird. Die berechneten Intensitätsverhältnisse stimmen mit den experimentellen Daten bedeutend besser überein als die nach den Formeln von PLATSCHEK berechneten Werte. Für *p-Nitrodimethylanilin* werden I_e/I_c, I_k/I_c u. I_r/I_c von einer Linie in Abhängigkeit vom Lsgm. (in Methanol 1319 cm^{-1}, in Bzl. 1327 cm^{-1}) bestimmt. U.-L. RAU. 120☐

Der Einfluß gelöster Alkalihalogenide auf das Raman-Spektrum des Wassers. J. W. Schultz und D. F. Hornig. (J. physic. Chem. **65.** 2131–38. Dez. 1961. Providence, R.I., Brown Univ., Metcalf Res. Labor.; Princeton, N.J., Princeton Univ., Frick Chem. Labor.) (Engl.)

Vff. untersuchen die RAMAN-Spektren wss. Lsgg. von *LiCl*, *LiJ*, *KF*, *KJ*, *CsF* u. *CsJ* verschiedener Konz. u. vergleichen diese mit den Spektren von reinem H_2O u. D_2O. Die Intensitäten der Spreiz- u. Streckschwingungen werden stark vom Anion beeinflußt; sie nehmen in Ggw. von F^- leicht ab, steigen leicht mit Cl^- u. nehmen bis auf das 8fache in Ggw. von J^- zu. Das Kation hat keinen merklichen Einfl., LiJ- u. CsJ-Lsgg. zeigen im wesentlichen ident. Spektren. Vff. konnten keinen Hinweis auf die Existenz weiterer Arten von H_2O-Teilchen in reinem H_2O oder in den Lsgg. erhalten. Für den Bereich der OH- u. OD-Valenzschwingung sowie der OH-Valenzschwingung in 4,0 u. 7,9m LiJ-Lsg. wird eine GAUSSsche Fehlerberechnung unter der Annahme von drei Peaks durchgeführt. P. FRENZEL. 120☐

Intensitäten in den Infrarot-Absorptionsspektren vielatomiger Moleküle. L. A. Gribow und W. N. Smirnow. (Успехи Физических Наук [Fortschr. physik. Wiss.] **75.** 527–67. Nov. 1961.) (Russ.) — Vgl. C. **1961.** 7115.

Zusammenfassende Übersicht über die Probleme der Theorie der Intensitäten der IR-Absorptionsspektren der Grundschwingungen vielatomiger Moll. u. der experimentellen Meß-Meth. der Intensitäten. — 119 Literaturangaben. — Ein Anhang umfaßt mit 3 Tabellen die experimentellen Daten aus 103 Arbeiten auf dem besprochenen Gebiet. E. KLEVER. 120☐

Bedingungen der Charakteristizität der Intensitäten von Infrarotbanden vielatomiger Moleküle. L. M. Swerdlow. (Оптика и Спектроскопия [Optik u. Spektroskopie] **9.** 40–45. Juli 1960.) (Russ.)

Theoret. werden die Bedingungen für die Charakteristizität der Intensität von IR-Banden untersucht, die den Normalschwingungen in vielatomigen Moll. entsprechen. Ausgangspunkt der Überlegungen ist, daß eine Normalschwingung eines Mol. gleichzeitig charakterist. für eine bestimmte, in diesem Mol. enthaltene Gruppe ist. Weiter wird eine weitgehende Unveränderlichkeit der Intensität dieser Schwingung innerhalb einer Reihe von Verbb., die diese Gruppe enthalten, erwartet. Als quant. Kriterium für die Charakteristizität der Intensität der Schwingung eines Mol. für eine gegebene Gruppe führt Vf. den Koeff. der Nichtcharakteristizität der Intensität γ ein: $\gamma = I_L - I_{L'}/I_{L'}$ (I_L Intensität der Normalschwingung L des Mol., $I_{L'}$ Intensität der Normalschwingung L' der entsprechenden isolierten Gruppe). Durch Einsetzen der theoret. Ausdrücke für I_L u. $I_{L'}$ (Ableitungen des Dipolmoments nach Normal- u. Symmetriekoordinaten) ergibt sich eine vollständige Gleichung für γ. Damit γ einen minimalen Wert erreicht, u. folglich die Intensität charakterist. wird, ist die Erfüllung nachst. Bedingungen notwendig: 1. Die Normalschwingung L des Mol. entspricht in Frequenz u. Form weitgehend der Normalschwingung L' der gegebenen Gruppe. 2. Die Ableitung des Dipolmoments des übrigen Teils des Mol. nach Koordinaten der gegebenen Gruppe muß klein sein im Vgl. mit der Ableitung des Dipolmoments der gegebenen Gruppe nach den Koordinaten dieser Gruppe ($\partial p'/\partial S_k'$). 3. Die Ableitung des Gesamtdipolmoments des Mol. nach den Koordinaten des übrigen Teils des Mol. soll klein sein. 4. $\partial p'/\partial S_k'$ soll innerhalb einer Reihe von Verbb., die diese Gruppe enthalten, weitgehend konst. bleiben. Diese Formulierungen überprüft Vf. an einer Reihe von Beispielen. Analoge Bedingungen können auch für die Charakteristizität der Intensität von RAMAN-Spektren aufgestellt werden. U.-L. RAU. 120□

Gleichzeitige Infrarotabsorption unter Einschluß von Rotationsübergängen des H_2. J. A. A. Ketelaar und R. P. H. Rettschnick. (J. chem. Physics 35. 1909—10. Nov. 1961. Amsterdam, Univ., Labor. for Phys. Chem.) (Engl.)

Vff. berichten über zwei starke Absorptionsbanden bei 2936 u. 3162 cm^{-1} sowie eine schwache bei 2700 cm^{-1} in Mischungen von CO_2 u. H_2. Diese Banden entstehen durch gleichzeitige Übergänge der ν_3-Schwingung von CO_2 u. verschiedener Rotationsübergänge von H_2. Ferner wurden die Spektren von Mischungen von H_2 mit CF_4 u. mit SF_6 untersucht. Auch hier wurden Banden für gleichzeitige Übergänge gefunden, die in Übereinstimmung mit den Auswahlregeln von COLPA u. KETELAAR für gleichzeitige Schwingungsübergänge stehen. Aus den Ergebnissen geht hervor, daß die Rotationsquantenzahl von H_2 sich bei $\Delta I = 0, \pm 2$ ändert. G. M. NEUMANN. 120□

Über die Temperaturabhängigkeit der kurzwelligen Ausläuferabsorption von MgO im Ultraroten. R. Groth. (Ann. Physik [7] 6. 328—44. 1960. Aachen, Allg. Deutsche Philips Ind. GmbH, Zentrallabor.; Marburg, Univ., Inst. für Angew. Phys.) (Dt.)

Die kurzwellige Ausläuferabsorption der Gitterschwingungen von MgO wurde im Wellenlängengebiet von 5—10 μ zwischen 20 u. 1500° untersucht. Die Absorptions-Isochromaten steigen bei höheren Temp. linear mit T an, wie es von der BORN-HUANGschen Theorie für einen Absorptionsprozeß durch elektr. Momente 2. Ordnung, d. h. durch den Anteil an Valenzbindungen im Kristallgitter, gefordert wird. Aus dem Verlauf bei tieferen Temp. ergibt sich, daß von den zwei möglichen Anregungsprozessen beide an der Gesamtabsorption beteiligt sind. G. M. NEUMANN. 120□

Infrarotabsorptionsbanden des SO_4^{2-}-Ions in $NiSO_4 \cdot 7\,H_2O$, $CoSO_4 \cdot 7\,H_2O$, $FeSO_4 \cdot 7\,H_2O$ und $MgSO_4 \cdot 7\,H_2O$. Itaru Gamo. (C. R. hebd. Séances Acad. Sci. 253. 1429—30. 2/10. 1961. Tokio, Fac. des Sci. de Waseda, Labor. de Chim.) (Franz.)

Die IR-Spektren im Bereich 2,5—15 μ der vier Verbb. $NiSO_4 \cdot 7\,H_2O$, $CoSO_4 \cdot 7\,H_2O$, $FeSO_4 \cdot 7\,H_2O$ u. $MgSO_4 \cdot 7\,H_2O$ wurden nach der Einbettungs-Meth. in KBr gemessen u. diskutiert. Zwischen 9,5 u. 1,2 μ zeigten sich die charakterist. Banden der Schwingungen der S—O-Bindung. Durch Röntgenanalyse wurde festgestellt, daß von 3 O-Atomen des SO_4^{2-} jedes an 3 Mol. W. gebunden ist, die mit den Ni-Atomen koordiniert sind u. das vierte O relativ frei ist. SO_4^{2-} bildet einen völlig unregelmäßigen Tetraeder. Die Übereinstimmung der Spektren der Kristalle aller 4 Verbb. legte die Vermutung nahe, daß sie in der Form, der elektron. Struktur des SO_4^{2-} u. den Parametern des Grundgitters fast ident. sind. H. FRIES. 120□

Ein Infrarot-Elektronenübergang im Er^{3+}-Ion. G. Ss. Krintschik und M. W. Tschetkin. (Оптика и Спектроскопия [Optik u. Spektroskopie] 11. 274—75. Aug. 1961.) (Russ.)

Die theoret. vorausgesagte IR-Absorptionsbande des Übergangs $^4I_{15/2}$—$^4I_{13/2}$ im Ion Er^{3+} konnte als Doppelbande bei 6300 u. 6600 cm^{-1} im $Er_3Fe_5O_{12}$ nachgewiesen werden. Die Existenz zweier Banden wird gleichzeitig durch Messungen des FARADAY-Effektes eindeutig bewiesen u. kann nicht auf Verunreinigungen zurückgeführt werden.
R. GERBATSCH. 120□

Normalschwingungen und thermodynamische Eigenschaften von Chrom- und Molybdänhexacarbonylen. Kiyoyasu Kawai und Hiromu Murata. (Bull. chem. Soc. Japan 33. 1008—13. Juli 1960. Kita-ku, Osaka, Osaka Municipal, Techn. Res. Inst.) (Engl.)

Vff. untersuchten die IR-Spektren der Cr- u. Mo-Hexacarbonyle der Symmetrieklasse O_h mit Hilfe der Normalkoordinatenanalyse, um zuverlässige Angaben über die Schwingungsfrequenzen zu erhalten, die Potential-Konst. zu berechnen u. aus diesen Aussagen über die Metall-Carbonyl- u. Carbonyl-Bindungen abzuleiten. Außerdem werden thermodynam. Eigg. auf Grund der Zuordnungen berechnet. Die aus den Potential-Konst. für $Cr(CO)_6$ u. $Mo(CO)_6$ errechneten IR-Normalfrequenzen stimmten mit experimentellen Werten bis auf die Metall—C—O-Spreizschwingungen gut überein. Für beide Carbonyle wurden die L-Matrizen für die Umwandlung von normalen in symm. Koordinaten berechnet. Enthalpie, Freie Energie, Entropie u. spezif. Wärme bei konst. Druck wurden für sieben Temp. zwischen 273,15 u. 1000° K unter Verw. der beobachteten Wellenzahlen ermittelt. H. FRIES. 120□

Untersuchungen über Komplexe zwischen Carbonylverbindungen und Metallhalogeniden. 7. Mitt. Untersuchung der Infrarotspektren von Komplexen aromatischer Aldehyde und Ketone. Leonello Paoloni und G. B. Marini-Bettòlo. (Gazz. chim. ital. **89.** 1972—2004. Sept. 1959. Roma, Ist. Super. di Sanità, Labor. di Chim. e di Chim. terapeutica.) (Ital.) — 6. vgl. C. **1958.** 10588.

Untersucht wurden die IR-Absorptionsspektren der folgenden Verbb.: *Acetophenon* (I), I·$HgCl_2$, I·$CdCl_2$ (schm. nicht bis 240°); *Benzophenon* (II), II·$HgCl_2$, *o-Methoxy-I*, *o-Methoxy-I*·$HgCl_2$, F. 148°; *o-Hydroxy-I*, *o-Hydroxy-I*·$HgCl_2$ (F. 220° unter Sintern); *Zimtaldehyd* (III), III·$HgCl_2$, III·$HgBr_2$, F. 104°, III·$CdCl_2$; *Benzaldehyd* (IV), IV·$HgCl_2$, IV·$CdCl_2$; *o-Chlor-IV*, *o-Chlor-IV*·$HgCl_2$, F. 230°; *o-Chlor-IV*·$HgBr_2$, F. 88 bis 89°; *o-Äthoxy-IV*, *o-Äthoxy-IV*·$HgCl_2$, F. 198—200°; *o-Äthoxy-IV*·$HgBr_2$, F. 91—92°; *Salicylaldehyd* (V), V·$HgCl_2$; V·$CdCl_2$; *Furfurol* (VI), VI·$HgCl_2$, F. 100°; VI·$CdCl_2$; *Anisaldehyd* (VII), VII·$HgCl_2$; VII·$CdCl_2$; *p-Methoxy-I*, *p-Methoxy-I*·$HgCl_2$, F. 144°; *p-Methyl-I*; *p-Methyl-I*·$HgCl_2$, F. 104—105°; *p-Chlor-I*, *p-Chlor-I*·$HgCl_2$, F. 206°; *Peonol* (o-Hydroxy-p-methoxyacetophenon, VIII), VIII·$HgCl_2$; VIII·$CdCl_2$, *Veratrylaldehyd* (IX), IX·$HgCl_2$, F. 132—134°; *Piperonylaldehyd* (X), X·$HgCl_2$; X·$CdCl_2$; *Cumarin* (XI), XI·$HgCl_2$, F. 164—165°; XI·$HgBr_2$, F. 138°, u. XI·$CdCl_2$, schm. nicht bis 240°. Die tabellar. u. graph. angegebenen Spektren werden im Hinblick auf die durch Komplex-Bldg. verursachten Veränderungen der Lage u. der Intensität einer Reihe von Banden diskutiert. C. GOTTFRIED. 120

Infrarotspektren wässeriger Lösungen. 1. Mitt. **Metallchelate von Aminosäuren.** Kazuo Nakamoto, Yukiyoshi Morimoto und Arthur E. Martell. (J. Amer. chem. Soc. **83.** 4528—32. 20/11. 1961. Worcester, Mass., Clark Univ., Jeppson Labor. of Chem.) (Engl.)

Vff. messen die IR-Spektren der folgenden Verbb. in D_2O-Lsg., im hydratisierten u. im wasserfreien Zustand u. geben tabellar. die Frequenzen der antisymm. u. symm. COO^--Valenzschwingungen an: *$Ni(Gly)_2 \cdot 2\,H_2O$* (H·Gly = Glycin), *$Zn(Gly)_2H_2O$*·, *$Cu(Gly)_2 \cdot H_2O$*; *α-$Co(Gly)_3 \cdot 2\,H_2O$*, *β-$Co(Gly)_3 \cdot H_2O$*, *trans-$Pd(Gly)_2$*, *trans-$Pt(Gly)_2$*, *$Cr(Gly)_3 \cdot H_2O$*; *$Ni(Ala)_2 \cdot 4\,H_2O$*, (H·Ala = α-Alanin), *$Zn(Ala)_2 \cdot H_2O$*, *$Cu(Ala)_2 \cdot H_2O$*, *$Co(Ala)_3 \cdot H_2O$*, *trans-$Pt(Ala)_2$*, *$Cr(Ala)_3 \cdot H_2O$*; *Ni(β-Ala)$_2 \cdot 2H_2O$*, *Cu(β-Ala)$_2 \cdot 6\,H_2O$*; *$Ni(Val)_2 \cdot 2\,H_2O$* (H·Val = dl-Valin), *$Cu(Val)_2$*; *$Ni(Isoleu)_2 \cdot 2\,H_2O$* (H·Isoleu = dl-Isoleucin), *$Cu(Isoleu)_2 \cdot H_2O$*, *$Me[(CH_3)NHCH_2COO]_2 \cdot H_2O$* (Me = *Ni* u. *Cu*); *$Ni(Phengly)_2 \cdot 3\,H_2O$* (H·Phengly = N-Phenylglycin), *$Co(Phengly)_2 \cdot 2\,H_2O$*, *$Cu(Phengly)_2$*; *$Ni[(CH_3)_2NCHCOO]_2 \cdot 2\,H_2O$* u. *$Cu[(CH_3)_2NCHCOO]_2 \cdot 3\,H_2O$*. Auf Grund der Änderung dieser Frequenzen werden Aussagen über Natur der koordinativen Bindungen zwischen dem Zentralatom u. der COO^--Gruppe gemacht. Während im wasserfreien krist. Zustand nur Wasserstoffbrückenbindungen der Art CO—HN oder CO—DN möglich sind, liegen in D_2O-Lsg. wahrscheinlich nur CO—DO-Bindungen u. im wasserhaltigen krist. Zustand beide Typen vor. Die beobachteten Frequenzen werden durch diese Verhältnisse derart beeinflußt, daß bei einer Änderung des physikal. Zustandes der Verb. Frequenzverschiebungen um 10 bis 30 cm^{-1} auftreten. Es wird festgestellt, daß die Frequenzreihenfolge der COO^--Valenzschwingung in einer Serie von Metallchelaten mit demselben Liganden als Maß für die relative Stärke der Metall—O-Bindung benutzt werden kann, wenn der Vgl. an Verbb., die in demselben physikal. Zustand vorliegen, durchgeführt wird. Die beobachteten Frequenzen liegen zwischen denen für krist. $NaCH_3COO$ (1578, 1414 cm^{-1}), in dem die COO^--Gruppe fast symm. ist, u. denen für monomeres CH_3COOH im gasförmigen Zustand, das infolge der Ggw. der kovalenten OH-Bindung äußerst asymm. ist.

Versuche: *Bis-[N-phenylglycinato]-kupfer(II)*, durch Zugabe einer äthanol. Lsg. von N-Phenylglycin zu $NaOC_2H_5$ in A., Lösen des gebildeten Prod. in W. u. Versetzen mit einer Lsg. von $CuCl_2$; krist., dunkelgrün. — *Bis-[N-phenylglycinato]-nickel(II)-trihydrat*; analog vorst. Verb.; gelbgrün. — *Bis-[N-phenylglycinato]-kobalt(II)-dihydrat*, analog vorst. Verb.; rosafarben. — *Bis-[N.N-dimethylglycinato]-nickel(II)-dihydrat*, durch Zugabe einer wss. Lsg. von N.N-Dimethylglycin zu einer Suspension von überschüssigem Ni_2CO_3, Erwärmen auf dem Wasserbad, Filtrieren, Einengen u. Abkühlen; krist., blaugrün (aus H_2O). — *Bis-[dl-isoleucinato]-nickel(II)-dihydrat*, durch Zugabe einer Lsg. von $^1/_{50}$ Mol dl-Isoleucin in 40 ml 0,5m NaOH zu einer 0,01m wss. Lsg. von $NiCl_2$; krist. blau. — *Bis-[dl-valinato]-nickel(II)-dihydrat*, analog vorst. Verb.; krist., hellblau. — *Bis-[β-alaninato]-nickel(II)-dihydrat*, durch Erhitzen einer wss. Lsg. von β-Alanin (0,01m) mit überschüssigem Ni_2CO_3 auf dem Wasserbad; krist., hellblau. U. SKURNIA. 120□

Einige Einflüsse des elektrischen Kontaktes in Filmen aus elektrolumineszierendem ZnS : Cu, Cl. W. J. Harper. (J. electrochem. Soc. **109.** 103—09. Febr. 1962. Pittsburgh, Pa., Westinghouse Electric Corp., Res. Labor., Electronics Dep.) (Engl.)

Eine Schicht schwach leitenden Materials zwischen der Leitungselektrode u. einem aufgedampften elektrolumineszierendem ZnS:Cu, Cl-Phosphor besitzt einen ausgeprägten Einfl. auf die Eigg. der Zelle. Der Logarithmus der integrierten Luminescenzhelligkeit ändert sich umgekehrt mit der Spannung oder mit der Wurzel aus der Spannung je nach dem elektr. Kontakt u. den Anregungsbedingungen des Phosphors. Es zeigt sich, daß eine Schicht schwacher Leitfähigkeit an der Metallelektrode das Auftreten von Elektrolumineszenzerscheinungen auch bei Metallelektroden, die diese Erscheinung ohne Zwischenschicht nicht zeigen, ermöglicht. G. M. Neumann. 125 □

P. A. Apanassewitsch und W. Ss. Aisenschtadt, Tabellen der Energie- und Photonenverteilung im Spektrum der Gleichgewichtsstrahlung. Minsk: Verl. der Akad. der Wiss. der BelorussSSR. 1961. (252 S.) 1 Rbl. 43 Kop. [Russ.]

A_3. Elektrizität. Magnetismus. Elektrochemie

Theorie der langsamen Pinch-Entladung. 1. Mitt. **Magnetohydrodynamische Stabilität des Entladungskerns.** A. A. Ware. (Physic. Rev. [2] **123.** 19—24. 1/7. 1961. San Diego, Calif., John Jay Hopkins Labor. for Pure and Appl. Sci.) (Engl.)

Die Stabilitätsbedingung für die Austauschformen ist $dp/dr \geq -2\gamma p B_{\Theta}^2 / r(B^2 + \gamma p)$. Der Vgl. mit experimentellen Ergebnissen weist darauf hin, daß instabile Austauschformen möglich sind; sie begrenzen den negativen Druckgradienten. H. Newesely. 131 □

Wirkungsquerschnitte der Ionisation durch Elektronenstöße in der Nähe des Schwellenwertes. R. E. Fox. (J. chem. Physics **35.** 1379—82. Okt. 1961. Pittsburgh, Pa., Westinghouse Res. Labor.) (Engl.)

Durch monoenerget. Elektronenstrahlen nahe des Schwellenwertes erhaltene Ionisierungskurven wurden massenspektrometr. aufgenommen. Diese Kurven wurden mit früher publizierten Werten totaler Ionisierungsexperimente verglichen, um abs. Wrkg.-Querschnitte für das Gebiet der Schwellenenergie zu erhalten. Für *He, Ne, Ar, Hg, CO* u. N_2 werden die Ionisierungs-Wrkg.-Querschnitte in Abhängigkeit von der Elektronenenergie gegeben. Für He u. Ne ist die Abhängigkeit linear. Die Kurve für Ar zeigt einen durch die Ionisation des Dublettgrundzustandes bedingten Knick, während die des Hg ein Maximum zeigt. Die Kurven für N_2 u. CO weisen infolge Ionisation angeregter Zustände je zwei Knicke auf. Wolfgang Krüger. 131 □

Stöße von Elektronen mit Wasserstoffatomen. 6. Mitt. **Winkelverteilung bei der elastischen Streuung.** H. B. Gilbody, R. F. Stebbings und Wade L. Fite. (Physic. Rev. [2] **121.** 794—98. 1/2. 1961. San Diego, Calif., General Atom. Div. of General Dynam. Corp., John Jay Hopkins Labor. for Pure and Appl. Sci.) (Engl.) — 5. vgl. C. **1961.** 8197.

Die Winkelverteilung von an H-Atomen elast. gestreuten Elektronen wurde für Elektronenenergien unterhalb von 10 eV bestimmt. Die elast. gestreuten Elektronen wurden durch Überkreuzung eines Elektronenbündels u. eines modulierten H-Atom-Strahls erzeugt u. über einen Winkelbereich von 30—120° untersucht. Obwohl die Ergebnisse durch eine s- u. p-Wellenstreuung eindeutig beschrieben werden können, kann die Möglichkeit einer merklichen d-Wellen-Beteiligung nicht ausgeschlossen werden. G. M. Neumann. 131 □

Streuung von Elektronen niedriger Energie an atomarem Sauerstoff. R. H. Neynaber, Lawrence L. Marino, Erhard W. Rothe und S. M. Trujillo. (Physic. Rev. [2] **123.** 148—52. 1/7. 1961. San Diego, Calif., Convair-San Diego Div., Phys. Sect.) (Engl.)

Der totale Querschnitt für die Streuung von Elektronen an O wurde als Funktion der Elektronenenergie von 2,3—11,6 eV gemessen. Zunächst wurde die Anzahl von Streuelektronen gemessen, die in dem Überschneidungsbereich des Elektronenbündels u. eines mol. O_2-Strahls entstanden. Dann wurde die Anzahl der Streuelektronen bei teilweise dissoziiertem O_2 bestimmt. Dabei waren ca. 30% der O_2-Moll. durch eine Entladung im Radiofrequenzbereich dissoziiert. Es zeigt sich, daß der atomare Wrkg.-Querschnitt von $(6{,}02 \pm 0{,}5)\pi a_0^2$ über den untersuchten Energiebereich konst. bleibt. Das Ergebnis wird mit theoret. Berechnungen anderer Autoren verglichen. G. M. Neumann. 131 □

Einfluß der innermolekularen Wechselwirkung auf die Dipolmomente. 1. Mitt. N. Tjutjulkow. (Доклады Болгарской Академии Наук [C. R. Acad. bulg. Sci.] **10.** Nr. 1. 37—40. Jan./Febr. 1957. Sofia, Med. Inst., Lehrstuhl für med. Chemie.) (Russ.; Auszug: Dt.)

Vf. betrachtet am Elektronenoscillatormodell den Einfl. der innermol. Wechselwrkg. auf die Dipolmomente, die in der Abweichung von der Vektorsumme zum Ausdruck kommt. Hierbei geht Vf. vom Einelektronen-Oscillatormodell aus. Die Wechselwrkg. der Bindungen wird bei der Unters. als solche von harmon. miteinander verbundenen Oscillatoren betrachtet. O. LEBTAG. 132 □

Der Einfluß der innermolekularen Wechselwirkung auf die Dipolmomente. 2. Mitt. N. Tjutjulkow. (Доклады Болгарской Академии Наук [C. R. Acad. bulg. Sci.] **10.** Nr. 1. 41—44. Jan./Febr. 1957. Sofia, Med. Inst., Lehrstuhl für med. Chemie.) (Russ.; Auszug: Dt.) — 1. vgl. vorst. Referat.

Bei der theoret. Erörterung des Einfl. der innermol. Wechselwrkg. auf die Dipolmomente geht Vf. bei der Unters. der chem. Bindungen im Elektronenoscillatormodell von der Annahme aus, daß ein Austausch stattfindet, wodurch das Syst. doppelt entartet ist. O. LEBTAG. 132 □

Dielektrische Dispersion in mit Neutronen bestrahlten Lithiumfluoridkristallen. Hubert Curien und Jeannine Fructus-Ricquebourg. (C. R. hebd. Séances Acad. Sci. **253.** 850—52. 31/7. 1961. Paris, Fac. des Sci., Labor. de Minéral.-Cristallogr.) (Franz.)

LiF-Einkristalle werden mit $8{,}9 \cdot 10^{16}$—$9 \cdot 10^{18}$ Neutronen/cm² bestrahlt u. von den Kristallen der reelle u. imaginäre Anteil der DK bei 67° als Funktion der Frequenz (50 Hz bis 0,1 MHz) bestimmt. Oberhalb einer Schwellenbestrahlung zeigt sowohl die DK im Niederfrequenz- als auch im Hochfrequenzbereich eine dielektr. Dispersion, die nicht mehr mit dem DEBYEschen Gesetz beschrieben werden kann. Aus der Temp.-Abhängigkeit der krit. Frequenz, bei der die dielektr. Verluste in beiden Bereichen ihr Maximum besitzen, folgt die Aktivierungsenergie für tiefe Frequenzen 0,65 (eV), für hohe Frequenzen 0,43; beim Anlassen auf 100° wird eine progressive Abnahme der Aktivierungsenergie von 0,65 auf 0,43 beobachtet. Auch unbestrahlte Kristalle, die von 300° abgeschreckt werden, zeigen die Aktivierungsenergie 0,65. In Abhängigkeit von der Wärmebehandlung können die bei Bestrahlung gebildeten Fehlstellen miteinander, mit bereits vorhandenen Fehlstellen u. bes. mit Verunreinigungen reagieren. Sek. Fehlstellen besitzen Dipolcharakter. Die Aktivierungsenergie für charakterist. Änderungen der Dipolorientierung, die in einer Verschiebung von Li^+-Fehlstellen bestehen, beträgt 0,65 eV. HERBERT MÜLLER. 132 □

Bedeutung des Begriffes Resonanzfrequenz des piezoelektrischen „Schliffes". Karla Kratochvílová und Jan Tichý. (Pokroky Mat., Fysiky Astronomie **4.** 687—95. 1959. Liberec, Kat. mat. a fys. Vys. školy strojní; Hradec Králové, Výzk. ústav elektrotechn. keram.) (Tschech.) — Vgl. C. **1962.** **8518.**

Abschluß der Berechnungen u. Anführung der bedeutendsten Frequenzen in Form von unendlichen Reihen. — 19 Literaturangaben. J. TŮMOVÁ. 133 □

Alternative Näherung zur Lösung des Transportproblems bei zusätzlichen Ladungsträgern in Halbleitern. J. P. McKelvey, R. L. Longini und T. P. Brody. (Physic. Rev. [2] **123.** 51—57. 1/7. 1961. Pittsburgh, Pa., Westinghouse Res. Labor.) (Engl.)

Unter Erhaltung des Flusses (bei Berücksichtigung von Bldg. u. Rekombination der Träger), welcher die reinen Grenzbedingungen zu Beginn beinhaltet, werden die formulierten Gleichungen für den stetigen eindimensionalen Fall gelöst, um direkt eine GREEN-Funktion für den gewünschten Ladungsfluß zu erhalten. H. NEWESELY. 135 □

Der Einfluß von Fixierung, Diffusion und Rekombination auf die Ladungsträgerkonzentrationsschwankungen. M. Lax und P. Mengert. (Physics Chem. Solids **14.** 248—67. Juli 1960. Murray Hill, N.J., Bell Telephone Labor.) (Engl.)

Vff. behandeln den Einfl. von Fixierung, Diffusion u. Rekombination auf Schwankungen der Ladungsträger-Konz. u. damit auf das 1/f-Rauschen. Es zeigt sich, daß Schwankungen der Ladungsträger-Konz. in relativ großen Bereichen niedriger Konzz. auftreten. Bei hohen Frequenzen liefert die Diffusion einen $(1/\omega)^{3/2}$-Grenzterm zum Rekombinationsspektrum, unabhängig von den geometr. Bedingungen. Ferner wird gezeigt, daß Haftprozesse u. Diffusion — speziell Mehrfach-Haftprozesse — eine weite Verteilung der Relaxationszeiten liefern, wie sie bei dem 1/f-Fremdrauschen auftritt. Neben diesen Prozessen müssen ferner Raumladungseffekte, Oberflächenpotentiale u. Tunneleffekte bei der Klärung des Problems berücksichtigt werden. G. M. NEUMANN. 135 □

Auswahlregeln zwischen verschiedenen Punkten der Brillouin-Zone. M. Lax und J. J. Hopfield. (Physic. Rev. [2] **124.** 115—23. 1/10. 1961. Murray Hill, N.J., Bell Telephone Labor.) (Engl.)

Auswahlregeln für indirekte Strahlungsübergänge u. für „inter-valley"-Streuung für *Ge* u. *Si* werden untersucht. Der Vgl. mit den Experimenten von HAYNES u. BENOIT À LA GUILLAUME unterstützt 1. die gegenwärtige Meinung, daß bei Ge das Leitungsband an der Zonengrenze ein Minimum hat, 2. die Bezeichnung der Symmetrie des LA-Phonons an der Zonengrenze in der [1 1 1]-Richtung mit L_2'. Die Abwesenheit des LA-Phonons in dem HAYNESschen Emissions-Vers. ist noch unerklärt. Um die verlangten Auswahlregeln zu bekommen, wird von dem Prod. zweier irreduzibler Darst. ausgegangen, die zu verschiedenen Wellenvektoren gehören. H. LAUE. 135□

Elastische Oberflächenwellen bei Halbleitern. D. C. Gazis, R. Herman und R. F. Wallis. (Physics Chem. Solids **14.** 268—70. Juli 1960. Warren, Mich., Gen. Motors Corp., Res. Labor.) (Engl.) — Vgl. C. **1961.** 2211.

Vff. untersuchen die Bedingungen, unter denen bei *Si, Ge, PbS* u. *Diamant* Oberflächenwellen vom RAYLEIGH-Typ existieren. Es zeigt sich, daß die Existenzbedingungen von der Größe der Dämpfungsfaktoren q u. der Elastizitäts-Konst. abhängen. Die Phasen-Geschw. der Oberflächenwellen ist im allg. kleiner als die der transversalen Gitterwellen. Ferner zeigt die Phasen-Geschw. eine Abhängigkeit von der Ausbreitungsrichtung u. durchläuft beim Übergang von der (1 0 0)- zur (1 1 0)-Richtung ein kleines Maximum. G. M. NEUMANN. 135□

Galvanomagnetische Eigenschaften halbleitender dünner Filme und Oberflächenschichten. A. Amith. (Physics Chem. Solids **14.** 271—90. Juli 1960. Princeton, N.J., RCA Labor.) (Engl.)

Vf. berichtet über den Einfl. elektr. u. magnet. Felder auf das Verh. von Ladungsträgern in dünnen halbleitenden Oberflächenfilmen. Die BOLTZMANNsche Transportgleichung wird für den Fall einer Raumladung u. auf der Grundlage kugelförmiger Energieoberflächen u. energieunabhängiger Relaxationszeiten gelöst. Es werden neue Verteilungsfunktionen erhalten u. Ausdrücke für den Strom als Funktion des angelegten Feldes, für die HALL-Konst. u. für die magnet. Widerstandsänderung abgeleitet. Ferner wird das Problem der diffusen Oberflächenstreuung u. der Änderung der galvanomagnet. Eigg. mit der Dicke der Oberflächenschicht eingehend behandelt. Für den Fall einförmiger Ladungsträger u. für *Ge* mit zwei Arten Ladungsträgern werden die galvanomagnet. Eigg. durch normalisierte Parameter beschrieben. G. M. NEUMANN. 135□

Oberflächentransporttheorie. R. F. Greene. (Physics Chem. Solids **14.** 291—98. Juli 1960. White Oak, Md., U.S. Naval Ordnance Labor.) (Engl.) — Vgl. C. **1961.** 7485.

Vf. gibt einen Überblick über den gegenwärtigen Stand der Oberflächentransporttheorie in Halbleitern unter besonderer Berücksichtigung der Anschauungen von SCHRIEFFER u. der Grenzbedingungen von FUCHS. G. M. NEUMANN. 135□

Oberflächenzustände, verbunden mit adsorbierten Atomen. T. B. Grimley. (Physics Chem. Solids **14.** 227—32. Juli 1960. Liverpool, Univ. of Liverpool, Dep. of Inorgan. and Phys. Chem.) (Engl.)

Vf. behandelt das Problem der Elektronenstruktur eines Kristalls mit reiner oder verunreinigter Oberfläche nach einem einfachen wellenmechan. Ansatz. Es zeigt sich, daß bei der Adsorption von Fremdatomen lokalisierte Zustände entstehen. Diese diskreten Elektronenniveaus ermöglichen die Ausbldg. von lokalisierten Bindungen zwischen dem Fremdatom u. dem Kristall. Bei halbleitenden Kristallen können so Haftstellen für Elektronen oder positive Löcher gebildet werden. Wenn die Oberfläche völlig mit Fremdatomen bedeckt ist, können Bänder von Oberflächenzuständen auftreten, obwohl bei reiner Oberfläche keine Oberflächenzustände u. bei Anwesenheit nur eines Fremdatoms keine diskreten Oberflächenniveaus existieren. G. M. NEUMANN. 135□

Über die Theorie von Oberflächenzuständen. J. Koutecký. (Physics Chem. Solids **14.** 233—40. Juli 1960. Prague, Czech. Acad. of Sci., Inst. of Phys. Chem.) (Engl.)

Vf. untersucht eingehend die Theorien der Oberflächenzustände von TAMM, SHOCKLEY u. a. im Hinblick auf eine klare Konzeption des Energiespektrums eines Elektrons in einem begrenzten Kristall u. den gegenwartigen Stand der Theorie. — 35 Literaturzitate. G. M. NEUMANN. 135□

Beitrag zur Theorie der Shockley-Oberflächenzustände. 1. Mitt. Allgemeine Formulierung und der Fall der Null-Deformation des Potentials beim Goodwin-Artmann-Modell. J. Koutecký und M. Tomášek. (Physics Chem. Solids **14.** 241—47. Juli 1960.) (Engl.) — Vgl. vorst. Referat.

Vff. dehnen das GOODWIN-ARTMANN-Modell eines Kristalls auf SHOCKLEY-Oberflächenzustände aus. Unter der Annahme, daß sich die Oberflächenzustände durch eine einfache Linearkombination der atomaren s- u. p-Orbitale ausdrücken lassen, werden allg. Gleichungen zur Berechnung der Orbitalenergien aufgestellt u. einfache explizite Ausdrücke für den Fall der Nulldeformation des Oberflächenpotentials abgeleitet. Eine Betrachtung der Hybridisation der Wellenfunktionen der Vol.- u. der Oberflächenzustän e zeigt den engen Zusammenhang mit der Vorstellung der in der Kristalloberfläche lokalisierten freien Valenzen. G. M. NEUMANN. 135□

Die Feldabhängigkeit der Trägerbeweglichkeit in Silicium und Germanium. A. C. Prior. (Physics Chem. Solids **12.** 175—80. Jan. 1960. Malvern, Royal Radar Establ.) (Engl.)

An n- u. p-Si u. -Ge wird die Änderung der Beweglichkeit mit der elektr. Feldstärke bis 10^5 V/cm aufwärts bestimmt. Bei p-Si läßt sich eine Abhängigkeit von der Löcher-Konz. feststellen; bei den anderen Halbleitern muß die Änderung der Eigg. mit der Konz. zu klein sein, um experimentell erfaßbar zu sein. G. RUBAN. 135□

Cyclotron-Resonanzversuche in Germanium und Silicium. Wladimir Mercouroff und Jean-Claude Picard. (C. R. hebd. Séances Acad. Sci. **250.** 2010—12. 14/3. 1960.) (Franz.)

Vff. haben die Cyclotron-Resonanz-Verss. von DRESSELHAUS, KIP u. KITTEL (C. **1956.** 7711) u. von DEXTER, ZEIGER u. LAX (C. **1957.** 4890) bei einer Frequenz von 36000 MHz wieder aufgenommen. J.-M. SPAETH. 135□

Cyclotronresonanz im Infraroten in InAs und InP vom n-Typ. E. D. Palik und R. F. Wallis. (Physic. Rev. [2] **123.** 131—34. 1/7. 1961. Washington, D.C., U.S. Naval Res. Labor.) (Engl.)

Cyclotronresonanz von Leitungselektronen wurde bei InAs u. InP im fernen IR gemessen. Die effektiven Massen zeigen bei InAs eine Variation mit dem Magnetfeld. Dies weist auf einen nichtparabol. Charakter des Leitungsbandes hin. H. NEWESELY. 135□

Behebung eines Elektronenstrahlschadens in n-InSb. F. H. Eisen. (Physic. Rev. [2] **123.** 736—44. 1/8. 1961. Canoga Park, Calif., Atom. Internat., Div. of North American Aviat., Inc.) (Engl.)

Die Entstehung u. Behebung von Schäden in n-InSb durch Elektronenstrahlen wurde mittels des HALL-Koeff. u. elektr. Leitfähigkeitsmessungen untersucht. Zwischen 4 u. 80° K erfolgt keine Ausheilung, daher wurde hauptsächlich bei 80° K bestrahlt. Ein Strahlungsschaden wird jeweils in 5 gut abgegrenzten Stufen rückgängig gemacht, wobei bei 320° K fast völlige Heilung erfolgte. Die Zeit- u. Temp.-Abhängigkeit des Ausheilvorganges wurde zwecks Best. der Aktivierungsenergie bei jeder Stufe überwacht. Die Kinetik der Ausheilung paßt zu keinem einfachen Modell. Die beiden Stufen bei niedriger Temp. sind durch die Vernichtung von Zwischengitterleerstellenpaaren gek., hingegen erfolgt keine Wechselwrkg. der prim. Effekte mit Verunreinigungen. Nicht beobachtet wird die für Ausheilung durch Abbruchpaare (close-pairs) erwartete Kinetik erster Ordnung. Durch Annahme einer untereinander unabhängigen Vernichtung von 2 Typen von Abbruchpaarkonfigurationen bei derselben Stufe u. einer elektrostat. Wechselwrkg. zwischen Zwischengitterplatz u. Leerstelle wird eine Erklärung der beobachteten Kinetik versucht. H. NEWESELY. 135□

Dampfphasenwachstum von Galliumarsenidkristallen. W. J. McAleer, H. R. Barkemeyer und P. I. Pollak. (J. electrochem. Soc. **108.** 1168—69. Dez. 1961. Rahway, N.J., Div. of Merck & Co., Inc., Merck Sharp & Dohme Res. Labor., Electronic Chem. Res. Dep.) (Engl.)

Vff. berichten über eine reproduzierbare Herst.-Meth. von GaAs-Kristallen spezif. Kristalltracht aus der Dampfphase. Widerstands- u. HALL-Messungen zeigen, daß die Kristalle n-leitend sind mit einem spezif. Widerstand von $(2-6)\cdot10^{-3}$ Ω cm u. Ladungsträger-Konzz. von $5\cdot10^{17}-2\cdot10^{18}$ cm^{-3}. G. M. NEUMANN. 135□

Mineralien als Vorbilder für neue Halbleiterverbindungen. G. Busch und F. Hulliger. (Helv. physica Acta **33.** 657—66. 1/10. 1960. Zürich, ETH, Labor. für Festkörperphys.) (Dt.)

Vff. diskutieren die Möglichkeit von Halbleiter-Verbb. des Typs T_2OX, T_2X, T_3X_2, TX, OX, wo T = Kation in Tetraederlücke u. O = Kation in Oktaederlücke eines kub. oder hexagonalen Anionengitters bedeutet. Durch Kombination von bin. Halbleitern sind solche vom Typ $\alpha\text{-}A_2^IX\cdot\beta\text{-}B^{II}X\cdot\gamma\text{-}C_2^{III}X_3$ (A, B, C = Kation u. X = Anion) möglich, z. B. Sulfomineralien, bes. Cu-, Ag- u. Pb-Spießglanze. Bei ihnen lassen sich Kationen u. Anionen durch verwandte Elemente (Tl; Sn; P, Bi; Se, Te), ersetzen. Die Gitter-Konst. von $AgGeSbSe_3$, $AgSnSbSe_3$, $AgSnBiSe_3$, $AgPbBiSe_3$, $AgPbBiTe_3$, $TlPbBiSe_3$, $TlPbBiTe_3$, $Ag_2SnSb_2Te_5$, $Ag_3Pb_2Sb_3Se_8$, $TlPb_2BiSe_4$, $TlPb_4BiTe_6$, Cu_3AsSe_4, $Cu_3As_{0,5}Sb_{0,5}Se_4$, Cu_3SbSe_4, Cu_3VSe_4 werden angegeben. P. JACOB. 135□

Photoleitungsmessungen an optisch sensibilisiertem ZnO. (Experimente zum Mechanismus der optischen Sensibilisierung.) R. Matejec. (Z. Elektrochem., Ber. Bunsenges. physik. Chem. **65.** 783—86. Nov. 1961. Leverkusen, Agfa A.G., Wiss.-Photograph. Labor.) (Dt.)

Während die Photoleitfähigkeit einer farbstofffreien *ZnO*-Schicht bei Einstrahlung monochromat. Lichtes von 546 mμ nur geringfügig über der Dunkelleitfähigkeit liegt, wird durch Einbringen von Sensibilisierungsfarbstoffen, wie *Rose bengale*, *Erythrosin*,

Pinacyanoljodid u. *Phenosafranin* in Mengen von 10^{14}—10^{15} Farbstoff-Moll./g ZnO ein um mehrere Zehnerpotenzen erhöhter Photostrom gemessen. Durch Integration der Photostromkurven über die Einstrahlungszeit konnte die Gesamtzahl der Photoelektronen je Farbstoff-Mol. berechnet werden. Bei ausreichender Bestrahlungszeit kann jedes Farbstoff-Mol. den Sensibilisierungsvorgang mehrfach durchführen, wobei die Elektronenausbeute bei gegebener Belichtung bei den einzelnen Farbstoffen verschieden u. auch von deren Konz. in der Schicht abhängig ist. Der Mechanismus des Elektronenübergangs vom Farbstoff zum Halbleiter sowie die Regeneration des Sensibilisators werden unter Berücksichtigung der vermutlichen Deformation des Valenz- u. Leitungsbandes an der Kristalloberfläche diskutiert. E. MOISAR. 135☐

p–i–n-Übergang in anodischen Oxidfilmen aus Tantal. Y. Sasaki. (Physics Chem. Solids **13.** 177—86. Juni 1960. Tokyo, Nippon Electric Comp. Ltd., Res. Labor.) (Engl.)

Vf. berichtet über Unterss. des Photoeffektes sowie über Änderungen der Kapazität mit der angelegten Spannung bei relativ dünnen anod. Oxidfilmen auf Ta. Die Ergebnisse zeigen, daß in dem Oxidfilm p–i–n-Übergänge ausgebildet werden. Auf dem Grundmetall liegt zuerst eine sehr dünne n-Schicht, auf die eine fast stöchiometr. i-Schicht u. dann an der Oberfläche eine sehr dünne p-Schicht folgen. Die Dicke der i-Schicht ist dabei proportional der Anodenspannung, während die Dicke der äußeren p-Schicht unabhängig davon stets 20—50 Å beträgt. Die Donatorniveaus bestehen aus überschüssigen Ta-Atomen, während die Acceptorniveaus sowohl aus überschüssigen O-Atomen oder Ta-Defektstellen als auch aus adsorbiertem O_2 an der Oxidoberfläche bestehen. Entsprechend der amorphen Struktur des Oxids ist die Rekombinations-Geschw. der Ladungsträger sehr groß. Die Übereinstimmung der Theorie der p–i–n-Übergänge mit den experimentellen Ergebnissen ist gut. G. M. NEUMANN. 135☐

Einfluß der durch Tritium in Lithiumfluorid hervorgerufenen inneren Bestrahlung. Pierre Bergé, Georges Blanc und Monique Dubois. (C. R. hebd. Séances Acad. Sci. **253.** 847—49. 31/7. 1961.) (Franz.) — Vgl. C. **1962.** 2260.

Bei Bestrahlung von natürlichem LiF mit therm. Neutronen (10^{18} cm^{-2}) wird nach der $^6Li(n, \alpha)$-Rk. T gebildet. Das im Kristall verteilte T beeinflußt während seines Zerfalls die elektr. u. opt. Eigg. von LiF. Aus der Temp.-Abhängigkeit der elektr. Leitfähigkeit folgt, daß die Leitung freier Elektronen aus der andauernden Ionisierung durch die β-Strahlung bestimmt wird; die elektron. Leitfähigkeit σ_0 beträgt $5 \cdot 10^{-13}$ Ω^{-1} cm^{-1}. Außerdem wird durch den β-Zerfall erneut eine F-Bande gebildet. LiF wird demnach durch T in einen Eigenhalbleiter übergeführt. HERBERT MÜLLER. 135☐

Zusammenhänge zwischen den Gitterkonstanten und der Leitfähigkeit der Alkaliselenochromite. A. M. Scherhaufer. (Österr. Chemiker-Ztg. **62.** 18—20. Jan. 1961. Wien.) (Dt.)

Ein Vgl. der Gitter-Konst. der Alkaliselenochromite zeigt, daß beim *$RbCrSe_2$* die a-Achse mit 3,43 Å kleiner ist als beim *$NaCrSe_2$* mit 3,71 Å. Da die a-Achse mit dem Se–Se-Abstand übereinstimmt, kann beim $RbCrSe_2$ dieser geringere Platzbedarf mit einem Übergang des Se in den metall. Zustand erklärt werden. Messungen der elektr. Leitfähigkeit von $RbCrSe_2$ bestätigen mit einem spezif. Widerstand von 0,23 $\Omega \cdot cm$ bei einem Druck von 1163 $kg \cdot cm^{-2}$, der dem des mikrokristallinen Graphits gleichkommt, diese Auffassung. G. M. NEUMANN. 135☐

Elektrische Eigenschaften dünner Kobaltplättchen. F. Savornin. (J. Physique Radium **19.** 90S—92S. Dez. 1958. Fac. des Sci. d'Alger, Labor. de Phys. M.P.C.) (Franz.)

Vf. untersucht die elektr. Widerstandsänderung von dünnen Kobaltplättchen, die durch Aufdampfen im Vakuum hergestellt wurden, in Abhängigkeit von Zeit, Temp. u. Dicke. Bei sehr dünnen Plättchen (7—8 mμ) nimmt der Oberflächenwiderstand während des Alterungsprozesses zu, bei dickeren nimmt er ab. Werden die Plättchen bei 175° getempert, so wächst der Widerstand selbst bei dickeren Schichten, während bei sehr dünnen einem anfänglichen Abfallen ein nachfolgendes Ansteigen des Widerstandes folgt, dieses um so schneller, je dünner sie sind. Die Thermokraft erreicht bei 25—30 mμ starken Plättchen ihren optimalen Wert mit ca. 35 μV/Grad. Je nach der Herst. der Plättchen (kalte oder auf 175° erwärmte Unterlage), sind die Werte verschieden, was möglicherweise auf zwei unterschiedliche Kristallstrukturen zurückzuführen ist. D. PAPENFUSS. 136☐

Spinwellen in komplex austauschgekoppelten Kristallgittern und die Neutronen-Streuung. A. W. Sáenz. (J. appl. Physics, Suppl. zu **31.** Nr. 5. 108S—109S. Mai 1960. Errata: **32.** Nr. 4. 752. April 1961. Washington, D.C., U.S. Naval Res. Labor.) (Engl.)

Eine Spinwellentheorie nach HOLLSTEIN-PRIMAKOFF wird für Kristallgitter mit Austausch-Wechselwrkg. u. einer willkürlichen Anzahl n magnet. Ionen pro Einheitszelle hergeleitet. Mit dieser Theorie wird ein Wrkg.-Querschnitt für die Streuung willkürlich polarisierter Neutronen an solchen Gittern, bei denen die Bahnmomente der magnet. Ionen im elektr. Kristallfeld festgelegt sind, berechnet. Für $n > 1$ kann für bestimmte Ferrimagnetika eine Vereinfachung vorgenommen werden, in der Weise, daß nur die Streuung „akust." Magnetonen genügend großer Wellenlängen zu berücksichtigen ist. Ferner wird auf eine Parallele dieses Falles zur Spezialisierung der Wrkg.-Querschnittsformel für einfache ferromagnet. Stoffe ($n = 1$) hingewiesen.

H. FAHLENBRACH. 137☐

Die magnetostatischen Schwingungsformen einer ferromagnetischen Platte. R. W. Damon und J. R. Eshbach. (J. appl. Physics, Suppl. zu **31.** Nr. 5. 104S–105S. Mai 1960. Schenectady, N.Y., Gen. Electr. Res. Labor.) (Engl.)

Berechnet werden die charakterist. Schwingungsformen einer dünnen Platte, die in ihrer Ebene sowohl mit Gleichfeldern als auch mit Mikrowellenfeldern magnetisiert wurde. Das Schwingungsspektrum wird diskutiert. Ferner wird die Wellenlängenabhängigkeit der Schwingungsdichte berechnet, die eine Beziehung zu den Schwingungsformen der Spinwellentheorie erbringt. Die Schwingungen, die oberhalb des Spinwellenbandes liegen, sind Oberflächenwellen, die zum Innern der Scheibe hin zerfallen, während Vol.-Schwingungen im gleichen Frequenzgebiet entstehen, wie die Langwellengrenze des Spinwellenbandes eines unendlich ausgedehnten Mediums. Das Spektrum der Oberflächenwellen zeigt an der oberen u. unteren Frequenzgrenze Pole. Bei kürzeren Wellenlängen sind die Oberflächenschwingungen von geringer Bedeutung.

H. FAHLENBRACH. 137☐

Eine Untersuchung des Einflusses von Versetzungen auf einige magnetische Eigenschaften von Permalloy-Legierungen. Zdeněk Málek. (Czechoslov. J. Physics **9.** 613–26. 1959. Prague, Czechosl. Acad. of Sci., Inst. of Phys.) (Engl.)

Der Einfl. von Versetzungen auf die magnet. Eigg. u. bes. auf die Koerzitivkraft von *Fe–Ni*-Legg. mit kub.-flächenzentrierten Gittern wurde untersucht u. VICENAs Theorie über den Einfl. von Versetzungen auf die Koerzitivkraft weiter ausgebaut. Ferner wurde die Abhängigkeit der Koerzitivkraft von der plast. Verformung durch Ziehen untersucht u. mit der Theorie verglichen. Es zeigt sich, daß die magnet. Anisotropie-Konst. eine Funktion der Versetzungsdichte ist. G. M. NEUMANN. 137☐

Der Einfluß der plastischen Verformung durch Kaltwalzen auf die Koerzitivkraft. František Kroupa und Zdeněk Málek. (Czechoslov. J. Physics **9.** 627–37. 1959. Prag, Tschechoslow. Akad. der Wiss., Phys. Inst.) (Dt.) — Vgl. vorst. Referat.

Es werden die Ergebnisse der Messungen der Koerzitivkraft von Fe, Ni u. Fe–Ni-Legg. in Abhängigkeit von der plast. Verformung durch Kaltwalzen angegeben. Für kleine Verformungen wurde gute Übereinstimmung mit der Theorie von VICENA gefunden. Bei höheren Versetzungsdichten sind die Voraussetzungen der Theorie, bes. die Geradlinigkeit der BLOCH-Wand nicht mehr erfüllt, so daß in dem Gebiet größerer Spannungen neue Anschauungen entwickelt werden müssen. Unter Einbeziehung einer Änderung der magnet. Anisotropie im Verlauf der Verformung wird eine qual. Deutung des Verlaufs der Koerzitivkraft in Abhängigkeit von der Walzrichtung gegeben.

G. M. NEUMANN. 137☐

Néel-Temperaturen und thermoremanente Magnetisierungen der Legierungen Mn_xPd_{100-x} ($34 \leq x \leq 42$). Roger Wendling. (C. R. hebd. Séances Acad. Sci. **252.** 3207–09. 24/5. 1961. Strasbourg, Inst. de Phys., Labor. Pierre Weiss.) (Franz.)

Von 1200° abgeschreckte Legg. Mn_xPd_{100-x} mit $34 \leq x \leq 42$ zeigen bei der Messung der Susceptibilität χ_{sp} in Abhängigkeit von der Temp. (100–800° K) ein spitzes Maximum bei der NÉEL-Temp. T_N der betreffenden Legierung. T_N steigt linear mit x an u. liegt zwischen 280 u. 710° K. Die χ-Maxima sind leicht abgerundet, wenn die Legg. nach dem Schmelzen langsam abgekühlt werden. Die thermoremanenten Magnetisierungen werden nach dem Anlassen bei 450° sehr gering; sie verschwinden bei den entsprechenden T_N-Temp. vollständig. HERBERT MÜLLER. 137☐

Wärmebehandlungen und thermoremanente Magnetisierungen der antiferromagnetischen Verbindung $Cr_{100}Sb_{94}$. Roger Wendling. (C. R. hebd. Séances Acad. Sci. **252.** 3423–25. 29/5. 1961.) (Franz.) — Vgl. vorst. Referat.

Mischungen von Cr u. Sb werden in stöchiometr. Mengen in einem evakuierten Quarzgefäß induktiv erhitzt u. bei 1080° zu kompaktem Material gesintert. Nach dem Abschrecken auf 0° werden die Proben verschiedene Zeiten auf 354–500° angelassen u. nach dem Abkühlen die thermoremanente Magnetisierung σ bei steigenden Temp. gemessen. Die Abhängigkeit von σ u. der Susceptibilität von Anlaß-Temp. u. -zeit wird diskutiert. HERBERT MÜLLER. 137☐

Hall-Effekt in einigen verdünnten Pd–Co–H-Legierungen. Jean-Paul Burger. (C. R. hebd. Séances Acad. Sci. **252.** 3763—65. 12/6. 1961. Strasbourg, Inst. de Phys., Labor. Pierre-Weiss.) (Franz.)

Ferromagnet. Co–Pd-Legg. mit 2, 4 bzw. 7 Atom-% Co (Curie-Temp. $<$80, 175 bzw. 248° K) werden mit H_2 bis unterhalb der Sättigung beladen; die gebildeten Pd–Co–H-Legg. (H/Pd ca. 0,75) sind zwischen 80 u. 300° K paramagnetisch. Von diesen Legg. wird die Hall-Spannung als Funktion der Magnetfeldstärke (0—0,6 Weber/m²) u. der Temp. bestimmt. Die Abhängigkeit des Hall-Koeff. R_0 von der Temp. zeigt, daß in den H-haltigen Legg. ein zur paramagnet. Magnetisierung proportionaler Term auftritt. Herbert Müller. 137 □

Die magnetischen Wechselwirkungen und Ionenverteilungen bei den Granaten. S. Geller. (J. appl. Physics, Suppl. zu **31.** Nr. 5. 30S—37S. Mai 1960. Murray Hill, N.J., Bell Telephone Labor.) (Engl.)

Seit der Entdeckung der ferrimagnet. Granate hat Vf. mit seinen Mitarbeitern umfangreiche Unterss. mit dem Ziel durchgeführt, über die magnet. Wechselwrkg. zwischen den Ionen u. über die Verteilung der magnet. Ionen auf die verschiedenen Untergitterplätze nähere Auskünfte zu bekommen. Ausgehend vom Y–Fe-Granat ist dabei durch Ersatz des Y durch Seltene Erden u. durch Ersatz des Fe durch Sn u. Zr gelungen, nicht nur neue ferrimagnet. Granate zu finden, sondern auch sichere Aussagen über die verschiedenen Wechselwrkg. zu gewinnen. Mit diesen Unterss. ist die Grundlage für eine statist. Wechselwrkg.-Theorie gelegt worden, die sich bei der Berechnung der spontanen Magnetisierung u. der Curie-Punkte der verschiedenen Granate bewährt hat. Es ist danach auf magnet. Wege gelungen, unmittelbar Wechselwrkg. zwischen magnet. Ionen auf Dodekaeder- u. Oktaederuntergitterplätzen, ferner zwischen solchen auf Dodekaeder- u. Tetraederplätzen u. zwischen den Ionen auf Oktaederplätzen u. Tetraederplätzen allein zu beobachten. Dabei sind auch einfache Regeln über den Eintritt von Ionen in das Granatgitter gefunden worden.
H. Fahlenbrach. 137 □

Die Instabilität der magnetischen Resonanz von Einkristallkugeln aus Yttrium–Eisen–Granat. Joseph I. Masters. (J. appl. Physics, Suppl. zu **31.** Nr. 5. 41S—42S. Mai 1960. L.G. Hanscom Field, Bedford, Mass., Air Force Cambridge Res. Center, Electron. Res. Direct., Electron. Material Sci. Labor.) (Engl.)

An Einkristallkugeln aus $3\,Y_2O_3\cdot 5\,Fe_2O_3$ von $^1/_4$—$^1/_2$ mm ∅ zeigen sich Instabilitäten in der Resonanzabsorption bei Mikrowellenfeldern, die ein bestimmtes Schwellenfeld überschreiten. Es wird gezeigt, daß diese Instabilität durch einen Wärmeeffekt bei der Resonanzabsorption zustande kommt. Dadurch wird die Anisotropieenergie des Kristallgitters beeinflußt. Die Instabilität wird durch eine Schwellenwertkurve charakterisiert, die für eine gegebene Orientierung sowohl die Extremwerte als auch die Symmetriebedingungen der Anisotropiekurve berücksichtigt. Außerdem wird auf dieser Basis auch eine exakte theoret. Erklärung gegeben. Diese Temp.-Instabilität ermöglicht eine Best. des g-Faktors. H. Fahlenbrach. 137 □

Das Verhalten der Anfangspermeabilität bei gemischten Yttrium–Gadolinium–Eisen–Granaten. G. E. McDuffie jun., J. R. Cunningham jun. und E. E. Anderson. (J. appl. Physics, Suppl. zu **31.** Nr. 5. 47S—48S. Mai 1960. White Oak, Silver Spring, Md., U.S. Naval Ordn. Labor.) (Engl.)

Bei Frequenzen zwischen 1 kHz u. 2000 MHz u. bei Temp. zwischen —196 u. +23° wird die komplexe Anfangspermeabilität von Mischgranaten der Zus.: $(3-x)Y_2O_3\cdot xGd_2O_3\cdot 5\,Fe_2O_3$, mit x zwischen 0 u. 3, gemessen. Bei 23° u. niedrigen Frequenzen nimmt μ' (Realteil der Anfangspermeabilität) mit wachsenden Gd-Geh. ab. Bei tieferen Temp. geht μ' mit wachsendem Gd-Geh. über ein Minimum, daß durch die verschiedene Temp.-Abhängigkeit der Magnetisierung der beiden Untergitter erklärt wird. μ'' (Imaginärteil) geht mit wachsender Frequenz über ein Maximum, das sich mit wachsenden Gd-Geh. zu höheren Frequenzen hin verschiebt. Bei allen untersuchten Granaten konnte keine therm. Relaxation beobachtet werden. Die Maxima verschoben sich mit abnehmender Temp. nur wenig zu höheren Frequenzen. H. Fahlenbrach. 137 □

Ferri- und paramagnetische Resonanzuntersuchungen an Spinellen. J. Voitländer und H. Protschka. (Naturwissenschaften **48.** 475. 1. Juli-H. 1961. München, Univ., Phys.-Chem. Inst.) (Dt.)

Mitt. der an polykristallinen Proben der nachst. Spinelle gemessenen Werte von O_2-Partialdruck, spektroskop. Aufspaltungsfaktor, H(Oe), Meßfrequenz u. magnet. Verh.: $NiFe_2O_4$ (ferrimagnet.), $CdFe_2O_4$ u. $ZnFe_2O_4$ (schwach ferrimagnet.) sowie $ZnCr_2O_4$ u. $CdCr_2O_4$ (paramagnet.). K. Reichel. 137 □

Messungen von großen Null-Feld-Aufspaltungen mit pulsierenden Feldern: V^{3+} in Al_2O_3. S. Foner und W. Low. (Physic. Rev. [2] **120.** 1585—88. 1/12. 1960. Lexington, Mass., MIT, Lincoln Labor.) (Engl.)

Die Anwendung von pulsierenden magnet. Feldern zur Best. großer Nullfeldaufspaltungen von paramagnet. Ionen wird betrachtet u. speziell die Aufspaltung der V^{3+}-Ionen in Korund untersucht. Danach sind STARK-Aufspaltungen über 50 cm^{-1} durchaus möglich. Um die Möglichkeiten u. Grenzen dieser Meth. aufzuzeigen, wird das Beispiel von Ionen mit S = 1, wie es bei Fe^{2+}, V^{3+} u. Ni^{2+} in oktaedr. oder axialen Feldern auftritt, numer. behandelt. Schließlich wird das neue Verf. zur Messung der Nullfeldaufspaltung von V^{3+} in Al_2O_3 bei 4,2 u. 1,5° K angewandt. Unter der Annahme eines g-Wertes von 1,92 ergibt sich aus den Messungen mit Wellenlängen von 4 u. 8 mm sowie magnet. Impulsfeldern der Größenordnung 100 kGauß eine Aufspaltung von $D = 7{,}85 \pm 0{,}4\ cm^{-1}$ in guter Übereinstimmung mit früheren opt. u. Mikrowellenuntersuchungen. G. M. NEUMANN. 137☐

Versuch des schnellen Durchganges in der magnetischen Elektronenresonanz bei gewöhnlicher Temperatur. Jean-Gérard Théobald und Jean Uebersfeld. (C.R. hebd. Séances Acad. Sci. **252.** 3426—27. 29/5. 1961. Besançon, Fac. des Sci.) (Franz.)

Beim elektr. Abtasten eines Elektronenresonanzsignals in Zeiten, die vergleichbar mit oder kürzer als die Relaxationszeiten sind, kann das magnet. Moment nicht mehr vollständig der Änderung des Magnetfeldes folgen; damit hinterbleibt die makroskop. Magnetisierung in einem Nichtgleichgewichtszustand. Bei geringen Intensitäten des Niederfrequenzmagnetfeldes wird ein schneller Durchgang beobachtet; das Signal der paramagnet. Absorption zeigt den einer gedämpften Schwingung entsprechenden Abfall. Ein derartiger Verlauf des Resonanzsignals wird an einer *Anthrazit*-Probe mit prakt. gleicher longitudinaler u. transversaler Relaxationszeit (ca. 10^{-7} s) beobachtet. Die Erscheinung tritt bei einer Abtastfrequenz von 1 MHz in der doppelten Frequenz auf; die Anzeige ist jedoch nur bei Verw. eines Oscillographen mit kurzen Anstiegszeiten u. eines Breitbandverstärkers (25 MHz) möglich. HERBERT MÜLLER. 137☐

Paramagnetische Resonanz und das optische Spektrum von Eisen im Beryll. M. Dvir und W. Low. (Physic. Rev. [2] **119.** 1587—91. 1/9. 1960. Jerusalem, Israel, Hebrew Univ., Dep. of Phys.) (Engl.)

Das paramagnet. Resonanzspektrum von Fe^{3+} in Beryll wurde bei 20°K u. bei 290°K gemessen. Es zeigt sich, daß die Aufspaltung von Fe^{3+} in Beryll bedeutend kleiner ist, als die für Fe^{3+} in Al_2O_3 oder für Cr^{3+} in Beryll. Es besteht also keine einfache Beziehung zwischen der Stärke der axialen Störung u. der Aufspaltung. Ferner wurden neben dem Spektrum zahlreiche schwache Linien beobachtet, deren Deutung versucht wurde. Das opt. Spektrum ist charakterist. für 3wertiges Fe u. läßt sich in zwei Teile aufspalten. Im sichtbaren Bereich sind relativ schwache u. weite Linien, im IR-Gebiet dagegen stärkere Gruppen enger Linien mit dem Fe-Spektrum verbunden. Eine Deutung dieser Vielseitigkeit wird nicht gegeben. G. M. NEUMANN. 137☐

Untersuchung des Tetrafluorhydrazin-Difluoramin-Gleichgewichts mittels paramagnetischer Elektronenresonanz. L. H. Piette, F. A. Johnson, K. A. Booman und Charles B. Colburn. (J. chem. Physics **35.** 1481—82. Okt. 1961. Palo Alto, Calif., Varian Associates und Huntsville, Ala., Rohm and Haas Co., Redstone Arsenal Res. Div.) (Engl.)

Messungen der paramagnet. Elektronenresonanz zwischen 342 u. 435°K im Syst. $N_2F_4 \rightleftharpoons 2\,NF_2$ ergeben die Dissoziationswärme zu (19,3 ± 1,0) kcal/Mol. Der Dissoziationsgrad α bewegt sich im angegebenen Temp.-Bereich von 0,021 bis 0,325.

P. SARTORI. 137☐

Untersuchung der Leitfähigkeit von Isopolysäuren im Grundsalzmedium. Anwendung auf Isopolyvanadate im sauren Medium. Victor Varoqui und Jean Brenet. (C. R. hebd. Séances Acad. Sci. **252.** 3033—35. 15/5. 1961. Strasbourg, Fac. des Sci., Labor. de Chim. phys. du Corps solide.) (Franz.)

Die Messung der elektrolyt. Leitfähigkeit der Lsgg. von Isopolysäuren in einem Grundsalzmedium gestattet die Ableitung des Kondens.-Grades i der Polyanionen mit größerer Genauigkeit als die Best. des pH-Wertes. Die Anwendung des Verf. auf das Gleichgewicht $0{,}7\ H_2O + VO_2^+ \rightleftharpoons (1/i)\ V_iO_n^{(0,4i)-} + 1{,}4\ H^+$ mit n = 2,7 i wird beschrieben. HERBERT MÜLLER. 138☐

Leitfähigkeit von Silbernitrat in Dimethylformamid. Henri Chateau und Marie-Claude Moncet. (C. R. hebd. Séances Acad. Sci. **252.** 2875—77. 8/5. 1961. Vincennes, Seine, Labor. de Rech.) (Franz.)

Dimethylformamid (I) wird nach dem Trocknen mit KOH im Vakuum ($Kp._{15}$ —49,5°) dest.; das erhaltene Prod. zeigt die Werte D. 0,9477 ± 0,002 g/cm³, n_D^{25} 1,4280 ±

0,0005, die Viscosität η 8,02·10^{-3} Poise, die spezif. Leitfähigkeit Λ 0,7·10^{-7} Ω^{-1} cm^{-1} u. enthält (nach der KARL-FISCHER-Meth.) 0,005% H_2O. Bei 25° beträgt die DK für 10 MHz 37,0 ± 0,5. Mit I werden $AgNO_3$-Lsgg. mit < 5·10^{-3} Mol/Liter hergestellt, deren Λ-Wert 30 Min. nach der Herst. gemessen wird. Die Meßwerte werden mit der ONSAGER-Gleichung u. Λ_0 = 87,7 Ω^{-1} cm^{-1} beschrieben; daraus folgt die Dissoziations-Konst. K = 3,94·10^{-3} u. die Dissoziationsgrade α = 0,972 (10^{-4}m Lsg.) bzw. 0,614 (4,9·10^{-3}m Lsg.). Die berechneten Ionenradien zeigen, daß Ag^+ u. NO_3^- in I nicht solvatisiert sind.
HERBERT MÜLLER. 138□

Diffusion markierter Ionen in Elektrolytlösungen. R. Mills. (Rev. pure appl. Chem. **11.** 78—91. Juni 1961. Canberra, Australian Nat. Univ., Res. School of Phys. Sci.) (Engl.)

Übersicht über experimentelle Meth., Daten u. Tabellen. — 41 Literaturangaben bis 1960. P. GOLINSKE. 138□

Kontrolle der durch Carbonatkomplexbildung bedingten Carbonat-Löslichkeit. R. M. Garrels, M. E. Thompson und R. Siever. (Amer. J. Sci. **259.** 24—45. Jan. 1961. Cambridge, Mass., Harvard Univ., Div. of Geol. Sci.) (Engl.)

Vff. bestimmten die Aktivitäts-Koeff. von HCO_3^- u. CO_3^{2-} in wss. Lsgg. von NaCl, $MgCl_2$ u. NaCl–$MgCl_2$-Mischungen (beide Komponenten annähernd im gleichen Mol-Verhältnis wie im Meerwasser). Unterschiede in den bei gleicher Ionenstärke in verschiedenen Lsgg. erhaltenen Werten der Aktivitäts-Koeff. lassen die Bldg. von Komplexen des Na^+ bzw. Mg^{2+} mit HCO_3^- u. CO_3^{2-} vermuten. Lsgg., die nur K-Salze enthalten, scheinen keine Komplexe zu enthalten. Dissoziations-Konst. von $NaCO_3^-$ 5,4·10^{-2} bzw. $MgCO_3$ 4,0·10^{-4}. H. MOENKE. 139□

Die Bestimmung der Acidität von Schwefelsäure–Wasser-Mischungen mit der Redoxfunktion $R_0(H)$. H. Strehlow und H. Wendt. (Z. physik. Chem. [Frankfurt/M.] [N. F.] **30.** 141—44. Okt. 1961. Göttingen, MPI für phys. Chem.) (Dt.)

Da das Normalpotential des Redox-Syst. Ferrocen/Ferricinium weitgehend unabhängig von der Art des Lsgm. ist (vgl. C. **1961.** 1818), wurde es als Bezugspotential der Kette Pt, H_2/H_2O–H_2SO_4 Ferrocen, Ferricinium (1:1)/Pt verwendet, deren Potential in wss. H_2SO_4-Lsg. ein Maß für die Vergrößerung der Protonenaktivität (PA) mit wachsender H_2SO_4-Konz. ist. Die als Redoxfunktion bezeichnete Größe $R_0(H)$ = (F/2,303·R·T) [E(x) — E(1)] ist ein logarithm. Maß für die PA u. geht in verd. H_2SO_4-Lsgg. in den pH-Wert über [E(1) bzw. E(x) = Potentiale der Kette in H_2SO_4-Lsgg. der PA 1m bzw. der Zus. x]. Für die Ermittlung der Potentiale der Kette in H_2SO_4–H_2O-Mischungen wurde das polarograph. Halbstufenpotential des Ferriciniumions gegen eine Hg/Hg_2SO_4-Elektrode in der gleichen Lsg. bestimmt. Die Kurven von $R_0(H)$ u. der HAMMETTschen Säurefunktion H_0 decken sich bei niedrigen H_2SO_4-Konz., trennen sich allmählich bei ca. 10 Gew.-% H_2SO_4 u. laufen über den gesamten restlichen Konz.-Bereich fast parallel, bis H_0 bei Annäherung an 100% H_2SO_4 stark ansteigt. In reiner H_2SO_4 ist $R_0(H)$ = H_0. Beide Kurven zeigen zwischen 60 u. 90% ein verdecktes Maximum, das wahrscheinlich auf die Existenz der Verb. H_2SO_4·H_2O zurückzuführen ist. $R_0(H)$ ist als ein Maß für die Acidität stark saurer Lsgg. sehr gut geeignet. G. GATTOW. 139□

Einfluß eines gewöhnlichen Ions auf die Dissoziation starker Elektrolyte. — Hydrogensulfate. N. Rajeswara Rao. (Current Sci. **26.** 38—39. Febr. 1957. Hyderabad, Nizam Coll., Dep. of Phys.) (Engl.)

Vf. bestimmt die spezif. elektr. Leitfähigkeit von $KHSO_4$-Lsgg. mit u. ohne Zusatz von $(NH_4)_2SO_4$ u. HCl u. vergleicht die Ergebnisse mit RAMAN-spektroskop. (vgl. RAO, Indian J. Physics Proc. Indian Assoc. Cu.tivat. Sci. **17.** [1943.] 283) u. Ultraschallabsorptionsuntersuchungen. H^+- u. SO_4^{2-}-Ionen zeigen etwa gleichen Einfl. auf die Dissoziation des HSO_4^--Ions im Widerspruch zu den beobachteten RAMAN-Linien. Vf. nimmt an, daß die HSO_4^--Ionen in SO_4^{2-}-haltigen Lsgg. weniger stabil als in sauren Lsgg. sind. Bei Zusatz von HCl erfolgt Verdünnung der Säure unter Wärme-Entw., wodurch die Rekombination von H^+- u. SO_4^{2-}-Ionen begünstigt wird. Gibt man SO_4^{2-}-Ionen zu, so wird Wärme aufgenommen u. die Dissoziation begünstigt.
P. FRENZEL. 139□

Dissoziationsform geschmolzener Salze. Shiro Yoshizawa, Tomoyasu Hashino und Yoshiro Ishihara. (J. chem. Soc. Japan, pure Chem. Sect. [Nippon Kagaku Zassi] **81.** 418—22. März 1960. Kyôto-Daigaku, Kôgaku-Kenkyûzyo.) (Jap.; Auszug: Engl.)

Die FF. von KCl–$MgCl_2$-Gemischen mit verschiedenen Geh. an wasserfreiem $MgCl_2$ werden bestimmt. Danach liegt in der Schmelze folgendes Gleichgewicht vor: $MgCl_2$ + 4 KCl ⇌ 4 K^+ + $[MgCl_6]^{4-}$. In einer Schmelze von $ThCl_4$ in einem 1:1-Gemisch von NaCl u. KCl wird das Gleichgewicht $ThCl_4$ + 2 MCl ⇌ 2 M^+ + $[ThCl_6]^{2-}$ beobachtet. Die

Dissoziation von $ZrCl_4$ in einem 1:1-Gemisch von NaCl u. KCl läßt sich durch eine einfache Gleichung nicht ausdrücken. E. MAEKAWA. 139 □

Einfluß des pH-Wertes auf die Stromverteilung in einfachen Verkupferungsbädern. Marie-Jeanne Barbier und Cécile Douillet. (C. R. hebd. Séances Acad. Sci. **253.** 864—66. 31/7. 1961. Grenoble, École Nat. Sup. d'Électrochim. et d'Électrométallurgie.) (Franz.)

In 1 m $CuSO_4$-Lsgg. werden durch Zusatz von H_2SO_4 pH-Werte zwischen 3,38 u. 0,35 eingestellt u. die Lsgg. zwischen ebenen Cu-Elektroden bei 21° mit einer Stromdichte von 0,01 A/cm² u. bei 100%ig. Stromausbeute elektrolysiert. Während der Elektrolyse werden Anoden- u. Kathodenspannung u. der innere Spannungsabfall als Funktion des pH bestimmt; aus diesen Daten wird das Streuvermögen P_r des Elektrolyten nach HARING u. BLUM [1923] berechnet. Mit sinkendem pH steigt P_r stark an u. erreicht für pH 0,35 den Wert 27%. HERBERT MÜLLER. 141 □

Über die Dicke der Quecksilberschicht in Bädern mit Quecksilberkathoden. G. I. Wolkow und Je. W. Mulin. (Химическая Промышленность [Chem. Ind.] **1959.** 408—10. Juli/Aug.) (Russ.)

Auf einer durch vorausgehende Elektrolyse aufgerauhten u. auf einer polierten Unterlage wird die Abhängigkeit der Dicke δ (mm) der Hg-Schicht bei der NaCl-Elektrolyse mit horizontalen Elektrolyseuren vom Hg-Durchsatz Q (Liter/Min.·cm Länge der Unterlage) u. von der Neigung P (mm/m) untersucht (Diagramme). Es ergibt sich $\delta = (Q^{n_1}/P^{n_2})K$ mit $n_1 = 1/2$ u. bei rauher Unterlage $n_2 = 1/4$, $K = 11$, bei polierter Unterlage $n_2 = 1/3$, $K = 10{,}5$. Gegenüber den üblichen P-Werten kann man bei $P = 25—75$ den Wert von δ, also auch Q wesentlich herabsetzen. R. K. MÜLLER. 141 □

Absaugen von Gas und Flüssigkeit durch poröse Elektroden. O. Ss. Kssenshek und W. W. Stender. (Журнал Прикладной Химии [J. angew. Chem.] **32.** 1535—42. Juli 1959. Dnepropetrowsk, Chem.-technol. Inst.) (Russ.) — Vgl. C. **1960.** 14479.

In einer senkrechten Zelle, die durch die waagerechte, poröse Graphitelektrode (Platte ⌀ 36, Dicke 8 mm) unterteilt ist, wird 2n H_2SO_4 elektrolysiert. Dabei werden die Gase aus der Elektrode durch die abwärtsfließende H_2SO_4 in Blasen oder in Lsg. entfernt. Bei H_2 als unlösl. Gas erfordert die vollständige Entfernung bei der Stromdichte (SD) 0,1 A/cm² einen H_2SO_4-Durchsatz v = 0,7 (cm/s), bei Cl_2 als lösl. Gas v = 0,03, wobei nur 45% des entfernten Gases der Löslichkeit (1 g/Liter) entsprechen. Gase mit höherer Löslichkeit als Cl_2 können bei noch höherer SD entfernt werden. Wieviel von lösl. Gasen in Blasenform u. wieviel in Lsg. entfernt wird, hängt vor allem von der Porosität u. der Porenverteilung des für die Elektrode verwendeten Graphits ab. R. K. MÜLLER. 141 □

Nachweis einer im durchfallenden Licht beobachteten Leuchterscheinung im kathodischen Bereich während der Elektrokristallisation. Pierre Renaud und René Baudoin. (C. R. hebd. Séances Acad. Sci. **253.** 1103—05. 28/8. 1961. Paris, Labor.; P.C.B., Labor. du Prof. Baudoin, Sect. D.) (Franz.)

Bei der kathod. Abscheidung von Ag, Bi bzw. Cu aus konz. wss. Lsgg. mit Stromdichten von 10 A/cm² leuchtet der kathod. Bereich, wenn die Elektrolytzelle im Mikroskop schwach durchstrahlt wird. Die Zonen der Elektrokristallisation heben sich als Grenzen vom Elektrolyten ab. Die helle Zone, die nach dem Abschalten des Elektrolytstromes langsam verschwindet, ist auf Veränderungen der opt. Eigg. der Lsgg. durch Kationenverarmung zurückzuführen. HERBERT MÜLLER. 141 □

Wasserstoffüberspannung bei Kathoden aus 77% Palladium und 23% Rhodium. J. C. Barton und F. A. Lewis. (Nature [London] **192.** 549—50. 11/11. 1961. Belfast, Queen's Univ., Belfast, Chem. Dep.) (Engl.)

Es wird gezeigt, daß die Konstanz der H-Überspannung an Pd-Elektroden bei Stromdichten $i > 0{,}04$ A/cm² (Beginn der H_2-Entw. in Blasen) auf eine krit. Übersättigung der Diffusionsschicht mit gelösten H_2-Moll. u. nicht auf eine Sättigung der Chemisorptionsbezirke zurückzuführen ist. Es werden Elektroden aus 77% Pd u. 23% Rh mit verschiedener Oberflächenaktivität verwendet. Auch für sie ist die Diffusionsüberspannung (verursacht durch langsame Wegdiffusion der H_2-Moll.) gegeben durch: $\eta_D = 0{,}029 \log[(i + i_0)/i_0]$ u. unabhängig von der Oberfläche. Der zunehmenden Hydrid-Bldg. bei negativerem Elektrodenpotential geht eine Vergrößerung des elektr. Widerstandes parallel. Bei den sehr oberflächenakt., mit Pd-Schwarz überzogenen Elektroden überschreitet R/R_0 (R_0 = Widerstand der H-freien Leg.) nie 1,2, während bei weniger akt. leicht 1,4 erreicht wird. U. SIGGEL. 142 □

Untersuchung der anodischen Auflösung von Cadmium in Cadmiumsulfat enthaltenden Schwefelsäurelösungen. W. A. Sinowjew und W. I. Krawzow. (Вестник Ленинградского Университета, Серия Физики и Химии [Nachr. Leningrader Univ.] **15.** Nr. **4.** [Ser. Physik Chem.] Nr. 1. 95—100. 1960.) (Russ.; Auszug: Engl.)

Durch Zusätze von $CdSO_4$ (0,005—0,02 Mol/Liter) zu 0,5; 2,5 u. 5 m H_2SO_4 ändert sich der lineare Verlauf der anod. Polarisationskurven von Cd in diesen Lsgg. bei geringen Stromdichten mit der $CdSO_4$-Konz., was auf die Verzögerung des Entladungsstadiums bei geringen Stromdichten zurückgeführt wird, während bei hohen Stromdichten die Diffusion überwiegt. H. JÄGER. 142□

Eine vereinfachte Elektrode mit hängendem Tropfen zur Untersuchung von Reaktionen durch lineare Chronoamperometrie. Anwendung zur Untersuchung der Oxydation von Zinkamalgam. Mylene Bréant und Jean-Claude Merlin. (Bull. Soc. chim. France **1961.** 2295—96. Dez. Lyon, Fac. des Sci., Labor. de Chim. Minér.) (Franz.)

Ein Glasrohr mit einem Innendurchmesser von 0,8 mm wird mit Hg gefüllt, in das ein Pt-Kontakt eintaucht; dann werden in ruhender Lsg. die Stromspannungskurven (Spannungsänderung 100—300 mV/Min.) aufgenommen. Der Elektrolysestrom erreicht ein Maximum für Potentiale, die den polarograph. Halbstufenpotentialen entsprechen; die Lage des Potentialmaximums ist unabhängig von der jeweiligen Stromstärke. Vff. wenden das Verf. zur Unters. der anod. Oxydation von Zn-Amalgam ($5 \cdot 10^{-3}$m) in 0,3nNaOH an. Die Halbstufenpotentiale für Puffer-Lsgg. der Ionenstärke 1 mit Oxal-, Ameisen-, Essig-, Citronen-, Kohlen-, Phosphor- u. Pyrophosphorsäure, Ammoniak, Phenol u. Äthylendiamintetraessigsäure sind angegeben. HERBERT MÜLLER. 142□

M. A. Dassojan, Chemische Stromquellen. Handbuch. Moskau-Leningrad: Gossenergoisdat. 1961. (350 S. m. Abb.) 1 Rbl. 25 Kop. [Russ.]

M. Ss. Ssominski, Halbleiter. Moskau: Fismatgis. 1961. (415 S. m. Abb.) 72 Kop. [Russ.]

A_4. Thermodynamik. Thermochemie

Annäherung an ein thermodynamisches Gleichgewicht. J. E. Mayer. (J. chem. Physics **34.** 1207—24. April 1961. Chicago, Ill., Univ., Enrico Fermi Inst. for Nuclear Stud.) (Engl.)

Theoret. Unters. des Vorganges der Annäherung eines isolierten thermodynam. Syst. an das Gleichgewicht mit Hilfe statist.-mechan. Methoden.

WOLFGANG WAGNER. 146□

Über die minimale Trennarbeit von zwei idealen Gasen. Raymond Marchal. (C. R. hebd. Séances Acad. Sci. **252.** 3018—20. 15/5. 1961.) (Franz.)

Vf. leitet ohne Annahme der experimentell nicht direkt bewiesenen Hypothese der Existenz semipermeabler Wände die minimale Trennarbeit für zwei ideale Gase ab. Die Gleichung enthält den Beweis der angegebenen Hypothese. HERBERT MÜLLER. 146□

Phasentrennung in ^{3}He-^{4}He-Mischungen in der Nähe des absoluten Nullpunktes. D. O. Edwards und J. G. Daunt. (Physic. Rev. [2] **124.** 640—42. 1/11. 1961. Columbus, Ohio, Ohio State Univ., Dep. of Phys. and Astron.) (Engl.)

Es wird auf Grund der Modellvorstellungen von POMERANCHUK, ZHARKOV u. SILIN die Phasentrennung in fl. Mischungen von ^{3}He u. ^{4}He in der Nähe von 0°K diskutiert. Vff. sagen voraus, daß für ^{3}He-reiche Mischungen die Phasentrennungslinie für $T \rightarrow 0$ zur Temp.-Achse asymptot. ist, daß also Phasentrennung in stark verd. Lsgg. bei relativ hohen Temp. auftreten sollte. Zum Beispiel sollten sich 0,003% ^{4}He in ^{3}He bei 0,1°K trennen. Über die Phasentrennungslinie für ^{4}He-reiche Mischungen läßt sich noch wenig sagen. Eine Möglichkeit wäre, daß verd. Lsgg. bei 0°K stabil wären.

H. LAUE. 149□

Verallgemeinerte Bardeen-Cooper-Schrieffer-Zustände und die vermutete Tieftemperatur-Phase von flüssigem ^{3}He. P. W. Anderson und P. Morel. (Physic. Rev. [2] **123.** 1911—34. 15/9. 1961. Murray Hill, N.J., Bell Telephone Labor.; New York, N.Y., French Embassy.) (Engl.) — Vgl. C. **1961.** 13096.

In einem FERMI-Gas können Teilchen-Wechselwrkg. derart sein, daß sich Paare in der Nähe der FERMI-Oberfläche stärker anziehen, wenn sie sich in Zuständen mit Bahndrehimpuls = 0 befinden, als wenn sie im s-Zustand vorliegen. Für den Fall muß der kondensierte Zustand nach BARDEEN-COOPER-SCHRIEFFER verallgemeinert werden. Der Zustand, der sich so ergibt, ist eine anisotrop. Superflüssigkeit. Es wurde diese Zustandsart bes. für $l = 1$ u. 2 untersucht, u. es wurden Ausdrücke für die Energie, das Trägheitsmoment, die magnet. Susceptibilität u. die spezif. Wärme erhalten. Es wurden die Dichtekorrelationsfunktion u. die Dichte-Stromdichte-Korrelation abgeleitet. Es wird eine allg. Meth. angegeben, um das Potential durch eine einfache Streumatrix zu ersetzen. Das Ergebnis wird auf fl. ^{3}He angewandt; der vorhergesagte Übergang sollte unter 0,02°K stattfinden. H. LAUE. 149□

Bedeutungslosigkeit der Rauheit der Oberfläche für den Kapitza-Widerstand. W. A. Little. (Physic. Rev. [2] **123.** 1909—11. 15/9. 1961. Stanford, Calif., Stanford Univ.) (Engl.)

Es wird ein Beweis dafür gegeben, daß Unebenheiten der Oberfläche, die kleiner als die mittlere freie Weglänge der Phononen sind, den KAPITZA-Widerstand zwischen fl. He u. einem Festkörper nur vergrößern können u. daß diese Widerstandsänderung klein ist. H. LAUE. 149□

Der Dampfdruck von HNO_3 über Gemischen von Salpetersäure und Schwefelsäure. I. F. Tscherepkow. (Химическая Промышленность [Chem. Ind.] **1959.** 708—09. Dez. Ssamoilow-Inst. für Düngemittel u. Insektofungicide.) (Russ.)

Sorgfältig von O_2 befreiter N_2 wird bei verschiedenen Temp. durch HNO_3–H_2SO_4-Lsgg. geleitet u. aus den auf 20° u. 760 mm Hg red. Vol. von HNO_3-Dampf u. N_2 der Dampfdruck der HNO_3 über den Lsgg. berechnet: $p(\text{mm Hg}) = 760\, V_{HNO_3}/(V_{N_2} + V_{HNO_3})$. Die Ergebnisse bei verschiedener Zus. der Lsgg. u. 25, 30, 50, 70 u 90° werden tabellar u. graph. mitgeteilt. Aus dem Diagramm kann für verschiedene Zuss. u. Temp. p berechnet werden. R. K. MÜLLER. 150□

Dampfdruck über Ammoniak-Chloridlösungen bei der Destillation in der Sodaproduktion. L. N. Matussewitsch und K. N. Schabalin. (Журнал Прикладной Химии [J. angew. Chem.] **32.** 1470—77. Juli 1959. Polytechn. Kirow-Inst. des Urals.) (Russ.)

Nach der manometr. Meth. werden die Sättigungsdampfdrücke p von Lsgg. von verschiedenem Geh. an $CaCl_2$, NaCl u. NH_3, wie sie bei der Dest. in der Sodafabrikation auftreten, in Abhängigkeit von der Temp. gemessen. Nach der Gleichung $\log p = A - (B/T)$ (T = abs. Temp.) sind die Kurven für $\log p$ in Abhängigkeit von 1/T Gerade, wodurch eine Extrapolation möglich ist. Man kann auf Grund der Diagramme in den Dest.-Anlagen Temp. u. Druck so wählen, daß Verkrustungen der App.-Wände vermieden werden. R. K. MÜLLER. 150□

Untersuchung der Wärmeabgabe beim Sieden von Natronlauge in dünner Schicht. A. I. Rytschkow und W. K. Posspelow. (Химическая Промышленность [Chem. Ind.] **1959.** 426—29. Juli/Aug.) (Russ.)

Der Wärmefluß von der heißen Oberfläche eines senkrechten, elektr. erhitzten, mit Ni ausgekleideten Cu-Rohrs auf einen Film von W. oder verd. NaOH wird auf Grund der Menge des Kondensats aus den erhaltenen Dämpfen bestimmt. Bei W. ist die Schicht auf dem Rohr klar u. zeigt kleine Wellen an der Oberfläche, solange die Temp. $< 100°$ ist; bei 100° sieht man Verdampfungszentren auf dem Rohr, aus denen Blasenketten entstehen, kurz schwimmen, dann an Größe zunehmen u. platzen; bei Temp. $> 100°$ bildet sich eine zusammenhängende Decke von größeren Blasen. Ähnlich sind die Beobachtungen bei 5%ig. u. 25%ig. NaOH, jedoch hemmt die höhere Viscosität (mit der Konz. zunehmend) Bldg. u. Platzen der Blasen. Der Koeff. α der Wärmeübertragung zum sd. Film nimmt mit dem Wärmefluß q linear zu u. wächst mit der Fließ-Geschw. G des W. Innerhalb 10% gilt $\alpha = A \cdot q^n \cdot G^m$ für W. u. $\alpha = A \cdot G^m/q^n$ für NaOH. A, m u. n für W. u. NaOH (5, 10, 15, 20, 25%ig.) werden tabellar. gegeben, ebenso q u. (für großes Vol., innerhalb eines Rohres u. in dünner Schicht) α. R. K. MÜLLER. 150□

Bemerkungen über die Berechnung der Liquiduskurve in binären Systemen mit einer Zwischenverbindung. J. Brynestad. (Z. physik Chem. [Frankfurt/M.] [N.F.] **30.** 123—29. Okt. 1961. Trondheim, Norweg. Advanced Teachers' Coll.) (Engl.)

Vf. leitet eine Gleichung ab, mit der es möglich ist, die Liquiduskurven einer Verb. in einem bin. Syst. u. den Anteil der Dissoziation dieser Verb. zu berechnen. Diese Meth. der Berechnung ist einfacher als die in der Literatur beschriebenen. G. GATTOW. 150□

Über den Beitrag der Phasendiagramme zur Kenntnis thermodynamischer Wechselwirkungen. Étienne Bonnier und Pierre Desré. (C. R. hebd. Séances Acad. Sci. **252.** 3448—50. 29/5. 1961. Grenoble, École Nat. Supérieure d'Électrochim. et d'Électrométallurg.) (Franz.)

In Phasendiagrammen bin. metall. Syst. ist der Verlauf der Liquiduslinie in der Nähe einer reinen Komponente charakterist. für die Art der Wechselwrkg. in der fl. Phase. Die Kriterien, die beim Vorliegen einer festen Lsg. zu positiven bzw. negativen Abweichungen vom idealen Kurvenverlauf führen, werden diskutiert. HERBERT MÜLLER. 150□

Kryoskopischer Trenn- und Konzentrationseffekt gelöster Stoffe. K. S. Rangappa. (Nature [London] **191.** 1087—88. 9/9. 1961. New Delhi, Central Water & Power Comm.) (Engl.)

Am Beispiel von $CuSO_4$-, $KMnO_4$- u. $K_4[Fe(CN)_6]$-Lsgg. sowie von Voll- u. Magermilch wird das Verh. der gelösten Feststoffe während einer Gefrierbehandlung untersucht. Nach dem Auftauen der in Zylindern eingefrorenen Lsgg. lag in allen Fällen ein starkes Konz.-Gefälle vom unteren zum oberen Ende der Säule hin vor. Es wird auf die allg.

Anwendbarkeit dieses kryoskop. Effektes für analyt. u. techn. Verff. — bes. in den Fällen, in denen sehr verd. Lsgg. vorliegen oder Dest. nicht möglich sind — hingewiesen.
W. HEIN. 150□

Einige neue Beziehungen zwischen den Eigenschaften von Festkörpern auf der Grundlage anharmonischer Kohäsionskräfte. Johannes N. Plendl. (Physic. Rev. [2] **123.** 1172—80. 15/8. 1961. Bedford, Mass., Air Force Cambridge Res. Labor., Office of Aerospace Res.) (Engl.)

Gitterschwingungsspektren von Festkörpern können durch eine einzige Frequenz, welche als Frequenz der Schwerezentren dieses Spektrums definiert ist, beschrieben werden (Zentrumsfrequenz). Von deren Übereinstimmung mit der charakterist. Frequenz der spezif. Wärme wird die Zentrenregel des Gitterschwingungsspektrums abgeleitet. Für ein im Gleichgewicht befindliches Gitter ist das hypothet. Maximum der Schwingungsenergie (kinet. Energie) eines Atom-(Ionen-) Paares gleich der gesamten Kohäsionsenergie (potentielle Energie); daraus folgt eine grundlegende Beziehung zwischen Zentrenfrequenz u. gesamter Kohäsionsenergie. Die Gültigkeit wird für 26 Feststoffe mit 6 verschiedenen Gittern, welche den Gesamtbereich von Gitterschwingungen fester Körper überstreichen, erhärtet. H. NEWESELY. 151□

Beitrag von Messungen der spezifischen Wärme von bestrahltem Berylliumoxid zur Untersuchung der Koalescenz von Helium. Jean Aslanian, Roger Caillat, Marc Salesse und Louis Weil. (C. R. hebd. Séances Acad. Sci. **253.** 1032—33. 21/8. 1961. Grenoble, Univ., C.N.R.S., Labor. des Basses temp.; Saclay, Centre d'Études Nucl.) (Franz.)

BeO wird im Reaktor mit schnellen Neutronen ($2{,}2 \cdot 10^{20}$ $cm^{-2}s^{-1}$) bestrahlt u. 24 Std. bei 600, 900 bzw. 1200° angelassen. Von den Proben werden dann die spezif. Wärmen C zwischen 1,3 u. 3,6°K bestimmt. Mit steigender Anlaß-Temp. werden immer stärker werdende Anomalien von C bei 2,14°K, dem λ-Punkt von He, beobachtet.
HERBERT MÜLLER. 151□

Massenspektrometrische Untersuchung der Sublimation von Berylliumchlorid. L. N. Rjabtschikow und G. F. Tichinski. (Физика Металлов и Металловедение [Physik Metalle Metallkunde] **10.** 635—36. Okt. 1960. Akad. der Wiss. der UdSSR, Physik.-techn. Inst.) (Russ.)

Im Massenspektrum von $BeCl_2$-Dampf wurden bei 496—578°K die Ionen $BeCl_2^+$, $BeCl^+$, $Be_2Cl_3^+$, $Be_2Cl_4^+$, Be^+, Cl^+ u. Cl_2^+ sowie das Hydrolyse-Prod. HCl^+ nachgewiesen. Be^+, Cl^+, Cl_2^+ u. $BeCl^+$ werden als Dissoziations-Prodd. unter der Einw. des Elektronenbeschusses angesehen. Aus den Ionenströmen wurde die Dampf-Zus. im untersuchten Temp.-Bereich bestimmt, wonach hauptsächlich $BeCl_2$ neben 0,5—1,5 Mol-% Be_2Cl_4 vorliegt. Der dimere Anteil nimmt mit steigender Temp. zu. Die Sublimationswärmen für $BeCl_2$ u. Be_2Cl_4 wurden zu $\Delta H = 34 \pm 1$ u. 44 ± 1 kcal/Mol berechnet, die Dissoziationsenergie von Be_2Cl_4 folgt aus der Sublimationswärme zu 24 ± 2 kcal/Mol.
H. JÄGER. 155□

Thermodynamische Eigenschaften von Phosphortrichlorid zwischen 273 und 1000° K. Vincenzo Lorenzelli. (C. R. hebd. Séances Acad. Sci. **253.** 2052—54. 6/11. 1961.) (Franz.)

Aus den Schwingungsbanden im IR-, RAMAN- u. Mikrowellenspektrum von PCl_3 werden unter Annahme eines starren Rotators nach HERZBERG C_p^0, $(H_0^0 - E_0^0)/T$, S^0 u. $-(F^0 - E_0^0)/T$ zwischen 273,16 u. 1000°K berechnet; die Werte sind tabellar. wiedergegeben. HERBERT MÜLLER. 156□

Zur Bestimmung der Verbrennungswärmen von Metallalkylen. Werner F. Lautsch. (Chem. Techn. **10.** 419. Juli 1958. Leuna-Merseburg, TH für Chem., Inst. für Org. Chem.) (Dt.)

Die Verbrennungswärmen folgender Verbb. wurden in einer verbesserten BERTHELOTschen Bombe bestimmt: *Zn-* [802,1 (kcal/Mol)], *Cd-* (800,0), *Hg-Diäthyl* (741,6), *P-* (1237,6), *As-* (1158,1), *Sb-* (1162,4), *Bi-Triäthyl* (1185,5), *Si-* (1584,0), *Pb-* (1504,7) u. *Sn-Tetraäthyl* (1548,0), *Si-* (938,9), *Sn-* (906,0) u. *Pb-Tetramethyl* (870,0). Der mittlere Fehler beträgt 0,2—0,3%. K. ZIELOFF. 156

Relative thermodynamische Eigenschaften fester Eisen-Aluminium-Legierungen. S. V. Radcliffe, B. L. Averbach und M. Cohen. (Acta metallurg. [New York] **9.** 169—76. März 1961. Cambridge, Mass., MIT.) (Engl.)

Die relativen thermodynam. Eigg. fester Fe-Al-Legg. wurden bei 900° durch Messung der EMK der Kette Al | Al^{3+} | Al-Fe als Funktion der Zus. bestimmt. Als Elektrolyt wurde eine verd. Lsg. von $AlCl_3$ in einer äquimol. Mischung aus NaCl u. KCl benutzt. Die Mischungswärmen sind groß u. negativ (—8200 cal/g-Atom bei 50 Atom-%). Außerdem wurden große negative Mischungsentropien beobachtet (—1,8 cal/g-Atom

Grad bei 50 Atom-%). Die negativen Entropieänderungen werden im Hinblick auf magnet., Schwingungs- u. Elektroneneffekte erörtert. H. HOCHSTEIN. 156□

Wärmekapazität und integrale Lösungswärmen im System NaOH–H₂O. D. M. Ginsburg. (Журнал Физической Химии [J. physik. Chem.] **33.** 1087–92. Mai 1959. Charkow, Wiss. Forsch.-Inst. für Grundchem.) (Russ.; Auszug: Engl.)

Die spezif. Wärmen wss. NaOH-Lsgg. (60–78 Gew.-%) bei Temp. bis 150° u. von geschmolzenem NaOH bis 750° werden durch eine Gleichung erfaßt, die die bisher nicht mögliche Berechnung der spezif. Wärme konz. NaOH-Lsgg. (>78 Gew.-%) erlaubt. Die Gesetzmäßigkeit der Änderung der integralen Lsg.-Wärme u. ihres Temp.-Koeff. im Syst. $NaOH–H_2O$ ist für 0–100 Gew.-% NaOH u. 25–350° dargelegt. Bei 77 bis 78 Gew.-% NaOH u. Temp. von 150–300° erhält die integrale Lsg.-Wärme ein positives Vorzeichen. H.-J. LUNK. 156□

Anomalie der Temperaturverteilung in den Oberflächenschichten eines Festkörpers. Jean Jacq und Marcel Chateau. (C. R. hebd. Séances Acad. Sci. **252.** 3011–14. 15/5. 1961.) (Franz.)

Vff. untersuchen die Temp.-Verteilung in einer ebenen Platte der Dicke e an den Stellen x = 0 u. x = e, wenn eine der Grenzflächen einen konst. Wärmestrom absorbiert; die Temp. der Gegenfläche wird als genügend niedrig angesehen, so daß der dort abgegebene Wärmestrom vernachlässigt werden kann. Platten aus *Armco-Fe, Cu* bzw. *Al* werden durch Strahlung aufgeheizt u. der zeitliche Temp.-Verlauf an der Eintrittsfläche des Wärmestromes wird gemessen; von den theoret. berechneten Werten werden beträchtliche Abweichungen beobachtet. Die Oberflächenschichten zeigen eine Temp.-Überhöhung, die sich der theoret. Temp.-Verteilung überlagert. — Diskussion. HERBERT MÜLLER. 158□

Anomalie der Temperaturverteilung in Oberflächenschichten auf einer erhitzten oder gekühlten Wand. Jean Jacq und Marcel Chateau. (C. R. hebd. Séances Acad. Sci. **252.** 3201–03. 24/5. 1961.) (Franz.) — Vgl. vorst. Referat.

Bei der Unters. der Temp.-Verteilung der Oberflächenschicht einer leitenden Platte im konst. Wärmestrom wird eine Erhöhung der Temp. über den Wert beobachtet, der nach den Gesetzen des Wärmetransportes zu erwarten ist. Nach Abschaltung des Wärmestromes steigt die Oberflächen-Temp. linear nach einer Verzögerungszeit $\Delta \tau_c$ an; die experimentell bestimmten Werte von $\Delta \tau_c$ sind unabhängig von der Probendicke. Die Zeitabhängigkeit von $\Delta \tau_c$ wird mit einer Exponentialfunktion beschrieben. Die Temp.-Erhöhung ist der Dichte des Wärmestromes an der Grenzfläche proportional. HERBERT MÜLLER. 158□

Die Schallgeschwindigkeit in Metallstäben aus Aluminium und Kupfer. Constantin Sălceanu. (C. R. hebd. Séances Acad. Sci. **252.** 3021–23. 15/5. 1961. Timişoara, Fac. de Math. et de Phys.) (Franz.)

Vf. bestimmt die Schall-Geschw. V in Al- bzw. Cu-Stäben zwischen 20 u. 380° durch Messung der Verschiebung der Hauptresonanzbande. V fällt linear mit der Temp. ab. Eine Ableitung von V aus den Elastizitätsmoduln ist nicht möglich, da eine starke Abhängigkeit von der therm. Vorbehandlung der Materialien besteht. HERBERT MÜLLER. 159□

Feinstruktur der Rayleigh-Linie und Hyperschallfortpflanzung in Flüssigkeiten hoher Viscosität. M. Ss. Pessin und I. L. Fabelinski. (Доклады Академии Наук СССР [Ber. Akad. Wiss. UdSSR] **129.** 299–302. 11/11. 1959. Physik. Lebedew-Inst. der Akad. der Wiss. der UdSSR; Woronesh, Landw. Inst.) (Russ.) — Vgl. C. **1960.** 5401.

Eine Feinstruktur der RAYLEIGH-Linie müßte immer beobachtet werden, wenn $\alpha \Lambda \ll 1$ ist (α = Absorptions-Koeff., Λ = Wellenlänge des Hyperschalls mit 10^9 bis 10^{10} Hz). Daß sie in solchen Fällen oft nicht gefunden wird, beruht auf experimentellen Schwierigkeiten. Vff. versuchen den Nachw. der Feinstruktur bei hohen stat. Viscositäten am Beispiel von Glycerin (I) unter Anregung mit der Hg-Linie 4358 Å bei +150, +50, +22, −27 u. −45°, also Viscositäten von $5 \cdot 10^{-2}$–$2 \cdot 10^5$ Poise. Die Hyperschall (HS)-Geschw. nimmt zwischen +150 u. −45° von 1580 auf 3520 m/s zu, am stärksten bei 50 bis 22° (1 → 9 Poise); bei <22° verhält sich I bei HS-Frequenzen wie ein fester Körper. Die Ergebnisse stehen in Einklang mit der Relaxationstheorie. R. K. MÜLLER. 159□

Wirkung von Infrarotstrahlung auf ein stationäres Ultraschallsystem. Colette Rossetti. (C. R. hebd. Séances Acad. Sci. **244.** 3038–40. 17/6. 1957.) (Franz.)

Die Wrkg. der Absorption einer IR-Strahlung auf ein Gas unter stationärem Ultraschall wurde untersucht. Die Experimente erlauben den Beweis für zwei verschiedene Mechanismen: der eine ist rein therm. Natur u. relativ langsam, der andere momentan u. mol. Ursprungs. J.-M. SPAETH. 159□

Eine Beziehung zwischen der adiabatischen Kompressibilität und der Konzentration von Elektrolytlösungen. Satish Chandra Srivastava. (Indian J. Physics

Proc. Indian Assoc. Cultivat. Sci. **32** (**41**). 340–41. Juli 1958. Jadavpur, Calcutta, Indian Assoc. for Cultiv. of Sci., Dep. of Phys. Chem.) (Engl.)

Vf. verweist auf eine von ihm zusammen mit PRAKASH (C. **1962**. 4442) abgeleitete Gleichung, die die adiabat. Kompressibilität von Elektrolyt-Lsgg. in Ultraschallfeldern als Funktion der Ionenstärke, Dichte, Temp., DK u. Ultraschallintensität darstellt. Die Gleichung gibt den Zusammenhang für die von MOHANTY u. DEO (C. **1960**. 7090) sowie von PANDA u. MOHANTY (C. **1962**. 4824) untersuchten Sulfate u. für KNO_3 u. $Sr(NO_3)_2$ gut wieder, dagegen zeigen sich bei $NaNO_3$ Abweichungen.

W. BETCKE. 159□

Je. W. Kudrjawzew, K. N. Tschakalew und **N. W. Schumakow,** Nichtstationärer Wärmeaustausch. Moskau: Verl. der Akad. der Wiss. der UdSSR. 1961. (158 S. m. Abb.) 55 Kop. [Russ.]

I. I. Nowikow und **W. M. Saitzew,** Thermodynamik in Fragen und Antworten. Moskau: Gossatomisdat. 1961. (144 S. m. Zeichng.) 42 Kop. [Russ.]

A_5. Kolloidchemie. Grenzschichtforschung

Abweichungen der mit verbesserten Näherungswerten des Aktivitätskoeffizienten berechneten Oberflächenspannung. L. C. Shepley und A. B. Bestul. (J. Amer. ceram. Soc. **43**. 386–87. 1/7. 1960. Washington, D.C., Nat. Bureau of Stand.) (Engl.)

In grober Näherung besteht zwischen Aktivitäts-Koeff. u. Konz. der Lsg. eine lineare Abhängigkeit. Durch Einführung des Aktivitäts-Koeff. elektrolyt. Lsgg. nach DEBYE-HÜCKEL läßt sich die Genauigkeit verbessern: $g = e \exp - \sqrt{\beta c}$ (g = Aktivitäts-Koeff., c = Lsg.-Konz., β = Konst.). Die Oberflächenspannung γ ist von c u. die Abweichung von γ, hier mit σ bezeichnet, von der Oberflächen-Konz. c_s abhängig. Entsprechend der gegebenen Ableitung werden bei annähernd linearer Form von lng ($\sqrt{c}$ für $0 < c < 3 \cdot 10^{-5}$ Mol) für $d\beta/d\sigma$ im Falle von NaCl 880 cm^3/Mol u. von $ZnSO_4$ 77000 cm^3/Mol berechnet.

H. SCHUMANN. 166□

Papierelektrophorese anorganischer Anionen in 0,1 n NaOH-Lösung. G. Grassini und M. Lederer. (J. Chromatogr. [Amsterdam] **2**. 326. Mai 1959. Paris, Inst. du Radium, Labor. Curie.) (Engl.)

Vff. geben die Wanderungsstrecken folgender Ionen in 0,1 n NaOH-Lsg. nach 1 std. Elektrophorese bei 240 V an: F^-, Cl^-, ClO_3^-, ClO_4^-, Br^-, BrO_3^-, J^-, JO_3^-, JO_4^-, SCN^-, SO_3^{2-}, SO_4^{2-}, $S_2O_8^{2-}$, $S_2O_3^{2-}$, SeO_3^{2-}, TeO_3^{2-}, TeO_4^{2-}, NO_2^-, NO_3^-, PO_4^{3-}, AsO_3^{3-}, AsO_4^{3-}, $Fe(CN)_6^{4-}$, $Fe(CN)_6^{3-}$, CrO_4^{2-} u. Molybdat. H_2O_2 u. TeO_4^{2-} bleiben am Startpunkt zurück.

F. M. FRIEDRICH-ANDERSECK. 168□

Messung der Elektrodiffusion. Einfluß der Elektroosmose auf die Diffusion. P. C. Scholten und Karol J. Mysels. (J. chem. Physics **35**. 1845–48. Nov. 1961. Los Angeles, Calif., Univ. of Southern California, Dep. of Chem.) (Engl.)

Wirkt ein axiales elektr. Wechselfeld auf einen in einem Rohr befindlichen Elektrolyten ein, so tritt gewöhnlich eine oscillierende elektroosmot. Strömung auf. Vff. berechnen die daraus resultierende Erhöhung der durch Diffusion transportierten Stoffmenge u. vergleichen diese mit der Erhöhung, die auf die gleichzeitig auftretende Elektrodiffusion (ED) zurückzuführen ist. Es wird gezeigt, daß in Rohren von einigen mm Weite die ED durch gewöhnliche Diffusion u. die Erhöhung der letzteren durch elektroosmot. Erscheinungen überdeckt wird. Maximale Genauigkeit bzgl. der Best. von Rk.-Geschw.-Konst. wird bei bestimmten mittleren Frequenzen erreicht, da die ED bei hohen Frequenzen gegenüber der reinen Diffusion, bei niedrigen Frequenzen gegenüber der Erhöhung des elektroosmot. Anteils der Diffusion zu vernachlässigen ist. Auch im Bereich optimaler Frequenzen ist die Meth. nicht zur Best. der Geschw.-Konst. geeignet. Da der elektroosmot. Einfl. in dünnen Capillaren verschwindet, nehmen Vff. an, daß die ED in einem porösen Material (Sinterglas) gemessen oder durch Elektrophorese angenähert bestimmt werden kann.

P. FRENZEL. 168□

Die Elektroosmose in Ionenaustauscherharzmembranen. N. Lakshminarayanaiah. (Current Sci. **28**. 321–23. Aug. 1959. Madras, Univ. of Madras, Dep. of Phys. Chem.) (Engl.)

Bei Messungen der Elektroosmose in Ionenaustauschermembranen sinkt das überführte Fl.-Vol. mit steigender Stromdichte stark ab. Bisher ist noch keine befriedigende Erklärung dieser Erscheinung gegeben worden. Einer der Deutungs-Vers. postuliert die Existenz von 2 verschiedenen Ladungsträgertypen in der Harzphase. Danach sollen bei geringer Stromdichte die Ionen des diffusen Teils der Doppelschicht den größeren Teil des Stromes transportieren, während bei hohen Stromdichten alle Gegenionen am Stromtransport teilnehmen u. so einen Grenzwert des durch die Membran überführten Fl.-Vol. pro Farad ergeben. Diese Erklärung schließt ein offenkundiges Versagen des

OHMschen Gesetzes ein. Zur Überprüfung wurde der Widerstand des Syst. Lsg. ⇌ Na^+-Form einer sulfonierten Phenol–Formaldehyd-Membran ⇌ Lsg. als Funktion der Stromdichte gemessen. Als äußere Elektrolyt-Lsg. wurden wss. 0,01, 0,1 u. 1,0n NaCl-Lsgg. verwendet. Zur Ausschaltung einer Widerstandsvergrößerung mit steigender Stromdichte infolge Ionenverarmung an den Meßelektroden wurden die Lsgg. im kontinuierlichen Durchfluß über die Membranoberfläche geleitet. Es wurden Ag–AgCl-Elektroden benutzt. Da der Widerstand in jedem Fall unabhängig von der Stromdichte konst. bleibt, ist einerseits die Gültigkeit des OHMschen Gesetzes für Syst. dieser Art bewiesen u. andererseits die angeführte Hypothese widerlegt. W. HEIN. 168□

Experimentelle Methode zur Bestimmung des axialen Mischungskoeffizienten in einer fixierten Schicht. Eli Ruckenstein und Octavian Smigelschi. (C. R. hebd. Séances Acad. Sci. **252.** 3574—76. 5/6. 1961. Bucarest, Inst. Polytechn.) (Franz.)

Ein genügend langes Glasrohr wird in 2 getrennten Räumen mit HCl bzw. NaOH gefüllt u. nach Entfernung der Trennwand die Verschiebung der mit einem Indicator markierten Grenzfläche als Funktion der Zeit bestimmt; der axiale Mischungs-Koeff. wird aus der entsprechenden Diffusionsgleichung erhalten. HERBERT MÜLLER. 171□

Sedimentationsvolumen von schwerlöslichen Salzen. 5. Mitt. Einwirkung überschüssiger Ionen auf das Sedimentationsvolumen von Bariumsulfat, Bariumchromat, Bleisulfat und Bleichromat. Tetsuo Morimoto. (J. chem. Soc. Japan, pure Chem. Sect. [Nippon Kagaku Zassi] **81.** 236—39. Febr. 1960. Okayama-Daigaku, Rigakubu.) (Jap.; Auszug: Engl. S. A16.) — 4. vgl. C. **1961.** 14193.

Die Einw. überschüssiger Ionen auf das Sedimentations-Vol. von $BaSO_4$, $BaCrO_4$, $PbSO_4$ u. $PbCrO_4$ wird experimentell untersucht. Auf das Sedimentations-Vol. von $BaCrO_4$ sowie von $PbSO_4$ zeigen überschüssige Ionen nur schwache Einwirkungen. Das Sedimentations-Vol. von $BaSO_4$ nimmt in Ggw. von überschüssigem Ba^{2+} stark ab, während das Sedimentations-Vol. von $PbCrO_4$ durch überschüssiges CrO_4^{2-} stark peptisiert wird. Die peptisierende Wrkg. der überschüssigen Ionen wird jedoch bei zu hoher Konz. im Gegenteil schwächer. Die Konz. des CrO_4^{2-}, bei der das Sedimentations-Vol. von $PbCrO_4$ minimal ist, liegt viel niedriger als die Konz. des Ba^{2+}, bei der das Sedimentations-Vol. von $BaSO_4$ minimal ist. E. MAEKAWA. 174□

Sedimentationsvolumen von schwerlöslichen Salzen. 6. Mitt. Einwirkung von Phosphaten auf das Sedimentationsvolumen von Bariumsulfat, Bariumchromat, Bleisulfat und Bleichromat. Tetsuo Morimoto. (J. chem. Soc. Japan, pure Chem. Sect. [Nippon Kagaku Zassi] **81.** 239—42. Febr. 1960.) (Jap.; Auszug: Engl. S. A16.) — 5. vgl. vorst. Referat.

Das Sedimentations-Vol. von $BaSO_4$, $BaCrO_4$, $PbSO_4$ u. $PbCrO_4$ nimmt unter Zusatz verschiedener Phosphate ab; die Einw. der Phosphate nimmt im allg. mit steigendem Polymerisationsgrad der Phosphate zu. Die schwerlösl. Pb-Salze werden durch Phosphate stärker als die Ba-Salze beeinflußt; z. B. verursacht Na_2HPO_4 eine starke Abnahme des Sedimentations-Vol. bei $PbCrO_4$, jedoch eine nur schwache Abnahme bei $BaSO_4$. Falls das Sedimentations-Vol. sehr klein ist, so ist der abs. Wert des elektrokinet. Potentials groß. Auf $PbCrO_4$ wirkt auch KOH stark peptisierend, während die Sedimentation von $BaSO_4$ durch KOH kaum beeinflußt wird. Das Sedimentations-Vol. von $PbCrO_4$ nimmt durch Zusatz von KOH zu. Diese Erscheinungen beim KOH-Zusatz werden bei $BaSO_4$ nicht beobachtet. Vf. schließt, daß der Unterschied der Einw. der Phosphate auf das Sedimentations-Vol. von $BaSO_4$ u. $PbCrO_4$ offenbar auf dem Unterschied der Wrkg. des Alkalis auf die Salze beruht. E. MAEKAWA. 174□

Eine neue Darstellung der BET-Methode. Tominaga Keii, Tokuji Takagi und Setsuko Kanetaka. (Analytic. Chem. **33.** 1965. Dez. 1961. Tokyo, Tokyo Inst. of Technol., Dep. of Chem. Engng.) (Engl.)

Vff. gehen zur Ermittlung der Adsorbatmenge V_m bei monomol. Bedeckung von einer umgeformten BET-Gleichung $1/V(1-X) = 1/V_m + 1/V_mC\cdot[(1-X)/X]$ (mit x = relativer Druck) aus. Im $1/V(1-X)$–$(1-X)/X$-Diagramm ergibt sich dann V_m aus dem Ordinatenabschnitt u. C mit nicht sehr großer Genauigkeit aus der Steigung der Geraden. Im üblichen Auswertungsbereich von $0{,}05 < X < 0{,}35$ läßt sich eine weitere Vereinfachung vornehmen, da hier das 2. Glied der Gleichung im Vgl. zum 1. vernachlässigbar klein ist. Nach der damit folgenden Näherungsgleichung $V_m = V/(1-X)$ kann V_m aus einem Meßpunkt der Adsorptionsisothermen berechnet werden. Die so ermittelten V_m-Werte von *Fe_2O_3–Al_2O_3*-Klinkern, *NiO-Ton*, *Cr_2O_3–Al_2O_3*, akt. *Al_2O_3*, *SiO_2–Al_2O_3*, *akt. Holzkohle* zeigen nur geringe Abweichungen von denen nach der konventionellen BET-Auswertung. W. HEIN. 176□

Möglichkeiten der Untersuchung von Adsorptionseigenschaften eines Metalls mit der sekundären Ionenemission. René Bernard, Robert Goutte, Clément

Guillaud und René Javelas. (C. R. hebd. Séances Acad. Sci. **253.** 1047–49. 21/8. 1961. Lyon, Inst. Nat. des Sci. appl., Dép. de Phys.) (Franz.)

Werden Be-Targets mit positiven Alkaliionen beschossen, so tritt die Emission von H^-, C^-, CH^-, O^-, OH^-, C_2H^- u. C_3^- auf, die aus der Ionisierung von an Be adsorbierten H_2O- u. KW-Stoffschichten des Restgases der App. herrühren. Nach Erwärmung des Targets auf 500° verschwinden die negativen Ionen, treten jedoch nach dem Abkühlen erneut auf. Bei Verw. von D_2O-Zusätzen zum Restgas wird das Auftreten von D^- beobachtet. HERBERT MÜLLER. 176□

Kinetik der Bildung und einige Eigenschaften von an Wolfram adsorbierten Sauerstoff-Filmen. N. D. Morguliss und A. G. Naumowetz. (Известия Академии Наук СССР, Серия Физическая [Nachr. Akad. Wiss. UdSSR, physik. Ser.] **24.** 647–56. Juni 1960. Physik. Inst. der Akad. der Wiss. der UdSSR.) (Russ.) — Vgl. C. **1960.** 9812.

An einer W-Folie wird unter Druckmessung mit einem ALPERT-Manometer die Abhängigkeit des Kontaktpotentials (KP) von der Adsorption eines O_2-Films in einer Anordnung gemessen, bei der O_2 aus BaO_2 (in einem Ni-Rohr) entwickelt u. das KP mit einer Elektronenschleuder gemessen wird. Das Massenspektrogramm zeigt eine geringe Beimengung von CO (aus dem im W enthaltenen C) im verwendeten O_2. Die Kurven des KP in Abhängigkeit von der Zeit bei O_2-Drücken von $6 \cdot 10^{-8}$ bis $3{,}6 \cdot 10^{-7}$ Torr steigen zuerst linear an u. erreichen bei 1,7 V Sättigung. Der Koeff. der O_2-Kondens. auf W ist $\gamma \sim 0{,}05$–0,1. Das KP hängt von der Temp. der W-Folie (300–1470° K) in der Weise ab, daß der Sättigungswert bis 1080° K wenig, bei höheren Temp. stärker abnimmt u. bei 1470° K $<$ 1,0 V beträgt. Die Abnahme wird auf die Bldg. einer zweiten O_2-Schicht mit geringerer Adsorptionsenergie (2,3–2,5 eV) u. niedrigerer Desorptions-Temp. (ca. 750° K) zurückgeführt. Die Retentionskurven an reinem W, W in O_2, W in CO u. W in O_2 + CO verlaufen parallel. An einer kalten W-Folie verdrängt O_2 andere Gase (H_2, CH_4, N_2 + CO) wegen seiner erheblich höheren Adsorptionsenergie.

R. K. MÜLLER. 176□

Durch Quecksilber hervorgerufene Störungen bei der Untersuchung der Gasadsorption an sehr dünnen Platinschichten. Sen Sik Minn, Suzanne Offret und Boris Vodar. (C. R. hebd. Séances Acad. Sci. **252.** 3445–47. 29/5. 1961. Bellevue, C.N.R.S., Labor. des Hautes Pressions.) (Franz.) — Vgl. C. **1962.** 3734.

In Vakuum-App., die mit einer Öldiffusionspumpe unter Verw. von *Octoil S* als Treibmittel u. ALPERT-Hähnen bzw. mit einer Hg-Diffusionspumpe unter Verw. von Hg-Ventilen u. von mit fl. Luft betriebenen Kühlfallen evakuiert worden sind, werden bei 10^{-10} Torr u. Raum-Temp. ca. 15 Å dicke Pt-Schichten aufgedampft u. die Änderung des elektr. Widerstandes $\Delta\varrho$ der Schichten bei Adsorption von H_2 ($5 \cdot 10^{-4}$ Torr) bei 77,4° K untersucht. Bei Verw. einer Öldiffusionspumpe zeigt $\Delta\varrho$ nach Erreichen eines kleinen Maximums einen kontinuierlichen Abfall auf einen Grenzwert, der nach Abpumpen auf 10^{-6} Torr nahezu erhalten bleibt; die Meßwerte sind reproduzierbar. Bei Verw. einer Hg-Diffusionspumpe sind weder Amplitude noch Kurvenverlauf von $\Delta\varrho$ reproduzierbar; $\Delta\varrho$ wird durch H_2-Adsorption nur wenig geändert. Ein Ausheizen der App. ändert $\Delta\varrho$ im 1. Fall nur wenig, während im 2. Fall $\Delta\varrho$ scharf von 10^8 (Ω/cm²) auf ca. 10^3 abfällt. Auch die opt. Erscheinungen an den Schichten zeigen, daß eine Verunreinigung durch Hg auftritt. HERBERT MÜLLER. 176□

Druckeinfluß auf den Transport von Nichtelektrolyten durch ionenselektive Membranen. J. W. Jarvis und F. L. Tye. (J. chem. Soc. [London] **1961.** 4483–85. Okt. London, Permutit Co., Ltd.) (Engl.)

Die durch Elektrodialyse bestimmte Überführungszahl von Glycerin, d. h. die pro Farad durch eine kationenselektive Membran (Permaplex C-10) transportierte Menge Glycerin (in Mol), wird bei Anwendung eines Druckgefälles innerhalb der Membran deutlich beeinflußt. Schon äußerst geringe Druckgefälle reduzieren die Glycerinüberführung auf den 10. Teil. Dieser Effekt resultiert aus einem geringen, von dem Druckgefälle in der Membran hervorgerufenen Fl.-Strom, der der Glycerintransportrichtung entgegengesetzt ist u. der zwischen dem Harz u. der inerten Matrix verläuft. Bei niedrigen Stromdichten war die Transport-Geschw. geringer, so daß ein geringerer Fl.-Strom u. auch ein kleineres Druckgefälle die gleiche Verringerung der Überführungszahl hervorrief. Änderungen in der effektiven Selektivität der Membran erwiesen sich als sehr gering. W. HEIN. 177□

Die Adsorption von Elektrolyten an Ionenaustauschermaterialien. F. L. Tye. (J. chem. Soc. [London] **1961.** 4784–89. Nov. London, Permutit Co.) (Engl.)

Vf. entwickelt unter Berücksichtigung des in einem Ionenaustauscherharzes vorhandenen Potentialgradienten eine modifizierte thermodynam. Betrachtungsweise der Elektrolytadsorption. Hiermit gelingt es, das Absinken des mittleren Aktivitäts-Koeff. eines adsorbierten Elektrolyten auf niedrige Werte in verd. Lsg. zu erklären. Es wird eine Gleichung abgeleitet, die die Konzz. des adsorbierten u. des äußeren Elektrolyten miteinander in Beziehung setzt. Durch geeignete Wahl eines einzigen Parameters stimmen die damit errechneten Werte mit den experimentellen Ergebnissen an Polystyrolsulfonsäureharzen über einen großen Bereich der Konz. von HCl, NH_4Cl, KCl, LiCl u. des Vernetzungsgrades (2,25—26% Divinylbenzol) gut überein.

W. HEIN. 177 □

Der Einfluß der Ionenkonzentration auf das Gleichgewicht des Silber-Wasserstoff-Ionenaustausches. Leslie Leifer, Arthur W. Davidson und William J. Argersinger jun. (J. physic. Chem. **65.** 2220—22. Dez. 1961. Lawrence, Kans., Univ. of Kansas, Chem. Labor.) (Engl.)

Aus Werten des Austauschgleichgewichts bei 25° zwischen Dowex-50 (10,5% Divinylbenzol-Geh.) u. wss. $AgNO_3$–HNO_3-Lsgg. mit Ionen-Konzz. von 0,1, 0,3 u. 1,0 molal werden die Selektivitäts-Koeff. K_m für Ag^+–H^+ über einen weiten Bereich der Harzbeladung bestimmt. Für die beiden höheren Konzz. trat bei Harzen mit geringem Ag^+-Geh. im Wert von K_m ein scharfes Minimum auf. Mit Hilfe dieser K_m-Werte u. der Verhältniswerte der Ag^+–H^+-Aktivitäts-Koeff. in wss. Lsgg. konnten die thermodynam. Gleichgewichts-Konst. für den H^+–Ag^+-Austausch berechnet werden. Die Extrapolation der so erhaltenen Werte auf den Nullpunkt der Ionen-Konz. ergibt in Übereinstimmung mit den Konst. für Harze mit höherem oder niedrigerem Vernetzungsgrad u. mit denen für den Na^+–H^+-Austausch als besten, bis jetzt erreichbaren Wert dieser Konst. 10,9.

W. HEIN. 177 □

A₆. Strukturforschung

Exakte Elektrodensysteme für die Bildung eines gekrümmten Raumladungsbündels. 1. Mitt. R. J. Lomax. (J. Electronics and Control [1] **3.** 367—74. Okt. 1957. Cambridge, Univ.) (Engl.)

Die Form der PIERCE-Elektroden für eine zweidimensionale Raumladungsströmung mit gekrümmter Bündelbegrenzung kann durch konforme Abb. u. Lösung einer gewöhnlichen Differentialgleichung bestimmt werden. Das Verf. wird auf den Spezialfall einer Strömung angewandt, deren Stromlinsen u. Bündelbegrenzungslinien konzentr. Kreisbögen sind.

F. LENZ. 181 □

Über experimentelle und theoretische Untersuchungen eines neuen elektronenoptischen Ablenkorgans. Johannes Picht und Rolf Gain. (Exp. Techn. Phys. **4.** 262—68. 1956. Potsdam, Pädagog. Hochschule.) (Dt.) — Vgl. C. **1957.** 40.

Theoret. u. experimentelle Unters. eines elektrostat. Ablenk-Syst. für geladene Teilchen, in welchem durch entsprechende Wahl der Elektrodenformen die räumliche Verteilung des Brechungsindex im lichtopt. Dreikantprisma nachgebildet werden sollte. Die Feldverteilung wurde nach dem LIEBMANNschen Maschen-Verf. u. im elektrolyt. Trog ermittelt. Die berechneten u. gemessenen Werte der Ablenkempfindlichkeit u. der Aberrationen (Ablenkfehler u. Fleckverzerrungen) stimmen befriedigend überein. Die Anordnung ist weder in ihrer Ablenkempfindlichkeit noch in ihren Aberrations-Eigg. dem als Ablenkelement üblichen Plattenkondensator gleichwertig. F. LENZ. 181 □

Reversible Temperaturindicatoren in Form von Aufdampfschichten zur Ermittlung der Objekttemperatur im Elektronenmikroskop. L. Reimer und R. Christenhuss. (Naturwissenschaften **48.** 619. 1. Okt.-H. 1961. Münster, Univ., Phys. Inst.) (Dt.)

In metall. Aufdampfschichten tritt beim Erhitzen durch den Elektronenstrahl in der Regel Sammelkristallisation mit anschließender Sublimation auf. Ausnahmen stellen Schichten aus *In* oder *Pb* dar, da diese Metalle wegen ihres geringen Dampfdruckes am F. schmelzen, ohne zu verdampfen. Außerdem bestehen dünne Schichten bis zu 300 Å aus isolierten Einzelkristalliten, so daß Veränderungen durch Sammelkristallisation kaum auftreten. Der F. ist sehr scharf durch das Verschwinden des Dunkelfeldreflexes zu erkennen. Für die Ermittlung der Temp. im Elektronenmikroskop wird der Strahlstrom langsam bis zum Verschwinden der Dunkelfeldreflexe hochgeregelt. Da bei gleichem Profil des Elektronenstrahls die Temp. an einer bestimmten Objektstelle etwa proportional zum Strahlstrom ist, lassen sich Rückschlüsse auf die jeweilige Objekt-Temp. ziehen. Mit diesem Verf. ist es bei spezieller Objektanordnung möglich, Isothermen der Temp.-Verteilung direkt zu beobachten.

G. GATTOW. 181 □

Eine Abschätzung der Aussagekraft des Nichtnegativitätskriteriums, wie es bei Röntgenkristallstrukturbestimmungen verwendet wird. Tor Löfgren. (Acta crystallogr. [Copenhagen] **13.** 429—33. 10/5. 1960. Uppsala, Univ., Inst. of Chem.) (Engl.)

Vf. zeigt, daß die Anforderungen der Praxis in Verbindung mit der Nichtnegativität u. verschiedenen Symmetrie-Eigg. der Elektronendichtefunktion ein schwaches Kriterium bei Raumgruppen ohne Translationssymmetrieelemente bildet, zumindest was die Anwendung bei HARKER-KASPER-Ungleichungen betrifft. G. RUBAN. 181 □

Lösung der Schrödinger-Gleichung für ein periodisches Gitter. Leonard Eyges. (Physic. Rev. [2] **123**. 1673—84. 1/9. 1961. Lexington, Mass., MIT, Lincoln Labor.) (Engl.)

Das Problem eines Elektrons in einem period. Potential wird gelöst durch Aufspaltung der $C(K_l)$-Gleichung in eine radiale Funktion $C_l(K_m)$, wobei K_m der Wert des m-ten kleinsten reziproken Gittervektors ist, u. in einen winkelabhängigen Anteil. Dadurch erhält man aus der SCHRÖDINGER-Gleichung eine Folge von homogenen linearen Gleichungen für die $C_l(K_m)$, mit korrespondierenden Determinanten für die Eigenwerte. Die Meth. wurde numer. für S-ähnliche Zustände als Funktion von Gitterabstand u. Potentialstärke überprüft. H. NEWESELY. 181 □

Eine Beziehung zwischen Bindungsordnung und Bindungslänge für Sauerstoff-Sauerstoff-Bindungen. W. J. Orville-Thomas. (J. molecular Spectroscopy **3**. 588—91. Dez. 1959. Aberystwyth, Wales, Univ. Coll. of Wales, Edward Davies Chem. Labor.) (Engl.)

Vf. schlägt eine Beziehung zwischen Bindungslänge u. Bindungsordnung für O—O-Bindungen vor, die auf der MO-Theorie beruht. P. KURZMANN. 182 □

Der Glasritzeffekt. Jaques Bourdillon. (J. Colloid Sci. **13**. 407—09. Aug. 1958. Albany, N.Y., State Dep. of Health, Div. of Labor. and Res.) (Engl.)

Vf. bringt neuere Beobachtungen über die von ihm beschriebenen (vgl. C. **1958**. 10863) Erscheinungen des Glasritzeffektes, der auf einer bestehenden Beziehung zwischen der Art des Ritzens eines Glasgefäßes mit der Spitze eines Glasstabes u. der Mol.-Struktur der im Gefäß vorhandenen Fl. beruht. In den Verss. wurden Vers.-Röhren aus Borosilicatglas N 51-A (KIMBLE GLAS Co., Philadelphia) u. Rührstäbe aus weichem Glas verwendet. Die Verss. wurden in *W.*, *Methyl-*, *Äthyl-*, *Propyl-*, *Isopropyl-*, *n-* u. *sek.-Butyl-*, *tert.-Butyl-* u. *Allylalkohol*, *n-Decanol*, *Äthanol-*, *n-Propyl-*, *n-Butyl-*, *Diäthyl-* u. *Triäthanolamin*, *Essigsäure*, *Aceton*, *Acetylaceton*, *Diacetyl*, *Ae.*, CCl_4, *Chlf.*, CS_2, *Hexan*, *Bzl.*, *Benzylchlorid*, *Benzylalkohol*, *Nitrobenzol*, *Anilin* u. *Pyridin* durchgeführt. Die Vers.-Ergebnisse sind tabellar. zusammengestellt. C. GOTTFRIED. 182

Die Abstoßungswechselwirkung von Atomen in S-Zuständen. R. A. Buckingham. (Trans. Faraday Soc. **54**. 453—59. April 1958. London, Univ. Coll., Dep. of Phys.) (Engl.)

Die Funktion $V(R) = (Z_1 Z_2/R)\, p(R) \exp.(-a R)$, wobei $p(R) = 1 + p_1 R + p_2 R^2 + p_3 R^3 + p_4 R^4$, wird benutzt, um das Abstoßungspotential zwischen zwei Atomen mit den Kernladungen Z_1 u. Z_2 zu bestimmen. Die Parameter werden bestimmt aus der elektron. Energie der „vereinigten Atome", den Ergebnissen von Streuexperimenten u. der Lage der Nullstelle von V(R). Detaillierte Ergebnisse werden gegeben für $H + H\,(^3\Sigma_u)^-$, $H + He$- u. $He + He$-Wechselwirkungen. J. M. SPAETH. 182 □

Valenzstrukturen der höheren Boride. William N. Lipscomb und Doyle Britton. (J. chem. Physics **33**. 275—80. Juli 1960. Cambridge, Mass., Harvard Univ., Dep. of Chem.; Minneapolis, Minn., Univ. of Minnesota, Dep. of Chem.) (Engl.)

Vff. teilen theoret. Überlegungen zu den Bindungsverhältnissen in den Metallboriden vom Typ MB_2, MB_4, MB_6 u. MB_{12} (M = Metall) sowie im $B_{12}C_3$ u. den verschiedenen B-Modifikationen mit. Für die in ihnen vorliegenden Netzwerke von B-Atomen werden die bindenden Mol.-Bahnen teilweise nach dem LCAO-Verf. abgeleitet. Um diese voll zu besetzen, müssen Elektronen der Metallatome am B anteilig werden. Die bes. Verhältnisse im tetragonalen B werden durch eine Anordnung mit Vierzentrenbindungen versuchsweise gedeutet. Die verschiedenen AlB_{12}-Modifikationen u. das AlB_{10} werden von Vff. in strukturelle Beziehung zu B-Modifikationen gesetzt, wobei die B-Atome teilweise durch Al ersetzt sein sollen. H.-J. BECHER. 182 □

Normalkoordinaten-Behandlung und Kraft-Konstanten von einigen Hexacarbonylen der VI. Gruppe. Carl W. F. T. Pistorius und P. C. Haarhoff. (J. molecular Spectroscopy **3**. 621—31. Dez. 1959. Los Angeles, Calif., Univ. of California, Inst. of Geophys.; Pretoria, Univ. of Pretoria, Dep. of Phys. Chem.) (Engl.)

Vff. führen eine Normalkoordinatenbehandlung des oktaedr. $M(XY)_6$-Mol. mit Hilfe der WILSONschen F-G-Matrix-Meth. durch. Sie benutzen das allg. harmon. Kraftfeld, das auf Kraft-Konst. vom Valenztyp aufgebaut ist. Die erhaltenen Gleichungen werden benutzt, um die äußerst wichtigen Kraft-Konst. des $Mo(CO)_6$ u. $Cr(CO)_6$ zu berechnen. P. KURZMANN. 182 □

Struktur der glasbildenden Halogenide. 2. Mitt. **Flüssiges Zinkchlorid.** J. D. Mackenzie und W. K. Murphy. (J. chem. Physics **33.** 366—69. Aug. 1960. Schenectady, N.Y., Gen. Electric Res. Labor.) (Engl.) — 1. vgl. C. **1961.** 14933.

Mit der l. c. beschriebenen App. u. mit den gleichen Meth. bestimmten Vff. die Dichte, die Viscosität u. die spezif. Leitfähigkeit Λ von fl. $ZnCl_2$ (F. 318°) bei abwechselnd auf- u. absteigenden Temp. zwischen 320 u. 400°. Aus den Meßwerten ist ersichtlich, daß das $ZnCl_2$ nahe dem F. in der Schmelze assoziiert ist. Dieser Assoziationsgrad nimmt sehr schnell mit ansteigender Temp. ab, was aus den abnehmenden Aktivierungsenergien für viscoses Fließen u. von Λ ersichtlich ist. Das fl. $ZnCl_2$ ist daher nicht als ein normales geschmolzenes Salz anzusehen, wie z. B. $CdCl_2$ u. $MgCl_2$. Aus der bekannten Kristallstruktur u. aus den von BUES (vgl. C. **1956.** 9907) untersuchten RAMAN-Absorptionsspektren von kristallinem u. fl. $ZnCl_2$ wird ein Schmelzmechanismus u. eine Struktur der Schmelze vorgeschlagen. C. GOTTFRIED. 186

Berechnung der Coulomb-Potentiale in Kristallen. Joseph L. Birman. (Physics Chem. Solids **6.** 65—68. Juli 1958. Bayside, Long Island, N.Y., Phys. Labor. of Sylvania Electric Products, Inc.) (Engl.)

Es wird die Berechnung der Gittersummen des COULOMB-Potentials untersucht. Die Elektronendichte wird als kugelsymm. um jeden Gitterplatz vorausgesetzt. Die gesamte Ladungsdichte an jedem Gitterplatz muß in zwei Terme aufgespalten werden, um die Rechnung durchzuführen. Der eine Term führt auf einen unendlichen Mittelwert des Potentials u. muß kompensiert werden. Der andere Term ergibt einen endlichen Mittelwert des Potentials. Zwischen den beiden Alternativen kann zur Zeit nicht entschieden werden. Zwischen den Gittersummen des Potentials u. den EWALDschen Summen besteht eine Relation, was die numer. Rechnung vereinfacht. Die Verallgemeinerung der Rechnung auf komplizierte Ladungsverteilungen wird aufgezeigt. P. BRUMM. 190□

Wachstum von Galliumarsenid aus der Dampfphase. R. L. Newman und N. Goldsmith. (J. electrochem. Soc. **108.** 1127—30. Dez. 1961. Somerville, N.J., Radio Corp. of America, Semiconductor and Materials Div.) (Engl.)

Vff. berichten über Wachstums-Verss. an GaAs aus der Dampfphase unter Verw. von HCl/H_2 als Transportgas. Obwohl das Wachstum der Schichten nicht in allen Orientierungsrichtungen epitakt. verläuft, beeinflußt die Orientierung der Unterlage die Geschw. des Wachstums u. die kristallinen Eigg. der Aufdampfschicht. Es zeigt sich, daß diese Schichten sowohl n- als auch p-leitend sein können, eine weitere Beeinflussung ist jedoch nicht möglich. G. M. NEUMANN. 190□

Über die Energie von Zwischengitteratomen in Graphit. Tadao Iwata, F. Eiichi Fujita und Hideji Suzuki. (J. physic. Soc. Japan **16.** 197—205. Febr. 1961. Tokaimura, Ibaraki-ken, Japan Atomic Energy Res. Inst.) (Engl.)

Vff. berichten über Berechnungen der Eigen- u. der Wanderungsenergien von C- u. Xe-Zwischengitteratomen in Graphit unter Berücksichtigung der Gitterrelaxation. Es wurden folgende Eigenenergien — C 2,5 eV u. Xe 15,1 eV — u. Wanderungsenergien — C 0,016 eV u. Xe 0,03 eV — gefunden. Die Werte zeigen, daß selbst bei extrem niedrigen Temp. die Zwischengitteratome im Graphit noch sehr beweglich sind.
G. M. NEUMANN. 190□

Zwischengitter-Zink in Zinkoxid. D. G. Thomas. (Physics Chem. Solids **3.** 229—37. 1957. Murray Hill, N.J., Bell Telephone Labor., Inc.) (Engl.)

Vf. beschreibt Meth. zur Einführung von Zn auf Zwischengitterplätze von ZnO-Einkristallen, bes. Erhitzen der Kristalle in Zn-Dampf u. anschließendes, plötzliches Abschrecken. Die Zn-Zwischengitterplatzatome wirken als Donatoren mit niedriger Ionisationsenergie u. werden durch einen zusätzlichen Beitrag zur Leitfähigkeit nachgewiesen. Die Löslichkeit von gesätt. Zn-Dampf ist $n = 3{,}4 \cdot 10^{20} \cdot \exp(-0{,}65\ e/kT)$ Atome/cm^3; sie führt auf einen brauchbaren Wert für die Schwingungsentropie des Zwischengitterplatzatoms. Im Bereich von 180—350° folgt der Diffusions-Koeff. des Donators der Beziehung $2\ D_i = 5{,}3 \cdot 10^{-4} \cdot \exp(-0{,}55\ e/kT)$. Aus diesen Ergebnissen läßt sich die parabol. Geschw.-Konst. für die Oxydation von metall. Zn berechnen; der Wert steht in guter Übereinstimmung mit früheren Meßwerten. Die Resultate der Diffusion von radioakt. Zn in ZnO bei hoher Temp. sind weniger leicht verständlich; es kann sein, daß Zn auf Zwischengitterplätzen an diesem Prozeß nicht beteiligt ist. Es ist anzunehmen, daß die Fehlstellen im ZnO aus Zn-Zwischengitteratomen u. nicht aus O-Leerstellen bestehen. Die normalerweise in ZnO vorhandenen Donatoren sind nicht Zn-Zwischengitteratome, sondern wahrscheinlich chem. Verunreinigungen.
G. RUBAN. 190□

Über die Einwirkung von chemisch nicht reagierenden Gasen auf technische Prozesse und auf Mineralbildung. J. Arvid Hedvall. (Planseeber. Pulvermetallurgie **9.** 4—10. April 1961. Göteborg, TH.) (Dt.)

An Hand von Diagrammen wird der Einfl. inakt. Gase auf das Phasengrenzpotential Festkörper/Gas gezeigt. Die physikal.-chem. Aktivität von Quarz u. Tridymit hängt von der Vorerhitzung ab. Sie wird durch eine $SO_2 + O_2$- u. SO_3-Atmosphäre erniedrigt. Weiterhin wird der Einfl. kristallograph. Umwandlungsvorgänge u. der Transformationsintervalle von Gläsern auf die Rk.-Fähigkeit u. der Einfl. von Feuchtigkeit auf Mahl-, Separierungs- u. -Sinterprozesse nachgewiesen. H. MOENKE. 190□

Monte-Carlo-Berechnung des Ordnung-Unordnung-Überganges im raumzentrierten kubischen Gitter. P. A. Flinn und G. M. McManus. (Physic. Rev. [2] **124**. 54—59. 1/10. 1961. Pittsburgh, Pa., Westinghouse Res. Labor.) (Engl.)

Die Berechnung wurde für einen 2000-Atome-Kristall mittels einer IBM 704 durchgeführt. Die berechnete Variation des Ordnungszustandes mit der Temp. ist in guter Übereinstimmung mit experimentellen Daten von β-Messing u. β-AgZn. Die krit. Temp. wurde für v/kT = —0,315 gefunden; weitere Angaben werden über die Kinetik der Transformation gemacht. Der geschwindigkeitsbestimmende Schritt für Diffusion in den geordneten Strukturen ist wahrscheinlich ein Sprung von Leerstellen zu zweitnächsten Nachbarn. H. NEWESELY. 190□

Diffusion längs Kleinwinkel-Korngrenzen in Silicium. H. J. Queisser, K. Hubner und W. Shockley. (Physic. Rev. [2] **123**. 1245—54. 15/8. 1961. Palo Alto, Calif., Shockley Transistor.) (Engl.)

Die Diffusionsfronten bei Korngrenzen sind stachelförmig. Die Geschw. des vorstoßenden Stachels u. der Winkel zwischen Stachel u. Grenze wurden gemessen. Daraus folgen zwei effektive Breiten W_D u. W_O zur Beschreibung der Diffusions-Eigg. der Grenze. Die Meth. wurde auf die Untersuchung der Phosphordiffusion in B-dotiertem Si bei 1200° u. 1050° angewandt. Dabei fließt ein erhöhter Diffusionsstrom entlang jeder Versetzung der Korngrenze über einen Querschnitt, der kleiner als das BURGERS-Vektorquadrat ist. Die Diffusionsstromdichte ist ca. 300000mal größer als die durch das Volumen. Diese Erhöhung wird wahrscheinlich durch Anreicherung von P u. ebenso teilweise durch zusätzliche Fehlstellen nahe der Versetzungskerne verursacht. Es werden Ausblicke auf Unters. bei Sättigungseffekten der Versetzungskerne diskutiert.

H. NEWESELY. 190□

Untersuchung der Diffusion von Spurenelementen in Quarz und Germanium. G. Leliaert. (Pure appl. Chem. **1**. 121—26. 1960. Mol, Centre for Nucl. Energy.) (Engl.)

Die Verteilung von Hg in Quarzzylindern wurde durch Radioaktivierungsanalyse bestimmt. Die experimentellen Bedingungen wurden beschrieben u. die Ergebnisse im Diagramm dargestellt. P- u. As-Geh. in Ge wurden ebenfalls bestimmt.

H. SCHROEDER. 190□

Über die Einlagerung von Stickstoff in Ferrit. Jacques Pomey, Michel Mouflard, Alain Royez und Michel Wintenberger. (C. R. hebd. Séances Acad. Sci. **250**. 1845—46. 7/3. 1960.) (Franz.)

Erhitzt man Ferrit in einer mit N_2 u. H_2 verd. NH_3-Atmosphäre auf 560° (also dicht unterhalb der eutekt. Temp. des Syst. Fe–N), dann läßt sich N durch Einlagerung fixieren; N diffundiert in den Ferrit, ohne daß freies Nitrid auftritt. An Zugproben mit einem Querschnitt von 2·0,8 mm erhält man Sättigung im Inneren durch eine 30std. Behandlung in Ggw. von 15% NH_3. Für Proben mit ∅ = 6,5 mm erhält man Sättigung an der Oberfläche nach 4std. Behandlung in Ggw. von 30% NH_3, u. zwar mit abnehmender Konz. bis zu einer Tiefe von 0,4 mm. Schreckt man nach der Nitrierungsbehandlung in kaltem W. ab, dann bleibt diese Struktur bei Zimmer-Temp. ohne Abscheidung von Nitrid erhalten. Die spontane Alterung bei Zimmer-Temp. kann man durch Erhitzen auf 50—100° oder durch eine leichte Kaltbearbeitung beschleunigen. Die Elastizitätsgrenze beträgt 21 kg/mm². Die Elastizitätsgrenzen für weichen Stahl sind 30, nach gleich durchgeführter Nitrierung u. Abschreckung 42 u. nach natürlicher Alterung 63 kg/mm². Bei durch Biegen ermüdeten Proben erhöht sich die Festigkeitsgrenze von angelassenem sehr weichen Stahl von 23 kg/mm² auf 42,5 kg/mm² für Proben nach Oberflächenbehandlung wie oben. Diese Festigkeitserhöhung ist insofern bemerkenswert, als man mikrograph. keinerlei Strukturänderung in den Oberflächenschichten beobachten kann. Wird ein Stahl mit 0,35% C martensit. abgeschreckt u. bei 600° angelassen, dann beträgt die Bruchfestigkeit beim Zug 80 kg/mm²; nach Oberflächennitrierung u. nachfolgendem Abschrecken steigt die Festigkeitsgrenze von 43,5 auf 62,5 kg/mm². Enthält der Stahl jedoch Cr oder Al, dann wird die Löslichkeitsgrenze des N_2 in der α-Phase derart herabgesetzt, daß eine Verbesserung der mechan. Eigg. nicht auftritt. Wenn man dagegen nitrierten u. abgeschreckten weichen Stahl 24 Std. bei 150° anläßt, dann fällt Fe_4N in sehr feiner u. regelmäßiger Form in dem Ferrit aus. Die Elastizitätsgrenze fällt von 63 auf 38 u. die Festigkeitsgrenze von 42,5 auf 31,5 kg/mm². C. GOTTFRIED. 190

Chemische und röntgenographische Untersuchung von Erdalkalichloriden. Erminia Res Garrini und Vincenzo Riganti. (Gazz. chim. ital. **90.** 321–27. Febr./März 1960. Pavia, Univ., Ist. di Chim. gen.) (Ital.)

Vff. untersuchten röntgenograph. $Ca(ClO_2)_2$ (I), $Sr(ClO_2)_2$ (II), $Ba(ClO_2)_2$ (III) u. $Ba(ClO_2)_2 \cdot 5\ Ba(NO_3)_2 \cdot 12\ H_2O$ (IV). Durch Pulveraufnahmen an I konnte die von Levi u. Scherillo [1931] festgestellte pseudokub. Struktur bestätigt werden. Der Parameter der Zelle ist a = 5,80 Å. Die Kristalle erwiesen sich als deutlich doppelbrechend. Pulveraufnahmen an II waren denen von I vollkommen gleich. Auf Grund der beobachteten Doppelbrechung muß auch hier eine pseudokub. Struktur vorliegen. Der Elementarwürfel hat die Kantenlänge a = 5,97 Å. Das Diagramm von III war dagegen vollkommen von denen von I u. II verschieden; III ist demnach nicht mit I u. II isomorph. Das Pulverdiagramm wurde nicht ausgewertet. IV wurde aus schwach sauren wss. Lsgg. in gut ausgebildeten Einkristallen mit $D.^{20}$ 2,65 erhalten. Drehkristall-, Weissenberg- u. Buerger-Aufnahmen ergaben kub. Symmetrie mit a = 26,46 ± 0,08 Å. Wahrscheinlichste Raumgruppe ist $T_d^5 - F\bar{4}3c$; Z = 16. Nach Entwässern bei 60° im Vakuum traten auf dem Pulverdiagramm nur die Interferenzen von $Ba(NO_3)_2$ u. $Ba(ClO_2)_2$ auf; IV existiert daher nur als Hydrat. C. Gottfried. 195

Struktur einiger wasserfreier Alaune in Beziehung zu den entsprechenden Hydraten. Mario Cola. (Gazz. chim. ital. **90.** 220–28. Febr./März 1960. Pavia, Univ., Ist. di Chim. gen.) (Ital.)

Vf. untersuchte röntgenograph. die folgenden wasserfreien Alaune: $NaAl(SO_4)_2$ (I), $NaCr(SO_4)_2$ (II), $CsAl(SO_4)_2$ (III), $CsCr(SO_4)_2$ (IV), $RbCr(SO_4)_2$ (V) u. $RbAl(SO_4)_2$ (VI). I u. II wurden durch Entwässerung der entsprechenden Hydrate bei 400° dargestellt; I wurde außerdem durch Ausfällen einer Lsg. von Na_2SO_4 u. $Al_2(SO_4)_3$ durch konz. H_2SO_4 bei 180–200° erhalten. Pulverdiagramme ergaben rhomb. Symmetrie mit den Gitter-Konst. a = 5,38 (Å); b = 12,35; c = 8,46 für I u. a = 5,42; b = 12,42; c = 8,56 für II. Beide Zellen enthalten je 4 Moll., die Zelle ist primitiv. Die durch Entwässern der entsprechenden Hydrate bei 500° erhaltenen Alaune III, IV, V u. VI erwiesen sich als hexagonal mit den Zelldimensionen $a = 4,77_5$; $c = 8,81_4$ für III, $a = 4,81_3$; $c = 8,82_5$ für IV; $a = 4,78_7$; $c = 8,35_1$ für V u. a = 4,750 u. c = 8,313 für VI; Z für alle Verbb. = 1. Aus den Unterss. ergibt sich demnach, daß wasserhaltige Alaune vom Typ α u. β bei der Entwässerung hexagonale, vom Typ γ rhomb. Struktur haben. C. Gottfried. 195

Die Kristallstruktur des Natriumtrichloromercurat(II)-dihydrats. Stjepan S. Malčić. (Bull. Inst. Nuclear Sci. „Boris Kidrich" **9.** 115–22. März 1959. Labor. of phys. Chem.) (Dt.)

Die rhomb. Elementarzelle des $NaHgCl_3 \cdot 2\ H_2O$ gehört zur Raumgruppe D_{2h}^{16} – P n m a mit a = 9,372, b = 4,037, c = 18,71 Å; Z = 4. Aus der Patterson-Projektion auf die xz-Ebene u. aus wiederholten Fourier-Synth. ergeben sich bei beliebigem y die Atomparameter (x; z): Hg ($0,075_2$; $0,094_2$), $Cl_{(1)}$ (–0,082; 0,192), $Cl_{(2)}$ (–0,260; –0,143), $Cl_{(3)}$ (0,164; –0,026), Na (–0,010; 0,333), $H_2O_{(1)}$ (–0,140; –0,310), $H_2O_{(2)}$ (0,036; 0,444). Die Hg-Atome sind oktaedr. von Cl-Atomen umgeben; diese Oktaeder bilden Doppelketten längs der b-Achse. In den Zwischenräumen befinden sich H_2O-Moll. u. Na-Ionen. Durch die 2 kurzen Hg–Cl-Abstände (2,35 u. 2,40 Å) treten die $HgCl_2$-Moll. in dem Strukturbild klar hervor. G. Ruban. 195□

Untersuchungen über die niederen Titanoxide. A. David Pearson. (Physics Chem. Solids **5.** 316–27. 2 Tafeln. 1958. Cambridge, Mass., MIT, Labor. for Insulat. Res.) (Engl.)

Reines *TiO* ist kub.-flächenzentriert oberhalb ca. 950°. Die Struktur von Proben, die unterhalb dieser Temp. geglüht worden sind, ist komplex u. besteht aus 2 oder möglicherweise 3 Phasen, die miteinander nicht im Gleichgewicht sind. Verunreinigungen u. O-Überschuß stabilisieren bei Zimmer-Temp. die kub.-flächenzentrierte Modifikation. Der elektr. Widerstand von TiO (dargestellt aus der Schmelze) ist bei Zimmer-Temp. $2,81 \cdot 10^{-4}\ \Omega \cdot cm$ u. wächst mit steigender Temp. zwischen –162 u. 362°. Die Thermo-EMK von TiO ist von derselben Größenordnung wie die des Metalls. Da die gemessene Dichte (4,958) erheblich kleiner als die röntgenograph. (5,807 g/cm³) ist, sind 14,6% der Punktlagen unbesetzt. Die beobachteten Eigg. führen Vf. zu dem Schluß, daß die TiO-Phasen als feste Lsgg. von O in Ti angesehen werden können. — Die Röntgen-Unters. zeigt, daß Ti_3O_4 wahrscheinlich nicht existiert. Dagegen läßt sich für Ti_2O_3 die trigonale Elementarzelle zwischen Zimmer-Temp. u. 350° bestätigen. Die Gitterparameter ändern sich abrupt zwischen 160 u. 200°, entsprechend dem schnellen Anwachsen der magnet. Susceptibilität. Ti_2O_3 ist antiferromagnet., $\chi_m = 1,09 \cdot 10^{-6}$ cgs-Einheiten bei 20°. Die therm. Aktivierungsenergie der elektr. Leitfähigkeit im Zimmer-Temp.-Bereich ist etwa halb so groß wie die beobachtete opt. Aktivierungsenergie. Bei Zimmer-Temp. handelt es sich hier um einen Halbleiter vom p-Typ. G. Ruban. 195□

Über Molybdänoxidhydroxide mit MoO_3 als Genotyp. Lars Kihlborg, Göran Hägerström und Axel Rönnquist. (Acta chem. scand. **15.** 1187—88. 1961. Uppsala, Univ., Inst. of Chem.) (Engl.)

Die durch Red. von MoO_3 mit Zn + HCl, Mo-Pulver in Ggw. von W., atomarem H oder $LiAlH_4$ hergestellten Verbb. der Zus. $MoO_{3-x}(OH)_x$ mit x = 0,5; 1,0; 1,6 u. 2,0 sowie die Verb. $Mo_5O_8(OH)_8$ oder $MoO_{1,8}(OH)_{1,2}(H_2O)_{0,2}$ werden röntgenograph. untersucht (Pulveraufnahmen mit CuK_α-Strahlung). Eine der Phasen läßt sich als $Mo_4O_{10}(OH)_2$ (x = 0,5) identifizieren; sie besitzt eine orthorhomb. Elementarzelle mit den Dimensionen a = 3,888; b = 14,082; c = 3,734 Å. Die Gitter-Konst. lassen ebenso wie die Intensitätsverteilung auf den Pulverdiagrammen Rückschlüsse auf einen gleichen Aufbau wie MoO_3 zu. G. Ruban. 195□

Magnetische Verbindungen des sechswertigen Rheniums mit der Perowskit-Struktur. John Longo und Roland Ward. (J. Amer. chem. Soc. **83.** 2816—18. 5/7. 1961. Storrs, Conn., Univ. of Connecticut, Dep. of Chem.) (Engl.)

Vff. stellen Phasen der Zus. $A^{II}(B^{II}_{0,5}Re^{VI}_{0,5})O_3$ (A = Ba^{2+}; B = Ca^{2+}, Mg^{2+}, Mn^{2+}, Fe^{2+}, Co^{2+}, Zn^{2+}, Cd^{2+}) durch Umsetzung der in entsprechenden Verhältnissen gemischten, fein vermahlenen Metalloxide durch 24std. Erhitzen auf 900—1000° in evakuierten Quarz-Gefäßen her u. untersuchen die Prodd. mit Hilfe von Röntgenpulveraufnahmen (CuK_α-Strahlung). Die Verbb. krist. kub. im Perowskit-Typ, die Mn- u. Fe-Verbb. sind magnetisch. Alle Verbb. $Ba(M^{II}_{0,5}Re^{VI}_{0,5})O_3$ (M = Mg^{2+}, Ca^{2+}, Sr^{2+}, Cd^{2+}, Zn^{2+}, Mn^{2+}, Ni^{2+}, Co^{2+}) außer den Sr- u. Ca-haltigen Prodd. enthalten verschiedene Mengen Ba-Mesoperrhenat, die Ni-haltigen Verbb. stets NiO. Austausch von Sr u. Ca in der Stellung A bei den Verbb. mit B = Fe führt zu gestörten Strukturen, die wahrscheinlich mit dem Perowskit-Typ verwandt sind. Die angenäherten Curie-Temp. T_c der magnet. Verbb. werden bestimmt u. die Werte der Röntgendiagramme mit den gemessenen u. berechneten Intensitäten für $Ba(Co_{0,5}Re_{0,5})O_3$ (kub., a = 8,086 Å) tabellar. mitgeteilt. Die Gitter-Konst. u. Curie-Temp. T_c der kub. Verbb. $Ba(M_{0,5}R_{0,5})O_3$ betragen für (M =) *Ni*: (a =) 8,04; *Fe*: 8,05; T_c = 43°; *Mg*: 8,082; *Co*: 8,086; *Zn*: 8,106; *Mn*: 8,18; *Cd*: 8,322; *Ca*: 8,356; *Sr*, tetragonal: 6,36; (c =) 8,29; *Fe*, tetragonal: 5,70; 8,05; T_c = 43°; $(BaK)(Mn_{0,5}Re_{0,5})O_3$: 8,23; T_c = —137°; $Sr(Fe_{0,5}Re_{0,5})O_3$, tetragonal: 5,57; 7,89; T_c = 128°; $Ca(Fe_{0,5}Re_{0,5})O_3$, orthorhomb.: 5,41; b = 5,53; c = 7,69; T_c = 265°. Vff. erörtern die Kristallstruktur u. die magnet. Eigg. der Mn- u. Fe-Verbindungen. Verss. zur Darst. von $Cd(Fe_{0,5}Re_{0,5})O_3$ führen zur Bldg. einer stark magnet. Phase unbekannter Struktur, ebenso der Vers. zur Darst. der Verb. mit Zn an Stelle von Cd. P. Frenzel. 195□

Über das System Monocalciummagnetit-Eisenoxid. Stabilitätsbereich, Zusammensetzung und vermutliche Struktur der als „$CaO \cdot 2\,Fe_2O_3$" formulierten Phase. A. Burdese und M. Lucco Borlera. (Metallurgia ital. **52.** 710—15. Nov. 1960. Torino, Politecn., Ist. di Chim. gen. e appl. e di Metallurg.) (Ital.)

Nach Unterss. der Vff. liegt das Stabilitätsmaximum der sog. „$CaO \cdot 2\,Fe_2O_3$"-Phase zwischen 1124 u. 1223°, was der genauen Zus. $4\,CaO \cdot FeO \cdot 9\,Fe_2O_3$ bzw. $Ca_4 \cdot Fe^{II}Fe^{III}_{18}O_{32}$ entspricht. Es liegt ein orthorhomb. deformierter Spinell vor mit den Gitter-Konst. a = 8,59 (Å); b = 25,08 u. c = 9,78. A. Sander. 195□

Die Elementarzelle und Raumgruppe von Galliumeisenoxid, einem piezoelektrischen ferromagnetischen Kristall. Elizabeth A. Wood. (Acta crystallogr. [Copenhagen] **13.** 682. 10/8. 1960. Murray Hill, N.J., Bell Telephone Labor.) (Engl.)

Vf. untersuchte röntgenograph. $Ga_{2-x}Fe_xO_3$ mit x nahe 1. Die dunkelbraunen Nadeln erwiesen sich im Polarisationsmikroskop als orthorhombisch. Häufig tritt Zwillings-Bldg. nach {1 0 1} auf. Bemerkenswert ist, daß der Kristall piezoelektr. u. ferromagnet. ist. Präzessions-, Drehkristall- u. Weissenberg-Aufnahmen ergeben für die orthorhomb. Zelle die Dimensionen a = 8,75 ± 0,03 (Å); b = 9,40 ± 0,03; c = 5,07 ± 0,03. Raumgruppe $Pna2_1$; Z = 8. $D_{exp.}$ 5,2 (g/cm³); $D_{ber.}$ 5,53. Da das Verhältnis Ga:Fe in weiten Grenzen (zwischen $Ga_{0,6}Fe_{1,4}$ u. $Ga_{1,3}Fe_{0,7}$) variiert werden kann, ist geordnete u. statist. Besetzung der Metallplätze möglich. Die bevorzugte Magnetisierungsrichtung ist die c-Achse. C. Gottfried. 195

Mit Hilfe elastischer und unelastischer Neutronenstreuung untersuchte thermische Bewegung in Palladiumhydrid. J. Bergsma und J. A. Goedkoop. (Physica [Utrecht] **26.** 744—50. Sept. 1960. Kjeller, Norge, Inst. for Atomenergi; Petten, Nederland, Reactor Centrum Nederland.) (Engl.)

Eine Neutronenbeugungs-Unters. an Einkristallen von elektrolyt. beladenem Pd-Hydrid der Zus. $PdH_{0,63}$ bestätigt die Anordnung im NaCl-Typ. Die Wurzeln aus den mittleren Verschiebungsquadraten auf Grund therm. Bewegung der Pd- u. H-Atome werden zu 0,10 ± 0,01 bzw. 0,24 ± 0,02 Å gefunden. Messungen des gesamten

Neutronenstreuquerschnitts werden als Funktion der Neutronenenergie u. der Energieverteilung der Neutronen von 0,004 eV bei Streuung unter einem Winkel von 90° durchgeführt u. mit einem EINSTEIN-Modell der Protonenschwingungen bei einer Fundamentalfrequenz von 0,056 ± 0,002 eV gedeutet. Hieraus läßt sich in Übereinstimmung mit den durch Neutronenbeugung gefundenen Werten die Wurzel der mittleren Protonenverschiebungsquadrate bzgl. der Pd-Substruktur bei Zimmer-Temp. zu 0,22 ± 0,02 Å abschätzen. Die Daten der Streuung kalter Neutronen geben ebenfalls Auskünfte über die Wärmebewegung der Pd-Atome. Nach dem DEBYE-Modell ergibt sich eine DEBYE-Temp. von 300 ± 25° K u. eine Wurzel des mittleren Verschiebungsquadrats von 0,10 ± 0,01 Å. G. RUBAN. 195□

Die Kristallstruktur von Eosphorit. A. W. Hanson. (Acta crystallogr. [Copenhagen] **13.** 384—87. 10/5. 1960. Ottawa, Nat. Res. Council, Div. of Pure Phys.) (Engl.)

Das mit Childrenit verwandte Mineral Eosphorit, Zus. $AlPO_4 \cdot (Mn, Fe)(OH)_2 \cdot H_2O$, krist. pseudorhomb. in der Raumgruppe B b a m mit a = 10,52, b = 13,60, c = 6,97 Å; Z = 8. Aus PATTERSON-Schnitten u. Verfeinerungen mittels dreidimensionaler Differenz-Synth. ergeben sich die Atomlagen (10^4x, 10^4y, 10^4z): je 8 (Mn, Fe) 1323, 2500, 2500; P 3768, 3334, 0000; Al 2500, 0000, 2500; $O_{(1)}^{2-}$ 2668 (2667), 2553 (2576), 0000 (0133); $O_{(2)}^{2-}$ 0056, 2195, 0000 u. $O_{(3)}(H_2O)$ 2528, 0491, 0000; je 16 $O_{(4)}(OH^-)$ 1103, 4100, 1813 u. $O_{(5)}^{2-}$ 1334, 6004, 3202. In der Struktur verlaufen 2 parallele Reihen unendlicher Ketten, die eine aus Oktaedern der Zus. $(Mn, Fe)O_4(OH)_2$ mit gemeinsamen entgegengesetzten O—O-Kanten bestehend, die andere aus Oktaedern der Zus. $AlO_2(OH)_2(H_2O)_2$ mit gemeinsamen entgegengesetzten H_2O-Ecken. Diese Ketten alternieren an gemeinsamen OH-Ecken unter Bldg. einer Reihe paralleler Flächen, die durch PO_4-Tetraeder zusammengehalten werden. G. RUBAN. 195□

Einfluß der Kristallorientierung auf die Oxydationsgeschwindigkeit des Siliciums in Hochdruck-Wasserdampf. Joseph R. Ligenza. (J. physic. Chem. **65.** 2011—14. Nov. 1961. Murray Hill, N.J., Bell Telephone Labor.) (Engl.)

Silicium-Einkristalle, die nach (1 1 0), (3 1 1) u. (1 1 1) orientiert sind, werden in Hochdruckwasserdampf oxydiert. Es wird im Temp.-Intervall von 773—1073° K u. bei Dampfdrücken von 40—150 at gearbeitet. Nach festgelegter Oxydationszeit wird die Dicke des Oxidfilms als Gew.-Zunahme bestimmt; der Ausdruck dx/dt (Å. min^{-1}) ist der Oxydations-Geschw. v proportional. Für jede Temp. innerhalb des gemessenen Intervalls ergibt sich $v_{(110)} > v_{(311)} > v_{(111)}$ [$v = k(P/T) \cdot \exp(\Delta E_a/RT)$]. Die Werte für die Konst. k u. die scheinbare Aktivierungsenergie ΔE_a hängen von der betrachteten Kristallfläche ab. In der Folge (1 1 0) : (3 1 1) : (1 1 1) verhalten sich die relativen k-Werte wie 1,00 zu 1,7 : 1,3; die scheinbaren Aktivierungsenergien betragen 28,4 ± 0,5, 29,9 ± 0,7 u. 29,8 ± 0,7 kcal/Mol. Zur Betrachtung des kinet. Vorganges wird angenommen, daß die Oxydations-Rk. an der Phasengrenze Si—SiO_2 zwischen einer Si-Bindung u. einem H_2O-Mol. in der SiO_2-Phase stattfindet. Nach diesem Modell muß k proportional N, der Anzahl der reaktionsbereiten Bindungen pro cm^2, sein. Für die betrachteten Kristallagen kann N abgeschätzt werden; es verhalten sich die N-Werte in der obigen Folge wie 1,000:1,707:1,227; sie stehen in guter Übereinstimmung mit dem experimentellen Befund. Das Modell fordert ebenso, daß die Aktivierungsenergie in der obigen Folge ansteigt; dieses wird durch das Experiment nur teilweise wiedergegeben.

H.-D. FREYER. 196□

Untersuchung über die Zwillingsbildung in aufgedampften Silberfilmen. Akira Nagasawa und Shiro Ogawa. (J. physic. Soc. Japan **15.** 1421—25. Aug. 1960. Sendai, Tohoku Univ., Res. Inst. for Iron, Steel and Other Metals.) (Engl.)

Vff. nehmen Bezug auf Unterss. von OGAWA u. Mitarbeitern (vgl. C. **1956.** 7161) u. berichten über weitere Unterss. über die l.c. beobachtete Zwillings-Bldg. in aufgedampften Ag-Filmen. Es wurde auf 180° erwärmte (0 0 1)-Spaltflächen von Kochsalz Ag im Vakuum aufgedampft, wobei die Aufdampf-Geschw. zwischen 400 u. 0,02 Å/s variiert wurde. Untersucht wurden elektronenmkr. u. mittels Elektronenbeugung jeweils 400 Å dicke Filme. Aus den Elektronenbeugungsaufnahmen war ersichtlich, daß die Häufigkeit der Zwillings-Bldg. selbst bei der niedrigsten Bldg.-Geschw. kaum vermindert wird, dagegen nehmen Unvollkommenheiten, wie Biegen oder Verdrehungen des Films, stark ab. Bei den elektronenmkr. Unterss. wurden bei langsam gebildeten Filmen Interferenzstreifen beobachtet, woraus geschlossen werden kann, daß bei langsamen Aufdampf-Geschw. Unvollkommenheiten, wie Versetzungen u. Leerstellen, geringer werden, wodurch das Gitter vollkommener wird. C. GOTTFRIED. 196

Beziehungen zwischen der Wiederherstellung der mechanischen Eigenschaften und dem elektrischen Widerstand und die in Aluminium elektronenmikroskopisch

beobachtete Entwicklung der Strukturen. Christian Messager und Omourtague Dimitrov. (C. R. hebd. Séances Acad. Sci. **250.** 1847—49. 7/3. 1960. Vitry, C.N.R.S., Labor.) (Franz.) — Vgl. C. **1961.** 11251.

Vff. bestimmten die Mikrohärte an einer Reihe von Al-Proben, deren Konz. an Verunreinigungen ca. $90 \cdot 10^{-6}$ betrug. An Proben, die durch 98%ig. Auswalzen kalt bearbeitet u. hierauf 2 Std. bei verschiedenen Temp. angelassen worden waren, wurde die Mikrohärte der kaltbearbeiteten Matrix u. in einigen Fällen die der rekrist. Teile gemessen. Aus den Kurven Mikrohärte gegen Temp. ist ersichtlich, daß die Wiederherst. der Mikrohärte in 2 Stufen verläuft. Die erste Stufe entspricht der Vervollkommnung der in der kaltbearbeiteten Struktur beobachteten kleinen Blöcke, die zweite Stufe entspricht dem Wachstum dieser Blöcke. Zur Unters. des Einfl. von Verunreinigungen wurde dem durch Zonenschmelzen gereinigten Al in einer Konz. von $120 \cdot 10^{-6}$ Cu zugesetzt. In dieser Leg. gehen der Rekristallisation 2 Stufen der Entw. des elektr. Widerstandes voraus, deren zweite von einer Änderung der mechan. Eigg. begleitet ist. Aus den elektronenmkr. Beobachtungen folgt, daß die Verunreinigungen einen sehr viel größeren verzögernden Einfl. auf die Vergrößerung der Bereiche als auf ihre Vervollkommnung ausüben. C. GOTTFRIED. 197

Erzeugung von einkristallinen Kupferfilmen bei tiefen Temperaturen. Arthur Yelon und R. W. Hoffman. (J. appl. Physics **31.** 1672—74. Sept. 1960. Cleveland, Ohio, Case Inst. of Technol.) (Engl.)

Vff. beschreiben eine neue Meth. zur Herst. von dünnen einkristallinen Cu-Filmen bei —40°. Bei 350° u. $4 \cdot 10^{-6}$ mm Hg wird zunächst eine dünne Schicht (ca. 120 Å mit 6—8 Å/s) Cu auf *Steinsalz* aufgedampft (epitakt. Aufwachsen). Dann erfolgt bei —40 bis —50° das Aufdampfen der dicken Schicht (ca. 1500 Å mit 12 Å/s), die infolge epitakt. Aufwachsens auf der dünnen Cu-Schicht einkristallin ist. Die so hergestellten Filme werden röntgenograph. untersucht u. zeigten einkristalline Bereiche von 1 mm ∅ u. größer. Diese Kristallite waren (bis auf 1° genau) parallel zur Filmoberfläche in [1 0 0]-Richtung angeordnet. W. SOBIESKI. 197□

Der Mechanismus der Abschreckhärtung und ihre Erholung in Gold. M. Meshii und J. W. Kauffman. (Philos. Mag. [8] **5.** 939—46. Sept. 1960. Evanston, Ill., Northwestern Univ., Materials Sci. Dep.) (Engl.) — Vgl. C. **1960.** 16020.

Drähte aus 99,999%ig. Au wurden von 1000 ± 10° mit einer Abkühlungs-Geschw. von 30000°/s abgeschreckt, 1 Std. bei 100° gealtert u. bei 612, 627, 642 u. 657° verschieden lang isotherm. bis zur Wiedererweichung angelassen. Graph. ist die isotherme Erholung der Streckgrenze gegen die Anlaß-Temp. wiedergegeben. Trägt man die reziproke abs. Anlaß-Temp. graph. gegen den log der Zeit auf, die benötigt wird, um die Erholungsgrade 3,0 u. 4,0 zu erreichen, dann erhält man 2 Gerade, aus deren Neigung sich für die Wiedererweichung Aktivierungsenergien von 4,7 u. 4,8 eV ergeben. Diese Aktivierungsenergie ist sehr viel größer als die Aktivierungsenergie für die Selbstdiffusion. Vff. fanden weiter, daß die Temp. der Wiedererweichung der durch Abschrecken gehärteten Proben sehr viel höher ist als die Temp. für die Wiedererweichung von Au, das durch Verformung auf denselben Härtegrad gebracht worden war. Eine Diskussion der Ergebnisse führte zu dem Ergebnis, daß sich die Abschreckhärtung durch Bldg. tetraedr. Packungsfehler, die Wiedererweichung durch Keim-Bldg. eines SHOCKLEYschen Partialversetzungsringes auf einer der Tetraederflächen erklären läßt. C. GOTTFRIED. 197

Allgemeine Theorie der Ordnung von n-Stoff-Legierungen. K. F. Wojciechowski. (Сообщения Академии Наук Грузинской ССР [Mitt. Akad. Wiss. GrusinSSR] **21.** Nr. 3. 277—80. Sept. 1958. Wrocław, Univ., Lehrst. für exp. Physik.) (Russ.) — Vgl. C. **1958.** 5886.

Vf. entwickelt Gleichungen für die freie Konfigurationsenergie u. die thermodynam. Wahrscheinlichkeit einer Ordnung der Gitter einer Leg. mit n Komponenten. Die Gleichungen, bei denen der Korrelationseffekt vernachlässigt wird, gehen in eine Annäherung nach BRAGG-WILLIAMS über, wenn man sich auf die unmittelbaren Nachbarn beschränkt, lassen sich aber durch Einbeziehung weiter entfernter Atome erweitern. Die Best. der Nahordnungsparameter für n-Stoff-Legg. wird in allg. Form dargestellt. R. K. MÜLLER. 197□

Theorie der Fernordnung für ternäre gleichkomponentige Legierungen. O. M. Mdiwani. (Сообщения Академии Наук Грузинской ССР [Mitt. Akad. Wiss. GrusinSSR] **21.** 653—58. Dez. 1958. Tbilissi, Stalin-Univ.) (Russ.) — Vgl. C. **1960.** 14972.

Verallgemeinerung der mathemat. Berechnung der Fernordnung bei bin. Legg. für tern. Legg., einschließend die Best. der Konfigurationsentropie u. -energie u. des CURIE-Punktes bei einigen öfters vorkommenden Fällen. J. TŮMOVÁ. 197□

Untersuchung des Einflusses von Vanadin auf die Struktur und die Eigenschaften von Kupfer und Aluminium. Je. M. Ssawitzki und U. K. Duissemalijew. (Вестник Академии Наук Казахской ССР [Nachr. Akad. Wiss. KasachSSR] **15.** Nr. 7. 82—88. Juli 1959.) (Russ.)

Es wurden Cu–V-Legg. mit 0,07—7,97% V u. Al–V-Legg. mit 0,105—16,52% V untersucht. Ein Zusatz von 0,3—1% V zu Cu erhöht alle mechan. Eigg. von Cu ohne Erniedrigung der elektr. Leitfähigkeit. Die Zugabe bis 0,4% V zu Al erhöht die Härte u. den elektr. Widerstand von Al, ohne daß die Festigkeit verbessert wird. Cu-Proben mit V-Geh. $\leqslant$0,07% sind einphasig, bei höherem V-Geh. sind sie zweiphasig. Beim Al reicht der einphasige Bereich bis zu einem V-Geh. von 0,4%. J. SCHNEIDER. 197□

Röntgenographischer Nachweis für die Abscheidung von gelösten Atomen an Packungsfehlern in einer Kupfer-Aluminiumlegierung. R. W. Cahn und R. G. Davies. (Philos. Mag. [8] **5.** 1119—26. Nov. 1960. Birmingham, Univ., Dep. of Phys. Metallurgy.) (Engl.)

Eine hochreine Cu–Al-Leg. mit 15 Atom-% Al wurde ausgewalzt, homogenisiert, weiter durch Kaltwalzen auf eine Dicke von 100 μ gebracht, angelassen, auf eine Dicke von 50 μ ausgewalzt u. hierauf die Dicke durch chem. Polieren auf ca. 15 μ reduziert. An dieser Folie wurde mit einem Proportionalzähler die Intensität der Kleinwinkelstreuung gemessen. Die Proben wurden hierauf progressiv bei 150—250° angelassen u. nach jedem Anlassen die gestreuten Intensitäten zwischen 1 u. 1,7° gemessen. Dieser Anlaß-Temp.-Bereich entspricht demjenigen Bereich, in dem die Leg. aushärtet. In allen Fällen wurde nach dem Anlassen eine beträchtliche Zunahme der Streuintensität gefunden, die maximal ca. 15% betrug. Die gemessene Zunahme der parallel gemessenen Härte erwies sich als proportional der Zunahme des Streuvermögens. Diese Intensitätszunahme wird auf die Abscheidung von Al an den Bändern von Packungsfehlern zwischen Partialversetzungen zurückgeführt. C. GOTTFRIED. 197

Die Konzentrationsabhängigkeit des Elektronenübergangs der Komponenten der Nickel–Chrom-Legierung. I. M. Franzewitsch und M. D. Smolin. (Доповіді Академії Наук Української РСР [Ber. Akad. Wiss. UkrainSSR] **1961.** Nr. 7. 908—10. Inst. für Metallkeramik u. Sonder-Legg. der Akad. der Wiss. der UkrainSSR.) (Ukrain.; Auszug: Engl.)

Im Konz.-Bereich 4,76—31,101 Atom-% Cr wurde bei 1250° der Elektronenübergang der Komponenten der Cr–Ni-Leg. in Abhängigkeit von der Cr-Konz. untersucht u. festgestellt, daß im Bereich von 22,12—31,01 Atom-% Cr die experimentelle effektive Ionenladung von Cr größer ist als aus der Gleichung folgt; bei Ni ist sie geringer.
O. LEBTAG. 197□

Intermetallische Diffusion in Gold–Blei-Systemen. A. Ascoli und E. Germagnoli. (Pure appl. Chem. **1.** 139—41. 1960. Milan, C.I.S.E., Labor.) (Engl.)

Vff. messen die Diffusion von Au in Pb mit Hilfe von ^{198}Au bzw. ^{195}Au: $D_0 \simeq 1{,}2 \cdot 10^{-2}$ cm^2 sec^{-1}, $Q \simeq 0{,}46$ eV. H. SCHROEDER. 197□

Eine neue reversible Festkörperumwandlung in Eisen–Nickel-Legierungen im Zusammensetzungsbereich von Invar. N. I. Ananthanarayanan und R. J. Peavler. (Nature [London] **192.** 962—63. 9/12. 1961. Pittsburgh, Pa., Westinghouse Electr. Corp., Materials Engng. Labor.) (Engl.)

Mischkristalle von Fe- u. Ni-Formiat werden therm. zersetzt u. die gebildeten Oxide bei Temp. $\geq$200° mit H_2 zu Fe–Ni-Legg. mit bis zu 75 Atom-% Ni reduziert. Für Leg.-Pulver mit 30—45 Atom-% Ni, die auf Raum-Temp. abgeschreckt wurden, tritt eine reversible Umwandlung der kub.-flächenzentrierten γ-Phase auf. Die abgeschreckten Proben zeigen bei Röntgenrückstrahlaufnahmen eine ausgeprägte Linienverbreiterung, die bei Hochtemp.-Aufnahmen verschwindet; bei Abkühlung auf Raum-Temp. erscheint die Verbreiterung erneut. Sie ist auf die Überlagerung von Reflexen gleicher Indizierung zurückzuführen, d. h. die γ-Phase besteht aus der Mischung einer γ_1- u. γ_2-Phase mit gering verschiedenen Gitter-Konst.; aus Aufnahmen an Legg. mit 31 u. 36 Atom-% Ni (MnK_α-Strahlung) folgt für γ_1 $a_0 = 3{,}593$ (Å), für γ_2 $a_0 = 3{,}585$. Die Umwandlungs-Temp. hängen von der Zus. der Legg. ab u. liegen zwischen 150 u. 300°. Offenbar liegt unterhalb dieser Temp. in Legg. mit 30—45 Atom-% Ni gleichzeitig eine ferromagnet. u. eine antiferromagnet. Modifikation vor. HERBERT MÜLLER. 197□

Diffusionskonstante des Wasserstoffs in Eisenkathoden. B. Baranowski, Z. Szklarska-Śmiałowska und M. Śmiałowski. (Bull. Acad. polon. Sci., Cl. III **5.** 191—96. 1957. Pol. Acad. of Sci., Inst. of Phys. Chem.) (Engl.)

Vff. messen die Desorptions-Geschw. von H_2 in H_2-übersättigtem Fe-Draht nach 1 std. kathod. Polarisation des Drahtes in einer Lsg. von As_2O_3 in 1 n H_2SO_4 u. berechnen die Diffusions-Konst. D von H_2 in Fe bei 20°. Außerdem wird der Zeitraum bis zur maximalen stationären Ausdehnung einer Fe-Spule nach kathod. Sättigung mit H_2 ermittelt. D beträgt ca. $^1/_{100}$ des Wertes, der von anderen Autoren durch Extrapolation bei hohen Temp. erhalten wurde. Die Desorption des H_2 von Fe-Draht in W. bei 20° erfolgt in zwei Stufen: $D_1 = 5{,}0 \cdot 10^{-7}$; $D_2 = 9{,}6 \cdot 10^{-8}$ cm²/s. Die für die Ausdehnung der Drahtspule erhaltenen Werte liegen in der gleichen Größenordnung. Die Ergebnisse bestätigen die Annahme, daß die Deformation von Fe-Kathoden durch das Eindringen von H_2 in das Metall bestimmt wird. Die maximale stationäre Ausdehnung wird wahrscheinlich vor Einstellung des H_2-Sättigungsgleichgewichts erreicht.

P. FRENZEL. 197 □

Dynamische Messung der Elastizität mit Resonanzmethoden. G. Bradfield. (Brit. J. appl. Physics **11.** 478—80. Okt. 1960. Diskussion: **12.** 80. Febr. 1961. Teddington, Nat. Phys. Labor.) (Engl.)

Beschreibung der Meß-Meth., die auf der Verw. von magnetostriktiven Schwingern beruhen. C. GOTTFRIED. 200

Der Einfluß von Korngröße und Temperatur auf Gleitung, Zwillingsbildung und Bruch von Eisen mit 3% Silicium. D. Hull. (Acta metallurg. [New York] **9.** 191—204. März 1961.) (Engl.) — Vgl. C. **1961.** 7142.

Die Bedeutung der Zwillings-Bldg. für den Sprödbruch wurde an einem Fe mit 3 % Si untersucht. An unbestrahlten u. bestrahlten Proben mit Korngrößen zwischen $d^{-1/2} = 4$ u. $d^{-1/2} = 32$ (wobei 2 d der Korndurchmesser in cm ist) wurden Zug-Verss. bei 20, —78, —196 u. —253° durchgeführt. Die Proben wurden nach dem Bruch metallograph. untersucht, um das Auftreten von Zwillingen festzustellen. Sämtliche Proben, die bei 20 u. —78°, sowie diejenigen Proben mit $d^{-1/2} > 18$, die bei —196° untersucht worden waren, zeigen eine obere u. untere Streckgrenze u. verformen sich durch Gleitung. Es besteht ein linearer Zusammenhang zwischen der Spannung an der unteren Streckgrenze σ_y u. $d^{-1/2}$ bei allen Temp., doch ist die Steigung k_y temperaturabhängig; es ist $k_y(-196°)/k_y(20°) = 1{,}69$. Proben mit $d^{-1/2} < 18$, die bei —196°, u. sämtliche Proben, die bei —253° untersucht worden waren, brachen entweder ohne beobachtbare plast. Verformung oder nach geringer Zwillingsbildung. Die metallograph. Unters. zeigte, daß alle Proben, die spröde gebrochen waren, in der Bruchnähe Zwillinge enthielten; hieraus folgt, daß die Zwillinge Keime für Risse mit sich bringen, wie es in Einkristallen der Fall ist. Die Zwillings-Bruchspannung wurde mit der Korngröße durch eine Gleichung verknüpft. In Proben mit $d^{-1/2} = 18$, die bei —196° untersucht worden waren, trat entlang dem ganzen Zugstab eine beträchtliche Zwillings-Bldg. auf, die in größeren Körnern stärker ausgeprägt ist. Die Dicke der Zwillinge nahm mit abnehmender Korngröße u. mit zunehmender Temp. zwischen —235 u. —196° zu. Die Größe des Rißkeimes wurde aus der Zwillingsdicke u. der Zwillingsscherung berechnet unter der Annahme, daß sich Risse längs des Schnittes zweier Zwillinge bilden, der erhaltene Wert wurde mit der krit. Größe, die nach COTTRELLs Theorie des Sprödbruchs zur Ausbildung als spröder Riß notwendig ist, verglichen. H. HOCHSTEIN. 200 □

Druckabhängigkeit der elastischen Scherkonstanten von Lithium. A. L. Jain. (Physic. Rev. [2] **123.** 1234—38. 15/8. 1961. Cleveland, Ohio, Case Inst. of Technol.) (Engl.)

Die elast. Scher-Konst. $C = C_{44}$ u. $C' = {}^1/_2(C_{11} - C_{12})$ von Li wurden in Abhängigkeit vom Druck bei Raum-Temp. gemessen: $d \ln C/d \ln r = 4{,}1$; $d \ln C'/d \ln r = -2{,}8$. Diese Ungleichheit der beiden Druckvariationen steht im Gegensatz zu dem Verh. von Na (gleiche Koeffizienten). Theoret. müßten die beiden Koeff. übereinstimmen, wenn nur die elektrostat. Wechselwrkg. zwischen Elektronen u. Ionen für das elast. Verh. des Metalls verantwortlich wäre. Für Li wird ein Sonderbeitrag der Scher-Konst. (Wechsel in der FERMI-Energie der Scher-Elektronen) für das abweichende Verh. angenommen. H. NEWESELY. 200 □

Eine Untersuchung der Anfangsverformung von Aluminiumeinkristallplatten mit Hilfe der Röntgenbeugungstechnik. 1. Mitt. Mikio Sumizawa und Takao Kino. (J. Sci. Hiroshima Univ., Ser. A **23.** 57—63. April 1959. Hiroshima, Univ., Fac. of Sci., Dep. of Phys.) (Engl.)

Vff. untersuchen röntgenograph. die Änderung der Gitterverzerrung von Al-Einkristallplatten im Anfangsstadium der Zugdeformation. Die Abnahme der integrierten Reflexintensitäten im Bereich des Übergangs von elast. zu plast. Verformung ist klar erkennbar, u. diese Erscheinung wird qual. diskutiert. Außderdem wird der ideale Charakter der nach FUJIWARAs Meth. hergestellten Al-Einkristalle abgeschätzt.

G. RUBAN. 200 □

Entlastungseffekte an Aluminium- und Aluminium–Zink-Einkristallen. A. T. Thomas. (Philos. Mag. [8] **5.** 947—66. Sept. 1960. Banbury, Oxon, England, Aluminium Labor. Ltd.) (Engl.)

Zug-Verss. mit Lastwechseln an Einkristallen aus hochreinem Al u. festen Lsgg. Al–Zn zeigen bei Unterbrechungen mit teilweiser Entlastung verschiedene Effekte bei dem anschließend auftretenden plast. Fließen. Vf. untersucht die Einfl. der Entlastung u. Spannungsalterung, ferner bes. die Beziehung zwischen Entlastung u. Erholung bei Zimmertemperatur. G. RUBAN. 200□

Der Ionencharakter und die Elastizitätsmoduln von Zinkblendegittern. Roy E. Potter. (Physics Chem. Solids **3.** 223—28. 1957. Washington, D.C., Nat. Bureau of Standards.) (Engl.)

Die Elastizitätsmoduln (C) einer Anzahl Verbb. mit der Kristallstruktur von *Diamant* oder *Zinkblende* (*Sphalerit*) werden nach Literaturangaben zusammengestellt. Hierbei weist das Verhältnis C_{11}/C_{12} Werte zwischen 2,6 (für *Si*) u. 2,7 (*Ge*) bzw. 1,65 u. 1,50 (*ZnS*) auf. *InSb* u. *GaSb* besitzen Zwischenwerte. Vf. konstruiert eine Skala, die den Ionencharakter als Funktion des Verhältnisses C_{11}/C_{12} angibt u. auf der BORNschen Theorie des Diamantgitters sowie auf der Beziehung zwischen longitudinalen u. transversalen opt. Schwingungsarten basiert, wenn das Gitter teilweise Ionencharakter besitzt. Auf Grund dieser Skala hat InSb einen Ionencharakter, der einer Ionenladung von 0,65 Elektronen entspricht, u. GaSb ca. $^2/_3$ davon. Umgekehrt lassen sich die Elastizitätsmoduln für Kristalle dieses Typs abschätzen, wenn die opt. Daten bekannt sind. G. RUBAN. 200□

Verbesserte Werte der elastischen Konstanten von Saphir. Walter G. Mayer und E. A. Hiedemann. (Acta crystallogr. [Copenhagen] **14.** 323. 10/3. 1961. East Lansing, Mich., Michigan State Univ., Phys. Dep.) (Engl.)

Korrektur früher publizierter Werte (C. **1960.** 9125), die teilweise auf falschen kristallograph. Orientierungen basierten. H. MOENKE. 200□

M. V. Volkenštejn, Struktura a fyzikální vlastnosti molekul. Praha: Nakladatelství Československé akademie věd. 1961. (704 S.) Kčs 70.—.

Joseph Wiemann, Relation entre la structure et les propriétés physiques. Paris: Centre de documentation universitaire. 1961. (369 S. m. Abb.) 4⁰. 22 NF.

A₇. Gleichgewichte. Kinetik

Eine angenäherte Behandlung der Kinetik reversibler Parallelreaktionen. Assa Lifshitz und B. Perlmutter-Hayman. (Bull. Res. Council Israel, Sect. A **9A.** 200—203. Nov. 1960. Jerusalem, Hebrew Univ. of Jerusalem, Dep. of Phys. Chem.) (Engl.)

Es wird zur Behandlung der Kinetik reversibler Rkk. ein Näherungs-Verf. angegeben, bei dem die Rück-Rk. durch eine in geeigneter Weise korr. Zeitskala berücksichtigt wird. Die Meth. ist bes. geeignet für Syst. von Parallel-Rkk., bei denen die Geschw.-Konst. durch „trial and irror" bestimmt werden muß. P. KURZMANN. 220□

Kinetik chemischer Reaktionen bei veränderlichen Volumen. Je. Ss. Rudakow. (Вестник Ленинградского Университета, Серия Физики и Химии [Nachr. Leningrader Univ.] **15.** Nr. 4. [Ser. Physik Chem.] Nr. 1. 72—79. 1960.) (Russ.; Auszug: Engl.)

Die Gültigkeit der kinet. Gleichung $-1/V \cdot dN/d\tau = K\Pi \cdot C_i \exp m_i$ (V = Vol., N = Mol-Zahl der flüchtigen Komponente, τ = Zeit) für chem. Rkk. bei veränderlichem Vol. wurde theoret. nachgewiesen u. experimentell durch konduktometr. Unters. der Verseifungs-Rk. $CH_3COOC_2H_5 + OH^- \rightarrow CH_3COO^- + C_2H_5OH$ in fl. Phase unter Bedingungen der gleichmäßigen Verdünnung bestätigt. H. JÄGER. 220□

Beziehung zwischen dem kinetischen und dem thermodynamischen Isotopeneffekt und der Molekularität der Reaktion. G. K. Boresskow. (Доклады Академии Наук СССР [Ber. Akad. Wiss. UdSSR] **129.** 607—09. 21/11. 1959. Physik.-chem. Karpow-Inst.) (Russ.)

Bei reversiblen Rkk. sind die Gleichgewichts-Konst. K durch die Konst. k_1 bzw. k_2 der Hin- u. Rück-Rk., deren Aktivierungsenergien E_1 bzw. E_2 durch die Rk.-Wärme q in Verbindung mit der Molekularität M_A, d. h. der Zahl der in Rk. tretenden Moll. A, gegeben: $k_2/k_1 = K^{M_A}$ u. $E_2 - E_1 = M_A q$. M_A ergibt sich aus den Rk.-Geschw. V bzw. V_1 u. der Änderung der Freien Energie $\Delta\mu$ beim Gleichgewicht: $M_A = (V/V_1) \cdot (\Delta\mu/RT)$. Wenn bei einer Rk. $A_mB + (m/n)C_nD \rightleftarrows C_mB + (m/n)A_nD$ für normales A $K = K_1$, für das A-Isotop A* $K = K_2$ ist, ist $K_1/K_2 = \alpha$ die Gleichgewichts-Konst. des Isotopenaustausches $A_mB + (m/n)A^*_nD \rightleftarrows A^*_mB + (m/n)A_nD$ oder der Trenn-Koeff. von A u. A* bei dessen Gleichgewicht (thermodynam. Isotopeneffekt). Man kann α experimentell bestimmen u. aus den kinet. Isotopeneffekten β nach $\beta_1/\beta_2 = \alpha^M$ ermitteln, wobei stets $\beta_1 > \alpha^M$ ist. R. K. MÜLLER. 220□

Untersuchungen über die Ionenassoziation mit Hilfe der Lösungsmittelextraktion. Die ersten Assoziationskonstanten einiger Kobalt(II)-dicarboxylate in Wasser bei 25°. P. G. Manning und C. B. Monk. (Trans. Faraday Soc. **57**. 1996—98. Nov. 1961. Aberystwyth, Univ. Coll. of Wales, Edward Davies Chem. Labors.) (Engl.)

Die Assoziations-Konst. der Co-Salze von Dicarbonsäuren wurden durch Messung der Verteilung von mit ^{60}Co markiertem Co zwischen der gepufferten Lsg. des Na-Salzes der Säure u. einer 0,001 m Lsg. von Oxin in Chlf. oder Isobutylmethylketon bestimmt. Es wurden wss. Lsgg. der Salze von *Oxalsäure* (pH 6,0), *Malon-*, *Bernstein-*, *Adipin-*, *Äpfel-* u. *Weinsäure* (pH 7,2) benutzt, deren Gesamtionenstärke mit NaCl auf bestimmte Werte zwischen 0,02 u. 0,16 eingestellt war. Aus den Verteilungswerten wurden die 1. Assoziations-Konst., beim Oxalat noch zusätzlich die 2., errechnet. Die Ergebnisse sind tabellar. aufgeführt. W. BETCKE. 223 □

Spektrophotometrische Untersuchung der dritten Dissoziationskonstanten der 5-Sulfosalicylsäure und die Stabilität ihres Kupfer-(1:1)-Chelates bei 25° C. V. S. K. Nair. (Trans. Faraday Soc. **57**. 1988—95. Nov. 1961. Birmingham, Coll. of Advances Technol. Dep. of Chem.) (Engl.)

Die Dissoziations-Konst. (K_3) der phenol. OH-Gruppe der 5-Sulfosalicylsäure (H_3A) in stark alkal. Lsg. wurde nach einer spektrophotometr. u. nach einer potentiometr. Meth. bestimmt. Die spektrometr. Messungen zur K_3-Best. wurden bei 25° in gepufferten Lsgg. (pH 12, 10—12, 88 bzw. 11,89—12,73 bzw. 11,2—12,0; H_3A-Konz. = $5 \cdot 10^{-4}$ m) durchgeführt. Die Absorption der Dissoziationsstufe HA^{2-} wurde in 0,1 m Acetatpuffer beim pH 4,66 (Minimum bei ca. 460 mμ), die des A^{3-} in 0,3n NaOH (Maximum bei 462 mμ) gemessen. Die pK_3-Werte schwanken je nach dem angewendeten Puffergemisch u. dem pH zwischen 11,1 u. 12,0 u. sind im Na_2HPO_4-Puffer am kleinsten. Die pK_3^0-Werte (Berücksichtigung der Aktivitäten) liegen zwischen 11,4 u. 11,6. — Die potentiometr. Messungen wurden in NaOH/KCl mit Ag/AgCl als Bezugselektrode in einer Zelle ohne Fl.-Brücke durchgeführt. Die gefundenen pK_3^0-Werte liegen zwischen 11,6 u. 11,8. — Die JOBschen Absorptionskurven von $Cu(ClO_4)_2/H_3A$-Mischungen (gemessen bei 390 mμ) beweisen einen 1:1-Komplex. Die scheinbare Stabilitätskonst (K_s) des Cu-Sulfosalicylats in saurer Lsg. wurde spektrometr. mit Hilfe der JOB-Meth. bestimmt. W. BETCKE. 223 □

Untersuchungen über einige Metallkomplexe. 4. Mitt. Untersuchung einiger komplexer Cyanide. Jeanne Brigando. (Bull. Soc. chim. France [5] **1957**. 503—16. April. Paris, Fac. des Sci., Labor. de Chim. C.) (Franz.) — 3. vgl. C. **1958**. 10003.

Der Einfl. des Zentralatoms auf die Stabilität von Komplexionen u. die Stärke einiger Cyanometallsäuren werden an folgenden Cyanokomplexen geprüft: $[M(CN)_6]^{3-}$ (M = Fe^{3+}, Co^{3+}, Cr^{3+}, Mn^{3+}); $[M(CN)_4]^{2-}$ (M = Zn^{2+}, Ni^{2+}, Cd^{2+}, Hg^{2+}); $[M(CN)_2]^-$ (M = Ag^+, Cu^+, Au^+); $[M(CN_4)]^{3-}$ (M = Ag^+, Cu^+). Mit Ausnahme von $H_3[Fe(CN)_6]$ u. $H_3[Co(CN)_6]$ werden die Verbb. in Form ihrer K-Salze untersucht. Die Ionisation der Salze u. die Dissoziation der komplexen Anionen bestimmt Vf. mittels elektrometr. u. konduktometr. Titrationen in Abhängigkeit vom pH in wss. Lsgg. nahe 0°. Außerdem werden Absorptionsspektren zwischen 5400 u. 2300 Å gemessen. Aus der graph. Darst. der Titrationskurven ist folgendes ersichtlich: Die 3basigen Cyanometallsäuren von Fe(III), Co(III) u. Cr(III) sind gleich stark. $[Fe(CN)_6]^{3-}$ u. $[Co(CN)_6]^{3-}$ sind in wss. Lsg. nicht dissoziiert. $H_3[Cr(CN)_6]$ ist unbeständig in wss. Lsg., während $K_3[Mn(CN)_6]$ hydrolysiert. Die pK-Werte des instabilen $H_2[Ni(CN)_4]$ sind einander ähnlich. In schwach saurem Medium sind die Tetracyano-Verbb. von Zn, Hg(II) u. Cd z. T. dissoziiert unter Bldg. intermediärer Verbb.; ihre Spektren sind dem KCN-Spektrum ähnlich. Aus den Ergebnissen schließt Vf. auf die Abhängigkeit der Stabilität des komplexen Anions von dessen Elektronenkonfiguration; außerdem wird vermutet, daß mit steigender Elektronegativität u. sinkendem Radius des Zentralatoms die Stabilität der Komplexe zunimmt. Die Absorptionsspektren der Verbb. werden diskutiert; folgende Maxima sind angegeben (in Å): $K_3[Co(CN)_6]$ 3120; 2610. — $K_3[Fe(CN)_6]$: 4180; 3220; 3040; 2820; 2600. — $K_3[Cr(CN)_6]$: 3780; 3100; 2640. — $K_3[Mn(CN)_6]$: 3260; 2700. — $K_2[Ni(CN)_4]$: 4600; 3280; 3120; 2860; 2680. — $K_3[Cu(CN)_4]$: 3100; 2860; 2380. — $K[Au(CN)_2]$: 2400; 2300. W. KÄSTNER. 223 □

Bestimmung der Koeffizienten der Lösungsgeschwindigkeit von zerkleinerten Kristallen. A. B. Sdanowski und N. A. Karashanow. (Журнал Прикладной Химии [J. angew. Chem.] **32**. 1259—67. Juni 1959.) (Russ.)

Zur Best. des Koeff. K_v der Lsg.-Geschw. von Kristallen in Abhängigkeit von der Kristallgröße L wird nacheinander eine Reihe von Diagrammen konstruiert: Eine kumulative Kurve der Verteilung der Fraktionen (M, Gew.-%); Differentialkurven $(dM/dL)_{\Delta L}$; M in Abhängigkeit von ΔL; Konz. C_x, M u. ΔL in Abhängigkeit von der Zeit τ u. schließlich $dL/d\tau$ als Funktion von C_x. K_v ergibt sich dann bei ϱ_s = Dichte der Kristalle nach $K_v = [\varrho_s/(C - C_x)] \cdot dL/d\tau$). Das Verf. wird auf die Lsg. von natürlichem, feinkrist. Kieserit ($MgSO_4 \cdot H_2O$) bei 50, 75 u. 96° angewandt. Die für $K_v \cdot 10^6$ (cm/s) berechneten Werte (45°, 1,4···96° 18,7) sind 2,2—3,2mal kleiner als die von KARSTEN (C. **1955**. 8570) berechneten. R. K. MÜLLER. 224□

Kinetischer Verlauf der Hydrolyse des Dichromations. Assa Lifshitz und B. Perlmutter-Hayman. (J. physic. Chem. **65**. 2098—2102. Nov. 1961. Jerusalem, Hebrew Univ., Dep. of Phys. Chem.) (Engl.)

Es wird die Hydrolyse von $Cr_2O_7^{2-}$ erneut untersucht; dabei wird der Verlauf der Rk. durch Messung der Temp.-Steigerung verfolgt. Die Unterss. der Vff. zeigen, daß es sich in Ggw. von NaOH um eine Rk. 2. Ordnung handelt mit $k^{II}_{OH} = (4,6 \pm 0,35) \cdot 10^2$ Liter $Mol^{-1} s^{-1}$, also nicht 1. Ordnung, wie LAMER u. READ behaupteten [1930]. In Ggw. von NH_3 ist die Rk. ebenfalls 2. Ordnung mit $k^{II}_{NH_3} = (7,4 \pm 0,3) \cdot 10^2$ Liter $\cdot Mol^{-1} s^{-1}$. Auch C_6H_5ONa u. Na_2CO_3 bedingen eine Rk. 2. Ordnung, jedoch mit wesentlich geringeren Geschw.-Konst., die nur abgeschätzt werden konnten. Der Mechanismus der Rkk. setzt sich aus dem geschwindigkeitsbestimmenden Schritt $Cr_2O_7^{2-} + B \xrightarrow{k^{II}_B} CrO_4^{2-} + (BCrO_3)$ u. den folgenden rasch verlaufenden Stufen zusammen: $(BCrO_3) + H_2O \rightarrow A + HCrO_4^-$; $HCrO_4^- + B \rightarrow A + CrO_4^{2-}$ ($B = OH^-$, NH_3, $C_6H_5O^-$, CO_3^{2-}; A = entsprechende Säure). H.-D. FREYER. 224□

Der Thallium(I)-Thallium(III)-Austausch bei verschiedenen Säurestärken in Perchlorat-Medien. Edwin Roig und Richard W. Dodson. (J. physic. Chem. **65**. 2175—81. Dez. 1961. Rio Pedras, Puerto Rico, Puerto Rico Nucl. Center, Radioisotope Appl. Div.; Upton, N.Y., Brookhaven Nat. Labor., Chem. Dep.) (Engl.)

Die Tl^+-Tl^{3+}-Elektronenaustausch-Geschw. wurde bei 25° in 3 f $NaClO_4$-$HClO_4$-Gemischen mit verschiedenen Säure-Konzz. bis zu 0,1 f gemessen. Da die Hydrolysegleichgewichte des Tl^{3+} unter gleichen Bedingungen bestimmt wurden, ist jetzt ein Vgl. der Reaktivität des Tl^{3+}- mit der des $TlOH^{2+}$-Ions möglich. Im Gegensatz zu Ergebnissen bei höheren Ionen-Konzz. nimmt die Geschw. mit sinkender Acidität ab. Als Geschw.-Gleichung ergibt sich: $R = k_0[Tl^+][Tl^{3+}] + k_1[Tl^+][TlOH^{2+}]$ mit $k_0 = 0,253 \pm 0,005 f^{-1} \cdot h^{-1}$ u. $k_1 = 0,089 \pm 0,012 f^{-1} \cdot h^{-1}$. Für einen Austausch von Tl^+ mit $Tl(OH)_2^+$ fanden sich keine Anzeichen. Die obere Grenze der spezif. Geschw. dieses Rk.-Schrittes ist mit einem Wert von $0,1 f^{-1} \cdot h^{-1}$ anzusetzen. Aus weiteren Meßergebnissen bei 15 u. 35° errechnet sich die Aktivierungsenergie für k_0 zu 17,4 kcal/Mol. W. HEIN. 225□

Bildungskinetik koordinativer Bindungen. 4. Mitt. **Kinetischer Isotopeneffekt bei der Reaktion $NH_3 + BF_3$.** G. B. Kistiakowsky und C. E. Klots. (J. chem. Physics **34**. 712—14. März 1961. Cambridge, Mass., Harvard Univ., Gibbs Chem. Labor.) (Engl.) — 3. vgl. C. **1960**. 4448.

Vff. verfolgten die Kinetik der Rk. zwischen NH_3 bzw. ND_3 u. BF_3 bei Raum-Temp. unter N_2 u. Drücken von 0,55—2,28 Torr. Für die Bldg. des Komplexes NH_3BF_3 wurde ein Isotopeneffekt k_H/k_D von $1,91 \pm 0,10$ gefunden, wobei angenommen wird, daß die Rkk. irreversibel verlaufen. Für die Übergangszustände leiten Vff. eine Reihe von Schwingungsfrequenzen (für NH_3, ND_3, NH_3BF_3 u. ND_3BF_3) ab, die mit den Befunden in guter Übereinstimmung sind. Hierbei wird dem Übergangszustand ein hoher Stabilisierungsgrad der Ladungsübertragung u. eine zu vernachlässigende Aktivierungsenergie zugeschrieben. Die Ladungsübertragung erfolgt also trotz sek. Strukturänderungen auf einem Weg extrem geringer Energie. Die Stabilisierung ist jedoch nur innerhalb eines kleinen festen Winkels der relativen Orientierung aus Symmetriegründen wirksam, wie auch aus den geringen Stoßausbeuten hervorgeht. Es wird daher vermutet, daß die kleineren Ionisationspotentiale u. größeren Polarisierbarkeiten der höheren Amine einen größeren Orientierungsfreiheitsgrad erlauben, ohne daß erhebliche Abstoßungskräfte auftreten. B. GNAUCK. 225□

Bildungskinetik koordinativer Bindungen. 5. Mitt. **Kinetik der Reaktion $P(CH_3)_3 + BF_3$.** G. B. Kistiakowsky und C. E. Klots. (J. chem. Physics **34**. 715—17. März 1961.) (Engl.) — 4. vgl. vorst. Referat.

Zur Nachprüfung des Befundes von SMITH u. KISTIAKOWSKY (C. **1960**. 4448), daß die Reversibilität einer bimol. Assoziations-Rk. sehr gut erkennbar ist, untersuchten Vff. durch Beobachtung des Temp.-Ganges in verd. sphär. Diffusionsflammen (vgl. C. **1956**. 9134) die Kinetik der Additions-Rk. zwischen BF_3 u. $P(CH_3)_3$ bei 27—29° unter N_2 im Vakuum-Syst. (0,088—0,455 Torr). Die Gleichgewichts-Konst. k der Rk. beträgt $8 \cdot 10^4$ atm^{-1}, der k-Wert $1,4 \cdot 10^{13}$ $cm^3/Mol \cdot s$. Eine derart rasch ablaufende Rk. wurde bisher mit dieser Meth. noch nicht untersucht. Bei der Berechnung des k-Werts aus thermodynam. Daten bei 100° ergab sich nur eine schlechte Übereinstimmung mit obigem Wert. Für das angeregte Addukt wurde eine Lebensdauer von $1,5 \cdot 10^{-6}$ s abgeschätzt. Ferner entsprachen die Beobachtungen qual. dem bei einem Auftreten der

Rück-Rk. zu erwartenden Verhalten. Vff. diskutieren die Ursache der ster. Faktoren bei der Bldg. der Koordinationsbindung, wobei die Potentialenergiekurven nullter Ordnung nach MULLIKEN angegeben werden. B. GNAUCK. 225□

Chemie von Koordinationsverbindungen. 1. Mitt. Die Kinetik der Bildung des Monoacetylacetonatokupfer(II)-Ions. Alfred V. Celiano, Michael Cefola und Philip S. Gentile. (J. physic. Chem. **65.** 2194—99. Dez. 1961. South Orange, N.J., Seton Hall Univ., Dep. of Chem.; Bronx, N.Y., Fordham Univ., Dep. of Chem.) (Engl.)

Vff. untersuchten konduktometr. mit Hilfe einer kontinuierlichen Strömungs-Meth. die Kinetik der Bldg. des Monoacetylacetonatokupfer(II)-Ions aus $Cu(ClO_4)_2$ u. Acetylaceton (I) in Methanol bei Temp. von —27 bis 0°. Die Rk. ist 2. Ordnung, 1. Ordnung in bezug auf Cu(II) u. 1. Ordnung in bezug auf die Enolform von I. Die Abhängigkeit der Geschw. von der H^+-Konz. deutet darauf hin, daß bei der Rk. keine vorherige Ionisierung des β-Diketons erfolgt, sondern daß eher eine direkte Kombination der beiden Rk.-Partner stattfindet. Der Enol-Geh. von I wurde in 0,04m $NaClO_4$ u. W. enthaltenden Lsgg. bei 0° zu 77,8 ± 0,1%, bei —17,08° zu 74,9 ± 0,1% u. bei —27,42° zu 73,4 ± 0,1% bestimmt. Für die spezif. Geschw.-Konst. k_1 wurden folgende Werte ermittelt: k_1 (bei 0°) = $1{,}0 \cdot 10^4$ (Liter/Mol·s); k_1 (bei —17,08°) = $2{,}7 \cdot 10^3$; k_1 (bei —27,42°) = $1{,}14 \cdot 10^3$. Die Aktivierungsenergie wurde zu 10,8 ± 0,1 kcal/Mol u. die Aktivierungsentropie zu —2,6 ± 0,3 Entropieeinheiten bestimmt. P. SCHARNER. 225□

Die Kinetik der Bildung des Monobromoeisen(III)-Komplexes. P. Matthies und H. Wendt. (Z. physik. Chem. [Frankfurt/M.] [N. F.] **30.** 137—40. Okt. 1961. Göttingen, MPI für physikal. Chem.) (Dt.)

Es wurde die Bldg. von $[FeBr]^{2+}$ bei 22 ± 2° u. einer Ionenstärke von 1,7m untersucht. In einer Strömungs-App. ließ man NaBr- u. $Fe(ClO_4)_3$-Lsgg. mit verschiedenen $HClO_4$- u. $NaClO_4$-Zusätzen u. der stets gleichen ionalen Konz. (1,7m) zusammenfließen. Mit monochromat. Licht (λ = 405 mμ) wurde die Bldg. des $[FeBr]^{2+}$-Komplexes zu verschiedenen Zeiten beobachtet. Die Geschw. der Rk. $Fe^{3+} + Br^- \rightleftharpoons [FeBr]^{2+}$ nimmt umgekehrt proportional der Protonen-Konz. zu. Unter den gegebenen Bedingungen wurden die Geschw.-Konst. zu $k_{12} = 20 \pm 6$ $Mol^{-1} \cdot s^{-1}$ u. $k'_{12} = 31 \pm 8$ s^{-1} bestimmt. Aus einem Vgl. mit den bekannten Daten für die Bldg. von $[FeCl]^{2+}$ u. $[FeSCN]^{2+}$ folgt, daß die Geschw.-Konst. der durch OH^--Ionen katalysierten Rk. (k'_{12}) für die drei Anionen fast gleich groß sind. Dagegen unterscheiden sich die Geschw.-Konst. für die nichtkatalysierte Rk. (k_{12}) sehr stark, ohne daß dabei eine einfache Beziehung zur Größe der Bldg.-Konst. für die entsprechenden Komplexe festzustellen ist. G. GATTOW. 225□

Die thermische Zersetzung von Ammoniumperchlorat in Gegenwart von Magnesiumoxid. A. Hermoni (Makovky) und A. Salmon. (Bull. Res. Council Israel, Sect. A **9 A.** 206—07. Nov. 1960. Tel Aviv, Min. of Defence, Sci. Dep.; Haifa, Technion-Israel Inst. of Technol.) (Engl.)

Die Zers. wurde im Temp.-Bereich 170—280° untersucht. Zwischen 170 u. 230° verläuft sie vollständig, bei höheren Temp. nur teilweise, wobei die zersetzte Menge mit der Temp. ansteigt. Die Zers.-Geschw. sinkt, wenn die MgO-Menge erhöht wird. Die Verzögerung des Rk.-Beginns ist beim NH_4ClO_4–MgO-Gemisch größer als bei NH_4ClO_4 allein. Die mkr. Prüfung des Gemisches vor u. nach der teilweisen Zers. zeigte, daß die MgO-Teilchen, die das Salz vorher umgaben, verschwanden. Bei hohen Temp. schmilzt das Gemisch. Es wird angenommen, daß $Mg(ClO_4)_2$ entsteht, das mit NH_4ClO_4 ein schmelzbares eutekt. Gemisch bildet. Zwischen 215 u. 235° kann die Zers.-Geschw. α durch die Beziehung $1 - (1 - \alpha)^{1/3} = k_1 t$ u. durch die PROUT-TOMPKINS-Formel $\log(\alpha/1 - \alpha) = k_2 t$ wiedergegeben werden. Die ARRHENIUS-Parameter wurden zu $\log A_1 = 11{,}2 \pm 1{,}2$ u. $E_1 = 31{,}4 \pm 2{,}8$ kcal bzw. $\log A_2 = 10{,}8 \pm 1{,}3$ u. $E_2 = 29{,}2 \pm 3{,}0$ kcal erhalten. P. KURZMANN. 225□

Untersuchungen über thermische Zersetzung von festen Körpern. 2. Mitt. Thermische Zersetzung von Magnesit. 1. Mitt. Zersetzungsgeschwindigkeit in Kohlendioxid. Hidehisa Hashimoto. (J. chem. Soc. Japan, ind. Chem. Sect. [Kōgyō Kagaku Zassi] **63.** 471—77. März 1960. Matudo, Tiba-Daigaku, Kôgakubu.) (Jap.; Auszug: Engl.) — 1. vgl. C. **1961.** 8211.

Die therm. Zers. von Magnesit in CO_2-Atmosphäre wird kinet. untersucht. Die scheinbare Geschw. der Zers. ist abhängig vom Durchmesser der Teilchen u. zeigt bei ⌀ = 0,35 mm ein Maximum. Zwischen dem Zers.-Grad α u. der Zeit t besteht folgende Beziehung: $\alpha = k_1 t$ (am Anfang der Zers.) bzw. $\log[\alpha/(1 - \alpha)] = k_2 t +$ Konst. (im Laufe der Zers.). CO_2 unterdrückt die Zersetzung. E. MAEKAWA. 225□

Der basenkatalysierte Austausch von Wasserstoffgas und protonischen Lösungsmitteln. 3. Mitt. Die katalytische Wirkung von konzentriertem wässerigem Alkali. J. M. Flournoy und W. K. Wilmarth. (J. Amer. chem. Soc. **83.** 2257—62. 20/5. 1961. Univ. of Southern California, Dep. of Chem.) (Engl.) — 2. vgl. C. **1954.** 4801.

Unterss. des basenkatalysierten H-Austausches zwischen W. u. gelöstem H_2 wurden auf konz. wss. Lsgg. von *KOH, NaOH* u. *LiOH* unter Verw. von p-H_2 u. HD als Tracer ausgedehnt. Geschw.-Messungen über einen weiten Konz.- u. Temp.-Bereich (0,1—18m; 10—100°) wurden auf der Basis der Theorie der abs. Rk.-Geschw. interpretiert, um Näherungswerte für die thermodynam. Eigg. der aktivierten Komplexe zu erhalten. Die Ergebnisse offenbaren die enge thermodynam. Ähnlichkeit zwischen dem aktivierten Komplex u. den Metallhydroxiden. Es wird angenommen, daß die heterolyt. Spaltung der Bindung des mol. H_2 im Übergangszustand nahezu vollständig ist, u. daß der aktivierte Komplex in diesem Punkt einem solvatisierten Hydridion sehr ähnlich ist. Die Basizität einer gesätt. wss. KOH-Lsg. dürfte einem H^--Aciditätsfunktionswert von ca. 17 entsprechen (aus den kinet. Daten u. auf Grund einer Schätzung der Löslichkeit von H_2). Obwohl für konz. wss. Hydrazin- u. Äthylendiamin-Lsgg. stark bas. Eigg. angegeben werden, wird in ihren Lsgg. nur sehr geringe Austausch-Geschw. (entsprechend einer 0,1 m KOH-Lsg.) gefunden. M. SCHENK. 225□

Untersuchung des Gleichgewichtes der Reduktion von Kobalt(II)-oxid mit Wasserstoff. Jacques Aubry und Charles Gleitzer. (Bull. Soc. chim. France **1960.** 2086—87. Nov./Dez. Nancy, Fac. des Sci., Labor. de Chim. Minérale.) (Franz.)

Gereinigtes, bes. Ni-freies CoO wird mit H_2–N_2–H_2O-Gemischen zwischen 800 u. 1225° reduziert. Durch Verw. von H_2–N_2-Gemischen mit 7,0% H_2 kann das Verhältnis H_2O/H_2 groß sein. Die Zus. der Rk.-Gase wird mit Hilfe der Wärmeleitfähigkeit bzw. durch Verbrennen des restlichen H_2 bestimmt. Die red. Co–CoO-Gemische werden vorsichtig abgekühlt u. mkr. u. magnet. untersucht. Die Gleichgewichts-Konst. der Rk. $CoO + H_2 \rightarrow Co + H_2O$ wird mit den Vers.-Ergebnissen zu $\log K = 631/T + 0{,}85$ ermittelt. HERBERT MÜLLER. 225□

Die Auflösung von Beryllium in wässrigen Lösungen von Mineralsäuren und Ammoniumfluorid. C. J. Hardy und D. Scargill. (J. chem. Soc. [London] **1961.** 2658—63. Juli. Harwell, Berks., AERE, Chem. Div.) (Engl.)

Vff. bestimmen die Geschw. der Auflösung (GA) von metall. Be in wss. Lsgg. von HNO_3 (I), H_2SO_4, *HCl*, *HF* u. NH_4F (II), bes. in I in Abhängigkeit von der Säure-Konz. (1 — 14 Mol/Liter), Temp. (25—97° bzw. bei 115 u. 123° unter Rückfluß), den Oberflächen-Eigg. des Metalls u. der Ggw. von HF (0,001—0,5m). Die relativen GA für äquimol. Konzz. der Säuren unter gleichen Bedingungen zeigen die Reihenfolge HF $>$ $H_2SO_4 \approx HCl >$ I. Die GA ist abhängig von der Herkunft u. dem Herst.-Verf. der Proben. Die Auflösung in 5m II-Lsg. bei 50 bzw. 97° erfolgt anfänglich sehr schnell unter H_2-Entw.; bei 50° fällt die GA exponentiell mit der Zeit u. geht gegen Null, wenn das molare Verhältnis F^-/gelöstes Be angenähert 4 beträgt. Bei 97° entsteht ein Nd., das Verhältnis F^- : Be geht gegen 3. Vff. schließen auf die Rk. $Be + 4\,II + 2\,H_2O \rightarrow (NH_4)_2BeF_4\,(III) + H_2 + 2\,NH_4OH$. Da die Rk. bei 97° unter Bldg. eines Nd. fortschreitet, wird die Bldg. von $Be(OH)_2$ gemäß $III + 2\,NH_4OH \rightarrow 4\,NH_4F + Be(OH)_2$ angenommen, wodurch mehr NH_4F für die weitere Umsetzung des Be entsteht.

P. FRENZEL. 225□

Photochemische Zersetzung von NO_2Cl. Abraham S. Dohner und David J. Wilson. (J. chem. Physics **35.** 1510—11. Okt. 1961. Rochester, N.Y., Univ. of Rochester, Dep. of Chem.) (Engl.)

Der angenommene Mechanismus für die therm. Zers. von NO_2Cl [$NO_2Cl \xrightarrow{k_1} NO_2 + Cl$ (1), $NO_2Cl + Cl \xrightarrow{k_2} NO_2 + Cl_2$ (2); ($k_2 \gg k_1$)] wird nach Unterss. der Vff. bestätigt. Es wird NO_2Cl-Dampf in einer Vakuum-App. mit Hg-Licht bestrahlt u. die Dampfdruckzunahme als Funktion der Zeit gemessen. Bei reinem NO_2Cl-Dampf ergibt sich eine Induktionsperiode, in der keine Dampfdruckzunahme festgestellt wird. Danach steigt der Dampfdruck linear, der Steigungsfaktor ist der Intensität des eingestrahlten Hg-Lichtes proportional. Als Rk.-Prodd. ergeben sich NO_2 u. Cl_2. Wird der Ausgangskomponente jedoch Cl_2 zugesetzt, so kann die Induktionsperiode ausgeschaltet werden. Der geschwindigkeitsbestimmende Schritt der Rk. (1) entfällt; es folgt der Mechanismus: $Cl_2 \xrightarrow{k_3} 2\,Cl$ (3), $NO_2Cl + Cl \xrightarrow{k_2} NO_2 + Cl_2$ (2); ($k_3 > k_2$). H.-D. FREYER. 226□

Neue Trägerstoffe für Nickelkatalysatoren. Ch. I. Areschidse und T. N. Tscharkwiani. (Сообщения Академии Наук Грузинской ССР [Mitt. Akad. Wiss. GrusinSSR] **21.** 667—72. Dez. 1958. Tbilissi, Melikischwili-Inst. für Chem. der Akad. der Wiss. der GrusinSSR.) (Russ.)

Es wurden Ni-tragende Katalysatoren mit 10% metall. Ni auf Askansker Erde, Askanit (aktivierte Askansker Erde), Kisatibsker Diatomit sowie Gumbrin durch Einführen von $Ni(NO_3)_2$ oder $Ni(OH)_2$ hergestellt u. die katalyt. Eigg. durch Hydrierung von Bzl. (160—165°, Vol.-Geschw. 0,12—0,06) u. Dehydrierung von Cyclohexan (I, 300 bis 310°, Vol.-Geschw. 0,12) überprüft. Ni auf Askanit hydriert Bzl. zu 47,7—73,8%, Ni auf Askansker Erde nur zu 35,7—53,5%. Bei Diatomit erhöht sich die Hydrierung auf 93,2%, nach Aktivierung mittels H_2SO_4 auf 99,2%; I wird zu 60,5 bzw. 40,3% dehydriert. Bei Gumbrin verläuft die Hydrierung vollständig, die Dehydrierung von I nur zu 67,7%. J. TŮMOVÁ. 227□

Untersuchung der katalytischen Aktivität von Kobaltpulvern als Funktion ihrer Morphologie. 2. Mitt. Morphologische Untersuchung der Pulver. Michel Figlarz. (Bull. Soc. chim. France **1961.** 2291—94. Dez. Paris, Sorbonne, Labor. de Chim. des Solides.) (Franz.) — 1. vgl. C. **1961.** 7518.

Die nach dem l. c. beschriebenen Verf. hergestellten Co-Pulver sind Gemische von kub. u. hexagonalem Co. Der Anteil beider Phasen, der röntgenograph. durch Pulveraufnahmen bestimmt wird, hängt stark von der Strömungs-Geschw. des Red.-Mittels (H_2 bzw. H_2–N_2-Gemische) ab. Von den Pulvern werden die Adsorptionsisothermen bei —195° für N_2 u. Ar nach dem BET-Verf. bzw. für N_2 nach einem dynam. Verf. aufgenommen. Aus den Isothermen werden unter der Annahme eines Flächenbedarfes für N_2 von 16,2 (Å²) bzw. für Ar von 15,6 die spezif. Oberflächen in Abhängigkeit von der Menge der kub. Phase berechnet. Der Anteil von chemisorbiertem N_2 folgt aus [N (T) — A (T)]/A (T) mit N (T) als gesamte adsorbierte N_2-Menge u. A (T) als gesamtes adsorbiertes Ar, da Ar lediglich physisorbiert wird. Während hexagonales Co N_2 nicht chemisorbiert, steigt der chemisorbierte Anteil mit dem Geh. an kub. Co an. Wurden die Pulver durch Red. mit H_2–N_2-Gemischen hergestellt, so sind die Werte von [N (T) — A (T)]/A (T) für gleiche Geh. an kub. Co wesentlich geringer, da selbst bei Red.-Temp. von 350° ein Teil der wirksamen Oberfläche durch chemisorbiertes N_2 blockiert wird.
HERBERT MÜLLER. 227□

Über den Austausch zwischen zwei Phasen während der Prozesse der „homogenen" Katalyse. Beispiel der Isotopenaustauschreaktionen. Grégoire Dirian und Pierre Grandcollot. (C. R. hebd. Séances Acad. Sci. **252.** 3442—44. 29/5. 1961.) (Franz.)

Für die Austausch-Rk. zwischen einer fl. u. einer Gasphase, bei der homogene Katalyse in der fl. Phase auftritt, laufen Diffusion in der Fl. u. die chem. Rk. gleichzeitig u. nicht trennbar in 2 Stufen ab. Rkk. von diesem Typ sind (a) HD (Gas) + H_2 (gelöst) ⇌ H_2 (Gas) + HD (gelöst) u. (b) HD (gelöst) + NH_3 (fl.) ⇌ H_2 (gelöst) + NH_2D (fl.), die mit NH_2^- homogen katalysiert werden. Die Geschw.-Konst. K von Rk. b wird in Abhängigkeit der Geschw.-Konst. k von Rk. a, der Diffusions-Konst. in der fl. Phase u. der Größe der Grenzfläche Gas–Fl. betrachtet; k der homogenen Rk. ist beträchtlich größer als K der pseudohomogenen Reaktion. Die Ordnung von a, bezogen auf den Katalysator, ist das Doppelte der pseudohomogenen Rk. b; für geringe Katalysator-Konzz. wird ein Grenzwert der Ordnung erreicht. Diese Feststellung gilt auch für turbulente Mischungen zwischen Fl. u. Gasphase. Die Aktivierungsenergie E_a von b ist das arithmet. Mittel von E_a für b u. die Diffusion. HERBERT MÜLLER. 227□

Ergänzende Angaben über sulfatisierendes Rösten. R. Putseys und A. van Tiggelen. (Bull. Soc. chim. belges **69.** 24—31. Jan./Febr. 1960. Leuven, Univ., Labor. voor Anorg. en Analyt. Scheikunde.) (Franz.) — Vgl. C. **1959.** 3610; C. **1961.** 1842.

Vff. untersuchten mit der Thermowaage das Rösten von Gemischen aus *HgS* mit *CuO*, *Fe_2O_3*, *ZnO*, *NiO* u. *Co_3O_4* bei Temp. zwischen 300 u. 600°. Es wurde zuerst die therm. Zers. von HgS zwischen 300 u. 600° untersucht; sie setzt langsam bei ca. 300° ein u. wird sehr schnell bei 500—600°. Aus der Zers.-Geschw. zwischen 350 u. 425° wurde eine Aktivierungsenergie von 30 ± 0,5 kcal erhalten. Der Rückstand von 293 mg Ausgangsmaterial war < 1 mg. Hierauf wurde das Verh. von stöchiometr. Mengen CuO u. HgS in Ggw. von Quarzpulver untersucht. Beobachtet wurde zuerst eine Gew.-Abnahme, die um so schneller erfolgte, je höher die Temp. war; bei Temp. > 400° folgte dem Gew.-Verlust eine leichte Zunahme bis zu einem konst. Gewicht. Der Rückstand enthielt keine Spur Hg, die wss. Lsg. des Rückstandes $CuSO_4$ u. CuO als Rückstand. Es werden die folgenden Rkk. als wahrscheinlich angenommen: HgS + O_2 → Hg + SO_2, SO_2 + 2 CuO → SO_3 + Cu_2O, Cu_2O + ½ O_2 → 2 CuO (die beiden letzten Rkk. sind katalyt. Rkk.) u. CuO + SO_3 → $CuSO_4$. Die Ausbeute an $CuSO_4$ lag bei einer Rösttemp. von 425° bei 57%. Weitere Verss. wurden mit stöchiometr. Verhältnissen CuO/Hg von 1,25—2,00 bei 400° durchgeführt. Eine Ausbeute von 88,5% wurde bei dem Verhältnis CuO : Hg = 2,00 erhalten. Bei dem Erhitzen von Gemischen aus Fe_2O_3 u. HgS auf Temp. zwischen 400 u. 600° wurden nur Spuren von Eisensulfat erhalten; die beste Ausbeute bei 600° betrug knapp 4%. Es wird als möglich angenommen, daß die katalyt. Wrkg. des Fe_2O_3 bei der Rk. von SO_2 zu SO_3 erst oberhalb 600° wirksam wird. Bei Gemischen von ZnO u. HgS wurden neben wenig $ZnSO_4$ beträchtliche Mengen ZnS u. Hg, wahrscheinlich als Oxid, erhalten. Die Ausbeute an $ZnSO_4$ erreicht bei 425° einen maximalen Wert von 15%, während die Menge ZnS kontinuierlich bis 500° zunimmt. Bei der Sulfatisierung von NiO durch HgS wurden ähnliche Beobachtungen gemacht wie bei den CuO–HgS-Gemischen. Die Ausbeuten an $NiSO_4$ waren jedoch niedriger u. die optimale Temp. lag bei ca. 600°. Sie betrug hier bei einem stöchiometr. Verhältnis von 2,00 22,6%. Gemische von Co_3O_4 u. HgS verhielten sich wie die NiO–HgS-Gemische. Eine maximale Ausbeute an $CoSO_4$ von 37,2% wurde bei einem stöchiometr. Verhältnis von 2,00 bei 600° erhalten.

C. GOTTFRIED. 227

J. C. Jungers, Chemická kinetika. Praha: Nakladatelství Československé akademie věd. 1961. (724 S.) Kčs 82.—

A_8. Präparative anorganische Chemie. Komplexverbindungen. Metallorganische Verbindungen

Darstellung von gasförmigem SNCl. O. Glemser und H. Perl. (Naturwissenschaften **48.** 620. 1. Okt.-H. 1961. Göttingen, Univ., Anorg.-Chem. Inst.) (Dt.)

Durch Erhitzen von $N_3S_3Cl_3$ (I) im Vakuum auf 110° entsteht ein grüngelbes Gas, das im NaCl-Bereich des IR-Spektrums eine dem *SNF* sehr ähnliche Bande bei 1330 cm^{-1} zeigt u. das als SNCl (II) identifiziert werden konnte. Daneben tritt eine schwarzgrüne Fl. im Kondensat auf, die sich langsam in einen rotbraunen, dann blaßgelben Feststoff der Zus. I umwandelt. II polymerisiert bereits bei Raum-Temp. rasch zu I. II entsteht außerdem beim Erhitzen des festen Rk.-Prod., das sich bei der Einw. von Cl_2-Gas auf gasförmiges SNF bildet u. als Neben-Prod. bei der Darst. von I durch Einleiten von Cl_2 in eine Lsg. von S_4N_4 in CCl_4.

G. GATTOW. 253 □

Über Trithiokohlensäure H_2CS_3. G. Gattow und B. Krebs. (Angew. Chem. **74.** 29—30. 7/1. 1962. Göttingen, Univ., Anorg.-chem. Inst.) (Dt.)

H_2CS_3 (I) entsteht als stark lichtbrechendes, rotes Öl durch Eintragen von festem $BaCS_3$ in eisgekühlte 10%ig. HCl. Folgende Eigg. von I wurden bestimmt: Molgew. 109,0 ± 0,5, F. —26,9 ± 0,2°, Kp. 57,8° (extrapoliert), $D._4^{25}$ 1,476, $D._4^{20}$ 1,483 ± 0,003 g/cm^3, Oberflächenspannung σ^{20} 48,2 ± 0,4 dyn·cm^{-1}, n_D^{20} 1,8225 ± 0,0005, Dissoziations-Konst. bei 20°: $K_1 \sim 2 \cdot 10^{-3}$. IR-Spektren zeigen starke Banden bei 2580, 1508, 1120, 990, 879, 798 u. 466 cm^{-1}. I zersetzt sich nach $H_2CS_{3(fl.)} \rightarrow H_2S_{(Gas)} + CS_{2(gelöst)}$. Die H_2S-Dampfdrücke über I lassen sich durch die Gleichung $\log p_{mmHg} = -2,314 \cdot 10^3 \cdot T^{-1} + 9,871$ zwischen —25 u. +15° beschreiben. Daraus folgt für die Rk.-Wärme $\Delta H_R = +10,6 \pm 0,3$ kcal u. für die Rk.-Entropie $\Delta S_R = +32,0 \pm 0,7$ C. Bldg.-Wärme von fl. I $\Delta H_f^{298} = +5,6 \pm 1,4$ kcal/Mol u. Normalentropie $S^{298} = 53,3 \pm 1,3$ C/Mol. Die Bldg. von Tetrathiokohlensäure H_2CS_4 aus I u. S konnte nicht bestätigt werden. Löslichkeit von S in I: 0,50 Mol S pro Mol I (bei —10°), 1,00 (22°) u. 1,08 (25°). Lsg.-Wärme von S in I: $\Delta H_L = -0,4 \pm 0,5$ kcal/Mol S.

G. GATTOW. 260 □

Darstellung und Eigenschaften von Disilylcyanamid. E. A. V. Ebsworth und M. J. Mays. (J. chem. Soc. [London] **1961.** 4879—82. Nov. Cambridge, Univ., Inorg. Chem. Labor.) (Engl.)

Durch Rk. von H_3SiJ (II) mit Ag_2NCN (III) gelang es Vff., *Disilylcyanamid* (I) in 25%ig. Ausbeute darzustellen. I bildet sich auch aus III u. H_3SiBr sowie PbNCN u. II. I ist eine farblose Fl., bei 20° beständig, bei 80° leicht zersetzlich. Die protonenmagnet. Resonanz(PMR)-Verschiebung entspricht der des $(H_3Si)_3N$ u. ähnlicher Verbb.; ob an Stelle I auch $H_3SiNCNSiH_3$ diskutiert werden kann, soll mittels Schwingungsspektren untersucht werden. Für die geringe Ausbeute ist die Zers. von I durch III verantwortlich. I reagiert mit HCl unter Bldg. von H_3SiCl (IV) u. $(H_2N)_2CCl_2$ u. unvollständig mit AgSNC u. AgCl bei 20° zu H_3SiSCN bzw. IV, nicht mit AgBr. Bei —78° bildet BF_3 mit I H_3SiF (V) u. ein BF_3-I-Addukt (2 : 1), das bei 20° BF_3 u. V abspaltet u. beim Erhitzen sich der Zus. $(BFCN_2)$ annähert.

Versuche: *Disilylcyanamid*, $CH_6N_2Si_2$ (I), F. —74,8 ± 0,5°, Kp. (extrapoliert) 84,7 ± 0,5°, log p (50°—Kp.) = 7,8—1761/T; Überleiten von 1 (g) II über 6 III u. 12 gepulverte Glaswolle gibt 0,065 I neben SiH_4, $(H_3Si)_2O$ u. HCN. II u. unverd. III explodieren. PMR-Verschiebung einer 10%ig. Lsg. in Cyclohexan gegen dieses betrug 5,55 ppm, die ^{29}SiH-Kupplungskonst. 225 ± 1. IR-Absorption bei 2200, 950, 800 u. 740 cm^{-1}. Aus I u. HCl bildeten sich in 18 Std. bei —78° IV u. $CH_4Cl_2N_2$, fest, weiß, wasserlöslich.

H. BÜRGER. 261 □

Die Stabilität des aus Calciumnitratlösungen mit Phosphorsäure gefällten Calciumhydrogenphosphates. D. H. Booth und R. V. Coates. (J. chem. Soc. [London] **1961.** 4914—21. Nov. Levington, Ipswich, Suffolk, Fisons Fertilizers Ltd., Levington Res. Stat.) (Engl.)

Durch Neutralisation von phosphorsauren $Ca(NO_3)_2$-Lsgg. mit 4 Mol NH_3 pro Mol P_2O_5 wird $CaHPO_4 \cdot 2\,H_2O$ gefällt. Bei Steigerung des pH über 4 durch weitere Zugabe von NH_3 wandelt sich dieses Dihydrat in der Lsg. in stärker bas. Phosphate um. Die Umwandlungs-Geschw. wächst mit steigender Temp. u. der Anwesenheit von F^--Ionen in der Lösung. Hierbei ist $Ca_5F(PO_4)_3$ immer das Endprod., ferner wächst die Umwandlungs-Geschw. bei Abwesenheit von Ca^{2+}-Ionen in der Lösung. Bei Abwesenheit von F^--Ionen bilden sich als Endprodd. in Abhängigkeit von den übrigen Vers.-Bedingungen $Ca_4H(PO_4)_3 \cdot 3\,H_2O$, $Ca_3(PO_4)_2 \cdot x\,H_2O$ oder $Ca_5(OH)(PO_4)_3$. Die erhaltenen wasserunlösl. Ca-Phosphate wurden mit Hilfe von DEBYE-SCHERRER-Diagrammen u. quant. chem. Meth. untersucht. W. HEIN. 283□

Zinkborattartrat. Je. Schwarz, A. Jevinš und M. Silber. (Известия Академии Наук Латвийской ССР [Nachr. Akad. Wiss. LettSSR] **1960.** Nr. 4. 105—08. Akad. der Wiss. der LettSSR, Chem. Inst.) (Russ., Auszug: Lett.)

Zinkborattartrat, $3\,ZnO \cdot B_2O_3 \cdot 2\,C_4H_4O_5 \cdot 3\,H_2O$ (I) wurde durch Auflösen von 3—6 g Weinsäure, 0,62 g H_3BO_3 u. 0,72 g KOH in 20 ml heißem W. u. Einstellung des pH-Wertes der Lsg. mittels KOH auf 7,8—11 u. Zugabe von 2,9 g $ZnSO_4 \cdot 7\,H_2O$ in 5 ml W. als feinkrist. Nd. erhalten, der nach 2 Tagen in Form von Sphärolithen abgeschieden wird. Bei pH $< 7{,}8$ wird sofort Kaliumhydrogentartrat ausgefällt; $D.^{25} = 2{,}04$ g/cm³. Die Verb. ist unter Zers. zu 3,7 g bei 18° in W. löslich. Die Wasserabgabe bei der therm. Entwässerung beginnt bei 60°; bei 100° werden 0,2 Mol H_2O abgegeben, zwischen 100 u. 200° 2 Mol H_2O u. das letzte Mol H_2O langsam zwischen 220 u. 300°. Die DTA-Kurve zeigt zwei endotherme Effekte bei 70—230° u. 230—284°, die der Abgabe von 2 u. 3 Mol H_2O entsprechen, sowie einen starken exothermen Effekt bei 413—625°, der der Verbrennung des Kohlenstoffs entspricht. Ein weiterer endothermer Effekt bei 727—827° entspricht dem Schmelzen der Substanz. H. JÄGER. 288□

Herstellung reinen Aluminiumfluorids. K. Matiašovský, M. Malinovský, E. Plško und C. Kubík. (Chem. Zvesti **14.** 487—96. Juli 1960. Bratislava, Slowak. Akad. der Wiss., Inst. für anorg. Chem.) (Slowak.)

Reines AlF_3, welches bei der physikal.-chem. Analyse einiger Mehrstoff-Syst. im Zusammenhang mit der Bauxit-Elektrolyse benötigt wird, wurde hergestellt. Dabei wurden folgende Herst.-Meth. geprüft: Die Zers. von NH_4-Kryolith u. die Sublimation des techn. AlF_3 im Vakuum unter normalem Druck. Am besten hat sich die letzte Meth. bewährt. Techn. AlF_3 (ca. 90%) wurde im Pt-Gefäß in einem speziell konstruierten Silitofen bei ca. 1400° sublimiert. Die Ausbeute betrug 50—75% u. hing von der Temp. u. Dauer der Sublimation ab. Durch Spektralanalyse wurde festgestellt, daß der Geh. an Beimischungen im Sublimat zehnmal geringer war als im Ausgangsmaterial. Das Endprod. enthielt ca. 99,5% AlF_3. M. ODEHNAL. 294

Physikalisch-chemische Analyse einiger vom Gesichtspunkt der Aluminiumerzeugung wichtiger Systeme. 2. Mitt. **Phasendiagramm des Systems Na_3AlF_6–CaF_2–NaCl.** K. Matiašovský und M. Malinovský. (Chem. Zvesti **14.** 353—64. Mai 1960. Bratislava, Slowak. Akad. der Wiss., Inst. für anorg. Chem; Slowak. TH, Lehrst. für anorg. Technol.) (Slowak.) — 1. vgl. C. **1962.** 3382.

Mit Hilfe der therm. Analyse u. der visuellen Meth. wurde das Syst. Na_3AlF_6–CaF_2–$NaCl$ untersucht. Die bin. Syst. Na_3AlF_6–CaF_2 (I), $Na_3Al_3F_6$–$NaCl$ (II) u. CaF_2–$NaCl$ (III), welche die Seiten des Konz.-Dreiecks darstellten, sind einfache eutekt. Systeme. Die ermittelte Zus. des Eutektikums u. die Temp. der eutekt. Kristallisation sind für **I**: 50,5 Mol-% Na_3AlF_6; 940°; für **II**: 11 Mol-% Na_3AlF_6; 737°; für **III**: 3,3 Mol-% CaF_2; 780°. Das Phasendiagramm des tern. Syst. zeigt, daß es sich um ein einfaches eutekt. Syst. handelt. Das tern. Eutektikum liegt bei 730° (11,5 Mol-% Na_3AlF_6, 1,0 Mol-% CaF_2, 87,5 Mol-% NaCl). M. ODEHNAL. 294

Untersuchungen über den Komplex aus Phosphoroxidchlorid und Aluminiumchlorid. K. N. Venkataraman und A. R. Vasudeva Murthy. (Proc. Indian Acad. Sci., Sect. A **51.** 270—79. Mai 1960. Bangalore, Indian Inst. of Sci., Dep. of Inorg. and Phys. Chem.) (Engl.) — Vgl. C. **1962.** 4102.

Es wurden Unterss. über die Zus. des aus $POCl_3$ u. $AlCl_3$ unter Wärmeabgabe entstehenden Komplexes durchgeführt. Der Komplex wurde durch 15 Min. langes Erhitzen der Komponenten ($POCl_3$ im Überschuß) unter Feuchtigkeitsausschluß auf 95° dargestellt. Das überschüssige $POCl_3$ wurde durch 24—36 std. Durchleiten von Luft oder durch Abziehen im Vakuum bei 25° entfernt. In beiden Fällen wurde ein lockeres Pulver erhalten, das $AlCl_3$ u. $POCl_3$ im Mol-Verhältnis 1 : 2 enthielt. Kryoskop. Messungen in Nitrobenzol (I) ergaben für diesen Komplex ein Molgew., das nur unbeträchtlich über dem von 1 $AlCl_3$ + 1 $POCl_3$ liegt. Dieses Ergebnis wird als Folge der Dissoziation von $AlCl_3 \cdot$

2 $POCl_3$ in $AlCl_3 \cdot POCl_3$ u. $POCl_3$ gedeutet. Die elektr. Leitfähigkeit (Λ) des Komplexes in I liegt beträchtlich über der Summe von Λ der Komponenten. Der erhöhte Wert wird auch dann erhalten, wenn die Komponenten erst in I im Verhältnis 1 : 2 gemischt werden. Die konduktometr. Titrationskurve $AlCl_3$ (geringes Λ) gegen $POCl_3$ (großes Λ) in I zeigt ebenfalls einen 1 : 2-Komplex an. W. BETCKE. 294 □

Trennung einiger Elemente der Selteneerdmetalle auf trockenem Wege. Anwendung auf Ytterbium. Jean-Claude Achard. (C.R. hebd. Séances. Acad. Sci. **244.** 3059—62. 17/6. 1957.) (Franz.)

Da die zweiwertigen Elemente der Selteneerdmetalle im metall. Zustand einen höheren Dampfdruck als die anderen Elemente der Selteneerdmetalle haben, konnten Sm, Eu u. Yb aus den Seltenen Erden durch Red. mit Kohle u. anschließende Dest. bei niederen Drücken dargestellt werden. Die Oxidgemische wurden mit 20—30% Graphit versetzt, zu Pillen gepreßt, im Kohletiegel unter Vakuum (< 10^3 mm Hg) auf 1400—1550° erhitzt u. die verdampften Metalle kondensiert. Durch spektrograph. Unters. wurden die Metalle identifiziert; durch fraktionierte Dest. konnten die zweiwertigen Elemente, die untereinander auch unterschiedliche Dampfdrücke besitzen, getrennt werden. Die Trennungsmöglichkeiten wurden am Beispiel des Yb demonstriert. Liegen Tb, Dy, Ho u. Er vor, so konnte Yb durch eine einzige Red. bei 1400° u. Drücken < 10^{-3} mm Hg innerhalb 3 Std. getrennt werden. Im Gemisch mit Lu wurde Yb durch mehrfaches Wiederholen der Rk. rein dargestellt (1500°, < 10^{-3} mm Hg, 3 Std.). Gereinigt wurde das bei den Rkk. erhaltene Yb durch abermaliges Erhitzen auf 1250° bei 10^{-4} mm Hg, wobei reines Yb, das kub.-flächenzentriert krist., entstand. H. FRIES. 303

Vierwertige Lanthaniden. 1. Mitt. **Natriumfluoropraseodymate(IV).** L. B. Asprey und T. K. Keenan. (J. inorg. Nuclear Chem. **16.** 260—62. Febr. 1961. Los Alamos, N. Mex., Univ. of California, Los Alamos Sci. Labor.) (Engl.)

Durch Fluorierung von Gemischen von NaCl u. Praseodymchlorid mit einem stöchiometr. Verhältnis von Na : Pr = 1 : 1; 2 : 1 u. 4 : 1 mit F_2 bei 200—400° wurden die entsprechenden Fluorokomplexe des Pr(IV) hergestellt u. röntgenograph., jodometr. u. spektrophotometr. untersucht. Dargestellt wurde *$NaPrF_5$*, rhomboedr., a = 9,96 ± 0,02 Å, α = 107,9 ± 0,2°; > 75% Pr(IV) (jodometr.), schwache Pr(III)-Absorptionslinien, > 85% Pr(IV) (spektrophotometr.), isostrukturell mit $NaUF_5$, geht bei Red. mit H_2 bei 400° hauptsächlich in *$NaPrF_4$* mit a = 6,11 ± 0,01 Å, c = 3,74 ± 0,01 Å über, das mit $NaPuF_4$ isostrukturell ist; *γ-Na_2PrF_6*, orthorhomb., a = 5,54 ± 0,02 Å; b = 3,97 ± 0,02 Å, c = 11,57 ± 0,06 Å; ≧ 97% Pr(IV) (jodometr.); sehr schwache Pr(III)-Absorptionslinien, > 95% Pr(IV) (spektrophotometr.), isostrukturell mit orthorhomb. γ-Na_2UF_6, ergibt bei Red. mit H_2 $NaPrF_4$ u. NaF sowie der 4 : 1-Komplex, ≧ 97% Pr(IV) (jodometr.), sehr schwache Pr(III)-Absorptionslinien, > 95% Pr(IV) (spektrophotometr.) mit gut ausgebildetem, aber nicht identifiziertem Röntgendiagramm, enthält nach Red. $NaPrF_4$ u. mehr NaF als der 2 : 1-Komplex nach gleicher Behandlung.

P. SARTORI. 305 □

Untersuchungen über hochtitanoxidhaltige Schlacke. 5. Mitt. Gleichgewichtsphasendiagramm des Systems Mg–Ti–O (titanoxidreiches Gebiet). 3. Mitt. Tetsuro Yoshida und Takeshi Takei. (J. electrochem. Soc. Japan **28.** E 15—E 19. 1960. Koganei, Keio Univ., Fujihara Memorial Fac. of Engng.) (Engl.) — 4. bzw. 2. vgl. C. **1960.** 14983.

Die rote γ-Phase ist spröde u. wird kaum durch HF-Lsg. angeätzt. Die Konst. des hexagonalen Gitters ändern sich nahezu linear mit dem Ti/Mg-Verhältnis. 3-Phasengebiete werden aufgezeigt u. die FF. der Verbb. von 0—9,9 Atom-% Mg, 65,2—57,3% O u. Rest Ti tabellar. angegeben. Im Teilsyst. TiO_2—Ti_2O_3 beträgt der F. von Ti_3O_5 1690° u. von Ti_2O_3 1820°. Das $\alpha + \beta$-Eutektikum bei 1610° hat die Zus. 36,2% Ti u. 63,8 O, das $\beta + \gamma$-Eutektikum bei 1620° 38,5 bzw. 61,5%. Im Teilsyst. $MgO \cdot 2\ TiO_2$—Ti_3O_5 liegt das Eutektikum der ε- u. β-Phasen bei 1600° u. der Zus. 1,5 Mg, 36,0 Ti u. 62,5% O. Die Zus. des $\alpha + \beta + \varepsilon$-Eutektikums beträgt 1,5 Mg, 35,5 Ti u. 63,0% O bei 1570° u. des $\beta + \gamma + \varepsilon$-Eutektikums bei 1550° 2,0 Mg, 37,0 Ti u. 61,0% O. H.-G. MOSLÉ. 321 □

Untersuchungen über das Phasendiagramm von Titansalz enthaltenden Salzschmelzen. 3. Mitt. **Phasendiagramme der Systeme K_2TiF_6–LiCl, K_2TiF_6–Na_2TiF_6, Na_2TiF_6–LiCl, Na_2TiF_6–NaCl und Na_2TiF_6–$CaCl_2$.** Kaoru Aotani. (J. electrochem. Soc. Japan **28.** E 20—E 21. 1960. Hitachi, Ibaraki Prefecture, Ibaraki Univ., Fac., of Engng., Dep. of Metallurgical Engng.) (Engl.) — 2. vgl. C. **1961.** 8586.

Nach der früher beschriebenen Meth. werden die angegebenen 5 Syst. untersucht. Das Syst. K_2TiF_6–LiCl zeigt 2 Doppelsalze: *$K_2TiF_6 \cdot 2\ LiCl$*, bei 640° schmelzend, mit 26 Gew.-% LiCl u. *$K_2TiF_6 \cdot 10\ LiCl$* bei 500° u. 64%. Entsprechend werden 3 einfache eutekt. Syst. mit Eutetika bei 560° u. 7% LiCl, 472° u. 50% u. 462° u. 75% LiCl ermittelt.

Das Syst. K_2TiF_6–Na_2TiF_6 gehört dem Mischkristalltyp an. Die Löslichkeitskurve der festen Phase liegt unter der Erstarrungskurve. Das Minimum der Erstarrungskurve wurde bei 680° u. 52% Na_2TiF_6 u. das Maximum der Löslichkeitskurve bei 608° u. 40% Na_2TiF_6 gefunden. — Im Syst. Na_2TiF_6–LiCl bildet sich das Doppelsalz *4 Na_2TiF_6·LiCl* (I) (5% LiCl) durch eine peritekt. Rk. bei 532°. Das Doppelsalz *Na_2TiF_6·2 LiCl* (II) bildet sich bei 29% LiCl u. 557° u. *Na_2TiF_6·8 LiCl* bei 62% LiCl u. 512°. I–II sind peritekt.-eutekt. mit dem Umwandlungspunkt bei 482° u. 11% LiCl. Die beiden anderen Teil-Syst. gehören dem gewöhnlichen eutekt. Typ an mit Eutektika bei 398° u. 59% LiCl bzw. 473° u. 72%. — Im Syst. Na_2TiF_6–$CaCl_2$ wurden 3 Doppelsalze aufgefunden: *2 Na_2TiF_6·$CaCl_2$* (F. 585°), *Na_2TiF_6·2 $CaCl_2$* (660°) u. *Na_2TiF_6·12 $CaCl_2$* (680°). Die Teil-Syst. haben Eutektika bei 560° (12% $CaCl_2$), 541° (26%), 578° (64%) u. 605° (90%). — Das Syst. Na_2TiF_6–NaCl hat ein Eutektikum bei 569° u. 17% NaCl. H.-G. MOSLÉ. 321 □

Ein neues Wismutoxid Bi_3O_5. G. Gattow und H. Fricke. (Naturwissenschaften **48**. 620. 1. Okt.-H. 1961. Göttingen, Univ., Anorg.-Chem. Inst.) (Dt.)

Sublimate von Bi_3O_5 (**I**) treten auf, wenn über Bi oder über Mischungen von Bi_2O_3 + C im Graphit-Schiffchen bei ca. 800° ein kräftiger O_2-Strom geleitet wird, **I** entsteht außerdem durch Zusatz von festem $KBrO_3$ zu einer Schmelze von Bi_2O_3 (**II**) im Pt-Tiegel u. z. T. als Rk.-Prod. bei der Verbrennung von Bi in der Calorimeterbombe. Prodd. mit ident. Röntgenogrammen bilden sich beim Zusammenschmelzen (bei ca. 900°) von Mischungen (Mol-Verhältnis 6 : 1) von **II** mit PbO_2, CeO_2, MnO_2, ZrO_2, ThO_2 u. PbO (in O_2), Abschrecken u. z. T. anschließender Temperung (70 Std.) bei 750°. **I** ist eine tiefgelbe feinpulverige Substanz, die enge strukturelle Verwandtschaft zu β-**II** aufweist, u. die sich an der Luft bei 20° unter Bldg. von β-**II** zersetzt. Auf Grund chem., struktureller u. DTA-Unterss. konnten folgende Umwandlungen gesichert werden: $\mathbf{I} \xrightarrow{470 \pm 50^0} \beta\text{-}\mathbf{II} \xrightarrow{590 \pm 30^0} \alpha\text{-}\mathbf{II} \underset{}{\overset{720 \pm 30^0}{\rightleftarrows}}$ Hochtemp.-$\mathbf{II} \overset{ca.\ 820^0}{\rightleftarrows}$ Schmelze.

G. GATTOW. 334 □

Darstellung von Tricarbonylbenzaldehydchrom und seinen Derivaten. Elena Mostardini, Fausto Calderazzo und Raffaele Ercoli. (Chim. e Ind. [Milano] **42**. 1231—34. Nov. 1960. Milano, Politecn., Ist. di Chim. ind., Centro Stud. di Chim. ind. del C.N.R.) (Ital.)

Vff. beschreiben die Darst. u. Eigg. von einigen Tricarbonylarenchrom-Verbindungen.

Versuche (alle FF. in zugeschmolzener Capillare u. alle Operationen unter trockenem N_2): *Tricarbonylbenzaldehyddiäthylacetalchrom* (**I**), $CrC_{11}H_{16}O_2(CO)_3$, F. 53 bis 54°, durch 9std. Kochen von 14 g $Cr(CO)_6$, 20 g Benzaldehyd u. A. bei 160—200° unter Rühren, wobei die Rk.-Lsg. zuerst eine gelbe, dann eine grünbraune Farbe annimmt, Abkühlen, Einkondensieren der überschüssigen Reagentien in eine Kühlfalle bei —70°, Erhitzen auf 70°/0,5—0,1 Torr, Sublimieren des Rückstandes bei 0,05 Torr nach Entfernung einer 1. halbfesten Fraktion bei 30—35°, Auffangen des Rohprod. bei 45—50° u. Reinigung durch eine 2. Sublimation, gelbes pulverförmiges Prod.; 2,912 g (Rohausbeute). — *Tricarbonylbenzaldehydchrom* (**II**), $CrC_7H_6O(CO)_3$, F. 46,5—47,5°, durch Behandeln von 1,33 g bisublimiertem **I** in 5 ml peroxidfreiem Ae. mit 15 ml einer luftfreien 0,5 n HCl-Lsg. im Dunkeln, Zugabe von genügend A. (homogene Lsg.), Ausäthern nach 3 Std., mehrmalige Extraktion der roten Ae.-Schicht bis zur Entfärbung, Verdampfen des Ae., Entfernen des restlichen A. u. W. durch Dest. bei Raum-Temp. u. 0,5 Torr u. dann im Vakuum (6 Std.), Abdest. einer 1. Fraktion bei $30^0/5 \cdot 10^{-2}$ Torr. Kondensieren der Dämpfe über einen Kühlfinger, Sublimieren bei $35^0/10^{-2}$ Torr u. Resublimieren, rote Kristalle; 0,8572 g (roh). — *Tricarbonylbenzylalkoholchrom*, F. 93 bis 94° (n-Heptan), durch CANNIZZAROsche Rk. von 0,269 g sublimertem **II** mit 10 ml einer luftfreien, wss. alkohol. (1 : 2) 20%ig. KOH-Lsg., wobei die Lsg. rasch orangegelb wird, 4std. Stehen im Dunkeln, 2std. Erhitzen (45—50°), mehrmalige Extraktion mit Bzl. nach 15 Std., Verdampfen des benzol. Extraktes u. Sublimation des Rückstandes bei $80—90^0/5 \cdot 10^{-2}$ Torr; 0,096 g. — *Tricarbonylbenzoesäurechrom*, F. 195—198°, durch Ansäuern vorst. wss. Phase mit 4 n HCl, Ausäthern, Trockendampfen u. Sublimieren bei $110^0/5 \cdot 10^{-2}$ Torr. — *Tricarbonylbenzaldehydoximchrom*, F. 123—124°, durch Behandeln von 0,19 g **II** in 3 ml A. mit 15 ml einer wss. alkohol. (1 : 2), 0,5 g Hydroxylammoniumchlorid enthaltenden Lsg. (orangegelbe Färbung), Einengen im Vakuum bis auf $^1/_3$ Vol. nach 18 Std., aus A./W. orangegelbe Blättchen; 0,178 g. — *2.4-Dinitrophenylhydrazon* von **II**, Zers. > 200° (kastanienbraun). — *Tricarbonyl-α-[phenylimino]-toluolchrom* (**III**), $C_{16}H_{11}CrNO_3$, F. 108,5—109,5°, durch 24std. Umsetzung von 0,53 g **II** mit 1 ml Anilin bei Raum-Temp., Verdampfen des überschüssigen Anilins im Hochvakuum (30—35°), aus n-Heptan rote Kristalle; 0,708 g. — *Tricarbonylbenzylphenylaminchrom*, $C_{16}H_{13}CrNO_3$, F. 131—132,5°, durch 24std. Red. von 0,433 **III** in Dioxan bei 15° in Ggw. von 0,5 g RANEY-Ni (29,5 ml H_2-Verbrauch), mehrmaliges Waschen des gelben Filtrates mit Dioxan u. Aceton u. Verdampfen des Lsgm. im Vakuum, aus n-Heptan gelbe Kristalle; 0,363 g (roh); daneben *Phenylbenzylamin*, F. 34,5—35° (A./W.), durch Sublimation vorst. Rückstandes bei 30°/5 · 10^{-2} Torr. — *Tricarbonylbenzylidenanilinchrom* (**III a**; Isomeres von **III**), F. 110—111° (Misch-F. mit **III** 94—100°), durch 100 Min. langes Erhitzen von 1 g Tricarbonylanilinchrom (aus A.) mit 3 ml Benzaldehyd bei 50° u. 3½std. Erhitzen bei 70°, 3 Tage Stehen, dann analog **III**, hellrote Kristalle; 1,18 g (roh). — *Tricarbonylphenylbenzylaminchrom*, $CrC_{13}H_{13}N(CO)_3$, F. 125 bis 127°, durch Red. von 0,342 g krist. **III a** (17,4 ml H_2-Verbrauch) analog **III**, Entfernung von Phenylbenzylamin durch Sublimation u. Umkristallisieren des Rückstandes, gelbe Kristalle; 0,285 g. G. PLATZER. 335□

Zur Frage der Existenz von Stereoisomeren bei Metall-8-hydroxychinolinaten. F. Umland, G. H. Gudmundsson und K. Adam. (Naturwissenschaften **48.** 49. 2. Jan.-H. 1961. Hannover, TH, Inst. für Anorg. Chem.) (Dt.)

Vff. untersuchten an *Tris-[8-hydroxychinolinato]-chrom*, $CrOx_3$, das Auftreten von zu erwartenden Stereoisomeren. Wurde durch Zusammenschmelzen von Chromchloridhydrat u. Oxin im Gewichtsverhältnis 1 : 4 hergestelltes u. durch Auflösen in Chlf. u. Schütteln der Lsg. mit 2—5 n H_2SO_4 gereinigtes $CrOx_3$ dargestellt, dann wurde beobachtet, daß nebeneinander 2 Kristallformen im Verhältnis 1 : 1 mit zusammen etwa ½ H_2O entstehen; es bilden sich dünne gelbe Nadeln (**I**) u. dünne gelbe prismat. Kristalle mit stumpfen Enden (**II**). Bei Ggw. prim. Alkohole bildeten sich auf Kosten der **II** kompaktere rote Kristalle der Zus. *CrOx₃·ROH* (**III**). Das verbleibende **I** erwies sich als solvensfreies $CrOx_3$, **II** dürfte demnach $CrOx_3 \cdot H_2O$ sein. **I** wandelt sich im Gegensatz zu **II** mit prim. Alkoholen nur sehr langsam in die Solvate **III** um. Die **III**-Kristalle können papierchromatograph. mit A./W. (1 : 1) oder Propylamin/W. (1 : 2) von **I** u. **II** getrennt werden. Auf Grund von Betrachtungen des Kalottenmodells folgern Vff., daß sich die Solvate **III** u. **II** von der cis-Struktur, **I** von der trans-Struktur ableiten. $CrOx_3$ löst sich in konz. HCl unter Bldg. tiefroter Verbb. (**IV**), die man auch bei der Bldg. des $CrOx_3$ als Zwischenprodd. nachweisen kann. Bei Erwärmen oder mehrstd. Stehen fällt aus den roten Lsgg. eine feinkristalline, grüne Verb. der Formel $H[CrOx_2Cl_2]$ (**V**) aus. Aus magnetochem. Messungen ergab sich, daß Wertigkeitsänderungen des Cr nicht stattgefunden hatten. Bei Behandlung von **V** mit Alkalilauge wird das Cl^- unter Bldg. einer rötlichgelben, schwerlösl. Verb. $CrOx_2(OH) \cdot x\,H_2O$ (**VI**) abgespalten. Mit 5 n H_2SO_4 erhält man aus **IV** eine schwerlösl. Verb. etwas wechselnder Zus. $H[CrOx_2(Cl, \frac{1}{2}\,SO_4)_2]$ (**VII**). Aus dem Rk.-Verh. u. der Entstehungsreihe folgt, daß **IV** u. **VII** die Liganden X in cis-, **V** u. **VI** in trans-Stellung haben. C. GOTTFRIED. 335

Das System Ca_2SiO_4–Mn_2SiO_4. F. P. Glasser. (Amer. J. Sci. **259.** 46—59. Jan. 1961. Old Aberdeen, Scotland, Univ., Dep. of Chem.) (Engl.)

Mischungen verschiedener Zus. aus Ca_2SiO_4 u. Mn_2SiO_4 wurden bis zum Schmelzen erhitzt u. dann abgeschreckt. Die kondensierten Phasen wurden mkr. u. röntgenograph. untersucht. Während des Schmelzprozesses wurde der O_2-Partialdruck gering gehalten, so daß Mn als Mn^{2+} vorlag. Angabe des Schmelzdiagramms. Glaukochroit *CaMnSiO₄* gibt eine lückenlose Mischkristallreihe mit Tephroit u. eine begrenzte Mischkristallreihe mit Ca_2SiO_4. γ-Ca_2SiO_4 u. Mn_2SiO_4 sind nicht vollständig mischbar. H. MOENKE. 350□

Darstellung von Eisen(II)-rhodanid. M. M. Kuschnir. (Химическая Промышленность [Chem. Ind.] **1960.** 78. Jan./Febr.) (Russ.)

Für die Darst. von $Fe(SCN)_2$ wird die Umsetzung von $Pb(SCN)_2$ mit $FeSO_4$ in halbtrockenem Zustand empfohlen. In einem dampfbeheizten emaillierten Gefäß werden 2,9 bzw. 3 (Gew.-Teile) $FeSO_4 \cdot 7\,H_2O$ u. $Pb(SCN)_2$ mit 1,5 W. bis zur Bldg. einer homogenen teigigen Masse verrührt u. unter Rühren bis zum völligen Verschwinden der $FeSO_4$-Kristalle auf 90° erhitzt, dann weitere 2 Std. gerührt. Die $Fe(SCN)_2$-Lsg. wird durch Zentrifugieren vom Schlamm abgetrennt, der Schlamm mit W. von 90° ausgewaschen u. das Waschwasser mit der Lsg. vereinigt. Zur Beseitigung von SO_4^{2-} wird die Lsg. mit 0,08 feingemahlenem $BaCO_3$ unter Rühren 2 Std. lang auf 80° erhitzt, wobei Fe^{3+} als $Fe(OH)_3$ in den Nd. geht u. die rote Lsg. grün wird; auch Pb^{2+} fällt als $PbSO_4$ zusammen mit $BaSO_4$ aus (Rest-Geh. 0,02—0,03%). Die Lsg. wird filtriert u. unter Lichtausschluß in CO_2-Atmosphäre oder im Vakuum eingedampft, nach Bldg. eines Kristallfilms sehr langsam gekühlt, die abzentrifugierten Kristalle unter Vakuum bei 40—42° getrocknet. R. K. MÜLLER. 354□

Einfache Laboratoriumsmethode zur Herstellung von kristallinem Oktacarbonylkobalt(II). Pál Szabó, Lászlo Markó und György Bor. (Chem. Techn. **13.** 549—50. Sept. **1961.** Veszprém, Ungar. Erdöl- u. Erdgas-Forsch. Inst.) (Dt.)

Die Herst. beruht auf der Umsetzung von $Co(CH_3COO)_2 \cdot 4 H_2O$ (I) mit CO u. H_2 unter Druck, wobei durch Wahl eines geeigneten Lsgm. das Oktacarbonylkobalt(II) (II) in fester Form erhalten wird. Dazu werden 200 g I in 330 g Essigsäureanhydrid gelöst u. im Autoklaven bei 160—180° u. 250—30 at Gesamtdruck mit einem Gemisch aus 80% CO u. 20% H_2 behandelt. Nach Zusatz einer geringen Menge von II setzt die am starken Druckabfall erkennbare Rk. ein, die durch wiederholtes Nachpressen von Gas in Gang gehalten wird. Nach 2 Std. läßt man abkühlen, entspannt das Restgas u. saugt die orangefarbenen II-Kristalle von der tiefroten Lsg. in inerter Atmosphäre mit einer Nutsche ab. Nach mehrmaligem Waschen mit W. u. Trocknen im Vakuumexsikkator ergibt sich eine Ausbeute an II von 60% der Theorie. W., Bzl., Pentan usw. sind als Lsgm. ungeeignet. — 3 Literaturangaben. F. ROSENDAHL. 355□

Hochtemperaturphasenbeziehungen im Ferritbereich des Systems Ni-Fe-O. M. W. Shafer. (J. physic. Chem. **65**. 2055—62. Nov. 1961. Yorktown Heights, N.Y., IBM Corp.) (Engl.)

Mischfällungen von $Fe(OH)_3$ u. $Ni(OH)_2$ werden nach dem Trocknen 24 Std. lang bei 800—900° vorgebrannt u. an den Proben thermogravimetr., metallograph. u. röntgenograph. die nach dem Erhitzen auf 1400, 1500 u. 1600° bei O_2-Partialdrücken zwischen 10^{-2} u. 1 at auftretenden Rkk. untersucht. Die Best. der Zus. der abgeschreckten Proben erfolgt durch naßchem. Analyse. Aus der Zus. wird das Phasendiagramm des tern. Syst. Ni–Fe–O im Ferritbereich aufgestellt. Das Spinellfeld von $NiFe_2O_4$ hat auf der O_2-Seite der Verbindungslinie Ni_3O_4–Fe_3O_4 im Dreiecksdiagramm eine beträchtliche Ausdehnung, d. h. die Spinellphase kann bis zu 1 Atom-% O_2 in fester Lsg. aufnehmen. Kationenleerstellen in der Spinellphase werden nur durch die Oxydation $Fe^{2+} \rightarrow Fe^{3+}$ hervorgerufen, so daß die feste Lsg. bei Fe_3O_4 ihr Maximum hat, linear mit steigendem Ni-Geh. abfällt u. für $NiFe_2O_4$ den Wert 0 erreicht; die Neigung dieser Geraden wird vom O_2-Partialdruck bestimmt. Der Einfl. des O_2-Druckes auf die Zus. der fl. u. festen Phasen in isothermen Schnitten des Phasendiagramms wird diskutiert. HERBERT MÜLLER. 356□

Tetramminkupfer(II)-sulfat. 1. Mitt. **Thermische Zersetzung.** M. M. T. Anous. (Recueil Trav. chim. Pays-Bas **78**. 97—103. Febr. 1959. Alexandria, Alexandria Univ., Fac. of Engng., Dep. of Chem. Engng.) (Engl.)

Vf. stellt abs. wasserfreies $Cu(NH_3)_4SO_4$ (I) her. Das früher beschriebene Prod. (II), getrocknet über $CaCl_2$, enthält bis zu 4% Feuchtigkeit. Die Darst. von I erfolgt durch Erhitzen von II auf $< 130°$, wobei das freigesetzte W. mit festem KOH gebunden wird. Beim Abkühlen nimmt die Verb. nur NH_3 auf, das W. bleibt durch KOH gebunden. Die therm. Zers. von I u. II wird in einer geschlossenen App. bei Atmosphärendruck u./oder im Vakuum untersucht. In zwei aufeinanderfolgenden Stufen werden reversibel 2 Moll. NH_3 abgespalten. Im Vakuum verliert das tiefviolettblaue I 1 Mol. NH_3 bei 30°, das zweite bei 55° u. geht in das schwachblaue $Cu(NH_3)_2SO_4$ über. Bei Temp. $> 90°$ erfolgt irreversible Zers. des Diammins unter allmählicher Bldg. eines dunkelgrauen bis braunen Prod. sowie unter Sublimation von $(NH_4)_2SO_4$. P. FRENZEL. 358□

Tetramminkupfer(II)-sulfat. 2. Mitt. **Dissoziationsdrücke.** M. M. T. Anous. (Recueil Trav. chim. Pays-Bas **78**. 104—08. Febr. 1959.) (Engl.) — 1. vgl. vorst. Referat.

Vf. bestimmt den Dissoziationsdruck P von $Cu(NH_3)_4SO_4$ (I) auf Grund der Rk. I = $Cu(NH_3)_2SO_4$ (II) + 2 NH_3 im Temp.-Bereich von 0—200°. Die Darst. von log P gegen 1/T ergibt zwei sich überschneidende Gerade verschiedener Neigung, was die Abspaltung von 2 Moll. NH_3 bei der Zers. von I in 2 Stufen bestätigt. Unterhalb 50° zersetzt sich I zum Triammin, bei höheren Temp. entsteht direkt II. Die Änderung des Wärmeinhalts ΔH beträgt bei niedrigen Temp. 6,1 bzw. 25,5 (kcal/Mol) für die beiden Rk.-Stufen u. 15,80·2 für die direkte Bldg. von II. Die aus den Bldg.-Wärmen berechneten ΔH-Werte betragen für die Rk. II = $CuSO_4 \cdot NH_3$ (III) + NH_3 19,36 u. für die Rk. III = $CuSO_4$ + NH_3 23,36. Die Bldg.-Wärme von $CuSO_4 \cdot 3 NH_3$ wird zu 285,3 berechnet. Enthält I W., so werden höhere P-Werte festgestellt. P. FRENZEL. 358□

Über die Bildung fester Lösungen im reziproken System AgCl-KBr vor dem Schmelzen. Ginette Watelle-Marion, Roger Boyer und Michèle Vaufrey. (C.R. hebd. Séances Acad. Sci. **252**. 3595—97. 5/6. 1961. Dijon, Cote-d'Or, Fac. des Sci., Labor. de Chim. M.P.C.) (Franz.)

Äquimolare Mischungen von AgCl u. KBr werden auf Temp. zwischen 25 u. 285° erhitzt u. die Beugungsdiagramme mit einem Röntgenzählrohrgoniometer aufgenommen. Ungetrocknete Mischungen reagieren bereits bei Raum-Temp. unter Bldg. von *Ag(Cl, Br* (I) u. *K(Cl, Br)* (II), während nach einer Trocknung bei 150° u. 10^{-3} Torr keine Rk. beobachtet wird. Werden AgCl u. KBr getrennt gepreßt u. die Preßlinge unter Druck in Kontakt gebracht, so wird an der Trennfläche das Auftreten von I u. II beobachtet; die gleiche Rk. tritt an mit AgCl bedeckten KBr-Einkristallen beim Erhitzen auf 200° auf. Beim Erhitzen äquimolarer Mischungen auf 200° während 25—60 Tagen wird eine Reihe fester Lsgg. mit verschiedenen Konz. gebildet; für I werden 2 feste, für II wird eine einheitliche feste Lsg. beobachtet. Herbert Müller. 359□

Joseph William Mellor, A comprehensive treatise on inorganic and theoretical chemistry. Vol. 2. Supplement 2: The alkali metals. Part 1: Li, Na. London: Longmans. 1961. (XXXIX + 1458 S. m. Tab. u. Diagr.) 15 £.

Robert F. Rolsten, Iodide metals and metal iodides. New York: Wiley. 1961. (441 S. m. Abb.) $ 17.50.

A_9. Mineralogische und geologische Chemie

K–Ar- und Rb–Sr-Mindestalter für den pennsylvanischen Teil des Narragansett-Beckens. P. M. Hurley, H. W. Fairbairn, W. H. Pinson und G. Faure. (Geochim. cosmochim. Acta [London] **18.** 247—58. Febr. 1960. Cambridge, Mass., MIT.) (Engl.)

Alters-Best. der metamorphen Mineralien aus der Rhode Island u. Wamsutta Formation nach der K–Ar- u. der Rb–Sr-Meth. ergaben ein Mindesalter von 255 Millionen Jahren. Die in diese Formation eingedrungenen Granite zeigen ein Mindestalter von 235 Millionen Jahren. Diese Messungen stimmen mit dem bekannten Alter von 260 Millionen Jahren für das untere Devon überein. F. Ensslin. 378□

Gallium in magmatischen und metamorphen Gesteinen Niederschlesiens. Z. Walenczak und H. Pendias. (Bull. Acad. polon. Sci., Sér. Sci. chim., géol. géogr. **6.** 75—80. 1958. Pol. Acad. of Sci., Geol. Inst., Labor of Geochem., Miner. and Petrograph.) (Engl.)

Die Ergebnisse von Analysen 47 Ga-haltiger Mineralien werden mitgeteilt. W. Betcke. 378□

Zur Verteilung der Elemente in den sedimentären und magmatischen Sulfiderzen. (Ein Beitrag zur Frage der Oxy- und Sulfophilie). Elemér Szádeczky-Kardoss. (Freiberger Forsch.-H., Reihe C, Heft **79.** 106—25. 1960. Budapest.) (Dt.)

Es werden die Begriffe „oxyphil" u. „sulfophil" diskutiert. Bei der Einordnung der Elemente in die oxyphile bzw. sulfophile Gruppe muß die Oxydationsstufe berücksichtigt werden, da diese die Zugehörigkeit u. Stellung in den Gruppen beeinflußt. Eine Anreicherung von Ge u. Ga in Erzen deutet auf Bldg. in hydr. beeinflußten Medien teils gemischt magmat.-sedimentärer teils sedimentärer Herkunft hin. Bei magmat. hydrothermalen Lagerstätten ist die Konz. dieser Elemente verhältnismäßig niedrig. Ist ein magmat. hydrothermales Erz reich an Ge, so sind bei seiner Bldg. wahrscheinlich lateralsekretionäre oder deszendente Lsgg. mit vorhanden gewesen. F. Ensslin. 378□

Zur Petrographie, Geochemie und Genese der Magmatite und Lagerstätten des Oberdevons und Unterkarbons in Ostthüringen. Hans Jürgen Rösler. (Freiberger Forsch.-H., Reihe C, Heft **92.** 1—275. Dez. 1960.) (Dt.) — Vgl. C. **1962.** 1161.

Der extrusive u. intrusive bas. Magmatismus erfolgte in einer Phase im unteren Oberdevon u. führte von Glastuffen über glasreiche zu einsprenglingsreichen spilit. Laven u. zu intrusiven Diabaseinschüben. Der Chemismus entspricht einem basalt. Magma. In dem gasarmen intrusiven Stadium bilden sich Pikrite, Olivindiabase u. Quarzdiabase. Die Schalsteine sind echte Tuffe. Durch tekton. Bewegungen entstanden die Biotit-Quarzkeratophyr-Tuffe (Dazit-Tuffe). F. Ensslin. 378□

Über Prozesse der Chromitveränderungen in metamorphisierten paläozoischen Konglomeraten der Westabhänge des Nordurals. G. A. Iljinski. (Вестник Ленинградского Университета, Серия Геологии и Географии [Nachr. Leningrader Univ.] **14.** Nr. 6. [Ser. Geol. Geogr.] Nr. 1. 48—50. 1959.) (Russ.)

Im Zement metamorpher Konglomerate wurden feine Chromitkörner gefunden, die von Fuchsit eingefaßt waren. Während der Metamorphose zersetzte sich der Chromit u. ein Teil des Chroms wanderte in den ihn umgebenden Muskovit unter Bldg. von Fuchsit. M. Hähnert. 378□

Ultrametamorphismus und Granitbildung. N. G. Ssudowikow. (Вестник Ленинградского Университета, Серия Геологии и Географии [Nachr. Leningrader Univ.] **14.** Nr. 6. [Ser. Geol. Geogr.] Nr. 1. 51—62. 1959.) (Russ.)

Die Ergebnisse basieren auf Unterss. in Karelien u. Aldana. Ein Granitmagma, im tiefsten Niveau der ultrametamorphen Zonen liegend, hat einen geringen Betrag fluider u. metall. Komponenten. Daher besitzt es eine geringe metallbindende Kapazität. Metasomat., reomorphe u. magmat. Granitoide stellen die genet. Haupttypen dar. Die Betrachtung der Verteilung der Granite in Raum u. Zeit der Geosynklinalgebiete erlaubt eine weitere Unterteilung. Die verschiedenen Niveaus der abyss. Zonen sind durch ungleiche Verbreitung der verschiedenen genet. Typen der Granitoide charakterisiert. Die Ergebnisse werden auf Fragen der hydrothermalen Erzbildung angewandt.

M. HÄHNERT. 378□

Albitentstehung in granitischen Gesteinen. John J. W. Rogers. (Amer. J. Sci. **259.** 186—93. März 1961. Houston, Tex., Rice Inst., Dep. of Geol.) (Engl.)

Auf Grund polarisationsmkr. Unterss. wird angenommen, daß Albit ein direktes Kristallisations-Prod. der letzten Stadien magmat. Verfestigung darstellt.

H. MOENKE. 378□

Die Regeln der Kontaminierungsreaktion. John Lang Rosenfeld. (Amer. J. Sci. **259.** 1—23. Jan. 1961. Los Angeles, Calif., Univ. of California, Dep. of Geol.) (Engl.)

Die Ausdehnung des Stabilitätsbereichs metamorpher Mineralparagenesen hängt von der Anwesenheit „verunreinigender" Mineralien ab. Vf. beschreibt eine graph. thermodynam. Meth. zur Ableitung von 6 Regeln für Kontaminierungsreaktionen. Die Regeln berücksichtigen das Verschwinden von Phasen in Abhängigkeit von Temp., Druck u. Aktivität der beweglichen Komponenten bei Änderung der Zusammensetzung.

H. MOENKE. 378□

Differentiationsrichtung im Ice-river-Massiv, Britisch-Kolumbien. Finley A. Campbell. (Amer. J. Sci. **259.** 173—80. März 1961. Alberta, Canada, Univ., Dep. of Geol.) (Engl.)

Im Ice-River-Massiv wurden Jacupirangite zuerst gebildet; es folgten Ijolith- u. dann Nephelinsgenitgesteine. Als jüngste Bldg. wurden Sodalith-Syenite nachgewiesen. Mit abnehmendem Bldg.-Alter nehmen die Konzz. an CaO, FeO, Fe_2O_3, MgO u. TiO_2 ab, während die SiO_2-, Al_2O_3-, Na_2O- u. K_2O-Geh. anwachsen. Auch die leichtflüchtigen Bestandteile sind in den jüngeren Gesteinen angereichert. An Hand eines Vers.-Diagramms für das Syst. SiO_2—$NaAlSiO_4$—$KAlSiO_4$ wird für die Gesteinsserie der Differentiationsablauf diskutiert.

H. MOENKE. 378□

Kinetik der Kalium-Freisetzung aus Biotit. M. M. Mortland. (Proc. Soil Sci. Soc. America **22.** 503—08. Nov./Dez. 1958. East Lansing, Mich., Michigan State Univ.; Michigan Agr. Exp. Station.) (Engl.)

Auslaugungsexperimente mit NaCl ergaben, daß der Freisetzungsbetrag nahezu unabhängig vom K-Geh. im Mineral ist. Die Vermiculit-Umwandlung schreitet von der Außenkante zum Zentrum fort. Ausführliche Diskussion.

H. MOENKE. 378□

Zur Entstehung der Blei-Zink-Lagerstätte Sedmočislenici im Westbalkan. J. Minčeva-Stefanova. (Freiberger Forsch.-H., Reihe C, Heft **79.** 136—47. 4 Tafeln. 1960. Sofia.) (Dt.)

Die geolog. Verhältnisse der in Kalken auftretenden Pb-Zn-Erze wurden beschrieben. Im Verlaufe der Vererzung fand eine gewisse Dolomitisierung der Kalke statt. Das Mg der Nebengesteine wurde durch die hydrothermalen Lsgg. mobilisiert. Zuerst setzte sich Pyrit mit kolloidalem Gefüge ab. In einem 2. Vererzungsstadium bei tieftemperierten Lsgg. mit reichlich Zn bildeten sich Arsenkies, Dolomit u. Zinkblende mit wenig Quarz, Bleiglanz u. Pyrit unter Verdrängung des Kalks. Anschließend entstand metasomat. Bleiglanz u. Pyrit. Es folgten weitere Lsgg., die unter Kalk- u. Dolomitverdrängung zur Ausbildung von Bleiglanz, Melnikovit–Pyrit, Schalenblende u. Siegenit(?) führten. Es sind noch weitere schwächere Stadien der Zuführung von Erz-Lsgg. zu beobachten.

F. ENSSLIN. 380□

Neue Anschauungen über die Herkunft des in den Sedimenten des unteren Zechsteins auftretenden Kupfers. Franciszek Ekiert. (Freiberger Forsch.-H., Reihe C, Heft **79.** 190—201. 1960. Warschau.) (Dt.)

Für die Bldg. der im unteren Zechstein vorkommenden Kupferschieferlagerstätten wurde unter Bedingungen der sedimentären Entstehung über die Möglichkeit der Cu-Zufuhr ein Vgl. zu den jetzt nachgewiesenen Cu-Mengen angestellt. Hieraus ergibt sich, daß die vorhandenen Cu-Mengen viel zu groß sind, um diese Art der Entstehung zu erklären. Extraktiv hydrothermale Vorgänge müssen den größten Teil der Metalle, bes. das Cu, durch syngenet. Vererzung der Schiefer geliefert haben. Diese Lsgg. stammen von sehr tief liegenden Magmenkörpern u. waren bes. reich an Cu.

F. ENSSLIN. 380□

Neue Minerale in den Erzen tiefer Schichten des Kupfervorkommens von Dsheskasgan. L. F. Narkeljun. (Вестник Академии Наук Казахской ССР [Nachr. Akad. Wiss. KasachSSR] **15.** Nr. 7. 59—62. Juli 1959.) (Russ.)

Als neue Minerale wurden Erythrin u. gediegenes Ag in den Erzen von Dsheskasgan gefunden. Erythrin wurde einerseits mit Chalkopyrit–Pyriterzen, anderseits mit Bornit-erzen vergesellschaftet gefunden. Die Adern haben eine Mächtigkeit von 1—60 cm. Die gefundenen Ag-Stücke hatten maximal eine Größe von 8 × 6 × 1,5 mm.

J. SCHNEIDER. 380□

Sedimentäre Manganerze des Oligozäns bei Varna (Bulgarien). B. Aleksiev. (Freiberger Forsch.-H., Reihe C, Heft **79.** 126—135. 2 Tafeln. 1960. Sofia.) (Dt.)

Eng mit den sedimentären Manganerzen sind pyroklast. Sedimente vom Typ der Tuffe verbunden. Die Erze bestehen hauptsächlich aus $MnCO_3$ mit geringen Mengen Manganit u. Neotokit. Andere Mineralien der Lagerstätte sind Quarz, Glaukonit, Feldspat, Opal, Baryt, Pyrit, Biotit, Calcit u. Tone. Das Carbonat besteht aus Rhodochrosit-Manganocalcit u. bildet Sphärolite. Man kann dünnflözige Erze, kavernöse Erzkonkretionen u. oolith.-pisolith. Erze unterscheiden. Der Neotokit hat die Zus. in Gew.-% 33,45 SiO_2, Spuren Al_2O_3, 1,98 Fe_2O_3, 38,90 MnO, 1,75 MgO 0,65 K_2O, 0,35 Na_2O, 0,64 P_2O_5 u. 15,68 H_2O (105°). F. ENSSLIN. 380□

Ein Hydromuskovit mit 2 M_2-Struktur von Mount Lyell, Tasmanien. I. M. Threadgold. (Amer. Mineralogist **44.** 488—94. Mai/Juni 1959. Melbourne, C.S.I.R.O., Mineragraphic Investigations.) (Engl.)

2 M_2-Struktur war bisher lediglich in Lepidolithglimmern mit 4,0—5,1% Li_2O gefunden worden. Röntgenograph. Unterss., ergänzt durch chem. Vollanalyse u. DTA-Angaben, zeigen, daß ein (vermutlich metasomat. entstandener) Hydromuskovit aus dem westtasman. Vork. eine 2 M_2-Struktur zeigt. H. MOENKE. 380□

Über die Bildungsbedingungen von Obsidianen und Retiniten. Jacques Chenebaux, Pierre Bordet und Germain Sabatier. (C. R. hebd. Séances Acad. Sci. **250.** 1679—80. 29/2. 1960. Paris, Sorbonne, Labor. de Miner.) (Franz.)

Ausgehend von der allg. Annahme, daß Obsidiane u. Retinite aus demselben granit. Magma bei verschiedenen Abkühlungsbedingungen entstanden sind, wird ausgeführt, daß bei sehr plötzlicher, unter Druck erfolgender Abkühlung ein Magma vorliegt, das noch alles W. enthält, das in Lsg. bei hoher Temp. vorhanden war, das also einem Retinit entsprechen würde. Tritt die Abkühlung jedoch an der Luft sehr langsam ein, dann wird das Magma vollständig entgast u. entwässert, u. es bildet sich Obsidian. Es müßte demnach möglich sein, experimentell einen Obsidian zu erhalten, wenn man einen Retinit lange trocken erhitzt, u. umgekehrt müßte man einen Retinit erhalten, wenn man einen Obsidian unter hohem Wasserdampfdruck schmilzt u. schnell abkühlt. Als Kriterium zur Unterscheidung dieser beiden Gesteinstypen wurde ihr Verh. bei Na-K-Austausch-Rkk. untersucht, das nach Verss. von CHENEBAUX (vgl. C. **1960.** 16012) sehr verschieden ist. Durch Verss. konnten diese Vorhersagen bestätigt werden. Wurde ein Absidian unter einem Wasserdampfdruck von 1800 bar 24 Std. auf 800° erhitzt, dann wurde ein 6,7% W. enthaltendes Glas erhalten, dessen Verh. bei den Na-K-Austausch-Verss. dem eines Retinits entsprach. Wurde anderseits ein Retinit 8 Tage lang auf 900° erhitzt, dann verhielt sich das Rk.-Prod. bei den Austausch-Rkk. wie ein Obsidian. Nach der l. c. beschriebenen Meth. wurde die Wärmemenge Q berechnet, die bei der Mischung einer 1 g-Atom Na enthaltenden Glasmasse mit einem 1 g-Atom K enthaltenden Prod. frei wird. Es ergab sich ein Q-Wert von 9900 cal für den 8 Tage lang auf 900° erhitzten Retinit u. von 10 cal für den unter einem Wasserdampfdruck von 1800 bar erhitzten Obsidian. C. GOTTFRIED. 380□

Eine bleihaltige Varietät des Pargasits von Långban, Schweden. Marianne Gillberg. (Ark. Mineralog. Geol. **2.** Nr. 34. 425—30. 1960.) (Engl.)

Vf. beschreibt einen bei Långban aufgefundenen *Amphibol* mit 2,12% PbO, der als hellrötliches Mineral in einem *Manganophyllit*-Skarn auftritt. Abgesehen vom Pb-Geh., führt die chem. Analyse auf eine Zus., die der von *Tibergit* (0,2% Pb, spektrograph. Nachw.) entspricht. GUINIER-Aufnahmen des Pb-Amphibols ergeben eine monokline Zelle mit den Parametern: $a = 9{,}89 \pm 0{,}05$; $b = 18{,}10 \pm 0{,}05$; $c = 5{,}35 \pm 0{,}07$ Å, $\beta = 106{,}1 \pm 0{,}8°$. Von den opt. Daten werden genannt: n_α 1,637; n_β 1,647 n_γ 1,657; $2 V_\gamma = 86 \pm 4°$, $c:\gamma = 27 \pm 1°$; schwacher Pleochroismus: α bleich rötlich-braun, γ bleich bräunlich-rot. Der Pb-Amphibol scheint eine Varietät von Pargasit zu sein. G. RUBAN. 380□

Zur Frage der sogenannten Phosphorite des zentralen Teiles des Vorkommens Ssaryssai. S. D. Popowa. (Вестник Академии Наук Казахской ССР [Nachr. Akad. Wiss. KasachSSR] **15.** Nr. 7. 63—65. Juli 1959.) (Russ.)

Die sog. Phosphorite aus Ssaryssai entsprechen der Formel $Al_2O_3 \cdot P_2O_5 \cdot 2\,F \cdot 3\,H_2O$. Das Mineral enthält ca. 65% industriell verwertbare Stoffe. Das Mineral löst sich zu 80% beim Erwärmen mit NaOH im Autoklaven. J. SCHNEIDER. 380□

Koexistierende Pyroxene. R. Kretz. (Geol. Mag. **98.** 344—45. Juli/Aug. 1961. Ottawa, Geol. Surv. of Canada.) (Engl.) — Vgl. C. **1961.** 16405.

Diskussion von 3 Veröffentlichungen und Folgerungen von MUIR and TILLEY (C. **1959.** 10169), WILSON (C. **1961.** 1142) u. O'HARA (C. **1961.** 18637). H. MOENKE. 380□

Tonmineralien in den Sedimenten des östlichen Teils des Schwarzen Meeres. G. Ju. Butusowa. (Известия Академии Наук СССР, Серия Геологическая [Nachr. Akad. Wiss. UdSSR, geol. Ser.] **25.** Nr. 6. 33—47. Juni 1960. Moskau, Geolog. Inst. der Akad. der Wiss. der UdSSR.) (Russ.)

Unters. der Sedimente des Schwarzmeergebietes. Es wurden Bohrkerne dreier Profile untersucht (Mündungsgebiet des Rion u. Tschoroch sowie beim Dorfe Lasarewskaja, nördlich von Sotschi). Die Probenentnahme erfolgte zwischen 50—2000 m, be einer maximalen Uferentfernung von 50—90 km. Mkr. Beobachtungen ergaben übereinstimmend mit STRACHOW drei stratigraph. Horizonte. Die mechan. Zus. der untersuchten Grunde wurde auf dem Wege der ultragranulometr. Analyse erhalten; alle Proben weisen einen hohen Dispersitätsgrad auf (keine Teile $>$ 0,1 mm; die Sedimente zeichnen sich in Ufernähe durch etwas gröbere Zus. aus). Die Tonminerale sind bes. an die kleinsten Fraktionen gebunden. Bei einer Unters. (röntgenograph., therm., opt., chem., elektronenmkr.) derselben wurde eine gleichmäßige Verteilung der übrigen mineral. Gemengteile registriert: Epidot–Zoisit, Hornblende, verschiedene Glimmer (vorherrschend Biotit), akzessor. Zirkon, Turmalin, Granat, Apatit, Rutil, Staurolith, Spinell, Sphen, Chlorit, Glaukophan. In den Tonfraktionen wurden bes. Hydroglimmer u. Montmorillonit gefunden; außerdem unbedeutende Mengen Kaolinit, Halloysit, Chlorit; in allen Proben feinkörniger Calcit, Opal, Quarz. Nach Vf. ist das Gebiet in 2 Provinzen einzuteilen, eine südliche (Rion, Tschoroch) u. eine nördliche (Lasarewskaja), deren Hauptunterschied in einer merklichen Vergrößerung des Montmorillonitbetrages in nördlicher Richtung besteht. Die chem. Zus. der untersuchten Fraktionen erscheint außerordentlich einheitlich u. ist nahe der Zus. der typ. Hydroglimmer. Es treten gering erhöhte Geh. hygroskop. W. (bis 7,47%), gewöhnlich niedrige K_2O-Beträge (1,34—2,12%) u. ein relativ hohes SiO_2:Me_2O-Verhältnis (3—4,3) auf. Die beobachteten Diskrepanzen der drei Profile werden der unterschiedlichen Gesteins-Zus. des Vorgebirges zugeschrieben. Weiterhin ergab sich auch mit zunehmender Teufe der Bohrungen eine Erhöhung des Montmorillonitgehalts. Die Oberflächenproben wiesen höhere K_2O- u. geringere H_2O-Beträge auf. Die Beobachtung wurde auf beginnende diagenet. Vorgänge in Richtung des Überganges Hydroglimmer → Montmorillonit zurückgeführt.

M. HÄHNERT. 380□

Thermische Untersuchungen von Tonmineralien aus einigen Sediment-Formationen des Andhra Pradesh. B. B. G. Sarma. (Proc. Indian Acad. Sci., Sect. A **51.** 280—84. Mai 1960. Waltair, Andhra Univ., Dep. of Geol.) (Engl.)

Die Ergebnisse von DTA-Unterss. an 11 Tonmineralextrakten aus der Chintalapudi-Sandstein-Formation im Krishna- u. West-Godavari-Distrikt, Andhra Pradesh, werden mitgeteilt. Das Material wurde nach dem Zerkleinern durch Schlämmen in 0,01 n $NaPO_3$-Lsg. u. Sieben aufbereitet. Die DTA-Kurven zeigen die Ggw. von Kaolinit an, der durch Erosion von Paragneis u. Glimmer unter Kontinental-Bedingungen abgelagert worden sein kann. W. BETCKE. 380□

Experimentelle Deformation von viscosen Schichten in schrägen Druckfeldern. A. R. McBirney und Myron G. Best. (Bull. geol. Soc. America **72.** 495—98. 2 Tafeln. März 1961. Berkeley, Calif., Univ. of California, Dep. of Geol.) (Engl.)

Wechselnde Schichten eines weichen viscosen Wachses u. Asphalts wurden bei konst. Druck in verschiedenen Richtungen gepreßt, wodurch Faltungen u. Quetschungen hervorgerufen wurden. Ihre axiale Orientierung wurde durch Messung des Schnittpunkts der Ebenennormalen in der Richtung der maximalen Verkürzung mit der Schichtfläche bestimmt. Die Bldg. von Falten in dem viscosen Material scheint eine Funktion der Verformungsspannung zu sein. F. ENSSLIN. 382□

Die Kontrolle des Anorthit-Gehalts der Plagioklase bei der metamorphen Kristallisation. R. W. R. Rutland. (Amer. J. Sci. **259.** 76—79. Jan. 1961. London, Univ. Coll.) (Engl.)

Krit. Diskussion neuerer Beiträge zur Fazies-Klassifizierung metamorpher Gesteine.

H. MOENKE. 385□

Analcim- und zeolithhaltige Sedimentgesteine von Tuwa. Je. S. Burjanowa. (Известия Академии Наук СССР, Серия Геологическая [Nachr. Akad. Wiss. UdSSR, geol. Ser.] **25.** Nr. 6. 71—84. Juni 1960. Leningrad, geol. Allunions-Forsch.-Inst. des Ministeriums für Geol. u. Bodenschutz.) (Russ.)

Vf. untersucht Analcim- u. Laumontit-führende Sediment-Bldg. des mittleren Devon u. unteren Karbon, in denen der authigene Laumontit örtlich eine der Hauptkomponenten des Zementes des Sandsteines D_2 darstellt; aber auch Analcim ist in terrigenen Ablagerungen des unteren Karbon weit verbreitet. In letzteren wurden auch in Form von Zwischenlagen u. Linsen chemogene analcimreiche Sedimente gefunden.

Der Analcim kommt in Form von Kristallen, Pseudomorphosen nach Ascheteilchen u. xenomorphen Körnern vor. Außer diesem u. Laumontit wurde am Ak-Tag als Säume um idiomorphe Laumontit-Körner Epistilbit beobachtet. Verbreitetste authigene Begleitminerale sind Fluorit, Kollophan, Calcit, Dolomit u. örtlich Sulfide. Die Analcim-Gesteine des niederen Karbon charakterisieren die Fazies eintrocknender relikt. Bassins (Seen, Lagunen) mit etwas erhöhtem Salzgehalt. Der Analcim- u. Zeolith-Bldg. ging eine Anreicherung in den Bodenkörpern der Al–Si-Gele voraus. Die Paragenese authigenen Analcims u. der Zeolithe mit syngenet. Calcit, Phosphorit u. anderen Mineralen weist auf das alkal. Bldg.-Milieu hin. Authigene Analcim- u. Zeolith-Bldg. sind bes. für Plattformsedimente u. Senken während der Endetappen bewegter Zonen charakteristisch. M. HÄHNERT. 385□

Die Petrologie der Gneise von Cumberland Sound, Baffin Island, Nordwest-Territorien. G. C. Riley. (Canada, Dep. Mines techn. Surv., geol. Surv. Canada, Bull. **1960.** 1–68. 9 Tafeln.) (Engl.)

Die Gneise dieser Gegend sind praekambr. metamorphe u. Eruptivgesteine. Es lassen sich je nach dem Grad der Metamorphose 5 Zonen unterscheiden. Die Pyroxen führenden, granitartigen Charnockite sind durch pluton. Metamorphose bei Temp. von 650–750° gebildet worden. Die Granulite der 2. Zone können in 5 Untergruppen eingeteilt werden u. sind bei Temp. zwischen 600 u. 675° entstanden. Die Pyroxen-Amphibolitgneise liegen sowohl nach ihrer Zus. als auch nach der Stärke der Metamorphose zwischen den Granuliten u. den Amphibolgesteinen. Ihre Entstehungs-Temp. liegt bei 500–600°. Den geringsten Grad der Metamorphose haben die Epidotgesteine durchgemacht. Mineralog. Angaben über die vorkommenden Mineralien. F. ENSSLIN. 385□

Über die intrusive Natur von Granodiorit-Porphyren des Tuapse-Bezirks. A. M. Borssuk. (Известия Академии Наук СССР, Серия Геологическая [Nachr. Akad. Wiss. UdSSR, geol. Ser.] **25.** Nr. 11. 94–104. Nov. 1960. Moskau, Akad. der Wiss. der UdSSR, Inst. für Geol. der Erzlagerstätten, Petrographie, Miner. u. Geochem.) (Russ.)

Typ. für die Tuapser Region ist ein Dominieren mächtiger Argillitschichten mit untergeordneten Sandsteinen- u. Siderithorizonten. Die unterjurass. Argillite bilden die Hauptstruktur des Gebietes, des Goitscher Antiklinoriums. Die Granodiorit-Porphyre des Tuapser Gebietes lagern in der Achsenzone des Haupt-Kaukasus-Grates innerhalb seines Nordwestabschlusses. Sie finden sich als stockartige Körper, zwischenschichtige Lagen u. in einigen Fällen als Daike. Das Alter wurde nach der K/Ar-Meth. zu 120 Millionen Jahren bestimmt. Inmitten der Trümmen verschiedenartiger Gesteine, eingeschlossen in tuffogene Breccien der altubinalen Schichten, wurden vulkan. Bomben (dacit. Zus.) u. Lapilli festgestellt. Die Granodiorit-Porphyre stellen dichte massive Gesteine mikrofelsit., felsit. u. in einigen Fällen mikrogranit. Zus. der Grundmasse dar. Als Einsprenglinge wurden idiomorpher Quarz, Albit (An_{8-5}), Biotit u. in geringen Mengen Sphen, Granat, Zirkon u. Apatit gefunden. Theoret. Betrachtungen der thermodynam. Bedingungen der Magmenkristallisation. Die Temp. der Silicatschmelze der Granodiorit-Porphyre des betrachteten Gebietes konnte unter den Bedingungen des Empordringens bis zur Erdoberfläche nicht $> 900–1000°$ sein. Die Zähigkeit der Schmelze mit ca. 1,78% flüchtigen Bestandteilen (Erdoberfläche) lag bei $10^8–10^9$ Poise. Die verschiedene Struktur der Granodiorit-Porphyre, die sich in verschiedenen Graden der Rekristallisation der Grundmasse, ihren ungleichen Mengenverhältnissen der Mineraleinschlüsse u. deren Größe äußert, ist im wesentlichen durch die Abkühlungs-Geschw. des Magmas gegeben. Die Grundmasse der Granodiorit-Porphyre des Hauptmassivs der intrusiven Fazies ist vorwiegend mikrogranit., in den Kontaktzonen dagegen felsit. u. mikrofelsit. Struktur. M. HÄHNERT. 385□

Über den gneisartigen Granit von Champua, Keonjhar, Indien. Mihir Kumar Bose. (Proc. nat. Inst. Sci. India, Part A **26.** 143–51. 26/3. 1960. Calcutta, Presidency Coll., Dep of Geol.) (Engl.)

Der Mikroklingranit ist zusammen mit Metasedimenten einer intensiven Faltung unterzogen worden, wodurch sich eine gleichartige Fließstruktur bildete u. Bänderung stattfand. Es bildeten sich orientierte Biotitschichten. Der Plagioklas ist oft entkalkt entlang der Grenze in Kontakt mit Mikroklin. Biotit kommt mit Sphen u. Epidot zusammen vor. Ilmenit ist durch Kalkaufnahme in Sphen umgewandelt.

F. ENSSLIN. 385□

Die charnockitischen Granite und mit vorkommenden Granite von Zentralaustralien. Allan F. Wilson. (Trans. Roy. Soc. South Australia **83.** 37–76. 4 Tafeln. März 1960. Australia, Univ. of Queensland, Dep. of Geol.) (Engl.)

Petrograph. Beschreibung des zentralaustral. Granitmassivs, dessen Gesteinstypen wie folgt variieren: Orthopyroxengranite im Musgrave Range über die Augit-Hornblendegranite bis Hornblendegranite u. Sphen-Biotitgranite in den Ayers Ranges u. Kulgera Hills. F. ENSSLIN. 385□.

Gumbotil, Accretion-gley und das Verwitterungsprofil. John C. Frye, H. B. Willmann und H. D. Glass. (State Illinois, Divis. State geol. Surv., Circ. **295.** 1—39. 1960.) (Engl.)

Ausführliche mineralog. Unterss. der Verwitterungsprofile der Zillit-Ebenen von Illinos. H. MOENKE. 385□

Über paläozoische Konglomerate des Nikitin-Querriegels (West-Kaukasus, Fluß Malaja Laba). N. P. Lupanowa. (Известия Академии Наук СССР, Серия Геологическая [Nachr. Akad. Wiss. UdSSR, geol. Ser.] **25.** Nr. 11. 76—93. Nov. 1960. Moskau, Akad. der Wiss. der UdSSR, Inst. für Geol. der Erzlagerstätten, Petrographie, Miner. u. Geochem.) (Russ.)

Die Arbeit umfaßt bes. eine ausgedehnte petrograph. Beschreibung der Gesteinstypen: Argillit-Schiefer, polymikte Aleurolithe, Aleuro-Sandsteine, Sandsteine, polymikte großkörnige Sandsteine u. Grawelite, Konglomerate sowie Tuffe der Quarz-Albitophyre. Interessant ist das Auftreten einer starken Pumpellyitisierung der Gesteine, die bisher im nördlichen Kaukasus nicht beobachtet wurde. Diese ist sehr stark (oft fast bis zur Monomineral-Bldg. führend) in Effusivschichten mittlerer u. saurer Zus., deren Tuffen sowie in Sedimentzwischenlagen fortgeschritten. M. HÄHNERT. 385□

Ein aufgefischter Doleritblock aus dem Grund der Vitiaz-Tiefe, Marianen-Graben. Kenzo Yagi. (Proc. Jap. Acad. **4.** 213—16. April 1960. Sendai, Tôhoku Univ., Inst. of Earth Sci.) (Engl.)

Der Augitdolerit der tholeiit. Reihe ist ein Bruchstück aus 10700 m Tiefe des Marianengrabens. Seine Zus. in % ist: 47,43 SiO_2, 2,51 TiO_2, 13,63 Al_2O_3, 5,69 Fe_2O_3, 7,27 FeO, 0,15 MnO, 6,81 MgO, 11,04 CaO, 2,71 Na_2O, 0,31 K_2O, 1,30 H_2O^+, 1,19 H_2O^-, 0,14 P. Bemerkenswert ist der hohe CaO-Wert u. die niedrigen Werte an Alkalien. Die Mineral-Zus. in Vol.-% ist 49,0 Plagioklas, 30,0 Augit, 4,5 Eisenerze, 0,7 Anorthoklas, 0,6 Cristobalit, 0,4 Apatit, 6,1 Glas frisch mit Kristalliten u. 8,7 serpentinisiertes Glas. Der Augit zeigt schwache Zonarstruktur, ebenso der Plagioklas, dessen An-Geh. vom Kern (An_{72}) nach außen abnimmt (An_{26} an Band). F. ENSSLIN. 385□

Differentation von Hawaii-Basalten: Richtungen der historischen Magmen Mauna Loa und Kilauea. C. E. Tilley und J. H. Scoon. (Amer. J. Sci. **259.** 60—68. Jan. 1961. Cambridge, Univ.) (Engl.)

Angabe neuer chem. Vollanalysen, die zeigen, daß die bekannten Laven auf Hawaii aus verschiedenen magmat. Herden stammen. Hypersthenanwesenheit oder -abwesenheit in den Laven scheint vom SiO_2- u. CaO-Geh. abzuhängen. H. MOENKE. 386□

Zusammengeschmolzene Tuffe und Lavaströme in dem Rhyolithplateau des Yellowstone Parks, Wyoming. Francis R. Boyd. (Bull. geol. Soc. America **72.** 387—426. März 1961. Washington, D.C., Carnegie Inst. of Washington, Geophys. Labor.) (Engl.)

Der Yellowstone Tuff ist wahrscheinlich in einer einzigen Eruption aus verschiedenen Schloten gefördert worden. Daneben haben Rhyolith-, Basalt- u. Rhyolithbasalteruptionen stattgefunden. Die am raschesten abgekühlten Flächen bestehen aus Obsidian u. Perlit. Außerdem sind Breccien durch Einschlüsse von bimssteinartigen Krusten in den Decken vorhanden. Der Tuff wurde als pyroklast. Masse abgeschieden. Die niedrigste Schmelz-Temp. des Rhyolithglases ist 600°. Der H_2O-Geh. des Magmas dürfte unter 4% gewessn sein. F. ENSSLIN. 386□

Über glasartige Kugellaven des Flusses Levaja Lefu im Fernen Osten. W. P. Petrow und M. G. Samurujewa. (Известия Академии Наук СССР, Серия Геологическая [Nachr. Akad. Wiss. UdSSR, geol. Ser.] **25.** Nr. 11. 69—75. Nov. 1960. Moskau, Akad. der Wiss. der UdSSR, Inst. für Geol. von Erzlagerstätten, Petrographie, Miner. u. Geochem.) (Russ.)

Bei der Entstehung der glasigen Kugellaven unterscheiden Vff. 2 Phasen. Als Ergebnis der ersten treten relativ große, gut ausgebildete Pyroxen- u. Plagioklaskristalle auf. Sie sammeln sich in krist. Zonen, sind selten im Glas anzutreffen. Bisweilen bilden sie das Zentrum der Sphärolithe, die sich in der 2. Phase, die wahrscheinlich unmittelbar an die 1. anschließt, abscheiden. Die 2. Etappe ist durch eine glasige Erstarrung gekennzeichnet. Das Glas (die krist. Teile der Kugel) enthält (in %): 56,51 (55,71) SiO_2, 0,92 (1,24) TiO_2, 10,93 (11,65) Al_2O_3, 5,14 (4,66) Fe_2O_3, 8,53 (8,78) FeO, 0,12 (0,11) MnO, 7,82 (7,47) CaO, 5,85 (5,31) MgO, 0,42 (0,43) K_2O, 2,92 (3,06) Na_2O, — (0,08) — H_2O, — (0,31) + H_2O. M. HÄHNERT. 386□

Eigenschaften und Verwendung der mit Vulkanismus zusammenhängenden amorphen Kieselsäure. 21. Mitt. **Eigenschaften der silicaten Gesteine aus Yuzawa und Onikôbe.** Kinji Shimada und Hideko Higashi. (J. chem. Soc. Japan, pure Chem. Sect. [Nippon Kagaku Zassi] **81.** 225—29. Febr. 1960. Kagosima-Daigaku, Kôgakubu.) (Jap.; Auszug: Engl. S. A 15.) — 20. vgl. C. **1961.** 4287.

Die physikal., therm. u. chem. Eigg. der silicat. Gesteine aus Akita-Yuzawa sowie aus Miyagi-Onikôbe werden durch Röntgenstrahlenbeugung u. IR-Absorption sowie mkr. u. elektronenmkr. untersucht. Ferner werden die Proben auf 100°—1200° erhitzt u. die Löslichkeit in 2 n NaOH sowie die Dichten der erhitzten Proben bestimmt. Vff. schließen aus den gefundenen Daten, daß diese Gesteine zum größten Teil aus amorpher Kieselsäure bestehen. Die Probe aus Onikobe enthält noch daneben wenig Cristobalit u. Quarz. Der Wasser-Geh. der Probe aus Yuzawa beträgt 45%. Die beiden Proben lösen sich in Alkali sehr gut. Die Möglichkeit zu ihrer techn. Verwertung wird erwähnt.
E. MAEKAWA. 386□

Eigenschaften und Verwendung der mit Vulkanismus zusammenhängenden amorphen Kieselsäure. 22. Mitt. **Thermische Änderung von Sirasu.** Kinji Shimada und Saburo Kikuchi. (J. chem. Soc. Japan, pure Chem. Sect. [Nippon Kagaku Zassi] **81.** 230—32. Febr. 1960.) (Jap.; Auszug: Engl. S. A 15) — 21. vgl. vorst. Referat.

Sirasu, das als Eruptionsmasse im südlichen Teil der Kyushu-Inseln/Japan viel gefunden wird, wird chem. sowie physikal. untersucht. Es besteht aus bimssteinähnlichen u. sandartigen Bestandteilen, die jedoch ähnliche Eigg. zeigen. Die Löslichkeit nimmt mit steigender Temp. der therm. Behandlung zu, zeigt jedoch bei 700—800° Maxima. Vff. schließen, daß Sirasu daneben auch noch tonerdeähnliche Bestandteile enthält u. bei 750° zu schmelzen anfängt. E. MAEKAWA. 386□

Eigenschaften und Verwendung der mit Vulkanismus zusammenhängenden amorphen Kieselsäure. 24. Mitt. **Einfluß der hydrothermischen Säurebehandlung auf die Kristallisation von Silicagel.** Kinji Shimada. (J. chem. Soc. Japan, pure Chem. Sect. [Nippon Kagaku Zassi] **81.** 422—25. März 1960. Kagosima-Daigaku, Kôgakubu.) (Jap.; Auszug: Engl. S. A 29.) — 22. vgl. vorst. Referat.

Silicagel wird in W. bzw. 5—30% ig. HCl, H_2SO_4, HNO_3 oder H_3PO_4 3—8 Std. bei 120—200° stehengelassen, mit W. gewaschen, getrocknet u. dann auf 800—1200° erhitzt; das Röntgenbeugungsdiagramm des Silicagels jeder Stufe wird gemessen. Die Kristallisation von Silicagel wird durch hydrotherm. Behandlung u. bes. durch Erhitzen der hydrotherm. behandelten Probe stark beschleunigt. Die Behandlung in verd. HCl beschleunigt die Kristallisation, während die Behandlung in verd. O-haltigen Säuren im Gegenteil eine negative Wrkg. auf die Kristallisation zeigt. E. MAEKAWA. 386□

Eigenschaften und Verwendung der mit Vulkanismus zusammenhängenden amorphen Kieselsäure. 25. Mitt. **Wasserlösliche Kieselsäure.** Kinji Shimada und Katsuo Kikuno. (J. chem. Soc. Japan, pure Chem. Sect. [Nippon Kagaku Zassi] **81.** 426—28. März. 1960.) (Jap.; Auszug: Engl. S. A 29.) — 24. vgl. vorst. Referat.

Verschiedene Si-haltige gepulverte Gesteine sowie die auf 100—1200° erhitzten Proben werden bei Raum-Temp. in dest. W. umgerührt u. die gelöste Kieselsäure colorimetr. bestimmt. Der Geh. an SiO_2 im W. beträgt 0,02—0,05 mg/cm³; das Erhitzen zeigt kaum Einfl. auf die Löslichkeit der Kieselsäure. E. MAEKAWA. 386□

Eigenschaften und Verwendung der mit Vulkanismus zusammenhängenden amorphen Kieselsäure. 26. Mitt. **Änderung des Silicatgesteins aus Kusatu durch Schwefeldioxid.** Kinji Shimada und Hideko Higashi. (J. chem. Soc. Japan, pure Chem. Sect. [Nippon Kagaku Zassi] **81.** 428—30. März 1960.) (Jap.; Auszug: Engl. S. A 29.) — 25. vgl. vorst. Referat.

Das Silicatgestein aus Kusatu wird im Autoklaven mit nassem SO_2-Gas 1—5 Std. lang bei 80—200° behandelt. Mit steigender Behandlungs-Temp. nehmen das Verhältnis (Al_2O_3 + Fe_2O_3) (SiO_2), die Dichte u. der Gew.-Verlust beim Erhitzen ab; die Intensität der Röntgenreflexe wird durch die Ggw. von Aluminit kleiner, die Änderungen sind im Vgl. zu den Änderungen bei der Behandlung mit verd. H_2SO_4 viel kleiner.
E. MAEKAWA. 386□

Vorkommen von verkieseltem Holz auf Hawaii. R. T. Okamura und J. C. Forbes. (Amer. J. Sci. **259.** 229—30. März 1961. Hawaii, U.S. Geol. Surv., Hawaiian Volcano Observ.) (Engl.)

Vulkan. Asche lieferte bei relativ schnellem Zerfall reichlich wasserlösl. Silicatsubstanz, die an 2 Orten auf Hawaii zur Verkieselung organ. Substanz führte. Auch relativ silicatarmes Magma–Tholeiitbasalt kommt als SiO_2-Lieferant in Frage: Chem. Zus. der Opalsubstanz: 93,88% SiO_2, 4,15% H_2O^+, 0,64% H_2O^- Rückstand: 1,33%.
H. MOENKE. 390□

Die Bestimmung von Tritium in den Gewässern von Saskatchewan. W. Dyck und K. J. McCallum. (Chem. in Canada **12.** 38. Aug. 1960. Saskatoon, Sask., Univ. of Saskatchewan.) (Engl.)

Zur Messung der schwachen β-Strahlung von T in W. wird 1 Liter W. unter Zusatz von KOH solange elektrolysiert bis nur noch wenige Zehntel ml übrig blieben. Die T-Anreicherung wird durch Best. des D gemessen. Das Verhältnis der T/D-Anreicherung im Verhältnis zu H_2 ist ca. 2. D wird durch IR-Absorption bestimmt. Die Probe aus der Elektrolyse wird bis 410° über metall. Zn in H_2 verwandelt u. in dem gereinigten Gas nach Zugabe von Äthylen nur mit Hilfe eines Geigerzählers die β-Strahlung nach Abschirmung der Höhenstrahlung u. Eliminierung der Untergrundzählung gemessen. Der T-Geh. von Regen- u. Schneeproben, die zwischen Juli 1958 u. Juni 1959 gesammelt wurden, betrug 130—550 T-Einheiten (1 T-Einheit entspricht einem T–H-Verhältnis von 10^{-18}) u. war 10mal größer als vor den Kernwaffentests. W. aus dem Saskatchewan-Fluß enthält etwas weniger T. F. ENSSLIN. 393□

Eisen-55 aus Kerndetonationen. Rama, Minoru Koide und Edward D. Goldberg. (Nature [London] **191.** 162. 8/7. 1961. San Diego, Calif., Univ. of California, Dep. of Earth Sci.) (Engl.)

Zur Unters. des ^{55}Fe-Geh. wurden 10 kg innere Organe (Herz u. Leber) von Thunfischen aus dem Pazifik mit HNO_3 u. $HClO_4$ behandelt u. anschließend das Fe in einer Lsg. von 8 n HCl mit Isopropyläther abgetrennt. Die Best. des ^{55}Fe-Geh. (Halbwertszeit 2,6 Jahre) erfolgte durch Vgl. mit einer Standard-Probe von ^{55}Fe. Der gefundene Wert von 82000 dpm/g Fe (Februar 1961) erscheint im Vgl. zu anderen im Meerwasser vorhandenen Proben (^{90}Sr = 10 dpm/g Sr; ^{137}Cs = 500000 dpm/g Cs; ^{238}U = 700 000 dpm/g U) hoch, da Fe das häufigste dieser Elemente im Meerwasser darstellt. Aus den Unterss. wurde weiterhin erkannt, daß der ^{55}Fe-Geh. auf dem Meeresboden sehr gering ist (3 dpm, Probe vom April 1961, 3600 m Tiefe, Pazifik) u. daß die ^{55}Fe-Radioaktivität von Niederschlägen (0,8 dpm/Liter Regenwasser, San Diego, Februar 1961) sehr klein ist gegenüber der bereits im Meerwasser vorhandenen ^{55}Fe-Radioaktivität. E. FRITZSCHE. 393□

W. A. Nikolajew und W. W. Doliwo-Dobrowolski, Grundlagen der Theorie der Magmatismus- und Metamorphismusprozesse. Moskau: Gossgeoltechisdat. 1961. (340 S.) 1 Rbl. 99 Kop. [Russ.]

B. Allgemeine und theoretische organische Chemie

Einfluß von Lösungsmitteln auf die Lage der Absorptions- und Fluorescenzbanden von Lösungen von Naphthacen. H. C. Datta. (Sci. and Cult. [Calcutta] **23.** 559—61. April 1958. Berhampore, West Bengal.) (Engl.)

Unter der Annahme eines freibeweglichen Valenzelektronenpaars im Syst. der konjugierten Doppelbindungen berechnet Vf. in erster Näherung die Wellenlängen der Absorptions- u. Fluorescenzbanden von *Naphthacen* in Lsgg. von CCl_4, Bzl. u. CS_2. Daraus ergibt sich ein Radius r = 2,877 Å für den Grundzustand. G. PÖTZSCHER. B 114□

Absorptionsspektren der 4-Dimethylaminoderivate des Azobenzols und Stilbens. G. E. Lewis. (J. org. Chemistry **25.** 871—72. Mai 1960. South Australia, Australia, Univ. of Adelaide, Dep. of Org. Chem.) (Engl.) — Vgl. BADGER, BUTTERY u. LEWIS, C. **1956.** 2121.

Vf. vergleicht das UV-Absorptionsspektrum von *Stilben* (I) in neutralem wss. A. mit den Spektren von *4-Dimethylaminostilben* (II) in neutralem u. saurem (2n H_2SO_4) 50%ig. wss. Äthanol. Das Spektrum von II ist auch in saurer Lsg. weitgehend mit dem von I in neutraler Lsg. identisch. Diese Beobachtung widerspricht der Deutung des Spektrums von 4-Dimethylaminoazobenzol (III) in saurer Lsg. durch KLOTZ, FIESS, CHEN HO u. MELLODY (C. **1955.** 3338), stützt jedoch die Ansicht des Vf. u. die Zuordnung der 320 mμ-Bande von III in saurer Lsg. zum Ammoniumkation. H. LETTAU. B 118□

Sterische Effekte in Di- und Triarylmethanen. 7. Mitt. **Biphenylanaloga von Kristallviolett und Malachitgrün.** C. C. Barker und A. Stamp. (J. chem. Soc. [London] **1961.** 3445—48. Aug. Hull, Univ.) (Engl.) — 4. vgl. C. **1962.** 7456; 6. vgl. J. chem. Soc. [London] **1961.** 2642.

Darst. u. spektrale Unterss. an Biphenylylanaloga (**A**) von Kristallviolett (**B**) u. Malachitgrün (**C**) werden beschrieben. *[4'-Dimethylaminobiphenylyl-(4)]-bis-[4-dimethylaminophenyl]-methanol* (I) gibt in A. mit 1 Äquivalent HCl das Spektrum (Abb.) des univalenten Ions (II), neben dem noch ca. 28% des bivalenten Kations (III) vorliegen. In 90- bzw. 98%ig. Essigsäure ohne bzw. mit 12,5 Äquivalenten HCl überwiegt hingegen **III.** Im Vgl. zu I zeigt das **A** von **C** eine wesentlich geringere Tendenz zur Ausbildung des univalenten Ions, u. die Absorptionsbanden (Tabelle) der Ionen verblassen ziemlich rasch, vermutlich infolge Bldg. des Äthyläthers. Die endständigen N-Atome der **A** von **B** bzw. **C** zeigen somit nur geringe Neigung zur Konjugation mit dem zentralen C-Atom. Die stärkste Konjugation zeigt **II**, in dem eine hohe Resonanzenergie die hohe Energie der chinoiden Biphenylgruppe ausgleicht. 4'-Dimethylaminobiphenylyl-Li, aus 4-Brom-4'-dimethylaminobiphenyl u. Butyl-Li, gibt mit MICHLERS Keton (**IV**) nur unreines **I**. Reines **I** wird jedoch aus **IV**, 4-Dimethylamino-4'-jodbiphenyl (**V**) u. Na analog der Meth. von RODD u. LINCH [1927] erhalten. Analog läßt sich reines *Bis-[4'-dimethylamino-biphenylyl-(4)]-phenylmethanol* nur aus **V**, 4-[4-Dimethylaminophenyl]-benzophenon (**VI**) u. Na darstellen, da aus 4-Dimethylaminobiphenylyl-(4')-MgJ u. Äthylbenzoat nur unreine Base entsteht. Schließlich liefern nur 4-Dimethylaminophenyl-Li (**VII**) u. **VI** reines *[4'-Dimethylaminobiphenylyl-(4)]-4-dimethylaminodiphenylmethanol*, während aus **V**, 4-Dimethylaminobenzophenon u. Na leicht verunreinigtes Prod. resultiert.

Versuche: *4-Brom-4'-dimethylaminobiphenyl*, F. 209—210° (Bzl.), aus 47,0 g 4-Amino-4'-brombiphenyl u. 14,9 ml Trimethylphosphat bei 170—180° in 20 Min., 2std. Erhitzen auf 190—200°, 1½ std. Kochen mit wss. NaOH, Verdünnen mit W., Sublimieren des Rohprod. unter vermindertem Druck, ½ std. Erhitzen in Pyridin u. Succinanhydrid u. Eintragen in einen Überschuß wss. 2n NaOH; 35,5 g (Ausbeute). — *4-[4-Dimethylaminophenyl]-benzophenon* (**VI**), $C_{21}H_{19}NO$, F. 184—185°, durch 1std. Rk. von 5,52 g vorst. Verb. u. 0,2 Mol C_4H_9Li in Bzl., Abkühlen auf 0°, Zufügen von 20,6 g Benzonitril, 1std. Stehen, Eingießen in W., Zufügen von konz. HCl bis zur Entfärbung, 1std. Kochen der wss. Phase u. Alkalisieren mit NH_4OH; aus Bzl./A. 2:1 gelbe Blättchen; 3,1 g. — *[4'-Dimethylaminobiphenylyl-(4)]-4-dimethylaminodiphenylmethanol*, $C_{29}H_{30}N_2O$, F. 119 bis 120,5° (A.), durch 2std. Rk. aus 1,0 g **VI** u. **VII** (aus 1,4 g 4-Brom-N.N-dimethylanilin) in Ae. unter N_2, Eingießen in W., 2maligem Kristallisieren des Ae.-Rückstandes aus A., Chromatographieren an Al_2O_3 in Bzl. u. Sammeln der Eluate, die in Essigsäure Rotfärbung zeigen; 0,3 g. — *Bis-[4'-dimethylaminobiphenylyl-(4)]-phenylmethanol*, $C_{35}H_{34}N_2O$, F. 225—226° (Toluol), durch 24std. Kochen von 1,0 g **VI**, 1,17 g **V** u. 0,17 g Na in Bzl. unter N_2 u. Eingießen in W.; 0,9 g. — *[4'-Dimethylaminobiphenylyl-(4)]-bis-[4-dimethylaminophenyl]-methanol* (**I**), $C_{31}H_{35}N_3O$, F. 179—180° (A.), aus 2,35 g **V**, 1,85 g **IV** u. 0,35 g Na analog vorst. Meth.; 0,9 g. — *α.α-Bis-[4-dimethylaminophenyl]-biphenylyl-(4)-methanol*, $C_{29}H_{30}N_2O$, F. 152—153° (A.), aus 9,5 g 4-Chlorbiphenyl, 13,4 g **IV** u. 2,3 g Na analog vorst. Meth.; 11,3 g. *Methyläther*, $C_{30}H_{32}N_2O$, F. 147—148° (Methanol/Bzl. 2:1), durch ½ std. Kochen von 1,15 g nachst. Verb. u. 0,76 g Chloranil in Methanol, teilweisem Einengen der filtrierten Lsg. u. Eingießen in methanol. CH_3ONa; 1,0 g. — *α.α-Bis-[4-dimethylaminophenyl]-biphenylyl-(4)-methan*, $C_{29}H_{30}N_2$, F. 189—189,5° (A./Bzl. 1:1), aus 2,0 g vorst. Base in verd. HCl durch Zugabe von Zn-Staub bis zum Ausbleiben der Farb-Rk. mit Na-Acetat u. Alkalisieren mit wss. NH_3; 1,2 g. G. KIRSTEN. B 118□

Über die Ultraviolettabsorption von γ-substituierten γ.γ-Diphenylpropylaminen. Jos Loomans und Paul Demoen. (Meded. vlaamse chem. Veren. **23**. 3—18. Jan./Febr. 1961. Beerse, Res. Labor. D. C. Janssen, Afd. Analyse.) (Fläm.)

Unterss. über das UV-Spektrum einer Anzahl γ.γ-Diphenylpropylamine zeigen, daß die Säure-Konz. des Lsgm. die Form u. Intensität der Spektren beeinflußt. Für ein bestimmtes Lsgm. ist der Einfl. des aliphat. Aminrestes auf Intensität u. Lage der Bzl.-Banden sehr gering oder nicht vorhanden. Die verschiedenen R-Substituenten der Verbb. $(C_6H_5)_2 \cdot C \cdot R \cdot (CH_2)_2 \cdot N \cdot A \cdot A$ beeinflussen die UV Absorption in der Weise, daß die Anzahl der Spitzen in der Absorptionsbande in dem Maße abnimmt, wie der Substituent schwerer wird. Folgende Verbb. wurden untersucht: N-[3.3-Diphenylpropyl]-: *-dimethyl-*, *-diäthyl-*, *-di-n-propyl-*, *-diisopropylamin*, *-pyrrolidin*, *-piperidin* u. *-morpholin*. — 1.1-Diphenylpropanole-(1): *3-Dimethylamino-*, *3-Piperidino-*, *3-Morpholino-*. — α.α-Diphenylbutyronitrile: *γ-Diäthylamino-*, *γ-Diisopropylamino-*, *γ-Piperidino-*. — 3.3-Diphenylhexanone-(4): *1-Diisopropylamino-*, *1-Pyrrolidino-*, *1-Piperidino-*, *1-Morpholino-*. — α.α-Dimethylbuttersäureamide: *γ-Dimethylamino-*, *γ-Di-n-propylamino-*, *γ-Diisopropylamino-*, *γ-Pyrrolidino-*, *γ-Piperidino-* u. *γ-Morpholino-*. — α.α-Diphenylbuttersäure-N-äthylamide: *γ-Dimethylamino-*, *γ-Diisopropylamino-*, *γ-Piperidino-* u. *γ-Morpholino-*. — α.α-Diphenylbuttersäure-N.N-dimethylamide: *γ-Dimethylamino-*, *γ-Pyrrolidino-*, *γ-Piperidino-* u. *γ-Morpholino-*. — α.α-Diphenylbuttersäurepyrrolidide: *γ-Dimethylamino-*, *γ-Diäthylamino-*, *γ-Pyrrolidino-*, *γ-Piperidino-* u. *γ-Morpholino-*. — α.α-Diphenylbuttersäuremorpholide: *γ-Dimethylamino-*, *γ-Diäthylamino-*, *γ-Diisopropylamino-*, *γ-Piperidino-* u. *γ-Morpholino-*. — α.α-Diphenylbuttersäuren: *γ-Dimethylamino-*, *γ-Pyrrolidino-* (u. *Äthylester*), *γ-Piperidino-* (u. *Äthylester*) u. *γ-Morpholino-* (nur *Äthylester*). W. WESLY. B 118□

Der Einfluß von Ultraviolettstrahlung auf das Absorptionsspektrum von *l*-Tryptophan. A. R. Deschreider und M. Renard. (Bull. Inst. agronom. Stat. Rech. Gembloux 23. 151—65. 1955. Bruxelles, Labor. Centr. du Ministère des Affaires Econom.; Gembloux, Inst. Agronom. de l'État, Labor. de Chim. Gén.) (Franz.) — Vgl. C. **1960.** **4151.**

Vff. untersuchen die spektralen Änderungen des *l-Tryptophans* bei Bestrahlung mit UV-Licht (2537 Å). Die 280 mμ-Bande flacht sich ab u. verlagert sich ins Kurzwellige. Aus der Abhängigkeit dieser Änderungen von Strahlungsintensität u. -dauer sowie von Konz. u. pH schließen Vff., daß mehrere Photo-Prodd. gebildet werden.

W. HABERDITZL. B 118 □

Einfluß der chemischen Konstitution auf die Rotationsfähigkeit von optisch-aktiven Verbindungen. 7. Mitt. Rotationsdispersion von Chininsalzen der Benzoe-, Chlor-, Jod- und Nitrobenzoesäuren (o-, m- und p-). Maghar Singh Manhas und Sakti Prasad Banerjee. (J. Indian chem. Soc. **36.** 865—73. Dez. 1959. Saugar, Univ. of Saugar, Chem. Dep.) (Engl.) — **4.** vgl. J. Indian chem. Soc. **36.** [1959.] 669.

Die Rotationsdispersion von *Chininbenzoat* (F. 176—177°, Zers.), *-o-* (F. 154—156°), *-m-* (F. 152°), *-p-chlor-* (F. 190—191°), *-o-* (F. 194°), *-m-* (F. 119°), *-p-jod-* (F. 168—169°), *-o-* (F. 160°), *-m-* (F. 194—195°) u. *-p-nitrobenzoat* (F. 200—201°) in verschiedenen Lsgm. im sichtbaren Bereich wurde untersucht. Alle Verbb. befolgen die einfache DRUDEsche Beziehung. Beim Vgl. der $[\alpha]_{5461}^{30}$-Werte gilt für o-Verbb. in Chlf. die Reihe J < Cl < NO_2 < H (ebenfalls für die Rotations-Konst. K), in Pyridin J < NO_2 < H < Cl (ebenfalls für K), in A. J < Cl < H (ebenfalls für K) u. in CH_3OH J < NO_2 < Cl < H; für m-Verbb. in Chlf. J < Cl < NO_2 < H (ebenfalls für K), in Pyridin J < Cl < H < NO_2, in A. J < Cl < H, in CH_3OH J < NO_2 < H < Cl; für p-Verbb. in Chlf. J < NO_2 < Cl < H, in Pyridin J < NO_2 < Cl < H, in A. J < H < Cl (ebenfalls für K) u. in CH_3OH J < Cl < NO_2 < H. Daraus wird geschlossen, daß die Rotation in den meisten Fällen in Übereinstimmung mit der Polarität der Substituenten durch negative Gruppen herabgesetzt wird, daß sich jedoch die NO_2-Verbb. anomal verhalten.

G. PÖTZSCHER. B 119 □

Der Einfluß der chemischen Konstitution auf die Rotationsfähigkeit von optisch-aktiven Verbindungen. Cinchonidinsalze von Benzoe-, o-, m- und p-Hydroxybenzoesäure. Sakii Prashad Banerjee und M. S. Manhas. (Proc. nat. Acad. Sci. India, Sect. A **27.** 268—75. Nov. 1958.) (Engl.) — Vgl. vorst. Referat.

Die Rotationsdispersion von *Cinchonidinbenzoat* (I, $C_{26}H_{28}N_2O_3$, F. 208—209°, A.; aus der Säure u. Base in sd. A.; 50% Ausbeute), *-o-* ($C_{26}H_{28}N_2O_4$, F. 198—200°, A.; 80%), *-m-* (F. 184°, A.-Äthylacetat; 40%) u. *-p-hydroxybenzoat* (F. 189—190°, A.-Aceton; 55%) in einigen Lsgm. bei 11 Wellenlängen zwischen 6708 u. 4358 Å wurde untersucht. Von allen Verbb. wird die einfache DRUDEsche Beziehung befolgt. Beim Vgl. von $[\alpha]_{5461}^{30}$ u. von der Rotations-Konst. K gilt für Pyridin o- < I < m- < p-Verb., für A. p- < m- < I < o-Verb. u. für CH_3OH p- < m- < I < o-Verb. in Übereinstimmung mit der COHENschen u. FRANKLANDschen Regel. Jedoch ist der Polarität des OH-Substituenten auf den [α]- u. K-Wert nicht einheitlich für die Lsgm. Chlf., A., CH_3OH u. Pyridin.

G. PÖTZSCHER. B 119 □

Untersuchung der Struktur der Monochlormethylcyclohexanisomeren und der Zusammensetzung der Produkte aus der photochemischen Monochlorierung von Methylcyclohexan. Ss. D. Mechtijew, I. G. Issmailsade, A. F. Alijew, U. Ch. Agajew und F. A. Mamedow. (Доклады Академии Наук Азербайджанской ССР [Ber. Akad. Wiss. AserbaidshanSSR] **14.** 985—90. 1958. Erdölinst.) (Russ.; Auszug: Aserbaidshan.)

Von *2-Chlor-* (I), *3-Chlor-* (II), *4-Chlor-1-methylcyclohexan* (III) (erhalten durch Hydrierung der isomeren Kresole an RANEY-Ni u. Chlorierung der erhaltenen Hexahydrokresole mit HCl), *1-Chlor-1-methylcyclohexan* [IV; aus Cyclohexanon über 1-Methylcyclohexanol-(1)] u. *Chlormethylcyclohexan* (V; aus Chlorcyclohexan über Hydroxymethylcyclohexan) werden die RAMAN-Spektren aufgenommen. Die Linien u. ihre (relativen) Intensitäten werden tabell. angegeben. Die Hauptlinien von I u. IV sind fast gleich. Die Linien von II u. III fallen, mit Ausnahme der Frequenz bei 709 cm^{-1}, prakt. zusammen. Dadurch ist die Analyse von Isomerengemischen sehr erschwert. Die Spektrallinien von V unterscheiden sich sehr deutlich von den Linien von I—IV. — Die RAMAN-analyt. Unters. einer *Monochlorid*-Fraktion, die durch photochem. Chlorierung von Methylcyclohexan erhalten wurde, zeigte, daß diese Fraktion zu ca. 80—85% aus II u. zu ca. 10% aus I besteht; daneben kann auch wenig III anwesend sein. IV u. V fehlen unter den Chlorierungsprodukten.

HELMUT SCHÄFER. B 120 □

Stereochemie des Cycloheptanrings. 2. Mitt. cis- und trans-2-Phenylcycloheptanol. J. W. Huffman und J. E. Engle. (J. org. Chemistry **26.** 3116—21. 12/9. 1961. Chemson, S. C., Chemson Coll., Dep. of Chem. Geol.; Georgia Inst. of Technol., School of Chem.) (Engl.) — 1. vgl. C. **1960.** **10534.**

trans-2-Phenylcycloheptanol (I) wurde dargestellt aus Phenyllithium (VI) u. Cycloheptenoxid (VII). Das cis-Isomere (II) wurde aus dem p-Toluolsulfonat von I durch Rk. mit bas. Al_2O_3 gewonnen. II wurde ferner durch $LiAlH_4$-Red. von 2-Phenylcycloheptanon (VIII) erhalten. II wurde in I übergeführt über das cis-2-Phenylcycloheptyl-p-toluolsulfonat. Sowohl I als auch II wurden durch H_3PO_4 u. durch $POCl_3$–Pyridin dehydratisiert zu einem Gemisch von Olefinen u. anderen Verbindungen. Dehydratisierung von II mit $POCl_3$ in Pyridin, 1 Std. auf dem Dampfbad erwärmt, liefert ein Öl (93%), dessen Zus. mit Hilfe von Gaschromatographie u. UV-Spektroskopie bestimmt wurde zu 8% 3-Phenylcyclohepten (IV), 41% 1-Phenylcyclohepten (V), 42% trans-2-Chlorphenylcycloheptan u. 8% zweier unidentifizierter Verbindungen. Analog wurden aus I 89% Öl mit der Zus. 32% **IV**, 2% **V**, 63% cis-2-Chlorphenylcycloheptan u. 4% dreier unidentifizierter Verbb. erhalten. Dehydratisierung von II durch 3 Std. langes Erhitzen auf 150—200° mit 85%ig. H_3PO_4 liefert 92% Öl der Zus. 35% **V**, 25% **IV** u. 5 weitere Verbindungen. Analog gibt I 84% Öl der Zus. 10% **V**, 2% **IV** u. 5 weitere Verbindungen. Unter den Vers.-Bedingungen isomerisiert sich **IV** zu 25% **V**. Die Ergebnisse werden diskutiert in Hinsicht auf die Konformationen der epimeren Alkohole. Allg. läßt sich sagen, daß die Geometrie des Cycloheptanringes von solcher Art ist, daß Dehydratationen wie eine normale trans-Eliminierung verlaufen. Bei I überwiegt die Konformation mit den Substituenten in quasi-äquatorialer Lage, II ist eine Mischung der Typen mit OH quasiaxial, C_6H_5 quasiäquatorial u. umgekehrt.

Versuche: *trans-2-Phenylcycloheptanol* (I), $Kp._{0,5}$ 113—114°, a) zur kalten Lsg. von **VI** in Ae. wurde eine äquivalente Menge **VII** in Ae. getropft, 30 Min. bei 0° belassen u. dann 2 Std. gekocht; 25% (Ausbeute); b) aus dem *p-Nitrobenzoat* [$C_{20}H_{21}NO_4$, F. 84 bis 85° (95% A.); schwach gelbe Kristalle] mit NaOH in Dioxan, 9 Std. kochen, n_D^{25} 1,5415; 67%; c) aus cis-2-Phenylcycloheptyl-p-toluolsulfonat in Bzl., 59 Std. mit bas. Al_2O_3 behandelt; 23%. Daneben 64% olefin. Material. *p-Toluolsulfonat* (III), $C_{20}H_{24}O_3S \cdot 2\,H_2O$, F. 82—83° (Cyclohexan), Lsg. von I in Pyridin in der Kälte mit p-Toluolsulfochlorid vereinigt u. 3 Tage stehengelassen; 69%. — *cis-2-Phenylcycloheptanol* (II), $Kp._{0,25}$ 98,5—102,5°; n_D^{25} 1,5436; a) Lsg. von **VIII** in Ae. in 15 Min. zu einer eisgekühlten Lsg. von $LiAlH_4$ in Ae. geben u. 70 Min. bei 0° belassen; es wurde ein Öl erhalten, das laut Gaschromatographie u. IR-Spektroskopie zu 64% aus II, 13% I u. 19% **VIII** bestand; b) Lsg. von **VIII** in Ae. zu einer eisgekühlten Lsg. von $AlCl_3$–$LiAlH_4$ in Ae. geben u. anschließend 12 Std. kochen; es wurde ein Öl erhalten mit 13% II, 52% I, 22% **VIII** u. 13% bestehend aus 5 unidentifizierten Produkten; c) cis-2-Phenylcycloheptyl-p-nitrobenzoat ($C_{20}H_{21}NO_4$, F. 91,8—93,2°) mit NaOH in Dioxan gekocht; 72%; d) aus III in Bzl., 6 Std. bei Raum-Temp. in einer Kolonne mit bas. Al_2O_3; 40%. *p-Toluolsulfonat*, $C_{20}H_{24}O_3S \cdot 2\,H_2O$, F. 91,7—93° (Cyclohexan), analog III aus II; 80%. — *Phenylcycloheptan*, aus einem Gemisch der p-Toluolsulfonate von I u. II durch 41 std. Kochen mit $LiAlH_4$; n_D^{25} 1,5254; 41%. — *1-Phenylcyclohepten* (V), $Kp._{0,3}$ 74,5—76,5°, aus Cycloheptanon mit Phenyl-MgBr u. Ae. u. Dehydratation, n_D^{25} 1,5575; 46%. — *2-Phenylcycloheptanon* (VIII), aus I oder II mit KILIANIS Reagens in Aceton. *2.4-Dinitrophenylhydrazon*, F. 170,8—171,3°. — *cis-2-Chlorphenylcycloheptan*, $C_{13}H_{17}Cl$, $Kp._{0,7}$ 90—105° (Bad-Temp.), zu einer gekühlten Lsg. von II in Ae. wurde $SOCl_2$ u. Pyridin zugefügt u. 15 Min. bei Raum-Temp. belassen, nach Entfernung der Lsgm. wurde mit weiterem $SOCl_2$ 3 Std. lang auf dem Dampfbad erhitzt; geringe Mengen.

GERHARD SCHULZ. B 123□

Das Auftreten polarer Formen von 1.4-Dioxan bei Temperaturen über 200°. R. S. Armstrong, R. J. W. Le Fèvre und J. Yates. (Austral. J. Chem. **11.** 147—53. Mai 1958. Sydney, Univ., School of Chem.) (Engl.)

In Fortsetzung früherer Arbeiten (LE FÈVRE u. RAO, C. **1957.** 11255) wurde die Polarisation (P) von *1.4-Dioxan* im Temp.-Bereich T = 391—638° K bestimmt. Bei T < 480° ist P im wesentlichen unabhängig von der Temp., während über 480° annähernd die Beziehung $P_T = 24{,}4 \exp[(T - 520)/520]$ gilt u. das Ansteigen von P mit T auf ein bei höheren Temp. stärkeres Verschwinden der nichtpolaren Sesselform zugunsten einer polaren Wannenform hinweist. Das steht in Übereinstimmung mit einer Annahme von GIBBS u. SMITH („Hydrocarbons", Discuss. Faraday Soc. Nr. **10.** [1951.] 1922).

E. MOISAR. B 123□

Viscositäts- und Temperatureinflüsse auf die Fluorescenz. E. J. Bowen. (Discuss. Faraday Soc. **1959.** Nr. 27. 40—42. Oxford, Univ., Phys. Chem. Labor.) (Engl.) — Vgl. C. **1960.** 3490.

Es wurden Fluorescenzmessungen an *9-Methyl-*, *9-Methoxy-*, *9-Äthyl-*, *9-Phenyl-*, *9.10-Dichlor-* u. *9-Chloranthracen* in einem Paraffingemisch durchgeführt, dessen Viscosität durch verschiedene Zus. variiert wurde. Es zeigt sich, daß die Fluorescenzausbeute

im Temp.-Bereich von -70^0 bis $+70^0$ folgender Gleichung genügt: $(1/F) - 1 = k(T/\eta)^{1/4} \cdot \exp(-E/RT)$. Die Werte für k u. E vorst. Verbb. sind tabellar. angegeben. Schließlich wird die Möglichkeit diskutiert, aus Fluorescenzmessungen Aussagen über den Energieübergang von einem Elektronenzustand des Mol. zu einem anderen zu machen.
G. M. NEUMANN. B 125 □

Atomisierung von Flüssigkeiten durch Hochspannung. 2. Mitt. **Über die Reproduzierbarkeit von Diagrammen des Atomisierungsprüfgerätes.** Gohei Osamu und Masao Hagihara. (J. electrochem. Soc. Japan **26.** 36–39. 1958. Osaka, Electrostatic Painting Machine Co., Ltd.) (Jap.; Auszug: Engl. E 15–E 17.) — 1. vgl. C. **1960.** 2127.

Bei Unterss. von Farben mit dem Aktivierungsprüfgerät ergab sich, daß die l. c. beschriebene Elektrode wenig reproduzierbare Diagramme liefert. Vff. berichten über experimentelle Verss. zur Verbesserung der Elektrode. C. GOTTFRIED. B 130

Untersuchungen der Zersetzung von Toluol und Benzol durch elektrische Entladung. Hiroshi Kokado. (Bull. Tokyo Inst. Technol., Ser. B **1958.** 7–10.) (Engl.)

Das Verh. von *Toluol* (I) bei der elektr. Entladung (50 Hz u. 12 MHz) im Strömungs-Syst. wurde emissionsspektroskop. u. durch Best. der Prodd. untersucht. Die Emissionsspektren sind stark abhängig vom Gasdruck der KW-Stoffe. An Prodd. entstehen H_2 u. Acetylen, aber nur wenig CH_4. Die Ausbeute an H_2 ist bei I größer als bei Bzl., sie ist im Bereich von 1–4 mm Druck prakt. konst., fällt bei $p < 1$ mm u. steigt bei $p > 4$ mm. Die CH_3-Gruppe von I ist also sensibler gegenüber Zers.-Rkk. als der Ring. Aus den Ergebnissen wird auf folgende Primärprozesse geschlossen: für I $\rightarrow C_6H_5CH_2 + H$ oder Ringspalt-Prodd. u. Bzl. $\rightarrow C_6H_5 + H$ oder Ringspaltprodukte. G. PÖTZSCHER. B 131 □

Mikrowellenabsorption und Molekülstruktur in Flüssigkeiten. 41. Mitt. **Die dielektrische Relaxation von drei substituierten Naphthalinen in einem schwach viscosen und einem sehr viscosen Lösungsmittel.** Eugene L. Grubb und Charles P. Smyth. (J. Amer. chem. Soc. **83.** 4122–24. 6/11. 1961. Princeton, N.J., Princeton Univ., Frick Chem. Labor.) (Engl.) — 40. vgl. C. **1961.** 10964.

Bei t = 20, 40 u. 60° wurde die Frequenzabhängigkeit der DK u. der dielektr. Verluste der verd. Lsgg. von *α-Chlornaphthalin* (I) in Dekalin (II) u. in Nujol (III), von *α-Bromnaphthalin* (IV) in II u. III u. von *β-Methylnaphthalin* (V) in III gemessen. Die daraus berechneten häufigsten Relaxationszeiten τ_0 (in Einheiten von 10^{-12} s) betragen für 20°: 21,0 für I in II, 62,4 (I in III), 26,4 (IV in II), 85,1 (IV in III), 148,0 (V in III). τ_0 fällt mit steigendem t ab. Die τ-Verteilung ist sehr breit, sie wird mit wachsendem t enger. Die Aktivierungsenergie u. Aktivierungsentropie des dielektr. Relaxationsvorganges berechnen sich zu: 0,81 u. –6,80 (I in II), 3,62 u. 0,55 (I in III), 1,33 u. –5,56 (IV in II), 3,70 u. 0,20 (IV in III) sowie 3,39 u. –1,98 (V in III). O. FUCHS. B 132 □

Über die Resonanzabsorption von Rochellesalz im Hochfrequenzgebiet. Shizuko Ogawa. (Natur. Sci. Rep. Ochanomizu Univ. **5.** 228–37. März 1955. Ochanomizu, Univ., Fac. of Sci., Dep. of Phys.) (Engl.)

Vf. untersucht die Resonanzabsorption von ROCHELLE-Salz (I, K-Na-Tartrat) als Pulver u. als Einkristalle im Bereich von wenigen MHz bis zu einigen Hundert MHz. Es wird gezeigt, daß die in einer früheren Arbeit (KOJIMA, TSUKADA, OGAWA u. SHIMAUCHI, C. **1954.** 10644.) beschriebenen Linien, die von den Linien der reinen Kernquadrupolresonanz abweichen, von piezoelektr. Schwingungen herrühren. Bei pulverisiertem I wurde kein einfaches Spektrum mit typ. Eigg. erhalten; bei einem Einkristall wurden Absorptionslinien beobachtet, die in zahlreichen Serien mit anscheinend äquidistantem Abstand von wenigen Hundert kHz auftraten. Es ließ sich nachweisen, daß es sich nicht um höhere Harmon. der gewöhnlichen piezoelektr. Schwingung des Kristalls handelt, sondern um die piezoelektr. Resonanzschwingungen eines kleinen Bereiches im Kristall. Die Beeinflussung der Schwingungen durch Temp., Druck u. angelegte elektrostat. Spannung wird untersucht, Einzelheiten der gemessenen Absorptionslinien werden diskutiert. H. GUTHKE. B 133 □

Paramagnetische Elektronenresonanz organischer Radikale in Lösung. Roland Lefebvre. (Cahiers de Physique **14.** 35–39. Jan. 1960. Paris, Centre de Mécan. Ondulatoire Appl.) (Franz.)

Es wird eine theoret. Betrachtung zur Feinstruktur gegeben, die infolge der Wechselwrkg. eines unpaarigen Elektrons mit den magnet. Momenten, die mit den Kernspins verbunden sind, z. B. denen eines Protons oder Stickstoffkerns, auftritt. Es ergibt sich, daß die Konfigurationswechselwrkg. eine wesentliche Rolle bei der Erklärung der Hyperfeinstruktur spielt. Für ein konjugiertes, ebenes KW-Stoffradikal beruht diese Wechselwrkg. auf Anregungszuständen vom Typ $\sigma \rightarrow \sigma^*$, da Berechnungen zeigen, daß sich derart Spindichten für das Proton ergeben, die mit denen übereinstimmen, die sich für die beobachteten Werte der Kopplungs-Konst. a_N als notwendig erweisen. Die globale Spindichte ϱ_{NN} eines mit dem Proton N verbundenen C-Atoms N erfährt eine Änderung durch $\pi \rightarrow \pi^*$-Anregungszustände. J.-M. SPAETH. B 137□

Ionisation und Ultraviolettabsorption von 2- und 6-Carbomethoxychinolin. Paavo Lumme. (Suomen Kemistilehti B **32.** 157—60. 1959. Helsinki, Finland, Univ., Labor. of Propadeutic Chem.) (Engl.) — Vgl. C. **1956.** 10426.

Von *2*- [F. 84—85,5° (W., Heptan), aus der Säure] u. *6-Carbomethoxychinolin* [F. 86 bis 87° (A.–W.), aus der Säure] in wss. Lsg. wurden potentiometr. u. spektrophotometr. die pK_E-Werte zu 1,755 (potentiometr. 1,748) bzw. 3,80 (zu wenig lösl. in W.) bestimmt. Gegenüber den freien Säuren (l. c.) sind die UV-Spektren der Ester nach längeren Wellen verschoben, u. die Intensität ist erhöht. G. PÖTZSCHER. B 139□

Das quaternäre System: Benzol–Tetrachlorkohlenstoff–Essigsäure–Wasser bei 25°. R. G. H. Prince und T. G. Hunter. (Chem. Engng. Sci. **6.** 245—61. 1957. Sydney, N.S.W., Australia, Univ. of Sydney, Chem. Engng. Dep.) (Engl.)

Vff. beschreiben eine App. für die genaue Best. des Fl.–Fl.-Gleichgewichts in tern. u. quatern. Syst. sowie eine Mikrobürette für Titrationen des Trübungspunktes u. einen Kolben zur direkten Best. des Gew. der im Gleichgewicht befindlichen Phasen. Ergebnisse für das Syst. *Bzl.–*CCl_4*–Essigsäure–W.* bei 25° werden mitgeteilt, die Beziehungen zwischen den Gleichgewichts-Konzz. im quatern. u. tern. Syst. erörtert u. die Ergebnisse mit früher veröffentlichten Werten verglichen. P. FRENZEL. B 150□

Beitrag zur Untersuchung von Salzen der Naphthalinsulfonsäure-(1) und Naphthalinsulfonsäure-(2). Das Löslichkeitsdiagramm des quaternären Systems Na^+–K^+–$C_{10}H_7SO_3^-$-(1)–$C_{10}H_7SO_3^-$-(2)–H_2O. R. Flatt und A. Villard. (Helv. chim. Acta **44.** 148—58. 1/2. 1961. Lausanne, Univ., Labor. de Chim. min. et analyt.) (Franz.)

Vff. geben für 0, 25 u. 50° die Löslichkeiten der 4 tern. u. des quatern. Syst. Na^+–K^+–$C_{10}H_7SO_3^-$-(1) (I)–$C_{10}H_7SO_3^-$-(2) (II)–H_2O. Sie stellen ein Doppelsalz mit der Zus. $C_{10}H_7SO_3K$-(1)·$C_{10}H_7SO_3K$-(2)·1 H_2O fest u. geben die Meth. seiner Darst. an. Es ist ihnen möglich, das II-Anion in Ggw. des I-Anions mit einer Genauigkeit von 1—2% nachzuweisen. S. v. SCHIESZL. B 150□

Natriumäthylsulfat in wäßriger Lösung: Einfluß auf ein Alkylsulfat mit C_{12}. Madeleine Raison. (Mém. Serv. chim. État **40.** 31—45. 1955.) (Franz.)

Vf. bestimmte zuerst die KRAFFTschen Punkte von *Na-Laurylsulfat* (**I**) + *Na-Äthylsulfat* (**II**), **I** + *Na-Myristylsulfat* wie den Einfl. von NaCl auf den KRAFFTschen Punkt (diejenige Temp., von der an eine „Seife" eine „homogene Lsg." gibt) von **I**. Weiter wurden die Oberflächenspannungen von Lsgg. von **I** u. **II** u. der Einfl. von **II** u. NaCl auf die Oberflächenspannung von **I** untersucht. Der Einfl. von **II** sowie von NaCl auf die krit. Micellen-Konz. von **I** wurde bestimmt. Weiter wurden noch die mechan. Eigg. von Filmen von **I** sowie der Einfl. von **II** u. NaCl auf diese Eigg. untersucht. Zum Schluß schließlich wurde das Schaumbildungsvermögen von Gemischen von **I** u. **II** untersucht. Aus den Verss. ergab sich, daß sich **II** in bezug auf seinen Einfl. auf **I** intermediär zwischen einem anorgan. Elektrolyt u. einem wahren koll. Elektrolyt verhält. Sein Einfl. ist dem des NaCl sehr ähnlich, aber nicht identisch. C. GOTTFRIED. B 162

Oberflächeneigenschaften von systematischen Gemischen von reinen Natriumalkylsulfaten in Lösung. Jean Bolle und Thérèse Jullig. (Mém. Serv. chim. État **40.** 15—29. 1955. Labor. Central des Services chim. de l'État.) (Franz.)

Vff. untersuchten das Schaum-Bldg.-Vermögen wss. Lsgg. von *Na-Laurylsulfat* (**I**), *Na-Myristylsulfat* (**II**), Gemischen von **I** u. **II** verschiedener Konz., Gemischen von *Li-Laurylsulfat* (**III**) u. *Li-Cetylsulfat* (**IV**), **III** u. *Li-Myristylsulfat* (**V**), **IV** u. **V** sowie den tern. Gemischen **III** + **IV** + **V**. Es wurde außerdem das Benetzungsvermögen von **I** u. **II** u. von Gemischen von **I** + **II** auf matten u. paraffinierten Glasplatten untersucht. Weiter wurde noch das Schaum-Bldg.-Vermögen von Gemischen von **I** mit *Na-Äthyl-* (**VI**), *-Butyl-* (**VII**) u. *-Hexylsulfat* bei ebenfalls 30 u. 60° gemessen. Oberflächenspannungen bei 40° wurden gemessen für **I** u. **II** u. für Gemische von **I** + **II** sowie bei 30° von Gemischen von **I** + **VI** u. von **I** + **VII**. Schließlich wurden noch die krit. Micellen-Konzz. der Gemische **I** + **II**, **I** + **VI** u. **I** + **VII** bestimmt. Die Vers.-Ergebnisse sind tabellar. u. graph. wiedergegeben. Ganz allg. wurde gefunden, daß die Oberflächen-Eigg. der Gemische nicht additiv sind u. daß man das Auftreten von gemischten Micellen annehmen muß. C. GOTTFRIED. B 162

Eine Untersuchung der Adsorption fluorierter Verbindungen an festen ebenen Festkörperoberflächen mittels radioaktiver Substanzen. 2. Mitt. **$C_8F_{17}SO_2N(C_2H_5)$·CH_2COOH.** John P. Ryan, R. J. Kunz und J. W. Shepard. (J. physic. Chem. **64.**

525—29. 18/5. 1960. St. Paul, Minn., Minnesota Mining and Manufacturing Co., Central Res. Dep.) (Engl.) — 1. vgl. C. **1960.** 11606.

Die Adsorption von $^{14}C_{(COOH)}$-*N-Äthyl-N-perfluoroctansulfonylglycin* (I; F. 162 bis 164°) aus n-Decan-Lsg. an festen ebenen Oberflächen (OF) von Pt (A), Quarz (B), Glas (C) u. Al (D) bei 29° wird untersucht. A, B u. C zeigen gegenüber I ähnliches Adsorptions-Verh. u. gleichen sich weitgehend im Verlauf der Adsorptionsisothermen (Abb.) aus $4{,}0 \cdot 10^{-6}$ m (gesätt. Lsg.) oder schwächeren I-Lsgg., wobei nach 1 Std. 75%ig., nach 5 Std. vollständige Belegung der OF stattfindet. Die Adsorption an A führt bei Tauchzeiten von > 15 Min. zu örtlicher Übersättigung u. wahrscheinlich I-Fällung. Die Adsorptionsisotherme (Abb.) für I an D zeigt Chemisorption u. fortlaufende Rk. von I mit D an, die bis zur vollständigen Erschöpfung der I-Lsg. verlaufen. Die Adsorption von I verläuft im Vgl. zu der von *Perfluoroctansäure* (II; $C_7F_{15}COOH$; l. c.) an A u. B langsamer, wogegen II an D u. C Chemisorption zeigt, mit D jedoch langsamer reagiert als I. Vff. bestimmen aus der von den Einzelmoll. belegten OF (63 Å² für I), der spezif. Aktivität des Adsorbats (0,92 mc/g I), der Zählerwirksamkeit u. der Proben-OF den sog. Rauheitsfaktor, der bei Best. mittels I für A 0,47—1,04, B 0,85—1,14, C 0,79—1,14 u. D 1,12 bis 65,0, mittels II für A 1,04—1,15, B 0,80—1,10, C 2,7—7,3 u. D 3,3—4,4 beträgt u. abhängig von Konz. u. Tauchzeit ist. Desorptionskurven für I von A, B, C u. D mit Decan sowie für I von B u. D mit Decan, Bzl., W. bzw. Aceton (in zunehmender Wirksamkeit) sind angegeben. I zeigt mit Decan lediglich von D keine Desorption, II von keiner der OF. Vff. untersuchen den Austausch zwischen adsorbiertem, ^{14}C-akt. u. nichtmarkiertem, gelöstem I an B, C u. D sowie für ^{14}C-akt. II an C u. D (Kurven) u. bestimmen die Kontaktwinkel zwischen A, B, C bzw. D u. I-Lsgg. in Hexadecan oder CH_2J_2 sowie von W. vor u. nach Behandlung der OF mit I. Die I-Behandlung führt zu einer starken Abnahme des Kontaktwinkels an allen OF, ist jedoch bei A u. D am größten. Die Vers.-Ergebnisse werden bes. hinsichtlich der beobachteten OF-Phänomene diskutiert.

G. KIRSTEN. B 176□

Die Adsorption von Asparaginsäure und Glycin an wenig löslichen anorganischen Feststoffen. F. Bryant und D. J. O'Connor. (Austral. J. Chem. **11.** 125—33. Mai 1958. Melbourne, Univ., Dep. of Chem.) (Engl.)

Die Adsorption von *Asparaginsäure* (I) u. *Glycin* (II) aus wss. Lsgg. an natürlichem oder synthet. ZnS, PbS, $PbMoO_4$, $PbSO_4$, $BaSO_4$, $PbCrO_4$, Al_2O_3, an synthet. $BaCrO_4$, Zeolit u. Amberlite IRA 400 wurde untersucht. I wird in größeren Mengen als II adsorbiert. Natürliche Adsorptionsmittel zeigen eine größere Fähigkeit zur Adsorption von I u. II als die synthet. Feststoffe. Zwischen der Fähigkeit zur Adsorption von I oder II u. den elektrokinet. Eigg. (ζ-Potential) der Adsorbentien besteht kein Zusammenhang.

G. PÖTZSCHER. B 176□

Untersuchungen über die Wechselwirkung von Oberflächenfilmen mit gelösten Stoffen in Lösung. 1. Mitt. **Potentiometrische Titration wässeriger Farbstofflösungen und Berechnung der Ionisationskonstanten der Farbstoffe.** Mitsuo Muramatsu. (Bull. chem. Soc. Japan **31.** 864—71. Okt. 1958. Tokyo, Tokyo Metropolitan Univ., Fac. of Sci., Dep. of Chem.) (Engl.)

Durch potentiometr. Titration mit HCl u. NaOH wurden die pK-Werte folgender Farbstoffe in wss. Lsg. bei 20° bestimmt: *Chrysoidin* (bas. Gruppen pK_1 3,32; pK_2 5,21), *Aluminon* (saure Gruppen $pK_1 \leq 2$; pK_2 4,80; pK_3 7,22), *Methylorange* (bas. Gruppe pK_1 3,56; saure Gruppe pK_2 6,49), *Tropäolin OO* (saure Gruppe pK_1 3,25; bas. Gruppe pK_2 6,53) u. *Kongorot* (I, saure Gruppen $pK_1 = pK_2$ 2,74; bas. Gruppen pK_3 5,32; pK_4 6,90). Die auf Grund des Massenwrkg.-Gesetzes berechneten u. beobachteten Werte stimmen mit Ausnahme von I gut überein. Für I ist die Übereinstimmung besser, wenn es als hochmol. Elektrolyt behandelt wird.

G. PÖTZSCHER. B 176□

Untersuchungen über die Wechselwirkung von Oberflächenfilmen mit gelösten Stoffen in Lösung. 2. Mitt. **Die Sorption von Farbstoff an den Film von Stearinsäure und Bariumstearat.** Mitsuo Muramatsu. (Bull. chem. Soc. Japan **31.** 871—77. Okt. 1958.) (Engl.) — 1. vgl. vorst. Referat.

Die an Filme von *Stearinsäure* (I) u. *Ba-Stearat* (II) adsorbierte Menge von Farbstoffen (**A**) bei verschiedenem pH wss. Lsgg. wurde untersucht. Im allg. nimmt die adsorbierte **A**-Menge mit dem Molgew. der **A** zu. Für die Adsorption werden VAN DER WAALSsche Kräfte zwischen den **A** u. dem Film verantwortlich gemacht, die ebenfalls die Wechselwrkg. zwischen den **A** selbst u. die Bldg. von **A**-Aggregaten bewirken. Saure **A**, wie *Aluminon*, *Phloxin*, *Scharlachrot* u. *Benzoazurin*, werden mit fallendem pH stärker adsorbiert, bis die Aggregat-Bldg. so groß ist, daß Ausfällung eintritt. Die Unterschiede in den einzelnen sauren **A** lassen sich mit den Unterschieden sowohl in den Abstoßungskräften der **A**-Ionen (die die Anziehung unterdrücken) als auch in den vom Molgew. beeinflußten Van der Waalsschen Kräften erklären. Bei den bas. **A**, wie *Kristallviolett, Nachtblau* u. *Chrysoidin*, sind bei der Adsorption an I gegenüber der an **II** zusätzlich Ionenanziehungskräfte wirksam. Die Adsorption amphoterer **A**, wie *Kongorot, Tropäolin OO, Benzopurpurin 4 B*, ist am größten im isoelektr. Gebiet des **A**. *Methylorange* zeigt im pH-Bereich 1—10 keine meßbare Adsorption. G. Pötzscher. B 176□

Untersuchungen über die Wechselwirkung von Oberflächenfilmen mit gelösten Stoffen in Lösung. 3. Mitt. **Einfluß gelöster Farbstoffe auf die monomolekulare Schicht von Octadecylamin.** Mitsuo Muramatsu. (Bull. chem. Soc. Japan **31**. 878—82. Okt. 1958.) (Engl.) — 2. vgl. vorst. Referat.

Die Wechselwrkg. zwischen monomol. Schichten von *Octadecylamin* (**I**) u. Farbstoffen (**A**) in wss. **A**-Lsgg. bei verschiedenem pH wurde untersucht. Bas. **A**, wie *Chrysoidin* u. *Kristallviolett*, bewirken in alkal. Lsg. eine Ausdehnung der monomol. Schicht. Dies wird auf Dipol- u. Van der Waalssche Wechselwrkg. zwischen **I** u. den **A** u. zwischen **A**-Moll. untereinander zurückgeführt, die im sauren Bereich durch Ionenabstoßung verhindert wird. Im Gegensatz dazu tritt Ausdehnung der Monoschicht bei sauren **A**, wie *Phloxin, Trypanrot* u. *Benzoazurin G*, im sauren Bereich ein, was auf das Zusammenwirken von Ionen-, Dipol- u. Van der Waalsschen Anziehungskräften zurückgeführt wird. Die Bldg. von koll. Aggregaten bei der **I**-**A**-Wechselwrkg. wird diskutiert. *Scharlachrot* zeigt keine Wrkg. auf Flächenquerschnitt u. Kompressibilität von **I**-Filmen. G. Pötzscher. B 176□

Papierchromatographische Trennung von Cumarinen und ihren Derivaten. Ihr Nachweis in einigen Umbelliferen und Rutaceen. L. Fabbrini. (Sperimentale, Sez. chim. biol. **6**. 7—12. 15/11. 1955. Firenze, Univ., Ist. di Chim. Organ.) (Ital.)

Durch aufsteigende Chromatographie in Butylenglykol/Eisessig/W. (6 : 10 : 86) an Whatman Nr. 1 bei 20° können *Xanthotoxin* (R_F 0,602; hellgrüne Fluorescenz; Empfindlichkeit 5 γ), *Citropten* (**I**; R_F 0,579; blau; 0,5 γ), *Bergapten* (**II**; R_F 0,455; gelbgrün; 2 γ) u. *Psoralen* (R_F 0,546; graublau; 5—10 γ) identifiziert werden. *Oxypeceudanin* (R_F 0,613; hellgrün; 2,5 γ) u. *Seselin* (R_F 0,671; blau; 0,5—1 γ) sind nicht trennbar. Nach dieser Meth. werden in Dacus carota *Umbelliferon* (R_F 0,62; blau), in Scandix Pecten Veneris u. Citrus Species **I**, in icuta **II** u. in Citrus Bergamia **I** u. **II** nachgewiesen. F. Heller. B 177□

Bildung von Emulsoiden durch molekulare Assoziation in wäßriger Phase. D. G. Dervichian. (Mém. Serv. chim. État **40**. 7—13. 1955. Inst. Pasteur, Serv. de Chim. phys.) (Franz.)

Kurzer zusammenfassender Überblick über die Bedeutung der mol. Assoziation für die Bldg. der als Emulsoide bezeichneten Emulsionstypen, z. B. Dispersion von Lecithin in W., in denen die dispergierten Teilchen eine durch die umgebende Fl. gequollene Phase bilden. Es werden die Bedingungen untersucht, die einen graduellen Übergang von der einfachen Emulsion zur vollständigen Lsg. in Form gemischter Micellen gestatten. C. Gottfried. B 178

Fehler in den Bindungswinkeln. S. F. Darlow. (Acta crystallogr. [Copenhagen] **13**. 683. 10/8. 1960. Manchester, Coll. of Sci. and Technol., Phys. Dep.) (Engl.)

Vf. stellte bei Berechnungen der Standardabweichungen der Valenzwinkel in Mellitsäure (vgl. C. **1962**. 8928) fest, daß eine der von Ahmed u. Cruickshank (vgl. Acta crystallogr. [Copenhagen] **6**. [1953.] 385) angegebenen Formeln nicht richtig ist. Es wird eine richtige Formel mitgeteilt. C. Gottfried. B 182

Tetrakis-[p-dimethylaminophenyl]-äthylendijodid und dessen Verhalten als freies Radikal. D. H. Anderson, R. M. Elofson, H. S. Gutowsky, S. Levine und R. B. Sandin. (J. Amer. chem. Soc. **83**. 3157—58. 20/7. 1961. Edmonton, Univ. of Alberta, Dep. of Chem. and Alberta Res. Council; Urbana, Ill., Univ. of Illinois, Dep. of Chem.) (Engl.)

Tetrakis-[p-dimethylaminophenyl]-äthylen (**I**) liefert bei 12std. Schütteln mit wss. $AgNO_3$ das *Dinitrat* (**II**, $C_{34}H_{40}N_6O_6$, aus W. grüne Kristalle). Mit überschüssigem **I** verläuft die Rk. nach der Gleichung **I** + 2 $AgNO_3$ → **II** + 2 Ag. Aus **II** entsteht mit wss. KJ das *Dijodid* (**III**, $C_{34}H_{40}J_2N_4 \cdot H_2O$, aus W. grüne Kristalle; Schwarzfärbung bei 75° unter Wasserverlust unter Bldg. von $C_{34}H_{40}J_2N_4$). Wss. Lsgg. von **II** u. **III** sind purpurfarben u. zeigen das gleiche UV-Spektrum; ein EPR-Signal ist nicht zu beobachten. In Äthylenchlorid (AC) ist **II** purpurfarben, **III** grün u. weist im Vgl. zu **II** ein völlig verändertes opt. Spektrum (Abb.) auf u. liefert ein intensives EPR-Signal, so daß wenigstens 20% von **III** als freies Radikal vorliegen. Die Spektren von **I** + J_2 u. **III** in AC sind ident.; folgendes Gleichgewicht wird angenommen: **I** + J_2 ⇌ kation. Radikal von **III** (Wurster-Salz) ⇌ Ionenpaar von **III**. G. Kirsten. B 182□

Die Struktur von Assoziationskolloiden. 1. Mitt. Die flüssigkristallinen Phasen der Systeme Amphiphile–Wasser. V. Luzzati, H. Mustacchi, A. Skoulios und F. Husson. (Acta crystallogr. [Copenhagen] **13.** 660—67. 10/8. 1960. Strasbourg, Centre de Rech. sur les Macromol.) (Franz.) — Vgl. C. **1960.** 9849. 11209.

Vff. untersuchten röntgenograph. u. im Polarisationsmikroskop die Struktur u. die Textur der fl.-kristallinen Phasen. von *K-* u. *Na-Oleat, K-Laurat, K-* u. *Na-Palmitat, K-* u. *Na-Stearat, K-Myristat* u. *Na-Laurylsulfat.* Näher beschrieben werden die Mittelphase (a), glatte Phase, intermediäre Phasen, deformierte Mittelphase, rechteckige Phase (b), komplexe hexagonale Phase (c) u. die kub. Phase. Ein wesentliches, allen Phasen gemeinsames Merkmal ist die ungeordnete, flüssigkeitsähnliche Konfiguration der Paraffinketten. Mikrophotographien sowie die Gitterparameter für a, b u. c sind angegeben. C. GOTTFRIED. B 186

Die Struktur von Assoziationskolloiden. 2. Mitt. Beschreibung der flüssigkristallinen Phasen mehrerer Amphiphil–Wasser-Systeme: anionische, kationische und nichtionische Amphiphile. F. Husson, H. Mustacchi und V. Luzzati. (Acta crystallogr. [Copenhagen] **13.** 668—77. 10/8. 1960.) (Franz.) — 1. vgl. vorst. Referat.

Die l. c. begonnenen Unterss. wurden auf weitere Syst. ausgedehnt. Als anion. Verbb. wurden untersucht: *Na-* u. *K-Laurat, -Myristat, -Palmitat, -Stearat, Na-* u. *K-Oleat, Na-Laurylsulfat, Na-Salz* des *Sulfobernsteinsäuredihexylesters* (*Aerosol MA*), als kation. Verb. *Cetyltrimethylammoniumbromid* u. als nichtion. Verb. das *Kondens.-Prod. von p-Nonylphenol mit Polyoxyäthylenglykolen* (*Arkopalen*). Bestimmt wurden die Gittersymmetrien, die Elementarzellen u. die Dimensionen der Strukturelemente. Die mit den verschiedenen Amphiphilen erhaltenen Ergebnisse wurden verglichen u. die Rolle der chem. Struktur der Amphiphile diskutiert. C. GOTTFRIED. B 186

Die Elementarzelle und die Raumgruppe von 2.2-Dimethylpropandiol-(1.3). R. Zannetti. (Acta crystallogr. [Copenhagen] **14.** 203—04. 10/2. 1961. Ferrara, Soc. Montecatini, Ist. Ric. Idrocarburi.) (Engl.)

2.2-Dimethylpropandiol-(1.3) krist. aus Bzl. in nadelförmigen Kristallen. Auf Grund von WEISSENBERG- u. Präzessionsaufnahmen erwiesen sie sich als monoklin mit der a-Achse als Nadelachse. Die Zellendimensionen sind a = 5,98 ± 0,02; b = 11,00 ± 0,03; c = 10,81 ± 0,03 Å; β = 112° 24′ ± 20′. Raumgruppe ist C_{2h}^{5} — P 2_1/c; Z mit D. 1,047 = 4. F. ist 129°. C. GOTTFRIED. B 195

Eine Neutronenbeugungsverfeinerung der Kristallstruktur von Dimethylglyoxim. Walter C. Hamilton. (Acta crystallogr. [Copenhagen] **14.** 95—100. 10/2. 1961. Upton, Long Island, N.Y., Brookhaven Nat. Labor., Chem. Dep.) (Engl.)

Unter Bezugnahme auf die Struktur-Unters. des *Dimethylglyoxims* von MERRITT u. LANTERMAN (vgl. C. **1953.** 7262) berichtet Vf. über eine weitere Verfeinerung der Struktur mit Hilfe von Neutronenbeugung, bei welcher die Lagen aller Atome einschließlich der H-Atome bestimmt werden. Die neu bestimmten Zellendimensionen sind a = 6,053 ± 0,015; b = 6,292 ± 0,015; c = 4,468 ± 0,010 Å; α = 122,37 ± 0,2°; β = 91,56 ± 0,1° u. γ = 77,63 ± 0,3°. Die folgenden Parameter wurden bestimmt: $C_{(1)}$ (x =) 0,0907; (y =) 0,0196; (z =) 0,9016; $C_{(2)}$: 0,7062; 0,1918; 0,3086; N: 0,0526; 0,2437; 0,9623; O: 0,2187; 0,2718; 0,8104; $H_{(1)}$: 0,5881; 0,2149; 0,1423; $H_{(2)}$: 0,7415; 0,3764; 0,3849; $H_{(3)}$: 0,6374; 0,1647; 0,5098; $H_{(4)}$: 0,1631; 0,4304; 0,7952. Diese Struktur hat die normale O—H···N-Bindung u. nicht die früher vorgeschlagene Zwitterionenstruktur. Die O—H-Bindungslänge beträgt 1,02 ± 0,04 Å, u. der O—H···N—H-Bindungswinkel beträgt 140 ± 3°. Die CH_3-Gruppe hat eine etwas verzerrte tetraedr. Form. C. GOTTFRIED. B 195

Die Kristallstruktur und Polymorphie von N-Methylacetamid. J. Lawrence Katz und Ben Post. (Acta crystallogr. [Copenhagen] **13.** 624—28. 10/8. 1960. Brooklyn, N.Y., Polytechn. Inst., Dep. of Phys.) (Engl.)

N-Methylacetamid (F. 28°, Darst. von Einkristallen, POST u. Mitarbeiter, C. **1954.** **259**) zeigt eine Phasenumwandlung bei ca. 10°. WEISSENBERG- u. Präzessionsaufnahmen bei —35° ergaben rhomb. Symmetrie u. die Zellendimensionen a = 9,61 ± 0,02; b = 6,52 ± 0,01; c = 7,24 ± 0,015 Å. Raumgruppe ist P n m a; Z = 4. Die Struktur wurde mit Hilfe von PATTERSON- u. FOURIER-Projektionen u. anschließender Verfeinerung mit Hilfe der Meth. der kleinsten Quadrate bestimmt: $C_{(1)}$ (x =) 0,1343; (y =) 0,250; (z =) 0,0306; $C_{(2)}$: 0,1697; 0,250; 0,2394; $C_{(3)}$: 0,0877; 0,250; 0,5520; N: 0,0660; 0,250; 0,3529; O: 0,2917; 0,250; 0,2906. In dem Gitter sind die Moll. eben u. in Schichten senkrecht zur b-Achse angeordnet, wobei der Abstand zwischen den Schichten 3,26 Å beträgt. Innerhalb der Schichten sind die Moll. durch H-Bindungen unter Bldg. zickzack-förmiger Ketten parallel der a-Achse verknüpft mit dem Abstand N—H···O =

2,825 Å. Die oberhalb 10° stabile Modifikation ist ebenfalls rhomb. u. hat bei 20° die Zellendimensionen a = 4,85 ± 0,01; b = 6,59 ± 0,01; c = 7,30 ± 0,01 Å; Raumgruppe ist P n m m; Z = 2. C. GOTTFRIED. B 195

Kristall- und Molekularstruktur von wasserfreiem Diacetylhydrazin $(-NHCOCH_3)_2$. Ryuichi Shintani. (Acta crystallogr. [Copenhagen] **13.** 609—18. 10/8. 1960. Osaka, Univ., Fac. of Sci.) (Engl.)

Sehr hygroskop., wasserfreies *symm.-Diacetylhydrazin* wurde in Form kleiner, plattenförmiger, rhomb. Kristalle durch langsame Verdunstung einer gesätt. Lsg. in n-Butylalkohol im Exsiccator bei Zimmer-Temp. erhalten. Schwenk- u. WEISSENBERG-Aufnahmen lieferten die Zellendimensionen a = 18,30 ± 0,05; b = 6,51 ± 0,02; c = 4,79 ± 0,02 Å. Raumgruppe ist D_{2h}^{18} — C c m a; Z = 4. Die Struktur wurde mit Hilfe dreidimensionaler FOURIER-Projektionen u. anschließender Verfeinerung mit Hilfe der Meth. der kleinsten Quadrate bestimmt: N (x =) 0,0352; (y =) 0; (z =) 0,0560; C: 0,0921; 0; —0,1203; O: 0,0843; 0; —0,3734; C (CH_3): 0,1650; 0; 0,0204; H (NH): 0,038; 0; 0,247; $H_{(1)}$ (CH_3): 0,156; 0; 0,227; $H_{(2)}$ (CH_3): 0,188; 0,108; —0,038. In dem Gitter ist das Mol., das ein Symmetriezentrum besitzt, eben u. liegt in der (0 1 0)-Ebene mit Ausnahme von 2 der 3 H-Atome der CH_3-Gruppe. Der N—N-Abstand mit 1,396 Å ist nur wenig kleiner als der mittlere Einfachbindungsabstand u. angenähert dem des Diformylhydrazins (vgl. TOMIIE u. Mitarbeiter, Acta crystallogr. [Copenhagen] **11.** [1958.] 774). Der C—C-Abstand mit 1,504 Å ist wenig, aber deutlich kürzer als die normale C—C-Einfachbindung, was auf den Einfl. der Hyperkonjugation zurückzuführen ist. Aus kernmagnet. Resonanz-Unterss. (vgl. C. **1962.** 2683) ergab sich, daß die CH_3-Gruppen bei Zimmer-Temp. um die C—C-Achse rotieren. Die N—C- u. C—O-Abstände betragen 1,341 bzw. 1,221 Å. Die Moll. sind durch N—H···O—H-Bindungen (2,877 Å) in der Richtung der c-Achse ausgedehnt u. bilden Mol.-Streifen parallel der (0 1 0)-Ebene. Durch Schwenkaufnahmen bei Temp. zwischen —150 u. +30° wurden die folgenden mittleren Wärmeausdehnungs-Koeff. bestimmt: $\beta_a = 4{,}9 \cdot 10^{-5}$; $\beta_b = 2{,}0 \cdot 10^{-4}$ u. $\beta_c = 3{,}5 \cdot 10^{-5}$ $Grad^{-1}$. C. GOTTFRIED. B 195

Bestimmung der Elektronendichte in einer allgemeinen Ebene: Anwendung auf 4.4'-Dichlordiphenylsulfon. R. G. Treuting und S. C. Abrahams. (Acta crystallogr. [Copenhagen] **14.** 190—94. 10/2. 1961. Murray Hill, N.J., Bell Telephone Labor., Inc.) (Engl.)

Vff. beschreiben die Ausführung einer dreidimensionalen FOURIER-Synth. auf einer allg. Ebene eines Kristalls monokliner oder höherer Symmetrie, wobei die Zellendimensionen, die orthogonale Gleichung der entsprechenden Ebene u. die gemessenen Strukturfaktoren bekannt sein müssen. Diese theoret. Vorstellungen wurden an Hand der von SIME u. ABRAHAMS (vgl. C. **1961.** 10118) durchgeführten Struktur-Best. von *4.4'-Dichlordiphenylsulfon* näher beschrieben. Hierbei wurden die Atomparameter der 4 H-Atome bestimmt. C. GOTTFRIED. B 195

Die Kristallstruktur der Mellitsäure (Benzolhexacarbonsäure). S. F. Darlow. (Acta crystallogr. [Copenhagen] **14.** 159—66. 10/2. 1961. Cambridge, Cavendish Labor., Crystallogr. Labor.) (Engl.) — Vgl. C. **1962.** 8926.

Mellitsäure (F. 288—292°) wurde in Form nadelförmiger Kristalle aus konz. HNO_3 erhalten. Die Winkel zwischen den auftretenden prismat. Flächen betragen 60°. Die Kristalle sind leicht senkrecht zur Nadelachse spaltbar u. zerfallen innerhalb einiger Tage zu einem Pulver, wahrscheinlich dem Anhydrid. Dreh- u. WEISSENBERG-Aufnahmen ergeben rhomb. Symmetrie mit den Zellendimensionen a = 8,14; b = 16,50; c = 19,05 Å; Raumgruppe ist P c c n; Z = 8. Die Struktur wurde mit Hilfe von PATTERSON-Projektionen u. Differenz-Synth. bestimmt. Für die beiden, im Gitter unabhängigen, Moll. I u. II ergaben sich die folgenden Parameter [die Gruppe $-C_{(7)}O_{(1)}O_{(7)}-$ am $C_{(1)}$; $-C_{(8)}O_{(2)}O_{(8)}-$ am $C_{(2)}$ usw.]: I $C_{(1)}$ (x =) 0,2500; (y =) 0,2500; (z =) 0,3709; $C_{(2)}$: 0,2567; 0,1776; 0,3350; $C_{(3)}$: 0,2567; 0,1762; 0,2625; $C_{(4)}$: 0,2500; 0,2500; 0,2245; $C_{(7)}$: 0,2500; 0,2500; 0,4522; $C_{(8)}$: 0,2640; 0,0980; 0,3753; $C_{(9)}$: 0,2640; 0,0970; 0,2217; $C_{(10)}$: 0,2500; 0,2500; 0,1453; $O_{(1)}$ 0,1274; 0,2207; 0,4807; $O_{(2)}$: 0,2268; 0,0360; 0,3455; $O_{(3)}$: 0,1164; 0,0724; 0,1995; $O_{(8)}$: 0,3384; 0,1018; 0,4357; $O_{(9)}$: 0,4012; 0,0631; 0,2146; $O_{(10)}$: 0,3139; 0,1884; 0,1162; II: $C_{(1)}$: 0,7550; 0,2500; 0,5253; $C_{(2)}$: 0,7500; 0,1773; 0,4880; $C_{(3)}$: 0,7500; 0,1770; 0,4159; $C_{(4)}$: 0,7500; 0,2500; 0,3802; $C_{(7)}$: 0,7500; 0,2500; 0,6043; $C_{(8)}$: 0,7500; 0,0973; 0,5263; $C_{(9)}$: 0,7500; 0,0983; 0,3732; $C_{(10)}$: 0,7500; 0,2500; 0,3008; $O_{(1)}$: 0,6373; 0,2117; 0,6319; $O_{(2)}$: 0,6582; 0,0433; 0,5060; $O_{(3)}$: 0,6336; 0,0822; 0,3384; $O_{(8)}$: 0,8488; 0,0932; 0,5788; $O_{(9)}$: 0,8830; 0,0565; 0,3790; $O_{(10)}$: 0,8576; 0,2077; 0,2717. Die Struktur besteht aus Schichten senkrecht zur Nadel (a)-Achse. Jede Schicht wird durch Moll. in angenähert hexagonaler Anordnung gebildet, die über die Carboxylgruppen durch H-Bindungen verknüpft sind.

Die beiden unabhängigen Moll. unterscheiden sich hauptsächlich durch die Drehungen der Carboxylgruppen in bezug auf die Benzolringe. Die durch H-Bindungen verknüpften Carboxylgruppen sind nicht koplanar. C. Gottfried. B 195

Kristallstruktur von 2.3-Dichlornaphthochinon-(1.4). Jean-Christian Métras. (Acta crystallogr. [Copenhagen] **14.** 153—58. 10/2. 1961. Bordeaux, Fac. des Sci., Labor. de Minéral. et de Cristallogr.) (Engl.)

Zur Unters. geeignete Kristalle von *2.3-Dichlornaphthochinon-(1.4)* wurden aus Toluol erhalten. Die Kristalle erwiesen sich als triklin u. hatten die Zellendimensionen a = 18,18; b = 8,29; c = 7,35 Å; α = 112° 30′; β = 73°; γ = 117° 30′. Raumgruppe ist $P\bar{1}$; Z = 4. Die Struktur wurde mit Hilfe zweidimensionaler Fourier-Projektionen aufgeklärt. In dem Gitter treten 2 voneinander unabhängige Moll. I u. II auf. Die für sie gefundenen Parameter sind: I $Cl_{(2)}$: (x =) 0,121; (y =) 0,108; (z =) 0,745; $Cl_{(3)}$: 0,235; 0,898; 0,712; $C_{(1)}$: 0,989; 0,774; 0,770; $C_{(2)}$: 0,083; 0,869; 0,740; $C_{(3)}$: 0,129; 0,780; 0,730; $C_{(4)}$: 0,091; 0,576; 0,720; $C_{(5)}$: 0,961; 0,297; 0,740; $C_{(6)}$: 0,876; 0,199; 0,765; $C_{(7)}$: 0,824; 0,286; 0,795; $C_{(8)}$: 0,866; 0,473; 0,795; $C_{(9)}$: 0,953; 0,577; 0,760; $C_{(10)}$: 0,002; 0,488; 0,745; $O_{(1)}$: 0,943; 0,856; 0,800; $O_{(4)}$: 0,140; 0,506; 0,700; II $Cl_{(2)}$: 0,615; 0,264; 0,702; $Cl_{(3)}$: 0,231; 0,691; 0,722; $C_{(1)}$: 0,485; 0,350; 0,735; $C_{(2)}$: 0,578; 0,431; 0,707; $C_{(3)}$: 0,627; 0,613; 0,711; $C_{(4)}$: 0,588; 0,743; 0,740; $C_{(5)}$: 0,463; 0,805; 0,788; $C_{(6)}$: 0,376; 0,742; 0,805; $C_{(7)}$: 0,325; 0,551; 0,791; $C_{(8)}$: 0,354; 0,414; 0,780; $C_{(9)}$: 0,443; 0,477; 0,765; $C_{(10)}$: 0,495; 0,668; 0,760; $O_{(1)}$: 0,440; 0,190; 0,720; $O_{(4)}$: 0,638; 0,905; 0,780. Innerhalb der Fehlergrenzen sind diese beiden Moll. identisch.

C. Gottfried. B 195

Die Kristallstruktur von 2-Naphthoesäure. J. Trotter. (Acta crystallogr. [Copenhagen] **14.** 101—05. 10/2. 1961. Ottawa, Canada, Nat. Res. Council, Div. of Pure Phys.; Glasgow, Univ., Chem. Dep.) (Engl.)

2-Naphthoesäure ($C_{11}H_8O_2$, F. 185°) krist. aus wss. A. in monoklinen, nach der b-Achse gestreckten Prismen. Die Zellendimensionen sind a = 30,59 ± 0,10; b = 5,00 ± 0,02; c = 5,63 ± 0,02 Å; β = 92,6 ± 0,2°; Raumgruppe ist C_{2h}^5 — $P\,2_1/n$; Z = 4. Die Struktur wurde mit Hilfe von Elektronendichteprojektionen bestimmt. Die folgenden Parameter wurden festgelegt: $C_{(1)}$ (x =) 0,1157; (y =) —0,5204; (z =) 0,0266; $C_{(2)}$: 0,0771; —0,4804; —0,1261; $C_{(3)}$: 0,0714; —0,6468; —0,3321; $C_{(4)}$: 0,1023; —0,8488; —0,3819; $C_{(5)}$: 0,1717; —1,0872; —0,2796; $C_{(6)}$: 0,2065; —1,1272; —0,1261; $C_{(7)}$: 0,2139; —0,9612; 0,0764; $C_{(8)}$: 0,1845; —0,7564; 0,1364; $C_{(9)}$: 0,1461; —0,7196; —0,0266; $C_{(10)}$: 0,1400; —0,8856; —0,2242; $C_{(11)}$: 0,0453; —0,2832; —0,0654; $O_{(1)}$: 0,0084; —0,2424; —0,1961; $O_{(2)}$: 0,0486; —0,1164; 0,1265. In dem Gitter ist das Mol. innerhalb der experimentellen Fehlergrenzen eben, die mittlere quadrat. Abweichung von der mittleren Mol.-Ebene ist 0,029 Å. Die Bindungslängen sind tabellar. zusammengestellt. Der O—C—O-Valenzwinkel der Carboxylgruppe beträgt 112°. Die Struktur besteht aus zentrosymm. Dimeren mit dem O—H···O-Abstand von 2,54 Å.

C. Gottfried. B 195

Statistische Regellosigkeit in der Struktur von 9-Brom-10-methylanthracen. Marie-Thérèse Prat. (Acta crystallogr. [Copenhagen] **14.** 110—12. 10/2. 1961. Bordeaux, Fac. des Sci., Labor. de Cristallogr.) (Franz.)

9-Brom-10-methylanthracen krist. aus einem Gemisch von A. u. Bzl. in Form gelber rhomb. Nadeln mit [0 0 1] als Nadelachse. Die Zellendimensionen sind a = 17,6; b = 16,2; c = 3,98 Å; Raumgruppe ist $P\,2_1\,2_1\,2_1$; Z = 4. Die Struktur wurde mit Hilfe einer Patterson-Projektion u. Differenz-Synth. bestimmt. Aus der genaueren Unters. der Patterson-Projektion ergab sich, daß der CH_3-Substituent eine Elektronenmasse besitzt, die 3mal so groß ist, wie man sie für eine normale CH_3-Gruppe erwarten sollte; anderseits ist die des Br um ca. $^2/_3$ so groß wie die eines normalen Br-Atoms. Diese Beobachtung läßt sich nur mit einem gegenseitigen Austausch von Brom u. CH_3 erklären, die statist. die Lagen P u. Q besetzen. Die Parameter für P sind (x =) 0,578; (y =) 0,214; (z =) 0,25 u. für Q 0,361; 0,525; 0,72. Die Lagen der C-Atome des Anthracenrings konnten nicht genau festgelegt werden. Es werden die folgenden x- u. y-Parameter angegeben: $C_{(1)}$ (x =) 0,63; (y =) 0,38; $C_{(2)}$: 0,66; 0,44; $C_{(3)}$: 0,61; 0,51; $C_{(4)}$: 0,53; 0,51; $C_{(5)}$: 0,32; 0,36; $C_{(6)}$: 0,29; 0,29; $C_{(7)}$: 0,34; 0,23; $C_{(8)}$: 0,42; 0,23; $C_{(9)}$: 0,52; 0,30; $C_{(10)}$: 0,43; 0,44; $C_{(11)}$: 0,55; 0,37; $C_{(12)}$: 0,50; 0,44; $C_{(13)}$: 0,40; 0,36; $C_{(14)}$: 0,45; 0,30.

C. Gottfried. B 195

Struktur eines Monomethincyanins. J. Effinger, G. Germain, J. Meunier, J. Vanderauwera und M. Van Meerssche. (Acta crystallogr. [Copenhagen] **13.** 681. 10/8. 1960. Louvain, Univ., Labor. de Chim. Phys.) (Franz.)

Vff. untersuchten röntgenograph. die Struktur von *[N-Methylchinolin-(2)]-[N-methylbenzothiazol]-meso-methylmonomethincyaninjodid.* Die Verb. krist. rhomb. u. hat die

Zellendimensionen a = 11,5 ± 0,1; b = 16,9 ± 0,1; c = 20,8 ± 0,1 Å. Raumgruppe ist P b c a; Z = 8. Die Struktur wurde mit Hilfe von FOURIER-Projektionen u. Differenz-Synth. bestimmt. Parameterwerte sind nicht angegeben. Aus den Projektionen auf (1 0 0) u. (0 0 1) ist ersichtlich, daß der Kristall von enanthiomorphen Moll. gebildet wird. In diesen Moll. bedingt die ster. Behinderung der 3 CH_3-Gruppen eine progressive Torsion entlang der konjugierten Kette, so daß der Chinolin- gegen den Benzothiazolkern 60° geneigt ist. C. GOTTFRIED. B 195

Die Kristallstruktur von Phenazin-N-oxid. R. Curti, V. Riganti und S. Locchi. (Acta crystallogr. [Copenhagen] **14.** 133—38. 10/2. 1961. Pavia, Univ., Dep. of Gen. Chem.) (Engl.)

In Fortsetzung einer vorläufigen früheren Unters. von *Phenazin-N-oxid* ($C_{12}H_8N_2O$, vgl. C. **1961.** 10502) berichten Vff. über die genaue Strukturbestimmung. Die Verb. krist. monoklin mit den Zellendimensionen a = 7,37 ± 0,02; b = 4,60 ± 0,02; c = 14,34 ± 0,03 Å; β = 108° 59′ ± 8′; Raumgruppe ist C_{2h} — P 2_1/c; Z = 2. Die Struktur wurde mit Hilfe von FOURIER-Projektionen u. anschließender Verfeinerung durch Differenz-Synth. bestimmt. Es ergeben sich die folgenden Atomparameter: $C_{(10a)}$: (x =) 0,035; (y =) 0,187; (z =) 0,078; $C_{(1)}$: 0,083; 0,372; 0,160; $C_{(2)}$: 0,254; 0,522; 0,185; $C_{(3)}$: 0,385; 0,480; 0,135; $C_{(4)}$: 0,339; 0,298; 0,056; $C_{(4a)}$: 0,170; 0,144; 0,027; $N_{(10)}$: —0,129; 0,032; 0,052; O: —0,240; 0,063; 0,101. In dem Gitter sind die Moll. innerhalb der Fehlergrenzen eben. Ein Mol. selbst hat kein Symmetriezentrum; wenn man jedoch die beiden Moll. im Gitter derart einordnet, daß sie auf parallelen Ebenen liegen mit ihren Ring-Syst. direkt übereinander u. mit nach entgegengesetzten Richtungen liegenden O-Atomen, dann existiert ein Symmetriezentrum zwischen den 2 Molekülen. Die $N_{(10)}$—O- u. $C_{(10a)}$—$N_{(10)}$-Abstände betragen 1,24 bzw. 1,35 Å. C. GOTTFRIED. B 195

Kristallstruktur von 1.4-Dibromcyclo-[3.2.2]-azin. A. W. Hanson. (Acta crystallogr. [Copenhagen] **14.** 124—27. Ottawa, Nat. Res. Council, Div. of Pure Phys.) (Engl.)

1.4-Dibromcyclo-[3.2.2]-azin (vgl. WINDGASSEN u. Mitarbeiter, C. **1959.** 15303) krist. in zerbrechlichen, gelben, leistenförmigen Kristallen, die sich röntgenograph. als monoklin erwiesen. Die Zellendimensionen sind a = 16,52 ± 0,01; b = 4,01 ± 0,01; c = 14,13 ± 0,01 Å; β = 91,2 ± 0,1°; Raumgruppe ist C_{2h}^5 — P2_1/n; Z = 4. Die Struktur wurde mit Hilfe der Schweratom-Meth. u. anschließender Verfeinerung durch Differenz-Synth. bestimmt. Die folgenden Parameter wurden gefunden: $C_{(1)}$: (x =) 0,3262; (y =) 0,5527; (z =) —0,1140; $C_{(2)}$: 0,2453; 0,6185; —0,1352; $C_{(2a)}$: 0,2030; 0,4849; —0,0621; $C_{(3)}$: 0,1269; 0,4217; —0,0188; $C_{(4)}$: 0,1437; 0,2447; 0,0615; $C_{(4a)}$: 0,2270; 0,1951; 0,0744; $C_{(5)}$: 0,2866; 0,0573; 0,1362; $C_{(6)}$: 0,3675; 0,0848; 0,1113; $C_{(7)}$: 0,3932; 0,2361; 0,0210; $C_{(7a)}$: 0,3348; 0,3810; —0,0334; N: 0,2580; 0,3474; —0,0042; $Br_{(1)}$: 0,4130; 0,6914; —0,1948; $Br_{(4)}$: 0,0664; 0,1076; 0,1504. In dem Gitter ist das Mol. nahezu eben; die Gleichung für die mittlere Ebene lautet: 1,188 x + 3,460 y + 7,064 z = 1,513. Die Abweichung des N-Atoms u. der 3 an sie gebundenen C-Atome von dieser Ebene beträgt im Mittel ca. 0,010 Å. Infolge ihrer Wärmebewegung erscheinen die Br-Atome als abgeflachte Sphäroide, deren kurze Achsen in Richtung ihrer Bindungen liegen. C. GOTTFRIED. B 195

Die Kristallstruktur der β-D-Glucose. W. G. Ferrier. (Acta crystallogr. [Copenhagen] **13.** 678—79. 10/8. 1960. Dundee, Scotland, Univ. of St. Andrews, Queen's Coll., Carnegie Labor. of Phys.) (Engl.)

Kristalle von *β-D-Glucose* wurden aus wss. Aceton erhalten. Die Verb. krist. rhomb. u. hat die Zellendimensionen a = 9,29 ± 0,05; b = 12,65 ± 0,03; c = 6,70 ± 0,03 Å. Raumgruppe ist P$2_12_12_1$; Z = 4. Die Struktur wurde mit Hilfe von FOURIER-Meth. bestimmt: $C_{(1)}$ (x =) 0,21; (y =) 2,05; (z =) 3,04 Å; $C_{(2)}$: —0,72; 0,87; 2,62; $C_{(3)}$: —0,09; 0,09; 1,48; $C_{(4)}$: 0,47; 0,99; 0,42; $C_{(5)}$: 1,34; 2,05; 1,01; $C_{(6)}$: 1,91; 2,99; —0,06; $O_{(1)}$: —0,57; 2,90; 3,86; $O_{(2)}$: —1,05; 0,06; 3,77; $O_{(3)}$: —1,04; —0,82; 0,93; $O_{(4)}$: 1,15; 0,24; —0,66; $O_{(5)}$: 0,61; 2,80; 1,92; $O_{(6)}$: 0,91; 3,72; —0,67. Der Pyranosering besitzt wie in der von McDONALD u. BEEVERS (vgl. C. **1953.** 3859) bestimmten Struktur der α-D-Glucose die SACHSEsche trans-Konfiguration.
C. GOTTFRIED. B 195

Kristalldaten von mit Perjodat oxydiertem Methyl-4.6-O-benzyliden-α-D-glucosid und einigen seiner Derivate. J. O. Warwicker. (Acta crystallogr. [Copenhagen] **14.** 197—98. 10/2. 1961. Manchester, British Cotton Ind., Res. Assoc., Shirley Inst.) (Engl.)

Als erstes Perjodatoxydations-Prod. von Methyl-4.6-O-benzyliden-α-D-glucosid wurde das von GUTHRIE u. HONEYMAN (vgl. J. chem. Soc. [London] **1959.** 2441) erhaltene *7.9-Dihydroxy-6α-methoxy-2-phenyl-trans-m-dioxano-[5.4:e]-1.4-dioxepan* (I) röntgenograph. untersucht. Die Verb. wurde wasserfrei in Nadeln aus Dimethylsulfoxid erhalten.

Drehkristall- u. WEISSENBERG-Aufnahmen ergaben rhomb. Symmetrie u. die Zellendimensionen a = 24,06; b = 13,18; c = 4,50 Å. Raumgruppe ist $P2_12_12_1$; Z mit D. 1,401 = 4. Das von GUTHRIE u. HONEYMAN (vgl. l. c.) dargestellte *Phenylhydrazin-Deriv.* von **I** krist. monoklin u. hat die Zellendimensionen a = 16,27; b = 12,03; c = 4,95 Å; β = 94,3°. Raumgruppe ist $P2_1$; Z mit D. 1,266 = 2. Das von COLBRAN u. Mitarbeitern (vgl. J. chem. Soc. [London] **1960.** 3532) dargestellte *Äthanolamin-Deriv.* von **I** krist. aus wss. Methylalkohol in Nadeln, ist rhomb. u. hat die Zellendimensionen a = 21,67; b = 16,66; c = 4,63 Å. Raumgruppe ist $P2_12_12_1$; Z mit D. 1,302 = 4. Ein Analogon zu **I** ist die von COLBRAN u. Mitarbeitern (vgl. l. c.) dargestellte Verb. *2-o-Bromphenyl-6α.7.9-trimethoxy-trans-m-dioxano-[5.4:e]-1.4-dioxepan.* Die Verb. krist. rhomb. mit a = 12,69; b = 30,12; c = 4,43 Å. Raumgruppe ist $P2_12_12_1$; mit D. 1,582 ist Z = 4. C. GOTTFRIED. B 195

Assoziation in den Perfluorsäuren. 6. Mitt. Einfluß von Zusätzen polarer Kohlenwasserstoffderivate. H. B. Klevens und Madeleine Raison. (Mém. Serv. chim. État **40.** 97—107. 1955. Paris, Inst. Pasteur; Labor. centr. des Serv. Chim. de l'État; Ecole Polytechn., Labor. Dr. Jacque.) (Franz.) — **3.** vgl. C. **1950/54.** 8299 S.

Mit Hilfe der von CORRIN u. Mitarbeitern (J. chem. Physics **14.** [1946.] 480) beschriebenen Meth. der Spektren bei Verw. der Farbstoffe Rhodamin 6GDN, Pinacyanolchlorid u. Acridinorange u. durch Messen der Oberflächenspannung untersuchten Vff. den Einfl. eines Zusatzes von polaren O- oder N-haltigen KW-Stoff-Derivv. zu *Perfluoroctan-* (**I**) u. *Perfluordecansäure* (**II**) auf die krit. Micellenkonzentration. Zu **I** wurden in verschiedenen Konzz. *Äthyl-, n-Propyl-, n-Butyl-* u. *n-Hexylalkohol* u. *Dodecylammoniumchlorid* zugesetzt u. zu **II** die 3 ersteren sowie *n-Amylalkohol, Ae.,* CF_3CH_2OH, $C_3F_7CH_2OH$, *Propylamin* u. *Dioxan.* Die Ergebnisse stützen die frühere Annahme, daß sich zwischen den Perfluorsäuren u. dem polaren KW-Stoff-Deriv. ein Komplex mit H-Bindung bildet. C. GOTTFRIED. B 223

Untersuchungen im Gebiet der von Fettalkoholen und einigen ihrer Derivate mit Harnstoff gebildeten Komplexe. Jean Bolle, René Ragon und Louis Bourgeois. (Mém. Serv. chim. État **40.** 63—67. 1955. Serv. chim. de l'État, Labor. centr.) (Franz.)

Bei Unterss. über die Komplex-Bldg. zwischen *Harnstoff* (**I**) u. reinem *Laurylalkohol* (**II**) u. *α-Methylundecylalkohol* (**III**) konnten Vff. ein Komplexsalz zwischen **I** u. **II** isolieren, u. zwar enthält dieser Komplex auf 1 Mol **II** 8 Mol **I**. Eine isolierbare Komplex-Verb. mit **III** wurde nicht gefunden. Weitere Verss. wurden mit Kondens.-Prodd. des **II** mit *Äthylenoxid* der allg. Formel $C_{12}H_{25}O-(CH_2 \cdot CH_2 \cdot O) \cdot CH_2 \cdot CH_2OH$ mit n = 0; 3; 7 u. 12 durchgeführt. Für n = 0 enthielt der Komplex ($Kp._2$ 114—115°) auf 1 Mol. Kondens.-Prod. (**IV**) 13 Moll. **I**, für n = 3 ($Kp._3$ 192—193) auf 1 Mol. **IV** 18 Moll. **I**, für n = 7 auf 1 Mol. **IV** 40 Moll. **I** u. für n = 12 auf 1 Mol. **IV** ca. 110 Moll. **I**. Verss. zur Darst. einer Komplex-Verb. zwischen *Na-Laurylsulfat* u. **I** verliefen ergebnislos, obwohl man aus Beobachtungen des Schaum-Bldg.-Vermögens dieser beiden Substanzen auf die Bldg. einer Komplex-Verb. schließen konnte. C. GOTTFRIED. B 223

Jodid-Nitroaromaten-Komplexe. E. M. Kosower. (Chem. and Ind. **1957.** 1352. 12/10. Wisconsin, USA, Univ., Dep. of Chem.) (Engl.)

Die durch *Nitroaromaten* (**I**) u. *Alkalijodide* in Aceton (**II**) oder methanol. Lsg. hervorgerufene Färbung (vgl. SHELLMAN, C. **1958.** 5627) wird auf einen Ladungsübertragungskomplex zurückgeführt. Diese Komplex-Bldg. von **I** ist nach den Ergebnissen mit 1-Methylpyridiniumionen, Acetonitril oder Maleinsäureanhydrid (vgl. KOSOWER u. BURBACH, C. **1958.** 11185 u. KOSOWER, MARTIN u. MELOCHE, C. **1958.** 1482) zu erwarten. Der Einfl. von Spuren W. in **II** u. stärkerer Nitrosubstitution von **I** wird kurz diskutiert. G. KIRSTEN. B 223 □

Molekülassoziation in der Oberflächenphase. Raphaël Matalon. (Mém. Serv. chim. État **40.** 89—96. 1955. Cambridge, Colloid Soc. Dep.) (Franz.)

Nach einem Überblick über die verschiedenen Meth. zur Unters. der Mol.-Assoziation in Oberflächenfilmen berichtet Vf. über eigene Verss., mit denen er eine 1 : 1-Assoziation von *Cholesterin* (**I**) u. *Cetylsulfat* sowie von **I** u. *Saponin* nachweisen konnte. C. GOTTFRIED. B 223

Die ortho-Claisen-Umlagerung. 3. Mitt. Die Umlagerung von β-Alkylallylaryläthern. William N. White und Bruce E. Norcross. (J. Amer. chem. Soc. **83.** 3265—69. 15/8. 1961. Columbus, Ohio, Ohio State Univ., Dep. of Chem.) (Engl.) — 2. vgl. C. **1961.** 13862.

Die Kinetik der Umlagerung einer Reihe von Allylphenyläthern bei 185—200° wurde dilatometr. verfolgt. Folgende $\Delta H^{\ddagger}$- (kcal/Mol) u. $\Delta S^{\ddagger}$-Werte (cal/Mol·Grad) wurden bestimmt: *Allyl-* ($Kp._{30,2}$ 119,5—120,5°; n_D^{25} 1,5210) $\Delta H^{\ddagger}$ 32,3; $\Delta S^{\ddagger}$ —11,1; *β-Methylallyl-* 31,1; —14,0; *β-tert.-Butylallylphenyläther* 35,0; —5,2; *Allyl-* 33,0; —7,3;

β-Methylallyl- 36,2; −0,9; *β-tert.-Butylallyl-p-methoxyphenyläther* 31,6; −9,7. Die Geschw. der Umlagerung ist für die 3 Verbb. der Phenyl- u. der p-Methoxyphenylätherreihe nahezu gleich. Das weist darauf hin, daß, obwohl die Umlagerung beträchtlich durch ster. Faktoren der Allylkette beeinflußt wird, im Übergangszustand das β-C-Atom der Allylkette in einer ungehinderteren Lage ist als im Ausgangszustand u. sich vom aromat. Ring wegorientiert, so daß die C-Atome der Allylgruppe, das O- u. das $C_{(1)}$- u. $C_{(2)}$-Atom des aromat. Rings eine verzerrte Sesselkonformation einnehmen.

Versuche: *Allyl-p-methoxyphenyläther*, $Kp._{1,5}$ 76—76,5°, n_D^{25} 1,5265, durch 10 std. Kochen von Allylbromid mit p-Methoxyphenol u. K_2CO_3 in Aceton; 80% (Ausbeute). — Analog: *β-Methylallylphenyläther*, $Kp._2$ 54,0—54,5°, n_D^{25} 1,5148, aus Phenol (I) mit β-Methylallylchlorid; 46%. — *β-Methylallyl-p-methoxyphenyläther*, $C_{11}H_{14}O_2$, $Kp._2$ 90—90,5°, n_D^{25} 1,5210; 30%. — *β-tert.-Butylallylbromid*, $C_7H_{13}Br$, $Kp._{760}$ 109—111°, n_D^{25} 1,4668, durch 3 std. Kochen von 1-Methyl-1-tert.-butyläthylen (durch Dehydratisierung von tert.-Butyldimethylcarbinol mit J_2) mit N-Bromsuccinimid in Ggw. von Benzoylperoxid in CCl_4; 47%. — *β-tert.-Butylallylphenyläther* (II), $C_{13}H_{18}O$, $Kp._{1,5}$ 78 bis 78,5°, n_D^{25} 1,5060, durch 24 std. Kochen von I mit vorst. Verb. u. K_2CO_3 in Aceton; 42%. — *β-tert.-Butylallyl-p-methoxyphenyläther*, $C_{14}H_{20}O_2$, $Kp._2$ 117—118°, n_D^{25} 1,5112, vorst. Verb. analog. — *α-Phenoxypinakolin*, $Kp._1$ 115—117°, n_D^{25} 1,5065, a) durch 10 std. Kochen von α-Brompinakolin mit I u. K_2CO_3 in Aceton; 91%; b) durch Ozonolyse von vorvorst. Verb. in Chlf. in Eis–Aceton; 14%; daneben CH_2O. *2.4-Dinitrophenylhydrazon*, $C_{18}H_{20}N_4O_5$, F. 142,3—143,1° (Skellysolve B u. Äthylacetat). — *α-p-Methoxyphenoxypinakolin*, F. 62,6—64,4° (Skellysolve B u. Äthylacetat), analog vorst. Verb. nach a) 86%; nach b) 16% (daneben CH_2O). *2.4-Dinitrophenylhydrazon*, $C_{19}H_{22}N_4O_6$, F. 152,8—153,8° (Skellysolve B u. Äthylacetat). — *o-β-tert.-Butylallylphenol*, $Kp._1$ 79 bis 83°, n_D^{25} 1,5375, durch 24 std. Erhitzen von II in Diphenyläther im Rohr auf 195—197°; 44%. — Analog: *o-β-Methylallyl-p-methoxyphenol*, $Kp._{1,5}$ 104—105°, n_D^{25} 1,5535; 45%. — *o-β-tert.-Butylallyl-p-methoxyphenol*, $Kp._1$ 88—90°, n_D^{25} 1,5423; 56%.

G. PÖTZSCHER. B 225□

Eine durch freie Radikale katalysierte Umlagerung von Cyclopropanolen. C. H. De Puy, G. M. Dappen und J. W. Hausser. (J. Amer. chem. Soc. **83**. 3156—57. 20/7. 1961. Ames, Iowa, Iowa State Univ., Dep. of Chem.) (Engl.)

Cyclopropanole (**A**) erleiden bei 80° in CCl_4 oder Chlf. eine rasche Umlagerung unter gleichzeitiger Ringsprengung, die offensichtlich über einen Radikalmechanismus verläuft. Im verschlossenen Rohr in O_2-Ggw. entsteht aus *Cyclopropanol* (I) nur Propionaldehyd (II) in hoher Ausbeute, die Halbwertszeit der Rk. beträgt dabei ca. 30 Minuten. Analog liefern *1-Methyl-* bzw. *trans-2-Phenylcyclopropanol* Methyläthylketon bzw. γ-Phenylpropionaldehyd (vgl. DE PUY, MAHONEY u. EILERS, J. org. Chemistry **26**. [1961.] 3616). In O_2-freier Atmosphäre oder in Ggw. von Di-tert.-butyl-p-kresol findet auch nach längerem Erhitzen kaum Rk. statt. Nach Zusatz von Peroxiden liefert **I** auch in Abwesenheit von O_2 rasch **II**. Die Rk. wird weder durch $(C_2H_5)_3N$ verzögert, noch durch Säuren beschleunigt. Da Cyclopropylacetat oder Methylcyclopropylketon nicht reagieren, deutet das Verh. der **A** auf einen Angriff an der OH-Bindung hin. Die Rk. ist stark vom Lsgm. abhängig.

G. KIRSTEN. B 225□

Transanulare und Wasserstoffumlagerungsreaktionen bei carbenoider Zersetzung von Diazocycloalkanen. Lester Friedman und Harold Shechter. (J. Amer. chem. Soc. **83**. 3159—60. 20/7. 1961. Columbus, Ohio, Ohio State Univ., Dep. of Chem.) (Engl.)

Art u. Ausmaß von transanularen u. Umlagerungs-Rkk. einfacher cycl. Carbene werden an der Zers. der homologen *C_5—C_{10}-Diazocycloalkane* (**A**) untersucht. Die **A** entstehen mit einer Gesamtausbeute von 60—70% durch Zers. der Cycloalkanontosylhydrazone (C_5-, F. 180—181°; C_6-, F. 155—156°; C_7-, F. 144—146°; C_8-, F. 140—141°; C_9-, F. 135—136°; C_{10}-, F. 137—138°) mit CH_3ONa in Diäthylcarbitol. Diazocyclopentan bzw. -hexan (I) zerfallen therm. zu 100% in *Cyclopenten* bzw. *-hexen* (**II**) ohne irgendwelche transanulare Einschiebungen (E) oder Ringverengungen. Der Zerfall **I** → **II** zeigt im Vgl. zur Umsetzung von 2-Diazocamphan bzw. -norbornan zu *Tricyclen* bzw. *Nortricyclen* die Unterschiede in den Carben-Rkk. von Sechserringen in Sessel- bzw. starrer Wannenform. Folgende Zers.-Rkk. werden aufgeführt: Diazocycloheptan → *Bicyclo-[4.1.0]-heptan* (18%; durch 1.3-E) + *Cyclohepten* (**III**; 82%; durch 1.2-H-Umlagerung); Diazocyclooctan → *cis-Bicyclo-[3.3.0]-octan* (46%) + *Bicyclo-[5.1.0]-octan* (**IV**; 9%) + *cis-Cycloocten* (**V**; 45%); Diazocyclononan → *cis-Hydrindan* (66%) + *Bicyclo-[6.1.0]-nonan* (**VI**; 10%) + *cis-Cyclononen* (22%); Diazocyclodecan → *cis-Bicyclo-[5.3.0]-decan* (62%) + *cis-Dekalin* (18%; enthält ca. 1% *Bicyclo-[7.1.0]-decan*, ?) + *cis-Cyclodecen* (14%) + *trans-Cyclodecen* (6%). Die carbenoide Zers. der C_7—C_{10}-**A** ist somit durch weitgehende 1.3-, 1.5- u. 1.6-E neben α-H-Umlagerung charakterisiert. Aus III, CH_2J_2 u. Zn–Cu entsteht ebenfalls **IV** (Kp. 141,5—142°; n_D^{25} 1,4601) sowie analog aus **V VI** (Kp.$_8$ 43°; n_D^{25} 1,4622). Bicycl. Prodd. bilden sich wesentlich leichter durch carbenoide als durch kation. E. Das Fehlen von 1.4-E-Prodd. bei der Zers. mittelgroßer **A** spricht für ungünstige ster. Verhältnisse, da die E-Rkk. stereoselektiv verlaufen, wobei sich nur cis-bicycl. KW-Stoffe bilden. Vff. vergleichen u. diskutieren die E-Rkk. carbenoider Syst. mit an anderen Syst. gemachten Erfahrungen. G. KIRSTEN. B 225□

Die Autoxydation von Methyleläostearat. R. N. Faulkner. (J. appl. Chem. **8.** 448—58. Juli 1958. Teddington, Middlesex, Paint Res. Stat.) (Engl.)

Die Autoxydation von *Methyl-α-eläostearat* [I; n_D^{25} 1,5080, aus der Säure (F. 48°) durch 1 std. Kochen mit Methanol–H_2SO_4) bei 37° u. UV-Bestrahlung ergab nach Aufnahme von 0,6 Mol O_2/Mol I als Hauptprodd. monomere Peroxide u. geringere Mengen an polymeren Peroxiden. Das krist. Peroxid besteht aus einem Gemisch zweier wahrscheinlich stereoisomerer 1.4-Peroxide ($C_{19}H_{32}O_4$ vom F. 53 u. 37°), die sich in ihrem Verh. bei der Red. an ADAMS-Katalysator unterscheiden. Die fl. Peroxidfraktion besteht aus einem Gemisch von 1.4-, 1.2- u. 1.6-Peroxiden u. Hydroxy- u. Ketoverbindungen. In der Polymerfraktion, die Trimere u. wahrscheinlich auch höhere Polymere enthält, lassen sich die Peroxidgruppen mit HJ reduzieren, die Menge des dabei gebildeten Monomeren ist sehr gering. Daraus wird geschlossen, daß die Fettsäureketten nicht über Peroxybrücken miteinander verknüpft sind. G. PÖTZSCHER. B 225□

Die Geschwindigkeit der Zersetzung von Urethan in saurer Lösung. 2. Mitt. Kai Julius Pedersen. (Acta chem. scand. **15.** 959. 1961. Copenhagen, Denmark, Royal Veter. and Agric. Coll., Chem. Labor.) (Engl.) — 1. vgl. C. **1961.** 9736.

Die l. c. aufgestellte Gleichung für die Geschw.-Konst. k der Zers. von *Urethan* in H_2SO_4 der Konz. c wird mit Hilfe verbesserter Werte der Dissoziations-Konst. von H_2SO_4 korr., es ergibt sich die bessere, bis c = 7 gültige, lineare Beziehung $\log (k/[H^+]) = 0{,}768 - 8 + 0{,}094\,c$. Der auf c = 0 extrapolierte Wert für $k/[H^+] = 5{,}86 \cdot 10^{-8}$ ist höher als der für die Rk. in HCl, was auf den katalyt. Effekt des HSO_4^--Ions zurückgeführt wird. Für die Rk. in wss. $HClO_4$ ergibt $\log (k/[H^+])$ gegen c aufgetragen keine Gerade, sondern eine Kurve mit einem Minimum zwischen c = 2 u. c = 3. Der auf c = 0 extrapolierte Wert von $k/[H^+]$ ist jedoch fast gleich groß wie der für HCl ($5{,}07 \cdot 10^{-8}$). G. PÖTZSCHER. B 225□

Stereochemische Konsequenzen von Ketonreduktionen durch Diborane und substituierte Borane. Herbert C. Brown und D. B. Bigley. (J. Amer. chem. Soc. **83.** 3166—67. 20/7. 1961. Lafayette, Ind., Purdue Univ., Richard B. Wetherill Labor.) (Engl.)

Die ster. Kontrolle der Red. von *Cyclanonen* durch Dialkylborane mit sperrigen Substituenten, wie z. B. Disiamyl- (I) u. Diisopinocamphenylboran (II) sowie die Anwendung von II für die asymm. Red. von Ketonen wird beschrieben. Die Red. von *Norcampher* durch $LiAlH_4$ oder $NaBH_4$ liefert vorzugsweise endo-Norborneol durch Hydridübertragung vom Reagens auf die C=O-Gruppe aus der weniger gehinderten Richtung. Während Diboran bei Red. von *2-Methylcyclopentanon* bzw. *-hexanon* (**III**) vorwiegend *trans-2-Methylcyclopentanol* (*trans*-**IV**); 69% Ausbeute) bzw. *-hexanol* (*trans*-**V**; 65%) liefert, ergibt **I** *cis*-**IV** (78%) bzw. *cis*-**V** (77%) u. **II** sogar Ausbeuten von 94 bzw. 92% der cis-Isomeren. Red. einer Anzahl Methylketone, $RCOCH_3$, durch **II** ergibt folgende Alkohole, $RCHOHCH_3$ ($[\alpha]_D^{25}$, opt. Reinheit in %, Konfiguration): R = *Äthyl-*, —1,5°, 11%, R-Konfiguration; *Isopropyl-*, —0,91°, 17%, R-Konfiguration; *tert.-Butyl-*, +2,3°, 30%, S-Konfiguration; *Phenyl-*, +6,0°, 14%, R-Konfiguration. Beispiel einer typ. Red.: *2-Methylcyclohexanol* (**V**), Kp. 165°, durch Zugeben von **III** zu einer Suspension von **II** in Diglyme innerhalb 15 Min., 3 std. Rühren bei 0°, 16 std. Stehen bei 20° u. Oxydieren mit 30%ig. H_2O_2 u. 3 n NaOH; n_D^{20} 1,4643; $[\alpha]_D^{25}$ —0,5°; 85% (mittels Gaschromatographie 92% *cis*-**V** u. 8% *trans*-**V**). — *Pinakolylalkohol*, Kp. 119 bis 120°; aus Pinakolin analog vorst. Meth.; n_D^{20} 1,4154; $[\alpha]_D^{20}$ +2,3°; 85%. *Saures Phthalat*, F. 85—86°; $[\alpha]_D^{20}$ +18,9° (c = 3,65; Chlf.). G. KIRSTEN. B 225□

Mechanismus der Oxydationsreaktionen von Brom. 1. Mitt. **Kinetische Untersuchung der Reaktion zwischen Glucose und einer alkalischen Lösung von Brom.** K. C. Grover und R. C. Mehrotra. (Z. physik. Chem., Frankf. Ausg. [N.F.] **14.** 345 bis 356. März 1958. Lucknow, India, Lucknow Univ., Chem. Labor.) (Engl.) — 3. vgl. C. **1959.** 12184.

Die Kinetik der Rk. von *Glucose* mit Br_2 in alkal. Lsg. wurde untersucht. Die Rk. ist bimol., je 1. Ordnung in bezug auf beide Reaktanten, mit einem Temp.-Koeff. von 2,6—2,7 (15—25°) in stark alkal. Lösung. Die Konst. der bimol. Rk. zeigt im pH-Bereich 4—13 bei einem pH-Wert von 7,79—7,89 ein Maximum. Schließlich wurde

die HBrO-Konz. der alkal. Br-Lsg. in Abhängigkeit vom pH-Wert rechner. ermittelt. Es zeigt sich, daß beide Kurvenzüge nahezu ident. sind, d. h. daß man als akt. Oxydationsmittel in der alkal. Br_2-Lsg. das nicht ionisierte HOBr-Mol. anzusehen hat.
G. M. Neumann. B 225□

Über cyclische Zwischenprodukte bei Substitutionsreaktionen. 7. Mitt. Die alkalische Solvolyse einiger N-Aryl-4-brombutanamide. Harold W. Heine, Peter Love und John L. Bove. (J. Amer. chem. Soc. **77.** 5420—22. 20/10. 1955. Lewisburg, Pa., Bucknell Univ., Dep. of Chem.) (Engl.) — 6. vgl. C. **1960.** 11609.

Die alkal. Solvolyse von *N-Aryl-4-brombutansäureamiden* (**A**) in CH_3OH zu den entsprechenden *N-Arylpyrrolidonen* wird untersucht. Die Rk. (gemessen am zeitlichen Verlauf der Br^--Freisetzung) ist sowohl hinsichtlich **A** als auch des CH_3O^--Ions (**B**) 1. Ordnung. Die Rk.-Geschw.-Konst. betragen bei 0,04—0,05 Mol **A**/Liter u. 0,04—0,19 Äquivalenten **B**/Liter für *N-p-Chlorphenyl-* (**I**), *N-Phenyl-* (**II**) bzw. *N-p-Tolyl-4-brombutansäureamid* (**III**) $k^{22,90°}$ = 0,565, 0,180 bzw. 0,103 (Liter·Mol^{-1}·min^{-1}). In reinem CH_3OH werden für **I, II** bzw. **III** $k_1^{22,90°}$ = 5,0, 7,8 bzw. 8,8(·10^{-4} min^{-1}) gefunden. Die Rk. 1. Ordnung mit dem Lsgm. beträgt bei **III** u. einem Mol-Verhältnis von **III**:**B** = 1:1 ca. 6—10% der der 2. Oronung u. kann bei einem Mol-Verhältnis von 1:4 prakt. vernachlässigt werden, da sich die Halbwertszeiten der beiden Rkk. dann wie 800:35 (Min.) verhalten. Nach einem ca. 30%ig. Rk.-Ablauf nehmen die k_1-Werte infolge Halogensäure-Bldg. ab. Der Rk.-Mechanismus ist vermutlich 2stufig, bestehend aus einem raschen Protonenübergang zwischen **B** u. der NH-Gruppe, gefolgt von einem intramol. Ersatz des Br^- durch N⊖ unter Ringschluß. Die Cyclisierungs-Geschw. ist für **I** 3- bzw. 5,5mal größer als für **II** bzw. **III**, was auf einen prim. Einfl. der Substituenten auf die Acidität der **A** hindeutet.

Versuche: 4-Brombutansäureamide: *N-Phenyl-* (**II**), $C_{10}H_{12}BrNO$, F. 75—76°, durch 3tägiges Stehen von 4-Brombutansäure u. $SOCl_2$ bei 20°, Destillieren des Rückstands (*Säurechlorid*, Kp.$_{31}$ 88—90°; n_D^{25} 1,4899), Eintropfen des Chlorids in eine Lsg. von Anilin in Chlf., 15 Min. langes Rühren, Filtrieren, Einengen, Lösen in PAe. u. Ausfrieren bei —70°; 38% (Ausbeute). — *N-p-Tolyl-* (**III**), $C_{11}H_{14}BrNO$, F. 90—91° (PAe.), durch 2std. Rk. analog vorst. Verb.; 63,2%. — *N-p-Chlorphenyl-* (**I**), $C_{10}H_{11}BrClNO$, F. 100—101° (PAe.), analog vorst. Verb.; 69,2%. — *1-[p-Chlorphenyl]-pyrrolidon*, $C_{10}H_{10}ClNO$, F. 95—97°, durch Rk. von **I** u. **B** in CH_3OH bei 22,9° bis zur vollständigen Freisetzung von Br^-; 96%.
G. Kirsten. B 225□

Substituenteneffekte bei Fluorenverbindungen. 3. Mitt. Hydrolyse von 9-Chlor-9-phenylfluorenen. C. Eaborn, R. C. Golesworthy und M. N. Lilly. (J. chem. Soc. [London] **1961.** 3052—58. Juli. Leicester, Univ.) (Engl.) — 2. vgl. C. **1960.** 16720.

Vff. verfolgten titrimetr. die Hydrolyse folgender 9-Chlor-9-phenylfluorene in 90%ig. wss. Aceton (Ac) bei 25,0° ohne u. in Ggw. von 0,101m LiCl, um die elektr. Effekte von Substituenten am Fluorenkern u. am Phenylring vergleichen zu können: *9-Chlor-9-[m-chlorphenyl]-* (**I**; ohne LiCl, 10^5 k_1 in s^{-1}) 0,50, (in Ggw. von LiCl, 10^5 k_1) 0,297; *-[p-chlorphenyl]-* 3,9, 1,61; *-[m-methoxyphenyl]-* (**II**) 9,1, 3,33; *-phenyl-* 11,1, 4,01; *-[m-tolyl]-* 19, 5,91; *-[p-tolyl]-* (**III**) 78, 19,4 u. *-[p-methoxyphenyl]-fluoren* (**IV**) 1250, 260; *2-Chlor-* (**V**) 0,49, 0,289; *3-Chlor-* (**VI**) 4,5, 1,64; *2-Methoxy-* (**VII**) 6,2, 2,67; *2-Methyl-* (**VIII**) 17, 4,56 u. *3-Methyl-9-chlor-9-phenylfluoren* —, 20,1. *3-Methoxy-9-chlor-9-phenylfluoren* reagiert zu rasch, es wurde daher in 95%ig. wss. Ac in Ggw. von 0,050m LiCl untersucht: 10^5 k_1 48,4, analog **III** 0,595, **IV** 25,8. Die Effekte von Substituenten in 2-Stellung ähneln denen der m-ständigen, jedoch sind die Verbb. mit 2-Methyl- u. 2-Methoxygruppe weniger reaktiv. Hieraus leiten Vff. ab, daß die tautomere Abgabe von Elektronen durch die 2-Methoxygruppe nicht erheblich über den unsubstituierten Ring zur 9-Stellung weitergeleitet wird, was im Gegensatz zu entsprechenden Annahmen von Arcus u. Coombs (C. **1956.** 2176) steht. Die Reaktivitäten der in 3- bzw. m-Stellung durch Cl bzw. CH_3 substituierten Verbb. sind ebenfalls sehr ähnlich. Die Verzögerung der S_N 1-Hydrolyse durch LiCl ist auf die Wrkg. des gleichionigen Zusatzes zurückzuführen. Die k_1-Werte fallen während der 1. Hälfte der Rk. um ca. 12%. In Ggw. von 0,100m $LiClO_4$ wird die Anfangs-Geschw. um das 2,2fache erhöht, auch unter diesen Bedingungen fallen die k-Werte im Verlauf der Rk., u. zwar um ca. 22%, was mit der Wrkg. der gebildeten HCl erklärt wird. Ohne Salzzusätze ist die Abnahme der k-Werte während der ersten Hälfte der Hydrolyse um so erheblicher, je reaktionsfähiger das $Cl_{(9)}$-Atom ist, sie beträgt bei **VI** 4%, **II** 9%, **VII** 8%, **VIII** 14% u. **III** 19%; die k-Werte der Rkk. von **I** u. **V** sind konstant. Beim Auftragen der log k-Werte gegen die σ^+-Konst. wurde eine Gerade erhalten; nur **IV** besitzt eine abweichende (zu geringe) Reaktivität.

Versuche: 9-Phenylfluorenole-(9), aus Fluorenon-(9) u. dem entsprechenden Aryl-MgBr in Ae., Zers. mit verd. HCl u. Kristallisation aus PAe.: *9-Phenyl-*, F. 85°

(nach einigen Monaten F. 109°). — *9-[m-Chlorphenyl]-*, $C_{19}H_{13}ClO$, F. 81—82°. — *9-[p-Chlorphenyl]-*, $C_{19}H_{13}ClO$, F. 91—92°. — *9-[m-Tolyl]-*, $C_{20}H_{16}O$, F. 81,5—82,5°. — *9-[p-Tolyl]-*, F. 85,5—86,5°. — *9-[m-Methoxyphenyl]-*, $C_{20}H_{16}O_2$, F. 89—90°. — *9-[p-Methoxyphenyl]-*, F. 130—132°. — 9-Aryl-9-chlorfluorene, aus vorst. Fluorenolen durch Einw. von HCl in Bzl. in Ggw. von $CaCl_2$, Zugabe von PAe. u. Kristallisation aus PAe.: *9-Phenyl-*, F. 79°. — *9-[m-Chlorphenyl]-* (I), $C_{19}H_{12}Cl_2$, F. 72,5—73°. — *9-[p-Chlorphenyl]-*, F. 79,5—80,5°. — *9-[m-Tolyl]-*, $C_{20}H_{15}Cl$, F. 83,5—84,5°. — *9-[p-Tolyl]-* (III), F. 97°. — *9-[m-Methoxyphenyl]-* (II), $C_{20}H_{15}ClO$, F. 108,5—109°. — *9-[p-Methoxyphenyl]-* (IV), F. 151,5—152,5°. — 9-Chlor-9-phenylfluorene, aus den entsprechenden Fluorenonen-(9) u. C_6H_5MgBr in Ae., Hydrolyse, Ersatz des Ae. durch Bzl., azeotrope Dest. des W., Einw. von HCl in Ggw. von $CaCl_2$ u. Kristallisation aus PAe.: *2-Chlor-* (V), $C_{19}H_{12}Cl_2$, F. 106,5—107°. — *3-Chlor-* (VI), F. 112—113°. — *2-Methyl-* (VIII), $C_{20}H_{15}Cl$, F. 100,5—101,5°. — *2-Methoxy-* (VII), $C_{20}H_{15}ClO$, F. 88,5—89°. — *3-Methoxy-9-phenylfluorenol-(9)*, F. 83—84° (PAe.), analog vorst. Verf.; 75% (Ausbeute). Liefert nur in frisch hergestelltem Zustand u. bei Kristallisation aus Acetylchlorid (IX)-haltigem PAe. *9-Chlor-3-methoxy-9-phenylfluoren*, $C_{20}H_{15}ClO$, F. 118°; anderenfalls entsteht ein Festkörper vom F. 225°, der kein hydrolysierbares Cl enthält. — *9-Chlor-3-methyl-9-phenylfluoren* wurde nur 82% rein erhalten; beim Vers. der Umkristallisation in IX-PAe. erhielt man einen KW-Stoff vom F. 110,5—111,5°. B. GNAUCK. B 225□

Tertiäre dreiwertige Alkohole der Acetylenreihe und ihre Umwandlungen. 20. Mitt. **Struktur der Dehydratisierungsprodukte von 1.2.5-Triolen der Äthylenreihe.** W. I. Nikitin und G. I. Lichtenstein. (Журнал Общей Химии [J. allg. Chem.] **30** (92). 1461—71. Mai 1960. Chem. Inst. der Akad. der Wiss. der TadshikSSR.) (Russ.) — 19. vgl. C. **1962.** 8230.

Es wird die Dehydratisierung von *2.3.6-Trimethylocten-(4)-triol-(2.3.6)* (I), *3.4.7-Trimethylnonen-(5)-triol-(3.4.7)* (II), *2.4-Bis-[1-hydroxycyclohexyl-(1)]-buten-(3)-ol-(2)* (III), *5-Methyl-2-[1-hydroxycyclohexyl-(1)]-hexen-(3)-diol-(2.5)* (IV), *5-Methyl-2-[1-hydroxycyclopentyl-(1)]-hexen-(3)-diol-(2.5)* (V), in 2-Stellung mit ^{18}O markiertem **V** (**Va**) sowie von $^{18}O_{(7)}$- (**VIa**) sowie $^{18}O_{(4)}$-*3.4.7-Trimethylocten-(5)-triol-(3.4.7)* (**VIb**) untersucht. Die Dehydratisierung von I—VI verläuft in 2 Stufen: Prim. wird aus den beiden α.ω-ständigen Hydroxylgruppen 1 Mol W. unter Bldg. entsprechend substituierter Dihydropyranole abgespalten. In der 2. Stufe wird die Hydroxylgruppe der Dihydropyranole als W. abgespalten, wobei sich Dihydropyrane mit exocycl. Methylengruppe bilden. Dieses Rk.-Schema wird durch die Unters. der Isotopen-Zus. des W., das aus **Va**, **VIa** u. **VIb** in der 1. u. 2. Stufe der Dehydratisierung abgespalten wird, eindeutig bewiesen.

Versuche: $^{18}O_{(7)}$-*3.4.7-Trimethylocten-(5)-triol-(3.4.7)* (**VIa**), $Kp._3$ 127—129°, aus ^{18}O-Aceton wird durch Rk. mit Acetylen ^{18}O-*Dimethyläthinylcarbinol* (^{18}O-**VII**) erhalten, das mit Methyläthylacetylcarbinol (**VIII**) zu $^{18}O_{(7)}$-*3.4.7-Trimethyloctin-(5)-triol-(3.4.7)* ($^{18}O_{(7)}$-**IX**) kondensiert wird; letzteres wird an $Pd/CoCO_3$ hydriert. — $^{18}O_{(4)}$-*3.4.7-Trimethylocten-(5)-triol-(3.4.7)* (**VIb**), aus $^{18}O_{(CO)}$-**VIII** (Kp. 147—149°; n_D^{20} 1,4222) durch Rk. mit **VII** zu $^{18}O_{(4)}$-**IX** ($Kp._3$ 130—132°) u. Hydrierung an $Pd/CaCO_3$ zu **VIb**. — $^{18}O_{(2)}$-*5-Methyl-2-[1-hydroxycyclopentyl-(1)]-hexen-(3)-diol-(2.5)* (**Va**), $Kp._3$ 150—152°, aus $^{18}O_{(CO)}$-1-Acetylcyclopentanol-(1) durch Rk. mit **VII** zu $^{18}O_{(2)}$-*5-Methyl-2-[1-hydroxycyclopentyl-(1)]-hexin-(3)-diol-(2.5)* ($Kp._3$ 151—153°) u. Hydrierung an $Pd/CaCO_3$ zu **Va**. — Dehydratisierung von I: Man erhitzt 5,5 g I u. 3,4 g $KHSO_4$ in Ggw. von wenig Hydrochinon auf 110—120°/8 mm u. erhält: 1,2 g *2.6.6-Trimethyl-2-äthyl-5-methylen-Δ³-dihydropyran* (**X**; $C_{11}H_{18}O$, $Kp._8$ 52—54°; $D._4^{20}$ 0,8717; n_D^{20} 1,4508) u. 2,4 g *2.5.6.6-Tetramethyl-2-äthyl-Δ³-dihydropyranol-(5)* (**XI**; $Kp._8$ 70—72°; n_D^{20} 1,4555). Die Dehydratisierung von **XI** mit $KHSO_4$ bei 170° liefert **X**. Aus 18 g I u. 7 g $KHSO_4$ werden bei 130° 13,5 g **XI** erhalten. — Dehydratisierung von II: Man erhitzt 12 g **II** u. 7 g $KHSO_4$ auf 90° u. dest. nach dem Abtrennen des W. bei 6—8 mm: 3,8 g *2.6-Dimethyl-2.6-diäthyl-5-methylen-Δ³-dihydropyran* ($C_{12}H_{20}O$, $Kp._6$ 66—68°; $D._4^{20}$ 0,8729; n_D^{20} 1,4556) u. 2,8 g *2.5.6-Trimethyl-2.6-diäthyl-Δ³-dihydropyranol-(5)* ($Kp._{8,5}$ 89—91°; n_D^{20} 1,4598). — Aus 13,5 g **III** u. 7,5 g $KHSO_4$ erhält man bei 120°: 4 g *2.6-Bis-[spirocyclohexan]-5-methylen-Δ³-dihydropyran* ($C_{16}H_{24}O$, $Kp._1$ 112—114°; $D._4^{20}$ 0,9766; n_D^{20} 1,5076) u. 5 g *5-Methyl-2.6-bis-[spirocyclohexan]-Δ³-dihydropyranol-(5)* ($Kp._2$ 120—122°; n_D^{20} 1,4804). — Aus 18,5 g **IV** u. 15 g $KHSO_4$ erhält man bei 130°: 8,5 g *2.2-Dimethyl-5-methylen-6-spirocyclohexan-Δ³-dihydropyran* ($C_{13}H_{20}O$, $Kp._8$ 84—85°; $D._4^{20}$ 0,934; n_D^{20} 1,4804) u. 2,7 g *2.2.5-Trimethyl-6-[spirocyclohexan]-dihydro-Δ³-pyranol-(5)* ($Kp._8$ 107 bis 108°; n_D^{20} 1,4825). — Aus 18 g **V** (**Va**) u. 10 g $KHSO_4$ werden bei 120° erhalten: 3,5 g *2.2-Dimethyl-5-methylen-6-spirocyclopentan-Δ³-dihydropyran* (**XII**; $C_{12}H_{18}O$, $Kp._{7,5}$ 73—74°; $D._4^{20}$ 0,9299; n_D^{20} 1,4795) u. 12 g *2.2.5-Trimethyl-6-spirocyclopentan-Δ³-dihydropyranol-(5)* (**XIII**; $Kp._8$ 99—100°; n_D^{20} 1,4826). Die Dehydratisierung von 12 g

XIII mit 10 g $KHSO_4$ bei 180° liefert hauptsächlich **XII**. — Aus 19 g **VIa** (**VIb**) u. 6,5 g $KHSO_4$ werden bei 130° erhalten: 3 g einer Fraktion $Kp._8$ 52—54° u. 13 g einer Fraktion $Kp._8$ 73—75°. Die Dehydratisierung der Fraktion $Kp._8$ 73—75° bei 170—180° mit $KHSO_4$ liefert die Fraktion $Kp._8$ 52—54°. HELMUT SCHÄFER. B 225□

Das Ausmaß der anomalen Rekombination von freien Cyanisopropyl-Radikalen aus 2.2'-Azo-bis-isobutyronitril. M. Talât-Erben und A. N. Isfendiyaroğlu. (Canad. J. Chem. **36.** 1156—58. Aug. 1958. Istanbul, Turkey, TU, Fac. of Mining Engng.) (Engl.) — Vgl. C. **1956.** 4679; vgl. auch HAMMOND u. Mitarbeiter, C. **1962.** 5992.

Bei erneuter Unters. des therm. Zerfalls von *2.2'-Azo-bis-isobutyronitril* [F. 103° (Zers.) aus Bzl.] bei 80° in Toluol, wobei aus Cyanisopropylradikalen durch Rekombination ein Ketenimin $(CH_3)_2C{=}C{=}N{-}C(CH_3)_2CN$ (I) gebildet wird, fanden Vff. einen verbesserten Wert für das Ausmaß der Radikalrekombination (54,4%) u. für die molare Extinktion von **I** (46 bei 320 mμ). P. JACOB. B 225□

Die Photolyse von Azoäthan. H. Cerfontain und K. O. Kutschke. (Canad. J. Chem. **36.** 344—53. Febr. 1958. Ottawa, Ontario, Canada, Nat. Res. Labor., Div. of Pure Chem.) (Engl.)

Die Photolyse von *Azoäthan* (I) bei 3660 Å u. 28—152° wurde erneut untersucht. Die Quantenausbeute des nach $I + h\nu \rightarrow I^*$ (1); $I^* \rightarrow N_2 + 2\,C_2H_5\cdot$ (2) gebildeten N_2 ist abhängig vom **I**-Druck u. von der Temp. (Aktivierungsenergie für Rk. 2 $E_2 = 2{,}1$ kcal/Mol), woraus auf Stoßdesaktivierung angeregter **I**-Moll. geschlossen wird. Die Ergebnisse sind in Übereinstimmung mit dem von AUSLOOS u. STEACIE (C. **1955.** 6951) angenommenen Mechanismus. Unter der Annahme, daß der E-Wert für die Kombination zweier C_2H_5-Radikale vernachlässigbar ist, ergibt sich für die Rk. von C_2H_5 mit **I** ein E-Wert von $6{,}0 \pm 0{,}3$. G. PÖTZSCHER. B 226□

Die Kinetik angeregter Moleküle. 1. Mitt. Keten. B. T. Connelly und Gerald B. Porter. (Canad. J. Chem. **36.** 1640—47. Dez. 1958. Vancouver, B.C., Univ. of Brit. Columbia, Dep. of Chem.) (Engl.)

Die prim. Quantenausbeuten der Zers. von *Keten* in Abhängigkeit von Druck (17—750 mm), Temp. (37 u. 100°) u. Wellenlänge (3140 u. 3340 Å) wurden untersucht. Aus den Ergebnissen folgt, daß angeregte Schwingungszustände gebildet werden, ehe eine Dissoziation eintreten kann. Das Verhältnis der Geschw. der Zers. durch Stöße zu der Geschw. der Dissoziation fällt von 164 (Liter/Mol) bei 3340 Å auf 16,8 bei 3130 Å. G. PÖTZSCHER. B 226□

Die Photolyse von Diäthylketon und Methyläthylketon in flüssiger Phase. P. Ausloos. (Canad. J. Chem. **36.** 400—09. Febr. 1958. Quebec, Canada, Laval-Univ., Dép. de Chim.; Rochester, N.Y., Univ., Dep. of Chem.) (Engl.)

Bei der Photolyse von *Diäthylketon* (I) im Gaszustand bei ca. 3200 Å zwischen 0 u. 60° sinkt mit der Temp. die Bldg.-Geschw. aller Prodd., CO, C_2H_6, C_2H_4 u. C_4H_{10}. In Übereinstimmung mit früheren Beobachtungen von KUTSCHKE u. Mitarbeitern (vgl. C. **1953.** 6852) fällt bei relativ hohen Intensitäten bei Temp. <60° die CO-Quantenausbeute, wofür der prim. Prozeß $I + h\nu \rightarrow C_2H_5CO + C_2H_5$ u. Disproportionierung u. Rekombination dieser Radikale in den Folge-Rkk. verantwortlich gemacht werden. Bei der Rk. in fl. Phase (zwischen —35 bis 95°) ist die CO-Quantenausbeute bei 95° fast 1, mit abnehmender Anregungsintensität u. bei Zusatz von Heptan bei 28° steigen die Ausbeuten an CO u. C_2H_6. Die Photolyse von fl. *Methyläthylketon* (II) zwischen 5 u. 75° führt zu den gleichen Beobachtungen. Für beide Verbb. ergibt ein ARRHENIUS-Diagramm von $R_{C_2H_6}/R_{C_4H_{10}}^{1/2} \cdot$ [I bzw. II], mit R = relative Bldg.-Geschw., eine Aktivierungsenergie von 5 kcal/Mol. G. PÖTZSCHER. B 226□

Die Photolyse von Alkylestern. P. Ausloos. (Canad. J. Chem. **36.** 383—92. Febr. 1958. Quebec, Canada, Laval-Univ., Dép. de Chim.; Rochester, N.Y., Univ., Dep. of Chem.) (Engl.)

Die Photolyse von *Methyl-, Äthyl-, n-Propyl-* u. *n-Butylformiat* in fl. u. gasförmiger Phase bei ca. 0—70° u. verschiedenen Wellenlängen wurde untersucht. Auf Grund der Prod.-Zus. in Abhängigkeit von Temp. u. Wellenlänge werden neben den radikal. Dissoziationsprozessen als prim. Rkk. die beiden intramol. Umlagerungen $HCO_2R + h\nu \rightarrow CO + HOR$ (1) u. $HCO_2R + h\nu \rightarrow HCO_2H +$ Alken (2) angenommen. Rk. 1 tritt mit gleicher Ausbeute bei allen Formiaten auf, Rk. 2 nur bei solchen, in denen β-H-Atome in der Alkylgruppe vorhanden sind. Bei der Photolyse von anderen Estern in fl. oder gasförmiger Phase, wie *Methyl-, Äthyl-, n-Propyl-, Isopropylacetat, Methyl-, Äthylpropionat* u. *Methyl-n-butyrat*, treten als intramol. Primärprozesse die Rkk. $XCO_2Y \rightarrow XCO_2H +$ Alken bzw. $XCO_2Y \rightarrow CH_3CO_2Y +$ Alken auf, die das Vorhandensein von β-H-Atomen im Y-Rest bzw. γ-H-Atomen im X-Rest erfordern. Daneben finden als

Dissoziationsprozesse die Rkk. $XCO_2Y \rightarrow XCO + OY$ (3) bzw. $XCO_2Y \rightarrow X + CO_2Y$ statt. Die Rkk. 1 u. 3 erfolgen hauptsächlich bei kurzen Wellenlängen, die anderen dagegen bei längeren Wellen. G. PÖTZSCHER. B 226□

Photopolymerisation eines neuen meso-disubstituierten Anthracenderivates. Raymond Calas und Robert Lalande. (C. R. hebd. Séances Acad. Sci. **243**. 502—03. 30/7. 1956.) (Franz.) — Vgl. C. **1958**. 4438.

Es wurde das *Photopolymere des 9-[2-Phenyläthyl]-10-cyananthracens* hergestellt, welches ziemlich instabil u. nach 3 Tagen bei 10° vollständig depolymerisiert ist, im Gegensatz zu einer 5%ig. Depolymerisation bei den 9-Methyl- u. 9-Äthylhomologen. Die unterschiedliche Stabilität der Photopolymeren hängt mit dem induktiven Effekt der Substituenten zusammen: +J für $-CH_3$ u. $-C_2H_5$ u. —J für $-(CH_2)_2-C_6H_5$. Wegen des starken —J-Effekts läßt sich daher auch die 9-Benzyl-Verb. nicht polymerisieren.

Versuche: *9-[2-Phenyläthyl]-anthracen*, F. 98°, aus 2-Phenyläthyl-MgCl u. Anthron; 46% (Ausbeute). — *9-[2-Phenyläthyl]-10-bromanthracen*, F. 115—116°, durch Bromierung vorst. Verb. bei 0°; gelb; 78%. — *9-[2-Phenyläthyl]-10-cyananthracen*, F. 152—153°, durch Cyanierung vorst. Verb. in Pyridin; gelb; 60%. H. GIEHRING. B 226□

Strahlungschemie von Neopentan. Richard A. Holroyd. (J. physic. Chem. **65**. 1352—57. Aug. 1961. Pittsburgh, Pa., Mellon Inst., Radiat. Res. Labor.) (Engl.) — Vgl. TAYLOR u. Mitarbeiter, C. **1961**. 18278.

Neopentan (**XI**) wurde im Rohr bei 22 ± 2° u. ca. 1,5 at Druck 1. mit ^{60}Co-γ-Strahlen, 2. mit Elektronenstrahlen eines VAN DE GRAAFF-Generators (Dosisgaben von $3 \cdot 10^{18}$ bis $15 \cdot 10^{19}$ $eV \cdot s^{-1} \cdot ml^{-1}$) behandelt. Folgende Prodd. wurden massen- bzw. gaschromatograph. nachgewiesen: a) nach γ-Bestrahlung H_2, CH_4, C_2H_6, C_3H_8, Isobutan (**I**), Isobutylen (**II**), Isopentan (**III**), 2-Methylbuten-(1) u. -(2), 2.2-Dimethylbutan (**IV**), 2.2.4-Trimethylpentan (**V**), 2.4.4-Trimethylpenten-(1) (**VI**), 2.2.3.3-Tetramethylbutan (**VII**), 2.2.4.4-Tetramethylpentan (**VIII**), 2.2.5-Trimethylhexan (**IX**), Nonen, 2.2.5.5-Tetramethylhexan (**X**) sowie geringe Mengen von 2-Methylpenten-(1) u. -(2); b) nach der Elektronenbestrahlung H_2, CH_4, C_2H_6, C_3H_8 u. **I**—**X**. Vff. nehmen an, daß die C_8-Prodd. durch Kombinations-Rkk. von tert.-Butyl-, Isobutyl- u. Methylpropen-(1)-yl-radikalen bzw. der Hauptanteil der C_9-Prodd. aus Neopentyl- u. Isobutyl- oder tert.-Butylradikalen gebildet werden. **II** verschwindet nach längerer Bestrahlung wieder aus dem Prod.-Gemisch, dagegen nehmen die Ausbeuten an **III**, **V** u. **IX** mit der Strahlungsdosis zu. In Ggw. von J_2 treten bei γ-Bestrahlung auf: CH_3J, CH_4, H_2, **II**, **I**, C_3H_8 u. C_2H_6. Aus der hohen **II**-Ausbeute wird abgeleitet, daß ein mol. Prozeß unter gleichzeitiger Bldg. von CH_4 u. **II** aus **XI** auftritt, ferner wird aus der Bldg. der geringen C_2H_6-, C_3H_8- u. **I**-Menge geschlossen, daß auch nichtradikal. Rkk. ablaufen. Bei der Bestrahlung von **XI** mit Elektronen unter hoher Dosis-Leistung (L.) scheinen die Prod.-Ausbeuten unabhängig von dieser Größe zu sein u. sich nicht erheblich mit der Gesamtdosis (im Bereich zwischen 2 u. 8 Mrad) zu ändern. Die Ergebnisse weichen aber erheblich von denen der Prozesse bei γ-Bestrahlung ab. Die H_2-, CH_4- u. **X**-Ausbeute ist bei höheren Dosis-L. kleiner, die an C_2H_6 u. **IV** aber größer. Die Ausbeuten der anderen Prodd. sind nur geringen Änderungen unterworfen. Zur Erklärung nimmt Vf. folgende Rkk. an: 1. CH_3 + **XI** → CH_4 + neo-C_5H_{11}, 2. 2 $CH_3 \rightarrow C_2H_6$, 3. CH_3 + neo-C_5H_{11} → **IV** u. 4. CH_3 + tert.-C_4H_9 → **XI**. Bei hohen Dosis-L. wird die 1. Rk. durch die Konkurrenz-Rkk. unterdrückt, außerdem müssen noch sek. Rkk. auftreten bei relativ hohen Dosis-L. (ca. 5 Mrad), wodurch die **X**-Ausbeute weiter vermindert wird. Bei hohen Dosis-L. tritt wohl noch auf: CH_3 + tert.-C_4H_9 → CH_4 + **I**. Bei Durchführung der Radiolyse von **XI** in Ggw. von 1 Mol-% **II** war ein ungewöhnlich starkes Ansteigen der **V**- u. **VI**-Ausbeute zu verzeichnen. Bei Erhöhung der **II**-Konz. von 0 auf $20 \cdot 10^{17}$ Moll./ml fallen die Ausbeuten an H_2, **X** sowie **II** rasch ab, die an CH_4 dagegen nur relativ langsam. Oberhalb der genannten Konz. an **II** bleibt die H_2-Ausbeute konst., die an **VIII** u. **X** vermindert sich aber weiter bis zu einem minimalen Wert, die Ausbeuten an Pentenen, **IX** u. Nonenen nehmen dagegen zu, u. die Bldg. von C_2H_6 u. **IV** scheint von der Ggw. von **II** nicht beeinflußt zu werden. Hieraus wird geschlossen, daß die Radiolyse von **XI** durch Rkk. von Zwischenstoffen mit **II** kompliziert wird. Zur Erklärung wird angenommen, daß **II** mit therm. H-Atomen reagiert, wobei tert.-Butyl- u. Isobutylradikale, H_2 + Isobutylenradikale bzw. aus H u. **XI** H_2 u. Neopentylradikale entstehen. Vf. weist durch Berechnung nach, daß die H-Addition an **II** ca. 33000mal schneller erfolgt als die H-Abspaltung von **XI**. H-Atome scheinen also eine wichtige Rolle als Zwischenstoffe bei der Radiolyse von **XI** zu spielen. Das Geschw.-Verhältnis der Disproportionierung von zwei tert.-Butylradikalen zu **I** u. **II** zu der Kombination zu **VII** dürfte ca. 7 betragen. Bei hohen **II**-Konzz. tritt offenbar auch die Rk. 5: CH_3 + **II** → C_5H_{11} an Stelle der Rk. 1

auf, das gebildete Pentylradikal führt dann durch Disproportionierungs-Rkk. weiter zum Auftreten von Pentenen u. III. Das Geschw.-Verhältnis der Rk. 5 zur Rk. 1 wird zu 100 abgeschätzt. Schließlich wird geschlossen, daß Hydridion-Übertragungs-Rkk. nur von geringer Bedeutung bei der Radiolyse von fl. XI sind, jedenfalls läßt sich die Bldg. des Hauptteils der Prodd. durch die bekannten Radikal-Rkk. erklären.
B. Gnauck. B 226□

Die Röntgenbestrahlung von wässerigen Methanol-Lösungen. 1. Mitt. Reaktionen in H_2O. J. H. Baxendale und G. Hughes. (Z. physik. Chem., Frankf. Ausg. [N.F.] **14.** 306—22. März 1958. Manchester, Univ., Chem. Dep.) (Engl.)

Die Kinetik der Oxydation von *Methanol* zu Formaldehyd in wss. Lsg. durch Röntgenstrahlen wurde in Ggw. von Fe(III), Cu(II) u. Benzochinon (I) untersucht. Danach wird es ermöglicht, die prim. Ausbeuten an H, OH, H_2 u. H_2O_2 sowie die relative Geschw. der Rkk. von CH_3OH, Fe(III), Cu(II) u. I mit H-Atomen zu berechnen. Es zeigt sich, daß die Ausbeute an H_2 mit steigender Metallionen- oder I-Konz. abnimmt, daß jedoch die Wirksamkeiten der einzelnen Ionen dabei nicht ihrem Rk.-Vermögen mit H-Atomen parallel laufen. Die Ausbeute an H_2O_2 wird durch CH_3OH ebenfalls erniedrigt, nicht aber durch I. G. M. Neumann. B 226□

Die Röntgenbestrahlung von wässerigen Methanol-Lösungen. 2. Mitt. Reaktionen in D_2O. J. H. Baxendale und G. Hughes. (Z. physik. Chem., Frankf. Ausg. [N.F.] **14.** 323—38. März 1958.) (Engl.) — 1. vgl. vorst. Referat.

Vff. berichten über die Kinetik der Oxydation von *CH_3OH* in D_2O durch Röntgenstrahlen in Ggw. von Metallionen. Die prim. Ausbeute an D_2 wird durch Fe(III), Cu(II) u. CH_3OH erniedrigt; die Ausbeute an D durch Fe(III) u. Cu(II) wird erniedrigt, durch CH_3OH aber erhöht. Dieser Effekt wird mit einem Elektroneneinfang durch Metallionen sowie mit der Einw. von CH_3OH auf die Kombination von Radikalen erklärt. Die beobachteten Isotopieeffekte bei der Bldg. von H u. H_2 scheinen den Mechanismus der prim. Atom-Bldg. durch Elektroneneinfang durch W. gegenüber der Ionenneutralisation zu bestätigen. Ferner wurden die relativen Geschw. der Rkk. von CH_3OH, Fe(II), Fe(III) u. Cu(II) mit D-Atomen gemessen. Es zeigt sich, daß die Rk. von Fe(II) mit D in D_2O langsamer abläuft als die mit H in H_2O, während bei den Rkk. mit Fe(III) u. Cu(II) kein Isotopieeffekt beobachtet wurde. Mechanismen unter Mitwirkung von solvatisiertem W. geben eine ausreichende Erklärung für diese Beobachtungen.
G. M. Neumann. B 226□

Die Strahlenchemie wässeriger Lösungen von ^{14}C-Benzoe- und ^{14}C-Salicylsäure. A. M. Downes. (Austral. J. Chem. **11.** 154—57. Mai 1958. C.S.I.R.O., Melbourne, Univ., Chem. Dep.) (Engl.)

Der Einfl. ionisierender ^{60}Co-γ- u. 45 kV-Röntgenstrahlen auf wss. belüftete Lsgg. von *$^{14}C_{(CO)}$-Benzoe-* (I; aus Phenyl-MgBr u. $^{14}CO_2$) u. *$^{14}C_{(CO)}$-Salicylsäure* (II; aus Na-Phenolat u. $^{14}CO_2$) wurde untersucht; die Prod.-Zus. wurde mittels Tracer-Technik u. Chromatographie ermittelt. In Übereinstimmung mit Beobachtungen von Loebl u. Mitarbeitern (vgl. C. **1950/54.** 143 S) treten als I-Rk.-Prodd. II, m- u. p-Hydroxybenzoesäure auf. Die Anfangs-G-Werte sind 0,74 o-, 0,42 m- u. 0,33 p-Verb., das Verhältnis o-/m-/p-Verb. beträgt also 9:5:4 im Gegensatz zu dem Wert 5:2:10 von Loebl u. Mitarbeitern (l. c.). Für I u. das I-Na-Salz ist die Ausbeute an CO_2 $G(CO_2) = 0,73 \pm 0,03$; das Ausmaß der Decarboxylierung ist unabhängig von der Anfangs-Konz. an I im Bereich von $(0,5—7,0) \cdot 10^{-3}$m. Die Gesamt-Rk. von I entspricht einem G-Wert von ca. 2,6. Diphenyl wird, wenn überhaupt, nur in sehr geringen Mengen gebildet. Haupt-Prodd. der II-Bestrahlung sind 2.3- (F. 203—204°) u. 2.5-Dihydroxybenzoesäure im Verhältnis 2,5—2,3:1—1,6; die Bldg. der 2.4- u. 2.6-Isomeren wurde nicht beobachtet. II wird ebenfalls decarboxyliert, für alkal. Lsgg. von II beträgt $G(CO_2) = 1,53$. Die Ergebnisse werden mit denen anderer Rkk. über freie Radikale verglichen. Die Möglichkeit zur Verw. von ^{14}C-I-Na-Salz als Dosimeter für ionisierende Strahlung wird besprochen. G. Pötzscher. B 226□

Über die katalytische Hydrierung von o-, m- und p-Kresol an Legierungskatalysatoren. Shigeru Tsutsumi, Hisashi Akatsuka und Yukiya Sakamoto. (Technol. Rep. Osaka Univ. 6. 163—69. März 1956. Osaka, Univ., Dep. of Chem. Technol.) (Engl.)

Kresole lassen sich mit einem Ni/Al-Katalysator unter Druck quant. hydrieren. Die Einfl. des H_2-Drucks, der Temp. u. der Katalysatormenge wurden untersucht. Die besten Ausbeuten wurden bei Anwendung von 1 g NiAl-Legierung auf 10 g Kresol in 75 ml 2%ig. NaOH u. einem Anfangs-H_2-Druck von 50 atm bei $> 90°$ erhalten. Die Rk.-Zeit beträgt $> 1\frac{1}{2}$ Std., die Rk.-Geschw. nimmt bei 90° in der Reihenfolge *m-* $<$

o- < *p-Kresol* (< *Phenol*), bei 60° in der Reihenfolge p- < m- < o-Verb. zu. Die Hydrierung der o-Verb. verläuft bei hinreichender Menge (im Verhältnis zum Katalysator) als Rk. 1. Ordnung in bezug auf den H_2-Druck. W. Betcke. B 227 □

Spezifität von Nickelkatalysatoren. Wirkung organischer Zusätze auf die reduktive Dehydroxymethylierung und Dehydroxylierung primärer Alkohole. Herman Pines, Muthu Shamaiengar und W. S. Postl. (J. Amer. chem. Soc. **77.** 5099 bis 5102. 5/10. 1955. Evanston, Ill., Northwestern Univ., Dep. of Chem., Ipatieff High Pressure and Catalytic Labor.) (Engl.) — Vgl. C. **1956.** 13378.

In Ggw. kleiner Mengen S-Verbb., wie z. B. Thiophen (**I**), verläuft die durch Ni-Katalysatoren beschleunigte reduktive Dehydroxymethylierung (DHM) gesätt. prim. Alkohole (l. c.) hauptsächlich als reduktive Dehydroxylierung (DH) nach der Gleichung $RCH_2OH + H_2 \rightarrow RCH_3 + H_2O$. 3-Phenylpropanol zeigt bei 3 std. Erhitzen im rotierenden Autoklaven bei 250—300° u. 100 Atm. Anfangs-H_2-Druck in Ggw. von 10 Gew.-% Ni/Kieselguhr (Ni-K) Red. des aromat. Rings, nach Zusatz von 2,5 Gew.-% **I** entsteht jedoch *n-Propylbenzol*. 3-Cyclohexylpropanol (**II**) zeigt unter analogen Bedingungen 100%ig. DHM zu *Äthylcyclohexan* (**III**), in **I**-Ggw. jedoch 95%ig. DH zu *n-Propylcyclohexan* (**IV**). Die DH-Rk. erfordert höhere Temp. (300—330°) als die DHM (250 bis 300°). Analog entsteht aus 2-Cyclohexyläthanol *Methylcyclohexan* (**VIII**; 93%) bzw. **III** (100%). Raney- oder gefälltes Ni zeigen die gleiche Wrkg. wie Ni-K. Rk.-Verlauf u. Umsetzungsgrad werden durch Zusatz folgender Verbb. (0,3—1% berechnet auf S-Geh.) zu **II** beeinflußt (in Klammern Umsetzung von **II** in %; Mol-% gebildetes **III**; Mol-% gebildetes **IV**): CH_3SSCH_3 (89; 0; 100), $(n\text{-}C_4H_9)_2SO_2$ (95; 52; 48), $(C_6H_5CH_2)_2\cdot SO$ (—; 0; 100), Camphersulfonsäure (98; 1; 99), $CHCl_3$ (91; 0; 100), Pyridin (**V**; 100; 100; 0), **V** + **I** (2; —; —), $C_6H_5NH_2$ + **I** (< 2; —; —). Abhängig von der **I**-Konz. (Gew.-%) finden folgende Umsetzungen von **II** statt (in Klammern wie vorst.): 1,2% **I** (89; 0; 100), 0,6 (93; 0; 100), 0,3 (95; 18; 82). $CHCl_3$ zeigt eine **I**-analoge Wrkg., **V** allein ist ohne Wrkg., hemmt jedoch den Einfl. von **I** fast vollständig. 3.3-Dimethylbutanol (**VI**) erfährt in **I**-Ggw. gleichfalls 97%ig. DH zu *2.2-* (55%) u. *2.3-Dimethylbutan* (40%), ohne **I** entsteht nur *Neopentan* (l. c.). Abhängig von der Art des Ni-Katalysators entstehen aus 1-Methyl-1-hydroxymethylcyclohexan (**VII**) in **I**-Ggw. bei 84—88%ig. DH **III** (44—68%), *Methylcycloheptan* (9—46%), *1.2-Dimethylcyclohexan* (5—16%) u. **VIII** (5%, nur mit Raney-Ni); ohne **I** entsteht nur **VIII** (vgl. l. c.). Die Red. von **VI** bzw. **VII** zeigt, daß die DH eine ion. Rk. ist u. nach einem Carboniumion-Mechanismus verläuft, der im Falle von **VII** von einer C-Skelettumlagerung begleitet ist. Die Ergebnisse zeigen, daß Ni-Katalysatoren neben ihren Dehydrierungskontakt-Eigg. typ. sauren Charakter besitzen, der durch **I**-Einw. (S-Vergiftung) bes. hervortritt. Vff. diskutieren Rk.-Verlauf u. Katalysator-Eigg. an Hand der Vers.-Ergebnisse. G. Kirsten. B 227 □

Mechanismus der Hydrierung von Benzochinon an Pt, Pd/$CaCO_3$ und Skelett-Ni. N. M. Popowa und D. W. Ssokolski. (Журнал Физической Химии [J. physik. Chem.] **33.** 2573—78. Nov. 1959. Alma-Ata, Akad. der Wiss. der KasachSSR.) (Russ.; Auszug: Engl.)

Benzochinon (**I**) wird an Pt sowie an einem durch Fällung von Pt u. Pd auf $CaCO_3$ erhaltenen Katalysator (**II**) in einer Rk. nullter Ordnung zu *Hydrochinon* (**III**) hydriert, wobei das Potential sich um 0,66—0,68 V in das anod. Gebiet verschiebt, weil die Oberfläche des Katalysators adsorbierten H_2 abgibt u. sich das Redoxpotential des Syst. **I**—**III** einstellt; nach der Hydrierung des **I** wird Pt wieder zur H_2-Elektrode. An Raney-Ni wird **I** zu *Cyclohexandiol-(1.4)* hydriert. Die scheinbare Aktivierungsenergie der Red. von **I** an **II** beträgt 1—2 kcal/Mol. Vff. entwickeln einen Elektronenmechanismus, bei dem **II** zugleich als Elektronendonator u. -acceptor wirkt. Bei wiederholter Hydrierung von **I** an **II** ist die Aktivität unvermindert, während die des Ni durch die Menge des sorbierten H_2 bestimmt wird, wobei die H_2-Desorption durch **I** die Adsorption aus der Gasphase weit überwiegt. R. K. Müller. B 227 □

Einfluß von Zusätzen von Kaliumbromid auf den Mechanismus der katalytischen Hydrierung einiger organischer Verbindungen. D. W. Ssokolski und G. D. Sakumbajewa. (Журнал Физической Химии [J. physik. Chem.] **33.** 2579—85. Nov. 1959. Alma-Ata, Akad. der Wiss. der KasachSSR.) (Russ.; Auszug: Engl.)

Bei der Hydrierung verschiedener organ. Verbb. an Raney-Ni wird der Einfl. des Zusatzes einer 0,01-1n Lsg. von KBr in 50%ig. A. untersucht. Bei der Hydrierung von Cyclohexen nimmt die Aktivierungsenergie von 3600 (cal/Mol) ohne KBr auf 9300 bei 0,1 n KBr-Zusatz zu, bei Mesityloxid von 5000 auf 5100. Die katalyt. Hydrierung wird durch die Adsorption von Br^- erschwert. Die Adsorption nimmt zu in der Reihenfolge *Cyclohexen* < *Allylalkohol* < *Mesityloxid* < *p-Nitrophenol*. Die Änderung der Aktivierungsenergie in Ggw. von KBr beruht auf der Änderung des Verhältnisses der reagierenden Stoffe an der Katalysatoroberfläche. Bei Mesityloxid führen bereits kleine Zusätze von KBr (0,01 n) zu einer Erhöhung der Selektivität: die C=C-Gruppe wird nicht mehr hydriert. R. K. Müller. B 227 □

Hydratation von Olefinen in flüssiger Phase an Kationenaustauschharzen. A. T. Menjailo, M. Ja. Klimenko, S. N. Werchowskaja und M. M. Afanassjew. (Химическая Промышленность [Chem. Ind.] **1960.** 544—46. Okt./Nov.) (Russ.)

Bei der Hydratation von Olefinen (*Isobutylen, Propylen*) zu Alkoholen in fl. Phase, z. B. bei 100° u. 10—15 at, zeigen sich Sulfogruppen enthaltende Kationenaustauschharze (SBS, KU-2, SDW-3) als gute Katalysatoren von langer Wirksamkeit (700 Std. u. mehr). Es werden Alkohole von hohem Reinheitsgrad erhalten. Bei 160—170°, der bei der Hydratation von C_3H_6 zweckmäßiger anzuwendenden Temp., sind die Harze nicht genügend stabil. R. K. Müller. B 227 □

Katalytische Synthese von Aldehyden und Ketonen. 7. Mitt. Synthese von Acetaldehyd aus Essigsäure und Formaldehyd. I. P. Jakowlew. (Журнал Общей Химии [J. allg. Chem.] **30** (92). 1694—97. Mai 1960. Kostroma, Textilinst.) (Russ.) — 6. vgl. C. **1958**. 7093; 5. vgl. C. **1960.** 7135.

Es wird die Rk. zwischen äquimol. Mengen Essigsäure (95% ig.) u. Formaldehyd (34,1% ig. Lsg.) bei 175—425° am Cu-Cr-Oxidkatalysator untersucht. Bei der Rk. bilden sich *Acetaldehyd, Ameisensäure, CO*, CO_2 u. H_2 nach den Gleichungen: $CH_3COOH + HCHO \rightarrow CH_3CHO + HCOOH$ (zwischen 180 u. 380°); $CH_3COOH + HCOOH \rightarrow CH_3CHO + H_2O + CO_2$ (bei höheren Temp.); $HCHO \rightarrow H_2 + CO$ u. $HCOOH \rightarrow H_2 + CO_2$ bzw. $H_2O + CO$. Die Zus. der Katalysate (saure Verbb., Carbonyl-Verbb., HCOOH, CO_2, CO, H_2, HCHO, CH_3CHO, CH_3COOH) wird graph. u. tabellar. in Abhängigkeit von der Rk.-Temp. angegeben. Helmut Schäfer. B 227 □

C. Präparative organische Chemie. Naturstoffe

Einige Anwendungsmöglichkeiten von Raney-Nickel bei synthetischen und konstitutionellen Problemen. K. Venkataraman. (J. Indian chem. Soc. **35.** 1—18. Jan. 1958.) (Engl.)

Übersicht über die Red. mit Raney-Ni ohne zusätzlichen H_2, Desulfurierung, die Mozingo- u. Schwenk-Papa-Meth., N-Alkylierung, Desulfurierung von thioindigoiden Farbstoffen, die Wrkg. von Raney-Legierung/Alkali auf Anthrachinon-Derivv., Verw. bei der Synth. von γ-Resorcylsäure, 5-Hydroxyflavonen u. über neue allg. Meth. zur Red. von Chinonen zu den entsprechenden KW-Stoffen, wie Darst. von Dibenzopyrenen, 16.17-Dimethoxyviolanthren, 1-Azanaphthacen u. Benzanthracenen. — 66 Literaturangaben. W. Liebscher. 460 □

Synthese deuterierter Verbindungen von biologischem Interesse. N. P. Buu-Hoï und N. Dat Xuong. (C. R. hebd. Séances Acad. Sci. **247.** 654—56. 11/8. 1958.) (Franz.)

α-Thenoesäure liefert mit Raney-Ni-Al-Leg. in 99,5% ig. D_2O in Ggw. von Na-Methylat *2.2.3.4.5.5-Hexadeuterovaleriansäure*, die über das *Säurechlorid* in das entsprechende *Hexadeuteroamid* übergeführt wird. Friedel-Crafts-Rk. von C_6D_6 mit Acetylchlorid gibt *Acetylpentadeuterobenzol* (I). I gibt mit Isatin in alkohol. KOH nach einer Pfitzinger-Rk. *2-Pentadeuterophenylcinchoninsäure*, die zu *2-Pentadeuterophenylchinolin* decarboxyliert wird. Ausgehend von C_6D_6 wird nach Friedel-Crafts *Pentadeuterobenzophenon* synthetisiert, das mit Benzyl-MgCl das entsprechende *Carbinol* liefert. Dehydratisierung des Carbinols führt zu *α.β-Diphenyl-β-[pentadeuterophenyl]-äthylen*. Letztes gibt mit Br_2 in Chlf. das entsprechende *α-Bromderivat*.

Versuche: *2.2.3.4.5.5-Hexadeuterovaleriansäure*, $C_5H_4D_6O_2$, Kp. 183—184°, aus 10 g α-Thenoesäure in 99,5% ig. D_2O u. Na-Methylat mit Raney-Ni-Al-Leg. auf dem Wasserbad bis zum Ende der D_2-Entw.; n_D^{23} 1,4091; 5 g (Ausbeute). *Chlorid*, Kp. 127 bis 127,5°. *Amid*, $C_5H_5D_6NO$, F. 106°, über das Chlorid; aus Ae. perlmuttartige Plättchen. — *Acetylpentadeuterobenzol* (I), $C_8H_3D_5O$, Kp. 201—202°, aus C_6D_6 nach Friedel-Crafts; n_D^{23} 1,5428. — *2-Pentadeuterophenylcinchoninsäure*, $C_{16}H_6D_5NO_2$, F. 219—220°, aus I mit Isatin in Ggw. von methanol. KOH nach einer Pfitzinger-Rk.; aus A. Nadeln. — *2-Pentadeuterophenylchinolin*, $C_{15}H_6D_5N$, F. 89°, durch Decarboxylierung vorst. Verb.; aus Methanol Nadeln. *Pikrat*, F. 189, aus A. gelbe Prismen. — *Pentadeuterobenzophenon*, $Kp._{22}$ 186°, F. 50°, aus C_6D_6 nach Friedel-Crafts mit Benzoylchlorid. — *α.β-Diphenyl-β-[pentadeuterophenyl]-äthylen*, $C_{20}H_{11}D_5$, F. 71°, aus vorst. Verb. mit Benzyl-MgCl über das *Carbinol* u. Dehydratisierung; aus A. Nadeln. — *α-Brom-α.β-diphenyl-β-[pentadeuterophenyl]-äthylen*, $C_{20}H_{10}D_5Br$, F. 117°, aus vorst. Verb. mit Br_2 in Chlf.; aus A. perlmuttartige Nadeln. H. Gleinig. 480 □

Reduktion einiger Halogenverbindungen mit Chrom(II)-chlorid. F. A. L. Anet und Elaine Isabelle. (Canad. J. Chem. **36.** 589—90. März 1958. Ottawa, Univ., Dep. of Chem.) (Engl.)

Während sich 2-Chloräthanol von $CrCl_2$ unter den angewandten Bedingungen nicht red. läßt, gibt 2-Bromäthanol (I) neben einem *Hydrolyse-Prod.* in 20%ig. Ausbeute *Äthylen*, das als *Äthylendibromid* isoliert wird. Äthanol entsteht nicht. 2-Bromäthylamin liefert ein Gemisch von *Äthylamin*, NH_3 u. *Äthylen.*

Versuche: *Chrom(II)-chlorid-Lsg.*, durch Lösen von 100 g $CrCl_3 \cdot 6H_2O$ in 600 ml 15%ig. HCl u. Red. mit amalgamiertem Zn im N_2-Strom. — *Äthylendibromid*, a) durch 3std. Kochen von I mit $CrCl_2$ unter N_2 u. Einleiten des entstandenen *Äthylens* in Br_2; 22% (Ausbeute); b) analog aus 2-Bromäthylaminhydrochlorid; 49%; daneben *Äthylaminhydrochlorid* [F. 96—98° (A.); *Benzoyl-Deriv.*, F. 70°] u. NH_4Cl. — *Hydrolyse-Prod.* von I, durch 3std. Kochen von 5 g I mit 15%ig. HCl; Öl; 1 g. J. RUHNKE. 510□

Zur Kenntnis des Acetylendimagnesiumdibromides. Robert Werner. (Chem. Ber. **91.** 168—71. 30/1. 1958. Philadelphia, Pa., Temple Univ., Res. Inst.) (Dt.)

Die analyt. Unters. von *Acetylendimagnesiumdibromid* (I) u. *-dijodid* (II) zeigt, daß I u. II als Ätherate vorliegen. Ein steter Geh. an *Äthylmagnesiumbromid* bzw. *-jodid* erklärt unerwünschte Neben-Rkk. bei Verw. von I u. II zur Synth. von Polymeren. Aus dem gleichen Grunde können durch Umsetzung von I u. II mit Halogeniden der Elemente der 3.—5. Hauptgruppe keine Carbide erhalten werden. I u. II sind in Ae. schwer lösl., lichtbrechende Öle.

Versuche: *Acetylendimagnesiumdibromid* (I), $C_2Br_2Mg_2$, durch Einleiten von C_2H_2 in eine äther. Lsg. von C_2H_5MgBr in Ar unter Rühren bei 25° u. Abtrennen der öligen Phase; bräunlich fluorescierendes Öl; $D._4^{25}$ 1,172; Mol-Verhältnis Ae.:Mg ca. 2:1. — *Acetylendimagnesiumdijodid* (II), $C_2J_2Mg_2$, wie vorst. mit C_2H_5MgJ; $D._4^{25}$ 1,34. W. KROMBHOLZ. 530□

Notiz zur Reaktion bifunktioneller aliphatischer Grignard-Verbindungen. Gerhard Sieber und Irmhild Stehfest. (J. prakt. Chem. [4] **15 (287).** 118—20. Dez. 1961. Jena, Dt. Akad. der Wiss. zu Berlin, Inst. für Mikrobiol. u. exp. Therapie.) (Dt.)

Oktamethylenglykol (I) wird durch Rk. von Tetramethylen-bis-MgBr in Tetrahydrofuran (THF) mit Äthylenoxid in guter Ausbeute u. Reinheit hergestellt. Mit Tetramethylen-bis-MgCl wird reineres I erhalten, aber die Ausbeute ist niedriger. Führt man die 1. Rk. in Ae. durch, so wird *Äthylenbromhydrin* isoliert. Diese Neben-Rk. wird dadurch erklärt, daß die GRIGNARD-Verb. in Ae. unlösl. ist, während sie in THF lösl. ist. Analog wird Tetradekamethylenglykol in THF reiner erhalten als bisher in Ae.-Benzol.

Versuche: *Oktamethylenglykol*, $Kp._{0,05}$ 113—115°, durch langsames Zutropfen von Äthylenoxid in THF $< 20°$ zu einer bei 30—40° aus Tetramethylenbromid u. Mg-Spänen in THF bereiteten GRIGNARD-Verb., Stehenlassen über Nacht, Abziehen der Hauptmenge an THF u. Zers. mit Eis-HCl; 44,8% (Ausbeute). *Phenylurethan*, F. 173—174°. — Analog: *Nonamethylenglykol*, $Kp._{0,2}$ 130—132°; 43%. *Phenylurethan*, $C_{23}H_{30}N_2O_4$, F. 171—173°. *Dekamethylenglykol*, $Kp._{0,2-0,4}$ 132—139°; 47%. *Phenylurethan*, F. 169 bis 171°. E. KOSSMEHL. 570□

Über die Sulfate von Diolen. 4. Mitt. Jean Lichtenberger und Jean Hincky. (Bull. Soc. chim. France **1961.** 1495—98. Aug./Sept. Mulhouse, École Sup. de Chim., Labor. de Chim. Organ. Gén.) (Franz.) — 3. vgl. Bull. Soc. chim. France, Mém. [5] **1956.** 664; 2. vgl. C. **1950.** II. 2055.

Alkandiole-(1.2), -(1.3) bzw. -(1.4) geben mit $SOCl_2$ bzw. Dimethylsulfit *Alkandiolsulfite*, aus denen durch Oxydation mit Ca-Permanganat eine Reihe von *Alkandiolsulfaten* dargestellt werden. Umsetzung von Tetrahydrofuran mit Oleum liefert *Butandiol-(1.3)-sulfat* u. nicht das zu erwartende *Butandiol-(1.4)-sulfat.*

Versuche: Alkandiolsulfite, a) aus dem entsprechenden Diol in Chlf. mit einem Überschuß an $SOCl_2$ u. Kochen auf dem Wasserbad (1 Std.); b) aus dem Diol mit Dimethylsulfit bei 110—120°: *Butandiol-(1.3)-*, $Kp._7$ 68,5—69°. — *meso-Butandiol-(2.3)-*, $Kp._{14}$ 74—76°. — *Butandiol-(1.4)-*, $Kp._{13}$ 90,5—91°. — *2-Methylpentandiol-(2.4)-*, $Kp._{13}$ 95,5°—97°, F. 39°. — *2.2-Dimethylpropandiol-(1.3)-*, $Kp._{16}$ 74—74,5°, F. 23 bis 24°. — *cis-Cyclohexandiol-(1.2)-*, $Kp._{14}$ 117—119°. — *trans-Cyclohexandiol-(1.2)-*, $Kp._{14}$ 116—117°. — *Pentandiol-(2.4)-*, $C_5H_{10}O_3S$, $Kp._{13}$ 74—77°; nach a); $D._4^{20}$ 1,1676, n_D^{20} 1,4476; 70% (Ausbeute). — *cis-Butandiol-(1.4)-*, $C_4H_8O_3S$, $Kp._{13}$ 86—86,5°, nach b); $D._4^{21}$ 1,336, n_4^{21} 1,4862; 48%. — *cis-1-Methylcyclopentandiol-(2.3)-*, $C_6H_{10}O_3S$, $Kp._{13}$ 97—98°, nach a); $D._4^{21}$ 1,239, n_D^{21} 1,4688; 95%. — Alkandiolsulfate, aus den vorst. Alkandiolsulfiten in Eisessig u. Ca-Permanganat bei 0°: *Butandiol-(1.3)-*, F. 45—46°; 44%; oder aus dem Diol mit Oleum; 70%; oder aus Tetrahydrofuran mit Oleum; 10%. — *meso-Butandiol-(2.3)-*, $C_4H_8O_4S$, F. 48—49,5°; 54,3%. — *D-(—)-Butandiol-(2.3)-*, F. 6,1 bis 6,4°. — *Butandiol-(1.4)-*, $C_4H_8O_4S$, F. 44—45°; 56%. — *2.2-Dimethylpropandiol-(1.3)-*,

$C_5H_{10}O_4S$, F. 81—82°; 71%. — *Pentandiol-(2.4)-*, F. 40°; 12%; oder aus dem Diol mit Oleum; 73,5%. — *2-Methylpentandiol-(2.4)-*, $C_6H_{12}O_4S$, F. 60—62°; 86%. — *cis-Cyclohexandiol-(1.2)-*, $C_6H_{10}O_4S$, F. 41—43°; 26,8%. — *trans-Cyclohexandiol-(1.2)-*, F. 60,5 bis 61,5°; 14%. — *1-Methylcyclopentandiol-(2.3)-*, $C_6H_{10}O_4S$, F. 25—26°; 13%. — *Butandiol-(1.3)*, durch Kochen des Sulfats in Wasser. *Bis-phenylurethan*, F. 122—123°. — *Butandiol-(1.4)*, durch Kochen des Sulfats in Wasser. *Bis-phenylurethan*, F. 181—182°. H. GLEINIG. 590□

Nitroorganophosphorverbindungen. 1. Mitt. **Phosphit- und Phosphatester von 2-Nitro-2-methylpropanol-(1).** William Shelver, M. I. Blake und C. E. Miller. (J. Amer. pharmac. Assoc., sci. Edit. **47.** 72—73. Jan. 1958. Fargo, N.Dak., North Dakota Agric. Coll., School of Pharm.) (Engl.)

Es wird über eine Labor.-Meth. zur Herst. von *Phosphit-* u. *Phosphatestern* des *2-Nitro-2-methylpropanols-(1)* (**I**) berichtet. Die Oxydation der Phosphite mit $KMnO_4$ liefert die Phosphate.

Versuche: *Tris-[2-nitro-2-methylpropyl]-phosphit*, $C_{12}H_{24}N_3O_9P$, F. 91—93° (wss. Aceton), aus **I** u. PCl_3 in Ae. in Ggw. von Pyridin unter Kühlung; 50% (Ausbeute). — *Tris-[2-nitro-2-methylpropyl]-phosphat*, $C_{12}H_{24}N_3O_{10}P$, F. 151,5—152,5°, a) aus vorst. Verb. durch Oxydation mit $KMnO_4$; b) analog vorst. Verb. aus **I** u. $POCl_3$; 50%. — UV-Spektren sind angegeben. WALTER SIMON. 590□

Kondensation von Nitroalkanen mit 2.2-Dimethyl-β-hydroxypropion- und 2.2-Dimethyl-β-hydroxybutyraldehyd. Ss. Ss. Nowikow, M. Ss. Burmisstrowa und W. P. Gorelik. (Известия Академии Наук СССР, Отделение Химических Наук [Nachr. Akad. Wiss. UdSSR, Abt. chem. Wiss.) **1960.** 1876—78. Okt. Zelinsky-Inst. für organ. Chem. der Akad. der Wiss. der UdSSR.) (Russ.)

Bei der Rk. von α.α-Dimethyl-β-hydroxypropion- (**I**) u. -butyraldehyd (**II**) mit Nitromethan (**III**) in Ggw. von $Ba(OH)_2$ entstehen *1-Nitro-3.3-dimethylbutandiol-(2.4)* (**IV**) bzw. *1-Nitro-3.3-dimethylpentandiol-(2.4)*. Keten reagiert mit **IV** unter Bldg. von *1-Nitro-3.3-dimethyl-4-acetoxybuten-(1)*. Aus **I** u. Dinitromethan wurde ein Gemisch von unbeständigen Verbb. erhalten, das nicht getrennt werden konnte.

Versuche: *1-Nitro-3.3-dimethylbutandiol-(2.4)* (**IV**), $C_6H_{13}NO_4$, F. 57—57,5° (Ae. u. PAe.), man gibt zu 8,5 g **III** u. 1 g $Ba(OH)_2$ tropfenweise 12 g **I** in 45 ml Methanol, hält 2 Tage bei 20°, verd. mit W., neutralisiert mit H_2SO_4, filtriert u. extrahiert mit Ae.; n_D^{20} 1,4770; 18 g (Ausbeute). — *1-Nitro-3.3-dimethyl-4-acetoxybuten-(1)*, $C_8H_{13}NO_4$, Kp.$_2$ 135°, aus 2,6 g vorst. Verb. u. Keten in Ae.; n_D^{20} 1,4730; 1,8 g. — *1-Nitro-3.3-dimethylpentandiol-(2.4)*, $C_7H_{15}NO_4$, Kp.$_2$ 83—85°, man gibt zu 10 g **III**, 30 ml Methanol u. 1 g $Ba(OH)_2$ 15 g **II** u. rührt 28 Std. bei 20°; D.$_4^{20}$ 1,099; n_D^{20} 1,4526; 4 g. — *1-Nitro-3.3-dimethyl-4-acetoxypenten-(1)*, $C_9H_{15}NO_4$, Kp.$_{1,5}$ 85,5°, aus 10,5 g vorst. Verb. in 50 ml Ae. u. Keten; n_D^{20} 1,4730; 4,5 g. Daneben *1-Nitro-3.3-dimethyl-2.4-diacetoxypentan*, $C_{11}H_{19}NO_6$, Kp.$_{1,5}$ 134—135°; n_D^{20} 1,4690. RENATE RICHTER. 670□

Untersuchungen über die Halogenacroleine und ihre Derivate. β-Chlor-α.β-dibromacrolein. Marcelle Levas und Émile Levas. (C. R. hebd. Séances Acad. Sci. **247.** 651—54. 11/8. 1958. Rennes, Fac. des Sci.) (Franz.) — Vgl. C. **1959.** 9191.

β.β-Dichloracrolein gibt mit Br_2 im Dunkeln bei 50—60° das wenig stabile *α.β-Dibrom-β.β-dichlorpropanal* (**I**). Umsetzung von **I** mit Pyridin liefert *α-Brom-β.β-dichloracrolein* (**II**), frei von *α.β-Dibrom-β-chloracrolein* (**III**). **I** zersetzt sich ab —10° unter Entw. von HCl u. HBr unter Bldg. von **II**, **III** u. *α.β.β-Tribromacrolein*, die durch fraktionierte Dest. u. Kristallisation getrennt werden. **III** gibt mit Ag_2O *α.β-Dibrom-β-chloracrylsäure* (**IV**), mit Br_2 unter UV-Bestrahlung **IV**-*Bromid*, Kochen von **III** mit HCl führt zu **II**. Umsetzung von 1.3.3-Trichlorpropen-(2)-ylbutyläther mit Br_2 führt zu **II**.

Versuche: *α-Brom-β.β-dichloracrolein* (**II**), Kp.$_{17}$ 75,5—76°, a) aus **I** u. Pyridin; b) aus **III** in sd. HCl; c) aus 1.3.3-Trichlorpropen-(2)-ylbutyläther u. Br_2 (30 Min.); 40% (Ausbeute). — *α.β-Dibrom-β-chloracrolein* (**III**), Kp.$_{17}$ 98—99°, F. 47,5—48,5° (PAe.), durch Zers. von **I**; 36%; daneben 23% **II** u. *α.β.β-Tribromacrolein* (F. 63—64°, Kp.$_{17}$ 115—116°). *2.4-Dinitrophenylhydrazon*, F. 234° (A.). *Oxim*, F. 146—147,5° (verd. A.). — *α.β-Dibrom-β-chloracrylsäure* (**IV**), F. 95—96° (Heptan), aus **III** u. Ag_2O; 86%. *Bromid*, Kp.$_{17,5}$ 96—97°, aus **III** u. Br_2 unter UV-Licht; n_D^{20} 1,6019, D.$_4^{20}$ 2,523; 62%. *Amid*, F. 138—140° (Chlf.). H. GLEINIG. 670□

Kondensation von Mesityloxid und Trioxymethylen mit Hilfe von Ionenaustauschern. Joseph Wiemann und Sa-Le Thi Thuan (unter Mitarbeit von Françoise Landerer). (C. R. hebd. Séances Acad. Sci. **245.** 1552—53. 28/10. 1957. Paris, École Normale.) (Franz.) — Vgl. C. **1958.** 1826 u. 1827.

Mischkondens. von Mesityloxid u. Trioxymethylen liefert bei 95° mit Hilfe von Ionenaustauschern *2-Methylhexen-(2)-on-(4)-ol-(6)* (**I**) u. *2-Methyl-5-hydroxymethyl-*

hexen-(2)-on-(4)-ol-(6) (II), $C_8H_{14}O_3$, F. 66—67°. I wird an RANEY-Ni zu der *gesätt. Verb.* $C_7H_{14}O$ (Kp.$_{13}$ 100—102°, n_D^{21} 1,4424; D.$_4^{21}$ 0,967) hydriert. Durch 13std. Kochen von 5,5 g dieser Verb. mit 10%ig. KOH, Neutralisation u. Ae.-Extraktion werden 3,9 g *Rk.-Prod.* (Kp. 117°, $n_D^{22,5}$ 1,4258; D.$_4^{22,5}$ 0,804) erhalten, dessen IR-Spektrum auf das Vorliegen eines Gemisches aus einem *gesätt.* u. einem *ungesätt. Keton* hinweist, aus dem sich mit 2.4-Dinitrophenylhydrazin u. Chromatographie an Al_2O_3 *4-Methylpentanon-(2)-2.4-dinitrophenylhydrazon,* $C_{12}H_{16}N_4O_4$, F. 95—96°, u. *5-Methylhexen-(1)-on-(3)-2.4-dinitrophenylhydrazon,* F. 115—116°, isolieren lassen. *5-Methylhexen-(1)-on-(3)-semicarbazon,* $C_8H_{15}N_3O$, F. 171—172°. Hydrierung von 10,4 g II an RANEY-Ni liefert 2 Fraktionen: Kp.$_{15}$ 148—150° (1,5 g) u. Kp.$_{15}$ 103—105° (5 g), wobei letztere mit dem Hydrierungs-Prod. von I ident. zu sein scheint. H. GIEHRING. 740□

Synthese und einige Derivate des Buten-(3)-nitrils. John W. Lynn, Richard L. Roberts und John R. Kilsheimer. (J. org. Chemistry **26.** 4300—03. Nov. 1961. South Charleston, W. Va., Union Carbide Chem. Co., Res. Dep.) (Engl.)

Buten-(3)-nitril (I) u. *3-Methylbuten-(3)-nitril* werden durch Rk. von Allylchlorid (II) bzw. Methallylchlorid u. HCN in wss. Lsg. in Ggw. von $CuSO_4$ u. $CaCO_3$ in guter Ausbeute u. hoher Reinheit erhalten. Auch an einem Cu-Al-Oxid-Katalysator wird I neben 3-Chlorbutyronitril aus II u. HCN bei 150° hergestellt. Die Isomerisierung von I zum konjugierten *Buten-(2)-nitril* (III) durch Tributylamin, Tripropylamin, Triäthylamin, γ-Picolin, Pyridin, Morpholin, NH_3, n-Butylamin u. Diisobutylamin wird untersucht. Triäthylamin ist der wirksamste Katalysator, mit dem bei 120° in 4 Std. eine Gleichgewichtsmischung mit 98% III entsteht. I wird mit konz. HCl bei 50° in kurzer Zeit zum *Amid* u. dieses durch Verdünnen der Rk.-Lsg. mit W. u. kurzes Erhitzen auf 100° zur *Buten-(3)-säure* hydrolysiert. Bei UV-Bestrahlung u. Benzoylperoxid-Zusatz addiert I Thiole unter Bldg. von *Alkyl-3-cyanpropylsulfiden,* die durch Peressigsäure in Essigsäureäthylester in guter Ausbeute zu den entsprechende *Sulfonen* oxydiert u. wie oben beschrieben zu *Alkyl-3-carboxypropylsulfiden* hydrolysiert werden.

Versuche: *Buten-(3)-nitril* (I), Kp. 115°, a) durch Zugabe von fl. HCN zu einer Mischung von $CaCO_3$, $CuSO_4$ u. II in W. bei 40° innerhalb 1 Std. u. 4std. Rühren bei 40°; n_D^{30} 1,4015, D.$_{20}^{20}$ 0,8337; 87,5% (Ausbeute); b) durch Leiten einer 100° heißen Mischung von II u. HCN durch einen Cu-Al-Oxid-Katalysator bei 150°; 42,5% (bezogen auf eingesetztes II); daneben *3-Chlorbutyronitril;* 21%. — *3-Methylbuten-(3)-nitril,* Kp.$_{100}$ 76,5°, durch 1,5std. Zutropfen von Methallylchlorid u. HCN zu $CaCO_3$ u. $CuSO_4$ in W. bei 30—40° u. 5std. Rühren bei 40°; n_D^{30} 1,4143, D.$_4^{25}$ 0,8300; 93%. — *Buten-(3)-säure,* Kp.$_{20}$ 72—77°, durch 1std. Zutropfen von 2 Val konz. HCl zu I, 1std. Erwärmen auf 50° u. 1std. Kochen nach Wasserzugabe; n_D^{30} 1,4204; D.$_{20}^{20}$ 1,0087; 80%; enthält 2,8% Crotonsäure. — Alkyl-3-cyanpropylsulfide, durch 20—40std. Erwärmen von I mit dem entsprechenden Mercaptan auf 70—100° in Ggw. von 0,5% Benzoylperoxid unter UV-Bestrahlung: *Äthyl-,* $C_6H_{11}NS$, Kp.$_{2,0}$ 69°, n_D^{30} 1,4737, D.$_{20}^{20}$ 0,9718; 87%.— *Isopropyl-,* $C_7H_{13}NS$, Kp.$_{1,2}$ 73°, n_D^{30} 1,4689, D.$_{20}^{20}$ 0,9479; 91%. — *n-Butyl-,* $C_8H_{15}NS$, Kp.$_{1,5}$ 94°, n_D^{30} 1,4708, D.$_{20}^{20}$ 0,9423; 69%. — *Isobutyl-,* Kp.$_{3,5}$ 101°, n_D^{30} 1,4175, D.$_{20}^{20}$ 0,9475; 77%. — *tert.-Butyl-,* Kp.$_{2,0}$ 83°, n_D^{30} 1,4677, D.$_{20}^{20}$ 0,9351; 44%. — *n-Pentyl-,* $C_9H_{17}NS$, Kp.$_{1,5}$ 100—108°, n_D^{30} 1,4700, D.$_{20}^{20}$ 0,9326; 66%. — *Phenyl-,* $C_{10}H_{11}NS$, Kp.$_{2,0}$ 133°, n_D^{30} 1,5640, D.$_{20}^{20}$ 1,0919; 70%. — *Benzyl-,* $C_{11}H_{13}NS$, Kp.$_{2,0}$ 145°, n_D^{30} 1,5577, D.$_{20}^{20}$ 1,0715; 58%. — *n-Dodecyl-,* $C_{16}H_{31}NS$, Kp.$_{1,0}$ 165—175°, n_D^{30} 1,4695, D.$_{20}^{20}$ 0,8965; 87%. — *Carbäthoxymethyl-,* $C_8H_{13}NO_2S$, Kp.$_{6,0}$ 148°, n_D^{30} 1,4770, D.$_{20}^{20}$ 1,1030; 42,7%. — *β-Hydroxyäthyl-,* $C_6H_{11}NOS$, Kp.$_{2,0}$ 140°, n_D^{30} 1,5034, D.$_{20}^{20}$ 1,100; 37%. — *β-Hydroxyäthyl-2-methyl-3-cyanpropylsulfid,* $C_7H_{13}NOS$, Kp.$_{2,0}$ 146°, n_D^{30} 1,4972, D.$_{20}^{20}$ 1,0735; 85%. — *n-Propyl-2-methyl-3-cyanpropylsulfid,* $C_8H_{15}NS$, Kp.$_{0,5}$ 73°, n_D^{30} 1,4665, D.$_{20}^{20}$ 0,9354; 90%. — Alkyl-3-cyanpropylsulfone, durch 1std. Zugabe einer 20%ig. Lsg. von CH_3COOOH in Essigsäureäthylester zu dem Sulfid in Eisessig u. 3std. Rühren bei 25—27°: *Äthyl-,* $C_6H_{11}NO_2S$; 98%. — *Isopropyl-,* $C_7H_{13}NO_2S$, F. 50°; 99%. — *Isobutyl-,* $C_8H_{15}NO_2S$; n_D^{30} 1,4730; 99%. — *tert.-Butyl-;* 93%. — *Phenyl-,* $C_{10}H_{11}NO_2S$; 96%. — *n-Dodecyl-,* $C_{16}H_{31}NO_2S$, F. 76°; 74%. — *β-Hydroxyäthyl-,* $C_6H_{11}NO_3S$, n_D^{30} 1,4800; 99%. — *β-Hydroxyäthyl-2-methyl-3-cyanpropylsulfon,* $C_7H_{13}NO_3S$, n_D^{30} 1,4858; 99%. — *Isopropyl-3-carboxypropylsulfon,* $C_7H_{14}O_4S$, F. 61—66°; 91%. *2-Äthylhexylester,* $C_{15}H_{30}O_4S$, n_D^{30} 1,4602; 99%. — *Isopropyl-3-carboxypropylsulfid,* $C_7H_{14}O_2S$, Kp.$_{1,2}$ 112°, n_D^{30} 1,4742, D.$_{20}^{20}$ 1,0407; 83%. *2-Äthylhexylester,* $C_{15}H_{30}O_2S$, Kp.$_{1,0}$ 135°, n_D^{30} 1,4581, D.$_{20}^{20}$ 0,9288; 79%. — *n-Dodecyl-3-carboxypropylsulfid,* $C_{16}H_{32}O_2S$, F. 56—57°; 97%. *Äthylester,* $C_{18}H_{36}O_2S$, Kp.$_{0,5}$ 176—183°, n_D^{30} 1,4611, D.$_{20}^{20}$ 0,9201; 86%. E. KOSSMEHL. 810□

Einige Synthesen der Butan-1.2.4-tricarbonsäure. John W. Lynn und Richard L. Roberts. (J. org. Chemistry **26.** 4303—05. Nov. 1961. South Charleston, W. Va., Union Carbide Chem. Co., Res. Dep.) (Engl.) — Vgl. C. **1962.** 5626.

Die für die Kunststoffchemie interessante *Butan-1.2.4-tricarbonsäure* wird in einer techn. zufriedenstellenden 2-Stufen-Rk. aus Cyclohexen-(3)-aldehyd (I) durch Luft- u. anschließende HNO_3-Oxydation mit einem Ammoniummetavanadat–Kupfer-Katalysator bei 50—60° erhalten. Ähnlich werden mit HNO_3 2-Methylcyclohexen-(4)-carbonsäure zur *2-Methylbutan-1.3.4-tricarbonsäure*, Bicyclo-[2.2.1]-hepten-(5)-aldehyd zur *Cyclopentan-1.2.4-tricarbonsäure*, 1-Methylcyclohexen-(3)-aldehyd zur *2-Methylbutan-1.2.4-tricarbonsäure* u. Cyclohexen-(3)-dicarbonsäure-(1.6)-anhydrid zur *Butan-1.2.3.4-tetracarbonsäure* katalyt. oxydiert.

Versuche: *Butan-1.2.4-tricarbonsäure*, F. 117°, a) durch Zutropfen von 1 Mol I zu einer Mischung aus 10 Mol 70%ig. HNO_3, 0,1 Gew.-% Ammoniummetavanadat u. 0,25 Gew.-% Cu bei 50—60° innerhalb 1,5 Std., 4std. Rühren bei 50—60°, Abkühlen auf —5°, Abfiltrieren, Konz. des Filtrats durch Dest., HNO_3-Zugabe, 4maliges Wiederholen dieser Prozedur u. Verestern der in der Mutterlauge enthaltenen Säure mit A. zum *Butan-1.2.4-tricarbonsäuretriäthylester* [$C_{13}H_{22}O_6$, Kp.$_2$ 137°, n_D^{30} 1,4351]; 74,7% (Ausbeute); b) durch 3std. Luftoxydation einer gerührten Mischung aus I u. Co-Acetat in W., azeotrope Abdest. von I u. Oxydation der zurückbleibenden *Cyclohexen-(3)-carbonsäure* mit HNO_3 wie bei a); 65%; c) durch HNO_3-Oxydation von Cyclohexen-(3)-carbonsäure wie bei a); 85%; d) durch analoge HNO_3-Oxydation aus Cyclohexen-(3)-carbonsäurecyclohexen-(3)-ylmethylester; 62%; e) ähnlich a) aus Cyclohexen-(3)-carbonitril ohne Cu als Kokatalysator u. Isolierung als Triäthylester; 78,5%. — *2-Methylbutan-1.3.4-tricarbonsäuretriäthylester*, $C_{14}H_{24}O_6$, Kp.$_{0,5}$ 127—137°, durch HNO_3-Oxydation aus 2-Methylcyclohexen-(4)-carbonsäure u. Veresterung; n_D^{30} 1,4372, $D._{20}^{20}$ 1,0637; 61%. — *Butan-1.2.3.4-tetracarbonsäure*, $C_8H_{10}O_8$, F. 185° (meso-Form) u. 234° (dl-Form), mit HNO_3 aus Cyclohexen-(3)-dicarbonsäure-(1.6)-anhydrid in der üblichen Weise; 68%. — *Cyclopentan-1.2.4-tricarbonsäure*, $C_8H_{10}O_6$, F. 138—145° (Methyläthylketon u. Bzl.), aus Bicyclo-[2.2.1]-hepten-(5)-aldehyd u. HNO_3; 29,2%. *Triäthylester*, $C_{14}H_{22}O_6$, Kp.$_{0,5}$ 119 — Kp.$_{0,8}$ 140°, hellbraunes Öl, n_D^{30} 1,4398—1,4460. — *2-Methylbutan-1.2.4-tricarbonsäuretriäthylester*, $C_{14}H_{24}O_6$, Kp.$_{0,2}$ 103—116°, durch Oxydation von 1-Methylcyclohexen-(3)-aldehyd mit HNO_3 u. Veresterung; n_D^{30} 1,4370; 60%. E. KOSSMEHL. 830□

Sterische Hinderungen bei magnesiumorganischen Reaktionen. 20. Mitt. Synthese von Estern sekundärer α-Hydroxysäuren der aliphatischen und alicyclischen Reihe. I. I. Lapkin und N. A. Karawanow. (Журнал Общей Химии [J. allg. Chem.] **30(92)**. 1638—43. Mai 1960. Perm, Univ.) (Russ.) — 19. vgl. C. **1959**. 15334.

Durch Rk. von Diäthyl- (**I**), Di-n-propyl- (**II**), Diisopropyl- (**III**), Di-n-butyl- (**IV**) u. Diisobutyloxalat (**V**) mit n-Butyl-MgBr (**VI**), n-Heptyl-MgBr (**VII**), n-Octyl-MgBr (**VIII**), n-Nonyl-MgBr (**IX**), Cyclohexyl-MgCl (**X**) u. Isoamyl-MgBr (**XI**) werden *Äthyl-*, *n-Propyl-*, *Isopropyl-*, *n-Butyl-* u. *Isobutylester* der *α-Hydroxycapron-*, *α-Hydroxypelargon-*, *α-Hydroxycaprin-*, *α-Hydroxyundecan-*, *Cyclohexylglykolsäure* u. *2-Methylhexanol-(5)-säure-(6)* dargestellt. Prim. entstehen dabei Verbb. des Typs $RCH_2OCO—C(OMgBr)(X)—OCH_2R$, die in der Kälte infolge ster. Hinderung nicht weiter reagieren. Beim Erwärmen tritt dagegen Zers. zu RCHO u. $RCH_2OCO—CH(X)OMgBr$ ein. Letztere liefern bei der Hydrolyse die *α-Hydroxycarbonsäureester*. Die Zers. beim Erwärmen tritt bei X = Aryl, Cycloalkyl bereits bei ca. 40° in der äther. Lsg. ein, bei X = Alkyl muß auf 110—120° (in Toluol) erhitzt werden.

Versuche: Man gibt zu 0,25 Mol GRIGNARD-Verb. in Ae. unter Eis–NaCl-Kühlung 0,25 Mol Oxalsäureester in 2 Vol. Ae., gibt Toluol zu, dampft den Ae. ab u. kocht 2 Std.; danach hydrolysiert man, wäscht mit 10%ig. HCl, 10%ig. Soda u. Na_2SO_4-Lsg. zur Zerstörung der Emulsion u. dest. im Vakuum. Beim Ansäuern der Soda-Lsg. werden ca. 2 g der freien *α-Hydroxysäuren* erhalten. — Bei der Synth. niedermol. Ester (mit n-Butyl-MgBr u. Isoamyl-MgBr), fallen auch geringe Mengen *Ester* von *tert. Hydroxycarbonsäuren* an. Die Komplex-Verbb. aus Oxalsäurediester u. alicycl. Mg-Verbb. zerfallen bereits bei 40°, u. bei der Darst. der Cyclohexylglykolester ist die Zugabe von Toluol nicht erforderlich: *α-Hydroxycapronsäureäthylester*, $C_8H_{16}O_3$, Kp.$_3$ 67—68°, aus I u. VI; $D._4^{23}$ 0,9659; n_D^{32} 1,4240; 35% (Ausbeute). — *α-Hydroxypelargonsäure, n-Propylester*, $C_{12}H_{24}O_3$, Kp.$_8$ 126°, aus II u. VII; $D._4^{19}$ 0,9298; n_D^{19} 1,4378; 52%. *Isopropylester*, $C_{12}H_{24}O_3$, Kp.$_4$ 106°, aus III u. VII; $D._4^{21}$ 0,9206; n_D^{21} 1,4330; 40%. *n-Butylester*, $C_{13}H_{26}O_3$, Kp.$_5$ 125°, aus IV u. VII; $D._4^{20}$ 0,9223; n_D^{20} 1,4390; 50%. *Isobutylester*, $C_{13}H_{26}O_3$, Kp.$_5$ 120°, aus V u. VI; $D._4^{19}$ 0,9198; n_D^{19} 1,4376; 46%. *Methylester*, $C_{10}H_{20}O_3$, Kp.$_6$ 108°, durch Verestern der freien Säure mit Methanol–HCl; $D._4^{20}$ 0,9564; n_D^{20} 1,4375. — *α-Hydroxycaprinsäure, n-Propylester*, $C_{13}H_{26}O_3$, Kp.$_3$ 107—108° F. 23°, aus II u. VIII; 49%. *Isopropylester*, $C_{13}H_{26}O_3$, Kp.$_3$ 102—104° F. 25°, aus III u. VIII; 40%. *n-Butylester*, $C_{14}H_{28}O_3$, Kp.$_2$ 109—110°, F. 21°, aus IV u. VIII; 42%. *Isobutylester*, $C_{14}H_{28}O_3$, Kp.$_2$ 105—107°, F. 22°, aus V u. VIII; 41%. — *α-Hydroxyundecansäure, Äthylester*, $C_{13}H_{26}O_3$,

Kp.$_3$ 113—115°, F. 34°, aus I u. IX; 48%. *n-Propylester*, $C_{14}H_{28}O_3$, Kp.$_4$ 122—123°, F. 22°, aus II u. IX; 51%. *Isopropylester*, $C_{14}H_{28}O_3$, Kp.$_5$ 122—124°, F. 24°, aus III u. IX; 50%. *n-Butylester*, $C_{15}H_{30}O_3$, Kp.$_4$ 130—131°, F. 22°, aus IV u. IX; 48%. *Isobutylester*, $C_{15}H_{30}O_3$, Kp.$_4$ 125—127°, F. 23°, aus V u. IX; 50%. — *Cyclohexylglykolsäure, Äthylester*, $C_{10}H_{18}O_3$, Kp.$_3$ 89°, aus I u. X; D.$_4^{23}$ 1,0335; n_D^{23} 1,4530; 42%. *n-Propylester*, $C_{11}H_{20}O_3$, Kp.$_4$ 102—103°, aus II u. X; D.$_4^{17}$ 1,0049; n_D^{17} 1,4608; 44%. *Isopropylester*, $C_{11}H_{20}O_3$, Kp.$_4$ 98—100°, aus III u. X; D.$_4^{20,5}$ 1,0188; $n_D^{20,5}$ 1,4582; 40%. *n-Butylester*, $C_{12}H_{22}O_3$, Kp.$_{2,5}$ 112—113°, aus IV u. X; D.$_4^{19,5}$ 1,0063; $n_D^{19,5}$ 1,4621; 45%. *Isobutylester*, $C_{12}H_{22}O_3$, Kp.$_3$ 110°, aus V u. X; D.$_4^{19}$ 1,0107; n_D^{19} 1,4620; 40%. — *2-Methylhexanol-(5)-säure-(6)*, F. 61—62° (PAe.), aus IV u. XI u. anschließendes Verseifen des Rk.-Gemisches; 35%.

Helmut Schäfer. 850 □

Synthese der cis-9-Oxodecen-(2)-säure, des cis-Isomeren der „Königinnensubstanz". Michel Barbier und Marie-France Hügel. (Bull. Soc. chim. France **1961.** 1324—26. Juli. Gif-sur-Yvette, Inst. de Chim. des Substances Naturelles.) (Franz.)

1-Chlor-4-brombutan wird mit Na-Acetylid zu *1-Chlorhexin-(5)* umgesetzt, welches mit NaJ in Aceton *1-Jodhexin-(5)* liefert. Hieraus erhält man durch Rk. mit Acetessigester u. anschließende Ketonspaltung *2-Oxononin-(7)*, aus dessen Äthylenketal man nach Umsetzung mit C_2H_5MgBr durch Carbonisieren u. Hydrolyse des Ketals *9-Oxodecin-(2)-säure* gewinnt; deren Hydrierung über Lindlar-Katalysator führt zu einem Gemisch von *cis-9-Oxodecen-(2)-säure* (I), dem *trans-Isomeren* u. zwei weiteren, in ihrer Konstit. nicht aufgeklärten Produkten. I verhindert in einer Dosis von 0,1 mg pro 150 Bienen den Bau der Weiselzellen.

Versuche: *1-Chlorhexin-(5)*, Kp. 142—144°, aus 1-Chlor-4-brombutan u. Na-Acetylid in fl. NH_3 durch 7std. Kochen, Versetzen des Rückstandes mit W., Aufnehmen in Ae. u. Dest.; 82% (Ausbeute). — *1-Jodhexin-(5)*, Kp.$_{35}$ 94—95°, aus vorst. Verb. durch 20std. Kochen mit NaJ in Aceton, Filtrieren u. Dest.; 75%. — *2-Oxononin-(7)*, aus 18 g vorst. Verb. in abs. A., 11,2 g Acetessigsäureäthylester u. äquimol. Teilen Na-Äthylat-Lsg. durch 6std. Kochen, Versetzen mit W., Ausäthern, 3std. Kochen des Rückstandes der Ae.-Lsg. mit alkohol. KOH, Ansäuern mit HCl, 2std. Kochen u. Ausschütteln mit Ae.; gelbes Öl. *Äthylenketal*, durch Kochen mit Glykol u. Benzol u. einer Spur p-Toluolsulfonsäure unter azeotropem Abdest. des Rk.-Wassers. — *9-Oxodecin-(2)-säure*, aus vorst. Verb. in Ae. durch Versetzen mit C_2H_5MgBr, 3tägiges Stehen mit Trockeneis im Autoklaven, Versetzen mit W., Ansäuern, Extraktion der Ae.-Schicht mit Soda-Lsg., Ansäuern, Aufnehmen in Ae., $^1/_2$ std. Behandeln des Rückstandes mit 0,5 n-HCl bei 100° u. Ae.-Extraktion; 47% (bezogen auf Jodhexin). — *cis-9-Oxodecen-(2)-säure* (I), $C_{10}H_{16}O_3$, durch Hydrierung vorst. Verb. über Lindlar-Katalysator u. Chromatographie an Kieselgel; Öl; n_D^{22} 1,4650; 34% (Rohprodukt); daneben 2 weitere Substanzen. — *9-Oxodecansäure* $C_{10}H_{18}O_3$, F. 43—47°, aus vorst. Verb. durch katalyt. Hydrierung an Pt.

B. Föhlisch. 870 □

Synthese von Blausäure aus Kohlenmonoxid und Ammoniak mit Formamid als Zwischenprodukt. 1. Mitt. **Synthese von Methylformiat.** Takuya Hatano und Yoshihisa Ando. (Rep. Government chem. ind. Res. Inst., Tokyo **51.** 133—38. April 1956.) (Jap.; Auszug: Engl.)

Vff. untersuchen die katalyt. Wrkg. von Na auf die Bldg. von *Methylformiat* (I) aus CH_3OH u. CO bei verschiedenen Temp. u. Drucken. Ausbeuten von ca. 90,5% I werden bei Verw. von 2 Gew.-% Na, bezogen auf CH_3OH, bei 50—70° im Schüttelautoklaven erhalten. Der Umwandlungsgrad steigt mit dem CO-Druck; bei sehr großen CO-Drucken erreicht er einen höheren Wert, als sich aus der Ausbeute an I berechnen läßt. Einige Diagramme u. Tabellen sind angegeben. L. Schuler. 890 □

Synthese von Blausäure aus Kohlenmonoxid und Ammoniak mit Formamid als Zwischenprodukt. 2. Mitt. **Formamidsynthese.** Takuya Hatano und Yoshihisa Ando. (Rep. Government chem. ind. Res. Inst., Tokyo **51.** 139—43. April 1956.) (Jap.; Auszug: Engl.) — 1. vgl. vorst. Referat.

Formamid (I) entsteht in 92,3%ig. Ausbeute aus Methylformiat u. NH_3 bei normaler Temp. u. normalem Druck, wenn man die Rk. in Ggw. von wenig I durchführt. Als Material für die App. (Skizze) eignen sich Al, Sn u. rostfreier Stahl, Eisen dagegen nicht.

L. Schuler. 890 □

Synthese von Blausäure aus Kohlenmonoxid und Ammoniak mit Formamid als Zwischenprodukt. 3. Mitt. **Synthese der Blausäure.** Takuya Hatano. (Rep. Government chem. ind. Res. Inst., Tokyo **51.** 144—59. April 1956.) (Jap.; Auszug: Engl.) — 2. vgl. vorst. Referat.

Vff. beschreibt Verss. zur Darst. von *HCN* (I) durch therm. Zers. von Formamid (II), die in einem beheizten Quarzrohr (Skizze) durchgeführt wird. II liefert bei 300—600° bzw. 550—650° sowohl mit, als auch ohne Füllung des Rohres mit SiO_2 vorwiegend I, während mit Tonerdegel NH_3 u. CO gebildet werden. Elektrolyt. mit Al_2O_3 überzogenes Al führt **II** bei 550—600° in 90%ig. Ausbeute in **I** über; Zers. von **II** an Fe liefert dagegen fast ausschließlich CO_2, CO u. NH_3. Zufuhr von NH_3 hat auf die Zers. von **II** in Ggw. von SiO_2 keinen Einfl., unterdrückt dagegen Neben-Rkk. bei der Zers. von **II** an Fe. Nimmt man die Zers. von **II** bei vermindertem Druck vor, so findet auch an Fe, Ferrosilicium u. rostfreiem Stahl sehr gute Umsetzung zu **I** statt. Die Vers.-Ergebnisse werden diskutiert. — Diagramme u. Tabellen sind in größerer Anzahl aufgeführt.

L. SCHULER. 890□

Synthese von Blausäure aus Kohlenmonoxid und Ammoniak mit Formamid als Zwischenprodukt. 4. Mitt. **Zurückgewinnung der Blausäure.** Takuya Hatano. (Rep. Government chem. ind. Res. Inst., Tokyo **51.** 160—66. April 1956.) (Jap.; Auszug: Engl.) — 3. vgl. vorst. Referat.

Zur Abtrennung von NH_3 aus rohem *HCN* ist 10—72%ig. H_2SO_4 geeignet. Aus Verss. über die Absorption u. Hydrolyse-Geschw. von HCN in 1—10n H_2SO_4 bei maximal 80° ergibt sich, daß rohe, in verd. H_2SO_4 absorbierte HCN nicht nennenswert hydrolysiert wird u. bei Abdest. in reiner Form erhalten werden kann. — App. u. Diagramme sind aufgeführt. L. SCHULER. 890□

Synthese von Blausäure aus Kohlenmonoxid und Ammoniak mit Formamid als Zwischenprodukt. 5. Mitt. **Thermische Zersetzung von Formamid in Gegenwart von Wasser, Sauerstoff, Ammoniumformiat, Methanol, Ammoniak, Phosphorsäure, Ameisensäure und Kohlendioxid.** Takuya Hatano und Kazuo Shimizu. (Rep. Government chem. ind. Res. Inst., Tokyo **51.** 167—73. April 1956. (Jap.; Auszug: Engl.) — 4. vgl. vorst. Referat.

Bei der Zers. von Formamid (**I**) zu *HCN* (**II**) wird häufig, bes. wenn man **I** in fl. Phase zersetzt, ein bräunlicher Belag (**A**) beobachtet, der die Ausbeute an **II** beeinträchtigt. Das Auftreten von **A** kann durch Zusätze von W., O_2, NH_4-Formiat, CH_3OH oder NH_3 nicht verhindert werden. H_3PO_4 fördert die unerwünschte Zers. von **I** zu NH_3 u. CO. Während Essigsäure oder HCOOH die Bldg. von **A** kaum zurückdrängen, scheint CO_2 wirksam zu sein. L. SCHULER. 890□

Synthese von Blausäure aus Kohlenmonoxid und Ammoniak mit Formamid als Zwischenprodukt. 6. Mitt. **Thermische Zersetzung von Formamid in Gegenwart von Kupfer, Mangan, Messing und Cu-Mn-Legierung.** Takuya Hatano. (Rep. Government chem. ind. Res. Inst., Tokyo **51.** 174—77. April 1956.) (Jap.; Auszug: Engl.) — 5. vgl. vorst. Referat.

Während bei der therm. Zers. von Formamid (**I**) in einem mit Messing gefülltem Rohr bei 600° statt HCN (**II**) hauptsächlich Bldg. von CO_2 beobachtet wird, liefert **I** bei 550° an 1,4% Mn enthaltendem Cu **II** in sehr guter Ausbeute. L. SCHULER. 890□

Darstellung von ε-Diaminen. Suzanne Samné und Pierre Fréon. (C. R. hebd. Séances Acad. Sci. **244.** 3067—69. 17/6. 1957. Paris, Fac. de Sci., Labor. des Trav. prat. de chim. gén.) (Franz.)

ε-Diamine entstehen durch Red. entsprechender *ε-Dioxime* (**A**) entweder mit RANEY-Ni oder mit $LiAlH_4$. Die **A** erhält man aus Adipinsäuredichlorid u. Cd-organ. Verbb. u. Umsetzung der erhaltenen *ε-Diketone* mit H_2NOH.

Versuche: 1.6-Hexamethylendiamine: *1.6-Diäthyl-*, F. 290°, a) aus *Decan-dion-(3.8)-dioxim* [F. 99°; 95% (Ausbeute)] u. RANEY-Ni in A. bei 18°; 35%; b) analog a) mit $LiAlH_4$ in Ae. bei 35°; 8%. — *1.6-Dibutyl-*, F. 270°, a) aus *Tetradecandion-(5.10)-dioxim* (F. 115°; 99%) u RANEY-Ni in A. bei 18°; 6%; b) analog a) in Tetrahydrofuran (THF); 25%; c) mit $LiAlH_4$ in Ae. bei 35°; 85%. — *1.6-Bis-[β-phenyläthyl]-*, F. 230°, a) aus *1.10-Diphenyldecandion-(3.8)-dioxim* (F. 168°; 85%) u RANEY-Ni in A. bei 40 bis 50°; 33%; b) mit $LiAlH_4$ in THF bei 65°; 71%. — *1.6-Diphenylhexandion-(1.6)-dioxim*, F. 230°; 90%. G. ZIEBARTH. 910□

Darstellung von ε-Diketonen durch Reduktion von Vinylketonen; Überführung in isomere ε-Diamine. Joseph Wiemann und Jean Kossanyi. (C. R. hebd. Séances Acad. Sci. **247.** 649—51. 11/8. 1958. Paris, Labor. de Chim. organ. structurale.) (Franz.)

Red. von Propylvinylketon mit Zn oder Mg liefert *Dodecandion-(4.9)* ($C_{12}H_{22}O_2$, F. 51 bis 52°; *Bis-2.4-dinitrophenylhydrazon*, F. 156°) u. *Hexanon-(3)* (Kp. 123°, n_D^{21} 1,3895; *2.4-Dinitrophenylhydrazon*, F. 129,5°). Hydrierung von Octandion-(2.7)-dioxim über RANEY-Ni liefert *2.7-Diaminooctan* (**I**, $C_8H_{20}N_2$, Kp.$_{10}$ 95°, n_D^{24} 1,452; *adipinsaures Salz*, F. 215°) im Gemisch mit *sek. Amin* u. *Aminoalkohol*. Octandion-(2.7) (**II**) gibt bei der Hydrierung über RANEY-Ni in Ggw. von NH_3 **I** neben 2 tiefersd. Fraktionen, die jeweils ein *adipinsaures Salz* geben (F. 230° bzw. F. 216—217°). Hydrierung von **II** in A. + NH_3 liefert neben **I** eine *Verb. vom Kp.*$_{20}$ (n_D^{20} 1,459), die mit Phenylisocyanat zu einer *Verb. vom F. 162—165°* reagiert. H. GLEINIG. 910□

dl-Serin. S. K. Guha und J. N. Ray. (J. Indian chem. Soc. **35.** 695. Sept. 1958. Bombay, Inst. of Sci.) (Engl.)

Vff modifizieren die von Mahajani u. Ray (vgl. C. **1962.** 2330) beschriebene Meth. zur Synth. des *dl-Serins.*

Versuche: *dl-Serin,* F. 246° (Zers.), durch Zugabe von 3 g Paraformaldehyd in A. zu 3,4 g Methylenaminoacetonitril in A. unterhalb von 55°, Eintropfen der Lsg. von 1,15 g Na in 25 ml A., 2std. Rühren, 12std. Aufbewahren bei 50°, Eindampfen im Vakuum auf ca. 30 ml, 2std. Kochen mit 5%ig. äthanol. KOH, Auflösen des nach 24std. Stehen ausgeschiedenen Nd. in W., Zugabe von 10%ig. H_2SO_4, 2std. Erhitzen auf 90°, Entfernen von H_2SO_4 mit $PbCO_3$, Einleiten von H_2S in die filtrierte Lsg. u. Einengen des PbS-Filtrates im Vakuum — 1,3 g (Ausbeute). E. Huschenbeth. 950□

Fluoralkyl- und 3-[Fluoralkoxy]-propylpolysiloxane. Omar W. Steward und Ogden R. Pierce. (J. org. Chemistry **26.** 2943—47. Aug. 1961. Midland, Mich., Dow Corning Corp.) (Engl.)

Die Synth. von *7 Fluoralkyl-* u. *3-[Fluoralkoxy]-propylpolysiloxanen* wird beschrieben. Die Zwischen-Prodd. werden charakterisiert. Der Vers., β-Cyanäthylpolysiloxan darzustellen, war erfolglos.

Versuche: *1H.1H-Pentadekafluoroctanol-(1),* $Kp._8$ 68,5°, durch Veresterung von Perfluoroctansäure mit A. mit H_2SO_4 u. Red. des entstandenen *Perfluoroctansäureäthylesters* [$Kp._8$ 62—63°; $D._4^{25}$ 1,623, n_D^{25} 1,3093; 83% (Ausbeute)] mit $LiAlH_4$ in Ae.; 89%. — Fluoralkylallyläther: *2.2.2-Trifluoräthyl-,* $Kp._{740}$ 75,5°, durch Zugabe von Na zu 2.2.2-Trifluoräthanol in Dimethylcarbitol (DC), Kochen, Zutropfen von Allylchlorid u. 20std. Rühren bei 80° (Meth. **A**); $D._4^{25}$ 1,089, n_D^{25} 1,3352; 66%. — *1H.1H-Heptafluorbutyl-,* $Kp._{747}$ 105,5°, a) durch Zugabe von Na zu 1H.1H-Heptafluorbutanol-(1) in abs. Ae., Kochen, Zutropfen von Allylbromid u. 16std. Kochen (Meth. **B**); $D._4^{25}$ 1,310, n_D^{25} 1,3205; 67%; b) durch 3tägiges Kochen von 1H.1H-Heptafluorbutanol-(1), Aceton, wasserfreiem K_2CO_3 u. Allylbromid (Meth. **C**); 52%. — *1H.1H-Pentadekafluoroctyl-,* $Kp._{745}$ 178°, nach **C**; $D._4^{25}$ 1,561, n_D^{25} 1,3202; 37%. — *2.2.3.3-Tetrafluorpropyl-,* $Kp._{740}$ 110°, nach **A**; $D._4^{25}$ 1,183, n_D^{25} 1,3471; 43%. — *1H.1H.5H-Oktafluorpentyl-,* $Kp._{749}$ 150—151°, nach **A**; $D._4^{25}$ 1,392, n_D^{25} 1,3392; 21%. — *1H.1H.7H-Dodekafluorheptyl-,* $Kp._{25}$ 90,6°, nach **B**; $D._4^{25}$ 1,515, n_D^{25} 1,3341; 24%. — *1H.1H.11H-Eikosafluorundecyl-,* F. 23,5—24,5°, $Kp._{4,5}$ 105°, a) nach **C**; $D._4^{25}$ 1,659, n_D^{25} 1,3306; 25%; b) analog a) mit Methylisobutylketon als Lsgm.; 35%. — *γ-[2.2.2-Trifluoräthoxy]-propylmethyldichlorsilan,* $Kp._{23}$ 92°, durch Lösen des entsprechenden Allyläthers mit Methyldichlorsilan u. H_2PtCl_6 in DC u. 8std. Kochen; $D._4^{25}$ 1,231, n_D^{25} 1,4010; 69%. — *γ-[1H.1H-Heptafluorbutoxy]-propylmethyldichlorsilan,* $Kp._{14}$ 96°, analog vorst. Verb.; $D._4^{25}$ 1,358, n_D^{25} 1,3766; 67%. — Trichlorsilane: *γ-[1H.1H-Heptafluorbutoxy]-propyl-,* $Kp._{32}$ 112°, analog vorst. Verb.; $D._4^{25}$ 1,459, n_D^{25} 1,379; 72%. — *γ-[1H.1H-Pentadekafluoroctyloxy]-propyl-,* $Kp._{7,5}$ 125°; $D._4^{25}$ 1,609, n_D^{25} 1,3613; 66%. — *γ-[1H.1H.11H-Eikosafluorundecyloxy]-propyl-,* F. 29—30° (zugeschmolzene Capillare), $Kp._2$ 143—145°; 54%. — Silane: *3.3.3-Trifluorpropyl-* (I), $Kp._{742}$ 31°, durch 4std. Zugabe von 3.3.3-Trifluorpropyltrichlorsilan in Tetrahydrofuran (THF) zu $LiAlH_4$ in abs. THF unter N_2 bei 40—50° u. Erhitzen auf 60°; $D._4^{25}$ 0,974, n_D^{25} 1,3211 44%. — *β Cyanäthyl-,* $Kp._{16}$ 39°, durch 6std. Zugabe von β-Cyanäthyltrichlorsilan in Ae. zu $LiAlH_4$ in abs. Ae. unter N_2 bei 0° u. 16std. Rühren; $D._4^{25}$ 0,836, n_D^{25} 1,4255; 39%. — *3.3.3-Trifluorpropyltriäthoxy-,* $C_9H_{19}F_3O_3Si$, $Kp._{27}$ 81°, durch Lösen von Na in abs. A., 1std. Zutropfen zu vorvorst. Verb. in THF bei 0°, 16std. Rühren u. fraktionierte Dest.; n_D^{25} 1,3648; 69%. — *β-Cyanäthyldiäthoxy-,* $Kp._{12}$ 97°, durch 1½std. Zugabe von abs. A. zu vorvorst. Verb., abs. Ae. u. H_2PtCl_6 in DC u. 16std. Rühren; $D._4^{25}$ 0,945, n_D^{25} 1,4132; 39%; daneben *β-Cyanäthyltriäthoxysilan,* $Kp._{12}$ 114°; $D._4^{25}$ 0,974, n_D^{25} 1,4108; 28%. — *3.3.3-Trifluorpropyldiäthoxy-,* $Kp._{38}$ 63°, analog vorst. Verb.; $D._4^{25}$ 1,031, n_D^{25} 1,3578; 79%; gibt durch schnelle Zugabe zu 0,01n HCl, ½std. Rühren, Zugabe von Bzl. u. Dest. *Poly-[3.3.3-trifluorpropylsiloxan];* $D._4^{25}$ 1,348, n_D^{25} 1,3689; 91%. — *2-[Trifluormethyl]-5.5.5-trifluorpentyl-,* $Kp._{749}$ 110—111°, analog **I**; $D._4^{25}$ 1,186, n_D^{25} 1,3458; 70%. — *2-[Trifluormethyl]-5.5.5-trifluorpentyldiäthoxy-,* $Kp._8$ 68°, analog vorvorst. Verb.; $D._4^{25}$ 1,152, n_D^{25} 1,3597; 84%; gibt analog vorvorst. Verb. *Poly-[2-(trifluormethyl)-5.5.5-trifluorpentylsiloxan];* $D._4^{25}$ 1,437, n_D^{25} 1,3731; 86%. — *γ-[1H.1H-Heptafluorbutoxy]-propyl-,* $Kp._{43}$ 59,5°; $D._4^{25}$ 1,217, n_D^{25} 1,3433; 70%. — *γ-[1H.1H-Heptafluorbutoxy]-propyldiäthoxy-,* $Kp._{11}$ 97°; $D._4^{25}$ 1,191, n_D^{25} 1,3613; 77%; gibt *Poly-[γ-(1H.1H-heptafluorbutoxy)-propylsiloxan];* $D._4^{25}$ 1,432, n_D^{25} 1,3648; 91%. — *γ-[1H.1H-Pentadekafluoroctyloxy]-propyl-,* $Kp._9$ 83°; $D._4^{25}$ 1,458, n_D^{25} 1,3350; 78%. — *γ-[1H.1H-Pentadekafluoroctyloxy]-propyldiäthoxy-,* $Kp._4$ 115—116°; $D._4^{25}$ 1,388, n_D^{25} 1,3493; 74%; gibt *Poly-[γ-(1H.1H-Pentadekafluoroctyloxy)-propylsiloxan];* $D._4^{25}$ 1,631, n_D^{25} 1,3507; 90%. — *γ-[1H.1H.11H-Eikosafluorundecyloxy]-propyl-,* F. 25,3—26,1°, $Kp._1$ 96—97°; Nadeln; 84%. — *γ-[1H.1H.11H-*

Eikosafluorundecyloxy]-propyldiäthoxy-, Kp.$_{0,9}$ 133°; D.$_4^{25}$ 1,478, n_D^{25} 1,3522; 61%; liefert 93% *Poly-[γ-(1H.1H.11H-eikosafluorundecyloxy)-propylsiloxan]*; F. 91–110°.

P. GOLINSKE. 980□

Katalytische Hydrierung siliciumhaltiger β- und γ-Nitrile. L. Ch. Freidlin, A. D. Petrow, T. A. Sladkowa und W. M. Wdowin. (Известия Академии Наук СССР, Отделение Химических Наук [Nachr. Akad. Wiss. UdSSR, Abt. chem. Wiss.] **1960.** 1878–81. Okt. Zelinsky-Inst. für organ. Chem. der Akad. der Wiss. der UdSSR.) (Russ.)

Vff. untersuchen die Red. von β-Cyanäthyl- u. γ-Cyanpropylsilanen zu den entsprechenden Aminen in Methanol, A. oder ohne Lsgm. bei 75–150° u. 75–145 at H_2-Druck in Ggw. von Skelett-Co, Skelett-Ni oder Pt-Kohle u. in Ggw. oder Abwesenheit von NH_3. Von den untersuchten Katalysatoren erwies sich Skelett-Co als am besten geeignet. Alkoxysilane bilden bei Abwesenheit von NH_3 neben prim. auch sek. Amine.

Versuche: Silane: *β-Cyanäthyltrimethoxy-*, $C_6H_{13}NO_3Si$, Kp.$_{10}$ 103–105°, aus β-Cyanäthyltrichlorsilan u. abs. Methanol in Ggw. von Pyridin; D.$_4^{20}$ 1,0573; n_D^{20} 1,4130; 75–85% (Ausbeute). — *γ-Aminopropyltrimethyl-*, Kp.$_{27}$ 55°, D.$_4^{20}$ 0,7915; n_D^{20} 1,4300. — *ω-Aminobutylmethyldimethoxy-*, Kp.$_4$ 58–60°, Kp.$_{6,5}$ 74°; D.$_4^{20}$ 0,9430; n_D^{20} 1,4330. — *γ-Aminopropyltrimethoxy-*, Kp.$_5$ 67°, Kp.$_{15,5}$ 91–92°; D.$_4^{20}$ 1,0265; n_D^{20} 1,4235. — *γ-Aminopropyltriäthoxy-*, Kp.$_3$ 68°, Kp.$_9$ 92°; D.$_4^{20}$ 0,9506; n_D^{20} 1,4225.

RENATE RICHTER. 980□

Strukturen von Silylderivaten des Acetessigsäureäthylesters. Robert West. (J. org. Chemistry **23.** 1552–53. Okt. 1958. Madison, Wis., Univ., Dep. of Chem.) (Engl.)

Vf. folgert aus den physikal. u. chem. Eigg. u. dem IR-Spektrum des *Trimethyl-* u. *Dimethylsilyl-Derivv.* des *Acetessigsäureäthylesters* (I) für diese die β-Siloxycrotonatstruktur $CH_3-C(OSiR_3)=CH-COOC_2H_5$, die schon früher von GILMAN u. CLARK (vgl. J. Amer. chem. Soc. **69.** [1947.] 967) vorgeschlagen wurde. Die Rk. zwischen $SiCl_4$ u. **I** gibt eine krist. Verb. mit Chelatstruktur, bei der drei **I**-Mol. das Si-Atom umgeben. Die Struktur der Silyl-Verbb. wird IR-spektroskop. gesichert.

Versuche: *3-Trimethylsiloxybuten-(2)-säureäthylester*, $C_9H_{18}O_3Si$, Kp.$_7$ 76–78°, aus Na, **I** u. Trimethylchlorsilan in Toluol durch 2std. Kochen u. Rühren, Filtration u. Einengen der Lsg. im Vakuum; campherähnlich riechende Fl.; D.$_4^{25}$ 0,941; n_D^{25} 1,4393; 61% (Ausbeute). — *Bis-[α-methyl-β-carbäthoxyvinyloxy]-dimethylsilan*, $C_{14}H_{24}O_6Si$, Kp.$_{0,1}$ 119–121°, aus Na, **I** u. Dimethyldichlorsilan; D.$_4^{25}$ 1,049; n_D^{25} 1,4602; 20%. — *Tris-[α-methyl-β-carbäthoxyvinyloxy]-chlorsilanhydrogenchlorid*, $C_{18}H_{28}Cl_2O_9Si$, aus 3 Mol **I** u. 1 Mol $SiCl_4$ in Ae. durch 1std. Kochen u. Aufbewahren bei 0°. H. SANDNER. 980□

Analoga der Neopentylgruppe. 4. Mitt. **Trimethylsilylmethyldichlorphosphin.** Dietmar Seyferth und Walter Freyer. (J. org. Chemistry **26.** 2604–05. Juli 1961. Cambridge, Mass., MIT, Dep. of Chem.) (Engl.) — 3. vgl. C. **1960.** 3149.

PCl_3 wird mit Bis-[trimethylsilylmethyl]-Hg (**I**), Tetrakis-[trimethylsilylmethyl]-Pb (**II**) u. Trimethylsilylmethyl-MgCl (**III**) umgesetzt. Während **I** mit PCl_3 nicht reagiert, wird bei der Rk. von PCl_3 mit **II** wenig *Trimethylsilylmethyldichlorphosphin* (**IV**) neben *Tris-[trimethylsilylmethyl]-Pb-chlorid* erhalten. In besserer Ausbeute entsteht **IV** aus PCl_3 u. **III**. **IV** wird von Cl_2 unter Bldg. von *Trimethylchlorsilan* u. *PCl_5* gespalten, wobei zunächst die Si–C-Bindung angegriffen wird.

Versuche: *Bis-[trimethylsilylmethyl]-Hg* (**I**), $C_8H_{22}HgSi_2$, Kp.$_{0,35}$ 49–50°, durch Zugabe der aus Mg u. 0,6 Mol Chlormethyltrimethylsilan erhaltenen GRIGNARD-Verb. (**III**) in Tetrahydrofuran (THF) zu 0,28 Mol $HgCl_2$ in THF bei –10°, 1std. Kochen u. Zers. mit NH_4Cl-Lsg.; n_D^{25} 1,4869; 48,5% (Ausbeute). — *Tetrakis-[trimethylsilylmethyl]-Pb* (**II**), $C_{16}H_{44}PbSi_4$, Kp.$_{0,01}$ 104–105°, aus 2 Mol **III** in 450 ml THF u. 1 Mol $PbCl_2$ bei –10°, 5std. Kochen; Hydrolysieren bei –10° mit NH_4Cl-Lsg., Filtrieren u. Dest.; 37%. — *Trimethylsilylmethyldichlorphosphin* (**IV**), $C_4H_{11}Cl_2PSi$, Kp.$_{1,5}$ 50°, a) aus 39 g **II** u. 480 g PCl_3 durch 16std. Kochen; 2,2 g; daneben *Tris-[trimethylsilylmethyl]-PbCl* ($C_{12}H_{33}ClPbSi_3$, F. 214–216°; 19,5 g); b) aus äquimol. Mengen **III** u. PCl_3 in Ae. bei –10°, 1std. Rühren bei Raum-Temp., Einleiten von HCl, Filtrieren u. Aufarbeitung der Ae.-Lsg.; 43%. — *Trimethylchlorsilan*, Kp. 55–56°, aus 47 g **IV** in 1.1.2.2-Tetrachloräthan durch Einleiten von Cl_2 bei –20° unter N_2 im Dunkeln; n_D^{25} 1,3855; 22 g; daneben 24 g einer *gelblichen Verbindung*; liefert bei der Hydrolyse eine saure Lsg., aus der nach Neutralisation mit NH_2OH mit $BaCl_2$ ein *Ba-Salz*, $CH_2ClBaPO_3$, ausfällt. — *Aniliniumphosphat*, $C_6H_{10}O_4NP$, F. 183–184° (A.), aus vorst. *Verb.* durch Hydrolyse u. Zusatz von Anilin. K. RÜHLMANN. 980□

Untersuchungen auf dem Gebiet der Derivate der ungesättigten Phosphonsäuren. 22. Mitt. **Anlagerung von Phosphorpentachlorid an Isopropenylacetylen.** K. N. Anissimow, G. M. Kunitzkaja und N. A. Slowochotowa. (Известия Академии

Наук СССР, Отделение Химических Наук [Nachr. Akad. Wiss. UdSSR, Abt. chem. Wiss.] **1961.** 64—71. Jan. Inst. für metallorg. Verbb. der Akad. der Wiss. der UdSSR; Physikochem. Karpow Inst.) (Russ.) — 21. vgl. C. **1959.** 15324.

Die Rk. von 2-Methylbuten-(1)-in-(3) (I; Isopropenylacetylen) mit PCl_5 führt bei anschließender Aufarbeitung mit SO_2 nebeneinander zu *1.2.3.4-Tetrachlor-2-methylbuten-(3)* u. zum *Dichlorid* der *2-Chlor-3-chlormethylbutadien-(1.3)-phosphonsäure* (II), das in verschiedene Ester umgewandelt wurde. Durch Zn wird II-Diäthylester zu *3-Methylbuten-(3)-phosphonsäurediäthylester* reduziert. Die IR-Spektren der neuen Verbb. sind wiedergegeben u werden ausführlich diskutiert.

Versuche: *2-Chlor-3-chlormethylbutadien-(1.3)-phosphonsäure* (II), *Dichlorid*, $C_5H_5 \cdot Cl_4OP$, Kp.$_3$ 121°, durch Rk. von I mit PCl_5 in abs. Bzl. bei 0—5° u. Behandeln mit SO_2; n_D^{20} 1,5405; $D._4^{20}$ 1,5400; 59% (Ausbeute) [daneben *1.2.3.4-Tetrachlor-2-methylbuten-(3)*, $C_5H_6Cl_4$, Kp.$_3$ 60°, n_D^{20} 1,5191, $D._4^{20}$ 1,4962; 16,7%]. *Dimethylester*, $C_7H_{11}Cl_2O_3P$, Kp.$_3$ 136°, aus vorst. Dichlorid u. abs. Methanol in Ggw. von Pyridin; n_D^{20} 1,4957; $D._4^{20}$ 1,3155; 69%. *Diäthylester*, $C_9H_{15}Cl_2O_3P$, Kp.$_2$ 142,5°, n_D^{20} 1,4838; $D._4^{20}$ 1,2365; 73%. *Di-n-propylester*, $C_{11}H_{19}Cl_2O_3P$, Kp.$_2$ 141°, n_D^{20} 1,4805; $D._4^{20}$ 1,1749; 67,5%. — *3-Methylbuten-(3)-phosphonsäurediäthylester*, $C_9H_{19}O_3P$, Kp.$_{15}$ 70°, durch 2std. Kochen von 5 g II-Diäthylester mit aktiviertem Zn in A. unter N_2; n_D^{20} 1,4420; $D._4^{20}$ 1,0094; 4,5 g.

H.-E. TOUSSAINT. 980 □

Untersuchungen auf dem Gebiet der Derivate der ungesättigten Phosphonsäuren. 23. Mitt. **Anlagerung von Phosphorpentachlorid an Äthinylcyclohexen-(1).** K. N. Anissimow und G. M. Kunitzkaja. (Известия Академии Наук СССР, Отделение Химических Наук [Nachr. Akad. Wiss. UdSSR., Abt. chem. Wiss.] **1961.** 274—77. Febr.) (Russ.) — 22. vgl. vorst. Referat.

Die Rk. von 1-Äthinylcyclohexen-(1) mit PCl_5 in abs. Bzl. führt bei anschließendem Aufarbeiten mit SO_2 zum *Dichlorid* [$C_8H_{10}Cl_3OP$, Kp.$_2$ 132°, n_D^{20} 1,5808, $D._4^{20}$ 1,4103; 54% (Ausbeute)] der *β-[Cyclohexen-(1)-yl-(1)]-β-chlorvinylphosphonsäure*, das mit abs. A. in Bzl. in Ggw. von Pyridin zum *Diäthylester* [$C_{12}H_{20}ClO_3P$, Kp.$_1$ 132°, n_D^{20} 1,5142, $D._4^{20}$ 1,1688; 90,5%], mit n-Propanol zum *Di-n-propylester* [$C_{14}H_{24}ClO_3P$, Kp.$_1$ 131°, n_D^{20} 1,5083, $D._4^{20}$ 1,123; 56%] umgesetzt wird. Die IR-Spektren der neuen Verbb. sind wiedergegeben.

H.-E. TOUSSAINT. 980 □

Untersuchungen auf dem Gebiet der Derivate der ungesättigten Phosphonsäuren. 24. Mitt. **Reaktion von Phosphorpentachlorid mit Alkoxyacetylenen.** K. N. Anissimow und B. W. Kopylowa. (Известия Академии Наук СССР, Отделение Химических Наук [Nachr. Akad. Wiss. UdSSR, Abt. chem. Wiss.] **1961.** 277—80. Febr.) (Russ.) — 23. vgl. vorst. Referat.

5-Phenoxypentin-(1) (I) reagiert mit PCl_5 bei anschließender Aufarbeitung mit SO_2 zum *Dichlorid* der *2-Chlor-5-phenoxy-Δ^1-pentenphosphonsäure* (II), das in die freie *Säure* u. verschiedene *Ester* übergeführt wird. 5-Äthoxypentin-(1) (III) verhält sich analog. Durch alkohol. KOH wird aus den II-Estern HCl unter Bldg. von *5-Phenoxypentin-(1)-phosphonsäureestern* abgespalten.

Versuche: *2-Chlor-5-phenoxy-Δ^1-pentenphosphonsäure* (II), F. 108° (W.), aus dem Dichlorid mit Wasser. *Dichlorid*, F. 64—66°, durch Zutropfen von I zu PCl_5 in abs. Bzl., Stehen über Nacht u. Behandeln mit SO_2; 32% (Ausbeute). *Dimethylester*, Kp.$_{0,5}$ 197—198°, durch Zutropfen des vorst. Dichlorids zu abs. Methanol/Bzl. in Ggw. von Pyridin unter Kühlung, Stehen über Nacht u. 2std. Erhitzen auf dem Wasserbad; n_D^{20} 1,5202; $D._4^{20}$ 1,2333; 55%. *Diäthylester*, Kp.$_2$ 199—200°, n_D^{20} 1,5135; $D._4^{20}$ 1,1778; 28,5%. *Di-n-butylester*, Kp.$_1$ 220—221°, n_D^{20} 1,5023; $D._4^{20}$ 1,1021; 32,2%. — *2-Chlor-5-äthoxy-Δ^1-pentenphosphonsäure, Dichlorid*, Kp.$_3$ 139—142°, analog II-Dichlorid aus III; n_D^{20} 1,5112. *Diäthylester*, Kp.$_3$ 158—160°, n_D^{20} 1,4680. — *5-Phenoxypentin-(1)-phosphonsäure, Dimethylester*, Kp.$_4$ 206°, durch Zutropfen von II-Dimethylester zu alkohol. KOH u. 1std. Erhitzen auf dem Wasserbad; n_D^{20} 1,5212; $D._4^{20}$ 1,1504; 83%. *Diäthylester*, Kp.$_3$ 190°, analog; n_D^{20} 1,5050; $D._4^{20}$ 1,1091; 75%.

H.-E. TOUSSAINT. 980 □

Die cyclische Trimerisation von Acetylenen am Ziegler-Katalysator. Eugene F. Lutz. (J. Amer. chem. Soc. **83.** 2551—54. 5/6. 1961. Littleton, Colo., Ohio Oil Co., Denver Res. Center.) (Engl.)

Acetylen (I) sowie sechs weitere Acetylene werden an ZIEGLER-Katalysatoren in guten Ausbeuten zu *Benzol* (II) u. *substituierten Benzolen* trimerisiert. Der Rk.-Mechanismus ist von dem der α-Olefinpolymerisation an diesem Katalysator-Syst. verschieden. Die Auftrennung von Gemischen geschieht durch Gaschromatographie.

Versuche: ZIEGLER-*Katalysator*, durch Zugabe einer Lsg. von 1,9 g $TiCl_4$ in Heptan zu 3,4 g Al-Triäthyl in Heptan u. 3 Min. langes Rühren. — *Benzol* (II), durch 4½ std.

Einleiten von 23 g I in eine Katalysator-Lsg. bei 22,5—39°; 49,1% (Ausbeute). *1.3-Dinitro-Deriv.*, F. 86—87°; daneben 24,1% *höhere Polymere.* — *Mesitylen*, Kp. 148°, aus Methylacetylen analog II; n_D^{23} 1,4985; 40,4%; daneben 21,1% *Pseudocumol* u. 9,3% *höhere Polymere.* — *1.3.5-Triäthylbenzol*, $Kp._{20}$ 99—102°, aus Butin-(1) analog II; $n_D^{19,5}$ 1,4896; 35,5%; daneben 17% *1.2.4-Triäthylbenzol.* — *1.3.5-Tributylbenzol*, $Kp._{0,5}$ 99 bis 100°, aus Hexin-(1) analog II; $n_D^{20,5}$ 1,4868; 59,8%. — *Hexamethylbenzol*, F. 162—163° (abs. A.), aus Butin-(2) analog II; 80,2%. *Pikrat*, F. 169,5—170,5°; orangefarbene Kristalle; daneben 2,2% *höhere Polymere.* — *Hexaäthylbenzol*, F. 126—128° (A.), aus Hexin-(3) analog II; 76,5%. — *Hexabutylbenzol*, $C_{30}H_{54}$, F. 56,5—57,5° (A.), aus Decin-(5) bei 86° analog II; 52,2%; daneben 4,6% *höhere Polymere.* W. HAMPEL. 1010☐

Reaktion von Phosphorpentachlorid mit aromatischen Estern von Fluorcarbonsäuren. Reginald F. Clark und J. H. Simons. (J. org. Chemistry **26.** 5197. 27/12. 1961. Gainsville, Fla., Univ., Dep. of Chem. Engng.) (Engl.)

Die Rk. von PCl_5 mit Trifluoressigsäurephenylester (I) oder Pentafluorpropionsäurephenylester (II) liefert *2.2.2-Trifluor-1.1-dichloräthylphenyläther* (III) bzw. *2.2.3.3.3-Pentafluor-1.1-dichlorpropylphenyläther* (IV). III u. IV sind beständig gegenüber Säuren u. Alkalien. Durch Kochen mit Na entstehen *Na-Phenolat*, NaCl u. NaF. Von III u. IV werden die *p-Sulfochloride* dargestellt u. mit Äthylendiamin in *1.2-Bis-[p-(2.2.2-trifluor-1.1-dichloräthyloxy)-benzolsulfonamido]-äthan* bzw. *1.2-Bis-[p-(2.2.3.3.3-pentafluor-1.1-dichlorpropyloxy)-benzolsulfonamido]-äthan* übergeführt.

Versuche: *2.2.2-Trifluor-1.1-dichloräthylphenyläther* (III), $C_8H_5Cl_2F_3O$, Kp. 181 bis 182°, durch 72std. Erhitzen von I u. PCl_5; $D._4^{30}$ 1,392, n_D^{30} 1,4564; 64,5% (Ausbeute). — *2.2.3.3.3-Pentafluor-1.1-dichlorpropylphenyläther* (IV), $C_9H_5Cl_2F_5O$, Kp. 192—193°, aus II u. PCl_5 analog III (150°); $D._4^{30}$ 1,466, n_D^{30} 1,4492; 31,2%. — *1.2-Bis-[p-(2.2.2-trifluor-1.1-dichloräthyloxy)-benzolsulfonamido]-äthan*, $C_{18}H_{14}Cl_4F_6N_2O_6S_2$, F. 192—193° (A.), durch Darst. des entsprechenden p-Sulfochlorids nach HUNTRESS u. CARTEN (J. Amer. chem. Soc. **62.** [1940.] 603) u. Versetzen mit Äthylendiamin. — *1.2-Bis-[p-(2.2.3.3.3-pentafluor-1.1-dichlorpropyloxy)-benzolsulfonamido]-äthan*, $C_{20}H_{14}Cl_4F_{10}N_2O_6S_2$, F. 182—183°, analog vorst. Verbindung. P. GOLINSKE. 1060☐

Fries-Umlagerung von Estern des 2-Nitroresorcins. G. C. Amin, A. S. U. Chaughuley und G. V. Jadhav. (J. Indian chem. Soc. **36.** 617—21. Sept. 1959. Bombay, Inst. of Sci., Organ. Chem. Labor.) (Engl.)

Das Diacetat von 2-Nitroresorcin (I) geht durch FRIES-Umlagerung in *2-Nitro-4.6-diacetylresorcin* (II) über. Daneben entsteht in geringer Menge I, jedoch kein Monoketon. II wurde zum Vgl. durch Nitrierung von 4.6-Diacetylresorcin (VII) dargestellt. Ferner entsteht II in wesentlich besseren Ausbeuten bei der Einw. von 2 Mol Acetanhydrid auf I in Ggw. von wasserfreiem $AlCl_3$ in Nitrobenzol. Durch Einw. von 1 Mol Acetanhydrid bildet sich *4-Acetyl-2-nitroresorcin.* In ähnlicher Weise erhält man durch FRIES-Umlagerung aus I-Dipropionat *4.6-Dipropionyl-* (III) u. aus I-Dibutyrat *4.6-Dibutyryl-2-nitroresorcin*, die auch durch FRIEDEL-CRAFTSsche Rk. von I mit 2 Mol Propionsäure- (IV) bzw. Buttersäureanhydrid (IX) entstehen. III ist auch durch Nitrierung von 4.6-Dipropionylresorcin (VIII) erhältlich. Dagegen gelang die Nitrierung von 4.6-Dibutyrylresorcin nicht. Die FRIES-Umlagerung führt beim I-Dibenzoat in Ggw. von Nitrobenzol zu einem Gemisch aus annähernd gleichen Mengen *4.6-Dibenzoyl-* (V) u. *4-Benzoyl-2-nitroresorcin* (VI). Dagegen erfolgt in Abwesenheit eines Lsgm. in beträchtlichem Maße Verkohlung. Durch Einw. von 1 oder 2 Mol Benzoylchlorid auf I nach FRIEDEL-CRAFTS erhält man wiederum ein Gemisch aus V u. VI.

Versuche: *2-Nitroresorcin* (I), F. 85° (Chlf.), durch Nitrierung von 4.6-Disulforesorcin; 30% (Ausbeute). *Diacetat*, F. 63°, aus I u. Acetanhydrid/Na-Acetat; aus A. gräuliche Nadeln. *Dipropionat*, $C_{12}H_{13}NO_6$, F. 66°, aus I u. IV/Pyridin; aus A. gelbliche Nadeln. *Dibutyrat*, $C_{14}H_{17}NO_6$, F. 49°, analog; aus A. gelbliche Platten. *Dibenzoat*, F. 141° (Essigsäure), aus I u. Benzoylchlorid/Pyridin. — *4.6-Diacetyl-2-nitroresorcin* (II), $C_{10}N_9 \cdot NO_6$, F. 234°, a) durch 3std. Erhitzen eines Gemisches aus 3 g I-Diacetat u. 5,5 g wasserfreiem $AlCl_3$ auf 100—110° u. Zers. mit Eis/konz. HCl; aus Essigsäure Nadeln; 0,9 g; b) durch 3std. Erhitzen der gleichen Mengen in Nitrobenzol auf 100—110°; 1,8 g (daneben I-Spuren); c) durch mehr als 70std. Stehen des Rk.-Gemisches in Nitrobenzol bei 25—28°; 2,2 g; d) durch langsames Versetzen einer Lsg. von VII in Essigsäure bei 0° mit konz. H_2SO_4 u. danach mit konz. HNO_3 u. 1std. Stehen; e) durch langsames Zugeben von 3 g I zu 4,5 g Acetanhydrid, 8,8 g $AlCl_3$ u. 40 cm^3 Nitrobenzol (rasches Erwärmen der Rk.-Mischung) u. 3std. Erhitzen auf 120—130°; 3,5 g. *Dioxim*, $C_{10}H_{11}N_3O_6$, F. 237°, aus Essigsäure gelbliche Nadeln. *Diacetat*, $C_{14}H_{13}NO_8$, F. 154°, aus A. Nadeln. *Dibenzoat*, $C_{24}H_{17}NO_8$, F. 165°, aus Essigsäure Nadeln. — *4-Acetyl-2-nitroresorcin*, $C_8H_7NO_5$, F. 102°, durch FRIEDEL-CRAFTSsche Rk. von I mit 2,2 g Acetanhydrid bei 100° wie II nach e); aus A. gelbe Nadeln (F. 76°), nach 2tägigem Trocknen im Vakuum unter Verfärbung, F. 102°; 2 g. — *4.6-Dipropionyl-2-nitroresorcin* (III), $C_{12}H_{13}NO_6$, F. 248°, a) aus 3 g I-Dipropionat u. 5 g $AlCl_3$ wie II nach a); aus verd. Essigsäure gelbliche Nadeln; 0,7 g; b) wie II nach b) (Temp. 100°); 2—2,4 g; c) wie II nach c) (Rk.-Zeit 70 Std.); 2—2,4 g; d) durch Nitrieren von 1 g VIII wie II nach d); 0,9 g; e) durch FRIEDEL-CRAFTSsche Rk. von I u. 2 Mol IV analog II nach e); 3,2 g. *Dioxim*, $C_{12}H_{15}N_3O_6$, F. 216°, aus A. grünliche Nadeln. *Diacetat*, $C_{16}H_{17}NO_8$, F. 107°, aus wss. A. Nadeln. — *4-Propionyl-2-nitroresorcin*, $C_9H_9NO_5$, F. 83°, aus I u. 1 Mol IV nach FRIEDEL-CRAFTS; aus W. Nadeln; 2 g. — *4.6-Dibutyryl-2-nitroresorcin*, $C_{14}H_{17}NO_6$, F. 154°, a) aus I-Dibutyrat wie II nach a); aus A. gelbliche Platten; 1 g; b) in Ggw. von Nitrobenzol; 0,4 g; c) aus I u. 2 Mol IX analog II nach e); 3,2 g. *Dioxim*, $C_{14}H_{19}N_3O_6$, F. 220°, aus A. gelbliche Nadeln. *Diacetat*, $C_{18}H_{21}NO_8$, F. 95°, aus wss. A. gelbliche Nadeln. — *4-Butyryl-2-nitroresorcin*, $C_{10}H_{11}NO_5$, F. 90°, aus I u. 1 Mol IX nach FRIEDEL-CRAFTS; aus W. gelbliche Platten. — *4-Benzoyl-2-nitroresorcin* (VI), $C_{13}H_9NO_5$, F. 145°, a) durch FRIES-Umlagerung von I-Dibenzoat bei 140° (2 Std.); aus A. gelbe Nadeln; 0,5 g; b) neben V durch FRIES-Umlagerung in Nitrobenzol wie II nach b), Zers. mit Eis/konz. HCl, vollständiges Entfernen des Nitrobenzols durch Wasserdampf-Dest. u. Filtrieren der heißen Lsg.; beim Abkühlen gelbe Nadeln; 0,9 g; c) neben V analog II nach c). *Oxim*, $C_{13}H_{10}N_2O_5$, F. 170°, mikrokristallines gelbes Pulver. — *4.6-Dibenzoyl-2-nitroresorcin* (V), $C_{20}H_{13}NO_6$, F. 215°, a) durch Umlagerung von I-Dibenzoat wie VI nach b); nach Umkristallisieren aus Essigsäure fast farblose, glitzernde Platten; 1,2 g; b) durch Nitrierung von 4.6-Dibenzoylresorcin. *Dioxim*, $C_{20}H_{15}N_3O_6$, F. 230°, aus A. gelblichgrüne Nadeln. *Diacetat*, $C_{24}H_{17}NO_8$, F. 147°, aus A. Platten.

D. HOLZNER. 1060□

Über die Reaktion aromatischer Thiolsulfinsäureester mit dem Grignardreagens. Über die Darstellung einiger Salze aromatischer Sulfensäuren. (Vorl. Mitt.) E. Vinkler, F. Klivényi und É. Klivényi. (Acta chim. Acad. Sci. hung. **16.** 247—49. 1958. Szeged, Med. Univ., Pharm.-chem. Inst.) (Dt.)

Durch Einw. von Benzyl–MgCl auf Thiolsulfinsäureester (**A**) werden *Sulfoxide* u. *Mercaptide* gebildet, während man mit n-Propyl- oder Phenyl–MgBr neben den entsprechenden *Sulfiden Sulfensäure–MgBr-Salz* (**B**) erhält. Die **B** liefern mit H_2O **A**, mit Benzylchlorid oder Benzylalkohol *Sulfoxide*. W. HAMPEL. 1090□

Alkalische Umwandlung von 4-Hydroxyphenylbrenztraubensäure in 4-Hydroxybenzaldehyd. C. H. Doy. (Nature [London] **186.** 529—31. 14/5. 1960. Melbourne, Univ., Chem. Microbiol. Unit, Dep. of Bacteriol.) (Engl.)

4-Acetoxy-α-acetamidozimtsäure (F. 228°; A.) wurde zu *4-Hydroxyphenylbrenztraubensäure* (F. 215—217°) hydrolysiert. Bei Änderung des Mediums auf pH >12 erscheinen im UV-Spektrum momentan die Absorptionscharakteristika des *4-Hydroxybenzaldehyds*. Ein Mechanismus dieser Umwandlung wird vorgeschlagen. Es scheint, als ob der durch Alkali bewirkte Ersatz einer Brenztraubensäureseitenkette durch eine Aldehydgruppe eine allg. Rk. ist. — Beispiele hierfür werden diskutiert. UV-Spektren sind graph. aufgeführt. C.-E. DÖRING. 1140□

Reaktionen von Aroylperoxiden. 5. Mitt. **Benzoylperoxid und Ferrocen.** K. H. Pausacker. (Austral. J. Chem. **11.** 509—12. Nov. 1958. Melbourne, Univ., Chem. Dep.) (Engl.) — 4. vgl. C. **1959.** 15974.

Bei der Einw. von Dibenzoylperoxid auf Ferrocen (**I**) bilden sich nach 7std. Kochen in Bzl. *Fe(III)-Benzoat*, $C_{21}H_{15}FeO_6$, *Benzoesäure* u. durch Angriff von Benzoyloxyradikalen (**II**) auf Cyclopentadien nicht identifizierte Produkte. CO_2, Diphenyl u. Phenylierungs-Prodd. treten nicht auf. **I** wird daher als **II**-Fänger betrachtet.

E. SCHMITZ. 1210□

Untersuchungen über Lokalanästhetica. 17. Mitt. **Synthese von N-Diäthylaminoalkyl-substituierten 2.6-Dimethylbenzamiden und 2.6-Dimethylbenzylideniminen.** Nils Löfgren und Willy Stoffel. (Acta chem. scand. **13.** 1585—1606. 1959. Stockholm, Univ., Inst. für organ. Chem. u. Biochem.) (Dt.) — 16. vgl. C. **1961.** 14622.

Durch Rk. von 2.6-Dimethylbenzoylchlorid (**I**) mit Diäthylaminoalkylaminen (Meth. **A**), Umsetzen von **I** mit Halogenalkylaminen zu den entsprechenden *N-Halogenalkylbenzamiden* u. Rk. mit Diäthylamin (**IV**; Meth. **B**) oder Rk. von 2.6-Dimethylbenzamid (**VIII**) mit Diäthylaminoalkylhalogeniden in Ggw. von $NaNH_2$ (Meth. **C**) werden die entsprechenden *N-Diäthylaminoalkyl-2.6-dimethylbenzamide* dargestellt. Nach **B** werden infolge Ringschluß als Nebenprod. die entsprechenden heterocycl. Verbb. erhalten, von denen *2-[2.6-Dimethylphenyl]-Δ^2-oxazolin* u. *-5.6-dihydro-4H-1.3-oxazin* isoliert wurden u. durch Erhitzen mit HBr das Ausgangsamid zurückbilden. Die 2.6-Dimethylbenzamide sind infolge des o-Effekts der beiden Methylgruppen äußerst stabil gegen hydrolyt. Einflüsse. Das zum Vgl. dargestellte *N-[3-Diäthylamino-*

propyl]-3.5-dimethylbenzamid wird unter analogen Bedingungen (Kochen mit 10% ig. H_2SO_4) fast vollständig verseift. Bei der Alkylierung von **VIII** mit 1-Diäthylamino-2-chlorpropan nach **C** entsteht infolge Wanderung der Methylgruppe (vgl. Schultz u. Mitarbeiter, J. Amer. chem. Soc. **69.** [1947.] 188, 2454) *N-[2-Diäthylamino-2-methyläthyl]-2.6-dimethylbenzamid*, das auch aus **I** u. 1-Amino-2-diäthylaminopropan nach **A** erhalten wird. Aus 2.6-Dimethylbenzaldehyd (**XII**) wurden *N-[2-Diäthylaminoäthyl]-* u. *N-[3-Diäthylaminopropyl]-2.6-dimethylbenzaldimin* dargestellt. **XII** wurde aus **I** durch Rosenmund-Red. synthetisiert, Darst.-Verss. nach neueren Meth. waren erfolglos. Die Racematspaltung von N-[2-Diäthylamino-1-methyläthyl]-2.6-dimethylbenzamid wurde nicht versucht. Die lokalanästhet. Wirksamkeit (L) der dargestellten Amide wird mit der von Xylocain verglichen. Die DL_{50} sowie die relativen Toxizitäten sind angegeben. Es zeigt sich, daß der Übergang von Anilid- zum Benzamid-Typ eine Erniedrigung der L bedingt. Ebenso wird die L durch Verlängerung der 2gliedrigen Methylenkette zur Trimethylkette erniedrigt. Substitution des Amid-H durch CH_3^- ergibt inakt. Verbb., während Verbb. mit verzweigter Kette die 3—4fache L besitzen; die Toxizität wird dabei um das ca. 3fache erhöht.

Versuche (FF. korr.): *2-Diäthylaminoäthylamin* (**XI**), Kp.$_{85}$ 80°, aus N-[2-Chloräthyl]-diäthylammoniumchlorid u. alkohol. NH_3; n_D^{20} 1,4380; 65% (Ausbeute). — *N-[2-Diäthylaminoäthyl]-2.6-dimethylbenzamid*, $C_{15}H_{24}N_2O$, Kp.$_{0,5}$ 149—150°, a) durch Zutropfen von 0,03 Mol **I** in Ae. zu 0,03 Mol **XI** in abs. Ae. unter Eiskühlung, Alkalisieren der wss. Lsg. des erhaltenen Salzes mit 30% ig. NaOH, Ausäthern u. Chromatographie in Cyclohexan an Al_2O_3 (Meth. **A**); n_D^{20} 1,5194; 57%; b) durch Zugabe von 0,1 Mol 2-Bromäthylamin in Ae. zu 0,05 Mol **I** in abs. Ae., Filtrieren, Eindampfen der äther. Lsg., 5std. Kochen von 8,0 g des erhaltenen *N-[2-Bromäthyl]-2.6-dimethylbenzamids* (**II**; $C_{11}H_{14}BrNO$, F. 126°; aus A. Blättchen) in abs. Bzl. mit **IV**, Filtrieren, Extrahieren der benzol. Lsg. mit verd. HCl, Alkalisieren der sauren Lsg. mit 30% ig. NaOH, Ausäthern u. Fraktionieren (Meth. **B**); 50%; daneben 42% *2-[2.6-Dimethylphenyl]-Δ^2-oxazolin* (**III**; $C_{11}H_{13}NO$, Kp.$_{0,5}$ 90—93°; n_D^{20} 1,5355; gibt mit konz. HBr in der Hitze **II**). — *N-[2-Diäthylaminoäthyl]-methylamin*, Kp.$_{10}$ 44°, durch 20std. Erhitzen von N-[2-Bromäthyl]-diäthylammoniumbromid mit Methylamin in abs. A. im Autoklaven auf 100°, Ansäuern mit HCl, Einengen, Alkalisieren u. Ausäthern; 32%. — *N-[2-Diäthylaminoäthyl]-N-methyl-2.6-dimethylbenzamid*, $C_{16}H_{26}N_2O$, Kp.$_{0,6-0,7}$ 135—137°, aus **I** u. vorst. Verb. nach **A**; n_D^{20} 1,5145; 64%. — *1-Amino-3-diäthylaminopropan* (**V**), Kp.$_{22}$ 64°, a) durch Red. von 3-Diäthylaminopropionitril (**VI**) mit Na u. A.; n_D^{20} 1,4445; 30%; b) durch Hydrieren von **VI**; 45%; c) durch Zutropfen von **VI** in abs. Ae. zu $LiAlH_4$ in Ae. unter schwachem Sieden, 1std. Kochen, Zugabe von Essigester, Zers. mit 10n-NaOH unter Eiskühlung u. Filtrieren; 50%. — *3-Brompropylaminhydrobromid*, F. 163°, aus Phthalimid-K u. 1.3-Dibrompropan durch Gabrielsche Synth. u. Hydrolyse des erhaltenen *N-[3-Brompropyl]-phthalimids* mit HBr in Eisessig. — *N-[3-Diäthylaminopropyl]-2.6-dimethylbenzamid*, $C_{16}H_{26}N_2O$, F. 44°, Kp.$_{0,6}$ 160—161°, a) aus **I** u. **V** nach **A**; n_D^{20} 1,5143; aus Pentan Nadeln; 75%; b) aus vorst. Verb. u. **I** nach **B** über *N-[3-Brompropyl]-2.6-dimethylbenzamid* (**VII**; $C_{12}H_{16}BrNO$, F. 86°; aus Methanol/W. (3:1) Blättchen; 83%]; 65%; daneben 23% *2-[2.6-Dimethylphenyl]-5.6-dihydro-4H-1.3-oxazin* ($C_{12}H_{15}NO$, Kp.$_{0,5}$ 95—98°; n_D^{20} 1,5395; gibt mit HBr in der Kälte **VII**); c) durch Zugabe von **VIII** zu $NaNH_2$ in abs. Toluol, 1std. Kochen, Zugabe von N-[3-Brompropyl]-diäthylaminhydrobromid [F. 91—92°, durch Mischen von 3-Diäthylaminopropanol-(1) mit HBr (D. 1,49) bei 0° u. anschließendes Kochen; hygroskop; 68%], 4std. Kochen, Filtrieren, Extrahieren mit verd. HCl, Alkalisieren der sauren Lsg., Ausäthern, Fraktionieren u. Chromatographie in Cyclohexan an Al_2O_3 (Meth. **C**); 88%. — *N-[2-Chlorpropyl]-diäthylaminhydrochlorid* (**IX**), F. 107°, durch Addition von **IV** an Propylenoxid u. Behandeln des erhaltenen 1-Diäthylaminopropanol-(2) mit $SOCl_2$; 50%. — *1-Amino-2-diäthylaminopropan*, Kp.$_{16}$ 57°, durch Red. von 2-Diäthylaminopropionitril mit Na u. A.; n_D^{20} 1,4390; 55%. — *N-[2-Diäthylamino-2-methyläthyl]-2.6-dimethylbenzamid*, $C_{16}H_{26}N_2O$, F. 56—57°, Kp.$_{0,5}$ 162°, a) aus **VIII** u. **IX** nach **C**; n_D^{20} 1,5165; aus Pentan Blättchen, aus PAe. rhomb. Kristalle; 48%; b) aus vorst. Verb. u. **I** nach **A**. — *N-[2-Diäthylamino-1-methyläthyl]-2.6-dimethylbenzamid*, $C_{16}H_{26}N_2O$, F. 50°, Kp.$_{0,7}$ 152—153°, aus 2-Amino-1-diäthylaminopropan u. **I** nach **A**; n_D^{20} 1,5120; aus Pentan Blättchen; 67%. — *3-Diäthylaminobutanon-(2)*, $C_8H_{17}NO$, Kp.$_{12}$ 57—58°, aus 3-Brombutanon-(2) u. **IV**; n_D^{20} 1,4265; 83%. *Oxim*, $C_8H_{18}N_2O$, F. 52°, Kp.$_{12}$ 113—114°, durch Zugabe von Hydroxylaminhydrochlorid in W. zum Keton unter Eiskühlung, mehrstd. Stehen bei Raum-Temp., Überschichten mit Ae., Zugabe von 50% ig. NaOH, Sättigen mit K_2CO_3 u. Ausäthern; n_D^{20} 1,4710; Nadeln; 69%. — *2-Amino-3-diäthylaminobutan*, $C_8H_{20}N_2$, Kp.$_{12}$ 60°, a) durch Red. vorst. Oxims in Ae. mit $LiAlH_4$; n_D^{20} 1,4380; 50%; b) durch Red. vorst. Oxims mit Na u. A.; 60%. — *N-[2-Diäthylamino-1.2-dimethyläthyl]-2.6-di-*

methylbenzamid, $C_{17}H_{28}N_2O$, F. 40°, Kp.$_{0,5}$ 162°, aus vorst. Verb. u. I nach **A**; aus Pentan Nadeln. — *3.5-Dimethylbenzoesäure*, F. 165—166°, durch Oxydation von Mesitylen mit verd. HNO_3. *Säurechlorid* (**X**), Kp.$_{13}$ 116°, aus der Säure mit $SOCl_2$; n_D^{20} 1,5465. — *N-[3-Diäthylaminopropyl]-3.5-dimethylbenzamid*, $C_{16}H_{26}N_2O$, Kp.$_{0,4}$ 174°, aus **X** u. **V** nach **A**; n_D^{20} 1,5200; 73%. — *N.N-Dimethyl-2.6-dimethylbenzamid*, $C_{11}H_{15}NO$, F. 62 bis 63°, Kp.$_{2,5}$ 118—119°, durch Zutropfen von X in abs. Ae. zu Dimethylamin in abs. Ae. unter Eiskühlung u. Chromatographie des erhaltenen hellgelben Öls in PAe./CCl_4 (4:1) an Al_2O_3; aus A. rhomb. Kristalle; 80%. — *N-[2-Diäthylaminoäthyl]-2.6-dimethylbenzaldimin*, $C_{15}H_{24}N_2$, Kp.$_{0,5}$ 140—141°, durch $^1/_4$std. Erhitzen von **XII** u. **XI** auf 100° u. Ausäthern; n_D^{20} 1,5230; 50%. — *N-[3-Diäthylaminopropyl]-2.6-dimethylbenzaldimin*, $C_{16}H_{26}N_2$, Kp.$_{0,6}$ 129—130°, aus **XII** u. **V**; n_D^{20} 1,5200; 80%. W. LIEBSCHER. 1210□

Untersuchungen über Lokalanästhetica. 18. Mitt. **Synthese von N-[Dialkylaminoalkyl]-benzamiden.** Björn Lüning. (Acta chem. scand. **13**. 1623—33. 1959.) (Engl.) — 17. vgl. vorst. Ref.; 19. vgl C. **1962**. **9066**.

Durch Rk. von 1 Mol Säurechlorid mit 1,6 Mol Dialkylaminoalkylamin in Ae. werden die entsprechenden *N-Dialkylaminoalkylbenzamide* dargestellt. Die Verw. äquimol. Mengen ist mit beträchtlicher Ausbeuteverminderung verbunden.

Versuche (FF. korr.): Benzoesäuren: *2.3-Dimethyl-* (**I**), durch Diazotieren von 2.3-Dimethylanilin, Behandeln mit K-Cyanocuprat(I) u. Verseifen des erhaltenen Nitrils mit 50%ig. H_2SO_4. — *2.4-Dimethyl-*, analog **I**. — *2.5-Dimethyl-*, analog **I**. — *3.4-Dimethyl-*, a) analog **I**; b) durch Bromieren von o-Xylol, Rk. mit Mg u. Carbonisieren des erhaltenen 3.4-Dimethylphenyl-MgBr. — *2.6-Dimethyl-*, durch SANDMEYER-Rk. von 2.6-Dimethylanilin (**II**), Rk. des erhaltenen 2.6-Dimethylbrombenzols mit Mg u. Carbonisieren. — *3.5-Dimethyl-*, durch Oxydation von Mesitylen (**IV**) mit verd. HNO_3. — *2.3.4-Trimethyl-*, aus **II** über 2.6-Dimethyljodbenzol durch Rk. mit Mg, Umsetzen der GRIGNARD-Verb. mit Dimethylsulfat, Bromieren des erhaltenen *Hemimellitols*, Umsetzen mit Mg u. Carbonisieren. — *2.3.5-Trimethyl-* (**V**), $C_{10}H_{12}O_2$, F. 126—127°, a) durch Oxydation von Isodurol (**VI**); b) durch Nitrieren von Pseudocumol (**III**), Red. des erhaltenen *5-Nitropseudocumols* mit Fe/Essigsäure, Bromieren des entstandenen *Pseudocumidins* in konz. HCl, Desaminieren des erhaltenen *2-Brom-3.4.6-trimethylanilinhydrochlorids* mit Äthylnitrit/konz. H_2SO_4 in A., Umsetzen mit Mg u. Carbonisieren; 33% (Ausbeute). — *2.3.6-Trimethyl-*, aus **III**. — *2.4.5-Trimethyl-*, durch Oxydation von Durol mit verd. HNO_3. — *2.4.6-Trimethyl-*, durch Bromieren von **IV**, Rk. mit Mg u. Carbonisieren. — *3.4.5-Trimethyl-*, F. 215°, a) durch Kochen von **VI** mit verd. HNO_3, Ausäthern, Extrahieren mit K_2CO_3-Lsg., Ansäuern der alkal. Lsg., Kühlen auf 0°, ½ std. Kochen des erhaltenen Nd. in Eisessig mit Zn, Verdünnen mit W., Lösen des gelben Nd. in A., ½ std. Einleiten von HCl, Aufnehmen der erhaltenen *Äthylester* in Ae., Eindampfen, Verseifen mit 5%ig. alkohol. KOH, Ansäuern, 5std. Kochen der erhaltenen „Isodurylsäuren" mit $SOCl_2$, Fraktionieren, Hydrolyse der Fraktion vom Kp. 120—135° mit 30%ig. NaOH bei Raum-Temp., Ansäuern, Lösen der erhaltenen *Säuren* in der äquivalenten Menge 10%ig. NaOH, Sättigen mit $BaCl_2$ u. Ansäuern des *Ba-Salzes*; 1,3%; daneben 0,9% unreines **V** [gibt durch trockne Dest. mit NaOH, Sulfonieren u. Rk. mit NH_4OH *Pseudocumolsulfonamid* (F. 172—174°)]; b) aus nachnachst. Verb. durch Rk. mit Mg u. Carbonisieren; 64%. — *3.4.5-Trimethylanilin*, F. 68—72°, Kp. 238—248°, durch Zugabe von 37%ig. Formaldehyd-Lsg. zu 3.5-Dimethylanilin in verd. HCl bei 0°, 1std. Rühren bei 0°, Erwärmen auf 20°, Zugabe von überschüssiger Na_2CO_3-Lsg., Trocknen des gelben Nd. bei 80°, trockne Dest. mit $Ca(OH)_2$, Aufnehmen des Destillats in Ae./20%ig. HCl u. Ansäuern der sauren Lsg.; 22%. *Acetyl-Deriv.*, F. 163—164° (Methanol). — *5-Bromhemimellitol*, Kp.$_{12}$ 109—114°, aus vorst. Verb. durch SANDMEYER-Rk.; n_D^{25} 1,5560; orangefarbenes Öl; 34%. — Benzoylchloride: *2.3-Dimethyl-*, F. 2°, Kp.$_{15}$ 122—123°, aus **I** u. $SOCl_2$; n_D^{25} 1,5530; 63%. — *2.5-Dimethyl-*, Kp.$_{13}$ 112—114°; n_D^{25} 1,5490; 81%. — *3.4-Dimethyl-*, Kp.$_{10}$ 122°, F. —3 bis —1°; n_D^{25} 1,5563; 78%. — *2.3.4-Trimethyl-*, Kp.$_{14}$ 138—140°; n_D^{25} 1,5614; 84%. — *2.3.5-Trimethyl-*, F. 35—37°, Kp.$_{10}$ 126—127°, n_D^{25} 1,5515 (unterkühlte Probe); 65%. — *2.3.6-Trimethyl-*, Kp.$_{10}$ 116—117°; n_D^{25} 1,5295; 85%. — *2.4.5-Trimethyl-*, F. 20—21°, Kp.$_{15}$ 142—145°; n_D^{25} 1,5595; 85%. — *3.4.5-Trimethyl-*, F. 44—46°, Kp.$_{10}$ 137—139°; 86%. — *1-Amino-2-dimethylaminoäthan*, Kp. 103—106°, durch MANNICH-Rk. von Dimethylammoniumchlorid, Paraformaldehyd (**VII**) u. CN^- u. anschließende Red. mit $LiAlH_4$; 36%. — *1-Amino-3-diäthylaminopropan*, durch Cyanäthylierung von Diäthylamin u. anschließende Red. mit $LiAlH_4$. — *Diäthylaminoacetonoxim*, $C_7H_{16}N_2O$, F. 40°, Kp.$_{10}$ 98—100°; 80%. — *2-Amino-1-diäthylaminopropan*, durch Red. vorst. Oxims mit $LiAlH_4$; 53%. — *2-Amino-3-diäthylaminobutan*, durch Bromieren von Äthylmethylketon, Isomerentrennung, Behandeln des erhaltenen *3-Brombutanon-(2)* mit Diäthylamin, Darst. von *3-Diäthylaminobutanon-*

(*2*)-*oxim* u. Red. mit $LiAlH_4$; 58%. — *Diäthylaminopivalinaldehyd*, durch Mannich-Rk. von Isobutyraldehyd mit VII u. Diäthylammoniumchlorid. *Oxim*, $Kp._{22}$ 132—133°; n_D^{20} 1,4649; 89%. — *1-Amino-3-diäthylamino-2.2-dimethylpropan*, $C_9H_{22}N_2$, $Kp._{52}$ 105°, a) durch Red. vorst. Oxims mit $LiAlH_4$; n_D^{20} 1,4442; 45%; b) durch Red. vorst. Oxims mit Na/A.; 42%. — Benzamide: *N-[2-Diäthylaminoäthyl]-2-methyl-*, $C_{14}H_{22}N_2O$, $Kp._{0,1}$ 132—134°, durch ½ std. Zugabe von 2-Methylbenzoylchlorid in Ae. zu 2-Diäthylaminoäthylamin in Ae., 2std. Rühren u. Zugabe von 2n NaOH; n_D^{25} 1,5209; 63%. *Hydrochlorid*, $C_{14}H_{23}ClN_2O$, F. 105° [Diisopropyläther (IPAe.), Isopropanol (IP)], aus der Base in Ae. mit äther. HCl. — *N-[3-Diäthylaminopropyl]-2-methyl-*, $C_{15}H_{24}N_2O$, $Kp._{0,05}$ 167°; n_D^{25} 1,5183; 76%. — *N-[2-Diäthylamino-1-methyläthyl]-2-methyl-*, $C_{15}H_{24}$·N_2O, $Kp._{0,10}$ 135—137°; n_D^{25} 1,5125; 89%. — *N-[2-Diäthylamino-2-methyläthyl]-2-methyl-*, $C_{15}H_{24}N_2O$, $Kp._{10}$ 146°; n_D^{25} 1,5168; 95%. — *N-[2-Diäthylamino-1.2-dimethyläthyl]-2-methyl-*, $C_{16}H_{26}N_2O$, F. 52° (PAe.), $Kp._{0,20}$ 123—124°, durch Trennung des Racemats nach Morton [1938]; 21%; daneben 22% *Isomeres vom F. 111,5—112°* (PAe./IPAe.) [$C_{16}H_{26}N_2O$. *Hydrochlorid*, $C_{16}H_{27}ClN_2O$, F. 165—166° (IPAe./IP). *Dipikrat*, $C_{28}H_{38}N_8O_{15}$, F. 126°; aus IP Nadeln]. *Pikrat*, $C_{22}H_{29}N_5O_8$, F. 146°; aus IP u. Dioxan gelbe rhomb. Platten. — *N-[3-Diäthylamino-2.2-dimethylpropyl]-2-methyl-*, $C_{17}H_{28}N_2O$, $Kp._{0,08}$ 152°; n_D^{25} 1,5132; 83%. — *N-[2-Diäthylaminoäthyl]-3-methyl-*, $C_{14}H_{22}N_2O$, $Kp._{0,10}$ 163—165°; n_D^{25} 1,5251; 75%. *Hydrochlorid*, $C_{14}H_{23}ClN_2O$, F. 106° (IPAe./IP). — *N-[3-Diäthylaminopropyl]-3-methyl-*, $C_{15}H_{24}N_2O$, $Kp._{0,10}$ 156—158; n_D^{25} 1,5230; 90%. — *N-[2-Diäthylamino-1-methyläthyl]-3-methyl-*, $C_{15}H_{24}N_2O$, F. 50—51°, $Kp._{0,10}$ 142—143°; 89%. — *N-[2-Diäthylamino-2-methyläthyl]-3-methyl-*, $C_{15}H_{24}N_2O$, $Kp._{0,15}$ 164°; n_D^{25} 1,5200; 90%. — *N-[2-Diäthylamino-1.2-dimethyläthyl]-3-methylbenzamid*, $C_{16}H_{26}N_2O$, F. 66—69°, $Kp._{0,30}$ 151—155°; n_D^{25} 1,5176 (unterkühlte Probe); 85%. — *N-[3-Diäthylamino-2.2-dimethylpropyl]-3-methyl-*, $C_{17}H_{28}N_2O$, $Kp._{0,10}$ 155°; n_D^{25} 1,5177; 85%. — *N-[2-Diäthylaminoäthyl]-4-methyl-*, $C_{14}H_{22}N_2O$, F. 36—37°, $Kp._{0,15}$ 140—141°; n_D^{25} 1,5268; 71%. *Hydrochlorid*, $C_{14}H_{23}ClN_2O$, F. 99—100° (IPAe./IP). — *N-[3-Diäthylaminopropyl]-4-methyl-*, $C_{15}H_{24}N_2O$, $Kp._{0,15}$ 155—157°; n_D^{25} 1,5253; 85%. — *N-[2-Diäthylamino-1-methyläthyl]-4-methyl-*, $C_{15}H_{24}N_2O$, F. 75—76° (PAe./IPAe.); 85%. — *N-[2-Diäthylamino-2-methyläthyl]-4-methyl-*, $C_{15}H_{24}N_2O$, F. 62—63°, $Kp._{0,10}$ 149—150°; 93%. — *N-[2-Diäthylamino-1.2-dimethyläthyl]-4-methyl-*, $C_{16}H_{26}N_2O$, F. 109—110°, $Kp._{0,30}$ 147—149°; n_D^{25} 1,5190 (unterkühlte Probe); 87%. — *N-[3-Diäthylamino-2.2-dimethylpropyl]-4-methyl-*, $C_{17}H_{28}N_2O$, F. 38—39°, $Kp._{0,10}$ 156—158°; n_D^{25} 1,5193 (unterkühlte Probe); 83%. — *N-[2-Diäthylaminoäthyl]-2.3-dimethyl-*, $C_{15}H_{24}N_2O$, $Kp._{0,15}$ 154°; n_D^{25} 1,5220; 74%; *Hydrochlorid*, $C_{15}H_{25}ClN_2O$, F. 121—122° (IPAe./IP). — *N-[3-Diäthylaminopropyl]-2.3-dimethyl-*, $C_{16}H_{26}N_2O$, $Kp._{0,12}$ 152—153°; n_D^{25} 1,5197; 84%. — *N-[2-Diäthylamino-1-methyläthyl]-2.3-dimethyl-*, $C_{16}H_{26}N_2O$, F. 74—75° (PAe./IPAe.); 69%. — *N-[2-Diäthylamino-2-methyläthyl]-2.3-dimethyl-*, $C_{16}H_{26}N_2O$, $Kp._{0,10}$ 157°; n_D^{25} 1,5190; 78%. — *N-[2-Diäthylaminoäthyl]-2.4-dimethyl-*, $C_{15}H_{24}N_2O$, $Kp._{0,15}$ 145 bis 147°; n_D^{25} 1,5202; 81%. *Hydrochlorid*, $C_{15}H_{25}ClN_2O$, F. 122—123° (IPAe./IP). — *N-[3-Diäthylaminopropyl]-2.4-dimethyl-*, $C_{16}H_{26}N_2O$, $Kp._{0,15}$ 164°; n_D^{25} 1,5184; 77%. — *N-[2-Diäthylamino-1-methyläthyl]-2.4-dimethyl-*, $C_{16}H_{26}N_2O$, $Kp._{0,15}$ 149°; n_D^{25} 1,5127; 85%. — *N-[2-Diäthylamino-2-methyläthyl]-2.4-dimethyl-*, $C_{16}H_{26}N_2O$, $Kp._{0,15}$ 151°; n_D^{25} 1,5172; 89%. — *N-[2-Diäthylaminoäthyl]-2.5-dimethyl-*, $C_{15}H_{24}N_2O$, F. 49,5°, $Kp._{0,05}$ 163—167°; n_D^{25} 1,5189 (unterkühlte Probe); 73%. *Hydrochlorid*, $C_{15}H_{25}ClN_2O$, F. 106—107° (IPAe./IP). — *N-[3-Diäthylaminopropyl]-2.5-dimethyl-*, $C_{16}H_{26}N_2O$, F. 78—79° (PAe./IPAe.); 78%. — *N-[2-Diäthylamino-1-methyläthyl]-2.5-dimethyl-*, $C_{16}H_{26}N_2O$, $Kp._{0,15}$ 150°; n_D^{25} 1,5113; 85%. — *N-[2-Diäthylamino-2-methyläthyl]-2.5-dimethyl-*, $C_{16}H_{26}N_2O$, F. 23—24°, $Kp._{0,15}$ 152°; n_D^{25} 1,5152; 91%. — *N-[3-Diäthylamino-2.2-dimethylpropyl]-2.6-dimethyl-*, $C_{18}H_{30}N_2O$, F. 74—74,5° (PAe.); 68%. — *N-[2-Diäthylaminoäthyl]-3.4-dimethyl-*, $C_{15}H_{24}N_2O$, F. 65°, $Kp._{0,15}$ 160—162°; n_D^{25} 1,5299 (unterkühlte Probe); 92%. *Hydrochlorid*, $C_{15}H_{25}ClN_2O$, F. 150—151° (IPAe./IP). — *N-[3-Diäthylaminopropyl]-3.4-dimethyl-*, $C_{16}H_{26}N_2O$, $Kp._{0,12}$ 171°; n_D^{25} 1,5280; 85%. — *N-[2-Diäthylamino-1-methyläthyl]-3.4-dimethyl-*, $C_{16}H_{26}N_2O$, $Kp._{0,15}$ 162°; n_D^{25} 1,5241; 91%. — *N-[2-Diäthylamino-2-methyläthyl]-3.4-dimethyl-*, $C_{16}H_{26}N_2O$, $Kp._{0,14}$ 161—163°; n_D^{25} 1,5250; 95%. — *N-[2-Diäthylaminoäthyl]-3.5-dimethyl-*, $C_{15}H_{24}N_2O$, $Kp._{0,12}$ 148—151°; n_D^{25} 1,5250; 90%. *Hydrochlorid*, $C_{15}H_{25}ClN_2O$, F. 117—118° (IPAe./IP). — *N-[2-Diäthylamino-1-methyläthyl]-3.5-dimethyl-*, $C_{16}H_{26}N_2O$, $Kp._{0,10}$ 170—173°; n_D^{25} 1,5182; 90%. — *N-[2-Diäthylamino-2-methyläthyl]-3.5-dimethyl-*, $C_{16}H_{26}N_2O$, $Kp._{0,10}$ 177—180°; n_D^{25} 1,5195; 90%. *Hydrochlorid*, $C_{16}H_{27}ClN_2O$, F. 139—140° (IPAe./IP). — *N-[2-Diäthylamino-1.2-dimethyläthyl]-3.5-dimethyl-*, $C_{17}H_{28}N_2O$, $Kp._{0,30}$ 158—160°, F. 111—112°; n_D^{25} 1,5173 (unterkühlte Probe); 84%. — *N-[3-Diäthylamino-2.2-dimethylpropyl]-3.5-dimethyl-*, $C_{18}H_{30}N_2O$, $Kp._{0,10}$ 158—160°; n_D^{25} 1,5174; 97%. — *N-[2-Diäthylaminoäthyl]-2.3.4-trimethyl-*, $C_{16}H_{26}N_2O$, $Kp._{0,10}$ 154°; n_D^{25} 1,5246; 93%. *Hydrochlorid*,

$C_{16}H_{27}ClN_2O$, F. 154—155° (IPAe./IP). — *N-[3-Diäthylaminopropyl]-2.3.4-trimethyl-*, $C_{17}H_{28}N_2O$, F. 37—38°, Kp.$_{0,10}$ 165—166°; n_D^{25} 1,5227 (unterkühlte Probe); 95%. — *N-[2-Dimethylaminoäthyl]-2.3.4-trimethyl-*, $C_{14}H_{22}N_2O$, F. 71—72°, Kp.$_{0,12}$ 152—154°; n_D^{25} 1,5325 (unterkühlte Probe); 85%. — *N-[2-Diäthylamino-1-methyläthyl]-2.3.4-trimethyl-*, $C_{17}H_{28}N_2O$, F. 38—39°, Kp.$_{0,10}$ 159—160°; n_D^{25} 1,5169 (unterkühlte Probe); 86%. — *N-[2-Diäthylamino-2-methyläthyl]-2.3.4-trimethyl-*, $C_{17}H_{28}N_2O$, F. 35°, Kp.$_{0,10}$ 160°; n_D^{25} 1,5228 (unterkühlte Probe); 69%. — *N-[2-Diäthylaminoäthyl]-2.3.5-trimethyl-*, $C_{16}H_{26}N_2O$, F. 51—52°, 98%. *Hydrochlorid*, $C_{16}H_{27}ClN_2O$, F. 139—140° (IPAe./IP). — *N-[3-Diäthylaminopropyl]-2.3.5-trimethyl-*, $C_{17}H_{28}N_2O$, F. 64—65° (PAe./IPAe.); 95%. — *N-[2-Diäthylaminoäthyl]-2.3.6-trimethyl-*, $C_{16}H_{26}N_2O$, F. 75,5° (PAe./IP); 87%. *Hydrochlorid*, $C_{16}H_{27}ClN_2O$, F. 138—139° (IPAe./IP). — *N-[3-Diäthylaminopropyl]-2.3.6-trimethyl-*, $C_{17}H_{28}N_2O$, F. 84° (PAe./IPAe.); 72%. *Hydrochlorid*, $C_{17}H_{29}ClN_2O$, F. 142—143° (IPAe./IP). — *N-[2-Dimethylaminoäthyl]-2.3.6-trimethyl-*, $C_{14}H_{22}N_2O$, F. 96—97° (PAe./IPAe.); 61%. *Hydrochlorid*, $C_{14}H_{23}ClN_2O$, F. 163—164° (IPAe./IP). — *N-[2-Diäthylamino-1-methyläthyl]-2.3.6-trimethyl-*, $C_{17}H_{28}N_2O$, F. 96—97° (PAe./IPAe.); 87%. — *N-[2-Diäthylamino-2-methyläthyl]-2.3.6-trimethyl-*, $C_{17}H_{28}N_2O$, F. 39—40°, Kp.$_{0,12}$ 160 bis 162°; n_D^{25} 1,5163 (unterkühlte Probe); 88%. — *N-[2-Diäthylaminoäthyl]-2.4.5-trimethyl-*, $C_{16}H_{26}N_2O$, F. 62° (PAe./IPAe.); 71%. *Hydrochlorid*, $C_{16}H_{27}ClN_2O$, F. 132—133° (IPAe./IP). — *N-[3-Diäthylaminopropyl]-2.4.5-trimethyl-*, $C_{17}H_{28}N_2O$, F. 73—74° (PAe./IPAe.); 81%. — *N-[2-Dimethylaminoäthyl]-2.4.5-trimethyl-*, $C_{14}H_{22}N_2O$, F. 80—81° (PAe./IPAe.); 68%. *Hydrochlorid*, $C_{14}H_{23}ClN_2O$, F. 171° (IPAe./IP). — *N-[2-Diäthylamino-1-methyläthyl]-2.4.5-trimethyl-*, $C_{17}H_{28}N_2O$, F. 69°, Kp.$_{0,12}$ 155—157°; 93%. — *N-[2-Diäthylamino-2-methyläthyl]-2.4.5-trimethyl-*, $C_{17}H_{28}N_2O$, F. 44—45°, Kp.$_{0,10}$ 168 bis 171°; n_D^{25} 1,5205 (unterkühlte Probe); 96%. — *N-[2-Diäthylaminoäthyl]-2.4.6-trimethyl-*, $C_{16}H_{26}N_2O$, F. 71—72° (PAe./IPAe.), Kp.$_{0,10}$ 150—151°; 70%. *Hydrochlorid*, $C_{16}H_{27}ClN_2O$, F. 114—115° (Methylamylketon/IP). — *N-[3-Diäthylaminopropyl]-2.4.6-trimethyl-*, $C_{17}H_{28}N_2O$, F. 67—68° (PAe./IPAe.); 76%. — *N-[2-Dimethylaminoäthyl]-2.4.6-trimethyl-*, $C_{14}H_{22}N_2O$, F. 86—87° (PAe./IPAe.); 61%. *Hydrochlorid*, $C_{14}H_{23}ClN_2O$, F. 152—154° (IPAe./IP). — *N-[2-Diäthylamino-1-methyläthyl]-2.4.6-trimethyl-*, $C_{17}H_{28}N_2O$, F. 52—53°, Kp.$_{0,10}$ 164°; n_D^{25} 1,5063 (unterkühlte Probe); 85%. — *N-[2-Diäthylamino-2-methyläthyl]-2.4.6-trimethyl-*, $C_{17}H_{28}N_2O$, F. 46—48°, Kp.$_{0,10}$ 165—167°; 84%. — *N-[2-Diäthylaminoäthyl]-3.4.5-trimethyl-*, $C_{16}H_{26}N_2O$, F. 74—75°; 95%. *Hydrochlorid*, $C_{16}H_{27}ClN_2O$, F. 207° (Methylamylketon/IP). — *N-[3-Diäthylaminopropyl]-3.4.5-trimethyl-*, $C_{17}H_{28}N_2O$, F. 53—54°; 97%. *Hydrochlorid*, $C_{17}H_{29}ClN_2O$, F. 175° (Methylamylketon/IP). W. LIEBSCHER. 1210□

Über die Amidine von Phenylalkylessigsäuren und einige andere Derivate dieser Säuren. Raymond Delaby, Pierre Reynaud und Franck Lilly. (Bull. Soc. chim. France **1961**. 2067—71. Nov. Paris, Fac. de Pharm., Labor. de Pharm. chim.) (Franz.)

Ausgehend von Phenylalkylacetonitrilen (**A**) werden mit HCl in A. die entsprechenden *Imidoäthylesterhydrochloride* erhalten, die mit NH_3 in die freien *Imidoäthylester* übergeführt werden. Letzte geben mit Ammoniumbenzolsulfonat bzw. NH_3 die entsprechenden *Amidine*. Durch Umsetzung von **A** mit prim. bzw. sek. Alkyl- u. Arylaminen in Ggw. von $AlCl_3$ wird eine Reihe von *N-Nono-* bzw. *N.N-Dialkyl* (bzw. *aryl*)-*phenylalkylacetamidinen* dargestellt. Verseifung der **A** liefert *Phenylalkylessigsäuren*, die über die *Säurechloride* in *N-Mono-* u. *N.N-Dialkyl* (bzw. *aryl*)-*amide* übergeführt werden.

Versuche: α-Alkylphenylessigsäureimidoäthylester, aus den **A** in A.-Ae. mit HCl-Gas bei 0—5° (2½ Std.) u. Stehenlassen bei 0° (2 Tage) über die Hydrochloride u. deren Behandeln mit NH_3 in A. bei —15°: *α-Methyl-*, $C_{11}H_{15}NO$, Kp.$_{13}$ 116°, aus dem Hydrochlorid; n_D^{23} 1,5064; 82% (Ausbeute). *Hydrochlorid*, $C_{11}H_{16}ClNO$, F. 106°, aus 2-Phenylpropionitril (**I**); 92%. — *α-Äthyl-*, $C_{12}H_{17}NO$, Kp.$_{15}$ 121°; 84%. *Hydrochlorid*, $C_{12}H_{18}ClNO$, F. 98°, aus Äthylphenylacetonitril (**II**); 87%. — *α-n-Propyl-*, $C_{13}H_{19}NO$, Kp.$_1$ 103°; 81%. *Hydrochlorid*, F. 82°, aus Propylphenylacetonitril (**III**); 83%. — α-Alkylphenylacetamidine, aus den vorst. Imidoäthylesterhydrochloriden mit NH_3-Gas in A. (30 Min.) u. 30 Min. langem Kochen: *α-Methyl-*, *Hydrochlorid*, $C_9H_{13}\cdot ClN_2$, F. 235°; 98%. — *α-Äthyl-*, *Hydrochlorid*, $C_{10}H_{15}ClN_2$, F. 232°; 99%. — *α-n-Propyl-*, *Hydrochlorid*, $C_{11}H_{17}ClN_2$, F. 238°; 99%. — N.N-substituierte α-Alkylphenylacetamidine, aus den **A** u. den prim. bzw. sek. Aminen durch Erhitzen in Ggw. von $AlCl_3$ auf 160—170°, Zers. mit W. bei 50—60° u. Alkalisieren: *N-Äthyl-*, $C_{10}H_{14}N_2$, Kp.$_{0,1}$ 110°, F. 61° (Ae.), aus Phenylacetonitril (**IV**) u. Äthylamin (**V**); 85%. — *N.N-Diäthyl-*, $C_{12}H_{18}N_2$, Kp.$_{2,5}$ 131°, aus **IV** u. Diäthylamin (**VI**); 68%. — *N-Phenyl-*, $C_{14}H_{14}N_2$, F. 138° (Bzl.), aus **IV** u. Anilin (**VII**); 95%. — *N-Äthyl-α-methyl-*, $C_{11}H_{16}N_2$, Kp.$_{0,2}$ 109°, aus I u. V; n_D^{24} 1,5453; 75%. — *N.N-Diäthyl-α-methyl-*, $C_{13}H_{20}N_2$, Kp.$_{0,1}$ 111°, aus I u. VI; 62%. — *N-Phenyl-α-methyl-*, $C_{15}H_{16}N_2$, F. 89° (verd. A.), aus I u. VII; 84%. — *N.α-Diäthyl-*, $C_{12}H_{18}N_2$, Kp.$_{0,15}$ 115°, aus II u. V; 99%. — *N.N.α-Triäthyl-*, $C_{14}H_{22}N_2$, F. 45°, aus II u. VI; 50%. — *N-Phenyl-α-äthyl-*, $C_{16}H_{18}N_2$, F. 86° (verd. A.), aus II u. VII; 91%. — *N-Äthyl-α-n-propyl-*, $C_{13}H_{20}N_2$, Kp.$_3$ 152°, aus III u. V; 67%. *Hydrochlorid*, F. 204° (A.–Ae.). — *N.N-Diäthyl-α-n-propyl-*, $C_{15}H_{24}N_2$, Kp.$_{0,01}$ 102°, aus III u. VI; 54%. — *N-Phenyl-α-n-propyl-*, $C_{17}H_{20}N_2$, F. 110,5°, aus III u. VII; 96%. — *N-Äthyl-α-n-octyl-*, $C_{18}H_{30}N_2$, Kp.$_{0,1}$ 143°, aus Octylphenylacetonitril (VIII) u. V; 75%. — *N.N-Diäthyl-α-n-octyl-*, $C_{20}H_{34}N_2$, Kp.$_{0,3}$ 160°, aus VIII u. VI; 53%. — *N-Phenyl-α-n-octyl-*, $C_{22}H_{30}N_2$, F. 52°, aus VIII u. VII u. folgende Chromatographie; 62%. — α-Alkylphenylessigsäuren, aus den A mit KOH in sd. 95%ig. A. (16 Std.); Chloride, durch Kochen der Säuren in $SOCl_2$ (45 Min.): *unsubstituiert*, Kp.$_{12}$ 144°, F. 78°; 92%. *Chlorid*, Kp.$_{14}$ 95°; 98%. — *α-Methyl-*, Kp.$_{13}$ 145°, F. 16°, n_D^{24} 1,5210; 89%. *Chlorid*, Kp.$_{13}$ 101°; 96%. — *α-Äthyl-*, Kp.$_{15}$ 158°, F. 42°; 85%. *Chlorid*, Kp.$_{16}$ 112°; 97%. — *α-n-Propyl-*, Kp.$_{15}$ 167°, F. 52°; 90%. *Chlorid*, Kp.$_{13}$ 118°; 96%. — *α-n-Octyl-*, Kp.$_{0,3}$ 170—173°; 93%. *Chlorid*, Kp.$_{0,3}$ 138°; 88%. — α-Alkylphenylacetamide, aus den Säurechloriden in Bzl. mit NH_3 bei 65° bzw. Mono- bzw. Dialkyl (oder aryl)-aminen durch ½—1½ std. Kochen: *N-Äthyl-*, $C_{10}H_{13}NO$, F. 69,5° (Bzl.–PAe.); 96%. — *N.N-Diäthyl-*, $C_{12}H_{17}NO$, Kp.$_{0,3}$ 119°; 98%. — *N-Phenyl-*, $C_{14}H_{13}NO$, F. 113° (Bzl.); 95%. — *N-Benzyl-*, $C_{15}H_{15}NO$, F. 119° (Bzl.); 93%. — *α-Methyl-*, $C_9H_{11}NO$, F. 92,5° (Bzl.); 89%. — *N-Äthyl-α-methyl-*, $C_{11}H_{15}NO$, F. 66° (Bzl.–PAe.); 95%. — *N.N-Diäthyl-α-methyl-*, $C_{13}H_{19}NO$, Kp.$_{0,15}$ 105°, F. 16°; 94%. — *N-Phenyl-α-methyl-*, $C_{15}H_{15}NO$, F. 134° (Bzl.); 94%. — *N-Benzyl-α-methyl-*, $C_{16}H_{17}NO$, F. 75° (90%ig. A.); 96%. — *α-Äthyl-*, $C_{10}H_{13}NO$, F. 84° (verd. A.); 97%. — *N.α-Diäthyl-*, $C_{12}H_{17}NO$, F. 66° (verd. A.); 93%. — *N.N.α-Triäthyl-*, $C_{14}H_{21}NO$, Kp.$_{0,2}$ 115°, F. 32,5°; 96%. — *N-Phenyl-α-äthyl-*, $C_{16}H_{17}NO$, F. 97° (85%ig. A.); 98%. — *N-Benzyl-α-äthyl-*, $C_{17}H_{19}NO$, F. 82° (Bzl.–PAe.); 93%. — *α-n-Propyl-*, $C_{11}H_{15}NO$, F. 80° (Bzl.); 93%. — *N-Äthyl-α-n-propyl-*, $C_{13}H_{19}NO$, F. 53° (Bzl.–PAe.); 96%. — *N.N-Diäthyl-α-n-propyl-*, $C_{15}H_{23}NO$, Kp.$_{0,3}$ 119°; 97%. — *N-Phenyl-α-n-propyl-*, $C_{17}H_{19}NO$, F. 108° (96%ig. A.); 98%. — *N-Benzyl-α-n-propyl-*, $C_{18}H_{21}NO$, Kp.$_{0,2}$ 180°, F. 54°; 98%. — *α-n-Octyl-*, $C_{16}H_{25}NO$, F. 86° (Bzl.–PAe.); 99%. — *N-Äthyl-α-n-octyl-*, $C_{18}H_{29}NO$, F. 53° (Methanol); 95%. — *N.N-Diäthyl-α-n-octyl-*, $C_{20}H_{33}NO$, Kp.$_{0,2}$ 168—169°; 98%. — *N-Phenyl-α-n-octyl-*, $C_{22}H_{29}NO$, F. 66° (Methanol); 93%. — *N-Benzyl-α-n-octyl-*, $C_{23}H_{31}NO$, F. 52°; 99%.

H. GLEINIG. 1210 □

γ-Substitution am Resorcindimethyläther. Shrimati H. R. Jayamma, A. R. Inamdar und K. S. Nargund. (Current Sci. **27.** 170—71. Mai 1958. Dharwar, Karnatak Univ., Dep. of Chem.) (Engl.)

Durch Kochen von Resorcindimethyläther mit $KMnO_4$ in Acetanhydrid (vgl. GRIEHL, Chem. Ber. **80.** [1947.] 410) wird *2.6-Dimethoxyphenylessigsäure*, $C_{10}H_{12}O_4$, F. 152—153°, dargestellt; *Amid*, $C_{10}H_{13}NO_3$, F. 157°. J. RUHNKE. 1250 □

Reduktion aromatischer Nitroderivate zu Hydrazoderivaten mittels Hydrazins und Katalysatoren. Silvio Pietra und Marco Res. (Ann. Chimica **48.** 299—304. April/Mai 1958. Pavia, Univ., Ist. di Chim. gen.) (Ital.)

Nitrobenzol (II) u. andere aromat. Nitro-Verbb. werden durch Hydrazinhydrat mit Ru-Kohle als Katalysator in 5%ig. äthanol. KOH zu Hydrazo-Derivv. reduziert. Auch andere Katalysatoren, wie z. B. Pd-Kohle, können für diese Red. eingesetzt werden, jedoch gibt die Verw. von Ru-Kohle bessere Ausbeuten u. verhindert in den meisten Fällen weitere Hydrierung des Hydrazo-Deriv. zum Amin. Allerdings führt die Anwendung der Rk. auf o-Nitrobenzoesäure, o- u. p-Nitranilin nicht zum Hydrazo-Deriv., sondern ergibt mit quant. Ausbeute das entsprechende Amin. Aus 2.2′-Dinitrodiphenyl wird *3.4;5.6-Dibenzopyridazin* erhalten.

Versuche: *Hydrazobenzol* (I), F. 127° (A.; Blättchen), durch Einrühren von Ru-Kohle zu der auf 40—50° erwärmten Lsg. von II, $N_2H_4 \cdot H_2O$ u. 5%ig. äthanol. KOH, Kochen nach Abklingen der Gas-Entw., Abkühlen, Aufnehmen des abfiltrierten Nd. in A., Abfiltrieren vom Katalysator u. Einengen; 80% (Ausbeute). — *2.2′-Dimethylhydrazobenzol*, F. 158—159° (A.), analog I aus o-Nitrotoluol; 61%. — *4.4′-Dimethylhydrazobenzol*, F. 126° (A.; Blättchen), analog I aus p-Nitrotoluol; 70%. — *3.3′-Dimethylazobenzol*, F. 54° (rote Kristalle), analog I aus m-Nitrotoluol u. Oxydation des rohen *Hydrazo-Deriv.* mit Luft in A.; 65%. — *o-* u. *p-Phenylendiamin*, aus o- bzw. p-Nitranilin analog I; 100%. — *3.3′-Diaminohydrazobenzol*, F. 168° (gelbe Kristalle), aus m-Nitranilin analog I; 77%. — *Hydrazobenzol-3.3′-dicarbonsäure*, $C_{14}H_{12}N_2O_4$, F. 230—240° (Zers.; gelbe Kristalle) aus m-Nitrobenzoesäure analog I in wss. Lsg.; 85%. — *Hydrazobenzol-4.4′-dicarbonsäure*, $C_{14}H_{12}N_2O_4$, analog I aus p-Nitrobenzoesäure in wss. Lsg.; 88%. — *3.4;*-

5.6-Dibenzopyridazin, $C_{12}H_8N_2$, F. 156° (A.; gelbe Kristalle), aus 2.2'-Dinitrodiphenyl analog **I**; 82%. K.-F. Schneider. 1300□

Schiffsche Basen des 4-Rhodananilins und ihre fungistatischen Eigenschaften (1. Teil). 2. Mitt. **über organische Rhodanverbindungen.** R. Pohloudek-Fabini und W. Weuffen. (Arch. Pharmaz. Ber. dtsch. pharmaz. Ges. **293/65.** 333—41. März 1960. Greifswald, Univ., Pharmazeut. Inst.) (Dt.) — 1. vgl. C. **1960. 4489.**

Eine Anzahl Schiffscher Basen aus substituierten Benzaldehyd (**I**)-Derivv. u. *4-Rhodananilin* (**II**) wurde synthetisiert u. wies in vitro bei Prüfung an 10 Dermatophyten (*Achorion Schönleini, Trichosporon cutaneum, Microsporon Audouini, Epidermophyton interdigitale, T. plicatile, Oidium albicans, M. canis, T. rubrum, T. mentagrophytes* u. *Soor*) eine erhebliche fungistat. Wrkg. auf, die in folgender Reihenfolge der **I**-Substitution: 3-Methyl-, 4-Isopropyl-, 2-Hydroxy-3-methoxy-, 4-Hydroxy-, 4-Dimethylamino-, 4-Nitro-, 3.4-Methylendioxy-, 4-Methoxy-, 4-Methyl-, 2-Hydroxy- u. 4-Rhodanrest ansteigt (Tabelle). Die Löslichkeiten der Basen in W., 90%ig. A., Aceton u. Bzl. werden bestimmt.

Versuche (angegeben sind Rohausbeuten): *4-Rhodananilin* (**II**), aus Rhodan u. Anilin in Eisessig (vgl. l. c.). — *Benzylidenanilin*, aus Anilin u. **I** in A.; 78% (Ausbeute). — *Benzyliden-4-rhodananilin* (**III**), $C_{14}H_{10}N_2S$, F. 71—72°, aus **I** u. äthanol. **II**-Lsg. bei 2° u. unter Einleiten von CO_2; 92%. *4-Rhodanbenzaldehyd*, F. 78°, aus 4-Aminobenzaldehyd (F. 70°) durch Diazotierung u. Rk. mit CuSCN/KSCN; Nadeln aus Bzn.; 30% — 4-Rhodananiline, analog **III**: [*4-Rhodanbenzyliden*]-, $C_{15}H_9N_3S_2$, F. 122—123°, aus vorst. Verb.; blaßgelb; 60%. — [*4-Hydroxybenzyliden*]-, $C_{14}H_{10}N_2OS$, F. 186—187°, aus 4-Hydroxybenzaldehyd; blaßgelb; 97%. — [*2-Hydroxybenzyliden*]-, F. 104—105°; 88%. — [*4-Methoxybenzyliden*]-, $C_{15}H_{12}N_2OS$, F. 72—73°, aus p-Anisaldehyd; hellgelb; 88%. — [*2-Hydroxy-3-methoxybenzyliden*]-, $C_{15}H_{12}N_2O_2S$, F. 122—123°, aus o-Vanillin; orangefarben; 85%. — [*4-Methylbenzyliden*]-, $C_{15}H_{12}N_2S$, F. 98—99°, aus 4-Methylbenzaldehyd; blaßgelb; 90%. — [*3-Methylbenzyliden*]-, F. 54—56°, aus 3-Methylbenzaldehyd; hellgelb; 76%. — [*4-Nitrobenzyliden*]-, $C_{14}H_9N_3O_2S$, F. 120—122°, aus 4-Nitrobenzaldehyd; gelb; 88%. — [*4-Isopropylbenzyliden*]-, $C_{17}H_{16}N_2S$, F. 69—70°, aus Cuminaldehyd; hellgelb; 80%. — [*4-Dimethylaminobenzyliden*]-, $C_{16}H_{15}N_3S$, F. 122—123°, aus 4-Dimethylaminobenzaldehyd; gelb; 89%. — [*3.4-Methylendioxybenzyliden*]-, $C_{15}H_{10}\cdot N_2O_2S$, F. 118—119°; aus Heliotropin; 75%. — *Cinnamyliden-*, $C_{16}H_{12}N_2S$, F. 84—85°, aus Zimtaldehyd; hellgelb; 85%. K. Maier. 1310□

Bemerkung über die Darstellung von Dimethylurethanderivaten substituierter Benzyldimethylamine und ihrer Jodmethylate. 2. Mitt. Eustache Gryszkiewicz-Trochimowski, Oleg Gryszkiewicz-Trochimowski und Robert S. Levy. (Bull. Soc. chim. France **1958.** 1087—88. Aug./Sept.) (Franz.) — 1. vgl. C. **1954.** 6472.

Vff. beschreiben die Darst. von *2-Dimethylaminomethyl-4-tert.-butylphenol* (**I**), *2-Dimethylaminomethyl-4-tert.-amylphenol* u. *2-Dimethylaminomethyl-4-sek.-amylphenol* durch Mannich-Rk. entsprechend substituierter Phenole. Vorst. Verbb. werden in die *Dimethylcarbamate* u. deren *Jodmethylate* übergeführt.

Versuche: *2-Dimethylaminomethyl-4-tert.-butylphenol* (**I**), $C_{13}H_{21}NO$, Kp.$_9$ 133—134°, durch 1std. Kochen von p-tert.-Butylphenol, $(CH_3)_2NH$ u. 30%ig. Formaldehyd in A.; 70% (Ausbeute). *Dimethylcarbamat* (**II**), $C_{16}H_{26}N_2O_2$, F. 70—71°, Kp.$_4$ 156—157°, aus **I** u. überschüssigem Dimethylcarbamoylchlorid in Pyridin durch 5std. Kochen, Abdest. des Pyridins, Behandeln mit verd. Alkali u. Ae.-Extraktion; 84%; *Jodmethylat* (**III**), $C_{17}H_{29}JN_2O_2$, F. 227—228° (Zers.), aus **II** u. CH_3J in Ae.; 100%. — *2-Dimethylaminomethyl-4-tert.-amylphenol*, $C_{14}H_{23}NO$, Kp.$_9$ 143—145°, analog **I** aus p-tert.-Amylphenol; 62%. *Dimethylcarbamat*, $C_{17}H_{28}N_2O_2$, Kp.$_4$ 166—167°, analog **II**; 86%; *Jodmethylat*, $C_{18}H_{31}JN_2O_2$, F. 220—222° (Zers.), analog **III**. — *2-Dimethylaminomethyl-4-sek.-amylphenol*, $C_{14}H_{23}NO$, Kp.$_2$ 121—122°, analog **I** aus p-sek.-Amylphenol; 66%. *Dimethylcarbamat*, $C_{17}H_{28}N_2O_2$, Kp.$_4$ 169—170°, analog **II**; 83%; *Jodmethylat*, $C_{18}H_{31}JN_2O_2$, F. 185—186° (Zers.), analog **III**. H. Henze. 1320□

Über die Gewinnung des 2.2-Dimethyl-3-[1-hydroxyäthyl]-1-[2-hydroxyäthyl]-cyclobutans. Marcelle Harispe und Aline Bargeboer. (C. R. hebd. Séances Acad. Sci. **245.** 1550—52. 28/10. 1957. Paris, Fac. de Pharm.) (Franz.)

Die Darst. des *2.2-Dimethyl-3-[1-hydroxyäthyl]-1-[2-hydroxyäthyl]-cyclobutans* gelingt ausgehend vom Pinonsäureäthylester (**I**), den man mit $LiAlH_4$ red., wobei *Pinolsäure* als Zwischenprod. auftritt.

Versuche: *2.2-Dimethyl-1-[2-hydroxyäthyl]-3-[1-hydroxyäthyl]-cyclobutan*, $C_{10}H_{20}O_2$, Kp.$_3$ 128—129°, durch Zutropfen von **I** zu überschüssigem $LiAlH_4$ in Ae., 2std. Erwärmen auf dem Wasserbad, Zers. von $LiAlH_4$, Eingießen der Ae.-Lsg. in mit NaCl gesätt. W. u. Dest. der abgetrennten Ae.-Lsg.; n_D^{18} 1,475; 92% (Ausbeute). *Diacetat*, $C_{14}H_{24}O_4$, $Kp._{16}$ 145°, durch Acetylierung in Pyridin; n_D^{23} 1,445. — *2.3-Dihydroxypinan*, F. 170,5° (Chlf.; Nadeln), aus 3-Hydroxypinanon-(2) u. $LiAlH_4$. H. GIEHRING. 1870□

β-Ketophosphonsäureester. 5. Mitt. **Struktur der Produkte der Reaktion von Triäthylphosphit und Natriumdiäthylphosphit mit einigen α-Halogenketonen der carbocyclischen Reihe.** B. A. Arbusow, W. Ss. Winogradowa und N. A. Poleshajewa. (Известия Академии Наук СССР, Отделение Химических Наук [Nachr. Akad. Wiss. UdSSR, Abt. chem. Wiss.] **1960.** 832—41. Kasan, Univ., Chem. Butlerow-Inst.) (Russ.) — 4. vgl. C. **1962.** 1933.

Es wird die Rk. von Diäthylphosphit (**I**), Na-Diäthylphosphit (**II**) u. Triäthylphosphit (**III**) mit 2-Chlor- (**IV**), 2-Bromcyclohexanon-(1) (**V**), 2-Chlor-2-methylcyclohexanon-(1) (**VI**), α-Bromcampher (**VII**) u. Methyl-α-bromisopropylketon (**VIII**) untersucht. Die Struktur der Rk.-Prodd. wird durch chem. u. RAMAN-Analyse sichergestellt. Die Rk. verläuft unter Bldg. von *β-Ketoalkylphosphonsäureestern*, *Alkenylphosphaten* u./oder *Epoxyalkylphosphonsäureestern*, je nach Natur des Halogenketons u. den Rk.-Bedingungen. — Das durch Erhitzen von **III** mit **V** erhaltene Rk.-Prod. ist durch *1.2-Oxidocyclohexylphosphonsäurediäthylester* (**IX**) verunreinigtes *Cyclohexen-(1)-yl-(1)-diäthylphosphat* (**X**). Letzteres liefert bei der Umesterung *Triäthylphosphat* (**XI**) u. *Cyclohexanon*. Bei der Rk. von **II** mit **IV** entsteht **IX** als Hauptprod. neben **X**. **IX** wird auch aus **I** u. **IV** über *1-Hydroxy-2-chlorcyclohexyl-(1)-phosphonsäurediäthylester* u. dessen Behandlung mit alkohol. KOH erhalten. Im Gegensatz zu **X** läßt sich **IX** nicht zu **XI** umestern. **III** u. **VI** reagieren unter Bldg. von *2-Methylcyclohexen-(1)-yl-(1)-diäthylphosphat* (**XII**), das auch aus **II** u. **VI** in verunreinigter Form erhalten wird. **XII** läßt sich in **XI** u. *2-Methylcyclohexanon-(1)* umestern. **VIII** reagiert mit **II** bzw. **III** unter Bldg. von *3-Methylbuten-(2)-yl-(2)-diäthylphosphat*, das sich zu **XI** u. *Methylisopropylketon* umestern läßt. **II** u. **VII** liefern *1.2-Oxidocyclopentyl-(1)-phosphonsäurediäthylester*. Bei der Rk. von **II** mit **VII** wird *Camphenyl-(2)-diäthylphosphat* erhalten, das sich zu *Campher* u. **XI** umestern läßt.

Versuche: *1-Hydroxy-2-chlorcyclohexyl-(1)-phosphonsäurediäthylester*, $Kp._{5,5}$ 130 bis 138°, man gibt zu 29 g **IV** u. 30 g **I** 15 Tropfen gesätt. Na-Methylat-Lsg. u. erhitzt 8 Std. auf 140°; $D._0^{20}$ 1,1276; n_D^{20} 1,4510; 23 g (Ausbeute). — *1.2-Oxidocyclohexyl-(1)-phosphonsäurediäthylester* (**IX**), $C_{10}H_{19}O_4P$, $Kp._{2,5}$ 112—114°, analog vorst. Verb. aus 29 g **IV** u. 30 g **I**; man trennt ohne Isolierung der vorst. Verb. nichtumgesetztes **I** u. **IV** bei 140° im Vakuum ab u. erhitzt 1 Std. mit 4,7 g KOH in 150 ml A.; $D._0^{20}$ 1,1193; n_D^{20} 1,4571; 11 g. — *Cyclohexen-(1)-yl-(1)-diäthylphosphat* (**X**), $Kp._2$ 113°, man gibt zu 25 g **V** bei 110° 24 g **III** u. erhitzt auf 150° (Bad-Temp.); $D._0^{20}$ 1,1035; n_D^{20} 1,4543; 25 g. Die Umesterung von 6,2 g **X** mit A. in Ggw. von Na-Äthylat liefert 0,7 g *Cyclohexanon* ($Kp._{15}$ 46,5°; *Semicarbazon*, F. 165,5—166,5°; *2.4-Dinitrophenylhydrazon*, F. 158—159°) u. 3 g *Triäthylphosphat* (**XI**; $Kp._5$ 77°; $D._0^{20}$ 1,0645; n_D^{20} 1,4060). — Umesterung von **XII**: Man kocht 5,2 g **XII** in A. in Ggw. von Na-Äthylat u. erhält 2,1 g **XI** u. 1 g *2-Methylcyclohexanon-(1)* ($Kp._{13}$ 53—60°; $D._0^{20}$ 0,9330; n_D^{20} 1,4453; *Semicarbazon*, F. 191°). — *1.2-Oxidocyclopentyl-(1)-phosphonsäurediäthylester*, $Kp._1$ 104—105°, aus **II** u. 2-Chlorcyclopentanon; $D._0^{20}$ 1,1408; n_D^{20} 1,4560. — *Camphenyl-(2)-diäthylphosphat*, $Kp._{0,5}$ 116 bis 117°, aus **II** u. **VII**; $D._0^{20}$ 1,0842; n_D^{20} 1,4600. 3,9 g liefern beim Umestern mit A.-Na-Äthylat 1,3 g **XI** u. *Campher* (F. 176°; *2.4-Dinitrophenylhydrazon*, F. 173—174° aus A.). — *3-Methylbuten-(2)-yl-(2)-diäthylphosphat* (**XIII**), $Kp._8$ 116°, aus **III** u. **VIII** oder **II** u. **VIII**; $D._0^{20}$ 1,0489; n_D^{20} 1,4344. 7,5 g liefern beim Umestern mit A.-Na-Äthylat 3,1 g **XI** u. *Methylisopropylketon* (*Semicarbazon*, F. 112—113°). HELMUT SCHÄFER. 2180□

Cycloalkylierung von Phenolen und ihren Äthern. 4. Mitt. **Kondensation von 1- und 2-Methylcyclohexanol-(1) mit Phenol.** A. R. Abdurassulewa und N. G. Koralnik. (Журнал Общей Химии [J. allg. Chem.] **30 (92).** 1635—37. Mai 1960. Mittelasiat. Univ.) (Russ.) — 3. vgl. C. **1961.** 16447.

Die Kondens. von 1-Methyl- (**I**) u. 2-Methylcyclohexanol-(1) (**II**) mit Phenol in Ggw. von $AlCl_3$ oder H_3PO_4 liefert nur *4-[1-Methylcyclohexyl]-phenol* (**III**). **III** wird in *2.6-Dinitro-4-[1-methylcyclohexyl]-phenol* u. *4-[1-Methylcyclohexyl]-phenoxyessigsäure* übergeführt.

Versuche: *4-[1-Methylcyclohexyl]-phenol* (**III**), $Kp._{10}$ 155—157°, $Kp._3$ 139—140°, F. 112° (PAe.), a) man gibt zu 50 g Phenol u. 7,4 g **I** (**II**) langsam 8,8 g $AlCl_3$ u. erhitzt 5 Std. auf dem sd. Wasserbad; 80% (74%) (Ausbeute); b) man gibt zu 8 g Phenol u. 30 g H_3PO_4 (D. 1,86) auf dem sd. Wasserbad langsam 7,4 g **I** (**II**) u. erhitzt 5 Std.; 72% (80%). — *4-[1-Methylcyclohexyl]-phenylbenzyläther*, F. 82—83°. — *4-[1-Methylcyclohexyl]-phenyl-p-nitrobenzyläther*, F. 153—154°. — *4-[1-Methylcyclohexyl]-phenylmethyläther*, $Kp._8$ 130—132°, F. 41°; $D._4^{20}$ 1,005; n_D^{20} 1,5343. Die Oxydation von **III**-Methyläther mit HNO_3 (D. 1,1) liefert *p-Methoxybenzoesäure*, F. 183°. — *2.6-Dinitro-4-[1-methylcyclohexyl]-phenol*, $C_{13}H_{16}N_2O_5$, F. 72—73°, aus **III** mit HNO_3 (D. 1,4) in Eisessig bei 15—20°; dunkelgelb. — *4-[1-Methylcyclohexyl]-phenoxyessigsäure*, $C_{15}H_{20}O_2$, F. 104 bis 105° (PAe.). HELMUT SCHÄFER. 2260□

Einwirkung von Chlormethoxyäthan auf einige 1-Arylcyclohexene-(1). Darstellung von o-Arylhexahydrobenzylalkoholen. Jean Colonge und Pierre Gandilhon. (Bull. Soc. chim. France **1961.** 2253—55. Dez. Lyon, Fac. des Sci., Chim. organ.; École Sup. de Chim. Ind.) (Franz.) — Vgl. C. **1961.** 5400.

Chlormethoxyäthan gibt durch trans-Addition an 1-Arylcyclohexene-(1) *1-Aryl-1-chlor-2-äthoxymethylcyclohexane*, die unter trans-HCl-Abspaltung in *1-Äthoxymethyl-2-arylcyclohexene-(2)* übergehen. Vorst. Verbb. werden durch katalyt. Hydrierung in die entsprechenden *Cyclohexan-Derivv.* übergeführt. Letzte liefern mit Essigsäure u. HBr *o-Arylhexahydrobenzylalkoholacetate*, aus denen durch Verseifung die freien *Alkohole* dargestellt werden.

Versuche: 2-Aryl-1-äthoxymethylcyclohexene-(2), aus 1,33 Mol Chlormethoxyäthan in Ggw. von $ZnCl_2$ durch Zutropfen von 1 Mol des entsprechenden 1-Arylcyclohexens-(1) bei —5 bis —10° (1—2 Std.), Stehenlassen bei —5° (2—5 Std.) u. Zers. mit Eiswasser u. $NaHCO_3$ sowie Kochen des Rk.-Prod. mit 15%ig. glykolyt. KOH (20—30 Std.): *2-Phenyl-*, $C_{15}H_{20}O$, Kp.$_2$ 106—107°, aus 1-Phenylcyclohexen; $D._4^{25}$ 1,010, n_D^{25} 1,5370; 54% (Ausbeute). — *2-p-Tolyl-*, $C_{16}H_{22}O$, Kp.$_2$ 120°, aus 1-p-Tolylcyclohexen; $D._4^{25}$ 0,988; n_D^{25} 1,5382; 43% — *2-o-Tolyl-*, Kp.$_1$ 105—106°, aus 1-o-Tolylcyclohexen; $D._4^{25}$ 0,983; n_D^{25} 1,5250; 48%. — *2-Phenyl-5-methyl-*, $C_{16}H_{22}O$, Kp.$_2$ 113°, aus 1-Phenyl-4-methylcyclohexen-(1); $D._4^{25}$ 0,979, n_D^{25} 1,5262; 58%. — 2-Aryl-1-äthoxymethylcyclohexane, aus der entsprechenden vorst. Verb. durch Hydrieren über RANEY-Ni: *2-Phenyl-*, $C_{15}H_{22}O$, Kp.$_1$ 95°, $D._4^{25}$ 0,987, n_D^{25} 1,5158. — *2-p-Tolyl-*, $C_{16}H_{24}O$, Kp.$_2$ 116°, $D._4^{25}$ 0,976, n_D^{25} 1,5190. — *2-o-Tolyl-*, Kp.$_1$ 100—101°, $D._4^{25}$ 0,975, n_D^{25} 1,5195. — *2-Phenyl-5-methyl-*, $C_{16}H_{24}O$, Kp.$_2$ 110—111°, $D._4^{25}$ 0,954, n_D^{25} 1,5090. — o-Arylhexahydrobenzylalkohole, aus dem entsprechenden Cyclohexan-Deriv. durch Kochen mit Eisessig u. 48%ig. HBr in Ggw. von W. u. Verseifen der erhaltenen Acetate mit alkohol. KOH: *cis-o-Phenyl-*, $C_{13}H_{18}O$, F. 67° (PAe.). *Acetat*, $C_{15}H_{20}O_2$, F. 59° (60%ig. A.); 45%. *2.4-Dinitrobenzoat*, $C_{20}H_{20}N_2O_6$, F. 105° (A.). — *o-[p-Tolyl]-*, $C_{14}H_{20}O$, F. 75° (PAe.). *Acetat*, $C_{16}H_{22}O_2$, F. 46° (A.); 35%. — *o-[o-Tolyl]-*, F. 55° (PAe.). *Acetat*, F. 86° (A.); 66%. *Dinitrobenzoat*, $C_{21}H_{22}N_2O_6$, F. 128°. — *2-Phenyl-5-methyl-*, $C_{14}H_{20}O$, Kp.$_1$ 128 bis 129°, n_D^{22} 1,5340. *Acetat*, $C_{16}H_{22}O_2$, Kp.$_1$ 123—124°, $D._4^{25}$ 1,050, n_D^{25} 1,5180; 77%. H. GLEINIG. 2270□

Einwirkung metallorganischer Verbindungen auf Oxomalonsäurediäthylester. Pierre Fréon und Erica Henry-Basch. (C. R. hebd. Séances Acad. Sci. **242.** 1627 bis 1629. 19/3. 1956.) (Franz.)

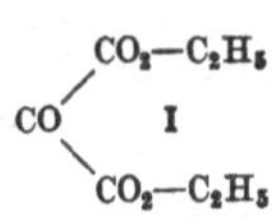

Durch Einw. von überschüssigem CH_3MgJ auf Oxomalonsäurediäthylester (**I**) in Bzl. entsteht in 20%ig. Ausbeute *Pentamethylglycerin*. Rk. von **I** mit C_6H_5Li oder mit C_6H_5MgBr führt unter Aufspaltung des **I**-Mol. zu *Triphenylcarbinol* (F. u. Misch-F. 164°; *Triphenylchlormethan*, F. 106°). Verss., durch Modifizierung der Rk.-Bedingungen zu Tartronsäure-Derivv. zu gelangen, führten nicht zu definierten Produkten. G. ZIEBARTH. 2270□

Wirkung von mit Cyanidionen beladenen Ionenaustauschern auf die Benzoinkondensation. Georges Durr. (C. R. hebd. Séances Acad. Sci. **242.** 1630—31. 19/3. 1956.) (Franz.)

An Ionenaustauschern (Amberlite IRA 400 u. Amberlite IRA 410; **A**) durch Sättigen mit 15%ig. wss. KCN-Lsg. gebundene Cyanidionen behalten ihre katalyt. Wrkg. bzgl. der Benzoin-Kondens. bei. Der **A** selbst ist ohne Einfl. auf diese. Aus Benzaldehyd wird *Benzoin*, auch ohne Verw. von A. als Lsgm., je nach der Menge des eingesetzten cyanidbeladenen **A** in 16—54%ig. Ausbeute erhalten. *Furoin* entsteht in 64%ig. Ausbeute durch 1std. Erhitzen von 5 Teilen Furfurol mit 1 Teil präpariertem **A** auf 85 bis 90°. Dagegen wird *p.p'-Dimethoxybenzoin* nach 3std. Erhitzen von p-Methoxybenzaldehyd u. präpariertem **A** auf 100° mit nur 11%ig. Ausbeute isoliert. G. ZIEBARTH. 2380□

Über Bis-[4-hydroxyphenyl]-essigsäure. H. P. Kaufmann und J. Schierholt. (Pharmaz. Zentralhalle Deutschland **96.** 443—48. Aug./Sept. 1957. Münster, Univ., Inst. für Pharm. u. Lebensmittelchem.) (Dt.)

Die Synth. der laxativ wirkenden *Bis-[4-hydroxyphenyl]-essigsäure* (**I**) aus 2 Mol Phenol u. 1 Mol Dichloressigsäure (**II**) oder deren Derivv. gelang mit den verschiedensten Kondens.-Mitteln nicht. Hingegen gelang die Darst. von **I** durch Kondens. von Phenol mit Chloral in Ggw. von H_2SO_4 zu *1.1.1-Trichlor-2.2-bis-[4-hydroxyphenyl]-äthan* u.

anschließende Verseifung in Ggw. von Alkali; ferner gelang die Synth. durch Kondens. von **II** mit 2 Mol Anilin u. anschließende Diazotierung u. Verkochen, jedoch in schlechter Ausbeute.

Versuche: *1.1.1-Trichlor-2.2-bis-[4-hydroxyphenyl]-äthan*, F. 202°, durch Zutropfen eines Gemisches aus Eisessig/konz. H_2SO_4 zu einem Gemisch aus Chloralhydrat u. Phenol in Eisessig unter 10°, 1tägiges Stehen bei 0°, Gießen in W. u. Rekrist. aus Bzl.; 91,5% (Ausbeute). — *Bis-[4-hydroxyphenyl]-essigsäure* (**I**), $C_{14}H_{12}O_4$, F. 247° (W.), a) durch 5std. Kochen vorst. Verb. in 10%ig. NaOH, Gießen in verd. HCl, Aufnehmen in verd. NH_4OH, Filtrieren u. Ansäuern; 30%; b) durch Diazotieren von Bis-[4-aminophenyl]-essigsäure in verd. HCl mit $NaNO_2$, Erhitzen auf 80°, Abfiltrieren u. Einengen.

H. LEHWALD. 2450□

Über die Styrylbrenztraubensäure. Untersuchung ihrer Reaktion mit cyclischen Aldehyden. Georges Habib Labib und Paul Cordier. (C. R. hebd. Séances Acad. Sci. **245.** 1548—50. 28/10. 1957. Strasbourg, Fac. de Pharm., Labor. de Pharm. chim.) (Franz.)

Styrylbrenztraubensäure (**I**; vgl. FÉTIZON u. Mitarbeiter, C. **1950/54.** **4559** S) kondensiert sich mit cycl. Aldehyden in Essigsäure–HCl in der Wärme in ca. 50%ig. Ausbeute zu *β-Styryl-γ-aryl-α-ketobutyrolactonen* (**A**), die mit $FeCl_3$ in A. braune Farb-Rk. geben u. die durch RANEY-Ni an der Äthylendoppelbindung hydriert werden.

Versuche: Die **A** werden durch 7std. Erhitzen von äquimol. Mengen **I** u. dem entsprechenden Aldehyd auf 100° in 10% HCl enthaltender Essigsäure, Eindampfen, Aufnehmen in Ae., Schütteln mit V_2CO_3-Lsg., Eindampfen, Ansäuern u. Umkristallisieren aus verd. A. dargestellt: *β-Styryl-γ-phenyl-α-ketobutyrolacton* (**II**), F. 194°. — *β-Styryl-γ-[p-methoxyphenyl]-α-ketobutyrolacton*, F. 155°. — *β-Styryl-γ-[p-tolyl]-α-ketobutyrolacton* (**III**), F. 195°. — *β-Phenyläthyl-γ-phenyl-α-ketobutyrolacton*, F. 137°, durch Hydrierung von **II** an RANEY-Ni. — *β-Phenyläthyl-γ-[p-tolyl]-α-ketobutyrolacton*, F. 130°, analog aus **III**. — *δ-Phenyl-α-hydroxyvaleriansäure*, F. 81,5°, durch Hydrierung von **I** an RANEY-Ni in wss. Na_2CO_3 oder $NaHCO_3$.

H. GIEHRING. 2470□

Synthese und IR-Spektrum von 2-Cinnamoylbenzoesäure. G. A. Hanson und P. Tarte. (Bull. Soc. chim. belges **66.** 619—28. Nov./Dez. 1957. Liège, Univ., Serv. de Chim. Gén., Serv. de Chim. Ind. Organ.) (Franz.)

Durch Kondens. von o-Acetylbenzoesäure (**I**) mit Benzaldehyd (**II**) in Ggw. von Na_2CO_3 entsteht *2-Cinnamoylbenzoesäure* (**III**). Diese läßt sich mit A. u. H_2SO_4 nicht verestern. Kondens. von **I**-Äthylester mit **II** in Ggw. von wss. Na_2CO_3-Lsg. führt unter Esterverseifung ebenfalls zu **III**, deren Struktur chem. u. durch Auswertung des IR-Spektrums gesichert wird. **III** addiert Br_2 zu **III**-*Dibromid* u. reagiert mit Acetessigester zu *3-[o-Carboxyphenyl]-5-phenylcyclohexen-(2)-on-(1)-carbonsäure-(6)-äthylester*. Mit Phenylhydrazin entsteht *2-Phenyl-4-styrylphthalazon-(1)*.

Versuche: *o-Acetylbenzoesäure* (**I**), F. 116—117° (W.), durch 6std. Erhitzen von 105 g Phthalsäureanhydrid u. 88 g Malonsäure in Pyridin auf 100°, Gießen in W., Filtrieren u. Ansäuern mit konz. HCl; **34** g (Ausbeute). Weiteres Ansäuern des Filtrats mit konz. HCl liefert 51 g eines Gemisches von **I** u. *Phthalsäure*, aus dem man durch Behandeln mit sd. Bzl., Abfiltrieren von Phthalsäure u. Einengen weitere **I** erhält; Gesamtausbeute 46%. — *o-Acetylbenzoesäureäthylester*, Kp. 275°; aus **I**, abs. A. u. H_2SO_4 durch 4std. Kochen; 78%. — *2-Cinnamoylbenzoesäure* (**III**), F. 152—153° (A.), a) aus **I**, **II** u. Na_2CO_3 durch ½std. Rühren in wss. A. bei 20° u. Ansäuern mit HCl; 82%; b) aus 7,8 g **I**-Äthylester 4,3 g **II** u. 2 g Na_2CO_3 analog a); 10 g. — *2-[o-Methoxycinnamoyl]-benzoesäure*, F. 151° (A.), a) aus **I** u. o-Methoxybenzaldehyd (**IV**) analog **III** nach a); 76%; b) aus **I**-Äthylester u. **IV** analog **III** nach b). — *2-[α.β-Dibromhydrocinnamoyl]-benzoesäure*, F. 177° (A.), aus **III** u. Br_2 in Chlf., Rühren u. Einengen; 52%. — *3-[o-Carboxyphenyl]-5-phenylcyclohexen-(2)-on-(1)-carbonsäure-(6)-äthylester*, F. 154—156° (A.), durch Zugabe von Acetessigsäureäthylester in A. zu der Lsg. von **III** in 10%ig. wss. Na_2CO_3-Lsg., ½std. Kochen, Zugabe von W. u. Ansäuern mit 1nHCl; 65%. — *2-Phenyl-4-styrylphthalazon-(1)*, F. 178—179° (A.), aus **III**, Phenylhydrazin u. wenig Eisessig durch ¼std. Kochen in A., Abkühlen, Anreiben u. Filtrieren; 74%.

B. FÖHLISCH. 2470□

Zur Frage der Beeinflussung des Hofmann-Abbaues durch sterische Hinderung. H.-W. Bersch, R. Meyer und G. Hübner. (Pharmaz. Zentralhalle Deutschland **96.** 381—84. Aug./Sept. 1957. Braunschweig, TH, Inst. für pharmazeut. Chem.) (Dt.)

In N-[β.β-Diphenyl-β-hydroxyäthyl]-dimethylamin (**I**) läßt sich die OH-Gruppe weder durch katalyt. Hydrierung noch durch Red. mit Na/A. gegen H austauschen. Es wurde daher **I** durch Hydraminspaltung in *Diphenylacetaldehyd* (**II**) verwandelt u. dieser durch Red. mit Na in Ggw. von Dimethylamin in *N-[β.β-Diphenyläthyl]-dimethylamin* übergeführt. Der HOFMANN-Abbau von *N-[β.β-Diphenyl-β-hydroxyäthyl]-trimethyl-*

ammoniumhydroxid, in dem am β-C-Atom kein H-Atom mehr vorhanden ist, so daß Neben-Rkk. hier nicht eintreten können, führt überraschenderweise nur in sehr geringer Ausbeute über das *asymm.-Diphenyläthylenoxid* zum erwarteten *asymm.-Diphenylglykol*; es entsteht vielmehr als Hauptprod. **II**, wahrscheinlich unter vorhergehender Dehydratisierung zu *N-[β.β-Diphenyläthenyl]-trimethylammoniumhydroxid*. Hingegen ergibt der Abbau von N-[β.β-Diäthyl-β-hydroxyäthyl]-trimethylammoniumhydroxid normal *asymm. Diäthylglykol*. Demnach sind beim HOFMANN-Abbau verschiedene Rk.-Mechanismen möglich.

Versuche: *asymm.-Diphenyläthylen*, F. 8—9°, durch Rk. von Phenacyldimethylamin mit Phenyl-Mg-Bromid zu *N-[β.β-Diphenyl-β-hydroxyäthyl]-dimethylamin* [**I**; 80% (Ausbeute)], Kochen in konz. HCl zu *Diphenylacetaldehyd* (**II**; 70%), Einleiten von $(CH_3)_2NH$ in eine abs. alkohol. Lsg. von **II**, Eintragen von Na-Stückchen, Ansäuern mit HCl, Wasserdampf-Dest., Ausäthern, Alkalisieren, Aufnehmen des ausgeschiedenen *N-[β.β-Diphenyläthyl]-dimethylamins* in Ae., Reinigen über das Hydrochlorid, Aufnehmen der Base in Aceton, Versetzen mit CH_3J zum *Methojodid* (F. 233—234°), Behandeln mit Ag_2O in sd. W., Alkalisieren u. Kochen, Aufnehmen in Ae. u. Abdampfen. — *Diphenylacetaldehyd* (**II**), durch ½ std. Kochen von 10 g **I**-Methojodid in W. mit Ag_2O, Abfiltrieren, Kochen des Filtrats u. Wasserdampf-Dest.; 65%. — *asymm.-Diphenylglykol* $C_{14}H_{14}O_2$, F. 120—121° (A.), bei vorst. Rk. aus den nichtdampfflüchtigen Anteilen durch Ausäthern; 3%. — *asymm.-Diphenyläthylenoxid*, $C_{14}H_{12}O$, F. 56° (A.), bei vorst. Abbau aus den dampfflüchtigen Anteilen durch Ausfällen von **II** als Bisulfit-Verb. u. Ausäthern des Filtrats; 15%. — *asymm.-Diäthylglykol*, F. 45°, Kp. 200°, a) durch HOFMANN-Abbau von 14 g N-[β.β-Diäthyl-β-hydroxyäthyl]-trimethylammoniumhydroxid in Ggw. von Alkali u. kontinuierliches Ausäthern; 2,5 g; b) wie a) aber Zers. durch Erhitzen auf 230—250°; 3,7 g. H. LEHWALD. 2520□

Polycyclische aromatische Kohlenwasserstoffe im Schnupftabak. J. M. Campbell und A. J. Lindsey. (Chem. and Ind. **1957**. 951. 6/7. London, Sir John Cass Coll., Dep. of Chem.) (Engl.) — Vgl. C. **1957**. 152.

Die von Bantustämmen in Transvaal verwendeten Aloeschnupftabake (**A**) enthalten KW-Stoffe, die möglicherweise durch Pyrolyse bei der Herst. der **A** entstehen. Die neutralen, eingeengten Cyclohexanextrakte von 100 g Schnupftabak werden nach WEDGWOOD u. COOPER (vgl. C. **1953**. 3774) an Al_2O_3 chromatographiert u. die KW-Stoffe UV-spektroskop. bestimmt, wobei pro 100 g **A** 25,8 mg *Pyren*, 33,5 mg *Fluoranthen* u. 0,72 mg *3.4-Benzpyren* neben *Anthracen* gefunden werden. Die Mengen der vorst. KW-Stoffe sind geringer als die in dem von Zulus angewandten Schnupftabak, jedoch größer als die im Vendaschnupftabak. G. MARQUARD. 2600

Einige 2-[Diphenylacetyl]-indandion-(1.3)-derivate. W. N. Selmen, G. Ja. Wanag und I. A. Stunda. (Известия Академии Наук Латвийской ССР [Nachr. Akad. Wiss. LettSSR] **1958**. Nr. 1. 107—12. Inst. für org. Synth. der Akad. der Wiss. der LettSSR.) (Russ.; Auszug: Lett.)

Von 2-[Diphenylacetyl]-indandion-(1.3) (**I**) werden das *Oxim*, *Imin*, *Hydrazon*, *Azin*, *Anil*, *Phenylhydrazon* u. *Ammoniumsalz* dargestellt, wobei immer das Carbonyl der Acetylgruppe in Rk. tritt. Im Gegensatz zu anderen 2-Acylindandionen-(1.3) gibt **I** nach Erhitzen mit konz. H_2SO_4 u. Eingießen in W. eine rote Färbung, die beim Alkalisieren violett wird.

Versuche: *2-[Diphenylacetyl]-indandion-(1.3)* (**I**), *Oxim*, $C_{23}H_{17}NO_3$, F. 226—227° (Zers.; A.), man kocht 0,5 g **I**, 0,61 g Hydroxylaminhydrochlorid u. 20 ml 5%ig. NaOH 1—1½ Std. u. filtriert heiß; gelbe Plättchen. *Imin*, $C_{23}H_{17}NO_2$, F. 221—223° (Zers.; A.), man erhitzt 1 g **I**, 10 g Ammoniumacetat u. wenig Eisessig u. verd. mit W.; gelb. *Hydrazon*, $C_{23}H_{18}N_2O_2$, F. 252—256° (Zers.; A.), man erhitzt 1 g **I** u. 1,2 g Hydrazinhydrat in 30 ml A. 1½ Std. auf dem Wasserbad. *Benzalhydrazon*, $C_{30}H_{22}N_2O_2$, F. 243—245° (Zers.; A.), man erhitzt **I**-Hydrazon u. überschüssigen Benzaldehyd in A. 2—3 Std.; orangefarbene Kristalle. *Acetylhydrazon*, $C_{25}H_{20}N_2O_3$, F. 184—185° (A.), durch 20 bis 30 Min. langes Erhitzen von **I**-Hydrazon u. Acetanhydrid; orangefarbene Prismen. *Azin*, $C_{46}H_{32}N_2O_4$, F. 282—283° (Zers.), man erhitzt 1 g **I** in A. 1½—2 Std. mit konz. wss. Hydrazinhydrochlorid. *Anil*, $C_{29}H_{21}NO_2$, F. 193—194° (Zers.; Eisessig), man kocht 1 g **I** u. 13,5 ml Anilin in Essigsäure 2 Std.; gelb. *Phenylhydrazon*, $C_{29}H_{22}N_2O_2$, F. 134—136° (Ae.), man kocht **I** in Essigsäure 10 Min. lang mit überschüssigem Phenylhydrazin; gelb. *Ammoniumsalz*, $C_{23}H_{19}NO_3$, F. 149—151°, durch Lösen von **I** in heißer 25%ig. NH_4OH. — *2-Acetylindandion-(1.3)* (**II**), *Imin*, $C_{11}H_9NO_2$, F. 224—225° (Zers.; A.), durch 10 Min. langes Kochen von 1 g **II**, 10 g Ammoniumacetat u. wenig Eisessig; grüne Nadeln. HELMUT SCHÄFER. 2650□

Dialkylaminoalkylester und -amide von 3-Hydroxy- und 3-Alkoxy-2-naphthoesäuren. George M. Sieger, William M. Ziegler, David X. Klein und Herman Sokol. (J. Amer. pharmac. Assoc., sci. Edit. **47**. 734—44. Okt. 1958. Garfield, N.J., Heyden Newport Chem. Corp., Res. Labor.) (Engl.)

Eine Anzahl von *Dialkylaminoalkylestern* (**A**) u. *-amiden* (**B**) von 3-Hydroxy- u. 3-Alkoxy-2-naphthoesäuren wird dargestellt u. in Form von *Hydrochloriden, organ. Salzen* u. quatern. Ammoniumsalzen charakterisiert. Die Wrkg. der **A** u. **B** als Lokalanästhetica u. antibakterielle Agentien wird geprüft.

Versuche (FF. korr.): *3-Hydroxy-2-naphthoesäureäthylester*, $C_{13}H_{12}O_3$, F. 82—83° (unkorr.; Isopropanol), durch 3std. Kochen von 3-Hydroxy-2-naphthoesäure in abs. A. in Ggw. von konz. H_2SO_4; 86% (Ausbeute). — *3-Äthoxy-2-naphthoesäure*, $C_{13}H_{12}O_3$, F. 123,6—125,5° (unkorr., 90—95%ig. A. oder Isopropanol), durch Zugabe vorst. Verb. zu Na-Äthylat in A., Versetzen mit NaJ, Zugabe von C_2H_5J, 16std. Kochen, Versetzen mit 10%ig. wss NaOH u. W. u. 14std. Kochen; 59%. — *3-Butoxy-2-naphthoesäure*, $C_{15}H_{16}O_3$, F. 84,4—87,5° (unkorr.), analog vorst. Verb. mit C_4H_9J an Stelle von C_2H_5J; 61%. — *3-Hydroxy-2-naphthoylchlorid* (I), F. 96—97° (unkorr.), nach ABRAHART [1938] u. LESSER u. Mitarbeitern [1925]; 61,8%. — *3-Äthoxy-2-naphthoylchlorid*, durch 5std. Kochen der Säure mit $SOCl_2$ in Ligroin; 83%. — 3-Hydroxy-2-naphthoesäureaminoalkylester: *-β-diäthylaminoäthylester, Hydrochlorid*, $C_{17}H_{22}ClNO_3$, F. 184 bis 184,6° (Chlf. oder A.), a) durch Sättigen von β-Diäthylaminoäthanol (**II**) in Chlf. mit HCl unter Kühlung, Zugabe zu **I** in Chlf. u. 8std. Kochen; Nadeln, 65%; b) durch Zugabe von **II** in Chlf. zu **I** u. 1std. Kochen; c) durch Zugabe von 2-Diäthylaminoäthylchlorid in Isopropanol zu der entsprechenden Säure in Isopropanol u. 1std. Kochen; 72,6%. *Methobromid*, $C_{18}H_{24}BrNO_3$, F. 169,1—170,8° (Isopropanol/A.), durch 4std. Erhitzen der Base mit CH_3Br im verschlossenen Rohr auf 100—110°; blaßgelbe Kristalle; ca. 75%. *Chlorbenzylat*, $C_{24}H_{28}ClNO_3$, F. 150,1—151,1° (Isopropanol/Aceton/Ae.) durch 24std. Kochen der Base mit Benzylchlorid in Toluol; 40,3%. — *-γ-diäthylaminopropylester, Hydrochlorid*, $C_{18}H_{24}ClNO_3$, F. 192,2—193,7° (Isopropanol), analog vorst. Verb.; 43%. *d-Hydrogentartrat*, $C_{22}H_{29}NO_9$; umkristallisiert aus W./Chlf.; 100%. *d-Tartrat*, $C_{40}H_{52}N_2O_{12}$; aus W./Chlf. umkristallisiert; 100%. *Methobromid*, $C_{19}H_{26}BrNO_3$ F. 158,2—159,3° (Isopropanol); 73,6%. *Chlorbenzylat*, $C_{25}H_{30}ClNO_3$, F. 172,1—173,5° (Toluol); 51,6%. — *-β-diäthylaminopropylester, Hydrochlorid*, $C_{18}H_{24}ClNO_3$, F. 159,7 bis 161,2° (Isopropanol); 54%. *Methobromid*, $C_{19}H_{26}BrNO_3$, F. 168,3—170,8° (*Isopropanol*); 78,1%. — *-β-dibutylaminoäthylester, Hydrochlorid*, $C_{21}H_{30}ClNO_3$, F. 155—156° (Isopropanol); 45%. — *-γ-dibutylaminopropylester, Hydrochlorid*, $C_{22}H_{32}ClNO_3$, F. 152—154° (Isopropanol); 45%. — *-β-dibutylaminopropylester, Hydrochlorid*, $C_{22}H_{32}ClNO_3$, F. 154 bis 155° (Isopropanol); 53%. — *-γ-diäthylamino-β.β-dimethylpropylester, Hydrochlorid*, $C_{20}H_{28}ClNO_3$, F. 173—173,5° (Isopropanol); 55%. — 3-Äthoxy-2-naphthoesäureaminoalkylester: *-β-diäthylaminoäthylester, Hydrochlorid*, $C_{19}H_{26}ClNO_3$, F. 144,5 bis 146,5° (Chlf./Essigester); 72%. — *-γ-diäthylaminopropylester, Hydrochlorid*, $C_{20}H_{28}ClNO_3$, F. 139,5—141,5° (Chlf./Essigester); 90%. — *-β-dibutylaminoäthylester, Hydrochlorid*, $C_{23}H_{34}ClNO_3$, F. 140,5—142,5° (Chlf./Essigester); 75%. — *3-Butoxy-2-naphthoesäure-γ-diäthylaminopropylester, Hydr chlorid*, $C_{22}H_{32}ClNO_3$, F. 106,5—109,1° (Essigester); 59,2%. *Chlorbenzylat*, $C_{29}H_{38}ClNO_3$; 50%. — 3-Hydroxy-2-naphthoesäureaminoalkylamide: *-β-diäthylaminoäthylamid, Hydrochlorid*, $C_{17}H_{23}ClN_2O_2$, F. 156,5—157,6° (Isopropanol/Bzl.), durch Zugabe des entsprechenden Säurechlorids zu β-Diäthylaminoäthylamin in Bzl. u. 1std. Kochen; blaßgelbe Kristalle; 69%; b) durch Zugabe des Säurechlorids zu β-Diäthylaminäthylamin in Chlf. bei < Siede-Temp. u. 2tägiges Stehen; 70%. *Methobromid*, $C_{18}H_{25}BrN_2O_2$, F. 147—150,3° (Essigester); 72,1%. *Äthobromid*, $C_{19}H_{27}$·BrN_2O_2, F. 65—70° (Bzl./Toluol), durch Zugabe von C_2H_5Br zu der Base in Toluol u. 12std. Kochen; 49%. *Chlorbenzylat*, $C_{24}H_{29}ClN_2O_2$, F. 64—70° (Toluol/Bzl.); 52%. — *-γ-diäthylaminopropylamid, Hydrochlorid*, $C_{18}H_{25}ClN_2O_2$; 77%. *d-Tartrat*, $C_{40}H_{54}N_4O_{10}$, F. 156—157° (A.); 67,3%. *d-Hydrogentartrat*, $C_{22}H_{30}N_2O_8$, F. > 70° (Zers., A.); 100%. — *-γ-dimethylaminopropylamid*, $C_{16}H_{20}N_2O_2$, F. 153—155° (wss. Isopropanol); 59,2%. — *-γ-isopropylaminopropylamid, Hydrochlorid*, $C_{17}H_{23}ClN_2O_2$, F. 205,7—207,1° (A./Ae); 40%. — *3-Äthoxy-2-naphthoesäure-β-diäthylaminoäthylamid, Hydrochlorid*, $C_{19}H_{27}ClN_2O_2$, F. 150—154,5° (Isopropanol/Essigester); 47,2%. *Methobromid*, $C_{20}H_{29}BrN_2O_2$; 72,6%. — *3-Äthoxy-2-naphthoesäure-γ-diäthylaminopropylamid*, $C_{20}H_{28}N_2O_2$, F. 59,8—60,9° (Bzl./PAe.); 78%. *Methobromid*, $C_{21}H_{31}BrN_2O_2$, F. 122—127° (Chlf.); 69%. — 3-Butoxy-2-naphthoesäureaminoalkylamide: *-β-diäthylaminoäthylamid*, $C_{21}H_{30}N_2O_2$, F. 75 bis 77° (Bzl./Isopropanol), durch 5std. Kochen von 3-Butoxy-2-naphthoesäure mit $SOCl_2$ in PAe., Einengen, Zugabe von β-Diäthylaminoäthylamin in Bzl. u. 3std. Kochen; Nadeln; 72,5%. — *-γ-diäthylaminopropylamid*, $C_{22}H_{32}N_2O_2$, F. 53—55° (Fällen einer HCl-Lsg. mit NH_4OH); 75%. *Methobromid*, $C_{23}H_{35}BrN_2O_2$, F. 101—116° (hygroskop.,

Chlf./Ae.). *Chlorbenzylat*, $C_{29}H_{39}ClN_2O_2$; 62,5%. *Hydrochloridhydrat*, $C_{22}H_{35}N_2O_3$, F. 135 bis 136° (verd. HCl); 65,2%. — *-β-diäthylaminoäthylamid, Methojodid*, $C_{22}H_{33}JNO_2$, F. 145,2—146,4° (A./Ae.), durch Lösen der freien Base in Bzl. u. 6std. Kochen mit CH_3J; 69%. *Chlorbenzylat*, $C_{28}H_{37}ClN_2O_2$; 51%. — *-γ-dimethylaminopropylamid*, $C_{20}H_{28}N_2O_2$, F. 81—83° (Bzl./PAe.); 55%. *Chlorbenzylat*, $C_{27}H_{35}ClN_2O_2$, F. 103—105° (Isopropanol/Essigester/Ae.), durch 16std. Kochen der Base mit Benzylchlorid in Toluol; 72,2%.

P. GOLINSKE. 2700□

Umsetzungen mit Vinylnaphthalinen. Elmar Profft und Martin Biedermann. (J. prakt. Chem. [4] **15 (287)**. 54—66. Dez. 1961. Merseburg, TH, für Chemie Leuna-Merseburg, Inst. für Organ. Chemie.) (Dt.)

Benzylamin wird an α- (**I**) u. β-Vinylnaphthalin (**II**) u. m-Toluidin an **I** über die Na-Verbb. (aus Na u. **I** bzw. **II**) angelagert. Auch Piperidin (**III**) u. seine Homologen werden an **I** u. **II** addiert. Mit sek. aliphat. Aminen (Diisohexylamin) tritt keine Rk. ein. n-Butylmercaptan wird an **I** u. o- u. p-Thiokresol an **I** u. **II** angelagert. Zum Strukturbeweis wird 2-[α-Naphthyl]-äthylchlorid mit 4-Äthylpiperidin kondensiert u. mit dem aus **I** u. 4-Äthylpiperidin erhältlichen *N-[2-(α-Naphthyl)-äthyl]-4-äthylpiperidin* verglichen. *N-[1-Naphthyläthyl]-amine* werden durch Kochen aus 1-Chloräthylnaphthalinen mit dem entsprechenden Amin erhalten. *N-[2-(β-Naphthyl)-äthyl]-4-äthylpiperidinhydrochlorid* wirkt bes. stark oberflächenanästhet. u. hat die 13fache Wrkg. des Cocains.

Versuche: *N-[2-(α-Naphthyl)-äthyl]-piperidin*, $C_{17}H_{21}N$, Kp.$_{0,4}$ 138°, durch Erwärmen von **III** u. Na bis zur dunkelblauen Lsg., Abkühlen auf Zimmer-Temp., Zutropfen von **I** u. schwaches Erwärmen; Öl, n_D^{25} 1,5910; 50% (Rohausbeute). *Hydrochlorid*, $C_{17}H_{22}ClN$, F. 255° [Dimethylformamid (DMF)], bräunliche Nadeln. — N-[2-(α-Naphthyl)-äthyl]-alkylpiperidine: *-4-methyl-*, $C_{18}H_{23}N$, Kp.$_{0,4}$ 147°, durch 2½std. Erwärmen von 4-Methylpiperidin u. Na auf 130—140°, Abkühlen auf Zimmer-Temp., Zutropfen von **I** während 30 Min., 2½ std. Rühren bei 65—75° u. 3std. Rühren bei Zimmer-Temp.; Öl, n_D^{25} 1,5825; 42,4%. *Hydrochlorid*, $C_{18}H_{24}ClN$, F. 213° (DMF), Nadeln. — *-4-äthyl-*, $C_{19}H_{25}N$, Kp.$_{0,15}$ 142°, durch Lösen von Na in 4-Äthylpiperidin bei 100°, Eintropfen von **I** in die blaue Lsg. bei Zimmer-Temp. u. 2std. Erwärmen auf 100°; Öl, n_D^{20} 1,5765; 57,5%. *Hydrochlorid*, $C_{19}H_{26}ClN$, F. 226° (DMF); glänzende Schuppen. — *-4-n-propyl-*, $C_{20}H_{27}N$, Kp.$_{0,2}$ 156°, durch Lösen von Na in 4-n-Propylpiperidin bei 140 bis 150°, Zutropfen von **I** zu der schwach grünen Lsg. bei Zimmer-Temp. während 30 Min. u. 2std. Rühren bei 60—70° u. 3 Std. bei Raum-Temp.; Öl, n_D^{20} 1,5705; 61%. *Hydrochlorid*, $C_{20}H_{28}ClN$, F. 254° (Zers.; DMF), glänzende Blättchen. — *-4-n-butyl-*, $C_{21}H_{29}N$, Kp.$_{0,25}$ 169—170°, durch Lösen von Na in 4-n-Butylpiperidin bei 150°, Zutropfen von **I** zu der grünen Lsg. bei Zimmer-Temp. in 30 Min. u. 1std. Rühren bei 50 bis 55°; Öl, n_D^{20} 1,5668; 79,0%. *Hydrochlorid*, $C_{21}H_{30}ClN$, F. 216° (Zers.; DMF), glänzende Kristalle. — *-2.6-dimethyl-*, $C_{19}H_{25}N$, Kp.$_{0,2}$ 139—140°, F. 65—66°, durch Lösen von Na in 2.6-Dimethylpiperidin bei 150°, langsames Zutropfen von **I** zu der farblosen Lsg. bei Zimmer-Temp. u. 2std. Erwärmen auf 50°; Nadeln; 42,5%. *Hydrochlorid*, $C_{19}H_{26}ClN$, F. 232° (DMF). — *-3.4-dimethyl-*, Kp.$_{0,2}$ 141°, durch 2½std. Erwärmen von 3.4-Dimethylpiperidin mit Na, Zutropfen von **I** innerhalb 35 Min. bei Zimmer-Temp. u. Rühren (2½ Std. bei 65—75° u. 3 Std. bei Zimmer-Temp.); stark opalescierendes Öl, n_D^{20} 1,5772; 63,9%. *Hydrochlorid*, $C_{19}H_{26}ClN$, F. 212° (Aceton–Ae.). — *-3.5-dimethyl-*, Kp.$_{0,2}$ 132°, durch 2½std. Erwärmen von 3.5-Dimethylpiperidin mit Na auf 130—140°, Zugabe von **I** innerhalb von 40 Min. bei Zimmer-Temp. u. Rühren (2½ Std. bei 65—75° u. 3 Std. bei Zimmer-Temp.); stark opalescierendes Öl, n_D^{20} 1,5748; 63,0%. *Hydrochlorid*, $C_{19}H_{26}ClN$, F. 229° (DMF); feine Nadeln. — *N-[2-(β-Naphthyl)-äthyl]-piperidin*, $C_{17}H_{21}N$, Kp.$_{0,8}$ 156 bis 158°, durch Erwärmen von Na u. **III** auf 140°, Zugabe von **II** innerhalb von 10 Min. u. 4std. Erwärmen auf 100—110°; schwach gelbes Öl, n_D^{20} 1,5903; 59,0%. *Hydrochlorid*, $C_{17}H_{22}ClN$, F. 213—215° (DMF). — N-[2-(β-Naphthyl)-äthyl]-alkylpiperidine: *-4-methyl-*, $C_{18}H_{23}N$, Kp.$_{0,8}$ 163—166°, durch 2std. Erwärmen von 4-Methylpiperidin u. Na auf 140°, Abkühlen, Zutropfen von **II** in 20 Min., 75 Min. langes Rühren bei Zimmer-Temp. u. 5std. Erhitzen auf 120°; gelbliches Öl, n_D^{20} 1,5785; 34,6%. *Hydrochlorid*, $C_{18}H_{24}ClN$, F. 230—231° (DMF), Blättchen. — *-4-äthyl-*, $C_{19}H_{25}N$, Kp.$_{0,6}$ 169—170°, F. 48,5°, durch 40 Min. langes Erwärmen von 4-Äthylpiperidin u. Na auf 85—90°, Zutropfen von **II** innerhalb 20 Min. u. 6std. Erwärmen auf 100°; nadelförmige Kristalle; 61,0%. *Hydrochlorid*, $C_{19}H_{26}ClN$, F. 241° (DMF); Nadeln. — *-4-n-propyl-*, $C_{20}H_{27}N$, Kp.$_{0,9}$ 190°, durch 2std. Erhitzen von 4-n-Propylpiperidin u. Na auf 150—160°, Abkühlen, Zutropfen von **II** während 15 Min. u. 6std. Erwärmen auf 80°; Öl, n_D^{20} 1,5685; 47,0%. *Hydrochlorid*, $C_{20}H_{28}ClN$, F. 256—258° (DMF), glänzende Blättchen. — *-4-n-butyl-*, $C_{21}H_{29}N$, Kp.$_{0,7}$ 192°, durch 2std. Erwärmen von 4-n-Butylpiperidin u. Na auf 150—160°, Abkühlen, Zusetzen von **II** in 15 Min. u. 6std. Erwärmen auf 80°; z. T.

kristallisierendes Öl, n_D^{20} 1,5675; 37,0%. *Hydrochlorid*, $C_{21}H_{30}ClN$, F. 278° (DMF), glänzende Schuppen. — *-2.6-dimethyl-*, $C_{19}H_{25}N$, Kp.$_{0,4}$ 163—164°, durch 2std. Erwärmen von 2.6-Dimethylpiperidin u. Na auf 145°, Abkühlen, Zutropfen von II in 10 Min. u. Rühren (1 Std. bei Zimmer-Temp. u. 4½ Std. bei 75°); z. T. kristallisierendes Öl, n_D^{20} 1,5822; 20,1%. *Hydrochlorid*, $C_{19}H_{26}ClN$, F. 252° (DMF). — *-3.4-dimethyl-*, $C_{19}H_{25}N$, Kp.$_{0,6}$ 168—169°, durch 2std. Erhitzen von 3.4-Dimethylpiperidin u. Na auf 140°, Abkühlen auf Zimmer-Temp., Zugabe von II innerhalb von 20 Min. u. Rühren (1 Std. bei Zimmer-Temp., 1 Std. bei 75—90° u. 1 Std. bei Zimmer-Temp.); Öl, n_D^{20} 1,5723; 60,0%. *Hydrochlorid*, $C_{19}H_{26}ClN$, F. 262—263° (DMF). — *-3.5-dimethyl-*, $C_{19}H_{25}N$, Kp.$_{0,5-0,6}$ 164—165°, durch 2std. Erwärmen von 3.5-Dimethylpiperidin u. Na auf 150—160°, Abkühlen auf Raum-Temp., Zutropfen von II innerhalb von 10 Min. u. 4std. Erwärmen auf 100—110°; Öl, n_D^{20} 1,5710; 64,0%. *Hydrochlorid*, $C_{19}H_{26}ClN$, F. 238° (DMF). — *N-[1-(β-Naphthyl)-äthyl]-piperidin*, $C_{17}H_{21}N$, Kp.$_{0,6}$ 148—150°, durch 25 Min. langes Kochen von β-[1-Chloräthyl]-naphthalin mit III; gelbliches Öl, n_D^{20} 1,5939; 64,5%. *Hydrochlorid*, $C_{17}H_{22}ClN$, F. 224—226° (DMF). — *N-[1-(α-Naphthyl)-äthyl]-piperidin*, $C_{17}H_{21}N$, Kp.$_{0,4}$ 140°, aus α-[1-Chloräthyl]-naphthalin u. III analog vorst. Verb.; Öl, n_D^{20} 1,5946; 56,7%. *Hydrochlorid*, $C_{17}H_{22}ClN$, F. 216—218° (DMF), feine Nadeln. — *N-[1-(α-Naphthyl)-äthyl]-4-äthylpiperidin*, $C_{19}H_{25}N$, Kp.$_{0,45}$ 169—170°, durch ½std. Kochen von α-[1-Chloräthyl]-naphthalin u. 4-Äthylpiperidin; schwach gelbliches Öl, n_D^{20} 1,5777; 54,0%. *Reineckat*, F. 157—158° (A.), violett. — *N-[1-(β-Naphthyl)-äthyl]-4-äthylpiperidin*, $C_{19}H_{25}N$, Kp.$_{0,6}$ 167—168°; schwach gelbliches Öl, n_D^{20} 1,5766; 56,5%. *Reineckat*, F. 179° (A.), violett. — *[2-(α-Naphthyl)-äthyl]-n-butylthioäther*, $C_{16}H_{20}S$, Kp.$_{0,2-0,3}$ 145—147°, durch 6std. Kochen von I mit n-Butylmercaptan; fl., lauchartiger Geruch, n_D^{20} 1,5972; 54,0%. — *[2-(α-Naphthyl)-äthyl]-o-tolylthioäther*, $C_{19}H_{18}S$, Kp.$_{0,6}$ 198°, durch 8std. Rk. von I mit o-Thiokresol bei 180—200°; gelbliches Öl, n_D^{20} 1,6527; 78,5%. — *[2-(α-Naphthyl)-äthyl]-p-tolylthioäther*, Kp.$_{0,6}$ 212°, durch 45 Min. langes Erhitzen von p-Thiokresol u. Na auf 80—90°, Zugabe von I u. 7std. Erhitzen auf 180°; Öl, n_D^{20} 1,6475; 58,4%. — *[2-(β-Naphthyl)-äthyl]-o-tolylthioäther*, Kp.$_{0,6}$ 213°, durch 6std. Rk. von II mit o-Thiokresol bei 150°, schwach gelbliches Öl, n_D^{20} 1,6517; 70,0%. — *[2-(β-Naphthyl)-äthyl]-p-tolylthioäther*, Kp.$_{0,35}$ 187°, durch 6std. Rk. von II mit p-Thiokresol bei 150°; schwach gelbliches Öl, n_D^{20} 1,6470; 96,0%. — *N-[2-(α-Naphthyl)-äthyl]-benzylamin*, $C_{19}H_{19}N$, Kp.$_{0,3}$ 167—168°, durch Erhitzen von Benzylamin u. Na auf 170—180°, Zutropfen von I bei Zimmer-Temp. während 1 Std. u. Rühren (45 Min. bei Zimmer-Temp. u. 2 Std. bei 65—70°); Öl, n_D^{20} 1,6245; 42,4%. *Hydrochlorid*, $C_{19}H_{20}ClN$, F. 199—200° (DMF). — *N-[2-(β-Naphthyl)-äthyl]-benzylamin*, Kp.$_{0,5}$ 182°, durch Erwärmen von Benzylamin u. Na auf 160—170°, Abkühlen, Zutropfen von II während 10 Min. u. Rühren (40 Min. bei Zimmer-Temp. u. 2½ Std. bei 100°); Öl, n_D^{20} 1,6215; 47,5%. *Hydrochlorid*, F. 256° (DMF), glänzende Blättchen. — *N-[2-(α-Naphthyl)-äthyl]-m-toluidin*, $C_{19}H_{19}N$, Kp.$_{0,8}$ 195—198°, durch Erhitzen von m-Toluidin u. Na auf 135—140°, Abkühlen, Zugabe von I innerhalb von 15 Min., Rühren (30 Min. bei Raum-Temp. u. 2 Std. bei 85°) u. Zers. mit W.; orangerote, zähe Fl., n_D^{20} 1,6445; 32,8%. *Hydrochlorid*, $C_{19}H_{20}ClN$, F. 164—165° (DMF), gelbliches Pulver. E. KOSSMEHL. 2700 □

Aliphatische Chemie des Fluorens. 2. Mitt. **Eine ungewöhnliche Grignard-Reaktion.** P. M. G. Bavin. (Canad. J. Chem. **38.** 882—89. Juni 1960. Hull, East Yorkshire, England, Univ., Chem. Dep.) (Engl.) — 1. vgl. Canad. J. Chem. **37.** [1959.] 2023.

Der bei der Rk. von 9-Methylfluoren-9-carbonsäuremethylester (I) mit C_6H_5MgBr erhaltene, gut kristallisierende KW-Stoff (vgl. ANET u. BAVIN, C. **1960.** 16052) vom F. 209—210° wurde nun als *9.9'-Dimethyldifluorenyl-(9.9')* (II) identifiziert u. auf nachst. unabhängigem Wege synthetisiert. 9-Bromfluoren reagiert rasch mit dem Anion aus Fluoren-9-carbonsäuremethylester (IV) unter Bldg. von *9-[Fluorenyl-(9')]-fluoren-9-carbonsäuremethylester*, der durch Verseifen u. Decarboxylieren in *Difluorenyl-(9.9')* übergeht. Dieses wurde mit CH_3Li u. CH_3J zu II methyliert. Ferner läßt sich Difluorenyliden-(9.9') durch Anlagerung von CH_3Li in das Anion von *9-Methyldifluorenyl-(9.9')* (III) überführen, aus dem durch Zugabe von CH_3J II entsteht. Die Darst. von III aus dem betreffenden Anion durch Einw. von W. erwies sich überraschenderweise als schwierig, da durch Einw. des restlichen CH_3J II gebildet wurde. Nach Entfernen der letzten Spuren CH_3J mit Mg wurde jedoch III in 80—90%ig. Ausbeute erhalten. Die II-Ausbeute bei der GRIGNARD-Rk. ist fast quant., wenn man C_6H_5MgJ auf I einwirken läßt. Bei Verw. von C_6H_5MgBr ist sie beträchtlich geringer. Vf. geht auf den Mechanismus der II-Bldg. aus I u. C_6H_5MgX ein. Mit großer Wahrscheinlichkeit entsteht intermediär das Anion von 9-Methylfluoren (V), was bes. durch Verss. mit 9-Methyl-9-benzoylfluoren (VI) bestätigt wurde. Bei Einw. von äther. CH_3Li oder C_6H_5Li oder von äther. C_6H_5MgBr auf **VI** tritt eine Tiefrotfärbung auf, die nach wenigen Min. ganz intensiv ist. Das Vorliegen des **V**-Anions wurde durch Zugabe von CH_3J deutlich gemacht. Aus dem erhaltenen Rk.-Gemisch ließ sich *9.9-Dimethylfluoren* (**IX**) isolieren. Da nach Einw. von C_6H_5Li oder C_6H_5MgX *Triphenylcarbinol* erhalten wurde, ist das Vorliegen von Benzophenon in der Rk.-Lsg. wahrscheinlich. Durch längere Rk.-Zeiten wird die **II**-Bldg. begünstigt. Das aus **V** durch Einw. von C_6H_5Li erhaltene Anion reagiert rasch mit Jod unter Bldg. von **II**, das in guter Ausbeute entsteht. Fluoren geht unter entsprechenden Bedingungen in *Difluorenyl-(9.9')* über. Bei der Rk. von **V**, C_2H_5Li u. C_2H_5J entstehen 10% **II**. Setzt man in die Rk. C_2H_5Br u. C_2H_5Li ein, so entsteht nur *9-Methyl-9-äthylfluoren* (**VIII**). Aus Vorst. folgt, daß Jod bei all den Rkk., bei denen **II** entsteht, wahrscheinlich eine wesentliche Rolle spielt. 9-Bromfluoren-9-carbonsäuremethylester (**VII**) reagiert rasch mit dem **IV**-Anion unter Bldg. von *Difluorenyl-(9.9')-dicarbonsäure-(9.9')-dimethylester*. Wegen der schwierigen Rein-Darst. wurde 9-Brom-9-methylfluoren als Rohprod. mit dem **IV**-Anion umgesetzt, wobei in geringer Ausbeute wahrscheinlich *9-[Fluorenyl-(9')-methyl]-fluoren-9-carbonsäuremethylester* als Prod. der MICHAEL-Addition des **IV**-Anions an 9-Methylenfluoren entsteht. Die aus Fluoren, **V** u. 9-Phenylfluoren erhältlichen Anionen reagieren fast momentan mit CH_3J unter Bldg. von **IX** bzw. *9-Methyl-9-phenylfluoren*. Bei der Rk. von 9-Bromfluoren u. CH_3MgJ in Ggw. von CH_3J entsteht *Difluorenyl-(9.9')*. Als bes. geeignete Meth. zur Darst. von *Difluorenyliden-(9.9')* (85% Ausbeute) ist die Rk. von 9-Bromfluoren mit Na-tert.-Butylat anzusehen. **IX** tritt in 2 polymorphen Formen auf (vgl. auch ANCHELL u. BLATT, J. Amer. chem. Soc. **63.** [1941.] 1948), von denen die höherschm. erhalten wurde.

Versuche: *9.9'-Dimethyldifluorenyl-(9.9')* (**II**), $C_{28}H_{22}$, F. 209—210°, a) durch 4std. Erwärmen von 2,24 g **I** mit C_6H_5MgJ (aus 12 g Jodbenzol) in Ae. unter Rückfluß u. Zers. des Komplexes mit Eis u. NH_4Cl; aus Heptan Rhomben oder kleine Prismen; 1,6 g (Ausbeute); b) durch Einw. von C_6H_5MgBr auf **I** (bei der Darst. der GRIGNARD-Verb. Zugabe eines Körnchens Jod; in Abwesenheit von Jod erfolgt keine **II**-Bldg; 24 Std.); 45%; c) durch Zugeben einer benzol. Lsg. von 2 g Difluorenyl-(9.9') zu C_6H_5Li (aus 20 g Brombenzol) in Ae. u. Versetzen der erhaltenen tiefroten Lsg. mit 8 g CH_3J (fast augenblickliche Entfärbung); aus Bzl./Hexan Rhomben; 1,4 g; d) durch Zugabe von 1 g **V** zu C_6H_5Li (aus 5 g Brombenzol) in Ae. u. Zugeben von Jodkörnchen, bis die Jodfarbe bestehen bleibt; 0,8 g; e) durch ½std. Erwärmen von 1 g Difluorenyliden-(9.9') mit 10 g CH_3J u. CH_3Li (aus 10 g CH_3J) in Ae. unter Rückfluß; 0,9 g; f) durch Einw. von C_2H_5J an Stelle von C_2H_5Br auf **V** (vgl. Darst. von **VIII**); 0,1 g. — *9-[Fluorenyl-(9')]-fluoren-9-carbonsäuremethylester*, $C_{28}H_{20}O_2$, F. 215—216°, durch rasch erfolgende Rk. von 9-Bromfluoren mit **IV**-Anion in Methanol bei 30—35°; aus Bzl./Hexan Rhomben; 76%. — *Difluorenyl-(9.9')*, F. 248—249°, a) durch 2std. Erhitzen vorst. Verb. mit der doppelten Menge KOH in Äthylenglykol unter Rückfluß; aus Bzl./Hexan zarte Nadeln; 94%; b) aus 1 g Fluoren wie **II** nach d); 0,7 g; c) durch Abdekantieren der äther. CH_3MgJ-Lsg. (aus 4 g CH_3J) vom Mg, Eintropfen in eine Lsg. von 2,4 g 9-Bromfluoren u. 2 g CH_3J in A. u. Zers. des Komplexes nach 10 Min.; 1,5 g. — *Difluorenyliden-(9.9')*, F. 187 bis 189°, durch Zugeben einer heißen Lsg. von Na-tert.-Butylat in tert.-Butanol zu 9-Bromfluoren u. ¼std. Erhitzen unter Rückfluß; aus CCl_4/A. rote Nadeln; 85%. — *9-Methyldifluorenyl-(9.9')* (**III**), $C_{27}H_{20}$, F. 169—170°, durch Zugabe von 4 g Mg zu CH_3Li in Ae., ½std. Erwärmen der Mischung unter gelindem Rückfluß, Dekantieren durch Glaswolle u. ¼std. Erwärmen von 1 g vorst. Verb. mit einem Überschuß des CH_3Li-Reagens; aus Heptan kleine Prismen; 0,85 g. — *9-Methyl-9-äthylfluoren* (**VIII**), F. 59—60,5°, durch Zugeben von 1 g **V** zu äther. C_2H_5Li (aus 4 g C_2H_5Br), gefolgt von 4 g C_2H_5Br; aus Methanol Nadeln; 0,8 g. — *9.9-Dimethylfluoren* (**IX**), $C_{15}H_{14}$, F. 95—96°, a) durch Zugabe von Fluoren zu CH_3Li in Ae. u. Zutropfen von CH_3J, bis die Lsg. farblos wird; aus Methanol prismat. Nadeln; 89%; b) durch Methylierung von **V** mit CH_3Li/CH_3J, 92%; c) durch Zugeben von 2 g **VI** in abs. Ae. zu äther. C_6H_5Li (aus 5 g Brombenzol) u. dann von 2 CH_3J (Verschwinden der roten Färbung); 0,9 g. — *9-Methyl-9-phenylfluoren*, $C_{20}H_{16}$, F. 86—86,5°, durch Methylierung von 9-Phenylfluoren wie vorst., aus Methanol glänzende Plättchen; 87%. — *Triphenylcarbinol*, $C_{19}H_{16}O$, F. 163 bis 164°, aus **VI** u. C_6H_5Li wie **IX** nach c), jedoch ohne Zugabe von CH_3J; aus Methanol lange Nadeln; 0,17 g. — *Difluorenyl-(9.9')-dicarbonsäure-(9.9')-dimethylester*, F. 238 bis 240° durch Zugeben von 1,3 g **VII** zu 1 g **IV** in CH_3ONa/Methanol (aus 0,2 g Na) u. 10 Min. langes Erwärmen der Suspension; aus Bzl./Hexan kleine Prismen; 1,1 g. — *9-[Fluorenyl-(9')-methyl]-fluoren-9-carbonsäuremethylester* (?), $C_{29}H_{22}O_2$, F. 173—174°, durch kurzes Erwärmen von 1 g 9-Methylfluorenol-(9) mit abs. Ae. u. 1 ml Acetylbromid, Abdampfen des Lsgm. unterhalb 30° u. Versetzen des öligen Rückstandes mit 1,1 g **IV** in CH_3ONa/Methanol, Abfiltrieren von polymerem Prod. u. ½std. Erwärmen des klaren gelben Filtrats; aus Heptan Prismen; 0,2 g. D. HOLZNER. 2750□

Aliphatische Chemie des Fluorens. 3. Mitt. **Einige Derivate des Fluorens und Phenanthrens.** P. M. G. Bavin. (Canad. J. Chem. **38**. 911—16. Juni 1960.) (Engl.) — 2. vgl. vorst. Referat.

Fluoren-9-carbonsäuremethylester (**IV**) geht durch Nitrierung in *2-Nitrofluoren-9-carbonsäuremethylester* (I) über, der mit $LiBH_4$ red. wurde. Das erhaltene rohe *Carbinol* läßt sich durch Erhitzen mit Polyphosphorsäure in *2-Nitrophenanthren* überführen. In ähnlicher Weise wurde 9-Methyl-9-acetylfluoren (**V**) durch Nitrierung zu *2-Nitro-9-methyl-9-acetylfluoren*, dessen Red. u. anschließende Cyclisierung in *2-Nitro-9.10-dimethylphenanthren* (II) übergeführt. Beim Lösen von reinem I in methanol. CH_3ONa tritt eine intensive Purpurfärbung auf, die nach Zugabe von CH_3J rasch verschwindet. Als Rk.-Prod. entsteht wahrscheinlich *2-Nitro-9-methylfluoren-9-carbonsäuremethylester.* Durch Cyclisierung von 2'-Nitrodiphenyl-2-carbonsäure (**VI**) erhält man *4-Nitrofluorenon-(9)*. Bei der Acetylierung von 9.10-Dimethylphenanthren (III) in Nitrobenzol bei Raum-Temp. (Rk.-Zeit 12 Std. bzw. 14 Tage) entsteht nur ein Keton, wahrscheinlich *3-Acetyl-9.10-dimethylphenanthren* in Ausbeuten von 75—85%. Die Oxydation von III mit wss. $Na_2Cr_2O_7$ bei 250° liefert *Phenanthren-9.10-dicarbonsäure.* Entsprechend läßt sich 2-Methyltriphenylen in *Triphenylen-2-carbonsäure* überführen.

Versuche: *2-Nitrofluoren-9-carbonsäuremethylester* (I), $C_{15}H_{11}NO_4$, F. 178—179°, durch Nitrieren von 2 g **IV** wie [Fluorenyl-(9)-methyl]-acetat nach BAVIN u. DEWAR (C. **1956**. 12262); aus Xylol/Pentan hellgelbe Nadeln; 0,8 g (Ausbeute). — *2-Nitrofluoren-9-methyl-9-carbonsäuremethylester,* $C_{16}H_{13}NO_4$, F. 122—123°, durch Zugeben von CH_3J zur schwarz, in großer Verdünnung purpur gefärbten Lsg. von I in methanol. CH_3ONa, wobei die Farbe rasch verschwindet; aus Heptan hellgelbe Prismen. — *[2-Nitrofluorenyl-(9)-methyl]-acetat,* F. 123—125°, durch Red. von I mit $LiBH_4$ in Tetrahydrofuran u. Acetylieren eines Teils des erhaltenen orangefarbenen Harzes mit Isopropenylacetat; aus Hexan hellgelbe Prismen; 22%. — *2-Nitrophenanthren,* F. 118—119°, durch Erhitzen des anderen Harzteiles mit Polyphosphorsäure (vgl. BAVIN u. DEWAR, l. c.); aus Heptan gelbe Nadeln; 45%. — *2-Nitrophenanthrenchinon,* $C_{14}H_7NO_4$, F. 270—272°, durch Oxydation vorst. Verb. mit Perjodsäure in sd. Essigsäure; aus Essigsäure orangefarbene Plättchen. — *2-Nitro-9-methyl-9-acetylfluoren,* $C_{16}H_{13}NO_3$, F. 138—139°, durch Nitrieren von reinem **V** wie I; aus Methanol hellgelbe Prismen; 70%. — *2-Nitro-9.10-dimethylphenanthren* (II), $C_{16}H_{13}NO_2$, F. 163—164°, durch Red. vorst. Verb. mit methanol. $NaBH_4$, Verestern des erhaltenen öligen *Carbinols* mit p-Toluolsulfochlorid in Pyridin u. 12std. Erhitzen des rohen *Tosylats* mit 94%ig. Ameisensäure unter Rückfluß; aus Hexan leuchtend gelbe Nadeln; 74%. — *2-Amino-9.10-dimethylphenanthren,* F. 141 bis 142°, durch Red. von II mit Hydrazin an Pd/Kohle; aus A. Nadeln. *Acetyl-Deriv.,* $C_{18}H_{17}NO$, F. 256—257°, aus Toluol kleine Nadeln. — *4-Nitrofluorenon-(9),* F. 173 bis 174°, durch 20 Min. langes Erwärmen von 1,2 g **VI** mit 40 ml konz. H_2SO_4 auf 115° u. Gießen auf Eis; aus Methanol gelbe Nadeln; 0,98 g. — *9-Methyl-9-acetylfluoren* (**V**), F. 82—84°, durch 6std. Einw. von 2,1 Mol CH_3J auf 1 Mol rohes 9-Acetylfluoren in 2 Mol methanol. CH_3ONa bei Raum-Temp.; 96% (Rohprod.). — *1-[9-Methylfluorenyl-(9)]-äthanol,* F. 77—80°, durch Red. vorst. Rohprod. mit $LiAlH_4$ in Ae.; 98%. *Tosylat,* $C_{23}H_{22}O_3S$, F. 88—90° (unter Zers. zu III); aus Chlf./Hexan Prismen. — *9.10-Dimethylphenanthren* (III), F. 143—144°, a) durch 2std. Erhitzen vorst. Carbinols mit dem gleichen Gew. P_2O_5 in Xylol unter Rückfluß; b) durch Erhitzen vorst. rohen Tosylats mit 94%ig. Ameisensäure unter Rückfluß; aus Toluol/Hexan lange Nadeln; 85 bis 91%. — *Phenanthren-9.10-dicarbonsäure,* durch Oxydation von III mit wss. $Na_2Cr_2O_7$ bei 250°; 94% (roh). *Anhydrid,* F. 322—324°, aus Acetanhydrid hellgelbe Nadeln. *Dimethylester,* F. 132—133°, aus Bzl. hellgelbe Nadeln. — *Triphenylen-2-carbonsäure,* durch Oxydation von 2-Methyltriphenylen wie vorst.; 98%. *Methylester,* $C_{20}H_{14}O_2$, F. 129—130°, aus Toluol Nadeln. — *x-Acetyl-9.10-dimethylphenanthren,* $C_{18}H_{16}O$, F. 111,5 bis 112°, durch Lösen von wasserfreiem $AlCl_3$ (2,2 Mol) in abs. Nitrobenzol, Kühlen auf 0°, Zugeben von III (1 Mol) u. anschließend von frisch dest. Acetylchlorid (1,4 Mol) u. 14tägiges Stehen bei Raum-Temp. unter Feuchtigkeitsausschluß; aus Toluol/Heptan Prismen; 56%. *Oxim,* $C_{18}H_{17}NO$, F. 209—210°, aus Toluol/Heptan Nadeln. *Azin,* $C_{36}H_{32}N_2$, F. 280—281°, durch Erwärmen der Acetyl-Verb. mit Hydrazin in A.; aus Xylol goldgelbe Plättchen. — *x-Äthyl-9.10-dimethylphenanthren,* $C_{18}H_{18}$, F. 45,5—46°, durch 6std. Erhitzen vorst. Acetyl-Verb. mit Hydrazinhydrat in Diäthylenglykol unter Rückfluß; aus Methanol Nadeln. *1.3.5-Trinitrobenzolat,* F. 164—166°, aus Methanol leuchtend gelbe Nadeln. — *3-Acetyl-9-cyanphenanthren,* F. 226—227°, durch 4std. Erhitzen von 55 g 3-Acetyl-9-bromphenanthren (F. 151—153°) mit 20 g Cu(I)-Cyanid u. 2 Tropfen Pyridin-haltigem Dimethylformamid unter Rückfluß; aus Toluol gelbe Nadeln; 50 g. — *3-Äthylphenanthren-9-carbonsäure,* $C_{17}H_{14}O_2$, F. 180—182° (vorheriges Sintern), durch 1std. Erhitzen von 49 g vorst. Verb. mit 40 ml Hydrazinhydrat in

Diäthylenglykol unter Rückfluß, Zutropfen einer Lsg. von 40 g KOH in 60 ml W., Dest. des Rk.-Gemisches bis 195° u. Gießen in überschüssige verd. HCl, Überführen der gereinigten Säure durch sukzessive Behandlung mit $SOCl_2$ u. Methanol in den *Methylester*. Dest. des Esters bei 200—210°/1—2 mm u. Verseifen; aus Methanol/Aceton fast farblose Nadeln; 20 g. — *3-Äthylphenanthren*, durch Red. von 3-Acetylphenanthren mit Hydrazin in Diäthylenglykol (nicht krist.). *Pikrat*, F. 120—121°, aus Methanol orangefarbene Nadeln. — *3-Äthyl-9.10-phenanthrenchinon*, F. 173—174°, durch Oxydation vorst. Verb. mit CrO_3 in Essigsäure; aus A. orangefarbene Nadeln. — *Benzyl-p-tolylketon* (**VII**), $C_{15}H_{14}O$, F. 109—110°, aus Phenylacetylchlorid (2 Mol) u. Toluol analog Benzylphenylketon (vgl. Org. Syntheses, Coll. Vol. II. [1943.] 156); aus Methanol Plättchen; 55%. *2.4-Dinitrophenylhydrazon*, $C_{21}H_{18}N_4O_4$, F. 213—214°, aus Bzl. unregelmäßige rote Prismen. — *4-Methylbenzoin*, $C_{15}H_{14}O_2$, F. 112—113°, aus **VII** nach Ide u. Buck (C. **1948.** E 2660); aus wss. A. lange Nadeln; 65%. — *4-Methylbenzil*, durch Oxydation vorst. Verb. mit $CuSO_4$ in Pyridin; gelbes Öl, das nach Dest. größtenteils kristallisiert. — *4-Methylbenzilsäure*, F. 132—134°, aus vorst. Verb.; aus Chlf./Hexan Nadeln; 41%. — *3-Methylfluoren*, F. 87—88°, durch Cyclisierung vorst. Verb. (vgl. Org. Syntheses, **33.** [1953.] 37) u. Dest. der erhaltenen rohen *3-Methylfluoren-9-carbonsäure* nach dem Trocknen bei 1 mm, wobei Decarboxylierung eintritt; aus Methanol Plättchen; 43%. — *Benzyl-p-äthylphenylketon*, $C_{16}H_{16}O$, F. 62—64°, analog **VII**; aus Methanol glänzende Plättchen; 71%. *2.4-Dinitrophenylhydrazon*, $C_{22}H_{20}N_4O_4$, F. 186—187°, aus Bzl. schillernde zinnoberrote Schuppen. — *4-Äthylbenzoin*, $C_{16}H_{16}O_2$, F. 89—90°, aus Heptan Nadeln. D. Holzner. 2750□

Aliphatische Chemie des Fluorens. 4. Mitt. **Darstellung und Alkylierung einiger Sulfide und Sulfone.** P. M. G. Bavin. (Canad. J. Chem. **38.** 917—22. Juni 1960.) (Engl.) — 3. vgl. vorst. Referat.

Die durch Lösen von [Fluorenyl-(9)]-p-tolylsulfon (**I**) in warmem alkohol. C_2H_5ONa entstehende gelbe Lsg. enthält das entsprechende Anion, denn nach Einw. der entsprechenden Alkylhalogenide wurden [*9-Methyl-* (**III**), [*9-Äthyl-*, [*9-Isopropyl-*, [*9-Allyl-*, [*9-Benzyl-* u. [*9-Cyclohexylfluorenyl-*(*9*)]*-p-tolylsulfon* erhalten. Die in ähnlicher Weise dargestellte Lsg. von [2-Nitrofluorenyl-(9)]-p-tolylsulfon (**II**) in alkohol. C_2H_5ONa ist purpurbraun. Das vorliegende **II**-Anion wurde in [*2-Nitro-9-methylfluorenyl-*(*9*)]*-p-tolylsulfon* übergeführt. Entsprechend wurden [*9-Methylfluorenyl-*(*9*)]*-phenylsulfon* (**IV**) sowie [*9-Methyl-* (**V**) u. [*9-Isopropylfluorenyl-*(*9*)]*-methylsulfon* dargestellt. Trotz ähnlichen Verh. bei vielen Rkk. bestehen doch Unterschiede zwischen den aus **I**, Fluoren-9-carbonsäuremethylester (**VII**) u. 9-Benzoylfluoren erhältlichen Anionen. **I** wird beim Vers., eine Bromierung in Essigsäure in Ggw. von Na-Acetat herbeizuführen, unverändert zurückerhalten (vgl. auch C. **1958.** 6785). Nach Einw. von tert.-Butylchlorid auf das **I**-Anion ließen sich lediglich 30% reines **I** zurückgewinnen. Das IR-Spektrum (Auftreten von Banden der tert.-Butylgruppe) zeigt jedoch, daß das rohe Rk.-Prod. außer **I** noch ein oder zwei weitere Verbb. enthält. Bei längeren Rk.-Zeiten erfolgt Bldg. von *Fluorenon-*(*9*). Aus Vorst. folgt (vgl. auch Anet u. Bavin, l. c.) daß das **VII**-Anion stärker ausgeprägten nucleophilen Charakter als das **I**-Anion hat. Aus 9-Mercaptofluoren, Thiophenol bzw. p-Thiokresol wurden *9-Methyl-*, *9-Phenyl-* bzw. *9-*[*p-Tolylmercapto*]*-fluoren* (**VI**) dargestellt. Jede der drei Verbb. wurde durch Einw. von äther. CH_3Li/CH_3J in 9-Stellung methyliert. Die drei Rk.-Prodd. wurden ebenso wie die drei Ausgangs-Verbb. mit Peressigsäure zu den entsprechenden *Sulfonen* oxydiert, wobei aus den in 9-Stellung methylierten Sulfiden **V**, **IV** bzw. **III** erhalten wurden. Bei Verss., **VI** zum entsprechenden Sulfoxid zu oxydieren, wurden stets Gemische aus *Sulfoxid*, *Sulfon* u. *Fluorenon-*(*9*) erhalten. **III** wird von Na-Piperidid nicht gespalten, dagegen geht es durch Einw. von NaOH in sd. Diäthylenglykol langsam in *9-Methylfluoren* über. Durch Einw. von p-Toluolsulfochlorid auf **VII** in methanol. CH_3ONa entsteht durch Dimerisierung des Anions *Difluorenyl-*(*9.9'*)*-dicarbonsäure-*(*9.9'*)*-dimethylester*.

Versuche: [Fluorenyl-(9)]-sulfide: *Methyl-* (**VIII**), $C_{14}H_{12}S$, F. 47—48°, durch Methylierung von 9-Mercaptofluoren mit CH_3J in methanol. CH_3ONa; aus Methanol Blätter; 77% (Ausbeute). — *Phenyl-*, $C_{19}H_{14}S$, F. 48—49°, durch Erwärmen von 9-Bromfluoren (1 Mol) mit Thiophenol (1,1 Mol) u. 1 Mol CH_3ONa in Methanol (10 Min.); aus Methanol Blätter; 69%. — *p-Tolyl-* (**VI**), $C_{20}H_{16}S$, F. 85—86°, analog; aus A. Latten oder Prismen; 88%. — [9-Methylfluorenyl-(9)]-sulfide: *Methyl-*, $C_{15}H_{14}S$, F. 63 bis 65°, durch Methylierung von **VIII** mit CH_3Li/CH_3J in Ae.; aus Methanol rhomboedr. Plättchen; 71%. — *Phenyl-*, $C_{20}H_{16}S$, F. 39,5—41,5°, aus A. Nadeln; 65%. — *p-Tolyl-*, $C_{21}H_{18}S$, F. 72—73°, aus Aceton/Methanol Prismen; 82%. — [*Fluorenyl-*(*9*)]*-p-tolylsulfon* (**I**), F. 226—228°, aus 9-Bromfluoren u. Na-p-Toluolsulfinat; aus Bzl. Plättchen. — [Fluorenyl-(9)]-p-tolylsulfone, a) durch Oxydation der entsprechenden Sulfide mit 50%ig. H_2O_2 (1 Vol.) in Essigsäure (3 Vol.) bei 50° (exotherme Rk.; Meth. **A**); 72—88%; b) durch Zugeben des entsprechenden Alkylhalogenids zu **I** in alkohol. C_2H_5ONa u. Stehen bei Raum-Temp. über Nacht (Meth. **B**): *9-Methyl-* (**III**), $C_{21}H_{18}O_2S$, F. 151—152°, nach **B**; aus Bzl./Heptan oder aus Hexan Prismen; 81%. — *9-Äthyl-*, $C_{22}H_{20}O_2S$, F. 168—169°, nach **B**; aus Methanol Blätter; 76%. — *9-Isopropyl-*, $C_{23}H_{22}O_2S$, F. 181—182°, **B**; aus Heptan Nadeln; 75%. — *9-Allyl-*, $C_{23}H_{20}O_2S$, F. 175 bis 176°, **B**; aus Heptan Prismen; 89%. — *9-Benzyl-*, $C_{27}H_{22}O_2S$, F. 201—202°, **B**; aus Heptan Prismen; 86%. — *9-Cyclohexyl-*, $C_{26}H_{26}O_2S$, F. 209—210°, **B**; aus Heptan Prismen; 77%. — [Fluorenyl-(9)]-phenylsulfone: *Unsubstituiert*, $C_{19}H_{14}O_2S$, F. 182—183°, nach **A**; aus Aceton/Heptan Prismen. — *9-Methyl-* (**IV**), $C_{20}H_{16}O_2S$, F. 165—167°, a) nach **A**; aus A. Plättchen; b) nach **B**; 76%. — [Fluorenyl-(9)]-methylsulfone: *Unsubstituiert*, $C_{14}H_{12}O_2S$, F. 188—189°, **A**; aus Methanol oder Essigsäure Nadeln. — *9-Methyl-*(**V**), $C_{15}H_{14}O_2S$, F. 136—137°, a) nach **A**; aus Hexan Prismen oder Nadeln; b) nach **B**; 69%. — *9-Isopropyl-*, $C_{17}H_{18}O_2S$, F. 122—124°, nach **B**; aus Hexan fast farblose Prismen; 72%. — [2-Nitrofluorenyl-(9)]-p-tolylsulfone: *Unsubstituiert* (**II**), $C_{20}H_{15}NO_4S$, F. 217—219° (Zers.), aus 9-Brom-2-nitrofluoren analog **I**; aus Bzl. fast farblose Plättchen. — *9-Methyl-*, $C_{21}H_{17}NO_4S$, F. 187—188°, nach **B**; aus Bzl./Hexan hellgelbe Prismen; 81%. — *Difluorenyl-(9.9')-dicarbonsäure-(9.9')-dimethylester*, $C_{30}H_{22}O_4$, F. 240—242°, durch Lösen von 2,3 g **VII** in methanol. CH_3ONa u. Zugeben von 3,5 g p-Toluolsulfochlorid; aus Chlf./Hexan Nadeln; 1,7 g. D. HOLZNER. 2750□

Aliphatische Chemie des Fluorens. 5. Mitt. **Spiroketone.** P. M. G. Bavin. (Canad. J. Chem. **38.** 1099—1103. Juli 1960.) (Engl.) — 4. vgl. vorst. Referat.

Vf. verbesserte die von VAILLANT (vgl. C. **1954.** 3018) angegebene Meth. zur Darst. von *1.2;3.4-Dibenzofluoren* (**I**). 9-Benzylfluoren-9-carbonsäurechlorid wird durch Einw. von $AlCl_3$ zu *Indanon-(1)-[2-spiro-9']-fluoren* (**II**) cyclisiert, das zu *Indanol-(1)-[2-spiro-9']-fluoren* (**V**) red. wird. Zur Dehydratisierung von **V** unter Bldg. von **I** ist P_2O_5 in sd. Xylol besser geeignet als geschmolzenes $ZnCl_2$. Die Cyclisierung von 9-[β-Phenyläthyl]-fluoren-9-carbonsäure (**VII**) zu *Tetralon-(1)-[2-spiro-9']-fluoren* (**III**) konnte durch Einw. von HF herbeigeführt werden. Dagegen ließ sich weder 9-Benzylfluoren-9-carbonsäure durch Einw. von HF noch 9-[γ-Phenylpropyl]-fluoren-9-carbonsäure oder deren Chlorid cyclisieren. Durch Red. von **III** entsteht *1-Hydroxy-1.2.3.4-tetrahydronaphthalin-[2-spiro-9']-fluoren*, das in *1.2;3.4-Dibenzo-9.10-dihydrophenanthren* übergeführt wurde. Diese Verb. konnte nicht in krist. Form erhalten werden (vgl. auch BRADSHER u. RAPOPORT, J. Amer. chem. Soc. **66.** [1944.] 1281). Durch Dehydrierung läßt sie sich in guter Ausbeute in *1.2;3.4-Dibenzophenanthren* überführen. Bei der Darst. von *9-[4'-Cyanbutyl]-fluoren-9-carbonsäuremethylester* wurde als Nebenprod. *1.4-Bis-[9'-carbomethoxyfluorenyl-(9')]-butan* isoliert. Durch Einw. starker Basen erfolgt Spaltung der Spiroketone **II** u. **III** zu *2-[Fluorenyl-(9')-methyl]-benzoesäure* (**IV**) bzw. *2-[β-Fluorenyl-(9')-äthyl]-benzoesäure*. Durch Einw. von $AlCl_3$ geht das **IV**-Chlorid in **II** über. Das aus **V** erhältliche *1-Chlorindan-[2-spiro-9']-fluoren* (**VI**) zersetzt sich beim Schmelzen sowie in sd. 94%ig. Ameisensäure unter Bldg. von **I**. Durch Einw. von Ag-Acetat in Essigsäure auf **VI** entsteht *1-Acetoxyindan-[2-spiro-9']-fluoren*. Bei der Rk. von [9-Methylfluorenyl-(9)-methyl]-chlorid u. Ag-Acetat erhält man *9-Methylphenanthren*.

Versuche: Fluoren-9-carbonsäuren: *9-Benzyl-*, $C_{21}H_{16}O_2$, F. 204—205°, durch Verseifung des Methylesters, der wie nachst. Verbb. durch Alkylierung des Fluoren-9-carbonsäuremethylester (**VIII**)-Anions dargestellt wurde (vgl. ANET u. BAVIN, C. **1958.** 6785); aus Bzl./Hexan Prismen. — *9-[β-Phenyläthyl]-* (**VII**), $C_{22}H_{18}O_2$, F. 143—144°, aus dem Ester; aus Bzl./Hexan rhomb. Plättchen; 81% (Ausbeute). *Methylester*, $C_{23}H_{20}O_2$, F. 67—68°, aus Methanol Nadeln; 74%. — *9-[γ-Phenylpropyl]-*, $C_{23}H_{20}O_2$, F. 125—127°, aus dem öligen Methylester; aus Bzl./Hexan hellgelbe Prismen; 76%. — *9-[Thienyl-(2)-methyl]-*, *Methylester*, $C_{20}H_{16}O_2S$, F. 104—105°, aus Hexan Nadeln; 71%. — *9-[Thienyl-(3)-methyl]-*, *Methylester*, $C_{20}H_{16}O_2S$, F. 119,5—120,5°, aus Hexan Prismen; 76%. — *9-[Naphthyl-(1)-methyl]-*, *Methylester*, $C_{26}H_{20}O_2$, F. 154—156°, aus Bzl./Hexan Prismen; 73%. — *9-[Naphthyl-(2)-methyl]-*, *Methylester*, $C_{26}H_{20}O_2$, F. 189—191°, aus Bzl./Hexan Nadeln; 79%. — *1.4-Dibrombutan*, $Kp._5$ 63—65°, aus Tetrahydrofuran; n_D^{21} 1,5163; 68%. — *δ-Bromvaleronitril*, $Kp._8$ 102—103°, durch 6std. Erhitzen von 209 g vorst. Verb. mit 55 g KCN in wss. A. unter Rühren; n_D^{23} 1,4776; 86 g. — *9-[4'-Cyanbutyl]-fluoren-9-carbonsäuremethylester*, $C_{20}H_{19}NO_2$, F. 90,5 bis 91°, a) durch Alkyierung von **VIII** mit δ-Bromvaleronitril; aus Methanol Nadeln; 93%; b) neben nachst. Verb. bei Verw. von käuflichem δ-Bromvaleronitril; 63%. — *1.4-Bis-[9'-carbomethoxyfluorenyl-(9')]-butan*, $C_{34}H_{30}O_4$, F. 221—221,5°, a) neben vorst. Verb. nach b); aus Toluol kleine Nadeln; 31%; b) aus 1.4-Dibrombutan u. **VIII** in methanol. CH_3ONa. — *1.4-Bis-[fluorenyl-(9)]-butan*, $C_{30}H_{26}$, F. 161—161,5°, durch Verseifung u.

Decarboxylierung vorst. Verb. in Äthylenglykol; aus Aceton/Methanol Nadeln. — *Indanol-(1)-[2-spiro-9']-fluoren* (V), $C_{21}H_{16}O$, F. 159 bis 160°, durch Red. des nach VAILLANT (l. c.) in maximal 67% ig. Ausbeute erhaltenen **II** mit $LiAlH_4$ in Ae.; aus Cyclohexan Prismen; fast 100%. *Acetat*, $C_{23}H_{18}O_2$, F. 132—133°, a) durch Acetylierung von **V**; b) aus **VI** u. Ag-Acetat in Essigsäure; aus Bzl./Hexan Prismen. — *1-Chlorindan-[2-spiro-9']-fluoren* (**VI**), $C_{21}H_{15}Cl$, F. 172—173° (unter Zers. zu **I**), aus **V** u. $SOCl_2$; aus Heptan Prismen; 77%. — *1.2;3.4-Dibenzofluoren* (**I**), F. 162—163°, durch 1 std. Erhitzen von **V** mit der doppelten Menge P_2O_5 in sd. Xylol; aus Heptan Nadeln; 94%. — *Tetralon-(1)-[2-spiro-9']-fluoren* (**III**), $C_{22}H_{16}O$, F. 201—202°, durch 2 tägige Einw. von 150 ml HF auf 3 g **VII** in abs. Ae. bei Raum-Temp.; aus Cyclohexan Nadeln; 2,3 g. — *1-Hydroxy-1.2.3.4-tetrahydronaphthalin-[2-spiro-9']-fluoren*, $C_{22}H_{18}O$, F. 197—197,5°, durch Red. von **III** mit $LiAlH_4$ in Ae.; aus Cyclohexan Blättchen; 91%. — *1.2;3.4-Dibenzo-9.10-dihydrophenanthren*, durch Einw. von P_2O_5 auf 2 g vorst. Verb. in sd. Xylol u. Chromatographieren an Al_2O_3; Öl; 1,5 g. *1.3.5-Trinitrobenzolat*, $C_{28}H_{19}N_3O_6$, F. 161—162°, aus Methanol zinnoberrote Stäbe. — *1.2;3.4-Dibenzophenanthren*, F. 115—116°, durch Dehydrierung vorst. Verb. an 10% ig. Pd/Kohle bei 300°; aus Heptan Nadeln; fast 100%. *1.3.5-Trinitrobenzolat*, $C_{28}H_{17}N_3O_6$, F. 165—166°, aus Methanol orangefarbene Nadeln. — *2-[Fluorenyl-(9)-methyl]-benzoesäure* (**IV**), $C_{21}H_{16}O_2$, F. 188—189°, durch ½ std. Erwärmen von **II** mit alkohol. KOH; aus Cyclohexan Nadeln; 85%. — *2-[β-Fluorenyl-(9)-äthyl]-benzoesäure*, $C_{22}H_{18}O_2$, F. 163—164°, aus **III** analog **IV**; aus Bzl./Hexan Blättchen; 81%. — *9-Methylphenanthren, Pikrat*, durch Einw. von Ag-Acetat in Essigsäure auf das durch Rk. von [9-Methylfluorenyl-(9)]-methanol mit $SOCl_2$ erhaltene Chlorid u. Isolierung des Rk.-Prod. als Pikrat; aus A. orangefarben; 61%. — *Indanon-(1)-[2-spiro-9']-fluoren* (**II**), durch Einw. von $AlCl_3$ auf das **IV**-Chlorid (aus **IV** u. $SOCl_2$) in Bzl. bei 10°; 57%.

D. HOLZNER. 2750□

Aliphatische Chemie des Fluorens. 6. Mitt. 3.4-Benzofluoren-9-spirocyclohexan. P. M. G. Bavin. (Canad. J. Chem. **38.** 1148—53. Juli 1960.) (Engl.) — 5. vgl. vorst. Referat.

Bei der Rk. von 3.4-Benzofluoren mit C_6H_5Li u. 1.5-Dibrompentan entsteht ein halbfestes KW-Stoffgemisch, das über das *Pikrat* gereinigt u. dann mit CrO_3 oxydiert wurde. Das erhaltene rohe *3.4-Benzofluorenchinon-(1.2)-[9-spirocyclohexan]* (**III**) wurde mit o-Phenylendiamin (**IV**) zu *14H-Benz-[a]-indeno-[1.2:c]-phenazin-14-spirocyclohexan* (**I**; Gesamtausbeute 7%) kondensiert. Die durch Cyclisierung von 2-[Cyclohexen-(1)-yl]-1-[α-naphthyl]-cyclohexanol-(1) (von BERGMANN u. ISRAELASHWILI, C. **1946.** II. 2844, irrtümlich als Cyclohexyliden-Verb. formuliert) mit $AlCl_3$ erhaltene, in ihrer Konst. bisher nicht gesicherte Verb. (vgl. auch BERGMANN u. ESCHINAZI, C. **1946.** II. 1758 sowie JONES, J. Amer. chem. Soc. **66.** [1944.] 185; BAVIN u. DEWAR, C. **1956.** 12264) läßt sich ebenfalls in **I** überführen u. wird damit als *3.4-Benzo-5.6.7.8-tetrahydrofluoren-9-spirocyclohexan* (**II**) identifiziert. Die Darst. von **I** aus **II** geschieht auf folgendem Wege: **II** wird zu *3.4-Benzofluoren-9-spirocyclohexan* (**V**) dehydriert u. dieses zu dem karmesinroten **III** oxydiert. Im Gegensatz zu früheren Angaben (vgl. BAVIN u. DEWAR, l. c.) ließ sich **III** mit **IV** zu **I** kondensieren. Als Modellsubstanz wurde *3.4-Benzo-9.9-dimethylfluoren* dargestellt, das durch Oxydation in *3.4-Benzo-9.9-dimethylfluorenchinon-(1.2)* übergeht. Diese Verb. läßt sich mit **IV** zu *14.14-Dimethyl-14H-benz-[a]-indeno-[1.2:c]-phenazin* kondensieren. Sowohl **II** als auch **V** werden nach Reinigung ihrer Pikrate leicht krist. erhalten. Vf. weist darauf hin, daß JONES (l. c.) das UV-Spektrum von unreinem **V** aufgenommen hat. Als Verunreinigung war sehr wahrscheinlich Perylen vorhanden. Bei der Einw. von $SnCl_4$ auf 1.1-Diphenyläthylen wurde *1.1.3.3-Tetraphenylbuten-(1)* erhalten. 1-[α-Naphthyl]-1-phenyläthylen wurde selbst nach 48 std. Erhitzen mit $SnCl_4$ auf dem Wasserbad zu mehr als 90% zurückerhalten. Durch Synth. bestätigte Vf., daß der von WOLF (vgl. C. **1956. 4417**) durch Cyclisierung von 1.1-Di-α-naphthyläthylen (**VI**) mit $SnCl_4$ erhaltene KW-Stoff *1.2;7.8-Dibenzo-9-methylfluoren* (**VII**) ist. Bei Einw. von $SnCl_4$ auf **VI** erfolgte jedoch keine Reaktion. Erst nach Zusatz eines Tropfens W. setzte die von WOLF (l. c.) beschriebene Umsetzung ein. Zur unabhängigen Darst. von **VII** wurde 1.2;7.8-Dibenzofluorenon-(9), das ein Oxim liefert (vgl. dagegen WANSCHEIDT [1926]), mit CH_3Li in *1.2;7.8-Dibenzo-9-methylfluorenol-(9)* übergeführt. Durch Red. mit Zn-Staub in Essigsäure unter Zusatz von etwas konz. HCl erhält man **VII**. IR- u. UV-Spektren werden diskutiert.

Versuche: *2-[Cyclohexen-(1)-yl]-1-[α-naphthyl]-cyclohexanol-(1)*, F. 102—104°, nach BAVIN u. DEWAR (l. c.); aus Hexan Prismen. — *3.4-Benzo-5.6.7.8-tetrahydrofluoren-9-spirocyclohexan* (**II**), F. 96—98°, durch Cyclisierung vorst. Verb. mit $AlCl_3$ in CS_2, Dest. bei 1 mm u. Reinigung über das Pikrat; aus Methanol Prismen. *Pikrat*, F. 163 bis 164°, dunkelrot. — *3.4-Benzofluoren-9-spirocyclohexan* (**V**), F. 88—90°, a) durch Dehydrierung von krist. **II** an 10% ig. Pd/Kohle bei 300° u. Reinigung über das Pikrat;

aus Aceton/Methanol Prismen; 38% (Ausbeute, bezogen auf vorvorst. Alkohol); b) als unreines Prod. durch Zugabe von 1.5-Dibrompentan zu 3.4-Benzofluoren in Ae. u. C_6H_5Li, Reinigen des zurückbleibenden Öls über das Pikrat u. Impfen des erhaltenen KW-Stoffgemisches mit **V**. *Pikrat*, F. 142—143°, leuchtend rot. — *3.4-Benzofluorenchinon-(1.2)-[9-spirocyclohexan]* (**III**), F. 224—225°, a) durch Oxydation des nach a) erhaltenen **V** mit CrO_3 in Essigsäure; aus Essigsäure karmesinrote Plättchen; b) durch analoge Oxydation des nach b) erhaltenen **V**. — *14H-Benz-[a]-indeno-[1.2:c]-phenazin-14-spirocyclohexan* (**I**), $C_{28}H_{22}N_2$, F. 235—236°, a) durch ½std. Erhitzen von 1 g des nach a) erhaltenen rohen **III** mit 3 g **IV** in Essigsäure zum Sieden; aus Heptan gelbe Prismen; 0,6 g; b) analog aus dem nach b) erhaltenen **III**; 7% (bezogen auf 3.4-Benzofluoren). — *3.4-Benzo-9.9-dimethylfluoren*, $C_{19}H_{16}$, F. 82—83°, durch Methylierung von 3.4-Benzofluoren analog Fluoren (vgl. drittvorst. Ref.); aus Aceton/Methanol Prismen. *Pikrat*, $C_{25}H_{19}N_3O_7$, F. 147—149°, aus A. dunkelrote Nadeln. — *3.4-Benzo-9.9-dimethylfluorenchinon-(1.2)*, $C_{19}H_{14}O_2$, F. 216—217,5°, durch kurzes Erwärmen vorst. Verb. mit CrO_3 in Essigsäure auf dem Wasserbad; aus Essigsäure karmesinrote Plättchen. — *14.14-Dimethyl-14H-benz-[a]-indeno-[1.2:c]-phenazin*, $C_{25}H_{18}N_2$, F. 193—194°, aus vorst. Chinon u. **IV**; aus Heptan leuchtend gelbe Blättchen. — *1.2;7.8-Dibenzofluorenon, Oxim*, $C_{21}H_{13}NO$, F. 211—212° (Zers.), durch 2std. Erhitzen von 100 mg des Ketons mit 1 g Hydroxylaminhydrochlorid in abs. Pyridin; aus Toluol/Heptan orangefarbene Nadeln; 80 mg. — *1.2;7.8-Dibenzo-9-methylfluorenol-(9)*, F. 216—218°, durch Rk. von 1.2;7.8-Dibenzofluorenon u. CH_3Li in Ae.; aus Toluol Plättchen; fast 100%. — *1.2;7.8-Dibenzo-9-methylfluoren* (**VII**), F. 173—174°, durch ½std. Erwärmen von 1 g vorst. Verb. mit 20 g Zn-Staub in Essigsäure unter Zufügen einiger Tropfen konz. HCl in 5-Min.-Intervallen; aus Heptan Plättchen; 0,7 g. — *1.1.3.3-Tetraphenylbuten-(1)*, F. 112 bis 113°, durch 10 Min. langes Erwärmen von 10 g 1.1-Diphenyläthylen mit 25 g $SnCl_4$ auf dem Wasserbad; aus Aceton/Methanol Prismen; 5,5 g. D. HOLZNER. 2750□

Über Kumulene. 13. Mitt. Amalgamhydrierung von Kumulenen und prototrope Umlagerungen. Richard Kuhn und Herbert Fischer. (Chem. Ber. **94.** 3060—71. 16/11. 1961. Heidelberg, MPI für Med. Forschung, Inst. für Chemie.) (Dt.) — 12. vgl. C. **1961.** 8672.

Vff. untersuchten das Verh. von 5 Tetraarylkumulenen gegenüber Al-Amalgam, dem 4% W. zugesetzt war. Dabei werden einheitliche Dihydro-Verbb. erhalten. Mehr als 2 H-Atome werden auch nach mehrtägiger Wasserstoff-Einw. nicht aufgenommen. Aus Tetraphenylbutatrien (I) entsteht *1.1.4.4-Tetraphenylbutadien-(1.2)* (**II**) neben ca. 5% *1.1.4.4-Tetraphenylbutin* (**III**), wie die Unters. der IR-Spektren ergab. Das Verhältnis **II** zu **III** war bei allen Verss. das gleiche. Durch Aufnahme von 2 Mol H_2 bei der katalyt. Hydrierung an RANEY-Ni entsteht aus **II** *1.1.4.4-Tetraphenylbutan*. Durch Einw. katalyt. Mengen alkohol. KOH geht **II** sehr leicht in *1.1.4.4-Tetraphenylbutadien-(1.3)* (**IV**) über. **II** reagiert in der Kälte mit 1 Mol Br_2 unter Bldg. eines krist. *Dibrombutens*, dessen Konstit. nicht feststeht. **III** u. **IV** reagieren unter diesen Bedingungen nicht mit Brom. Bei der Einw. von Al-Amalgam auf Bis-[biphenylen]-butatrien (**V**) entsteht sehr wahrscheinlich *1.4-Bis-[biphenylen]-butin* (**VI**; keine Aufnahme von Brom; Fehlen der Allen-Bande im IR-Spektrum), das bei der katalyt. Hydrierung an RANEY-Ni in Tetrahydrofuran (THF) unter Aufnahme von 2 Mol H_2 in *1.4-Bis-[biphenylen]-butan* übergeht. Bei Einw. katalyt. Mengen alkohol. KOH erfolgt Umlagerung von **VI** in *1.4-Bis-[biphenylen]-butadien-(1.3)*. Durch 20 Min. dauernde Einw. von Al-Amalgam auf Tetraphenylhexapentaen (**VII**) wird *1.1.6.6-Tetraphenylhexatetraen-(1.2.4.5)* (**VIII**) erhalten. **VIII** wird auch bei sehr langer Einw. von Al-Amalgam in wss. THF nicht weiter verändert. Durch Spuren alkohol. KOH wird **VIII** jedoch zum orangeroten *1.1.6.6-Tetraphenylhexatetraen-(1.2.3.5)* (**XII**) isomerisiert. **VIII** geht in Ggw. von RANEY-Ni unter Aufnahme von 4 Mol H_2 in *1.1.6.6-Tetraphenylhexan* über. In Ggw. des LINDLAR-Katalysators erfolgt sehr rasche Aufnahme von 1 Mol H_2 unter Bldg. von *trans-1.1.6.6-Tetraphenylhexatrien-(1.3.5)* (**XIII**). **VIII** addiert 2 Mol Brom, wobei ein krist. *Tetrabromhexadien* unbekannter Konstit. entsteht. Die Konstit. von **VIII** ergibt sich außerdem aus dem IR- (Allenbande) u. Kernresonanzspektrum. Bis-[biphenylen]-hexapentaen verharzt bei der Amalgamhydrierung. Dagegen bleibt Tetraphenylallen auch bei tagelanger Einw. von Al-Amalgam in wss. THF unverändert. Behandelt man **II**, **III** u. **IV** jeweils 10—12 Std. unter denselben Bedingungen, unter denen die Bldg. von **II** aus **I** erfolgt, mit Al-Amalgam, so bleibt jede der 3 Verbb. unverändert. Daher ist anzunehmen, daß **II**, **VI** u. **VIII** ihre Entstehung nicht sek. Umlagerungs-Rkk. verdanken. Der Mechanismus der Amalgamhydrierung wird diskutiert. Durch Umsetzung von 1.1-Diphenylpropin-(2)-ol-(1) (**IX**) mit 9.10-Diformylanthracen erhält man *9.10-Bis-[1.4-dihydroxy-4.4-diphenylbutinyl]-anthracen*, das mit STEPHEN-Reagens in das in grün glänzenden Blättchen kristallisierende *9.10-Bis-[4.4-diphenylbutatrienyl]-anthracen* (**X**) übergeht.

Durch Zugabe einer Spur 2n methanol. KOH zur tiefblauen Lsg. von **X** in THF erfolgt Farbumschlag nach Gelb, wobei alle Mischfarben durchlaufen werden. Die nach kurzer Zeit ausfallenden ziegelroten Nädelchen erwiesen sich als *9.10-Bis-[4.4-diphenylbuten-(3)-in-(1)-yl]-anthracen* (**XI**). Sowohl **X** als auch **XI** gehen in Ggw. von LINDLAR-Katalysator in THF unter Aufnahme von 2 Mol H_2 in *9.10-Bis-[4.4-diphenylbutadien-(1.3)-yl]-anthracen* (wahrscheinlich die cis.cis-Verb.) über. Durch Kondens. von 1.1-Diphenyl-butin-(3)-ol-(1) (**XIV**) mit Anthrachinon entsteht *9.10-Dihydroxy-9.10-bis-[4.4-diphenyl-4-hydroxybutin-(1)-yl]-9.10-dihydroanthracen*. Durch Einw. von $SnCl_2$ in HCl-gesätt. Ae. auf vorst. Verb. erfolgt Wasserabspaltung u. Red. zu **XI**. Aus 9-Brom-10-formyl-anthracen erhält man entsprechend das violette *9-Brom-10-[4.4-diphenylbutatrienyl]-anthracen*, das durch Einw. von alkohol. KOH sehr glatt zu *9-Brom-10-[4.4-diphenyl-buten-(3)-in-(1)-yl]-anthracen* isomerisiert wird. Während **XII** bei 4std. Einw. von Na-Äthylat in sd. A./THF unverändert bleibt, geht es durch 16std. Einw. von K-tert.-Butylat in sd. tert.-Butanol/THF fast quant. in *1.1.6.6-Tetraphenylhexadien-(1.5)-in-(3)* über. Diese Verb. nimmt ebenso wie **XII** in Ggw. von LINDLAR-Katalysator in THF 1 Mol H_2 auf, wobei in beiden Fällen *cis*-**XIII** entsteht. UV-Spektren der ungesätt. KW-Stoffe werden diskutiert.

Versuche: *1.1.4.4-Tetraphenylbutadien-(1.2)* (**II**), $C_{28}H_{22}$, F. 107°, durch 25 Min. langes Rühren von **I** mit Al-Amalgam in wasserhaltigem THF bei Raum-Temp.; aus Bzn. derbe, grünlich schimmernde Prismen; ca. 70% (Ausbeute). — *1.1.4.4-Tetraphenyl-butan*, $C_{28}H_{26}$, F. 121° (Bzn.), durch Hydrierung von **II** an RANEY-Ni in abs. THF. — *1.1.4.4-Tetraphenylbutadien-(1.3)* (**IV**), $C_{28}H_{22}$, F. 200°, durch Zugeben einiger Tropfen 2n methanol. KOH zu **II** in abs. THF u. 2std. Erwärmen auf 60°; aus THF/Methanol feines Kristallpulver; ca. 70%. *Dibrom-Deriv.*, $C_{28}H_{22}Br_2$, F. 139—141° (Zers. unter Gas-Entw.), durch Bromieren von **II** in Chlf. in der Kälte; aus A. Prismen; 75%. — *1.4-Bis-[biphenylen]-butin* (**VI**), $C_{28}H_{18}$, F. 261°, durch $^3/_4$std. Rühren von 1 g **V** mit ca. 1 g Al-Amalgam in 100 cm³ THF u. 4 cm³ W. bei Raum-Temp.; aus Bzl. verfilzte, gelbe Blättchen; 0,6 g. — *1.4-Bis-[biphenylen]-butan*, $C_{28}H_{22}$, F. 224° (Bzn.), durch ½std. Schütteln von **VI** in abs. THF mit RANEY-Ni u. Wasserstoff. — *1.4-Bis-[biphenylen]-butadien-(1.3)*, $C_{28}H_{18}$, F. >360°, durch Zugeben von 1 Tropfen methanol. KOH zu **VI** in abs. THF u. kurzes Stehen; orangerote Blättchen; 70%. — *1.1.6.6-Tetraphenylhexatetraen-(1.2.4.5)* (**VIII**), $C_{30}H_{22}$, Zers. zwischen 160 u. 180°, aus **VII** analog **II** (20 Min.); aus THF/Methanol (1:2) feine gelbe Prismen; 75%. — *1.1.6.6-Tetraphenyl-hexan*, $C_{30}H_{30}$, F. 124° (Bzn./Bzl.), durch Hydrieren von **VIII** in abs. THF an RANEY-Ni. — *1.1.6.6-Tetraphenylhexatrien-(1.3.5)* (**XIII**), *trans-Form*, $C_{30}H_{24}$, F. 208°, durch Hydrierung von **VIII** an LINDLAR-Katalysator; aus Cyclohexan gelbe Prismen; 50%. *cis-Form*, $C_{30}H_{24}$, F. ca. 180° (unscharf wegen Umlagerung in die trans-Verb.), durch Hydrieren von **XII** in abs. THF an LINDLAR-Katalysator u. Aufarbeiten möglichst unter Ausschluß von Licht; aus Cyclohexan gelbe Substanz. — *Tetraphenyltetrabromhexadien*, $C_{30}H_{22}Br_4$, Zers. bei 130—140° (unter Gas-Entw.), durch Bromierung von **VIII** in Chlf. in der Kälte; aus A. Blättchen. — *9.10-Bis-[1.4-dihydroxy-4.4-diphenylbutinyl]-anthracen*, $C_{46}H_{34}O_4$, F. 244°, durch Zugeben von 2 Val einer 0,94n Phenyl-Li-Lsg. zu **IX** in abs. THF, 20 Min. langes Rühren bei Raum-Temp., Zugeben von 9.10-Diformylanthracen u. weiteres 3std. Rühren; aus Bzl./THF schwach gelbe, verfilzte Nadeln; 80%. — *9.10-Bis-[4.4-diphenylbutatrienyl]-anthracen* (**X**), $C_{46}H_{30}$, F. 340° (Chlf./Eisessig), durch Versetzen vorst. Verb. in abs. THF/Ae. mit 2,5n $SnCl_2$-Lsg. in HCl-gesätt. Ae. u. kurzes Stehen, wobei aus der tiefblauen Lsg. smaragdgrüne Blättchen ausfallen; 73%. — *9.10-Dihydroxy-9.10-bis-[4.4-diphenyl-4-hydroxybutin-(1)-yl]-9.10-dihydroanthracen*, $C_{46}H_{36}O_4$, F. 214°, durch Überführen von **XIV** mit Phenyl-Li in abs. THF in die Di-Li-Verb. wie vorvorst., Zugeben von Anthrachinon u. 1std. Erhitzen zum Sieden; aus Bzl. glänzende Blättchen; 60%. — *9.10-Bis-[4.4-diphenylbuten-(3)-in-(1)-yl]-anthracen* (**XI**), $C_{46}H_{30}$, F. 269° (nach Waschen mit sd. Methanol), a) durch Versetzen vorst. Verb. in abs. THF/Ae. (1 : 1) mit 2,5n STEPHEN-Reagens u. kurzes Stehen, wobei aus der grün fluorescierenden Lsg. ziegelrote Nädelchen ausfallen; 70%; b) durch Zugeben von 1 Tropfen 2n methanol. KOH zu **X** in abs. THF. — *9.10-Bis-[4.4-diphenylbutadien-(1.3)-yl]-anthracen*, $C_{46}H_{34}$, F. 235°, a) durch Hydrieren von **X** in abs. THF an LINDLAR-Katalysator; aus A./THF feines gelbes Kristallpulver; b) ebenso aus **XI**. — *9-Brom-10-formylanthracen*, $C_{15}H_9BrO$, F. 218°, durch Zugeben von 1 Mol Butyl-Li in Ae. zu 9.10-Dibromanthracen in abs. Ae., 20 Min. langes Erwärmen unter Rückfluß, Zugeben von N-Methylformanilid u. 3std. Rühren bei Raum-Temp.; aus Bzl. lange orangerote Nadeln; 30%. — *9-Brom-10-[4.4-diphenylbutatrienyl]-anthracen*, $C_{30}H_{19}Br$, F. 168°, durch 40 Min. langes Erhitzen vorst. Verb. mit der aus **IX** mit Phenyl-Li erhaltenen Di-Li-Verb. in abs. THF zum Sieden, Gießen der gelben Suspension in kalte 1n HCl, Ausschütteln mit Ae.; Eindampfen, Auskochen des Rückstandes mit Bzn., Aufnehmen des verbleibenden Öls in Ae., Zugeben von 2,5n STEPHEN-Reagens u. kurzes Stehen, wobei aus der braunvioletten Lsg. violette, glitzernde Blättchen ausfallen; 25%. — *9-Brom-10-[4.4-diphenylbuten-(3)-in-(1)-yl]-anthracen*, $C_{30}H_{19}Br$, F. 176°, durch Zugeben von 1 Tropfen 2n methanol. KOH zu vorst. Verb. in abs. THF; orangefarbene Prismen. — *1.1.6.6-Tetraphenylhexatetraen-(1.2.3.5)* (**XII**), $C_{30}H_{22}$, F. 184° (Bzl.), durch 2std. Erwärmen von **VIII** in abs. THF mit 2n methanol. KOH auf 60°; aus THF/Methanol (1 : 1) orangerote, glitzernde Nadeln; 70%. — *1.1.6.6-Tetraphenylhexadien-(1.5)-in-(3)*, $C_{30}H_{22}$, F. 160°, durch Suspendieren von **XII** in sd. tert.-Butanol, Zutropfen von THF, bis Auflösung erfolgt ist, Zugeben von festem K-tert.-Butylat u. 16std. Erhitzen unter Rückfluß; aus Bzl./Bzn. lange blaßgelbe Nädelchen; 80%. D. HOLZNER. 2800□

Bildung von 1.4-Dibrom-2.3-benzobiphenylen, 2.3-Benzobiphenylen und 1.2.5.6-Tetrabrom-3.4;7.8-dibenzotricyclo-[4.2.0.0$^{2.5}$]-octadien. Frederick R. Jensen und William E. Coleman. (Tetrahedron Letters [London] **1959.** Nr. 20. 7—11. Dez. Berkeley, Calif., Univ. of California, Dep. of Chem.) (Engl.)

Durch Rk. von α.α.α'.α'-Tetrabrom-o-xylol (**V**) mit 7 Mol K-tert.-Butylat entsteht intermediär *1.1.2-Tribrom-3.4-benzocyclobuten* (**IV**). Daraus werden *1.4-Dibrom-2.3-benzobiphenylen* [**I**; $C_{16}H_8Br_2$, F. 222—223°; gelbe Nadeln; 69,2% (Ausbeute)] u. *1.2.5.6-Tetrabrom-3.4;7.8-dibenzotricyclo-[4.2.0.0$^{2.5}$]-octadien* [**II**; $C_{16}H_8Br_4$, F. 214° (Zers.); Platten; 20,6%] gebildet. Die Strukturen von **I** u. **II** werden folgendermaßen bewiesen: **I** liefert durch Hydrierung (3 Mol H_2) an Pd/Kohle in Ggw. von Triäthylamin *β-Phenylnaphthalin* (**III**; 84%). Beim Kochen von **I** mit n-Butyl-Li entsteht die entsprechende *Dilithium-Verb.*, die mit CO_2 durch anschließendes Ansäuern *1.4-Dicarboxy-2.3-benzobiphenylen* (57,4%) ergibt. Die Dilithium-Verb. aus **I** liefert bei der Zers. mit Methanol *2.3-Benzobiphenylen* (F. 242,6—243,3°; 79%), das beim Hydrieren an RANEY-Ni 95,2% **III** gibt. **II** liefert bei der Hydrierung an Pd/Kohle in Ggw. von Triäthylamin *1.2;5.6-Dibenzocyclooctadien* (92,3%). Beim 2 Wochen langen Kochen von **II** mit äthanol. NaJ entstehen 35,8% **I**. Die UV- u. IR-Spektren der Verbb. stimmen mit den angenommenen Strukturen überein. Mehrere Rk.-Mechanismen der Bldg. von **I** u. **II** aus **V** über **IV** werden diskutiert. P. GOLINSKE. 2950□

Die Verwendung von Organodilithiumverbindungen zur Synthese von 1.1-Dimethylsilacyclopentan und 1.1-Dimethylsilacyclohexan. Ralph Fessenden und Marvin D. Coon. (J. org. Chemistry **26.** 2530—31. Juli 1961. San Jose, Calif., State Coll., Dep. of Chem.) (Engl.)

1.1-Dimethylsilacyclopentan u. *1.1-Dimethylsilacyclohexan* werden durch Umsetzung von Dimethyldichlorsilan (**I**) u. 1.4-Dibrombutan (**II**) bzw. 1.5-Dibrompentan (**III**) mit Li-Pulver unterhalb 20° gewonnen. Verss. mit 1.4-Dichlorbutan, 1.4-Dichlorbuten-(2) u. 1.3-Dibrompropan gaben keine definierten Produkte.

Versuche: *1.1-Dimethylsilacyclopentan*, Kp. 103—105°, a) durch tropfenweise Zugabe von **I** u. **II** zu Li-Pulver in Ae. unterhalb 20° u. 1std. Kochen; n_D^{22} 1,4340; 54—76% (Ausbeute); b) durch Umsetzung von **I** mit 1.4-Dilithiumbutan; 42%. — *1.1-Dimethylsilacyclohexan*, Kp. 129—131°, analog vorst. Verb. nach a) aus **I** u. **III**; n_D^{23} 1,4421; 27—33%. K. RÜHLMANN. 3000□

Oxetane. 10. Mitt. **Katalytische Zersetzung von Kohlensäureestern von 1.3-Diolen.** Scott Searles, Donald G. Hummel, Shogo Nukina und Peter E. Throckmorton. (J. Amer. chem. Soc. **82.** 2928—31. 5/6. 1960. Manhattan, Kans., State Univ., Dep. of Chem.) (Engl.) — 9. vgl. C. **1962.** 834.

5.5-Dialkyl-1.3-dioxanone-(2) [cycl. Kohlensäureester von 2.2-Dialkylpropandiolen-(1.3)] werden in Ggw. von KCN oder K_2CO_3 in guter Ausbeute therm. zersetzt zu den entsprechenden *3.3-Dialkyloxetanen* u. *CO_2*. Die Ergebnisse der Zers. von 5.5-Diäthyl-1.3-dioxanon-(2) (**I**) mit 14 bas. Katalysatoren sind angegeben. 5-Monoalkyl-1.3-dioxanone-(2) liefern mit K_2CO_3 überwiegend die entsprechenden *Allylalkohole.* Einige Nebenrkk. werden beschrieben u. die Rk.-Mechanismen diskutiert. Die IR-Spektren einiger Verbb. werden zur Strukturdeutung u. zur Best. der Ausbeute von Nebenprodd. herangezogen.

Versuche: *1.3-Dioxanon-(2)* (**II**), F. 47—48°, Kp.$_{0,2}$ 90—110°, durch Erhitzen von Propandiol-(1.3) u. Kohlensäurediäthylester in Ggw. von Na auf 130—170° u. Behandeln mit Bzl.; 50% (Ausbeute). — Analog **II** (Kristallisieren aus Ae. oder Ligroin–Bzl.) folgende 1.3-Dioxanone-(2): *4-Methyl-* (**III**), $C_5H_8O_3$, Kp.$_8$ 100—110°; 60%. — *5.5-Dimethyl-* (**IV**), F. 115°, Kp.$_2$ 120—125°; 52%. — *5.5-Diäthyl-* (**I**), F. 44—45°, Kp.$_1$ 117 bis 120°; 67%. — *5-Äthyl-5-phenyl-* (**V**), F. 99—100°; 74%. — *4.4.6-Trimethyl-* (**VI**), $C_7H_{12}O_3$, F. 97,5—98° Kp.$_{0,1}$ 113—120°; 76%. — *4-Isopropyl-5.5-dimethyl-* (**VII**), $C_9H_{16}O_3$, Kp.$_2$ 132°; n_D^{20} 1,4580; 60%. — *5.5-Dibenzyl-* (**VIII**), $C_{18}H_{18}O_3$, F. 227—229°; 73%. — *5-Methyl-* (**IX**), Kp.$_{0,05}$ 121—125° (Rohprod.). — Oxetane: *3.3-Diäthyl-*, Kp. 139—141°, aus **I** a) durch $^3/_4$std. Pyrolyse mit KCN bei 235—250° unter N_2 u.

Dest.; n_D^{20} 1,4230; 65%; daneben *2-Äthylbuten-(1)* [Kp. 55—59°; n_D^{20} 1,3961; 0,3 g (aus 10 g I)]; b) analog mit Al_2O_3 bei 230—350°; 58%; c) mit $CuCO_3 \cdot Cu(OH)_2$ bei 180 bis 220°; 55%; d) mit NaCN bei 250—265°; 46%; e) mit K_2CO_3 bei 245—265°; 45%; f) mit Na_2CO_3 bei 255—260°; 39%; g) mit Ag_2CO_3 bei 240—260°; 37%; h) mit $CH_3CH_2 \cdot COOK$ bei 240—250°; 39%; i) mit CH_3COOK bei 240—250°; 24%; j) mit Tetramethylammoniumacetat bei 240—250°; 36%; daneben (aus dem Katalysator) *Methylacetat* u. *Trimethylamin*; k) mit MgO bei 275—300°; 36%; l) mit CaO bei 235—280°; 28%; m) mit $NaOCH_3$ bei 210—300°; 28%; daneben *2.2-Diäthylpropandiol-(1.3)* (**X**); n) mit KOH bei 245—300°; 34%; daneben **X**; o) aus rohem polymerem **I** (F. 60—64°) mit K_2CO_3 bei 230—280°; 57%. — Analog: *3.3-Dimethyl-*, Kp. 80—81°, a) aus **IV** mit KCN bei 230—240°; n_D^{20} 1,3950; 66%; b) aus **IV** mit K_2CO_3 bei 245—265°; 45%; c) aus rohem polymerem **IV** (F. 71—91°) mit K_2CO_3 bei 200—230°; 54%. — *3.3-Dibenzyl-*, $Kp._{0,1}$ 135°, aus **VIII** mit K_2CO_3 bei 200—210°; n_D^{20} 1,5765; 25%. — *3-Äthyl-3-phenyl-*, $C_{11}H_{14}O$, Kp. 215—225 , aus **V** mit KCN bei 200—210°/40 mm; n_D^{20} 1,5153°; 6%; daneben CH_2O, *α-Äthylstyrol* [Kp. 170—180°; n_D^{20} 1,5270; 20%; gibt mit $KMnO_4$ in Eisessig *Propiophenon* (*2.4-Dinitrophenylhydrazon*, F. 191—192°)] u. *2-Methyl-2-phenylbutanal* (Kp. 225—228°; n_D^{20} 1,5195; 12%; *Semicarbazon*, F. 152—152,5°). — *3-Methyl-*, aus **IX** mit K_2CO_3 bei 205—240°; 2%, daneben *2-Methylallylalkohol* (Kp. 80 bis 110°; 20%; *α-Naphthylurethan*, $C_{15}H_{15}NO_2$, F. 78—79°). — *2-Methyl-*, aus **III** mit K_2CO_3 bei 190—195°; 15%, daneben *Crotylalkohol* (Kp. 110—118°; 71%; *α-Naphthylurethan*, F. 88°). — *2.2.4-Trimethyl-*, aus **VI** mit K_2CO_3 bei 190—200°; 10%, daneben *2-Methylpenten-(2)-ol-(4)* [*4-Methylpenten-(3)-ol-(2)*, Kp. 120—130°; 64%; *α-Naphthylurethan*, $C_{17}H_{19}NO_2$, F. 82—84°]. — *2-Isopropyl-3.3-dimethyl-*, $C_8H_{16}O$, Kp. 135°, aus **VII** mit KCN bei 245—265°; n_D^{20} 1,4157°; 49% [gibt durch $LiAlH_4$-Red. *2.4.4-Trimethylpentanol-(3)*, Kp. 145—148°, n_D^{20} 1,4270; *3.5-Dinitrobenzoat*, F. 99—100°]; daneben *2.2.4-Trimethylpenten-(3)-ol-(1)* (Kp. 163—166°, n_D^{20} 1,4488; 16%) u. *2.4-Dimethylpenten-(2)* (Kp. 66—68°; n_D^{20} 1,3980; 5%). — *Allylalkohol*, Kp. 95—96°, aus **II** mit K_2CO_3 bei 210—240°; n_D^{20} 1,4132; 59%; *α-Naphthylurethan*, F. 107,5—108°.

W. HOFFMANN. 3040 □

Reaktionsfähige heterocyclische Amide der Kohlensäure. 6. Mitt. **Synthese und Eigenschaften von N-Carbonsäureamiden der Azole. Eine neue Isocyanat-Synthese.** Heinz A. Staab und Wolfgang Benz. (Liebigs Ann. Chem. **648.** 72—82. 11/12. 1961. Heidelberg, Univ., Organ.-chem.-Inst.) (Dt.) — 5. vgl. C. **1960.** 14329.

Imidazolcarbonsäure-(1)-n-butylamid wird durch Umsetzung von Imidazol (**I**) mit n-Butylisocyanat (**II**) in Tetrahydrofuran (THF) erhalten. Analog entstehen *Imidazolcarbonsäure-(1)-cyclohexylamid* [aus **I** u. Cyclohexylisocyanat (**III**)], *Benzimidazolcarbonsäure-(1)-cyclohexylamid* [aus Benzimidazol (**IV**) + **III**], *1.2.3-Triazolcarbonsäure-(1)-n-butylamid* [aus 1.2.3-Triazol (**V**) u. **II**] u. *1.2.3-Triazolcarbonsäure-(1)-anilid* (aus **V** u. Anilin). Diese Säureamide spalten beim Erwärmen in Chlf. wieder auf unter Bldg. von **I, IV** bzw. **V** u. dem entsprechenden Isocyanat. *Imidazolcarbonsäure-(1)-diäthylamid* (**VI**) entsteht durch Kochen von 1 Mol **I** mit 2 Mol N.N-Diäthylcarbamidsäurechlorid. Mit **IV** u. **V** geht diese Rk. nicht. Aus N.N'-Carbonyldiimidazol (**VII**) werden durch Aminolyse mit Diäthylamin **VI** u. mit N-Methylanilin *Imidazolcarbonsäure-(1)-[N-methyl-N-phenylamid]* erhalten, bei dem keine Aminolyse mehr eintritt, was dadurch erklärt wird, daß hier intermediär keine Abspaltung von Isocyanat möglich ist. **III** wird nach einer neuen Meth. in sehr guter Reinheit mit einer Ausbeute von über 80% durch Zutropfen von Cyclohexylamin zu **VII** in THF hergestellt.

Versuche: *1.2.3-Triazol* (**V**), $Kp._{14-15}$ 92,5—95°, $Kp._{16-17}$ 99—106°, durch 28std. Debenzylierung von 1-Benzyl-1.2.3-triazol bei 175° u. 60 atm H_2 mit Palladiumoxidhydrat/$BaSO_4$ nach KUHN u. HAAS; 65% (Ausbeute). — *Imidazolcarbonsäure-(1)-n-butylamid*, $C_8H_{13}N_3O$, F. 75—76,5° (Ae.), durch Rk. von **I** mit **II** bei Zimmer-Temp.; oktaedr. Kristalle; 85%. — *symm.-Dibutylharnstoff*, F. 75—76° (PAe.-Bzl., 10:1), durch 1std. Rühren vorst. Verb. mit n-Butylamin in THF bei 40°, Abdestillieren des Lsgm. u. 5 Min. langes Kochen mit W.; 83%. — *Imidazolcarbonsäure-(1)-cyclohexylamid*, $C_{10}H_{15}N_3O$, F. 95,5—97° (Bzl.), aus **I** u. **III** in THF; 100%. — *Benzimidazolcarbonsäure-(1)-cyclohexylamid*, $C_{14}H_{17}N_3O$, F. 116—117,5° (Ae.-CH_2Cl_2, 3:1), aus **IV** u. **III** in THF; 100%. — *1.2.3-Triazolcarbonsäure-(1)-n-butylamid*, $C_7H_{12}N_4O$, F. 71—72° (PAe.), aus **V** u. **II** in THF; Nadeln; 100%. — *1.2.3-Triazolcarbonsäure-(1)-anilid*, $C_9H_8N_4O$, F. 110,5—111°, durch Zugabe von Phenylisocyanat zu **V** in Ae.; Nadeln; 89%. — *symm.-Diphenylharnstoff*, F. 238—240°, durch Zugabe von Anilin zu vorst. Verb. in THF-Ae. u. mehrstd. Stehen; 86%. — *Imidazolcarbonsäure-(1)-diäthylamid* (**VI**), $C_8H_{13}N_3O$, F. 48—49,5° (Ae.), a) durch Zugabe von N.N-Diäthylcarbamidsäurechlorid zu **I** in THF, 15std. Kochen u. Abtrennen des **I**-Hydrochlorids; Prismen; 85%; b) durch Zutropfen von

Diäthylamin zu **VII** in THF innerhalb 20 Min. u. Versetzen mit CCl_4 zur Abscheidung von **I**; 91%. — *Imidazolcarbonsäure-(1)-[N-methylanilid]*, $C_{11}H_{11}N_3O$, F. 72,5—73,5° (Ae.), durch Zutropfen von N-Methylanilin zu **VII** in THF bei 50° u. 30 Min. langes Rühren; stäbchenförmige Kristalle; 80%. — *n-Butylisocyanat* (**II**), $Kp._{760}$ 111—113,5°, $Kp._{115-125}$ 68—83°, durch Zutropfen von n-Butylamin zu **VII** in $CH_2 \cdot Cl_2$ während 20 Min.; 57%. — *Cyclohexylisocyanat* (**III**), a) durch Zutropfen von Cyclohexylamin zu **VII** in THF unter Rühren; 83%; b) analog aus N.N'-Carbonyldibenzimidazol u. Cyclohexylamin; 38%; c) analog aus N.N'-Carbonyldi-1.2.4-triazol u. Cyclohexylamin; 55%. — *Dicyclohexylharnstoff*, F. 230—232°, aus vorst. Verb. u. Cyclohexylamin. — *Phenylisocyanat*, $Kp._{42-43}$ 79—80°, ähnlich vorvorst. Verb. aus **VII** u. Anilin in Ggw. von **I**-Hydrochlorid bei 10° in 31 Min.; 63%. — *N.N-Diäthyl-N'-phenylharnstoff*, F. 88,5 bis 90° (Bzl.-PAe.), a) durch Zutropfen von Anilin zu **VII** in THF bei Zimmer-Temp., 30 Min. langes Rühren u. Zugabe von Diäthylamin; 54%; daneben *symm.-Diphenylharnstoff*, F. 238—239° (A.); 12%; auch bei der Rk. bei 40—50°; 45%; b) analog a) bei 0° mit Zusatz von **I**; 76%. — *N-Phenylcarbamidsäurecyclohexylester*, F. 84—86° (Bzl.-PAe.), durch Zutropfen von Cyclohexanol u. Anilin zu **VII** in THF bei 0°, mehrstd. Stehen, 4std. Kochen, Abdestillieren der Lsgm. u. Versetzen mit W.; 68%.

E. KOSSMEHL. 3050 □

Untersuchung der Substitution einiger Di- und Trimethylderivate des Thianaphthens mittels der Friedel-Crafts-Reaktion. Pierre Faller und Paul Cagniant. (C. R. hebd. Séances Acad. Sci. **253**. 2997—99. 18/12. 1961. Strasbourg, Labor. des Hydrocarbures.) (Franz.)

Acetylierung von 2.3-Dimethylthianaphthen (**I**) nach FRIEDEL-CRAFTS gibt *5-Acetyl-* u. *6-Acetyl-2.3-dimethylthianaphthen*. Analog liefert 2.3.5-Trimethylthianaphthen (**II**) *6-Acetyl-2.3.5-trimethylthianaphthen* u. 2.3.7-Trimethylthianaphthen (**III**) das *6-Acetylderivat*. Die erhaltenen Methylketone werden nach HUANG-MINLON zu den entsprechenden *6-Äthyl-Verbb.* red., deren Struktur durch Desulfurierung zu *Polyalkylbenzolen* u. deren IR-spektroskop. Vgl. sichergestellt wird.

Versuche: *2.3-Dimethyl-6-acetylthianaphthen*, $C_{12}H_{12}OS$, $Kp._3$ 170—175°, F. 64,5 bis 65° (PAe.), aus **I** durch FRIEDEL-CRAFTS-Rk. mit Acetylchlorid; Nadeln; 70% (Ausbeute); daneben 30% *2.3-Dimethyl-5-acetylthianaphthen* ($C_{12}H_{12}OS$, $Kp._3$ 170—175°, F. 140—145°, aus PAe. Plättchen). *2.4-Dinitrophenylhydrazon*, $C_{18}H_{16}N_4O_4S$, F. 296,5°, rot. *Oxim*, $C_{12}H_{13}NOS$, F. 179° (Bzl.-PAe.). — *2.3-Dimethyl-6-äthylthianaphthen*, $C_{12}H_{14}S$, $Kp._{17,5}$ 172°, aus vorst. 6-Acetyl-Verb. durch Red. nach HUANG-MINLON; $D._4^{20}$ 1,060, n_D^{20} 1,5995. *Pikrat*, $C_{18}H_{17}N_3O_7S$, F. 79°, aus A. orangefarbene Plättchen. — *2.3.5-Trimethyl-6-acetylthianaphthen*, $C_{13}H_{14}OS$, $Kp._{16}$ 207,5—208°, F. 66,8°, aus **II** durch FRIEDEL-CRAFTS-Rk.; aus PAe. Plättchen; 95%. *Oxim*, $C_{13}H_{15}NOS$, F. 191°, aus Bzl.-PAe. Plättchen. *Semicarbazon*, $C_{14}H_{17}N_3OS$, F. 252° (A.). *2.4-Dinitrophenylhydrazon*, $C_{19}H_{18} \cdot N_4O_4S$, F. 260°, aus A. rot. — *2.3.5-Trimethyl-6-äthylthianaphthen*, $C_{13}H_{16}S$, $Kp._{17}$ 178 bis 179°, F. 63,5°, durch Red. vorst. 6-Acetyl-Verb.; aus A. Plättchen. *Pikrat*, $C_{19}H_{19} \cdot N_3O_7S$, F. 123°, aus A. orangefarbene Nadeln. — *2.3.7-Trimethyl-6-acetylthianaphthen*, $C_{13}H_{14}OS$, $Kp._{16}$ 215°, F. 98°, durch FRIEDEL-CRAFTS-Rk. mit **III**; aus wss. A. Nadeln. *Oxim*, $C_{13}H_{15}NOS$, F. 194,5° (A.). *Semicarbazon*, $C_{14}H_{17}N_3OS$, F. 243° (A.). *2.4-Dinitrophenylhydrazon*, $C_{19}H_{18}N_4O_4S$, F. 197°, aus A. rot. — *2.3.7-Trimethyl-6-äthylthianaphthen*, $C_{13}H_{16}S$, $Kp._{17}$ 177—179°, F. 41,5° (A.), durch Red. vorst. 6-Acetylverbindung. *Pikrat*, $C_{19}H_{19}N_3O_7S$, F. 104°, aus A. rot.

H. GLEINIG. 3071 □

Die Synthese von kondensierten Thiophenen, Diarylen und Dialkylen über Aryllithium- und Alkyllithiumderivate. V. N. Gogte, V. S. Palkar und B. D. Tilak. (Tetrahedron Letters [London] **1960**. Nr. 6. 30—34. März. Bombay, Univ. of Bombay, Dep. of Chem. Technol.) (Engl.)

Durch Rk. der Li-Verbb. aus entsprechenden Arylsulfoxiden u. Aryl- bzw. Alkylhalogeniden mit wasserfreiem $CuCl_2$ werden nachst. Verbb. dargestellt.

Versuche: *Dibenzothiophen*, $C_{12}H_8S$, F. 99°, aus Diphenylsulfon über 2.2'-Di-Li-diphenylsulfon durch Rk. mit wasserfreiem $CuCl_2$, $LiAlH_4$-Red. u. Chromatographie; 70% (Ausbeute). — *Dinaphtho-[2.1:b;1'.2':d]-thiophen*, $C_{20}H_{12}S$, F. 208—209°, aus 2.2°-Dinaphthylsulfon analog vorst. Verb.; 50%. — *Diphenyl*, $C_{12}H_{10}$, F. 70—71°, aus Phenylbromid über Phenyl-Li mit $CuCl_2$ u. Dest. bei 95—130° (Bad)/6 Torr; 100%. — *1.1'-Dinaphthyl*, $C_{20}H_{14}$, F. 160—161°, aus α-Bromnaphthalin wie vorst. u. Reinigung durch Chromatographie der Rk.-Prodd.; 18%; daneben *Naphthalin* ($C_{10}H_8$, F. 81°; 31%) u. *Perylen* ($C_{20}H_{12}$, F. 275—277°; 9%). — *Dithionnaphthenyl-(2)*, $C_{16}H_{10}S_2$, aus Thionaphthen; 52%. — *Dithionaphthenyl-(3)*, $C_{16}H_{10}S_2$, aus 3-Jodthionaphthen; 11%. — *n-Octan*, C_8H_{18}, Kp. 121—123°, aus n-Butylbromid; 22%. — *Tetrakosan*, $C_{24}H_{50}$, F. 53 bis 54°, aus n-Dodecylchlorid; 33%. — *Hexatriakontan*, $C_{36}H_{74}$, F. 76°, aus n-Octadecylchlorid u. Reinigen durch fraktionierte Dest. der Rk.-Prodd.; 32%; daneben *Octadecan* [$C_{18}H_{38}$, Kp.$_{0,005}$ 89—91° (Bad); 32%] u. *Octadecylalkohol* [$C_{18}H_{38}O$, F. 58,5—59,5°, Kp.$_{0,005}$ 115—123° (Bad); 36%]. G. TEEGE. 3071 □

Neue Zwischenprodukte für die Synthese von androgenen Gruppen. Lester Yoder. (Proc. Iowa Acad. Sci. **64.** 247—51. 1957. Ames, Iowa, Agric. Exp. Stat.) (Engl.)

Eine Total-Synth. von Verbb. des Stilböstroltyps, die die für männliche Geschlechtshormone charakterist. —CO—CH=CH-Gruppe enthalten, wird für die Herst. stärkerer Androgene vorgeschlagen. *Cyclohexanoncarbonsäure-(4)* wird durch Modifikation der Synth. von KAY u. PERKIN (Rk. von Na-Äthylat mit Cyanessigsäureäthylester u. β-Brompropionsäureäthylester) hergestellt u. in *1.4-Dioxaspiro-[4.5]-decancarbonsäure-(8)* (I; $C_9H_{14}O_4$, Kp.$_2$ 139—142°, mit Äthylenglykol in CCl_4 durch mehrstd. Kochen; 84%. *S-Benzylisothiuroniumsalz*, $C_{17}H_{24}N_2O_4S$, F. 154°) übergeführt, um die CO-Gruppe bei späteren Rkk. zu schützen. Das mit $SOCl_2$ in abs. Pyridin/Ae. hergestellte, nicht gereinigte I-*Chlorid* (aus 12,4 g I) liefert mit C_2H_5MgBr (aus 18,5 g Äthylbromid u. 3,2 g Mg in Ggw. von J_2-Spuren) u. Diäthyl-Cd. (aus 13,2 g $CdCl_2$) nach Verdünnen mit Bzl. durch 12std. Stehen u. Ansäuern auf pH 4 über *4-Propionylcyclohexanon* 5,2 g *8-Propionyl-1.4-dioxaspiro-[4.5]-decan* ($C_{11}H_{18}O_3$, Kp.$_2$ 120—125°), das als *1.3-Dioxo-8-[α-hydroxy-α-cyan-n-propyl]-2.4-diazaspiro-[4.5]-decan* [$C_{12}H_{17}O_3N_3$, F. 318—319° (Methanol)] identifiziert wurde. G. MARQUARD. 3102

Die Einwirkung von Hydrazinen auf substituierte Pyrazolidindione-(3.5). Ahmed Mustafa, Mohamed Kira und Shawky Nakhla. (J. org. Chemistry **26.** 3389—91. 12/9. 1961. Giza, Cairo, Univ., Fac. of Sci.; Cairo, Dokki, Nat. Res. Center, Chem. Dep.) (Engl.) — Vgl. C. **1961.** 474.

Bei der Rk. von 1-Phenyl-3.5-dioxopyrazolidin (I) mit $N_2H_4 \cdot H_2O$ erfolgt Ringöffnung unter Bldg. von *Malonsäurehydrazid-α-phenylhydrazid* (II); mit Phenylhydrazin (III) wird *Malonsäure-α-phenylhydrazid-β-phenylhydrazid* u. mit Benzylamin (IV) *Malonsäurebenzylamid-α-phenylhydrazid* erhalten. Analoge Verbb. entstehen aus 1.2-Diphenyl-3.5-dioxopyrazolidin (V) u. 1.2-Diphenyl-4-benzyl-3.5-dioxopyrazolidin (VI); das aus V u. $N_2H_4 \cdot H_2O$ gebildete *Malonsäurehydrazid-α.β-diphenylhydrazid* (VII) wird durch sd. Acetanhydrid wieder zu V cyclisiert. Das aus II u. Benzaldehyd (VIII) gebildete *N-Benzal-Deriv.* entsteht auch durch Umlagerung von 1-Phenyl-4-benzyliden-3.5-dioxopyrazolidin (IX) mit $N_2H_4 \cdot H_2O$ oder neben **VIII**-*Phenylhydrazin* mit III. Analog wird das *N-Benzal-Deriv.* von VII aus 1.2-Diphenyl-4-benzyliden-3.5-dioxopyrazolidin (X) mit $N_2H_4 \cdot H_2O$ oder aus VII u. Benzalazin gebildet, während mit $N_2H_4 \cdot H_2O$, III oder Semicarbazid in Pyridin oder A. *4.4'-Benzyliden-bis-[1.2-diphenyl-3.5-dioxopyrazolidin]* erhalten wird. Letzteres entsteht auch durch Kondens. von Benzalchlorid u. dem Mono-Na-Salz von V oder aus V u. X in Ggw. von C_2H_5ONa. Bei der Rk. von I oder V mit Anisaldehydhydrazon werden die *4-Anisyliden-Derivv.* von I u. V, bei der Umsetzung von V mit Cyclohexanon- bzw. Acetonsemicarbazon wird das *4-Cyclohexyliden-* bzw. *4-Isopropyliden-Deriv.* von V gebildet.

Versuche (FF. korr.): *Malonsäure, α-Phenyldihydrazid* (II), $C_9H_{12}N_4O_2$, F. 140° (A.), aus je 1 Mol I u. $N_2H_4 \cdot H_2O$ bei 20° (24 Std.); ca. 100% (Ausbeute). *N-Benzyliden-Deriv.*, $C_{16}H_{16}N_4O_2$, F. 215° (Zers.; A.), a) aus je 1 Mol II u. VIII in 50%ig. A.; b) aus 2,64 g IX u. 0,5 ml $N_2H_4 \cdot H_2O$ bei Raum-Temp., Stehen über Nacht u. Ansäuern mit Eisessig; 1,5 g; Platten. *α.β'-Diphenyldihydrazid*, $C_{15}H_{16}N_4O_2$, F. 166° (Zers.; A.), aus je 1 Mol I u. III in A. bei 100° (30 Min.). *α.β-Diphenyldihydrazid* (VII), $C_{15}H_{16}N_4O_2$, F. 151° (A.), wie II aus V u. $N_2H_4 \cdot H_2O$. *N-Benzyliden-Deriv.*, $C_{22}H_{20}N_4O_2$, F. 202° (Zers.; Aceton), a) aus VII u. VIII in 50%ig. A.; b) aus X u. $N_2H_4 \cdot H_2O$; 80%; c) aus 2,84 g VII u. 1,04 g VIII-Azin in sd. A.; 3 g. *α.β.β'-Triphenyldihydrazid*, $C_{21}H_{20}N_4O_2$, F. 188° (Zers.; A.), aus je 1 Mol V u. III in Bzl. bei 100° (30 Min.). *Benzylamid-α-phenylhydrazid*, $C_{16}H_{17}N_3O_2$, F. 146° (A.), aus I u. IV in A. bei 100° (30 Min.). *Benzylamid-α.β-diphenylhydrazid*, $C_{22}H_{21}N_3O_2$, F. 185° (Chlf./A.), aus V u. IV in Bzl. bei 100° (30 Min.). — *Benzylmalonsäure, α.β-Diphenyldihydrazid*, $C_{22}H_{22}N_4O_2$, F. 105° (CH_3OH), wie II aus VI u. $N_2H_4 \cdot H_2O$. *α.β.β'-Triphenyldihydrazid*, $C_{28}H_{26}N_4O_2$, F. 203° (Zers.; A.), aus je 1 Mol VI u. III in Bzl. bei 100° (30 Min.). *Benzylamid-α.β-diphenylhydrazid*, $C_{29}H_{27}N_3O_2$ F. 181° (Bzl.), aus je 1 Mol VI u. IV in A. bei 100° (30 Min.). — *1-Phenyl-4-anisyliden-3.5-dioxopyrazolidin*, F. 246° (Zers.), durch Erhitzen von I u. Anisaldehydhydrazon in Bzl. auf dem Wasserbad (10 Min.); aus Chlf./A. orangefarbene Nadeln; ca. 100%. — 1.2-Diphenyl-4-alkyliden-3.5-dioxopyrazolidine: *4-Anisyliden-*, F. 199° (Zers.), wie vorst. Verb. aus V in Chlf.; aus Chlf./A. orangefarbene Nadeln; 80%. — *4-Cyclohexyliden-*, F. 174°, wie vorst. aus V u. Cyclohexanonsemicarbazon; aus A. gelbe Nadeln; 50%. — *4-Isopropyliden-*, F. 113°, wie vorst. aus V u. Acetonsemicarbazon; aus A. gelbe Nadeln; 20%. — *4.4'-Benzyliden-bis-[1.2-diphenyl-3.5-dioxopyrazolidin]*,

$C_{37}H_{28}N_4O_4$, F. 205° (Zers.), a) durch ½std. Stehen von 3,41 g **X** u. 0,5 ml $N_2H_4 \cdot H_2O$ in Pyridin bei Raum-Temp. u. Ansäuern mit verd. Essigsäure; 2,5 g; b) aus **X** u. **III** oder Semicarbazidhydrochlorid in Pyridin; c) aus 2,52 g **V** u. 1,04 g **VIII**-Azin (oder **VIII**-Phenylhydrazon oder **VIII**-Semicarbazon) in sd. Bzl. (10 Min.); 2,5 g; d) durch Zugeben von C_2H_5ONa zu 5,04 g **V** in sd. abs. A., ½std. Rühren, Zugeben von 1,61 g Benzalchlorid u. 18std. Kochen; 2,5 g; e) durch Zugeben von 6,82 g **X** zu 5,04 g **V** u. C_2H_5ONa in abs. A. u. ½std. Rühren bei Raum-Temp.; aus Chlf./A. Platten; 9 g.

F. HELLER. 3122□

Thiazol-N-oxide. Tullio Bacchetti und Andreina Alemagna. (Rend. Ist. lombardo Sci. Lettere, Cl. Sci. mat. natur. **91**. 481—90. 1957. Milano, Univ., Ist. per la Laurea in Chim. Ind., Labor. di Chim. Ind. Inorgan. e Metallurg.) (Ital.)

Durch Addition von Mercaptoaceton an Benzonitriloxid (I) oder durch Rk. des Na-Salzes der Thiobenzhydroximsäure (II) mit Chloraceton wird *Thiobenzhydroximsäure-S-acetonylester* (**III**) erhalten, dessen Hydrochlorid in sd. Toluol zu *2-Phenyl-4-methylthiazol* (**IV**)-*N-Oxid* (**V**) cyclisiert wird. Die Konstit. wird durch Vgl. mit dem aus **IV** u. Peressigsäure dargestellten **V** gesichert. Bei der Red. von **V** mit Sn/HCl wird **IV** erhalten, während das analog **V** hergestellte *4-Methylthiazol-N-oxid* nicht red. werden konnte.

Versuche: *Thiobenzhydroximsäure-S-acetonylester* (**III**), $C_{10}H_{11}NO_2S$, F. 63° (Bzl.), a) durch Zugeben von Mercaptoaceton zu **I** in A. bei 0°, 1std. Rühren bei Raum-Temp. u. Eindampfen im Vakuum; 85% (Ausbeute); b) durch Zutropfen von Chloraceton zum K-Salz von **II** in A. unter Kühlung; 90,5%. *Hydrochlorid*, $C_{10}H_{12}ClNO_2S$, F. 125° (Zers.), aus **III** u. HCl-Gas in abs. Benzol. *Semicarbazon*, $C_{11}H_{14}N_4O_2S$, F. 214° (Zers.; A.), aus **III**, Semicarbazidhydrochlorid u. Na-Acetat in verd. Alkohol. — *2-Phenyl-4-methylthiazol* (**IV**), aus 0,12 g **V** u. Sn in warmer konz. HCl; Öl; 0,15 g. *Pikrat*, $C_{16}H_{12} \cdot N_4O_7S$, F. 132°, aus 0,15 g **IV** u. Pikrinsäure in A.; gelbe Kristalle; 0,17 g. *N-Oxid* (**V**), $C_{10}H_9NOS$, F. 121° (W.), aus **V**-Hydrojodid u. heißer K_2CO_3-Lsg.; 68,5%; *Hydrojodid*, $C_{10}H_{10}JNOS$, F. 136°, durch Erhitzen des **III**-Hydrochlorids in Toluol auf 120° (Bad-Temp.), Extrahieren mit W. u. verd. HCl u. Zugeben von KJ zum wss. Extrakt; aus W. gelbe Schuppen; 16,5%; *Perchlorat*, $C_{10}H_{10}ClNO_5S$, F. 147° (W.), a) aus **V** in W. u. 60%ig. $HClO_4$; b) durch Zutropfen von 38%ig. Peressigsäure zu **IV** bei 50—80° in 2 Tagen, Zugeben von W. u. Versetzen des Filtrats mit $HClO_4$; *Pikrat*, $C_{16}H_{12}N_4O_8S$, F. 107° (A.), aus **V** u. Pikrinsäure in sd. Wasser. — *Thiobenzhydroximsäure-S-[3-oxobutyl-(2)]-ester* (**VI**), $C_{11}H_{13}NO_2S$, F. 85° (Bzl.), a) aus **I** u. frisch hergestelltem 3-Mercaptobutanon-(2) wie **III** nach a); 80%; b) aus **II** u. 3-Chlorbutanon-(2) wie **III** nach b); 92,5%. *Hydrochlorid*, F. 108° (Zers.), aus 1,85 g **VI** u. HCl-Gas in abs. Ae.; Nadeln. *Semicarbazon*, $C_{12}H_{16}N_4O_2S$, F. 202° (A.). — *2-Phenyl-4.5-dimethylthiazol-N-oxid*, $C_{11}H_{11}NOS$, F. 145—146°, aus dem Hydrochlorid u. Na_2CO_3 in W.; Nadeln. *Hydrochlorid*, F. 174—177° (Bzl./A.), aus 2,35 g **VI**-Hydrochlorid in Toluol bei 100° (1 Std.) u. mehrstd. Stehen bei Raum-Temp.; Nadeln; 0,98 g. — *Thioformhydroximsäure-S-acetonylester*, aus Thioformhydroximsäure wie **III** nach b); braungelbes Öl. *Semicarbazon*, $C_5H_{10}N_4O_2S$, F. 178° (A.). — *4-Methylthiazol, Pikrat*, F. 181°, durch Vakuum-Dest. (20 mm) vorst. Esters u. Rk. des Destillats mit Pikrinsäure; wurde nur einmal isoliert. Bei weiteren Ansätzen wurde nur das *N-Oxid-Pikrat* ($C_{10}H_8N_4O_8S$, F. 139°; aus A. gelb) erhalten.

F. HELLER. 3142□

Untersuchungen über Pyronderivate. 4. Mitt. Über die Reaktion zwischen Dehydracetsäure und Ammoniumsalzen in Lösung. Sadao Iguchi, Shigeru Goto, Kazuhito Hisatsune, Eiko Futagami, Hiroshi Miyake und Junzo Iida. (Chem. pharmac. Bull. [Tokyo] **7**. 538. Juni 1959. Fukuoka, Katakasu, Univ. of Kyushu, Fac. of Med., Pharmac. Inst., and First Dep. of Surgery.) (Engl.) — 3. vgl. C. **1962**. 6767.

Die Rk. von Dehydracetsäure (I) bzw. ihrem Na-Salz (II) mit NH_4Cl, NH_4Br, NH_4SCN, NH_4NO_3, $(NH_4)_2CO_3$, $(NH_4)_2SO_4$, $(NH_4)_2HPO_4$, NH_4-Acetat u. Diammoniumcitrat verläuft leicht unter Bldg. von *3-[1-Iminoäthyl]-4-hydroxy-6-methylpyron-(2)*. In einem Tier-Vers. (Hund) wird gezeigt, daß **I** oder **II** in der Lage sind, den NH_4OH-Geh. des Blutes herabzusetzen, bes. wenn eine geringe Menge NH_4Cl-Lsg. gleichzeitig mit **I** oder **II** injiziert wird.

P. GOLINSKE. 3211□

Pyranylierung von Amiden. A. J. Speziale, K. W. Ratts und G. J. Marco. (J. org. Chemistry **26**. 4311—14. Nov. 1961. St. Louis, Mo., Monsanto Chem. Co., Organ. Chem. Div., Agric. Res. Labor.) (Engl.)

Schwach bas. Amide, wie aromat. Amide mit elektronenanziehenden u. -abstoßenden Substituenten, einfache u. durch elektronegative Gruppen substituierte Alkylamide, Harnstoff-Derivv., Sulfonamide u. Imide (Saccharin) werden in Ggw. von katalyt. Mengen HCl in Bzl. oder Dimethylformamid (DMF) an 2.3-Dihydropyran (I) bei 80—90° addiert. Dabei entstehen *N-[Tetrahydropyranyl-(2)]-amide*, die keine Hydrochloride bilden. Hydrolyse des N-[Tetrahydropyranyl-(2)]-benzamids mit alkohol. NaOH gibt *Benzamid* u. I, mit konz. H_3PO_4 wurden *Benzamid* u. *5-Hydroxyvaleraldehyd* erhalten. N-[Tetrahydropyranyl-(2)]-2-chloracetamid (II) wird durch GABRIEL-Synth. zum *-2-aminoacetamid* u. mit Allylamin zum *-2-allylaminoacetamid* umgesetzt.

Versuche: N-[Tetrahydropyranyl-(2)]-amide: *-acetamid*, F. 119,5—121° (Ae.-Bzl.), durch Zugabe von wenig mit HCl gesätt. Ae. zu Acetamid u. I bei Zimmer-Temp. in Bzl., 2std. Kochen, Abkühlen, Neutralisieren mit Na_2CO_3 u. Einengen; 37% (Ausbeute). — *-n-butyramid*, F. 51,5—52,5°, analog aus n-Butyramid u. I; 36%. — *-isobutyramid*, F. 111,0°, analog aus Isobutyramid u. I; 57%. — *-benzamid*, F. 124,0 bis 125,0°, analog aus Benzamid u. I; 73%. — *-p-toluolsulfonamid*, F. 106,0—107,5°, analog aus p-Toluolsulfonamid u. I; 22%. — *-N'.N'-dimethylharnstoff*, F. 121,5—122,5° (Bzl.), durch 2std. Erwärmen einer Lsg. von N.N-Dimethylharnstoff, I u. wenig mit HCl gesätt. Ae. in DMF auf 90—95°, Entfernen des Lsgm. ,Lösen in Bzl., Abfiltrieren vom N.N-Dimethylharnstoff u. Chromatographie an Al_2O_3 mit A.-Bzl. (30:220); 37%. — *-α-chloracetamid* (II), F. 94,0—95,0°, analog mit α-Chloracetamid; 63%. — *-p-nitrobenzamid*, F. 179,0—179,5°, analog mit p-Nitrobenzamid; 53%. — *-p-toluamid*, F. 117,0 bis 118,0°, analog mit p-Toluamid; 21%. — *Saccharin-Addukt*, $C_{12}H_{13}NO_4S$, F. 137,0 bis 138,5° (Bzl.), durch 17std. Kochen von Saccharin u. I in Bzl.; 84%. — *-2-phthalimidoacetamid*, $C_{15}H_{16}N_2O_4$, F. 231,4—232,0° (A.), durch Zutropfen von II in DMF zu K-Phthalimid in DMF bei 50°, 2std. Erwärmen auf 65—70° u. Gießen in W.; 90%. — *-2-aminoacetamid, Hydrochlorid*, $C_7H_{15}ClN_2O_2$, F. 168,8—169,2° (A.), durch 2std. Kochen vorst. Verb. mit 85%ig. Hydrazinhydrat, Abkühlen auf 40°, 10 Min. langes Rühren nach Zugabe von konz. HCl, Abkühlen auf 25°, Filtrieren u. Einengen des Filtrats; 82%. *Pikrat*, $C_{13}H_{17}N_5O_9$, F. 159,8—161,8° (A.), durch 45 Min. langes Rühren von 1 g Hydrochlorid mit Amberlite IRA-400 in W. bei Zimmer-Temp., Einengen, Aufnehmen der 0,7 g Öl in A. u. Versetzen mit Pikrinsäure. — *-2-allylaminoacetamid*, durch Zugabe von 35,5 g II zu Allylamin in Ae. während 15 Min. bei 5°, 3½ std. Rühren bei 5° u. Stehen über Nacht; braunes Öl; 16,0 g. *Pikrat*, $C_{16}H_{21}N_5O_9$, F. 154,6—155,0° (A.), mit alkohol. Pikrinsäure; gelb. E. KOSSMEHL. 3211 □

Munduseron. N. Finch und W. D. Ollis. (Proc. chem. Soc. [London] **1960.** 176. Mai. Bristol, Univ.) (Engl.)

Das aus der Wurzelrinde von *Mundulea sericea* neben *Sericetin* u. anderen Prodd. isolierte *Munduseron* [I, $C_{19}H_{18}O_6$, F. 162°, $[\alpha]_D^{16}$ +103° (Chlf.)], das insekticide Eigg. zeigt, besitzt die Konstit. *2.3.9-Trimethoxy-6.6a.12.12a-tetrahydrobenzo-[1]-pyrano-[3.4:b]-benzo-[1]-pyranon-(12)*, das mit J_2 zur *6.12-Dihydro-Verb.* (II, F. 210°) dehydriert wurde. Die alkyl. Hydrolyse von II lieferte *2-[2-Hydroxy-4-methoxyphenacyl]-4.5-dimethoxyphenoxyessigsäure* (F. 204—205°). Die Einw. von alkal. H_2O_2 auf II führte zu *β-Resorcylsäure-4-methyläther* neben *Risinsäure* (*2-Carboxy-4.5-dimethoxyphenoxyessigsäure*). I reagierte mit Pentylnitrit in Essigsäure zu *7-Methoxy-2-carboxy-3-[2-hydroxy-4.5-dimethoxyphenyl]-chromonlacton.* (+)-I wird durch Erhitzen mit Na-Acetat in A. in die (±)-*Form* (F. 171—172°) übergeführt. I stellt das einfachste Rotenoid dar, dessen 7-Hydroxy-Deriv. als mögliches Zwischen-Prod. der Biogenese anderer Rotenoide angesehen wird. D. KIRSTEIN. 3211 □

Synthese von (±)-Munduseron. J. R. Herbert, W. D. Ollis und R. C. Russell. (Proc. chem. Soc. [London] **1960.** 177. Mai.) (Engl.) — Vgl. vorst. Referat.

Resorcin u. [2-Cyanmethyl-4.5-dimethoxyphenoxy]-essigsäuremethylester ergeben bei der HOESCH-Rk. *Tephrosinsäure* (I) u. deren *Methylester*. Die Dehydratisierung von I mit Acetanhydrid-Na-Acetat führte zu *2.3-Dimethoxy-9-acetoxy-6.12-dihydrobenzo-[1]-pyrano-[3.4:b]-benzo-[1]-pyranon-(12)* (F. 171,5°), das durch saure Hydrolyse u. anschließende Methylierung des erhaltenen *Phenols* (F. 280°) *Dehydromunduseron* (II) lieferte. II reagierte mit $NaBH_4$ in A. zu (±)-*Munduserol* (F. 181,5°; 99%), dessen OPPENAUER-Oxydation (±)-*Munduseron* (III) ergab. Zur Synth. des tetracycl. Grundgerüstes von III wurde β-Resorcylaldehyd mit 3-Acetoxy-6.7-dimethoxy-2H-1-benzopyran u. Piperidin in A. bei Raum-Temp. zu *2.3.9-Trimethoxy-6a-hydroxy-6.6a-dihydrobenzo-[1]-pyrano-[3.4:b]-benzo-[1]-pyran* [F. 190—191°; 82% (Ausbeute)] umgesetzt, dessen Hydrierung an PtO_2 in Essigsäure (±)-*Munduseran* lieferte.

D. KIRSTEIN. 3211 □

Sericetin. B. F. Burrows, W. C. Ollis und L. M. Jackman. (Proc. chem. Soc. [London] **1960.** 177—79. Mai. Bristol, Univ.; London, Imp. Coll. of Sci. and Technol.) (Engl.)

Sericetin [I, $C_{25}H_{24}O_5$, F. 157°, gelbe Nadeln] wurde neben anderen Prodd. aus der Wurzelrinde von *Mundulea sericea* isoliert. Das IR- u. UV-Spektrum von I zeigt eine konjugierte CO-Gruppe u. zwei phenol. oder enol. OH-Gruppen an, von denen eine mit der Carbonylgruppe chelatisiert oder ster. gehindert ist. Die Methylierung oder Acylierung von I verursacht eine Verschiebung der IR-Carbonylabsorption zu niedrigeren Frequenzen, was für 5-Hydroxyflavone als charakterist. angesehen wird. I gleicht Flavonolen, indem es gegenüber der alkal. Hydrolyse beständig ist u. mit Na-Amalgam in Methanol keine Farbe ergibt, so daß sich die zweite OH-Gruppe in 3-Stellung befindet. Für die Flavonolstruktur von I sprechen das UV-Spektrum sowie dessen Abhängigkeit

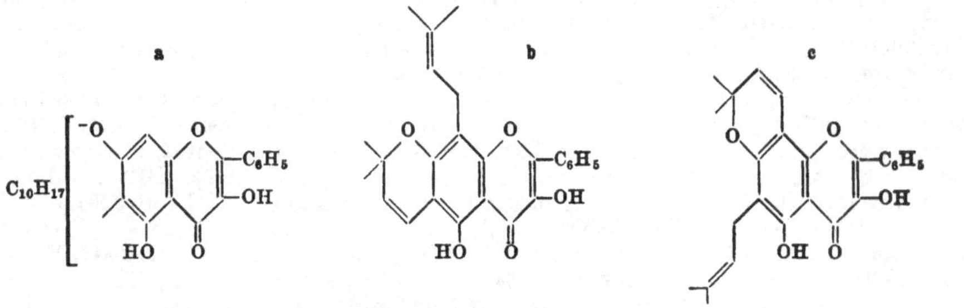

vom Lsgm. u. pH. Alkal. Schmelze oder alkal. H_2O_2-Oxydation führten zu *Benzoesäure*. Auf Grund vorst. Ergebnisse wird die Partialstruktur **a** für I vorgeschlagen. Der $C_{10}H_{17}$-Rest in **a** schließt zwei Isoprenreste ein. Die Unters. des IR-Spektrums von I in Chlf. sowie die KUHN-ROTH-Oxydation, die 1,25 Val *Essigsäure* lieferte u. auf zwei $(CH_3)_2\cdot$ C-Einheiten hinwies, ergeben versuchsweise die Strukturen **b** oder **c**, die ferner durch das kernmagnet. Resonanzspektrum von I gestützt werden. D. KIRSTEIN. 3211 □

Synthetische schmerzstillende Mittel. 32. Mitt. **cis-1.2.6-Trimethylpiperidon-(4) und seine Derivate.** I. N. Nasarow und O. I. Ssorokin. (Известия Академии Наук СССР, Отделение Химических Наук [Nachr. Akad. Wiss. UdSSR, Abt. Chem. Wiss.] **1960.** 872—78. Mai. Zelinsky-Inst. für org. Chemie der Akad. der Wiss. der UdSSR.) (Russ.) — 31. vgl. C. **1961.** 15380; 30. vgl. C. **1962.** 1206.

Es wird *2.6-Dimethylpyron-(4)* (**I**) synthetisiert u. durch Rk. mit Methylamin (**II**) in *1.2.6-Trimethylpyridon-(4)* (**III**) übergeführt. Die Hydrierung von **III** liefert *1.2.6-Trimethylpiperidol-(4)* (**IV**) als *α*- u. *β-Isomeres*. Das α-Isomere läßt sich mit Na-Isoamylat in das β-Isomere umwandeln. α- u. β-**IV** gehen bei der CrO_3-Oxydation in *cis-1.2.6-Trimethylpiperidon-(4)* (**V**) über, das mit Phenyl-Li zu α- u. *β-1.2.6-Trimethyl-4-phenylpiperidol-(4)* (**VI**) reagiert. α- u. β-**VI**-*Propionat* besitzen keine schmerzstillenden Eigenschaften.

Versuche: *2.6-Dimethylpyron-(4)* (**I**), F. 130,5—132,5°, man kocht 220 g Dehydracetsäure u. 630 ml konz. HCl 2½ Std. lang, dampft ein, löst in 200 ml W., macht mit 50%ig. NaOH gegen Phenolphthalein alkal. u. extrahiert 4 Tage lang mit Ae.; große Kristalle; 88,4% (Ausbeute). — *1.2.6-Trimethylpyridon-(4)* (**III**), F. 249,5—250,5°, man gibt zu 56,5 g **I** in 75 ml W. 75 ml 46,4%ig. wss. **II** u. läßt über Nacht stehen; 95,8%. *Hydrochlorid*, F. 235—237° (Methanol-HCl). — *1.2.6-Trimethylpiperidol-(4)* (**IV**), man hydriert 194 g **III** in 400 ml Methanol bei 100—110°/70—90 at an RANEY-Ni (4 Tage), dest. fraktioniert, nimmt die Fraktion $Kp._{14}$ 108—112° (die teilweise krist.) in 50 ml Bzn auf u. läßt über Nacht stehen: α-**IV**, $C_8H_{17}NO$, F. 89—89,5° (Bzn.); 36,1 g. *α-Hydrochlorid*, F. 179—181° (A.-Aceton). *α-Benzoathydrochlorid*, $C_{15}H_{22}ClNO_2$, F. 205 bis 206° (Äthylacetat-Methanol), durch 20 Min. langes Erhitzen des α-Hydrochlorids mit Benzoylchlorid auf 150°; 100%. Die nach der Abtrennung von α-**IV** verbliebene Mutterlauge, aus der noch 9,8 g unreines α-**IV** isoliert werden, wird mit Ae. verd. u. mit HCl in Dioxan behandelt; das ausfallende Hydrochlorid wird aus Aceton–A.–W. umkrist.: *β-Hydrochlorid*, $C_8H_{18}ClNO$, F. 257—258°; 68,6 g. *β-Benzoathydrochlorid*, $C_{15}H_{22}\cdot ClNO_2$, F. 239—240° (Äthylacetat-Methanol). β-**IV**, $Kp._{19}$ 116°, F. 31°; n_D^{18} 1,4787; zähes Öl, das langsam kristallisiert. — *cis-1.2.6-Trimethylpiperidon-(4)* (**V**), $Kp._{17}$ 92—100°, n_D^{17} 1,4676, a) man gibt zu 13 g α-**IV** in 50 ml W. u. 12,5 ml konz. H_2SO_4 bei 20° 7,3 g CrO_3 in 20 ml W., macht am nächsten Tag mit 60 ml 50%ig. NaOH alkal. u. extrahiert mit Ae.; 6,0 g; b) analog aus 13 g β-**IV**; 5,3 g. *Hydrochlorid*, $C_8H_{16}ClNO$, F. 159—159,5° (Äthylacetat-Methanol). — *1.2.6-Trimethyl-4-phenylpiperidol-(4)* (**VI**), man gibt zu Phenyl-Li (1,35 g Li, 15,2 g Brombenzol, 75 ml Ae.) 9,1 g **V**, läßt über Nacht stehen, kocht 2½ Std., hydrolysiert, extrahiert mit Ae., dest. den Ae. ab u. krist. den Rückstand aus Bzn. um: α-**VI**, $C_{14}H_{21}NO$, F. 125,5—126,5°; 4,2 g. *α-Hydrochlorid*, F. 200—200,5° (Äthylacetat-Methanol). Die Mutterlauge von α-**VI** dampft man ein, überführt in das Hydrochlorid u. fällt aus Äthylacetat-Methanol mit Ae. *β-Hydrochlorid*, F. 205—206°; 4,0 g. β-**VI**, $C_{14}H_{21}NO$, F. 100—100,5° (Bzn.). *α-Propionat*, $Kp._{0,02}$ 117—119°, durch

12std. Erhitzen von 6,1 g α-**VI**, 6 ml Pyridin u. 9 ml Propionsäureanhydrid auf 118°; 6,15 g. *α-Propionathydrochlorid*, $C_{17}H_{26}ClNO_2$, F. 189,5—190° (Äthylacetat). *β-Propionathydrochlorid*, $C_{17}H_{26}ClNO_2$, F. 177—178° (Äthylacetat-Methanol), man erwärmt 5,3 g β-**VI** in 10 ml Chlf. u. 9 ml Propionylchlorid 1/2 Std. auf 40°, überführt in die Base, sammelt die Fraktion Kp.$_{0,02}$ 124—144°, läßt mit 7 ml Propionylchlorid in 9 ml Dichloräthan 4 Tage lang stehen u. fällt mit Ae.; 4,55 g. HELMUT SCHÄFER. 3231 □

Anionenaustauscherharze als Katalysatoren bei der Synthese von Pyridinderivaten. K. N. Trivedi. (Current Sci. **28.** 322. Aug. 1959. Baroda, Univ., Fac. of Sci., Chem. Dep.) (Engl.)

3-Cyan-4.6-dimethylpyridon-(2), F. 289°, wird dargestellt durch Zugabe von 4 g Amberlite IRA-400 (Na-Form) zu der gesätt. äthanol Lsg. von 4,2 g Cyanacetamid u. 5 g Acetylaceton, 3—4std. Kochen (Wasserbad), Filtrieren der heißen Lsg., Abkühlen u. Umkristallisieren aus A.; Nadeln; 5 g (Ausbeute). W. HEIN. 3231 □

Über Pyridylketimine. Georges Mignonac und Pierre Bourbon. (C. R. hebd. Séances Acad. Sci. **242.** 1624—27. 19/3. 1956.) (Franz.)

Durch Rk. von 3-Cyanpyridin (**I**) mit C_6H_5MgBr in geringem Überschuß, Zers. des Mg-Komplexes mit wss. NH_4Cl-Lsg. oder mit Oxalsäure in abs. Ae., Zugabe von NH_4OH bzw. Einleiten von NH_3 bei 0—20°, Aufnehmen der freigesetzten Base in Ae. u. Dest. im Vakuum entsteht *Pyridyl-(3)-phenylketimin*, Kp.$_{1,5}$ 130°, $n_D^{18,5}$ 1,6134, gelbes Öl. Entsprechend bilden sich aus **I** u. C_2H_5MgBr *Pyridyl-(3)-äthylketimin*, Kp.$_{3,5}$ 89°, n_D^{19} 1,5343, u. *N-[1-Pyridyl-(3)-propen-(1)-yl]-pyridyl-(3)-äthylketimin*, Kp.$_2$ 156°. **I** liefert mit n-C_4H_9-MgCl in analoger Rk. *Pyridyl-(3)-butylketimin*, Kp. 140°, orangefarbenes Öl. Der Stickstoff des Pyridinringes wirkt hemmend auf die Rk.-Fähigkeit der Ketimingruppe.

G. ZIEBARTH. 3231 □

Synthese von 2-Phenacylaminopyridin und einigen Derivaten. Raymond Delaby, Jean Mandereau und Pierre Reynaud. (Bull. Soc. chim. France **1961.** 2065—67. Nov. Paris, Fac. de Pharm., Labor. de Pharm. chim.) (Franz.)

2-Aminopyridin gibt mit 2-Brommethyl-2-phenyl-1.3-dioxolan in Ggw. von $NaNH_2$ *2-[2-Phenyl-1.3-dioxolanyl-(2)-methylamino]-pyridin*, das zu *2-Phenacylaminopyridin* (**I**) entketalisiert wird. Red. von **I** mit $LiAlH_4$ oder KBH_4 liefert *1-Phenyl-2-[pyridyl-(2)-amino]-äthanol* (**II**). **II** wird auch aus N-[Pyridyl-(2)]-aminoacetaldehyd u. Phenyl-MgBr dargestellt. Umsetzung von **II** mit $SOCl_2$ gibt die *1-Chloräthan-Verb.*, deren Hydrochlorid in Ggw. von Alkali in *3-Phenyl-2.3-dihydroimidazo-[1.2: a]-pyridin* übergeführt wird.

Versuche (FF. korr.): *2-[2-Phenyl-1.3-dioxolanyl-(2)-methylamino]-pyridin*, $C_{15}H_{16}N_2O_2$, F. 112—113°, Kp.$_{0,2}$ 174—178°, aus 2-Aminopyridin in Xylol u. $NaNH_2$ durch 1/2std. Kochen, Zutropfen von 2-Brommethyl-2-phenyl-1.3-dioxolan bei 45° u. 17std. Kochen; aus Bzl.-Ae. Prismen; 5,8% (Ausbeute). — *2-Phenacylaminopyridin* (**I**), $C_{13}H_{12}N_2O$, F. 116—118°, aus vorst. Verb. in 1 n HCl bei 90° (75 Min.); aus PAe. verfilzte Nadeln; 98%. *Hydrochlorid*, $C_{13}H_{13}ClN_2O$, F. 189—190° (Zers.), aus A. Nadeln. *Oxim*, $C_{13}H_{13}N_3O$, F. 158° (Propanol), perlmuttartige Plättchen. *Semicarbazon*, $C_{14}H_{15}N_5O$, F. 202°, aus A. Nadeln. *Hydantoin-Deriv.*, $C_{15}H_{14}N_4O_2$, F. 242° (A.), aus **I** in A. mit wss. KCNO u. NH_4Cl bei 60° (7 Std.) u. 10 Min. bei 80°; 85%. — *1-Phenyl-2-[pyridyl-(2)-amino]-äthanol* (**II**), F. 84°, a) aus **I**-Hydrochlorid in wss. Methanol u. KBH_4 (24 Std.); 100%; b) aus **I** u. $LiAlH_4$ in sd. Tetrahydrofuran (1 Std.) u. 12std. Stehenlassen u. Überführen in das *Hydrochlorid*, $C_{13}H_{15}ClN_2O$, F. 143—144°; 75%; c) aus nachst. Aldehyd u. Phenyl-MgBr in Tetrahydrofuran durch 3std. Kochen u. Chromatographie an Al_2O_3; 18%. *Pikrat*, F. 151—152° (Aceton). — *N-[Pyridyl-(2)]-aminoacetaldehyd*, aus dem Diäthylacetal durch Kochen in 10 n HCl (75 Min.); 95%. — *1-Phenyl-1-chlor-2-[pyridyl-(2)-amino]-äthan*, *Hydrochlorid*, aus **II**-Hydrochlorid u. $SOCl_2$ in Chlf. (24 Std.); Öl. *Pikrat*, $C_{19}H_{16}ClN_5O_7$, F. 170° (A.). — *3-Phenyl-2.3-dihydroimidazo-[1.2:a]-pyridin*, $C_{13}H_{12}N_2$, F. 85° (Ae.-Hexan), aus vorst. Hydrochlorid mit 1 n methanol. Soda-Lsg. durch kurzes Aufkochen u. 12std. Stehenlassen mit Ae. über *1 H-3-Phenyl-2.3-dihydroimidazo-[1.2:a]-pyridiniumchlorid* (F. 105—107°; 67%), Alkalisieren mit 1 n methanol. Soda-Lsg. u. Sublimieren bei 80°/0,01 mm; gelb; 74%.

H. GLEINIG. 3231 □

Anomale Kondensation von Piperidiniumacetat mit aromatischen Aldehyden. R. H. Poirier, R. D. Morin, Arveta M. McKim und A. E. Bearse. (J. org. Chemistry **26.** 4275—78. Nov. 1961. Columbus, Ohio, Battelle Memorial Inst.) (Engl.)

p-Dmethylamino- bzw. p-Diäthylaminobenzaldehyd kondensierten sich in Ggw. von Piperidiniumacetat (**I**) in Toluol-Lsg. unter azeotropen Bedingungen mit 2- oder 4-methylierten Heterocyclen zu *Dimethylamino-* bzw. *Diäthylaminostyryl-Heterocyclen.* Bei Verw. von Anisaldehyd läuft diese Rk. nicht ab. Benzaldehyd gibt mit **I** unter diesen Bedingungen *3.5-Dibenzylpyridin*. Analog entstehen aus aromat. u. heterocycl. Aldehyden u. **I** *3.5-Dibenzyl-* bzw. *3.5-Dipicolylpyridinderivate*.

Versuche: 2-[4-Dimethylaminostyryl]-heterocyclen, durch Kochen des Aldehyds mit der heterocycl. Base, Piperidin u. Eisessig in Toluol unter azeotropen Bedingungen bis zum Ende des Wasserauskreisens; Kristalle aus CH_3OH, A. oder A.–Bzl.: *-pyrazin*, $C_{14}H_{15}N_3$, F. 123—124°, Kp.$_{0,6}$ 170—200°, in 192 Std.; 10% (Ausbeute). — *-benzothiazol*, F. 204—205°, in 78 Std.; 51%. — *-benzimidazol*, F. 259—260°, in 48 Std.; 50%. — *-5(6)-methoxybenzimidazol*, $C_{18}H_{19}N_3O$, F. 172—174°, in 98 Std.; 21%. — *-5(6)-chlorbenzimidazol*, $C_{17}H_{16}ClN_3$, F. 215—216°, in 75 Std.; 35%. — *4-[4-Dimethylaminostyryl]-6-äthoxychinolin*, $C_{21}H_{22}N_2O$, F. 183—184°, in 62 Std.; 60%. — *4-[4-Diäthylaminostyryl]-chinolin*, $C_{21}H_{22}N_2$, F. 134—135°, in 68 Std.; 23%. — *1-[Julolidyl-(9)]-2-[chinolyl-(4)]-äthylen*, $C_{23}H_{22}N_2$, F. 153—154°, in 126 Std.; 29%. — 3.5-Bis-[arylmethyl]-pyridine: durch 24std. Kochen des entsprechenden Aldehyds, Piperidin u. Eisessig in Toluol unter azeotropen Bedingungen, Abdest. des Lsgm. u. Dest.; daneben bei nachst. Verb. *Essigsäurebenzylester*: *-[benzyl]-*, $C_{19}H_{17}N$, F. 89,5—90° (PAe.), Kp.$_{0,55}$ 165—195°, auch b) durch 24std. Erhitzen von N-Benzoylpiperidin mit Benzaldehyd im Rohr auf 250°; 17,5%; c) ebenso in 12 Std. bei 300°; 54%; d) durch 16std. Kochen von Pyridin-3.5-dicarbonsäure mit $SOCl_2$, Abdest. des $SOCl_2$, Lösen in Bzl., Zugabe von $AlCl_3$ bei 5—10°, Erwärmen auf Zimmer-Temp., 6std. Kochen, Gießen auf Eis–HCl u. Red. des erhaltenen *3.5-Dibenzoylpyridins* (F. 122,5—123,5°; 91%) durch 4std. Kochen in HCl–W. (1:1) mit amalgamiertem Zn; 45%. *Hydrochlorid*, F. 170—171°. — *-[p-methoxybenzyl]-*, $C_{21}H_{21}NO_2$, F. 125—126°, Kp.$_{0,8}$ ca. 240°; 37%. — *-[4-dimethylaminobenzyl]-*, F. 131 bis 132°, Kp.$_{1,5}$ 200—225°; 33%. *Dihydrochlorid*, $C_{23}H_{29}Cl_2N_3$, F. 209—210° (Zers.). — *-[pyridyl-(4)-methyl]-*, Kp.$_{0,3}$ 200—225°; 22%. *Trihydrochlorid*, $C_{17}H_{18}Cl_3N_3$, F. 254—257° (Zers.). — *-[pyridyl-(3)-methyl]-*, Kp.$_{0,15}$ 130—150°; 18%. *Trihydrochlorid*, $C_{17}H_{18}Cl_3N_3$, F. 248—253° (Zers.). E. KOSSMEHL. 3231 □

Untersuchungen auf dem Gebiet der synthetischen Farbstoffe. 15. Mitt. Synthese von N-p-Tolyl-6-methyllepidiniumjodid und seine Umwandlungen. G. T. Piljugin und B. M. Gutzuljak. (Журнал Общей Химии [J. allg. Chem.] **30** (**92**). 1299—1302. April 1960. Tschernowzy, Univ.) (Russ.) — 14. vgl. C. **1961.** 13181.

Es wird *1-p-Tolyl-6-methyllepidiniumjodid* (**I**) synthetisiert u. durch Kondens. mit p-Dimethylaminobenzaldehyd (**II**), N-Äthyl- (**III**), N-Phenylchinoliniumjodid (**IV**), 2-[β-Acetanilidovinyl]-1.3.3-trimethylindoleniniumjodid (**V**) u. 2-[β-Acetanilidovinyl]-3-äthylbenzthiazoliumjodid (**VI**) in die entsprechenden asymm. *Cyaninfarbstoffe* übergeführt. Es werden die Adsorptionsspektren der Cyanine zwischen 460 u. 680 mμ angegeben.

Versuche: *1-p-Tolyl-6-methyllepidiniumjodid* (**I**), $C_{18}H_{18}JN$, F. 135—136° (verd. A.), man erhitzt 6 g Di-p-tolylamin, 1 g Paraformaldehyd, 10 ml Dioxan, 3 ml konz. HCl u. 2,2 ml Aceton 6 Std. im Rohr auf dem sd. Wasserbad u. fällt mit KJ aus verd. A.; 35% (Ausbeute). — *1-p-Tolyl-6-methyl-4-[β-(p-dimethylaminophenyl)-vinyl]-chinoliniumjodid*, $C_{27}H_{27}JN_2$, F. 170—172° (verd. A.), durch ½std. Kochen von 1,5 g **I**, 0,6 g **II** u. 5 ml Pyridin; Nadeln; 60%. — *[1-p-Tolyl-6-methylchinolyl-(4)]-[1'-äthylchinolyl-(4')]-monomethincyaninjodid*, $C_{28}H_{27}JN_2$, F. 202—203° (Zers.; verd. A.), man kocht 1 g **I** u. 2 g **III** in 25 ml abs. A. u. 2 ml 10%ig. alkohol. KOH 15 Min. lang u. läßt über Nacht stehen; dunkelviolett; 40%. — *[1-p-Tolyl-6-methylchinolyl-(4)]-[1'-phenylchinolyl-(4')]-monomethincyaninjodid*, $C_{33}H_{27}JN_2$, F. 195—197° (Zers.; verd. A.), aus 1 g **I** u. 2 g **IV**; 42%. — *[1-p-Tolyl-6-methylchinolyl-(4)]-[1'.3'.3'-trimethylindoleninyl-(2')]-trimethincyaninjodid*, $C_{31}H_{31}JN_2$, F. 197—200° (Zers.; A.), aus 1,5 g **I** u. 1,5 g **V** in 10 ml Pyridin durch ½ Std. Kochen; 28,3%. — *[1-p-Tolyl-6-methylchinolyl-(4)]-[3'-äthylbenzthiazolyl-(2')]-trimethincyaninjodid*, $C_{29}H_{27}JN_2S$, F. 236—238° (Zers.; A.), durch 45 Min. langes Kochen von 1,2 g **I** u. 1,4 g **VI** in 10 ml Pyridin; dunkelbraunes Kristallpulver; 36,5%.

HELMUT SCHÄFER. 3231 □

Untersuchungen auf dem Gebiet der synthetischen Farbstoffe. 16. Mitt. Synthese von Hydroxy- und Alkoxysubstitutionsprodukten quartärer N-Arylchinaldiniumsalze und ihre Umwandlungen. G. T. Piljugin und Je. P. Opanassenko. (Журнал Общей Химии [J. allg. Chem.] **30** (**92**). 1303—07. April 1960.) (Russ.) — 15. vgl. vorst. Referat.

Durch Kondens. von Bis-[p-hydroxyphenyl]-amin (**I**), p-Methoxyphenyl-α-naphthylamin (**II**) u. o-Methoxyphenyl-β-naphthylamin (**III**) mit Vinyl-n-butyläther (**IV**) oder Paraldehyd (**V**) werden *1-[p-Hydroxyphenyl]-6-hydroxychinaldinium-*, *1-[Naphthyl-(1)]-6-methoxychinaldinium-* u. *1-[o-Methoxyphenyl]-5.6-benzochinaldinium-Salze* erhalten. Diese werden mit Orthoameisenester zu *Bis-[1-(p-hydroxyphenyl)-6-hydroxychinolyl-(2)]-*, *Bis-{1-[naphthyl-(1)]-6-methoxychinolyl-(2)}-* u. *Bis-[1-o-methoxyphenyl-5.6-benzochinolyl-(2)]-trimethincyaninen* kondensiert. Von den Cyaninen werden die Adsorptionsspektren zwischen 560 u. 720 mμ angegeben. Die Synth. u. Eigg. der Cyanine werden nicht beschrieben.

Versuche: *1-[p-Hydroxyphenyl]-6-hydroxychinaldinium-Salze*, man tropft zu 4 g **I**, 2,5 ml konz. HCl u. 40 ml W. in $^1/_2$ Std. 10 ml **IV** zu, erhitzt 1 Std. auf 60—70°, kühlt mit Eis, trennt vom Harz ab u. versetzt mit KJ- oder KBr-Lsg.: *Jodid*, $C_{16}H_{14}JNO_2$, F. 258—260° (A); gelbe Nadeln; 20% (Ausbeute). *Bromid*, $C_{16}H_{14}BrNO_2$, F. 290—293° (Zers.); grüngelbe Tafeln; 38%. — *1-[Naphthyl-(1)]-6-methoxychinaldinium-Salze*, man erhitzt 4,72 g **II**, 4 ml konz. HCl, 3,2 g **V** u. 5 ml Bzl. 6 Std. im Rohr auf dem sd. Wasserbad, extrahiert mit Ae., löst den Rückstand in 15 ml A. u. gibt zur heißen Lsg 20 ml gesätt. KJ- oder $KClO_4$-Lsg.: *Jodid*, $C_{21}H_{18}JNO$, F. 235—236° (W.); gelbes Pulver; 25%. *Perchlorat*, $C_{21}H_{18}ClNO_5$, F. 225—226°; 30%. — *1-[o-Methoxyphenyl]-5.6-benzochinaldiniumperchlorat*, $C_{21}H_{18}ClNO_5$, F. 192° (W.), man erhitzt 5 g **III**, 2 g **V**, 2 ml konz. HCl u. 15 ml Bzl. 3 Std. im Rohr auf dem sd. Wasserbad u. fällt mit $KClO_4$; orangegelbes Pulver; 33%. HELMUT SCHÄFER. 3231 □

Untersuchungen auf dem Gebiet der synthetischen Farbstoffe. 17. Mitt. Synthese von Azomethinen durch Kondensation von tertiären N-Arylchinaldiniumsalzen mit α-Nitroso-β-naphthol. G. T. Piljugin und Ss. W. Schinkorenko. (Журнал Общей Химии [J. allg. Chem.] **30** (**92**). 1656—60 Mai 1960.) (Russ.) — 16. vgl. vorst. Referat.

Durch Kondens. von α-Nitroso-β-naphthol (**I**) mit 1-p-Tolyl-6-methylchinaldiniumperchlorat (**II**), 1-p-Tolyl-5.6-benzochinaldiniumjodid (**III**), 1-[α-Naphthyl]-chinaldiniumperchlorat (**IV**) u. 1-[β-Naphthyl]-5.6-benzochinaldiniumjodid (**V**) werden die entsprechenden *Azomethine* dargestellt. Die Verbb. werden als freie Basen erhalten, denen nicht die Azomethinbetain-Struktur, sondern die nebenst. *o-chinoide* Struktur zugeschrieben wird. — Von den dargestellten Verbb. werden die Spektren u. Absorptionsmaxima in verschiedenen Lsgm. graph. u. tabellar. angegeben. Die Azomethine zeigen Solvatochromie. Bei der Salz-Bldg. tritt eine starke Farbaufhellung auf. In A., Methanol u. CCl_4 wird ein Absorptionsmaximum, in Chlf., Bzl., Aceton u. Dioxan werden im allg. 2 Maxima festgestellt.

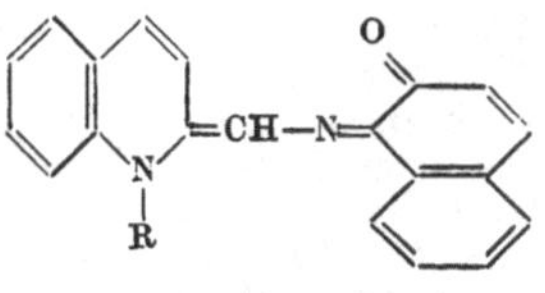

Versuche: 1-Imino-2-oxo-1.2-dihydronaphthaline: *N-[1-p-Tolyl-6-methyl-1.2-dihydrochinolyliden-(2)-methyl]-*, $C_{28}H_{22}N_2O$, F. 177—178° (Zers.; A.), man gibt zur sd. Lsg. von 0,5 g **II** u. 0,25 g **I** in 20 ml A. 2—3 Tropfen Piperidin (**VI**), versetzt mit 2—3 ml W. u. läßt abkühlen; glänzende, goldene Schuppen; 77% (Ausbeute). — *N-[1-p-Tolyl-5.6-benzo-1.2-dihydrochinolyliden-(2)-methyl]-*, $C_{31}H_{22}N_2O$, F. 210—211° (A.), aus 0,5 g **III** u. 0,21 g **I** in 10 ml A. u. 2 Tropfen **VI**; dunkelgrünes, feinkristallines Pulver; 66%. — *N-[1-α-Naphthyl-1.2-dihydrochinolyliden-(2)-methyl]-*, $C_{30}H_{20}N_2O$, F. 190—191° (A.), aus 0,22 g **I** u. 0,5 g **IV** in 15 ml A. u. 1—2 Tropfen **VI**; bronzefarbene Nadeln; 64%. — *N-[1-β-Naphthyl-5.6-benzo-1.2-dihydrochinolyliden-(2)-methyl]-*, $C_{34}H_{22}N_2O$, F. 189—190° (A.), aus 1 g **V** u. 0,55 g **I** in 20 ml A. u. 2—3 Tropfen **VI**; bronzefarbene Nadeln; 62,7%. HELMUT SCHÄFER. 3231 □

Cis- und trans-3.4-Cycloheptanopiperidin und verwandte Verbindungen. G. G. Ayerst und K. Schofield. (J. chem. Soc. [London] **1960**. 3445—57. Sept. Exeter, Washington Singer Labor.) (Engl.) — Vgl. C. **1959**. 8877.

Bei der Rk. von trans-2-Carboxycycloheptylessigsäureanhydrid (**I**) mit NH_4OH entstehen *trans-2-Carboxycycloheptylacetamid* (**II a**) u. etwas *trans-2-Carbamoylcycloheptylessigsäure* (**II b**), bei deren Pyrolyse Ringschluß zu *cis-* u. *trans-2-Carboxycycloheptylessigsäureimid* (cis- u. trans-**III**) erfolgt. Beim Erhitzen von reinem cis-**III** auf 195° sind nach $^3/_4$, $15^3/_4$, 50 bzw. 72 Std. 0, 38, 55 bzw. 63% trans-**III**, beim Erhitzen von reinem trans-**III** auf 195° nach 1, 50 bzw. 72 Std. 0, 32 bzw. 37% cis-**III** entstanden; beim Erhitzen der reinen Komponenten auf 244° stellt sich nach 72 Std. ein Gleichgewicht von 61% trans-**III** u. 39% cis-**III** ein. Durch Red. von cis- u. trans-**III** werden *cis-* u. *trans-3.4-Cycloheptanopiperidin* (cis- u. trans-**IV**) dargestellt, deren *1-Methyl-Derivv.* (cis- bzw. trans-**V**) dem HOFMANN-Abbau unterworfen werden; cis-**V** wird bei der Hydrierung von 3.4-Cycloheptenopyridin (**VI**)-Methojodid erhalten. Die Red. von **VI** mit Na/A. liefert eine einfach *ungesätt. Base*, die eine *N-Methyl-Verb.* (**VII**; *1-Methyl-4.5-pentamethylen-Δ³-piperidein?*) bildet, welche auch aus N-Methylcyclohepten-(1)-ylacetamid (**VIII**) zugänglich ist u. zu cis-**V** red. werden kann. Die Synth. von **I**, **VI** u. **VIII** sowie Unterss. über Fünfringanaloge von cis- u. trans-**III** bzw. -**IV** werden beschrieben.

Versuche: *2-Oxocycloheptancarbonsäureäthylester* (**IX**), Kp.$_{14}$ 128—136°, durch Zugabe von Cycloheptanon (**X**) u. wenig A. zu Diäthylcarbonat u. NaH in Ae., 3std. Kochen, Zusetzen von Essigsäure u. Eis u. Ausäthern; 65% (Ausbeute). — *α-Cyan-α-[2-äthoxycarbonylcyclohepten-(1)-yl]-essigsäureäthylester* (**XI**), $C_{15}H_{21}NO_4$, Kp.$_{0,2}$ 150 bis 152°, durch $9^1/_2$std. Erhitzen von **IX**, Cyanessigsäureäthylester (**XII**) u. CH_3COONH_4

in Essigsäure/Bzl. unter Rückfluß mit Wasserabscheider u. Ausäthern; n_D^{17} 1,4930; 63%. — *2-Carboxycyclohepten-(1)-ylessigsäure*, $C_{10}H_{14}O_4$, F. 139—140° (Ae.–PAe.), durch 16std. Kochen von **XI** in konz. HCl u. mehrstd. Stehen; 48%; bei 54std. Kochen von **XI** erfolgt Zers. zu **X** (Kp.$_{20}$ 64—68°, n_D^{20} 1,4600; 32%; *Semicarbazon*, F. 160—161°, aus wss. A. Nadeln). — *2.6-Dihydroxy-3.4-cycloheptenopyridin*, $C_{10}H_{13}NO_2$, F. 217—219°, durch 1std. Rk. vorst. Verb. mit $(NH_4)_2CO_3$ bei 235°; aus Eisessig braune Nadeln; 81%. — *2.6-Dichlor-3.4-cycloheptenopyridin*, $C_{10}H_{11}Cl_2N$, F. 64,5—65,5°, Kp.$_{0,1}$ 107 bis 110°, durch 3½std. Erhitzen vorst. Verb. u. $POCl_3$ bei 100 mm auf 200° im Rohr, Gießen auf Eis, Alkalisieren mit K_2CO_3 u. Ausäthern; aus Methanol Nadeln; 93%. — *3.4-Cycloheptenopyridin* (**VI**), $C_{10}H_{13}N$, Kp.$_{20}$ 128—130°, durch 9std. Red. vorst. Verb. mit RANEY-Ni in Ggw. von CH_3ONa in Methanol, Ausäthern, Ansäuern, Eindampfen, Alkalisieren u. Ausäthern; n_D^{21} 1,5390; 74%. *Pikrat*, $C_{16}H_{16}N_4O_7$, F. 141—142°, aus A. gelbe Platten. *Methojodid*, $C_{11}H_{16}JN$, F. 136—137°, mit CH_3J in Ae.; Nadeln; 99%. *Methopikrat*, $C_{17}H_{18}N_4O_7$, F. 123—124°, aus A. gelbe Platten. — *α-Cyan-α-[cis-2-äthoxycarbonylcycloheptyl]-essigsäureäthylester*, $C_{15}H_{23}NO_4$, Kp.$_{0,3}$ 142—144°, durch 11std. Hydrieren von **XI** über ADAMS-Katalysator; n_D^{20} 1,4695; 83%. — *cis-2-Carboxycycloheptylessigsäure* (**XIII**), $C_{10}H_{16}O_4$, F. 108—111° (Ae.–PAe.), durch 6std. Kochen vorst. Verb. in konz. HCl, Einengen u. Ausäthern. — *1-Cyancycloheptanol*, Kp.$_{12}$ 136—140°, durch Zutropfen von 40%ig. H_2SO_4 zu **X** u. KCN in W. während 3 Std., mehrstd. Stehen u. Ausäthern; 81%. — *1-Cyancyclohepten*, $C_8H_{11}N$, Kp.$_{12}$ 95—96°, durch Zutropfen von $SOCl_2$ zu vorst. Verb. in Bzl. während 1½ Std. unter Kühlung, 1½std. Erwärmen auf dem Wasserbad u. Versetzen mit W.; $n_D^{16,5}$ 1,4880; 72%. — *Cyclohepten-(1)-carbonsäureäthylester*, Kp.$_{14}$ 106—112°, Kp.$_{22}$ 116—119°, a) durch 1std. Erhitzen von 63,5 g vorst. Verb. in sd. konz. H_2SO_4–A., Zugabe von W. u. Ausäthern; n_D^{19} 1,4750; 63 g; daneben aus dem Dest.-Rückstand 4,1 g *Cyclohepten-(1)-carbonsäureamid* (F. 125—127°, aus Methanol–Ae. Nadeln); b) aus dem Amid wie vorst. bei 72std. Kochen; 73%. — *trans-2-Äthoxycarbonylcycloheptylmalonsäurediäthylester*, $C_{17}H_{28}O_6$, Kp.$_{0,2}$ 160—166°, durch 3std. Rk. vorst. Verb. mit Malonsäurediäthylester u. C_2H_5ONa in sd. A. u. mehrstd. Stehen; n_D^{17} 1,4630; 73%. — *trans-2-Carboxycycloheptylessigsäure*, $C_{10}H_{16}O_4$, F. 136 bis 138°, durch 72std. Kochen vorst. Verb. in konz. HCl; 98,4%. *Anhydrid* (**I**), $C_{10}H_{14}O_3$, Kp.$_{0,1}$ 134—136°, Kp.$_{0,3}$ 148—150°, a) durch 1std. Kochen der Säure in Acetanhydrid; n_D^{16} 1,5005; b) analog aus **XIII**. — *trans-N.N'-Dimethyl-2-carbamoylcycloheptylacetamid*, $C_{12}H_{22}N_2O_2$, F. 138—140° (Äthylacetat), durch 1std. Rk. von **I** mit sd. 30%ig. wss. Methylamin, Einengen u. 4std. Erhitzen auf 160°. — *α-Cyan-α-[cyclohepten-(1)-yl]-essigsäureäthylester*, $C_{12}H_{17}NO_2$, Kp.$_{0,25}$ 116—118°, durch 1std. Rk. von **X** mit **XII** in Ggw. von CH_3COONH_4 u. Essigsäure in sd. Bzl. u. Behandeln mit W. u. 10%ig. Soda-Lsg.; $n_D^{17,5}$ 1,5020; 90%. *Freie Säure*, F. 89—90°, durch 24std. Kochen des Esters in konz. HCl, Ausäthern u. Behandeln mit wss. $NaHCO_3$; 46%. — *Cyclohepten-(1)-ylacetonitril*, Kp.$_{14}$ 110—114°, Kp.$_{18}$ 116—120°, a) durch Pyrolyse vorst. Säure; n_D^{20} 1,4810; 70%; b) durch 17std. Rk. von **X** u. Cyanessigsäure in Ggw. von CH_3COONH_4 in sd. Bzl., Einengen, ¾std. Erhitzen auf 200—230° u. Aufnehmen in Ae.; 83%. Daraus durch 48std. Kochen in wss. KOH, Gießen in W., Ansäuern mit HCl, Ausäthern, Behandeln mit $NaHCO_3$-Lsg. u. Dest. 23% **X** u. aus der wss. Phase durch Ansäuern u. Ausäthern 61% eines Gemisches (Kp.$_{18}$ 158—160°) aus *Cyclohepten-(1)-ylessigsäure* u. *Cycloheptylidenessigsäure*. — *Cyclohepten-(1)-ylacetylchlorid* (**XIV**), Kp.$_{13}$ 98—103°, durch 1½std. Erhitzen vorst. Säuregemisches mit $SOCl_2$ in Bzl. auf dem Wasserbad, Einengen u. Dest.; 68%; daneben 20% eines Gemisches (Kp.$_{13}$ 104—120°) aus **XIV** u. *Cycloheptylidenacetylchlorid*. — *N-Methylcyclohepten-(1)-ylacetamid* (**VIII**), $C_{10}H_{17}NO$, F. 34 bis 38°, Kp.$_{1,5}$ 130—131°, durch Zugeben von 40%ig. NH_2CH_3 zu **XIV** in Bzl. während 30 Min. unter Kühlung u. 1½std. Rk.; n_D^{21} 1,4980; 92%. — *Tetrahydro-3.4-cycloheptenopyridin* (*4.5-Pentamethylen-Δ³-piperidein?*), durch 1½std. Red. von 1,13 g **VI** mit Na in sd. A., Ansäuern, Einengen, Alkalisieren mit K_2CO_3, Ausäthern u. Rk. mit Pikrinsäure über das *Pikrat* ($C_{16}H_{20}N_4O_7$, F. 181—183°, aus A. gelbe Platten; 0,67 g). *N-Methyl-Deriv.* (**VII**), $C_{11}H_{19}N$, Kp.$_{16}$ 112°, a) aus dem sek. Amin (aus 0,3 g Pikrat) durch 4std. Erhitzen mit 98%ig. HCOOH u. 40%ig. HCHO auf dem Wasserbad u. Überführen des Rohprod. ins *Pikrat* ($C_{17}H_{22}N_4O_7$, F. 165—167°, gelbe Nadeln; 0,2 g); b) durch 6std. Erhitzen von 75,4 g **VIII** u. Trioxymethylen in Trifluoressigsäure auf dem Wasserbad, Dest. u. 3std. Red. von 42 g des erhaltenen *Tetrahydro-1-methyl-6-keto-3.4-cycloheptenopyridins* (Kp.$_{0,15}$ 121—126°, n_D^{21} 1,4980; 43,8 g) mit $LiAlH_4$ in sd. Ae.; n_D^{20} 1,5000; 23,4 g. — *trans-2-Carboxycycloheptylacetamid* (**IIa**), $C_{10}H_{17}NO_3$, F. 203,5 bis 204° (Zers.), durch 4std. Rk. von 35,4 g **I** mit NH_3 in Bzl., Lösen der erhaltenen Salze in 6n HCl (→ 37,9 g **IIa**/**IIb**-Gemisch) u. Kristallisieren aus Tetrahydrofuran–PAe.; aus Methanol Prismen; 12,2 g; daneben aus der Mutterlauge *trans-2-Carbamoylcycloheptylessigsäure* (**IIb**), F. 156,5—158°, Platten; 2,7 g. — *trans-3.4-Cycloheptano-*

piperidindion-(2.6) (trans-**III**), $C_{10}H_{15}NO_2$, F. 162—164°, a) durch 1std. Kochen von **I** in wss. NH_4OH u. 6std. Erhitzen auf 165°; aus A. Platten; 80%; b) analog, aber Pyrolyse bei 190°; 55%; daneben das *cis-Isomere* (cis-**III**; F. 105—106°, aus PAe. Nadeln; 25%); c) durch $1^1/_4$std. Erhitzen von **IIa** oder **IIb** auf 220° unter N_2; 56%; daneben 25% cis-**III**. — *trans-3.4-Cycloheptanopiperidin* (trans-**IV**), $C_{10}H_{19}N$, $Kp._{14}$ 118—119°, $Kp._{10}$ 108 bis 110°, a) durch Red. von trans-**III** mit $LiAlH_4$ in Ae. (Soxhlet-App.), Alkalisieren mit wss. NaOH u. 24std. Ae.-Extraktion; n_D^{21} 1,4940; 70%; b) durch 8std. Red. eines **IIa**/**IIb**-Gemisches mit $LiAlH_4$ in sd. Tetrahydrofuran, Ansäuern mit konz. HCl, Einengen, Ausäthern, Alkalisieren u. 24std. Ae.-Extraktion; 23%; daneben ein Gemisch ($C_{10}H_{21}NO$, $Kp._8$ 154—156°; 19%) aus *β-[trans-2-Hydroxymethylcycloheptyl]-äthylamin* u. *β-[trans-2-Aminomethylcycloheptyl]-äthanol. trans-***IV**-*Pikrat*, $C_{16}H_{22}N_4O_7$, F. 147—149°, aus A. orangefarbene Rhomben. — *cis-3.4-Cycloheptanopiperidin* (cis-**IV**), $Kp._{21}$ 118 bis 119°, analog trans-**IV** aus cis-**III**; $n_D^{20,5}$ 1,4965; 71%. *Pikrat*, F. 146—147,5°, aus Bzl. hellgelbe Nadeln. — *trans-1-Methyl-3.4-cycloheptanopiperidin* (trans-**V**), $C_{11}H_{21}N$, $Kp._{20}$ 112—114°, durch 4std. Erhitzen von trans-**IV** mit 40%ig. HCHO u. 98%ig. HCOOH auf dem Wasserbad, Alkalisieren u. Ausäthern; n_D^{18} 1,4830; 91%. *Pikrat*, $C_{17}H_{24}N_4O_7$, F. 227—228°, aus A. gelbe Nadeln. *Methojodid*, $C_{12}H_{24}JN$, F. 267—268°, aus A. Nadeln. *Methopikrat*, $C_{18}H_{26}N_4O_7$, F. 115—116°, aus A. gelbe Platten. *N-Oxidpikrat*, $C_{17}H_{24}N_4O_8$, F. 177—178°, durch 27std. Einw. von 35%ig. H_2O_2 auf 2,1 g trans-**V** in Methanol, Zusatz von Pt-Schwarz u. Behandeln mit wss. Pikrinsäure; aus A. gelbe Nadeln; 4,1 g. — *cis-Isomeres* (cis-**V**), $Kp._{22}$ 114—115°, a) durch Hydrieren von **VI**-Methojodid (10 Std. über Adams-Katalysator in A.), Zusetzen von HCl, Einengen, Alkalisieren u. Ausäthern; n_D^{19} 1,4860; 88%; b) analog trans-**V** aus 3,2 g cis-**IV**; 2,8 g. *Pikrat*, F. 201—202°, aus A. gelbe Nadeln; entsteht auch bei 1std. Hydrieren von 0,5 g **VII** über Adams-Katalysator in Eisessig, Eindampfen, Alkalisieren, Ausäthern u. Behandeln mit Pikrinsäure; 0,9 g. *Methojodid*, F. 270,5—271,5°, aus Ae. Nadeln. *N-Oxidpikrat*, F. 177—179°, aus A. gelbe Nadeln; 2 g (aus 1 g cis-**V**). — *cis-Dimethylaminomethyl-2-vinylcycloheptan*, $Kp._{23}$ 112 bis 114°, durch 4std. Rk. von cis-**V**-Methojodid mit Ag_2O in W., Filtrieren, Einengen bei 45—50°/22 mm, Pyrolyse bei 120—140° u. Aufnehmen in Ae.; n_D^{19} 1,4730; 89%. *Pikrat*, $C_{18}H_{26}N_4O_7$, F. 129—131°, aus A. gelbe Platten. — *cis-Dimethylaminomethyl-2-äthylcycloheptan*, $Kp._{34}$ 118—121°, durch 1std. Hydrieren vorst. Verb. mit Adams-Katalysator in A.; $n_D^{20,5}$ 1,4652; 92%. *Pikrat*, $C_{18}H_{28}N_4O_7$, F. 130—131°, aus A. gelbe Nadeln. *Methojodid*, $C_{13}H_{28}JN$, F. 257—258°, aus Aceton–Ae. Nadeln. — *1-Methylen-2-äthylcycloheptan*, Kp. 168—170°, durch Hofmann-Abbau vorst. Methojodids; 53%. Daraus durch 6std. Ozonisieren in Äthylacetat u. Hydrogenolyse über Adams-Katalysator **XV**. — *trans-Dimethylaminomethyl-2-vinylcycloheptan*, $Kp._{35}$ 110°, analog dem cis-Isomeren aus trans-**V**-Methojodid. *Pikrat*, F. 101—102°, aus A. gelbe Platten. — *trans-Dimethylaminomethyl-2-äthylcycloheptan*, aus vorst. Verb. durch Hydrieren über 30%ig. Pd-Kohle (10 Min.). *Pikrat*, F. 96—98°, aus A. gelbe Nadeln. *Methojodid*, F. 254°, aus A. Platten; gibt bei Hofmann-Abbau u. Ozonolyse analog dem cis-Isomeren **XV**. — *1-Äthyl-2-oxocycloheptan-1-carbonsäureäthylester*, $Kp._{13}$ 130—140°, durch Zutropfen von Äthyljodid zu **IX** u. Na in Toluol während $^1/_2$ Std., 2std. Rühren, Aufkochen, Filtrieren u. Einengen; 59%. *Semicarbazon*, $C_{13}H_{23}N_3O_3$, F. 146,5—147,5°, aus wss. A. Nadeln. — *2-Äthylcycloheptanon* (**XV**), Kp. 198—202°, durch mehrstd. Kochen vorst. Verb. in 48%ig. HBr/Essigsäure/W. (2 : 2 : 1), Einengen, Neutralisieren mit KOH u. Ausäthern; n_D^{17} 1,4591; 68,7%. *Semicarbazon*, $C_{10}H_{19}N_3O$, F. 141—142°, aus wss. A. Platten. *2.4-Dinitrophenylhydrazon*, F. 117—118°, aus A. rote Nadeln. — *trans-2-Aminomethylcycloheptancarbonsäure*, F. 174—176°, durch Rk. von 2 g **IIa** (in 10%ig. wss. NaOH) mit NaOBr-Lsg. bei 0°, $^1/_2$std. Erhitzen auf 70° u. Ansäuern mit HCl; 1,09 g. — *trans(?)-2-Aminomethylcycloheptancarbonsäurelactam*, $C_9H_{15}NO$, F. 165—167° (PAe.), durch Pyrolyse von 1,7 g vorst. Verb. bei 190—195°; 0,15 g. Daneben aus der Mutterlauge das *cis(?)-Isomere*, F. 81—85°; 0,37g. — *trans(?)-3.4-Cycloheptanopyrrolidin*, durch 2std. Red. vorst. trans-Lactams mit $LiAlH_4$ in sd. Ae.; *Pikrat*, $C_{15}H_{20}N_4O_7$, F. 186,5—188°, aus A. gelbe Nadeln. *cis(?)-Isomeres*, analog; *Pikrat*, F. 122,5—124°, aus A. gelbe Nadeln. — *trans-2.3-Cycloheptanopyrrolidon-(5)*, $C_9H_{15}NO$, F. 136—136,5°, durch Hofmann-Bromierung von **IIb**, Zugabe von HCl, Eindampfen, Aufnehmen in Äthylacetat u. Behandeln mit 10%ig. wss. NaOH; aus PAe. Platten. — *2-Oxocycloheptylessigsäureäthylester* (**XVI**), $Kp._9$ 131—134°, durch $2^1/_2$std. Rk. von 1-Cycloheptenylpyrrolidin mit Bromessigsäureäthylester in Dioxan, Versetzen mit W., 2std. Rühren, Aufnehmen in Bzl. u. Dest.; 18%; daneben 22% **X**. — *cis-2.3-Cycloheptanopyrrolidon-(5)* (**XVII**), F. 68—70°, $Kp._{0,2}$ 125—127°, durch 8std. Rk. der freien Säure aus **XVI** mit $HCOONH_4$ in sd. 98%ig. HCOOH u. Fällen mit W.; aus PAe. Nadeln; 66%. — *cis-2-Aminocycloheptylessigsäure*, $C_9H_{17}NO_2 \cdot H_2O$, F. 173—174° (A.), durch 3std. Kochen von **XVII** in konz. HCl, Eindampfen u. Behandeln mit 10%ig. wss. NaOH. — *cis-2.3-Cycloheptanopyrrolidin*, $Kp._{22}$

100—104°, durch 3std. Red. von **XVII** mit $LiAlH_4$ in sd. Ae.; n_D^{19} 1,4900; 79%. *Pikrat*, $C_{15}H_{20}N_4O_7$, F. 121—122°, aus wss. A. orangefarbene Nadeln. — *cis-1-Methyl-2.3-cycloheptanopyrrolidin*, Kp.$_{22}$ 92—94°, aus vorst. Verb. mit HCOOH + HCHO; n_D^{19} 1,4730; 72%. *Pikrat*, $C_{16}H_{22}N_4O_7$, F. 201—202°, aus A. gelbe Nadeln. *Methojodid*, $C_{11}H_{22}JN$, F. 246,5—247°, aus A.-Ae. Nadeln. — *2-Hydroxyiminocycloheptylessigsäureäthylester*, $C_{11}H_{19}NO_3$, Kp.$_{0,5}$ 150—156°, durch 1std. Kochen von **XVI** u. $NH_2OH \cdot HCl$ in Pyridin-A., Zugabe von W. u. Ausäthern; n_D^{16} 1,4912; gibt bei 8std. Hydrieren bei 60 at über RANEY-Ni in A., Eindampfen, Aufnehmen in Ae. u. Behandeln mit 2n HCl u. K_2CO_3 eine *Verb.* $C_9H_{15}NO$ (F. 73—75°, aus PAe. Platten; 70%), die wahrscheinlich mit **XVII** ident. ist. — *Gemisch aus trans-2-Carbamoylcyclopentylessigsäure* u. *trans-2-Carboxycyclopentylacetamid*, $C_8H_{13} \cdot NO_3$, durch 2std. Rk. von trans-2-Carboxycyclopentylessigsäureanhydrid mit NH_3 in Bzl. u. Aufnehmen in 6n HCl; 74%; Trennung von 11,68 g Gemisch durch Kristallisation aus Tetrahydrofuran-PAe. liefert 6,31 g *Amidsäure vom F. 165,5—167°* (Nadeln) u. *Amidsäure vom F. 123—124°* (Nadeln); Strukturzuordnung gelang nicht. Bei 1std. Pyrolyse des Gemisches (0,2 g) bei 200° unter N_2 oder $1^1/_2$std. Pyrolyse der reinen Komponenten (0,6 g) bei 210° unter N_2 entsteht *cis-3.4-Cyclopentanopiperidindion-(2.6)*, F. 88—90° (Ae.-PAe.); 0,1 bzw. 0,4 g. — *Gemisch aus cis-2-Carbamoylcyclopentylessigsäure* u. *cis-2-Carboxycyclopentylacetamid*, wie vorst. aus 21 g cis-2-Carboxycyclopentylessigsäureanhydrid; 7 g; daraus mit Tetrahydrofuran-PAe. *Komponente vom F. 115 bis 117°* (leichter lösl., aus Bzl. Platten) u. *Komponente vom F. 163—165°*.

W. HOFFMANN. 3231 □

Synthese von Benzo-[f]-chinolinen und Ergolinen aus 5-Phenyl-6-methylpyridonen-(2). Gordon N. Walker und Barbara N. Weaver. (J. org. Chemistry **26.** 4441—56. Nov. 1961. Summit, N.J., Ciba Pharm. Prod., Inc., Res. Dep.) (Engl.) — Vorl. Mitt. vgl. C. **1961.** 4351.

1-Hydroxymethylen-1-phenylpropanon-(2) (**I**) wird mit Cyanessigsäure-Derivv. kondensiert u. zu *5-Phenyl-6-methylpyridon-(2)-carbonsäure-(3)-Derivv.* hydrolysiert, welche mit Oxalylchlorid (**II**) in stabile *Brenztraubensäure-Derivv.* umgewandelt werden. Cyclisierung mit H_2SO_4 u. Rk. mit PCl_5 u. Alkohol ergibt *Ester* der *3-Chlorbenzo-[f]-chinolin-2.6-dicarbonsäure.* Diese Ester u. verwandte *Deschlor-Verbb.*, die durch $NaBH_4$-Red. über die entsprechenden *1.4-Dihydro-Verbb.* u. deren Aromatisierung entstehen, werden in *7-Nitroester* übergeführt, die sich reduktiv in Ggw. von Pd u. Eisessig zu den entsprechenden *Lactamen* (aromat. Ergolin-Derivv.) umwandeln lassen, welche Zwischenprodd. bei der Synth. der Dihydrolysergsäure sind. Ähnliche Verss. führen zur Darst. von *5-Phenyl-6-methylpyridon-(2)-carbonsäure-(3)* (**III**) u. -(*4*) (**IV**). Die tautomeren Zustände der synthetisierten *Pyridone* werden diskutiert.

Versuche: *1-Hydroxymethylen-1-phenylpropanon-(2)* (**I**), $C_{10}H_{10}O_2$, F. 69—71° (Ae.), durch Rk. von Na-Methylat, Phenylpropanon-(2) (**V**) u. Ameisensäureäthylester in Ae. bei 0° unter Rühren, Stehen über Nacht, Zugabe von W., Ansäuern u. Ausäthern; 87% (Ausbeute). — *2-Keto-3-phenyllävulinsäureäthylester* (**VI**), durch Kondens. von **V** mit Oxalsäurediäthylester (**II a**) u. Na-Methylat in Ae. analog **I**; 56%. Daneben *2-Phenyl-1.3.4-triketocyclopentan-5-glyoxylsäuremethylester*, $C_{14}H_{10}O_6$, F. 197—199° (Ae./Äthylacetat). — *3-Methyl-4-phenylpyrazol*, $C_{10}H_{10}N_2$, F. 142—144° (wss. A.), aus 3 g **I** durch Erhitzen mit überschüssigem Hydrazin in A., Einengen, Ansäuern bis pH 8, Wasserzugabe u. Kühlen; 2,1 g. — *1.4-Diphenyl-3-methylpyrazol*, $C_{16}H_{14}N_2$, F. 158—160° (wss. A.), durch 1std. Kochen von 5 g **I** u. Phenylhydrazin in A.; 3,4 g. — *3-Cyan-4-methyl-5-phenylpyridon-(2)*, $C_{13}H_{10}N_2O$, F. 190—192° (Zers.), durch 3std. Kochen von **I**-Na-Salz mit Cyanacetamid (**VII**) u. Methanol, Eindampfen u. 2tägiges Stehen mit verd. HCl bei 0°; 45%. — *3-Cyan-5-phenyl-6-methylpyridon-(2)* (**VIII**), $C_{13}H_{10}N_2O$, F. 294 bis 296° (Zers.), durch Rk. von **I** u. **VII** mit Piperidin in Methanol, Kühlen auf Zimmer-Temp. u. 12tägiges Stehen mit Essigsäure; 9%. — *3-[α-Imino-α-methoxymethyl]-5-phenyl-6-methylpyridon-(2)* (**IX**), $C_{14}H_{14}N_2O_2$, F. ab 230° (Zers.; Methanol), durch Versetzen von **I** u. **VII** in Methanol mit Pyridin u. Piperidin bei 55°, 12std. Stehen bei Zimmer-Temp., 2std. Kochen nach Zusatz von Eisessig, Einengen u. mehrtägiges Stehen; 18—30%. — *3-Carbomethoxy-5-phenyl-6-methylpyridon-(2)* (**III a**), $C_{14}H_{13}NO_3$, F. 230—232°, durch $^1/_4$std. Kochen von **I**, Cyanessigsäureäthylester, Methanol u. Piperidin, Zugabe von Eisessig u. 5tägiges Stehen; Prismen aus Methanol; 22%. — *5-Phenyl-6-methylpyridon-(2)-carbonsäure-(3)* (**III**), $C_{13}H_{11}NO_3$, F. 269—271° (Zers.), a) durch 3std. Kochen von **IX** in konz. HCl, Dekantieren u. Versetzen mit W.; 88%; b) analog aus **VIII** bzw. **IIIa**; Flocken aus wss. Methanol. *Hydrazid*, $C_{13}H_{13}N_3O_2$, F. oberhalb 350° (A.). — Durch Rk. von **III a** mit ca. 50%ig. wss. Lsgg. der entsprechenden Amine folgende **III**-Amide: *N-Methylamid*, $C_{14}H_{14}N_2O_2$, F. 316—318° (Zers.; Methanol). — *N-Äthylamid*, $C_{15}H_{16}N_2O_2$, F. 249 bis 251°; Flocken aus Methanol. — *N-[N.N-Diäthylaminoäthyl]-amid*, $C_{19}H_{25}N_3O_2$, F. 180

bis 182° (wss. A.). — *N-[N.N-Diäthylaminopropyl]-amid*, $C_{20}H_{27}N_3O_2$, F. 181—182° (wss. A.). — *N-[β-Phenyläthyl]-amid*, $C_{21}H_{20}N_2O_2$, F. 248—250° (A.). — *3-Carbäthoxy-5-phenyl-6-methylpyridin* (**X**), durch 1 std. Kochen von 3,2 g **III** mit $POCl_3$ u. PCl_5, Rk. des *2-Chlor-5-phenyl-6-methylpyridin-3-carbonsäurechlorids* mit A., 2,2 std. Hydrieren des Prod. an 10% ig. Pd/Kohle in Methanol bei 3 atm u. Einengen; Öl; 1,5 g. *Pikrat*, $C_{21}H_{18}\cdot N_4O_9$, F. 147—148,5°. $^1/_2$std. Kochen von **X** mit **II a** in Ggw. von Na-Methylat in Methanol → *[3-Carbomethoxy-5-phenylpyridyl-(6)]-brenztraubensäuremethylesterenolmethyläther*, $C_{18}H_{17}NO_5$, F. 173—174°, gelbe Nadeln aus Methanol, neben etwas *freiem Enol* [$C_{17}H_{15}\cdot NO_5$, F. 152—153° (Methanol)]. — *3-Cyan-5-phenyl-6-methylpyridon-(2)-carbonsäure-(4), Methylester*, $C_{15}H_{12}N_2O_3$, F. 198—199°, durch Rk. von **VI** mit **VII** in Methanol in Ggw. von Piperidin, 10 Min. langes Kochen, Kühlen, Zugabe von Eisessig, 12 std. Stehen, Eindampfen u. Behandeln des *Methyläthylester-Gemisches* (**G**; F. 182—185°, braungelbe Kristalle aus Methanol; 49%) mit Acetanhydrid; gelbe Nadeln aus Methanol–Äthylacetat. *Äthylester* (**XI**), $C_{16}H_{14}N_2O_3$, F. 165—167° (A.), durch Rk. von **G** mit Na-Äthylat in A. u. Ansäuern. — *2-Hydroxy-3-[N-acetyliminohydroxymethyl]-4-carboxy-5-phenyl-6-methylpyridinlacton*, $C_{16}H_{12}N_2O_4$, F. 195°, durch 1 std. Kochen von **XI** mit Acetanhydrid; gelbe Nadeln aus Acetanhydrid–Äthylacetat. — *5-Phenyl-6-methylpyridon-(2)-dicarbonsäure-(3.4)* (**XII**), $C_{14}H_{11}NO_5$, F. 225—230° (Zers.; wss. A.), durch 40 Min. langes Kochen von **XI** in konz. HCl; 81%. *Anhydrid* (**XII a**), $C_{14}H_9NO_4$, F. 240—243° (Zers.), durch 1,3 std. Erhitzen von **XII** mit Acetanhydrid; gelbe Kristalle aus Äthylacetat. *Monomethylester*, $C_{15}H_{13}NO_5$, F. 215° (Zers.), durch mehrtägiges Stehen von **XII** oder **XII a** in Methanol; gelbe Kristalle aus Methanol–Äthylacetat. — *5-Phenyl-6-methylpyridon-(2)-carbonsäure-(4)* (**IV**), $C_{13}H_{11}NO_3$, F. 280° (Zers.; Methanol), durch $2^1/_2$std. Kochen von 2,8 g **XII** mit konz. HCl, Kühlen u. Wasserzusatz; 2,1 g. *Methylester*, $C_{14}H_{13}NO_3$, F. 183—185° (Äthylacetat), durch 2 std. Kochen von 0,6 g **IV** mit Methanol/HCl; 0,5 g. *Äthylester*, $C_{15}H_{15}NO_3$, F. 154—155° (A. oder Äthylacetat), aus **IV** durch 1 std. Kochen mit $POCl_3$ u. PCl_5, Einengen u. A.-Zusatz. — *5-Phenyl-6-methylpiperidon-(2)-carbonsäure-(4)* (**XIII**), $C_{13}H_{15}NO_3$, F. 196—197° (Äthylacetat), durch $1^1/_2$std. Hydrierung von **IV** an 10% ig. Pd/Kohle in Methanol bei 3 atm u. 75°; 100%. *Methylester*, $C_{14}H_{17}NO_3$, F. 157—159°, durch 3 std. Kochen von **XIII** mit Methanol/HCl; Nadeln aus Äthylacetat. — *[3-Carboxy-5-phenyl-2-hydroxypyridyl-(6)]-brenztraubensäure* (**XIV**), F. 190° (Zers.), durch 40 Min. langes Kochen von **III** mit **II** u. $POCl_3$, Kühlen, Zugabe von Bzl., Abfiltrieren des vermutlichen *P-Komplexes* (**K**) des *Dicarbonsäuredichlorids* u. Rk. mit W.; grüngelbes Pulver. *Diäthylester*, $C_{19}H_{19}O_6N$, F. 168—170°, durch Rk. von **K** mit A.; gelbe Nadeln aus Methanol. — *[3.4-Dicarboxy-5-phenylpyridon-(2)-yl-(6)]-brenztraubensäureanhydrid-(3.4)-lactam-(6³ → 1)*, $C_{16}H_7NO_6$, F. 241—244° (Zers.), durch $^3/_4$std. Kochen von 13,4 g **XII** mit **II** u. $POCl_3$; tiefrot; 10,2 g. — *3-Hydroxybenzo-[f]-chinolindicarbonsäure-(2.6)* (**XV**), $C_{15}H_9NO_5$, F. oberhalb 360°, durch 4 std. Rühren von **XIV** mit konz. H_2SO_4, 2 tägiges Stehen u. Gießen der tiefroten Lsg. (**L**) auf Eis; grünlich-gelbe Nadeln aus Methanol; 74%. *Diäthylester*, $C_{19}H_{17}NO_5$, F. 209—211° (A.), durch $^1/_2$std. Kochen von **L** in A.; aus A. grünlich-gelbe Nadeln. *Bis-[N-äthylamid]*, $C_{19}H_{19}N_3O_3$, F. oberhalb 360°, durch 0,6 std. Kochen von **XV** mit $SOCl_2$, Einengen u. Rk. mit Äthylamin; fahlgelbe Kristalle aus A. u. Äthylacetat. — *3-Hydroxy-8-nitrobenzo-[f]-chinolindicarbonsäure-(2.6)*, $C_{15}H_8N_2O_7\cdot H_2O$, F. 280° (Zers.), durch 10 Min. langes Kochen von 5,1 g **XV** in konz. HNO_3, Abfiltrieren von 1,3 g der vermutlichen *10-Nitro-Verb.* (**XVI**) u. Wasserzusatz; 75%. — *3-Hydroxy-8-aminobenzo-[f]-chinolindicarbonsäure-(2.6)* (**XVII**), $C_{15}H_{10}\cdot N_2O_5$, F. oberhalb 360°, durch Hydrierung von 9,2 g vorst. Verb. in verd. NH_4OH an 10% ig. Pd/Kohle bei 3 atm, Filtrieren, Fällen mit HCl, Lösen in konz. H_2SO_4 u. Wasserzusatz; 8 g. *N-Acetyl-Deriv*, $C_{17}H_{12}N_2O_6$, F. oberhalb 350°, durch 5 std. Kochen von **XVII** mit Acetanhydrid; orangefarben. — *3-Hydroxy-10-aminobenzo-[f]-chinolindicarbonsäure-(2.6)*, $C_{15}H_8N_2O_7\cdot H_2O$, F. oberhalb 360°, analog **XVII** aus **XVI**; orangerote Kristalle aus Methanol; 100%. — *3-Chlorbenzo-[f]-chinolindicarbonsäure-(2.6), Dimethylester* (**XVIII**), $C_{17}H_{12}ClNO_4$, F. 186—188°, durch $^1/_2$std. Rühren u. Erwärmen von **XV** mit PCl_5 u. $POCl_3$, 2 std. Kochen, Einengen im Vakuum, Kühlen des rohen *3-Chlordicarbonsäuredichlorids* (**C**) u. Zugabe von Methanol; gelbe Nadeln aus Äthylacetat; 70% (daneben vermutlich *3-Hydroxy-Deriv.*, F. 255—260°, gelb). *Diäthylester* (**XVIII a**), $C_{19}H_{16}ClNO_4$, F. 177—178°, analog **XVIII** mit A.; aus Äthylacetat gelbe Kristalle; 65% (daneben 20% des *3-Hydroxy-Deriv.*, F. 207—209°, gelb). — Durch Rk. des rohen **C** mit wasserfreien Aminen: *3-Dimethylamino-2.6-bis-[N.N-dimethylcarbamoyl]-benzo-[f]-chinolin*, $C_{21}H_{24}N_4O_2$, F. 228—230°, fahlgelbe Kristalle aus Äthylacetat. — *3-Pyrrolidino-2.6-bis-[pyrrolidinocarbonyl]-benzo-[f]-chinolin*, $C_{27}H_{30}N_4O_2$, F. 235—237°, fahlgelbe Kristalle aus Äthylacetat. — *3-Piperidino-2.6-bis-[piperidinocarbonyl]-benzo-[f]-chinolin*, $C_{30}H_{36}N_4O_2$, F. 196 bis 197,5° (Äthylacetat). — *3-Äthylamino-2.6-bis-[N-äthylcarbamoyl]-benzo-[f]-chinolin*, $C_{21}H_{24}O_2N_4$, F. 300—302° (Zers.), gelbe Kristalle aus Äthylacetat. — *3-Chlor-2.6-bis-*

[*N.N-diäthylcarbamoyl*]*-benzo-*[*f*]*-chinolin*, $C_{23}H_{26}ClN_3O_2$, F. 179—181° (Cyclohexan/Äthylacetat), aus **C** u. überschüssigem Diäthylamin. — *Benzo-*[*f*]*-chinolindicarbonsäure-(2.6)-diäthylester*, $C_{19}H_{17}NO_4$, F. 96—98°, durch 3std. Hydrierung von 1,8 g **XVIII a** in wss. A. an 10%ig. Pd/Kohle bei 3 atm, Filtrieren u. Einengen; gelbe Kristalle aus Methanol; 0,8 g. — *1.4-Dihydrobenzo-*[*f*]*-chinolindicarbonsäure-(2.6)-diäthylester* (**XIX**), $C_{19}H_{19}O_4N$, F. 159—161°, a) aus 5 g **XVIII a** durch Rk. mit $NaBH_4$ in A., 1 std. Kochen, Einengen u. Wasserzusatz; 3 g; b) durch 1½std. Hydrierung von 1,8 g **XVIII a** an 10% ig. Pd/Kohle in wss. A. bei 50°; 0,3 g; leuchtend gelbe Flocken aus Methanol. — *1.4-Dihydrobenzo-*[*f*]*-chinolindicarbonsäure-(2.6)-äthylmethylester*, $C_{18}H_{17}NO_4$, F. 182—185°, analog **XIX** nach a) in Methanol; leuchtend gelbe Kristalle aus Methanol. — *1.4-Dihydrobenzo-*[*f*]*-chinolindicarbonsäure-(2.6)-dimethylester* (**XIX a**), $C_{17}H_{15}NO_4$, F. 215—218° (Methanol), analog **XIX** nach a) aus **XVIII** in Methanol; 37%. — *Benzo-*[*f*]*-chinolindicarbonsäure-(2.6)-dimethylester* (**XX**), $C_{17}H_{13}NO_4$, F. 148—150°, durch 1std. Kochen von 3 g **XIX a** mit 10%ig. Pd/Kohle in Xylol, Filtrieren u. Einengen; aus Methanol fahlgelbe Nadeln; 2 g. — *2.6-Bis-*[*N-β-phenyläthylcarbamoyl*]*-benzo-*[*f*]*-chinolin*, $C_{31}H_{27}N_3O_2$, F. 217—219°, durch Rk. von **C** mit β-Phenyläthylamin, Einengen, Wasserzusatz, Abfiltrieren der ca. 4 g an rohem *Chlordiamid* [F. ca. 190° (Zers.)], Rk. mit $NaBH_4$ u. 0,3std. Kochen in Methanol, Einengen, Wasserzusatz, Extrahieren des Nd. mit Äthylacetat, Einengen u. 1std. Kochen des Rückstandes mit Pd/Kohle in Xylol; gelbe Nadeln aus Äthylacetat; 0,3 g. — *Hexa-*(oder *Okta*)*hydrobenzo-*[*f*]*-chinolindicarbonsäure-(2.6)-dihydrazidhalbhydrat*, $C_{15}H_{19}\cdot N_5O_2\cdot{}^1/_2\,H_2O$, F. 255° (A.), durch ½std. Hydrierung von 7,5 g **XVIII a** an 10%ig. Pd/Kohle in wss. A. bei 70° u. 3 atm, Filtrieren, Einengen, Ausäthern, Eindampfen, 3std. Kochen des Rückstandes mit H_2N–NH_2 u. mehrtägiges Stehen bei 0°; 4 g. — *3-Chlor-7-nitrobenzo-*[*f*]*-chinolindicarbonsäure-(2.6), Diäthylester* (**XXI**), $C_{19}H_{15}ClN_2O_6$, F. 192 bis 194° (A.), durch Rk. von **XVIII a** mit 90%ig. HNO_3 unter Rühren u. Kühlen, Gießen auf Eis, Abfiltrieren u. Extraktion des Nd. mit A.; kleine gelbe Kristalle aus A.; 77%. *Dimethylester* (**XXI a**), $C_{17}H_{11}ClN_2O_6$, F. 229—231° (Zers.), analog **XXI** aus **XVIII**; fahlgelbe Kristalle aus Äthylacetat; 94%. — *7-Nitrobenzo-*[*f*]*-chinolindicarbonsäure-(2.6)-dimethylester* (**XXII**), $C_{17}H_{12}N_2O_6$, F. 202—204° (Zers.), analog **XXI** aus **XX**; hellgelbe Kristalle aus Äthylacetat; 80%. — *2-Carbomethoxy-3-chlor-7-aminobenzo-*[*f*]*-chinolincarbonsäure-(6)-lactam* (**XXIII**), $C_{16}H_9ClN_2O_3$, F. 304—306° (Zers.), durch Hydrierung von **XXI a** an 10%ig. Pd/Kohle in Eisessig bei 60—70° u. 3 atm bis 3 Mol H_2-Aufnahme, Erhitzen auf 100°, Filtrieren, Einengen u. Methanolzusatz; lange, leuchtend gelbe Nadeln aus Äthylacetat; 45%. — *1.2.3.4.-Tetrahydro-2-carbäthoxy-3-oxo-7-aminobenzo-*[*f*]*-chinolincarbonsäure-(6)-lactam*, $C_{17}H_{14}N_2O_4$, F. 294—296° (Zers.), durch 1std. Hydrierung von 2,1 g **XXI** an 10%ig. Pd/Kohle in Eisessig bei 80° u. 3 atm; aus A. grünlich-gelbe Kristalle; 0,4 g. — *1.2.3.4.4a.5.6.10b-Oktahydro-2-carbäthoxy-7-aminobenzo-*[*f*]*-chinolincarbonsäure-(6)-lactam*, $C_{17}H_{20}N_2O_3$, F. 232—234°, analog vorst. Verb. in 3½ Std. aus 4,2 g **XXI** bei 75°; grünlich-gelbe Kristalle aus A.; 0,5 g. — *2-Carbomethoxy-7-aminobenzo-*[*f*]*-chinolincarbonsäure-(6)-lactam*, $C_{16}H_{10}N_2O_3$, F. 305—306°, a) durch 16 Min. lange Hydrierung von **XXII** an Pd/Kohle in Eisessig bei Zimmer-Temp. u. 3 atm; 61%; b) durch $NaBH_4$-Red. von **XXIII** u. 1½std. Kochen des *Prod. vom F. 257—259° (Zers.)* mit Pd/Kohle in Xylol; aus Methanol goldgelbe Nadeln. — *7-Aminobenzo-*[*f*]*-chinolindicarbonsäure-(2.6)-lactam*, $C_{15}H_8N_2O_3$, F. oberhalb 360°, durch ½std. Kochen vorst. Verb. mit konz. HCl; orangefarbene Kristalle aus Methanol. R. MAYER-MADER. 3231 □

Über Pyrazincarbonsäuren. Luigi Bernardi und Giovanni Larini. (Ann. Chimica **48**. 239—42. März 1958. Torino, S. A. Farm. Italia, Labor. Esper.) (Ital.)

Vff. beschreiben die Darst. von *Pyrazincarbonsäure* durch Decarboxylierung von Pyrazin-2.3-dicarbonsäure u. von *Pyrazin-2.5-dicarbonsäure* (**I**). Für **I** wird eine Synth. angegeben. Der Mechanismus der Decarboxylierung wird diskutiert.

Versuche: *Pyrazin-2.5-dicarbonsäure* (**I**), F. 254—255° (W.; braune, kleine Kristalle), durch Zugabe von Brombrenztraubensäure u. $HgCl_2$ zu NH_4OH bei 40°, 2std. Rühren bei 50—55°, Einengen, Behandeln mit Kohle u. Ansäuern mit HCl; 30% (Ausbeute). — *Pyrazincarbonsäure*, $C_5H_4N_2O_2$, F. 225° (W.; hellbraune Kristalle), a) durch Zugabe von 50 g Pyrazin-2.3-dicarbonsäure zu 1000 ml Nitrobenzol bei 80°, 20 Min. langes Erhitzen auf 135°, kurzes Rühren mit Kohle bei 155°, Filtrieren u. Abkühlen; 29 g; b) durch Erwärmen von 10 g **I** in 500 ml Nitrobenzol auf 210° u. Dest.; 3 g.

K.-F. SCHNEIDER. 3272 □

Synthesen neuer 2-Alkyl-4-amino-6-hydroxy- und -6-chlorpyrimidine. Franco Craveri und Giorgio Zoni. (Boll. sci. Fac. Chim. ind. Bologna **16**. 138—39. 1958. Milano, Ist. Med. S. A., Labor. Ric.) (Ital.)

Aus Acetamidin-, Propionamidin- u. n-Butyramidinhydrochlorid entstehen bei Umsetzung mit Cyanessigsäureäthylester u. CH_3ONa in CH_3OH in ca. 80%ig. Ausbeute

2-Methyl-4-amino-6-hydroxypyrimidin, *2-Äthyl-4-amino-6-hydroxypyrimidin*, F. 245° (W.) u. *2-n-Propyl-4-amino-6-hydroxypyrimidin*, F. 290° (W.), die sich durch Behandlung mit $POCl_3$ in Ggw. von Diäthylanilin mit 60%ig. Ausbeute in *2-Methyl-4-amino-6-chlorpyrimidin*, F. 189° (W.), *2-Äthyl-4-amino-6-chlorpyrimidin*, F. 133° (Sublimation 120°/0,1 mm) u. *2-n-Propyl-4-amino-6-chlorpyrimidin*, F. 126° (Sublimation 120°/0,1 mm) umwandeln lassen. K.-F. SCHNEIDER. 3272☐

Cinnolinchemie. 6. Mitt. Basische Ester, Äther und Amide. Raymond N. Castle und Masayuki Onda. (J. org. Chemistry **26.** 2374—78. Juli 1961. Albuquerque, N.Mex., Univ., Dep. of Chem.) (Engl.) — 5. vgl. C. **1961.** 5794.

Vff. berichten über die Darst. von *bas. Estern* u. *Amiden* der *Cinnolincarbonsäure-(4)*, die aus dem Säurechlorid (I) mit tert. Aminoalkoholen (**A**) bzw. Diaminen erhalten werden, u. über *tert. Aminoalkylcinnolyl-(4)-äther*, die man aus 4-Chlorcinnolin u. den Na-Verbb. der **A** gewinnt. Die synthetisierten Verbb. sind in W. leicht lösl.; ihre biolog. u. pharmakolog. Wrkg. ist unbedeutend. Die meist sirupösen Verbb. werden als saure *Tartrate* oder als *Pikrate* charakterisiert.

Versuche: *Cinnolincarbonsäure-(4)*, *Kaliumsalz*, aus der nach JACOBS u. Mitarbeitern (vgl. J. Amer. chem. Soc. **68.** [1946.] 1310) dargestellten Säure u. K_2CO_3 in wss. Lsg. u. Einengen. *Säurechlorid* (I), durch Zugabe der berechneten Menge Oxalylchlorid in abs. Bzl. zum K-Salz bei 0°, ½ std. Rühren bei Raum-Temp. u. 1 std. Kochen. — Cinnolincarbonsäure-(4)-ester: *β-Dimethylaminoäthyl-*, $Kp._{0,073}$ 165—173°, durch 2 std. Kochen u. Rühren von I mit 2 Val β-Dimethylaminoäthanol (II) in Bzl., Verdünnen mit Ae., Filtrieren über Kohle u. Einengen; roter Sirup; 70% (Ausbeute). *Monopikrat*, $C_{19}H_{18}N_6O_9$, F. 194—196°; aus CH_3OH gelbe Nadeln. — *β-Diäthylaminoäthyl-*, entsprechend aus I u. β-Diäthylaminoäthanol. *Saures d-Tartrat*, $C_{19}H_{25}N_3O_8 \cdot ^3/_4 H_2O$, F. 110—112°; aus Aceton gelbe Kristalle; 82%. — *β-Piperidinoäthyl-*, *saures d-Tartrat*, $C_{20}H_{25}N_3O_8 \cdot 4 H_2O$, F. 119—121°, aus Aceton gelbe Prismen; 68%. — *β-Morpholinoäthyl-*, *saures d-Tartrat*, $C_{19}H_{23}N_3O_9 \cdot 1½ H_2O$, F. 126—128°, aus A. orangefarbene Kristalle; 83%. — *γ-Dimethylaminopropyl-*, *saures d-Tartrat*, $C_{18}H_{23}N_3O_8 \cdot 3 H_2O$, F. 142—144°, aus A. gelbe Kristalle; 60%. — *γ-Diäthylaminopropyl-*, *saures d-Tartrat*, $C_{20}H_{27}N_3O_8$, F. 114—116°, aus A. gelbe Kristalle; 78%. — *N-Methylpiperidyl-(4)-*, *saures d-Tartrat*, $C_{19}H_{23}N_3O_8 \cdot ^1/_4 H_2O$, F. 193—195° (Zers.), aus A. gelbgrüne Kristalle; 67%. — Cinnolincarbonsäure-(4)-amide: *γ-Dimethylaminopropyl-*, $Kp._{0,07}$ 202—205°, durch Einrühren von γ-Dimethylaminopropylamin in I in Bzl. bei 0°, 1 std. Rühren bei Raum-Temp., Verdünnen, Filtrieren über Kohle u. Einengen; roter Sirup; 72%. *Monopikrat*, $C_{20}H_{21}N_7O_8$, F. 174—176°, aus Aceton gelbe Nadeln. — *γ-Diäthylaminopropyl-*, $Kp._{0,07}$ 210—212°, entsprechend aus I u. γ-Diäthylaminopropylamin; roter hygroskop. Sirup; 79%. *Monopikrat*, $C_{22}H_{25}N_7O_8$, F. 140—142°, aus Aceton hellgelbe Nadeln. — *γ-Piperidinopropyl-*, $Kp._{0,02}$ 224—227°; 56%. *Monopikrat*, $C_{23}H_{25} \cdot N_7O_8$, F. 196—198°, aus Aceton gelbe Nadeln. — *γ-Morpholinopropyl-*, $Kp._{0,025}$ 245 bis 248°, roter Sirup; 60%. *Monopikrat*, $C_{22}H_{23}N_7O_9$, F. 181—184°, aus Aceton gelbe Nadeln. — *β-Diäthylaminoäthyl-*, $Kp._{0,02}$ 210—214°, roter Sirup; 64%. *Monopikrat*, $C_{21}H_{23}N_7O_8$, F. 148—150°, aus A. + Aceton gelbgrüne Nadeln. — 4-Aminoalkoxycinnoline: *β-Dimethylaminoäthoxy-*, $Kp._{0,05}$ 162—167°, F. 76—77° (PAe.), durch Zusatz von nach LEONHARD u. BOYD (vgl. J. org. Chemistry **11.** [1946.] 423) dargestelltem 4-Chlorcinnolin zu der Lsg. von Na u. II in Bzl. bei 0°, 4 std. Kochen, Verdünnen mit Ae., Filtrieren u. Eindampfen; roter Sirup; 83%. *Saures d-Tartrat*, $C_{16}H_{21}N_3O_7 \cdot 1½ H_2O$, F. 129—131°, aus CH_3OH Nadeln. — Analog: *β-Diäthylaminoäthoxy-*, $Kp._{0,08}$ 154 bis 160°, roter Sirup; 88%. *Saures d-Tartrat*, $C_{18}H_{25}N_3O_7 \cdot ½ H_2O$, F. 131—133°, aus A. hellgelbe Kristalle. — *β-Piperidinoäthoxy-*, $Kp._{0,065}$ 170—178°, roter Sirup; 77%. *Saures d-Tartrat*, $C_{19}H_{25}N_3O_7 \cdot H_2O$, F. 128—131°, aus A. hellgelbe Kristalle. — *β-Morpholinoäthoxy-*, $Kp._{0,02}$ 205—210°, roter Sirup; 75%. *Saures d-Tartrat*, $C_{18}H_{23}N_3O_8$, F. 170 bis 171°, aus A. hellgelbe Kristalle. — *β-[4-Methylpiperazyl-(1)]-äthoxy-*, $Kp._{0,04}$ 205 bis 208°, roter Sirup; 68%. *Dipikrat*, $C_{27}H_{26}N_{10}O_{15}$, F. 230—232°, aus Aceton gelbe Plättchen. — *γ-Dimethylaminopropoxy-*, $Kp._{0,01}$ 151—153°, roter Sirup; 90%. *Dipikrat*, $C_{25}H_{23}N_9O_{15}$, F. 160—162°, aus Aceton gelbe Nadeln. — *γ-Diäthylaminopropoxy-*, $Kp._{0,05}$ 164—169°, roter Sirup; 78%. *Saures d-Tartrat*, $C_{19}H_{27}N_3O_7$, F. 190—193° (Zers.), aus A. hellgelbe Nadeln. — *γ-Piperidinopropoxy-*, $Kp._{0,02}$ 177—181°, halbfestes Prod.; 56%. *Saures d-Tartrat*, $C_{20}H_{27}N_3O_7$, F. 166—168°, aus A. hellgelbe Nadeln. — *γ-[4-Methylpiperazyl-(1)]-propoxy-*, $Kp._{0,01}$ 195—198°, roter Sirup; 80%. *Tripikrat*, $C_{34}H_{31}N_{13}O_{22}$, F. 243—245° (Zers.), aus Aceton gelbe Nadeln. — *β-Methyl-γ-[4-methylpiperazyl-(1)]-propoxy-*, $Kp._{0,02}$ 193—196°, roter Sirup; 87%. *Dipikrat*, $C_{29}H_{30}N_{10}O_{15} \cdot 2 H_2O$, F. 213 bis 215°, aus Aceton gelbe Nadeln. — *N-Methylpiperidyl-(4)-oxy-*, F. 88—90°, $Kp._{0,02}$ 178 bis 181°; 88%. *Dipikrat*, $C_{26}H_{23}N_9O_{15}$, F. 192—194°, aus Aceton gelbgrüne Nadeln.

H. GOEBEL. 3272☐

Synthesen in der Purinreihe. 12. Mitt. **Über die katalytische Reduktion von Chlorpurinen: Darstellung von Purin und Adenin.** Hellmut Bredereck, Heinz Herlinger und Ivars Graudums. (Chem. Ber. **95.** 54—57. 25/1. 1962. Stuttgart, TH, Inst. für organ. Chem. u. organ.-chem. Technol.) (Dt.) — 11. vgl. C. **1961.** 6860.

Es wird die katalyt. Hydrierung von 6-Mono-, 2.6-Di- u. 2.6.8-Trichlorpurin zu *Purin* sowie von 2.8-Dichloradenin zu *Adenin* beschrieben.

Versuche: *2-Chlorpurin*, F. 225° (Zers.; Ae.), a) durch 30std. Hydrieren von 2.6-Dichlorpurin in A./W. (1 : 2) an MgO u. Pd/Kohle bei 40° u. Atmosphärendruck bis zur Aufnahme von $^3/_4$ der berechneten H_2-Menge; 41% (Ausbeute); daneben 34% *Purin*; b) analog a) aus 2.6.8-Trichlorpurin in W. bei 32° u. Atmosphärendruck bis zur Aufnahme von $^2/_3$ der berechneten H_2-Menge; 90%; daneben 6% *Purin*. *4.4'-Dichlorbenzoldisulfimidsalz*, F. 217°. — *Purin*, F. 217—219°, a) nach BENDICH u. Mitarbeiter (C. **1956.** 7814) aus 6-Chlorpurin an 7%ig. Pd/Kohle in W.; 75%; b) durch Hydrieren von 6-Chlorpurin in W. an Pd/Kohle bei 35°/1 at; 85% (als Pikrat); c) analog b) aus 2.6-Dichlorpurin in W.; 76% (als Pikrat); d) durch Hydrieren von 2.6.8-Trichlorpurin in A./W. (2 : 3) an Pd/Kohle bei 30°/1 at bis zur Aufnahme von 110% der berechneten H_2-Menge; 37%; e) durch 6½std. Hydrieren von 2.6.8-Trichlorpurin an Pd/Kohle in Ggw. von Na-Acetattrihydrat in A./W. (1 : 2); 71%; f) durch 2std. Hydrieren von 2.6.8-Trichlorpurin in W. an Pd/Kohle in Ggw. von NaOH bei 30°/1 at; 70%. *Pikrat*, F. 208°. — *Adenin*, F. 352° (Zers.), durch 2std. Hydrieren von 2.8-Dichloradenin in W. an Pd/Kohle in Ggw. von NaOH bei 30°/1 at, Filtrieren, Neutralisieren des Filtrats mit 2n HCl u. mehrstd. Stehen im Kühlschrank; 95%. *Pikrat*, F. 296° (Zers.).

P. GOLINSKE. 3272 □

Di-α-halogenäther. 5. Mitt. **Ringschlußreaktionen des 1.2-Dichlor-1.2-diäthoxyäthans mit Diaminen.** Horst Baganz, Lothar Domaschke und Gunther Kirchner. (Chem. Ber. **94.** 2676—80. 18/10. 1961. Berlin-Charlottenburg, TU, Organ.-chem. Inst.) (Dt.) — 4. vgl. C. **1962.** 59?8.

Im Gegensatz zu dem schwach bas. o-Phenylendiamin, das sich mit 1.2-Dichlor-1.2-diäthoxyäthan (I) zu 2-Diäthoxymethylbenzimidazol (vgl. BAGANZ u. PFLUG, C. **1956.** 9716) umsetzt, reagiert das stark bas. Äthylendiamin mit I unter Bldg. einer *Base* $C_6H_{14}N_4$ (II), die auf Grund ihres chem. Verh. wie auch auf Grund des IR-Spektrums als „*Naphthpiperazin*" angesehen wird. Das Vorliegen des Fünf- oder Sechsringes in II kann nur durch röntgenograph. Unterss. nachgewiesen werden. II ist eine einheitliche Substanz, denn die gereinigte Verb. ist durch aufsteigende Papierchromatographie mit Methanol/Amylalkohol/Bzl./W. (4 : 2 : 2 : 2) nicht auftrennbar. II liefert mit Acetanhydrid eine *Tetraacetyl-Verb.*, mit Phenylisocyanat eine *Tetraphenylcarbamyl-Verb.*, mit alkohol. HCl in der Kälte das *Tetrahydrochlorid*, dagegen mit Phenylsenföl nur eine *Bis-[phenylthiocarbamyl]-verbindung*. II bildet ferner Salze mit H_2SO_4 u. Pikrinsäure. 2 Mol 2.3-Diamino-5-brompyridin (IV) reagieren mit 1 Mol I in Dioxan bereits bei Raumtemperatur. Aus dem Rk.-Gemisch ließ sich ein *Diperchlorat* $C_{12}H_{10}Br_2N_6 \cdot 2\,HClO_4$ isolieren. Auch 4.5-Diaminopyrimidin (III) reagiert in Dioxan/A. mit I im Mol-Verhältnis 2 : 1. Als Rk.-Prod. wurde das *Dihydrochloridhydrat* $C_{10}H_{10}N_8 \cdot 2\,HCl \cdot H_2O$ erhalten. Durch Zugabe von Natronlauge erhält man aus dem Perchlorat ebenso wie aus dem Hydrochlorid die entsprechenden freien Basen, denen die Konstit. **A** oder **B** mit ankondensierten 5-Brompyridin- bzw. Pyrimidinring zugeordnet werden.

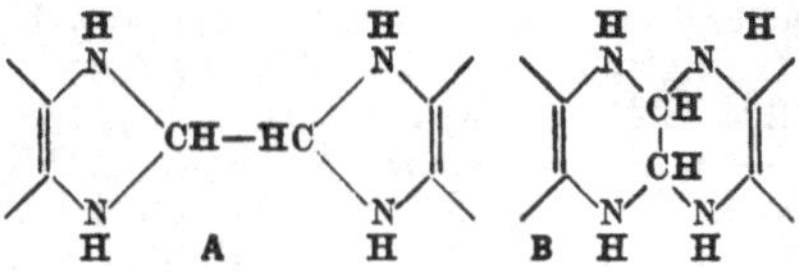

Versuche: *Verb.* $C_6H_{14}N_4$ (II), F. 195° (A.), durch Zutropfen von 0,25 Mol I unter Eiskühlung zu einer Lsg. von 0,75 Mol wasserfreiem Äthylendiamin in abs. A., 1std. Rühren bei Raum-Temp., Abfiltrieren des *Äthylendiamindihydrochlorids* bei ca. 40—50° u. Einengen der alkohol. Lsg. im Vakuum; 34% (Ausbeute). *Tetrahydrochlorid*, $C_6H_{14}N_4 \cdot 4\,HCl$, durch Lösen von II in wenig W. u. Zugabe von alkohol. HCl unter Eiskühlung. *Tetraacetyl-Deriv.*, $C_{14}H_{22}N_4O_4$, F. 201—202° (Aceton/Pentan), durch Eintragen von II in Acetanhydrid u. 2std. Stehen. *Tetraphenylcarbamyl-Deriv.*, $C_{34}H_{34}N_8O_4$, F. 195° (A.), durch Zugeben von II zur Lsg. von Phenylisocyanat in Bzl. u. Stehen; 98%. *Bis-[phenylthiocarbamyl]-Deriv.*, $C_{20}H_{24}N_6S_2$, F. 170° (nach Waschen mit A./Bzl.), aus Phenylsenföl u. II durch mehrstd. Stehen bei Raum-Temp.; 98,5%. — *Glyoxal, Tetraäthylacetal*, Kp.$_{12}$ 85—85,5°, neben II; n_D^{25} 1,4039; 5—6 g. *Bis-[2.4-dinitrophenylhydrazon]*, F. 312° (Nitrobenzol), durch gelindes Erwärmen von II mit einer salzsauren Lsg. von 2.4-Dinitrophenylhydrazin. — *Verb.* $C_{12}H_{10}Br_2N_6$, Zers.-Punkt ca. 200° (Dunkelfärbung bei ca. 150°), durch Lösen des Perchlorats in heißem W., Abkühlen der Lsg. auf ca. 30° u. vorsichtiges Zugeben von verd. NaOH (pH 9—10). *Diperchlorat*, $C_{12}H_{10}Br_2N_6 \cdot 2\,HClO_4$, Zers.-Punkt ca. 230°, durch Zugeben einer Lsg. von 0,05 Mol I in Dioxan innerhalb von 3 Min. zu einer Suspension von 0,11 Mol IV in gereinigtem Dioxan, 7std. Rühren bei Raum-Temp. unter Feuchtigkeitsausschluß, Filtrieren, Abdestillieren des Dioxans im Vakuum bei einer Bad-Temp. von 40°, Waschen des erhaltenen braunen Rückstandes mit Ae., Lösen in wenig A., Zugeben von Na-Äthylat (pH 9—10), Abfiltrieren des NaCl, Einengen der alkohol. Lsg. im Vakuum bei ca. 40°, Versetzen des erhaltenen Sirups mit W. u. anschließend mit 60% ig. $HClO_4$ unter Kühlung u. 12—15std. Stehen in der Kälte; 19,4%. — *Verb.* $C_{10}H_{10}N_8$, Zers.-Punkt 243—245° (Dunkelfärbung bei ca. 120°; W.), aus dem Dihydrochloridhydrat wie vorst. angegeben. *Dihydrochloridhydrat*, $C_{10}H_{10}N_8 \cdot 2\,HCl \cdot H_2O$, Zers.-Punkt 268° (Dunkelfärbung bei ca. 120°), durch Zugabe einer Lsg. von 0,05 Mol I in Dioxan innerhalb von 3 Min. unter Rühren u. Feuchtigkeitsausschluß bei Raum-Temp. zu einer Lsg. von 0,1 Mol III in A./Dioxan, 7½std. Rühren bei Raum-Temp., Filtrieren, Eindampfen des Filtrats bei ca. 40°, Waschen des gelben Rückstandes mit Ae., Lösen in wenig heißem W., Eingießen in das doppelte Vol. sd. 22% ig. HCl u. mehrstd. Stehen im Kühlschrank; 13,8%. D. HOLZNER. 3272 □

Polycyclische Cinnolinderivate. 4. Mitt. **Die Synthese einiger potentieller Carcinogene.** J. F. Corbett, P. F. Holt und A. N. Hughes. (J. chem. Soc. [London] **1960.** 3643—45. Sept. Reading, Univ.) (Engl.) — 3. vgl. C. **1962. 6415.**

Vff. beschreiben die Darst. der potentiellen Carcinogene *Phenanthro-[9.10:c]-cinnolin* u. *7.12-Diphenylnaphtho-[2.3:c]-cinnolin*, wobei 2.β-Dinitrostyrol als Dienophil in einer DIELS-ALDER-Rk. reagiert.

Versuche: *9-Brom-10-nitrophenanthren*, F. 198—203°, nach CALLOW u. GULLAND [1929]; 9% (Ausbeute). — *9-Nitro-10-[o-nitrophenyl]-phenanthren* (I), $C_{20}H_{12}N_2O_4$, F. 167°, durch Zugabe von Cu-Bronze zu 6 g vorst. Verb. u. o-Bromnitrobenzol während 25 Min. bei 220°, 35 Min. langes Erhitzen auf 240° u. Aufnehmen in heißem Bzl.; aus A. gelbe Körnchen; 2,13 g. — *Phenanthro-[9.10:c]-cinnolin*, $C_{20}H_{12}N_2$, F. 223°, durch ½std. Red. von 0,25 g I mit $LiAlH_4$ in sd. Bzl.-Ae., Einengen, Aufnehmen in Aceton u. Filtrieren durch Al_2O_3; orangegelbe Nadeln; 0,03 g. — *Komplex* $C_{40}H_{24}N_4 \cdot Zn(OH)_2$, F. 222°, bei 2std. Rk. von 0,53 g I mit Zn-Staub u. wenig wss. KOH in sd. A., Einengen u. Gießen in W.; aus Aceton gelbe Platten; 0,053 g. — *2.β-Dinitrostyrol*, F. 106—107°, durch 3std. Kochen von 2-Nitro-1-[o-nitrophenyl]-äthylnitrat in Aceton-A. (1 : 1) u. Einengen; hellgelbe Prismen. — *1.4-Epoxy-1.4-diphenyl-1.2.3.4-tetrahydro-2-nitro-3-[o-nitrophenyl]-naphthalin*, $C_{28}H_{20}N_2O_5$, F. 159° (PAe.), durch 24std. Rk. von 0,7 g 1.3-Diphenylisobenzofuran mit 0,5 g vorst. Verb. unter N_2 in sd. Bzl. u. Einengen; 0,9 g. — *2-Nitro-3-[o-nitrophenyl]-1.4-diphenylnaphthalin*, $C_{28}H_{18}N_2O_4$, F. 226°, durch mehrstd. Stehen von 2 g vorst. Verb. in 35% HBr enthaltender Essigsäure; aus A. hellgelbe Nadeln; 0,8 g. — *7.12-Diphenylnaphtho-[2.3:c]-cinnolin*, $C_{28}H_{18}N_2$, F. 226°, durch mehrstd. Red. von 0,12 g vorst. Verb. mit $LiAlH_4$ in Bzl.-Ae., ¼std. Erwärmen, Zers. mit W., Einengen u. Perkolieren durch Al_2O_3; gelbe Rhomben; 0,067 g; UV-Maxima sind angegeben. *Monopikrat*, $C_{34}H_{21}N_5O_7$, F. 114° (Zers.), aus A. Nadeln. W. HOFFMANN. 3272 □

Polycyclische Cinnolinderivate. 5. Mitt. **Einige unsymmetrische polycyclische Cinnoline.** J. F. Corbett und P. F. Holt. (J. chem. Soc. [London] **1960.** 3646—53. Sept.) (Engl.) — 4. vgl. vorst. Referat.

Durch Red. der entsprechenden asymm. Dinitrobiaryle werden *Naphtho-[1.2:c]-* (I), *Naphtho-[2.1:c]-* (II) u. *Benzo-[f]-naphtho-[1.2:c]-cinnolin* (III) dargestellt, welche stabile Salze bilden. Es wird angenommen, daß N-Oxid- bzw. Methojodid-Bldg. in I—III jeweils an einem N mit peri-ständigem H-Atom erfolgt u. daß es sich bei den *N-Oxiden* u. *Methojodiden* von I u. III um die $N_{(6)}$-Derivv. handelt, während aus II Gemische der $N_{(7)}$- u. $N_{(8)}$-Derivv. entstehen. Beschrieben werden auch einige Eigg. u. Rkk. (Salz-Bldg.) der symm. Cinnoline Benzo-[c]-, Benzo-[f]-naphtho-[2.1:c]- (IV) u. Benzo-[h]-naphtho-[1.2:c]-cinnolin sowie die Red. von I—IV bzw. deren Vorstufen (o.o'-Dinitrobiaryle), die zu den entsprechenden *Carbazolen* führt.

Versuche: *1-Nitro-2-[p-nitrophenyl]-naphthalin* (Ia), F. 183—185° (A.-Äthylacetat), durch 6std. Rk. von 5 g 2-Brom-1-nitronaphthalin mit 6 g o-Bromnitrobenzol in Ggw. von Cu-Bronze in sd. Dimethylformamid, Gießen in W. u. Ausziehen des Nd. mit 1,5 g (Ausbeute); daneben aus dem Rückstand durch Extrahieren mit Bzl. 0,9 g *1.1'-Dinitrobinaphthyl-(2.2')* (F. 285°) u. aus der äthanol. Mutterlauge 0,95 g *2.2'-Dinitrobiphenyl* (V; F. 122°). — *2-Nitro-1-[o-nitrophenyl]-naphthalin* (IIa), $C_{16}H_{10}N_2O_4$, F. 98°, durch Zugabe von Cu-Bronze zu 3 g 1-Jod-2-nitronaphthalin u. 3 g o-Jodnitrobenzol bei 165° innerhalb ¾ Std., ½std. Erhitzen auf 200° u. Aufnehmen in A.; gelbe Prismen; 0,38 g; daneben V. — *2.1'-Dinitrobinaphthyl-(1.2')* (IIIa), F. 175—178°, aus A.-Äthylacetat orangegelbe Rhomben. — *Naphtho-[1.2:c]-cinnolin* (I), $C_{16}H_{10}N_2$, F. 190°, a) durch 6std. Red. von Ia mit $LiAlH_4$ in Bzl.-Ae. bei Raum-Temp., ½std. Erhitzen auf dem

Wasserbad, Zers. mit W., Ausziehen mit heißem Bzl., Einengen u. Fällen mit PAe.; aus A. gelbe Nadeln; b) durch 6std. Red. von 0,25 g **Ia** mit Zn-Staub + 40% ig. KOH in sd. A., Einengen u. Gießen in W.; 0,105 g. *Monopikrat*, $C_{22}H_{13}N_5O_7$, F. 216° (Zers.), aus A. gelbe Nadeln. *Perchlorat*, $C_{16}H_{10}N_2 \cdot HClO_4$, F. 250—252°, aus I mit 65% ig. wss. $HClO_4$ in Essigsäure; gelbe Nadeln. *Hydrochloridhydrat*, $C_{16}H_{13}ClN_2O$, Zers. >160°, aus I mit HCl-Gas in Aceton; gelblichgrüne Nadeln. *Hydrobromidhydrat*, $C_{16}H_{13}BrN_2O$, Zers. >200°, gelbe Nadeln. *Sulfat*, $C_{16}H_{12}N_2O_4S$, F. 290° (Zers.), aus I mit konz. H_2SO_4 in Aceton. *6-Oxid*, $C_{16}H_{10}N_2O$, F. 232°, a) durch 3std. Rk. von 0,5 g **Ia** mit $Na_2S \cdot 9\,H_2O$ u. wss. NaOH in sd. A., Einengen, Gießen in W. u. Lösen des Nd. in A.; gelbe Nadeln; 0,19 g; b) durch 5std. Oxydation von I mit wss. H_2O_2 in Essigsäure, Gießen in W. u. Aufnehmen des Nd. in A.; 75—85%; gibt mit $LiAlH_4$ in Bzl.-Ae. oder mit $SnCl_2$ u. HCl I (90—95 bzw. 40—55%). *6-Methojodid*, $C_{17}H_{13}JN_2$, F. 215° (Zers.), durch 4std. Rk. von I mit CH_3J in sd. Nitromethan, Einengen u. Behandeln mit Aceton. — *Naphtho-[2.1:c]-cinnolin* (II), F. 157°, a) aus 0,25 g **IIa** mit $LiAlH_4$; aus Bzl.-Hexan gelbe Blättchen; 0,13 g; b) durch Red. von 0,25 g **IIa** mit Zn-Staub u. KOH; 0,09 g; c) durch Oxydation von **IIb** mit H_2SO_5 u. Reinigen über das *Hydrobromid* (*Hydrat*, Zers. >200°); 43%. *Monopikrat*, F. 188° (Zers.), aus A. gelbe Nadeln. *Hydrochloridhydrat*, Zers. >180°. *Perchlorat*, F. 240°, gelbe Nadeln. *$N_{(7)}/N_{(8)}$-Oxidgemisch*, F. 130—140°, aus **IIa** mit Na_2S oder aus II mit H_2O_2 u. Essigsäure; gibt mit $LiAlH_4$ in Bzl.-Ae. oder mit $SnCl_2$ u. HCl II. *$N_{(7)}/N_{(8)}$-Methojodidgemisch*, F. 208—213°, aus Aceton Nadeln. — *Benzo-[f]-naphtho-[1.2:c]-cinnolin* (III), $C_{20}H_{12}N_2$, F. 184—185°, a) aus 0,34 g **IIIa** mit $LiAlH_4$; aus A. gelbe Nadeln; 0,15 g; b) durch Red. von **IIIa** mit Zn-Staub u. KOH. *Monopikrat*, $C_{26}H_{15}N_5O_7$, F. 236° (Zers.), aus A. gelbe Nadeln. *6-Oxid*, $C_{20}H_{12}N_2O$, F. 210°, aus **IIIa** mit Na_2S oder aus III mit H_2O_2 u. Essigsäure; aus A. gelbe Nadeln; gibt mit $LiAlH_4$ in Bzl.-Ae. oder $SnCl_2$ u. HCl III. *6-Methojodid*, $C_{21}H_{15}JN_2$, F. 195°, rote Nadeln. — *2-[o-Aminophenyl]-1-naphthylamin* (**Ib**), F. 118—120°, durch 3std. Red. von 0,2 g **Ia** mit 5% ig. Na-Amalgam in Methanol; 0,08 g. — *1-[o-Aminophenyl]-2-naphthylamin* (**IIb**), F. 154°, analog **Ib** aus 0,2 g **IIa**; 0,05 g. — *2.1'-Diaminobinaphthyl-(1.2')*, F. 146—147°, analog aus 0,2 g **IIIa**; 0,04 g. — *2.2'-Diaminobiphenyl*, F. 79°, durch 2std. Red. von 0,1 g **V** mit Zn-Staub in sd. Essigsäure, Einengen, Gießen in W. u. Kristallisieren aus wss. Essigsäure; 0,02 g. *Diacetyl-Deriv.*, F. 161°. — *Benzo-[a]-carbazol*, F. 224°, a) analog vorst. Verb. aus 0,1 g **Ia**; 0,04 g; b) durch Kochen von **Ib** in Essigsäure; c) durch 24std. Dehydrieren von 0,02 g **VI** mit Chloranil in sd. Xylol; Nadeln; 0,018 g. *Pikrat*, F. 185°. *Tetrachlorphthalsäureanhydridaddukt*, $C_{24}H_{11}Cl_4NO_3$, F. 206—207°, aus Essigsäure zinnoberrote Nadeln. — *Benzo-[c]-carbazol*, F. 135°, a) aus 0,1 g **IIa** mit Zn u. Essigsäure; 0,025 g; b) analog aus 0,1 g **II**; 0,04 g. *Pikrat*, F. 174°, aus Bzl. Nadeln. *Tetrachlorphthalsäureanhydridaddukt*, F. 202°, orangefarbene Nadeln. — *Dibenzo-[c;g]-carbazol*, F. 158°, wie vorst. aus 0,1 g 2.2'-Dinitrobinaphthyl-(1.1') oder 0,1 g **IV**; 0,02 bzw. 0,03 g. *Pikrat*, F. 219°, schwarz. *Tetrachlorphthalsäureanhydridaddukt*, $C_{28}H_{13}Cl_4NO_3$, F. 207°, aus Essigsäure rote Nadeln. — *Dibenzo-[a;g]-carbazol*, F. 230—231°, aus 0,1 g **IIIa** oder 0,1 g **III**; 0,05 bzw. 0,04 g. *Tetrachlorphthalsäureanhydridaddukt*, F. 248°, aus Essigsäure zinnoberrote Nadeln. — Phenanthro-[9.10:c]-cinnolin (F. 220—223°) wird beim Vers. der Red. analog vorst. Rkk. nach 12 Std. unverändert zurückgewonnen. — Aus **I** entsteht mit Zn u. Essigsäure (12 Std.) *5.6-Dihydrobenzo-[a]-carbazol* (**VI**), $C_{16}H_{13}N$, F. 151—153°. *Pikrat*, $C_{22}H_{16}N_4O_7$, F. 143—144°, aus Bzl. schwarze Nadeln. *Tetrachlorphthalsäureanhydridaddukt*, $C_{24}H_{13}Cl_4NO_3$, F. 168°, rote Nadeln. — *Benzo-[c]-cinnolin*, F. 156°; reagiert nicht mit Zn + Essigsäure. *Perchlorat*, $C_{12}H_9ClN_2O_4$, F. 215—216,5°, gelbe oder olivgrüne Nadeln. *Sulfat*, $C_{12}H_8N_2 \cdot H_2SO_4$, F. 216° (Zers.). *Hydrochloridhydrat*, $C_{12}H_9ClN_2 \cdot H_2O$, Zers. >154° (Aceton). *Hydrobromidhydrat*, $C_{12}H_9BrN_2 \cdot H_2O$, Zers. >220° (Aceton), wasserfrei durch Lösen in CCl_4 u. Einleiten von HBr-Gas. — *Benzo-[f]-naphtho-[2.1:c]-cinnolin* (**IV**), *Perchlorat*, $C_{20}H_{13}ClN_2O_4$, F. 288°. *Sulfat*, $C_{20}H_{12}N_2 \cdot H_2SO_4$, Zers. >240°. *Hydrobromidhydrat*, $C_{20}H_{13}BrN_2 \cdot H_2O$, Zers. >240°. *Methojodid*, F. 256° (Zers.); Nadeln. — *Benzo-[h]-naphtho-[1.2:c]-cinnolin*, F. 266°; bildet kein Methojodid. *Perchlorat*, F. 258°.

W. HOFFMANN. 3272 □

Synthesen in der Reihe der Phenthiazine. 3. Mitt. **Amine der Phenthiazinreihe.** 1. Mitt. W. A. Skorodumow, E. N. Iltschenko und Ss. W. Shurawlew. (Журная Общей Химии [J. allg. Chem.] **30** (**92**). 1680—83. Mai 1960. Inst. für Pharmakol. u. Chemotherap. der Akad. der Med. Wiss. der UdSSR.) (Russ.) — 2. vgl. C. **1958.** 7467.

Bei der Nitrierung von 10-Methylphenthiazin (I) wird *2-Nitro-10-methylphenthiazin* (II) neben *2-Nitro-10-methylphenthiazin-S-oxid* erhalten. II wird zu *2-Amino-10-methylphenthiazin* (III) red., von dem das *Hydrochlorid*, *Acetyl-Deriv.* u. *Benzyliden-Deriv.* dargestellt werden.

Versuche: *10-Methylphenthiazin* (I), F. 102—104° (A.), man erhitzt 150 g Phenthiazin, 114 g Methyljodid u. 150 ml Methanol 10 Std. im Rohr auf dem sd. Wasserbad;

85—89% (Ausbeute). — *2-Nitro-10-methylphenthiazin* (II), F. 119—120° (Bzl.), man löst 30 g I in 750 ml heißer Essigsäure, kühlt rasch unter Rühren ab, tropft bei < 25° 30 ml HNO_3 (D. 1,4) in 120 ml Essigsäure zu, rührt 1 Std., läßt 2 Tage stehen u. gießt in 6 Liter W.; gelb. Daneben *2-Nitro-10-methylphenthiazin-S-oxid*, $C_{13}H_{10}N_2O_3S$, F. 179 bis 179,5° (Bzl.). — *2-Amino-10-methylphenthiazin* (III), $C_{13}H_{12}N_2S$, F. 133—134° (A.–W.). *Hydrochlorid*, $C_{13}H_{13}ClN_2S$, F. 238° (A.–Ae.), man erhitzt 20 g II, 104 g $SnCl_2 \cdot 2H_2O$, 240 ml W., 120 ml konz. HCl u. etwas Sn 10—12 Std. auf dem sd. Wasserbad, saugt den Nd. ab, verrührt ihn in 500 ml W., macht alkal., äthert aus u. sättigt die äther. Schicht mit HCl; 10—15 g. *Diacetyl-Deriv.*, $C_{17}H_{16}N_2O_2S$, F. 173—174° (A.), durch 2std. Kochen von 1 g III-Hydrochlorid u. 5 ml Acetanhydrid. *Benzyliden-Deriv.*, $C_{20}H_{16}N_2S$, F. 131—132° (A.), man löst 5 g III-Hydrochlorid in Alkali, nimmt in 500 ml Ae. auf, gibt 2 g Benzaldehyd zu u. rührt $^1/_4$ Std.; dunkelgelbe Nadeln.

HELMUT SCHÄFER. 3292 □

Reaktion von Triphenylsilyllithium mit halogenierten Heterocyclen. Henry Gilman und Justin W. Diehl. (J. org. Chemistry **26**. 2938—43. Aug. 1961. Ames, Iowa, Iowa State Univ., Chem. Labor.) (Engl.)

Die Rk. von Triphenylsilyl-Li (**III**) mit verschieden halogenierten Heterocyclen bei verschiedenen Rk.-Zeiten in verschiedenen Lsgm. wird untersucht. Die Ergebnisse unterscheiden sich beträchtlich. Die Triphenylsilylgruppe wird in die verschiedensten Stellungen von 10-Äthylphenothiazin (**I**) eingeführt. Mehrere andere Derivv. von **I** werden synthetisiert.

Versuche: *3-Triphenylsilyl-9-äthylcarbazol*, F. 217—219° (Bzl./A.), a) durch Zugabe von **III** zu 3-Brom-9-äthylcarbazol (II) in Tetrahydrofuran (THF) u. Filtrieren des hydrolysierten Rk.-Gemisches; 27,5% (Ausbeute); daneben 57,7% *Hexaphenyldisilan* (**IV**), F. 358—361°; b) analog a) in THF/Ae.; 40,7%. — *2-Triphenylsilyldibenzofuran*, F. 136—138°, a) analog vorst. Verb. aus **III** u. 2-Bromdibenzofuran in THF/Ae.; 11,8%; daneben 54% **IV**; b) analog a) aus **III** u. 2-Chlordibenzofuran in THF; 19,0%; daneben 44,3% **IV**. — *3-Brom-10-äthylphenothiazin-S-oxid*, $C_{14}H_{12} \cdot BrNOS$, F. 126—127,5° (A.), durch Zugabe von 30%ig. H_2O_2 zu 3-Brom-10-äthylphenothiazin in sd. abs. A. unter N_2 u. 5std. Kochen; 81,4%. — *3-Brom-10-äthylphenothiazin-5.5-dioxid*, $C_{14}H_{12}BrNO_2S$, F. 167,5—169° (Aceton/PAe.), durch Zugabe von 30%ig. H_2O_2 zu 3-Brom-10-äthylphenothiazin in Eisessig bei 70° u. 2std. Erhitzen auf 80°; 69,4%. — *3-Brom-7-nitro-10-äthylphenothiazin-5.5-dioxid*, F. 201—202,5°, a) analog vorst. Verb.; 98%; b) aus 3-Brom-7-nitro-10-äthylphenothiazin-5-oxid; 67,3%. — *2-Chlor-10-äthylphenothiazin-5.5-dioxid*, F. 165—166,5°; 89%. — *2.7-Dichlor-10-äthylphenothiazin-5.5-dioxid*, F. 213—215°; 52%. — *3.7-Dichlor-10-äthylphenothiazin-5.5-dioxid*, F. 203—204,5°, aus 3.7-Dichlor-10-äthylphenothiazin-5-oxid; 82%. — *2-Chlor-10-äthylphenothiazin*, $C_{14}H_{12}ClNS$, F. 119—120,5° (A.), durch 1std. Zugabe von CH_3Li zu 2-Chlorphenothiazin in Ae. bei 0°, Zugabe von Diäthylsulfat in THF, Abdestillieren des Ae., mehrstd. Kochen, Hydrolysieren u. Dest. der organ. Phase; 78,2%. *5-Oxid*, $C_{14}H_{12}ClNOS$, F. 170—171,5° (Methanol), durch Kochen mit 30%ig. H_2O_2 in abs. A.; 84,8%. — *3-Brom-7-nitro-10-äthylphenothiazin*, $C_{14}H_{11}BrN_2O_2S$, F. 124,5—126°, durch 1std. Rühren von 7-Nitro-10-äthylphenothiazin-5-oxid in W. mit 58%ig. HBr bei Raum-Temp. u. 1std. Kochen; 60,6%. *5-Oxid*, $C_{14}H_{11}BrN_2O_3S$, F. 246,5—248°, durch ½std. Zugabe von konz. HNO_3 in Eisessig zu 3-Brom-10-äthylphenothiazin in Eisessig u. 2tägiges Stehen; aus Essigsäure gelbe Kristalle; 91,6%. — *3-Brom-7-amino-10-äthylphenothiazin-5.5-dioxid*, $C_{14}H_{13}BrN_2O_2S$, F. 230—231° (Chlf.), durch Zugabe von $SnCl_2$ in konz. HCl zu 3-Brom-7-nitro-10-äthylphenothiazin-5.5-dioxid in heißem Eisessig u. 5std. Rühren bei 110—115°; 57%. *7-Acetylamino-Verb.*, $C_{16}H_{15}BrN_2O_3S$, F. 246 bis 247° (A.), durch 2std. Kochen in Bzl. mit Acetanhydrid; 63%. — *3.7-Dibrom-10-äthylphenothiazin-5.5-dioxid*, F. 217—219°, durch 1std. Rühren von 3-Brom-10-äthylphenothiazin-5-oxid in W. mit 48%ig. HBr bei Raum-Temp., 1std. Kochen, Extrahieren mit Ae. u. Überführen des roten Gummis in das Dioxid; 73%; b) durch Zugabe von Nitrosylschwefelsäure zu vorst. Verb. in Eisessig bei 18°, ½std. Rühren der Diazo-Verb., Zugabe zu CuBr in HBr bei 0—5°, Erhitzen auf 80° u. Chromatographie; 25,5%. — *3.7-Dichlor-10-äthylphenothiazin-5-oxid*, $C_{14}H_{11}Cl_2NOS$, F. 187—188,5°, durch 1std. Rühren von 3-Chlor-10-äthylphenothiazin in W. mit konz. HCl, 1std. Kochen, Lösen des roten Öls in abs. A., Zugabe von 30%ig. H_2O_2 u. 5std. Kochen; aus A. Nadeln; 49,7%. — *2-Triphenylsilyl-10-äthylphenothiazin*, $C_{32}H_{27}NSSi$, F. 187—189° (Bzl./A.), durch Zugabe von **III** in THF zu 2-Chlor-10-äthylphenothiazin in Ae., Hydrolysieren, Filtrieren u. Aufarbeiten der organ. Phase; 28%; daneben 57,6% **IV**. — *10-[β-Triphenylsilyläthyl]-phenothiazin*, $C_{32}H_{27}NSSi$, F. 176—177° (Essigester), durch 30std. Rühren von **III** u. 10-[β-Chloräthyl]-phenothiazin in Ae. bei Raum-Temp.; 32,9%; daneben

58,6% **IV**. — *3-Triphenylsilyl-10-äthylphenothiazin*, $C_{32}H_{27}NSSi$, F. 184,5—186° [A./Bzl. (2 : 1)], a) durch mehrstd. Rühren von 3-Chlor-10-äthylphenothiazin in Ae. mit **III** in THF, Aufarbeiten u. Chromatographie; 27,8%; daneben 53,8% **IV**; b) analog a) aus der 3-Brom-Verb.; 23,7%; daneben 58% **IV**. — *4-Triphenylsilyl-10-äthylphenothiazin*, $C_{32}H_{27}NSSi$, F. 166,5—168° (A.), durch 1std. Zugabe von **III** zu 4-Jod-10-äthylphenothiazin u. 24std. Rühren; 14,8%; daneben 46,3% **IV**. — *3.7-Bis-[triphenylsilyl]-10-äthylphenothiazin-5.5-dioxid*, $C_{50}H_{41}NO_2SSi_2$, F. 271—276,5° (Bzl.), a) durch 12std. Rühren von **III** mit 3.7-Dibrom-10-äthylphenothiazin-5.5-dioxid in Ae.; 19%; daneben 64,2% **IV**; b) analog a) mit der entsprechenden 3.7-Dichlor-Verb.; 18,5%; daneben 44,2% **IV**.
P. GOLINSKE. 3292 □

Schwefelsubstitutionsverbindungen von Aminozuckern. 1. Mitt. **1-Thio-D-glucosamin.** Wolfgang Meyer zu Reckendorf und William A. Bonner. (J. org. Chemistry **26**. 4596—99. Nov. 1961. Stanford, Calif., Stanford Univ., Dep. of Chem.) (Engl.) — 2. vgl. C. **1962**. **7154**.

Es wird versucht, neue synthet. Meth. zur Darst. einer neuen Klasse von Kohlenhydraten, der 1-Thio-2-amino-2-desoxyaldosen, zu finden. Verschiedene Rkk., die zu einem krist. Deriv. von *1-Thio-D-glucosaminhydrochlorid* (**I**) u. zu **I** selbst führen, werden beschrieben.

Versuche (FF. korr.): *3.4.6-Tri-O-acetyl-N-acetyl-S-acetyl-1-thio-β-D-glucosamin* (**II**), $C_{16}H_{23}NO_9S$, F. 196—197° (Isopropanol), durch Zugabe von Thioessigsäure u. KOH in verd. A. zu 1-Chlor-1-desoxy-3.4.6-tri-O-acetyl-N-acetyl-α-D-glucosamin in Aceton u. 1std. Stehen; $[\alpha]_D^{25}$ +14,1° (c = 2,16; Chlf.); 80% (Ausbeute). — *Bis-[N-acetyl-β-D-glucosaminyl]-disulfid, Hemihydrat* (**III**), $C_{16}H_{28}N_2O_{10}S_2 \cdot 1/2\, H_2O$, F. 226—227° (Zers.; verd. A. u. Essigester), durch Sättigen von **II** in abs. Methanol mit NH_3 u. mehrstd. Stehen; $[\alpha]_D^{25}$ —224° (c = 1,0; W.); 83%. — *Bis-[3.4.6-tri-O-acetyl-N-acetyl-β-D-glucosaminyl]-disulfid* (**V**), $C_{28}H_{40}N_2O_{16}S_2$, F. 240—241° (Zers.; Isopropanol), durch Erwärmen von **III** mit Acetanhydrid/Pyridin u. mehrstd. Stehen; $[\alpha]_D^{25}$ —98° (c = 0,9; Pyridin); 40%; gibt durch 10 Min. langes Kochen mit wasserfreiem Na-Acetat u. Zn-Staub in Acetanhydrid 80% **II**. — *3.4.6-Tri-O-acetyl-S-acetyl-N-[p-methoxybenzyliden]-1-thio-β-D-glucosamin* (**IV**), $C_{22}H_{27}NO_9S$, F. 199—200° (A.), durch Zugabe von KOH u. Thioessigsäure in verd. A. zu 1-Brom-1-desoxy-3.4.6-tri-O-acetyl-N-[p-methoxybenzyliden]-α-D-glucosamin in Aceton u. Gießen in W.; $[\alpha]_D^{25}$ +125° (c = 0,87; Chlf.); 58%. — *3.4.6-Tri-O-acetyl-S-acetyl-1-thio-β-D-glucosamin, Hydrochlorid*, $C_{14}H_{22}ClNO_8S$, F. 202 bis 203° (Zers.; Eisessig), durch Zugabe von konz. HCl zu **IV** in sd. Aceton; $[\alpha]_D^{25}$ —2,4° (c = 1,68; W.); 90%. *Hydrobromid*, $C_{14}H_{22}BrNO_8S$, F. 218—219° (Zers.), analog dem Hydrochlorid; $[\alpha]_D^{25}$ —4,4° (c = 2,04; W.); 90%. — *3.4.6-Tri-O-acetyl-N-acetyl-1-thio-β-D-glucosamin*, $C_{14}H_{21}NO_8S$, F. 167—168° (Essigester/PAe.), a) durch Extrahieren einer Lsg. von vorst. Hydrobromid u. wasserfreiem Na-Acetat in W. mit Chlf.; $[\alpha]_D^{25}$ —14,5° (c = 0,9; Chlf.); 80%; b) durch 5 Min. langes Durchlaufen von vorst. Hydrobromid in Methanol durch eine Amberlite-IRA-400-Säule (OH-Form); gibt durch mehrstd. Stehen in NH_3-gesätt. Methanol bei Raum-Temp. 61% **III** u. durch mehrstd. Stehen mit Pyridin/Acetanhydrid bei Raum-Temp. **II**. — *N-[p-Methoxybenzyliden]-1-thio-β-D-glucosamin, Na-Salz, Hydrat* (**VI**), $C_{14}H_{18}NNaO_5S \cdot H_2O$, F. 163—164° (Zers.; Methanol), durch Zugabe von Na in Methanol zu **IV** unter N_2 u. ½std. Stehen bei Raum-Temp.; $[\alpha]_D^{22}$ —33,4° (c = 1,32; W.); 95%. — *Bis-[N-(p-methoxybenzyliden)-β-D-glucosaminyl]-disulfid*, $C_{28}H_{36}N_2O_{10}S_2$, F. >135° (Zers.), durch Oxydation von **IV** mit $KJ \cdot J_2$ in W.; aus W. Nadeln; $[\alpha]_D^{25}$ —33,6° (c = 0,81; A.); 65%. — *Bis-[β-D-glucosaminyl]-disulfiddihydrochlorid, Hydrat*, $C_{12}H_{26}Cl_2N_2O_8S_2 \cdot H_2O$, F. >200° (Zers.; Methanol/Isopropanol), durch mehrstd. Stehen vorst. Verb. mit verd. HCl bei Raum-Temp.; $[\alpha]_D^{25}$ —87° (c = 1,2; W.); 83%; gibt durch mehrstd. Stehen mit Pyridin/Acetanhydrid bei Raum-Temp. 75% **V**. — *1-Thio-D-glucosamin, Na-Salz*, Zers. bei 130—140° (verd. Methanol/Isopropanol), durch mehrstd. Stehen von **VI** in verd. NH_4OH; 93%. *Hydrochlorid* (**I**), $C_6H_{14}ClNO_4S$, durch 2std. Stehen von **VI** in verd. NH_4OH bei Raum-Temp. unter N_2, Extrahieren des Anisaldehyds mit Ae., Filtrieren der wss. Phase durch Amberlite IRA-400 (OH-Form), Eluieren mit verd. HCl, Eindunsten im Vakuum, fraktionierte Kristallisation u. Nachw. durch Papierchromatographie (unrein isoliertes Prod.); gibt durch Acetylierung 100% **II**.
P. GOLINSKE. 3400 □

Schwefelsubstitutionsverbindungen von Aminozuckern. 4. Mitt. **Derivate von 6-Thio-D-glucosamin.** Wolfgang Meyer zu Reckendorf und William A. Bonner. (J. org. Chemistry **26**. 5241—43. 27/12. 1961.) (Engl.) — 3. vgl. C. **1962**. 7154; 1. vgl. vorst. Referat.

6-O-Tosyl-1.3.4-tri-O-acetyl-N-[p-methoxybenzyliden]-β-D-glucosamin (I) wird 8 Std. mit K-Thioacetat (**IV**) in Aceton erhitzt, wodurch *1.3.4-Tri-O-acetyl-S-acetyl-N-[p-meth-*

oxybenzyliden]-6-thio-β-D-glucosamin (II) entsteht. II liefert beim Erhitzen mit überschüssiger HCl in Aceton *1.3.4-Tri-O-acetyl-S-acetyl-6-thio-β-D-glucosaminhydrochlorid* (III), das bei der Desacetylierung kein einheitliches Prod. ergibt. Die Struktur von III wird durch Überführen in *1.3.4-Tri-O-acetyl-S-acetyl-N-acetyl-6-thio-β-D-glucosamin* u. anschließende Desulfurierung an RANEY-Ni zu *1.3.4-Tri-O-acetyl-N-acetyl-6-desoxy-β-D-glucosamin* bewiesen.

Versuche (FF. korr.): *1.3.4-Tri-O-acetyl-S-acetyl-N-[p-methoxybenzyliden]-6-thio-β-D-glucosamin* (II), $C_{22}H_{27}NO_9S$, F. 168—169° (A.), durch 8std. Kochen von I u. IV in Aceton u. Gießen in W.; $[\alpha]_D^{25}$ +80,2° (c = 1,77; Chlf.); 98% (Ausbeute). — *1.3.4-Tri-O-acetyl-S-acetyl-6-thio-β-D-glucosaminhydrochlorid* (III), $C_{14}H_{22}ClNO_8S$, F. 234—235° (Zers.; Eisessig), durch Kochen von II in Aceton in Ggw. von konz. HCl; $[\alpha]_D^{25}$ +38,2° (c = 1,1; Dimethylsulfoxid); 88%. — *1.3.4-Tri-O-acetyl-S-acetyl-N-acetyl-6-thio-β-D-glucosamin*, $C_{16}H_{23}NO_9S$, F. 187—188°, durch 1std. Stehen von III in Pyridin/Acetanhydrid bei Raum-Temp.; aus Isopropanol Nadeln; $[\alpha]_D^{25}$ +7,4° (c = 1,08; Chlf.); 66%. — *1.3.4-Tri-O-acetyl-N-acetyl-6-desoxy-β-D-glucosamin*, F. 209—210° (A.), durch 3std. Kochen vorst. Verb. in abs. A. mit RANEY-Ni; $[\alpha]_D^{25}$ +16,4° (c = 0,52; Chlf.); 90%.

P. GOLINSKE. 3400□

Synthese von Zuckern aus einfacheren Substanzen. 11. Mitt. **Synthese von L-Galaktoheptulose.** J. K. N. Jones und N. K. Matheson. (Canad. J. Chem. **37.** 1754—56. Okt. 1959. Kingston, Ontario, Canada, Queen's Univ., Dep. of Chem.) (Engl.) — 10. vgl. C. **1957.** 8805.

Beim pH-Wert 6,5 entstand aus L-Threose (I) u. Dihydroxyacetonphosphat [1.3-Dihydroxypropanon-(2) (II)-Phosphat, durch Spaltung von D-Fructose-1.6-diphosphat mit dem Enzym Aldolase (III)] in Ggw. von III *L-Galaktoheptulose-1-phosphat* (IV) in geringer Ausbeute; IV wurde in die krist. *L-Galaktoheptulose* (V) umgewandelt. Chromatograph. konnte daneben keine andere Heptulose beobachtet werden. Die Intensität der UV-Absorption des Rk.-Prod., das sich beim Erhitzen von V mit Cystein u. H_2SO_4 bildet, bei 5080 Å zeigte, daß 1 Mol I 0,021 Mol V ergeben hatte. In einem Ansatz aus I, II u. III bei pH 6,5 konnte weder kolorimetr. noch papierchromatograph. die Bldg. von V nachgewiesen werden; diese ist also enzymat. u. setzt die Ggw. von II-Phosphat voraus.

R. SCHÄFF. 3400□

Über die Trichloracetate einiger Alkaloide. W. Poethke und Martin Kuntze. (Pharmaz. Zentralhalle Deutschland **96.** 463—66. Aug./Sept. 1957. Jena, Friedrich-Schiller-Univ., Inst. für Pharm. u. Lebensmittelchem.) (Dt.)

Ebenso wie Jervintrichloracetat geben auch andere Alkaloidtrichloracetate beim längeren Erwärmen auf 100° Trichloressigsäure (I) ab, obwohl es sich hierbei, wie Leitfähigkeitsmessungen zeigen, um echte Salze handelt. Die nachst. Trichloracetate werden hergestellt u. untersucht: *Ephedrin-* u. *dl-Ephedrin-*, $C_{10}H_{15}NO \cdot CCl_3COOH$, F. 118—124° (W.); lösl. in A. u. W.; verflüchtigt sich bei längerem Erhitzen auf 100°. — *Brucin-*, $C_{23}H_{26}N_2O_4 \cdot CCl_3COOH$, F. 131—134° (Gas-Entw.), aus verd. A. Nadelbüschel; spaltet bei 100° langsam W. ab. — *Strychnin-*, $C_{21}H_{22}N_2O_2 \cdot CCl_3COOH$, gibt bei langsamem Erhitzen W. bei 100°, bei schnellem Erhitzen bei 250—266° ab; schwer lösl. in W., leicht lösl. in C_2H_5OH. — *Chinin-bis-[trichloracetat]*, $C_{20}H_{24}N_2O_2 \cdot (CCl_3COOH)_2$, F. 116 bis 120° (Gas-Entw.), aus Chinin in Essigsäure u. I; Nadeln aus W.; spaltet bei 100° langsam W. ab.

H. LEHWALD. 3500□

Alkaloide aus Calebassencurare. Die Struktur von Macusin-A. A. T. McPhail, J. Monteath Robertson, G. A. Sim, A. R. Battersby, H. F. Hodson und D. A. Yeowell. (Proc. chem. Soc. [London] **1961.** 223 bis 224. Juni. Glasgow, Univ., Chem. Dep.; Bristol, Univ., Chem. Dep.) (Engl.)

Nach der Röntgenkristallstrukturanalyse von Macusin-A-jodid (I) besitzt *Macusin A* (II), ein quatern. Alkaloid aus *Strychnos toxifera*, nebenst. Struktur II. I krist. im orthorhomb. Syst. der Raumgruppe P $2_1 2_1 2_1$ mit 4 Moll. in der Elementarzelle. Die Dimensionen der Zelle sind a = 13,82, b = 9,06 u. c = 17,43Å. Struktur II steht im Einklang mit den Befunden der chem. Untersuchung.

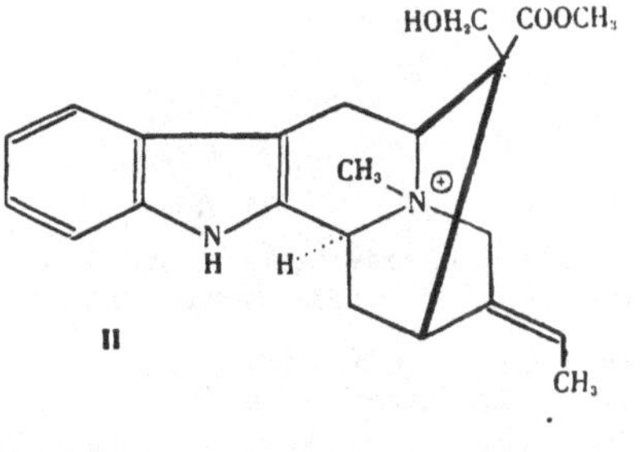

II

G. TEEGE. 3500□

Über Anhydrodiacetyllucaconin (Diacetyldelcosin, F. 159—161°) und seine Derivate. Takashi Amiya und Takeo Shima. (J. org. Chemistry **26.** 2616—17.

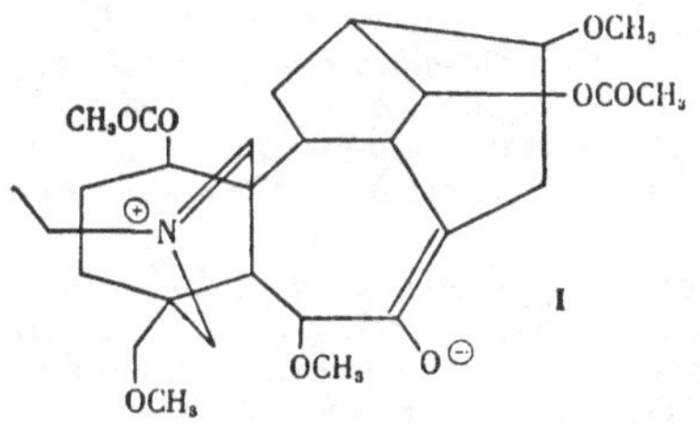

I

Juli 1961. Sapporo, Japan, Hokkaido Univ., Fac. of Sci., Dep. of Chem.) (Engl.)

Die verschiedene Lage der UV-Maxima von *Anhydrodiacetyllucaconin* [I, λ_{max} 237 mμ (CH_3OH), ident. mit „Diacetyldelcosin" von MARION u. Mitarbeitern] u. *Anhydrooxolucaconin* [λ_{max} 301 mμ (CH_3OH)] wird am besten durch nebenst. Grenzstruktur für I interpretiert. Auf Grund dieser Struktur läßt sich auch die Bldg. von *Anhydrodihydrodiacetyllucaconin* bei der Hydrierung von I erklären. G. TEEGE. 3500□

Die Synthese von Conessin. D. H. R. Barton und L. R. Morgan jun. (Proc. chem. Soc. [London] **1961.** 206. Juni. London, Imp. Coll. of Sci. and Technol.) (Engl.)

Durch Bestrahlung mit Licht einer Hg-Bogenlampe lassen sich n-Butyl- (I) u. n-Octylazid (II) in *Pyrrolidin* bzw. *2-Butylpyrrolidin* u. 3-Phenylpropylazid in *Tetrahydrochinolin* (21% Ausbeute) überführen. Als Lsgm. dienen A., Ae. oder Cyclohexan. Phenyläthylazid liefert nur *Phenäthylamin* (42%). In benzol. Lsg. geben I u. II *N-Butyl-* (22%) bzw. *N-Octylanilin* (31%). Wird Cyclohexylazid in A. bestrahlt, so entstehen *Cyclohexylamin* (45%) u. *Cyclohexanon* (21%). In gleicher Weise werden aus Δ^5-3β-Azidocholesten [F. 61—62°; $[\alpha]_D$ —19° (c = 1,71)] durch Red. des Bestrahlungs-Prod. mit $LiAlH_4$ *Δ^4-Cholesten-3β-ol* (20%) u. *Δ^5-3β-Aminocholesten* (33%) erhalten. Durch Umsetzung von Δ^5-Pregnen-3β.20β-diolditosylat mit methanol. LiN_3-Lsg. wird *3β.20α-Diazido-Δ^5-pregnen* (III) [78%; $[\alpha]_D$ — 27° (c = 1,25)] erhalten, das durch $LiAlH_4$-Red. u. Rk. mit Ameisensäure/Formaldehyd in *3β.20α-Bis-[dimethylamino]-Δ^5-pregnen* übergeführt werden kann. Wird dagegen III in Cyclohexan bestrahlt u. das Rk.-Prod. nach $LiAlH_4$-Red. mit Ameisensäure/Formaldehyd N-methyliert, so kann durch Al_2O_3-Chromatographie u. Eluieren mit Chlf./Bzl. (9 : 1) *Conessin* (4,5%) isoliert werden. Durch Photolyse von 5-Azidovaleriansäureäthylester bzw. tert.-Butylazid lassen sich *Prolin* bzw. *2.2-Dimethyläthylenimin* gewinnen. G. TEEGE. 3500□

Zur thermischen Spaltung der Carotinoide. Roland Mayer. (Chem. Techn. **10.** 659. Nov. 1958. Tharandt, TH Dresden, Inst. für Pflanzenchem. u. Holzforsch.) (Dt.)

Die bei der therm. Spaltung der Carotinoide anfallenden Prodd. sind von der Temp. u. Verweilzeit der Carotinoide u. ihrer Sekundär-Prodd. in der heißen Zone abhängig. Bei 300° u. 1—6 Torr entstehen in geringen Mengen hauptsächlich *Toluol*, *m-Xylol* u. *2.6-Dimethylnaphthalin*. *1.6-Dimethylnaphthalin* kann aus β-Carotin erhalten werden. Azulene können nicht nachgewiesen werden, so daß es sich bei der Aromatisierung der Polyenkette nicht um eine einfache Spaltung mit nachfolgender Cyclisierung handeln dürfte. Nimmt man die Spaltung bei 400° in Ggw. von Quarzpulver vor, so werden bei Crocetindimethylester, stabilem Bixin u. handelsüblichem Carotingemisch auch *Bzl.* u. *Naphthalin* gebildet. L. LASCHET. 3550□

Die Konstitution von Zieron. D. H. R. Barton und G. S. Gupta. (Proc. chem. Soc. [London] **1961.** 308—09. Aug. London, Imp. Coll.) (Engl.)

Zieron besitzt die Struktur I. Die Kernresonanzspektren von I u. seinem Semicarbazon zeigen die Ggw. einer >CH—CH_3-Gruppe u. von drei $=\overset{|}{C}-CH_3$-Gruppen. Red. von I mit Na/A. gibt *Dihydrozierol* [II; *3.5-Dinitrobenzoat* (IIa), F. 103—106° (Ae./CH_3OH)]. Bei der CrO_3-Oxydation von II in Aceton bei 10—15° entsteht *Dihydrozieron*

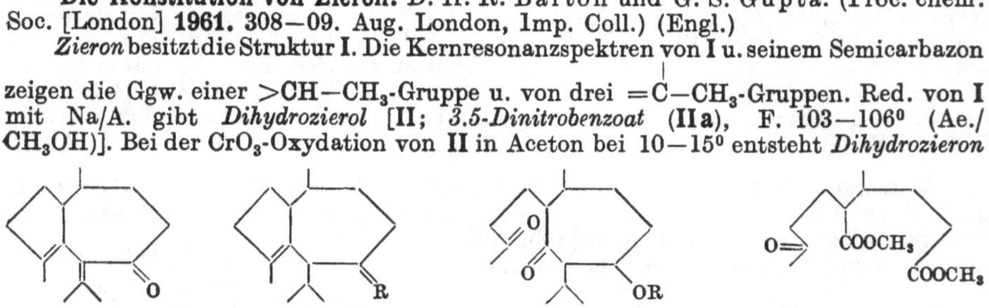

I II R = <(H)(OH) III R = O IV R = 3.5-Dinitrobenzoyl- V R = H VI

III; *2.4-Dinitrophenylhydrazon*, F. 129—131° (A.)] mit dem UV-Spektrum eines β,γ-ungesätt. Ketons. Das Kernresonanzspektrum von IIa zeigt die Ggw. je einer >CH—CH_3-, $=\overset{|}{C}-CH_3$- u. $CH(CH_3)_2$-Gruppierung. Ozonolyse von IIa in CH_2Cl_2 bei — 20° liefert ein *Diketo-3.5-dinitrobenzoat* [IV; F. 129—131° (A.); $[\alpha]_D$ +5° (c = 0,95)] mit einer Methylketongruppierung. Ebenso entsteht aus II das analoge *Hydroxydiketon* (V). $LiAlH_4$-Red. von I gibt *Zierol* [*3.5-Dinitrobenzoat*, F. 108—110° (PAe.)]. Durch Ozonspaltung von I in CH_2Cl_2 bei — 20°, Rk. mit H_2O_2/$NaHCO_3$ u. Verestern mit CH_2N_2 entsteht ein

Ketodiester [VI; *2.4-Dinitrophenylhydrazon*, F. 111—112° (A.)] mit einer Methylketongruppierung. G. TEEGE. 3600□

Beiträge zur Kenntnis der Triterpene. H. Gerlach. (Planta med. [Stuttgart] **6**. 448—51. Dez. 1958. Jena, Friedrich-Schiller-Univ., Inst. für Pharm. u. Lebensmittelchem.) (Dt.)

Übersicht u. Tabellen mit Farbreaktionen. — 17 Literaturangaben. P. GREGORZEWSKI. 3600□

Untersuchungen über die Synthese von Terpenen. 5. Mitt. Einige bicyclische Zwischenprodukte der Triterpensynthese. T. G. Halsall und M. Moyle. (J. chem. Soc. [London] **1960.** 4931—39. Dez. Oxford, Univ., Dyson Perrins Labor.) (Engl.) — 4. vgl. C. **1960.** 11664.

Die Synth. einiger zum Aufbau der Ringe D u. E des δ-Amyrinskeletts geeigneter bicycl. Verbb. wird beschrieben. IR- u. einige UV-Absorptionswerte sind angegeben. Versuche (FF. korr.): *10-Methyl-1-[β-tetrahydropyranyl-(2)-oxyäthyl]-$\Delta^{1,9}$-oktalon-(2)*, durch 7tägige Rk. von 10,1 g 1-[2-Hydroxyäthyl]-10-methyl-$\Delta^{1,9}$-oktalon-(2) [Semicarbazon, $C_{14}H_{23}N_3O_2$, F. 208° (Zers.), aus A. Nadeln] mit 2.3-Dihydropyran in 10n HCl bei 20°, Zugabe von Ae. u. Waschen mit K_2CO_3-Lsg.; n_D^{22} 1,5220; 13,2 g (Ausbeute). — *10-Methyl-1-[β-tetrahydropyranyl-(2)-oxyäthyl]-trans-dekalon-(2)* (I), $C_{18}H_{30}O_3$, Kp.$_{0,1}$ 170—180° (Bad), durch Zugabe von 10,4 g vorst. Verb. (in Ae.) während 15 Min. zu $LiAlH_4$ in fl. NH_3, Zufügen von A. nach 45 Min., Einengen, Versetzen mit W., Ausäthern, 20std. Rk. des erhaltenen Öls (9 g) mit CrO_3 in Pyridin bei 20°, Zugabe von W., Ae.-Extraktion, Chromatographie des entstandenen Öls (7,2 g) aus PAe. an Al_2O_3 u. Eluieren mit PAe. (→ 2,8 g eines nichtketon. Öls), dann mit Bzl.–PAe. (1 : 4); n_D^{20} 1,5000; 2,95 g. — *1-[β-Tetrahydropyranyl-(2)-oxyäthyl]-7.7.10-trimethyl-$\Delta^{1,9}$-oktalon-(2)*, durch 7tägige Rk. von 3,5 g 1-[2-Hydroxyäthyl]-7.7.10-trimethyl-$\Delta^{1,9}$-oktalon-(2) mit 2.3-Dihydropyran in 10n HCl bei 20°; n_D^{20} 1,5185; 4,6 g; wird beim Vers. der Darst. von 7.7.10-Trimethyl-2-methylen-1-[β-tetrahydropyranyl-(2)-oxyäthyl]-$\Delta^{1,9}$-oktalin durch 36std. Rk. mit Methylentriphenylphosphoran (II) in sd. Tetrahydrofuran unter N_2 unverändert zurückgewonnen. — *7.7.10-Trimethyl-1-[β-tetrahydropyranyl-(2)-oxyäthyl]-trans-dekalon-(2)* (III), $C_{20}H_{34}O_3$, Kp.$_{0,1}$ 175—180° (Bad), analog I aus 8,8 g vorst. Verb.; n_D^{20} 1,4980; 2,45 g; daneben 2,4 g nichtketon. Anteil. — *10-Methyl-2-methylen-$\Delta^{1,9}$-oktalin*, $C_{12}H_{18}$, Kp.$_{20}$ 106—108°, durch Überführen von Methyltriphenylphosphoniumjodid mit äther. Butyl-Li unter N_2 (in Tetrahydrofuran) in II, Zugabe von 1,64 g 10-Methyl-$\Delta^{1,9}$-oktalon-(2) (IV) (in Tetrahydrofuran), mehrstd. Stehen bei 20° unter N_2, Zers. von II mit Aceton, Einengen, Behandeln mit 50%ig. Methanol u. PAe., Abdekantieren von entstandenem *Triphenylphosphin*, Chromatographie an Al_2O_3 u. Eluieren mit PAe.; n_D^{20} 1,5260; 1,55 g. — *7.7.10-Trimethyl-2-methylen-$\Delta^{1,9}$-oktalin*, $C_{14}H_{22}$, Kp.$_{20}$ 107—109°, analog vorst. Verb. aus 1,92 g 7.7.10-Trimethyl-$\Delta^{1,9}$-oktalon-(2) (V) u. II; n_D^{18} 1,5185; 1,5 g. — *1-[2-Hydroxyäthyl]-10-methyl-2-methylen-trans-dekalin*, $C_{14}H_{24}O$, Kp.$_{0,1}$ 140° (Bad), durch Rk. von 1,73 g I mit II wie vorst., mehrstd. Stehen des Rohprod. in Methanol/0,1n HCl, Zugabe von W., Ausäthern, Chromatographie aus PAe. an Al_2O_3 u. Eluieren mit PAe., dann mit Bzl.–PAe. (1 : 1); n_D^{23} 1,5140; 0,75 g. — *1-[2-Hydroxyäthyl]-7.7.10-trimethyl-2-methylen-trans-dekalin*, $C_{16}H_{28}O$, Kp.$_{0,1}$ 140—145°, analog vorst. Verb. aus 1,85 g III u. II; n_D^{20} 1,5065; 0,53 g. — *10-Methyl-2-oxo-$\Delta^{1,9}$-oktalyl-(1)-essigsäureäthylester*, $C_{15}H_{22}O_3$, Kp.$_{0,2}$ 126—128°, durch Zugabe von 33 g IV (in Bzl.) zu tert.-Pentyl-ONa in Bzl. unter N_2, Zutropfen von Bromessigsäureäthylester (VI) (in Ae.) während 2 Std., mehrstd. Rk. bei 20°, Versetzen mit W., Ausäthern u. Dest. der organ. Phasen (im Vorlauf 7 g IV); n_D^{25} 1,5085; 24 g. *2.4-Dinitrophenylhydrazon*, $C_{21}H_{26}N_4O_6$, F. 128—130°, aus A. Blättchen. *Freie Säure*, durch 1½std. Kochen des Esters in Methanol/2n KOH unter N_2 u. Ansäuern; *Cyclohexylaminsalz*, $C_{19}H_{31}NO_3$, F. 132°, aus Äthylacetat Nadeln. — *10-Methyl-2-oxo-trans-dekalyl-(1)-essigsäure* (VII), $C_{13}H_{20}O_3$, F. 117 bis 119°, durch Zugabe von 5,8 g vorst. Säure (in Ae.) während 15 Min. zu $LiAlH_4$ in fl. NH_3, Zusetzen von A. nach 45 Min., Einengen, Ansäuern, Ausäthern, Behandeln mit $KHCO_3$ (→ 0,5 g Neutralsubstanz), Ansäuern, Ausäthern, Rk. mit CH_2N_2, Oxydieren mit 8n CrO_3 in Aceton u. Hydrolysieren mit methanol. KOH; aus PAe.-Bzl. Nadeln; 3,1 g. *Cyclohexylaminsalz*, $C_{19}H_{33}NO_3$, F. 128°, aus Äthylacetat Nadeln. *Methylester*, $C_{14}H_{22}O_3$, Kp.$_{0,1}$ 104—106°, aus VII mit CH_2N_2 in Ae.; n_D^{25} 1,4915. — *2.2-Äthylendioxy-10-methyl-trans-dekalyl-(1)-essigsäuremethylester*, $C_{16}H_{26}O_4$, Kp.$_{0,1}$ 106—108°, durch Erhitzen von 2,4 g vorst. Esters mit Äthylenglykol u. Toluol-p-sulfonsäure in Bzl., Behandeln mit $KHCO_3$-Lsg. u. Einengen; n_D^{25} 1,4945; 2,6 g. — *2.2-Äthylendioxy-1-[2-hydroxyäthyl]-10-methyl-trans-dekalin*, $C_{15}H_{26}O_3$, F. 70—71°, durch 3std. Red. von 2 g vorst. Verb. mit $LiAlH_4$ in sd. Ae. u. Zers. mit Äthylacetat u. W.; aus PAe. Nadeln; 1,6 g. — *Gemisch aus 1².2α-Oxido-2β-hydroxy- u. 1².2β-Oxido-2α-hydroxy-1α-äthyl-9αH-10β-methyldekalin*, $C_{13}H_{22}O_2$, F. 88—114°, durch 1std. Kochen vorst. Verb. in Methanol/5n HCl, Ausäthern,

Chromatographie aus PAe. an Al_2O_3 u. Eluieren mit PAe.–Bzl. (2 : 1); aus PAe. Nadeln; entsteht auch bei mehrstd. Stehen von 0,27 g **I** in Methanol/10n HCl bei 20°, Zugabe von W. u. Ausäthern; 0,11 g. — *2α-Hydroxy-2β.10β-dimethyl-trans-dekalyl-(1α)-essigsäurelacton* (**VIII**), $C_{14}H_{22}O_2$, F. 98—99°, durch Zugabe von 3 g **VII** (in Dioxan) zu CH_3MgJ in Ae., 4std. Kochen, Zugabe von NH_4Cl u. verd. HCl, Ausäthern u. Behandeln mit $KHCO_3$-Lsg.; aus PAe. Blättchen; 1,54 g. — *2β-Hydroxy-2α.10β-dimethyl-trans-dekalyl-(1α)-essigsäure* (**IX**), $C_{14}H_{24}O_3$, F. 155—157°, neben **VIII** aus der sauren Lsg. mit Bzl.; Nadeln; 0,54 g. *Methylester*, $C_{15}H_{26}O_3$, aus **IX** mit äther. CH_2N_2; Öl; n_D^{20} 1,4970. — *1α-[2-Hydroxyäthyl]-2β.10β-dimethyl-trans-dekalol-(2α)*, $C_{14}H_{26}O_2$, F. 116—118°, durch 1std. Red. von 1,2 g **VIII** mit $LiAlH_4$ in sd. Ae., Zers. mit Äthylacetat u. verd. H_2SO_4 u. Ausäthern; aus Bzl.–Ae. Prismen; 1,03 g. — *Perhydro-2.10-dimethylfurano-[3'.2':1.2]-naphthalin*, $C_{14}H_{24}O$, Kp.$_{0,2}$ 105—110° (Bad), durch Rk. von 0,5 g vorst. Verb. mit $POCl_3$ bei 0° in Pyridin, mehrstd. Stehen bei 20°, Zugabe von Eis, Ausäthern, Chromatographie aus PAe. an Al_2O_3 u. Eluieren mit PAe.; n_D^{18} 1,5010; 0,42 g. — *1α-[2-Hydroxyäthyl]-2α.10β-dimethyl-trans-dekalol-(2β)*, $C_{14}H_{26}O_2$, F. 141° (Zers. ab 133°), durch Red. von 0,45 g **IX**-Methylester mit $LiAlH_4$ in Ae.; aus Bzl.–PAe. Nadeln; 0,35 g. — *1α-[2-Bromäthyl]-10-methyl-2-methylen-trans-dekalin*, $C_{14}H_{23}Br$, Kp.$_{0,1}$ 110—115° (Bad), durch mehrstd. Rk. von 0,35 g vorst. Verb. mit $POBr_3$ bei 20° in Pyridin, Zers. mit Eis, Ausäthern, Chromatographie aus PAe. an Al_2O_3 u. Eluieren mit PAe.; n_D^{20} 1,5305; 0,29 g. — *10β-Methyl-2-methylen-trans-dekalyl-(1α)-essigsäuremethylester*, $C_{15}H_{24}O_2$, Kp.$_{0,1}$ 130 bis 135° (Bad), analog vorst. Verb. (mit $POCl_3$) aus 0,4 g **IX**-Methylester; n_D^{20} 1,4975; 0,35 g. *Freie Säure*, $C_{14}H_{22}O_2$, F. 97—99°, aus PAe. Nadeln. *Cyclohexylaminsalz*, $C_{20}H_{35}\cdot NO_2$, F. 138°, aus Äthylacetat Nadeln. — *7.7.10-Trimethyl-2-oxo-$\Delta^{1,9}$-oktalyl-(1)-essigsäuremethylester*, $C_{16}H_{24}O_3$, Kp.$_{0,1}$ 145—150° (Bad), a) durch Zugabe von 5,8 g **V** zu $(CH_3)_3COK$ in tert.-Butanol unter N_2, Zufügen von **VI** (in tert.-Butanol) während 1 Std. beim Kp., weiteres 2std. Erhitzen, Zugabe von W., Ausäthern, Hydrolysieren mit 2n methanol. KOH unter N_2, Methylieren mit CH_2N_2 in Ae., Chromatographie aus PAe. an Al_2O_3 u. Eluieren mit Bzl.–PAe. (1 : 2); n_D^{25} 1,5055; 1,2 g; b) durch Zugabe von 0,96 g **V** zu $(CH_3)_3CONa$ in Toluol unter N_2, Zusetzen von **VI**, 14std. Kochen u. Aufarbeiten wie vorst.; 0,12 g. *2.4-Dinitrophenylhydrazon*, $C_{22}H_{28}N_4O_6$, F. 168—170°, aus A. Nadeln. *Freie Säure*, aus dem Ester mit 2n methanol. KOH unter N_2; *Cyclohexylaminsalz*, $C_{21}H_{35}\cdot NO_3$, F. 138°, aus Äthylacetat Nadeln. — *7.7.10β-Trimethyl-2-oxo-trans-dekalyl-(1α)-essigsäuremethylester*, durch Zugabe vorst. Säure (aus 2 g Cyclohexylaminsalz) in Dioxan zu $LiAlH_4$ in fl. NH_3 während 15 Min., Zers. mit NH_4Cl nach 45 Min., Einengen, Ansäuern mit verd. H_2SO_4, Ausäthern, Behandeln mit äther. CH_2N_2, dann mit 8n CrO_3 in Aceton, Chromatographie aus PAe. an Al_2O_3 u. Eluieren mit Bzl.–PAe. (1 : 3); 0,85 g. *2.4-Dinitrophenylhydrazon*, $C_{22}H_{30}N_4O_6$, F. 187—189°, aus A.–Bzl. Nadeln. *Freie Säure*, $C_{15}H_{24}O_3$, F. 92—94°, aus PAe. Nadeln. — *2α-Hydroxy-2β.7.7.10β-tetramethyl-trans-dekalyl-(1α)-essigsäurelacton*, $C_{16}H_{26}O_2$, F. 99—100°, durch Zugabe von CH_3MgJ (in Ae.) zu 1 g vorst. Säure, 4 std. Kochen, Zusetzen von NH_4Cl u. verd. H_2SO_4 u. Ausäthern; aus PAe. Nadeln; 0,6 g. — *1α-[2-Hydroxyäthyl]-2β.7.7.10β-tetramethyl-trans-dekalol-(2α)*, F. 116—118°, durch 1std. Red. von 0,408 g vorst. Verb. mit $LiAlH_4$ in sd. Ae., Zers. mit Äthylacetat u. verd. H_2SO_4 u. Ausäthern; aus PAe. Prismen; 0,31 g. — *1.1-Diallyl-7.7.10-trimethyl-Δ^8-oktalon-(2)*, $C_{19}H_{28}O$, Kp.$_{0,1}$ 125—130° (Bad), durch Zugabe von 0,96 g **V** zu $(CH_3)_3COK$ in tert.-Butanol unter N_2, Zusetzen von Allylbromid (in tert.-Butanol), 2std. Kochen, Zugabe von W., Ausäthern, Chromatographie aus PAe. an Al_2O_3 u. Eluieren mit PAe.; n_D^{20} 1,5050; 1,2 g. *Semicarbazon*, $C_{20}H_{31}N_3O$, F. 185—187°, aus Methanol Nadeln. W. HOFFMANN. 3600□

Untersuchungen über die Bestandteile von Atractylodes. 3. Mitt. Die Zerlegung von Atractylol in Eudesmol und Hinesol. Itiro Yosioka, Shintaro Takahashi, Hiroshi Hikino und Yasuko Sasaki. (Chem. pharmac. Bull. [Tokyo] **7.** 319—23. Mai 1959. Osaka, Univ., Fac. of Pharm.) (Engl.) — 2. vgl. C. **1960.** 11700; 4. vgl. C. **1962.** 140.

Der Sesquiterpenalkohol *Atractylol* (**I**), eine Hauptkomponente des äther. Öls aus der Wurzel von *Atractylodes lancea* DE CANDOLLE (*Compositae*) wurde durch Chromatographie an Al_2O_3 aus PAe. in *Eudesmol* [**II**, $C_{15}H_{26}O$, F. 79—80°, Nadeln aus Methanol; $[\alpha]_D$ +58,5° (c = 10,0)] u. den neuen Alkohol *Hinesol* [**III**, $C_{15}H_{26}O$, F. 59—60°, Nadeln aus Methanol, $[\alpha]_D$ —40,2° (c = 10,0)] aufgetrennt; 2std. katalyt. Hydrierung von **I** nach ADAMS in Methanol ergab ein Gemisch von *Dihydroeudesmol* [$C_{15}H_{28}O$, F. 85—86°, Nadeln aus Aceton, $[\alpha]_D$ +16,8° (c = 10,0)] u. einem öligen *Sesquiterpenalkohol $C_{15}H_{26}O$* [Kp.$_4$ 129°, D.$_4^{25}$ 0,972, n_D^{25} 1,502, $[\alpha]_D$ —23,6 (c = 10,0)]. Die Annahme, **I** sei eine schwierig trennbare Mischung von **II** u. **III**, wird bestätigt durch die Identität der IR-Spektren u. FF. von **I** u. einem Gemisch aus 0,62 Mol **II** u. 0,38 Mol **III**. K. MAIER. 3600□

Absolute Konfiguration der $C_{(24)}$-Äthylgruppe von Stigmasterin. K. Tsuda, R. Hayatsu und Y. Kishida. (Chem. and Ind. **1959.** 1411—12. 7/11. Tokyo, Univ., Inst. of Appl. Microbiol.; Tokyo, Sankyo Co. Ltd., Takamine Labor.) (Engl.)

Die O_3-Oxydation von Isostigmasterylmethyläther [F. 54°; $[\alpha]_D^{25}$ +34,5° (Chlf.)] nach SLOMP u. JOHNSON (J. Amer. chem. Soc. **80.** [1958.] 915) in CH_2Cl_2/Pyridin liefert *2-Äthyl-3-methylbutanal* [II; Kp.$_{74}$ 67—69°; $D._4^{25}$ 0,8295, n_D^{24} 1,4100; $[\alpha]_D^{26}$ +37°; 73,5% (Ausbeute). *2.4-Dinitrophenylhydrazon*, $C_{13}H_{18}N_4O_4$, F. 122°]. **II** liefert durch $LiAlH_4$-Red. in Ae. bei Raum-Temp. *2-Äthyl-3-methylbutanol* [Kp.$_{50}$ 91,5°; $D._4^{25}$ 0,8326, n_D^{29} 1,4268; $[\alpha]_D^{25}$ —9,47°; 79%. *α-Naphthylurethan*, $C_{18}H_{23}NO_2$, F. 71—72°; $[\alpha]_D^{25}$ —3,76° (Chlf.)], das mit p-Toluolsulfonylchlorid bei Raum-Temp. in das entsprechende *Tosyl-Deriv.* (**III**; $C_{14}H_{22}O_3S$, Kp.$_{0,007}$ 116°; $D._4^{25}$ 1,0727, n_D^{29} 1,4968; $[\alpha]_D^{25}$ —8,05°; 70,4%) übergeführt wird. Die Red. von **III** mit $LiAlH_4$ in Ae. bei Raum-Temp. liefert nach der Dest. über linksdrehendes *Methyläthylisopropylmethan* (**I**; Kp. 90°; $D._4^{25}$ 0,6950, n_D^{25} 1,3949; $[\alpha]_D^{25}$ —10,22°; 23,6%). Aus diesen Tatsachen u. auf Grund des Beweises von FREUDENBERG u. LWOWSKI (C. **1955.** 4354) wird geschlossen, daß die Äthylgruppe am $C_{(24)}$ α-ständig ist u. nicht, wie BERGMANN u. LOW (J. chem. Soc. [London] **12.** [1947.] 67) annehmen, β-ständig. In der Ergosterinreihe werden analoge Rkk. durchgeführt. 9.11-Dihydroergosterylacetat liefert mit O_3 *2.3-Dimethylbutanal* (Kp.$_{160}$ 69—72°; $D._4^{25}$ 0,8300, n_D^{25} 1,4029; $[\alpha]_D^{25}$ —62,5°; 45,2%. *2.4-Dinitrophenylhydrazon*, $C_{12}H_{16}N_4O_4$, F. 124,5—125,5°), das durch $LiAlH_4$-Red. *2.3-Dimethylbutanol* [**IV**; Kp.$_{148,5}$ 101°; $D._4^{25}$ 0,8237, n_D^{27} 1,4190; $[\alpha]_D^{25}$ —5,49°; 82,5%. *α-Naphthylurethan*, $C_{17}H_{21}NO_2$, F. 92—93°; $[\alpha]_D^{28}$ —6,80° (Chlf.)] ergibt. Der Vgl. der linksdrehenden Form von **IV** mit **I** ergibt für die Methylgruppe an $C_{(24)}$ in Ergosterin die β-Konfiguration in Übereinstimmung mit BERGMANN u. LOW (l. c.).

P. GOLINSKE. 3700 □

Über ein Prinzip des Zuganges zu den Butadienoliden. Daniel Bertin, Lucien Nédélec und Jean Mathieu. (C. R. hebd. Séances Acad. Sci. **253.** 1219—20. 11/9.1961. Paris, Centre de Rech. Roussel-Uclaf.) (Franz.)

3α-Acetoxy-11.21-dioxo-5β-pregnan-21-diäthylacetal gibt mit $POCl_3$ in Dimethylformamid nach einer VILSMEIER-HAACK-Rk. die entsprechende *20-Formyl-21-enoläthyl-äthyl-Verb.*, die alkohol. in die freie *Enol-Verb.* [F.224 bis 226°, $[\alpha]_D$ +13° (A.)] übergeführt wird. Kondens. des Enols mit Bromessigsäureäthylester in Ggw. von Zn in Dimethylformamid gibt über den entsprechenden *γ-Formylhydroxyester* unter spontaner Cyclysierung die *α-Pyron-Verb.* **I** [F. 324°, $[\alpha]_D$ +24° (Chlf.)]. **I** wird durch CrO_3-Oxydation in die entsprechende *3.11-Diketo-Verb.* [F. 265—267°, $[\alpha]_D$ +39° (Chlf.)] übergeführt, die mit 2.3-Dicyan-5.6-dichlorbenzochinon in die entsprechende *11-Keto-$\Delta^{1.4}$-dien-Verb.* [F. 275°; $[\alpha]_D$ +201° (Chlf.)] übergeführt wird.

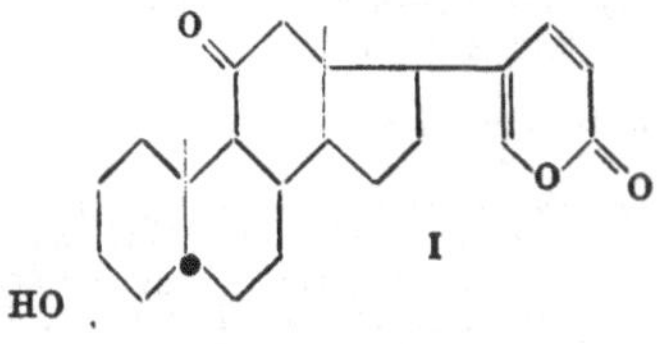

I

H. GLEINIG. 3700 □

Über die doppelte „1.4-Deltisierung" von 3-Ketosteroiden mittels 2.3-Dicyan-5.6-dichlorbenzochinons. Georges Muller, Jacques Martel und Chanh Huynh. (Bull. Soc. chim. France **1961.** 2000. Okt. Paris, Centre de Rech. Roussel-Uclaf.) (Franz.)

17α-Hydroxy-21-acetoxy-3.11.20-triketo-5β-pregnan gibt mit 5.6-Dichlor-2.3-dicyanbenzochinon in sd. Dioxan (16 Std.) in 50% ig. Ausbeute *Prednisonacetat* (**I**, F. 234°). Analog liefert 3α.17α-Dihydroxy-21-acetoxy-11.20-diketo-5β-pregnan 30% **I**.

H. GLEINIG. 3750 □

Ein Abbauprodukt des Elatericins A. David Lavie und Youval Shvo. (Proc. chem. Soc. [London] **1958.** 220. Aug. Rehovoth, Weizmann Inst. of Sci., Daniel Sieff Res. Inst.) (Engl.)

Die Struktur des *Elatericins A* (*Cucurbitacin D*, $C_{28}H_{42}O_7$ oder $C_{30}H_{46}O_7 \cdot {}^1/_2H_2O$; **I**) des Bitterstoffes von *Ecballium elaterium L.* wird z. T. aufgeklärt. Acetylierung von **I** bei Raum-Temp. ergibt ein *Diacetat* (**II**), in dem noch eine freie OH-Gruppe nachweisbar ist. Die Oxydation von **I** mit Perjodat führt u. a. zu *trans-4-Hydroxy-4-methylpenten-(2)-säure* (**III**), F. 101 bis 102°; deren Hydrierung ein *γ-Lacton* ergibt. Letzteres kann auch durch Hydrierung von *4-Hydroxy-4-methylpentin-(2)-säure* dargestellt werden. Die aus **I** erhaltene Säure **III** entstammt einer $(CH_3)_2C(OH)CH{=}CHCOC(OH)(R)(R')$-Seitenkette. **II** wird durch Perjodat nicht oxydiert. Für **I** u. seine Abbau-Prodd. sind IR- u. UV-Maxima angegeben.

WOLFGANG WERNER. 3950 □

Die Struktur von Sandarakopimarsäure. O. E. Edwards, A. Nicolson und M. N. Rodger. (Canad. J. Chem. **38.** 663—67. Mai 1960. Ottawa, Nat. Res. Council, Div. of Pure Chem.) (Engl.)

Vff. isolierten aus dem Harz des afrikan. Sandarakbaumes (*Callitris quadrivalvis*) chromatograph. *Sandarakopimarsäure* (**I**) u. bestimmten sie als *7-Epi-$\Delta^{8,14,18}$-pimaradien-*

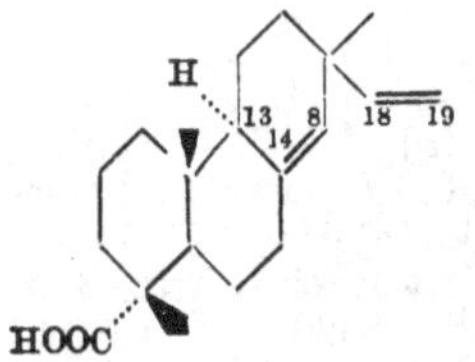

säure nebenst. Struktur; UKITA-Säure ist demnach *7-Epi-$\Delta^{9,14,18}$-13β-pimaradiensäure* (vgl. EDWARDS u. HOWE, C. **1961.** 10196). Neben I wird eine *Hydroxypimarsäure* gefaßt. I läßt sich durch Hydrierung in Ggw. von Pd–Kohle in *18.19-Dihydrosandarakopimarsäure* überführen, diese mit HCl in Chlf. zu *Δ^{13}-Dihydroisopimarsäure* (vgl. l. c.) isomerisieren. OsO_4-Oxydation von I ergibt *18.19-Dihydro-18.19-dihydroxysandarakopimarsäure*, deren Perjodsäurespaltung *18-Oxo-19-nor-$\Delta^{8,14}$-pimarensäure* u. deren WOLFF-KISHNER-Red. *19-Nor-$\Delta^{8,14}$-pimarensäure*. Aus der Rotationsdispersion folgt, daß Kryptopimarsäure nicht mit I ident. ist (vgl. dagegen RYHAGE u. Mitarbeiter, C. **1959.** 8499 bzw. C. **1962.** 862).

Versuche: *Sandarakopimarsäure* (I), F. 169° (wss. Methanol), durch Lösen von Sandarakharz in Ae., Durchleiten von NH_3, Filtrieren, Extraktion mit 2%ig. NaOH, Ansäuern u. Chromatographie an Silicagel in Bzl.; $[\alpha]_D$ −20° (c = 2,6; A.); 2,2% (Ausbeute). Daneben 1,3% einer *Hydroxypimarsäure* $C_{20}H_{30}O_3$, F. 270°, Tafeln aus wss. Methanol; $[\alpha]_D$ −11° (c = 0,8; A.). — *18.19-Dihydrosandarakopimarsäure*, $C_{20}H_{32}O_2$, F. 174—178°, aus 200 mg I durch 5 Min. langes Hydrieren in A. an 30%ig. Pd–Kohle; Nadeln aus wss. Methanol, $[\alpha]_D$ +21° (c = 1,83; A.). — *Δ^{13}-Dihydroisopimarsäure*, F. 109—112°, durch 4std. Einleiten von HCl in die Chlf.-Lsg. von 73 mg vorst. Verb. bei 5°, Waschen u. Einleiten; Nadeln aus wss. Aceton, $[\alpha]_D$ +75° (c = 1,0; Chlf.); 58 mg. — *18.19-Dihydro-18.19-dihydroxysandarakopimarsäure*, $C_{20}H_{32}O_4$, F. 255°, durch Stehen von 636 mg I u. OsO_4 in abs. Ae. über Nacht bei 0°, 1 std. Erwärmen des Nd. mit W., Mannit u. NaOH auf 100° u. Fällen mit Essigsäure; Nadeln aus Methanol, $[\alpha]_D$ +39° (c = 0,35; A.); 410 mg. — *18-Oxo-19-nor-$\Delta^{8,14}$-pimarensäure*, $C_{19}H_{28}O_3$, F. 215° (evakuierte Capillare; Ae.–Hexan), durch 1 std. Stehen von 200 mg vorst. Verb. mit HJO_4 in 10%ig. wss. Dioxan im Dunkeln, Einengen, Extraktion mit Methylenchlorid u. Chromatographie in Bzl. an Silicagel; $[\alpha]_D$ −2° (c = 1,3; A.); 141 mg. — *19-Nor-$\Delta^{8,14}$-pimarensäure*, F. 238°, $[\alpha]_D$ +18° (c = 0,6), durch Erhitzen von 54 mg vorst. Verb. mit Hydrazin in Triäthylenglykol auf 140°, Zugabe von KOH, 4std. Erhitzen auf 205° unter N_2, Wasserzusatz, Extraktion mit Methylenchlorid u. Reinigung über das Na-Salz; Nadeln aus Methanol; 44 mg. H.-J. KÖTZSCH. 3950□

Louis Frederick Fieser, Advanced organic chemistry. New York: Reinhold. 1961. (1158 S. m. Abb.) $ 14.—.

Charles Augustus MacKenzie, Experimental organic chemistry. 2nd edit. Englewood Cliffs (New Jersey): Prentice-Hall. 1962. (262 S. m. Abb.) $ 4.95.

B. A. Ssokolow, Neue Trennungsmethoden für leichte Kohlenwasserstoffe. Moskau: Gosstoptechisdat. 1961. (330 S. m. Zeichng.) 1 Rbl. 26 Kop. [Russ.]

D. Makromolekulare Chemie

Bemerkung über eine Zustandsgleichung für lineare Polymere in monomolekularen Schichten. Tōru Kawai. (J. Polymer Sci. **35.** 401—08. März 1959. Tokyo, Japan, Inst. of Technol., Labor. of Textile Chem.) (Engl.)

Nach der von HUGGINS [1942] entwickelten Meth. für die Behandlung von hochpolymeren Syst. im Blockzustand stellte SINGER (J. chem. Physics **16.** [1948.] 872) eine Zustandsgleichung für monomol. Schichten aus großen federförmigen Moll. auf. Als Maß für die Biegsamkeit einer polymeren Kette in der Grenzfläche (Luft–W. oder Öl–W.) definierten DAVIES u. Mitarbeiter die Größe $\omega = 2-z$ (z = Koordinationszahl in dem für die Grenzfläche postulierten Quasigitter) unter der Annahme, daß jedes Segment in der Kette genau zwei Lagen hat, in die (für z = 2) seine Nachbarn passen müssen. Vf. der vorliegenden Mitt. zeigt, daß diese Definition keinen theoret. Hintergrund hat. Es werden zwei Typen monomol. Schichten unterschieden: „kondensierte" wie die von Proteinen, Polymethylmethacrylat, Polyvinylstearat bes. an der Luft–W.-Grenzfläche, ferner „expandierte" wie die von Polyvinylacetat u. Cellulosetriacetat bes. an der Öl–W.-Grenzfläche. Für erstere läßt sich eine besondere Zustandsgleichung aufstellen. Die kondensierten Filme verhalten sich fast wie ideale zweidimensionale Gase, solange man die Enthalpie vernachlässigen kann. Für expandierte Filme wird unter Benutzung von HUGGINS neuerer Theorie (Physical Chemistry of High Polymers, 1958) über die freie Verdünnungsenergie von Polymer-Lsgg. eine weitere Zustandsgleichung abgeleitet. Für kondensierte Filme ist z wenig größer als 2, dagegen für expandierte wesentlich größer (3—4). Zwischen z oder ω u. dem bei der Diskussion thermodynam. Eigg. von Lsgg. benutzten empir. Parameter besteht Ähnlichkeit, jedoch ist eine sorgfältige Analyse dieses Wertes notwendig. S. NEUE. 4000

Dynamisch-mechanische Eigenschaften von Hochpolymeren bei niedrigen Temperaturen. A. E. Woodward und J. A. Sauer. (Fortschr. Hochpolymeren-Forsch. **1.** 114—58. 1958. Pennsylvania State Univ., Coll. of Chem. and Physics.) (Engl.)

Zusammenfassende Darstellung u. Diskussion der Ergebnisse der Deformations-Eigg. von Polymeren bei niedrigen Temp. (Verglasungs- u. kristalliner Zustand), z. T. in tabellar. u. graph. Form. Nach der theoret. Abhandlung der Vorgänge werden ausführlich u. im einzelnen als amorphe Stoffe *Polystyrol, Polyisobutylen, Naturkautschuk* u. ähnliche Polymere, *Polymethylmethacrylat, Polyacrylate, Polyvinylester, Polyvinyläther, Polyvinylcarbazol* u. *Polyvinylpyrrolidon* sowie als kristalline Stoffe *Polyäthylen, Polyamide, Polyester, Polymethane, Polyvinylchlorid, Polyvinylidenchlorid, Polytetrafluoräthylen, Polytrifluorchloräthylen, Polyvinylfluorid, Polyacrylonitril, Viscosekunstseide, Nitrocellulose* u. *Polypropylen* besprochen. — 73 Literaturangaben. O. Kramm. 4000 □

Fluorhaltige Polymere. 1. Mitt. Fluorierte Vinylpolymere mit funktionellen Gruppen. Kondensationspolymere und Styrolpolymere. William Postelnek, Lester E. Coleman und Alan M. Lovelace. (Fortschr. Hochpolymeren-Forsch. **1.** 75—113. 1958. Wright, Air Dev. Center, USAF, Materials Labor., Wright-Patterson, Ohio, Air Res. and Dev. Command.) (Engl.)

Systemat. Zusammenfassung der Arbeiten über fluorhaltige Polymere außer F-KW-Stoffolefinen u. -dienen unter Berücksichtigung der Darst. der Monomeren u. Polymeren sowie deren Eigg., auch der Vulkanisate, falls solche erhalten werden können, z. T. mit tabellar. Zusammenstellungen. Im einzelnen werden unter der Gruppe „Vinylpolymere mit funktionellen Gruppen" *Acrylester* [fluorierte Acrylsäure (I) u. ihre Ester fluorierte Ester von I], *Acrylonitrile, Acrylamide, Vinyläther, Vinylester* u. *ungesättigte Ketone*, unter der Gruppe „Kondens.-Polymere" *Polyäther, Polyester, Polysiloxane* u. unter der Gruppe „Homopolymere u. Copolymere von Styrol" am Benzolkern substituierte Styrol-Derivv. besprochen. Erwähnt werden noch *Perfluoracrylylfluorid, N-Perfluorvinylpiperidin, Perfluorazomethin, Tetrafluorallen* u. *fluorierte Polyphenyle.* — 113 Literaturangaben. O. Kramm. 4000 □

Polymerisation von Äthylen am Chromkatalysator. M. A. Dalin, R. I. Schenderowa, L. Ja. Wedenejewa und I. I. Pisman. (Доклады Академии Наук Азербайджанской ССР [Ber. Akad. Wiss. AserbaidshanSSR] **14.** 991—96. 1958.) (Russ.; Auszug: Aserbaidshan.)

Es wurde die Polymerisation von Äthylen in verschiedenen Lsgm. an CrO_3–Cr_2O_3 auf Alumosilicaten u. Al_2O_3 bei 25—45 at, 1½—6 std. Rk.-Dauer mit 1—5 Gew.-% Katalysator im Lsgm. in Ggw. von 0,001—0,004% W. untersucht. Die Aktivierungs-Temp. des Katalysators wurde zwischen 450 u. 610° variiert. Die Ausbeuten an *Polyäthylen* (I), dessen Viscosität u. der Katalysatorverbrauch werden in Abhängigkeit von den Vers.-Bedingungen tabellar. angegeben. — Von den untersuchten Trägern erwies sich Alumosilicat mit 90% SiO_2 u. 10% Al_2O_3 als am günstigsten. Von den Lsgm. war Bzn. am geeignetsten. Mit zunehmendem Druck, zunehmender Katalysator-Konz. im Lsgm. u. zunehmender Rk.-Dauer erhöhen sich die Ausbeute u. die Viscosität des Polymeren, während der Katalysatorverbrauch ansteigt. Mit zunehmender Rk.-Temp. liegen die Verhältnisse umgekehrt. Bei Erhöhung der Aktivierungs-Temp. des Katalysators steigt die Ausbeute an I an, während der Katalysatorverbrauch u. die Viscosität abnehmen. Bei einem Wasser-Geh. von 0,002% (in Bzn.) an nimmt die I-Ausbeute ab u. der Katalysatorverbrauch steigt an. — Als optimale Bedingungen werden angegeben: Tränken des Alumosilicatträgers mit 80 g/Liter CrO_3, Aktivieren bei 500—550° u. Aufbewahren unter O_2-Ausschluß. Der Katalysator soll 2,5—3,5% CrO_3 u. 2—2,5% Cr_2O_3 enthalten. Die höchste I-Ausbeute wird bei einem Geh. von 2,5—3,3 Gew.-% Katalysator im Lsgm. erhalten. Die Temp. beträgt 110°, der Druck 45 at u. die Kontaktzeit 4 Stunden.

Helmut Schäfer. 4010 □

Chemischer Abbau und mechanische Prüfungen von Polyäthylenen. E. G. Bobalek, J. N. Henderson, T. T. Serafini und J. R. Shelton. (J. appl. Polymer Sci. **2.** 210—15. Sept./Okt. 1959. Cleveland, Ohio, Case Inst. of Technol., Dep. of Chem. and Chem. Engng.) (Engl.)

Die Änderungen, die *Polyäthylen* (I) in oxydierender Umgebung bei erhöhter Temp. im Verlaufe der Zeit in seinen mechan. Eigg. erleidet, wurden untersucht. Das Material wurde in Form von Filmen u. Platten verschiedener I-Typen der Einw. von Luft oder O_2 bei 100° bis zu 10 Tagen oder der Einw. von 10—69% ig. HNO_3 bei 50 u. 70° bis zu ca. 30 Tagen ausgesetzt u. der Rückgang der Dehnungsgrenze u. Zugfestigkeit sowie die Gew.-Änderung bestimmt. Letztere oder die Menge des aufgenommenen O_2 können nur in besonderen Fällen als Maß für den Grad der mechan. Änderungen angesehen werden. So wurden stärker kristalline I trotz geringerer O_2-Absorption in Luft schneller abgebaut als schwächer kristalline, verzweigte Typen. Die Dehnungsgrenze wird durch

Luft schneller geändert als die Zugfestigkeit. Dagegen ist der Effekt bei der Einw. von HNO_3 umgekehrt. Dehnung u. Spannung bei der Fließgrenze wurden in allen Fällen nur bei sehr langer Rk.-Zeit beeinflußt. Zur Erklärung der Ergebnisse wird die Annahme einer bevorzugten Oxydation der nichtkristallinen Bereiche vorgeschlagen.

W. BETCKE. 4010□

Untersuchungen über die Oxydation von Hochpolymeren. 5. Mitt. Einfluß der Dicke der Proben auf die Oxydation von Polyäthylen. Shunji Kawamatsu. (Chem. High Polymers. [Tokyo] **16.** 353–57. 1959. Tokyo, Kabushiki Kaisha, Hitachi Werke.) (Jap.; Auszug: Engl.) – 2. vgl. C. **1961.** 13566.

Für das Nachlassen der Oxydations-Geschw. (OG) von hochmol. Polymeren ist die Dicke der Proben von großem Einfluß. Die Rk.-Geschw. ist bedingt durch die OG u. die Diffusions-Geschw. von O_2. Vff. vergleichen daher die OG von *Polyäthylen*-Folien (aus bei 130° gepreßten Körnern) von 0,05–3 mm Dicke bei 120–150° durch Best. der O_2-Aufnahme: Nach kurzer Induktionsperiode nimmt die Rk. rasch bis zu einem Maximum (M) zu u. klingt dann rasch ab. Die aus dem M-Wert berechnete Aktivierungsenergie beträgt 33 (kcal/Mol) bei ca. 0,1 mm Filmdicke, aber 17 bei dickeren Filmen u. scheint dann einen von der Dicke unabhängigen Wert anzunehmen. Versuchsweise wurde die Diffusionsgleichung für O_2 unter der Annahme abgeleitet, daß die OG dem O_2-Geh. proportional ist, u. ihr Zusammenhang mit den Vers.-Werten erörtert.

L. SCHULER. 4010□

Wärmebehandlung von bestrahltem Polypropylen. Hiroshi Sobue und Yoshio Tazima. (Nature [London] **188.** 315–16. 22/10. 1960. Tokyo, Univ. of Tokyo, Fac. of Engng., Dep. of Appl. Chem.) (Engl.)

Die Vernetzung von *Polypropylen* (I) durch γ-Bestrahlung verläuft anders als die von Polyäthylen. Es wurde isotakt. I („*Moplen*") vom Molgew. $2{,}7 \cdot 10^5$ mit 75% kristallinem Anteil einer γ-Bestrahlung durch ^{60}Co unterworfen. Die Bestrahlungs-Temp. variierte von 25–180° u. wurde z. T. im Vakuum, z. T. an der Luft vorgenommen. Bemerkenswert ist, daß weder die bei niedriger noch die bei hoher Temp. bestrahlten Proben Vernetzungen bis zur Gel-Struktur zeigen. Diese tritt lediglich beim Nacherhitzen der bei Zimmer-Temp. bestrahlten Proben auf 150–180° auf u. führt dort in Abhängigkeit von der Bestrahlungsdosis zu erheblichen Vernetzungen. Das Nacherhitzen wurde in allen Fällen im Vakuum vorgenommen. Bei den an der Luft bestrahlten I-Proben ergaben Dosen von 30–50 Mrad ein Maximum der Vernetzung.

R. DETENHOFF. 4010□

Untersuchung der paramagnetischen Elektronenresonanz von bestrahltem Polyvinylchlorid. E. J. Lawton und J. S. Balwit. (J. physic. Chem. **65.** 815–22. Mai 1961. Schenectady, N.Y., General Electric Co., Res. Labor.) (Engl.) – Vgl. C. **1962.** 4181 u. 4182.

Es wurde die paramagnet. Resonanz von *Polyvinylchlorid*, das bei –196° mit 800 kV-Elektronen bestrahlt worden war, untersucht, um die bei –196° gebildeten Radikaltypen sowie das Verh. desjenigen Radikals zu bestimmen, das für die anschließende Kettendehydrochlorierung u. Verfärbung maßgebend ist. Einige der bei –196° gebildeten Radikale ergeben ein zusammengesetztes Spektrum mit einer Gesamtbreite von 170 Gauß zwischen den äußersten Maxima des ursprünglichen Spektrums. Bei Zimmer-Temp. zerfallen die Radikale je nach der Natur des Radikals mit verschiedenen exponentiellen Geschw., u. das Gesamtspektrum verengt sich schnell. Das Primärradikal $-CH_2-\dot{C}H-CH_2$-(I) zerfällt während der ersten 2 Min., nach 5 Min. sind 83% aller Radikale zerfallen. Der schnelle Zerfall wird mit der Bldg. von polymeren Radikalpaaren während der Radiolyse u. anschließenden Vernetzung beim Erwärmen gedeutet. Das am langsamsten zerfallende Radikal, welches 7% aller Radikale ausmacht, gibt ein einfaches Linienspektrum mit einer Breite von 26 Gauß; es zerfällt innerhalb von 1800 Std. bei Zimmer-Temp. unter N_2 nur zu 10%. Dieses Spektrum wird auf das sich erweiternde, unbeständige Radikal $-CH{=}CH-CH{=}CH-\overset{\leftarrow\cdot\rightarrow}{CH}-CH(Cl)-CH-$ zurückgeführt, welches die Bldg. von HCl u. von konjugierten Doppelbindungen sowie die Verfärbung fördert. Der bei der Radiolyse auftretende H_2 zeigt an, daß hierbei polymere Radikale vom Typ $-CH_2-\dot{C}(Cl)-CH_2$ u. $-CH(Cl)-\dot{C}H-CH(Cl)-$ gebildet werden. Die Bestrahlungs-Ausbeute an H_2 bei –196° beträgt $G(H_2) = 0{,}4$. Die Gesamtausbeute aller Radikale beträgt $G = 2{,}1$, für das prim. I-Radikal u. HCl 0,5 u. für den Anteil der die HCl-Abspaltung bewirkenden, instabilen Radikale 0,14. Die Ausbeute an Vernetzung beträgt $G = 0{,}97$. Die Veränderungen der Farbe u. des Spektrums beim Erwärmen wurde bis 400° verfolgt. Die Verengung des Spektrums mit steigender Temp. wird auf eine weitere Delokalisierung einsamer Elektronen längs der Sequenz der konjugierten Doppelbindungen zurückgeführt.

CLAUS FISCHER. 4010□

Bildung von Polymeren aus bestrahltem p-Xylol. Francis van Hecke. (Nature [London] **186.** 382—83. 30/4. 1960. Bruxelles, Conseil en Génie Chim.) (Engl.)

Zur Unters. der Kinetik der Radiolyse von Alkylbenzol-Gemischen wurde *p-Xylol* (**I**) einer gemischten Atompilestrahlung ausgesetzt. Zur Messung der Strahlendosis diente Biphenyl (**II**) als Standard. Proben von 4 g **I**, **II** u. Gemischen beider wurden mit einer Gesamtdosis von $1{,}21 \cdot 10^{18}$ nVT (thermisch) bzw. $0{,}76 \cdot 10^{18}$ nVT (thermisch) bestrahlt. Die Auftrennung der Bestrahlungs-Prodd. zeigte für **I** u. **II** ähnliche Ergebnisse. Somit ist die Polymerisation von **I** auch eine Rk. 1. Ordnung. Die radiochem. Polymerisationsausbeute von **I** beträgt das 1,45fache von **II**. H. W. LIEBISCH. 4010□

Eine neue Methode zur Bestimmung der Übergangstemperatur 2. Ordnung von Hochpolymeren. Enzo Ferroni. (Atti Accad. naz. Lincei, Rend., Cl. Sci. fisiche, mat. natur. [8] **26.** 774—76. Juni 1959. Firenze, Univ., Ist. di Chim. fisica.) (Ital.)

Der Wert der Oberflächenspannung (OS) von Hochpolymeren in Lsg. nimmt mit steigender Temp. bis zu einem bestimmten Punkt linear ab, dann wieder linear etwas zu u. schließlich wieder ab. Diese Temp. sind fast unabhängig von der Konz. u. können als Übergangs-Temp. des Polymeren angenommen werden. Die Messung der OS erfolgt mit einer Genauigkeit von 0,1 dyn/cm mit einem Spezialgerät nach PICCARDI. Die mit Lsgg. von *Polystyrol* in Toluol, Xylol, Dekalin u. Cyclohexanon erhaltenen Ergebnisse zeigen in allen Fällen ein scharfes Minimum bei ca. 81° u. ein scharfes Maximum bei ca. 90°. Der Effekt ist also vom Lsgm. unabhängig. R. K. MÜLLER. 4010□

Fraktionierung von Polystyrol durch Gel-Filtration. M. F. Vaughan. (Nature [London] **188.** 55. 1/10. 1960. Teddington, Middlesex, National Chem. Labor., Dep. of Scient. and Ind. Res.) (Engl.)

Es wurde lösl. *Polystyrol* (**I**) mit einem breiten Molgew.-Bereich nach Art der Säulenchromatographie fraktioniert. Als Lsgm. diente Benzol. Füllkörper für die Säulen war unlösl. mit Divinylbenzol vernetztes Polystyrol mit 2,2—51facher Quellfähigkeit. Die Fraktionen wurden durch ihre spezif. Viscosität charakterisiert u. miteinander sowie mit der Ausgangssubstanz u. den durch Lsgm.-Dest. gewonnenen Fraktionen verglichen. Die Trennung an 51fach quellendem **I** ist bei den niedrigmol. Anteilen fast so gut wie bei der Lösungsmitteldestillation. Das Verf. ist bequem u. wirtschaftlich durch die Möglichkeit der Anwendung von automat. Fraktionssammlern u. die fast vollständige Rückgewinnung des Lsgm. durch Kaltfraktionierung an der Wasserstrahlpumpe. R. DETENHOFF. 4010□

Die Bestimmung des in Polystyrol-Perlen eingeschlossenen Calciumhydroxyapatits. G. Mino und C. M. Judson. (J. appl. Polymer Sci. **2.** 203—04. Sept./Okt. 1959. Decatur, Ala., Res. Center, The Chemstrand Co.) (Engl.)

Styrol wurde in wss.-alkal., Dibenzoylperoxid-haltiger Lsg. bei 100° in Ggw. von ^{32}P-markiertem Ca-Hydroxyapatit (**I**) polymerisiert u. der **I**-Geh. der entstandenen, verschieden großen *Polystyrol*-Perlen bestimmt. Die Konz. an eingeschlossenem **I** in großen Perlen ist wesentlich größer als in kleinen, was dadurch erklärt wird, daß sich die kleinen Perlen, an deren Oberfläche **I** angereichert ist, im klebrigen Zustand zu größeren zusammenschließen. W. BETCKE. 4010□

Notiz über die Entwicklung von Methoden zur Untersuchung der Polymerisation von Styrol und Acrylonitril durch positive Gasionen. T. Westermark, L. Westfelt, H. Lindroth und N. Ghanem. (Acta chem. scand. **14.** 1863—64. 1960. Stockholm, Royal Inst. of Technol., Div. of Phys. Chem.) (Engl.)

Es wurde eine App. konstruiert, die das gelöste Monomere (*Styrol* oder *Acrylonitril*) in 4 hintereinander befindlichen Zellen enthält. In Zelle 4 befindet sich eine Pt-Kathode, durch Zelle 1 wird He-Gas (ca. 15 ml/min) geleitet, das über die im Gasraum befindliche Elektrode geführt wurde. Die Spannung beträgt etwa 5 kV, die Stromstärke einige μA. Bei Annahme eines Molgew. von 100000 des Polymerisations-Prod. ist der M/N-Koeff. (M = Zahl der Moll., N = Zahl der Ionen) $\sim$ 0,02. R. DETENHOFF. 4010□

Untersuchung der Polymerisation von Acetylenverbindungen unter Druck. 1. Mitt. **Polymerisation von Phenylacetylen.** W. W. Korschak, A. M. Poljakowa und M. D. Ssutschkowa. (Высокомолекулярные Соединения [Hochmolekulare Verbind.] **2.** 1246—48. Aug. 1960. Inst. für Metallorg. Verbb. der Akad. der Wiss. der UdSSR.) (Russ.; Auszug: Engl.)

Es wird die Polymerisation von *Phenylacetylen* bei 80—200° u. 1000—6000 at sowie ohne Druck bei 70—120° in Abwesenheit von Initiatoren u. in Ggw. von Di-tert.-butylperoxid, Dibenzoylperoxid, Azodiisobuttersäurenitril, Triisobutylbor u. $Al(C_2H_5)_3$-$TiCl_4$ (1—13 Std.) untersucht. Es werden nach dem Umfällen aus Bzl. mit Methanol gelbe bis orangefarbene Pulver mit einem mittleren Molgew. von 600—1200 erhalten. Viscosität, Molgew., Ausbeute u. äußeres Aussehen werden in Abhängigkeit von den Polymerisationsbedingungen tabellar. angegeben. Die thermomechan. Kurve der ohne Initiatoren unter Druck bei 120° erhaltenen Polymeren zeigt bei ca. 180° einen sehr starken Anstieg der bis dahin relativ geringen Streckbarkeit. Helmut Schäfer. 4010□

Über die Polymerisation von Cyclohexadien. P. Ss. Schantarowitsch und I. A. Schljapnikowa. (Высокомолекулярные Соединения [Hochmolekulare Verbind.] **2.** 1171—75. Aug. 1960. Inst. für chem. Physik der Akad. der Wiss. der UdSSR.) (Russ.; Auszug: Engl.)

Es wird die Polymerisation von *Cyclohexadien-(1.3)* (**I**) in Substanz u. in Lsg. (Bzl.) ohne u. mit Dibenzoylperoxid als Katalysator bei 130—200° untersucht. Die Polymerenausbeute, Polymerisations-Geschw. u. Molgew. der Polymeren werden in Abhängigkeit von Temp., Katalysatormenge, Monomeren-Konz. u. Rk.-Zeit graph. u. tabellar. angegeben. Die Ausbeute an dimerem **I** steigt mit der Temp. an; höhere Polymere werden von ca. 150° ab gebildet. Die therm. Initiierung erfolgt durch eine bimol. Rk. unter Bldg. von Biradikalen. Die biradikal. Polymerisationszentren werden durch Selbstabsättigung u. Cyclisierung aufgehoben. Mit zunehmender Temp. gehen die Biradikale in Monoradikale über, die zur Bldg. höherer Polymerer führen.

Helmut Schäfer. 4010□

Inhibierung der Polymerisation. 2. Mitt. **Methylmethacrylat.** John L. Kice. (J. Polymer Sci. **19.** 123—40. Jan. 1956. Philadelphia, Pa., Rohm & Haas Comp.) (Engl.) — 1. vgl. C. **1955.** 6995.

Der Einfl. der neuen Inhibitoren Benzochinon, 2.5- u. 2.6-Dichlorbenzochinon, Chloranil (**I**), Furfurylidenmalodinitril (**II**), Schwefel (**III**), 1.3.5-Trinitrotoluol (**IV**), m-Dinitrobenzol (**V**) u. Diphenylamin auf die durch 2.2′-Azo-bis-isobutyronitril initiierte Polymerisation von *Methylacrylat* (MA) in Methylpropionat-Lsg. wurde dilatometr. untersucht u. die gefundenen Geschw.-Konst. mit denen verglichen, die für die gleichen Inhibitoren bei der Polymerisation von *Methylmethacrylat* (MMA) erhalten wurden. Das Verhältnis der Reaktivitäten gegen MA- u. MMA-Radikale ist je nach dem Inhibitor sehr verschieden. Bes. ist die Reaktivität der drei erstgenannten Chinone nur wenig größer gegenüber MA als gegenüber MMA (MA-Radikale sind weniger stabil), verglichen mit den anderen Inhibitoren. Es wird dies durch die stark elektronenanziehende Wrkg. der Chinone erklärt, da auch MA Elektronen etwas stärker anzieht als MMA. Der wesentlich größere Wert des Verhältnisses bei **I** wird auf ster. Hinderung dieses tetrasubstituierten Chinons bei der Rk. mit dem tert. MA-Radikal zurückgeführt, die sich in der Deformation der normalen Bindungswinkel u. Behinderung der Rotation ausdrückt. Bei den anderen Verbb. nimmt das Reaktivitätsverhältnis in der Reihenfolge **IV, II, V, III** zu, im wesentlichen in Übereinstimmung mit der Polarität dieser Verbindungen. S. Neue. 4010

Untersuchung der Pfropfpolymerisation auf bestrahltes Teflon. Ss. A. Ssinitzyna, Ju. D. Zwetkow, Ch. Ss. Bagdassarjan und W. W. Wojewodski. (Доклады Академии Наук СССР [Ber. Akad. Wiss. UdSSR] **129.** 631—34. 21/11. 1959. Inst. für chem. Physik der Akad. der Wiss. der UdSSR u. Physikal.-Chem. Karpow-Inst.) (Russ.)

Die Kinetik der Pfropfpolymerisation von *Methylmethacrylat* (**I**) auf γ-bestrahltes *Teflon* (**II**) bei 50° wird untersucht. Nach der Polymerisation ($\lesssim$ 15% Umsatz) wird das im Monomeren gelöste Homopolymere aus dem **II**-Film durch Lsg. in Chlf. entfernt u. mit Methanol gefällt. Bei Dosen von 1—7 Mrad bleibt die Geschw. für die Gesamtpolymerisation (Homo- u. Propfpolymerisation) konstant. Bei 40 Mrad zeigen die kinet. Kurven eine hohe Anfangs-Geschw., die rasch abnimmt. Mit steigender Dosis nimmt die Gesamt-Geschw. zu, bei Zunahme des zeitlichen Abstandes zwischen Bestrahlung u. Polymerisation ab. Der **II**-Film ist auch nach Aufpfropfen von 240 Gew.-% **I** in Chlf. unlöslich. Die Kristallinität von **II** wird durch Aufpfropfen von **I** vermindert. Die Polymerisations-Geschw. wird nicht durch die Diffusion des monomeren **I** in den **II**-Film bestimmt. R. K. Müller. 4010□

Polyester der Hydroxybenzoesäure. Russell Gilkey und John R. Caldwell. (J. appl. Polymer Sci. **2.** 198—202. Sept./Okt. 1959. Kingsport, Tenn., Div. of Eastman Kodak Co., Tennessee Eastman Co., Res. Labor.) (Engl.)

Durch Polymerisation in Lsg. u. Blockpolymerisation von *m-* (**I**) u. *p-Acetoxybenzoesäure* (**II**) unter N_2 bei vermindertem Druck konnten reiner *Poly-m-hydroxybenzoesäureester* (**III**), *Poly-p-hydroxybenzoesäureester* (**IV**) u. **III/IV**-*Copolymerisate* erhalten werden. Zum Beispiel geben 5,5 g **I** u. 4,5 g **II** durch Zusammenschmelzen in Ggw. von 0,01% Mg als Katalysator unter N_2 bei 220°, Abdest. der Essigsäure bei 60 mm u. anschließend 1 std. Erhitzen unter 0,2 mm Druck auf 300° ein hochviscoses

Copolymerisat. Eine weitere Zunahme des Polymerisationsgrades unter Kristallisation konnte durch Schlämmen des zerkleinerten Prod. in Aceton, Pulverisieren u. 2—4std. Erhitzen auf 265° erzielt werden. I läßt sich auch in hochsiedenden Lsgm. (o-Terphenyl, Ditolylsulfon-Isomerengemisch) bei 220—250° polymerisieren. Nach der Extraktion des Lsgm. mit Aceton wird **III** pulverisiert u. einige Std. bis dicht unter den F. erhitzt. **IV** hat einen höheren F. u. eine geringere Löslichkeit als **III**. Bei der Copolymerisation können Trübungen auftreten, die sich bei nicht zu großem **II**-Anteil durch langsame **II**-Zugabe während des Prozesses verhindern lassen. Gemische mit einem Anteil von > 65% **I** werden am besten in der Schmelze polymerisiert, während bei > 60% **II** gleich Verfestigung eintritt u. die weitere Polymerisation in fester Phase vorgenommen werden kann. Mit wachsendem **II**-Geh. werden die Copolymerisate in zunehmendem Maße kristallin. Während **III** in verschiedenen Lsgm. (z. B. Tetrachloräthan, N.N-Dimethylanilin, Kresol) lösl. ist, ist **IV** in allen untersuchten Lsgm. unlöslich. Die Copolymerisate erweichen in einem Temp.-Bereich von 150—300°, während kristallines **III** einen besser definierten F. (durch DTA-Messungen F. 176°) hat. Die Prodd. sind gegen oxydativen Abbau recht stabil, aber leicht hydrolysierbar. Bei den Copolymerisaten wurden Zugfestigkeiten von 9000—12000 lbs./sq.in. u. Dehnbarkeiten von 6—41% gemessen.

W. Betcke. 4010□

Alternierende Copolymere von Dimethylketen mit Ketonen. Giulio Natta, Giorgio Mazzanti, Gianfranco Pregaglia und Marco Binaghi. (J. Amer. chem. Soc. **82.** 5511—12. 20/10. 1960. Milano, Politecnico, Ist. di Chim. Ind.) (Engl.)

Durch Zugabe von 1,4 mMol Butyllithium zu einer Lsg. von 8 g Dimethylketen (**III**) u. 8 g Aceton (**IV**) in 20 g Toluol bei —60° findet Polymerisation statt. Nach Fällung mit Methanol wurde ein festes weißes *Polymeres* (**I**; $[C_7H_{12}O_2]_n$) erhalten. **I** besitzt eine Intrinsicviscosität in Chlf. bei 30° von 0,4, ist lösl. in sd. Bzl. u. Dioxan u. weist auf Grund der Röntgenaufnahme kristalline Struktur auf. Die Analyse von **I** zeigt ein Molverhältnis von **III** : **IV** = 1 : 1. Durch Red. von **I** mit $LiAlH_4$ wurde in 78%ig. Ausbeute *1.1.2.2-Tetramethyltrimethylenglykol* (**II**; $C_7H_{16}O_2$, F. 138—140°) erhalten. Die Struktur von **II** wurde durch Vgl. mit dem durch Red. von Tetramethyl-β-propiolacton mit $LiAlH_4$ erhaltenen Prod. bestätigt. Das Ergebnis der Red. zeigt, daß **I** die Struktur des intramol. *Poly-α.α.β-trimethyl-β-hydroxybuttersäureesters* besitzt. Das Vorliegen der Estergruppen wird durch die starke Absorptionsbande bei 5,80 μ bestätigt.

R. Detenhoff. 4010□

Röntgenbeugungsmessungen zur Bestimmung der Kristallinität von Polyäthylenterephthalat. James E. Johnson. (J. appl. Polymer Sci. **2.** 205—09. Sept./Okt. 1959. Decatur, Ala., Res. Center, Chemstrand Corp.) (Engl.)

Der kristalline Anteil von orientierten Filmen u. Fasern aus *Polyäthylenterephthalat* (**I**) wird durch Röntgenbeugungsmessungen in Verbindung mit Proportionszählung bestimmt. Durch Drehung der Probe wird über die Kristallitorientierungseffekte gemittelt. Die Ergebnisse sind für eine Reihe von Filmen, die 1 Std. bei 100—200° in Siliconöl behandelt wurden, u. einige Fasern, die bis auf 425% ihrer ursprünglichen Länge gedehnt wurden, aufgeführt. Der Grad der Kristallinität reicht bei den Filmen von 9 bis 60%, bei den Fasern von 17 bis 39%. Es besteht eine lineare Beziehung zwischen spezif. Vol. u. Röntgenkristallinität. Die durch Extrapolation auf 0 u. 100% Kristallinität gefundenen Werte für das spezif. Vol. des amorphen u. des kristallinen **I** stimmen mit früher mitgeteilten, gemessenen bzw. berechneten Werten gut überein.

W. Betcke. 4010□

Polymerisation von α-Piperidon durch Alkalimetall und gewisse Acylverbindungen. Naoya Yoda und Akihisa Miyake. (J. Polymer Sci. **43.** 117—36. März 1960. Otsu, Japan, Toyo Rayon Co., Res. Dep., Central Res. Labor.) (Engl.)

α-Piperidon (**I**) wurde in Ggw. von 1 Mol-% *N-Acetyl-α-piperidon* (**II**) u. KOH der Konz. c 20 Std. lang auf 60° erhitzt; nach Auswaschen des Rk.-Gemisches mit Methanol/W. wurde *Poly-δ-valeramid* (**III**, F. 259°, $D._{25}^{25}$ 1,243) als Rückstand erhalten. Die Ausbeute A an **III** fällt mit wachsendem c (je in Mol-%) von 66° (c = 1,65) auf 3% (c = 12,5) ab; die Intrinsicviscosität (gemessen in m-Kresol bei 25°) steigt mit c an u. erreicht von ca. c = 3,5% an einen Grenzwert von 0,165. **III** zeigt im IR-Spektrum eine NH-Bande bei 3,03, eine Amid-I-Bande bei 6,14 u. eine Amid-II-Bande bei 6,55 μ. Bei konst. c u. steigender **II**-Konz. geht A durch ein bei [**II**] = 1,0—1,1% liegendes Maximum (A_{max} = 71,5%). **I** läßt sich auch mit metall. Li u. **II** polymerisieren (20 Std. bei 83°); bei steigendem [**II**] geht A durch ein Maximum, das um so höher liegt, je kleiner die Li-Menge ist. Bei der Polymerisation mit K u. **II** oder Na u. **II** fällt [η] mit wachsendem [**II**] ab. A ist mit Li u. K von gleicher Größenordnung, mit Na kleiner. Bei konst. c u. [**II**] fallen A. u. [η] mit steigender Temp. ab. Durch die Ggw. von W. wird A erniedrigt. **I** läßt sich auch mit

NaH, LiH, $LiAlH_4$, $NaBH_4$ u. C_2H_5MgBr an Stelle von KOH u. mit N-Acetylpyrrolidon-(2), Acetylchlorid, Benzoylchlorid u. Acetanhydrid (IV) an Stelle von II polymerisieren, nicht mit $TiCl_4$, $Al(C_2H_5)_3$, $B(C_2H_5)_3$, $Cd(C_2H_5)_2$ u. Äthylacetat; aliphat. Säuren, Alkohole u Phenole wirken inhibierend. Vff. nehmen an, daß primär eine Addition der Katalysatoren an I stattfindet; durch stufenweise Anlagerung von I an das jeweilige Kettenende erfolgt das Wachstum unter Bldg. von III. Diese Deutung wird durch D-Austausch-Rkk. mit den Primär-Prodd. u. IR-Analyse gestützt. Einzelheiten des Mechanismus s. Original — *α-Piperidon* (I), C_5H_9NO, Kp.$_2$ 107—108°, F. 41°, wurde durch Beckmannsche Umlagerung von Cyclopentanonoxim (V; F. 56,5°) dargestellt: Zu 700 g konz. H_2SO_4 wurden bei 105° unter Rühren 200 g V gegeben; nach Abkühlen Aufgießen des Rk.-Gemisches auf 1 kg Eis, Zugabe von NH_4OH, Extraktion mit Chlf., Verdampfen des Chlf. u. Dest. des Rückstandes; 86% (Ausbeute). Wird das Gemisch aus 10 g I mit 37 g IV 4 Std. lang auf 140° erhitzt, so werden nach Entfernung des überschüssigen IV durch Dest. u. Dest. des Rückstandes 72% des *Acetyl-Deriv.* (II), $C_7H_{11}NO_2$, Kp.$_2$ 92 bis 93°, erhalten. O. Fuchs. 4010□

Beziehung zwischen der Schmelzviscosität und den Viscositäten in Lösung von Polyhexamethylenadipindiamid. Jean Vessereau und Charles Mermoud. (Bull. Soc. chim. France **1961.** 1096—97. Juni. Lyon, Société Rhodiaceta, Labor. de Recherches chim.) (Franz.)

Vff. stellten aus einer 50%ig. wss. Lsg. des *Adipinsäure-bis-hexamethylendiamin-Salzes* (AH-Salz) unter Zusatz von 6 verschiedenen Stabilisator (Essigsäure)-Konzz. u. unter Anwendung 6 verschiedener Drücke im Endstadium der Polymerisation im Autoklaven 36 *Nylon*-Proben her, von denen die Viscosität η in der Schmelze bei 285°, ferner die Intrinsicviscosität bei 25° in 90%ig. Ameisensäure unter Benutzung der Gleichung von Huggins, $\eta_{sp}/c = [\eta] + k[\eta]^2 \cdot c$, mit $k = 0{,}11$ bestimmt wurden. Außerdem wurde die relative Viscosität bei der Konz. von 8,4 Gew.-% ebenfalls in Ameisensäure bei 25° gemessen. — Es wurde die Beziehung $\log \eta = A[\eta] + B$ (u. eine ähnliche für die relative Viscosität) gefunden, wobei B für alle Proben gleich ist u. A von der Konz. des Stabilisators abhängt. Die den Polymerisationsgrad herabsetzende Wrkg. des Stabilisators kann durch Anwendung eines niedrigeren Druckes ausgeglichen werden. Man kann annehmen, daß die Essigsäure außer ihrer stabilisierenden Wrkg. auch die Eig. hat, die Polymolekularität der Makromoll. herabzusetzen. S. Neue. 4010□

Polykation–Polyanion-Komplexe: Herstellung und Eigenschaften von Poly-(vinylbenzyltrimethylammonium)-poly-(styrolsulfonat). Alan S. Michaels und Richard G. Miekka. (J. physic. Chem. **65.** 1765—73. Okt. 1961. Cambridge, Mass., MIT, Dep. of Chem. Engng.) (Engl.)

Hochmolekulares Poly-[vinylbenzyl]-trimethylammoniumchlorid (I) reagiert in verd. wss. Lsg. (< 0,2 g/dl) mit Na-Polystyrolsulfonat (II) unter Bldg. von wasserunlösl., aber wasserhaltigem *Poly-[N-(vinylbenzyl)-trimethylammoniumstyrolsulfonat]* (III), welches äquivalente Mengen der beiden Polyelektrolyte enthält. Man erhält immer ein Rk.-Prod. stöchiometr. Zus., gleichgültig, ob die Rk.-Komponenten in äquivalenten Mengen angewendet werden oder nicht. III ist frei von Na^+- u. Cl^--Ionen. Werden höherkonz. Lsgg. (> 0,6 g/dl) gemischt, so bildet sich an der Grenzfläche der beiden Lsgg. ein extrem dünner Film (ca. 200 Å) von III, der die weitere Rk. blockiert. Der entstandene Film kann isoliert werden u. ist für einfache Elektrolyte (z. B. NaCl) gut durchlässig, dagegen weniger für größere Moll. (z. B. Methylenblauchlorid). In einem Gemisch aus ca. 20% Aceton, 20% NaBr u. 60% W. können die beiden Verbb. I u. II in Konzz. von 10 g/dl gelöst werden. Werden die viscosen Lsgg. mit W. verdünnt oder verdampft man das Aceton, so tritt Gel-Bldg. auf. Durch Auswaschen erhält man glasige, feste Stoffe, die frei von fremden Elektrolyten sind. Auf diese Weise kann man sowohl neutrales III als auch III mit überschüssigen Polyanionen oder Polykationen herstellen, welche beim Trocknen oder Quellen in Aceton unter Strukturveränderung in Verbb. übergehen, die Eigg. von Harzaustauschern aufweisen. Das neutrale III sorbiert selektiv Elektrolyte aus wss. Lösungen. Der Rk.-Mechanismus der Bldg. von III aus I u. II u. die mögliche Struktur der gebildeten Polysalze an Hand der experimentellen Ergebnisse werden diskutiert. G. Talsky. 4010□

Synthese eines Melamin–Guanidin–Formaldehyd-Anionenaustauschers. 2. Mitt. **Einfluß von Zeit und Temperatur auf den Verlauf der Synthese.** Feliks Polak und Barbara Kubiak-Bem. (Przemysł chem. **39.** 307—13. Mai 1960. Krakowie, Katedra Technol., Chem. U.J.) (Pol.) — 1. vgl. C. **1960.** 4536.

Melamin (I), *Guanidin* (II)-*Nitrat* u. *Formaldehyd* (Formalin, III) wurden im Verhältnis I/II = 1 : 1, III : I/II = 4,5 : 1 kondensiert. Die erhaltenen Gele wurden unter verschiedenen Bedingungen einer Polykondens. unterworfen. Die Austauschkapazität der Harze, bestimmt nach KUNIN u. MYERS [1952], beträgt 5 (mVal/g) nach 4std. Behandlung bei 50° u. 3,8 nach 12std. Behandlung bei 130°. Gleichzeitig nimmt die Zahl der stark bas. Gruppen des Austauschers u. sein Schüttgewicht ab. Die Titrationskurve des Austauschers entspricht der von Harzen mittlerer Basizität. Auf Grund der Ausbeute bei der Synth. u. der N-Bilanz folgern Vff., daß bei der Kondens. I u. II vollständig umgesetzt werden u. die Vernetzung prakt. vollständig über Methylenbrücken stattfindet. — 27 Literaturangaben. F. URBAN. 4010□

Copolymerisation von B-substituierten Borazolen mit Hexamethylendiisocyanat. W. W. Korschak, W. A. Samjatina, N. I. Bekassowa und Shui-shan Ma. (Высокомолекулярные Соединения [Hochmolekulare Verbind.] **2.** 1287. Aug. 1960.) (Russ.; Auszug: Engl.)

Die Copolymerisation von B-substituierten *Borazolen* (**I**) mit *Hexamethylendiisocyanat* (**II**) liefert beim Verhältnis 1 : 1 der Komponenten *Linearcopolymere* mit einander abwechselnden **I**- u. **II**-Resten, beim Verhältnis 1 : 1,5 *Netzcopolymere*, in denen alle 3 N-Atome der **I** substituiert sind. Die Copolymeren sind gelbe, glasartige Stoffe, deren Erweichungs-Temp. von den B-Substituenten in **I** abhängt. Aus *Tri-B-methylborazol* u. **II** im Verhältnis 1 : 1,5 hat das *Copolymere* die Bruttoformel $C_{15}H_{30}B_3N_6O_3$ mit einem geringen B-Unterschuß. HELMUT SCHÄFER. 4010□

Unbeständige Katalysatoren für die Polymerisation von Organosiloxanen. Alfred R. Gilbert und Simon W. Kantor. (J. Polymer Sci. **40.** 35—58. Okt. 1959. Schenectady, N.Y., General Electric Co., Res. Labor.) (Engl.)

Die Polymerisations-Verss. wurden mit folgenden Organosiloxanen ausgeführt: *Hexamethylcyclotrisiloxan* (**I**; F. 64—65°), *Oktamethylcyclotetrasiloxan* (**II**; Kp.$_{755}$ 175°, n_D^{20} 1,3968), *Dekamethyltetrasiloxan* (**III**; Kp.$_{57}$ 113°, n_D^{20} 1,3895), *Oktaäthylcyclotetrasiloxan* (**V**; Kp.$_8$ 154—155,5°, n_D^{20} 1,4342), *1.3.5.7-Tetramethyl-1.3.5.7-tetravinylcyclotetrasiloxan* (**VI**; Kp.$_{10}$ 111—112°, n_D^{20} 1,4342), *Oktaphenylcyclotetrasiloxan* (**VII**; F. 201 bis 202°), *gemischtes cycl. Methylvinylsiloxan* $[(CH_3)(CH_2{=}CH)SiO]_{4-6}$ (**VIII**; F. 60 bis 135°) u. *1.2-Bis-[heptamethylcyclotetrasiloxanyl]-äthan* (**IV**; F. 56—56,5°). Als Katalysatoren dienten bas. Verbb., die sich bei höherer Temp. unter Bldg. inaktiver Prodd. zersetzen, wodurch eine Schädigung des entstandenen Polymeren, wie sie z. B. bei Verw. von KOH oder RbOH (Verss. mit **I** u. **II**) auftritt, vermieden wird. Die Brauchbarkeit folgender Verbb. als Katalysatoren wurde untersucht: $(CH_3)_4NOH$ (**X**), Benzyltrimethylammoniumhydroxid (**XI**), $(CH_3)_4NOCH_3$ (**XII**), $(CH_3)_4POH$ (**XIII**), $(C_2H_5)_4POH$ (**XIV**), $(n\text{-}C_4H_9)_4POH$ (**XV**), $(C_6H_5)_3CH_3POH$ (**XVI**), $(C_6H_{11})_3(n\text{-}C_4H_9)POH$ (**XVII**), Tetramethylammoniumsilanolat (**XVIII**), Tetramethylphosphoniumsilanolat (**XIX**) u. Tetra-n-butylphosphoniumsilanolat (**IX**). *Copolymere* wurden aus **II** einerseits u. **III, VI, VII** bzw. **IV** andererseits hergestellt. Gute Katalysatoren sind **IX, X, XI, XIII—XIX**, wobei Polymere hoher Viscosität erhalten wurden; auch **XII** liefert hochmol. Produkte. Verbb. mit β-H-Atomen sind keine guten Katalysatoren. Die Polymerisations-Temp. betrug im allg. 100—130°. Aus **II** wurde mit **XV** ein *Silicongummi* hergestellt, der zwar die gleichen physikal. Eigg. wie ein mit KOH (statt mit **XV**) hergestellter hat, aber oberhalb 250° viel stabiler als letzterer ist. Bei der therm. Zers. von **XV** (145—150°) entstehen C_4H_{10} u. Tri-n-butylphosphinoxid, das als Antioxydationsmittel für das Polymere wirkt. **I—VIII** wurden nach Literaturangaben hergestellt. **XIII** aus $(CH_3)_4PJ + Ag_2O$, entsprechend **XIV—XVII. XVIII** aus **II** u. **X, XIX** aus **II** u. **XIII, IX** aus **II** u. **XV**. O. FUCHS. 4010□

Mit der Gérardinschen Kamera beobachtetes Abreißen im Tensiometer. Maurice Malraison. (Mém. Serv. chim. État **40.** 131—38. 1955. Grenoble, Labor. de Phys. Gén.) (Franz.)

Vf. berichtet über die kinematograph. Verfolgung des Abreißens einer an einem Ring u. an einem Bügel haftenden Fl.-Lamelle einer alkohol. Lsg. von *Gummilack* bzw. einer glycerinhaltigen Lsg. von *Teepol*. Die Lösung der Lamelle vom Ring erfolgt durch Abreißen, vom Bügel durch Brechen. C. GOTTFRIED. 4030

Diffusion von Makromolekülen des synthetischen Polyisoprens in Naturkautschuk. Ss. Je. Bressler, G. M. Sacharow und Ss. W. Kirillow. (Высокомолекулярные Соединения [Hochmolekulare Verbind.] **3.** 1072—76. Juli 1961. Inst. für hochmol. Verbb. der Akad. der Wiss. der UdSSR; Leningrad, Polytechnisches Kalinin-Institut.) (Russ.; Auszug: Engl.)

Die Diffusionsmessungen wurden an mit Tritium markiertem *Polyisoprenen* von verschiedenem Molgew. ausgeführt. Die gefundenen Diffusions-Koeff. von Polyisoprenen mit Molgew. von $8 \cdot 10^3 - 2{,}8 \cdot 10^4$ liegen bei 100° bei $6 \cdot 10^{-13} - 0{,}9 \cdot 10^{-13}$ cm²/s. Der Diffusions-Koeff. für ein Polyisopren vom Molgew. $1{,}1 \cdot 10^4$ bei Diffusion in ein Vulkanisat beträgt $(1{,}4 \pm 0{,}2) \cdot 10^{-13}$ cm²/s. Die Aktivierungsenergie zwischen 22 u. 140° wurde zu 8,7 kcal/Mol gefunden. J. v. SCHROEDER. 4030□

Die Beziehung zwischen Mikrowellenabsorption und Feuchtigkeit in Polymeren. Jack Merritt. (Analytic. Chem. **34.** 293. Febr. 1962. Emeryville, Calif., Shell Dev. Co.) (Engl.)

Die Durchlässigkeit von *Gummi* (*Butadien-* u. *Styrol-Copolymeres*) für 3-cm-Wellen wurde in Abhängigkeit von dem Feuchtigkeits-Geh. (< 0,1—1,2%) des Gummis bestimmt. Sie nimmt mit zunehmendem Feuchtigkeitsgrad linear ab. W. Betcke. 4030□

Einige Aspekte der Vulkanisierung von Gummi durch Bestrahlung. A. Ss. Kusminski, T. S. Nikitina und W. L. Karpow. (J. nuclear Energy **4.** 268. Febr. 1957.) (Engl.)

Die bei der Vulkanisierung von natürlichem *Gummi* u. von drei synthet. Typen auf *Butadien-*, *Butadien–Styrol-* u. *Nitril*-Basis durch Bestrahlung mit harter Röntgenstrahlung auftretenden Änderungen der relativen Dichte, der Struktur u. der Festigkeit werden als Funktionen der Strahlendosis gemessen. Der Einfl. verschiedener Zusätze (S, Tetramethylthiuramdisulfid, Diphenylguanidin, ZnO, Kalk u. Kaolin) sowie verschiedener Rußsorten auf die Vulkanisierungs-Geschw. wurden untersucht.
W. Betcke. 4030□

Untersuchung der Oxydation von Polydimethylsiloxankautschuk. A. Ss. Kusminski und Je. A. Goldowski. (Высокомолекулярные Соединения [Hochmolekulare Verbind.] **3.** 1054—61. Juli 1961. Forschungs-Inst. der Gummi-Industrie.) (Russ.; Auszug: Engl.)

Die Abspaltung von Methylgruppen aus *Polydimethylsiloxankautschuk* wurde bei Temp. von 258—302° im O_2-Strom untersucht. Es wurde eine Erhöhung der Geschw. der Abspaltung bis zu einer gewissen Dicke des Kautschukfilms festgestellt, nach deren Erreichung die Geschw. wieder abnimmt (infolge Verzögerung der O_2-Diffusion). Ein Teil des H der Methylgruppen bleibt in Form von Hydroxylgruppen am Si mit dem Polymeren verbunden. Die Geschw.-Kurve der Abspaltung flüchtiger Si-organ. Verbb. hat eine S-Form mit deutlicher Induktionsperiode. Die Struktur-Bldg. des Kautschuks bei 258° hängt nur von der Zahl der abgespaltenen Methylgruppen ab. Im Anfang der Oxydation ist das Verhältnis der gebildeten Querbindungen zu den abgespaltenen Methylgruppen gering, es steigt dann unter Bldg. von innermol. Bindungen an. Geringe Mengen von *N.N'-Bis-[β-naphthyl]-p-phenylendiamin* hemmen die Abspaltung in starkem Maße. J. v. Schroeder. 4030□

Der Verknäuelungsgrad von gelöstem Cellulosenitrat nach der Röntgenkleinwinkelmethode. 3. Mitt. O. Kratky und R. Breiner. (Makromolekulare Chem. **25.** 134—45. Dez. 1957. Graz, Univ., Inst. für physikal. Chemie.) (Dt.) — 2. vgl. C. **1960.** 15765.

Vff. untersuchten den Verlauf der Kleinwinkelstreuung von *Cellulosenitrat*-Lsgg. u. stellten fest, daß die theoret. zu erwartenden Werte gefunden werden. Messungen an 7 Präparaten mit DP-Werten zwischen 1244 u. 6550 ergaben eine Persistenzlänge (Maß des Verknäuelungsgrades) zwischen 103 u. 117 Å. Diese Werte stimmen mit den nach anderen Meth. erhaltenen überein, sie bestätigen erneut die von Staudinger seit langem vertretene Ansicht, daß das gelöste Cellulosenitrat-Mol. eine ziemlich gestreckte Gestalt besitzt. Das bei dieser Unters. angewandte Verf. ist nach Ansicht der Vff. das einzige, welches unmittelbar auf die Verkrümmung der einzelnen Fadenmoll. anspricht, es ist daher frei von Komplikationen, wie sie z. B. durch Verzweigungen verursacht sein können. F. Lang. 4050□

Die enzymatische Synthese von Glucoxylan. S. A. Barker, M. Stacey und D. B. E. Stroud. (J. chem. Soc. [London] **1961.** 3995—98. Sept. Edgbaston, Birmingham, Univ., Chem. Dep.) (Engl.)

Ein arabinosefreies *Xylan* (**III**; $[\alpha]_D^{19}$ —90°) aus Esparto-Gras (125 mg), das aus einer einfach verzweigten Kette von 1→4-β-verbundenen D-Xylopyranoseeinheiten (ca. 75) besteht, wurde in 2 n NaOH gelöst, die Lsg. mit 2 n HCl neutralisiert u. mit ^{14}C-Maltose u. xylanasefreier Transglucosylase aus *Penicillium lilacinum* versetzt. Nach 5tägiger Incubationszeit bei 30° wurde die Enzymaktivität durch Kochen beendet u. NaCl durch Dialyse entfernt. Durch Zentrifugieren konnten 32 mg eines lösl. Prod. (**I**; $[\alpha]_D^{18}$ +10°) mit 65% Xylose u. 35% Glucose u. einer Aktivität von 30080 cpm von 108 mg eines unlösl. Prod. (**II**; $[\alpha]_D^{18}$ —65°) mit 93% Xylose u. 7% Glucose u. 7000 cpm getrennt werden. Das für die Bldg. von *Glucoxylan* angenommene Rk.-Schema ^{14}C-Maltose + Xylan → 3-O-α-D-^{14}C-Glucopyranosylxylan + ^{14}C-Glucose wird dadurch bewiesen, daß durch Perjodatoxydation von **III, I** u. **II** u. nachfolgende Hydrolyse für gleiche Mengen 20 μg bzw. 37 μg bzw. 48 μg perjodatwiderstandsfähige Xyloseeinheiten gefunden wurden. Die Zunahme für **I** u. **II** kann mit erhöhter Verzweigung durch 3-Substitution erklärt werden. Bei der partiellen Säurehydrolyse von **II** wurde überdies chromatograph. die Anwesenheit von radioaktiver *3-O-α-D-Glucosyl-D-xylose* nachwiesen. — Da das Enzym bei einer Kontrollincubation mit ^{14}C-Maltose allein eine Polyglucose (Molgew. > 4000) bildet, ist zusätzlich mit den Rk.-Schemata: ^{14}C-Maltose + ^{14}C-Maltose → Poly-^{14}C-glucose + ^{14}C-Glucose u. ^{14}C-Maltose + 3-O-α-D-^{14}C-Glucopyranosylxylan → ^{14}C-Glucopyranosyl < 1 → 3 > -O-α-D-^{14}C-Glucopyranosylxylan zu rechnen, die durch den Nachw. der Bldg. von perjodatwiderstandsfähigen Glucoseeinheiten in I u. II (220 bzw. 130 μg) gestützt werden. H. Rossow. 4050□

Über die Heterogenität von Agar. Ss. A. Glikman und I. G. Schubzowa. (Vestnik Sloven. kemi. društva 3. 19—27. Jan./Juni 1956. Saratow, Univ.) (Russ.; Auszug: Dt.)

Agar (I) aus der *Alge Gelidium* u. aus *Ahnfeltia plicata* wurde durch Extraktion mit W. bei Temp. von 25, 45, 60, 75, 85 u. 90° in eine Reihe von Fraktionen zerlegt, die Unterschiede in der Viscosität, dem Veresterungsgrad u. dem Ca-Geh. zeigten. Während der Fraktionierung war kein Abbau von I erfolgt. $[\eta]_\infty$ hängt nicht nur vom Molgew., sondern auch von der relativen Anzahl der H_2SO_4-Estergruppen u. den an diese gebundenen Kationen ab. Ein Übergang der I-Fraktionen in Lsg. erfolgt bei desto höherer Temp., je höher das Molgew. u. je kleiner der Geh. an Estergruppen ist u. je mehr Ca-Ionen vorliegen. Durch Änderung der Zus. des Lsgm. läßt sich I nicht korrekt fraktionieren. Verss. mit elektrodialysiertem I wiesen darauf hin, daß seine Gelierfähigkeit vor allem von der Kettenlänge abhängt; aber auch die Wrkg. der H_2SO_4-Estergruppen u. der an diese gebundenen Kationen kann groß sein. M. Ulmann. 4050□

Ein Histidin enthaltendes Phosphopeptid, das durch partielle Hydrolyse von bovinem Casein mit proteolytischen Enzymen erhalten wurde. Ragnar Österberg. (Ark. Kemi **13.** Nr. 41. 409—20. 10/4. 1959.) (Engl.)

Aus einem Enzymhydrolysat, das durch Behandlung von Kuhmilch-*Casein* mit Pepsin u. nachfolgend mit Pankreatin u. kristallinem Trypsin erhalten wurde, konnte mittels Ionenaustauschchromatographie ein reines Phosphopeptid dargestellt werden. Es enthält drei Phosphatgruppen u. als Aminosäuren die Gruppierung Glutaminsäure-(Threonin, Serin$_3$, Glutaminsäure$_2$, Valin, Isoleucin$_2$). Potentiometr. wurden Ionisations-Konst. des Phosphopeptids bestimmt sowie die möglichen Bindungsverhältnisse der Phosphatgruppen diskutiert. S. Neue. 4070□

Untersuchung der Struktur und Denaturierung von Hämproteinen mittels kernmagnetischer Relaxation. R. Lumry, H. Matsumiya, F. A. Bovey und A. Kowalsky. (J. physic. Chem. **65.** 837—43. Mai 1961. Minneapolis, Univ. of Minnesota, School of Chem.; St. Paul, Minnesota Mining and Mfg. Comp., Central Res. Dep.; Minneapolis, Minn., Univ. of Minnesota, School of Med., Dep. of Physiol. Chem.) (Engl.)

Es wurden die mol. Relaxivitäten von $Fe(H_2O)_6^{2+}$ u. $Fe(H_2O)_6^{3+}$ sowie von *Ferro-* u. *Ferrihämin, Myoglobin* (Wal), *Hämoglobin* (vom Pferd u. Mensch) sowie *Methämoglobin* (Pferd u. Wal) durch die direkte Meth. bestimmt. Die Daten zeigen, daß die der Relaxation durch Hämproteine u. Ferrohämkomplexe entsprechende Zeit der Spingitter-Relaxationszeit der Eisenionen gleich ist. Durch die Unterss. wurde nicht nur die Dauer der Zeit, sondern auch die sie beeinflussenden Liganden-Feldeffekte aufgeklärt, welche jedoch nicht direkt die Stellung der Eisenionen im Protein anzeigen. Die Anwendung von Relaxivitäten zur Ermittlung der Denaturierung von Proteinen wird unter Angabe einiger Werte diskutiert. Ferner wird eine einfache Auswertung für die Relaxation in einem Zweiphasen-Syst. angegeben, um die Anwendung der Meth. der chem. Relaxationsspektroskopie für Kernrelaxationsprobleme zu demonstrieren.
Claus Fischer. 4070□

Bestimmung von N-endständigen Aminosäuren in Peptiden. John Sjöquist. (Ark. Kemi **14.** Nr. 27. 291—93. 15/10. 1959. Lund, Sweden, Univ. of Lund, Dep. of Physiol. Chem.) (Engl.)

Bei dem Vers., die PTH-Meth. von Edman zur Best. von N-endständigen Aminosäuren zur Feststellung der Aminosäuresequenz von Peptiden zu verwenden, nahmen die Ausbeuten mit jedem Schritt ab; außerdem traten mit fortschreitendem Abbau im Chromatogramm mehrfache Flecke auf. Zur Prüfung der Annahme, daß diese durch eine unvollständige Rk. des Phenylisothiocyanats (I) unter Bldg. von Nebenprodd. zurückzuführen ist, wird *Insulin* mit I behandelt u. das Rk.-Prod. nach Abdampfen des Lsgm. mit Bzl.-Äthylenchlorid ausgewaschen, bevor mit HCl-gesätt. Essigsäure cyclisiert wurde. In einem zweiten Vers. wurden Rk. u. Auswaschen der gebildeten Nebenprodd. vor der Cyclisierung zweimal wiederholt. Tatsächlich waren im letzteren Fall die Ausbeuten höher u. mehrfache Flecke traten nicht mehr auf. Die gefundenen ersten 3 Paare von Aminosäuren (Glycin u. Phenylalanin; Isoleucin u. Valin; Valin u. Asparagin) entsprechen den von Sanger u. Mitarbeitern bestimmten. Die Meth. wurde auch für die Best. der Sequenz zweier Fibrinopeptide angewandt. S. Neue. 4070□

D. J. Bell and **I. K. Grant**, eds., The structure and biosynthesis of macromolecules: Biochemical Society symposium No. 21 held at Senate House, University of London on 27 and 28 March 1961 to commerate the fiftieth anniversary of the Biochemical Society. Cambridge: Cambridge U. P. 1962. (132 S. m. 5 Taf., Tab. u. Diagr.) 30 s.

Houben-Weyl, Methoden der organischen Chemie. 4., völlig neu gestaltete Aufl. Bd. XIV, Teil 1: Makromolekulare Stoffe. Stuttgart: Georg Thieme Verl. 1962. (LXIV + 1360 S. m. 65 Abb. u. 177 Tab.) 8°. DM 287.—.

E. H. Mercer, Keratin and keratinization: an essay in molecular biology. Oxford, London: Pergamon. 1961. (XIV + 316 S. m. 24 Taf., Tab. u. Diagr.) 70 s.

R. Thomas, Recherches sur la structure et les fonctions des acides désoxyribonucléiques. Paris: Masson. 1961. (104 S.) 24 NF.

E. Biologische Chemie. Physiologie. Medizin

E_1. Allgemeine Biologie und Biochemie

Physikalisch-chemische Eigenschaften der Proteine. K. Zakrzewski. (Postępy Biochemii **5.** 265—79. 1959. Zakł. Biochem. Inst. Hematologii.) (Pol.)

Bericht über die Vorträge beim IV. Internationalen Biochemie-Kongreß (Wien 1958) zum Thema der Struktur der Proteine u. der zusammengesetzten Proteine. — Keine Literaturangaben. R. K. MÜLLER. 4100□

Die Fällung von Polyanionen durch langkettige aliphatische Ammoniumsalze. 5. Mitt. **Der Einfluß von Änderungen in der Aminstruktur auf die Fällung.** J. E. Scott. (Biochem. J. **81.** 418—24. Nov. 1961. London, Paddington, St. Mary's Hosp., Surgical Unit.) (Engl.) — Vgl. C. **1961.** 13606.

Die Unters. der Fällung von *Alginat, Heparin, Hyaluronat, Keratosulfat* u. *Pektinat* aus wss. Lsg. durch aliphat. NH_4-Ionen mit $(CH_2)_6$- bis $(CH_2)_{18}$-Paraffinketten [RNH_3^+, $R_2NH_2^+$, $RN(CH_3)_3^+$, $RNH(CH_3)_2^+$, $R_2N(CH_3)_2^+$] ergab zunehmende Fällungs-Wrkg. mit der Kettenlänge. Dieser Effekt läßt sich unter der Annahme deuten, daß die unlösl. Komplexe „ölige Partikel" sind u. mit der Übertragung von CH_2 von der wss. Phase in die Partikel eine Änderung der freien Energie von ca. 1,2 *RT* verknüpft ist. Die zur Fällung eines Polyanions (I) benötigte Konz. an organ. Kation hängt von der I-Struktur ab. Polyanionen (II) mit hoher Ladungsdichte werden leichter gefällt als weniger stark geladene. Wahrscheinlich ist die II-Fällung durch prim. NH_4-Salze kein micellares Phänomen. Das Auftreten eines Flockungsendpunktes kann durch Anwendung des Massen-Wrkg.-Gesetzes auf die Rk.-Gleichung gedeutet werden. Eine qual. Hypothese des Rk.-Mechanismus wird diskutiert. K. MAIER. 4100□

Phosphoinositide. 4. Mitt. **Inositlipide scyllithaltiger Gewebe.** J. N. Hawthorne. (Biochem. J. **81.** 425—27. Nov. 1961. Birmingham, Med. School, Dep. of Med. Biochem. and Pharmacol.) (Engl.) — 3. vgl. Biochem. J. **79.** [1961.] 193.

In der Leber des Rochens (*Raia clavata*) u. in Eicheln wurden freier *Scylloinosit* (I) [Hexaacetat, F. 285—286°] u., in geringerem Maße, *Myoinosit* (II) aufgefunden. Die Phospholipide dieser Gewebe enthalten II, jedoch kein I. K. MAIER. 4100□

Einfluß der Erwärmung und Abkühlung des Wassers auf den Gasumsatz und die Milchsäurekonzentration im Blut der an eine bestimmte Temperatur angepaßten Fische. W. A. Pegel und W. A. Remorow. (Научные Доклады Высшей Школы, Биологические Науки [Wiss. Hochschulber., biol. Wiss.] **1961.** Nr. 1. 58—61.) (Russ.)

In über 100 Verss. an *Leuciscus leuciscus baicalensis* (Dybowski) wird festgestellt, daß eine Temp.-Erhöhung des W., in dem sich die Fische befinden, um 2° im allg. einen erhöhten O_2-Verbrauch u. eine erhöhte CO_2-Abgabe zur Folge hat. Wird die Wasser-Temp. um 2° herabgesetzt, so nimmt der Gasumsatz mehr oder weniger deutlich ab; der Respirations-Koeff. zeigt nur unbedeutende Schwankungen. Bei Fischen, welche 10—12 Tage lang an eine Wasser-Temp. von 15° adaptiert waren, bewirkte eine Erhöhung der Wasser-Temp. um 2° eine Abnahme des O_2-Verbrauches bei unveränderter CO_2-Ausscheidung u. Anstieg des Respirations-Koeff. auf 1,3—1,6 sowie einen Anstieg des Milchsäure-Geh. im Blut um 40—50%. Bei Herabsetzung der Wasser-Temp. nahmen O_2-Verbrauch u. CO_2-Ausscheidung unter Anstieg des Respirations-Koeff. zu; der Milchsäure-Geh. des Blutes nahm um 10—15% zu. Die geschilderten Erscheinungen werden auf eine Temp.-Adaptation der Fermente im Rahmen des temperaturregulierenden Mechanismus der Fische bezogen. E. RENTZ. 4102□

Untersuchungen an Bakterientransformationen. 1. Mitt. **Einfluß des Zentrifugierens auf die Transformationsfähigkeit (Kompetenz) der Zellen von Diplococcus pneumoniae.** Z. Opara-Kubińska. (Bull. Acad. polon. Sci., Sér. Sci. biol. **7.** 433 bis 437. 1959. Poln. Akad. der Wiss., Inst. für Biochem. u. Biophys.) (Engl.)

Durch Aggregation beim Zentrifugieren scheint eine Anlagerung der transformierenden DNS an die Zellen leichter vonstatten zu gehen. Hierdurch ist die Transformationsausbeute nach dem Zentrifugieren höher. W. HIRTE. 4130□

Untersuchungen an Bakterientransformationen. 2. Mitt. **Der Einfluß von Tween 80 auf die Transformation der Streptomycinresistenz von Pneumokokken.** Z. Opara-Kubińska. (Bull. Acad. polon. Sci., Sér. Sci. biol. **7.** 439—43. 1959. Inst. für Biochem. u. Biophys., Poln. Akad. der Wiss.) (Engl.) — 1. vgl. vorst. Referat.

Die Transformation der Streptomycinresistenz auf einen nichtresistenten Stamm wird durch *Tween 80* völlig gehemmt. Wahrscheinlich erhöht Tween 80 die Suspendierung der Bakterien durch Veränderung der elektr. Ladungen an der Zelloberfläche, so daß die Transformations-DNS in geringeren Kontakt mit den Zellen kommt. W. HIRTE. 4130□

Genetische Aktivität der Desoxyribonucleinsäure in der Rekonstitution biosynthetischer Reaktionswege. John Spizizen. (Federat. Proc. **18.** 957—65. Dez. 1959. Cleveland, Ohio, Western Reserve Univ., Dep. of Microbiol.) (Engl.)

Übersicht über das Problem genet. Unterss. auf mol. Ebene, Konversion biochem.-blockierter *Bacillus subtilis*-Stämme durch Desoxyribonucleinsäure (DNA), Wrkg. der DNAase u. Inhibitoren, genet. Aktivität der DNA bei der Bldg. spezif. Enzyme. — 24 Literaturangaben. P. GREGORZEWSKI. 4130□

Energetische Grenzen der Mikro-Spektralphotometrie. G. Hansen. (Zeiss-Mitt. [Stuttgart] **2.** 117—24. März 1961. Oberkochen/Württ., Carl-Zeiß-Werke.) (Dt.)

Beschreibung eines Mikrospektralphotometers zur Best. der Konz. von *Nucleinsäuren* in lebenden Zellen durch Extinktionsmessung. Das mit neuen mkr. Linsenobjektiven ausgerüstete Gerät gestattet es, die Abhängigkeit der Extinktion von der Wellenlänge in einem großen Spektralbereich zu ermitteln. W. WESLY. 4150□

Codeinphosphat als Vorbehandlungs-Agens. Akhauri Balram Prasad und Umakant Sinha. (Current Sci. **30.** 30. Jan. 1961. Muzaffarpur, Bihar, L. S. Coll.) (Engl.)

Wurzelspitzen von *Pisum sativum* wurden $2^1/_2$ Std. bei 27° mit wss. 0,2%ig. *Codeinphosphat* (I)-Lsg. behandelt. Mkr. Unters. zeigt Disorganisation der Spindel, Kontraktion der Chromosomen, Aufhellung der prim. Einschnürung u. entsprechende Abtrennung der Chromosomen. I kann daher an Stelle von p-Dichlorbenzol, Cumarin oder 8-Hydroxychinolin verwendet werden. P. LOCH. 4150□

Die Zellmembran als Wirkungsstelle der Schwermetalle. Aser Rothstein. (Federat. Proc. **18.** 1026—38. Dez. 1959. Rochester, N.Y., Univ. of Rochester, School of Med. and Dent., Dep. of Rad. Biol. and Pharmacol.) (Engl.)

Übersicht, Wrkg. von Hg u. Cu auf Muskelzellen, Hemmung der Enzyme in der Zelloberfläche, Wrkg. von UO_2^{2+}-Ionen auf Hefezellen, Zerstörung der Hefemembran mit Hg. — 30 Literaturangaben. P. GREGORZEWSKI. 4150□

Der Einfluß von Sulfhydrylgruppen und ihren Inhibitoren auf die Verteilung von Radiocobalt in den Organen und Zelluntereinheiten der Maus. Laurence S. Maynard. (Ann. New York Acad. Sci. **72.** 229—37. 29/8. 1958. Baltimore, Md., Johns Hopkins Univ., School of Med., Dep. of Anatomy.) (Engl.)

Mäusen intraperitoneal injiziertes ^{60}*Co* wird im Gewebe angereichert, u. zwar vor allem in den Mitochondrien der Nieren, Bauchspeicheldrüse u. Leber. SH-haltige Substanzen wie *Cystein* erniedrigen, SH-Inhibitoren wie *Jodacetamid* erhöhen die ^{60}-Co-Aufnahme des Gewebes, haben jedoch nur geringen Einfl. auf die intracellulare Verteilung. Vf. nimmt an, daß SH-Gruppen den Transport des ^{60}Co durch die Zellmembran beeinflussen. H.-G. FLOSS. 4150□

Quantitative Untersuchungen der Nucleinsäuren in der Zelle mit Hilfe des Mikrospektrophotometers. 2. Mitt. **Nucleinsäure- und Hämoglobingehalt in erythroiden Zellen von Frosch und Huhn.** Kozo Utsumi. (Acta med. Okayama **13.** 175—88. Okt. 1959. Okayama, Okayama Univ., Med. School, Dep. of Pathol.) (Engl.)

Mit Hilfe der in der 1. Mitt. (Acta med. Okayama **13.** [1959.] 45) angegebenen mikrospektrophotometr. Meth. zur genaueren Best. des *Desoxyribonucleinsäure* (DNS)-Geh. von nach FEULGEN gefärbten Lymphocyten wurde in Erythrocyten des Hühner- u. Froschblutes die *Hämoglobin*-Synth. in ihrer Beziehung zum DNS- u. *Ribonucleinsäure* (RNS)-Geh. untersucht. Danach beginnt die Hämoglobin-Synth. im frühen Stadium des Erythroblasten, wird jedoch kurz vor der Reifung bes. stark. Der RNS-Geh. fällt in den späten Reifungsstadien deutlich ab. Die Best. des DNS-Geh. (nach FEULGEN) weist auf eine Beendigung der Mitose kurz vor der Reifung hin. Vf. folgert, daß RNS (Schlußstein der Globin-Synth.) sich von den frühen Erythroblastenstadien an entwickelt u. im letzten Reifestadium bei gesteigerter Hämoglobin-Synth. die größte Bedeutung bekommt. U. TAUSENDFREUND. 4150□

RNS-Fraktion bei der in vitro-Reifung von Retikulocyten. G. Rost und S. Rapoport. (Acta biol. med. german. [Berlin] **7.** 226—27. 1961. Berlin, Humboldt-Univ., Physiol. Chem. Inst.; Magistrat Groß-Berlin, Zentralstelle für Diabetes u. Stoffwechselkrankheiten.) (Dt.)

Bei der in vitro-Reifung von Kaninchenretikulocyten kommt es zum Verlust der Substantia reticulo-filamentosa (SRF), einer spezif. *Ribonucleinsäure*. *Purin-* u. *Pyrimidinnucleotide* werden nicht entsprechend der Zus. der SRF freigesetzt. Die *Pyrimidinnucleotide* werden schneller freigesetzt. Im Hämolysat dagegen ist die Nucleotidfreisetzung im gleichen Maße gehemmt. Vff. schließen, daß für die Abnahme der SRF bei der Reifung nicht nur die hydrolyt. wirkenden *Ribonucleasen* in Frage kommen, sondern auch spezif. energieabhängige Prozesse. Der unterschiedliche Abbau läßt auf die Existenz unterschiedlicher *Ribonucleinsäuren* schließen, unter denen sich pyrimidinnucleotidreiche befinden. Diese scheinen bei der Reifung eine besondere Bedeutung zu besitzen.

D. SCHEUCH. 4150□

Nucleinsäuren in normaler und pathologischer Haut. Leopoldo F. Montes, Arthur C. Curtis und Walter D. Block. (Dermatologica [Basel] **123.** 129—44. Aug. 1961. Ann Arbor, Mich., Univ. of Michigan, Med. School, Dep. of Dermatol.) (Engl.)

Vff. geben eine Übersicht über die in der Literatur bisher beschriebenen histochem. u. biochem. Unterss. über den Zusammenhang zwischen *Nucleinsäure*-Geh. u. den Stoffwechselaktivitäten verschiedener Hautschichten. Danach wird der *Nucleinsäure*-Geh. durch Störungen beim Hautaufbau verändert. — 92 Literaturangaben.

L. TRÄGER. 4150□

Untersuchungen über die Proteinsynthese mit Ribonucleoproteinpartikeln von Erbsensämlingen. 2. Mitt. **Der Einfluß exogener Aminosäuren.** I. D. Raacke. (Biochim. biophysica Acta [Amsterdam] **51.** 73—84. 22/7. 1961. Richmond, Calif., Kaiser Found. Res. Inst., Labor. of Comparative Biol.) (Engl.) — 1. vgl. C. **1960.** 3247.

Rohe *Ribonucleoprotein* (RNP)-Partikel aus gebleichten Erbsenkeimlingen werden homogenisiert u. durch Differentialzentrifugierung fraktioniert. Das Überstehende nach 30 Min. 20000·g wird bei 100000·g 1 Std. erneut zentrifugiert, wobei im Sediment die gewaschenen RNP-Partikel vorliegen. Werden die RNP-Partikel (ca. 1—1,5 mg Protein) in 1 ml einer Inkubationsmischung aus 50 μMol Phosphatpuffer (pH 7,5), 10 μMol $MgCl_2$, 1 μMol Adenosintriphosphat (ATP) u. 1 μMol *^{14}C-DL-Phenylalanin* (I) bis zu 160 Min. lang bei 37° gehalten u. die Protein-Synth. bzw. der I-Einbau verfolgt, so zeigt sich, daß beide Vorgänge bis zu 120 Min. Inkubationszeit mit der Zeit linear verlaufen. Werden die RNP-Partikel jedoch vorher über Nacht gelagert, so verlaufen die beiden Prozesse nicht mehr so einheitlich. Vf. schließt daraus, daß die kinet. Balance zwischen den aufeinanderfolgenden Rk.-Schritten bei der Protein-Synth. in den frisch hergestellten RNP-Partikeln durch Lagerung gestört wird. Durch Best. der Ninhydrin-positiven Verbb. vor oder nach Lagerung wird ausgeschlossen, daß bei der Lagerung Proteasen wirksam werden. Vielmehr muß die Beschleunigung bei der Biosynth. auf ein erhöhtes Angebot an Vorläufern zurückgeführt werden. Werden nämlich 0,05 μMol Tyrosin u. je 0,5 μMol von 14 weiteren Aminosäuren zur Inkubationsmischung zugegeben, so verläuft die Protein-Synth. analog der mit RNP-Partikeln, die eine Nacht gelagert haben. Jedoch verläuft der I-Einbau in Ggw. überschüssiger Aminosäuren verändert. I findet sich in trichloressigsäurelösl. Fraktion. Diese Fraktion repräsentiert ein Stoffwechselzwischenprod. bei der Biosynth. der trichloressigsäureunlösl. Proteinfraktion. Wird aus den RNP-Partikeln, die ca. 2,5 μMol innerer Aminosäuren/mg Protein enthalten, durch Waschen dieser Vorrat auf ca. 0,6 μMol/mg vermindert, so ist die Protein-Synth. stark abhängig von der Ggw. von Guanosintriphosphat, ATP u. dem Aminosäuregemisch.

L. TRÄGER. 4150□

Nickelvergiftung. 11. Mitt. **Beteiligung von Nickel als pulmonares Carcinogen im Tabakrauch.** F. William Sunderman und F. William Sunderman jun. (Amer. J. clin. Pathol. **35.** 203. März 1961. Philadelphia, Pa., Jefferson Med. Coll.) (Engl.) — 9. vgl. A. M. A. Arch. ind. Health **20.** [1959.] 36.

In 6 amerikan. Zigarettenmarken konnte ein *Ni*-Geh. von 1,59—3,07 μg/Zigarette u. in Zigarren- bzw. Pfeifentabak 3,19 bzw. 2,72 μg *Ni*/g nachgewiesen werden. Im Hauptstromrauch fanden sich bei Zigaretten durchschnittlich 20% des Gesamt-Ni-Geh., im Zigarrenrauch 26%, im Pfeifenrauch 13%. Der Filter einer der Zigarettenmarken wies 0,04% Ni auf. Bei Abschätzung des carcinogenen Effekts von Ni im inhalierten Rauch muß berücksichtigt werden, daß bei der nur in geringem Maße für Lungencarcinom anfälligen Ratte eine 3mal wöchentliche Exposition gegenüber Ni-Carbonyl-Inhalation (30 μg/Liter) innerhalb eines Jahres bei einer Gesamtmenge von 1930 μg Ni carcinogenet. wirkt u. daß Personen mit einem Zigarettenkonsum von 2 Päckchen/Tag 5400 μg Ni inhalieren (3fache Menge). Ni sollte deshalb aus Tabakrauch eliminiert werden. U. TAUSENDFREUND. 4160☐

Erzeugung von Blasenkrebs an Ratten mit N.N-Dibutylnitrosamin. H. Druckrey, R. Preussmann, D. Schmähl und M. Müller. (Naturwissenschaften **49.** 19. 1. Jan.-H. 1962. Freiburg/Br., Univ., Chirurg. Klinik.) (Dt.)

Durch Verfüttern von 37 bzw. 75 mg *Dibutylnitrosamin*/kg täglich an Ratten entstehen bösartige Geschwülste. In der niedrigeren Dosierung traten nach einer Gesamtaufnahme von 8—10 g/kg Plattenepithelcarcinome in Speiseröhre u. Harnblase auf. Die höhere Dosierung führt zu Lebercarcinomen. P. LOCH. 4160☐

Durch Methylcholanthren verursachte Sarkome an der Cervix uteri der Maus. P. Laffargue, A. Samso und H. François. (C. R. Séances Soc. Biol. Filiales **155.** 1276 bis 1277. 1961. Alger, Centre Pierre et Marie Curie, Labor. d'Anat.-Pathol.) (Franz.)

Vff. stellten fest, daß *Methylcholanthren* (**I**) vorwiegend bei kastrierten Mäusen Sarkome an der Cervix uteri hervorruft. — Die histolog. Befunde werden ausführlich dargelegt. — Diskussion der Frage, warum bes. bei kastrierten Tieren **I** wirksam ist. H. KOCKERT. 4160☐

Über das Bluteiweißbild bei Bronchialcarcinom und Magencarcinom. Hans Berndt (mathemat. Bearbeitung von Heinrich Schwarz). (Arch. Geschwulstforsch. **18.** 209—14. 1961. Berlin, Robert-Rössle-Klin., Inst. für Med. u. Biol. der Forsch.-Gemeinsch. der Dtsch. Akad. der Wiss. zu Berlin.) (Dt.)

Bei 208 Patienten mit Bronchialcarcinom u. 131 mit Magencarcinom sank mit fortschreitender Ausdehnung der Geschwulst die Albumin-Konz. im Serum ab, die *Gesamtglobulin-* u. *α-Globulin*-Konz. stieg an, während der Gesamteiweißwert gleich blieb. Bei Bronchialcarcinom wurde eine Zunahme der *β-Globuline*, bei Magencarcinom der *γ-Globuline* beobachtet. Es bestand kein Unterschied im Bluteiweißbild von Patienten mit Lebermetastasen im Vgl. zu Personen mit anderen Fernmetastasen ohne Befall der Leber. K. ZINGRAF. 4160☐

Untersuchungen über die Sulfationsfaktor-Aktivität von menschlichem Serum. Abnahmegeschwindigkeit des Serum-Sulfationsfaktors nach Hypophysektomie. Sven Almqvist und Thomas Falkheden. (Acta endocrinol. [Copenhagen] **37.** 315—20. Juni 1961. Stockholm, Karolinska Sjukhuset, Dep. of Endocrin. and Metabol.; Göteborg, Sahlgrenska Sjukhuset, Med. Clin. II.

Bei 3 Patienten mit Mammacarcinom u. 2 mit Acromegalie wurde nach Hypophysektomie bzw. nach Entfernung eines esoinophilen Adenoms die Sulfationsfaktor (SF)-Aktivität im Serum verfolgt. Innerhalb von 12 Std. nach der Hypophysektomie war der Serum-SF-Spiegel variabel u. sank dann mit fortschreitender Zeit exponentiell auf die üblichen postoperativen Geh. ab. Die Halbwertszeit des Serum-SF lag bei den Hypophysektomiefällen zwischen 9 u. 18 Stunden. P. SCHWERDTFEGER. 4160☐

Wirkung eines magnetischen Feldes auf Sarkom-37-Ascitestumorzellen. Indumati L. Mulay und L. N. Mulay. (Nature [London] **190.** 1019. 10/6. 1961. Cincinnati, Ohio, Inst. Divi Thomae; Univ. of Cincinnati, Chem. Dep.) (Engl.)

Lebende Ascitestumorzellen zeigen in vivo nach 18std. Einw. eines magnet. Feldes von 4000 Gauß völlige Degeneration. Die chem. Komponenten der Zelle weisen vermutlich verschiedene Grade magnet. Empfindlichkeit auf; dadurch bewirkte Veränderungen führen möglicherweise zur Degeneration. U. TAUSENDFREUND. 4160☐

Aktivität von Angustimycinen gegen experimentelle Infektionen und transplantable Tumoren. Nobuo Tanaka, Toshio Nishimura, Hideyo Yamaguchi und Hamao Umezawa. (J. Antibiotics [Tokyo], Ser. A **14.** 98—102. März 1961. Tokyo, Univ., Inst. of Appl. Microbiol.) (Engl.)

Durch orale oder subkutane Applikation (0,02—4 mg/je Tier) von *Angustimycin A* (**I**) u. *Angustimycin B* (**II**) wurde die Überlebensrate intraperitoneal mit *Streptococcus pyogenes* oder *Staphylococcus aureus* infizierter Mäuse erhöht. Entsprechend dem in vitro-Test war die Wrkg. von **II** besser. Dieses Resultat ist unerwartet, da die antibiot. Wrkg. von **I** u. **II** durch Purinkörper aufgehoben wird. Bei Ratten konnte eine Wrkg. von **I** u. **II** gegen das WALKER-Adenocarcinom beobachtet werden, gegen Adenocarcinom 755, EHRLICH-Carcinom u. Sarkom 180 war keine wesentliche Aktivität nachweisbar. F. RADLER. 4160☐

Der Gebrauch von Heilmittelkombinationen zur Chemotherapie der Neoplasie. Abraham Goldin und Nathan Mantel. (Cancer Res. **17.** 635—54. Aug. 1957. Bethesda, Md., Nat. Cancer Inst.)

Übersicht. — 84 Literaturangaben. P. LOCH. 4160☐

E_2. Enzymologie. Gärung

Molekularmechanismen für die Wirkung hydrolytischer Enzyme. Richard M. Krupka und Keith J. Laidler. (Nature [London] **190**. 916—18. 3/6. 1961. Ottawa, Univ. of Ottawa, Dep. of Chem.) (Engl.)

Im Anschluß an die C. **1960**. 17610 referierten Arbeiten werden Vorstellungen über den akt. Bezirk bei Enzymen, bes. bei *Acetylcholinesterase* an Hand eines Modells entwickelt. A. HESSE. 4200□

Untersuchungen über das Algencytochrom des c-Typs. Sakae Katoh. (J. Biochemistry [Tokyo] **46**. 629—32. Mai 1959. Tokyo, Univ. of Tokyo, Fac. of Sci., Dep. of Biophysics and Biochem.) (Engl.)

Aus mehreren Algenarten der Familien *Rhodophyceae* (*Porphyra tenera, Grateloupia* sp., *Gelidium amansci*), *Phaeophyceae* (*Undaria pinnatifida*), *Chlorophyceae* (*Ulva* sp., *Monostroma nitidum*) u. *Cyanophyceae* (*Talypothrix tenuis*) wurde ein *Cytochrom* (I) vom Typ c isoliert: red. Form, α-Bande 552—553 mμ, β-Bande 520—521 mμ, SORET-Bande 415—416 mμ, oxydierte Form, 530 mμ (Wert), SORET-Bande ca. 408 mμ. I erwies sich elektrophoret. u. säulenchromatograph. als einheitlich. Die Absorptionsspektren der alkal. Pyridin- u. Cyanidhämochromogene waren mit denen aus Säuger-I ident., d. h. es liegen in beiden ident. Porphyrine vor. Das normale Redoxpotential E_0' (20°, pH 7,0) lag bei 0,30—0,34 V. K. MAIER. 4210□

Dehydrogenasesysteme aus dem Fettkörper von gegen Chlordan empfindlicher und resistenter Blattella germanica (L.). Roger G. Young. (J. econ. Entomol. **51**. 867—69. Dez. 1958. Ithaca, N.Y., Cornell Univ., Dep. of Entomol.)

Fettkörper-Präpp. von *Chlordan*-empfindlichen (a) u. resistenten Küchenschaben (b, *Blattella germanica*) werden zur Best. der Dehydrogenaseaktivitäten mit *Malat* u. *Diphosphopyridinnucleotid* sowie mit *Triphosphopyridinnucleotid* u. $MgCl_2$ zusammengebracht. Die *Äpfelsäuredehydrogenase* (I), *6-Phosphogluconatdehydrogenase* (II) u. *Glucose-6-phosphatdehydrogenase* (III) hat bei ♀ Tieren eine um ca. 1/3 höhere Aktivität als bei ♂. I weist bei b um ca. 1/3 höhere Aktivitäten im Vgl. zu a auf, die statist. gesichert sind. III hat bei b etwas stärkere Aktivität. Die Verhältnisse bei der II sind nicht eindeutig. P. FAHRNLAENDER. 4210□

Vereinfachung der Methode von Thunberg zur Bestimmung der Aktivität von Dehydrasen. Eugen Macovschi und Natalia Moldoveanu. (Studii Cercetări Biochim. **1**. 389—92. 1958. Acad. R.P.R., Inst. de biochim.) (Rum.)

Die Meth. von THUNBERG (vgl. ABDERHALDEN, Handbuch der biolog. Arbeitsmeth., 1936, Abt. IV, Teil 2, 2310) wird dadurch vereinfacht, daß statt des Schliffrohres ein 10—20 ml fassendes Reagensglas mit schräg abwärts führendem Ansatzrohr verwendet wird, u. daß statt der Entfernung von Luft mit einer Vakuumpumpe eine Adsorption von O_2 durch ein Gemisch von 50 ml 30%ig. Pyrogallol-Lsg. mit 175 ml 60%ig. KOH erfolgt. Während in das Hauptrohr Puffer-Lsg. u. das Dehydrase enthaltende Material eingeführt wird, enthält das Ansatzrohr das Substrat u. einen H-Acceptor, z. B. Methylenblau. Die Best. der Dehydrase-Geh. in Homogenaten von Rattenhirn u. -herz, Frischmilch u. Weizenkeimextrakt nach der Original-Meth. u. nach der modifizierten Meth. stimmen gut überein. R. K. MÜLLER. 4210□

Oxidaseaktivität im Speichel eines Pflanzenkäfers. P. W. Miles und Ann Helliwell. (Nature [London] **192**. 374—75. 28/10. 1961. Adelaide, Univ., Waite Agricult. Res. Inst.) (Engl.)

Die Haupt- u. Nebenspeicheldrüsen des Pflanzenkäfers *Aphanus sordidus* Fabr. wurden mit BURSTON-*Oxydase*-Reagens (vgl. Nature [London] **184**. [1959.] 476) mit u. ohne Inhibitoren behandelt. In Abwesenheit von Inhibitoren fand eine vollständige Anfärbung der Speicheldrüsen statt. In Ggw. von 0,003m *KCN* wurde keine Anfärbung gefunden, 0,003m NaN_3-Lsg. färbte die Nebendrüse sowie den Hauptspeichelkanal. Speichel gab mit u. ohne NaN_3, nicht aber in Ggw. von KCN, eine Färbung. Weitere Verss. gaben Aufschluß über unterschiedliche Oxydase-Syst. in Speicheldrüsen, -kanal u. benachbarten Organteilen. J. BOELTER. 4210□

Vergleichende Untersuchungen über den oxydativen Abbau von $^{14}C_{(1)}$-Äthanol und $^{14}C_{(1)}$-Acetat in Leber und Niere. J.-P. van Wartburg und H. M. Eppenberger. (Helv. physiol. pharmacol. Acta **19**. 303—22. 1961. Bern, Univ., Med.-chem. Inst.) (Dt.)

Die Bldg.-Geschw. von $^{14}CO_2$ aus $^{14}C_{(1)}$-*A*. betrug in Leberschnitten der Ratte 19,2 ± 6,0 u. in Nierenschnitten 49,2 ± 17,6 μMol/g Trocken-Gew./h. Die entsprechenden Werte für $^{14}C_{(1)}$-Acetat lagen 4- bzw. 6mal höher (in beiden Fällen war pH ca. 6 optimal). Wenn beide Substrate zugleich vorhanden waren, so wurde eine wechselseitige

Abnahme der $^{14}CO_2$-Bldg. bewirkt. Die $^{14}CO_2$-Bldg. aus $^{14}C_{(1)}$-A. wurde durch Pyruvat, D-Alanin u. Oxalacetat gesteigert, durch Malonat, Fluoracetat u. verschiedene Metabolite des Citronensäurecyclus verringert; L-Alanin u. NH_4^+ waren unwirksam. Bei Nierenschnitten trat eine Anhäufung von Aldehyd im Ansatz ein. Kombinierte Anwendung von Nierenschnitten u. Leberhomogenaten steigerte die Oxydationsrate für A. um ca. 70%. K. ZINGRAF. 4210□

Die Atmungsaktivität und Permeabilität der Sarkosomen von Musca domestica. S. G. Van den Bergh und E. C. Slater. (Biochem. J. **82.** 362—71. Febr. 1962. Amsterdam, Niederlande, Univ. of Amsterdam, Labor. of Physiol. Chem.) (Engl.)

Vff. stellten fest, daß aus dem Brustmuskel der Stubenfliege isolierte Sarkosomen *α-Glycerophosphat* (I) u. *Pyruvat* (II) mit etwa der für das fliegende Insekt berechneten Geschw. oxydieren. Diese rapide Oxydation wird begleitet von hohen P:O-Werten in Abwesenheit von Serumalbumin u. wird in hohem Maße durch die *Adenosindiphosphat* (*ADP*)-Konz. kontrolliert. — *Glutamat, red. Diphosphopyridinnucleotid* (*DPNH*) u. *Zwischenprodd. des* KREBS-*Cyclus* werden weit weniger schnell als **I** u. **II** oxydiert; hierbei ist die oxydative Phosphorylierung herabgesetzt u. die Atmungskontrolle kaum meßbar. Dieser Befund wird durch das Vorliegen von Permeabilitätsbarrieren in den Sarkosomen gegenüber diesen Substraten erklärt. Zugabe der überstehenden Fraktion der Thoraxmuskeln zu den die vorst. aufgeführten Substrate oxydierenden Sarkosomen verursacht eine Stimulierung der Atmung, der Phosphorylierung u. der Atmungskontrolle. Diese Stimulierung wird offenbar durch kontinuierliche Bldg. von äquimol. Mengen an **I** u. **II** aus in der überstehenden Fraktion vorliegenden Kohlenhydraten bewirkt. H. KOCKERT. 4210□

Die Kristallisation des Komplexes von D-Aminosäureoxydase und „Substrat-Substitut". Kunio Yagi und Takayuki Ozawa. (Nature [London] **192.** 70—71. 7/10. 1961. Nagoya, Univ., School of Med., Dep. of Biochem.) (Engl.)

Aus Mischungen von *D-Aminosäureoxydase-Apoprotein* (**I**), *Flavinadenindinucleotid* (**II**) u. *p-Nitrobenzoesäure* (**III**) wurde analog einem früheren Verf. (vgl. C. **1961.** 10225) ein krist. Prod. (A) erhalten, das seine volle Fermentaktivität bei 3 Min. langem Erhitzen auf 60° behielt. Das Absorptionsspektrum im sichtbaren Bereich von A wurde als Summe der Spektren von Coenzymbenzoat u. **III** angesehen. Aus dem nach Abtrennung von **I** durch Erhitzen (3 Min. bei pH 5,0) erhaltenen Lsg. wurde bei pH 8,3 an Hand des Spektrums eine Zus. von A zu 1,2 Mol **III**, 1,1 Mol **I** u. 1,0 Mol **II** gefunden, so daß eine äquimol. Zus. anzunehmen ist. A wird als ein „Substrat-Substitut" angesehen, wobei **III** an denselben Stellen wie das Substrat gebunden, aber nicht oxydiert wird. J. BOELTER. 4210□

Biochemische Untersuchungen an Sulfat reduzierenden Bakterien. 8. Mitt. **Die Funktion von Cytochrom von Sulfat reduzierenden Bakterien beim Abbau von Formiat und bei der Reduktion von Schwefel und Hydroxylamin.** Makoto Ishimoto, Tatsuhiko Yagi und Masaru Shiraki. (J. Biochemistry [Tokyo] **44.** 707—14. Nov. 1957. Tokyo, Univ., Fac. of Sci., Dep. of Chem.) (Engl.) — 7. vgl. C. **1958.** 10095.

Zellfreie Extrakte von *Desulfovibrio* reduzieren *S* u. *Hydroxylamin* mit H_2 nur, wenn *Cytochrom c* (**I**) vorhanden ist. **I** ist ebenso für die Spaltung von *Formiat* zu H_2 u. CO_2 erforderlich. **I** dient als Elektronenüberträger u. kann in den 3 Rkk. durch Methylviologen ersetzt werden. Von **I** durch Ionenaustauscher befreite Extrakte erhalten ihre Enzymaktivität wieder, wenn **I** zugefügt wird. Die Bedeutung von **I** bei anaeroben Rkk. wird im Hinblick auf die entwicklungsgeschichtliche Entstehung von aeroben aus anaeroben Mikroorganismen diskutiert. F. RADLER. 4210□

Autoxydation von Thiol- und Disulfidgruppen in alkalischem Medium. D. Povoledo, C. de Marco und D. Cavallini. (Ital. J. Biochem. **7.** 78—86. März/April 1958. Rom, Univ., Ist. di Chim. Biol. e C.N.R., Centro di Enzimologia.) (Engl.)

Vff. untersuchten die Autoxydation von *Cystein, Cystin, Glutathion, Cysteamin, Cystamin, Homocystin, Diformylcystin* u. *Lanthionin* in alkal. Lsg., die bei der Unters. von Enzymaktivitäten zu fehlerhaften Schlüssen führen kann, im WARBURG-App. u. fanden, daß Cu^{2+} katalyt. wirksam ist u. daß unter anderen Verbb. Sulfinsäuren entstehen. P. GREGORZEWSKI. 4200□

Die Isolierung und Reinigung von Pankreas-Desoxyribonuclease. Werner Baumgarten, Reginald F. Johnson, Robert F. Finger und Frank E. Pagenkemper. (Arch. Biochem. Biophysics **77.** 206—15. Sept. 1958. West Point, Merck, Sharp and Dohme Res. Labor.) (Engl.)

Aus 150 kg Rinderpankreas wurde *Desoxyribonuclease* in besserer Ausbeute als früher ($2260 \cdot 10^6$ Enzymeinheiten) u. in etwa derselben Reinheit wie das krist. Präp.

(800—1200 Einheiten/μg N) gewonnen. Die Drüsen werden mit H_2SO_4 extrahiert, dann $(NH_4)_2SO_4$ zugegeben u. nachher der pH-Wert von 1,5 auf 4,5 gebracht. Weiterhin wird im wesentlichen nach McCART verfahren, fraktionierte Fällung mit Ammonsulfat.

M. WIEDEMANN. 4210□

Desoxyribosenuclease-I-Einfluß auf die Entwicklung von Rana nigromaculata. L. C. Sze, T. F. Yang, S. L. Yao und S. M. Wang. (Sci. Res. [Peking] [N. S.] **3.** Nr. 7. 308—10. Juli 1959. Peking, Academia Sinica, Inst. of Biophys.) (Engl.)

1,2·10^{-3} μg *Desoxyribosenuclease I*, in befruchtete Eier injiziert, beeinflußt die Zellteilung nur geringfügig, im frühen Blastulastadium ist die Größe der Zellen etwas vergrößert gegenüber den Kontrollen, u. dieser Effekt tritt stärker im Gastrulastadium in Erscheinung. Die Invagination ist unnormal, u. es resultieren verschiedene abnormale Embryos. Bei der doppelten Dosis erstreckt sich diese Wrkg. auf fast alle behandelten Eier. — 31 Bilder.

P. GREGORZEWSKI. 4210□

Der Einfluß adsorbierender Stoffe auf die Strahlungsinaktivierung der Desoxyribonuclease I. George Fletcher und Shigefumi Okada. (Radiation Res. **11.** 291—98. Sept. 1959. Rochester, N.Y., Univ. of Rochester, School of Med., Div. of Exp. Radiol.) (Engl.)

Krist. *Desoxyribonuclease I* (**I**) wurde wahlweise mit folgenden Adsorbentien gemischt: *Dowex-Ionenaustauscher-Harz, Flo-Brite* (Säure-aktivierte Walkererde), *Knochenasche, fettfreies Knochenmehl, Kieselsäure, Silicagel, Celite Nr. 425, Lipoide, Cellulosepulver.* Es wurden jeweils 2 ml **I** (Konz. 5 μg in 10 ml) mit einer Lsg. von 10 mg der Adsorberstoffe in 18 ml W. gemischt. Während des Mischprozesses werden die Proben mit ungefilterter 250 kV-Röntgenstrahlung bestrahlt (Dosisleistung 1,452 r/min, Gesamtdosis 1090 r) u. die **I**-Aktivität nach ALLFREY u. MIRSKY (J. gen. Physiol. **36.** [1952.] 227) bestimmt. Dabei ergab sich durchweg, daß die Strahlungsinaktivierung der **I** durch die Adsorbentien verringert wird. Der Grad der Inaktivierung hängt von dem Anteil **I** ab, der adsorbiert ist. So tritt überhaupt keine Inaktivierung mit 1090 r ein, wenn das gesamte Enzym an gepulverter Cellulose adsorbiert ist. Der Wrkg.-Mechanismus dieser Form eines Strahlenschutzes wird als Oberflächeneffekt interpretiert.

W. REUSSE. 4210

Übertragung der Desoxyribosyl-Gruppe. A. Minghetti. (Ital. J. Biochem. **8.** 224 bis 230. Juli/Aug. 1959. Labor. Ricerche Microbiol. e Chimioterapia „Farmitalia".) (Engl.)

Vf. erhielt aus *Lactobacillus leichmanii* einen Enzymextrakt, der die *Desoxyribosyl*-Gruppe natürlicher *Desoxyriboside* auf *Purin-* u. *Pyrimidinbasen* überträgt. Der Austausch kann auf zwei verschiedenen Rk.-Wegen verlaufen, von denen der eine ein pH-Optimum von ca. 6 hat u. ohne Phosphat abläuft, der andere Phosphat erfordert u. sein Optimum bei pH 7,5 hat. Außerdem ist der *Desoxyribosyl*-Austausch abhängig von den Substituenten der *Nucleosidbase.* Ist Cytosin in $C_{(5)}$ bromiert, so erfolgt der Austausch mit u. ohne Ggw. von Phosphat u. in größerer Ausbeute als mit *Cytosin.* Trägt Cytosin oder Uracil in $C_{(2)}$ eine SH-Gruppe, so wird die Umsetzung stark gehemmt, doch bleibt das Enzym aktiv.

P. GREGORZEWSKI. 4210□

Kennzeichnung und Verhalten der Mg^{2+}-abhängigen Adenosintriphosphatase im Schwanz der Xenopuslarve während Wachstum und Metamorphose. B. Niehus und R. Weber. (Helv. physiol. pharmacol. Acta **19.** 344—59. 1961. Bern, Univ., Zool. Inst.) (Dt.)

Bei pH 7,7 wird die *Adenosintriphosphatase*-Aktivität (AA) im Schwanzhomogenat von Xenopuslarven durch 0,001 m $CaCl_2$ oder $MgCl_2$ aktiviert u. durch 0,001 m Salyrgan oder 0,0001 m 2.4-Dinitrophenol (allein oder in Kombination mit 0,001 m $MgCl_2$) gehemmt. Nach 3 Std. hat das Homogenat 20—60% der ursprünglichen Aktivität verloren. Die spezif. Aktivität (bezogen auf Gesamt-N) nimmt bei älteren Larven bis zum Eintritt der Metamorphose erheblich zu u. sinkt während derselben mit Verkürzung des Schwanzes ab. Im wachsenden Schwanz findet man einen konst. Geh. an freiem Phosphat, in der Metamorphose dagegen eine stets abnehmenden. Die Mg^{2+}-abhängige AA verhält sich umgekehrt wie die Kathepsine u. die saure Phosphatase u. dürfte eine Bedeutung für den synthet. Zellstoffwechsel besitzen.

K. ZINGRAF. 4210□

Myocardiale Myosine. 1. Mitt. **Krystallisation und enzymatische Wirkung bei der Transphosphorylierung.** Anwar A. Hakim. (Enzymologia [Den Haag] **20.** 86—97. 15/11. 1958. Miami Beach, Fla., Miami Heart Inst., Res. Labor.) (Engl.; Auszug: Franz.)

Krist. *Myosin A* u. krist. *Myosin B*, deren Herst. aus Herzmuskel der Maus beschrieben wird u. die nach den Ergebnissen der Einw. von Ribonuclease bzw. Desoxyribonuclease *Nucleinsäuren* enthalten, liefern bei Einw. auf *Tryptophan* (**I**) oder *Kynurenin* (**II**) in Ggw. von Adenosintriphosphat phosphoryliertes **I** bzw. **II**.

A. HESSE. 4210□

Über die Inaktivierung der anorganischen Pyrophosphatase bei Inkubation ohne Substrat. D. Scheuch und S. M. Rapoport. (Acta biol. med. german. [Berlin] **5.** 475—86. 1960. Berlin, Humboldt-Univ., Physiol. Chem. Inst.) (Dt.)

Die Inkubation der *anorganischen Pyrophosphatase* (I) von roten Blutkörperchen ohne Substrat führt innerhalb von 5 Min. zu einem 80%ig. Aktivitätsabfall. Diese Inaktivierung ist von der Ionenstärke u. der Temp. abhängig, sie folgt etwa der Kinetik einer Rk. 1. Ordnung. *Mg*-Ionen, *Pyrophosphat* u. *Cystein* schützten das Enzym gegen die Inaktivierung. Durch Cystein kann die Inaktivierung rückgängig gemacht werden. *Albumin* u. *Äthylendiamintetraacetat* konnten die Inaktivierung nicht verhindern. Die Inaktivierung ist in stromafreiem Hämolysat von Retikulocyten kaum pH-abhängig. In Erythrocyten ist **I** zwischen pH 7,0 u. 7,3 relativ stabil. Gereinigte Hefe-**I** zeigte eine Stabilität zwischen 7,5—8,0. Unter pH 7,5 findet man nach 20 Min. langer Inkubation eine hochgradige Inaktivierung, die ebenfalls durch Mg^{2+}, *Pyrophosphat* u. *Cystein* verhindert werden kann. Die Inaktivierung kommt wahrscheinlich durch die Oxydation der essentiellen SH-Gruppen von **I** zustande. Es wird eine Arbeitshypothese über die Enzymsubstrat-Zwischenwrkg. gegeben, die die Ergebnisse erklären kann. Der Aktivitätsverlust der **I** beim Übergang vom Retikulocyten zum Erythrocyten ist nicht auf einen spezif. Hemmstoff zurückzuführen. Er hängt wahrscheinlich mit der hohen Labilität der **I** durch die essentielle SH-Gruppe zusammen (vgl. auch Nature [London] **186.** [1960.] 967 u. Klin. Wschr. **38.** [1960.] 767). D. SCHEUCH. 4210☐

Hefe-Acylphosphatase. A. Guerritore, G. Ramponi, A. M. Firenzuoli und S. Bartoli. (Ital. J. Biochem. **8.** 293—308. Sept./Okt. 1959. Firenze, Univ., Ist. di Chim. biol.) (Engl.)

Vff. bereiteten einen wss. Extrakt aus teilweise autolysierter Hefe u. bestimmten nach Inkubation dieses Extraktes mit Acetylphosphat mit der Hydroxamsäure-Meth. das unhydrolysierte Acetylphosphat u. damit die *Acylphosphatase*-Aktivität. Hefeextrakte verschiedenen Ursprungs zeigten verschiedene Eigenschaften. Brauereihefeextrakt zeigt ein Optimum bei pH 5,5, starke Aktivierbarkeit durch Mg^{2+}-Ionen u. reversible Hemmung durch p-Chlormercuribenzoat; Bäckerhefeextrakt hat sein pH-Optimum bei 4,1, wird durch Mg^{2+} nicht, aber durch SH-Gruppen blockierende Reagentien aktiviert. P. GREGORZEWSKI. 4210☐

Metallbedarf der Oscillatoria-Phosphorylase. Jerome F. Fredrick. (Physiol. Plantarum [Copenhagen] **12.** 868—72. 1959. New York, N.Y., Dodge Chemical Comp.)

Vf. konnte experimentell nachweisen, daß die *Algenphosphorylase* aus *Oscillatoria princeps* zur Aktivierung Mn^{2+}-Ionen benötigt. P. GREGORZEWSKI. 4210☐

Ein Vergleich der in vitro-Aktivitäten von Phosphorylase b und Cytochromoxydase in Präparaten aus zwei Ochsenmuskeln. E. J. Briskey und R. A. Lawrie. (Nature [London] **192.** 263—64. 21/10. 1961. Madison, Wis., Univ. of Wisconsin, Animal Husbandry Dep.) (Engl.)

Post rigor u. prae rigor aus dem Musculus sternocephalicus (A) u. dem Herzen sowie post rigor u. prae rigor aus dem Musculus psoas major (B) des Ochsen isoliertes *Glykogen* (**I**) wurde in vitro der Einw. von *Phosphorylase b* (**II**; ebenfalls aus A u. B des Ochsen isoliert) unterworfen. Die beiden **II**-Präpp. zeigten gleichen **I**-Präpp. gegenüber gleichhohe **II**-Aktivitäten; bei verschiedenen **I**-Präpp. wurden jedoch erheblich unterschiedliche Aktivitäten gefunden. Der post rigor vollständige Abbau von **I** in A in vitro im Vgl. zur Glykolyse in situ, die nur unvollkommen verlief, kann mit einer Inaktivierung von **II** in situ oder mit einer die Rk. beeinflussenden Zellorganisation (funktionelle Verschiedenheit von **I** in vitro u. in situ) erklärt werden. **I** aus B prae u. post rigor isoliert, wurde durch **II** gleichmäßig abgebaut. Die potentielle Atmungskapazität (gemessen an der *Cytochromoxydase*-Aktivität) war in A doppelt so groß wie in B, bezogen auf das ganze Organ. Der erheblich größere **I**-Vorrat in A läßt auf andere Funktionen als nur zur Energieerzeugung durch Atmung oder Glykolyse schließen.

J. BOELTER. 4210☐

Das Entkoppeln der Phosphorylierung bei Chlorella durch 2.4-Dichlorphenoxyessigsäure. Randolph T. Wedding und M. Kay Black. (Plant and Soil [The Hague] **14.** 242—48. Mai 1961. Berkeley, Univ. of California, Dep. of Plant Biochem.) (Engl.)

10^{-4} m *2.4-Dichlorphenoxyessigsäure* (**I**) red. den ^{32}P-Einbau in Adenosindi- u. Adenosintriphosphat auf ca. 30% bei Chlorella im Vgl. zu unbehandelten Zellen. Der totale P-Geh. lag bei 25% bei den behandelten im Vgl. zu den unbehandelten Zellen. *Dinitrophenol* (**II**) zeigte stärkere Einbauhemmung als **I**. **I** u. **II** zeigen, auf die Konzz. der undissoziierten Säuren bezogen, gleiche Wrkg. auf die O_2-Aufnahme der Chlorella. Die O_2-Aufnahme nimmt bis zu Konzz. von 10^{-6} m langsam u. von 10^{-6} bis 10^{-5} m rasch zu. Konzz. über 10^{-5} m rufen sehr steilen Abfall hervor. W. HILLER. 4210☐

Studien über die oxydative Phosphorylierung und die ATPase-Aktivität frischer und gefrorener Hirnmitochondrien. Magdalena Berger Wechsler. (Arch. Biochem. Biophysics **95.** 494—98. Dez. 1961. New York, N.Y., Columbia Univ., Coll. of Physicians and Surgeons, Dep. of Biochem., New York State Psychiatric Inst., Dep. of Exp. Psychiatry.) (Engl.)

In Ggw. von Ochsenserumalbumin konnte eine Stimulierung der *oxydativen Phosphorylierung* (o.P.) mit frisch in 0,25 m Saccharose präparierten Rattenhirnmitochondrien festgestellt werden. Jedoch war ein Ansteigen der P:O-Werte nur in begrenzten Konz.-Bereichen der Mitochondrien (M) möglich. Obwohl frische Hirn-M weniger stabil als Leber-M in bezug auf die o.P. sind, behalten sie doch eine gewisse Aktivität (nach 3 Tagen 20%) bei sofortigem Einfrieren bei —15° bei. Zugabe von *2.4-Dinitrophenol* (I) u. *Nicotinamid* stimulieren stark die o.P. der gefrorenen Hirn-M. — Die *ATPase*-Aktivität sowohl frischer als auch gefrorener Hirn-M wurde durch Mg^{2+} stark stimuliert, durch I nicht. S. VIERKÖTTER. 4210□

Studien über die die Differenzierung alkalischer Phosphatasen aus verschiedenen Geweben betreffenden Faktoren. William Landau und Max Schlamowitz. (Arch. Biochem. Biophysics **95.** 474—82. Dez. 1961. Buffalo, N.Y., Roswell Park Memorial Inst., Dep. of Biochem. Res.) (Engl.)

Auf Grund der relativen Aktivitäten (A) menschlicher *alkalischer Phosphatasen* (I) von Leber, Niere (N), Milz, Knochen u. Darm (D) gegenüber den Phosphomonoestern (II) *β-Glycerophosphat* (III), *p-Nitrophenylphosphat*, *Threoninphosphat*, *Phenolphthaleinphosphat*, *Adenosin-5'-phosphat* u. *Phosphoglycerinsäure* als Substraten, konnte eine Differenzierung in zwei Gruppen durchgeführt werden, indem sich I aus D deutlich von allen anderen unterschied. Mit Hilfe der K_m-Werte konnte keine Differenzierung durchgeführt werden. Lsgg. von I aus D u. N als den Vertretern beider Gruppen wurden an DEAE-Cellulose mit Hilfe der Gradientelution (NaCl in Tris-Puffer) zu trennen versucht u. die Eluate auf ihre Aktivität bzgl. einiger der oben genannten Substrate analysiert. In allen Chromatogrammen (Diagramme: Aktivität/Fraktion) fielen die Peaks für III mit denen aller anderen Substrate zusammen, woraus sich ergibt, daß die unter einem Peak eluierten A ein u. demselben Enzym zuzuordnen sind. Auch Hemmungs- u. Hitzeinaktivierungs-Verss. zeigen, daß die A von I aus einem Organ gegenüber mehreren II einem Enzym mit einer breiten Spezifität zugeschrieben werden müssen.

S. VIERKÖTTER. 4210□

Der Einfluß des Alters, des Geschlechts und der Geschlechtshormone auf den Stoffwechsel der Haut. 2. Mitt. Alkalische Phosphatase. Shalini Valanju und T. H. Rindani. (Indian J. med. Res. **49.** 470—73. Mai 1961. Bombay, Topiwala Nat. Med. Coll., Dep. of Physiol.) (Engl.)

Die Aktivität der *alkal. Phosphatase* in der Rattenhaut steigt zunächst mit dem Alter u. dem Körper-Gew. der Tiere an. Bei gleichem Gew. ist die Aktivität bei männlichen Tieren größer als bei weiblichen. Entfernt man die Ovarien, nimmt die Aktivität ab, um sich nach einer Östradiolinjektion wieder Normalwerten zu nähern.

M. LORENZ. 4210□

Chemische Aktivität eines Glucose-3-Amino-1.2.4-triazol-Adduktes. Arthur C. Gentile und Jerome F. Fredrick. (Physiol. Plantarum [Copenhagen] **12.** 862—67. 1959. Amherst, Mass., Univ. of Massachusetts, Dep. of Bot.; New York, N.Y., Dodge Chemical Comp.)

Beim mehrtägigen Stehen eines Gemisches aus *3-Amino-1.2.4-triazol* u. *Glucose* in W. bildet sich ein *Glucosid.* Dieses Glucosid kann als Substrat für Hexokinase fungieren, allerdings ist die Affinität gegenüber Glucose höher. P. GRECORZEWSKI. 4210□

Untersuchungen über Kohlenhydrate umwandelnde Enzyme. 7. Mitt. Hefe-Isoamylase. Zeenat H. Gunja, D. J. Manners und Khin Maung. (Biochem. J. **81.** 392—98. Nov. 1961. Edinburgh, Univ., Dep. of Chem.) (Engl.) — 6. vgl. Biochem. J. **80.** [1961.] 304.

Hefe (*Saccharomyces cerevisiae*) enthält ein „Entzweigungsenzym", *Isoamylase* (I), das nur die äußeren α-(1 → 6)-glucosid. Bindungen von *Amylopektin* u. *Glykogen* (II), nicht aber α-(1 → 4)-glucosid. Bindungen des letzten, hydrolysiert. I ist von den entsprechenden pflanzlichen u. tier. Enzymen [R-Enzym, Amylo-(1 → 6)-glucosidase] verschieden. I wurde aus Hefeextrakt durch Acetonfraktionierung bei —7° abgetrennt. Die Abtrennung von Verzweigungsenzym gelang durch Stärkebehandlung von Maltase durch saure Behandlung bei pH 4,5 (10 Std., 18°). Gereinigte I greift Maltose, Isomaltose u. Maltotriose nicht an. Das pH-Optimum für II als Substrat ist ca. 6 (25°). 10 mm Borat u. 10 mm Gluconolacton hemmen I völlig, ebenso 0,1 mm $HgCl_2$. SH-Reagentien blokkieren nur teilweise, NH_4-Molybdat stark. K. MAIER. 4210□

Vorübergehende Umwandlungen von Hexosen. Saul Roseman. (Federat. Proc. **18.** 984—87. Dez. 1959. Ann Arbor, Mich., Univ. of Michigan, Rackham Arthritis Res. Unit and Dep. of Biol. Chem.) (Engl.)

Übersicht. — 14 Literaturangaben. P. GREGORZEWSKI. 4210□

Die ernährungsmäßigen Voraussetzungen für die induzierte Bildung des Äpfelsäureenzyms im Lactobacillus arabinosus (17-5). Sheila M. Bocks. (Nature [London] **192.** 89—90. 7/10. 1961. London, Univ. Coll., Dep. of Bot.) (Engl.)

Lactobacillus arabinosus wurde in Phosphatpuffer mit *Äpfelsäure* (I), *Glucose*, *Mn*-Salz u. den zu untersuchenden Zusätzen inkubiert (90 Min.) u. nach Behandlung mit Chloramphenicol auf seine Fähigkeit, I abzubauen, untersucht. Zusatz von einem Purin–Pyrimidin-Gemisch (A), bestehend aus *Adeninsulfat*, *Guanin*, *Thymin* u. *Uracil*, erhöhte die Induktion des „*malic enzyme*" (II). Die stärkste II-Induktion wurde mit einer Caseinaminosäuremischung (B) + A erhalten, wobei B durch eine Mischung von 11 als wirksam erkannte Aminosäuren (*L-Arginin*, *L-Cystin*, *L-Histidin*, *L-Leucin*, *L-Lysin*, *L-Methionin*, *DL-Phenylalanin*, *L-Tryptophan*, *L-Tyrosin*, *DL-Valin*, *L-Isoleucin*) ersetzt werden konnte. Die Aminosäuren allein waren unwirksam. J. BOELTER. 4210□

Die Präputialdrüsen der weiblichen Ratte als Rohstoff für β-Glucuronidase. Margaret I. Stern. (Nature [London] **192.** 359. 28/10. 1961. Chelsea, Hosp. for Women, Endocrine Labor. Unit.) (Engl.)

Die Präputialdrüsen von ♀ Ratten wurden homogenisiert, nach LEVVY u. Mitarbeiter (vgl. C. **1959.** 840) extrahiert, die rohe *β-Glucuronidase* (I)-Lsg. durch Fällung mit $(NH_4)_2SO_4$ gereinigt u. der Nd. in Na-Acetatpuffer (pH 5,2) aufgenommen. Eingefroren verlor I nur langsam an Aktivität. Das I-Präp. enthielt keine *Phenolsulfatase*.

J. BOELTER. 4210□

Hemmung und Reaktivierung der Cholinesterasewirkung im Gehirn von mit Organophosphaten und Carbamatverbindungen vergifteten Stubenfliegen. D. C. Mengle und J. E. Casida. (J. econ. Entomol. **51.** 750—57. Dez. 1958. Madison, Wis., Univ. of Wisconsin, Dep. of Entomol.) (E. gl.)

♀ Stubenfliegen wurden mit 21 Insekticiden behandelt. Danach wurden Toxizität u. die in vivo-Hemmung der Gehirncholinesteraseaktivität (G) bestimmt. Die die DL_{50} überlebenden Fliegen zeigten vor der Reaktivierung der G hyperakt. u. paralyt. Symptome. Die Zeit der höchsten Mortalitätsrate u. der Erscheinung paralyt. Symptome fiel mit der der stärksten Enzymhemmung zusammen. Außer bei *Isolan* war bei allen Insekticiden Reaktivierung der G nach 1280 Min. erreicht. *Trolene* u. *Thimet* wurden in vivo zu den akt. Antiesteraseagentien oxydiert, die Cholinesterasehemmung scheint durch die Oxydation nicht verzögert zu sein. P. FAHRNLAENDER. 4210□

Enzymatische Hydrolyse von Propionylcholin, Acetylthiocholin und Butyrylthiocholin durch den Froschrectus. J. Jacob und M. Pécot-Dechavassine. (Experientia [Basel] **14.** 330—32. 15/9. 1958. Paris, Inst. Pasteur, Serv. de Chim. Thérap., Labor. de Pharmacol.) (Franz.)

Bei der enzymat. Hydrolyse durch Extrakt aus dem Rectus abdominis des Frosches wird *Propionylcholin* durch eine *Acetylcholinesterase* (I; 70%) u. eine *Pseudocholinesterase* (II; 30%), *Acetylthiocholin* durch I (70%), II (15%) u. eine *Thioesterase* (III; 15%) u. *Butyrylthiocholin* durch II (70%) u. III (30%) hydrolysiert.

K. ZINGRAF. 4210□

Die Wirkung von Urease und β-Amylase auf Harnstoff beziehungsweise Stärke in Gegenwart einiger Glucoproteinkoazervate. Eugen Macovschi, Sabin-Sorin Vasu und Mioara Cîrsteanu. (Studii Cercetări Biochim. **1.** 297—311. 1958. Acad. R.P.R., Inst. de biochim.) (Rum.)

Inhaltlich ident. mit der C. **1961.** 13590 referierten Arbeit. R. K. MÜLLER. 4210□

Glucosaminsäurebildung aus Glucosamin in Rattenhirnrinde. L. Pandolfo und G. Di Chiara. (Ital. J. Biochem. **8.** 287—92. Sept./Okt. 1959. Palermo, Univ., Ist. di Chim. Biol.) (Engl.)

Rattenhirnrindenhomogenat wurde mit *D-Glucosaminhydrochlorid* inkubiert. Aus dem Überstand konnten Vff. mit Hilfe der Säulenchromatographie *D-Glucosaminsäure* isolieren. P. GREGORZEWSKI. 4210□

Isonicotinsäurehydrazid-Wirkung auf die Transaminierung zwischen L-Alanin und α-Ketoglutarsäure. M. R. Alioto. (Ital. J. Biochem. **8.** 361—76. Nov./Dez. 1959. Neapel, Univ., Ist. di Chim. Biol.) (Engl.)

Gewebehomogenate von Rattenniere, -leber, -lunge u. -darmschleimhaut wurden mit *L-Alanin* u. *α-Ketoglutarsäure* u. mit oder ohne *Isonicotinsäurehydrazid* (I) inkubiert. In allen Fällen wird die Transaminierung durch I-Zusatz beträchtlich inhibiert. Vf. diskutiert die Möglichkeit, daß SCHIFFsche Basen Intermediär-Prodd. der Transaminierung sind. P. GREGORZEWSKI. 4210□

Synthese der Oxalessigsäure und Verwertung der Brenztraubensäure bei H-Avitaminose. C. S. Rossi, F. Rossi und C. R. Rossi. (Sperimentale **107.** 243—46. Juli/Aug. 1957. Padova, Univ., Ist. di Chim. Biol. e Ist. di Patol. generale.) (Ital.)

In der Leber von *Biotin*-Mangelratten war die Aktivität der *Glutaminsäure-Brenztraubensäure-Transaminase* nicht verändert, die der *Asparaginsäure-α-Ketoglutarsäure-Transaminase* dagegen wesentlich herabgesetzt. K. ZINGRAF. 4210□

Pharmakologische Schädigungen des Zentralnervensystems und Serumtransaminase-Aktivität. R. Pellegrini. (Sperimentale **107.** 260—70. Juli/Aug. 1957. Bologna, Univ., Ist. di Farmacol. e Terap. sperim.) (Ital.)

Dauerverabreichung von *Morphin, Cocain, Heroin, Dolisin* u. *Mescalin* sowie Insulinschock u. Hypoglykämie bewirkten bei Albinoratten eine Zunahme der *Glutaminsäure-Oxalessigsäure-Transaminase*-Aktivität des Serums. K. ZINGRAF. 4210□

Enzymatischer Austausch von Proteinamidogruppen. Amos Neidle, Mary J. Mycek, Donald D. Clarke und Heinrich Waelsch. (Arch. Biochem. Biophysics **77.** 227—29. Sept. 1958. New York, N.Y., Columbia Univ., Coll. of Physicians and Surgeons, Dep. of Biochem.; New York State Psychiatric Inst.) (Engl.)

Das *Ca^{2+}*-aktivierte lösl. *Enzym*-Syst. (I) der Meerschweinchenleber (CLARKE u. Mitarbeiter, C. **1959.** 16043), welches den Einbau von markierten prim. Aminosäuren, von *$^{15}NH_3$* u. Aminosäureamiden in Proteine katalysiert, wird weiter untersucht. Es zeigt sich, daß bei *Casein* (**II**), das mittels **I** $^{15}NH_3$ aufgenommen hat, ^{15}N sich hauptsächlich in der Amidogruppe von *Glutamin* (**V**) findet; die hierzu führende Rk. scheint der Wrkg. der *Glutamintransferase* analog zu sein. — Zn^{2+}-freies *Insulin* (**III**) erwies sich als ein ausgezeichnetes Substrat. Möglicherweise spielt eine Transferase vom Typ des **I** in vivo eine Rolle bei Bindung von **III** u. anderen Peptidhormonen an spezif. Acceptorproteine. — **II** wurde nach Inkubation mit **I** + Ca^{2+} erschöpfend desaminiert u. auf Geh. an *Lysin* (**IV**) untersucht. Dabei wurde nur dasjenige **IV**, dessen ε-NH_2-Gruppen blockiert waren, wiedergefunden. Die mittels der ε-NH_2-Gruppe gebundene **IV**-Menge entsprach der bei Inkubation mit **I** freigesetzten NH_3-Menge. Dies deutet zusammen mit der nachgewiesenen Aktivität der Amidogruppe von **V** auf einen enzymat. bewirkten Ersatz dieser Amidogruppe durch die ε-NH_2-Gruppe von **IV** unter Bldg. einer neuen Peptidbindung. Solche Bindung kann für die Tatsache verantwortlich sein, daß nur $^2/_3$ des **IV** im *Kollagen* eine freie ε-NH_2-Gruppe aufweisen, wobei aber die wahre Natur dieser Bindung in nativem Protein noch nicht geklärt ist. A. HESSE. 4210□

Desaminierung natürlicher Aminosäuren in Rattengeweben. F. Salvatore und S. Papa. (Ital. J. Biochem. **8.** 231—47. Juli/Aug. 1959. Neapel, Univ., Ist. di Chim. Biol.) (Engl.)

Vff. untersuchten die oxydative Desaminierung von *l-Valin* u. *l-Leucin* mit verschiedenen Rattengewebeproben. Ohne u. in Ggw. von *Na-Arsenit* (**I**; 0,001 m), *Glutaminsäure* (**II**) u. *α-Ketoglutarsäure* (**III**) durchgeführte Unterss. ergaben folgendes: **I** u. **II** haben keinen Einfl. auf die sehr geringe Desaminierung, **III** wirkt hemmend. Vff. schließen daraus, daß die Desaminierung nicht über das *Ketoglutarglutaminsäure-Syst.* verläuft. P. GREGORZEWSKI. 4210□

Untersuchungen über Taka-Acylase. 1. Mitt. **Reinigung und Eigenschaften von Taka-Acylase aus Takadiastase.** Masayori Inouye und Shiro Akabori. (J. Biochemistry [Tokyo] **48.** 603—16. Okt. 1960. Osaka, Osaka-Univ., Fac. of Sci., Labor. of Biochem.) (Engl.)

Taka-Acylase (**I**), ein Aminosäuren abspaltendes, durch *Co^{2+}* aktiviertes Metallenzym, wird nach Einw. auf *Acetyl-DL-phenylalanin* oder *Chloracetyl-DL-valin* bei pH 7,8 (37°) in Ggw. von Co^{2+} u. colorimetr. Verfolgung der Ninhydrin-Rk. bestimmt. **I** konnte aus handelsüblicher *Takadiastase* durch Fällungs-Rkk. (unter Abtrennung von krist. *Takaamylase*) u. Zonenelektrophorese an einer Stärkesäule ca. 1000fach gereinigt werden. **I** wird nur durch Co^{2+} aktiviert, während andere Metalle (in der Reihenfolge $Cu^{2+} > Cd^{2+} > Fe^{2+} > Cr^{3+} > Fe^{3+} > Ni^{2+} > Zn^{2+} > Mn^{2+}$) hemmen. In Ggw. von Na-Acetat oder Na_2SO_4 schützen diese Metalle jedoch gegen Hitzeinaktivierung. — Bei niedrigen Co^{2+}-Konzz. liegt das pH-Optimum bei pH 8,6; mit höheren Co^{2+}-Konzz. werden 2 Optima bei pH 8,0 u. 10,0 gefunden. — Die Wrkg. der **I** wird durch Äthylendiamintetraessigsäure fast völlig aufgehoben, jedoch durch Zusatz von Co^{2+} wiederhergestellt. — Da **I** durch p-Chlormercuribenzoesäure stark gehemmt wird u. die Wrkg. durch Zusatz von Thioglykolsäure wiederhergestellt wird, scheint **I** ein SH-Enzym zu sein. — Das von Carboxypeptidase (Pankreas) hydrolysierte Carbobenzoxyglycyl-L-leucin wird von **I** nicht angegriffen. Dagegen wurde außer den oben genannten Substraten noch *Chloracetyl-L-tyrosin* von **I** hydrolysiert. — Die Aktivierungsenergie beträgt bei den genannten Substraten ca. 14000 cal in Ggw. von Co^{2+}. A. HESSE. 4210□

Wirkung von proteolytischen Enzymen auf dephosphoryliertes Casein. T. A. Sundararajan und P. S. Sarma. (Enzymologia [Den Haag] **20.** 57—61. 15/11. 1958. Madras, Indian, Univ., Biochem. Labor.) (Engl.; Auszug: Dt.)

Dephosphoryliertes Casein wird von *Pepsin* rascher als unverändertes *Casein* (I) hydrolysiert, während *Trypsin* beide Prodd. mit gleicher Geschw. spaltet. — Die Angabe von RIMINGTON (Biochem. J. **21.** [1927.] 204), daß ein mit Alkali behandeltes I der Wrkg. der proteolyt. Enzyme einen Widerstand entgegensetzt, wird bestätigt.

A. HESSE. 4210□

Collocalia-Mucoid: Ein Substrat für die Myxovirusneuraminidase. Calderon Howe, Lucille T. Lee und Harry M. Rose. (Arch. Biochem. Biophys. **95.** 512—20. Dez. 1961. New York, N.Y., Columbia Univ., Coll. of Physicians and Surgeons, Dep. of Microbiol.) (Engl.)

Aus der nestzementierenden Substanz der als „Vogelnest" bekannten chines. Delikatesse wurde durch wiederholte wss. Extraktion bei 65° (2—3 Std.) ein als *Collocalia Mucoid* (I) bezeichnetes Material gewonnen. Hydrolyse (H) mit 2n HCl bei 100° (1 Std.) ergibt ca. 45% *Kohlenhydrate* (ca. 30% reduzierende Zucker, ca. 15% *Hexosamin*). Nach 10 Min. langer H in 0,1n H_2SO_4 bei 80° wurde das chromatograph. als *N-Acetylneuraminsäure* identifizierte Chromogen erhalten. H (17 Std.) in 6n HCl bei 100° u. papierchromatograph. Analyse ergaben 10 *Aminosäuren*: *Cys, Lys, Arg, Asp, Ala, Pro, Tyr, Val, Phe, Leu.* I ist empfindlich gegenüber der *Neuraminidase* des Influenzavirus aller getesteten Stämme u. besitzt keine Blutgruppenantigene.

S. VIERKÖTTER. 4210□

Untersuchungen über das pH-Optimum des elastolytischen Systems. V. Scarselli. (Ital. J. Biochem. **8.** 207—11. Juli/Aug. 1959. Mailand, Univ., Ist. di Fisiol. Umana.) (Engl.)

Standardisiertes *Elastase*-Präp. zeigt ein pH-Optimum zwischen 8,2 u. 9,0.

P. GREGORZEWSKI. 4210□

Fettstoffwechsel bei höheren Pflanzen. 16. Mitt. **Acetylcoenzym A-Carboxylase und Acylcoenzym A-Malonylcoenzym A-Transcarboxylase aus Weizenkeim.** M. D. Hatch und P. K. Stumpf. (J. biol. Chemistry **236.** 2879—85. Nov. 1961. Davis, Calif., Univ. of California, Dep. of Biochem. and Biophys.) (Engl.)

Weizenkeimauszüge enthalten eine *Acylcoenzym A-Carboxylase* (HATCH u. Mitarbeiter, Federat. Proc. **20.** [1961.] 273), die *Malonylcoenzym A* (I) gegenüber sehr akt. ist. Es werden eingehende Angaben gemacht über die präparative Darst. dieser Carboxylase (Gewinnung eines Pulvers aus dem Aceton-Extrakt von vermahlenen Weizenkeimen), über seine Reinigung, über die Durchführung der Inkubations-Verss., die dabei eingesetzten, teilweise radioakt. markierten Substrate, die analyt. Verff. zur Best. der enzymat. Prozesse, die Differenzierung der enzymakt. Extrakte in Acetylcoenzym A-Carboxylase u. Malonylcoenzym A-Transcarboxylase mit Ermittlung ihrer Substratspezifität. In Tabellen u. graph. Darst. werden die Vers.-Ergebnisse mitgeteilt über die für die carboxylat. Wirksamkeit der 2 Enzyme erforderlichen Cofaktoren, über den Effekt des pH, über die Ermittlung der MICHAELIS-Konst. an Hand von Studien über Gleichgewichtslage, über den Einfl. von *Avidin* u. *Biotin*, über die Wrkg. ausgewählter Thiol-Verbb. bzw. Thiolinhibitoren. Im rohen Weizenkeimextrakt ist ein Enzym vorhanden, das eine reversible Transcarboxylierung unter Bldg. von α-substituiertem I entsprechend der Gleichung: Propionyl-CoA (Butyryl-CoA) + Enzym-CO_2 ⇌ Methylmalonyl-CoA (Äthylmalonyl-CoA) + Enzym katalysiert; dieses Ferment wird als *Malonylcoenzym A-Transcarboxylase* (II) bezeichnet. Daneben findet sich im Extrakt eine *Acetylcoenzym A-Carboxylase* (III), die folgende Rk. katalysiert: Enzym + ATP + $CO_2 \xrightleftharpoons{Mg^{2+}}$ Enzym-CO_2 + ADP + P; Enzym-CO_2 + Acetyl-CoA ⇌ Malonyl-CoA + Enzym. Letztere Rk. bedarf der Cofaktoren ATP u. Mg^{2+}, die bei der vorgenannten Transcarboxylase nicht erforderlich sind. Die Prodd. des Umsatzes von II u. III mit Acetyl-, Propionyl- bzw. Butyryl-CoA sind Malonyl-, Methylmalonyl- bzw. Äthylmalonyl-CoA; Acetyl-CoA erweist sich bei beiden Rkk. als am stärksten aktiv. Avidin hemmt signifikant beide Fermentprozesse; dies wird als Hinweis dafür gedeutet, daß Biotin als Cofaktor zu betrachten ist; auch Thiole u. Dithiole wirken hemmend, woraus gefolgert wird, daß eine Protein–Dithiol-Gruppierung als funktionell anzunehmen ist; metabol. Betrachtungen über die erörterten Fermentprozesse. — 44 Literaturangaben.

K. TÄUFEL. 4210□

Untersuchungen über ein Lipoxydasesystem in Samen und gekeimten Samen der Sonnenblume. Oluf L. Gamborg und Saul Zalik. (Canad. J. Biochem. Physiol.

36. 1149—57. Nov. 1958. Edmonton, Alberta, Univ. of Alberta, Dep. of Plant Sci.) (Engl.)

Lipoxydase [I; gemessen an O_2-Aufnahme durch K-Linoleat (II) bei pH 7,0 oder 7,4 im WARBURG-App. bzw. spektrophotometr. an der Änderung des Absorptionsspektrums durch die Oxydations-Prodd.] konnte in Samen u. in gekeimten Samen der Sonnenblume nachgewiesen werden. Eine teilweise Reinigung der I konnte erzielt werden durch Herst. von Acetonpulver aus gekeimten Samen, Extraktion mit 1% ig. Desoxycholat + $2 \cdot 10^{-2}$m $KHCO_3$ (2 : 1) oder mit $5 \cdot 10^{-2}$m Phosphatpuffer (pH 7,5), Fällen der I mittels $(NH_4)_2SO_4$, Lösen des Nd. in $5 \cdot 10^{-2}$m K-Phosphatpuffer, pH 7,5, u. Dialyse (gegen dest. W.). Optimale I-Wrkg. wird bei pH 6,8 u. 100% O_2 erhalten; K_m $1{,}64 \cdot 10^{-3}$m (II als Substrat). Die Rk.-Prodd. sind konjugierte Diene. Die I-Wrkg. wird durch Fe^{3+}, Mn^{2+}, Mg^{2+} oder Ca^{2+} sowie durch Azid, CN^-, Diäthyldithiocarbamat, Äthylendiamintetraacetat, Jodacetamid oder p-Chlormercuribenzoesäure nicht beeinflußt. Offenbar sind bei Sonnenblumen-I (im Gegensatz zu Urdbohnen [„urd beans"]) SH-Gruppen zur Wrkg. nicht erforderlich. I wird durch α-Tocopherol nicht beeinflußt, aber durch Brenzcatechin, α-Naphthol, A. oder II gehemmt. — Leinöl, Rapsöl u. Sonnenblumenöl vermindern die Gesamtoxydation von II durch I. — *$CuSO_4$* fördert die I-Wrkg., wahrscheinlich, indem es sek. Wrkg. katalysiert. — I-Aktivität ist mit den bei 15000·*g*, 25000·*g* bzw. 100000·*g* erhaltenen Fraktionen des Homogenats (Mitochondrien, Zwischenprodd., Mikrosomen) vergesellschaftet. — Bei der Keimung der Samen nimmt die I-Wrkg. anfänglich zu, bleibt vom 3.—6. Tage auf der erreichten Höhe u. nimmt dann allmählich ab. Diese Abnahme verläuft etwa ebenso wie die Abnahme an Öl [u. die gleichzeitige Zunahme der *Lipase* (III)] in den keimenden Samen. In vivo ist die I-Wrkg. wohl durch die Wrkg. der III begrenzt. A. HESSE. 4210□

Wirkstärke der Enzymsysteme der Fettsäurenoxydation bei Biotin-Avitaminose. C. S. Rossi, F. Rossi und C. R. Rossi. (Sperimentale **107.** 247—54. Juli/Aug. 1957. Padova, Univ., Ist. di Chim. Biol. e Ist. di Patol. Gen.) (Ital.) — Vgl. C. **1962. 9018.**

In der Leber von *Biotin*-Mangelratten ist bei fortgeschrittener Avitaminose die Aktivität der Enzym-Syst. für die Oxydation kurzkettiger Fettsäuren wesentlich verringert. K. ZINGRAF. 4210□

Über die Bildung von Acyl-Coenzym in der Leber von Ratten bei Biotin-Avitaminose. C. R. Rossi, C. S. Rossi und F. Rossi. (Sperimentale **107.** 255—59. Juli/Aug. 1957. Padova, Univ., Ist. di Patol. Gen. e Ist. di Chim. Biol.) (Ital.) — Vgl. vorst. Referat.

Im Anfangsstadium der Avitaminose ist bei *Biotin*-Mangelratten die *Acyl-Coenzym A* (I)-Bldg. langkettiger Fettsäuren (II) erhöht, die der kurzkettigen II bleibt unverändert; bei fortgeschrittener Avitaminose ist die I-Bldg. beider II-Typen verringert. K. ZINGRAF. 4210□

Die Inaktivierung von A-Methopterin durch das acetylierende Enzymsystem aus Taubenleber. V. Krishnamurthy und Beatriz M. Braganca. (Nature [London] **192.** 68—69. 7/10. 1961. Bombay, Indian Cancer Res. Centre, Enzyme Chem. Dep.) (Engl.)

Die Hemmung des Wachstums von *Streptococcus faecalis* durch 0,5—0,8 mμg *A-Methopterin* (I)/ml wurde durch 5% ig. Extrakte von Acetontrockenpulver [worin sich das acetylierende Enzym-Syst. (A) befindet] aus Taubenleber in 0,2m *NaF*-Lsg. bei Inkubation über 180 Min. um über 40% erniedrigt. Die ursprüngliche Inhibitor-Wrkg. von I konnte durch Autoklavieren der Rk.-Lsg. wiederhergestellt werden. Verss. mit nach CHOU u. LIPMAN (vgl. J. biol. Chemistry **196.** [1952.] 89) hergestellten A-Fraktionen ergaben, daß die I-Hemmung nur in Ggw. der akt. Proteinfraktionen, die das zur Acetylierung von aromat. Aminen notwendige *ATP*, *CoA* u. *Acetat* enthielten, erniedrigt wurde. *p-Aminobenzoesäure* verhinderte die I-Inaktivierung durch A, war aber selbst ohne Einfl. auf das Wachstum von S. faecalis. Die I-Inaktivierung erfolgte offenbar durch Acetylierung von I. I hemmte die Acetylierung von *Sulfanilamid*, war aber ohne Einfl. auf die Acetyl-CoA-Bildung. I hemmt offenbar die Acetylierung von aromat. Aminen durch Interferenz mit der Transferasekomponente des Gesamtsystems.
J. BOELTER. 4210□

Änderungen der wirksamen Enzymkonzentration in der wachsenden Rattenleber. 1. Mitt. Einfluß von Fasten und nachfolgender Vollernährung. Guillermo Soberón und Estela Sánchez Q. (J. biol. Chemistry **236.** 1602—06. Mai 1961. México, Inst. Nat. de la Nutric., Dep. of Bioquim.) (Engl.)

Bei Füttern mit Vollernährung (Casein als N-Quelle) nach 4tägigem Fasten wurde das ursprüngliche Leber-Gew. rasch wieder erreicht; jedoch nicht, wenn die Nahrung *Zein* (I) (dem Tryptophan u. Lysin fehlen) als einzige Proteinquelle enthielt. — Während des Fastens wurde in der Leber (nach anfänglichem Verlust) eine Zunahme von *Glutaminsäure–Brenztraubensäure-Transaminase, Arginase, Fumarase, Bernsteinsäuredehydrogenase*

u. vor allem von *β-Glucuronidase* beobachtet, während eine dem Verlust an Leberprotein vergleichbare Abnahme von *alkal. Phosphatase*, *Glutaminsäure–Oxalessigsäure-Transaminase* u. *Aldolase* eintrat. Bei nachfolgender Vollernährung wurde bei 6 dieser Enzyme der ursprüngliche Geh. wieder erreicht. Bei Verw. von I in der Vollernährung erfolgte Verringerung im Gesamtgeh. an Enzymen, vergleichbar mit dem niedrigeren Leber-Gew. der mit I gefütterten Tiere. A. Hesse. 4210□

Änderungen der wirksamen Enzymkonzentration in der wachsenden Rattenleber. 2. Mitt. Leberregeneration nach partieller Hepatektomie. Estela Sánchez Q., Guillermo Soberón, Olivia Palacios, Evangelina Lee und Magdalena Kuri. (J. biol. Chemistry **236.** 1607—10. Mai 1961.) (Engl.) — 1. vgl. vorst. Referat.

Ratten wurden 3 verschiedenen Ernährungsbedingungen unterworfen: 1. volle Diät (Casein), 2. Zeindiät, 3. Zein enthaltende Diät für 8 Tage vor der Hepatektomie. Der Anfangs-Geh. an *Glutaminsäure–Brenztraubensäure-Transaminase* (**I**), *Arginase* (**II**), *Aldolase* (**III**), *Fumarase* (**IV**) u. *Bernsteinsäuredehydrogenase* (**V**) war bei den Tieren der Gruppe 3 geringer als bei den anderen. Während der Regeneration erfolgte Abfall im Gesamtgeh. von **I**, **II** u. *β-Glucuronidase*. Bei Tieren der Gruppe 3 waren die spezif. Aktivitäten von **I**, **III**, **IV**, **V** u. *alkal. Phosphatase* (**VI**) größer als bei den anderen Gruppen. **VI** u. *Glutaminsäure–Oxalessigsäure-Transaminase* nehmen während der Regeneration zu. A. Hesse. 4210□

Wirkung der Bestrahlung auf Wachstum und Enzymaktivität von Aspergillus oryzae. M. L. Fields, G. R. Ammerman und N. W. Desrosier. (Appl. Microbiol. **9.** 10—12. Jan. 1961. Lafayette, Ind., Purdue Univ., Agric. Exp. Stat., Dep. of Horticult.) (Engl.)

Vff. untersuchten die Wrkg. der Bestrahlung mit Kathodenstrahlen auf die Überlebensrate u. die Enzymaktivität des Mycels von *Aspergillus oryzae*. Zwischen der Bestrahlung u. dem Medium besteht ein Zusammenhang. Die Resistenz wird beeinflußt durch das Medium, auf dem A. oryzae vor der Bestrahlung wuchs. D. Pöhland. 4210□

Die Altersabhängigkeit der Aldolase- und Malatdehydrogenaseaktivität in Meerschweinchenlinsen. Der Einfluß von Röntgenstrahlen auf die Aktivität der beiden Enzyme. W. Paulus und O. Hockwin. (Graefes Arch. Ophthalmol. verein. Arch. Augenheilkunde **163.** 314—19. 26/6. 1961. Bonn, Univ.-Augenklinik.) (Dt.)

Vff. untersuchten mit einer opt.-enzymat. Meth. die *Aldolase* (**I**)- u. *Malatdehydrogenase* (**II**)-Aktivität in embryonalen, jungen, mittelalten u. alten Linsen von Meerschweinchen. Die Enzymaktivitäten der normalen Linsen verglichen Vff. mit solchen, die einer Bestrahlung von 100 kr ausgesetzt wurden. Die höchste **I**-Aktivität fand sich in den jungen Linsen; sie lag um 50% über der der alten Linsen u. um 17% über der der embryonalen Linsen. Die Röntgenbestrahlung setzte die **I**-Aktivität in den embryonalen Linsen um 15%, in den jungen Linsen um 30% u. in den alten Linsen um 10% herab. In der **II**-Aktivität bestand zwischen jungen u. alten Linsen kein Unterschied; in den embryonalen Linsen war die **II**-Aktivität um 38% größer als in alten u. jungen Linsen. Eine Schädigung der Linsen durch Bestrahlung mit 100 kr blieb bei allen Linsen ohne Einfl. auf die **II**-Aktivität. G. Bratfisch. 4210□

Untersuchungen über den Gehalt von α-Ketoglutarsäure in Rinde und Kern verschieden alter Rinderlinsen. W. Paulus. (Graefes Arch. Ophthalmol. verein. Arch. Augenheilkunde **163.** 320—23. 26/6. 1961. Bonn, Univ.-Augenklinik.) (Dt.)

Vf. beschreibt eine reproduzierbare Meth. zur quant. Best. von *α-Ketoglutarsäure* (**I**) in Augenlinsen. Diese opt. Meth. beruht auf folgender, durch *Glutamatdehydrogenase* (**II**) katalysierten, wasserstoffübertragenden Rk.: $I + DPNH + NH_4^+ \xrightleftharpoons{II}$ Glutamat $+ DPN^+ + H_2O$. Der Geh. an **I** wurde in Kälber- u. Rinderlinsen, u. zwar getrennt für Rinde u. Kern, bestimmt. Die Kälberlinse enthielt in der Rinde $2{,}44 \cdot 10^{-8}$ Mol/g (Frischgew.) u. im Kern $0{,}99 \cdot 10^{-8}$ Mol/g (Frischgew.) **I**. Die Rinderlinse enthielt in der Rinde $1{,}35 \cdot 10^{-8}$ Mol/g u. im Kern $0{,}70 \cdot 10^{-8}$ Mol/g, bezogen auf das Linsenfrischgewicht. G. Bratfisch. 4210□

Der Gehalt der Rinder- und Kaninchenlinse an Brenztraubensäure und Milchsäure in Abhängigkeit vom Glucoseangebot in der Nährlösung und von einer Schädigung durch Röntgenstrahlen. W. Paulus, O. Hockwin und O. Kleifeld. (Graefes Arch. Ophthalmol. verein. Arch. Augenheilkunde **163.** 324—27. 26/6. 1961. Bonn, Univ.-Augenklinik.) (Dt.)

Vff. bestimmten in Kälber-, Rinder- u. Kaninchenlinsen, die in Nähr-Lsgg. mit unterschiedlichen *Glucose* (**I**)-Konzz. (120, 300, 600 mg%) unter konst. osmot. Bedingungen gehalten wurden, den Geh. an *Brenztraubensäure* (**II**) u. *Milchsäure* (**III**). Eine **I**-Konz. von 600 mg% im Nährmedium führte zu einem Absinken des Geh. an **II** in den Kälber- u. Kaninchenlinsen um ca. 50%, in den Rinderlinsen sank der Geh. an **II** um ca. 30%, der Geh. an III der Linsen stieg um 20% an. Eine Schädigung der Linsen, die sich in einer Nährlsg. mit 120 mg-% I befanden, durch Bestrahlung mit 100 kr blieb unter den von Vff. eingehaltenen Vers.-Bedingungen ohne Einfl. auf den Geh. an II u. III dieser Linsen. G. BRATFISCH. 4210□

Untersuchung der Serum-Kreatinkinase bei Myopathen und ihren Familien. J.-Cl. Dreyfus, G. Schapira und J. Demos. (Rev. franç. Études clin. biol. **5.** 384 bis 386. April 1960. Paris, Hôpital des Enfants-Malades, Labor. de Recherches de Biochim. méd., Chaire de Chim. pathol.) (Franz.)

Die quant. Best. der Serum-*Kreatinkinase* garantiert einen biochem. Test der Myopathien, der empfindlicher u. spezifischer als alle vorherigen ist. Es scheint, daß damit die biochem. Unters. der Vererbung der Krankheit ermöglicht wird.
S. GROITZSCH. 4210□

Die Kreatinkinase in der Diagnostik des Myocardinfarktes. J.-Cl. Dreyfus, G. Schapira, J. Resnais und L. Scebat. (Rev. franç. Études clin. biol. **5.** 386—87. April 1960. Paris, Hôpital des Enfants-Malades, Labor. de Biochim. méd., Chaire de Chim. pathol.) (Franz.) — Vgl. vorst. Referat.

Die quant. Best. der *Kreatinkinase* (I) im Serum garantiert einen empfindlichen Test des Myocardinfarktes. Die Spezifität ist größer als die der Glutaminsäure–Oxalessigsäure-Transaminase, denn I erhöht sich weder bei Lebererkrankungen noch bei Pulmonalinfarkten. Die quant. Best. ist nicht durch Hämolyse zu stören. Vff. zeigen das an verschiedenen beobachteten Fällen. S. GROITZSCH. 4210□

Enzymatische Unzulänglichkeiten humaner polycystischer Ovarien. Leonard R. Axelrod und Joseph W. Goldzieher. (Arch. Biochem. Biophysics **95.** 547—48. Dez. 1961. San Antonio, Tex., Southwest Found. for Res. and Educat., Dep. of Biochem. and Endocrinol.) (Engl.)

Die endokrine Funktion humaner Ovarien, die sklerocyst. Veränderungen zeigen, ist stark gestört. Zur Prüfung des Problems wurden Inkubationen auf polycyst. (a) u. gesundem ovariellem Gewebe mit $^{14}C_{(4)}$-*Progesteron* (I), $^{14}C_{(4)}$-Δ^5-*Pregnenolon*, $^{14}C_4$-*Testosteron* (II) u. nichtmarkiertem *19-Hydroxy-4-androsten-3.17-dion* in KREBS-RINGER-Phosphatpuffer bei pH 7,4 unter Zusatz von ATP, DPN, TPN, DPNH u. TPNH als Cofaktoren durchgeführt. Die gebildeten radioakt. Stoffwechsel-Prodd. wurden tabelliert. — Die beträchtliche Anreicherung von Δ^4-*Androstendion* (III) u. *19-Hydroxy-*Δ^4-*androstendion* (IV) in a bei Inkubation mit I u. die hierbei fehlende Bldg. von *Östrogen* (V) wurde weiter untersucht durch Inkubation mit II, wobei III u. IV, aber kein V gebildet wurden. Vff. deuten das Fehlen der Aromatisierung zu V als ein Merkmal von a.
S. VIERKÖTTER. 4210□

Biochemische Aspekte der Pathologie von Organantikörpern: Enzymatische Veränderungen im Lebergewebe von mit Antileberserum behandelten Mäusen. M. Coltorti, G. Giusti, L. Mallucci und M. Piazza. (Riv. Ist. sieroterap. ital. **35.** 640—54. Nov./Dez. 1960. Napoli, Univ., Ist. di Patol. Spec. Med. e Metodol. Clin.) (Ital.)

Leberhomogenate von weißen Mäusen wurden nach Klärung durch 3 Min. langes Zentrifugieren bei 1500 U/min als Antigen für Kaninchenimmunisierung verwendet. Das erhaltene Kaninchensammelserum wurde ohne weitere serolog. Prüfung in einmaligen Dosen von 0,5 ml an Mäuse subkutan verimpft; die Tiere wurden 6 u. 24 Std. bzw. 2, 3 4, 6 u. 8 Tage nach Serumgabe getötet, die Leber homogenisiert u. im Homogenat Enzymaktivitäten bestimmt. Die Aktivität der *alkal. Phosphatase* u. *Arginase* nahm zu, die der *Phosphoglucomutase* ab, während sich bei den *Transaminasen* keine Veränderung ergab. *Adenylpyrophosphatase*-Aktivität u. oxydative Phosphorylierung zeigen frühe Veränderungen (6 Std.) mit anschließender Umkehr bzw. einem Maximum bei 96 Std. nach Serumgabe. B. v. KERÉKJÁRTÓ. 4210□

Die enzymatische Inaktivierung von Trichothecin und Crotocin. I. Horvath und J. M. Varga. (Nature [London] **192.** 88. 7/10. 1961. Budapest, Res. Inst. for Pharmaceut. Ind.) (Engl.)

1 mg *Crotocin* (I)/ml zu einer *Penicillium chrysogenum*-Kultur zugesetzt, blieb nach 24 std. Inkubation unverändert. Die Präinkubation von 10 µg I/ml über 48 Std. mit P. chrysogenum, gefolgt von einer 5std. Inkubation mit 1 mg I/ml ließ die antibiot. Aktivität von I um 70% absinken. Das I-inaktivierende Enzym schien an das Mycel, wahrscheinlich an die Zellwand, gebunden zu sein, da der Überstand inakt. war. Chromatograph. Unterss. ergaben die enzymat. Spaltung von I in die alkohol. Komponente u. in Säure. Geringe Dosen von I wirkten offenbar als Induktoren der Synth. des I-inaktivierenden Enzyms, während große Dosen diese Synth. hemmten. I konnte als

Induktor wie auch als Substrat durch *Trichothecin* ersetzt werden. *Aspergillus niger*-Kulturen zeigten eine ähnliche Wrkg., nicht jedoch solche von *Penicillium urticae*, *Aspergillus parasiticus* u. *Aspergillus oryzae*. J. Boelter. 4210□

E_3. Mikrobiologie. Bakteriologie. Immunologie

Standard-Kulturmedium für die allgemeine Bakteriologie. J. H. Marshall und J. C. Kelsey. (J. of Hyg. **58.** 367—72. Dez. 1960. London, School of Hyg. and Tropical Med.) (Engl.)

Als billiges, einfach herzustellendes u. zuverlässiges Kulturmedium, das aufbewahrt werden kann u. als Grundlage für viele andere Medien dient, wurde folgende Zus. gewählt: *Caseindigest* (*Oxoid-Tryptone*) 10 g; Hefeautolysat (*Marmite*) 5 g; *Na-Glycerophosphat* 10 g; *K-Lactat* 50%ig. Lsg. 10 ml; *Glucose* 2 g; Lsg. anorgan. Salze (Mg^{2+}, Mn^{2+}, Fe^{2+}) 5 ml; mit W. auf 1000 ml aufgefüllt. M. Wiedemann. 4310

Die Wirkung von Kinetin auf die Fruchtbarkeit einiger Stämme von Neurospora crassa. Barry O. Lee. (Nature [London] **192.** 288. 21/10. 1961. Melbourne, Univ., Botany School.) (Engl.)

Stämme von *Neurospora crassa*, die durch UV-Bestrahlung oder durch Auslese der Ascosporen bildenden Arten unfruchtbar geworden waren, wurden miteinander gekreuzt u. unter Zusatz von bis zu 10 ppm *Kinetin* (**I**; *6-Furfurylaminopurin*) 15 Tage bei 25° inkubiert u. die Fruchtbarkeit durch die Zahl der Perithecia u. der Ascosporen-Bldg. bestimmt. Mit einer Ausnahme steigerte **I** die Anzahl der Perithecia wie auch die Ascosporen-Bldg. erheblich. J. Boelter. 4310□

Der Einfluß von dem Medium zugesetzten Salzen auf die Anzahl der mit Phenol behandelten Escherichia coli-Zellen auf Membranfilter. N. D. Harris und J. P. Richards. (Nature [London] **192.** 87—88. 7/10. 1961. London, Chelsea Coll. of Sci. and Technol., School of Pharm.) (Engl.)

Die Anzahl von Zellen einer bestimmten Menge einer *Escherichia coli*-Kultur auf einem Membranfilter wurde nicht durch Zusatz von *Fe-*, *Cr-*, *Ca-*, *Mg-* oder *Mn-Chlorid* verschiedener Konzz. beeinflußt. Mit *Phenol* behandelte Zellen zeigten dagegen eine starke Beeinflussung durch Metallionen. Die größte Zahl an Zellen auf dem Filter wurde bei einer Konz. von $1{,}85 \cdot 10^{-3}$m bei allen Ionen, am stärksten bei Fe- u. Cr-Ionen gefunden. Zusatz von Mn-Salzen bewirkte z. T. je nach der Konz. eine Erniedrigung der Zellenzahl. J. Boelter. 4310□

Strukturelle Untersuchungen eines aus Eisenia bicyclis isolierten Laminarins. Nobuhiko Handa und Kazutosi Nisizawa. (Nature [London] **192.** 1078—80. 16/12. 1961. Chigusa, Nagoya Univ., Water Res. Labor.; Otsuka, Tokyo, Tokyo Univ. of Educat., Botan. Inst.) (Engl.)

Salzsaure Extraktion der Thalluslappen von *Eisenia bicyclis* führte zu einem wasserlösl., stickstofffreien Stoff. Zur Best. seiner einzelnen Komponenten wurde das *Laminarin* (**I**) acetyliert u. anschließend verseift. Nach der chromatograph. Trennung resultierten 10 Zucker, die strukturell untersucht u. zum größten Teil identifiziert wurden. Einer der Bestandteile des **I** ist *Gentiotriose*, die bisher nicht in *Laminaria*-**I** gefunden wurde. H. Busse. 4315□

Zellwand-Mucopeptide von Staphylococcus aureus und Micrococcus lysodeikticus. H. J. Rogers und H. R. Perkins. (Nature [London] **184.** 520—24. 15/8. 1959. London, Mill Hill, Nat. Inst. for Med. Res.) (Engl.)

Es wird über die Aminosäure-Zus. u. über strukturelle Beobachtungen an Mucopeptiden berichtet. 4 Aminosäuren kommen hauptsächlich vor: *Glutaminsäure*, *Alanin*, *Glycin* u. *Lysin*. Das Glycin scheint am häufigsten mit den Mucosacchariden verknüpft zu sein. Das durch Lysozymbehandlung gewonnene Disaccharid *N-Acetylglucosamin-N-acetylmuramat* (**I**) macht ca. 15% des Totalhexosamin-Geh. aus. Es ist 1—6 bzw. 1—4 gebunden. An **I** ist oft Glycin gebunden, das weiterhin in Peptidbindung mit anderen Aminosäuren vorkommen kann. W. Hirte. 4315□

Biosynthese von Lysin aus α-Ketoadipinsäure und α-Aminoadipinsäure durch Hefe. Harry P. Broquist, Arthur V. Stiffey und Alberta M. Albrecht. (Appl. Microbiol. **9.** 1—5. Jan. 1961. Pearl River, N.Y., American Cyanamid Co., Lederle Labor. Div.) (Engl.)

Vff. suchten nach Mikroorganismen, die eine hohe Kapazität für *Lysin*-Synth. aus den Vorstufen L-α-Aminoadipinsäure oder α-Ketoadipinsäure besitzen. Bestimmte Stämme von *Saccharomyces cerevisiae* u. *Torulopsis utilis* eigneten sich besonders. Man ließ sie in Schüttelkulturen auf Maisquellwasser wachsen. Die Ausbeute an L-Lysin betrug 50—75%. Diese Hefen könnten zur Verbesserung von Futtermitteln dienen. Fütterungs-Verss. mit Hühnern liegen vor. D. Pöhland. 4320□

Allmähliche Hemmwirkungen von optischen Antipoden des Leucins auf Escherichia coli Monod. Jacques Nicolle und Josette Walle. (C. R. hebd. Séances Acad. Sci. **248.** 3495—96. 15/6. 1959.) (Franz.)

Vff. bringen *Escherichia coli* in ein Milieu, welches 3‰ *D-(+)-Leucin* enthält. Am Anfang ist Wachstumsverlangsamung zu beobachten, später hingegen Gewöhnung. *L-(—)-Leucin* führt ebenfalls nach einer Wachstumsverlangsamung zur Gewöhnung. Bei erneuter Verw. von *D*-(+)-Leucin ist eine Hemmung zu beobachten, darauf folgt eine weitere Gewöhnung. L-(—)-Leucin provoziert beim Wiederverwenden ebenfalls eine Hemmung. S. GROITZSCH. 4330□

Sorbinsäure als ein fungistatisches Agens für Nahrungsmittel. 11. Mitt. Wirksamkeit von Sorbinsäure zum Schutz von Kuchen. Daniel Melnick, Hans W. Vahlteich und Arthur Hackett. (Food Res. **21.** 133—46. Jan./Febr. 1956. Brooklyn, N.Y., Best Foods, Inc., and Drake Bakeries, Res. Labor.) (Engl.) — 10. vgl. C. **1959.** **7991.**

Es wird über die Schutz-Wrkg. von *Sorbinsäure* (I) gegenüber Schimmelpilzbefall von Kuchen berichtet. Aus Verss. an Proben (verschiedene Kuchen in handelsüblicher Verpackung) unter Verw. vorgegebener Mengen von I, von *Ca-* u. *Na-Propionat* bzw. *Na-Benzoat* u. Impfung mit Schimmelpilzkulturen geht hervor, daß I ca. 4mal so wirksam wie die anderen Verbb. ist. An Hand von Verss. über den Einfl. des pH auf die Wirksamkeit der genannten Verbb. wird gezeigt, daß bei pH 5,25, 6,80 u. 8,10 I allen anderen Verbb. überlegen ist. Propionat kann aus organolept. Gründen oftmals nur in für die Haltbarkeit zu geringer Konz. angewendet werden. Durch I wird neben der erhöhten Stabilisierung keine Geschmacksabweichung bei Konzz. bis 0,2% beobachtet. A. TÄUFEL. 4330□

Die antifungalen Eigenschaften röntgenbestrahlter wichtiger Öle und Ölkombinationen. Jasper C. Maruzzella und Denis Scrandis. (Naturwissenschaften **47.** 282. 2. Juni-H. 1960. Brooklyn, N.Y., Long Island Univ., Biol. Dep.) (Engl.) — Vgl. C. **1960.** 12730; C. **1961.** 16305.

Die antibiot. Wrkg. von einigen essentiellen Ölen (z. B. Pfefferminz-, Myrtenöl), die röntgenbestrahlt wurden, war etwas höher als die unbehandelter Öle. Nach der Bestrahlung sollen die Öle stärker duften, aber nach ca. 2 Tagen zur normalen Duftstärke zurückkehren. W. HIRTE. 4330□

Die kombinierte Wirkung von Coenzym I und Isonicotinsäurehydrazid gegenüber dem oxydativen Abbau des Genus Mycobacterium. M. Nasta, Eug. Păunescu und P. Georgescu. (Studii Cercetări Biochem. **1.** 313—20. 1958. București, Inst. de ftiziol.) (Rum.)

An 7 verschiedenen Stämmen von *Mycobacterium tuberculosis* wird nach der manometr. Meth. von WARBURG in Ggw. von KCN u. Methylenblau der gleichzeitige Einfl. von *Coenzym I* (I) u. *Isonicotinsäurehydrazid* (II) auf die Endphase des Abbaus von *Pyruvat*, *Citrat*, *α-Ketoglutarat*, *Succinat*, *Fumarat*, *Maleat* u. *Oxalacetat* durch die unbeschädigte Bacteriumzelle untersucht. I stimuliert den Abbaurhythmus in allen Fällen außer bei α-Ketoglutarat. Bei Ggw. von I u. II nebeneinander unterbleibt die Stimulation auch bei Succinat u. Fumarat, da die stimulierende Wrkg. von I durch II neutralisiert wird. Gegen II resistente Stämme zeigen diesen Einfl. von II auf die Wrkg. von I nicht. Die avirulente Variante $H_{37}Ra$ verhält sich gegenüber dem Lactatabbau wie paratuberkulöse Bacillen, im Gegensatz zur Variante $H_{37}Rv$. R. K. MÜLLER. 4330□

Untersuchungen über antibiotische Actinomyceten. 1. Mitt. Über eine Streptomycesart die Tubermycin, ein neues Antibioticum bildet. Gōtō Nakamura. (J. Antibiotics [Tokyo], Ser. A **14.** 86—89. März 1961. Tokyo, Inst. of Phys. and Chem. Res.) (Engl.)

Beschreibung eines Streptomycetenstammes als *Streptomyces misakiensis nov. spec.*, der *Tubermycin A* u. *B* bildet. Die Merkmale, die diesen Stamm von *S. griseoluteus*, *S. griseolus* u. *S. achromogenes* unterscheiden, werden angeführt. F. RADLER. 4340□

Untersuchungen über antibiotische Actinomyceten. 2. Mitt. Über eine Streptomycesart die Tubercidin, ein neues Antibioticum bildet. Gōtō Nakamura. (J. Antibiotics [Tokyo], Ser. A **14.** 90—93. März 1961. Tokyo, Inst. of Phys. and Chem. Res.) (Engl.) — 1. vgl. vorst. Referat.

Ein *Tubercidin* bildender Streptomycetenstamm wird als *Streptomyces tubercidicus nov. spec.* beschrieben u. die diesen Stamm von *S. hygroscopicus* u. *S. toyokaensis* unterscheiden den Merkmale werden angegeben. F. RADLER. 4340□

Untersuchungen über antibiotische Actinomyceten. 3. Mitt. Über eine Streptomycesart, die 9-β-D-Ribofuranosylpurin bildet. Gōtō Nakamura. (J. Antibiotics [Tokyo], Ser. A **14.** 94—97. März 1961. Tokyo, Inst. of Phys. and Chem. Res.) (Engl.) — 2. vgl. vorst. Referat.

Die morpholog. u. physiolog. Eigg. des als neue Art beschriebenen Streptomycetenstammes *Streptomyces yokosukanensis* u. dessen Unterscheidungsmerkmale von den verwandten Stämmen *S. lavendulae* u. *S. cinnamoneus* werden angegeben.
F. Radler. 4340 □

Verteilung von antibioticabildenden Streptomyceten in italienischen Böden. Renato Craveri, Anna Maria Lugli, Brunello Sgarzi und Giovanni Giolitti. (Antibiotics and Chemotherapy **10.** 306—11. Mai 1960. Milano, Italy, Montecatini Antibiotic Res. Labor.) (Engl.)

Aus 88 Bodenproben wurden 1000 Streptomycetenstämme isoliert u. auf ihre Fähigkeit, gegen Bakterien u. Pilze wirksame Antibiotica zu bilden, untersucht. Von 686 der isolierten Stämme, die auf einem festen Medium antibiot. Stoffe bildeten, waren 302 auch in Submerskultur Antibioticabildner. Unter den identifizierten Antibioticis befanden sich *Polyenantibiotica, Cycloheximid, Amphomycin, streptothricinähnliche Antibiotica.* Außerdem wurde ein neues, *Flavensomycin* genanntes Antibioticum mit antifungaler u. insekticider Aktivität (vgl. C. **1960.** 16144) entdeckt. W. Knöbel. 4340 □

Vergleich der antibakteriellen Wirkung von Erythromycin in verschiedenen Suppositoriengrundmassen. Charles W. Blissitt, Randall B. Tinker und William J. Husa. (J. pharmac. Sci. **50.** 56—58. Jan. 1961. Gainesville, Fla., Univ. of Florida, Coll. of Pharmacy.) (Engl.)

Die antibakterielle Wrkg. u. die Haltbarkeit von *Erythromycin* scheint durch die Suppositoriengrundmasse (SGM) beeinflußt zu werden. Keine Verringerung der Wrkg. nach 5 Monaten wurde in folgenden SGM festgestellt: Cacaobutter (I); I mit 1% Aerosol OT (II); Carbowax 1500 u. 4000 zu gleichen Teilen. Dagegen trat mit der SGM Polyoxyäthylenstearat mit 3% Cera alba, 5% W. u. 0,5% II bereits nach 1 Monat Wrkg.-Verlust ein. K. Zingraf. 4340 □

Wirkung von Chlortetracyclin und Candida krusei auf bebrütete Eier. Clare E. Forney und L. R. Hedrick. (Appl. Microbiol. **9.** 52—55. Jan. 1961. Chicago, Ill., Illinois Inst. of Technol., Biol. Dep.) (Engl.)

Vff. untersuchten die Wrkg. von *Chlortetracyclin* (I) u. *Candida krusei* (II) auf die Überlebensrate 10 Tage bebrüteter Eier. II in einer Konz. von $5 \cdot 10^5$—$20 \cdot 10^5$ Zellen pro Embryo wirkt sensitiv aber nicht letal. I ist in einer Konz. von 100—400 μg pro Embryo relativ untoxisch. Wenn I u. II in den angegebenen Konzz. in die Chorioallantois-Membranen gegeben werden, ist die Überlebensrate der Embryonen beträchtlich herabgesetzt. Die Herabsetzung ist größer als der additive Effekt erwarten läßt. I in Konzz. von 300 u. 400 μg in Verbindung mit der oben angegebenen Zell-Konz. von II ergaben eine größere Absterberate als bei 100—200 μg I. D. Pöhland. 4340 □

Die Art und Weise der Hemmung von induzierter Amylase-Synthese durch Nystatin. I. Horváth und A. Szentirmai. (Antibiotics and Chemotherapy **10.** 303—05. Mai 1960. Budapest, Res. Inst. for Pharmaceut. Ind.) (Engl.) — Vgl. C. **1960.** 4876.

Die induzierte *Amylase*-Synth. von *Penicillium chrysogenum* wird vollständig gehemmt, wenn ein Zusatz von *Nystatin* (I) in den ersten 2 Std. nach der Induktion erfolgte, eine schwächere Hemmung verursachte I 2—4 Std. nach Induktion, u. nach 5 Std. blieb Hemmung durch I aus. Die Verss. bewiesen, daß I eine der Protein-Synth. unmittelbar vorausgehende Phase hemmt. W. Knöbel. 4340 □

Über das antifungale Prinzip von Oospora virescens. Guido Tappi und Agar Monzani. (Atti Soc. Naturalisti Matematici Modena **85—86.** 32—37. 1954—1955.) (Ital.)

Die optimalen Kulturbedingungen für die Produktion des antifungalen Prinzips (getestet gegen *Botrytis cinerea*) von *Oospora virescens* liegen bei pH 7,2 in 50%ig. Malzextrakt, 24° u. einer Inkubationsdauer von 20 Tagen. Das wirksame Prinzip ist thermostabil (bis 120°), besitzt neutralen Charakter, ist extrahierbar mit Bzl., Chlf. u. Butanol; es ist durch Adsorption an Kohle u. Elution mit 50%ig. A. zu isolieren. Papierchromatograph. wurde mit wss. Butanol ein R_F-Wert von 0,83—0,87 (Whatman Nr. 1-Papier) gefunden. B. v. Kerékjártó. 4340 □

Tierexperimentelle Untersuchungen mit antimykotischen Mitteln. 1. Mitt. Untersuchungen zur Wirkung von Mycostatin und Amphotericin B am Versuchsmodell der mit Candida albicans oder Mucor pusillus infizierten Maus. H. Osswald und H. P. R. Seeliger. (Arzneimittel-Forsch. **8.** 370—74. Juli 1958. Bonn/Rh., Friedrich-Wilhelm-Univ., Pharmakol. Inst. u. Hyg.-Inst.) (Dt.)

Mycostatin (I) u. *Amphotericin* (II) besitzen in vivo u. in vitro eine deutliche fungistat. Wirkung. Die Wrkg. gegen *Mucor pusillus*-Infektion bei Mäusen war gleich; bei *Candida albicans*-Infektion war II wirksamer. II besitzt eine geringere Toxizität als I. K. ZINGRAF. 4340□

Vergleich der in vitro-Wirksamkeit von Tennecetin und Candicidin gegen ausgewählte Pilze. Elizabeth J. Oswald und Dorothy W. Pocurull. (Antibiotics and Chemotherapy **10.** 285—86. Mai 1960. Washington, D.C., U. S. Dep. of Health, Educat., and Welfare, Food and Drug Administ.) (Engl.)

Für 10 verschiedene Pilze als Testorganismen wurden die minimalen fungistat. u. fungiciden Konzz. des *Candicidins* (I) u. des neuen, von BURNS u. HOLTMAN beschriebenen Tetraenantibioticums *Tennecetin* (II; vgl. Antibiotics and Chemotherapy **9.** [1959.] 398) bestimmt. Ein Vgl. der beiden Verbb. auf Gewichtsbasis ergab ähnliche Aktivitäten, doch schien II in seiner Wrkg. stärker fungicid zu sein als I. W. KNÖBEL. 4340□

Das Vorkommen eines gelben, antibiotischen Pigments in Lasiostictis fimbriata, mit einer Bemerkung über das Conidienstadium. J. Gremmen. (Antonie van Leeuwenhoek **26.** 305—13. 1960. Wageningen, „De Dorschkamp", Forest Res. Stat.) (Engl.)

Bericht über das Vork. einer gelben, krist., antibiot. Substanz (vgl. WOOD, Transact. Brit. myc. soc. **36.** [1953.] 109) in Reinkulturen des Ascomyceten *Lasiostictis fimbriata* (Schw.) BÄUMLER, u. zwar nur in dem Swiss-Stamm Nr. 342. *Dextrose* ist als essentieller Bestandteil des Mediums zu betrachten. Der Dutch-Stamm Nr. 354 bildete das Pigment nicht. U. TAUSENDFREUND. 4340□

PA 155 A: Ein neues Antibioticum. Koppaka V. Rao. (Antibiotics and Chemotherapy **10.** 312—15. Mai 1960. Maywood, N.J., John L. Smith Memorial for Cancer Res.) (Engl.)

PA 155A (I) ist eine der 3 Komponenten A, B, X der als *PA 155* bezeichneten Antibioticagruppe, die in Kultur-Lsgg. eines *Streptomyces albus*-Stammes gebildet wird. Dabei kann der Anteil an I, abhängig von der Zus. der Nähr-Lsg., maximal 80 bis 90% der Gesamtaktivität betragen. I wird aus dem Filtrat einer 40—60 Std. alten Submerskultur (Glucose–Sojabohnenmehl-Medium mit Salzen) durch Extrahieren mit Äthylacetat, Einengen u. Behandeln mit überschüssigem Heptan als ein hellgelbbraunes Roh-Prod. gewonnen. Dieses wird durch Gegenstromverteilung u. Chromatographie (Al_2O_3) gereinigt; farblose rechtwinklige Prismen, $C_{14}H_{15}O_2N_3$, F. 209—210°, $[\alpha]_D^{25}$ —214° (c = 2, Methanol). I ist eine sehr schwache Base; sie bildet ein krist. Pikrat. I verträgt 1std. Erhitzen bei 100° u. pH 2,0—8,0, bei Zimmer-Temp. ist es mehrere Tage im pH-Bereich 1,0—8,0 stabil, in alkal. Medien leicht zersetzlich. — I-Pikrat: $C_{26}H_{21}O_{16}N_9$, orangerote Platten, F. 148—149°. W. KNÖBEL. 4340□

Von einem Streptomyces-albus-Stamm gebildete Antibiotica PA 155 A, B und X. W. S. Marsh, A. L. Garretson und E. M. Wesel. (Antibiotics and Chemotherapy **10.** 316—20. Mai 1960. Maywood, N.J., Chas. Pfizer & Co., Microbiol. Labor.) (Engl.) — Vgl. auch vorst. Referat.

Der aus einer afrikan. Bodenprobe isolierte *Streptomyces albus-Stamm BA-3972* weist in den Ultrafiltraten seiner Kultur-Lsgg. starke antibakterielle Aktivitäten bei Stämmen von Staphylokokken auf, die gegen bisher verfügbare Antibiotica resistent waren. Papierchromatograph. wurde in Kulturfiltraten des BA-3972-Stammes die Ggw. von mehreren, als *PA 155A*, *B* u. *X* bezeichneten Komponenten nachgewiesen. Ob in einer Nähr-Lsg. durch Submerskultur alle 3 Komponenten oder vorwiegend die Komponente A gebildet werden, hängt von der Zus. der Nähr-Lsg. ab. Die Dauer der Fermentation, die bei 28° durchgeführt wird, beträgt 40—65 Stunden. W. KNÖBEL. 4340□

Ein kräftig wirkender, nichttoxischer Pflanzenwachstumshemmstoff, gewonnen aus einem antibiotischen Gärungsprodukt. L. G. Nickell und W. D. Celmer. (Nature [London] **192.** 1098—99. 16/12. 1961. Groton, Conn., Chas. Pfizer & Co., Inc., Med. Res. Labor.) (Engl.)

Extraktion filtrierter Gärungs-Prodd. einer nichtidentifizierten *Streptomyces*-Art führte zur Gewinnung eines festen Rohprod. (*PA-180*), das nach papierchromatograph. Meth. untersucht u. als ein Stoffgemisch erkannt wurde. PA-180 zeigt beträchtliche antibiot. Aktivität gegenüber verschiedenen *Mikroorganismen.* Das Wachstum höherer Pflanzen (*Lemna minor* u. a.) wird beeinträchtigt, es sind aber keine tox. Symptome zu erkennen. H. BUSSE. 4340□

Chemische Struktur und Aktivität der Antibiotica. Ignacy Grundland. (Wiadomości chem. **15.** 225—41. April 1960.) (Pol.)

Übersicht. — 52 Literaturangaben. P. GREGORZEWSKI. 4340□

Quantitative Untersuchung der Resistenz einiger Bakterienstämme gegen Antibiotica. G. Romagnoli und A. Viggiani. (Giorn. Batteriol. Virol. Immunol. **54.** 113—20. Mai/Juni 1961. Pavia, Univ., Ist. d'Ig. e di Microbiol.) (Ital.)

Es wurde an 334 Stämmen von *Micrococcus pyogenes aureus* u. 20 Stämmen von *Eschericha coli* versucht, die bakterielle Resistenz gegen *Penicillin, Streptomycin, Chloramphenicol* u. *Tetracyclin* quant. zu bestimmen. Es ergaben sich keine einheitlichen Resistenzwerte in bezug auf die verschiedenen Antibiotica. K. ZINGRAF. 4340 □

Untersuchungen über die Resensibilisierung von gegenüber chemotherapeutischen Mitteln resistenten Mikroben. S. Oeriu, H. Schreiber, M. Crăcea und F. Predoviciu. (Studii Cercetări Biochim. **1.** 335—39. 1958. Acad. R. P. R., Secţ. de chimioterap.) (Rum.)

Bei *Staphylococcus aureus Oxford, Escherichia coli* Nr. 7, *Mycobacterium paratuberculosis graminis* u. *Mycobacterium tuberculosis* H. RATTI wird durch Gewöhnung in vitro Resistenz gegen *Streptomycin* entwickelt. Es wird nun untersucht, ob durch organ. Säuren des KREBS-Cyclus (Tetracarbonsäuren SZENT-GYÖRGYI), Brenztraubensäure, Oxalessigsäure oder α-Ketoglutarsäure oder Redox-Enzym-Syst. (Cozymase I, Cytosin, Coenzym I, Cytochrom c) eine Änderung des Resistenzgrades erreicht werden kann. Dies ist, trotz größerer Variation der Bedingungen (Berührungsdauer, Zahl der vorhandenen Organismen, Konz. der Zusatzstoffe), nicht der Fall. R. K. MÜLLER. 4340 □

Eine „plaque"-unterdrückende Methode zur Untersuchung von Antivirus-Verbindungen. Paul Siminoff. (Appl. Microbiol. **9.** 66. Jan. 1961. Kalamazoo, Mich., Upjohn Co., Res. Labor.) (Engl.)

Vf. beschreibt Meth. zur Unters. der Antivirusaktivität von *β-Diäthylamino-α-hydroxypropionaldehyd, Psicofuranin* u. den akt. Komponenten des Bieres in „plaque"-bildenden Systemen. D. PÖHLAND. 4374 □

Zonenelektrophorese von mittels Formaldehyd teilweise inaktiviertem Poliovirus. A. Polson, J. W. F. Hampton und D. Deeks. (J. of Hyg. **58.** 419—25. Dez. 1960. Cape Town, Med. School, Virus Res. Unity; Johannesburg, Poliomyelitis Res. Found.) (Engl.)

Der MEF_1-Stamm des *Poliomyelitisvirus*, Typ 2, wurde auf Affengewebe gezüchtet. Nach partieller Inaktivierung mit Formaldehyd stieg die elektrophoret. Beweglichkeit um ca. 25% an. Hierbei konnte zwischen abgetöteten u. noch akt. Virusteilchen kein Unterschied festgestellt werden. M. WIEDEMANN. 4374 □

Wirkung von Enzymen auf partiell gereinigte japanische Encephalitis B- und verwandte Arbor (arthropod-borne)-Viren. Manabu Takehara und Susumu Hotta. (Science [Washington] **134.** 1878—80. 9/12. 1961. Kobe, Japan, Kobe Med. Coll., Dep. of Microbiol.) (Engl.)

Folgende Viren wurden durch ECTEOLA-Cellulosechromatographie u. Fluorkohlenstoffenteiweißung partiell gereinigt u. auf ihre Empfindlichkeit gegenüber verschiedenen Enzymen [krist. *Trypsin* (**I**), *Papain* (**II**), krist. Bakterien-*Proteinase* (**III**), Pankreas-*Lipase* (**IV**), fl. Bakterien-*Lipase* (**V**), Weizenkeim-*Lipase* (**VI**), krist. *α-Amylase* (**VII**), krist. *Ribonuclease* (**VIII**) u. krist. *Lysozym* (**IX**)] getestet: Japan. Encephalitis B-Virus, Stamm G 1 (a); Denguefiebervirus, Typ 1, Mochizuki-Stamm; Gelbfiebervirus, Stamm 17D, Pferdeencephalitisvirus (Western equine encephalitis), ROCKEFELLER-Inst.-Stamm u. Poliomyelitisvirus, Stamm MEF-1 (b). Die partiell gereinigten Viren wurden mit Enzymen gemischt, 1—2 Std. bei 37° inkubiert (Ausnahme: **V**; Inkubation bei 30°), dezimal mit HANKS-Salz-Lsg. verd. u. auf akt. Virus-Geh. nach Inokulation bei Mäusen oder Gewebekulturen titriert. — Nach Inkubation mit **I** oder **IV** sinkt die Infektiosität aller Viren (bis auf b, das nur gegenüber **I** bis zu einem bestimmten Grade empfindlich ist) merklich. **II, III** u. **V** senken die Infektiosität von a (die übrigen Viren wurden nicht getestet) weniger ausgeprägt als **I** u. **IV**, wogegen **VI, VII, VIII** u. **IX** wenig oder nicht wirksam sind. — Die Antikörper-Entw. bei mit enzymbehandeltem a geimpften Kaninchen liegt signifikant niedriger u. unregelmäßiger als bei mit unbehandeltem Virus geimpften Tieren; bei einigen Tieren wurde überhaupt keine Antikörper-Bldg. festgestellt. H. KOCKERT. 4374 □

Einfluß der Steroide vom Cortisontyp auf die cytopathogene Aktivität von Viren in Gewebekulturen. 1. Mitt. **Untersuchung der Wirkung von Prednisolon auf die cytopathogene Aktivität von Coxsackie B_2-Virus (Stamm Ohio).** F. Coraggio, L. Valoroso, G. Solazzo und C. Galeota. (Riv. Ist. sieroterap. ital. **35.** 627—33. Napoli, Univ., Ist. di Patol. Spec. Med. e Metodol. Clin.) (Ital.)

Zusatz von 200 μg/ml *Prednisolon* zur Nähr-Fl. wachsender menschlicher Nierenepithelkulturen beschleunigte den durch Coxsackie B_2-Virus (Stamm Ohio) bewirkten cytopathogenen Effekt. Erfolgte der Zusatz erst kurz nach der Virusinokulation, so war eine Hemmung des cytopathogenen Effekts, nicht aber der Virusproduktion festzustellen. B. v. Kerékjártó. 4374□

Die Unterdrückung Virus-induzierter Cornea-Toxizität bei Kaninchen durch Vorbehandlung mit Stickstoff-Lost. Jang O. Oh und Yong T. Yang. (Proc. Soc. exp. Biol. Med. **106**. 413—20. Febr. 1961. Seattle, Wash., Univ., Dep. of Microbiol.) (Engl.)

Die Vorbehandlung von Kaninchen mit 2 i.v. Injektionen von *N-Lost,* als *Methylbis-[β-chloräthyl]-aminhydrochlorid,* unterdrückte die tox. Rk. der Cornea, die durch Infektion mit Newcastle-Virus hervorgerufen wurde. H.-G. Trüper. 4374□

Synthese von Antivirus-Verbindungen. 1. Mitt. **Thiosemicarbazone.** Tamio Nishimura und Atsuo Konishi. (Kitasato Arch. exp. Med. **32.** 49—54. Juni 1959. Tokyo, Kitasato Inst.) (Engl.)

Vff. stellten eine Reihe von Thiosemicarbazonen dar u. testeten sie auf ihre Wirksamkeit gegen den japan. Encephalitisvirus, doch zeigte keine der Verbb. Antivirusaktivität.

Versuche: *Benzalaceton. Thiosemicarbazon* (I), F. 146—147° (50%ig. A.; hellgelbe Prismen), durch Mischen einer warmen Keton-Lsg. mit einer Thiosemicarbazid-Lsg. in 50%ig. wss. A., Zugabe von Eisessig u. Erhitzen; 82% (Ausbeute). — *α-Brombenzalaceton. Thiosemicarbazon,* $C_{11}H_{12}BrN_3S$, F. 145—145,5° (Methanol; Nadeln), (wie I; 40%. — *p-Dimethylaminobenzalaceton,* F. 135—136° (50%ig. A.); aus p-Dimethylaminobenzaldehyd, Aceton, 50%ig. wss. A. u. 20%ig. NaOH nach Stehen über Nacht; 82%. *Thiosemicarbazon,* $C_{13}H_{18}N_4S$, F. 201 (Zers.; Methanol; gelbe Nadeln); aus p-Dimethylaminobenzalaceton u. Thiosemicarbazid wie I; 41%. — *o-Nitrobenzalaceton,* F. 58—59° (25%ig. wss. A.; Nadeln); aus o-Nitrobenzaldehyd u. 50%ig. Aceton bei Zugabe von einigen Tropfen 10%ig. NaOH, 1std. Stehen, Neutralisieren u. Extraktion mit Äther; 64%. *Thiosemicarbazon,* $C_{11}H_{12}N_4O_2S$, F. 186—187° (A.); 96%. — *p-Aminobenzalaceton,* F. 86—87° (W., gelbe Plättchen), entweder durch Erhitzen von p-Acetylaminobenzalaceton, 10%ig. HCl u. 50%ig. Essigsäure, Neutralisation mit 10%ig. NaOH; 28%; oder aus p-Nitrobenzalaceton durch Red. mit Fe-Pulver in verd. Essigsäure; 78,5%. *Thiosemicarbazon,* F. 186° (Zers.); 86%. — *p-Acetylaminobenzalaceton,* F. 188—189°; entweder durch Schütteln von p-Acetylaminobenzaldehyd, Aceton, W. u. 10%ig. NaOH u. Stehen über Nacht, Kristalle werden mit W. extrahiert; 55%. Der Rückstand besteht aus einem Stoff, F. 275—276° (Zers., gelbe Nadeln); oder durch Umsetzung von p-Aminobenzalaceton, W. u. Acetanhydrid; 91%. *Thiosemicarbazon,* F. 223° (A.; gelbe Plättchen); 80%. — *p-Propionylaminobenzalaceton,* $C_{13}H_{15}NO_2$, F. 188—189° (Methanol; gelbe Prismen); durch Zugabe von Propionylchlorid zur Lsg. aus p-Aminobenzalaceton in Pyridin; 50%. *Thiosemicarbazon,* $C_{14}H_{18}N_4OS$, F. 203,5 bis 204° (Zers.; 50%ig. A.; gelbe Prismen); 97%. — *p-Butyrylaminobenzalaceton,* $C_{14}H_{17}NO_2$, F. 156,5—157,5° (50%ig. A.; gelbe Prismen); durch Zugabe von Butyrylchlorid zu p-Aminobenzalaceton in Pyridin; 88%. *Thiosemicarbazon,* $C_{15}H_{20}N_4OS$, F. 210—211° (Zers.; 50%ig. A.; hellgelborange Nadeln); 94%. — *Anisalaceton. Thiosemicarbazon,* $C_{12}H_{15}N_3OS$, F. 186—187,5° (70%ig. A.; gelbe Plättchen); 93%. — *p-Chlorbenzalaceton,* F. 57—58,5° (PAe.), aus p-Chlorbenzaldehyd, Aceton, 50%ig. A., Na_2CO_3 u. NaOH nach 24std. Stehen, abfiltrieren des Nd., *p.p'-Dichlordibenzalaceton,* F. 180 bis 185°; Zugabe von W. zum Filtrat, Nd. nach Stehen über Nacht; 59%. *Thiosemicarbazon,* $C_{11}H_{12}ClN_3S$, F. 190° (A., gelbe Platten); 72%. — *α-Bromzimtaldehyd. Thiosemicarbazon,* $C_{10}H_{10}BrN_3S$, F. 202° (Zers.; fadenförmige Kristalle); 70%. — *p-Dimethylaminozimtaldehyd,* F. 139—140° [Bzl.-Ligroin (1:1), tieforange Plättchen]; aus p-Dimethylaminobenzaldehyd in konz. H_2SO_4 u. Paraldehyd, nach mehrstd. Stehen in W. gießen u. neutralisieren. *Thiosemicarbazon,* F. 210° (Zers.; A.; dunkelrote Nadeln); 82,7%. P. Gregorzewski. 4374□

Untersuchung der Kohlenhydrate einiger Algenarten. G. P. Sserenkow und M. W. Pachomowa. (Научные Доклады Высшей Школы (Москва), Биологические Науки [Wiss. Hochschulber. (Moskau), biol. Wiss.] **1961.** Nr. 1. 167—71.) (Russ.)

Vff. untersuchten die chem. Natur des Kohlenhydratkomplexes der Algenarten: *Scenedesmus acuminatus* (Sc), *Lagercheimia ciliata* (La), *Hydrodictyon reticulatum* (Hy), *Enteromorpha intestinalis* (En), *Cystoseira barbata* (Cy), *Aphanizomenon flos-aquae* (Aph) u. *Euglena gracilis* (Eu) u. fanden, daß sie fast keine in 82%ig. A. lösl. Mono- u. Polysaccharide enthalten. Eine Ausnahme bildet Hy mit 3,4% u. Aph. Der eiweißreiche Teil der Grünalgen enthält nur wenig hydrolysierbare Zucker: Sc 1,56% u. 9,96% N, Eu 2,42% u. 12,32% N, La 11,49% u. 9,65% N. Hy enthält viel hydrolysierbare Zucker (31,36%), davon 7,18% Stärke, 7,96% Hemicellulosen u. 12,69% Cellulose, Eu 25,54% hydrolysierbare Zucker, einschließlich 13,37% Hemicellulosen u. 9,18% Cellulose. Cy enthält 21,88% hydrolysierbare Zucker, jedoch prakt. keine in A. löslichen Zucker, dafür sind aber 2,43% in W. löslich. 35,5% des Trockengew. von Cy bestehen aus *Alginsäure*, in welcher sich chromatograph. 2 Uronsäuren u. 2 entsprechende Lactone feststellen lassen, ferner 13,5% Furfurol. Die Hemicellulosefraktion besteht hauptsächlich aus Xylose, die Cellulosefraktion hauptsächlich aus Glucose. E. RENTZ. 4380 □

E_4. Pflanzenchemie. Pflanzenphysiologie. Pflanzenpathologie

Mechanismus der Schutzwirkung von Zuckern gegen Frostschäden in Pflanzenzellen. Akira Sakai. (Nature [London] **193.** 89—90. 6/1. 1962. Sapporo, Hokkaido Univ., Inst. of Low Temp. Sci.) (Engl.)

Werden Zellen des Kohls in *Zucker*-Lsgg. eingefroren u. wieder aufgetaut, so tritt keine Frostschädigung der Zellen ein. Im Gegensatz zu den Verss., die mit anorgan. Salzen durchgeführt wurden, wird die osmot. Konz. der Zelle nicht erhöht. Es ist möglich, daß beim Einfrieren eine Wasserabgabe stattfindet, beim Auftauen Hydratisierung. H. BUSSE. 4404 □

Freie Aminosäuren in reifenden Getreidekörnern. Stanisław Grzesiuk und Krzysztof Kulka. (Roczniki Nauk rolniczych, Ser. A **83.** 243—76. 1960. Olsztyn, WSR, Kat. Fizjol. Roślin.) (Pol.)

Gemahlene Weizen-, Roggen- u. Haferkörner wurden mit 75%ig. A. kalt extrahiert. Der Extrakt wurde mit Chlf. ausgeschüttelt u. dann bei 40° im Vakuum eingedampft. Der Rückstand, in Propanol gelöst, wurde papierchromatograph. untersucht. In reifenden Körnern wurden 15 freie Aminosäuren (AS), darunter hauptsächlich *Glutaminsäure, Asparaginsäure, Alanin, Arginin, Asparagin, Threonin* u. *Valin* gefunden. Während des Reifens nimmt der AS-Geh. im Korn ab, da AS durch Transaminierung, Decarboxylierung u. Protein-Bldg. verbraucht werden. Die AS-Zus. der Proteine des reifen Korns gleicht nicht der Zus. der freien AS im Korn. Reifende Körner, die nach der Ernte sofort aus dem Halm ausgedroschen werden, enthalten mehr freie AS, als solche, die im Halm verbleiben. Die qual. Zus. der freien AS ist in allen Getreidearten ähnlich, die quant. ist artabhängig: Winterweizen hat am wenigsten, Hafer am meisten AS. Sommergetreide enthält in der Regel mehr freie AS als Wintergetreide. Im Samenkeim wurden bei allen Arten größere Mengen *γ-Aminobuttersäure* gefunden. F. URBAN. 4420 □

Bildung phenolischer Substanzen im Markstrahlparenchym von Angiospermen. A. B. Wardrop und J. Cronshaw. (Nature [London] **193.** 92—92. 6/1. 1962. South Melbourne, Commonwealth Sci. and Ind. Res. Organizat., Div. of Forest Prod.) (Engl.)

Vff. beschreiben die Bldg. u. Ablagerung *phenol. Substanzen* zweier Eukalyptusarten an Hand von Mikrophotos. H. BUSSE. 4420 □

Farbstoffe aus Morus alba. A. Spada und R. Cameroni. (Atti Soc. Naturalisti Matematici Modena **85/86.** 78—81. 1954/1955. Modena, Univ., Ist. di Chim. Farmaceut.) (Engl.)

Vff. beschreiben die Isolierung von *Morin, 2.4.6.4'-Tetrahydroxybenzophenon* u. *2.4.6.3'.4'-Pentahydroxybenzophenon* aus *Morus alba.* Die Trennung der Benzophenone von Morin gelang über $CaSO_4$- u. saure Al_2O_3-Säulen. B. v. KERÉKJÁRTÓ. 4420 □

Über die Pollenpigmente von Lilium mantchiuricum. Guido Tappi und Emilia Menziani. (Atti Soc. Naturalisti Matematici Modena **85—86.** 28—31. 1954—1955. Modena, Univ., Ist. di Chim. Farmaceut.) (Ital.) — Vgl. C. **1958.** 3070.

Unter den Pollenfarbstoffen von *Lilium mantchiuricum* wurden *β-Carotin, Violaxanthin, Capsanthin, Capsorubin* u. zwei Stereoisomere von *Antheraxanthin* nachgewiesen. B. v. KERÉKJÁRTÓ. 4420 □

Steroidsapogenine aus indischen Dioscorea-Pflanzen. 2. Mitt. A. K. Barua, D. Chakravarti und R. N. Chakravarti. (J. Indian chem. Soc. **33.** 799—803. Nov. 1956. Calcutta, School of Tropic. Med.; Bethune Coll., Dep. of Chem.) (Engl.) — 1. vgl. C. **1950/54.** 6218 S.

Vff. untersuchen 11 verschiedene ind. Dioscoreaarten auf ihren Saponingehalt. Dazu werden die lufttrockenen gepulverten Wurzelknollen der Pflanzen nacheinander mit PAe. (Kp. 40—60°), Ae., Chlf., Äthylacetat u. 90%ig. A. extrahiert. Die Extrakte von *D. tomentosa* KOEN, EX. ROXB., *D. bulbifera* LINN., *D. sativa* LINN., *D. hispida* DENNST., *D. nummularia* LAM., *D. aculeata* LINN. u. 3 weiterer nichtidentifizierter Arten enthalten keine oder nur Spuren Saponine. Aus dem Äthylacetat- u. A.-Extrakt von *D. deltoidea* WALL. werden dagegen 3,35% *Diosgenin* (I) isoliert. Die I-Geh. von 39 Dioscorea-, Trillium- u. Balanitearten aus Mexiko, Amerika u. Indien werden in einer Tabelle angegeben.

Versuche: *Diosgenin* (I), $C_{27}H_{42}O_3$, F. 204—206°, aus dem Äthylacetat- u. A.-Extrakt der Wurzelknollen von *D. deltoidea,* aus abs. A. Nadeln, $[\alpha]_D^{20}$ —128,7°

(Chlf.) Ausbeute 3,35%. *Acetat*, $C_{29}H_{44}O_4$, F. 194—195°, aus abs. A. Nadeln, $[\alpha]_D^{31}$ —119,5° (Chlf.). *Benzoat*, $C_{34}H_{46}O_4$, F. 236—237°, Nadeln, $[\alpha]_D^{31}$ —81,5° (Chlf.).
G. TEEGE. 4420□

Über die Inhaltsstoffe von Petasites hybridus (L.) Fl. Wett. 2. Mitt. Isolierung von Petasin und S-Petasin. A. Aebi und T. Waaler. (Mitt. pharmaz. Inst. ETH, Zürich **1958.** 11—16. Sept. Zürich, ETH, Pharm. Inst.) — 1. vgl. C. **1956.** 3650.

Petasin (I) wird aus Wurzeln von *Petasites officinalis* durch Extraktion mit A., Verteilung des vom A. befreiten Extraktes zwischen W. u. Chlf., Behandlung des in Chlf. lösl. Rückstandes mit PAe. u. Chromatographie des in PAe. lösl. Anteils an Silicagel mit Elution durch Bzl. u. Bzl.-Chlf. in 1%ig. Ausbeute erhalten. Folgende Elution mit Chlf. liefert *S-Petasin* (III). I, $C_{20}H_{28}O_3$, farblose Körnchen aus A., F. 71—73°, $[\alpha]_D^{21,5}$ +49,01°, in Chloroform. I wird in Ggw. von sauren oder alkal. Stoffen u. Al_2O_3 leicht zu *Isopetasin* (II) umgelagert. II, $C_{20}H_{28}O_3$, durch Umlagerung von I in PAe.-Lsg. bei Chromatographie an Al_2O_3, auf dem sich gleichzeitig eine rotbraune Bande bildet. Elution mit PAe., PAe. + Bzl., Benzol. II, F. 96—98°, aus A. farblose Nadeln, $[\alpha]_D^{21}$ +28,06° in Chloroform. III, $C_{19}H_{26}O_3S$, farblose Nadeln aus A., F. 134—136°, $[\alpha]_D^{18}$ +78,8° in Chloroform. *Iso-S-petasin* (IV), durch Isomerisierung von III an Al_2O_3 in Bzl. u. Elution mit Ae./Methanol (1:1). IV, $C_{19}H_{26}O_3S$, Nadeln aus Aceton–Ae.–PAe., F. 136—138°, $[\alpha]_D^{20}$ +41,6° in Chloroform. PH. FRESENIUS. 4420□

Die Biogenese von Pflanzenprodukten. 1. Mitt. **Die Biogenese von Rutin.** Shoji Shibata und Mikio Yamazaki. (Chem. pharmac. Bull. [Tokyo] **6.** 42—45. Febr. 1958. Tokyo, Univ., Med. Fac., Pharmac. Inst.) (Engl.)

Vff. untersuchten die Biogenese von *Rutin* (I) in *Fagopyrum cymosum* MEISN Die oberird., von Wurzeln befreiten Pflanzenteile wurden 6 Tage lang hydropon. kultiviert. Die Nähr-Lsg. enthielt u. a. $3\cdot10^{-1}$m $^{14}C_{(1)}$-Acetat. I wurde aus den Blättern durch Extraktion mit Methanol gewonnen (F. 186°). Das bei der sauren Hydrolyse von I entstehende *Quercetin* wurde methyliert, das Pentamethyl-Deriv. durch alkal. Hydrolyse in *Phloroglucinmonomethyläther* u. *Veratrumsäure* (II) gespalten. II spaltet bei der Umsetzung mit konz. H_2SO_4 u. NaN_3 CO_2 ab, letztes wurde als $BaCO_3$ gewonnen. Die Best. der spezif. Aktivität der Abbau-Prodd. zeigt, daß der A-Ring von I direkt u. hauptsächtlich durch Kopf–Schwanz-Verknüpfung von Acetatbruchstücken aufgebaut wird (vgl. auch GEISSMAN u. SWAIN, C. **1961.** 11385). Der B-Ring scheint auf einem anderen Biogeneseweg, vermutlich über die *Shikimisäure*, zu entstehen.
H. NÜRNBERGER. 4460□

Der Glucose-Stoffwechsel in der Alge Ochromonas malhamensis. George H. Reazin jun. (Plant Physiol. **31.** 299—303. Juli 1956. Upton, N.Y., Brookhaven Nat. Labor.) (Engl.)

Im Gegensatz zu anderen Algen läßt sich das Wachstum von *Ochromonas malhamensis* (O.m.) unter völlig autotrophen Bedingungen durch Zugabe einer C-Quelle steigern. Zur Klärung dieser Eigentümlichkeit wurde der Glucosestoffwechsel näher untersucht (WARBURG-Meth. u. Analyse des Mediums zur Erfassung von A., Pyruvat, Lactat, Succinat u. α-Ketoglutarat). Durch folgende Ergebnisse konnte nachgewiesen werden, daß der Glucoseabbau bei O.m. aerob u. anaerob nach dem EMBDEN-MEYERHOF-PARNAS-Schema verläuft: Anaerob entstehen je μMol Glucose 1,6 μMol CO_2, 1,75 μMol A. u. Spuren von Lactat. Mit $^{14}C_{(1)}$-*Glucose* (I) u. $^{14}C_{(6)}$-Glucose entsteht methylmarkierter A. mit ½ der spezif. Aktivität der Glucose. Zugabe von $2,5\cdot10^{-3}$m Arsenit unter aeroben Bedingungen führt zur Anhäufung von Pyruvat u. Lactat. Werden dabei I u. $^{14}C_{(2)}$-*Glucose* (II) verfüttert, so ist das isolierte Pyruvat so markiert, wie es nach dem E.-M.-PARNAS-Schema zu erwarten ist: Bei I Markierung in der Methylgruppe bei II in der Carbonylgruppe. I. JAGE. 4460□

Exogene Substratnutzung und -fermentierung durch Pollen von Pinus ponderosa. Henry Hellmers und Leonard Machlis. (Plant Physiol. **31.** 284—89. Juli 1956. Berkeley, Calif., Univ. of California, Dep. of Bot.) (Engl.)

Zur *Polysaccharid*-Synth. nutzen Pollen von *Pinus ponderosa d-Xylose, d-Glucose, d-Fructose, d-Galaktose* u. *Saccharose*, nicht aber d-Ribose u. *l*-Arabinose. 0,01 m NaF-Lsg. vermindert Q_{O_2} u. Q_{CO_2} um 60—70%; Pyruvat macht die verminderte CO_2-Entw. wieder rückgängig, so daß ein RQ von 12,0 im Vgl. zum endogenen RQ der Pollen von 0,85 resultiert. CO verursacht ebenfalls einen Anstieg der RQ (im Dunkeln). Außerdem ist ein PASTEUR-Effekt zu beobachten: In O_2-freier Atmosphäre ist Q_{CO_2} um 15—20% größer als bei den Verss. in Luft. Diese Ergebnisse sprechen für die Existenz von Enzymen, die einen anaeroben Stoffwechsel ermöglichen (Einschluß im Nucellus während der Zeit der Bestäubung u. Befruchtung). I. JAGE. 4460□

Über die Biosynthese von Gymnospermen- und Angiospermenligninen. K. Kratzl. (Tappi **43.** 650—53. Juli 1960. Wien, Univ., Organ.-chem. Inst.) (Engl.) — Vgl. C. **1960.** 16150.

Aus Infiltrations-Verss. an Fichtenzweigen mit $^{14}C_{(1)}$-*Glucose* u. der vorwiegenden Verteilung des ^{14}C auf $C_{(2)}$ u. $C_{(6)}$ der entstandenen Verbb. *Vanillin* (I; nach Oxydation mit alkal. Nitrobenzol), *Phenylalanin* (II), *Tyrosin* (III) u. *Shikimisäure* wird geschlossen, daß die Biogenese des aromat. Ringes in der höheren Pflanze analog der in Bakterien verläuft. Die Bldg. der Seitenkette kann experimentell über die Addition eines C_2-Körpers an eine C_6—C_1-Verb. erfolgen, jedoch scheint in der Natur dieser Weg nicht beschritten zu werden. *p-Hydroxyphenylbrenztraubensäure* ist eine sehr wirksame Ligninvorstufe in Gräsern, versagt aber bei Coniferen u. anderen Nichtgräsern; **II** u. **III** wirken positiv auf die *Lignin*-Bildung. Inkorporations-Verss. an Fichte mit *Syringaaldehyd* (**IV**) bzw. *Syringin* zeigten, daß auch diese, für Gymnospermen nicht natürlichen Vorläufer in das Lignin eingebaut werden, wobei im Falle von **IV** offensichtlich auch ein C_6—C_1-Körper wirksam sein kann. Ferner wurde gefunden, daß aus **IV** durch natürliche Demethylierung **I** entstehen kann. Umgekehrt kann man bei der Buche nach Verabreichung von markiertem *Coniferin* akt. **IV** erhalten, wobei die CH_3-Gruppe vom Methionin geliefert wird. H. KOBLITZ. 4460□

Untersuchung des Stoffwechsels des freien Arginins in „in vitro" gezüchteten Topinamburgeweben. M. H. Duranton. (C. R. hebd. Séances Acad. Agric. France **46.** 122—24. Febr. 1960. Versailles, CNRA.) (Franz.)

Nach 48 std. Züchtung von Topinamburknollengewebe in Ggw. von ^{14}C-*Arginin* (I) fanden sich 80% ^{14}C in der Fraktion der freien Aminosäuren, während ein Teil als $^{14}CO_2$ ausgeschieden worden war. Der I-^{14}C war in *Prolin* (II), *Hydroxyprolin* (III), *Glutaminsäure* (IV), *Asparaginsäure* u. *Amiden* (V) zu 41, 20, 17, 10 u. 11% enthalten. Die Unters. des Intermediärstoffwechsels von $^{14}C_{guanidino}$-I in Kulturen von Rhizomgewebe zeigte, daß aus I gebildetes *Ornithin* in der zu **II** führenden Rk.-Folge erscheint. Amidino-N von I wurde in **IV, II, III,** *Alanin* (**VI**) u. **V** eingebaut. Die Unters. des zeitlichen Verlaufs der Zus. der organ. Säuren in Kulturen von Rhizomfruchtstücken deutet darauf hin, daß aus Äpfelsäure (80% der Säuren der Knollen bildend) über den KREBS-Cyclus Ketosäuren als **IV**- u. **VI**-Vorstufen gebildet werden. K. MAIER. 4460□

Die Mitwirkung phenolischer Substanzen bei der Qualität pflanzlicher Produkte. E. C. Bate-Smith. (Qualitas Plantarum Mater. vegetabiles [Den Haag] **III/IV.** 440—55. 25/9. 1958. Univ. of Cambridge, Low Temp. Stat. for Res. in Biochem. and Biophys. and Dep. of Scient. and Ind. Res.) (Engl.)

Vf. geht auf das Vork. der *Zimtsäure*-Derivv., *Anthocyanidine, Catechine, Flavonole, Dihydroflavonole, Dihydrochalkone* u. *Isoflavone* in pflanzlichen Prodd. ein. Die Rolle der Polyphenole für die Ausbildung der Farben u. Textur im Pflanzenreich wird erwähnt. Auf die Biosynth. der Flavonoid-Verbb. wird eingegangen. W. HILLER. 4460□

Phytochemische Untersuchung bei der Kultur der Arzneipflanzen. 14. Mitt. **Über die Alkaloid-Biogenese bei Ephedra.** 4. Teil. Shoji Shibata, Izumi Imaseki und Mikio Yamazaki. (Pharmac. Bull. [Tokyo] **5.** 594—97. Dez. 1957. Univ. of Tokyo, Med. Fac., Pharmaceut. Inst., Tsumura Labor.) (Engl.) — 13. vgl. Pharmac. Bull. [Tokyo] **5.** [1957.] 447; 3. Teil vgl. Pharmac. Bull. [Tokyo] **5.** [1957.] 71.

Hydropone kultivierter *Ephedra distachya* L. erhielt $3 \cdot 10^{-4}$m $H^{14}COONa$ in der Nährlösung. Nach 10tägiger Kultur erfolgte die Unters. der Komponenten. ^{14}C fand sich in erster Linie im *l-Ephedrin* (I) wieder, weiter im *Benzylmethylketon* u. *Methylamin*, das sowohl vom γ-Methyl als auch vom N-Methyl des **I** stammte. ^{14}C aus HCOONa wird bei der I-Synth. in beide Methylgruppen eingebaut. Der Mechanismus der Biosynth. des **I** wird diskutiert. W. HILLER. 4460□

Biogenese des Nicotins. 3. Mitt. **Weitere Beobachtungen über die Inkorporation von Ornithin in den Pyrrolidin-Ring.** Edward Leete und Kenneth J. Siegfried. (J. Amer. chem. Soc. **79.** 4529—31. 20/8. 1957. Los Angeles, Calif., Univ. of California, Dep. of Chem.) (Engl.) — 2. vgl. C. **1957.** 10530.

2 Gruppen von Tabakpflanzen (*Nicotiana tabacum*) erhielten Nährlsgg. mit $^{14}C_{(2)}$-*Ornithin* u. wurden 1 u. 3 Wochen später untersucht. Das *Nicotin* (I) beider Proben zeigte gleiche Aktivität, in den letzten 2 Wochen fand also kein Abbau von **I** statt. Die Aktivität war gleichmäßig auf beide α-C-Atome verteilt. P. GREGORZEWSKI. 4460□

Über die Beziehungen zwischen Phosphathaushalt und Photosynthese. 4. Mitt. **Zur Frage einer stöchiometrischen Beziehung zwischen CO_2-Reduktion und Phosphatumsatz.** Otto Kandler. (Z. Naturforsch. **12b.** 271—80. Mai 1957. München, Univ., Bot. Inst.) (Dt.) — 3. vgl. C. **1959.** 6854.

Die durch Licht induzierte Phosphorylierung bei *Chlorella* ist ein streng anaerober Prozeß, der durch O_2 gehemmt wird. Auch CN^- erweist sich als Hemmfaktor. Durch Glucosezugabe wird sie um das Mehrfache erhöht. — Stöchiometr. Beziehungen zwischen CO_2-Assimilation u. Phosphatumsatz sind nicht erkennbar. H. GIENUS. 4460

Die Veränderungen des Kohlenhydrat- und Eiweißumsatzes in den Gladiolenzwiebeln bei ihrer Lagerung. Je. S. Mantrowa. (Научные Доклады Высшей Школы (Москва), Биологические Науки [Wiss. Hochschulber. (Moskau), biol. Wiss.] **1961.** Nr. 1. 159—62.) (Russ.)

In reifen Gladiolenzwiebeln beträgt der *Saccharose* (I)-Geh. 55—80% u. der *Monosaccharid*-Geh. 15—20% des Gesamtzuckers. Werden die Zwiebeln bei 18—20° aufbewahrt, so nimmt der I-Geh. stark ab; die Pflanze altert vorzeitig u. verliert ihren dekorativen Wert. Als optimal für die biochem. Prozesse in den Gladiolenzwiebeln wird eine Temp. von 5—8° angesehen. E. Rentz. 4462□

Austauschbare Ionen des Bodens und ihre Zugänglichkeit für die Pflanzen. A. W. Peterburgski. (Известия Тимирязевской Сельскохозяйственной Академии [Nachr. landwirtsch. Timirjasew-Akad.] **1959.** Nr. 6. 70—76.) (Russ.; Auszug: Engl.)

Mit zunehmender Sättigung des Bodens mit *K* steigt dessen Aufnahme durch die Pflanzen. Die aus der festen Phase von der Sonnenblumenpflanze aufgenommene K-Menge wird nicht durch die Hydrolyse des Adsorbenten, sondern durch die Einw. der Pflanzenwurzeln auf diesen bestimmt. Durch Titration der Salzauszüge von Sand nach der Weizenernte wurde im Vgl. zu den Gefäßen mit Lsgg. von Salzen eine höhere Konz. von H-Ionen in den Vers.-Gefäßen nachgewiesen, die nur Sorbentien enthielten. Dies bedeutet, daß der Austausch u. die Aufnahme von Basen durch die Pflanze mit Hilfe von durch die Wurzeln ausgeschiedenem CO_2 u. anderen Säuren der Wurzeln erfolgen. Durch Inokulation des Sandes mit Rhizosphärenmikroorganismen wurde die Nährstoffaufnahme weder aus Lsgg. noch aus Adsorbenten gesteigert. Dies zeigt, daß die Pflanzen die Fähigkeit besitzen, durch die Wurzelausscheidungen aus dem adsorbierenden Bodenkomplex Ionen frei zu machen u. diese aufzunehmen. Jedoch spielen in der Pflanzenernährung durch die Wurzeln auch die Austauschprozesse der Ionen eine große Rolle. M. Gordienko. 4470□

Freiwerden von Ammoniak auf Böden, die mit n-NaOH behandelt wurden, als Mittel, eine gewisse Voraussage über die N-nachliefernde Kraft des Bodens machen zu können. A. H. Cornfield. (Nature [London] **187.** 260—61. 16/7. 1960. London, Imp. Coll. of Sci. and Techn., Agric. Chem. Labor.) (Engl.)

Um die langwierige u. aufwendige Meth. der Bebrütung von Böden zur Feststellung der N-nachliefernden Kraft abzukürzen, empfiehlt Vf. die Böden mit n-NaOH zu behandeln. In geschlossenen Gefäßen läßt man die NaOH auf den Boden einwirken. Das freiwerdende *Ammoniak* wird adsorptiv an Borsäure gebunden. Die Korrelation der so erhaltenden Werte mit den entsprechenden der Bebrütung ist befriedigend, bei sauren Böden liegen die Werte etwas niedriger, bei Kalkböden etwas höher. W. Hirte. 4470□

Einfluß der Mineraldüngung auf das Wachstum der Setzlinge von Sorbus aucuparia L. Ss. G. Iljin. (Научные Доклады Высшей Школы (Москва), Биологические Науки [Wiss. Hochschulber. (Moskau), biol. Wiss.] **1961.** Nr. 1. 154—58.) (Russ.)

In 5 Vers.-Varianten mit je 170 Setzlingen von *Sorbus aucuparia* L. unter Verw. des Nährgemisches nach Prejanischnikow, in welchem das Verhältnis N/P variiert wurde, wird festgestellt, daß man die besten Resultate, auch bzgl. der Winterfestigkeit, bei Verdreifachung der P-Dosis erhält. E. Rentz. 4470□

Chlor, ein für Lemna minor unentbehrliches Spurenelement. G. Martin und J. Lavollay. (Experientia [Basel] **14.** 333—34. 15/9. 1958. Paris, Conservatoire Nat. des Arts et Métiers, Labor. de Chim. Agric. et Biol.) (Franz.) — Vgl. C. **1961.** 12143 u. 12890.

Wenn der Cl^--Geh. in der Nährlsg. auf weniger als 10 μg/Liter gesenkt wurde, so trat bei *Lemna minor* Verschwinden der Wurzel, Chlorose u. starke Verkleinerung der Blätter auf. Diese Symptome konnten durch Zugabe von Cl^- zur Lsg. verhütet u. aufgehoben werden. Bedarf ca. 100 μg Cl^-/Liter. K. Zingraf. 4470□

Die morphologischen Veränderungen der Sonnenblumenpflanze bei Bormangel. M. Ja. Schkolnik und A. N. Majewskaja. (Научные Доклады Высшей Школы (Москва), Биологические Науки [Wiss. Hochschulber. (Moskau), biol. Wiss.] **1961.** Nr. 1. 143—48.) (Russ.)

Werden Sonnenblumenpflanzen in einer Nährlsg. gehalten, welcher man zeitweilig kein *B* zusetzte, so kommt es zu Veränderungen der Blattform u. zu Störungen im Verlauf der Gefäßbündel. Durch Zusatz von *B* zur Nährlsg. können die morpholog. Veränderungen verhindert werden. Aus den Verss. wird geschlossen, daß das *B* im Nucleinstoffwechsel eine wichtige Rolle spielt. E. Rentz. 4470□

Der Molybdänbedarf des Buchweizens in der Ontogenese. A. P. Schusstowa. (Научные Доклады Высшей Школы (Москва), Биологические Науки [Wiss. Hochschulber. (Moskau), biol. Wiss.] **1961.** Nr. 1. 149—53.) (Russ.)

Werden Buchweizenpflanzen während ihrer ganzen Vegetationsperiode in einer Nährlsg. kultiviert, welche kein *Mo* enthält, so kommt es zu einer Abnahme der Ernte um 69,8—57,4, der oberird. Masse um 64,6—56,3 u. der Wurzelmasse um 72,5—55,3% im Vgl. zu Pflanzen, welche während der gleichen Zeit in einer Nährlsg. gehalten werden, die 1 mg/Liter molybdänsaures Ammonium enthält. In jeder Phase der Entw. führt ein Zusatz von Mo zur Steigerung des Ertrages. E. Rentz. 4470□

Isolierung eines unbekannten Auxins aus der Lösung von ^{14}C-markierter Indolyl-(3)-essigsäure. J. H. M. Henderson. (Nature [London] **192.** 1076—77. 16/12. 1961. Gif-sur-Yvette, Seine-et-Oise, Le Phytotron, C.N.R.S.; Alabama, Tuskeger Inst.) (Engl.)

Die Radioaktivität von ^{14}C markierter *Indolyl-(3)-essigsäure* (I) in alkohol. Lsg. wird auf einen nichtidentifizierten Stoff übertragen. Die Isolierung erfolgte mit Hilfe der Papierchromatographie. Unterss. ergaben starke biolog. Aktivität, die die von I übertrifft. H. Busse. 4485□

Isolierung von Fettalkoholen mit Pflanzenwachstum fördernder Aktivität aus Maryland Mammoth Tabak. A. J. Vlitos und D. G. Crosby. (Nature [London] **184.** 462—63. 8/8. 1959. Yonkers, N.Y., Boyce Thompson Inst. for Plant Res. Inc.) (Engl.)

Aus Blättern u. apikalem Gewebe von Tabakpflanzen wurden nach chromatograph. Auftrennung des öligen Extraktes verschiedene langkettige, normale, prim. Alkohole gewonnen. Von diesen zeigten die C_{18}-u. C_{22}-Alkohole u. ihre Säureester eine wachstumsregulierende Aktivität im *Avena*-Internodientest. Die Abwesenheit von Indolyl-(3)-essigsäure in diesen Tomatengeweben, gekoppelt mit der wachstumsregulierendem Aktivität der Langkettenalkohole zeigt, daß die hormonale Regulation des Pflanzenwachstums bislang zu einfach gesehen wurde. W. Hirte. 4485□

Die Wanderung von radioaktivem ^{35}S Bayer 19639 in Ananaspflanzen. Walter Carter und W. A. Gortner. (J. econ. Entomol. **51.** 905—07. Dez. 1958. Honolulu, Hawai, Pineapple Res. Inst.) (Engl.)

Vff. gießen die Ananaspflanzen mit 125 ml 0,1% *Di-Syston* (I; Präp. 19639; Bayer). I geht vom Boden auf die gesamte Pflanze über. Die Resorption ist in den Wurzeln am größten. Sie nimmt nach den Pflanzenspitzen u. Früchten hin ab. Nur in der Wurzelregion war die Konz. des I hoch genug, um für Mehlkäfer (*Pseudococcus brevipes*) tox. zu sein. P. Fahrnlaender. 4490□

Die Wirkung der cis-trans-Isomerie auf die Aktivität eines Insekticids. L. F. Steiner, W. C. Mitchell, Nathan Green und Morton Beroza. (J. econ. Entomol. **51.** 921—22. Dez. 1958.) (Engl.)

Außer Angelicasamenöl (a; aus *Archangelica officinalis*) sind verschiedene synthet. Ester, z. B. *4-Methylcyclohexenyl-5-carbonsäurebutyl-(2)-ester* (I), zur Bekämpfung der Fruchtfliege (Ceratitis capitata) geeignet. Im Vgl. mit a zeigen die I-Präpp. untereinander große Wrkg.-Unterschiede. Diese beruhen auf der Isomerie von I (bzw. der *4-Methylcyclohexenyl-5-carbonsäure*). Die durch fraktionierte Kristallisation erhaltene cis-reiche Säure enthält zu 69% cis- u. 31% trans-Form u. besitzt mittlere bis starke insekticide Wrkg., während die reine cis-Säure nur eine schwache, dagegen die trans-Säure die maximale Aktivität besitzt. Auch Handels-I-Präpp. mit 70% trans-Bindungen sind weniger stark wirksam. P. Fahrnlaender. 4490□

Ein spezifischer Effekt des Kupfers auf die Atmung von Chlorella vulgaris. K. A. Hassall. (Nature [London] **193.** 90. 6/1. 1961. Reading, Univ., Dep. of Physiol. Chem.) (Engl.)

Werden Zellen der *Chlorella vulg.* in einem Puffer-Syst. mit *Kupfersulfat*-Lsg. geschüttelt, so wächst der O_2-Verbrauch in bestimmten Grenzen mit der *Cu*-Konzentration. Wird das Syst. nicht geschüttelt, so ist die O_2-Aufnahme gegenüber Blindwerten vermindert. Diese Unterss. zeigen, daß der Mangel an O_2 die Ursache der Cu-Toxizität ist. 11 andere untersuchte Metalle zeigen diesen Effekt nicht. H. Busse. 4495□

Widerstand von Humus gegen Zersetzung. H. F. Birch und M. T. Friend (Nature [London] **191.** 731—32. 12/8. 1961. Kikuyu, Kenya, East African Agric. and Forestry Res. Organisat.) (Engl.)

Die von Vff. vorgenommene Behandlung eines organ. Bodens mit 8,51% organ. C durch abwechselnde Bewässerung, 5tägigen Abbau im Makro-Respirometer bei 25° u. 48std. Trocknen bei 100° ergab nach 204maliger Behandlung eine befriedigende Übereinstimmung zwischen der nach 104maliger für eine 250malige Behandlung berechneten (73%) u. nach 204 Behandlungen bestimmten C-Mineralisierung (63,5%). Im gleichen Zeitraum betrug die Mineralisierung des organ. N nur 46,4%, während der organ. P 100%ig mineralisiert wurde. Dagegen ergab die 16tägige Kontrollbehandlung des gleichen Bodens entsprechend der 204maligen feucht-heißen Behandlung bei 100° neben einer 7%ig. Hydrolysierung des organ. N eine nur 53%ig. P-Mineralisierung. Vff. folgern hieraus, daß bei den Verss. die nicht hydrolysierbaren organ. P-Verbb. zusammen mit mindestens einem Teil der hydrolysierbaren Verbb. mikrobiolog. abgebaut wurden. H. SPOHN. 4499□

E_5. Tierchemie. Tierphysiologie. Tierpathologie

Einwirkung von Formamid auf Elytren von Melolontha vulgaris. H. J. Einbrodt. (Zeiss-Mitt. [Stuttgart] **2.** 125—27. März 1961. Göttingen, Max-Planck-Ges., Med. Forsch.-Anstalt.) (Dt.)

An Flügeldecken des Maikäfers wird gezeigt, daß *Formamid* bei 135° *Chitin* (I) nicht angreift; Skleroproteine werden dagegen aufgespalten. Damit ist ein Weg zur Isolierung von I aus Tiermatrial bei neutraler Rk. gewiesen worden. W. WESLY. 4520□

Untersuchung der reversiblen Strukturänderung von β-Lactoglobulin B bei pH-Werten über 5,25 mittels Rotationslichtstreuung. Dominique Pantaloni. (C. R. hebd. Séances Acad. Sci. **252.** 2459—61. 17/4. 1961. Paris, Univ., Fac. de Sci., Inst. de Biol. physicochim.) (Franz.)

Im Bereich zwischen pH 5,25 u. 9 existieren 2 Mol.-Arten von *β-Lactoglobulin B* im Gleichgewicht. Der Übergang von einer Form in die andere wird durch Ionisierung einer bestimmten Gruppe des Proteins ausgelöst. K. ZINGRAF. 4520□

Eine ungewöhnliche Hauptfettsäurenkomponente im menschlichen Depotfett. D. S. McLaren und W. W. C. Read. (Nature [London] **192.** 265. 21/10. 1961. Mwanza, Tanganyika, East Africa High Comm., East African Inst. for Med. Res.) (Engl.)

Im Fett der Bauchwand eines ♂ Afrikaners (Sukuma-Stamm) konnte gaschromatograph. eine gesätt. verzweigte C_{13}-*Fettsäure* zu 8,7% nachgewiesen werden. Eine Identifizierung war wegen der geringen Menge nicht möglich. Da die relativ große Menge kaum durch die Nahrung aufgenommen werden konnte, wird eine ungewöhnliche Fettsäure-Synth. im Körper angenommen. J. BOELTER. 4520□

Lipochrome der Gyrostoma sp. (Seeanemonen). M. V. Rajagopal und Kamala Sohonie. (Current Sci. **25.** 327. Okt. 1956. Bombay, Inst. of Sci., Dep. of Biochem.) (Engl.) — Vgl. C. **1957.** 7407.

Vff. isolierten aus Gyrostoma-Seeanemonen durch Extraktion mit Aceton–Ae. (1 : 1) u. Säulenchromatographie der PAe.-Lsg. an Al_2O_3 u. $CaCO_3$ ein schwarzvioletttes Pigment. Nach dem Absorptionsspektrum scheint es mit *Actinioerythrin* ident. zu sein. P. GREGORZEWSKI. 4520□

Naphthochinon-Pigmente in Psammechinus miliaris (Gmelin). M. Yoshida. (J. Marine biol. Assoc. United Kingdom **38.** 455—60. 1959. Univ. of London, Bedford Coll., Zoology Dep.) (Engl.)

Mit konz. HCl u. anschließender Ae.-Extraktion konnte aus *Psammechinus miliaris* (*Gmelin*) ein dem Spinochrom E ähnliches Pigment isoliert werden u. eine Kristallisations-Meth. beschrieben werden. Die spektralen Maxima lagen bei: 269 nm, 315—318 nm u. 480 nm. Aus der Ae.-Fraktion konnten über chromatograph. Trennung zwei weitere Pigmente isoliert werden, die dem *Spinochrom A* u. *B* entsprechen. K. RUCKPAUL. 4520□

Nachweis von C-reaktiv-Protein durch Fluorescenzantikörpermethoden. Robert Goldwasser und Rachmiel Rozansky. (Nature [London] **190.** 1020—21. 10/6. 1961. Ness Ziona, Israel Inst. for Biol. Res.; Jerusalem, Hadassah Univ., Hosp., Dep. of Clin. Microbiol.; Hebrew Univ., Hadassah Med. School.) (Engl.)

Die auf Fällung, Komplementbindung, Hämagglutinierung u. Gel-Diffusion beruhenden Meth. für den Nachw. von *C-reaktiv-Protein* (I) sind ungeeignet zum I-Nachw. mit Lokalisierung in den Zellen. Dafür erscheint die Fluorescenzantikörpertechnik geeignet. Die direkte Meth. beruht auf der Überschichtung luftgetrockneter, mit 95%ig. A. 10 Min. lang fixierter Blutausstriche mit Hilfe eines nach MARSHALL u. Mitarbeiter (Proc. Soc. exp. Biol. Med. **98.** [1958.] 898) mit *Fluoresceinisothiocyanat* markiertem, auf 1:8 verd. I-*Antiserum*; für 30 Min. im Feuchten lassen, in Glycerin–NaCl bei pH 7,6 einbetten. Die indirekte Meth. erfordert Überschichtung mit unmarkiertem I-Antiserum, nach 30 Min. (Waschen) überschichten mit markiertem Antikaninchenglobulin. Bei positiver Rk. erscheinen intensiv grün fluorescierende Partikel bis zu 0,3 μ; ihre Zahl entspricht etwa dem Grad von Fällungsreaktionen. Diese Partikel finden sich nicht bei I-negativen Personen. Unspezif. Leukocytenfärbung kann durch Zugabe von normalem Kaninchen-, Schaf- oder Meerschweinchenserum zum konjugierten I-Antiserum vermieden werden. Abstriche u. Gefrierschnitte von Milz, Lymphknoten u. Leber eines I-positiven Patienten (post mortem entnommen) zeigten ebenfalls positive Rk., die Partikel schienen nicht an eine bestimmte Zellform gebunden zu sein. U. TAUSENDFREUND. 4551□

Bildung und Verhalten von Gelatine–Gummi arabicum-Koazervat in Gegenwart von Hämoglobin, Ovalbumin und Serumalbumin. Lia Arnet. (Studii Cercetări Biochim. **1.** 363—67. 1958. Acad. R.P.R., Inst. de biochim.) (Rum.)

Bei Änderungen des pH (1,67; 2,05; 3,20) durch verschiedene Puffergemische von Na-Citrat u. HCl wird der Einfl. von *Hämoglobin* (I), *Ovalbumin* (II) u. *Serumalbumin* (III) auf die Koazervat-Bldg. (KB) aus *Gelatine* u. *Gummi arabicum* untersucht. Es zeigt sich, daß I bei pH 3,20, II bei pH 2,05 die Intensität der KB herabsetzt, während III ohne Einfl. auf die KB ist. Aus den Verss. wird geschlossen, daß zwischen den Proteinen u. dem Koazervat eine physikal.-chem. Wechselwrkg. statthat, die zu einer Störung des Gleichgewichts der die Bldg. von Koazervattropfen bewirkenden Kräfte führt.

R. K. MÜLLER. 4551 □

Bedeutung der Gegenwart von Lewis-Substanzen im Serum während der Kindheit. Sylvia D. Lawler und Ruth Marshall. (Nature [London] **190.** 1020. 10/6. 1961. London, Royal Marsden Hosp.; Univ. Coll., Galton Labor.) (Engl.)

Bei Kindern, die später zu Erwachsenen mit dem Erythrocyten-Phänotyp Le (a—b +), ABH-Sekretor, Les (a + b +) werden, konnte eine Phase beobachtet werden, in welcher der Erythrocyten-Phänotyp durch Le(a + b +) ausgedrückt wird u. die Ausscheidungen wie beim Erwachsenen ABH, Le^a u. Le^b enthalten; zu der Zeit, während Le^a in den Erythrocyten dieser Kinder nachweisbar ist, tritt diese Substanz auch im Serum auf; im Gegensatz dazu zeigen Erwachsene mit Le(a—b +)-Erythrocyten zwar Le^b im Serum, in den wasserlösl. Ausscheidungen ist jedoch Le^a zu finden. Die Erklärung des Le(a + b +)-Phänotyps des Kindes wird in der Fähigkeit des gesamten Körpers zur Bldg. von LEWIS-Substanzen gesehen; das spätere Verschwinden von Le^a aus dem Kreislauf wird mit den Beziehungen zwischen Le, ABO u. Sekretor-Syst. in Zusammenhang gebracht.

U. TAUSENDFREUND. 4551 □

Übersicht moderner Ansichten zur Verkalkung. S. M. Weidmann. (Arch. oral Biol. **1.** 259—64. Jan. 1960. Leeds, Univ., School of Dentistry, Biol. Res. Unit.) (Engl.)

Besprechung verschiedener Anschauungen über das Zustandekommen von Verkalkungen. Hervorgehoben wird die Theorie der Knorpel-Bldg., nach der Knochensalz aus einer übersättigten, aber sonst stabilen Gewebe-Fl. auf einem Kern der organ. Grundsubstanz auskristallisiert. Die Theorie erklärt auch die Bedeutung von *Adenosintriphosphat* bei der Kristallkern-Bldg. u. die Rolle der organ. Grundsubstanz bei der Verkalkung.

H. DOSSMANN. 4552 □

Organische Phosphate im menschlichen Speichel. G. Ahrens und B. Ranke. (Arch. oral Biol. **4.** 175—78. Aug. 1961. Hamburg, Univ.-Klinik u. Poliklinik für Zahn-, Mund- u. Kieferkrankheiten.) (Dt.)

Vff. beschreiben eine säulenchromatograph. Meth. zur Trennung von *Phosphatestern* u. einigen *Nucleotiden* im menschlichen Speichel. Diese Meth. zeichnet sich gegenüber der Papierchromatographie durch bessere Trennschärfe u. größere Empfindlichkeit aus, benötigt jedoch einen größeren Zeit- u. Arbeitsaufwand. Der Geh. von Adeninmono-, -di- u. -triphosphat u. von Flavindiphosphat war bei Cariesresistenten höher als bei Cariesanfälligen.

R. ILLHARDT. 4555 □

Biologische Wirkungen einiger Steroide mit progestativer Aktivität. Victor A. Drill. (Federat. Proc. **18.** 1040—50. Dez. 1959. Chicago, Ill., G. D. Searle & Co.) (Engl.)

Übersicht über Struktur u. progestative Aktivität, andere endocrine Eigg. progestativer Verbb., antifertile Aktivität, Nebenwrkg. u. Sicherheit. — 65 Literaturangaben.

P. GREGORZEWSKI. 4559 □

Wirkungen verschiedener 19-Norsteroide auf reproduktive Prozesse und Fertilität. Gregory Pincus, John Rock, M. C. Chang und C. R. Garcia. (Federat. Proc. **18.** 1051—56. Dez. 1959. Brookline, Mass., Free Hosp. for Women; Shrewsbury, Worcester Found. for Exp. Biol.) (Engl.) — Vgl. C. **1961.** 15081.

Übersicht,Kontrazeptions-Verss., Einfl. auf die Fertilität, Menstruationsphänomene Libido, Sexual-Verh. u. Wohlbefinden, Nebenwirkungen. — 10 Literaturangaben.

P. GREGORZEWSKI. 4559 □

Wirkungen von Progesteron und synthetischer Progestine auf die Reproduktionsphysiologie normaler Männer. Carl G. Heller, Donald J. Moore, C. Alvin Paulsen, Warren O. Nelson und William M. Laidlaw. (Federat. Proc. **18.** 1057—65. Dez. 1959. Seattle, Wash., Pacific Northwest Res. Found.; New York City, Rockefeller Inst.; Portland, Oreg., Univ. of Oregon Med. School, Dep. of Med.) (Engl.)

P. GREGORZEWSKI. 4559 □

Progesteron im Blut. 1. Mitt. **Chemische Progesteron-Bestimmung im peripheren Blut.** R. V. Short. (J. Endocrinology **16.** 415—25. April 1958. Cambridge, Univ., Dep. of Vet. Clin. Studies, A.R.C. Unit. of Reproductive Physiol. and Biochem.) (Engl.)

Zur *Progesteron* (I)-Best. wird Blutplasma mit 0,5% ig. NaOH versetzt, mit Ae. extrahiert, Ae.-Extrakt mit W. gewaschen, Ae. verdampft, Rückstand in PAe. aufgenommen, mit Methanol extrahiert, Methanolextrakt getrocknet, erneut gelöst, chromatographiert u. spektrophotometr. I bestimmt. P. GREGORZEWSKI. 4559□

Progesteron im Blut. 2. Mitt. Progesteron im peripheren Blut tragender Kühe. R. V. Short. (J. Endocrinology **16.** 426—28. April 1958. Cambridge, Univ., Dep. of Vet. Clin. Studies, A.R.C. Unit of Reproductive Physiol. and Biochem.) (Engl.) — 1. vgl. vorst. Referat.

Der *Progesteron*-Geh. des peripheren Blutes schwankt zwischen 0,74—0,98 μg/100 ml Plasma zwischen dem 32. u. 256 Tag der Trächtigkeit u. fällt dann stark ab u. erreicht einen Tag vor dem Kalben 0,1—0,4 μg/100 ml. P. GREGORZEWSKI. 4559□

Progesteronspiegel im Blut des Mutterschafs. D. G. Edgar und J. W. Ronaldson. (J. Endocrinology **16.** 378—84. April 1958. Hamilton, N.Z., Ruakura Animal Res. Stat., Dep. of Agricult.) (Engl.)

Der *Progesteron* (I)-Geh. des Blutes wurde bei Mutterschafen untersucht. ImBlut aus der Halsvene konnte kein I festgestellt werden, dagegen wurden im Blut der Ovarialvene unterschiedliche Mengen I in Abhängigkeit vom Sexualcyclus gefunden (1,8 μg/ml bis 0,15 μg/ml). P. GREGORZEWSKI. 4559□

Untersuchungen über den Östrogenstoffwechsel bei Säuglingen und Kindern. M. Barr, E. Diczfalusy und K. G. Tillinger. (Acta endocrinol. [Copenhagen] **37.** 241—52. Juni 1961. Stockholm, Karolinska Sjukhuset, Dep. of Women's Diseases, Dep. of Pediatrics, Hormone Labor.) (Engl.)

Es wurde die Harnausscheidung von *Östron* (I), *17β-Östradiol* (II) u. *Östriol* (III) bei Säuglingen u. Kindern untersucht. Bei unbehandelten Kindern konnten I, II oder III im Harn nicht nachgewiesen werden. Nach intramuskulärer Injektion von II (500 μg) wurde von Säuglingen (2—10 Monate alt) weder I noch II, jedoch etwas III [ca. 2% (der zugeführten Dosis)] ausgeschieden. Bei Kindern von 2½—9 Jahren werden nach Zufuhr von II signifikante Mengen von I u. II (ca. 3,5%) sowie beträchtliche Mengen an III (ca. 6%) ausgeschieden. Nach Zufuhr von III (500 μg) schieden Kleinkinder (2—36 Monate alt) ca. 14% im Harn u. ca. 2% in den Fäces aus. Vff. schließen, daß sich der II-Stoffwechsel von Kindern stark von dem der Erwachsenen unterscheidet. Im Gegensatz zur Situation bei Erwachsenen scheint bei Kleinkindern III nicht die Endstufe, sondern eine intermediäre Stufe des Östrogenstoffwechsels darzustellen. P. SCHWERDTFEGER. 4559□

Isolierung von 17-Hydroxypregnenolon aus dem peripheren menschlichen Blutplasma. Georg W. Oertel. (Acta endocrinol. [Copenhagen] **37.** 301—04. Juni 1961. Homburg/Saar, Univ. des Saarlandes, Inst. für Hyg. u. Mikrobiol.; Salt Lake City, Utah, Univ. of Utah, Coll. of Med., Dep. of Biol. Chem.) (Engl.)

Aus 1000 ml normalem ♂ Sammelplasma konnten 9,9 μg *17-Hydroxypregnenolon* [(I) *Δ^5-Pregnen-3β.17α-diol-20-on*] durch Extraktion mit Äthylacetat/Ae. (1:1), Reinigen des eingeengten Extraktes durch Gefrieren der Lsg. in 70% ig. Methanol, Chromatographie an Al_2O_3 (Elution mit 7,5% ig. Methanol in Bzl.), präparative Papierchromatographie in Propylenglykol/Toluol, Formamid/Chlf. u. Formamid/Bzl., sowie erneute Chromatographie an Al_2O_3, isoliert werden. Die Identifizierung von I erfolgte durch Vgl. mit den IR-Spektren u. den Absorptionsspektren in konz. H_2SO_4 von authent. I sowie auf Grund der papierchromatograph. Beweglichkeit der freien u. der acetylierten Verb. in verschiedenen Lsgm. u. der positiven Rk. mit dem H_2SO_4-A.-Reagens.
P. SCHWERDTFEGER. 4559□

Isolierung von Pregnenolon aus dem Adrenalvenenblut des Hundes. Georg W. Oertel und Kristen B. Eik-Nes. (Acta endocrinol. [Copenhagen] **37.** 305—08. Juni 1961. Salt Lake City, Utah, Univ. of Utah, Coll. of Med., Dep. of Biol. Chem.; Homburg/Saar, Univ. des Saarlandes, Inst. für Mikrobiol. u. Hyg.) (Engl.)

Vff. isolierten aus 3100 ml Adrenalvenenplasma des Hundes durch präparative Papierchromatographie 11,2 μg einer Steroid-Verb., die in Formamid/Bzl. u. Propylenglykol/Toluol zusammen mit *Δ^4-Pregnentrion-(3.11.20)* wandert u. sich in Formamid/Bzl.-Hexan u. Propylenglykol/Methylcyclohexan von diesem trennen läßt. Das Steroid wird durch Vgl. mit einer authent. Probe (IR-Spektrum, Absorptionsspektrum in konz. H_2SO_4, papierchromatograph. Beweglichkeit der freien u. der acetylierten Verb. in verschiedenen Lsgm.-Kombinationen, Rk. mit dem H_2SO_4-Reagens) als *Pregnenolon* [*Δ^5-Pregnenol-(3β)-on-(20)*] identifiziert. P. SCHWERDTFEGER. 4559□

Aminosäuren im Harn während der Schwangerschaft. Pierre Soupart. (Ann. Soc. roy. Sci. méd. natur. Bruxelles **12.** 33—182. 105. 1959. Bruxelles, Univ., Fac. de Méd., Labor. de Biochim.) (Franz.)

Eingehende Unters. der Ausscheidung von *Aminosäuren* (I) im Harn zeigt bei Männern u. Frauen keine wesentlichen Unterschiede. Nur *β-Alanin* scheint von Männern mehr ausgeschieden zu werden. Während der Schwangerschaft ist die Ausscheidung von *Histidin* (II), *Glycin* (III), *Glutamin, Threonin, Serin, Alanin, Tyrosin, Phenylalanin, Isoleucin* u. *Arginin* erhöht. Bes. untersucht wird die Ausscheidung von **II**. Sie ist schon in den ersten Tagen der Schwangerschaft erhöht, doch ist die **II**-Best. wegen sehr großer individueller Schwankungen zur Schwangerschaftsdiagnose ungeeignet. Gleichzeitige Unters. des **II**-Geh. des Plasmas u. des Harns während des Menstruationscyclus zeigt, daß die **II**-Ausscheidung hormonal gesteuert wird u. auf vermehrter Glomerularfiltration bei verminderter tubulärer Resorption in der Niere beruht. Beim Mann rufen hohe Dosen von *Hydrocortison*, ähnlich der Schwangerschaft, Absinken der **I**-Werte im Plasma u. Ansteigen der **I**-Werte im Harn hervor. Nach hohen Dosen von *Östradiolbenzoat* ist nur die Ausscheidung von **III** stark erhöht, wahrscheinlich als Folge einer spezif. Hemmung der tubulären Resorption. — 110 Literaturangaben. K. Bohle. 4559□

Die Anwendung neuer progestativer Hormone in der Gynäkologie und Geburtshilfe. A. E. Rakoff. (Federat. Proc. **18.** 1066—70. Dez. 1959. Philadelphia, Pa., Jefferson Med. Coll., Dep. of Obstetrics, Gyn., Div. of Endocrine and Cancer Res.) (Engl.)
P. Gregorzewski. 4559□

Endokrinologische Untersuchungen an Pflanzenprodukten. 1. Mitt. **Vorläufige Untersuchung der Hormonwirkung des Psoralens.** Anita Barua, U. K. Banik und D. P. Chakraborti. (Ann. Biochem. exp. Med. [Calcutta] **21.** 139—40. Mai 1961. Calcutta, Indian Inst. for Biochem. and Exp. Med.) (Engl.)

Psoralen (I) in Sesamöl-Lsg. unreifen jungen ♀ Kaninchen i. m. verabreicht, zeigt inhibitor. Wrkg. auf die Endometriumwand, wenn es in Verbindung mit Östrogen, u. schwach Progesteron-artige Wrkg., wenn vorher Östrogen an die Kaninchen verabreicht wurde. P. Gregorzewski. 4559□

Endokrinologische Untersuchungen an Pflanzenprodukten. 2. Mitt. **Vorläufige Untersuchung der Hormonwirkung des Stigmasterins.** Anita Barua. (Ann. Biochem. exp. Med. [Calcutta] **21.** 141. Mai 1961. Calcutta, Indian Inst. for Biochem. and Exp. Med.) (Engl.) — 1. vgl. vorst. Referat.

Stigmasterin (I), F. 169—170°, $[\alpha]_D$ —51,7°, dargestellt aus dem chromatograph. reinen *Benzoesäureester*, F. 160—161°, $[\alpha]_D$ —29°, wurde in Sesamöl an Ratten u. Kaninchen i. m. verabreicht. **I** verursacht eine Erhöhung des Uterus- u. Ovarien-Gew., proliferiert die Endometriumschicht des Uterus, erhöht die Glykogenmenge u. die Verteilung der alkal. Phosphatase der Gewebe. **I** erhöht also die Östrogenwirkung.
P. Gregorzewski. 4559□

Über die Wirkung von 17α-Äthyl-19-nortestosteron auf die sexuelle Entwicklung und die Reproduktionsfähigkeit der Ratte. R. H. H. Richter. (Naunyn-Schmiedebergs Arch. exp. Pathol. Pharmakol. **238.** 60—62. 1960. Bern.) (Dt.)

Unters. des Einfl. von *17α-Äthyl-19-nortestosteron* (*Noräthandrolon*; *Nilevar*; Searle & Co.; **I**) auf die sexuelle Entw. u. die Fortpflanzungsfähigkeit im Vgl. mit *Testosteronpropionat* (*Perandren*, Ciba; **II**) u. *Progesteron* (*Lutocyclin*, Ciba; **III**). Durch 0,05 mg **I**/kg wird der Östruscyclus erwachsener Sherman-Ratten gestört; mit 0,5 mg persistieren die Leukocyten im Vaginalabstrich, Acidophilie um 50% vermindert. Bei Beginn der Behandlung im Alter von 3 oder 5 Wochen frühzeitigere Vaginalöffnung, Behandlung erst mit 6 Wochen verzögert die Vaginalöffnung (unterschiedliche Rk. möglicherweise Folge der Veränderung der Rk.-Lage oder eines Enzym-Syst.). 0,5—5,0 mg verringern die renale Ausscheidung von 17-Ketosteroiden um ca. 50%. Durch 0,05 mg **I**/kg/Tag wird die Hoden-Entw. juveniler Ratten gestört, während 0,04 mg **II** noch ohne Einfl. sind; nach 3wöchiger Behandlung mit täglich 0,5 mg **I** waren 14 von 16 ♂ Tieren steril; die Schädigung ist jedoch reversibel. Bei Dosen mit gleicher Androgenität u. progestativer Wrkg. sind die untersuchten Wrkg. von **I** stets stärker als die von **II** oder **III**, so daß es sich um bes. Eigg. handeln muß, die weder mit der Androgenität, noch mit der progestativen Wrkg. in direkter Beziehung stehen; es wird angenommen, daß sie auf hypophysehemmende u. auf östronantagonisierende Eigg. von **I** zurückgeführt werden können. — Theoret. läßt **I** sich zur Verhütung von Schwangerschaften auf peroralem Wege verwenden; *Noräthynodrel* (*17α-Äthinyl-17β-hydroxy-$\Delta^{5(10)}$-östren-3-on*) bietet dafür jedoch den Vorteil geringerer übriger Wrkg. u. das Fehlen von östronantagonisierender Wrkg.; Hinweis auf Warnung vor der jahrelang durchgeführten Hemmung der Hypophysentätigkeit. U. Tausendfreund. 4559□

Bestimmung von Plasmatestosteron. Georg W. Oertel. (Acta endocrinol. [Copenhagen] **37.** 237—40. Juni 1961. Homburg/Saar, Univ. des Saarlandes, Inst. für Hyg. u. Mikrobiol.; Salt Lake City, Utah, Univ. of Utah, Coll. of Med., Dep. of Biol. Chem.) (Engl.)

Die beschriebene Meth. gestattet noch die Erfassung u. Best. von 0,2 µg *Testosteron* (**I**) in entsprechenden Plasmavolumina. — Zur Plasmaprobe werden 0,02 µg $^{14}C_{(4)}$-Testosteron gegeben, das Plasma 3mal mit Äthylacetat–Ae. (1:1) extrahiert, die Extrakte mit 1n NaOH u. W. gewaschen u. zur Trockne eingeengt. Der Rückstand wird in 70%ig. Methanol aufgenommen, 15 Std. bei −15° gehalten, zentrifugiert, der Überstand mit n-Hexan extrahiert u. zur Trockne eingeengt. Der mit Chlf.–Methanol (1:1) aufgenommene Rückstand wird papierchromatographiert [aufsteigend in Bzl./Methanol (9:1); Wanderung von **I** mit der Lsgm.-Front; übertragen auf neuen Papierstreifen, imprägniert mit Propylenglykol/Methanol (1:2) u. absteigende Chromatographie in Propylenglykol/Methylcyclohexan] u. **I** auf Grund der ^{14}C-Aktivität lokalisiert. Das mit Methanol eluierte **I** wird an Al_2O_3 chromatographiert (Waschen der Säule mit Bzl., Elution von **I** mit 2% Methanol in Bzl.) u. quant. durch eine Mikromodifikation der Meth. von KOENIG u. Mitarbeiter (J. biol. Chemistry **141.** [1941.] 487) bestimmt. Durch geringe Modifikationen lassen sich auch *Androst-4-en-3.17-dion* u. **I** gleichzeitig bestimmen.

P. SCHWERDTFEGER. 4559 □

Die unterschiedliche Wirkung von Implantaten männlicher und weiblicher Hypothalami auf die gonadotrope Funktion der transplantierten Hypophyse. Anne Moszkowska und Claude Kordon. (C. R. Séances Soc. Biol. Filiales **154.** 1420—23. 1960. Paris, Coll. de France, Labor. d'Histophysiol.) (Franz.)

Die Übertragung von Hypophysenvorderlappen ♂, ca. 2 Monate alter Ratten auf das Ovar unreifer Rattenweibchen unter gleichzeitiger Implantation von weiblichem bzw. männlichem Hypothalamus in der Nähe des Ovars zeigte auf Grund der Zahl der gebildeten Gelbkörper, daß der weibliche Hypothalamus eine stärkere Ausscheidung von *Luteinisierungshormon* durch die transplantierte Hypophyse bewirkt als der ♂.

K. MAIER. 4560 □

Über Phenylalanin²-lysinvasopressin. B. Berde, H. Weidmann und A. Cerletti. (Helv. physiol. pharmacol. Acta **19.** 285—302. 1961. Basel, Sandoz AG.) (Dt.)

Die Wrkg. des synthet. Peptids *Phenylalanin²-lysinvasopressin* (*Octapressin*; **I**) auf den Blutdruck der Ratte war 5mal u. auf die Diurese 2,4mal schwächer als die Wrkg. von synthet. *Lysin–Vasopressin* (**II**); außerdem war die vasokonstriktor. Wrkg. von **I** am isolierten Kaninchenohr schwächer. Gleiche Wrkg. zeigten **I** u. **II** bzgl. der Stimulation der glatten Muskulatur des Dünndarms (Kaninchen), der Verzögerung des Eintrittes von Krämpfen nach subkutaner Verabreichung von Strychnin (Maus) u. der Beeinflussung verschiedener Kreislaufgrößen von Hund u. Katze.

K. ZINGRAF. 4560 □

Wachstumshormon-Aktivität des Hypophysenvorderlappens der männlichen Ratte in verschiedenen Lebensaltern. R. H. Bowman. (Nature [London] **192.** 976 bis 977. 9/12. 1961. Lewisburg, Pa., Bucknell Univ., Dep. of Biol.) (Engl.)

Vf. stellte fest, daß die *Wachstumshormon*-Aktivität des Hypophysenvorderlappens von ♂ Ratten (LONG-EVANS-Stamm) sich mit zunehmendem Alter (untersucht wurden 10—600 Tage alte Tiere) nur wenig verändert. H. KOCKERT. 4560

Wachstumshormon und Einbau von Radiosulfat in Rippenknorpel. 3. Mitt. **Charakteristica der Wachstumshormonwirkung.** Elliott J. Collins und Vernon F. Baker. (Acta endocrinol. [Copenhagen] **37.** 176—82. Juni 1961. Kalamazoo, Mich. Upjohn Co., Dep. of Endocrinol.) (Engl.) — 2. vgl. C. **1961.** 11781.

Die Unterss. werden an hypophysektomierten Ratten durchgeführt. Die Betrachtung der Zusammenhänge zwischen Zeit u. Wrkg. zeigt, daß bereits bei einer 24std. Beobachtungszeit unter Verw. von ^{35}S eine verläßliche Best. der *Wachstumshormon* (**I**)-Aktivität erfolgen kann, wobei ein reproduzierbares Dosis–Wrkg.-Verhältnis mit Mengen von 12—48 μg **I** erhalten wird. **I** stimuliert innerhalb von 48 Std. die Synth. *organ. Sulfate* sowie die Akkumulation *anorgan. Sulfate.* P. SCHWERDTFEGER. 4560 □

Hypophyse und Eisenstoffwechsel. 5. Mitt. **Einfluß von ACTH auf die Erythropoese bei der Ratte.** M. Austoni, D. Ziliotto und P. Carenza. (Sonderbände zur Strahlentherapie **3.** 197—205. 1958. Padua, Univ., Inst. of Med. Pathol.) (Engl.) — 3. vgl. C. **1960.** 11357.

Vff. untersuchten den Einfl. von *Adrenocorticotropem Hormon* (**I**) verschiedener Herkunft, *Thyroxin*, *Thyreotropem Hormon* u. Schilddrüsenextrakt auf den *Fe*-Stoffwechsel hypophysektomierter Ratten. Die Ergebnisse geben keinen eindeutigen Aufschluß darüber, ob die Beseitigung der durch Hypophysektomie verursachten Erythropoese durch **I** auf diesem selbst oder einem anderen, als Verunreinigung enthaltenen Faktor beruht. H.-G. FLOSS. 4560 □

Versagen des intravenösen ACTH-Tests bei einem Fall von Cushing-Syndrom infolge bilateraler Hyperplasie der Nebennierenrinde. Postoperative Substitution mit einem 21-Desoxysteroid. J. Tamm, K. D. Voigt und J. Kracht. (Acta endocrinol. [Copenhagen] **37.** 253—62. Juni 1961. Hamburg, Univ., II. Med. Klin., Pathol. Inst.) (Dt.)

Im vorliegenden Fall reagierten die *17-Hydroxycorticosteroide* (I) im Plasma kaum auf eine i. v. Zufuhr von *Corticotropin* (*ACTH*). Die erhöhte Harnausscheidung von I stieg nach der 1. Zufuhr von ACTH weiter an, wurde jedoch durch *Triamcinolon* (II; *9α-Fluor-11β.16α.17.21-tetrahydroxypregna-1.4-dien-3.20-dion*) nicht gesenkt. Nach der 2. ACTH-Zufuhr erfolgte keine Rk. der Harn-I. Nach bilateraler Adrenalektomie wurden signifikante I-Mengen im Harn ausgeschieden. Postoperatives Wohlbefinden konnte nur durch Behandlung mit *Oxylon* (*Fluorometholone*, UPJOHN, *9α-Fluor-6-methyl-11β.17α-dihydroxypregna-1.4-dien-3.20-dion*) oder mit II + *Desoxycorticosteronacetat* erzielt werden. P. SCHWERDTFEGER. 4561 ☐

Die Wirkung von Hypothalamusschäden und Hypophysektomie auf die Corticoidproduktion in vitro und das Nebennierengewicht der Ratte. D. de Wied. (Acta endocrinol. [Copenhagen] **37.** 279—87. Juni 1961. Groningen, Netherlands, Univ., Dep. of Pharmacol.) (Engl.)

Es wurde in Verss. an Ratten in verschiedenen physiol. Zuständen [normal (a), Blindoperation (b), Hypophysektomie (c), Hypothalamusschäden (d)] die Stress-Wrkg. (Ae.-Anästhesie) auf Hypophyse u. Nebenniere durch Best. der Steroidproduktion in vitro, sowie des Nebennieren-Gew. verfolgt. Bei a erfolgte in vitro eine erhöhte *Corticoid* (I)-Produktion; Tiere nach b verhielten sich 4, 66 u. 162 Std. nach der Operation ähnlich wie a, während die I-Produktion 18 Std. nach der Operation signifikant vermindert war; die Tiere nach c u. d zeigten keine erhöhte I-Produktion. *Pitressin* stimulierte 18, 66 u. 162 Std. nach Schädigung des Hypothalamus die I-Produktion. Das Gew. der linken Nebenniere der Tiere nach c u. d nahm während der Beobachtungszeit allmählich ab. Der Gew.-Zuwachs der rechten Nebenniere, die 1 Woche nach Exstirpation der linken entnommen wurde, war bei Tieren nach a u. b gleich, während er bei Tieren nach c u. d fehlte. P. SCHWERDTFEGER. 4561 ☐

Die akuten Wirkungen infundierter Nebennierensteroide auf die Nierenfunktion adrenalektomierter Hunde. J. D. Slater, Paul Mestitz, Geoffrey Walker und J. D. N. Nabarro. (Acta endocrinol. [Copenhagen] **37.** 263—78. Juni 1961. London, Middlesex Hosp., Inst. of Clin. Res.) (Engl.)

Es wurde die Wrkg. von *Cortisol* (I; *Δ^4-Pregnen-11β.17α.21-triol-3.20-dion*), *Prednisolon* (II; *$\Delta^{1.4}$-Pregnadien-11β.17.21-triol-3.20-dion*, *Aldosteron* [(III) *Δ^4-Pregnen-17β.21-diol-3.20-dion-18-al*] u. Nebennierenrindenextrakten (*Eucortone*; IV) auf adrenalektomierte Hunde untersucht. Bestimmt wurden die *Inulin-*, *Kreatinin-* u. *p-Aminohippursäure*-Clearance, Harn-Vol. sowie die *Na-* u. *K*-Ausscheidung. Infusionen von I, II u. IV erhöhten die Glomerularfiltrations-Geschw. (GG) u. senkten die Filtrationsfraktion. In dem Maße des Anstiegs der GG senkte sich das Verhältnis der Kreatinin/Inulin-Clearance. Die I- u. II-Infusion erhöhte bei steigender GG die Na-Ausscheidung. I, III u. IV zeigten in den meisten Fällen eine Na-Retention. Alle Steroidinfusionen erhöhen die K-Ausscheidung. I erhöht die Clearance des freien W. unabhängig von der GG, II erhöht sowohl die osmolare Clearance, als auch die des freien W., während III die osmolare Clearance erhöht u. die des freien W. vermindert. P. SCHWERDTFEGER. 4561 ☐

Beitrag zum Studium der intestinalen Resorption von Fructose bei normalen, adrenalektomierten und mit einem Nebennierenrindenhormon behandelten Ratten. J. L. Delso Jimeno und J. Lucas Gallego. (Medicamenta [Madrid] **21** (**11**). Nr. 183. 252—54. 7/5. 1959. Madrid, Fac. de Farm., Cat. de Fisol. animal; Inst. Esp. de Fisol. y Bioqu. del C.S.I.C.) (Span.)

Bei Albinoratten sinkt die Resorption von *Fructose* aus einer Darmschlinge bei Tieren, die eine Woche vorher beidseitig adrenalektomiert wurden u. mit *NaCl* erhalten werden, gegenüber normalen Tieren auf 50—52% ab. Nach täglich 2mal 5 mg *Cortison* steigt die Resorption wieder auf 60—62% an. K. BOHLE. 4561 ☐

Untersuchungen über die Formaldehyd-bildenden Steroide im Harn bei Albinoratten unter verschiedenen Versuchsbedingungen. 1. Mitt. **Untersuchung über die Bestimmung von Formaldehyd-bildenden Steroiden im Harn bei Albinoratten.** Hideo Muranaka. (Acta Scholae med. Univ. Kioto **37.** 238—53. März 1961. Kyoto Univ., Fac. of Med., Dep. of Int. Med., 2nd Div.) (Engl.)

Die *Formaldehyd-bildenden Steroide* im Harn der Albinoratte wurden nach folgender Meth. bestimmt: Extraktion des Harns mit Chlf., Filtrieren, Einengen, Lösen in Bzl., Extrahieren mit W., Oxydation mit KJO_4, Abdest. u. Rk. mit Chromotropsäure, Best. der opt. Dichte bei 510, 570 bzw. 630 mμ. K. ZINGRAF. 4561 ☐

Untersuchungen über die Formaldehyd-bildenden Steroide im Harn bei Albinoratten unter verschiedenen Versuchsbedingungen. 2. Mitt. **Normalwerte der Formaldehyd-bildenden Steroide im Harn von Albinoratten und ihre Veränderungen nach Injektion von ACTH-Z oder Adrenalektomie und einige Beobachtungen über die Corticoide**

im Harn bei verschiedenen Laboratoriumstieren. Hideo Muranaka. (Acta Scholae med. Univ. Kioto **37.** 254—68. März 1961.) (Engl.) — 1. vgl. vorst. Referat.

Der Geh. der *Formaldehyd-bildenden Steroide* betrug, nach der Meth. des Vf. bestimmt, im Durchschnitt bei Meerschweinchen 64,14 ± 5,95 μg/Tag u. bei ♂ Ratten 25,23 ± 5,44 μg/Tag u. nahm bei diesen nach Injektion von 4 Einheiten *ACTH-Z* auf das 1,5—2fache zu u. nach Adrenalektomie auf die Hälfte ab. Die Best. des Porter-Silber-Chromogens mittels Butanolextraktion ist keine geeignete Meth. zur Best. von Corticoiden im Harn von Ratten u. Kaninchen. K. Zingraf. 4561□

Untersuchungen über die Formaldehyd-bildenden Steroide im Harn bei Albinoratten unter verschiedenen Versuchsbedingungen. 3. Mitt. **Veränderung der Formaldehyd-bildenden Steroide im Harn von Albinoratten nach experimentell erzeugter Leberschädigung, Hypothalamusläsion und Ganzkörperbestrahlung mit Röntgen- oder ^{60}Co-γ-Strahlen.** Hideo Muranaka. (Acta Scholae med. Univ. Kioto **37.** 269—90. März 1961.) (Engl.) — 2. vgl. vorst. Referat.

Im reversiblen Stadium der reversiblen CCl_4-Lebercirrhose (4—8 Wochen nach Anwendung) u. bei Dimethylaminoazobenzolhepatom wurde eine Zunahme, bei Leberschädigung durch Äthionin eine Abnahme der *Formaldehyd-bildenden Steroide* (I) im Harn der Ratte festgestellt. Bei Läsionen im hinteren Bereich des Hypothalamus nahmen I ab, bei Läsionen im Bereich des Infundibulums nahm die Harnmenge zu. Bei Ganzkörperbestrahlung mit 900 r Röntgenstrahlen nahmen I nach 3 Tagen ab, die Wrkg. von *ACTH-Z* auf I setzte verspätet ein, u. das Gew. der Nebennieren nahm zu. Nach 900 r ^{60}*Co-γ*-Strahlen blieb die Steroidsekretion durch die Nebennieren in vitro normal. K. Zingraf. 4561□

Indirekte Analyse von Corticosteroiden. 5. Mitt. **Die Bestimmung von 17-Desoxycorticosteroiden.** D. Exley, Shirley C. Ingall, J. K. Norymberski und G. F. Woods. (Biochem. J. **81.** 428—34. Nov. 1961. Sheffield, Jessop Hosp. for Women, Med. Res. Council's Chem. Pathol. of Steroids Res. Unit.) (Engl.) — 4. vgl. C. **1957.** 9138.

Die Angeli-Rimini-Rk. wurde zur Best. kleiner Mengen (≥ 10 μ mMol) von Aldehyden modifiziert u. zur Gruppen-Best. von *17-Desoxycorticosteroiden* (I) nach deren Umwandlung in *21-Norpregnan-20-al*-Verbb. verwendet. Sie eignet sich zur I-Best. in Extrakten säurebehandelter Urine. Eine Modifizierung der Rk. ermöglicht die getrennte Best. von *21-Hydroxypregnan-20-on*-Verbb. u. *Pregnan-20.21-diolen*. Im Harn normaler Personen wurden merkliche Mengen noch nicht identifizierter Verbb. der 20.21-Diolgruppe nachgewiesen. K. Maier. 4561□

Untersuchungen über Corticosteroide und ihrer Stoffwechselprodukte im mit bakterieller β-Glucuronidase hydrolysierten menschlichen Harn. 1. Mitt. **Methode zur Hydrolyse und Extraktion der 17-Hydroxycorticosteroide sowie Bestimmung der Ausscheidungswerte bei normalen Männern und Frauen.** Tomio Manju. (Jap. Arch. intern. Med. **7.** 285—93. 1960. Kyoto Univ., Fac. of Med., Dep. of Int. Med., 2nd Div.) (Jap.; Auszug: Engl.)

Bakterielle β-Glucuronidase (Sigma Chem. Co.) ist zur Hydrolyse des Harns zum Zweck der Best. von *17-Hydroxycorticosteroiden* besser geeignet als *Säugetier-β-Glucuronidase*; die optimalen Bedingungen sind pH 6,5, 37°, 18 Std. mit 50 Sigma-Einheiten/ml Harn; die Extraktion der 17-Hydroxycorticosteroide wurde mit redest. *Äthylacetat* nach Romanoff durchgeführt, die Ausbeute betrug 95%. Als durchschnittliche Gesamt-Porter-Silber-Werte im menschlichen Harn fanden sich: junge Männer 3,99 ± 0,20 mg/Tag, junge Frauen 3,78 ± 0,45 mg/Tag, alte Leute 2,26 ± 0,23 mg/Tag. Freie Porter-Silber-Werte: junge Männer 0,30 ± 0,05 mg/Tag, junge Frauen 0,46 ± 0,04 mg/Tag, alte Leute 0,26 ± 0,05 mg/Tag. Die Ausscheidungsquote von *Glucuronsäurekonjugaten* in Gesamt-Porter-Silber-Werten: junge Männer u. Frauen 90,1%, alte Leute ca. 88,5%. U. Tausendfreund. 4561□

Klinische Untersuchung der β-Fraktion der 17-Ketosteroide des Harns. 1. Mitt. **Untersuchungen über die Bestimmung des Pettenkofer-Chromogens im Harn gesunder Personen.** Masao Inagaki. (Jap. Arch. intern. Med. **7.** 317—22. 1960. Kyoto Univ., Fac. of Med., Dep. of Int. Med., 2nd Div.) (Jap.; Auszug: Engl.)

Zur Best. von *Dehydroisoandrosteron*, als wichtigem Bestandteil der *17-Ketosteroide* des Harns, wird die Verw. der Pettenkofer-Rk. empfohlen, wobei die Entw. des Pettenkofer-Chromogens in zufriedenstellender Weise durch Verw. der Ketofraktion, gewonnen mit dem Girard-Reagens aus rohem Harn, vor sich geht. An 74 gesunden Personen konnte gezeigt werden, daß das Pettenkofer-Chromogen ebenso wie die 17-Ketosteroide altersabhängig ausgeschieden werden u. bei ♀ niedriger als bei ♂ sind. Der Quotient Pettenkofer-Chromogen/17-Ketosteroide beträgt unabhängig von Geschlecht u. Alter 13,5. Verabreichung von *ACTH-Gel* an normale Männer bewirkte erhöhte Ausscheidung beider Faktoren, ohne daß der Quotient sich signifikant änderte. U. TAUSENDFREUND. 4561 □

Die Wirkung von Adrenalin auf die Brustdrüse virginer Ratten oder hypophysektomierter Ratten und einem Hypophysenimplantat unter der Nierenkapsel. L. Desclin. (C. R. Séances Soc. Biol. Filiales **154**. 1539—41. 1960. Bruxelles, Fondation méd. Reine Elisabeth.) (Franz.)

Verss. an virginen Ratten u. hypophysektomierten ♀ Ratten mit implantierter, gleichaltriger u. gleichgeschlechtlicher Hypophyse unter der Nierenkapsel ergaben, daß *Adrenalin* (subcutan) auch dann die Freisetzung von Hypophysenprolactin bewirken kann, wenn die Hypophyse keine direkte Gefäß- u. Nervenverbindung mit dem Hypothalamus mehr hat. K. MAIER. 4561 □

Untersuchungen über den Nachweis der sympathicomimetischen Hormone im Blut und Urin des Menschen. S. Bettge. (Z. Kreislaufforsch. **49**. 534—43. Juni 1960. Gießen, Justus-Liebig-Univ., Med. Poliklin.) (Dt.)

Prüfung der Verff. zum Nachw. von *Adrenalin* (I) u. *Arterenol* (II) im Blut u. Harn. Unter den Anreicherungs-Verff. lieferte das von GOLDENBERG, SERLIN, EDWARDS u. RAPPORT (Amer. J. Med. **16**. [1954.] 310) die besten Ergebnisse. Die Best. des Geh. von I u. II im Venenblut des Menschen, der unter 1 μg/Liter Blut liegt, ist mit der biolog. Meth. des Blutdruckanstieges beim Testtier nicht möglich, dagegen kann der Geh. im Harn bestimmt werden (bei Normotonen durchschnittlich 29 μg II-Äquivalente). Der größte Teil des *Urosympathins* besteht aus II. K. ZINGRAF. 4561 □

Untersuchungen über die Urinausscheidung der sympathicomimetischen Hormone bei Hypertonikern. S. Bettge. (Z. Kreislaufforsch. **49**. 543—49. Juni 1960. Gießen, Justus-Liebig-Univ., Med. Poliklin.) (Dt.) — Vgl. auch vorst. Referat.

Von 30 Patienten mit essentieller Hypertension zeigten 16% u. von 20 Patienten mit nephrogenem Hochdruck 40% eine erhöhte *Urosympathin*-Ausscheidung (60 μg *Arterenol*-Äquivalente u. mehr). K. ZINGRAF. 4561 □

Die Wirkung des Thyreoid-Hormons auf die glykolytische Aktivität des Blutes. L. Macho. (Clin. chim. Acta [Amsterdam] **2**. 345—47. Aug. 1957. Bratislava, Tschechoslowakei, Endocrinol. Inst. of Slovak Acad. of Sci.) (Engl.)

Vf. vergleicht die „glykolyt. Aktivität“ von Kaninchenblut in vitro (gemessen am Glucoseverbrauch) von thyreoidektomierten Tieren ohne (a) u. mit (b) *Thyroxin*-Behandlung. Die „glykolyt. Aktivität“ von a ist gegenüber normalen Kontrolltieren um ca. 30% vermindert, bei b dagegen erhöht. Diese Befunde gehen parallel mit den Daten des „coefficient of utilization of glucose“ (i. v. Glucose-Toleranztest, vgl. C. **1958**. 12757). H. SCHIMASSEK. 4562 □

Empfindlichkeit der Maus bei Überschuß und Mangel an Schilddrüsenhormon gegen Histamin u. 5-Hydroxytryptamin. P. S. J. Spencer und G. B. West. (Brit. J. Pharmacol. Chemotherapy **17**. 137—43. Aug. 1961. London, Univ. of London, School of Pharmacy, Dep. of Pharmacol.) (Engl.)

Injektionen von *Thyroxin-Na* (I) erhöhten bei Mäusen die Empfindlichkeit gegen *Histamin* (II; maximale Wrkg. nach 6 Tagen); diese Wrkg. wurde durch gleichzeitige Gabe von *Hydrocortison* aufgehoben. I erhöhte in geringem Grade auch die Empfindlichkeit gegen *5-Hydroxytryptamin* u. steigerte den Grundumsatz (Maximum ebenfalls nach 6 Tagen). Bei längerer Verabreichung von I trat eine Vergrößerung der Nebennieren ein. *Methylthiouracil* oder *Methamizol* verringerten die Empfindlichkeit gegen I. K. ZINGRAF. 4562 □

Extraktion und Bestimmung des Nebenschilddrüsenhormons des menschlichen Urins. Beryl M. A. Davies. (J. Endocrinology **16**. 369—77. April 1958. London, Postgraduate Med. School of London, Dep. of Biochem.) (Engl.)

Durch Zugabe von gesätt. alkohol. *Benzoesäure* (I)-Lsg. zu menschlichen Urinproben wurde das *Nebenschilddrüsenhormon* (II) an die ausgefallene I adsorbiert, I durch A. entfernt u. der Rückstand auf seine biolog. Aktivität untersucht, indem die II-Wrkg. auf die renale Ausscheidung von anorgan. Phosphat bestimmt wurde. Normale Personen scheiden in 24 Std. 60 Phosphateinheiten II aus, Patienten mit Hyperparathyroidismus 103—146 Phosphateinheiten. P. GREGORZEWSKI. 4563 □

Wirkung der synthetisierten blutzuckersenkenden Mittel auf den Gehalt der Blasenflüssigkeit an Glucose. S. Cognetti und D. Angarano. (Boll. Soc. ital. Biol. sperim. **37**. 167—68. 28/2. 1961. Bari, Univ., Ist. di Clin. Med.) (Ital.)

Die Unterss. werden an 15 mit 2,5 g *Tolbutamid* (I) behandelten normalen Personen durchgeführt. Der gegenüber dem Blut geringere *Glucose*-Geh. der interstitiellen Fl. erleidet dort 45 Min. nach der I-Gabe keine Veränderung. F. KREN. 4564 □

Synthetische blutzuckersenkende Mittel und Cholecystographische Befunde beim Diabetes mellitus. S. Cognetti und A. Cavallo. (Boll. Soc. ital. Biol. sperim. **37.** 168—71. 28/2. 1961. Bari, Univ., Ist. di Clin. Med.) (Ital.) — Vgl. vorst. Referat.

An 20 Diabetespatienten werden nach einmaliger Gabe von *Tolbutamid* (**I**; 2,5 g per os) u. nach einer Behandlung bis zu 26 Monaten cholecystograph. Unterss. durchgeführt. Eine protrahierte **I**-Behandlung führt zu keinen sichtbaren Befunden u. nach einmaliger **I**-Dosis ist nur das Vol. der Gallenblase etwas verringert. F. KREN. 4564□

Untersuchungen über die Pharmakologie von Glukagon. A. Farah und R. Tuttle. (J. Pharmacol. exp. Therapeut. **129.** 49—55. Mai 1960. Syracuse, N.Y., Upstate Med. Center, State Univ. of New York, Dep. of Pharmacol.) (Engl.)

Krist. *Glukagon* (**I**) übt am isolierten Herzen des Hundes, Meerschweinchens, der Ratte u. der Katze, nicht aber des Kaninchens, eine positive chronotrope u. inotrope Wrkg. aus. Diese konnte beim Hund durch Dichlorisoproterenol, nicht aber durch Vorbehandlung mit Reserpin, verringert oder aufgehoben werden. **I** bewirkte am isolierten Katzen- u. Kaninchendarm, ähnlich wie Epinephrin u. einige amorphe Insulin-Präpp., eine Erschlaffung u. eine Hemmung der Spontanaktivität. K. ZINGRAF. 4564□

Selektive Farbstoffverdrängung an biogenen Polyelektrolyten als Modell für die Liberation biogener Amine. R. Jaques und K. Küttner. (Helv. physiol. pharmacol. Acta **19.** 335—43. 1961. Basel, CIBA AG.) (Dt.)

Die Veränderungen des Metachromasieeffektes an Mucopolysacchariden (Polyelektrolyten vom Heparintyp), welche nach Zugabe von Substanzen mit bas. Gruppen eintreten u. das Ergebnis von Ionenaustausch-Rkk. sind, wurden in 3 verschiedenen Modell-Syst. benützt. Die von der spezif. Selektivität der zugesetzten Substanzen abhängige Farbstoffverdrängung aus den Polyelektrolytbindungen stellt ein Modell für die Freisetzung biogener Amine aus entsprechenden körpereigenen Strukturen dar. K. ZINGRAF. 4569□

Mitteilung über die Verteilung von ^{14}C-Histamin nach Zugabe zu Blut. S.-E. Lindell und K. Viske. (Brit. J. Pharmacol. Chemotherapy **17.** 131—36. Aug. 1961. Lund, Sweden, Univ., Inst. of Physiol.) (Engl.)

^{14}C-Histamin (**I**) konnte nach Inkubation mit Hunde- oder Menschenblut bei 37° nach 1 Std. zu 80—100% in unveränderter Form zurückgewonnen werden. Bei Zugabe zu Vollblut in vitro stellte sich eine gleichmäßige Verteilung von **I** zwischen der Plasma- u. der Zellfraktion ein. Wenn die **I**-haltige Zellfraktion in **I**-freies Plasma eingebracht wurde, so stellte sich ebenfalls allmählich eine gleichmäßige Verteilung zwischen beiden Fraktionen ein. Ein ähnliches Verh. zeigte **I**, welches narkotisierten Hunden i. v. injiziert wurde; jedoch gelangte **I** nur langsam in die Zellfraktion. K. ZINGRAF. 4569□

Bestimmung von Substanz P am rectalen Blindsack des Huhnes. J. Cleugh, J. H. Gaddum, P. Holton und E. Leach. (Brit. J. Pharmacol. Chemotherapy **17.** 144—58. Aug. 1961. Brabraham, Cambridge, A. R. C. Inst. of Animal Physiol.; Paddington, London, St. Mary's Hosp. Med. School, Physiol. Dep.) (Engl.)

Es wurden die optimalen Bedingungen für die Best. von *Substanz P* am rectalen Blindsack des Huhnes untersucht. Wirksame Konzz. liegen zwischen 0,01 u. 0,5 Einheiten/ml. Der Darm ist bemerkenswert unempfindlich gegen andere Polypeptide, wie z. B. Bradykinin. Der Test kann durch Anwendung einer Bad-Lsg., die Antagonisten gegen Störsubstanzen enthält, spezif. gemacht werden (Atropin oder Hyoscin gegen Acetylcholin; Methysergid gegen 5-Hydroxytryptamin; Ephedrin gegen Brenzcatechinamine; Überschüsse von Histamin oder Adenosin-Verbb. zur Erzeugung einer spezif. Tachyphylaxie gegen diese Stoffe). Die Best.-Meth. ist ziemlich genau. K. ZINGRAF. 4569□

Prüfung der Eisenbelastung bei Krebs und Infektionskrankheiten. M. Bariéty und A. Gajdos. (Rev. franç. Études clin. biol. **5.** 372—74. April 1960. Paris, Clinique médicale de l'Hôtel-Dieu et Laboratoire de Recherches de Biochimie.) (Franz.)

Vff. beschreiben, daß bei der Eisenbelastung bei Krebs- u. Infektionskranken ein geringerer Anstieg des Bluteisengehaltes gefunden wird, als es bei Vgl.-Personen der Fall ist. Aber dieses Phänomen erklärt nicht die häufig beobachtete Hyposiderämie im Verlauf dieser Krankheiten, denn es wird gleichzeitig bei Kranken beobachtet, bei denen der Bluteisen-Geh. normal ist. S. GROITZSCH. 4572□

Nomenklatur anormaler Hämoglobine. Anonym. (Amer. J. clin. Pathol. **35.** 266—67. März 1961.) (Engl.)

Auf dem 8. Internationalen Kongreß für Hämatologie wurden folgende 12 Empfehlungen für die Bezeichnung *anormaler Hämoglobine* gegeben: 1. Die Buchstaben A bis N (außer B) u. S bleiben für die damit definierten Hämoglobine erhalten. 2. Die Beschreibung der Varianten M_B, M_M u. M_S (Boston, Milwaukee, Saskatoon) werden akzeptiert, neue M-Varianten sollen mit vollen tiefgerückten Namen benannt werden. 3. Die Buchstaben O, P u. Q werden den unter diesen Buchstaben beschriebenen Hämoglobinen zugeteilt. 4. R bis Z (außer S) sollen bis zum nächsten Kongreß noch keinen weiteren Hämoglobintypen zugeteilt werden; diese sollen Ortsnamen erhalten, welche den Autoren überlassen bleiben. 5. Die A_2-Variante ist statt mit B_2 lieber mit A_2', eine weitere mögliche Variante mit A_2'' zu bezeichnen. 6. Die normalen Peptidketten sollen nur mit den bekannten Bezeichnungen α, β u. γ ohne hochgestellte Buchstaben oder + gek. werden. 7. Die Bezeichnungen β_4 u. γ_4 für H u. BART's sollen nur bei völlig geklärter Identität verwendet werden u. vorläufig soll in jeder Publikation der traditionelle Name wenigstens einmal angewendet werden. 8. Die Bezeichnung einer anormalen Kette durch Hochstellung des Namens des betreffenden anormalen Hämoglobins (z. B. S = $\alpha_2\beta_s{}^S$: HOPKINS-2 = $\alpha_2{}^{HOPKINS\text{-}2}\beta_2$) soll beibehalten werden. 9. Polypeptidketten sollen erst nach Beweis ihrer chem. (unabhängig von ihrer genet.) Verschiedenheit von α-, β- u. γ-Ketten mit neuen kleinen griech. Buchstaben gek. werden. 10. Bevor die Analyse der Aminosäurenreihenfolgen eine genaue chem. Nomenklatur gestattet, sollen die anerkannten Großbuchstaben verwendet werden, ggf. mit tiefgesetztem α, β... u. ggf. mit Ortsdeklaration, wobei bei nachträglich festgestellter Identität zweier Deklarationen die zuerst beschriebene beibehalten werden soll; vorläufig sind in Veröffentlichungen wenigstens einmal beide Bezeichnungen zu verwenden. 11. Es wurde kein allg. verbindlicher Name für die familiäre Bedingung gefunden, bei welcher Hämoglobin F im Erwachsenenalter ohne morpholog. Veränderungen des Erythrocyten u. ohne Anämie fortbesteht; der Ausdruck mikrocythäm. Thalassämie ist nicht spezif. genug, da sie gleichermaßen für die Bedingung gelten kann, unter welcher A_2 ohne morpholog. Veränderungen auftritt; die Bezeichnung „high F gene" sollte mit Zurückhaltung verwendet werden u. nur provisor. bis zur Festlegung einer besseren Terminologie. 12. Falls mehrere Hämoglobintypen vorliegen, sollte der Phänotyp durch Aneinanderreihung der Hämoglobine in der Reihenfolge der abnehmenden Konz., unabhängig von genet. Rücksichten beschrieben werden (z. B. Sichelzelltrait = AS, Sichelzellanämie = SF, Sichelzellthalassämie = SAF oder SFA).

U. TAUSENDFREUND. 4572 □

Erythropoiese bei Enten mit Mangel an verschiedenen B-Vitaminen. Dan A. Richert, Burnett Q. Pixley und Martin P. Schulman. (J. of Nutrit. **71.** 289—95. Juli 1960. Syracuse, N.Y., Upstate Med. Center, State Univ., Dep. of Biochem.) (Engl.)

6 von 12 Enten mit *Nicotinamid-*, *Riboflavin-*, *Thiamin-* u. *Pantothensäure-* oder *Vitamin-B_6*-Mangel wird ebenso wie einer normal ernährten Gruppe *Phenylhydrazin* (I) (1,4 mg/100 g Körper-Gew., s. c.) zugeführt. In beiden Gruppen werden nach der Injektion von I unreife Erythrocyten im peripheren Blut beobachtet. Durch Verss. mit $^{14}C_{(2)}$-*Glycin* wird gezeigt, daß bei beiden mit I behandelten Gruppen, außer bei Vitamin-B_6-Mangel, der gleiche Grad einer *Häm*-Synth. in vitro vorliegt. Bei Vitamin-B_6-Mangel vermag die Zufuhr von *Pyridoxal-5-phosphat* die *Häm*-Synth. wieder zu normalisieren.

H. STRUCK. 4573 □

Enzymaktivität der Thrombocyten, Bestimmung der Glutaminsäure–Oxalsäure-Transaminase. M. Gepner-Wozniewska und J. Caen. (Rev. franç. Études clin. biol. **5.** 375—77. April 1960. Paris, Hôpital Saint-Louis, Centre de Rech. sur les Maladies du Sang, Labor. d'Hémostase.) (Franz.)

Thrombocyten enthalten *Glutaminsäure–Oxalsäure-Transaminase.* Der Geh. ist der Thrombocytenzahl proportional u. unabhängig von dem des Serums.

S. GROITZSCH. 4573 □

Untersuchungen über die Änderungen einiger biologischer Werte bei Tieren (Schafen) im Verlauf der Adaptation an neue Umweltbedingungen. 2. Mitt. **Elektrophoretische Untersuchungen der Serumproteine.** P. Spinul, I. Vintilă, Şt. Elias, M. Elias und S. Popovici. (Studii Cercetări [Timişoara] Biol. Ştiinţe agric. **7.** 231 bis **244.** Juli/Dez. 1960. Timişoara, Acad. R. P. R., Labor. de Biol. animală.) (Rum.) — 1. vgl. Studii Cercetări [Timişoara] Biol. Ştiinţe agric. **7.** [1960.] 1.

An Schafen werden nach 2½ Jahren Aufenthalt in einer Meereshöhe von 900 bis 1300 m papierelektrophoret. Unterss. der *Serumproteine* vorgenommen. In der gesamten Proteinämie wird keine Veränderung festgestellt. Die *Albumine* (A) zeigen eine Abnahme um ca. 20%, die *Globuline* (G) eine Zunahme um ca. 13%, wobei sich A/G = 0,66 (Kontrollen 0,95) ergibt. Die α_1-*Globuline* sind wenig verändert, die α_2-*Globuline* sind bei den in der Höhe geborenen Tieren höher als bei den im Alter von 6 Monaten in die Höhe gebrachten. Die β-*Globuline* sind bei 59,1% verschwunden. Die γ-*Globuline* sind bei den in die Höhe verbrachten Tieren um 18% erhöht. Die in der Höhe geborenen Tiere zeigen eine Abnahme der β- u. Zunahme der α-Globuline. R. K. MÜLLER. 4574 □

Eine einfache Methode zur quantitativen Bestimmung von Serum-β-Lipoproteinen mit Hilfe des Immunokrit. Charles L. Heiskell, Roy T. Fisk, Warner H. Florsheim, Akira Tachi, Josef R. Goodman und Charles M. Carpenter. (Amer. J. clin. Pathol. **35.** 222—26. März 1961. Los Angeles, Calif., Univ. of California, School of

Med., Dep. of Infect. Dis.; Long Beach, Calif., Vet. Admin. Hosp.; Los Angeles, Calif., Hyland Labor.) (Engl.)

Zur leicht durchführbaren quant. Best. der *β-Lipoproteine* des Serums wird die 10 Min.-Zentrifugierung des aus 1 Tropfen frischen Serums (aus einer Capillarröhre mit 1,2—1,4 mm ∅ u. 75 mm Länge) u. 2 Tropfen Antiserum (aus einer PASTEUR-Pipette mit Capillare von 0,82 mm ∅ u. 120 mm Länge; Antiserum durch Injektion menschlicher β-Lipoproteinfraktion von Kaninchen gewonnen) gebildeten Nd., nach Aufsaugung des Gemisches in eine Capillarröhre (wie oben), in einer Mikro-Hämatokrit-Zentrifuge empfohlen; anschließend kann die Nd.-Säule mit schwacher Vergrößerung gemessen werden. Als β-Lipoproteinimmunokrit wird der Quotient: Länge der Nd.-Säule/Länge der Serum–Antiserum-Säule bezeichnet. Die mit dieser Meth. gewonnenen Werte stehen in enger Beziehung zu den durch die aufwendigere Polyanion–Fällungs-Meth. erzielten Werten ($r = 0{,}97$) u. zu den papierelektrophoret. Werten ($r = 0{,}99$).

U. TAUSENDFREUND. 4574 □

Der Einfluß von Fructose auf den Gehalt des Serums an nicht veresterten Fettsäuren. Konrad Stuhlfauth und Nepomuk Zöllner. (Klin. Wschr. **37.** 1162—65. 5/11. 1959. München, Univ., Med. Polyklinik.) (Dt.)

Die Verminderung des Geh. an *nicht veresterten Fettsäuren* (I) im Serum erfolgt nach Zufuhr von *Fructose* im gleichen Maß wie bei Glucosezufuhr. Best. von I nach DOLE (C. **1957.** 1474) durch Titration. Der Mechanismus, der Verminderung von I nach Kohlenhydratzufuhr bewirkt, wird wahrscheinlich im Bereich der Rkk. liegen, die Fructose u. Glucose gemeinsam haben. E.-H. GOECKEL. 4574 □

Einfache und rasche colorimetrische Bestimmung des freien Cholesterins in Gegenwart seiner Fettsäureester. Émile Assous und Maurice Girard. (C. R. hebd. Séances Acad. Sci. **252.** 2462—64. 17/4. 1961. Paris, Univ., Fac. de Pharmacie; Hôp. Lariboisière.) (Franz.)

Die Best. von freiem *Cholesterin* (I) ist bei 18° mit einem Essigsäure–H_2SO_4-Gemisch in Ggw. von $FeCl_3$ (Rotviolettfärbung in weniger als 30 Min.) möglich. Fettsäureester von I zeigen erst nach ca. 1 Std. nach dieser Meth. eine schwächere Färbung. Ihre Best. erfolgt durch Subtraktion des Wertes des freien I vom Gesamt-I. K. ZINGRAF. 4574 □

Zur Physiologie und Pathologie des Zinkstoffwechsels. 2. Mitt. Die Pathologie des Zinkstoffwechsels. J. Rechenberger und W. Wegner. (Dtsch. Gesundheitswes. **16.** 1810—13. 28/9. 1961. Magdeburg, Med. Akad., Med. Klinik.) (Dt.) — 1. vgl. Beih. Z. Dtsch. Gesundheitswes. **16.** [1961.] 1757.

In der überwiegenden Zahl von Erkrankungen findet sich eine Verminderung des *Zn* im Serum (Infektionen verschiedener Art, unbehandelte Perniciosa, Lebercirrhose, Verschlußikterus, Hepatitis infect., chron. Lymphadenose u. Myelose, maligne Tumoren) bei einigen auch eine Erhöhung (Hyperthyreosen, Perniciose im Regenerationsstadium, experimentelles Fieber). Normalwert 145 γ-%, erniedrigte Werte zwischen 64 u. 115, erhöhte zwischen 188 u. 208. P. GREGORZEWSKI. 4574 □

Bestimmung von Plasmafibrinogen unter Verwendung der Natriumsulfitfraktionierung. Jesse F. Goodwin. (Amer. J. clin. Pathol. **35.** 227—32. März 1961. Eloise, Mich., Wayne County Gen. Hosp., Dep. of Pathol.) (Engl.)

Vergleichbare Werte wie mit der umständlicheren Thrombinfällungs-Meth. lassen sich bei der Best. des Plasma-*Fibrinogens* mit Hilfe der Fällung durch *Natriumsulfit* erzielen. In ein 15 zu 120 mm-Pyrexröhrchen (kalibriert bei 8 oder 10 ml) wird genau 1,0 ml Oxalat- oder Heparin-Plasma (auch Citrat oder Äthylendiamintetraessigsäure möglich) gegeben, dazu 9,0 ml 13%ig. Natriumsulfit, Inkubation im Wasserbad von 37° für 10 Min., Zentrifugierung bei 3000 U/Min. für 5—10 Min., Fraktionierung, Lsg. in 5% $Na_3PO_4 \cdot 12\,H_2O$ im kochenden Wasserbad, Best. der Protein-Konz. mit der Biuret-Rk., Spektrophotometrie bei 560 mμ. U. TAUSENDFREUND. 4574 □

Untersuchungen über den Mechanismus der blutgerinnungshemmenden Wirkung des Heparins. F. Markwardt. (Naunyn-Schmiedebergs Arch. exp. Pathol. Pharmakol. **238.** 58—60. 1960. Greifswald.) (Dt.) — Vgl. C. **1960.** 11011 u. C. **1961.** 1622.

Da es trotz verschiedenartiger Meth. nicht gelang, die als *Heparin-Co-Faktor* wirkende Substanz aus Rinderblut vom sogenannten *Antithrombin* (I) des Blutes zu trennen, wurde durch Unters. des Verlaufs der *Thrombin*(II)-Aktivierung durch gereinigtes I (Unterbrechung der II–I-Rk. durch Zugabe des Substrates *p-Toluolsulfonyl-L-argininmethylester* zu jedem beliebigen Zeitpunkt), mit u. ohne *Heparin* (III) die III-Wrkg. zu klären versucht. Dabei beschleunigt Zusatz von III die Rk. zwischen II u. I katalyt. so stark, daß I zu einem schnell wirkenden u. daher wirksamen II-Hemmstoff wird; womit sich auch erklärt, warum III in gereinigten Syst., in denen I fehlt, unwirksam ist. III wird bei dieser Rk. nicht verbraucht u. kann quant. u. unverändert aus dem Rk.-Gemisch zurückgewonnen werden. Durch Bindung von III an *Protamin* kann der katalyt. Effekt aufgehoben werden. III wirkt vermutlich auch in vivo als Rk.-Beschleuniger, da bei den genannten Verss. physiolog. Konzz. Verw. fanden. Die II-I-Rk. kann auch durch Heparinoide beschleunigt werden (*Thrombocid, Eleparon, Dextransulfat*, jedoch weniger wirksam als durch III); in gleicher Weise wirken *synthet. Polyasparaginsäure* u. *Polyglutaminsäure.* U. TAUSENDFREUND. 4574□

Blutgerinnung und Antikomplementäraktivität des Serums. Wirkungen einiger Antikoagulantien auf die Alexinämie. 3. Mitt. Die Wirkung von Dextransulfat. (Experimentelle Untersuchungen am Meerschweinchen.) Mathilde Castay. (Trav. Soc. Pharmac. Montpellier **18.** 182—84. 1958, herausgeg. 1959. Tunis, Inst. des Hautes Etudes, Lab. de Biol. appl. et de Pharmacol.) (Franz.) — 2. vgl. Rév. Hématol. **11.** [1956] 265.

Dextransulfat (I) verhält sich gleichzeitig blutgerinnungshemmend u. antikomplementär. Die letztgenannte Aktivität (Abnahme des *Alexin*-Spiegels um ca. 25% bei 4500 i.m.) tritt nur bei hohen Dosen in Erscheinung. I, mit heparinähnlicher Struktur u. Aktivität, wirkt in vivo wie *Heparin* auf das Komplement, während *Tromexan* den Alexinspiegel nicht beeinflußt. K. MAIER. 4576□

Transport von ^{42}K vom Blut in den Cerebrospinalliquor bei Katzen. F. R. Domer. (J. Physiol. **158.** 366—73. Sept. 1961. London, Mill Hill, Nat. Inst. for Med. Res.) (Engl.)

Die Übergangsrate von ^{42}K vom Blut in den Cerebrospinalliquor steigt nach i.v. Injektion bei Katzen nicht proportional mit der ^{42}K-Menge. Intraperitoneale Injektion von *Physostigmin* verlangsamt den Übergang, i.v. Infusion von *Cholin, Tetraäthylammonium* oder *Tolazolin* beschleunigt ihn. Keinen Einfl. haben i.v. Infusion von *Dimethylaminoäthanol* oder *N'-Methylnicotinamid* sowie Injektion von Luft in die Arteria carotis. K. ZINGRAF. 4578□

Ursprung und Art der Proteine der Amnionflüssigkeit beim Rhesusaffen; ein neues Protein mit einigen ungewöhnlichen Eigenschaften. D. R. Bangham, K. R. Hobbs und D. E. H. Tee. (J. Physiology **158.** 207—18. Sept. 1961. London, Mill Hill, Nat. Inst. for Med. Res.) (Engl.)

In der Amnion-Fl. des Rhesusaffen wurden die wesentlichen *Serumproteine* in anderer Verteilung als im Serum gefunden; daneben wurde ein bisher nicht beschriebenes *saures Protein* mit einem Molgew. von 35000 nachgewiesen, das bei pH 8,5 in der Elektrophorese auf Papier oder Agar zwischen α_1- u. α_2-Globulin, auf Stärkegel jedoch zwischen Albumin u. Praealbuminen lief. Es fand sich in der Amnion-Fl. einiger Affenarten, nie aber im Serum von Mutter oder Fötus. Die wesentlichen Serumeiweißkörper in der Amnion-Fl. in der 2. Hälfte der Schwangerschaft stammen aus dem mütterlichen Kreislauf u. kehren in diesen zurück. K. ZINGRAF. 4578□

Das Verhalten der Nucleinsäuren während der Entwicklung des Hahns. 2. Mitt. **Das Verhalten der Nucleinsäuren bei der Rhode-Island-Rasse.** Giuseppe Minelli und Maria Rosa Rossi. (Atti Accad. Sci. Ist. Bologna, Cl. Sci. fisiche, Rend. [11] **6.** Nr. 2. 167—82. 15/10. 1959.) (Ital.) — 1. vgl. Ricerca sci. **29.** [1959.] 1700.

Es wurde festgestellt, daß eine früher beobachtete breite Streuung der *Nucleinsäuren*-Werte von Hühnerembryonen des gleichen Entw.-Stadiums auf die Verw. von Embryonen verschiedener Rassen zurückzuführen war. Bei ausschließlicher Verw. von Embryonen der gleichen Rasse (Leghorn oder Rhode Island) traten solche Streuungen nicht auf. K. ZINGRAF. 4583□

Einfluß der zeitweiligen Verwendung von fluorhaltigem Wasser auf das Auftreten von Zahncaries. J. A. Yacovone und V. F. Lisanti. (Arch. oral Biol. **1.** 265—75. Jan. 1960. Boston, Mass., Tufts Univ., School of Dental Med., Dep. of Res.; Brookline, Mass., Brooks Hosp., Sias Labors, Inst. of Stomatological Res.) (Engl.)

Bei Kindern, die während der Schulstunden *F*-haltiges Trinkwasser, 1,0—1,3 ppm im Vgl. zu Kontrollen (kein F), erhielten, trat nach Röntgen-Unters. ein Rückgang der Caries um 10% ein, wobei der Rückgang an den Prämolaren 18% betrug. Bei einer anderen Gruppe, die zu Haus laufend F-haltiges W. erhielten, betrug der Rückgang 38—70%, bei den Prämolaren 70%. Nach den Verss. besteht eine Proportionalität in der Abnahme der Caries mit der im W. eingenommenen F-Menge. H. DOSSMANN. 4585□

Untersuchungen über Natrium-, Chlor- und Jodbedarf von jungen Fasanen und Wachteln. M. L. Scott, A. van Tienhoven, Earl R. Holm und R. E. Reynolds. (J. of Nutrit. **71.** 282—88. Juli 1960. Ithaca, N.Y., State Game Farm, Cornell Univ., Dep. of Poultry Husbandry.) (Engl.)

Durch Fütterungs-Verss. mit einem Standard-Präp. wird festgestellt, daß *Fasanen* u. *Wachteln* einen *Na*-Geh. von ca. 0,085% in der Nahrung benötigen. Der *Chlor*-Bedarf liegt zwischen 0,048%—0,11% u. der von *Jod* bei 0,3 ppm. Eine Zuführung von 0,15% *NaCl* bei einem Jod-Geh. von 0,007% würde bei einer normalen Diät ausreichen. H. J. STRUCK. 4585□

N-Gehalt des Körpers und seine Beziehung auf N-Retention und Verlust. William M. Wallace. (Federat. Proc. **18.** 1125—30. Dez. 1959. Cleveland, Ohio, Western Reserve Univ., School of Med., Dep. of Ped.; Babies and Children's Hosp.) (Engl.)

Der N-Geh. des fettfreien Körpers ist relativ konst., außer bei extremen Diätveränderungen oder Körper-Gew.-Veränderungen. P. Gregorzewski. 4585 □

Proteinbedarf des Menschen. D. Mark Hegsted. (Federat. Proc. **18.** 1130—36. Dez. 1959. Boston, Mass., Harvard School of Public Health, Dep. of Nutrition.) (Engl.) P. Gregorzewski. 4585 □

Aminosäuregleichgewicht und Proteinbedarf. A. E. Harper und U. S. Kumta. (Federat. Proc. **18.** 1136—42. Dez. 1959. Madison, Wis., Univ. of Wisconsin, Dep. of Biochem.) (Engl.)

Der Proteinbedarf hängt von der Menge der darin enthaltenen unentbehrlichen Aminosäuren u. von dem Mengenverhältnis, in dem diese in dem betreffenden Protein enthalten sind, ab. P. Gregorzewski. 4585 □

Proteinernährung und Enzymveränderungen im Menschen. J. C. Waterlow. (Federat. Proc. **18.** 1143—55. Dez. 1959. Jamaica, Univ. Coll. of the West. Indies, Trop. Metabol. Res. Unit, Med. Res. Council.) (Engl.)

Übersicht. — 108 Literaturangaben. P. Gregorzewski. 4585 □

Proteinbedarf bei Verletzung und verschiedenen akuten und chronischen Krankheiten. Stanley M. Levenson und Donald M. Watkin. (Federat. Proc. **18.** 1155 bis 90. Dez. 1959. Bethesda, Md., Nat. Cancer Inst.; Washington, D. C., Walter Reed Army Med. Center.) (Engl.)

Übersicht. — 219 Literaturangaben. P. Gregorzewski. 4585 □

Aminosäuregleichgewicht und Ungleichgewicht. 4. Mitt. **Die spezifische Bildung eines Ungleichgewichts durch Threonin bei Nahrungsmangel an Niacin und Tryptophan.** Mary A. Morrison und A. E. Harper. (J. of Nutrit. **71.** 296—302. Juli 1960. Madison, Wis., Univ., Dep. of Biochem.) (Engl.) — 3. vgl. J. of Nutrit. **70.** [1960.] 141.

An Ratten wird gezeigt, daß sich bei einer Diät mit 8% *Casein* u. Ggw. von *L-Cystin* u. *DL-Methionin* 0,36% *DL-Threonin* (I) das Wachstum der Tiere erniedrigt. Dieses kann durch *Niacin* oder *Tryptophan* wieder normalisiert werden. Diesen Einfl. des I vermögen *Phenylalanin, Leucin, Lysin, Valin, Isoleucin, Glutaminsäure* u. *Arginin* allein nicht hervorzurufen sondern nur in Verbindung mit I. H. Struck. 4585 □

Die Reihenfolge der essentiellen und nichtessentiellen Aminosäuren als limitierende Wachstumsfaktoren bei Ratten mit Fibrinmangeldiät. U. S. Kumta und A. E. Harper. (J. of Nutrit. **71.** 310—16. Juli 1960. Madison, Wis., Univ., Dep. of Biochem.) (Engl.)

Wachstums-Verss. an Ratten, die als einzige Proteinquelle 6% *Fibrin* mit der Nahrung erhalten, zeigen, daß *Leucin, Isoleucin, Valin* u. *Histidin* als erste gleichberechtigte limitierende Faktoren in Betracht kommen. Als nächste rangieren *Methionin* u. *Phenylalanin* u. am Ende *Lysin, Threonin, Arginin* u. *Tryptophan.* Die Zufuhr einiger essentieller Aminosäuren (*Glutaminsäure, Glycin, Asparaginsäure* u. *Alanin*) zur Diät außer den 6% *Fibrin* stimulieren das Wachstum erheblich ebenso die alleinige Zufuhr von *Glutaminsäure.* H. J. Struck. 4585 □

Untersuchungen über das Stickstoffgleichgewicht von Pflanzenproteinen bei Säuglingen. Robert Kaye, Lewis A. Barness, Aree Valyasevi und John Knapp. (Nat. Acad. Sci.-Nat. Res. Council **1961.** 297—312. Philadelphia, Pa., Children's Hosp. of Philadelphia.) (Engl.)

Besprechung von Verss. an 20 Säuglingen, die mit Reis, Baumwollsamen- u. Erdnußmehl ca. 100 cal/kg/Tag ernährt wurden. Der Nährwert wurde nach der N-Retention beurteilt. Zum Vgl. wurden die Ergebnisse bei Milchernährung herangezogen. Reis ist eine gute Proteinquelle, die durch Zusätze von Lysin u. Threonin noch verbessert werden kann. Die Nährwerte von Baumwollsamen- u. Erdnußmehl können durch Zusätze gleicher Teile Weizen u. Reis verbessert werden. H. Dossmann. 4585 □

Der Bedarf des erwachsenen Menschen an essentiellen Aminosäuren. Marian E. Swendseid und Stewart G. Tuttle. (Nat. Acad. Sci.-Nat. Res. Council, Publ. Nr. **843.** 323—30. 1961. Los Angeles, Calif., Univ. of Calif. Dep. of Home Economics.) (Engl.)

Junge Männer brauchen ungefähr 1,0—1,2 g an essentiellem N/Tag, während die entsprechende Zahl für junge Frauen bei 0,85 g/Tag liegt. Männer über 50 Jahre haben einen höheren N-Bedarf, bes. hinsichtlich Methionin u. Lysin. Bei den Verss. an älteren Menschen wurde festgestellt, daß ihr Bedarf an essentiellem N mit dem totalen N-Geh. der Nahrung in Beziehung steht. H. Dossmann. 4585 □

Praktische synthetische Wege der essentiellen Aminosäuren. H. C. White. (Nat. Acad. Sci.-Nat. Res. Council, Publ. Nr. **843.** 489—94. 1961. Midland, Mich., Dow Chemical Co., Britton Res. Labor.) (Engl.)

Vf. teilt die 8 essentiellen Aminosäuren in 3 Gruppen ein: 1. *Valin, Leucin, Isoleucin*, 2. *Threonin, Lysin, Methionin*, 3. *Phenylalanin, Tryptophan* u. bespricht für diese Gruppen die chem. Synthesen. H. DOSSMANN. 4585 □

Mehrfacher Aminosäurenzusatz der Proteine. Hans R. Rosenberg und R. E. Eckert. (Nat. Acad. Sci. — Nat. Res. Council, Publ. Nr. **843**. 451—67. 1961. Newark, Del., Du Pont de Nemours and Co., Stine Labor.) (Engl.)

Verss. an jungen Ratten, die Reis u. Brot mit Zusätzen von *Lysin* (I) u. *Threonin* sowie mit Maismehl, das durch I u. *Tryptophan* angereichert wurde, erhielten. H. DOSSMANN. 4585 □

Vorläufige Versuche zur Auffütterung unterernährter Säuglinge mit Proteinkonzentraten aus Blättern. J. C. Waterlow und E. K. Cruickshank. (Nat. Acad. Sci. — Nat. Res. Council, Publ. Nr. **843**. 69—74. 1961. Jamaica, W.I., Univ. Coll. of the West Indies.) (Engl.)

Bei Diät-Verss. an 7 unterernährten Säuglingen wurde festgestellt, daß der Nährwert geeignet dargestellter *Proteinkonzentrate aus Blättern* (I) ca. 75% des Nährwertes der reinen Milch ausmacht. Die mit Milch gemischten I wurden von den Säuglingen gut vertragen u. rechtfertigen weitere Verss. mit I. H. DOSSMANN. 4585 □

Rolle der unentbehrlichen Fettsäuren beim Menschen. Grenzen der Verwertung. Pierre Brun. (Rev. franç. Corps gras **8**. 339—49. Juni 1961. Paris, Labor. à l'Inst. Sci. d'Hygiene alimentaire.) (Franz.)

Unter Anknüpfung an eine frühere Publikation über die Rolle des Fettstoffwechsels im Gesamtstoffwechsel des Menschen (RANDOIN u. BRUN, Gazette des Hôpitaux **1960**. 645) werden die unentbehrlichen *Polyenfettsäuren* kompilator. behandelt nach Art, Herkunft, Struktur, physiol.-chem. Wirksamkeit, Bedeutung bei Erkrankung (Ekzem-Bldg., Einfl. auf Nerven-Syst. usw.), Wechselwrkg. gegenüber *Cholesterin* u. *Lipoproteinen* (Thrombose, Atheromatose). Es wird auf die Grenzen der klin.-diätet. Anwendbarkeit der unentbehrlichen Polyenfettsäuren u. die Gefahr eines überhöhten Angebots hingewiesen. K. TÄUFEL. 4585 □

Einfluß verschiedener Lipide auf das menschliche Serumcholesterin. 2. Mitt. **Wirkung von Safloröl und Butter.** S. Oshima und S. Suzuki. (Jap. J. Nutrit. **17**. 225—26. Nov. 1959. Nat. Inst. of Nutr., Div. of Physiol.) (Jap.; Auszug: Engl.)

2 Gruppen zu je 3 Personen erhielten für 14 Tage *Safloröl* (I) bzw. *Butter* (II) u. anschließend für 16—19 Tage II bzw. I. Die Gruppe mit niedrigerem *Serumcholesterinspiegel* (SCS) begann mit Butter (Gruppe 2), die mit höherem SCS mit Safloröl (Gruppe 1). In 1 senkte I den SCS von 245 auf 181 mg%, II erhöhte ihn wieder auf 321 mg%. In der 2. Gruppe erhöhte II den SCS von 163 mg% auf 232 mg% u. I senkte ihn wieder auf 155 mg%. K. ZINGRAF. 4585 □

In vitro-Verdaulichkeit und -Nährwert von getrocknetem Rindfleisch, Fisch und Bohnen. Richard R. Adachi, Leonard Sheffner und Harry Spector. (Food Res. **23**. 401—06. Juli/Aug. 1958. Chicago, Ill., Quartermaster Food and Container Inst. for the Armed Forces.) (Engl.)

Es wird an Hand des Pepsinverdauungsrückstandes (PDR) über die Nährwerte von getrocknetem Fisch, getrocknetem Fleisch u. vorgekochten, getrockneten Bohnen berichtet. Trocknen u. Kochen von Schellfisch u. Rindfleisch, Vorkochen u. Trocknen von Lima- u. Saubohnen u. einer Erbsenvarietät (navy beans) verringern den Nährwert der pflanzlichen Proteine nicht. Getrocknetes Rindfleisch u. getrockneter Schellfisch behalten bei einer Bevorratung bei 100° F ihren Nährwert so gut oder besser als die gleichen gefrorenen Lebensmittel. Der Nährwert der Hülsenfrüchte kommt dem von Sojabohneneiweiß nahe u. ist fast derselbe wie der von Rindfleisch u. Fisch. Ph. FRESENIUS. 4585 □

Untersuchungen des Thiamin-Stoffwechsels bei verschiedenen Hautkrankheiten. 10. Mitt. **Beteiligung von Thiamin und Riboflavin bei der Bildung von Tyrosinmelanin.** Kazuo Aso, Ko Utsumi, Hideo Tsuchiya und Katsu Takenouchi. (Jap. J. Dermatol. **71**. 475—84. Mai 1961. Chiba, Univ., School of Med., Dep. of Dermat.) (Jap.; Auszug: Engl.) — 9. vgl. Vitamins [Kyoto] **18**. [1959.] 231.

Vff. stellten fest, daß melaninpigmentierte Hautbezirke reich an *Thiamin* (I) u. *Riboflavin* (II) sind. I stört bei der Zugabe zur Tyrosin–Tyrosinase-Rk. die Wrkg. von *β-[3.4-Dihydroxyphenyl]-α-alanin* (Dopa) oder *Dopachinon*, inhibiert die Bldg. von Dopa, verlängert die „lag"-Periode der Rk. u. wird selbst zur Disulfid-Form oxydiert. Die Inhibitor-Wrkg. von I in der Melanogenese ist schwächer als von Ascorbinsäure u. Cystein. P. GREGORZEWSKI. 4587 □

Untersuchungen über die sogenannte Ariboflavinose bei Bewohnern der Shiga-Präfektur. 2. Mitt. **Wirkungen von Riboflavin- und Nicotinamid-Verabreichung an**

Kinder mit Ariboflavinose. Yoshio Nakamura. (Jap. Arch. intern. Med. **7.** 328—30. 1960. Kyoto, Univ., Fac. of Med., Dep. of Int. Med., 1. Div.) (Jap.; Auszug: Engl.)

Zur Behandlung der sog. Ariboflavinose bei Einwohnern der Shiga-Präfektur eignet sich *Riboflavin* mit u. ohne *Nicotinamid*; die klin. Symptome bessern sich; bessere Erfolge wurden bei Flachlandbewohnern, bei Mädchen sowie bei Grundschülern (als bei Kindern) erzielt; Augenschäden waren bes. therapieresistent; die Urobilinogen-Rk. im Harn, als Maßstab der Leberfunktion, besserte sich gleichfalls.

U. TAUSENDFREUND. 4587□

Der Einfluß von Pyridoxinmangel auf die Ausnutzung von Nicotinsäureamid und Tryptophan als Vorstufen der Pyridinnucleotide in vivo. P. G. Tulpule. (Indian J. med. Res. **49.** 479—84. Mai 1961. Hyderabad, Indian Council of Med. Res., Nutrition Res. Labor.) (Engl.)

Injiziert man normal ernährten jungen Albinoratten *L-Tryptophan* (**I**), dann beginnt der *Pyridinnucleotid* (**II**)-Geh. der Leber nach 8—10 Std. anzusteigen, erreicht nach 16 Std. ein Maximum u. fällt dann wieder auf den Normalwert ab. Injektion von *Nicotinsäureamid* (**III**) bewirkt einen viel stärkeren Anstieg mit einem Maximum nach 8—12 Std.; nach 20 Std. ist der Normalwert wieder erreicht. Tiere, die in ihrem Futter eine normale u. eine nicht ausreichende Menge an **I** erhielten, bildeten mehr **II** nach Injektion von **III** als von **I**. Die gleichzeitige Anwesenheit von Pyridoxin (**IV**) in einem solchen Futter bewirkte einen stärkeren Anstieg des **II**. Mangel an **IV** hemmt bes. stark die Umwandlung von **I** in **II**.

M. LORENZ. 4587□

Nichtenzymatische Transaminierung zwischen Pyridoxal und Aminosäureestern. C. Cennamo. (Boll. Soc. ital. Biol. sperim. **37.** 183—87. 28/2. 1961. Modena, Univ., Ist. di Fisiol. Umana.) (Ital.)

Die Rk.-Gemische enthielten: 0,01 Mol *Pyridoxal*, 0,01 Mol *Leucin* (oder Hydrochlorid des Isobutylesters; **I**) mit u. ohne Al. Es zeigt sich, daß die Transaminierung ohne Al für **I** langsam, für den Ester schnell verläuft, wobei chromatograph. nur die Bldg. von *Pyridoxamin* nachgewiesen werden konnte, nicht aber die von α-Ketoisocapronsäure. Die Transaminierung erfolgt auch mit Estern des Alanins u. Estern der Glutaminsäure. Der optimale pH-Wert der **I**-Rk. beträgt 5,2, in Ggw. von Al 4,5, u. die Geschw. der Rk. wird in Ggw. von Al viel weniger vom pH-Wert beeinflußt als ohne Al.

F. KREN. 4587□

Nichtenzymatische Desaminierung des esterifizierten Serins. C. Cennamo. (Boll. Soc. ital. Biol. sperim. **37.** 187—88. 28/2. 1961. Modena, Univ., Ist. di Fisiol. Umana.) (Ital.) — Vgl. auch vorst. Referat.

Die Desaminierung von *Serin*, katalysiert durch *Pyridoxal* (Bldg. einer mit Metallionen chelierten SCHIFFschen Base), erfolgt schnell mit u. ohne Metallionen (Al), wenn Serin als Ester vorliegt.

F. KREN. 4587□

Verhalten der Nucleinsäuren der Leber bei der Ratte, die pantothensäurefreies Futter erhält. C. M. Caldarera, A. Castelli und P. Puddu. (Boll. Soc. ital. Biol. sperim. **37.** 176—78. 28/2. 1961. Bologna, Univ., Ist. di Chim. biol.) (Ital.)

Werden Ratten mit *Pantothensäure*-freiem Futter gefüttert, dann ergibt sich in der Leber der Tiere ein geringerer Geh. an *Ribonucleinsäure* (**I**), während *Desoxyribonucleinsäuren* (**II**) gegenüber Kontrolltieren keine Veränderung erfahren. **II** werden nach der DISCHE-Technik mit Diphenylamin u. spektrophotometr., **I** spektrophotometr. u. mit Orcin bestimmt.

F. KREN. 4587□

Untersuchungen über das Hämoglobin und den Gehalt an Erythrocyten bei der Ratte mit pantothensäurefreiem Futter. A. Castelli, C. M. Caldarera und P. Puddu. (Boll. Soc. ital. Biol. sperim. **37.** 174—76. 28/2. 1961. Bologna, Univ., Ist. di Chim. biol.) (Ital.) — Vgl. vorst. Referat.

Pantothensäure (**I**)-freies Futter führt bei der ♂ Ratte zur Ausbildung einer hypochromen Anämie schon nach 7 Wochen, die nach 10 Wochen noch ausgeprägter ist. Bei ♀ Tieren ist die Wrkg. geringer. **I** enthaltendes Futter führt die Werte für die Erythrocyten wieder auf die Norm zurück, während der Einfl. auf den Hämoglobin-Geh. geringer ist.

F. KREN. 4587□

Vorkommen und Herkunft gewisser Vitamine im menschlichen Speichel. M. N. Disraely, T. Shiota und M. Caplow. (Arch. oral Biol. **1.** 233—40. Jan. 1960. Bethesda, Md., US Dep. of Health, Education and Welfare, Public Health Service, National Inst. of Health, National Inst. of Dental Res.) (Engl.)

In frisch entnommenem, hitzesterilisiertem Speichel wurden *Folsäure*- u. *Coenzym A*-ähnliche Verbb. nachgewiesen. Unsteriler Speichel enthält nach Inkubation Folsäure, *Citrovorum-Faktor*, eine folsäureähnliche Verb., Coenzym A u. *Pyridoxin*. Wahres Wachstum in Speichel zeigten nur Streptokokken, wobei der Folsäure-Geh. anstieg.

H. DOSSMANN. 4587□

Untersuchungen in vitro über die Inkorporierung von Vitamin-B_{12}-^{58}Co in Leberschnitte des ohne Vitamin B_{12} aufgezogenen Kükens. R. Viviani, A. Castelli und C. M. Caldarera. (Boll. Soc. ital. Biol. sperim. **37.** 178—80. 28/2. 1961. Bologna, Univ., Ist. di Chim. biol.) (Ital.)

Leberschnitte von Küken mit u. ohne *Vitamin B_{12}* (I) enthaltendem Futter werden in Ggw. von ^{58}Co-I inkubiert. Es zeigt sich, daß in vitro die Leber der ohne I aufgezogenen Küken eine signifikant höhere Dosis Radioaktivität inkorporieren. F. KREN. 4587 □

Verstärkung der Wirkung verschiedener Cholinverbindungen auf das isolierte Ileum von Meerschweinchen durch Cyanocobalamin, Folsäure, Riboflavin und Neostigmin. Ernst P. Pick und Edward W. Chapin. (Arch. int. Pharmacodynam. Thérap. **117.** 460—74. Nov./Dez. 1958. Rahway, N. J., Merck Inst. for Therap. Res.) (Engl.)

Die Vorbehandlung von Ileumstreifen mit *Cyanocobalamin* (I) verstärkt die kontrahierende Wrkg. von *Acetylcholin, Mecholyl, Doryl* u. *Urecholine*. Durch Einbeziehung des cholinesterasehemmenden Neostigmins in die Verss. wird deutlich, daß die verstärkende I-Aktivität nicht auf der Hemmung von Cholinesterase beruht. — Wesentlich größere Mengen von *Folsäure* sind erforderlich, um den gleichen Effekt wie mit I hervorzurufen. Auch *Riboflavin* wurde mit gleichem Erfolg geprüft. P. LOCH. 4587 □

Untersuchungen über den Wirkungsmechanismus eines Komplexes Vitamin-B_{12}–Zink–Tanninsäure mit verzögernder Wirkung. R. Matscher, M. Borgatti und C. Lupo. (Boll. Soc. ital. Biol. sperim. **37.** 171—74. 28/2. 1961. Mailand, Labor. Ricer. Ormonoterap. Richter S. p. A.) (Ital.)

Unterss. an Albinoratten ergeben, daß der Komplex *Vitamin-B_{12}-Zn-Tanninsäure* (500 μg:0,5 mg:0,9 mg) äußerst langsam resorbiert wird u. noch nach 20 Tagen nachweisbar ist. Unterss. beim Hund ergeben, daß parenterale Komplexgaben hohe Konzz. von Vitamin B_{12} im Serum aufrechterhalten; dagegen kommt es bei i.v. Verabfolgung zur schnellen Zerstörung u. Eliminierung des Komplexes. F. KREN. 4587 □

Einfluß der Ascorbinsäure auf die experimentelle Atherosklerose bei Hühnern. M. A. Fernández-Gimeno, J. L. Lacuara, L. A. Gimeno, B. Lema und M. R. Malinow. (Acta physiol. Latinoamer. **10.** 168—70. 1960. Buenos Aires, Univ. of Buenos Aires Med. School, Inst. of Physiol.) (Engl.)

Vitamin C, i.m. verabreicht, ist ohne Einfl. auf die durch Cholesterin erzeugte Atheroskleroses bei Hühnern. P. GREGORZEWSKI. 4587 □

Phosphate und organische Phosphorverbindungen in Lebensmitteln. 7. Mitt. **Trennung und Charakterisierung von Inositphosphorsäureestern.** J. Schormüller und G. Bressau. (Z. Lebensmittel-Unters. u. -Forsch. **113.** 387—95. 18/11. 1960. Berlin, Techn. Univ., Inst. für Lebensmittelchem. u. Lebensmitteltechnol.) (Dt.) — 6. vgl. C. **1961.** 7433.

Vff. trennten durch das Gradientenelutions-Verf. die einzelnen *Inositphosphorsäureester* aus Hydrolysaten der *Inosithexaphosphorsäure* (I) u. identifizierten sie. Neben einem *Inositpentaphosphat* wurde das Auftreten eines *Isomeren* dieses Esters erwiesen. Das *iso-Pentaphosphat* entsteht kaum bei enzymat. Hydrolyse, jedoch etwa äquimol. bei saurer Spaltung von I. Arbeitsvorschrift für die kontinuierliche Trennung der Inositphosphate mit Auftrennungsdiagrammen. H. GOEBEL. 4587 □

Phosphate und organische Phosphorverbindungen in Lebensmitteln. 8. Mitt. **Die präparative Darstellung von Inositphosphorsäureestern.** J. Schormüller und G. Bressau. (Z. Lebensmittel-Unters. u. Forsch. **113.** 484—91. abgeschl. 13/12. 1960.) (Dt.) — 7. vgl. vorst. Referat.

Phytinsäure u. die bei chem. Hydrolyse gebildeten *Inositphosphorsäureester* wurden nach dem Gradientenelutions-Verf. unter Verw. eines stark bas. Ionenaustauschers säulenchromatograph. getrennt u. präparativ isoliert. Neben reinem Hexaphosphat konnten *Inositpentaphosphat* u. *Inositisopentaphosphat, Inositisodiphosphat* u. *Inositmonophosphat* in reiner Form als *Bariumsalze* isoliert werden. Tabellen über die Hydrolysen-Prodd. von Na-Phytat bei saurer u. alkal. Hydrolyse. H. GOEBEL. 4587 □

Phosphate und organische Phosphorverbindungen in Lebensmitteln. 9. Mitt. **Enzymatische Hydrolyse von Inositphosphorsäuren.** J. Schormüller und G. Bressau. (Z. Lebensmittel-Unters. u. -Forsch. **113.** 492—501. abgeschl. 13/12. 1960.) (Dt.) — 8. vgl. vorst. Referat.

Unter Verw. der früher präparativ gewonnenen *Inositphosphate* wurde die Spaltung dieser Ester durch *Phytase* (I) u. andere Phosphatasen untersucht. An einem I-Präp. aus Weizenkleie konnte gezeigt werden, daß die Hydrolysen-Geschw. mit steigender Phosphatgruppenzahl im Inositmol. abnimmt. Eine Ausnahme bildet *Inositmonophosphat,* das sehr langsam hydrolysiert wird. *Pflanzliche Phosphatasen* (Weizenkeim, Kartoffel) spalten alle Inositphosphate, wenn auch nur in geringem Ausmaß, u. zwar graduell in derselben Reihenfolge wie I. *Tier. Phosphatase* (alkal. Darmphosphatase) hydrolysiert lediglich *Inositmono-* u. *diphosphat.* H. Göbel. 4587 □

Biochemische Untersuchungen über die Carotin-Resorption. 6. Mitt. **Vergleich zwischen der Vitamin-A- und Carotin-Verwertung.** H. Matsumuro, K. Ito, K. Matsuzaki, S. Kitagawa und L. Hayashi. (Jap. J. Nutrit. **16.** 165—67. Sept. 1958. Nat. Inst. of Nutrition, Vitamin Labor.) (Jap.; Auszug: Engl.) — 5. vgl. C. **1959.** 15109.

Im Vers. verhielt sich die Gew.-Zunahme der mit *Carotin* zu der mit *Vitamin A* (I) gefütterten Gruppe wie 3:4. Die I gefütterten speichern mehr I in der Leber, die ♀ mehr als die ♂. P. Gregorzewski. 4587 □

Umwandlung von β-Carotin in Vitamin A in vivo. 1. Mitt. **Der Zeitaufwand der Umwandlung.** 2. Teil. **Demonstration der Existenz eines Zwischenproduktes.** I. R. Sibbald und Lillian M. Hutcheson. (Poultry Sci. **39.** 99—103. Jan. 1960. Guelph, Ontario, Ontario Agricult. Coll., Dep. of Nutrition.) (Engl.)

Die Umwandlung von *β-Carotin* (I) im Duodenum von Vitamin-A-Mangelhühnern in *Vitamin A* (II) dauert 5—15 Min., aus dem Verhältnis der I-Abnahme zur II-Bldg. folgern Vff. die Existenz eines Zwischenproduktes. P. Gregorzewski. 4587 □

Einfluß von technischem $MnSO_4$ auf die Vitaminstabilität. R. D. Creek, C. W. Carrick, S. M. Hauge und H. E. Parker. (Poultry Sci. **39.** 109. Jan. 1960. Lafayette, Ind., Purdue Univ., Agricult Exp. Station.) (Engl.)

In Fütterungs-Verss. wurde gezeigt, daß *$MnSO_4$*-Zusatz zu vitaminisiertem Hühnerfutter nach 6monatiger Lagerung außer auf *Vitamin A* keinen schädlichen Einfl. hat. P. Gregorzewski. 4587 □

Vitamin-E-Aktivität des Selens bei der Schlüpffähigkeit von Puten. C. R. Creger, R. H. Mitchell, R. L. Atkinson, T. M. Ferguson, B. L. Reid und J. R. Couch. (Poultry Sci. **39.** 59—63. Jan. 1960. Coll. Station, Tex., Texas A & M Coll., Dep. of Biochem., Nutrition and Poultry Sci.) (Engl.)

Se-Zusatz zu *Vitamin-E*-Mangelfutter zeigt keine Vitamin-E-Aktivität. P. Gregorzewski. 4587 □

Einige Wechselbeziehungen zwischen Arzneimitteln und Vitaminen in Lactobacillus leichmannii und Tetrahymena pyriformis. J. M. Mc Laughlan, K. G. Shenoy und J. A. Campbell. (J. pharmac. Sci. **50.** 59—63. Jan. 1961. Ottawa, Canada, Dep. of Nat. Health and Welfare, Food and Drug Labor.) (Engl.)

Es wurde gefunden: Antifolsäure-Wrkg. von *Phenformin* bei *L. leichmannii* (L.L.), nicht aber bei *T. pyriformis* (T. P). Antipyridoxal-Wrkg. von *Chlorpromazin, Promazin, Chloroquinphosphat, Methapyrilen-Hydrochlorid* u. *Methanthelinbromid* bei T.P. Antipantothensäure-Wrkg. von *Propylthiouracil, Tolbutamid, Metahexamid* u. *Chlorpropamid* bei T. P., nicht aber bei L. L. Es ist möglich, daß die blutzuckersenkende Wrkg. von Sulfonylharnstoff-Derivv. auf einer Wrkg. auf den Pantothensäure-Stoffwechsel beruht. K. Zingraf. 4587 □

Ionen- und Wassertransport in Magen und Darm. Richard P. Durbin, Peter F. Curran und A. K. Solomon. (Advances biol. med. Physics **6.** 1—36. 1958. Boston, Mass., Harvard Med. School, Biophys. Labor.) (Engl.)

Übersicht. Theorien des akt. Transport: elektr. Leitung (Ionenbewegung durch eine Membran) u. äquivalenter elektr. Kreis, Überlagerungen zu Transportprozessen vom Standpunkt irreversibler thermodynam. Prozesse; Ionen- u. Wassertransport: HCl-Sekretion im Magen, Wasser- u. NaCl- sowie H- u. HCO_3-Transport im Darm, Unterss. zum einseitig gerichteten Na- u. Cl-Fluß: Membrancharakteristik auf Grund von Transportuntersuchungen. — 125 Literaturangaben. K. Maier. 4594 □

Energiestoffwechsel von Äthanol. 2. Mitt. **Über die Verwertung der Alkoholkalorien.** S. Nagamine, T. Kuga, K. Yamakawa, S. Suzuki und K. Suzuki. (Jap. J. Nutrit. **17.** 227—32. Nov. 1959. Nat. Inst. of Nutrit., Div. of Physiol.) (Jap.; Auszug: Engl.) — 1. vgl. C. **1960.** 2942.

Bei Normalpersonen (Trinkern) wurden die durch Verzehr von A. gelieferten Calorien zu ca. 65% vom Körper verwertet. K. Zingraf. 4595 □

Die Rolle von Cobalt beim Aminosäurenantagonismus. Eugene D. Weinberg. (Antonie van Leeuwenhoek **26.** 321—28. 1960. Bloomington, Ind., Indiana Univ., Dep. of Bacteriol.) (Engl.)

Bei Prüfung einer Reihe von Aminosäuren konnte die bakteriostat. Wrkg. von *L-Cystein* (I) durch *Cu* [$Cu(NO_3)_2 \cdot 3\,H_2O$] im m Verhältnis von I/Cu = 10 u. 100/1 u. diejenige von *L-* oder *D-Serin* (II) durch *Co* [$Co(NO_3)_2 \cdot 6\,H_2O$] im m Verhältnis von II/Co = 25 u. 250/1 maximal gesteigert werden. Die Steigerung der II-Wrkg. durch Co kann durch I oder *L-Histidin* (III) völlig gehemmt werden. — Es wird angenommen, daß die Metallbindungsfähigkeit in einigen Fällen des Aminosäurenantagonismus eine Rolle spielt, bes. wenn eines der Glieder entweder I oder III ist. U. TAUSENDFREUND. 4596 □

Die verlängerte biologische Halbwertszeit von ^{22}Na in Patienten mit essentieller Hypertension. Lewis K. Dahl, Malcolm G. Smilay, Lawrence Silver und Sanford C. Spraragen. (Nature [London] **192.** 267—68. 21/10. 1961. Upton, N.Y., Brookhaven Nat. Labor., Med. Res. Center.) (Engl.)

Patienten mit u. ohne Hypertension ohne Symptome oder Zeichen eines Herz- oder Nierenfehlers, erhielten neben einer Diät mit ca. 250 mg *NaCl* etwas ^{22}Na (ca. 2 bis 4 μc) oral verabreicht. Die tägliche NaCl-Dosis wurde später auf 2, 5 oder 10 g täglich erhöht u. einige Wochen auf dieser Höhe belassen u. die Verteilung von ^{22}Na während dieser Zeit mit einem Ganzkörperzählgerät bestimmt. Die Zufuhr größerer NaCl-Mengen bewirkte eine verstärkte NaCl-Ausscheidung. Bei allen NaCl-Dosen verloren die Patienten mit Hypertension erheblich weniger ^{22}Na als normale Patienten. Ein von ^{23}Na verschiedener Stoffwechsel wie auch eine geringere Na-Resorption durch hypertensive Patienten sind unwahrscheinlich. Es wird eine verlängerte „biolog. Halbwertszeit" von ^{22}Na für hypertensive Patienten in Form eines höheren Stoffwechselspiegels für Na angenommen. J. BOELTER. 4596 □

Verhalten der Phosphat-Synthese im Muskel bei experimentellen Infektionen. Carmelo di Maggio und Tommaso Mercadante. (Patol. sperim. **44.** 289—302. 1956. Palermo, Univ., Ist. di Clin. Chir. Generale e Terap. Chir.) (Ital.)

Bei Infektionen mit *B. coli, Staphylococcus aureus* u. *Streptococcus haemolyticus,* zeigte das Phosphat-Synth.-Vermögen im Muskel des Kaninchens eine progressive Abnahme. K. ZINGRAF. 4597 □

Der Transport von Kaliumionen im normalen und dystrophischen Mäusemuskel. L. H. Burr und H. McLennan. (J. Physiology **158.** 324—32. Sept. 1961. Vancouver, Canada, Univ. of Brit. Columbia, Dep. of Physiol.) (Engl.)

Wenn man die *K*-Aufnahme durch den Säugetierskelettmuskel aus Lsgg. mit verschiedener K-Konz. gegenüber der Funktion (äußere K-Konz. · Zeit)$^{1/2}$ aufzeichnet, so erhält man eine einzige, im größten Teil ihres Verlaufes lineare Kurve, falls im Gewebe kein Netto-Gewinn an K zu verzeichnen ist. Eine Verringerung der äußeren Na^+-Konz. verlangsamt den K-Austausch, eine Erhöhung derselben kann ihn etwas beschleunigen. Der K-Austausch erfolgt in dystroph. Muskeln rascher als in normalen.
K. ZINGRAF. 4597 □

Die Wirkung von Adrenalin, Noradrenalin und Isoprenalin auf den denervierten Säugetiermuskel. W. C. Bowman und Eleanor Zaimis. (J. Physiology **158.** 24 P bis 25 P. Sept. 1961. London, Univ. of London, School of Pharmacy, Dep. of Pharmacol., u. Royal Free Hosp. School of Med., Dep. of Pharmacol.) (Engl.)

Im Skelettmuskel der Katze erhöhten *Adrenalin* (I) u. *Isoprenalin* 14—20 Tage nach Denervierung den Tonus u. die elektr. Aktivität auf das 10fache; *Noradrenalin* war schwächer wirksam. Es bestand keine Korrelation zwischen der elektr. Aktivität u. der Entw. des Muskeltonus. Die Wrkg. wurden durch I-Antagonisten u. Durchblutungsveränderungen nicht beeinflußt. K. ZINGRAF. 4597 □

Pyridinnucleotid-Verteilung in Leber und Muskel von mit 2.4-Dinitrophenol behandelten Meerschweinchen. Maria Assunta Dianzani Mor. (Ital. J. Biochem. **8.** 220—23. Juli/Aug. 1959. Genova, Univ., Ist. di Patol. Generale.) (Engl.)

Während 2 Std. nach Behandlung der Meerschweinchen der *Pyridinnucleotid* (I)-Geh. in Leber u. Muskel unverändert ist, wird die Verteilung in den Homogenatfraktionen variiert. In den Mitochondrien ist I erniedrigt u. im Überstand erhöht.
P. GREGORZEWSKI. 4597 □

Die in vivo-Inkorporation von radioaktivem Phosphat in die Phospholipide der durch chemische Gifte verursachten Fettlebern. U. Del Monte und A. Fonnesu. (Ital. J. Biochem. **8.** 248—58. Juli/Aug. 1959. Mailand, Univ., Ist. di Patol. Generale; C.N.R., Contre di Ricerche in Patol. Cellulare „P. Rondoni".) (Engl.) — Vgl. C. **1962. 5384.**

Einmalige Injektion von CCl_4 oder *weißem P* erniedrigt die *Phospholipid*-Synth. in der Rattenleber, mehrere Injektionen führen zu keiner weiteren Verringerung.
P. GREGORZEWSKI. 4597 □

Freie Elektrophorese löslicher Proteine der normalen und der Fettleber der Ratte. L. Congiu. (Ital. J. Biochem. **8.** 261—65. Sept./Okt. 1959. Cagliari, Univ., Ist. di Patol. Generale.) (Engl.)

Bei der freien Elektrophorese zeigen die lösl. Proteine der normalen Rattenleber 12 Komponenten, während die aus durch CCl_4- oder P-Vergiftung entstandenen Fettlebern stammende lösl. Proteinfraktion eine geringere Zahl von Komponenten mit größerer Höhe zeigt. — Abbildungen. P. GREGORZEWSKI. 4597 □

Freie Elektrophorese der Mitochondrienproteine der normalen und der Fettleber der Ratte. L. Congiu. (Ital. J. Biochem. **8.** 266—71. Sept./Okt. 1959. Cagliari, Univ. Ist. di Patol. Generale.) (Engl.) — Vgl. vorst. Referat.

Mitochondrienproteine normaler Rattenlebern zeigen bei der freien Elektrophorese 7 Komponenten; bei Fettlebermitochondrien ist die Anzahl der Komponenten geringer u. die Höhe vergrößert. P. GREGORZEWSKI. 4597□

Gas-Flüssigkeitschromatographie: Bestimmung der Leber- und Serumfettsäuren normaler und mit Triton behandelter Ratten. E. Grossi und P. Paoletti. (Ital. J. Biochem. **8.** 309—16. Sept./Okt. 1959. Mailand, Univ., Ist. di Farmacol.) (Engl.)

Vff. untersuchten chromatograph. die Fettsäurebestandteile der Triglyceride u. Phospholipide von Rattenleber u. Serum vor u. nach Behandlung mit *Triton* (*Polymeres des p-Isooctylpolyhydroxyäthylenphenol*) intravenös. In der Leber sind die Triglyceride reicher an C_{18}-ungesätt. Fettsäuren als die Phospholipide. Beide enthalten einen beachtlichen Prozentsatz *Arachidonsäure*. Im Serum sind die Triglyceride ebenfalls reicher an ungesätt. Fettsäuren als die Phospholipide. *Triton* verändert nicht die Fettsäure-Zus. der Leber, aber vermindert signifikant den Prozentsatz der *Arachidonsäure* der Triglyceride. P. GREGORZEWSKI. 4597□

Die enterohepatische Zirkulation von Bilirubin. Roger Lester, J. Donald Ostrow und Rudi Schmid. (Nature [London] **192.** 372. 28/10. 1961. Boston, Mass., Harvard Med. School, Dep. of Med.; Boston City Hosp., Thorndike Mem. Labor. and Second and Fourth (Harvard) Med. Serv.) (Engl.)

Nach OSTROW u. Mitarbeitern (vgl. J. clin. Invest. **40.** [1961.] 1442) nichtkonjugiertes ^{14}*C-Bilirubin* (I) bzw. konjugiertes *Bilirubin* (II), das durch i.v. Infusion von I in Ratten mit einer externalen Gallenfistel erhalten worden war, wurde in wss. Taurocholat-Lsg., menschlicher Albumin-Lsg. oder normaler Gallen-Fl. durch eine transorale Duodenumsonde in Ratten mit externaler Gallenfistel infundiert u. die Verteilung von I u. II in der Galle, im Urin u. in den Faeces bestimmt. I u. II wurden vom Darmtrakt rasch resorbiert u. von der Galle vor allem als II ausgeschieden. I wurde anfangs schneller u. insgesamt mehr vom Duodenum resorbiert als II. Im Urin wurde nur wenig Radioaktivität gefunden. J. BOELTER. 4597□

Weitere Untersuchungen über das durch Äther extrahierbare Bilirubin. S. Cognetti. (Boll. Soc. ital. Biol. sperim. **37.** 165—66. 28/2. 1961. Bari, Univ., Ist. di Clin. Med.) (Ital.)

Es wird die BERGH-Rk. a) am äther. Extrakt von Ikterus-Seren mit in Ae. extrahierbarem *Bilirubin* (I) u. b) am Serum vor u. nach Ae.-Auszug durchgeführt. Die BERGH-Rk. ist nach Zusatz von A. positiv, in wss. Lsg. dagegen negativ; am Serum in toto u. nach Ae.-Auszug zeigt sich keine Änderung der Rk.; dies zeigt, daß aus Seren mit in Ae. lösl. I ein Pigment extrahiert wird, das sich in bezug auf die Rk. wie indirektes I verhält. F. KREN. 4597□

Einflüsse hoher Ca-Aufnahmen auf die Nierenfunktion. Philip H. Henneman. (Federat. Proc. **18.** 1093—96. Dez. 1959. Jersey City, N.J., Seton Hall Coll. of Med., Dep. of Med.) (Engl.)

Übersicht. — 23 Literaturangaben. P. GREGORZEWSKI. 4597□

Die Wirkung der Hypophysektomie auf die Insulin- und p-Aminohippursäure-Clearance bei der narkotisierten schwangeren Ratte. T. Gualtierotti. (J. Physiology **158.** 26P—27P. Sept. 1961. Aberdeen, Univ., Dep. of Physiol.) (Engl.)

Die relative Verringerung der *Inulin-* u. *p-Aminohippursäure*-Clearance nach Hypophysektomie war bei schwangeren Ratten kleiner als bei nichtschwangeren Tieren. K. ZINGRAF. 4597□

Die Bewegungen von Natriumionen im isolierten abdominalen Nervenstrang der Schabe Periplaneta americana. J. E. Treherne. (J. exp. Biology **38.** 629—36. Sept. 1961. Cambridge, Univ., Dep. of Zool., A.R.C. Unit of Insect Physiol.) (Engl.)

Aus dem mit ^{24}Na angereicherten isolierten abdominalen Nervenstrang von *Periplaneta americana* strömt Na anfänglich äußerst rasch aus (das kann durch Ggw. von *KCN* oder *2.4-Dinitrophenol* verzögert werden), darauf folgt nach einigen Min. eine sehr langsame Phase. Die Geschw. des Ausströmens wurde durch das Fehlen von K^+ im Medium verringert, das Fehlen von Na^+ besaß dagegen keinen Einfluß. K. ZINGRAF. 4598□

Acetylcholinfreisetzung aus der Hirnrinde während Reizung. J. F. Mitchell. (J. Physiology **158.** 20P—21P. Sept. 1961. Brabraham, Cambridge A.R.C. Inst. of Animal Physiol.) (Engl.) — Vgl. C. **1962.** 2796.

Durch afferente elektr. Reizung der Hirnrinde der narkotisierten Katze mit einer Frequenz von 0,5—1,0/sec trat eine Zunahme der *Acetylcholin* (I)-Freisetzung auf das 2—3,3fache ein. Bei Erhöhung der Reizfrequenz nahm die I-Freisetzung wieder ab u. erreichte bei 50—100/sec den Ausgangswert. K. ZINGRAF. 4598□

Cholinergische und nichtcholinergische Übertragung im Rückenmark der Säugetiere. D. R. Curtis, J. W. Phillis und J. C. Watkins. (J. Physiology **158.** 296—323. Sept. 1961. Canberra, Austral. Nat. Univ., Dep. of Physiol.) (Engl.)

Acetylcholin (I), *Adrenalin, Noradrenalin, 5-Hydroxytryptamin, Adenosintriphosphat* u. *Histamin* wurden elektrophoret. in der extracellulären Umgebung von Neuronen des Lumbalmarks bei leicht narkotisierten Katzen angewandt. Zusätzlich wurden Verbb. angewandt. die die enzymat. Beseitigung dieser Substanzen verhinderten oder ihre Wrkg. unter anderen Vers.-Bedingungen blockierten. Die Erregung von RENSHAW-Zellen durch *Cholinester*, die Hemmung der Zell-Rkk. durch cholinerg. blockierende Stoffe u. ihre Verlängerung durch *Anticholinesterasen* bestätigten, daß die Aktivierung dieser Zellen durch Entladung in der ventralen Wurzel cholinerg. Natur ist; daneben fanden sich jedoch Beweise für eine weitere Überträgersubstanz nicht-cholinerg. Art, die auf diesen Zellen nach Erregung der afferenten Fasern der dorsalen Wurzel freigesetzt wird. Von den getesteten Substanzen wirkten nur H^+ u. Anionen von Aminosäuren auf die Motoneuronen oder Interneuronen. γ-Amino-n-butyrylcholin übt erregende u. lähmende Wrkg. auf die RENSHAW-Zellen aus, beeinflußt dagegen die Interneuronen nicht.

K. ZINGRAF. 4598 □

Biophysikalische Aspekte der neuro-muskularen Übertragung. J. del Castillo und B. Katz. (Progr. Biophysics biophysic. Chem. **6.** 121—70. 1956.) (Engl.)

Übersicht über elektr. Erregung u. Ausbreitung von Impulsen in Nerven- u. Muskelfasern, chem. Übertragung von den motor. Nervenenden zu den Muskelendplatten, Kritik der chem. Übertragungstheorie u. die verschiedenen Stufen der neuro-muskularen Übertragung. — 120 Literaturangaben. P. GOLINSKE. 4598 □

Intracelluläre Potentiale des Herzens des Meerschweinchens. E. Meda und A. Ferroni. (Boll. Soc. ital. Biol. sperim. **37.** 141—43. 28/2. 1961. Turin, Univ., Ist. di Fisiol. Umana.) (Ital.)

An Schnitten der rechten Herzkammer (7—8 mm lang, 1 mm dick) konnten 5 bis 7 Std. lang intracelluläre Potentiale abgeleitet werden. Bei 655 Best. (8 Verss.) ergab sich für die Membran ein Mittelwert von $75{,}0 \pm 5{,}62$ mV , u. der Overshoot betrug $18{,}9 \pm 4{,}64$ mV; die Potentialdauer schwankte von 0,12—0,28 Sek., blieb aber innerhalb eines Vers. konstant. F. KREN. 4598 □

Einfluß der Borionen auf das Potential der Membran der einzelnen Herzfaser. E. Meda und A. Ferroni. (Boll. Soc. ital. Biol. sperim. **37.** 143—45. 28/2. 1961. Turin, Univ., Ist. di Fisiol. Umana.) (Ital.) — Vgl. vorst. Referat.

Die Unterss. werden an Fragmenten der rechten Herzkammer des Meerschweinchens durchgeführt. Die Membran der Herzfasern erweist sich gegenüber *Metabor-* u. *Borsäure* als permeabel; beide Säuren modifizieren die Polarität der Zellenmembran: Es wird graduell ein Gleichgewicht zwischen der Konz. ihrer Anionen in u. außerhalb der Faser mit dem gegenüber dem Ausgang erhöhten Potential der Membran erreicht. Das Eindringen der Boranionen in das Innere der Faser ist reversibel. F. KREN. 4598 □

Über die Gehirnganglioside. E. Klenk und W. Gielen. (Hoppe-Seyler's Z. physiol. Chem. **323.** 126—28. 15/3. 1961. Köln, Univ., Physiol.-Chem. Inst.) (Dt.) — Vgl. C. **1961.** 12911.

Das aus Menschenhirn gewonnene *Gangliosid* wurde nach Entacetylierung mit methanol. $NaOCH_3$ durch Säulenchromatographie am Kationenaustauscher Dowex 50-X 4 (Na^+-Form) in eine *Hexosamin* (I)-freie u. eine I-haltige Fraktion zerlegt. In den I-freien Gangliosiden sind sowohl *Glucose* (II) als auch *Galaktose* (III), in den galaktosaminhaltigen dagegen nur II direkt mit Sphingosin verbunden. Demnach besteht die I-freie Fraktion aus mindestens 2 Komponenten, deren eine II u. III u. deren andere nur III in der Kohlenhydratgruppe aufweist. Die I-haltige Fraktion besteht auf Grund des Dünnschichtchromatogramms aus 2 Komponenten. K. MAIER. 4598 □

Experimentelle Untersuchungen über den Kohlenhydratstoffwechsel isolierter Hirngewebe. 1. Mitt. Untersuchungen über die Hirngewebeatmung in vitro. Yoshiaki Kobashi. (Jap. Arch. intern. Med. **7.** 349—57. 1960. Kobe Med. Coll., Dep. of Int. Med., Div. II.) (Jap.; Auszug: Engl.)

An Hirnschnitten u. Hirnhomogenaten von Ratten konnten folgende Ergebnisse gewonnen werden: Die endogene Atmung des Hirngewebes ist gering; die *Glucose*-Atmung (exogen) ist stärker als die von Leberschnitten; aerobe u. anaerobe Glykolyse ist in Hirnschnitten stärker als in Homogenaten; *K* führt nur unter aeroben Bedingungen zu einer Beschleunigung des O_2-Verbrauchs; bei Homogenaten kommt es unter anaeroben Bedingungen durch K zur Glykolysehemmung; der O_2-Verbrauch von Hirnschnitten u. der K-Effekt werden durch *NaF* gehemmt; im frühen Stadium der Insulin-Hypoglykämie u. bei experimenteller Hyperthyreose ist der O_2-Verbrauch nicht verändert, bei Thiamin-Mangelratten ist er jedoch herabgesetzt; durch Zufügung von *Thiamindiphosphat* oder *1-Methyl-3-mercaptoimidazol* wird der O_2-Verbrauch nicht geändert, der K-Effekt bleibt erhalten; der Abbauweg für die Glykolyse u. das Auftreten des K-Effektes scheint deshalb auf dem EMBDEN-MEYERHOF-Weg u. dem KREBS-Cyclus zu beruhen. U. TAUSENDFREUND. 4598 □

Experimentelle Untersuchungen über den Kohlenhydratstoffwechsel isolierter Hirngewebe. 2. Mitt. **Untersuchungen über den Hirnglykogengehalt und seine fraktionierte Analyse.** Yoshiaki Kobashi. (Jap. Arch. intern. Med. **7**. 358–61. 1960.) (Jap.; Auszug: Engl.) — 1. vgl. vorst. Referat.

Als Gesamt-*Glykogen* (**I**)-Geh. des Rattenhirns wurde 79 ± 0,425 mg% ermittelt, durch Fasten kommt es nur zu einem geringen Absinken des **I**-Geh.; der Gesamt-**I**-Geh. u. das durch Trichloressigsäure extrahierbare **I** stehen in Beziehung zueinander, wobei letztes 15% vom Gesamt-**I**-Geh. ausmacht; durch Fasten kommt es zu keiner Veränderung, so daß nicht wie in Leber u. Muskulatur von mobilem **I** gesprochen werden kann; Insulin-Hypoglykämie ändert innerhalb 3 Std. nichts am **I**-Geh. des Gehirns; Thiaminmangel läßt den **I**-Geh. leicht ansteigen. U. TAUSENDFREUND. 4598 □

Experimentelle Untersuchungen über den Kohlenhydratstoffwechsel isolierter Hirngewebe. 3. Mitt. **Untersuchungen über den Kohlenhydratstoffwechsel des Hirngewebes in vitro.** Yoshiaki Kobashi. (Jap. Arch. intern. Med. **7**. 362–71. 1960.) (Jap.; Auszug: Engl.) — 2. vgl. vorst. Referat.

Da der Kohlenhydratstoffwechsel von Hirnrindenschnitten auf *Glucose* als Substratzugabe mit gesteigerter Glucoseverwertung, Glykogenolyse u. *Lactat* sowie *Pyruvat*-Bldg. reagiert, muß angenommen werden, daß der Stoffwechsel der Hirnschnitte in Glucose-KREBS-RINGER-Phosphat-Lsg. unter aeroben Bedingungen zur Glykogenolyse tendiert. Im Homogenat ist die Stoffwechsel-Geschw. geringer, da durch die Gewebezerkleinerung möglicherweise das glykolyt. Ferment gehemmt wird. Die Glykogenolyse ist unter anaeroben Bedingungen noch stärker ausgeprägt. Die Wrkg. von *K* äußert sich als Steigerung der Glucoseverwertung, der Glykogenolyse, der Lactat-Bldg. sowie Verringerung der Pyruvat-Bldg.; die K-Wrkg. kommt auch im frühen Stadium der *Insulin*-Hypoglykämie u. bei *Thiamin*-Mangel zustande. Der Geh. des Gehirns an *Glykogen* ist gering, sein Stoffwechsel steht aber in enger Beziehung zur Hirnaktivität. Die Glykogenolyse in Hirnschnitten ist nicht, wie in der Leber, durch Glucose hemmbar. Im frühen Stadium der Insulin-Hypoglykämie ist die Glykogenolyse wenig verändert, evtl. noch leicht gesteigert; Insulin im Inkubationsmedium ändert nichts am Kohlenhydratstoffwechsel des Gehirns. Die Hirnschnitte unter Thiaminmangel zeigen, bes. unter Glucosebeigabe, deutliche Lactat- u. Pyruvat-Bldg.; die Glucoseverwertung ist gesteigert, die Glykogenolyse vermindert; die Pyruvat-Bldg. wird durch Zufügung von Thiamindiphosphat herabgesetzt, ohne daß dadurch Glucoseverwertung, Lactat-Bldg. oder Glykogenolyse verändert werden; die Thiamin-Wrkg. kommt nur in Thiaminmangelgewebe zum Ausdruck. U. TAUSENDFREUND. 4598 □

Beitrag zum Studium des Gehirnmetabolismus im Zusammenhang mit körperlicher Anstrengung. 3. Mitt. **Über Ammoniakbildung und strukturale Eiweißveränderungen im Gehirn.** Rudolf Vrba. (Physiol. bohemosloven. **4**. 397–408. 1955.) (Dt.)

Deutsche Fassung der C. **1957**. 5346 referierten Arbeit. U. BAUMANN. 4598

Ergebnisse der Neurochemie im Lichte der beim IV. Biochemie-Kongreß in Wien vorgelegten Arbeiten. J. Krawczyński. (Postępy Biochemii **5**. 281–98. 1959. Lublin, P.S.K.nr.l, Centr. Labor. Klin.) (Pol.)

Übersicht: Stoffwechsel der Proteine im Nervengewebe, der Aminosäuren, des Serotonins u. anderer Amine, der Kohlenhydrate u. der Lipide; Mechanismus der Reizleitung im Nervengewebe; Einfl. einiger neurotroper Faktoren auf den Stoffwechsel des Gehirngewebes; Erhaltung der Strukturstabilität im isolierten Gehirngewebe. — 13 Literaturangaben. R. K. MÜLLER. 4598 □

Neubildung von Alkohol in den Eingeweiden im Verlauf von Fäulnisprozessen. J. Rodier. (Ann. Méd. légale Criminol. **39**. 455–61. Sept./Okt. 1959. Rabat, Inst. d'Hygiène du Maroc, Labor. de Toxicol.) (Franz.)

Bei der Unters. der Eingeweide u. inneren Organe von 86 Leichen entweder kurz nach dem Tode oder nach Exhumierung wird in 80% der Fälle *A.*, in 37,5% *Methylalkohol* gefunden. Da es sich bei den Toten z. T. um Kinder u. Moslems handelt, ist der gefundene *A.* sicher erst nach dem Tode neu gebildet worden. K. BOHLE. 4599 □

Beitrag zur Untersuchung der Hämoglobinveränderungen in Leichen. M. Fallani. (Sperimentale **107**. 226–42. Juli/Aug. 1957. Firenze, Univ., Ist. di Med. Legale e delle Assicurazioni.) (Ital.)

Unter Einw. von Nierenextrakten, *Pepsin* u. *Trypsin* zeigte das Absorptionsspektrum von *Hämoglobin* (I) im sichtbaren u. im UV-Bereich ähnliche Veränderungen wie das von I, welches in Epidermisblasen verwesender Leichen vorkommt. In diesen wurde *Sulfomethämoglobin* nach KEILIN u. ein *Cholhämochromogen* nachgewiesen.
K. ZINGRAF. 4599 □

E_6. Pharmakologie. Therapie. Toxikologie. Hygiene

Eine auf der Geschwindigkeit der Substanz-Receptor-Kombination begründete Theorie der Wirkung von Heilmitteln. W. D. M. Paton. (Proc. Roy. Soc. [London], Ser. B. **154.** 21—69. 18/4. 1961. Oxford, Univ. of Oxford, Dep. of Pharmacol.) (Engl.)
Aufstellung einer Theorie, die auf der Annahme beruht, daß die Erregung durch eine stimulierende Substanz sich proportional zur Geschw. der Substanz–Receptor-Kombination verhält u. nicht zu der durch die Substanz in Anspruch genommenen Receptoranzahl. Die Eigg. der Substanz können durch 2 Geschw.-Konst. charakterisiert werden: k_1 als Assoziations-Geschw.-Konst., k_2 als Dissoziations-Geschw.-Konst.; der Quotient $k_2/k_1 = k_e$ korrespondiert zum Reziproken der „Affinität". Der Wert k_e kennzeichnet demnach die Potenz, k_2 zeigt, ob eine Substanz ein starkes Stimulans (hoher Wert), ein teilweiser Agonist mit erregenden u. antagonist. Wrkg. (mittlerer Wert) oder ein Antagonist mit nur noch Spuren stimulierender Wrkg. (niedriger Wert) ist. Qual. bietet die Theorie Erklärungen für die Fortdauer der Wrkg. eines Antagonisten auf das Gewebe, für die charakterist. Folge der erregenden u. blockierenden Wrkg. von Nicotin, für verschiedene Formen von Tachyphylaxie, für die nachweisbaren Spuren von Stimulans-Wrkg. bei klass. Antagonisten. Die Theorie wurde am Meerschweinchenileum mit Acetylcholin u. Histamin als Agonisten, Hyoscin, Mepyramin u. Atropin als Antagonisten u. Alkyltrimethylammonium-Verbb. als teilweisen Agonisten getestet. Für die stimulierende Wrkg. ergibt sich dabei als Arbeitshypothese, daß die Substanz mit K am Receptor Ionen austauscht u. dann vom Receptor im Austausch mit intracellulär wanderndem K freigegeben wird. U. TAUSENDFREUND. 4600 □

Über die Anwendung der Elektromyographie bei pharmakologischen Untersuchungen. H. K. Sontag, V. Gráf und F. Véle. (Acta biol. med. german. Berlin **7.** 139 bis 144. 1961. Jena, Friedrich-Schiller-Univ., Pharmakol. Inst.; Janské Lázně, Staatsbad, Neurol. Abt.) (Dt.)
Für einen Zweikanaloscillographen wird ein Schaltschema sowie Beispiele der Reizabläufe bei unbehandelten oder mit *Urethan* oder *1.3-Dioxalan K 61* behandelten Meerschweinchen angegeben. Durch Unters. der Spinalreflexantwort kann man rückschließen, ob ein Pharmakon am peripheren Axon oder im Zentrum angreift.
D. SCHEUCH. 4600 □

Muskuläre Schädigungen durch wässerige pharmazeutische Lösungen gemessen an der Transaminase-Freisetzung. H. K. v. Rechenberg und U. C. Dubach. (Klin. Wschr. **37.** 1189—92. 15/11. 1959. Basel, Univ., Med.-Poliklin.) (Dt.)
In Verss. an isolierten Muskel-Knochen-Präpp. (Ratte) wird gezeigt, daß mechan. Schädigungen (Quetschen, Ultrabeschallung, Einfrieren, Elektrokoagulation) sowie die Einw. verschiedener Lsgg. (hypertone NaCl-Lsgg., Strophantosid-K-Lsg.) zu erhöhtem Austritt von *Glutaminsäure–Oxalessigsäure-Transaminase* (I) aus der Zelle in die Bad-Fl. führt. Dieser Vorgang ist die Folge einer Muskelschädigung, deren Schwere der freigesetzten I-Menge proportional ist. Hierauf fußend wird eine Meth. zur Erkennung von Muskelschäden nach i.m. Injektion von Therapeuticis angegeben.
E.-H. GOECKEL. 4600 □

Der Einfluß von Mehrfach- oder Teilkörperbestrahlungen auf die Urinausscheidung von Taurin bei der Ratte. Robert E. Kay und Cecil Entenman. (Radiation Res. **11.** 357—69. Sept. 1959. San Francisco, Calif., U.S. Naval Radiol. Defense Labor., Biol. and Med. Sci. Div.) (Engl.) — Vgl. C. **1960.** 14770.
♀ SPRAGUE-DAWLEY-Ratten wurden mit 250-kV-Röntgenstrahlen bestrahlt. Bestrahlungsdaten: Filter 0,5 mm Cu + 1 mm Al, HWS 1,5 mm Cu, Dosisleistung 25 r/min oder 232 r/min, FHA 40 in. oder 35 cm. Bei einem Teil der Tiere wurden ca. 4 Monate vorher Pankreas, Nebennieren, Milz, Hypophyse oder Nieren chirurg. entfernt. Die Tiere wurden teils in kurzen (10 Std.), teils in längeren Zeitabständen (7 oder mehr Tage) nacheinander mit 100—600 r bestrahlt u. der Urin-Geh. an *Taurin* (I) bestimmt. Die Bestrahlung wurde außerdem bei anderen Vers.-Tieren unter Abschirmung von Kopf, Schenkeln, Brustkorb, Abdomen oder bei exteriorisierter Milz, Pankreas, Leber oder Nieren vorgenommen. Es zeigte sich durchweg eine strahlenbedingte Erhöhung der I-Ausscheidung durch den Harntrakt während ca. 7 Tagen. Der Mechanismus, der diese Erhöhung bewirkt, ist offenbar im Abdomen lokalisiert, er tritt nur in Funktion,

wenn dieses bestrahlt wird. Abschirmung der Organe des Abdomen verhindert nicht die erhöhte I-Ausscheidung u. ihre individuelle Bestrahlung verursacht sie nicht. Die Anwesenheit des Pankreas ist nötig für das Auftreten der erhöhten I-Ausscheidung.
W. REUSSE. 4601

Röntgenstrahleneinfluß auf die löslichen Leberproteine. L. Cima, G. Fassina und F. Pozza. (Ital. J. Biochem. 8. 212—19. Juli/Aug. 1959. Padova, Univ., Ist. di Farmacol. e Radiol.) (Engl.)

Vff. untersuchten die lösl. *Leberproteine* röntgenbestrahlter Ratten. Elektrophoret. Unters. ergab, daß die schneller wandernden Fraktionen (*Präalbumin, Albumin* u. *α-Globulin*) erhöht sind. In vitro-Bestrahlung von Leberproteinextrakten aus unbestrahlten Ratten verursacht eine Erhöhung der Absorption bei 2400 u. 2780 Å, verändert aber nicht die elektrophoret. Eigenschaften. P. GREGORZEWSKI. 4601 □

Selektive toxische Wirkung von radioaktivem Sulfat auf Knorpel und Knochenmark der Maus. Raymond G. Gottschalk und Howard N. Beers. (A. M. A. Arch. Pathol. 65. 298—311. März 1958. Martinsburg, W.Va., Vet. Admin. Center, Radioisotope and Gen. Med. Res. Units.) (Engl.)

Mäusen wurden 0,001—5 mc ^{35}*S-Sulfat*/g injiziert. Die höchsten Dosen wirkten durch Zerstörung der hämatopoiet. Gewebe letal. Nach 0,5 u. 1 mc/g wurden die Epiphysenknorpelplatten selektiv zerstört, u. es trat nur vorübergehend Leukopenie auf.
K. ZINGRAF. 4601 □

Autologe Knochenmarksimplantation nach Bestrahlung von Hunden mit schnellen Neutronen. E. L. Alpen und S. J. Baum. (Radiation Res. 11. 383—89. Sept. 1959. San Francisco, Calif., U.S. Naval Radiol. Defense Labor.) (Engl.)

Bastardhunde wurden mit Neutronen aus der Kern-Rk. $^{9}Be(p, n)^{9}B$ bestrahlt. Die Bestrahlungsdosis betrug an der Hautoberfläche 470 rad bei einer, 300 rad bei einer zweiten Serie von Versuchstieren. Danach wurden die Tiere mit 1,0—2,0·10^{9} Knochenmarkszellen reinjiziert, die kurz vor der Bestrahlung bei dem gleichen Tier entnommen waren. Bei 7 der insgesamt behandelten 11 Tiere wurde die Überlebensrate durch die Injektion erhöht, die restlichen 4 kamen nach 3,7 Tagen im Mittel ad exitum. Daraus wird geschlossen, daß die letale Wrkg. der Neutronen sich bes. im Darm vollzieht. Hämatolog. Unterss. (Hämatokrit, Leukocyten, Blutplättchen) bei den Vers.-Tieren lassen eine Strahlenschutz-Wrkg. der Reinjektion erkennen. W. REUSSE. 4601

Radium im menschlichen Knochen: Die Dosis in mikroskopischen Knochenvolumen. R. E. Rowland und J. H. Marshall. (Radiation Res. 11. 299—313. Sept. 1959. Lemont, Ill., Argonne Nat. Labor., Radiol. Physics Div.) (Engl.)

Von 12 Patienten, die nachweislich infolge medizin. Applikation oder als frühere Leuchtziffernmaler ^{226}Ra in Mengen zwischen 0,8 u. 10,5 μc in ihrem Körper enthielten, wurden post exitum Schnitte aus den Röhrenknochen entnommen u. mikroradiograph. sowie autoradiograph. Aufnahmen der Schnitte hergestellt. Aus der Verteilung der Ra-Depots wurden die Strahlungsintensitäten in den Ra-Herden („hot-spots") sowie die auf den Körper verteilte mittlere Dosis rechner. ermittelt. Bei hypothet. gleichmäßiger Verteilung des Ra im Skelett ergibt sich $^{1}/_{90}$ der in den „hot-spots" gemessenen spezif. Aktivität. Aus Unterss. mit wöchentlichen Injektionen mit $RaCl_2$ u. Messung der zeitlichen Änderung der Blutaktivität wird berechnet, daß $^{9}/_{10}$ der ursprünglich aufgenommenen Aktivität im Verlauf eines langzeitigen Austauschprozesses ausgeschieden worden sein müssen. W. REUSSE. 4601

Die Mortalität des Esels (Equus asinus) nach Ganzkörper-Einzelbestrahlung mit der γ-Strahlung von ^{95}Zr/^{95}Nb. Bernard F. Trum, John J. Lane, U. S. G. Kuhn und John H. Rust. (Radiation Res. 11. 314—25. Sept. 1959. Knoxville, Tenn., Univ. of Tennessee, Agric. Exp. Stat. u. U.S.A.E.C.) (Engl.)

Gruppen von Eseln wurden extern mit der γ-Strahlung von $^{95}Zr/^{95}Nb$ bei einer Gesamtdosis von 500—900 r totalbestrahlt. Die $DL_{50/30}$ wurde für eine Dosisleistung von 15 r/Std. zu 585 r ermittelt. Beobachtung der Tiere bis zum Tod ergab unterschiedliche Aufnahme von injiziertem ^{131}J in der Schilddrüse, verringerte ^{59}Fe-Aufnahme im Blut, Anstieg der *Brenztraubensäure* im Blut sowie Pancytopenie. Die Dosisabhängigkeit dieser Erscheinungen ist ungefähr gleich derjenigen bei Bestrahlung mit ^{60}Co u. ^{182}Ta, die Letalität ist jedoch bei ^{95}Zr/^{95}Nb größer (die $DL_{50/30}$ für ^{60}Co ist 784 r, für ^{182}Ta 615 r). — 32 Literaturangaben. W. REUSSE. 4601

Strahlenschäden und Erholungseffekt beim Schwein. Bernard F. Trum, James N. Shively, U. S. G. Kuhn und Walter T. Carll. (Radiation Res. 11. 326—42. Sept. 1959. Knoxville, Tenn., Univ. of Tennessee, Agricult. Exp. Stat. u. U.S.A.E.C.) (Engl.) — Vgl. vorst. Referat.

60 Schweine wurden in Gruppen mit 360, 425, 484, 547 oder 610 r der γ-Strahlung von $^{95}Zr/^{95}Nb$ bei einer Dosisleistung von 1,4 r/Std. bestrahlt. Nach beendeter Bestrahlung blieben die Tiere 90 Tage unbestrahlt, danach erhielten sie tägliche Bestrahlungen mit 50 r einer ^{60}Co-γ-Strahlung. Die Rk. der Tiere wurde dann auf reparable u. irreparable Effekte analysiert. Die letztgenannten müssen einen additiven Effekt der ^{60}Co-Nachbestrahlungen zeigen. Bis zum Beginn der zweiten Bestrahlungsserie traten klin. Symptome eines Strahlungssyndroms nicht auf, die Überlebenszeit war durchweg größer als 90 Tage. Die im Verlauf der anwachsenden ^{60}Co-γ-Dosis sukzessive sich einstellenden Strahlen-Rkk. werden besprochen. Die Überlebensdauer nach der ersten Bestrahlungsserie ist relativ groß, größer z. B. als beim Esel; daraus wird geschlossen, daß mindestens ein Teil der Strahlenschäden beim Schwein durch Erholungsprozesse schnell kompensiert wird. Im Verlauf der Co-Bestrahlungen traten Lethargie, Podarthritis mit Ulcerationen u. andere Erscheinungen ähnlicher Art vor dem Verenden ein. — 28 Literaturangaben. W. REUSSE. 4601

Gammastrahlwirkungen beim Kalb. M. O. Schultze, V. Perman, N. S. Mizuno, F. W. Bates, J. H. Sautter, H. S. Isbin und M. K. Loken. (Radiation Res. **11.** 399—408. Sept. 1959. St. Paul u. Minnesota, Minn., Univ. of Minnesota.) (Engl.)

Kälber wurden dorsal, ventral u. bilateral mit ^{60}Co-γ-Strahlen bestrahlt. Aus der Absorption der Strahlung in den Körpern u. der jeweils gemessenen Hautdosis auf der Strahleintrittsseite wurde die applizierte Dosis berechnet. Bei Anwendung von 250 r oder mehr als Eintrittsdosis zeigten die Tiere Hypoplasie des Knochenmarks u. Hämorrhagie, der Tod trat nach 14—24 Tagen ein. Ein mit 350 r bestrahltes Tier zeigte akutes Intestinal-Strahlensyndrom u. verendete nach 5 Tagen. Zwei Tiere zeigten nach Bestrahlung mit 150 r zwischen dem 20. u. 30. Tag Blutdyskrasie, erholten sich aber davon u. überlebten. Im einzelnen werden Befunde über strahlenbedingte histolog. Veränderungen am Lymphknotengewebe sowie am Blutbild beschrieben, sie zeigen Parallelen zu Beobachtungen an anderen Säugetieren. W. REUSSE. 4601

Die Dynamik des Umsatzes von Strontium-90 und Yttrium-90 im Organismus des Störs. O. P. Daniltschenko. (Научные Доклады Высшей Школы (Москва), Биологические Науки [Wiss. Hochschulber. (Moskau), biol. Wiss.] **1960.** Nr. 1. 148 bis 151. Moskau, Lomonossow-Univ., Lehrstuhl für Biophysik.) (Russ.)

Eine anhaltende Wrkg. wird durch die Markierung von Stören mit ^{90}Sr u. ^{90}Y erzielt. Untersucht wurde die Wrkg. auf alle Organe des Fisches. Beide Stoffe haben verschiedene Wirkung. Sr konz. sich in den nichteßbaren Teilen des Störs. ^{90}Sr u. ^{90}Y können in bestimmten geringen Mengen zum Markieren der Fische verwendet werden. H. TREUMANN. 4601 □

Neuberechnung der relativen biologischen Wirksamkeit schneller Neutronen auf der Basis verbesserter Daten für den Wirkungsquerschnitt. Gene Tochilin, B. Shumway, George Kohler und Victor P. Bond. (Radiation Res. **11.** 343—44. Sept. 1959. San Francisco, Calif., USN Radiol. Defense Labor.; Upton, N.Y., Brookhaven Nat. Labor., Med. Dep., Div. of Microbiol.) (Engl.)

Messungen der relativen biolog. Wirksamkeit von 9-MeV-Neutronen aus den Jahren *1954/55* wurden quant. durch Auswertung der Rk. $^{32}S(n, p)^{32}P$ unter Ansatz von 300 Millibar für den Wrkg.-Querschnitt durchgeführt. Neuere Best. dieses Wrkg.-Querschnittes erlauben eine exaktere Angabe des angewandten Neutronenflusses u. damit die Angabe korr. Werte für die relative biolog. Wirksamkeit. Es wurden berechnet (in der Klammer Werte von *1954/55*): Maus bzgl. des Gew.-Verlustes von Milz u. Thymus 2,0—1,8 (1,7—1,5); bzgl. der Letalität 1,9 (1,6); Hund bzgl. Letalität 0,95 (0,81). W. REUSSE. 4601

Einfluß des Cysteins auf die Veränderungen des physikalisch-chemischen Zustandes der Erythrocyten von bestrahlten Ratten. Je. W. Burlakowa, Je. N. Gontscharenko und Ju. B. Kudrjaschow. (Научные Доклады Высшей Школы (Москва), Биологические Науки [Wiss. Hochschulber. (Moskau), biol. Wiss.] **1961.** Nr. 1. 99 bis 102.) (Russ.)

Werden weiße Ratten mit γ-Strahlen bestrahlt (800 r), so gehen alle in 8—10 Tagen ein, wobei ihre Erythrogramme auf ein rasches Altern der Erythrocyten hinweisen (Abnahme der hochresistenten u. Zunahme der wenig resistenten Erythrocyten). Erhalten die Tiere 5 Min. vor der Bestrahlung 100 mg *Cystein* (I) in 2 ml physiol. NaCl-Lsg. intraperitoneal, so ist der Grad der Strahlen-Wrkg. geringer, die Erythrogramme gleichen jenen der normalen Tiere bzw. sind wesentlich weniger verändert als bei den nur bestrahlten, jedoch nicht mit I vorbehandelten Tieren. E. RENTZ. 4601 □

Kombinierte Wirkung des chemischen Strahlenschutzes von S.2-Aminoäthylen-isothiouronium mit Chlorpromazin und mit Chloralose. O. Costăchel, Gh. Furnică,

O. Popovici und M. Furnică. (Studii Cercetări Biochim. **1.** 341—54. 1958. Bucureşti, Inst. oncologic.) (Rum.)

Vff. gehen von der Annahme einer direkten u. indirekten radiobiolog. Wrkg. ionisierender Strahlen auf den Organismus aus. In Verss. mit Ratten wird die Schutz-Wrkg. gegen die Strahlen auf Grund der nach dem Vers. 30 Tage überlebenden Anzahl der Tiere u. der Leukogramme beurteilt. Die Schutz-Wrkg. von *S.2-Aminoäthylenisothiuronium* (300 mg/kg) wird durch Zusatz von *Chlorpromazin* oder *α-Chloralose* (5 mg/kg) verstärkt. Gegenüber stärkerer Strahlung (1400 r) ist der Schutz größer als gegenüber schwächerer aber doch noch deutlich wirksamer Strahlung (500 u. 1000 r). R. K. MÜLLER. 4601 □

Cervikale Myelographie mit einem wasserlöslichen Kontrastmittel. Eine experimentelle Untersuchung an Hunden. Berit Funkquist. (Acta radiol. [Stockholm] **56.** 257—74. Okt. 1961. Stockholm, Royal Vet. Coll., Dep. of Surg.) (Engl.)

Die Auffüllung des cervikalen Subarachnoidalraumes kann durch intralumbale Injektion von *Kontrast U 20% + Xylocain-Hydrochlorid* erreicht werden, wenn der Liquor durch Punktion entfernt wurde. Die Meth. erscheint risikofrei. K. ZINGRAF. 4601 □

Die Wirkung monovalenter Kationen auf den Blutdruck normaler und hypertensiver Ratten. L. Bach, S. Braun, T. Gáti, J. Sós und A. Udvardy. (Nature [London] **192.** 362—63. 28/10. 1961. Budapest, Univ., Med. School, Municipal Hosp., Péterfy S. u. Inst. of Pathol. Physiol.) (Engl.)

Nach GROLLMAN hypertensiv gemachte (H-Tiere) u. normale (N-Tiere) ♂ Ratten erhielten Rb_2SO_4 u. *CsCl* (jeweils 15 mg täglich) in der Nahrung bzw. *LiCl* (4 mg täglich) intraperitoneal injiziert. Die N-Tiere zeigten nach Li-Applikation einen erhöhten Blutdruck, während Rb, Cs wie auch erhöhte *K*-Applikation (120 statt 61 mg K/Tag) ohne Wrkg. auf den Blutdruck waren. Bei den H-Tieren verhinderte die Rb-, Cs- u. erhöhte K-Zufuhr im wesentlichen den weiteren Anstieg des Blutdruckes. Nach den Ergebnissen beeinflussen alle monovalenten Kationen den Blutdruck, wobei die Wrkg. vom Hydratationsgrad der Ionen abhängt. *Na* u. Li mit ihrer hohen Hydratationskraft fördern die Hypertension. Die Verw. von Li-Salzen gestattet es, eine Hypertension ohne chirurg. Eingriff oder Applikation von Corticoiden unter vergleichsweise mehr physiolog. Bedingungen zu erzeugen. J. BOELTER. 4606 □

Die Modifikation der inotropen Aktivität von Calcium durch Kalium. Winifred G. Nayler. (Nature [London] **192.** 268—69. 21/10. 1961. Melbourne, Baker Med. Res. Inst.) (Engl.)

Isolierte Ventrikel von nicht Winterschlaf haltenden Kröten (*Bufo marinus*), mit einer 3,2m K^+ u. 0,65m Ca^{2+} enthaltenden RINGER-Lsg. perfundiert, wurden durch 6 Schläge/s mit dem „Tektronix" square-wave generator stimuliert. Der Zusatz von Ca^{2+} bis 2,6mm führte zu einem unmittelbaren positiven inotropen Effekt. Ein gleiches Verh. wurde beim Ersatz des perfundierten Na^+ zur Hälfte durch eine äquivalente Li^+-Menge gefunden. Die Red. der K^+-Konz. auf 0,05mm u. Erhöhung der Ca^{2+}-Konz. auf 2,6mm bewirkten keine Veränderung der Kontraktionskraft, der Ersatz von Na^+ zur Hälfte durch Li^+ bei der niedrigen K^+-Konz. erniedrigte leicht das inotrope Verhalten. Das negativ inotrope Verh. bei Erhöhung der Ca^{2+}-Konz. bzw. bei Verminderung der Na^+-Konz. wurde durch K^+-freies Perfundat oder durch Ersatz der Hälfte der Na^+-Konz. durch Li^+ verstärkt. J. BOELTER. 4606 □

Wirkungsmechanismus von CCl_4. J. D. Judah und K. R. Rees. (Federat. Proc. **18.** 1013—20. Dez. 1959. Philadelphia, Pa., Wistar Inst. for Anat. and Biol.; London, Univ. Coll. and Univ. Coll. Hosp. Med. School.) (Engl.)

Übersicht über die Wirkungsweise in der Rattenleber in vivo. — 13 Literaturangaben u. Diskussionsbeiträge. P. GREGORZEWSKI. 4607 □

Eine Untersuchung von Tetrachlorkohlenstoff. 2. Mitt. **Die Wirkung von Tetrachlorkohlenstoff-Inhalation auf Serum und Gewebsenzyme.** Herbert H. Cornish und Walter D. Block. (A. M. A. Arch. environmental Health **1.** 96—100. Aug. 1960. Michigan, Univ. Med. School, Inst. Ind. Health and Dep. of Dermatol.) (Engl.)

40 ♂ Ratten (Gew. ca. 175 g) wurden einer CCl_4-Konz. von 6000 ppm (Kontrolle der Konz. nach der Meth. von PETERSON) für 4 Std. ausgesetzt. 40 weitere Ratten wurden in gleicher Weise einem entsprechenden Luftstrom exponiert. Eine 3. Gruppe hungerte 6 Tage u. erhielt während dieser Zeit nur Wasser. In täglichen Intervallen wurden 4 Kontrolltiere, 4 Vers.- u. 4 Hungertiere gewogen u. nach Decapitation entblutet. Die Lebern wurden gewogen u. anschließend die ganze Leber mit kaltem Phosphatpuffer (pH 7) homogenisiert. Blutserum u. Leberhomogenat wurden eingefroren. Die *Glutamin-Oxalessigsäure-Transaminase* (*G.O.T.*)-, *Esterase-* u. *Xanthinoxydase-*Aktivität wurden im Serum u. Leberhomogenat untersucht u. der Verlauf der Aktivitätswerte über 9 Tage graph. aufgezeichnet in Abhängigkeit zu den Kontrollwerten, die

als 100% angenommen wurden. Dabei ergab sich, daß die *Serumesterase* nach anfänglichem Ansteigen während des 2. u. 3. Tages abfällt u. erst nach 4 Tagen wieder den Ausgangswert erreicht. Die Leberesterase fällt dagegen sofort auf extrem niedrige Werte. Die *Serum-Xanthinoxydase*-Aktivität ist stark erhöht, während die *Leber-Xanthinoxydase*-Aktivität herabgesetzt ist. Die Serum-G.O.T. steigt 24 Std. nach der Exposition merklich an, während die Leber-G.O.T. nur ein leichtes Ansteigen der Aktivität zeigt. H. ZELLER. 4607 □

Veränderungen des Kernchromatins in Leberzellen des Kaninchens durch schädigende Stoffe (Tetrachlorkohlenstoff). S. Castorina. (Sperimentale **107.** 203—08. Juli/Aug. 1957. Catania, Univ., Ist. di Anat. umana.) (Ital.)

2 Tage nach oraler Verabreichung von CCl_4 an Kaninchen zeigten die Kerne von Leberparenchymzellen normale FEULGEN-Rk. aber keine Färbung mit Methylgrün nach UNNA-PAPPENHEIM. Die Kerne der Mesenchym- u. Epithelzellen zeigten normales Verhalten. K. ZINGRAF. 4607 □

Biochemische Untersuchungen über die Entwicklung experimenteller Cirrhose bei Albinoratten infolge Tetrachlorkohlenstoff. 4. Mitt. **Untersuchungen über den Einfluß von Thioctsäure, Orotsäure und Pantothensäure auf den Kollagengehalt bei experimentell induzierter Lebercirrhose.** Taisuke Asagoe. (Jap. Arch. intern. Med. **7.** 304—07. 1960. Kyoto, Univ., Fac. of Med., Dep. of Int. Med., 1. Div.) (Jap.; Auszug: Engl.)

Es wurde der Einfl. von *Thioctsäure* (I), *Orotsäure* (II) u. *Pantothensäure* (III) auf die durch CCl_4 induzierte Lebercirrhose bei Ratten an Hand der durch diese Substanzen verminderten *Kollagen*-Bldg. bei Verabreichung gleichzeitig mit der CCl_4-Vergiftung (Verhütungs-Vers.) bzw. nach der Vergiftung (Heilungs-Vers.) geprüft. Durch 1 mg I/100 g konnte in beiden Verss. eine leichte Verringerung des Kollagen-Geh. der cirrhot. Leber erzielt werden; die Verringerung des Kollagen-Geh. war in den Verss. mit 10 mg II/100 g stärker ausgeprägt; 0,5 mg III/100 g veränderten den Kollagen-Geh. der cirrhot. Leber nicht. U. TAUSENDFREUND. 4607 □

Der Stoffwechsel von 1.1.1-Trichloräthan bei Ratten. C. L. Hake, T. B. Waggoner, D. N. Robertson und V. K. Rowe. (A. M. A. Arch. environmental Health **1.** 101—05. Aug. 1960. Midland, Mich., Dow Chem. Corp., Biochem. Res. Labor.) (Engl.)

Mit ^{14}C markiertes *1.1.1-Trichloräthan* (I) wird nach intraperitonealer Injektion (ca. 700 mg/kg) schnell u. fast vollständig auf dem Respirationsweg ausgeschieden. Dabei wurden 98,7% des intraperitoneal zugeführten I in der Ausatmungsluft wiedergefunden. ½% wurde abgebaut in $^{14}CO_2$, während das meiste des retinierten Prod. als *Glucuronid* von $^{14}C_{(2)}$*-2.2.2-Trichloräthanol* im Harn erschien. H. ZELLER. 4607 □

Wirkung von Trichloräthylen auf das Verhalten von Versuchstieren. Etienne Grandjean. (A. M. A. Arch. environmental Health **1.** 106—08. Aug. 1960. Zürich, Schweiz.) (Engl.)

Ratten, die auf ein opt. u. akust. Zeichen einen Strick hinaufkletterten, an dessen Ende sie ein gezuckertes Pellet erhielten, wurden kurz Konzz. von 200 u. 800 ppm *Trichloräthylen* (I) ausgesetzt. Danach änderten sich weder die Rkk. noch die Rk.-Zeiten bei den Tieren. Auf der anderen Seite wurde das spontane Heraufklettern am Seil ohne entsprechende Signale im Vgl. zu den Kontrollen signifikant häufiger bei den Ratten, die gegenüber I exponiert waren. Daraus wird geschlossen, daß die inhalierten Konzz. von I das psych. Gleichgewicht der Ratten verändern im Sinne einer verstärkten Erregung. H. ZELLER. 4607 □

Experimentelle Vergiftung durch Trichloräthylen. M. Mosinger und H. Fiorentini. (Ann. Méd. légale Criminol. **38.** 319—24. Sept./Okt. 1958. Aix-Marseille, Univ., Inst. d'Hygiene Ind. et de Méd. du Travail et Inst. de Méd. Légale.) (Franz.)

8 Katzen u. 10 Meerschweinchen wurden längere Zeit täglich ca. 1½ Std. einer Luft-Konz. von 7 mg *Trichloräthylen*/Liter (1600 ppm) ausgesetzt. Es kommt bei diesen Tieren zu einer hypertrophen, cirrhot. Hepatitis, congestiver u. hämorrhag. Splenopathie, Glomerulonephritis, chron. Bronchopneumonie mit Emphysem u. Atelektase u. nervösen u. endokrinen Reaktionen. G. KIMMERLE. 4607

Untersuchung der Wirkung sehr kleiner Mengen von Alkohol auf die Aktivität der Gehirnnerven. G. Chardon, H. Boiteau und E. Bogaert. (Ann. Méd. légale Criminol. **39.** 462—72. Sept./Okt. 1959. Alger, Labor. de Physiol.) (Franz.)

Schon sehr kleine *A.*-Mengen, die nur eine kurzdauernde Alkoholämie von 0,15 bis 0,35 g ‰ hervorrufen, bewirken bei nicht an A. gewöhnten Personen deutliche Änderungen im Elektroencephalogramm u. der psychosensoriellen Reaktionen.

K. BOHLE. 4607 □

Der Abbau des Paraldehyds ihm Körper und sein toxikologischer Nachweis. Vorl. Mitt. Hans Kaiser und Walter Lang. (Arch. Pharmaz. Ber. dtsch. pharmaz. Ges. **289/61.** Nr. 11. Mitt. dtsch. pharmaz. Ges. **26.** 174—77. Nov. 1956. Stuttgart, Katharinenhosp., Labor. der Apotheke.) (Dt.)

Paraldehyd wird im Körper verhältnismäßig rasch abgebaut u. nur in geringen Mengen ausgeschieden. Qual. Nachw. erfolgt durch Bldg. charakterist. Kristalle mit p-Nitrophenylhydrazon, die quant. Best. colorimetr. nach STOTZ (J. biol. Chemistry **148.** [1943.] 585) u. nach FIGOT (C. **1954.** 4001.) — Vgl. PRIBILLA, C. **1957.** 8587.

E.-H. GOECKEL. 4607 □

Wirkungen der Äthionin-Anwendung bei Kaninchen und Hunden. 1. Mitt. **Veränderungen der Proteine, Lipide, Lipoproteine und Glykoproteine des Serums und der Blutgerinnung.** Chuni Wang, Fiorenzo Paronetto, Ezra Sohar und David Adlersberg. (A. M. A. Arch. Pathol. **65.** 279—85. März 1958. New York, N.Y., Mount Sinai Hosp., Dep. of Med. u. Dep. of Chem.) (Engl.)

100—500 mg *Äthionin* täglich intraperitoneal bewirkten bei Kaninchen eine progressive Abnahme der Proteine, Lipide, Lipoproteine u. Glykoproteine des Serums u. eine Störung der Blutgerinnung (Verlängerung der Prothrombinzeit u. Abnahme der Thrombocytenzahl). Bei höheren Dosen ging der Abnahme der Lipide ein Anstieg voraus (anfängliche Stimulierung u. spätere Erschöpfung der Nebennierenrinde). Die Wrkg. bei Hunden war ähnlich. K. ZINGRAF. 4607 □

Wirkungen der Äthionin-Anwendung bei Kaninchen und Hunden. 2. Mitt. **Pathologische Untersuchungen.** Chuni Wang, Lotte Strauss, Fiorenzo Paronetto und David Adlersberg. (A. M. A. Arch. Pathol. **65.** 286—94. März 1958.) (Engl.) — 1. vgl. vorst. Referat.

Bei Kaninchen u. Hunden bewirkt *Äthionin* in verschiedenen Organen Degeneration u. Nekrose von Parenchymzellen, Entzündung u. makroskop. u. mkr. Blutung infolge gestörter Blutgerinnung. Eine Stimulierung der Nebennierenrinde war nachweisbar.

K. ZINGRAF. 4607 □

Hämopoietische Wirkungen von Glycerinäthern. 3. Mitt. **Unwirksamkeit von Selachylalkohol.** James W. Linman. (Proc. Soc. exp. Biol. Med. **104.** 703—06. Aug./Sept. 1960. Chicago, Ill., Northwestern Univ., Med. School, Dep. of Med.; Vet. Admin. Res. Hosp.) (Engl.)

Natürlicher u. synthet. *Selachylalkohol* (**I**) stimuliert bei normalen Ratten die Hämatopoiese nicht. Durch Hydrierung von **I** gewonnener *Batylalkohol* (**II**), oral oder parenteral verabreicht, fördert die Proliferation aller myeloiden Elemente, nicht aber die Synth. von Hämoglobin. Die hämatopoiet. Wrkg. von **II** hängt nicht von der opt. Aktivität ab. K. ZINGRAF. 4607 □

Experimentelle Untersuchung der Nitrobenzolvergiftung. Hideaki Matsumaru und Tooru Yoshida. (Kyushu J. med. Sci. **10.** 259—64. Dez. 1959. Fukuoka, Kyushu Univ., Fac. of Med., Dep. of the Hygienics.) (Engl.)

Die genauen Vergiftungssymptome werden beschrieben u. die Beobachtung mitgeteilt, daß gleichzeitige Verabreichung von A. die Vergiftung verstärkt.

P. GREGORZEWSKI. 4607 □

Fruchtbarkeitsrückgang bei Ratten durch einen Enzyminhibitor. F. X. Wohlzogen. (Acta endocrinol. [Copenhagen] **37.** 298—300. Juni 1961. Wien, Univ., Physiol. Inst.) (Engl.)

Ein Teil der biolog. Wirksamkeit des *luteinisierenden Hormons* scheint auf seinem Einfl. auf das *Hyaluronsäure-Hyaluronidase*-Syst. zu beruhen, wobei eine Depolymerisation der *Hyaluronsäure* erfolgt. Vf. untersucht die Wrkg. täglicher oraler Zufuhr von *Polyphloretinsulfat* (I; ein starker Hyaluronidaseinhibitor) auf ♀ Ratten, wobei die Zahl der Nachkommen als Maß der ovulator. Hemmung dient. Die tägliche Zufuhr von 10 mg I erniedrigt die Fruchtbarkeit signifikant. Die mögliche Wirkungsweise wird diskutiert. Nach Ansicht des Vf. ist die verminderte Fruchtbarkeit eine Folge der Hyaluronidasehemmung der Eifollikel, wodurch die Ovulation gestört wird.

P. SCHWERDTFEGER. 4607 □

Zur Toxikologie der Insekticide. Literaturübersicht. 2. Mitt. **Toxaphen-Gruppe.** W. Gruch und P. Steiner. (Mitt. biol. Bundesanst. Land- u. Forstwirtsch. Berlin-Dahlem **1960.** Nr. 102. 1—64. Dez. Braunschweig, Biolog. Bundesanstalt für Land- u. Forstwirtschaft, Inst. für Pflanzenschutzmittelprüfung.) (Dt.) — 1. vgl. C. **1960.** 1582.

Übersicht. Es werden behandelt: Darst., chem. physikal. Eigg., Anwendung, Toxizität für Säuger, Vögel, Amphibien, Reptilien, Fische, Schnecken, u. a., Sekundärvergiftungen, Pharmakologie, Speicherung u. Ausscheidung, Pathologie (einschließlich Kasuistik), Gegenmaßnahmen bei Vergiftungsfällen, Rückstände auf Pflanzen u. im

Boden, außerdem die Toleranzwerte, Karenzzeiten u. Geschmacksbeeinträchtigung bei behandelten Ernteerzeugnissen. — 212 Literaturangaben. E.-H. GOECKEL. 4607 □

Neue Untersuchungen der Vergiftung mit organischen Phosphaten. J. H. Wills. (Federat. Proc. **18.** 1020—25. Dez. 1959. Army Chemical Center, Md., U.S. Army Chem. Warfare Labor., Directorate of Med. Res.) (Engl.)

Übersicht. — 40 Literaturangaben. P. GREGORZEWSKI. 4607 □

Normale Resistenzhöhe der Anopheles funestus Giles gegen Insekticide. V. Ramakrishna und R. Elliott. (Nature [London] **179.** 1140—41. 1/6. 1957. Lagos, Nigeria, Fed. Dep. of Med. Serv., Malaria Serv.) (Engl.)

Sprüh-Verss. an ♀ *Anopheles funestus* Giles zeigten, daß zur 95%ig. Bekämpfung 1,32%ig. *DDT*, 0,004%ig. *Gamma BHC* u. 0,1%ig. *Dieldrin* notwendig sind.

P. GREGORZEWSKI. 4607 □

Über das Elektroretinogramm von Fröschen bei Vergiftung mit verschiedenen Isomeren des Hexachlorcyclohexan. Fritz Klingberg. (Acta biol. med. german. [Berlin] **5.** 467—74. 1960. Jena, Friedrich-Schiller-Univ., Physiol. Inst.) (Dt.)

Nach Vergiftung von Fröschen mit *γ-Hexachlorcyclohexan* (I, 100 mg/kg) rufen Lichtreize Krämpfe u. Zuckungen hervor. Im Elektroretinogramm findet sich eine Steigerung der a-, b- u. d-Welle, bei Vergiftung mit α-, β- (je 65 mg/kg) u. *δ-Hexachlorcyclohexan* (300 mg/kg) dagegen eine Verringerung derselben, im Vgl. zu Kontrolltieren. Lichtreize hatten bei diesen Isomeren keine Krämpfe zur Folge. Die für I-Vergiftung typ. Verlängerung der b-Wellen-Gipfelzeit u. Verringerung des b-Wellenrückgangs war im geringen Maße auch bei Vergiftung mit dem α- u. β-Isomeren von I nachweisbar, δ-Hexachlorcyclohexan hatte die entgegengesetzte Wirkung. D. SCHEUCH. 4607 □

Blutuntersuchung von mit Am.-Cyanamid 12.880 behandelten Rindern. R. H. Roberts, R. D. Radeleff und J. N. Kaplanis. (J. econ. Entomol. **51.** 861—64. Dez. 1958. Agr. Res. Serv. U.S.D.A.) (Engl.)

Vff. geben Rindern orale, i.m. oder i.v. Gaben von ^{32}*P-Am-Cyanamid 12.880* (I, *O.O-Dimethyl-S-[N-methylcarbamoylmethyl]-dithiophosphat*) u. bestimmen innerhalb von ½—24 Std. den I-Geh. des Blutes. Ferner erhalten Stallfliegen als Futter Blut bzw. lösl. Blutbestandteile von mit I behandelten Rindern, u. es wird die Überlebenszeit der Insekten ermittelt. I ist nach oraler Zufuhr längere Zeit im Blut anzutreffen als nach i.v. bzw. i.m. Applikation. In 24-Std.-Blutproben werden I u. ein nichtidentifiziertes I-Stoffwechsel-Prod. (II) im Verhältnis 2:1; in 3- u. 6-Std.-Proben 4:1 gefunden. Blutprobenextrakte verursachen bei Fliegen 94%ig. Mortalität. Die Toxizität von II (40fach wie die von I) sinkt während der Lagerung u. ist nach 3 Wochen verschwunden. I wird im Stoffwechsel in tox. Zwischenprodd. übergeführt, die allmählich durch weiteren Abbau entgiftet werden. In Verss. mit Fliegen wird dagegen zunächst ein Anstieg der Toxizität von I + II auf ein Maximum mit nachfolgendem allmählichem Rückgang derselben beobachtet. Dieses Verh. wird wahrscheinlich durch die Bldg. eines oder mehrerer unbekannter I-Stoffwechsel-Prodd. hervorgerufen. P. FAHRNLAENDER. 4607 □

Hydrolyse der Alkylphosphatbindung bei gewissen Dialkylarylthiophosphatinsekticiden durch Ratten, Küchenschaben und Alkali. F. W. Plapp und J. E. Casida. (J. econ. Entomol. **51.** 800—03. Dez. 1958. Madison, Wis., Univ., Dep. of Entomol.) (Engl.)

Vff. behandeln *Dow ET-57*, *2,4,5-Trichlorphenyldimethylphosphat* (II), *2.4.5-Trichlorphenyldiäthylphosphat* (III), *Dicapthon* (IV), *Chlorthion* (V), *Methylparathion* (VI), *Parathion* (VII), *Paraoxon* (VIII) u. *Diazinon* (IX) mit n KOH in 95%ig. A. u. bestimmen die Hydrolyse. Es zeigt sich, daß die Dimethyl-Verbb. (I, II, IV, V, VI) sowie die Phosphorsäuren (II, III, VIII) einen höheren Hydrolysegrad als die Diäthyl-Derivv. u. Phosphorthionsäuren aufweisen. Methyl-Verbb. hydrolysieren schneller u. trichlorsubstituierte Aryle langsamer als andere Alkyl-Verbb. bzw. Arylgruppen. Der Abbau von I, IV, V, VI, VII u. IX wird auch in vivo an der Ratte (a) u. Küchenschabe (b) unter Verw. von ^{32}P-Insekticiden untersucht. ♀-Tiere sind gegen die tox. Wrkg. vorst. Verbb. empfindlicher als ♂. Mit dem Harn scheiden a innerhalb von 24 Std. 69—97% der Aktivität aus; IX wird am schnellsten, I u. IV werden am langsamsten abgegeben. An Stoffwechsel-Prodd. lassen sich nur Gemische von Dialkyl- u. Alkylarylphosphorthionsäuren nachweisen. Die Alkylphosphathydrolyse ist bei den Dimethyl-Verbb. vollständiger als bei den Diäthylthiophosphaten u. variiert, bes. bei I, mit der Dosis. Der Anteil an oxydierten Phosphothionatgruppen weist nach Zufuhr der Dimethyl-Verbb. höhere Werte auf als nach Applikation von Diäthyl-Derivv. u. ist ebenfalls dosisabhängig. Bei b sind die erhaltenen Hydrolysen-Prodd. nach top. Verabreichung zu 11—78% in W. löslich. Die höchste Ausscheidungsquote (78%) tritt nach VI auf; Diäthylthiophosphate werden zu 27—36% u. die Dimethyl-Derivv. zu 11—12% ausgeschieden. Sämtliche Verbb. werden im Stoffwechsel in die entsprechenden Phosphate umgewandelt. Die Hydrolyse vorst. Insekticide ist bei b geringer als bei a. Aus den Ergebnissen geht hervor, daß bei a (u. Säugetieren) die Spaltung der Alkylphosphatbindungen als Entgiftungsmechanismus vorherrscht, während sich bei Insekten andere Abbau-Rkk. vollziehen. Die geringe Alkylphosphatspaltung bei b im Vgl. mit a ist für die höhere Toxizität der Dimethylthiophosphate bei Insekten verantwortlich.

P. FAHRNLAENDER. 4607 □

Wirkungen von β-Aminopropionitril auf die Wundheilung. George A. Krikos und J. L. Orbison. (A. M. A. Arch. Pathol. **65.** 312—22. März 1958. Rochester, N.Y., Univ. of Rochester, School of Med. and Dent., Dep. of Pathol. u. Dep. of Dentistry and Dental Res.) (Engl.)

Bei gerade entwöhnten Ratten verringerte *β-Aminopropionitril* die Wundkontraktion, das Granulationsgewebe war dünner u. die Zahl der Fibroplasten u. Kollagenfasern je Flächeneinheit war kleiner. Die Epithelisierung der experimentellen Wunden wurde nicht beeinflußt. Bei ausgewachsenen Ratten wurde die Wundkontraktion u. die Epithelisierung nicht beeinflußt u. die Veränderungen des Granulationsgewebes waren gering.

K. ZINGRAF. 4608 □

Die Wirkung von Colchicin und Demecolcin auf die Regeneration der Planarie Dugesia subtentaculata (Drap.). Jacques Doumain. (C. R. Séances Soc. Biol. Filiales **154.** 1453—55. 1960. Marseille, Fac. des Sciences, Labor. de Zool.) (Franz.)

Colchicin u., in kleinerer Dosis, *Demecolcin* bestimmen bei *D. subtentaculata* die Bldg. von Hemiheteromorphosen (Regeneration eines Kopfes u. eines Schwanzes am gleichen Transversalabschnitt), wobei die Entw. der Regenerate im Bereich der Nervenstämme, wo die Nervenelemente am dichtesten sind, lokalisiert ist.

K. MAIER. 4608 □

Eiweißgehalt im Blutserum und Durchlässigkeit der Blutgefäße bei der Vergiftung durch Bienengift. W. F. Kirejewa. (Научные Доклады Высшей Школы (Москва), Биологические Науки [Wiss. Hochschulber. (Moskau), biol. Wiss.] **1961.** Nr. 1. 90—94.) (Russ.)

Verss. an 129 Ratten u. 13 Kaninchen, welchen 5—20 Bienenstiche in die Haut beigebracht wurden, oder denen (Kaninchen) man *Bienengift* (60 mg in 1 ml physiolog. NaCl-Lsg. subkutan) injizierte, ergaben (neben einer Eindickung des Blutes) eine Abnahme des Protein-Geh. im Blutserum. Gleichzeitig damit nahm die Resorptions-Geschw. des in die Haut injizierten Fluoresceins zu, was als Folge einer gesteigerten Durchlässigkeit der Blutgefäße gedeutet wird.

E. RENTZ. 4609 □

Hämatologische Wirkungen des Klapperschlangengiftes (Crotalus adamanteus). Jack L. Radomski, John B. Miale, William B. Deichmann und John A. Fisher. (Arch. Toxikol. **17.** 365—72. 1959. Coral Gables, Fla., Univ. of Miami, School of Med., Dep. of Pharmacol. and Path.) (Engl.)

Klapperschlangengift verursacht bei Hunden, i.m. oder i.v. verabreicht, neutrophile Leukocytosis, bei letaler Dosis (1,28 mg/kg) einen Anstieg des Nichtprotein-N_2 im Serum, Hypoproteinämie, Absinken des Plasmafibrinogens, Verkürzung der Koagulationszeit. Der Bilirubin-Geh. des Serums bleibt unverändert, es tritt keine Hämolyse in vivo auf.

P. GREGORZEWSKI. 4609 □

Untersuchungen über die Verteilung und Exkretion gewisser Nitrofurane. M. F. Paul, H. E. Paul, R. C. Bender, F. Kopko, C. M. Harrington, V. R. Ells und J. A. Buzard. (Antibiotics and Chemotherapy **10.** 287—302. Mai 1960. Norwich, N.Y., Norwich Pharmacal Comp., Eaton Labor.) (Engl.)

Unterlagen zur physiolog. Verteilung mehrerer *Nitrofurane* (**I**) wurden durch Unterss. an Labor-Tieren gewonnen. Die Blutspiegel u. die im Harn u. in den Faeces ausgeschiedenen Mengen folgender an Ratten oral verabreichter **I** wurden bestimmt: *2-Nitrofuran-5-carbonsäure* (**II**, *NF-4*), *2-Nitro-5-methoxymethylfuran*; 5-Nitrofurfurole: *Oxim* (*Nifuroxim*), *Semicarbazon* (**III**, *Nitrofurazone*), *N'-Methylsemicarbazon* (*NF-61*), *Acetylhydrazon* (**IV**, *Nihydrazon*), *β-Hydroxyäthylsemicarbazon* (**V**, *Nidroxyzone*), *Amidooxalylhydrazon* (*Nifuraldezone*), *2-[β-Dimethylaminoäthyl]-semicarbazon* (**VIII**, *NF-189*); *1-[5-Nitrofurfurylidenamino]-hydantoin* (**VI**), *Nitrofurantoin*), *3-[5-Nitrofurfurylidenamino]-oxazolidon-(2)* (**VII**, *Furazolidone*), *1-[5-Nitrofurfurylidenamino]-imidazolidon-(2)* (*NF-246*), *1-[5-Nitrofurfurylidenamino]-pyrrolidon-(2)* (*NF-248*), *3-[5-Nitrofurfurylidenamino]-5-morpholinomethyloxazolidon-(2)* (**IX**, *Furaltadone*), *1-[5-Nitrofurfurylidenamino]-2-oxohexahydropyrimidin* (*NF-314*), *1-[5-Nitrofurfurylidenamino]-imidazolidinthion-(2)* (*NF-441*). Niedrige Blutspiegel werden auf geringe Löslichkeit u. geringe Resorption oder schnelle Verteilung der **I** nach Resorption zurückgeführt. Die Unters. der Exkretion im Harn ergab: Von **II** wurden bis zu 75% der verabreichten Dosis, von **VI** 40—50%, von **V** ca. 25%, von **VII** wenig oder nichts ausgeschieden. Nur einige **I** wurden in den Faeces wiedergefunden, z. B. **VII** mit 13% u. **IV** mit 8% der verabreichten Dosen. Nichtionisierte **I** (**III**, **V**, **VII**) wurden zu ca. 30% an die Plasmaproteine gebunden, anion. I (VI, NF-160, NF-183) zu 50—90%, kation. I (VIII u. IX) fast überhaupt nicht. In Galle u. Milch wurden I in wechselnden Konzz. ausgeschieden. Die untersuchten I häuften sich in den tier. Geweben nicht an u. wurden von ihnen, Blut ausgenommen, leicht abgebaut. W. KNÖBEL. 4610 □

Vorläufige Ergebnisse einer Behandlung der Lepra mit 4.4-Diisoamyloxythiocarbanilid. N. P. Buu-Hoï, T. V. Bang, T. T. Kim Mong-Don und N. D. Xuong. (Chemotherapie [Basel] **2.** 122—28. 1961. Paris, Univ., Inst. du Radium; Saigon, Serv. de la Lèpre au Ministère de la Santé Publique du Vietnam.) (Franz.)

Bei 6 Patienten zeigt eine Behandlung mit *4.4-Diisoamyloxythiocarbanilid* (I; *Isoxyl*) trotz des begrenzten Zeitraumes u. der geringen Patientenzahl, daß diese Verb. bei den lepromatösen Formen der Lepra deutlich wirksam ist. — I wird von Ratten bis zu 20 g/kg oral sehr gut vertragen. In chron. Verss. tolerierten Mäuse eine Tagesdosis von 2 g/kg; auch an den Schilddrüsen finden sich dabei keine Veränderungen. G. KIMMERLE. 4610

Die durch thyreotropes Hormon und p-Aminosalicylsäure bewirkten Veränderungen in der Leber. Susheila Sarna, R. M. L. Mehrotra, Y. R. Saxena und P. S. Krishnan. (Indian J. med. Res. **49.** 408—13. Mai 1961. Lucknow, Univ., Dep. of Pathol. and Bacteriol., Div. of Biochem.) (Engl.)

Injiziert man normalen u. schilddrüsenlosen Albinoratten subkutan *thyreotropes Hormon*, dann findet man in der Leber ein leichtes Ansteigen des *Glykogens* (I) u. einen Abfall der *Glucose-6-phosphatase*-Aktivität. Bekamen normale Ratten zu ihrem Standardfutter *p-Aminosalicylsäure* (II), so kam es zu einem stärkeren Anstieg des Leber-I. Vff. meinen, daß dieser erhöhte Anstieg nicht über eine durch II ausgelöste vermehrte Ausschüttung des *thyreotropen Hormons* zustande kommt. M. LORENZ. 4610 □

Behandlung tuberkulöser Pericarditiden mit Hormonpräparaten in Kombination mit antibakteriellen Stoffen. Josif Adhami. (Bul. Univ. Shtetëror Tiranës, Ser. Shkencat Natyrore [Bull. Inst. Sci. Tirana, Sér. Sci. natur.] **1959.** Nr. 3. 17—32. 15 Tafeln. (Alb.)

Die Pericarditiden, die eine der schwersten Formen der Tuberkulose darstellen, hängen deutlich mit Verwachsungen des Pericard mit dem Epicard oder dem Mediastinum zusammen, die ein wesentlicher Faktor ihrer Frühdiagnose sind. In akuten Fällen kann man das konstriktive Syndrom durch Behandlung mit *Hormon-Präpp.* in Kombination mit antibakteriell wirksamen Mitteln (*Streptomycin*, *Isoniazid* usw.) beseitigen u. Verwachsungen verhindern. Nach Resorption des Exsudats muß die Hormonbehandlung noch 2—3 Wochen, die antibakterielle Behandlung noch 6—7 Monate fortgesetzt werden. In chron. Fällen ist der chirurg. Eingriff unvermeidbar. Bei gemischten Formen ist Corticotherapie angezeigt. R. K. MÜLLER. 4611 □

Die vergleichende akute orale Toxizität von Spiramycinadipat bei Mäusen, Ratten, Meerschweinchen und Kaninchen. Eldon M. Boyd und Marion A. Price-Jones. (Antibiotics and Chemotherapy **10.** 273—84. Mai 1960. Kingston, Ontario, Canada, Queen's Univ., Dep. of Pharmacol.) (Engl.) — Vgl. C. **1960.** 15822.

Die akute DL_{50} von *Spiramycinadipat* (I) betrug nach oraler Verabreichung bei der Maus 3,13 ± 0,68 g/kg, bei der Ratte 4,85 ± 0,15 g/kg, beim Kaninchen 4,33 ± 0,15 g/kg u. beim Meerschweinchen 3,50 ± 0,15 g/kg. Diese Dosen verursachten Stimulierung des Zentralnerven-Syst. u. gewöhnlich innerhalb von 24 Std. den Tod durch Versagen der Atmung oder cardiovasculären Kollaps. Beim Meerschweinchen wurde außer der akuten eine sek. Intoxikation festgestellt, die erst 3—5 Tage nach Verabreichung von I in Erscheinung trat u. für die die DL_{50} 0,25 ± 0,05 g/kg (oral) betrug. Die Sektion ergab ausgedehnte Nekrosen des Drüsengewebes von Darm u. Bronchiolen u. Kongestion des Pankreas u. der Nebennierenrinde. Das Syndrom ist anscheinend nicht auf I unmittelbar, sondern auf eine sek. gebildete Substanz zurückzuführen. Die orale akute Toxizität von I ist der von Benzylpenicillin, soweit für dieses vergleichbare Unterlagen vorhanden sind, bei Mäusen, Ratten u. Meerschweinchen ähnlich. W. KNÖBEL. 4611 □

Untersuchung des Einflusses von Polymyxin in Kombination mit Chloramphenicol auf Salmonella in vitro und in vivo bei Salmonella Paratyphi B-Trägern. H. Beeuwkes, R. P. Mouton und L. Durlinger. (Antonie van Leeuwenhoek **26.** 340—48. 1960. Heerlen, St. Joseph Hosp.; Leyden, State Univ., Labor. of Microbiol.; Sittard, „De Goddelijke Voorzienigheid" Hosp.) (Engl.)

Es konnte die synergist. Wrkg. von *Polymyxin B* (CHAS. PFIZER & Co.; 5—50 μg/Scheibe) u. *Chloramphenicol* (CHAS. PFIZER & Co.; 10—25 μg/Scheibe) bei in vitro Verss. an *Salmonella typhimurium* u. *Salmonella paratyphi B*-Stämmen bestätigt werden, in vivo konnte jedoch bei Salmonellenträgern mit der medikamentösen Verabreichung, auch in Kombination, kein besseres Ergebnis als bei den unbehandelten Kontrollen erzielt werden. Letzte zeigen eine Tendenz zum negativ werden. Eine Schlußfolgerung, ob Salmonellenausscheider kombiniert medikamentös behandelt werden sollen, läßt sich nach diesen Ergebnissen noch nicht ziehen. U. TAUSENDFREUND. 4611 □

Der Einfluß der Zusammensetzung der Nahrung auf die Riboflavinsynthese und die Mikroflora im Darm. 3. Mitt. **Der Einfluß von Aureomycin in der Nahrung auf den Riboflavingehalt in den Faeces und auf coliforme Bakterien.** S. Innami. (Jap. J. Nutrit. **17.** 247—52. Nov. 1959. Nat. Inst. of Nutr.) (Jap.; Auszug: Engl.)

Wenn Ratten 4 mg *Aureomycin*/100 g Futter verabreicht wurden, nahm die Zahl der coliformen Bakterien im Caecum unmittelbar zu, u. die Ausscheidung von Riboflavin in den Faeces nahm am 5. bis 7. Tag nach Beginn der Verabreichung ab, war aber am 26. bis 27. Tag wieder leicht erhöht. K. ZINGRAF. 4611 □

Ganglien-stimulierende nicht Nicotin-artige Substanzen. Ullrich Trendelenburg. (Federat. Proc. **18.** 1001—05. Dez. 1959. Boston, Mass.; Harvard Med. School, Dep. of Pharmacol.) (Engl.)

Übersicht; es werden Beweise für die Ansicht gebracht, daß *Histamin, 5-Hydroxytryptamin* u. *Pilocarpin* sympathet. Ganglienzellen der Katze durch eine von der des Acetylcholins u. anderer nicotinähnlicher Substanzen verschiedenen Wirkungsweise stimulieren. — 36 Literaturangaben. P. GREGORZEWSKI. 4620 □

Pharmakologische Untersuchungen zur Wirkungsweise der 1.3-Dioxolane. K. H. Sontag. (Acta biol. med. german. [Berlin] **7.** 145—60. 1961. Jena, Friedrich-Schiller-Univ., Pharmakol. Inst.) (Dt.)

Es wurde die pharmakolog. Wrkg. des Präp. *K 61* (*2-Äthyl-2-phenyl-4-hydroxymethyl-1.3-dioxolan*; I) am Ganztier u. an isolierten Organen des Meerschweinchens untersucht. Vf. schließt aus den Ergebnissen, daß I eine parasympathikolyt. wirkende dem Meprobamat u. Myanesin ähnliche Substanz ist, die keine narkot. Eigg. besitzt. I legt das isolierte Froschherz still. Cardiazolkrämpfe werden durch vorherige Gabe von I verhindert. Es wirkt als Muskelrelaxans, polysynapt. Reflexe werden gedämpft. Es wird vermutet, daß I an den Interneuronen angreift, wahrscheinlich auch an den γ-Fasern der Muskelspindeln. D. SCHEUCH. 4620 □

Pharmakologie der Verhaltensweise. Murray Sidman. (Psychopharmacologia [Berlin] **1.** 1—19. 30/7. 1959. Washington, D.C., Walter Reed Army Med. Center, Walter Reed Army Inst. of Res.) (Engl.)

Übersicht über pharmakolog. Beeinflussung des Verh. von Mensch u. Tier. — 53 Literaturangaben. P. GREGORZEWSKI. 4620 □

Lithium in der psychiatrischen Therapie. Überblick nach zehn Jahren. Mogens Schou. (Psychopharmacologia [Berlin] **1.** 65—78. 30/7. 1959. Aarhus, Univ., Risskov Mental Hosp. and Inst. of Psychiatry, Psychopharmacol. Res.) (Engl.)

Übersicht. — 30 Literaturangaben. P. GREGORZEWSKI. 4620 □

Harnausscheidung von Chlorpromazin beim Menschen. Emery E. Haynes. (J. Lab. clin. Med. **56.** 570—75. Okt. 1960. Galesburg, Ill., Galesburg State Res. Hosp., Thudichum Psych. Res. Labor.) (Engl.)

Chlorpromazin wird offenbar rasch im Körper abgebaut u. eliminiert, da die Harnausscheidung bei täglicher Verabreichung von 800 mg in Höhe von 7—9% der eingenommenen Menge (bei täglich 200 mg 5,5—7%; gemessen als freies u. gebundenes Sulfoxid sowie als gebundene Substanz) am 1. Tag nach Absetzen bereits stark zurückgeht mit noch weiterem Rückgang am 2. Tag u. nur noch geringer Ausscheidung für weitere 4 Tage. Günstige therapeut. Wrkg. nach dem Absetzen können deshalb kaum durch noch im Körper verbliebene signifikante Substanzmengen bedingt sein. U. TAUSENDFREUND. 4260 □

Wirkungen des Chlorpromazins auf das Erwerben und Auslösen eines bedingten Reflexes bei Mäusen. Victor H. Denenberg, Sherman Ross und Joanne Ellsworth. (Psychopharmacologia [Berlin] **1.** 59—64. 30/7. 1959. Purdue Univ. and Univ. of Maryland, Roscoe B. Jackson Mem. Labor.) (Engl.)

Mäuse, die unter *Chlorpromazin* (I)-Gaben gelernt hatten, auf ein Klingelzeichen zu reagieren, beantworteten 3 Tage nach der Dressur seltener das Zeichen mit einem bedingten Reflex als die Kontrollen. I hat auf die Auslösung des Reflexes keinen Einfluß. P. GREGORZEWSKI. 4620 □

Chemie und Pharmakologie der mit 4-[4-Hydroxy-4-phenylpiperidino]-butyrophenon verwandten Verbindungen. 4. Mitt. **Einfluß von Haloperidol (R 1625) und von Chlorpromazin auf das Verhalten von Ratten in einer unfamiliären „open field" Situation.** Paul A. J. Janssen, Anton H. M. Jageneau und Karel H. L. Schellekens. (Psychopharmacologia [Berlin] **1.** 389—92. 13/9. 1960. Beerse, Belgien, Res. Labor. Dr. C. Janssen.) (Engl.) — 3. vgl. Arzneimittel-Forsch. **10.** [1960.] 955.

Haloperidol (*R 1625, 4-[p-Chlorphenyl]-1-[3-(p-fluorbenzoyl)-propyl]-4-piperidinol* hemmt 50—100 mal so stark wie *Chlorpromazine* den explorationsmotor. Antrieb. Emotionale Defäkation bei Ratten wird von beiden Verbb. in ähnlicher Weise gehemmt. P. GREGORZEWSKI. 4620 □

Die Wirkung von Reserpin auf das Verhalten von Indolylalkylaminen und Brenzcatechinaminen bei niederen Wirbeltieren und Mollusken. D. Piccinelli. (Arch. int. Pharmacodynam. Thérap. **117.** 452—59. Nov./Dez. 1958. Parma, Univ., Ist. di Farmacol.)

Mehrfache *Reserpin* (I)-Injektionen (10—20 mg, 3—6 Tage lang) verursachen bei der Kröte 30—70% ig. Absinken des *5-Hydroxytryptamin* (II)-Geh. in den Eingeweiden, die Haut bleibt unbeeinflußt. Bei *Scylliorhinus* hat I keine Wrkg. auf den II-Geh. des Verdauungstraktes, führt jedoch zum vollständigen Verschwinden des *Noradrenalin*-Geh. u. zur Ausschüttung (40—90%) des *Adrenalin*-Geh. der Nebennieren. Ob das eine selektive Erscheinung ist oder auf eine systemat. Vergiftung durch I zurückzuführen ist, bleibt offen. — Eine einmalige I-Injektion führt bei *Octopus* u. *Eledone moschata* zum deutlichen Absinken des II-Geh. im opt. Ganglion. P. LOCH. 4620 □

Beziehungen zwischen der psychotomimetischen und der Antiserotoninwirkung einiger Congener des Lysergsäurediäthylamids. Harris Isbell, E. J. Miner und C. R. Logan. (Psychopharmacologia [Berlin] **1.** 20—28. 30/7. 1959. Lexington, Ky., U.S. Public Health Serv., Addiction Res. Center, Nat. Inst. of Mental Health.) (Engl.) — Vgl. C. **1960.** 2952.

Vff. untersuchten an gesunden Häftlingen die psychotomimet. Wrkg. u. die Antiserotonin-Wrkg. von folgenden d-Lysergsäure-Derivv.: *Diäthylamid* (I), *Diäthylamid* (*l*-Form), *Monoäthylamid, Dimethylamid, Pyrrolidid, Morpholid*; d-Lysergsäurediäthylamide: *1-Methyl-, 1-Acetyl-, 2-Brom-, 1-Methyl-2-brom-*; d-Lysergsäuremonoäthylamide: *1-Methyl-, 1-Acetyl-*; *d-1-Methyllysergsäurepyrrolidid* u. *d-Isolysergsäurediäthylamid.* Außer durch Acetylierung des Indolstickstoffs wurde in jedem Fall die psychotomimet. Potenz von I verringert. Bromierung in 2-Stellung verursacht die stärkste Inaktivierung. Hohe Antiserotonin-Wrkg. tritt nicht gleichzeitig mit starker psychotomimet. Wrkg. auf. P. GREGORZEWSKI. 4620 □

Vergleich der durch Psilocybin und d-Lysergsäurediäthylamid verursachten Reaktion des Menschen. Harris Isbell. (Psychopharmacologia [Berlin] **1.** 29—38. 30/7. 1959. Lexington, Ky., U.S. Public Health Serv., Addiction Res. Center, Nat. Inst. of Mental Health.) (Engl.) — Vgl. C. **1960.** 2952.

57—114 mcg/kg *Psilocybin* (I) verursacht ebenso wie 1—1,5 mcg/kg *d-Lysergsäurediäthylamid* (II) eine Erhöhung der Körper-Temp., des Pulses, der Atmung u. des systol. Blutdrucks. Die Auslösungsschwelle des Kniekrampfes wird erniedrigt. Beide Substanzen verursachen unnormale geistige Zustände, charakterisiert durch sich fremd fühlen, Denkschwierigkeit, Angst, veränderte Wahrnehmungsfähigkeit u. Halluzinationen. II wirkt länger als I, II ist 100—150 mal so wirksam wie I. P. GREGORZEWSKI. 4620 □

Prüfung der antipyretischen und analeptischen Aktivität des Diäthylaminoäthoxybenzamids. F. Cugurra, G. B. Avogadro und A. Palazzi. (Arch. int. Pharmacodynam. Thérap. **117.** 301—12. Nov./Dez. 1958. Genova, Univ. di Genova, Ist. di Farmacol.)

Am Kaninchen als Vers.-Tier wurde für *Diäthylaminoäthoxybenzamid* (I) die DL minima zu 0,320 g/kg (5% ig. Lsg.) bzw. zu 0,210 g/kg (10% ig. Lsg.) ermittelt. Für die gleichen Konzz. beträgt die DL_{50} 0,220 bzw. 0,112 g/kg. I erwies sich in den Verss. als gut wirksames Antipyreticum, das gleichzeitig dem Cardiazol ähnliche analept. Eigg. besitzt. Außerdem besitzt es blutdruckerhöhende u. die Atmung anregende Wirkungen. P. LOCH. 4622 □

Zur Prüfung stimulierender Substanzen (Hydrazin-Derivate) an „verstimmten" Tieren. W. Wirth, H. Kreiskott und U. Schumacher. (Naunyn-Schmiedebergs Arch. exp. Pathol. Pharmakol. **238.** 62—66. 1960. Wuppertal-Elberfeld.) (Dt.)

Ähnlich wie es „verstimmte" Mäuse gibt, d. h. Tiere, die für einige Zeit nicht die normale Kletterfreudigkeit aufweisen, gibt es „verstimmte" Hamster, worunter ein unter normalen Bedingungen vorkommendes Ausbleiben der typ. Schreck-Rk. zu verstehen ist. Die Verstimmung ließ sich durch Einw. von wenigen mg *Styron* (*Zimtalkohol*)/Liter Raumluft als Geruchsstoff künstlich beim Hamster nach 1—2std. Einatmung hervorrufen (kein sedativhypnot. Effekt, Einw. auf das Geruchsorgan ist entscheidend). Bei derart verstimmten Tieren konnte durch gewisse *Hydrazin*-Verbb., aber auch andere stimulierenden Substanzen in Abhängigkeit von der Dosis mehr oder weniger stark die Sperre der normalen Schreck-Rk. aufgehoben werden (tabellar. Aufführung von *Isoniazid, Iproniazid* u. anderen, neusynthetisierten Hydrazin-Derivv.). Es zeigte sich eine gewisse Parallelität zwischen dem Grad der *Monoaminooxydase*-Hemmung (speziell der Tyraminase u. der Serotoninase) u. der stimulierenden Wrkg. an dem „verstimmten" u. am durch Reserpin gedämpften oder durch den genannten Geruchsstoff „verstimmten" Hamster. U. TAUSENDFREUND. 4622 □

Über π-Elektronen-Komplexe der Lokalanästhetica mit Aneurin (Thiamin): Ein Beitrag zur Frage des Wirkungsmechanismus der Lokalanästhetica. Theodor Eckert. (Naturwissenschaften **49.** 18. 1. Jan.-H. 1962. Frankfurt/M., Univ., Pharmazeut. Inst.) (Dt.)

Spektroskop. wird nachgewiesen, daß verschiedene Lokalanästhetica mit *Aneurin* (**I**) π-Elektronenkomplexe bilden. Die Maxima der Elektronenüberführungsbanden liegen bei den **I**-Komplexen mit *Procain* bei 340 mμ, *Pantocain* bei 359 mμ, *Salicain* bei 356 mμ, *Novesin* bei 356 mμ, *Stadacain* bei 301 mμ, *Cocain* bei 296 mμ, *Hostacain* bei 281 mμ u. *Percain* bei 359 mμ. — Der Wrkg.-Mechanismus der Lokalanästhetica könnte darin bestehen, das im sensiblen Nerven lokalisierte **I** durch die beobachtete Komplex-Bldg. zu inaktivieren. Dadurch wäre **I** seiner Funktion als Aktionssubstanz der Nervenleitung beraubt. P. LOCH. 4627 □

Untersuchungen über Lokalanästhetica. 16. Mitt. **Mathematische und statistische Bearbeitung einer neuen Auswertungsmethode der Ergebnisse bei pharmakologischen Prüfungen der Lokalanästhetica.** Zdeněk Roth. (Arch. int. Pharmacodynam. Thérap. **118.** 284—91. 1/2. 1959. Prag, Forschungsinst. für Pharmaz. u. Biochem.) (Dt.) — 15. vgl. VRBA u. SEKERA, C. **1961.** 9114.

Zu der in einer vorhergehenden Mitt. (l. c.) beschriebenen graph. Meth. zur Auswertung von Ergebnissen der lokalanästhet. Wrkg. wird eine mathemat. Modifikation angegeben. Mit dieser ist es möglich, die Sicherheitsgrenzen der Meth. zu bestimmen. H. STRUCK. 4627 □

Untersuchungen über Lokalanästhetica. 19. Mitt. **Lokalanästhetische Aktivität von N-[Dialkylaminoalkyl]-benzamiden. Physikochemische Messungen an N-[Dialkylaminoalkyl]-benzamiden und Benzoesäuren.** Björn Lüning. (Acta chem. scand. **14.** 321 bis 347. 1960. Stockholm, Univ. of Stockholm, Inst. of Organ. Chem. and Biochem.) (Engl.) — 18. vgl. C. **1962.** 8953; 16. vgl. vorst. Referat.

Die lokalanästhet. Eigg. (L) u. DL_{50} (T) der *Hydrochloride* von *N-[2-Diäthylaminoäthyl]-2-methylbenzamid* (**I**), *-3-methylbenzamid* (**II**), *-4-methylbenzamid* (**III**), *-2.3-dimethylbenzamid* (**IV**), *-2.4-dimethylbenzamid* (**V**), *-2.5-dimethylbenzamid* (**VI**), *-2.6-dimethylbenzamid* (**VII**), *-3.4-dimethylbenzamid* (**VIII**), *-3.5-dimethylbenzamid* (**IX**), *-2.3.4-trimethylbenzamid* (**X**), *-2.3.5-trimethylbenzamid* (**XI**), *-2.3.6-trimethylbenzamid* (**XII**), *-2.4.5-trimethylbenzamid* (**XIII**), *-2.4.6-trimethylbenzamid* (**XIV**), *-3.4.5-trimethylbenzamid* (**XV**), *N-[2-Diäthylamino-1.2-dimethyläthyl]-2-methylbenzamid vom F. 52°* (**XVIa**), dessen *Isomeren vom F. 111,5—112°* (**XVIb**), *N-[3-Diäthylaminopropyl]-*, *N-[2-Diäthylamino-1-methyläthyl]-*, *N-[2-Diäthylamino-2-methyläthyl]-*, *N-[2-Diäthylamino-1.2-dimethyläthyl]-*, *N-[3-Diäthylamino-2.2-dimethylpropyl]-2.6-dimethylbenzamid*, *N-[3-Diäthylaminopropyl]-* (**XVII**), *N-[2-Diäthylamino-1-methyläthyl]-* (**XVIII**), *N-[2-Diäthylamino-2-methyläthyl]-* (**XIX**), *N-[2-Diäthylamino-1.2-dimethyläthyl]-*, *N-[3-Diäthylamino-2.2-dimethylpropyl]-3.5-dimethylbenzamid* (**XX**) u. *N-[2-Dimethylaminoäthyl]-2.4.6-trimethylbenzamid* (**XXI**) werden mit denen von Xylocain verglichen. Zwischen der lokalanästhet. Wrkg. bzw. der DL_{50} u. der Struktur besteht keine einfache systemat. Beziehung. Von *Benzoesäure* (**XXII**), *2-Methyl-* (**XXIII**), *3-Methyl-* (**XXIV**), *4-Methyl-* (**XXV**), *2.3-Dimethyl-* (**XXVI**), *2.4-Dimethyl-* (**XXVII**), *2.5-Dimethyl-* (**XXVIII**), *2.6-Dimethyl-* (**XXIX**), *3.4-Dimethyl-* (**XXX**), *3.5-Dimethyl-* (**XXXI**), *2.3.4-Trimethyl-* (**XXXII**), *2.3.5-Trimethyl-* (**XXXIII**), *2.3.6-Trimethyl-* (**XXXIV**), *2.4.5-Trimethyl-* (**XXXV**), *2.4.6-Trimethyl-* (**XXXVI**), *3.4.5-Trimethylbenzoesäure* (**XXXVII**), *N-[2-Diäthylaminoäthyl]-benzamid* (**XXXVIII**), **I** bis **XXI**, *N-[3-Diäthylaminopropyl]-2.3.6-trimethylbenzamid*, *N-[2-Dimethylaminoäthyl]-2.3.6-* u. *-2.4.5-trimethylbenzamid* werden in W. bei 25° die Isomerisierungskonstanten pK_a bestimmt. Die UV-Maxima u. Oscillatorenstärke f von **XXII** bis **XXXVIII** u. **I** bis **XV** sind angegeben. Die UV-Spektren von **XXVI** bis **XXVIII**, **XXX** bis **XXXVIII**, **I** bis **XV** u. *2.6-Dimethylbenzonitril* sowie die IR-Spektren von **XVIa** u. **XVIb** wurden aufgenommen. Bei Einführung von o-, m- oder p-ständigen Substituenten in Benzoesäure u. N-[2-Diäthylaminoäthyl]-benzamid wird zwischen ΔpK_a u. Δf eine Beziehung gefunden. — *N-[2-Diäthylaminoäthyl]-benzamidhydrochlorid*, $C_{13}H_{21}ClN_2O$, F. 88—89° (Isopropyläther/Methyläthylketon), aus Benzylchlorid u. 1-Amino-2-diäthylaminoäthan. *Freie Base* (**XXXVIII**), $C_{13}H_{20}N_2O$, n_D^{25} 1,5281. — *2.6-Dimethylbenzonitril*, durch SANDMEYER-Rk. von 2.6-Dimethylanilin u. Sublimation. W. LIEBSCHER. 4627 □

Einfluß von Lecithin auf den Durchgang von Veronal durch die Flüssigkeitsmembran Isoamylalkohol-Wasser. Mioara Cîrsteanu. (Studii Cercetări Biochim. **1.** 355—61. 1958. Acad. R.P.R., Inst. de biochim.) (Rum.)

Der Einfl. von *Lecithin* (I) auf die Durchlässigkeit der Grenzschicht von *Isoamylalkohol* (II) u. W. für *Veronal* (III) wird nach einer Tropf-Meth. untersucht: Tropfen einer Lsg. von **III** in mit **II** gesätt. W. gehen durch eine Säule von an W. gesätt. **II**, dann durch eine Lsg. von **I** in mit W. gesätt. **II**. Bei **I**-freiem **II** ist die Diffusion von **III** aus der wss. Phase proportional ihrem **III**-Geh., bei **I** enthaltendem **II** besteht diese Proportionalität nicht. Wenn man das pH der wss. Lsg. ändert (pH-Werte 2, 6 u. 10), erschwert das an der Grenzfläche vorhandene **I** bei pH 2 den Durchgang von **III** u. unterbindet ihn bei pH 10 gänzlich. Im Gegensatz zu **I** beeinflussen Cholesterin oder Stearinsäure die Diffusion von **III** durch die Grenzschicht nicht. R. K. MÜLLER. 4627 □

Die Durchlässigkeit der Flüssigkeitsmembran Butylalkohol–Wasser für Neutralrot. Lora Soicher. (Studii Cercetări Biochim. **1.** 381—87. 1958. Acad. R.P.R., Inst. de biochim.) (Rum.) — Vgl. CÎRSTEANU, vorst. Referat.

Der Einfl. von *Lecithin* (I) auf den Durchgang von *Neutralrot* (II) durch die Grenzschicht von n-Butanol u. W. wird durch photoelektr. Messung untersucht. **I** hemmt die Diffusion von **II** in beiden Richtungen. Die Hemmwrkg. nimmt bei steigender **I**-Konz. zu (Verss. mit 2,5 u. 5% **I**). Vf. schließt aus den Verss., daß der Durchgang von **II** durch lebende Membranen dort erfolgt, wo die Menge der Phospholipide ein Minimum zeigt. R. K. MÜLLER. 4627 □

Phenylbutazon und seine Derivate unter besonderer Berücksichtigung von G 27202. F. Dudley Hart und Denis Burley. (Brit. med. J. **1959. I.** 1087—89. 25/4.) (Engl.)

G 27 202 (I), (*1-Phenyl-2-p-hydroxyphenyl-4-butylpyrazolidin-3.5-dion*), ein Abbau-Prod. des *Phenylbutazons* (II), ist als ein langwirksames Mittel zur Behandlung des chron. Rheumatismus geeignet. **I** hat eine etwas geringere analget. Wrkg. als **II**, jedoch reizt es sehr viel weniger die Magenschleimhaut. Bei einer täglichen Dosis von 100—600 mg waren die Nebenwrkg. gering. E. CARSTENS. 4627 □

Vergleich der Toxizität verschiedener Phenylbutazonderivate. G. Derouaux und S. Oleffe-Koopmansch. (C. R. Séances Biol. Filiales **155.** 1419—20. 1961. Bruxelles, Labor. de Recherches des Ets Du Bled.) (Franz.)

Die DL_{50} (in mg/kg, i.m.; Albinomaus) beträgt für das *Piperazinsalz des Mono-* bzw. *Diphenylbutazons* 1025 bzw. 580 u. für das *Monophenylbutazon* 810. H. KOCKERT. 4627 □

Untersuchung von ^{14}C-Phenobarbital im Organismus der Ratte. 2. Mitt. B. Glasson und A. Benakis. (Helv. physiol. pharmacol. Acta **19.** 323—34. 1961. Genève, Univ., Sect. de Pharmacol. Biochim., Inst. de Thérap. Expérim.) (Franz.)

Innerhalb von 24 Std. nach Injektion von *^{14}C-Phenobarbital* (I) konnte kein $^{14}CO_2$ in der Ausatemluft der Ratte nachgewiesen werden. Im Harn wurde **I**, *p-Hydroxyphenobarbital* (II), *o-Hydroxyphenobarbital*, **II**-*Glucuronsäurekonjugat* u. 3 weitere Abbau-Prodd. chromatograph. nachgewiesen. K. ZINGRAF. 4627 □

Arzneimittelstoffwechsel. 17. Mitt. **Stoffwechsel von Methylhexabital (5-Cyclohexenyl-3.5-dimethylbarbitursäure).** 7. Mitt. **Papierchromatographische Abtrennung und Identifizierung der biologisch veränderten Produkte des Methylhexabitals im Urin von Kaninchen.** Hisao Tsukamoto, Hidetoshi Yoshimura und Satoshi Toki. (Chem. pharmac. Bull. [Tokyo] **6.** 15—18. Febr. 1958. Katakasu, Fukuoka, Univ. of Kyushu, Med. Fac., Pharm. Inst.) (Engl.) — 16. bzw. 6. vgl. Chem. pharmac. Bull. [Tokyo] **6.** [1958]; 13. u. 18. bzw. 8. vgl. C. **1962. 8334.**

Methylhexabital (200 mg/kg) wurde einmal mit einer Magensonde verabreicht. Mit dem Urin wurden *1-[2-Cyclohexenylmethylpropionyl]-3-methylharnstoff*, α- u. *β-5-[3-Hydroxycyclohexen-(1)-yl]-3.5-dimethylbarbitursäure*, *5-[3-Oxocyclohexen-(1)-yl]-3.5-dimethylbarbitursäure*, *5-[3-Oxocyclohexenyl]-5-methylbarbitursäure* u. unbekannte Verbb. ausgeschieden. P. GREGORZEWSKI. 4627 □

Quantitative Untersuchungen über den Synergismus von Procain, Cocain und Falicain mit Oxytocin (Syntocinon) am isolierten Rattenuterus. W. Oelssner und Chr. Merkel. (Acta biol. med. german. [Berlin] **5.** 451—61. 1960. Dresden, Med. Akad. „Carl Gustav Carus“, Pharmakol. Inst.) (Dt.)

Procain (I) verstärkt am isolierten Rattenuterus in Konzz. von $1-10\cdot10^{-5}$ g/ml die kontrahierende Wrkg. von *Oxytocin* (II). *Cocain* (III) wirkt in gleicher Weise, jedoch etwa doppelt so stark wie **I**. *Falicain* ist in Dosen von $1-10\cdot10^{-6}$ g/ml unwirksam, höhere Dosen hemmen die Wrkg. von **II**. Daraus wird geschlossen, daß die **II**-steigernde Wrkg. von **I** u. **III** nicht mit der lokalanästhet. Komponente dieser Präp. zusammenhängt. D. SCHEUCH. 4627 □

Einfluß von d-Tubocurarin auf die Phosphatsynthesefähigkeit des Muskels. (Experimentelle Untersuchungen.) Giuseppe Sangiorgi. (Patol. sperim. **44.** 274 bis 288. 1956. Palermo, Univ., Ist. di Clin. Chir. Generale e Terap. Chir.) (Ital.)

Bei Hunden erhöhte *d-Tubocurarin* (I) die Phosphat-Synth.-Fähigkeit des Muskels. Es wird angenommen, daß **I** durch Hemmung der Kontraktionsfähigkeit des Muskels eine Verlangsamung der *Glykogenolyse* im Muskel bewirkt, ohne indessen das Glykogen-Synth.-Vermögen selbst zu beeinflussen. K. ZINGRAF. 4628☐

Toxizität und Curarisierungsvermögen von Polymethylen-bis-[äthylaminoäthyl-theobromin] abgeleiteter quartärer Ammoniumsalze. Hélène Morin. (C. R. Séances Soc. Biol. Filiales **152.** 273—74. 5/9. 1958. Paris, Fac. de Pharmacie, Inst. de Pharmacotechnie et Pharmacodynamie.) (Franz.)

Tetra-, Hexa- u. *Decamethylen-ω.ω'-bis-[diäthyl-β-theobrominyl-(1)-äthylammonium]-dibromid* haben DL_{50} 9,0/1,3/1,0 mg/kg Maus (i.v.) u. ein Curarisierungsvermögen (Kopffalltest) von 6,0/0,43/0,24 mg/kg Kaninchen. Toxizität u. Aktivität sind bei der Tetra- u. Hexamethylen-Verb. viel ausgeprägter als in der Theophyllinreihe, während die Wrkg. der Hexamethylen-Verb. beider Reihen gleiche Größenordnung hat. K. MAIER. 4628☐

Die Guajacolglycerinätherwirkung („Neuroton") bei siamesischen Kampffischen (Betta splendens) unter dem Einfluß von Adrenalin, Acetylcholin, Harnstoff, Saponin und Morphin. Fritz Zinnitz. (Acta biol. med. german. [Berlin] **5.** 435—44. 1960. Leipzig, Karl-Marx-Univ., Med. Polikl. Inst.) (Dt.)

Unter *Guajacolglycerinäther* (**I**) kommt es zum Tonusverlust an den Flossen der Kampffische, schließlich wird die gesamte Muskulatur relaxiert. Durch Veränderung des Chromatophoren-App. kommt es zur Entfärbung. *Saponinzugabe* potenziert die Wrkg. von **I**. Gaben von *Morphin, Harnstoff, Adrenalin* u. *Acetylcholin* bewirken in verschiedenen Kombinationen Veränderungen des **I**-Effektes. D. SCHEUCH. 4628☐

Die muskelerschlaffende Wirkung des Libriums (Chlordiazepoxyd) bei der traumatischen Querschnittläsion. P. Imhof, P. Gasser und B. Steinmann. (Helv. med. Acta **28.** 556. Sept. 1961. Bern, Inselspital, C. L. Lory-Haus.) (Dt.)

Bei Patienten mit traumat. Querschnittläsionen bewirkten 60—320 mg *Librium* täglich einen deutlichen Rückgang der Muskelspasmen. Das Elektromyogramm zeigt Normalisierung oder eine beträchtliche Abnahme patholog. Muskelpotentiale. Nebenwrkg.: Somnolenz (durch Weckamin zu beseitigen). K. ZINGRAF. 4628☐

Zur Frage der Beziehung zwischen Herzglykosid- und Corticosteroidwirkungen. W. Wilbrandt. (Pharmac. Acta Helvetiae **33.** 485—99. Aug./Sept./Okt. 1958. Beil. zu: Schweiz. Apotheker-Ztg. Bern, Univ., Pharmakol. Inst.) (Dt.)

Unter Heranziehung einer neueren Hypothese für den *K*- u. *Na*-Transport durch Membranen in Form von *Corticoidchelaten* wird die den Transport hemmende Wrkg. von Herzglykosiden erklärt. — Die Strukturanalogie z. B. zwischen Digitoxigenin (mit Lactonring) u. Corticoid-K-Komplex (mit Chelatring) soll zu einem Verdrängungsmechanismus führen. P. LOCH. 4630☐

Klinische Wirkungen von Cyclopentiazide (Navidrex CIBA) und seine diuretischen Eigenschaften vom Gesichtspunkt des Elektrolytüberführungsmechanismus der Nierentubuli. Hiroshi Abe und Tetsuyo Sakai. (Jap. Arch. intern. Med. **8.** 770—78. 1961. Osaka, Univ., Med. School Hosp., Central Clin. Investigation Dep.) (Jap.; Auszug: Engl.)

Cyclopentiazide (*Navidrex* CIBA; *3-Cyclopentyl-6-chlor-7-aminosulfonyl-3.4-dihydro-2H-1.2.4-benzothiadiazin-1.1-dioxid*) ist wirkungsvoller bei Dosen von 0,25—1,00 mg/Tag als andere Benzothiazindiuretica, die Elektrolytausscheidung setzt sehr langsam ein, hält dafür aber lange an. P. GREGORZEWSKI. 4634☐

Pharmakologische Beobachtungen an einem wirksameren Diureticum der Benzothiadiazin-(Be. 724-A)Reihe. Ralph V. Ford und John Nickell. (Amer. Heart J. **59.** 215—23. Febr. 1960. Houston, Texas, Baylor Univ. Coll. of Med.) (Engl.)

3-Benzyl-3.4-dihydro-6-trifluormethyl-7-aminosulfonyl-2H-1.2.4-benzothiadiazin-1.1-dioxid (**I**, *Be 724-A*) ist ein besseres Diureticum als z. B. Diuril u. Adenol, da eine höhere Na^+- u. Cl^--, eine niedere K^+- u. HCO_3^--Ausscheidung stattfindet. 2,8 mg oral gegebenem **I** entsprechen 2 cm^3 Mercuhydrin (i.m. gegeben), Nebenwrkg., wie Schwäche u. Müdigkeit, treten nicht auf. Auch bei Applikation über längere Zeit erfolgt keine biochem. Veränderung des Serums. Die Wrkg.-Breite erstreckt sich auf die meisten ödem. u. hypertensiven Zustände. D. BORRMANN. 4634

Experimentelle Vergiftung durch Thallium. M. Mosinger und H. Fiorentini. (Ann. Méd. légale Criminol. **38.** 251—61. Sept./Okt. 1958. Marseille.) (Franz.)

Das anatom.-patholog. Vergiftungsbild durch *Thalliumacetat* wird bei Ratten, Meerschweinchen u. Hunden untersucht. Durch *Thallium* werden die lymphat. Ganglien, die Milz, das Knochenmark, das Skelett, die Haarfollikel u. das Nerven-Syst. geschädigt. Thallium besitzt radiomimet. Eigenschaften. Eine cancerogene Wrkg. wird für Thallium vermutet. G. KIMMERLE. 4675

Vergleich der Thalliumausscheidung bei Personen mit und ohne Mitwirkung eines Chelatbildners (Ca-EDTA). H. Thiers, A. Badinand, J. Coudert, A. Boucherle,

D. Colomb und J. Fayolle. (Ann. Méd. légale Criminol. **38.** 261—69. Sept./Okt. 1958. Lyon.) (Franz.)

Bei mit einer einmaligen Gabe von *Thalliumacetat* behandelten Personen wird durch die i.v. Infusion von *Ca-Na$_2$-Äthylendiamintetraacetat* (CaNa$_2$-EDTA) die Gesamtmenge an im Urin ausgeschiedenem Tl nicht erhöht. Jedoch scheint die Tl-Elimination beschleunigt zu sein. G. KIMMERLE. 4675

Doppelte Vergiftung durch Thalliumchlorid. Roger Le Breton, Louis Martin und Liliane Hervouet des Forges. (Ann. Méd. légale Criminol. **38.** 269—82. Sept./Okt. 1958. Paris.) (Franz.)

Es werden 2 Vergiftungsfälle durch *Thalliumchlorid,* die durch unglückliche Umstände zustande gekommen sind, beschrieben. G. KIMMERLE. 4625

Zwei klinische Beobachtungen von Thalliumvergiftungen. Gabriel Cau. (Ann. Méd. légale Criminol. **38.** 282—85. Sept./Okt. 1958. Grenoble.) (Franz.)

Der klin. Verlauf von 2 *Thallium*-Vergiftungen (Selbstmord-Verss.) wird angegeben. G. KIMMERLE. 4675

Selbstmord durch Einnahme von Ammoniak. Ch. Grèzes-Rueff und R. Michon. (Ann. Méd. légale Criminol. **38.** 332—33. Sept./Okt. 1958.) (Franz.)

Im depressiven Zustand beging ein Mann Selbstmord durch Einnahme von konz. *Ammoniak.* Sektionsprotokoll. G. KIMMERLE. 4675

Ein Selbstmordfall mit Formalin. M. R. Wahl. (Ann. Méd. légale Criminol., **38.** 341—42. Sept./Okt. 1958.) (Franz.)

Ein Selbstmordfall durch Einnahme von *Formalin* wird berichtet. Sektionsprotokoll. G. KIMMERLE. 4675

Über einen Selbstmordversuch mit Butangas und Barbitursäure. Indikationen der Wiederbelebung mit dem Engströmschen Apparat. J. Massonnat, J. Guivarch, J. Thiodet und P. Michaux. (Ann. Méd. légale Criminol. **38.** 349—52. Sept./Okt. 1958. Algier, Univ., Clinique des Malades Infectieuses u. Chaire de Méd. légale et de Méd. du Travail.) (Franz.)

Es wird ein Vergiftungsfall nach Einnahme von *Barbital* u. Inhalation von *Butan*-Gas berichtet. Die Wiederbelebung erfolgte mit dem App. von ENGSTRÖM. G. KIMMERLE. 4675

Tödliche Vergiftung durch ein Antihistaminicum. Toxikologische und pharmakodynamische Untersuchung. J. Versie, C. Heusghem, J. Lecomte, J. Warin und J. Renson. (Ann. Méd. légale Criminol. **39.** 427—36. Sept./Okt. 1959.) (Franz.)

Bei einem tödlichen Vergiftungsfall wird im Magen mittels der Blutdruck-Rk. von *Histamin* bei der atropinisierten Katze ein Antihistaminicum festgestellt, das nach Reinigung über Ionenaustauscher durch Papierchromatographie als *Benadryl* (I) identifiziert wurde. Vergleichende Unterss. mit reinem **I** zeigen, daß **I** durch 52tägiges Kontakt mit Magensaft bei 0° zu 90% inaktiviert wird. Ebenso wird es durch Papierchromatographie zu Prodd. abgebaut, die am Ileum des Meerschweinchens keine Antihistamin-Wrkg. mehr zeigen. K. BOHLE. 4675 □

Beabsichtigte Vergiftung mit Nivaquine. H. Ollivier, F. Robert, G. Helvadjian und J. Quicke. (Ann. Méd. légale Criminol. **38.** 306—07. Sept./Okt. 1958. Lille, Inst. universitaire de Méd. Légale.) (Franz.)

Ein tödlicher Selbstmordfall durch *Nivaquine* wird berichtet. Sektionsprotokoll. G. KIMMERLE. 4675

Erkrankung der Atemwege beim Veredeln und Legieren von Beryllium. Franz N. Metzner und Jan Lieben. (J. occupat. Med. **3.** 341—45. Juli 1961. Harrisburg, Pa.) (Engl.)

Bericht über entsprechende Erkrankungen im Bereich des Staates Pennsylvania aus dem Jahre 1958. H. ZELLER. 4681 □

Die Toxizität von Titantetrachlorid. James J. Lawson. (J. occupat. Med. **3.** 7—12. Jan. 1961. New Johnsville, Tenn., E. I. du Pont de Nemours, Inc.) (Engl.)

Aus klin. Befunden ergibt sich folgendes: *Titantetrachlorid* (I) wirkt stark korrodierend u. führt zu Schädigungen, da es stark mit W. unter Hitze-Entw. u. Salzsäure-Bldg. reagiert. Bes. schwere Schädigungen wurden beobachtet, als Arbeiter mit W. behandelt wurden, wenn die Haut mit **I** benetzt war. Die Verbrennungen, die bei Unfällen mit **I** entstehen, sind sehr tief u. heilen nur langsam. Ein Tropfen des Prod. ins Auge gebracht, kann zum Verlust der Sehkraft führen. Die Inhalation von **I**-Dämpfen bewirkt Bronchitis u. Pneumonie. Bei eingetretenen Schädigungen sollte unmittelbar prophylakt. Sauerstoffbehandlung eingeleitet werden. H. ZELLER. 4681 □

Systemische Toxizität nach Einwirkung von Epoxyharzen, Härtern und Styrol. R. L. Zielhuis. (J. occupat. Med. 3. 25—29. Jan. 1961. Leyden, Netherlands Inst. for Prevent. Med., Dep. of Occup. Med.) (Engl.)

Untersucht wurden 50 Arbeiter, davon 21 über einen Zeitraum von 6—18 Monaten, die der Einw. von *Triäthylentetramin* oder *Styrol*, in einigen Fällen beider Verbb., ausgesetzt waren. Neben der Anamnese u. einer allg. ärztlichen Unters. wurden folgende Labor.-Unterss. durchgeführt: Hb-Best., Blutsenkung, Leukocytenzahl, Blutbild, Bilirubin-Best. im Serum, Thymoltrübungstest, Elektrophorese des Bluteiweißes, Unters. des Harnes auf Eiweiß, Urobilin u. Hämatoporphyrin. Orientierend wurden folgende Enzymaktivitäten bestimmt: *Glutaminsäure-Oxalessigsäure-Transaminase, Glutaminsäure-Pyruvat-Transaminase, Aldolase* u. *Milchsäuredehydrogenase*. Als Ergebnis der Unterss. wird festgestellt, daß eine allg. Toxizität der genannten Arbeitsstoffe unter den gegebenen Verhältnissen nicht nachgewiesen werden kann. Es fehlen Leber- oder Lungenfunktionsstörungen. Das Hauptproblem bleibt die Verhinderung allerg. Hautreaktionen. Personen mit Abweichung in der Verteilung der Serumproteine scheinen für Ekzeme prädisponiert zu sein. H. Zeller. 4681 □

Berufserkrankung in Kalifornien durch Pesticide und landwirtschaftliche Chemikalien. Goldy D. Kleinman, Irma West und Marguerite S. Augustine. (A. M. A. Arch. environmental Health 1. 118—24. Aug. 1960.) (Engl.)

Bericht über Erkrankungen durch *Pesticide* u. landwirtschaftliche Chemikalien, die im Jahre 1957 dem California State Dep. of Industrial Relations gemeldet wurden. Von 749 berichteten Erkrankungen entfielen auf organ. Phosphorsäureester 456 u. auf Chlor-KW-Stoffe 154 Erkrankungsfälle. Auf die Gefahr beim Umgang mit organ. Phosphorsäureestern wird hingewiesen u. eine entsprechende Aufklärung u. Erziehung der damit beschäftigten Personen gefordert. H. Zeller. 4681 □

F. Pharmazeutische Chemie. Desinfektion

Pharmazeutische Groß- und Kleinapparaturen, Hilfsmittel und Utensilien. 51. Mitt. **Ein „Handmodell" des Tablettenzerfallprüfers der USP XVI.** K. Münzel. (Schweiz. Apotheker-Ztg. 99. 465—71. 10/6. 1961. Basel, F. Hoffmann-La Roche & Co. AG., Pharmazeut. Forschungsabt.) (Dt.)

Beschreibung eines Tablettenzerfallsprüfers, der dem USP-Zerfallstester nachentwickelt ist, für Handbetrieb zur schnellen Überprüfung der Zerfallszeiten von Tabletten während der Produktion. S. Erbe. 4758 □

Herstellung von Granulaten für Preßtabletten nach dem Wirbelschichtverfahren. 2. Mitt. Dale E. Wurster. (J. Amer. pharmac. Assoc., sci. Edit. 49. 82—84. Febr. 1960. Madison, Wisc. Alumni Res. Found.) (Engl.) — 1. vgl. C. **1961.** 14750.

Vf. beschreibt ein neues Schnellverf. zur Herst. von Granulaten mit sofort anschließbarer Pressung zu Tabletten, bei dem der durch einen temperierten Luftstrom in einem senkrechtem Rohr aufgewirbelte vorgekörnte Grundstoff durch eine eingesprühte wss. oder organ. Lsg. des Granulationsmittels oberflächlich beladen wird u. die Wirksubstanz im Kern oder in der Deckschicht dosiert eingebracht werden kann. In einer Modell-Vers.-Reihe wird der Substanzverlust, der Geh. an Wirkstoff, der Wasser-Geh. des Granulats u. dessen Kornspektrum zu den Arbeitsbedingungen in Beziehung gesetzt. — Abb. der App. vgl. Original. W. Schulenburg. 4766 □

Physikochemische Untersuchung an Pulvern. 3. Mitt. **Analyse der Pressungskurven.** Kimio Kawakita und Ryo Takenaka. (Annu. Rep. Takamine Lab. 8. 92—97. Dez. 1956.) (Jap.; Auszug: Engl.) — 1. vgl. C. **1962.** 5011; 2. vgl. Annu. Rep. Takamine Lab. 8. [1956.] 87.

Für eine größere Reihe anorgan. u. organ. Pulver (wie Gluten, Casein, Al-Silicate, Polyvinylbutyratharz, α-Stärke, MgO, SiO_2, Harnstoff, TiO_2, Dextrin, Ni, Cu, Milchzucker, $CaCO_3$ usw.) werden die Kompressionskurven bestimmt u. aus den Werten für C u. P (s. l. c.) die Konst. a u. b ermittelt. Graph. werden einige Zusammenhänge zwischen a bzw. b u. V_0 u. zwischen a u. b ermittelt. Mit abnehmender Teilchengröße neigt a zur Zunahme. Der Einfl. der Struktur der Teilchen auf a geht aus Verss. mit *Polyvinylalkoholen* (I) hervor: a nimmt zu, wenn man von I mit niedrigem Polymerisationsgrad u. kugeliger Struktur zu höher polymeren I mit komplizierterer Struktur übergeht. L. Schuler. 4766 □

Einfluß verschiedener Zusätze auf das physikalische Verhalten einer Suppositoriengrundmasse. W. A. Ritschel. (Pharmaz. Ind. 23. 275—82. Juni 1961. Kundl/Tirol, Biochemie Ges. m. b. H., Pharmazeut. Forschungsabt.) (Dt.)

Bei aus Imhausenmasse H u. Oleum ricini hergestellten Suppositorien werden Zusätze von *Al-Monostearat* (I), *Cetylalkohol* (II), *Aerosil* (III) u. *Ceroxin* (IV) auf Deformierungsbelastung, Steig-F., Klar-F., Schmelzintervall u. Viscosität untersucht. 2,5% ig. Zusatz von I, 2% ig. Zusatz von III ergeben auch bzgl. Tropentauglichkeit gute Werte. IV erscheint unbrauchbar. Fremdkörperreizung der Schleimhaut durch III (koll. Kieselsäure) ist nicht zu befürchten. D. BORRMANN. 4766

Zur Verarbeitung einiger Antibiotica in Suppositorien. 1. Mitt. **Verdrängungsfaktoren rektal verwendeter Antibiotica.** W. A. Ritschel und F. Antony. (Pharmaz. Ind. **23.** 117—20. März. 1961. Wien u. Solingen.) (Dt.)

Gegenüber den 5 Grundmassen Kakaobutter (I), Imhausen H (heute Witepsol; II), Imhausen H mit 1% Oleum Ricini-Zusatz (III), III mit 2% Al-Monostearat, III mit 2% Aerosil werden die Verdrängungsfaktoren für K-Penicillin V, K-Penicillin G, K-Methyl-Penicillin V, Penicillin-V-säure, Chloramphenicol, Chloramphenicolcinnamat, Tetracyclin, Tetracyclinhydrochlorid u. Bacitracin angegeben, die sich aus der Formel $f = 100(\bar{x} - G)/G \cdot x + 1$ errechnen, wobei $\bar{x}$ = Eichwert der Suppositorienform für I bis V, G = Gew. u. x = % Arzneistoff eines Suppositoriums darstellt. Die Herst. der Suppositorien wird besprochen. — 30 Literaturangaben. B. GÖBER. 4766□

Zur Verarbeitung einiger Antibiotica in Suppositorien. 2. Mitt. **Physikalische Prüfung und Hinweise auf spezielle Probleme.** W. A. Ritschel, F. Antony und G. Ritschel. (Pharmaz. Ind. **23.** 162—65. April 1961.) (Dt.) — 1. vgl. vorst. Referat.

Das Schmelz-Verh., sowie die Deformierungsbelastung der Antibioticasuppositorien werden untersucht. Die Ergebnisse zeigen, daß Kakaobutter (I) u. Imhausen H (II) ungeeignet sind für die Verarbeitung der Antibiotica infolge der zu niedrig liegenden Steig- bzw. Klar-FF. von I u. II, der marmorierten, inhomogenen, ungleichmäßigen Beschaffenheit von I u. der Sprödigkeit von II. Sowohl auf Grund ihres Schmelz-Verh. (die hergestellten Präparationen zeigen z. T. eine Erhöhung des Steig- u. Klar-F. in physiolog. günstiger Bereiche gegenüber den reinen Grundmassen), als auch auf Grund der hohen Deformierungsbelastung erweisen sich auch die bereiteten Suppositorien als einwandfrei. Verarbeitungstechn. sind die mit Aerosil hergestellten Suppositorien vorzuziehen, mit denen eine gute Dosierungsgenauigkeit erreicht wird. Zur Erzielung einer Spreitung der Grundmassen empfiehlt sich der Einsatz von grenzflächenakt. Emulgatoren (z. B. Spans, Tweens usw.) mit geeigneten HLB-Werten. In einer Übersicht sind die Inkompatibilitäten verschiedener Antibiotica mit den nichtionogenen Emulgatoren u. der Einfl. aktivitätsvermindernder Fermente auf die Resorption aufgeführt. — 21 Literaturangaben. B. GÖBER. 4766□

Untersuchungen über die Morphinerträge bei Papaver somniferum L. unter mitteldeutschen Anbauverhältnissen. E. F. Heeger und H. Schröder. (Pharmazie **14.** 228—33. April 1959. Leipzig, Univ., Inst. für Sonderkulturen.) (Dt.)

Der Morphin-Geh. von Mohnpflanzen während der einzelnen Entw.-Stadien wurde bestimmt u. auf den Hektarertrag umgerechnet. Es ergab sich, daß die Morphingewinnung aus Grünmohn unrentabel ist, da sich in der reifen Mohnkapsel mit Stengelanteil 50% des Gesamtmorphins finden u. sich daraus gewinnen lassen, außerdem können aber noch 8—14 dz Mohnsamen pro ha gewonnen werden. — 17 Literaturangaben.
E. TROBISCH. 4782□

Über die Stabilität von Lokalanästhetica-Injektionslösungen. Leonhard Middendorf und Gerhard Ross. (Med. u. Chem. **6.** 411—21. 1958. Frankfurt/M., Farbwerke Hoechst AG.) (Dt.)

Beschreibung galen. Probleme, die sich bei der Entw. haltbarer Injektions-Lsgg. von Lokalanästhetica ergaben, am Beispiel von *Novocain*, einem Lokalanästheticum mit Ester-Konst., von *Hostacain*, einem solchen mit Säureamid-Konst., sowie von Suprarenin, einem Vasokonstringens. K. MAIER. 4790□

Untersuchung des Einflusses der Salbengrundlagen auf die Stabilität der Antibiotica. 2. u. 3. Mitt. **Salben mit Streptomycin-, Neomycin-, Chlortetracyclin- und Oxytetracyclingehalt.** J. Arpai, B. Voldán und G. Račková. (Farmácia [Bratislava] **29.** 129—38. Mai; 291—97. Okt. 1960. Bratislava, FFUK, ústav. lék. a farm. prev., VÚM, mikrobiol. odd.) (Slowak.) — 1. vgl. C. **1960.** 16849.

Rezeptvorschriften für Antibioticasalben auf Öl-in-W.-Grundlage, die die Stabilität gewährleistet. — 27 Literaturangaben. E. VEVERA. 4792

Neue Arzneimittel. Anonym. (Dtsch. Apotheker-Ztg. **97.** Nr. 1, Beilage Neue Arzneimittel u. Spezialitäten **4.** Nr. 1. 1—8. Jan. 1957.) (Dt.)

Acalon (DR. HENSE, BRD): Mischevacolat aus Echinacea angustifolia, Eupatorium perfoliatum, Euphrasia Rostkoviana Hayne, Arnica montana, Bryonia alba et dioica.

Unspezif. Umstimmungstherapie. — *Achromycin-Augensalbe mit Hydrocortison* (GRÜNENTHAL, BRD): Salbe mit 10 (mg) Achromycin, 15 Hydrocortison je g. Ophthalmicum. — *Acortan* (FERRING, BRD): Ampullen mit 40 I.E. Corticotropin A in Carboxymethylcellulose. Antasthmaticum. — *Actyron* (FERRING, BRD): Trockenampullen mit 10 Einheiten Thyreotropin. Gegen Thyreoditis. — *Adenopurin* (DR. HERBRAND, BRD): Ampullen mit 265 (mg) Hydroxypropyltheophyllin, 20 Adenosin; Tabletten mit 132 Hydroxypropyltheophyllin, 5 Adenosin, 5 Pentaerythrittetranitrat, 15 Phenobarbital. Angioticum. — *Agrippin* (PHARMA, Berlin-West): Dragees u. Kapseln mit Acetylsalicylsäure, Chinin, Phenacetin, Ascorbinsäure, Coffein, Jod. Gegen Grippe. — *Alfabet* (BENCKISER, BRD): Tabletten mit 15 (mg) Ephedrintartrat, Axerophthol, Thiamin, Ascorbinsäure. Appetitzügler. — *Bellabronchin* (BIKA, BRD): Kapseln mit Phenazon, Coffein, Ephedrin, Khellin, Lobelin D 4. Antasthmaticum. — *Bika-Pyrin* (BIKA, BDR): Phenazon, Phenacetin, Coffein, Lactylphenetidin, Gelsemium, Aconitum, Belladonna D 4, Extr. Nasturtii. Antineuralgicum. — *Bika-Rhinol* (BIKA, BRD): Lsg. von Ephedrin, Azulen, Diphenhydramin, Menthol, Ol. aetherea. Antirhiniticum. — *Biovitan* (RICHTER, BRD): Thiamin, Riboflavin, Nicotinamid, Ascorbinsäure. Roborans. — *Bluticib* (FIDES, BRD): Herb. Hyperici, Herb. Violae, Herb. Urticae, Urea pura, Natr. thiosulfuricum. *Calm-Asmine* (DR. BILFINGER & THEISS, BRD): 400 (mg) Phenazon, 200 Phenacetin, 20 Coffein, 10 Ephedrin, 1 Benzoesäure, 100 Lobelia D 4, 100 Digitalis D 4, 100 Strophanthus D 4, 10 Albumen jodatum. Antipyreticum. — *Cardiotrat-Suppositorien* (NORDMARK, BRD): Suppositorien mit 100 (mg) Hydroxypropyltheophyllin, 100 Chinidinnitrit, 10 Phenobarbital. Cardiacum. — *Caye-Liniment* (DR. DEIGLMAYR, BRD): Emulsion mit 0,35% Pyridin-β-carbonsäurebutylester, 0,35% 8-Methylnonensäurevanillylamid, 2% Salicylamid, 1,5% Bornylacetat, 40% Isopropylalkohol. Antirheumaticum. — *Cortiment Dermale* (FERRING, BRD): Lsg. von 0,25% Hydrocortison in Alkohol, Polyäthylenglykol, Propylenglykol. Dermaticum. — *Cyclomandol* (BROCADES-STHEEMAN & PHARMACIA, Holland): Dragees mit 100 mg 3.5.5-Trimethylcyclohexanolmandelsäureester. Angioticum. — *Cycloven-Zäpfchen* (CHEM. FABRIK TEMPELHOF, Berlin-West): Suppositorien mit Echinacea purpurea, Aesculin, Thiamin, Extr. Hamamelidis, Extr. Aesculi Hippocastani. Venotonicum. — *Deloston* (CHEM. FABRIK MARIENFELDE, Berlin-West): Lsg. von 25 (mg) Fe(III), 0,4 g Ascorbinsäure, 5 μg Cyanocobalamin, Spurenelemente, je ml. Antianämicum. — *Depot-Nor-Asthmolysin* (DR. KADE, Berlin-West): Ampullen mit 3 (mg) *l*-Noradrenalin, 0,06 I.E. Hypophysenhinterlappenextrakt in öliger Lösung. Antasthmaticum. — *Dijozol-Balsam* (TROMMSDORF, BRD); Salbe mit Dijozol, Allylthiosulfinsäureallylester in Polyäthylenglykolsalbengrundlage. Dermaticum. — *Dormasol* (DÖHRMANN, BRD): Gemisch von p-Dihydroxybenzol u. Dimethylketon. Antimycoticum. — *Eprazin* (KRUGMANN, BRD): Tabletten mit 500 mg Pyrazincarbonsäureamid. Tuberkulostaticum. — *Eukraton* (NORDMARK, BRD): Ampullen mit 50 mg β.β-Methyläthylglutarsäureimid. Antidot. — *Gekalin* (PHARMA GROSSKREUZ, Berlin-West): Tabletten mit 250 (mg) Phenacetin, 250 Acetylsalicylsäure 100 Coffein u. Ascorbinsäure. Analgeticum. — *Germasept* (GRÜNENTHAL, BRD): Seife mit Hexachlorophen. Desodorans. — *Glomax* (ASCHE, BRD): Salbe mit 0,75 (%) Guajacolnicotinat, 0,25 Methylnicotinat, 1 Terpinol, 1 Eucalyptol, 1 Thymianöl, 1 Menthol, 1 Bornylsalicylat. Gegen Erkältungskrankheiten. — *Heloplegan* (HELOPHARM, Berlin-West): Ampullen mit 0,05 (mg) Hyoscinhydrobromid, 500 Na-Phenyldimethylpyrazolonmethylaminomethansulfonat, 50 Tetraäthylammoniumbromid. Spasmolyticum. — *Hepasplen* (IFAH, BRD) standardisiertes Leber–Milz-Hydrolysat. Hepaticum. — *Hexamid* (NORDMARK, BRD): Lsg. von 5% 5.5-Phenyläthyl-3-[β-diäthylaminoäthyl]-2.4.6-trioxohexahydropyrimidinhydrochlorid. Narkosevorbereitung. — *Kafoma* (FERRING, BRD): Tabletten mit gereinigtem Knochenmehl. Cariesprophylaxe. — *Laxos* (BIKA, BRD): Dragees mit Extr. Frangulae, Extr. Rhei, Extr. Cascarae Sagradae, Extr. Nasturtii, Belladonna D 4, Nux vomica D 4, Bolus alba. Laxans. — *Lipotrat* (NORDMARK, BRD): Dragees mit 100 (mg) lipotrope Pankreasfraktion, 10 Inosit. Hepaticum. — *Mucostop* (DR. KUTIAK, Österreich): Lsg. von 1,6% Guajacolglycerinäther. Gegen Bronchitiden. — *Myacyne* (O. W. G.-CHEMIE, BRD): Puder mit 1000 Einheiten Neomycinsulfat je g. Antibioticum. — *Nobecutan* (BASTIAN-WERK, BRD): Spray u. Tinktur mit Tetramethylthiuramdisulfid, Metacrylsäureester, Äthylacetat. Dermaticum. — *Nobekzem* (BASTIAN-WERK, BRD): Spray u. Tinktur mit Steinkohlenteer, Metacrylsäureester, Äthylacetat. Dermaticum. — *Nobepsor* (BASTIAN-WERK, BRD): Spray u. Tinktur mit Cignolin, Chrysarobin, Metacrylsäureester, Äthylacetat. Dermaticum. — *Optostypt* (DR. HENSE, BRD): Balsam mit Ol. Thymi, Ol. Eucalypti, Ol. Pini silvestris, Ol. Pini Pumilionis, Menthol Campher. Antitussivum. — *Pascon* (FERRING, BRD): Dragees mit Na-p-Aminobenzoat, Na-Salicylat, Ascorbinsäure. Antirheumaticum. — *P.C.S* (BIOLOGISCHE ARBEITSGEMEINSCHAFT, BRD): Ampullen mit 20 mg lyophilisiertem pancytropem Serum. Gegen Myocarditis. — *Phytneural* (PHYTOPHARMA, BRD): Tabletten mit

Phenacetin, Salicylamid, Gelsemin. Antineuralgicum. — *Presselin F* (Presselin-Werk, BRD): Tropfen mit Cimicifuga, Coffea, Iris, Sepia, Pulsatilla. Gegen Migräne. — *Presselin M* (Presselin-Werk, BRD): Tropfen mit Gelsemium, Atropinsulfat, Nux vomica, Ignatia, Spigelia, Arsenicum album. Gegen Migräne — *Prospirol* (Dr. Kutiak, Österreich): Oblaten mit Ephedrinhydrochlorid, Amidopyrin, Theophyllin, Papaverinhydrochlorid, Benzilsäuretropinesterhydrochlorid, 5.5-Diäthyl-2-thiobarbitursäure. Gegen Asthma. — *Prosplen* (Ifah, BRD): Dragees mit 200 mg standardisiertem Frischmilzextrakt. Gegen Subacidität. — *Resulfon M* (Nordmark, BRD): Granulat mit 5% Sulfaguanidin. Chemotherapeuticum. — *Salicor* (Ferring, BRD): Dragees mit Na-p-Aminobenzoat, Ascorbinsäure, Hydrocortison. Antirheumaticum. — *Sedapercut* (Schmidt, BRD): Salbe mit Methylpentinol, Mg. Hypnoticum. — *Somacton* (Ferring, BRD): Trockenampullen mit 2500 Einheiten Somatropin. Gegen Morbus Simmonds. — *Spasmo-Neokratin* (Dr. Kutiak, Österreich): Tabletten mit 200 (mg) Aminophenazon, 250 Phenacetin, 50 Coffein, 0,1 Benzilsäuretropinesterhydrochlorid. Antineuralgicum, Spasmolyticum. — *Sulfursal* (Richter, BRD): Liniment mit 0,02 (%) Sulfur colloidale, 1 Benzyl. nicotinic., 1 Camphora, 2 Salicylamid, 0,05 Capsaicin, 0,5% Ol. aetherea. Antirheumaticum. — *Tashan* (Dr. Hahn, BRD): Creme mit 10000 I.E. Axerophthol, 50 mg Vitamin-B-Komplex, 100 I.E. Calciferol, 5 mg Tocopherol je g. Dermaticum. — *Tonocor* (Ifah, BRD): standardisierter Gesamtherzextrakt mit 75 (mg) Hydroxypropyltheophyllin, 100 Pyridin-β-carbonsäurediäthylamid je ml. Cardiacum. — *Transvasin* (Hamol, Schweiz): Salbe mit 14 (%) Salicylsäuretetrahydrofurfurylester, 2 Nicotinsäurediäthylester, 2 Nicotinsäure-n-hexylester, 2 p-Aminobenzoesäureäthylester, Campher. Antirheumaticum. — *Xanyl* (Diwag, Berlin-West): Salbe mit 0,2 (%) Hydrocortisonacetat, 1,2 N-m-Brombenzyl-N-α-pyridyl-N'.N'-diäthyläthylendiaminmaleinat. Dermaticum.

K. Gerecke. 4800□

Neue Arzneimittel. Anonym. (Dtsch. Apotheker-Ztg. **97.** Nr. 5, Beilage Neue Arzneimittel u. Spezialitäten Nr. **2.** 9—12. Febr. 1957.) (Dt.)

Atarax (Dr. Pfleger, BRD): Dragees mit 10 mg 1-[p-Chlorbenzhydryl]-4-[2-(2-hydroxyäthoxy)-äthyl]-diäthylendiamin. Ataracticum. — *Beveno* (Fischer, BRD): Granulat mit 0,75 g Divanillidencyclohexanon, 50 g Zucker. Cholagogum. — *Cheplagastrol* (Biopharma, BRD): Tropfen mit 0,2% Pentetrazol, alkohol. Auszüge aus Fruct. Aurantii 3,6 (%), Cort. Chinae 3,2, Sem. Colae 0,8, Herb. Absinthii 0,28, Cort. Condurango 0,4, Aminosäuren, 0,7, Saccharum. Stromachicum, Cardiotonicum. — *Cordilaton* (Schuck, BRD): Dragees mit 20 (mg) Nucleinsäuren, 30 Gallensäuren, 10 Khellin, 8 Rutin, Gesamtwirkstoffe aus Adonis vernalis, Crataegus oxyacantha, Convallaria majalis, Nerium Oleander = 1000 FD, Spartein, Valeriana officinalis. Cardiotonicum. — *Docivit* (Robisch, BRD): Ampullen mit 1 mg Cyanocobalamin je ml. Antianämicum. — *Dolibrin-Schmerzfluid* (Schuck, BRD): 1 (%) Nicotinsäureester, 1 Capsaicin, 1 Campher, 4 Salicylsäurederivate. Antirheumaticum. — *Erycutan* (Bayer, BRD): Salbe mit 1 (%) Nicotinsäuremethylester, 2 Äthylglycolsäuremethylester, 1,5 Menthol, 1,5 Ol. Eucalypti, 5 Camphora, 0,25 Thymol, 5 Ol. Terebinthinae. Antitussicum. — *Eubalsol* (Nordmark, BRD): Salbe mit 0,06 (%) Rubriment, 1 Menthol, 3 Campher, 7 Koniferenöle. Antiphlogist. Balsam. — *Falpan* (Fahlbusch, BRD): Sem. Lini, pflanzliche Fette, Lipoide, pflanzliche Eiweißstoffe, Kohlenhydrate, Schleimstoffe, Enzyme, Auxone, Fruct. Anisi, Fruct. Foeniculi, Bact. Lactis, Axerophthol, Calciferol, Linol-Linolensäure. — *Febenin* (Febena, 5RD): 150 (mg) Isopropylphenazon, 30 Ascorbinsäure, 20 Rutin, 20 Chininnicotinat, 10 Coffein. Gegen Erkältungskrankheiten. — *Ferro-Bifacton* (Orgapharm, BRD): Dragees mit Fe-Tartrat, Ascorbinsäure, Bifacton (Cobalamin + Intrinsic faktor). Antianämicum. — *Gestyl-Testo* (Orgapharm, BRD): Ampullen mit jeweils 100 I.E. Serumgonadotropin bzw. 50 mg Testosteron. Gegen Sterilität. — *Granoton* (Keimdiät, BDR): Emulsion aus Weizenkeimöl, Weizenkeimextrakt, Citrusfrüchten. Roborans. — *Hinokitiol*: 4-Isopropylcyclohexatrien-[2.4.6]-ol-[2]-on. Gegen Lungengängrän. — *Lecigallatbuer* (Buer, BRD): Ampullen mit Cholin- u. Colaminlecithin, Thiamin, Riboflavin, Pyridoxin, Cobalamin, Methionin, Aminosäuren, Glucose, Fructose. Hepaticum. — *Lomazell* (Lomapharm, BRD): Salbe mit stabilisierten tier. Frischzellen u. äther. Ölen. Gegen Neuralgien. — *Lomazell-Placenta* (Lomapharm, BRD): Salbe mit stabilisierter tier. Frischzellenplacenta u. äther. Ölen. Antiarthriticum. — *Neo-Thyreostat* (Dr. Herbrand, BRD): Tabletten mit 10 mg 2-Carbäthoxymercapto-1-methylimidazol. Anthyperthyreoticum. — *Organoderm* (Krugmann, BRD): Salbe mit Zellextrakten von Jungtieren. Angioticum. — *Pinoka* (Dr. Rentschler, BRD): Salbe mit Undecylensäure, Zn-Undecylat, Ca-Undecylat, Harnstoff, Thymol. — *Rautol* (Dr. Rentschler, BRD): Dragees mit 150 (mg) Theobromin, 5 Phenobarbital, 0,5 Rauwolfia-Gesamtalkaloide, 12,5 Rutin. Antihypertonicum. — *Resedorm* (Lappe, BRD): Lsg. von 0,85 (%) Diallylbarbitursäure, 1,45 Barbital, 0,33 Phenobarbital, 0,09 Phenyläthylamin, Extr. Humuli Lupuli, Extr. Lavandulae. Sedativum. — *Salimed* (Dr. Mann, Berlin-West): Dragees mit Salicylamid, Aminophenazon, Phenacetin, Benzylphenylglykolat, Coffein. Analgeticum. — *Theokalzin* (Dr. Hommel, BRD): Tabletten mit 250 (mg) Theobromincalcium, 0,5 Digitalis lanata-Gesamtglykoside. Cardiacum. — *Trimanyl* (Tosse, BRD): Dragetten mit 25 mg 4.4-Diäthylaminoäthoxyhexöstrol. K. Gerecke. 4800 □

Neue Arzneimittel. Anonym. (France-Pharmacie **10.** 46—48. Jan. 1957.) (Franz.)

Bipenicilline-Dihydrostreptomycine (Roussel, Frankreich): a) Ampullen mit 125000 E. Penicillin G, 375000 E. Procainpenicillin, b) Ampullen mit 0,5 g Dihydrostreptomycin. Antibioticum. — *Codammonyl* (Bottu, Frankreich): Tabletten mit 300 (mg) NH_4Cl, 15 Papaverincamphosulfonat, 5 Äthylmorphinhydrochlorid, 15 Narcein, 15 Helenin; Suppositorien mit 100 (mg) Guajacolglycerinäther, 25 Äthylmorphincamphosulfonat 5 Eucalyptol. Antitussicum. — *D-Cycloserin* (Laboratoire des Produits Roche, Frankreich): Stoffwechsel-Prod. aus Streptomyces orchidaceus. Antibioticum. — *Khelloside* (Laboratoire Achriphar, Frankreich): Tabletten mit 20 mg Khellin. Angioticum. — *Alu-Scop* (Lloyd, Debne & Westerfield, USA): Kapseln u. Suspension mit Scopolaminmethobromid, Al-Hydroxidaminoacetat, Na-Laurylsulfat, Mg-Hydroxid. Gegen Ulcus. — *Artamide HC* (Wampole, USA): Kapseln mit 250 (mg) Salicylamid, 250 p-Aminobenzoesäure, 20 Ascorbinsäure, 2,5 Hydrocortison. Antirheumaticum. — *Biotres* (Pharmacol, USA): Salbe mit Zn-Bacitracin, Neomycin, Polymyxin B, Benzalkoniumchlorid. Dermaticum. — *Gyna-Plex* (Rowell, USA): Salbe mit 0,05% Tyrothricin, 5% Zn-Caprylat, 5% Zn-Propionat. Bei Vaginalinfektionen.
K. Gerecke. 4800 □

Löslichkeit von Antibioticis in 24 Lösungsmitteln. 2. Mitt. Mary Lou Andrew und Peter J. Weiss. (Antibioticis and Chemotherapy **9.** 277—79. Mai 1959. Washington, D.C., Food and Drug Admin., U.S. Dep. of Health, Educ. and Wellfare.) (Engl.) — 1. vgl. Antibiotics and Chemotherapy **7.** [1957.] 374.

Beschreibung der Meth. u. Angabe einer Tabelle, in der die Ergebnisse in mg/ml der Löslichkeits-Best. von weiteren 38 Antibioticasalzen in 24 verschiedenen Lsgm. aufgeführt sind. H. Doszmann. 4810

Vergleichende Untersuchung der Penicillinproduktion mit vegetativen und Sporeninokulaten von Penicillium chrysogenum. B. K. Bhuyan, B. N. Ganguli und D. Ghosh. (Appl. Microbiol. **9.** 85—90. Jan. 1961. Pimpri, India, Hindustan Antibiotics, Ltd., Antibiotics Res. Centre, Biochem. Div.) (Engl.)

Die Unterss. der Penicillinfermentation in Schüttelkulturen ergaben prakt. keine Unterschiede zwischen der Beimpfung des Mediums mit Sporen (I) oder vegetativen Impfmaterial (II). Ölzugabe in 24std. Abständen, beginnend nach 48 Std., ergaben viel höhere Ausbeuten bei Beimpfung mit **I** als mit **II**. Vers.-Fermentationen in 2,2 Liter-Fermentoren zeigten die Möglichkeit der Anwendung einer mit **I** beimpften Fermentation in der Praxis. D. Pöhland. 4810 □

Physikochemische Studien an Dextran. 9. Mitt. **Zur Berechnung der Molekulargewichtsverteilung von Dextran aus Sedimentations- und Diffusionsmessungen.** K.-F. Tlach, W. Kayser und Chr. Kühne. (Pharmazie **16.** 311—18. Juni 1961. Jena, Inst. für Mikrobiol. u. experim. Therapie.) (Dt.) — 7. vgl. C. **1962.** 6503.

Zur Berechnung der Massenverteilungskurven makromol. Substanzen werden von Dextran die Diffusions-Konst.-Verteilungskurve u. die Sedimentations-Konst.-Verteilungskurve berechnet, um daraus rechner. zur Molgew.-Verteilungskurve zu gelangen. Die mathemat. u. experimentellen Grundlagen des Verf. werden dargestellt.
G. Bormann. 4812 □

Das Verhalten einiger Desinfektionsmittel bei Kapazitätsuntersuchungen. H. Labots und Th. E. Galesloot. (Nederl. Melk- en Zuiveltijdschr. **15.** 165—92. April—Juni 1961. Ede. Nederlands Inst. voor Zuivelonderz.) (Holl.)

Mit Hilfe von Kapazitätsprüfungen nach Cantor u. Shelanski [1951] werden die Desinfektionsmittel Hypochlorit, Chloramin T, Desogen (eine quatern. NH_4-Verb.) u. Jodophor (Jo 127) in ihrer Wrkg. auf Mikroorganismen geprüft. Unterss. über die Einfl. von pH, Konz., Einw.-Dauer, Art der organ. Begleitstoffe ergeben Werte, die eine bessere Beurteilung der Kapazitätsprüfung ermöglichen u. die Desinfektionsmittel kennzeichnen (Zahlentafeln). W. Wesly. 4832 □

Vorschläge zur Arzneibuch-Analytik. L. Rosenthaler. (Pharmazie **14.** 195. April 1959. Bern.) (Dt.) — Vgl. C. **1962.** 5387.

Verschiedene Gründe sprechen für die Verw. einer n/20- an Stelle der n/10-Jodlösung. Als alkal. Ag-Salz-Lsg. sollte eine mit Piperazin bereitete benutzt werden. Vf.

schlägt weiterhin vor, den Acetylrest als Essigsäure nachzuweisen u. den Nachw. des Pyridins im Ammoniak durch die Rk. nach König-Zincke vorzunehmen.

E. Trobisch. 4880 □

Veränderung der Zusammensetzung von Hartparaffinen bei Filtration über Aluminiumoxid. 8. Mitt. **Zur Analytik dermatologischer und kosmetischer Salbenzubereitungen.** R. Springer und H. Weigand. (Arch. Pharmaz. Ber. dtsch. pharmaz. Ges. **293/65.** 38—42. Jan. 1960. München, Univ., Inst. für Pharmazie u. Lebensmittelchem.) (Dt.) — 7. vgl. C. **1961.** 10286.

Lsgg. von Hartparaffinen in Chlf. zeigen wie die ungelösten Stoffe eine hellblaue UV-Fluorescenz. Bei der Behandlung an einer Al_2O_3-Säule werden die fluorescierenden Bestandteile adsorbiert u. lassen sich allmählich mit Chlf. wieder eluieren. Aus der Best. der JZ. der untersuchten KW-Stoffe, die zu 0,2—2,7 gefunden wurde, ähnlich aus der Hydroxylzahl, u. ihren Veränderungen nach der Filtration durch die Al_2O_3-Säule kann geschlossen werden, daß die Fluorescenz auf Paraffine mit konjugierten Doppelbindungen u. auf polycycl. Aromaten zurückzuführen ist. Die Filtration bewirkt auch eine Parallelverschiebung des UV-Absorptionsspektrums meistens ohne Verschiebung der Maxima oder Minima. Ph. Fresenius. 4880 □

Bestimmung des Methadon und des Pethidin in einigen galenischen Zubereitungen. 2. Mitt. **Suppositorien und Injektionslösungen.** Th. Rutschmann. (Pharmac. Acta Helvetiae **36.** 342—51. Mai 1961. Beil. zu: Schweiz. Apotheker-Ztg. Genève, Univ., Labor. de Pharm. Galén.) (Franz.) — 1. vgl. Pharmac. Acta Helvetiae **35.** [1960.] 482.

Um *Methadon* (I) oder *Pethidin* (II) in Suppositorien zu bestimmen, wird die Suppositorienmasse in Ggw. von W.-HCl mit PAe. extrahiert, wenn die Grundlage lipophil ist. Die wss. Lsg. wird mit Alkali versetzt, mit Ae. extrahiert, der Ae. eingedampft u. der Rückstand mit HCl, wie z. B. in den Pharmakopoen vorgesehen, titriert. Bei hydrophilen Suppositorienmassen werden die Suppositorien in salzsaurem W. gelöst, wird die Lsg. nach Erwärmen auf dem Wasserbad mit Alkali neutralisiert u. mit Ae. extrahiert. Der nach dem Abdestillieren des Ae. verbleibende Rückstand wird in 70%ig. A. gelöst u. mit 0,01nHCl titriert. Die Best. von I oder II in Injektions-Lsgg. bereitet keine Schwierigkeit. Die Vorschriften werden mit Beleganalysen ausführlich wiedergegeben.

H. P. Fiedler. 4880 □

Einige an der Bildung mehrerer Flecken bei der Papierchromatographie sympathomimetischer Amine in Gegenwart von Säure beteiligte Faktoren. A. H. Beckett, M. A. Beaven und Ann E. Robinson. (J. Pharmacy Pharmacol., Suppl. **12.** 203T bis 216 T. Dez. 1960. London, Chelsea Coll. of Sci. and Technol., School of Pharmacy.) (Engl.)

Das papierchromatograph. Verh. mehrerer Amine (I), wie (—)-*Noradrenalin*, (—)-*Adrenalin*, *Isoprenalin*, *Tyramin*, (—)-*Ephedrin*, *β-Phenyläthylamin*, (+)-*Amphetamin*, wurde allein u. in Ggw. von Säuren in sauren, neutralen u. bas. Lsgm.-Syst. untersucht. Im Lsgm.-Gemisch n-Butanol–Essigsäure–W. zeigten verschiedene reine sympathomimetr. I in Ggw. stärkerer organ. Säuren Bldg. mehrfacher Flecken. Viele schwächere Säuren beeinflußten in neutralem Lsgm. I. Die Zahl der Flecken zeigt demnach nicht zwangsläufig die Zahl der vorhandenen Basen an. K. Maier. 4880 □

Titration in nicht wässerigem Medium in der pharmazeutischen Analyse. 4. Mitt. **Bestimmung von d-4-Amino-3-isoxazolidinon (Cycloserin).** Luděk Šafařík und Věra Špinková. (Českoslov. Farmac. **7.** 76—77. März 1958. Praha, státn úst. pro kontr. léc.) (Tschech) — 3. vgl. Českoslov. Farmac. **7.** [1958.] 16.

Zur Best. werden zu 50—60 mg *d-4-Amino-3-isoxazolidin* (I) 25 ml Eisessig unter Umrühren u. 2 Tropfen Kristallviolett-Lsg. zugefügt u. mit 0,05n$HClO_4$-Lsg. (1 ml = 5,1 mg I) titriert; (verwendetes Gerät: Elektronenmillivoltmeter Multoskop II u. Pt- u. Graphitelektrode). E. Vevera. 4880

Titration in nicht wässerigem Medium in der pharmazeutischen Analyse. 5. Mitt. **Beitrag zur Bestimmung von 3-Chlor-10-{3'-[1-methylpiperazinyl.-(4)]-propyl}-phenothiazin (Stemetil Specia).** Luděk Šafařík und Věra Spinková. (Českoslov. Farmac. **7.** 144—46. April 1958.) (Tschech.) — 4. vgl. vorst. Referat.

Vff. bestimmen *3-Chlor-10-{3'-[1-methylpiperazinyl-(4)]-propyl}-phenothiazin* (I) in Präpp., indem zu 70—80 mg Probe mit I 30 ml Eisessig u. 5 ml Essigsäureanhydrid zugefügt werden, bis zur Lsg. erwärmt wird, 1 Tropfen Tashiro-Indicator zugesetzt u. mit 0,05n$HClO_4$-Lsg. (II) bis zum Farbumschlag nach Blau titriert wird. 1 ml II = 15,151 mg I-Dimaleat bzw. 9,348 mg I-Base. I enthaltende Tabletten werden mit 80%ig. A. extrahiert, die Lsg. über Amberlit IRA-400 gegeben, u. das Eluat wird mit 0,05nH_2SO_4 (III) bis zum Farbumschlag titriert. 1 ml III = 30,303 mg I-Dimaleat. E. Vevera. 4880

Zur Reinheitsprüfung von Morphin- und Kodeinsalzen. S. Pfeifer. (Pharmazie **14.** 196—201. April 1959. Berlin, Univ., Pharmaz. Inst.) (Dt.)

Die Gewinnung des Morphins (I) aus Mohnkapseln u. Stroh kann eine Verunreinigung des I mit Narcotolin (II) u. folglich bei Darst. des Kodeins (III) aus I eine solche mit Narcotin (IV) bedingen. Vf. ermittelt die Farb- u. Fällungs-Rkk. sowie die papierchromatograph. u. Extraktions-Meth., die den Nachw. von II neben I u. IV neben III ermöglichen. Es wird festgestellt, daß bei der Gewinnung der gebräuchlichen Salze eine Verunreinigung von I u. III mit II u. IV nicht zu befürchten ist, selbst wenn die Ausgangsbasen nicht frei davon waren. Es ist zu erwägen, ob die in den einzelnen Pharmakopoen aufgenommenen Basen auf entsprechende Verunreinigungen geprüft werden sollten. E. TROBISCH. 4880 □

Einige Erfahrungen mit der Bestimmung von Pseudo-Cholinesterase nach dem Verfahren von Vincent. P. N. Meulendijk. (Pharmac. Weekbl. **94**. 623—26. 19/9. 1959. Arnhem, St. Elisabeths Gasthuis.)

Das von VINCENT (Clin. chim. Acta [Amsterdam] **3**. [1958.] 104) empfohlene Verf. wird beschrieben. Die Arbeitsweise beruht auf der Best. des nach Inkubation verbleibenden Acetylcholins, das zu diesem Zweck in alkal.-Lsg. mit NH_2OH in Acetylhydroxaminsäure übergeführt wird; diese gibt in Ggw. von Fe^{3+} eine starke Rotfärbung. W. WESLY. 4880

Olin Mathieson Chemical Corp., New York, N.Y. (Erfinder: Harland E. Heilig, North Brunswick, N.J.), V.St.A., **Herstellung eines Überzugsfilms auf Tabletten,** dad. gek., daß man die Tabletten mit einer Lsg. eines zwischen 70 u. 135° schm. Harzes von Terpenpolymeren, z. B. einer Lsg. von Pinenpolymeren in 1.1.1-Trichloräthylen dragiert. (**D. A. S. 1 120 635** Kl. 30h vom 26/2. 1960, ausg. 28/12. 1961. A. Prior. 27/2. 1959.) K. KOEBKE. 4767

Salimuzzaman Siddiqui, Rolf Deininger und Mohammed Alaud Din, Karachi, Pakistan, **Blutdrucksenkend und beruhigend wirkende Alkaloidgemische,** die zur Behandlung von *nervösen Störungen* u. *Geisteskrankheiten* verwendet werden. Der Rückstand, der durch Extrahieren von frischen, nicht getrockneten oder bei 60° im Luftstrom oder einem inerten Gasstrom getrockneten u. zerkleinerten Wurzeln oder Wurzelrinden von Rauwolfiapflanzen, bes. Rauwolfia serpentina Benth., mit Methanol oder A. u. Entfernen des Alkohols in üblicher Weise erhalten worden ist, wird zwischen W. u. Äthylacetat verteilt, die wss. Schicht mit Amylalkohol (I) ausgezogen, der I-Auszug mit W. extrahiert, die vereinigten wss. Auszüge werden im Vakuum eingedampft, wodurch *Serpajmalin* erhalten wird. Die Äthylacetatschicht wird eingedampft, der Rückstand mit PAe. digeriert, das in PAe. unlösl. *Ajmalexin* abgetrennt, der PAe. verjagt, wodurch *Resajmalin* gewonnen wird. Man kann den Rückstand auch zwischen W. u. I verteilen, die wss. Schicht mit I extrahieren, die vereinigten I-Auszüge ggf. mit W. ausziehen, die vereinigten wss. Auszüge im Vakuum eindampfen, wodurch Serpajmalin erhalten wird. Die vereinigten, ggf. mit W. ausgezogenen I-Auszüge werden eingedampft, der Rückstand wird gleichzeitig mit W. u. Äthylacetat digeriert, die wss. Schicht zusammen mit dem unlösl. Rückstand mit I extrahiert, die vereinigten I-Auszüge werden mit W. ausgezogen, der wss. Auszug wird im Vakuum eingedampft, wodurch eine zweite Menge Serpajmalin gewonnen wird. Die Äthylacetatschicht wird eingedampft, der Rückstand mit PAe. digeriert, das in PAe. unlösl. Ajmalexin abgetrennt u. der PAe. eingedampft, wodurch Resajmalin gewonnen wird. — Serpajmalin besteht hauptsächlich aus Serpentin, Serpentinin, Ajmalin u. zwei unbekannten Verbb.; es wirkt stärker blutdrucksenkend als Reserpin ohne dessen beruhigende u. zentrallähmende Wrkg. zu zeigen; amorphes, cremefarbenes Pulver, lösl. in W., wasserfreiem A. u. feuchtem Aceton; unlösl. in Bzl., Äthylacetat u. Ae.; erweicht bei 85°; bildet bei 100° eine an den Wänden des Röhrchens klebende Masse; schäumt bei 130° auf. Resajmalin enthält bes. fettartige Verbb., *Serposterin,* ungesätt. höhermol. Alkohole, ca. 2,5% Reserpin, 0,5% Rescinnamin u. andere schwächere lipoidlösl. Basen; grünliche, ölig-viscose Fl., lösl. in Äthylacetat, Ae., PAe.; wenig in A. u. Methanol. Ajmalexin enthält mehrere schwächere Basen mit 5,5% Reserpin u. 2,2% Rescinnamin; cremefarbenes Pulver; lösl. in Äthylacetat u. bes. in Bzl.; wenig in A. u. Methanol; unlösl. in Petroläther. (**D. A. S. 1 117 593** Kl. 12p vom 15/7. 1957, ausg. 23/11. 1961.) G. KRAUSS. 4783

Ciba Ltd. (Erfinder: Johannes Mueller, Paul Reuben Ulshafer und Shankar Sahai Bhatnagar), **Mittel gegen Virus-Infektionen,** gek. durch den Geh. einer chem. Verb., genannt „factor 19,497-C", oder deren Estern. Diese Verb. ist erhältlich aus Pflanzenteilen der Familie Rhamnaceae, z. B. durch Perkolation von gemahlener Wurzelrinde von Zizyphus oenoplia (L.) Mill. mit 90%ig. wss. Methanol; der F. der gereinigten Verb. ist 318—320°. (**Aust. P. 229 891** vom 7/10. 1958, ausg. 8/9. 1960. Schwz. Prior. 1/11. 1957 u. 25/3. 1958.) C. LÜTTGEN. 4783

Biorex Laboratories Ltd. (Erfinder: Siegfried Gottfried und Lily Baxendale), **Gewinnung von Xhantoglabrol.** Die bei der Gewinnung von Glycyrrhizin aus Süßholz anfallende essigsaure Mutterlauge wird mit einem keine OH-Gruppen aufweisenden Lsgm., bes. Ae., versetzt, der entstehende Nd. abfiltriert, mit Ae. gewaschen u. über H_2SO_4 getrocknet. Das erhaltene Glykosid (120 g) verrührt man 20 Min. mit konz. HCl (600 cm^3) bei 50—55°, gibt W. zu, filtriert den Nd. ab u. trocknet ihn bei 100°. Das rohe Xhantoglabrol (50 g) wird mit Ae. gereinigt u. gibt 32 reines Produkt. Entzündungen hemmendes *Pharmazeuticum,* das in Form von Salben, Pudern u. Lotionen, aber auch zu Injektionen verwendet wird. (**Aust. P. 229 762** vom 13/11. 1958, ausg. 1/9. 1960.) C. LÜTTGEN. 4791

American Cyanamid Co., New York, N.Y., übert. von: Andrew John Foglia, Danbury, Conn., V.St.A., **Eine, bes. zum Herstellen von orthopädischen Hilfsmitteln geeignete Gußmasse** besteht aus 10—20% eines feingepulverten Melamin-CH_2O-Harzes u. Gips sowie einem Katalysator für das Harz. Bes. in Verbindung mit Gaze wird die Masse bei ca. 160° F gehärtet. (**A. P. 2 954 766** vom 23/3. 1955, ausg. 4/10. 1960.) F. KOCH. 4797

Badische Anilin- & Soda-Fabrik Akt.-Ges. (Erfinder: Franz Reicheneder, Hubert Suter, Karl Dury und Carl-Heinz Willersinn), Ludwigshafen/Rh., **Reine Propionylacrylsäureester** erhält man durch Rk. von Methylprotoanemonin mit prim., sek. oder tert. aliphat., cycloaliphat., araliphat. Alkoholen oder mehrwertigen Alkoholen, wie Glykolen, in Abwesenheit von W. bei normaler oder erhöhter Temp. in Ggw. von wasserfreien Kationenaustauschern (Lewatite, Amberlite, Wofatite, Dowex). — Aus 110 (Teilen) Methylprotoanemonin u. 1010 wasserfreiem A. im Mol-Verhältnis 1:22 bei 72° in Ggw. von Lewatit S 100 (kernsulfoniertes Styrolharz) → *Propionylacrylsäureäthylester,* $Kp._{20}$ 95—105°; n_D^{20} 1,4450—1,4515; Ausbeute 93%. — Ester sind noch herstellbar mit Methanol, Propanol, Isopropanol, Butanolen, Cyclohexanol, Cyclooctanol, Benzyl-, Phenyläthylalkohol, Äthylglykol u. Glykol. — *Heilmittel* u. *Zwischenprodd.* für diese. (**D. A. S. 1 115 240** Kl. 12o vom 28/3. 1958, ausg. 19/10. 1961.) G. KRAUSS. 4807

Merck & Co., Inc. (Erfinder: John Martin Chemerda und Roger James Tull), **Sulfonylharnstoffe mit hypoglykämischen Eigenschaften** erhält man durch Rk. von RSO_2NHM [M = (Erd)Alkalimetall, R = (Phen-) Alkyl-, (Alkyl-) Phenylrest oder deren halogen-, nitrosubstituierten Verbb.] mit symm. Harnstoffen RNHCONHR bei 75—250°, — Man erhält aus 1.3-Di-n-butylharnstoff u. dem Na-Salz von p-Chlorbenzolsulfonamid bei 150° in 5 Std. *1-n-Butyl-3-[p-chlorbenzolsulfonyl]-harnstoff,* F. 115,5 bis 116,5°; analog *1-Äthyl-3-[p-toluolsulfonyl]-harnstoff,* F. 139—142°, *1-n-Butyl-3-[p-toluolsulfonyl]-harnstoff,* F. 128—129°, *1-Phenyl-3-[p-toluolsulfonyl]-harnstoff,* F. 165,5 bis 168,5°, *1-Butyl-3-sulfanilylharnstoff,* F. 137,5—140°, *1-n-Butyl-3-[N^4-acetylsulfanilyl]-harnstoff,* F. 186—189° u. *1-n-Butyl-3-[p-nitrobenzolsulfonyl]-harnstoff,* F. 165—168°. Man gibt Erwachsenen per os 1—10 g täglich. Bei Verss. an Mäusen wurde der *Blutzuckerspiegel* um 83% gesenkt. (**Aust. P. 224 159** vom 23/8. 1957, ausg. 22/10. 1959. A. Prior. 17/9. 1956.) H. MÖLLERING. 4807

Upjohn Co., übert. von: John B. Wright, Kalamazoo Township, Mich., V.St.A., **Herstellung von 1-[p-Aminophenyl]-1-aryl-2-hydrocarbonoxyalkanolen und -2-alkanonen.** p-tert.-Aminophenyl-Li wird mit einem Aryl-α-hydrocarbonoxyalkylketon umgesetzt, wobei ein 1-[p-Aminophenyl]-1-aryl-2-hydrocarbonoxyalkanol entsteht, das mit einer wss. Säure-Lsg. in das entsprechende *1-[p-Aminophenyl]-1-aryl-2-alkanon* umgesetzt werden kann. Die Rkk. werden in inerten Lsgm., wie Ae., Tetrahydrofuran u. KW-Stoffen unter Erhitzen mit Rückflußkühlung durchgeführt. — Beispiele: Folgende Propanole (I) u. Propanone (II): *1-[p-Dibenzylaminophenyl]-1-phenyl-2-phenoxy-***I**, F. 129—130°; *1-[p-Benzylmethylaminophenyl]-1-phenyl-2-phenoxy-***I**, F. 130—141°; *1-[p-Dimethylaminophenyl]-1-phenyl-2-phenoxy-***I**, $C_{23}H_{25}NO_2$ F. 160—162°; *1-[p-Dimethylaminophenyl]-1-phenyl-2-äthoxy-***I**, F. 88—112°; *1-[p-Piperidinophenyl]-1-phenyl-2-phenoxy-***I**; *1-[p-Dibenzylaminophenyl]-1-phenyl-2-***II**, $C_{29}H_{27}NO$, F. 120—123,5°; *1-[p-Methylbenzylaminophenyl]-1-phenyl-2-***II**, $C_{23}H_{23}NO$, F. 75,5—77,8°; *1-[p-Dimethylaminophenyl]-1-phenyl-2-***II**, $C_{17}H_{19}NO$, F. 67—68°, *Hydrochlorid,* F. 152 bis 153°; *1-[p-Piperidinophenyl]-1-phenyl-***II**; *1-[p-Aminophenyl]-1-phenyl-2-***II**·*HCl,* $C_{15}H_{15}NO \cdot HCl$, F. 190,5—195°; *1-[p-Methylaminophenyl]-1-phenyl-***II**·HCl, $C_{16}H_{17}NO \cdot HCl$, F. 144,5—146,5°. — Verw. als *Schlafmittel.* (**A. P. 2 881 216** vom 25/4. 1958, ausg. 7/4. 1959.) A. KALIX. 4807

G. D. Searle & Co., Skokie, Ill., übert. von: Raymond M. Dodson, Park Ridge, und Paul B. Sollman, Evanston, Ill., V.St.A., **Aralkoxynaphthalinderivate** der Formel **I** (A u. B = niedermol. Alkylengruppen; X = Carbinol- oder Carboxygruppe),

I
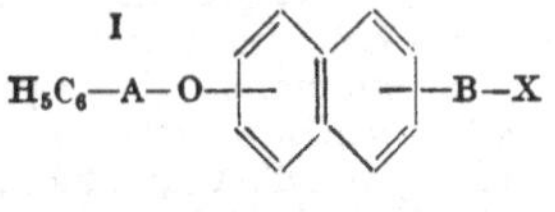

III
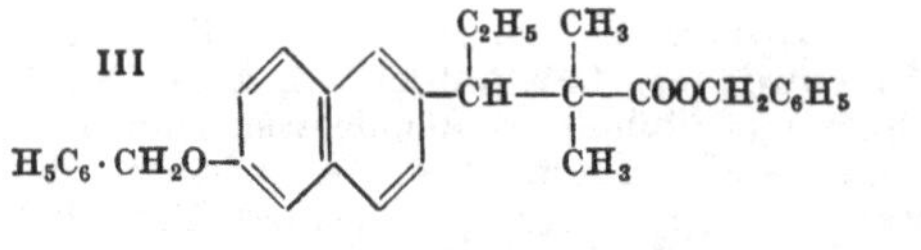

dienen als *Heilmittel* zur Bekämpfung von Leiden, die durch einen abnormalen Cholesterinstoffwechsel verursacht werden. Zu ihrer Herst. gibt man z. B. 253 (Gew.-Teile) α-Chlortoluol zu einer Lsg. von 95 2.2-Dimethyl-3-[6′-hydroxynaphthyl-(2′)]-valeriansäure (**II**) u. 57,5 KOH-Pillen (85% ig.) in 1400 abs. A., kocht 3 Std. unter Rückfluß, filtriert vom KCl ab, wäscht dieses mit 800 A. nach, vereinigt Waschwässer u. Filtrat u. läßt stehen. Es scheidet sich der *Benzylester* (**III**) der *2.2-Dimethyl-3-[6′-benzyloxynaphthyl-(2′)]-valeriansäure,* F. 110—112° (nach mehrfacher Umkristallisation aus A.) ab. **III** gibt bei 16std. Kochen mit wss., alkohol. KOH u. Behandeln des isolierten K-Salzes in wss./alkohol. Lsg. mit konz. HCl *2.2-Dimethyl-3-[6′-benzyloxynaphthyl-(2′)]-valeriansäure* (**IV**), F. 183—185°. Durch Einw. von Li-Al-Hydrid auf **IV** in Ae. erhält man *2.2-Dimethyl-3-[6′-benzyloxynaphthyl-(2′)]-pentanol,* F. 121—123°. (**A. P. 2 831 887** vom 30/11. 1953, ausg. 22/4. 1958.) A. MOHR. 4807

Procoisol Chemical Co., Inc., Philadelphia, Pa., übert. von: John Korner, Pitman, N.J., V.St.A., **Herstellung von Procain-pyrrolidon-(2)-5-carboxylat,** F. 103 bis 105°, durch Rk. von Procain u. *l*-Pyrrolidoncarbonsäure in einem organ. Lsgm. unter Rückfluß. — *Lokalanästheticum.* (**A. P. 2 890 979** vom 16/1. 1958, ausg. 16/6. 1959.) W. HEYER. 4807

Research Corp., übert. von: Dilworth Woolley und Elliott N. Shaw, New York, N.Y., V.St.A., **Herstellung von 1-Benzyl-2-methyl-5-methoxytryptamin** durch Red. von entsprechend substituiertem Indolyl-(3)-acetamid (I) mit Li-Al-Hydrid. **I** wird erhalten, wenn asymm. N-Benzyl-p-methoxyphenylhydrazinhydrochlorid in W. unter Zusatz von 3n NaOH u. Eisessig mit Methyllävulinat umgesetzt, das Prod. mit alkohol. HCl behandelt u. die entsprechende Indolyl-(3)-essigsäure durch Erhitzen mit Harnstoff amidiert wird. — *Blutdrucksenkendes Mittel.* (**A. P. 2 890 223** vom 22/3. 1956, ausg. 9/6. 1959.) W. HEYER. 4807

Sankyo Co. Ltd., übert. von: Yoshinobu Sato und Hiroshi Mishima, Tokyo, Japan, **Herstellung von Pyridinderivaten** der Formel **I** durch Rk. von z. B.

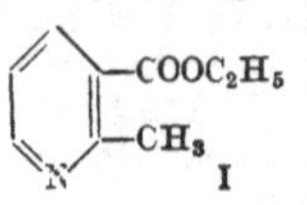

129 (g) β-Aminocrotonsäureäthylester, gelöst in 500 A. unter Zusatz von 3 Piperidin, mit 67 Acrolein unter Rühren bei 40—50°, man erhitzt ca. 3 Std. unter Rückfluß u. dest. den A. mit dem Piperidin ab. — Zwischenprodd. für *Therapeutica.* (**A. P. 2 894 953** vom 20/11. 1956, ausg. 14/7. 1959. Jap. Prior. 16/12. 1955.) W. HEYER. 4807

Soc. des Usines Chimiques Rhône-Poulenc, Paris (Erfinder: Robert Michel Jacob, Ablon-s-Seine, und Nicole Marie Joseph, Paris), Frankreich, **Herstellung von Derivaten des Piperidyl-(2)-phenylmethanols.** Zu F. P. 1 212 746; C. **1962.** 5020 ist zu ergänzen: Aus 12,5 (g) erythro-[3.4-Dimethoxyphenyl]-piperidyl-(2′)-methanol (F. 113—115°; Hydrochlorid, F. 204—205°) 14,1 *erythro-[3.4-Dimethoxyphenyl]-1′-benzylpiperidyl-(2′)-methanol. Hydrochlorid,* F. 191—192°. — Aus 10 threo-[3.4-Dimethoxyphenyl]-piperidyl-(2′)-methanol (F. 149—150°) 8,4 *threo-[3.4-Dimethoxyphenyl]-1′-benzylpiperidyl-(2′)-methanol. Hydrochlorid,* F. 114—116°. — Herst. von Alkyl- u. Acyl-Derivv.: 193 threo-Phenyl-1-benzylpiperidyl-(2)-methanol (**I**), 29,5 Na·NH_2 u. 3,75 Liter abs. Bzl. werden 4 Std. erhitzt, dann während 30 Min. 180 p-Toluolsulfonsäureäthylester in 150 ml abs. Bzl. zugesetzt, weitere 3 Std. wird erhitzt, das Rk.-Gemisch mit W. gewaschen u. bei 50° mit 0,5n HCl extrahiert: 179 *threo-Phenyl-1-benzylpiperidyl-(2)-äthoxymethanhydrochloridhydrat,* F. 110—120°. — Analog aus 36 **I** u. 26 Di-n-propylsulfat 38,8 *threo-Phenyl-1-benzylpiperidyl-(2)-n-propoxymethan·HCl,* F. 111—115° (mit 1,5 Mol W.). — Aus 28 **I** u. 25 Di-n-butylsulfat 27,6 *threo-Phenyl-1-benzylpiperidyl-(2)-n-butoxymethan·HCl,* F. 91—94° (mit 1,5 Mol W.). — Aus 21 erythro-**I** u. 15 p-Toluolsulfonsäureäthylester 12,7 *erythro-Phenyl-1-benzylpiperidyl-(2)-äthoxymethan·HCl,* F. 164—165°. — Aus 16,2 **I** u. 30 ml Acetanhydrid 19,2 *threo-Phenyl-1-benzylpiperidyl-(2)-acetoxymethan·HCl,* F. 200°. — *Analeptica.* (**D. P. [DDR] 20 320** Kl. 12p vom 29/7. 1958, ausg. 22/11. 1960 [Ausschließungspatent]. F. Prior. 1/8. 1957, 3/6. u. 3/7. 1958.) L. GROSSNER. 4807

Albert David Ltd., übert. von: Sudhir Lal Mukherjee, Calcutta, Indien, **Herstellung von Isonicotinsäurehydrazid,** F. 170—173°, dad. gek., daß man das aus Isonicotinsäure (**I**) u. Hydrazinhydrat gebildete Hydrazoniumsalz der **I** in z. B. A., n-Butanol oder n-Amylalkohol u. in Ggw. von z. B. Bzl., Toluol oder Xylol auf 110 bis 170° unter Rückfluß erhitzt u. nach Abtrennen des W. durch Dest. den *chemothera-*

peut. Wirkstoff aus dem Rückstand isoliert. (**A. P. 2 891 067** vom 8/2. 1957, ausg. 16/6. 1959.) W. HEYER. 4807

Anton Zinnenlauf, Küsnacht, Schweiz (Erfinder: Hugo Zellner, Linz-Ebelsberg, Österreich), **Molekülverbindungen aus α-naphthylessigsaurem Natrium und Coffein** ($C_{12}H_9O_2Na \cdot C_8H_{10}N_4O_2$) bzw. **Theophyllin** ($C_{12}H_9O_2Na \cdot C_7H_8N_4O_2$) werden erhalten durch Rk. der Komplex-Bldg.-Partner in mol. Verhältnis in Wasser. — *Heilmittel.* (**Schwz. P. 354 445** vom 8/3. 1957, ausg. 15/7. 1961.) H. BRÄUCKER. 4807

Soc. des Usines Chimiques Rhône-Poulenc, Frankreich, **Herstellung neuer Phenothiazinderivate** nach dem Hauptpatent F. P. 1 186 182. — *1-[3'-(3''-Chlorphenthiazinyl-(10''))-propyl]-4-[pyrrolidinocarbonylmethyl]-piperazindijodmethylat,* F. 242°, *-4-[piperidinocarbonylmethyl]-piperazindihydrochlorid,* F 225°, *-4-[methylcarbamylmethyl]-piperazindihydrochlorid,* F. 220°, *-4-[cyclohexylcarbamylmethyl]-piperazin,* F. 130°, u. *-4-[benzylcarbamylmethyl]-piperazindihydrochlorid,* F. 228°, aus 1-{3'-[3''-Chlorphenthiazinyl-(10'')]-propyl}-4-[carbomethoxymethyl]-piperazindihydrochlorid, F. 220°, aus 1-{3'-[3''-Chlorphenthiazinyl-(10'')]-propyl}-piperazin u. N-Methyl-, N-Cyclohexyl- bzw. N-Benzylchloracetamid. — *1-[3'-(3''-Cyan-,* F. 180°, u. *-[3''-methylmercaptophenthiazinyl-(10'')]-propyl}-4-[pyrrolidinocarbonylmethyl]-piperazindimaleat,* F. 170°, aus 1-{3'-[3''-Cyanphenthiazinyl-(10'')]-propyl}-piperazin u. Chloracetopyrrolidid bzw. 3-[3'-Methylmercaptophenthiazinyl-(10')]-propyl-p-toluolsulfonat u. 1-[Pyrrolidinocarbonylmethyl]-piperazin (F. 90°). — *1-{3'-[3''-Chlor-9''-oxophenthiazinyl-(10')]-propyl}-4-[carbamyläthyl]-piperazin,* F. 176°, aus 1-{3'-[3''-Chlorphenthiazinyl-(10'')]-propyl}-4-[carbamyläthyl]-piperazin (F. 128°). — *1-{3'-[3''-Chlor-9''.9''-dioxophenthiazinyl-(10'')]-propyl}-4-[pyrrolidinocarbonylmethyl]-piperazin,* F. 176°, aus 3-[3'-Chlor-9'.9'-dioxophenthiazinyl-(10')]-propyl-p-toluolsulfonat. — *Heilmittel.* (**F. P. 72 278** vom 25/9. 1957, ausg. 31/3. 1960. **Zusatz zu F. P. 1 186 182; C. 1962. 1722.**) S. BÖTTCHER. 4807

C. F. Boehringer & Soehne G. m. b. H., Mannheim (Erfinder: Erich Haack, Heidelberg, Alfred Popelak und Wolfgang Schaumann, Mannheim), **3.4.5-Triäthoxyzimtsäureester des Reserpsäuremethylesters,** aus A., F. 237°; ED_{50} 9,35 mg je kg Maus (subkutan), erhält man durch Rk. von Reserpsäuremethylester mit 3.4.5-Triäthoxyzimtsäure oder ihren Derivv., bes. dem Säurechlorid z. B. in Äthylenchlorid u. wasserfreiem Pyridin. Der Ester ist bei gleich starker peripherer Wrkg. zentral schwächer wirksam als Carbäthoxysyringoylreserpsäuremethylester („Singoserp") vgl. Tabellen. — *Blutdrucksenkendes Mittel* ohne die üblichen Nebenwrkg. des Reserpins u. Rescinnamins. (**D. A. S. 1 115 741** Kl. 12p vom 20/6. 1959, ausg. 26/10. 1961.) G. KRAUSS. 4807

Francesco Vismara Akt.-Ges., Como, übert. von: Alberto Ercoli, Mailand, Italien, **21-Acetoxyverbindungen der Pregnanreihe** erhält man durch übliche 21-Bromierung der entsprechenden 17α-Hydroxy-3.20-diketone u. Ersatz des 21ständigen Br-Atoms durch J bzw. die Acetoxygruppe, jedoch unter Verw. der 3-Monocyanhydrine als Ausgangsverbindungen. — Man setzt z. B. 17α-Hydroxypregnan-3.11.20-trion mit Acetoncyanhydrin in Ggw. von Triäthylamin um, bromiert anschließend, setzt das 21-Bromid mit KJ u. sodann mit K-Acetat in Aceton um → *17α-Hydroxy-21-acetoxypregnan-3.11.20-trion* (**I**), F. 225—227° $[\alpha]_D^{20}$ 84,5°. — Man kann auch das *17α-Hydroxy-21-brompregnan-3.11.20-trion-3-monocyanhydrin* abtrennen, F. 214—216° (Zers.) u. dieses wie beschrieben in **I** überführen. — Analog: *17α-Hydroxypregnan-3.20-dion-3-cyanhydrin,* F. 180—185° (Zers.); *17α-Hydroxy-21-acetoxypregnan-3.20-dion,* F. 192—195°. — Zwischenprodd zur *Herst. von Heilmitteln.* (**A. P. 2 935 519** vom 25/2. 1958, ausg. 3/5. 1960.) U. SIEVERS. 4809

Chas. Pfizer & Co., Inc., New York, N.Y., übert. von: John W. Cole und Percy L. Julian, Oak Park, Chappelle C. Cochrane, Maywood, Bernard M. Regan, und Helen C. Printy, Chicago, Ill., V.St.A., **21-Acetoxyverbindungen der Pregnanreihe** erhält man in 4 Stufen, ausgehend von 5α.6β-Dichlor-16.17-epoxyallopregnan-3β-ol-20-on (I) durch übliche 21-Bromierung, 21-Acetoxylierung, 3-Oxydation u. Enthalogenierung. Bei Verw. der entsprechenden 5.6-Dibrom-Verbb. beläuft sich die Anzahl der erforderlichen Stufen auf 6. — Man setzt z. B. **I** in Methylenchlorid mit Br_2 in Ggw. von HBr um → *5α.6β-Dichlor-16.17-epoxy-21-bromallopregnan-3β-ol-20-on,* F. 190—193°, welches sich durch Rk. mit wasserfreiem K-Acetat in Aceton überführen läßt → *5α.6β-Dichlor-16.17-epoxy-21-acetoxyallopregnan-3β-ol-20-on* (**II**), F. 172—174°; daraus durch CrO_3-Oxydation in Ggw. von Eisessig → *5α.6β-Dichlor-16.17-epoxyallopregnan-21-ol-3.20-dion-21-acetat,* F. 146° (Zers.), welches sich durch Behandlung mit RANEY-Ni in Methanol überführen läßt → *16.17-Epoxy-Δ^4-pregnen-21-ol-3.20-dionacetat,* F. 167—169°. — Man kann auch **II** zunächst mit HBr in CH_2Cl_2 spalten → *5α.6β-Dichlor-16-bromallopregnan-17α.21-diol-3.20-dion-21-acetat,* F. 170 bis 172°, welches sich dann mit RANEY-Ni in Methanol enthalogenieren läßt → REICHSTEINS

Verb. S-Acetat, F. 232—234°. — *Zwischenprodd. zur Herst. von Heilmitteln.* (**A. P. 2 956 052** vom 12/5. 1955, ausg. 11/10. 1960.) U. SIEVERS. 4809

Merck & Co. Inc. (Erfinder: George J. Poos), **2-Alkyl-Δ^4-pregnene.** Man behandelt z. B. 2-Formyl-20-äthylendioxy-Δ^4-pregnen-17α.21-diol-3.11-dion in Aceton mit Methyljodid in Ggw. von K_2CO_3 → 2-Methoxymethylen-20-äthylendioxy-Δ^4-pregnen-17α.21-diol-3.11-dion, welches sich durch Rk. mit $KHCO_3$ überführen läßt → *2-Methyl-20-äthylendioxy-Δ^4-pregnen-17α.21-diol-3.11-dion*, F. 225—228°; daraus durch Hydrolyse der Ketalgruppe mit p-Toluolsulfonsäure → *2-Methyl-Δ^4-pregnen-17α.21-diol-3.11.20-trion-21-acetat* (nach Acetylierung), F. 158—161°. — Alternativ kann man auch von den entsprechenden 2-Methyloxalyl-Verbb. ausgehen u. diese z. B. mit Propyljodid umsetzen. — *Heilmittel.* (**Aust. P. 222 832** vom 4/12. 1956, ausg. 13/8. 1959. A. Prior. 16/12. 1955.) U. SIEVERS. 4809

Ciba Ltd. (Erfinder: Max Oberlin), **Herstellung von Δ^{16}-20-Ketosteroiden** durch alkal. Behandlung von 16-Acetoxy-20-ketopregnan in einem mit W. nicht mischbaren organ. Lösungsmittel. — Man löst z. B. 30 g rohes Pseudodiosgenindiacetat in einem Gemisch von 166 (cm³) Äthylenchlorid, 133 Eisessig u. 33 Wasser. Anschließend oxydiert man mit einer Mischung aus 16,6 g CrO_3 in 33 W. u. 133 Eisessig. Nach der Oxydation beseitigt man den CrO_3-Überschuß mit $NaHSO_3$-Lsg. u. fügt 500 W. hinzu. Man trennt die Äthylenchloridschicht ab u. extrahiert den Rest mehrmals mit Äthylenchlorid. Die gesammelten Äthylenchloridextrakte werden mit W. gewaschen u. mit 6 g festem, wasserfreiem K_2CO_3 behandelt. Nach dem Eindampfen zur Trockne erhitzt man den krist. Rückstand auf dem Wasserbad mit 100 Essigsäureanhydrid. Nach dem Abkühlen, Auswaschen u. Vakuumtrocknung → *3β-Acetoxy-20-keto-$\Delta^{5.16}$-pregnadien*, F. 173—175°. (**Aust. P. 226 972** vom 6/2. 1958, ausg. 17/3. 1960. Schwz. Prior. 25/2. u. 15/3. 1957.) H. NEBELSIEK. 4809

Olin Mathieson Chemical Corp., New York, N.Y., V.St.A., **Herstellung von 1-Dehydrosteroiden der Pregnadienreihe** durch enzymat. Einw. von Nocardia aurantia A.T.C.C. 12674 auf 3-Ketopregnane in Ggw. von O_2. 9α-Fluor-16α-hydroxyhydrocortison (I) → *9α-Fluor-16α-hydroxyprednisolon*, F. 248—250° (Zers.). Die gleiche Verb. wird mit I-16α.21-diacetat erhalten. Hydrocortison (II) u. 9α-Fluor-II →*$\Delta^{1.4}$-Pregnadien-11β.17α.21-triol-3.20-dion* (III) u. 9α-III. (**Ind. P. 62 483** vom 5/12. 1957, ausg. 28/4. 1960.) C. LÜTTGEN. 4809

Chas. Pfizer & Co., Inc., Brooklyn, übert. von: Virgil V. Bogert, Garden City, und Barry M. Bloom, New Gardens, N.Y., V.St.A., **6β-Fluorsteroide** erhält man durch Rk. eines Enolesters eines 1.2.6.7-Tetrahydro-3-keto-Δ^4-pregnens, -androstens, -cholestens oder -sapogenins mit der wenigstens äquivalenten Menge Perchlorylfluorid (I) in Ggw. von wenigstens einer äquivalenten Menge eines nucleophilen Katalysators, bes. W., tert. Amine oder Alkalimetallsalze von niederen Fettsäuren, u. in Ggw. eines organ. inerten Lösungsmittels. — Man setzt z. B. 3.17α.21-Triacetoxy-$\Delta^{3.5.9.11}$-pregnatrien-20-on in Aceton mit I (als Gas) in Ggw. von K-Acetat in abs. A um → *6β-Fluor-$\Delta^{4.9.11}$-pregnadien-17α.21-diol-3.20-dion-17.21-diacetat*, F. 201—203° (Zers.). Die Herst. weiterer 6β-Fluor-Verbb. wird, jedoch ohne Angabe von physikal. Daten, beschrieben. — Zwischenprodd. zur *Herst. von Heilmitteln.* (**A. P. 2 961 441** vom 7/8. 1959, ausg. 22/11. 1960.) U. SIEVERS. 4809

Research Corp., New York, N.Y., übert. von: Elwood V. Jensen, Chicago, Ill., V.St.A., **21-Fluorverbindungen der Pregnanreihe** erhält man durch Rk. der entsprechenden 21-Jod-Verbb. mit Silberfluorid in Acetonitril. — Es wurden hergestellt: *21-Fluorpregnenolonacetat*, F. 155—156°; $[\alpha]_D^{25}$ 32°; *freier Alkohol*, F. 178,5—179,5°; $[\alpha]_D^{25}$ 25°. — *21-Fluorprogesteron*, F. 141,5—142,5°. — *17α-Hydroxy-21-fluor-Δ^4-pregnen-3.11.20-trion*, F. 249—252°. — *Heilmittel* sowie Zwischenprodd. zu deren Herstellung. (**A. P. 2 953 581** vom 2/4. 1956, ausg. 20/9. 1960.) U. SIEVERS. 4809

Chas. Pfizer & Co., Inc., Brooklyn, N.Y., übert. von: Louis G. Nickell, Chester, Conn., V.St.A., **1-Dehydrosteroide der Pregnan- und Androstanreihe** erhält man durch Behandlung von z. B. REICHSTEINS Verb. S oder von Testosteron mit einer Suspension von gemahlenen Blättern von *Sansevieria zeylanica* in W. während 5 Tagen bei normaler Temp. unter Schütteln. (**A. P. 2 962 422** vom 10/5. 1960, ausg. 29/11. 1960.) U. SIEVERS. 4809

Farmaceutici Italia Soc. An., Mailand, Italien (Erfinder: B. Camerino, B. Patelli, R. Modelli, G. Sala und A. Vercellone), **In 4-Stellung substituierte Verbindungen der Androstanreihe** erhält man durch Spaltung der entsprechenden 4.5-Epoxide mit einer Mineralsäure. — Man setzt z B. ein Gemisch aus 3-Keto-4β.5-epoxy- u. 3-Keto-4α.5-epoxy-17β-hydroxyandrostan in Chlf. mit HCl-Gas um → *4-Chlortestosteron* (I), F. 180—184°; Acetat (II), F. 228—230°; $[\alpha]_D$ 118°; *Propionat*, F. 164

bis 165°; *Hemisuccinat*, F. 203—204°; $[\alpha]_D^{22}$ 116°; *Palmitat*, F. 56°. — Analog: *4-Chlor-17α-methyltestosteron*, F. 148—150°. — *4-Chlor-Δ⁴-androsten-3.17-dion*, F. 175°; $[\alpha]_D^{22}$ 218°. — *4-Chloradrenosteron*, F. 175—177°. — *4-Chlor-3β.17β-dihydroxy-Δ⁴-androsten*, F. 252°; $[\alpha]_D^{23}$ 56°. — *4-Fluortestosteronacetat*, F. 178—180°; *-propionat*, F. 128—130°. — I-*Oxim*, F. 204—205° (Zers.); II-*Thiosemicarbazon*, F. 197—204°. — I-*Trimethylacetat*, F. 200—202°. — I-*Phenylpropionat*, F. 145°. — I-*Önathat*, F. 59°. — *Heilmittel* mit anabol. Wirkung. (**Belg. P. 552 152** vom 27/10. 1956, ausg. 31/12. 1959. It. Prior. 23/4. 1956.) U. SIEVERS. 4809

G. D. Searle & Co., Chicago, übert. von: John A. Cella, Skokie, Ill., V.St.A., **17α-Carboxyalkyl-17β-hydroxyandrostan-3-on-lactone.** Man hydriert z. B. 17α-[2-carboxyäthyl]-17β-hydroxy-Δ^4-androsten-3-onlacton in Äthylacetat mit H_2/Pd-Kohle bis zur Aufnahme von 1 Äquivalent H_2 → *17α-[2-Carboxyäthyl]-17β-hydroxy-5α-androstan-3-onlacton*, F. 177—179° (roh); F. 183—185° (chromatograph. gereinigt). — Analog: 17α-[2-Carboxyäthyl]-17β-hydroxy-19-nor-Δ^4-androsten-3-onlacton → *17α-[2-Carboxyäthyl]-17β-hydroxy-19-nor-5α-androstan-3-onlacton*, F. 198—201°, u. *17α-[2-Carboxyäthyl]-17β-hydroxy-19-nor-5β-androstan-3-onlacton*, F. 218—222°. — *17α-[3-Carboxypropyl]-17β-hydroxy-5α-androstan-3-onlacton*, F. 191—193°, u. *17α-[3-Carboxypropyl]-17β-hydroxy-5β-androstan-3-onlacton*, F. 196—197°. — *Heilmittel.* (**A. P. 2 952 676** vom 9/2. 1959, ausg. 13/9. 1960.) U. SIEVERS. 4809

G. D. Searle & Co., Chicago, übert. von: Raymond M. Dodson, Park Ridge, Ill., V.St.A., **9α-Hydroxyverbindungen der Androstenreihe.** Man red. z. B. 9α-Hydroxy-Δ^4-androsten-3.17-dion in A. mit $NaBH_4$ → *Δ⁴-Androsten-3.9α.17-triol* (I), F. 163 bis 168°; *3.17-Diacetat*, F. 162—164,5°; $[\alpha]_D$ 4°; daraus durch Verseifung mit methanol. NaOH → I, F. 177—179°; $[\alpha]_D$ 37,9°. Letzteres läßt sich mit MnO_2 in Bzl. bei normaler Temp. oxydieren → *9α.17β-Dihydroxy-Δ⁴-androsten-3-on*, F. 198—200°; $[\alpha]_D$ 104°; *17-Acetat*, F. 209,5—211°; $[\alpha]_D$ 101,5°. — I + Acetanhydrid in Pyridin → I-*3-Acetat* u. I-*17-Acetat*, F. 214,5—216,5°. — *Heilmittel.* (**A. P. 2 964 543** vom 22/12. 1959, ausg. 13/12. 1960.) U. SIEVERS. 4809

Farmaceutici Italia Soc. An., Mailand, Italien (Erfinder: B. Camerino, B. Patelli und A. Vercellone), **In 4-Stellung substituierte Verbindungen der 19-Norandrostanreihe** erhält man durch Spaltung der entsprechenden 4.5-Epoxide mit anorgan. Säuren. — Man setzt z. B. 3-Keto-4β.5-epoxy-19-norätiocholan-17β-olacetat (I), F. 110 bis 112°; $[\alpha]_D$ 102°, in Chlf.-A. mit wasserfreiem HCl um → *4-Chlor-19-nortestosteronacetat*, F. 168—170°. — Analog: I + H_2SO_4 in Ggw. von Essigsäure → *4-Hydroxy-19-nortestosteronacetat*, F. 210—212°. — Es werden weiter beschrieben: *4-Fluor-19-nortestosteronacetat*, *4-Chlor-17α-methyl-19-nortestosteron*, *4-Chlor-17α-äthyl-19-nortestosteron* sowie deren Ester; die Verbb. wurden durch ihre UV-Spektren identifiziert. — *Heilmittel* mit anabol. Wirkung. (**Belg. P. 552 153** vom 27/10. 1956, ausg. 31/12. 1959. **E. PP. 864 608** u. **864 610** vom 27/3. 1957, ausg. 6/4. 1961. Alle It. Prior. 21/5. 1956.) U. SIEVERS. 4809

Upjohn Co., übert. von: Herbert C. Murray und Durey H. Peterson, Kalamazoo, Mich., V.St.A., **Herstellung von 11α-Acyloxy-17α-progesteronen** durch Rk. von 11α-Hydroxy-17α-progesteron mit Acylierungsmitteln. — *11α-Trimethylacetoxy-17α-progesteron.* (**Can. P. 552 106** vom 5/8. 1954, ausg. 21/1. 1958. A. Prior. 23/2. 1952.) EBERHARD RIEDEL. 4809

Chas. Pfizer & Co., Inc., Brooklyn, übert. von: Eugene J. Agnello und Gerald D. Laubach, Jackson Heights, N.Y., V.St.A., **$\Delta^{6.8,14.22}$Ergostatrien-9α-methoxy-3β.11α-diol-3-acetat,** F. 137,4—138,4°; $[\alpha]_D^{25}$ —25,9°, neben einer 2. Form, F. 123—124,4°, erhält man durch Rk. von $\Delta^{6.8.22}$-Ergostatrien-3.11.14-triol-3-acetat mit Mg-Methylat unter wasserfreien Bedingungen u. in Gg. von Na-Sulfat u. einer kleinen Menge Chloressigsäure. Durch Acetylierung mit Acetanhydrid in Pyridin läßt sich daraus das 3.11-Diacetat erhalten, für das physikal. Daten nicht angegeben werden. — *Zwischenprodd. zur Herst. von Heilmitteln.* (**A. P. 2 960 512** vom 1/8. 1955, ausg. 15/11. 1960.) U. SIEVERS. 4809

Merck & Co., Inc., Rahway, N.J., übert. von: Samuel F. Scheidy, Drexel Hill, Pa., V.St.A., **Pankreas-Desoxyribonuclease** wird zu 10000—800000, bes. 50000—100000 Einheiten mit 10—100 ml einer sterilen, isoton. Salz-Lsg. vom pH 3,0 bis 3,3 verdünnt. (**Can. P. 551 673** vom 7/12. 1954, ausg. 14/1. 1958. A. Prior. 15/4. 1954.) EBERHARD RIEDEL. 4809

Heinz Stopsack, Theodor Elsässer und Helmut Linde, Jena, und Friedrich Hohensee, Oss, Holland, **Herstellung von Penicillinverbindungen mit Depotwirkung und antiallergischen Eigenschaften** durch Umsetzung eines Penicillin-(**III**)-Salzes mit Salzen des β-Diäthylaminoäthyl-[2-benzylphenyl]-äthers (**I**) oder des Piperidinoäthyl-[2-benzylphenyl]-äthers (**II**) in W. oder durch Umsetzung von **III** mit den freien Basen in organ. Lösungsmitteln. — Zu 300 g III-Na in 1000 (ml) W. u. 250 Aceton werden 262 g I-Hydrochlorid in 2500 W. u. 100 Aceton gegeben: 88% I–III-*Salz*, F. 118—124°; Löslichkeit: 0,3 g in 100 ml W. bei 25°; Aktivität: biolog. 1000 (I.E./mg), jodometr. 980. — II–III-*Salz*, F. 100—104,5°; Löslichkeit: 0,2 g in 100 ml W. bei 25°; Aktivität: biolog. 990, jodometr. 919. — Diagramm. (**D. P.** [**DDR**] **21 767** Kl. 12p vom 29/11. 1958, ausg. 28/8. 1961 [Wirtschaftspatent].) L. Grossner. 4811

Spofa, Spojené Farmaceutické Závody, Národní Podnik, Prag, Tschechoslowakei, **Antibioticum-Präparat,** enthaltend Tetracyclin, z. B. das Chlortetracyclinhydrochlorid, sowie Citronen- oder Weinsäure bzw. deren wasserlösl. Salze. (**E. P. 868 601** vom 21/10. 1958, ausg. 17/5. 1961. Tschech. Prior. 22/10. 1957.) W. Heyer. 4811

Magyar Állam (Erfinder: Michael Bodánszky, Vladimir Senkariuk, Frau des Georg Losonci und Josef Gyimesi), Budapest, Ungarn, **Hydroxytetracyclinhydrochlorid** erhält man bei der Zugabe von mit HCl gesätt. Methanol zu einer wss. oder wss.-organ. Lsg. des Hydroxytetracyclins. Nach erfolgter Kühlung scheidet man die Kristalle ab u. wäscht sie. (**Ung. P. 143 911** vom 16/3. 1956, ausg. 15/1. 1958.) G. König. 4811

Merck & Co., Inc., Rahway, N.J., V.St.A., **Herstellung von kristallinem Mononatrium-Novobiocin.** Man löst Novobiocinsäure in einem organ. Lsgm.-Gemisch, z. B. 2 (Teilen) Methanol–1 Bzl., u. fügt unter Rühren bei 25—30° unter Einhaltung eines pH-Wertes von 7,2—7,3 eine Methanol-Lsg. von Na-Methylat hinzu. Das auskrist. Mono-Na-Novobiocin wird mit Bzl. gewaschen u. im Vakuum bei ca. 50° getrocknet. (**Ind. P. 63 461** vom 18/3. 1958, ausg. 19/3. 1960.) H. Nebelsiek. 4811

Merck & Co., Inc. (Erfinder: James Gillin), **Herstellung des Mononatriumsalzes des Novobiocins.** Man löst Novobiocinsäure in einem Gemisch aus 2—4 (Vol.-Teilen) eines Alkohols mit 1—4 C-Atomen u. aus 1 Bzl., Toluol oder Xylol, behandelt die Lsg. bei 25—30° u. pH 7,2—7,3 mit $CH_3ONa \cdot 2\,CH_3OH$ u. erhält das krist. Salz in einer Ausbeute von z. B. 91,4% der Theorie. (**Aust. P. 228 025** vom 21/3. 1958, ausg. 26/5. 1960. A. Prior. 4/4. 1957.) K. Demmler. 4811

Soc. des Usines Chimiques Rhône-Poulenc, Paris, Frankreich, **Herstellung eines antibiotisch wirksamen Produktes.** Man erzeugt ein *Salz aus Novobiocin* u. einem oder mehreren *Spiramycinen*, indem man diese Antibiotica als freie Säure u. Base aufeinander einwirken läßt (bes. in A.) oder durch doppelte Umsetzung wasserlösl. Salze in wss. Medium, wobei das gewünschte Salz ausfällt. (**Holl. P. 97 649** vom 29/11. 1956, ausg. 17/4. 1961. F. Prior. 1/12. 1955.) F. Böhm. 4811

Upjohn Co. (Erfinder: Malcolm Edward Bergy, Clarence De Boer, Alma Dietz, Thomas Eugene Eble, Ross Robert Herr und LeRoy Emanuel Johnson), Kalamazoo, Mich., V.St.A., **Fermentative Herstellung von Streptozotocin** unter den üblichen Bedingungen u. Verw. von Streptomyces achromogenes var. 128 oder dessen Mutanten oder Varianten u. ggf. Gewinnung des Antibioticums aus dem Gärmedium durch Adsorption u. Elution u. nachfolgende Kristallisation, Lsgm.-Extraktion oder chromatograph. Reinigung des Eluats. Morphologie u. Physiologie des Mikroorganismus. Antibakterielles, UV- u. IR-Spektren. Beispiele für Fermentation, Gewinnung u. Reindarstellung. *Streptozotocin* F. ca. 115° unter Gas-Entw., ab ca. 125° klare Flüssigkeit. — Tabellen. (**D. A. S. 1 090 823** Kl. 30h vom 29/7. 1959, ausg. 13/10. 1960. A. Prior. 1/8. 1958.) H. Schindler. 4811

Soc. des Usines Chimiques Rhône-Poulenc, Paris (Erfinder: Denise Mancy, Charenton, Seine, Léon Ninet und Jean Preud' Homme, Paris), Frankreich, **Herstellung des Antibioticums 5278 R.P.** auf üblichem biolog. Wege unter Verw. von Streptomyces 662 (Streptomyces rufochromogenus) u. Gewinnung des Antibioticums als freie Säure u. ggf. Überführung in seine Salze, bes. Na-Salz, Morphologie u. Physiologie des Mikroorganismus (Tabellen). Beispiele für Züchtung, Fermentation u. Extraktion. *5278 R.P.*, F. 301—303°, Bruttoformel $(C_{25}H_{26}O_8N_4)_n$, charakterist. UV- u. IR-Spektren (Kurven). (**D. A. S. 1 087 763** Kl. 30h vom 13/10. 1959, ausg. 25/8. 1960. F. Prior. 30/10. 1958.) H. Schindler. 4811

Kyosei Seiyaku Kabushiki Kaisha, Otaru-shi, Japan, **Herstellung eines Blutersatzmittels,** welches als 0,2—0,4%ig. wss. Lsg. eine spezif. Viscosität von 1,5—2,3 besitzt u. aus Na-Alginat besteht, dad. gek., daß man hochwertigen japan. Seetang mit wss. Alkali-Lsg. aufschließt, aus der gebildeten Na-Alginat-Lsg. mittels einer organ. oder anorgan. Säure die Alginsäure fällt, diese in Alkali-Lsg. wieder löst u. mit Säure erneut fällt, diesen Vorgang insgesamt 4 Mal wiederholt, das Alginsäuregel mit W. wäscht, in verd. Alkali löst, durch Zugabe von A. das Na-Alginat koaguliert u. entwässert u. aus dem festen Na-Alginat die gewünschte Lsg. herstellt, ggf. unter Zugabe von Glucose. Die Lsg. verändert auch bei der nachfolgenden Sterilisation die oben angegebene Viscosität nicht u. bleibt lagerfähig. (**E. P. 863 544** vom 29/4. 1957, ausg. 22/3. 1961. Jap. Prior. 28/4. 1956.) W. HEYER. 4813

Commonwealth Engineering Co. of Ohio, übert. von: Leo J. Novak, Dayton, Ohio, V.St.A., **Isolierung der geformten Blutzellen aus menschlichem Blut,** dad. gek., daß man das Blut ca. 15—20 Min. bei 4° u. 2000—3000 U/min zentrifugiert, das Plasma entfernt, die geformten Blutzellen durch Eintragen in wss. isoton. Salz-Lsg. unter Zusatz von ca. 15% Glycerin von den noch begleitenden Plasmateilen befreit, das Gemisch auf —20° kühlt, mit gleichen Teilen einer auf —40° gekühlten 66% ig. Glykol-Lsg. versetzt u. das Gemisch mit den gefrorenen Blutzellen bei — 5° in einer Filterzentrifuge (Porenweite 3,4 μ) zentrifugiert. (**A. P. 2 910 406** vom 13/2. 1957, ausg. 27/10. 1959.) W. HEYER. 4813

Hamilton Pharmacal Co., Inc., übert. von: Clifton Robert Curtis, Hamilton, N.Y., V.St.A., **Tierarzneimittel** zur Behandlung von Mastitis bei Rindern durch Injektion, enthaltend als Wirkstoff 100000—1000000 I.E. Penicillin u. ca. 1 g Polyvinylpyrrolidon sowie ggf. noch $^1/_4$—1 g Dihydrostreptomycin. (**A. P. 2 968 592** vom 8/5. 1957, ausg. 17/1. 1961.) W. HEYER. 4815

Hart & Co. Proprietary Ltd. (Erfinder: James Crawford Reid), **Mittel gegen die Fußfäule der Schafe,** bestehend aus einer schnell filmbildenden Polyvinylacetat-Lsg. (**I**), einem insekticiden Mittel u. einem Fusiformis nodosus abtötenden Mittel, z. B. 2 lbs. „Dieldrin", 2 (Gallonen) Monochlorbenzol u. Phenol im Verhältnis 1:2, 7,5 **I** (50% ig.), 20 Methanol u. 25 g Rhodamin B 500. (**Aust. P. 229 386** vom 14/5. 1957, ausg. 11/8. 1960.) C. LÜTTGEN. 4815

Hans Pichlmayr, Rottach-Egern, **Mund- und Zahnpflegemittel,** die äther. Öle, antisept. Stoffe u. evtl. O_2 abspaltende Verbb. u./oder Harze in alkohol. Seifengallerte enthalten, dad. gek., daß in der Gallerte die Seife z. T. durch hochmethylierte Cellulose u./oder durch teilweise zu Polyvinylalkohol verseiftes Polyvinylacetat zusammen mit die Quellfähigkeit der Gallerten erhöhenden Stoffen, z. B. Harnstoff (**I**) aliphat. Carbonsäureamide oder aliphat. mehrwertige Alkohole ersetzt ist. — Beispiel: 30 (Teile) Methylcellulose (30% Methoxyl-Geh.), 20 **I**, 80 Na-Stearat, 80 Diäthylenglykolmonomethyläther, 630 A., 80 Diäthylenglykol, 20 Butylperoxid, 27 Pfefferminzöl, 30 Laurylalkoholsulfat, 3 Chlorthymol. (**D. A. S. 1 119 466** Kl. 30h vom 1/12. 1955, ausg. 14/12. 1961.) E. PETERSEN. 4823

Glaxo Laboratories Ltd., London (Erfinder: John Harold Chapman, Ruislip, William Graham, Greenford, und Ronald Major Evans, Ickenham), England, **Röntgenkontrastmittel,** gek. durch einen Geh. an wirksamen Verbb. der allg. Formel I, in welcher der Rest R ein H, ein inertes Kation oder einen Alkylrest bedeutet. Die Verbb., bes. genannt sind Na- oder K-Tetrajodanthranilat, können in wss. oder öligem Medium angewandt werden. (**D. A. S. 1 115 414** Kl. 30h vom 12/5. 1959, ausg. 19/10. 1961. E. Prior. 12/5. 1958 u. 5/5. 1959.) K. KOEBKE. 4825

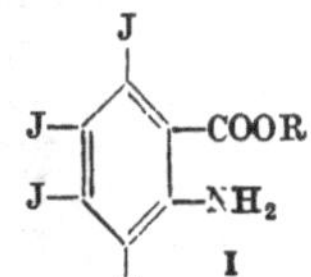

I

VEB Fahlberg-List Chemische und Pharmazeutische Fabriken, Magdeburg (Erfinder: Helmut Dorn, Berlin, und Hermann Pfanz, Hannover), **Halogensubstituierte Diphenoxydicarbonsäuren,** ihre Salze u. Ester der allg. Formel **I** (R_1 = H, Alkyl oder Rest einer anorgan. oder organ. Base; R_2 = H, Alkyl; X = Chlor, Brom oder Jod; n = Zahl im Wert von 0—6), verwendbar als *Röntgenkontrastmittel* zum Sichtbarmachen von Gallenblase u. Gallenwegen, erhält man durch Rk. von $\alpha.\alpha'$-Dihalogendicarbonsäuren oder ihren Diestern mit Halogenphenolen oder Halogenalkylphenolen in einem indifferenten organ. Lsgm. in Ggw. eines halogenwasserstoffbindenden Mittels, ggf. Verseifung der entstandenen Diphenoxydicarbonsäurediester zu den freien Säuren bzw. Überführung der Diphenoxydicarbonsäuren in ihre wasserlösl. Salze. — Ein Gemisch aus 96 g 2.4.6-Trijodphenol, 33,2 g meso-$\alpha.\alpha'$-Dibromadipinsäuredimethylester, 40 g Pottasche u. 500 ml Methyläthylketon (**II**) wird 29 Std. zum Sieden erhitzt, auf 0° gekühlt, der ausgefallene Nd. abgenutscht u. mit 40 ml **II** gewaschen, das trockene Prod. mit 700 ml W. gewaschen, getrocknet u. mit Essigester u. A. ausgekocht. Man erhält 91 g *meso-$\alpha.\alpha'$-Bis-[2.4.6-trijodphenoxy]-adipinsäuredimethylester* (**III**), F. 204 bis 205°. Aus der **II**-Mutterlauge erhält man 8 g *racem. $\alpha.\alpha'$-Bis-[2.4.6-trijodphenoxy]-adipinsäuredimethylester*, F. 170—171° (aus Essigester). Durch 20std. Kochen von **III** mit wss. NaOH erhält man das *Di-Na-Salz* (**IV**) der *$\alpha.\alpha'$-Bis-[2.4.6-trijodphenoxy]*-

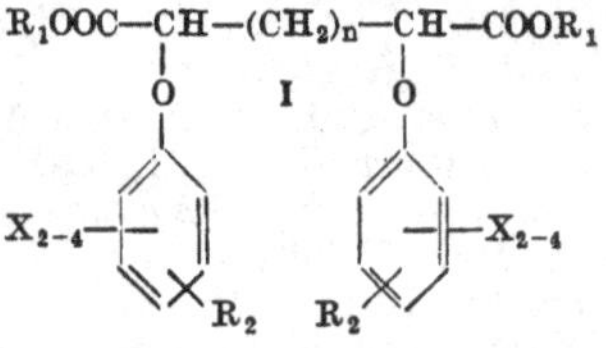

adipinsäure in glänzenden, farblosen Blättchen, das beim Behandeln mit heißer verd. HCl *meso-α.α'-Bis-[2.4.6-trijodphenoxy]-adipinsäure* (**V**), F. 288—290° (Zers.), liefert. **V** kann in Salze mit Methylglucamin u. Diäthanolamin übergeführt werden. — Analog erhält man *meso-α.α'-Bis-[4-methyl-2.3.5.6-tetrabromphenoxy]-adipinsäuredimethylester* (**VI**), F. 217—218°, u. *racem. α.α'-Bis-[4-methyl-2.3.5.6-tetrabromphenoxy]-adipinsäuredimethylester*, weiße Nadeln, F. 177° u. über das Di-Na-Salz von **VI** freie *meso-α.α'-Bis-[4-methyl-2.3.5.6-tetrabromphenony]-adipinsäure*, F. 283—285°; *α.α'-Bis-[2.4.6-trijodphenoxy]-korksäurediäthylester*, F. 158° (bzw. ein *isomeres Prod.* vom F. 102—103°) u. hieraus über das Na-Salz *α.α'-Bis-[2.4.6-trijodphenoxy]-korksäure*, rosettenförmig angeordnete Nadeln, F. 251—252°. (**D. A. S. 1 089 770** Kl. 12q vom 8/3. 1956, ausg. 29/9. 1960.) A. Mohr. 4825

Orgahell N. V., Amsterdam, Holland, **Herstellung von 3-[5'-Nitrofurfurylidenamino]-oxazolidon-(2),** F. 246—248°. Man läßt 5-Nitrofurfurol (**I**) mit 3-Methylenaminooxazolidon-(2) (**II**) reagieren, z. B. durch Kochen von **I**-Diacetat mit **II** in W./Methanol (2:1) unter Zusatz von H_2SO_4. — *Desinfektionsmittel.* (**Holl. P. 97 978** vom 15/4. 1957, ausg. 15/5. 1961.) F. Böhm. 4833

Lipha (Lyonnaise Industrielle Pharmaceutique), Frankreich (Erfinder: Étienne Szarvasi und Liliane Neuvy), **Herstellung von 2-Formyl-2.3-dihydro-γ-pyrancyanhydrinbenzoat,** F. 68—68,5°, dad. gek., daß man 2-Formyl-2.3-dihydro-γ-pyran mit KCN u. bei 10° mit Benzoylchlorid umsetzt. — *Antisepticum.* (**F. P. 1 225 630** vom 6/8. 1957, ausg. 1/7. 1960.) S. Böttcher. 4833

Ethicon, Inc., übert. von: Joseph Nichols, Princeton, und Edgar S. Schipper, Highland Park, N.J., V.St.A., **N-Dialkylaminoalkyl-12-ketocarbonsäuren** der allg. Formel $C_6H_{13}CO-Z-(CH_2)_7-CO-NH-X-N(R)R'$ (Z = $-CH_2$ $-CH{=}CH-$, $-CH{=}CH-CH_2-$, $-C\!-\!C-CH_2-$ (mit O-Brücke zwischen den beiden C: \O/), $-CH(OH)-CH(OH)-CH_2-$; X = niedermol., gerad- oder verzweigtkettiges Alkylen, bes. mit 2 oder 3 C-Atomen; R u. R' = niedermol. Alkyl) erhält man durch Rk. der äquimol. Menge der entsprechenden Säure mit Chlorameisensäurealkylestern in Ggw. einer äquimol. Menge eines tert. aliphat. Amins u. eines Lsgm. bei $<0°$, u. Rk. des entstandenen Acylalkylcarbonats mit dem entsprechenden Amin. — Aus 2,74 g Chlorameisensäureisobutylester, 5,92 g 12-Ketoelaidinsäure (erhältlich durch Oxydation von Ricinol- u. Ricinelaidinsäure mit CrO_3 oder Al-Alkoholat u. Isomerisierung nach A. P. 2 623 888; C. **1955.** 687) u. 2,04 g Triäthylamin in 200 ml Tetrahydrofuran bei —5 bis —10°, dann Zusatz von 2,32 g Diäthylaminoäthylamin → *N-β-Diäthylaminoäthyl-12-ketoelaidinamid*, $C_{24}H_{46}N_2O_2$, aus PAe. F. 52—53°. — Dimethylaminoäthylamin → *N-β-Dimethylaminoäthyl-12-ketoelaidinamid*, $C_{22}H_{42}N_2O_2$, aus Ae. F. 68—69°. — γ-Diäthylaminopropylamin → *N-γ-Diäthylaminopropyl-12-ketoelaidinamid*, $C_{25}H_{48}N_2O_2$, aus Ae.-PAe. F. 48—49°. — 12-Ketoölsäure + γ-Dimethylaminopropylamin → *N-γ-Dimethylaminopropyl-12-ketoölsäureamid*, $C_{23}H_{44}N_2O_2$, aus Ae. F. 46—47°. — *N-β-Dimethylaminoäthyl-12-ketoölsäureamid*, $C_{22}H_{42}N_2O_2$, aus PAe. F. 39—40°. — 12-Ketooctadecen-(10)-säure → *N-β-Dimethylaminoäthyl-12-ketooctadecen-(10)-amid*, $C_{22}H_{42}N_2O_2$, aus Ae. F. 49—50°. — 12-Ketooctadecen-(10)-säure + H_2O_2 in Ggw. von KOH → 12-Keto-10.11-epoxystearinsäure, aus A. F. 69,5—70°, → *N-γ-Dimethylaminopropyl-12-keto-10.11-epoxystearamid*, $C_{23}H_{44}\cdot N_2O_3$, aus Ae. F. 53—55°. — 12-Ketooctadecen-(10)-säure + OsO_4 in Ae. → 12-Keto-10.11-dihydroxystearinsäure, aus PAe.-Ae. F. 99—100°, → *N-β-Dimethylaminoäthyl-12-keto-10.11-dihydroxystearamid*, $C_{22}H_{44}N_2O_4$, aus Ae.-Äthylacetat F. 86—87°. — γ-Diäthylaminopropylamin → *N-γ-Diäthylaminopropyl-12-ketooctadecen-(10)-amid*, $C_{25}\cdot H_{48}N_2O_2$, aus Ae.-PAe. F. 38—39°. — *N-β-Diäthylaminoäthyl-12-ketooctadecen-(10)-amid*, $C_{24}H_{46}N_2O_2$, aus A. F. 42—43°. — *N-β-Diäthylaminoäthyl-12-keto-10.11-epoxystearamid*, $C_{24}H_{46}N_2O_3$, aus Ae. F. 43—44°. — *N-β-Diäthylaminoäthyl-10.11-dihydroxy-12-ketostearamid*, $C_{24}H_{48}N_2O_4$, aus Äthylacetat F. 87—88°. — 4-Diäthylamino-2-aminopentan → *N-δ-Diäthylamino-α-methylbutyl-12-ketooctadecen-(10)-amid*, $C_{27}H_{52}N_2O_2$, aus Ae.-PAe. F. 36°. — *N-γ-Diäthylaminopropyl-12-keto-10.11-epoxystearamid*, $C_{25}H_{48}N_2O_3$, aus Ae.-PAe. F. 44—45°. — Die Amide töten Mikroorganismen oder verhindern deren Wachstum. *Bakterizide*, bes. gegen *Bacillus subtilis*, *Diplococcus pneumoniae III*, *Micrococcus pyogenes var. aureus*, *Mycobacteria tuberculosis H 37 Rv*, *Coccidioides immitis* u. *Candida albicans*, vgl. Tabelle. (**A. P. 2 888 466** vom 22/4. 1958, ausg. 26/5. 1959.) G. Krauss. 4833

Pierre Louis Victor Monot, *Salbengrundlage für dermatologische Zwecke.* (**Aust. P. 225 209** vom 19/3. 1958, ausg. 3/12. 1959. — C. **1961.** 936 [E. P. 818 769].)

W. C. Heraeus G. m. b. H., Hauau, und **Deutsche Gold- und Silber-Scheideanstalt vormals Roessler,** Frankfurt/M. (Erfinder: **Hellmut Bredereck,** Stuttgart), *Erhöhung der Wirksamkeit von Katalysatoren für spezielle Vinylpolymerisationen.* (**Schwz. P. 353 532** vom 1/2. 1955, ausg. 31/5. 1961. D. Prior. 1/3. 1954. — C. **1959.** 1879 [E. P. 771 631].)

N. V. Koninklijke Pharmazeutische Fabrieken v/h Brocades-Stheeman & Pharmacia (Erfinder: **August Franciscus Harms**), *Herstellung eines pharmazeutisch wirksamen Propinyläthers.* (**Aust. P. 226 626** vom 29/5. 1958, ausg. 25/2. 1960. Holl. Prior. 31/5. 1957. — C. **1962.** 1716 [Holl. P. 96 386].)

Asta-Werke Akt.-Ges., Chemische Fabrik, Brackwede, *Basische Äther von Diphenyläthinylcarbinolen.* (**Norw. P. 92 194** vom 31/1. 1957, ausg. 4/8. 1958. — C. **1959.** 13259 [D. A. S. 1 028 501].)

Carter Products, Inc., New York, N.Y. (Erfinder: **Frank Milan Berger,** Princeton, und **Bernard John Ludwig,** North Brunswick, N.J.), V.St.A., *2-Phenylpropandiol-(1.3)-dicarbamat.* (**Schwz. P. 354 765** vom 11/1. 1957, ausg. 31/7. 1961. A. Prior. 13/1. 1956. — C. **1959.** 5235 [D. A. S. 1 047 770].)

Carter Products, Inc., New York, N.Y. (Erfinder: **Frank Milan Berger,** Princeton, und **Bernard John Ludwig,** North Brunswick, N.J.), V.St.A., *Dicarbamat des 2-Äthyl-2-sek.-butylpropandiols-(1.3).* (**Schwz. P. 354 768** vom 11/1. 1957, ausg. 31/7. 1961. A. Prior. 13/1. 1956. — C. **1959.** 8251 [E. P. 798 848].)

Aktiebolaget Bofors, *Ester von Alkylsulfamidbenzoesäuren.* (**Aust. P. 225 109** vom 17/1. 1957, ausg. 3/12. 1959. Schwed. Prior. 18/1. 1956. — C. **1960.** 3312 [Oe. P. 197 364].)

Ciba Soc. An., Basel, Schweiz, *Pharmakologisch wirksame Ester.* (**Finn. P. 29 530** vom 22/5. 1954, ausg. 31/7. 1958. — C. **1959.** 7890 [Holl. P. 87 661].)

Ciba Soc. An., Basel, Schweiz, *Pharmakologisch wirksame Ester.* (**Finn. P. 29 531** vom 22/5. 1954, ausg. 31/7. 1958. — C. **1959.** 3580 [Schwz. P. 326 786].)

Sterling Drug, Inc., New York, übert. von: **Raymond O. Clinton,** Rensselaer, und **Stanley C. Laskowski,** Menands, N.Y., V.St.A., *Herstellung von tert.-Aminoalkyl-4-amino-2-alkoxybenzoaten.* (**Can. P. 552 086** vom 13/2. 1951, ausg. 21/1. 1958. A. Prior. 17/6. 1950. — C. **1955.** 10 089 [A. P. 2 657 209].)

Ciba Ltd., Basel (Erfinder: **Jean Druey,** Riehen), Schweiz, *Herstellung von Aminobenzolsulfonamiden.* (**Can. P. 552 228** vom 1/9. 1953, ausg. 28/1. 1958. Schwz. Prior. 23/10. 1952. — C. **1956.** 1674 [E. P. 730 949].)

Farbwerke Hoechst Akt.-Ges., vormals Meister Lucius & Brüning, Deutschland, *Sulfonylharnstoffe.* (**F. P. 73 208** vom 27/5. 1957, ausg. 23/9. 1960. D. Prior. 26/5. 1956. Zusatz zu F. P. 1 180 621; C. 1991. 13655. — C. **1959.** 5572 [D. A. S. 1 028 114].)

Ciba Ltd., Basel, Schweiz (Erfinder: **Jean Druey** und **Georg Huber**), *N-Acylaminoverbindungen.* (**Aust. P. 225 106** vom 24/12. 1956, ausg. 3/12. 1959. Schwz. Prior. 20/1. u. 14/11. 1956. — C. **1960.** 8610 [F. P. 1 166 818].)

F. Hoffmann-La Roche & Co. Akt.-Ges., Basel (Erfinder: **Hugo Gutman,** Birsfelden, **Balthasar Hegedüs,** Binningen, und **Paul Zeller,** Neuallschwil), Schweiz, *Herstellung substituierter Aminosäurehydrazide.* (**D. P. [DDR] 20 087** Kl. 12q vom 15/6. 1958, ausg. 19/10. 1960 [Ausschließungspatent]. Schwz. Prior. 4/7., 23/9. u. 25/10. 1957, 10/1. u. 12/2. 1958. — C. **1961.** 18788 [Oe. P. 205 474].)

Farbwerke Hoechst Akt.-Ges., vormals Meister Lucius & Brüning (Erfinder: **Robert Fugmann,** Frankfurt/M., **Willi Meixner,** Hofheim/Taunus, **Robert Haas** und **Leopold Ther,** Frankfurt/M.), *Herstellung von Cyclohexencarbonsäureamiden.* (**D. A. S. 1 048 575** Kl. 12o vom 27/4. 1957, ausg. 15/1. 1959. — C. **1961.** 9126 [Oe. P. 205 021].)

Wm. S. Merrell Co., Cincinnati, Ohio, V.St.A., *Guanylsubstituierte Triphenyläthane und Triphenyläthylene.* (**E. P. 860 869** vom 16/4. 1957, ausg. 15/2. 1961. A. Prior. 17/4. 1956. Zusatz zu E. P. 797 345; C. 1960. 17217. — C. **1961.** 14385 [Belg. P. 556 720].)

Upjohn Co., übert. von: **William C. Anthony** und **Jacob Szmuszkovicz,** Kalamazoo, Mich., V.St.A., *Herstellung von Indolyl-(3)-Verbindungen.* (**A. P. 2 821 532** vom 11/4. 1955, ausg. 28/1. 1958. — C. **1961.** 13650 [D. A. S. 1 093 366].)

J. R. Geigy Akt.-Ges., Basel, Schweiz, *In 4-Stellung substituierte 1.2-Diaryl-3.5-dioxopyrazolidine.* (**Ung. P. 144 039** vom 15/12. 1955, ausg. 15/1. 1958. Schwz. Prior. 16/12. 1954. — C. **1958.** 10734 [Oe. P. 190 512].)

Aktiebolaget Bofors, *Herstellung von heterocyclischen Monocarbonsäureamiden.* (**Aust. P. 225 511** vom 21/2. 1957, ausg. 17/12. 1959. Schwed. Prior. 22/2. 1956. — C. **1961.** 9129 [Oe. P. 197 380].)

Aktiebolaget Bofors, *Herstellung von heterocyclischen Monocarbonsäureamiden.* (**Aust. P. 225 512** vom 21/2. 1957, ausg. 17/12. 1959. Schwed. Prior. 22/2. 1956. — C. **1960.** 3635 [Jap. A. S. 628/1958].)

Schering Corp., übert. von: **Nathan Sperber** und **Domenick Papa,** Bloomfield, N.J., V.St.A., *Substituierte Benzylpyridine und -piperidine.* (**Can. P. 551 368** vom 1/5. 1954, ausg. 7/1. 1958. A. Prior. 11/5. 1953. — C. **1957.** 9166 [A. P. 2 727 895].)

Wellcome Foundation Ltd., London, England (Erfinder: **George H. Hitchings,** Tuckahoe, und **Peter B. Russell,** Crestwood, N.Y., V.St.A.), *Herstellung von 2-Dialkylamino-4-amino-5-aryl-6-alkylpyrimidinen.* (**Can. P. 552 115** vom 25/3. 1953, ausg. 21/1. 1958. E. Prior. 25/3. 1952. — C. **1959.** 6230 [E. P. 727 151].)

Wellcome Foundation Ltd., London, England (Erfinder: **George H. Hitchings,** Tuckahoe, und **Gertrude B. Elion,** Bronxville, N.Y., V.St.A.), *Herstellung von 6-Mercaptopurin.* (**Can. P. 552 117** vom 29/6. 1955, ausg. 21/1. 1958. E. Prior. 30/7. 1954. — C. **1959.** 7567 [E. P. 780 494].)

Soc. des Usines Chimiques Rhône-Poulenc (Erfinder: **Paul Gailliot** und **François Debarre**), *Phenthiazinverbindungen.* (**Aust. P. 225 455** vom 20/3. 1958, ausg. 10/12. 1959. F. Prior. 11/4. 1957. — C. **1960.** 12777 [D. A. S. 1 071 087].)

Soc. des Usines Chimiques Rhône-Poulenc (Erfinder: **Paul Gailliot, Jean Robert** und **Jacques Gaudechon**), *Phenthiazinverbindungen.* (**Aust. P. 225 600** vom 11/7. 1957, ausg. 24/12. 1959. F. Prior. 18/7. 1956. — C. **1960.** 16187 [E. P. 816 538].)

Soc. des Usines Chimiques Rhône-Poulenc (Erfinder: **Robert Michel Jacob** und **Jacques Georges Robert**), *Phenthiazinderivate.* (**Aust. P. 225 347** vom 12/2. 1958, ausg. 10/12. 1959. F. Prior. 16/11. 1957. — C. **1961.** 8041 [E. P. 828 393].)

Soc. des Usines Chimiques Rhône-Poulenc, Frankreich, *Herstellung von Phenthiazinderivaten.* (**F. P. 71 925** vom 3/10. 1955, ausg. 14/3. 1960. Zusatz zu F. P. 1 199 204; C. 1962. 2831. — C. **1959.** 222 [D. PP. [DDR] 14 354 u. 14 371].)

Soc. des Usines Chimiques Rhône-Poulenc, Frankreich, *Phenthiazinderivate.* (**F. P. 71 926** vom 23/11. 1955, ausg. 14/3. 1960. Zusatz zu F. P. 1 199 204; C. 1962. 2831. — C. **1959.** 15138 [Oe. P. 194 397].)

Joh. A. Benckiser G. m. b. H., Chemische Fabrik (Erfinder: **Josef Kimmig, Hermann Rudy** und **Friedrich Krüger**), *N-Acetylglucosaminderivate.* (**Aust. P. 228 162** vom 9/11. 1956, ausg. 9/6. 1960. D. Prior. 12/11. 1955. — C. **1959.** 16096 [F. P. 1 164 603].)

C. H. Boehringer Sohn, übert. von: **Karl Zeile, Franz Adickes** und **Helmut Wick,** Ingelheim/Rh., *Spasmolytisch wirkende quaternäre N-Carbocyclohexoxy- und N-Carbalkoxymethyltropine, -atropine und -scopolamine.* (**A. P. 2 872 452** vom 14/12. 1956, ausg. 3/2. 1959. — C. **1960.** 17312 [F. P. 1 162 486].)

C. H. Boehringer Sohn, übert. von: **Hans Merz** und **Hans Weidlich,** Ingelheim/Rh., *Dihydrorescinnamin durch katalytische Hydrierung von Rescinnamin.* (**A. P. 2 872 451** vom 4/9. 1957, ausg. 3/2. 1959. **E. P. 811 827** vom 23/8. 1957, ausg. 15/4. 1959. Beide D. Prior. 14/9. 1956. — C. **1961.** 9523 [D. A. S. 1 093 375].)

Merck & Co., Inc., Rahway, übert. von: **Evelyn H. Wilson,** East Orange, **John Weijlard** und **Max Tishler,** Westfield, N.J., V.St.A., *Herstellung von Pantothensäure.* (**Can. P. 552 008** vom 22/6. 1949, ausg. 21/1. 1958. A. Prior. 27/8. 1948. — C. **1951.** I. 366 [A. P. 2 496 363].)

Badische Anilin- & Soda-Fabrik Akt.-Ges., Ludwigshafen/Rh., *Ungesättigte aliphatische Verbindungen mit konjugierten Doppelbindungen aus Phosphor-Yliden und gesättigten oder ungesättigten Carbonylverbindungen.* (**E. P. 813 539** vom 21/9. 1955, ausg. 21/5. 1959. D. Prior. 24/9., 25/9. u. 19/10. 1954. — C. **1959.** 16097 [D. B. P. 971 986] u. C. **1960.** 15145 [Schwz. P. 342 946].)

Upjohn Co., Kalamazoo, Mich., V.St.A., *Herstellung von Steroiden.* (**E. P. 864 380** vom 12/8. 1957, ausg. 6/4. 1961. A. Prior. 10/9. u. 23/11. 1956. — C. **1962.** 1717 [Holl. P. 96 064].)

Upjohn Co., Kalamazoo, Mich., V.St. A., *Herstellung von Steroiden.* (**E. P. 869 777** vom 4/12. 1959, ausg. 7/6. 1961. A. Prior. 21/1. 1959. — C. **1961.** 10795 [A. P. 2 920 085].)

Upjohn Co., Kalamazoo, Mich., V.St.A., *Herstellung von Steroiden.* (**E. P. 869 799** vom 24/7. 1958, ausg. 7/6. 1961. A. Prior. 9/8. 1957. — C. **1960.** 4289 [A. P. 2 849 448].)

Ayerst, McKenna & Harrison Ltd., Quebec, Canada, *Herstellung von Steroiden.* (**E. P. 865 004** vom 13/10. 1959, ausg. 12/4. 1961. A. Prior. 14/10. 1958. — C. **1961.** 1299 [A. P. 2 924 610].)

Ciba Ltd., Basel, Schweiz, *Herstellung von Dehydrosteroiden.* (**E. P. 864 414** vom 14/6. 1957, ausg. 6/4. 1961. Schwz. Prior. 15/6. u. 12/7. 1956. — C. **1959.** 5903 [D. A. S. 1 036 255].)

Ciba Pharmaceutical Products, Inc., Summit, N.J., V.St.A., übert. von: **Albert Wettstein** und **Ernst Vischer,** Basel, und **Charles Meystre,** Arlesheim, Schweiz, *Herstellung von polyoxigenierten Steroiden.* (**A. P. 2 969 304** vom 12/7. 1955, ausg. 24/1. 1961. Schwz. Prior. 15/7. 1954. — C. **1959.** 3585 [D. A. S. 1 027 667].)

Ciba Pharmaceutical Products, Inc., Summit, N.J., V.St.A., übert. von: **Albert Wettstein** und **Ernst Vischer,** Basel, und **Charles Meystre,** Arlesheim, Schweiz, *Herstellung von polyoxigenierten Dehydrosteroiden.* (**A. P. 2 969 305** vom 21/2. 1956, ausg. 24/1. 1961. Schwz. Prior. 25/2. 1955. — C. **1959.** 3910 [D. A. S. 1 027 664].)

Merck & Co., Inc. (Erfinder: **Roger Eldon Beyler** und **Lewis Hastings Sarett**), *17.20,20.21-Bis-alkylendioxysteroide der Pregnanreihe.* (**Aust. P. 229 197** vom 18/12. 1957, ausg. 4/8. 1960. A. Prior. 2/1. 1957. — C. **1961.** 14835 [Holl. P. 95 768].)

Thomas Ludvig Martin Vermehren, Dragor, Dänemark, *Herstellung von Disteroid-21-phosphaten der Pregnanreihe.* (**D. A. S. 1 114 189** Kl. 12o vom 17/10. 1957, ausg. 28/9. 1961. Dän. Prior. 12/10. 1956. — C. **1961.** 12188 [Belg. P. 561 582].)

American Cyanamid Co., New York, übert. von: **Seymour Bernstein,** Pearl River, N.Y., und **Ruddy Littell,** Ridgefield Park, N.J., V.St.A., *Herstellung von Δ^5-Pregnen-17α.21-diol-3.11.20-trion-3.20-dialkylenketalen.* (**Can. P. 551 200** vom 5/10. 1953, ausg. 7/1. 1958. A. Prior. 1/4. 1953. — C. **1957.** 7732 [A. P. 2 700 666].)

Schering Corp., Bloomfield, übert. von: **Hershel L. Herzog,** Mountain View, und **David H. Gould,** Leonia, N.J., V.St.A., *Pregnatrienverbindungen.* (**Can. P. 551 721** vom 15/5. 1956, ausg. 14/1. 1958. A. Prior. 5/10. 1954 u. 20/1. 1955. — C. **1962.** 5026 [A. P. 2 957 893].)

Schering Akt.-Ges., übert. von: **Wolfgang Hiersemann, Emanuel Kaspar** und **Ulrich Kerb,** Berlin, *Herstellung von $\Delta^{1.4.6}$-Pregnatrien-17α-ol-3.20-dionestern.* (**A. P. 2 962 510** vom 9/12. 1958, ausg. 29/11. 1960. D. Prior. 18/12. 1957. — C. **1962.** 1718 [F. P. 1 223 364].)

American Cyanamid Co., New York, übert. von: **Seymour Bernstein** und **Karl J. Sax,** Pearl River, N.Y., V.St.A., *3.17-disubstituierte $\Delta^{5.7.9}$-Androstatriene.* (**Can. P. 551 189** vom 5/1. 1951, ausg. 7/1. 1958. A. Prior. 27/10. 1950. — C. **1955.** 2493 [A. P. 2 593 248].)

American Cyanamid Co., New York, übert. von: **Seymour Bernstein** und **Karl J. Sax,** Pearl River, N.Y., V.St.A., *Herstellung von 17-substituierten $\Delta^{4.7.9}$-Androstatrinenen.* (**Can. P. 551 198** vom 12/2. 1951, ausg. 7/1. 1958. A. Prior. 20/12. 1950. — C. **1955.** 6345 [E. P. 708 030].)

Farbwerke Hoechst Akt.-Ges., vormals Meister Lucius & Brüning, Frankfurt/M., *Herstellung von Prednisolonacetat.* (**E. P. 867 887** vom 21/8. 1958, ausg. 10/5. 1961. D. Prior. 21/8. 1957. — C. **1960.** 4935 [D. A. S. 1 060 396].)

Farmaceutici Italia Soc. An. (Erfinder: **Bruno Camerino, Umberto Valcavi, Giovanni Salk** und **Giuliana Baldratti**), Italien, *Herstellung von 4.17α-Dihydroxyprogesteron und dessen Estern.* (**F. P. 1 221 631** vom 19/12. 1958, ausg. 2/6. 1960. E. Prior. 24/12. 1957. **E. P. 839 908** vom 24/12. 1957, ausg. 29/6. 1960. — C. **1961.** 15848 [D. A. S. 1 100 627].)

Merck & Co., Inc., Rahway, übert. von: **Ralph F. Hirschmann,** Westfield, und **Norman L. Wendler,** Summit, N.J., V.St.A., *$\Delta^{7.9,11}$-3-Acyloxy-22-isoallospirostadiene.* (**Can. P. 552 013** vom 11/10. 1956, ausg. 21/1. 1958. A. Prior. 22/1. 1953. — C. **1958.** 9856 [A. P. 2 749 338].)

Merck & Co., Inc., Rahway, übert. von: **Lewis H. Sarett,** Princeton, **James Constantin,** Linden, und **Glen E. Arth,** Cranford, N.J., V.St.A., *Herstellung von Steroiden.* (**Can. PP. 552 015** vom 27/10. 1954, **552 018, 552 019, 552 020** u. **552 021** vom 29/3. 1956, alle ausg. 21/1. 1958. Alle A. Prior. 16/11. 1953. — C. **1960.** 16524 [A. P. 2 905 678].)

Farmaceutici Italia Soc. An. (Erfinder: **Bruno Camerino** und **Bianca Patelli**), Mailand, Italien, *Herstellung von Corticosteroid-Derivaten.* (**Oe. P. 213 569** vom 29/10. 1956, ausg. 27/2. 1961. It. Prior. 4/5. 1956. — C. **1960.** 1264 [D. A. S. 1 046 615].)

American Cyanamid Co., New York, übert. von: **Seymour Bernstein**, Pearl River, N.Y., und **Ruddy Littell**, Ridgefield Park. N.J., V.St.A., *Herstellung von Hydrocortisondiäthylenketal.* (**Can. P. 551 509** vom 22/4. 1954, ausg. 14/1. 1958. A. Prior. 12/10. 1953. — C. **1957**. 9779 [A. P. 2 737 512].)

G. D. Searle & Co. (Erfinder: **John S. Baran**, Chicago, und **Raphael Pappo**, Skokie), Ill., V.St.A., *Herstellung von 3-Oxocona-1.4-dienin.* (**D. A. S. 1 113 452** Kl. 12o vom 18/11. 1959, ausg. 7/9. 1961. A. Prior. 20/11. 1958. — C. **1961**. 11 819 [A. P. 2 910 470].)

Chemie Grünenthal G. m. b. H. (Erfinder: **Charles Cosar**), *Antibiotisch aktive Produkte.* (**Aust. P. 225 114** vom 22/2. 1957, ausg. 3/12. 1959. E. Prior. 9/3. 1956. — C. **1959**. 12638 [D. A. S. 1 041 038].)

Ciba Ltd. (Erfinder: **Ernst Gäumann** und **Vladimir Prelog**), *Hydrierungsprodukte kristalliner antibiotischer Substanzen.* (**Aust. P. 225 196** vom 20/1. 1958, ausg. 3/12. 1959. — C. **1958**. 10735 [D. A. S. 1 021 130].)

Ciba Ltd. (Erfinder: **Ernst Gäumann** und **Vladimir Prelog**), *Spaltprodukte kristalliner antibiotischer Substanzen.* (**Aust. P. 225 197** vom 20/1. 1958, ausg. 3/12. 1959. — C. **1958**. 10735 [D. A. S. 1 021 130].)

Olin Mathieson Chemical Corp., New York, N.Y., V.St.A., *Herstellung eines schwefelhaltigen Antibioticums.* (**Holl. P. 98 191** vom 29/2. 1956, ausg. 15/6. 1961. A. Prior. 1/3. 1955. — C. **1957**. 10017 [D. A. S. 1 007 955].)

Imperial Chemical Industries Ltd. (Erfinder: **Alan Taylor**), *Penicillinsalze.* (**Aust. P. 225 143** vom 14/5. 1957, ausg. 3/12. 1959. E. Prior. 18/5. 1956. — C. **1960**. 5582 [E. P. 810 569].)

A/S Apothekernes Laboratorium for Specialpraeparater, Oslo, Norwegen, *Herstellung freier Penicillinsäuren.* (**Norw. P. 91 320** vom 14/12. 1955, ausg. 31/3. 1958. — C. **1959**. 15452 [Oe. P. 202 275].)

American Cyanamid Co., V.St.A. (Erfinder: **Sidney Martin Fox** und **Mitchell Stanley Bilcharz**), *Reinigung von Tetracyclinen.* (**F. P. 1 171 988** vom 6/6. 1956, ausg. 4/2. 1959. A. Prior. 10/6. 1955. — C. **1959**. 5575 [D. A. S. 1 026 483].)

Chas. Pfizer & Co., Inc., V.St.A. (Erfinder: **Frederick John Pilgrim** und **Charles Robert Stephens jun.**), *Herstellung von Anhydrotetracyclinen.* (**F. P. 1 172 501** vom 14/1. 1955, ausg. 11/2. 1959. A. Prior. 15/1. 1954. — C. **1961**. 8765 [D. A. S. 1 011 417].)

Chas. Pfizer & Co., Inc., Brooklyn, N.Y., übert. von: **Charles R. Stephens jun.**, Waterford, Conn., V.St.A., *Tetracyclin-Olefin-Kondensationsprodukte.* (**Can. P. 552 040** vom 17/4. 1956, ausg. 21/1. 1958. A. Prior. 9/5. u. 16/5. 1955. — C. **1960**. 5911 [E. P. 800 699].)

Schenley Industries, Inc., New York, N.Y., übert. von: **Justin J. Murtaugh**, Guilford, und **Isidoro Caldas**, Lawrenceburg, Ind., V.St.A., *Reinigen von Streptomycin über Ionenaustauscher.* (**A. P. 2 970 138** vom 28/12. 1955, ausg. 31/1. 1961. — C. **1960**. 5583 [F. P. 1 167 927].)

Ciba Ltd., Basel, Schweiz, *Herstellung von Echanomycin.* (**E. P. 858 210** vom 5/3. 1957, ausg. 11/1. 1961. Schwz. Prior. 28/3. u. 21/12. 1956. — C. **1958**. 11905 [D. A. S. 1 025 572].)

Aplin & Barrett Ltd. (Erfinder: **Henry Bernard Hawley** und **Ronald Henry Hall**), *Nisinpräparat.* (**Aust. P. 225 461** vom 28/5. 1958, ausg. 10/12. 1959. E. Prior. 17/6. 1957. — C. **1960**. 7261 [Oe. P. 204 179].)

Soc. des Usines Chimiques Rhône-Poulenc (Erfinder: **Sylvie Pinnert**, **Leon Ninet** und **Jean Preud'Homme**), *Herstellung und Gewinnung des Antibioticums 6798 R. P.* (**Aust. P. 225 460** vom 27/5. 1958, ausg. 10/12. 1959. F. Prior. 1/6. 1957. — C. **1960**. 16862 [D. A. S. 1 064 687].)

Allied Laboratories, Inc. (Erfinder: **Charles James York**), *Herstellung einer Mischvaccine.* (**Aust. P. 225 540** vom 14/5. 1957, ausg. 17/12. 1959. A. Prior. 27/8. 1956. — C. **1959**. 5241 [D. A. S. 1 027 367].)

Armour & Co., Chicago, Ill., V.St.A., *Mittel gegen Schweinecholera.* (**Holl. P. 98 218** vom 26/11. 1956, ausg. 15/6. 1961. — C. **1959**. 6897 [D. A. S. 1 036 471].)

G. Analyse. Laboratorium

Gerät für das Eichen von Laboratoriums-Durchflußmengenmessern. J. Janda. (Chem. Zvesti **13**. 243—46. 1959. Nováky, Výsk. ústav pre petrochém.) (Tschech.)
Konstruktion eines Eichgerätes für Gasdurchflußmesser von 0,2—40 Liter/h. Es besteht aus einem Hg-Manometer, Meßbürette u. Gasbehälter mit Ausgleichgefäßen. Der Vorteil liegt in dem gleichmäßigen Gasstrom bei Einhalten von Normaldruck.
J. TŮMOVÁ. 5014□

Stromintegration durch Getterionenpumpen. J. R. Fendley jun. (Rev. sci. Instruments **31**. 1350. Dez. 1960. Lancaster, Pa., Radio Corp. of Amer., Electron Tube Div.) (Engl.)
Durch Stromintegration an einer Getterionenpumpe kann die gegetterte Gasmenge gemessen werden. Es wird ein einfacher Integrator angegeben, der Ströme von ca. 1 μA bis zu einigen mA erfaßt. H. SCHIRRWITZ. 5026□

Umfüllen leicht oxydierbarer Pulver. F. A. Lewis. (Chem. and Ind. **1957**. 1415. 26/10. 1957. London, Imp. Coll. of Sci. and Technol., Dep. of Chem. Engng.) (Engl.)
Vakuumampullen aus Sodaglas von ca. 14 mm ∅, die luftempfindliches Pulver enthalten, lassen sich innerhalb einer Vakuum-App. mit Hilfe eines elektr. geheizten Drahtes (32-gauge Nichrom), der in einer beschriebenen Halterung an einem Schliffstopfen sitzt, glatt aufsprengen, so daß sich das Pulver leicht umfüllen läßt.
R. JUNGE. 5026□

Methode der Temperaturkontrolle bei ferroelektrischen Mikrowellenmessungen. A. L. Stanford jun. und G. H. Thiess. (Rev. sci. Instruments **31**. 1354—55. Dez. 1960. Clearwater, Fla., Sperry Microwave Electronics Co.) (Engl.)
Von der bekannten Tatsache ausgehend, daß die elektron. u. mechan. Eigg. von ferroelektr. Stoffen äußerst empfindlich gegen die Temp., speziell in der Nähe des CURIE-

Punktes sind, entwickelten Vff. eine Vorr., die es gestattet, die Temp. der untersuchten Probe durch die ganze Probe hindurch konst. zu halten. C. GOTTFRIED. 5046

Ein Wasser-Separator für das Laboratorium. H. Davidge. (Chem. and Ind. **1957.** 1507. 16/11. London, British Oxygen Res. and Dev, Ltd.) (Engl.)

Um eine Gleichgewichtseinstellung bei den Rkk., die mit Wasser-Bldg. einhergehen, zu erhalten, ist es oft notwendig, das W. zu entfernen. Hierzu wurde gegenüber dem bisher gebräuchlichen Gerät von DEAN u. STARK ein neues entwickelt. Die Funktion des Gerätes ist an einer Abb. erklärt. Es hat den Vorteil, daß W. auch aus Lsgg. entfernt werden kann, deren Kp. über 120° liegt. W. GRAF. 5048□

Vereinfachung eines Halbmikro-Zonenschmelzapparates. R. Handley und E. F. G. Herington. (Chem. and Ind. **1957.** 1184. 31/8. Teddington, Middlesex, Chem. Res. Labor.) (Engl.)

Die früher (vgl. C. **1960.** 2640) beschriebene Kombination von Parabol- u. Kugelspiegel kann man durch einen 7 in.-Al-Ellipsoidreflektor ersetzen, der $^1/_{16}$ in. stark u. nicht bes. poliert ist. Der Glühfaden der Projektionslampe befindet sich im nahen (2 in.), die Probe im entfernten (14 in.) Brennpunkt. Das Bild ist größer als das mit der alten Anordnung erzeugte, die Breite der Schmelzzone kann aber durch eine Blende aus Sn-Folie vor dem IR-Glasfilter eingeengt werden. Die Energie reicht für die Behandlung der meisten organ. Verbb. aus. R. JUNGE. 5048□

Dielektrische Messungen in der chemischen Industrie. E. Nebe. (Chem. Weekbl. **53.** 4—6. 5/1. 1957. Wiss.-Techn. Werkstätten Dr. K. Slevogt.) (Holl.) — Vgl. C. **1958.** 10159 u. 11907.

Übersicht über die vielseitigen Anwendungsmöglichkeiten, die die Best. der DK mit sich bringt. W. WESLY. 5052□

Bestimmung von Spurenverunreinigungen in Flüssigmetallkühlmitteln durch Radioaktivierungsverfahren. A. A. Smales. (Proc. int. Conf. peaceful Uses Atomic Energy **9.** 273—79. 1956. Harwell, Berks., Atom. Energy Res. Establ.) (Engl.)

Die zu untersuchenden Proben wurden im Harwell-Reaktor eingeschlossen in einem Quarzrohr im Unterdruck, 14 Tage bestrahlt. Danach wurden die Spurenverunreinigungen im γ-Spektrometer durch Ermittlung der γ-Strahlen bestimmt. Nähere Angaben über die Best. von *Hg, Cr, Rb, Cs, Ag, Sb, Sr* u. *Co* werden gemacht. F. VIER. 5052□

Scintillationszähler zur Messung der Radioaktivität von Dämpfen in Verbindung mit Gas-Flüssigkeits-Chromatographie. G. Popják, A. E. Lowe, D. Moore, L. Brown und F. A. Smith. (J. Lipid Res. **1.** 29—39. Okt. 1959. London, Hammersmith Hosp.) (Engl.)

Vff. beschreiben die Konstruktion u. Leistung eines Fl.-Scintillationszählers zur Messung radioakt. Dämpfe. Der Zähler wird in Verbindung mit einem Gas-Fl.-Chromatographiegerät zur Messung des ^{14}C-Geh. im Chromatographiedampf benutzt. P. GREGORZEWSKI. 5052□

Ein Zwei-Schreiber-Integrator-Anzeigesystem für die Gas-Flüssigkeits-Chromatographie. Kenneth L. Jackson und Cecil Entenman. (J. Chromatogr. [Amsterdam] **4.** 435—45. Dez. 1960. San Francisco, Calif., Biol. and Med. Sci. Div., U.S. Naval Radiolog. Defense Labor.) (Engl.)

Das aus dem Detektor kommende Signal wird zwei Kompensographen zugleich zugeführt, wobei bei einem Kompensographen die Detektorspannung auf $^1/_{10}$ red. wird. Es gelingt auf diese Weise die Schreiberbreite zu verzehnfachen bei gleichzeitiger Erniedrigung des Meßfehlers bei kleinen Peaks. Zwei Integratoren messen die Bergflächen aus u. führen die Werte einem Registriergerät zu, das die Summe bildet u. 10 Meßwerte speichern kann. Das Gerät ist vollautomatisiert (Schaltschema u. Abb.). W. LEIPNITZ. 5062□

Ein kompakter und vielseitiger Fraktionensammler. A. Snow, F. A. E. Porter und A. W. Tomalin. (J. sci. Instruments **35.** 243—44. Juli 1958. Cambridge, Univ., Cambridge, Univ., Low Temp. Stat. for Res. in Biochem. and Biophys.; Dep. of Sci. and Ind. Res.) (Engl.)

Eine Vorr. zum automat. Auffangen chromatograph. Fraktionen wird beschrieben. Eine drehbare Metallscheibe ist mit spiralförmig angeordneten Löchern zur Aufnahme der Probengläser versehen. Ein photoelektr. Tropfenzähler steuert die Weiterbewegung der Scheibe. Bei lichtempfindlichen Proben wird er durch eine mechan. Vorr. ersetzt, bei der der Tropfen über eine Drahtschleife fließt u. beim Fallen durch sein Gew. einen Kontakt schließt. W. BETCKE. 5062□

Eine Methode zur Kalibrierung von nichtgerichteten Zweikugel-Radiometern. Walter Koch. (Nature [London] **192.** 960. 9/12. 1961. Chicago, Ill., Chicago Med. School, Dep. of Microbiol. and Publ. Health. (Engl.)

Es wird eine neue Meth. zur Kalibrierung eines Zweikugel-Radiometers, die die Messung der Oberflächen u. das Emissionsvermögens unnötig macht, vorgeschlagen. Der Meßfehler liegt bei Messungen mit dem Sutton-McNall Instrument bei $\pm$ 0,4° F. G. M. Neumann. 5063□

Impulslichtquelle vielfacher Wirkung mit Anwendung der elektrischen Drahtexplosion. I. Ss. Marschak. (Оптика и Спектроскопия [Optik u. Spektroskopie] **10.** 801—04. Juni 1961.) (Russ.)

Hohe kurzzeitige Lichtleistungen bei kleinem Leucht-Vol. ergeben starke Kondensatorentladungen durch Metalldrähte, die eine momentane Verdampfung der Drähte u. nachfolgende Gasentladungen in den Metalldämpfen bewirken. Einige Eigg. solcher Entladungen werden besprochen. Die höchste, mit Xe-Impulslampen vergleichbare Lichtausbeute ergeben W- u. Ta-Drähte. Sie können auf Fäden aus Isolatormaterial, die von der Entladung nicht zerstört werden, aufgewickelt werden. Vff. nutzten diese Tatsache zur Erzeugung vieler aufeinanderfolgender Impulse aus. Ein mit Emaillelack getränkter u. mit W-Draht (125 μm ∅, Wicklungsabstand 1 mm) umwickelter Glasfaden wird dazu durch hohle Cu-Elektroden jedesmal automat. weiterbewegt. R. Gerbatsch. 5063□

Fehler bei der Schichtdickenbestimmung durch Mehrstrahlinterferometrie. C. Weaver und P. Benjamin. (Nature [London] **182.** 1149—50. 25/10. 1958. Glasgow, Roy. Coll. of Sci. and Technol., Dep. of Natural Philos.) (Engl.)

Bei der Tolanski-Meth. zur Schichtdicken-Best. benötigt man eine Kante oder einen Absatz der zu messenden Schicht auf der Unterlage. Scott, McLauchlan u. Sennett geben eine Variante an, nach der sie mit einer Nadel eine Rille in den Film kratzen u. die Tiefe des Kratzers interferometr. ausmessen. Es wird nachgewiesen, daß diese Meth. zu ernsten Fehlern führt, da die Unterlage der Schicht proportional zum Druck mitdeformiert wird, was um so leichter auftritt, je zäher die Schicht haftet, da dann höhere Drucke notwendig sind, um die Schicht wegzukratzen. Glas als Unterlage wird mit einer Nadel mit Spitzenradius von 0,03 mm bereits bei einer Kraft von 2 p plastisch deformiert, ein Wert, der meist überschritten wird, um eine saubere Rille in den Film zu kratzen. P. Brumm. 5063□

Fabry-Perot-Interferometerverspiegelungen aus dielektrischen Vielfachschichten für das Spektralgebiet von 2300—3000 Å. Andreas Steudel und Siegfried Stotz. (Z. Physik **151.** 233—40. 23/4. 1958. Heidelberg, Univ., I. Phys. Inst.) (Dt.) — Vgl. C. **1958.** 1934.

Es wird über eine Verspiegelung für Fabry-Perot-Interferometer aus alternierenden dielektr. λ/4-Schichten berichtet, bei denen im Bereich 2500—3000 Å CsJ, im Bereich 2300—2500 Å CsBr als hochbrechende Substanz benutzt wurde. Als niedrigbrechende Substanzen fanden Kryolith u. MgF_2 Verwendung. 11 λ/4-Schichten aus CsJ u. Kryolith ergeben bei 2500 Å ein Reflexionsvermögen von ca. 94% bei einer Absorption von ca. 3,5%. Wegen der Feuchtigkeitsempfindlichkeit von CsJ u. CsBr wurden auf die λ/4-Schicht-Syst. Paraffinschutzschichten aufgedampft. Die neuartigen Verspiegelungen besitzen gegenüber denen aus Al beträchtliche Vorteile in bezug auf Auflösungsvermögen u. Lichtstärke des Interferometers. W. Betcke. 5063□

Zur Anwendung der Zeitauflösung bei Wechselstrombogenanregung. 2. Mitt. Brunó Vorsatz. (Magyar Kémiai Folyóirat [Ung. Z. Chem.] **66.** 482—83. Dez. 1960. Budapest, Központi Fiz. Kutató Intézet.) (Ung.)

In den Spektren, die bei Wechselstrombogenanregung mittels eines Schwingspiegels aufgenommen wurden, weichen die zeitlichen Abläufe der Intensitäten verschiedener Linien voneinander ab. Es wird der theoret. Zusammenhang der zeitlichen Intensitätsveränderungen diskutiert u. an Hand einiger Beispiele der Spektralanalyse von verschiedenen Metallen u. Metall-Verbb. die Anwendung des Schwingspiegels u. des zu diesen Zwecken ausgearbeiteten Schwingungs-Syst. gezeigt. G. Halmi. 5063□

Gleichstrombogenanalyse. Einige Effekte beim Ersatz von Graphit durch Kohle. D. C. Spindler. (Appl. Spectroscopy **15.** 20—21. 1961. Cleveland, Ohio, Ferro Corp.) (Engl.)

Vf. teilt Beobachtungen über die Änderung des Abbrand-Verh. bei Verw. von Kohle an Stelle des üblichen Graphits in der Spektralanalyse mit Gleichstrombogenanregung mit. Pufferung mit Kohlepulver verlängert den Abbrand, Trägerelektroden aus Kohle ergeben den umgekehrten Effekt. Das Material der Gegenelektroden ist ohne bes. Einfluß. Fast immer ändert sich die Intensität der Analysenlinien. Kohlepulver ist mit vielen Probenpulvern schlecht mischbar. R. Gerbatsch. 5063□

Registrierender und verstärkender Empfänger für Kurzzeitspektroskopie. Richard Schneider, Fritz Maisenhälder und Manfred Kling. (Z. angew. Physik **13.** 211—15. April 1961. Stuttgart, TH, Arbeitsgemeinschaft Hochtemp.-Forsch.) (Dt.)

Es wird eine App. beschrieben, die in der Lage ist, Spektren sehr kurzer Belichtungszeit herzustellen, sie zu verstärken u. zu registrieren. In abgeänderter Form läßt sich diese App. auch zur Messung von Intensitätsprofilen von stationären Bögen verwenden. Anwendungsbeispiele werden angeführt. H. Schibilla. 5063□

Spektrochemische Analyse mit zeitaufgelösten Spektren von Funkenentladungen. K. Laqua und W.-D. Hagenah. (Spectrochim. Acta [London] **18.** 183—99. Febr. 1962. Dortmund, Inst. für Spektrochem. u. angew. Spektroskopie.) (Engl.)

Vff. führten Analysen mit zeitaufgelösten Spektren von Funkenentladungen von Al, Zn, Messing u. Spuren auf Cu-Elektroden (Cu-Funken-Meth.) durch. Dabei wurden sowohl Hochspannungsfunkenerzeuger (Feussner) als auch Mittelspannungsfunkenerzeuger (Multisource) verwendet. Entladungen in Luft u. Ar als Trägergas wurden untersucht. Weiterhin stellten Vff. Vgl. der Nachw.-Empfindlichkeit dieser Analysen-Meth. mit herkömmlichen spektrochem. Verff. an, diskutieren über die damit erhaltenen Analysengenauigkeiten u. weisen auf die Eigg. der dafür geeigneten Spektral-App. hin. Mit zeitaufgelösten Spektren lassen sich stets die Nachw.-Empfindlichkeiten weicher, nachweisempfindlicher Funken erreichen. Dabei können die Entladungen selbst je nach Aufgabenstellung für hohe Genauigkeit, günstigen Materialabbau, Vermeidung des Einfl. dritter Partner oder nach anderen Gesichtspunkten ausgewählt werden. Die Nachw.-Empfindlichkeit des Wechselstrombogens wurde meist nicht erreicht.

Gerhard Schulze. 5063□

Kleberädchentechnik in der Spektralanalyse. W. R. Neuhaus. (Appl. Spectroscopy **15.** 54. 1961. Tonawanda, N.Y., Linde Co., Dir. of Union Carbide Corp., Res. Labor.) (Engl.)

Vf. analysiert Al-Proben mit verschiedener Struktur nach einheitlichen Eichproben durch Herst. von Feilspänen. Diese werden auf ein mit Klebstoff präpariertes Kohlerädchen in gleichmäßiger Schicht aufgetragen u. unter Rotieren abgefunkt. Eine Meth. zur Best. höherer Geh. an Mg, Mn, Si, Cr u. Cu in Al nach diesem Verf. wird beschrieben.

R. Gerbatsch. 5063□

Ein Hilfsmittel zum Vermischen von Pulvern in einer Kapsel. William L. Dutton. (Appl. Spectroscopy **15.** 24. 1961. Stamford, Conn., Amer. Cyanamid Co., Res. Div.) (Engl.)

Die Herst. homogener Pulvermischungen (z. B. Zumischen von Graphitpulver zu Analysenproben in der Spektralanalyse) in schwingenden Kapseln kann bedeutend intensiviert werden durch Einbau einer Nichrom-Drahtspirale in die Kapsel.

R. Gerbatsch. 5063□

Sensitometrische Eigenschaften von Polaroid-Emulsionen im Hinblick auf die Anwendung in der Spektralanalyse. F. R. Bryan und E. F. Runge. (Appl. Spectroscopy **15.** 16—18. 1961. Dearborn, Mich., Ford Motor Comp., Sci. Labor.) (Engl.)

Durch die Verw. sog. „Einminutenfilme" mit automat. Entw. kann die Dauer qual. u. halbquant. spektralanalyt. Verff. wesentlich abgekürzt werden. Vff. bauten eine handelsübliche automat. entwickelnde Rollfilmkamera an einen Jaco-3,4-m-Flachgitterspektrographen an u. untersuchten mittels Fe-Lichtbogen u. Stufensektor die Emulsions-Eigg. eines Polaroid-47 L-Positivfilmes. Die Empfindlichkeit ist zwischen 3000 u. 6000 Å für spektrograph. Zwecke ausreichend, die Kennliniensteilheit beträgt im nahen UV 2,0—2,6, die Auflösung ist mit 30 mm^{-1} normal. Da auch die Reproduzierbarkeit von Aufnahme zu Aufnahme gut ist, kann der Film für die Spektralanalyse eingesetzt werden. Als Beispiel wird die Best. von Ni in Fe beschrieben.

R. Gerbatsch. 5063□

Spektroskopische Standardproben von Titan und hochwarmfesten Legierungen. Robert E. Michaelis. (Appl. Spectroscopy **15.** 7—8. 1961. Washington, D.C., Nat. Bur. of Stand.) (Engl.)

Mitt. über Herst. u. Bezugsmöglichkeiten einiger neuer spektroskop. Standardproben des N.B.S., u. zwar niedriglegierter Ti-Sorten vom 8 Mo-Typ u. 2 Cr–2 Fe–2 Mo-Typ sowie der hochwarmfesten Legg. 16-25-6 (Cr–Ni–Mo), Inconel „X", Waspaloy u. Waspaloy Modified. R. Gerbatsch. 5063□

Registriereinrichtung für das Infrarotspektrometer IKSs-11. Je. L. Matwejew und Ju. Sch. Moschkowski. (Заводская Лаборатория [Betriebs-Lab.] **27.** 355—56. 1961. Inst. für chem. Phys. der Akad. der Wiss. der UdSSR.) (Russ.)

Zur Registrierverbesserung von IR-Spektren mit dem Spektrometer IKSs-11 wurde an den Austritt des Verstärkers FEOY-15 der Schreiber EPPW-51 mit einem hochohmigen Eingang geschaltet. Vff. beschreiben die Montage dieser Registrieranordnung. U.-L. Rau. 5063□

Ein Kopierschreiber zum Gebrauch an Infrarotspektrometern. G. D. Meakins und K. A. Nelson. (Chem. and Ind. **1957.** 1415—16. 26/10. Manchester, Christie Hosp.) (Engl.)

An handelsüblichen Spektrometern lassen sich simultan mit den Originalspektren verkleinerte Kopien durch eine relativ einfache u. billige Anordnung erzielen. Die Bewegungen der Registriertrommel u. des Schreibfeder-Syst. werden durch je ein Paar Drehfeldgeber auf die kleinere, entsprechend gebaute Kopiertrommel übertragen. Die beschriebenen wenigen Veränderungen am Spektrometer beeinflussen dessen Funktionen nicht. Die Kopien stimmen innerhalb von $\pm$ 10 cm^{-1} u. $\pm$ 3% Intensität mit dem Original überein, wenn sie in 100 cm^{-1} u. 10% graduiert sind. R. JUNGE. 5063☐

Kriterien für die Leistungsfähigkeit infraroter Systeme. R. W. Powell. (J. opt. Soc. America **50.** 660—67. Juli 1960. Azusa, Calif., Aeroject-Gen. Corp.) (Engl.)

Vf. führt zunächst aus, daß sich die Leistungsfähigkeit eines IR-Syst. nicht hinreichend durch eine totale Strahlungsmessung beschreiben läßt u. daß auch die neueren „effektiven“ oder „äquivalenten“ Strahlungstechniken nicht dazu in der Lage sind. Er schlägt daher eine neue Meth. vor, mit der man die Ansprechkurve der Vorr. erhält. Zu diesem Zweck wird die monochromat. Schwelle des Syst. an einem oder mehreren Punkten des spektralen Bandes bestimmt, in dem die Ansprechbarkeit größer als 50% ist. Die auf diesem Wege bestimmte maximale spektrale Schwelle drückt den geringsten, nachweisbaren Strahlunsgfluß aus. Aus der Ansprechkurve wird das relative Ansprechen des Syst. gegenüber der Strahlung des schwarzen Körpers zwischen 273 u. 6000° K abgeschätzt. C. GOTTFRIED. 5063

Halter für KBr-Tabletten. Robert A. Pittman. (Appl. Spectroscopy **15.** 55. 1961. New Orleans, La., U.S. Dep. of Agric., South. Regional Res. Labor.) (Engl.)

Die Konstruktion eines Halters für KBr-Tabletten für ein BECKMAN-IR-Spektrophotometer wird beschrieben. R. GERBATSCH. 5063☐

Differentialthermometrische Titrationen und die Bestimmung von Reaktionswärmen. Bruce C. Tyson jun., W. H. McCurdy jun. und C. E. Bricker. (Analytic. Chem. **33.** 1640—45. Nov. 1961. Princeton, N.J., Princeton Univ., Dep. of Chem.) (Engl.)

Es wird ein App. zur Durchführung thermometr. Titrationen beschrieben. Der Verlauf der Titration wird an Hand der automat. registrierten Temp.-Erhöhung der Rk.-Lsg. gegenüber einer Blind-Lsg., die der freigesetzten Rk.-Wärme (ΔH) entspricht, verfolgt. Motorgetriebene Spritzbüretten sorgen für gleichmäßige Zugabe des Titrationsmittels. Vier parallelgeschaltete hochohmige Thermistoren (100000 Ω; Temp.-Koeff. —4,6%/°C bei 25°) gewährleisten eine empfindliche Temp.-Messung. Der Stromkreis ist auf Grund mathemat. Analysen so eingerichtet, daß zwischen Temp.-Differenz u. elektr. Signal eine lineare Beziehung besteht. Dadurch ist auch eine schnelle u. einfache ΔH-Messung möglich. — Für nachst. Verbb. wurden die Enthalpien ΔH (kcal/Mol) der Rk. mit HCl u. die Basizitäts-Konst. pK_{BH} ermittelt (25°): *$AgNO_3$* (ΔH]— 15,70 $\pm$ 0,2°), *NaOH* (—13,45 $\pm$ 0,07), *NH_3* (—12,57 $\pm$ 0,09; pK_{BH} 9,24), *Äthanolamin* (—12,10 $\pm$ 0,28; 9,45), *Pyridin* (—4,67 $\pm$ 0,07), *Äthylendiamin* (erste NH_2-Gruppe: —12,38 $\pm$ 0,18; zweite NH_2-Gruppe: —10,83 $\pm$ 0,11), *Tris-[hydroxymethyl]-aminomethan* (—11,89 $\pm$ 0,10; 8,01), *2-Aminobutanol-(1)* (—12,82 $\pm$ 0,10; 9,53), *2-Methyl-2-aminopropanol-(1)* (—13,38 $\pm$ 0,10; 9,71), *2-Methyl-2-aminopropandiol-(1.3)* (—12,43 $\pm$ 0,10; 8,80). Mit $Ce(SO_4)_2$ in H_2SO_4 wurden titriert: *H_2O_2, Äthylendiammoniumeisen(II)-sulfat, $K_4[Fe(CN)_6]\cdot 3\,H_2O$.* W. BETCKE. 5066☐

Titration in nichtwässerigem Medium. Jerzy Minczewski. (Журнал Аналитической Химии [J. analyt. Chem.] **15.** 151—54. März/April 1960. Warschau, Technol. Inst. u. Inst. für Kernforsch. der Pol. Akad. der Wiss.) (Russ.)

Überblick über die potentiometr. Titration in nichtwss. Lösungsmitteln. Als Elektrodenmaterial können Glas, Sb, Mo, Ta u. a. verwendet werden. NH_3 u. Pyridinbasen werden in Eisessig (I) mit 0,1n $HClO_4$ (II), Phenole in Dimethylformamid titriert. Die Titration techn. Guanidiniumnitrats wird in I mit II oder in Methanol mit Natriummethylat vorgenommen. Gleichfalls sind Best. organ. Anhydride sowie Na- u. K-Best. in I mit II möglich. Für Redox-Best. eignen sich die mehrwertigen Ionen von Cu, V, U u. Mo, die in H_2SO_4 mit Cr(II)-Ionen in Dioxan titriert werden. E. HEISE. 5066☐

Anodische Amalgamvoltammetrie. 3. Mitt. **Vergleichende Untersuchungen zur Anwendung amalgamierter Platinelektroden und stationärer Quecksilberelektroden.** Rolf Neeb. (Z. analyt. Chem. **180.** 161—68. 1961. Mainz, Univ., Inst. für anorgan. u. Kernchem.) (Dt.) — 2. vgl. C. **1960.** 9999.

Für die anod. Amalgamvoltammetrie werden 2 Elektrodenarten beschrieben: 1. die stationäre Hg-Elektrode, hergestellt durch Herausdrücken eines definierten Hg-Tropfens aus einer Injektionsspritze mittels Mikrometerschraube u. 2. eine amalgamierte Pt-Elektrode, durch elektrolyt. Abscheidung von Hg an einem Pt-Draht. Beide Elektroden werden bei verschiedenen Spannungsänderungs-Geschw. in bezug auf Empfindlichkeit u. Reproduzierbarkeit verglichen. Bei der Best. von Pb, Cd u. Tl geben beide Elektroden mit großen $\Delta V/\Delta t$ genauere Werte. Die Pt-Elektrode ist allg. empfindlicher, jedoch mechan. stabiler. E. FAULHABER. 5066□

Über eine Scheibenelektrode mit Ring. A. N. Frumkin und L. N. Nekrassow. (Доклады Академии Наук СССР [Ber. Akad. Wiss. UdSSR] **126.** 115—18. 1/5. 1959. Moskau, Lomonossow-Univ.) (Russ.)

Es wird eine Unters.-Meth. der End- u. Zwischenprodd. einer elektrochem. Rk., die sich an der Oberfläche einer Scheibenelektrode abspielt, beschrieben. Dabei wird eine rotierende Ring-Scheiben-Elektrode verwendet, die ein Syst. aus zwei unabhängigen Elektroden (Scheibe u. Ring) darstellt, welche in einer Ebene liegen u. durch eine dünne Isolierschicht getrennt sind. Die sich bei der Elektrolyse an der Scheibenelektrode bildenden End- u. Zwischenprodd. können auf diese Weise festgestellt werden, daß sie auf dem Elektrodenring red. oder oxydiert werden; man erhält eine Polarisationskurve mit einem Diffusionsgrenzstrom bzgl. des untersuchten Stoffes. H. TREUMANN. 5066□

Erdung von pH-Meßanlagen. Reinhard Süss. (Chemie-Ing.-Techn. **31.** 735—37. Nov. 1959. Stuttgart-Bad Cannstatt, J. C. Eckardt AG.) (Dt.)

Da die pH-Meßkette mit Glaselektrode ein Primärelement darstellt, welches einen Meßverstärker mit extrem hochohmigem Eingangswiderstand erfordert, muß die Anschlußleitung des Gerätes u. der Elektroden so hochwertig isoliert sein, daß der Isolationswiderstand keinen Kurzschluß der Meßspannung darstellt. Lsg. u. Behälterwandung stehen im allg. mit dem Erdpotential in Verbindung, an der Behälterwandung können galvan. Elemente auftreten u. vagabundierende Ströme eingekoppelt werden, die die Meßergebnisse verfälschen (Ersatzschaltbild, Glaselektrodenmeßkette). Da für kontinuierliche pH-Überwachungen im allg. geerdete Medien vorliegen, ist zumindest für Betriebsgeräte keine direkte Erdung des Bezugspotentials des Verstärkers zulässig. Die Anschlußklemme des Bezugselektrodenpotentials muß gegenüber Erde einen möglichst hohen Isolationswiderstand aufweisen. Auch für Labor.-Meßgeräte soll die Möglichkeit vorgesehen werden, ungeerdet oder über einen Kondensator geerdet messen zu können. Bezugselektroden sollen einen Diaphragmawiderstand unter 10 kΩ haben. In total entsalztem W. soll der Abstand des Diaphragmas von der Membran der Meßelektrode möglichst gering sein; unter Umständen kann ein metall. Leiter in die Nähe der Membran gebracht werden, um eine eindeutig definierte Erdung der Fl. zu erhalten. W. STROSS. 5066□

Ein Apparat zur schnellen serienmäßigen Mikrobestimmung des pH- und pCl-Wertes. D. V. Varsányi. (Mikrochim. Acta [Wien] **1961.** 770—76. Budapest, State Inst. for Dermato-Venerol., Dep. of Biochem.) (Engl.)

Eine rasche u. einfache Mikro-Best. des pH- u. pCl-Wertes von Lsgg. gestattet eine vollständig aus Glas gefertigte Anordnung, die aus zwei durch eine Capillare über einen Kugelschliff verbundenen u. mit Faserasbest verschlossenen Elektrodenkammern besteht. Die eine (mit Abflußhahn, Einfülltrichter u. Überlaufrohr versehen) enthält die Meßelektrode, die andere die Kalomel-Bezugselektrode (einfache oder doppelte Salzbrücke für pH- bzw. pCl-Best.). Das Proben-Vol. beträgt nur 0,5 ml. W. BETCKE. 5066□

Untersuchungen über substituierte Dithiophosphate. 1. Mitt. **Die Diäthyldithiophosphorsäure und ihr Natriumsalz.** Helmut Bode und Wolfgang Arnswald. (Z. analyt. Chem. **185.** 99—110. 1962. Hannover, TH, Anorg.-chem. Inst.) (Dt.)

Es werden Meth. zur Darst. der Diäthyldithiophosphorsäure u. ihres Na-Salzes beschrieben sowie Eigg. u. Verff. zur Best. der genannten Verbb., die als Chelatkomplexbildner in der analyt. Chemie Verw. finden, angegeben. Während das Na-Salz, das aus wss. Lsg. mit 3 Moll. W. krist., lange Zeit haltbar ist, zersetzen sich wss. Lsgg. der freien Säure im Laufe der Zeit. Verd. 1n salzsaure Lsgg. des Na-Salzes zerfallen bei Zimmer-Temp. nach einer Rk. 1. Ordnung mit einer Halbwertszeit von ca. 250 Stunden. Es werden Angaben über die Verteilung der Diäthyldithiophosphorsäure zwischen CCl_4 u. wss. Lsgg. bei verschiedenen HCl-Konzz. gemacht. Die Diäthyldithiophosphorsäure ist eine starke Säure, deren Dissoziations-Konst. in wss. Lsg. $>2,4 \cdot 10^{-2}$ ist. P. KURZMANN. 5072□

Destillationsapparatur zur Feuchtigkeitsbestimmung. T. Barr und J. I. Yarwood. (Chem. and Ind. **1957.** 803—05. 22/6. Droylsden, Manchester, Brit. Hat & Allied Feltmakers Res. Assoc.) (Engl.)

Es werden Änderungen an der Feuchtigkeits-Best.-App. von TRYON (C. **1953**. 7420) beschrieben. Ein Entlüfter wird durch einen Syphon ersetzt, der mit einer Siliconschicht belegt ist. W. LUCHSINGER. 5074□

Ein Detektor auf der Grundlage einer sich selbst erhaltenden Entladung für die chromatographische Analyse permanenter Gase. E. Evrard, M. Thevelin und J. V. Joossens. (Nature [London] **193**. 59—60. 6/1. 1962. Louvain, Univ., St. Raphael Clin., Central Clin. Labor., Dep. of Intern Med.) (Engl.)

Bei Atmosphärendruck u. Raum-Temp. tritt in einer einfachen, nicht radioakt. Entladungskammer in trockenem, von Dämpfen organ. Substanzen verunreinigtem Ar eine sich selbst erhaltende Gleichstromentladung auf. Auf dieser Beobachtung beruht in Annäherung an die Ionisations–Detektor-Meth. eine neue Meth. zum gaschromatograph. Nachw. permanenter Gase. In einem typ. Vers. wurden Ar mit einem Geh. von 200 ppm (Vol.) Äthylen als Trägergas u. eine Silicagelsäule benutzt. Als Detektor diente eine als Kathode geschaltete kleine zylindr. Messingzelle, die als Anode einen koaxialgespannten Pt-Draht enthielt. Der Detektor wurde mit einer Gleichspannung von 1000 V über einen Serienwiderstand von $3{,}5 \cdot 10^9\ \Omega$ polarisiert. Beim Durchfluß des Trägergases durch die Zelle wurde regelmäßig eine stabile, sich selbst erhaltende Entladung beobachtet. Bei Verw. von CO_2 (0,001—0,7 μl/s) trat eine Schwächung des Stroms bis zu 80% ein. Die gebräuchlichen permanenten Gase (N_2O, N_2, O_2, H_2, CO, Cl_2) riefen ähnliche Wrkg. hervor. Die Verss. wurden mit verschiedenen organ. Verunreinigungen in Ar mit gleichem Effekt wiederholt. Der Mechanismus des Entladungsdetektors wird diskutiert. W. BETCKE. 5086□

Identifizierung von Gasen mit Mikrowellenanregung und Aufnahme mit einer kleinen Spektroskop-Kamera. J. W. Mellichamp, I. Adams und G. A. Wolff. (Appl. Spectroscopy **15**. 52—53. 1961. Fort Monmouth, N.J., U.S. Army Signal Res. Dev. Labor.) (Engl.)

Vff. schlagen zur Identifizierung von Gasen in elektrodenlosen Entladungsröhren Anregung mit Mikrowellen (2450 MHz, 10—100 W) u. Aufnahme des durch ein ZEISSsches Handspektroskop zerlegten sichtbaren Spektrums mit einer Kleinbildkamera vor. Zur Auswertung dienen Vgl.-Spektren. R. GERBATSCH. 5086□

Bestimmung von Kohlendioxid in Proben aus Äthanolamin-Gasbehandlungsanlagen. Paul G. Laux. (Chemist-Analyst **50**. 49—50. Juni 1961. Cincinnati, Ohio, Vulcan-Cincinnati, Inc.) (Engl.)

Die CO_2-Best. erfolgt dadurch, daß CO_2 als $CaCO_3$ gefällt, dann filtriert, gewaschen, in HCl gelöst u. mit EDTA-Lsg. bei pH 10 mit Cu-EDTA u. PAN als Indicator titriert wird. W. LUCHSINGER. 5086□

Konduktometrische Bestimmung von Kohlenstoffmonoxid. A. Waitman und L. Macoveanu. (Rev. Chim. [Bucureşti] **7**. 468—72. Aug. 1956. C.C.S., Inst. de cerc. ştiinţ. protect. muncii.) (Rum.)

Zur Best. ihres CO-Geh. wird Luft durch Filter geleitet, die W., CO_2 u. organ. Lsgm. binden, dann wird das allein verbliebene CO über J_2O_5 bei 300° zu CO_2 oxydiert, das in verd. carbonatfreier NaOH aufgenommen wird. Die Lsg. wird unter Verw. eines in % CO geeichten Mikroamperemeters konduktometr. titriert (Schaltschemata). Die Analyse läßt sich in 5 Min. ausführen. R. K. MÜLLER. 5088□

Mischungen von Schwefeldioxid und Luft zum Eichen von Schwefeldioxidschreibern. W. G. Cummings und M. W. Redfearn. (Chem. and Ind. **1957**. 809. 22/6. Leatherhead, Surrey, Central Electr. Authority Res. Labor.) (Engl.)

Da sich Mischungen von 0—50 Teilen SO_2 in 10^8 Teilen Luft wegen Sorptionserscheinungen nicht als Vorrat herstellen lassen, werden sie kontinuierlich wie folgt erzeugt: SO_2-Gas, erhalten durch Verdampfen von fl. SO_2, wird mit relativ wenig Luft (Natronkalkreinigung) vermischt. Ein geringer Teil dieser Mischung (der größere geht in den Abzug) wird nach erneutem Mischen mit Luft zum Eichen des SO_2-Schreibers benutzt. Die aus dem Stand der Strömungsmesser errechnete SO_2-Konz. stimmt mit analyt. Best. (Colorimetrie von Jod–Stärke-Lsgg.) überein. R. JUNGE. 5088□

Eine quantitative Bestimmung einiger kurzlebiger Jod-, Barium- und Strontium-Spaltprodukte in den Abgasen eines gasgekühlten Reaktors. Lyle L. Reed, Marcus N. Myers und William W. Sabol. (Talanta [London] **6**. 215—29. 1960. Idaho Falls Idaho, Gen. Electr. Co., Aircraft Nucl. Propulsion Project.) (Engl.)

Es werden Verff. zur Isolierung u. γ-spektroskop. Best. der in der Reaktoraustrittsluft befindlichen kurzlebigen Isotope ^{131}J, ^{132}J, ^{133}J, ^{134}J, ^{135}J, ^{139}Ba, ^{140}Ba, ^{91}Sr u ^{92}Sr beschrieben. Die Isotope werden aus dem Luftstrom durch Adsorption an aktivierter Holzkohle aufgefangen, die Kohle wird mit Ba-, Sr- u. J-Standardträgern beladen u. verascht, u. die Verbrennungs-Prodd. werden im O_2-Strom zum Auffangen des J_2 durch Na_2SO_3-Lsg. geleitet. J^- in der Lsg. u. Ba u. Sr im Verbrennungsschiffchen

werden nach üblichen chem. Verff. bestimmt, u. die γ-Aktivität der Fraktionen wird durch Szintillationszählung gemessen. Die genaue mathemat. Behandlung der Ergebnisse zur Berechnung der abs. Zerfallsverhältnisse der einzelnen Isotope unter Einbeziehung notwendiger Korrekturen wird besprochen. Die Ergebnisse können bei entsprechender Routine innerhalb 2 Std. nach dem Abtrennen der Isotope erhalten werden.
W. BETCKE. 5088□

Anwendung der photoelektrischen Densitometrie auf die Abschätzung von einatembaren Staubproben. A. R. Bugden und R. J. Hamilton. (Brit. J. appl. Physics **11.** 371—77. Aug. 1960. Isleworth, Min. Res. Establ.) (Engl.)

Vff. beschreiben eine neu entwickelte Technik zur schnellen Abschätzung von einatembarem Grubenstaub, der auf einem handelsüblichen Staubsammler — NCB/MRE dust sampler Typ 101 — aufgefangen wird u. wobei die Anzahl der Teilchen mit einem photoelektr. Densitometer bestimmt wurde. Verss. wurden durchgeführt mit weicher *Kohle*, *Anthrazit* u. weißem *Sandstein*. Ein Vgl. von experimentell mit dieser Technik gemessenen Teilchenzahl mit mkr. ausgezählten Teilchenzahlen ergeben gute Übereinstimmung.
C. GOTTFRIED. 5088

a) Elemente und anorganische Verbindungen

Identifizierung bestimmter Anionen und Kationen in Gemischen durch Bildung gefärbter Produkte (Ringe) auf Agar-Gel. B. D. Jain und S. P. Singhal. (J. Chromatogr. [Amsterdam] **2.** 324—25. Mai 1959. Delhi, Univ., Dep. of Chem.) (Engl.)

Das Verf. gestattet, verschiedene Ionen, die auf das gleiche Reagens ansprechen, ohne vorherige Trennung nebeneinander nachzuweisen. Hierzu wird die mit Agar angerührte Reagens-Lsg. (0,01n) auf eine Glasplatte aufgetragen u. vor dem Erstarren mit der Analysen-Lsg. (0,5—0,05 n je Ionenart) getüpfelt. Entsprechend der unterschiedlichen Löslichkeit der Rk.-Prodd. bilden sich konzentr. Ringe aus, deren Transparenz ggf. für quant. Schätzungen herangezogen werden kann. — 17 Trennbeispiele werden angegeben.
F. M. FRIEDRICH-ANDERSECK. 5106□

Anwendung eines Interferenz-Polarisationsfilters zur Analyse der Isotopenzusammensetzung von Wasserstoff-Deuterium-Gemischen. W. A. Borgesst und A. N. Saidel. (Оптика и Спектроскопия [Optik u. Spektroskopie] **5.** 686—61. Dez. 1958.) (Russ.)

Die Anwendung eines Interferenz-Polarisationsfilters zur emissionsspektroskop. Best. des Geh. an D_2 (**I**) in Gemischen mit H_2 (**II**) wird beschrieben. Das Filter besteht aus einem parallel zur opt. Achse abgespaltenen Islandspatblättchen (Dicke 7,1 mm), das zwischen 2 Polarisatoren angeordnet ist. Das zu analysierende Gasgemisch strömt durch eine Quarzcapillare, in der es hochfrequenten Entladungen unterworfen wird. Zur Analyse dienen die D_α- u. H_α-Linie. Bei der Unters. von Gemischen mit geringem **I**-Geh. ($<$1%) wird die H_α-Linie durch entsprechende Stellung des zweiten Polarisators bis auf ca. $^1/_{40}$ abgeschwächt. Die Best. erfolgt auf photograph. Wege unter Verw. eines Gitterspektrographen. Der relative Fehler bei der Best. von **I**-Konzz., die geringer als im natürlichen **II** waren, betrug ca. 15%. Die Unters. von Gemischen mit mittleren **I**-Geh. (10—90%) erfolgt auf visuellem Wege. Zur Zerlegung dient ein zwischen Filter u. Analysator geschaltetes Wollastonitprisma. Das Intensitätsverhältnis der Linien wird durch Drehen des Analysators bis zur Helligkeitsgleichheit gemessen. Zur Kontrolle der Eichbedingungen dient eine Entladungsröhre, die mit einem **I**–**II**-Gemisch bekannter Zus. gefüllt ist.
U.-L. RAU. G 238□

Über die Bestimmung des Tritiums. G. N. Trussow und N. A. Aladshalowa. (Журнал Аналитической Химии [J. analyt. Chem.] **15.** 238—39. März/April 1960.) (Russ.)

Es wird eine App. zur Best. von ^3H in Form von Wasserdampf beschrieben. Das Zählrohr ist mit Isotopen von 16—18 Torr gefüllt. Ein bes. gebauter Hahn gestattet das gleichzeitige Fetten mit Vakuumfett im oberen Teil u. mit in Isopentan unlösl. Fett im unteren Teil. Es zeigte sich, daß der Wasserdampfdruck bis zu 3 Torr keinen Einfl. auf die Anzahl der Impulse besitzt. Zur Druckmessung wird ein Butylphthalatmanometer benutzt. Der Fehler der Best. beträgt 7%.
E. HESSE. G 238□

Methode und Apparatur zur Analyse wässeriger Ammoniaklösungen. Ss. A. Kraschennikow, Ss. Ss. Golubew und I. Ja. Ssabajew. (Химическая Промышленность [Chem. Ind.] **1960.** 514—15. Sept.) (Russ.)

Das beschriebene Gerät (Abb.) zur Best. der NH_3-Konz. (c_A%) in einer wss. Lsg. (auch in Ggw. von bis 2% Cr-Salzen u. dgl.) beruht auf der Best. der Summe P (mm Hg) der Gleichgewichtsdrucke von NH_3 u. H_2O in Abhängigkeit von der Temp. t u. von c_A.

In einem Diagramm werden Kurven der Beziehung c_A—P für t = 10, 15 u. 20⁰ gegeben. Danach ist bei dem verwendeten Gerät $c_A = 27,8 \log [P/(1,44\,t + 12,6)]$.

R. K. MÜLLER. G 243□

Über die polarographische Reduktion von Halogenaten und deren Oxydationspotentiale. S. B. Roshdesstwenskaja und O. A. Ssongina. (Журнал Аналитической Химии [J. analyt. Chem.] **15.** 138—46. März/April 1960. Alma-Ata, Kasach. Univ.) (Russ.)

Vff. berichten über die polarograph. Red. von ClO_3^-, BrO_3^- u. JO_3^- an der Hg-Tropfelektrode u. einer rotierenden Pt-Kathode. Die Red. von ClO_3^- erfolgt nur in konz. H_2SO_4. BrO_3^- u. JO_3^- werden auch in verd. H_2SO_4 red., wobei das Polarogramm von ClO_3 eine, das von JO_3^- zwei Stufen aufweist. Hierbei wird das Hg oxydiert, u. es entsteht eine Red.-Zacke von Hg-Ionen. Die Stufenhöhe ist von der H_2SO_4-Konz. abhängig. Der Mechanismus der Red.-Wrkg. wird diskutiert. E. HEISE. G 245□

Über die induzierte Reduktion von Chlorationen. L. J. Csányi und M. Szabó. (Talanta [London] **1.** 359—66. Nov. 1958. Szeged, Hungary, Univ., Inst. for Inorg. and Analyt. Chem.)

Zur Best. von ClO_3^- säuert man eine 3—35 mg ClO_3^- enthaltende Probe mit 10 bis 20 ml 20%ig. H_2SO_4 an, versetzt zur Beschleunigung der Rk. mit 5—10 ml 0,1n $AgNO_3$-Lsg., verd. auf 50—60 ml, vertreibt Luft durch 1—2 g $KHCO_3$, fügt überschüssige 0,1n As_2O_3-Lsg. u. 2 Tropfen 0,01 mol. OsO_4-Lsg. als Katalysator hinzu u. titriert das überschüssige As_2O_3 nach 1—2 Min. mit 0,1n $Ce(SO_4)_2$-Lsg. zurück. Der Fehler beträgt 0,1%. Es wird angenommen, daß durch das zur Rücktitration verwendete Oxydationsmittel As(III) zu As(IV) oxydiert wird, das als Zwischenstufe für eine schnelle Red. des ClO_3^- erforderlich ist. Dabei tritt ClO_2 als Zwischenprod. auf. H. PLUSKAL. G 247□

Beiträge zur Schnellanalyse der Laugen bei der Herstellung von Kaliumchlorat. C. Liteanu, V. Medeanu und M. Cosma. (Rev. Chim. [Bucureşti] **8.** 487—89. Juli 1957.) (Rum.)

In den Laugen der Herst. von $KClO_3$ durch Umsetzung von $Ca(ClO_3)_2$ mit KCl wird ClO^- zweckmäßig durch Rk. mit einer mit H_2SO_4 angesäuerten, jodometr. geeichten Lsg. von Methylorange bei 70—80⁰ bis zum Umschlag von Rot nach Blaßgelb bestimmt, worauf das hierbei entstandene u. das ursprünglich vorhandene Cl^- mit 0,1n $AgNO_3$-Lsg. titriert wird. Zur Best. von ClO_3^- red. man ClO_3^- u. ClO^- mit $FeSO_4$-Lsg. in neutralem Medium, löst $Fe(OH)_3$ u. $Fe(OH)_2$ in HNO_3, vertreibt die nitrosen Gase u. bestimmt wieder Gesamt-Cl^- nach VOLHARD. Die gesamte Analyse ist in 20 Min. ausführbar. R. K. MÜLLER. G 247□

Über die Reaktion des Chromylchlorids (Halbmikrobestimmung). A. Maquinay. (J. Pharmac. Belgique [N. S.] **14 (41).** 280—88. Juli/Aug. 1959. Liège, Univ., Inst. de Pharmacie, Labor. de Chim. Anal.) (Franz.)

Zur Best. von Cl^- zersetzt man in einem völlig trockenen Gerät (Abb.) die (kristallwasserhaltige) Probe mit konz. (AgCl mit heißer, konz.) H_2SO_4, saugt das entstehende HCl-Gas in vorgelegte $H_2SO_4 + K_2Cr_2O_7$ u. das gebildete CrO_2Cl_2 in vorgelegte KOH-Lsg. ab u. bestimmt das entstandene K_2CrO_4 jodometr. oder colorimetrisch. HgCl u. $HgCl_2$ zers. sich nicht. Sulfate, Phosphate u. Hypophosphite stören nicht, wohl aber Nitrate. Kristallwasserfreie Proben zersetzt man gleich mit $H_2SO_4 + K_2Cr_2O_7$ (Beleganalysen). W. WESLY. G 247□

Untersuchungen über analytische Methoden zur Bestimmung von Spurenverunreinigungen in hochreinen Substanzen. 5. Mitt. Bestimmung von Aluminium in hochreinem Selen. Masuo Miyamoto. (Japan Analyst **10.** 98—102. 1961. Nippon Mining Co. Ltd.) (Jap.; Auszug: Engl.)

Die Best. von Mikromengen Al in hochreinem Se erfolgt mit Hilfe der Oxin–Chlf.-Extraktions-Meth. nach vorheriger Abtrennung der störenden Ionen durch Diäthyldithiocarbamat–Chlf.-Extraktion. Se wird durch Verdampfen entfernt, der mit HF behandelte Rückstand in CH_3COOH–CH_3COO^--Puffer-Lsg. gelöst u. Al nach Anwendung der angegebenen Extraktions-Meth. spektrophotometr. bestimmt. Die Meth. ist empfindlich u. schnell. Al ist bis zu einer Menge von 0,1 ppm innerhalb von 3 Std. bestimmbar.

U. SKURNIA. G 294□

Chronopotentiometrie von Cer(IV). Donald G. Davis. (Analytic. Chem. **33** 1839—42. Dez. 1961. New Orleans, La., Louisiana State Univ. in New Orleans, Dep. of Chem.) (Engl.)

Es wurde die Chronopotentiometrie von Ce(IV) untersucht, wobei als Arbeitselektrode eine mit einem Glasmantel geschützte Pt-Elektrode verwendet wurde, um Störungen der Diffusionsschicht durch Konvektion zu verhindern. Konstanz von $i\tau^{1/2}/C$ wurde in einem Konz.-Bereich von 2—20 mMol Ce in 1m H_2SO_4 u. 3m $HClO_4$ u. bei Übergangszeiten von 10—100 Sek. erhalten. Fehler, die durch die Red. von

Pt-Oxidfilmen bei Ce(IV) u. Fe(III) enthaltenden Lsgg. hervorgerufen werden, wurden untersucht. Indirekte Best. von As(III) u. Oxalsäure durch chronopotentiometr. Best. des nicht red. Ce(IV)-Überschusses wurden durchgeführt. Die Kinetik der Rk. zwischen Ce(IV) u. Weinsäure wurde untersucht. P. Kurzmann. G 304□

Bestimmung von Titan durch Wechselstrompolarographie. J. R. Beevers und B. Breyer. (J. electroanalyt. Chem. [Amsterdam] **1.** 39—43. Aug. 1959. Sydney, Univ., Dep. of Agric., Sect. of Agric. Chem.) (Engl.) — Vgl. Breyer, Gutmann u. Hacobian, C. **1956.** 14129.

Zur polarograph. Best. von Ti in 10^{-3} bis 10^{-4} n Ti-Lsg. mit großem Fe-Überschuß wurde 0,2 m Oxalsäure mit $5 \cdot 10^{-3}$% Gelatine als Leitelektrolyt verwendet. In einer beschriebenen App. (l. c.) wurden eine Wechselspannung von 15 mV u. 50 Hz u. eine Hg-Tropfelektrode verwendet. Th, Pb u. ein doppelter Überschuß an Cu stören die Best. nicht. H. Pluskal. G 321

Eine neue Methode zum Bestimmen von Titantetrachlorid in organischen Lösungsmitteln. Toshio Takiguchi, Yasuaki Nakaido und Yoshiharu Kubota. (J. chem. Soc. Japan, ind. Chem. Sect. [Kogyo Kagaku Zasshi] **63.** 786—87. Mai 1960). Kiryû, Gunma-Daigaku, Kôgakubu, Ôyôkagakuka.) (Jap.; Auszug: Engl. S. A 41.

$TiCl_4$ wird in organ. Lsgm. unter Zugabe von abs. Ae. mit einer äther. (Wasser-Geh. 0,25%) Anilin-Lsg. (I) versetzt, wobei das $TiCl_4$ hydrolysiert. Das gebildete HCl reagiert mit I zum HCl-Salz, welches durch Titration mit $AgNO_3$ bestimmt wird. Auf diese Weise können 10—200 mg $TiCl_4$ in organ. Lsgm. mit einer Standardabweichung von 2,4% bestimmt werden. E. Maekawa. G 321□

Trennung von Radioelementen durch Chromatographie auf Papier, das mit mineralischen Ionenaustauschern imprägniert wurde. J. P. Adloff. (J. Chromatogr. [Amsterdam] **5.** 366—67. April 1961. Strasbourgh-Cronenbourgh, Cent. de Rech. Nucl., Dep. de Chim. Nucl. (Franz.)

Vf. imprägnierte das zur Trennung von Radioelementen verwendete Papier nach dem Verf. von Alberti u. bestimmte folgende Paare (R_F-Wert): Auf *Zr-Phosphat-Papier* mit 0,5 m HCl als Laufmittel: ^{207}Tl (0,1)—^{207}Pb (1), $^{204}Tl^{+}$ (0,2)—$^{204}Tl^{3+}$ (0,9), ^{90}Y (0,3)—^{90}Sr (1); mit 0,5 m NH_4Cl als Laufmittel: ^{140}La (0)—^{140}Ba (0,9), ^{228}Ac (0,1)—^{228}Ra (0,85). Auf *Zr-Oxidhydrat-Papier* mit 0,1 m NH_4NO_3 als Laufmittel: ^{207}Pb (0)—^{207}Tl (0,6), $^{204}Tl^{+}$ (0)—$^{204}Tl^{3+}$ (0,8), ^{140}La (0)—^{140}Ba (0,9), ^{90}Y (0)—^{90}Sr (0,95), ^{223}Fr (0)—^{223}Ra (0,85); mit 0,05 m NH_4NO_4 als Laufmittel: ^{212}Pb (0,4)—^{212}Bi (0). Auf *Zr-Wolframat-Papier* mit 0,1 m NH_4Cl als Laufmittel: ^{223}Ra (0)—^{223}Fr (0,5), ^{223}Fr (0,5)—^{13} Cs (0,6). H. Nentwig. G 328□

Die Chemie des Natrium-Borhydrids in wässeriger Lösung. Blei, Barium, Quecksilber, Cadmium und Zink. G. W. Schaeffer, Mary Concetta Waller und L. F. Hohnstedt. (Analytic. Chem. **33.** 1719—22. Nov. 1961. Saint Louis, Mo., Univ., Dep. of Chem.) (Engl.)

Das Red.-Potential des $NaBH_4$ (1,24 V im alkal., 0,48 V im sauren Medium für die Oxydation zu $B(OH)_4^-$) läßt sich im Verein mit der pH-Abhängigkeit der Löslichkeit der Rk.-Prodd. für eine Reihe von quant. Trennungen (Pb, Ba, Hg, Cd u. Zn) ausnutzen. Die Trennung von Pb u. Ba geschieht durch Zugabe einer 1%ig. wss. $NaBH_4$-Lsg. zu der Pb^{2+}/Ba^{2+}-Ionenmischung bei pH 5,6 [das Normal-Redoxpotential für $BH_4^- \rightleftharpoons B(OH_4)^-$ bei pH 5,63 beträgt 0,78 V] unter Rühren, Abfiltrieren u. Waschen des Pb-Nd. mit einer gesätt. H_3BO_3-Lsg., die mit $NaBH_4$ auf pH 6 eingestellt wurde. Pb wird in 6n HNO_3 gelöst u. spektrometr. oder flammenphotometr. bestimmt, Ba als $BaSO_4$. — *Cd–Hg*: Die Cd^{2+}/Hg^{2+}-Mischung wird auf pH 7 eingestellt, wobei ein hellorangefarbener Nd. ausfällt, tropfenweise mit 1%ig. $NaBH_4$-Lsg. versetzt u. 1 Std. lang gerührt. Dann wird der pH-Wert mit verd. HNO_3 auf 6 gebracht, der Hg-Nd. abfiltriert, mit $H_3BO_3/NaBH_4$ (pH 6) gewaschen, in 6n HNO_3 gelöst u. Hg gegen SCN^--Lsg. titriert. Cd wird im Filtrat nach der Pyrophosphat-Meth. bestimmt. — *Cd–Zn*: Durch Red. der Ionen-Lsg. mit $NaBH_4$ bei einem Anfangs-pH von 2, 1 std. Rühren u. Zugabe von 3n NaOH zum Lösen des mitgefällten Zn. Nach 30 Min. langem Digerieren in der Wärme wird der Cd-Nd. abfiltriert, mit heißem W. gewaschen, in 2n H_2SO_4 gelöst u. die Red.-Fällungs-Operation wiederholt. Zn in den vereinigten Filtraten wird nach dem Verreiben des B mit Methanol/H_2SO_4 als $ZnNH_4PO_4$ gefällt u. als $Zn_2P_2O_7$ bestimmt. — *Pb–Zn*: Die Red. mit $NaBH_4$ wird bei pH 5,6 vorgenommen. Zn wird aus dem Nd. durch Zusatz von konz. NH_3 herausgelöst u. die Fällung wiederholt. W. Betcke. G 328□

Bestimmung von Spurenverunreinigungen in Uranmetall. 14. Mitt. Bestimmung von Spurenmengen an Blei in Uranmetall mit Hilfe der Wechselstrompolarographie und der Spektrophotometrie. Ken Saitō und Tsugio Takeuchi. (Japan Analyst **10.** 152—56. 1961. Nagoya Univ., Fac. of Engng., Inst. of Techn.-Analyt. Chem. (Jap.; Auszug: Engl.)

Die Best. von Pb erfolgt durch Lösen der Probe in HCl u. H_2O_2, Maskieren der Spurenverunreinigungen von Cu, Ni, Fe u. Zn durch Zugabe von NH_4-Citrat, Na_3SO_3, KCN u. NH_4OH, Extrahieren des Pb mit einer Dithizon–Bzl.-Lsg., Überführen in 0,45n-$HClO_4$ u. Anwendung der Wechselstrompolarographie. Bei spektrophotometr. Best. wird die extrahierte Dithizon–Bzl.-Lsg. bei 520 mμ vermessen. Die mit Hilfe der beiden Meth. erhaltenen Ergebnisse stimmen gut überein. U. SKURNIA. G 328□

Über die Bestimmung von Uran neben Eisen in den Phosphaten von Gafsa (Tunesien). Roger Lumbroso, Jean Petit und Joseph Spiteri. (C. R. hebd. Séances Acad. Sci. **242.** 904—05. 13/2. 1956.) (Franz.)

Vff. schlagen eine neue U-Best.-Meth. neben großen Mengen Fe in den tunes. Phosphaten vor. Um den Absorptionseffekt der Strahlung durch Fe (40—60%) bei Aktivitätsmessungen auszuschalten, wird eine Eichkurve aufgestellt. Zunächst wird das Fe in der salzsauren Unters.-Lsg. bestimmt. Dann werden Lsgg. hergestellt, die eine gleich große Fe-Menge enthalten, jedoch steigende Mengen eines U-Salzes. Die Aktivitäten der Lsgg. werden gemessen u. aus den Ergebnissen eine Eichkurve [Aktivität = f (Konz. an U)] konstruiert. Aus dieser Eichkurve kann dann die der Aktivität der Unters.- Lsg. entsprechende U-Menge mit einer Genauigkeit von 0,023% bestimmt werden. H. FRIES. G 339□

Gleichzeitige ultraviolettspektrophotometrische Bestimmung von Eisen, Blei und Wismut durch Salzsäure. Yuroku Yamamoto. (Bull. Inst. chem. Res., Kyoto Univ. Kagaku Kenkyusho Hokoku **36.** 139—44. Nov. 1958. Ishibashi Labor. (Engl.)

Zur gleichzeitigen Best. von 2—10 ppm Fe, Pb u. Bi wird die Probe-Lsg. mit 10 ml konz. HCl versetzt u. auf 20 ml aufgefüllt. Die Absorptionsmessung erfolgt bei den Absorptionsmaxima der 3 Elemente: für Fe bei 357 mμ, für Bi bei 327 mμ u. für Bi bei 270 mμ. Aus dem Meßwert bei 357 mμ kann die Fe-Konz. mit Hilfe einer Eichkurve bestimmt werden. Von dem Meßwert bei 327 mμ subtrahiert man den mit Hilfe einer Eichkurve ermittelten Wert für Fe u. bestimmt aus der Differenz den Wert für Bi. Vom Meßwert bei 270 mμ subtrahiert man die Absorptionen für die bereits ermittelten Fe- u. Bi-Mengen u. bestimmt den Pb-Geh. aus der Differenz. Cu, Sb, V u. Ti stören. Die mittleren Fehler betragen für Fe 3,2%, für Pb 2,2% u. für Bi 1,2%. H. PLUSKAL. G 354□

Bestimmung von Verunreinigungen einiger Nichteisenmetalle durch Röntgenfluorescenzspektroskopie. Kichinosuke Hirokawa. (Nippon Kinzoku Gakkai-Si [J. Japan Inst. Metal] **24.** 555—58. 1960.) (Jap.; Auszug: Engl.)

Geringe Mengen von *Cd*, *Fe*, *Pb* u. *As* wurden mit Hilfe der Röntgenfluorescenzspektroskopie unter Verw. der Röntgenstrahlenintensität von Zn als Standard in Zn bestimmt. Pb u. As in Sn wurden auf die gleiche Weise analysiert. Bei der Best. des Fe in Ti wurden die Proben vor der Ermittlung der Röntgenstrahlenintensität in HF gelöst u. die somit erhaltenen Salze mit C-Pulver brikettiert. Die Übereinstimmung zwischen der chem. u. Röntgenfluorescenzanalyse war gut. U. SKURNIA. G 354□

Untersuchungen über die technisch-analytische Methode mit Hilfe des S.W.-Polarographen. 2. Mitt. **Bestimmung von Kupfer, Zink und Eisen in Aluminiumlegierungen.** Nobuo Tajima und Moriji Kurobe. (Japan Analyst **10.** 146—51. 1961. Toyada Automatic Loom Works Ltd.) (Jap.; Auszug: Engl.)

Vff. behandelt die quant. Best. von Cu (einige %), Fe (0,1—1%) u. Zn in Legg. unter Verw. eines S.W.-Polarographen. Cu u. Zn werden bestimmt durch Lösen einer 0,1 g-Probe in einer HCl-HNO_3-Mischung, Eindampfen zur Trockne, Aufnehmen des Rückstandes in 5 ml HCl, Verdünnen mit W. auf 50 ml u. polarograph. Unters.; die Stufen existieren bei —0,25 u. —1,05 V. Die Fe-Best. erfolgt durch Eindampfen der Lsg. einer anderen Probe zur Trockne, Aufnehmen des Rückstandes in HCl (1:1), Extraktion mit Methylisobutylketon, Rückextraktion des Fe mit W., Konzentrieren auf 2 ml, Verdünnen mit W. auf 25 ml, Neutralisieren mit 0,5n NaOH, Ansäuren mit 1 ml HCl (1:10), Zugabe von 7,5 g Na-Citrat, Auffüllen auf 50 ml mit W. u. Aufnehmen des Polarogramms; Stufe bei —0,3 V. Die Zeitdauer für die Analyse beträgt 1 Stunde. U. SKURNIA G 358□

Flammenphotometrische Untersuchungen mit Hilfe der Extraktionsmethode mit organischen Lösungsmitteln. 3. Mitt. **Bestimmung von Mangan und Kupfer mit Hilfe von Oxin und der Extraktion mit organischen Lösungsmitteln.** Hidehiro Gotô und Emiko Sudô. (Japan Analyst **10.** 175—81. 1961. Tohoku Univ., Res. Inst. for Iron, Steel and Other Metals.) (Jap.; Auszug: Engl.) — 2. vgl. C. **1962.** 8727.

Vff. führen eine flammenphotometr. Mikro-Best. von Mn oder Cu durch, indem sie diese in den Oxinkomplex überführen u. den mit Methylisobutylketon, Amylacetat, Äthylacetat oder Chlf. extrahierten Komplex direkt flammenphotometr. in der O_2–H_2-Flamme bei 403,5 mμ (Mn) u. 324,8 mμ (Cu) bestimmen. Durch die Verw. organ. Lsgm.

konnte die Empfindlichkeit für Mn um das 20—30fache u. für Cu um das 6—8fache gegenüber der Best. in wss. Lsg. gesteigert werden. U. SKURNIA. G 358□

Bestimmung von Verunreinigungen in Thorium. 1. Mitt. Photometrische Bestimmung von Kupfer in hochreinen Thoriumverbindungen. Tomoyuki Mukoyama und Norio Ichinose. (Japan Analyst **10.** 107—11. 1961. Yamanashi Univ., Fac. of Engng., Dep. of Appl. Chem.) (Jap.; Auszug: Engl.)

Vff. entwickeln eine Meth. zur photometr. Best. von Cu (> ca. 0,2 ppm) in Th-Oxiden oder Th-Nitraten. Die Probe (1 ~ 2,5 g ThO_2) wird in 10 ml HNO_3 (1:1) u. 3 Tropfen HF in einer Pt-Schale (50 ml) gelöst u. auf dem Wasserbad zur Trockne eingedampft. Der Rückstand wird in 1 ml HNO_3 (1:1) u. einigen ml W. bei mäßigem Erwärmen gelöst u. in einem Becherglas (50 ml) mit 5 ml 50%ig. Citronensäure u. 8—12 ml NH_4OH (1:1) unter Rühren versetzt. Die Lsg. wird dann in einen 100-ml-Scheidetrichter übergeführt u. nach Zugabe von 4 ml 1%ig. EDTA u. Verdünnen auf 40 ml wird der pH-Wert auf 9 eingestellt. Nach Zugabe von 1 ml 0,2%ig. Na-Diäthyldithiocarbamat-Lsg. erfolgt Extraktion (2 Min.) mit 5,0 ml Isoamylacetat, Filtration u. Messung der Absorption bei 430 mμ. Der Cu-Geh. wird dann an Hand einer Eichkurve ermittelt. U. SKURNIA. G 358□

Über die Mitfällung von Zink mit pyridinhaltigen Komplexverbindungen. I. M. Korenman und S. I. Glasunowa. (Журнал Аналитической Химии [J. analyt. Chem.] **13.** 528—32. Sept./Okt. 1958. Gorki, Lobatschewski-Univ.) (Russ.)

Vff. untersuchen die Mitfällung von Zn bei der Fällung von Cu^{2+}, Cd^{2+} bzw. Ni^{2+} in Form ihrer Komplex-Verbb. $Me(Py)_2](SCN)_2$ (Py = Pyridin); mitgerissenes Zn wird in den Ndd. radiometr. unter Anwendung von ^{65}Zn bestimmt. Mit $Cu(Py)_2](SCN)_2$ wird Zn schwächer mitgefällt als mit den entsprechenden Cd- bzw. Ni-Verbindungen. In allen Fällen wird jedoch eine ähnliche Beziehung zwischen den Verhältnissen der Komponenten in der Ausgangs-Lsg. u. im Nd. festgestellt; es ergibt sich eine lineare Abhängigkeit zwischen dem log des Zn-Geh. im Nd. (μg Zn/g Nd.) u. dem log des Verhältnisses der Konzz. Me^{2+}/Zn^{2+} in der Ausgangslösung. Mit $[Cd(Py)_2]Br_2$ wird Zn nur sehr schwach mitgefällt. Durch Temp.-Erhöhung wird die Mitfällung weiter stark herabgesetzt. Vff. weisen auf die Möglichkeit zur Trennung kleiner Mengen Cu bzw. Cd von Zn durch Fällung in Form derartiger komplexer Thiocyanate bzw. Bromide bei höherer Temp. hin: 1 mg Cu kann von 200 μg Zn einwandfrei getrennt werden. Außerdem wird empfohlen, das Cu durch Auflösen des $[Cu(Py)_2](SCN)_2$ in wenig 1n HNO_3 u. Titration des SCN^- mit $AgNO_3$ zu bestimmen. H.-J. OSTMANN. G 358□

Bedeutung der Mikroanalyse bei der Erforschung metallischer Werkstoffe. Hanns Malissa. (Stahl u. Eisen **81.** 54—57. 5/1. 1961. Wien, TH, Inst. für Anal. Chem.) (Dt.)

Zusammenfassender Vortrag. — 28 Literaturangaben. A. BLASCHETTE. 5280□

b) Organische Verbindungen

Bestimmung der Äquivalentgewichte von Estern und Halogeniden mit Hilfe von Kationenaustauscherharzen. Willis H. Baldwin und Cecil E. Higgins. (Analytic. Chem. **30.** 446—47. März 1958. Oak Ridge, Tenn., Nat. Labor. (Engl.)

Beim Kochen von Phosphor- oder Sulfonsäureestern oder Alkylhalogeniden mit Äthanolamin entstehen unter Wanderung eines Alkylrestes vom Ester zum Amin quart. Ammoniumsalze. Nach Austausch des Ammoniumions gegen H^+ an einem Kationenaustauscher (Dowex-50) wird die freie Säure gegen Alkali titriert. Aus der Ester-Einwaage u. der Anzahl der bestimmten Säureäquivalente ergibt sich das Äquivalent-Gew. des Esters. Best. wurden durchgeführt mit: *Triäthylphosphat*, *Tris-[2-äthylhexyl]-phosphat*, *Butylphosphonsäuredibutylester*, *Tributylphosphat*, *Methyl-p-toluolsulfonat*, *Propyl-p-toluolsulfonat*, *Butyl-p-toluolsulfonat*, *1.4-Dibrombutan*, *Butylbromid*, *Benzylchlorid* u. *Chloressigsäureäthylester*. Für die Bromide sowie die Äthyl- bzw. Methylester der *p-Nitrobenzoe-*, *Stearin-* u. *Anissäure* sind noch Werte aufgeführt, die nach dem gleichen Verf., aber bei Verseifung der Alkalialkoholat erhalten wurden.

W. BETCKE. 5358□

Spektrophotometrische Bestimmung von Nitrit und Thioharnstoff. Kenneth Hutchinson und D. F. Boltz. (Analytic. Chem. **30.** 54—56. Jan. 1958. Detroit, Mich., Wayne State Univ.) (Engl.)

Die Bldg. von Rhodanid bei der Rk. zwischen Nitrit u. Thioharnstoff (I) ermöglicht die spektrometr. Best. sowohl von NO_2^- als auch von I über den $FeSCN^{2+}$-Komplex. Zur Best. von Nitrit wird die Probe-Lsg. (ca. 25 ml, 0,1—0,7 mg NO_2^-) mit 5 ml 1%ig. wss. I-Lsg. u. 10 ml Acetatpuffer (3 ml Eisessig u. 4,9 g CH_3COOK im Liter) 30 Min. auf 70—80° erwärmt. Nach Zusatz von 10 ml einer Lsg. von 80 g $Fe(ClO_4)_3$ (Hydrat) u. 34 ml 72%ig. $HClO_4$ im Liter wird auf 50 ml aufgefüllt u. die Absorption bei 455 mμ

gemessen. Folgende Fremdionen-Konzz. sind zulässig: Cr^{3+} (100 ppm.), Ni^{2+} (150), Cd^{2+} (60), VO_3^- (85), $C_2O_4^{2-}$ (25), CO_3^{2-} (15), AsO_4^{3-} (15), PO_4^{3-} (30), J^- (5) u. F^- (60). Al^{3+}, NH_4^+, Ba^{2+}, Ca^{2+}, Co^{2+}, Pb^{2+}, Li^+, Mg^{2+}, Mn^{2+}, K^+, Na^+, Sr^{2+}, UO_2^{2+}, Zn^{2+}, Cl^-, Br^-, NO_3^-, SO_4^{2-} u. WO_4^{2-} stören auch in Konzz. von 500 ppm nicht. Cu^{2+}, Sn^{4+}, Sn^{2+}, Hg^{2+}, Bi^{3+}, Fe^{3+}, Ag^+, ClO_4^-, $Cr_2O_7^{2-}$, $S_2O_3^{2-}$, MnO_4^- u. S^- bewirken in Mengen von 0,5 mg Nd.-Bildung. Die mehrwertigen Kationen lassen sich mit Hilfe von Kationenaustauschern entfernen, doch bringt dies leicht zu niedrige NO_2^--Werte.
W. BETCKE. G 880□

Die Analyse von Methyl- und Phenylchlorsilan-Lösungsgemischen. Carl A. Hirt. (Analytic. Chem. **33.** 1786—89. Nov. 1961. Waterford, N.Y., Gen. Electr. Co., Silicone Prod. Dep.) (Engl.)

Mischungen von monomeren Chlorsilanen (deren Zus. vor der Hydrolyse u. Polymerisation die Eigg. des Silicons bestimmen) lassen sich mit guter Genauigkeit massenspektrometr. analysieren. Bei der Analyse eines $(C_6H_5)_2SiCl_2 + C_6H_5SiCl_3 + (CH_3)_2 \cdot SiCl_2 + CH_3SiCl_3$-Gemisches lagen die Fehler unter 0,5 Mol-%. W. BETCKE. G 1380□

Analyse von Spurenverunreinigungen in Styrol durch Gas-Flüssigkeits-Chromatographie mit Capillarsäulen. O. L. Hollis. (Analytic. Chem. **33.** 352—55. März 1961. Freeport, Tex., Dow Chem. Co., Texas Div., Org. Basic Res. Labor.) (Engl.)

Es wird die Best. der Verunreinigungen in Fertig-Styrol, die in Konz. < 25 ppm enthalten sind, ohne vorherige Anreicherung beschrieben. Dabei findet ein Trioden-Ar-Detektor nach LOVELOCK mit modifizierter Stromzuführung Verwendung. Als stationäre fl. Phasen in den 200 bzw. 125 ft. langen Säulen dienen Bis-[phenoxyphenyl]-äther (I), Ucon 50-HB-2000 sowie Apiezon L. I ist bes. wirksam zur Trennung von m- u. p-Xylol. Die relativen Retentionszeiten (Bzl. = 1) von 24 KW-Stoffen (Toluol, Äthylbenzol, p-, m-, o-Xylol, Styrol, Cumol, n-Propylbenzol, m-, p-, o-Äthyltoluol, 1.3.5-Trimethylbenzol, α-Methylstyrol, tert. Butyl-, Isobutyl-, sek. Butylbenzol, β-Methylstyrol, Indan, m-, p-, o-Cymol, m-, p- u. o-Vinyltoluol) u. die in 6 Styrolproben gefundenen Verunreinigungen werden tabellar. aufgeführt. D. ZSCHUMMEL. G 1410□

Die Titration von isomer substituierten 5-Amino-1.2.3-triazolen in nichtwässerigen Medien. Eugene Lieber, C. N. Ramachandra Rao und Tai Siang Chao (Analytic. Chem. **29.** 932—33. Juni 1957. Chicago, Ill., De Paul Univ., Dep. of Chem., Lafayette, Ind., Purdue Univ., Dep. of Chem. u. Minneapolis, Minn., Archer-Daniels Midland Co.) (Engl.) — Vgl. C. **1957.** 12167.

Die folgenden Verff. der Titration von 4-Phenyl-5-anilino-1.2.3-triazol (I) wurden miteinander verglichen: Titration in 50%ig. A. gegen wss. NaOH; in Dimethylformamid (DMF) gegen Natriummethylat (methanol. Lsg., mit Bzl. verd.) mit Azoviolett als Indicator (Verf. A.), in Äthylendiamin gegen CH_3ONa, in DMF gegen CH_3ONa, potentiometr. (Verf. B). Die Verff. A u. B lieferten die besten Ergebnisse. Nach B wurde noch eine Reihe von 5-Amino-4-phenyltriazolen mit verschiedenartig substituierten -NH_2 titriert, wobei als Substituenten $C_6H_5CH_2$-, 4-$NO_2 \cdot C_6H_4$-, 3-Cl$\cdot C_6H_4$-, β-$C_{10}H_7$-, 4-$CH_3 \cdot C_6H_4$-, 4-$CH_3O \cdot C_6H_4$-, 4-Cl$\cdot C_6H_4$- u. 4-Br$\cdot C_6H_4$- dienten. Die Fehler lagen zwischen 0,01 u. 0,1%. — I u. das Isomere 1.4-Diphenyl-5-amino-1.2.3-triazol lassen sich nebeneinander bestimmen, wobei letzteres in Eisessig als Lsgm. gegen $HClO_4$ mit Methylviolett u. I nach Verf. A titriert wird. W. BETCKE. G 3153□

H. Angewandte Chemie

I. Allgemeine chemische Technologie

Über einen neuen Werkstoff der chemischen Industrie. O. Henriksson. (Teknillisen Kemian Aikakauslehti **18.** 165—66. März 1961.) (Finn.)

Kurze Angaben über die Eigg. von „Nucerite", einem neuen Werkstoff aus Stahl oder einer hitzebeständigen Leg. mit aufgeschmolzenem keram. Überzug, der hohe Schlagfestigkeit, Korrosions- u. Hitzebeständigkeit besitzt u. als Werkstoff für chem. App. dem Stahlemail überlegen sein soll. S. BECKMANN. 5804□

Verwendung von Graphit im chemischen Apparatebau. Ju. Moldavan. (Химическая Промышленность [Chem. Ind.] **1960.** 251—54. April/Mai. Inst. für Projekt. von Anlagen der chem. Ind. der Rumän. Volksrepublik.) (Russ.)

Voraussetzung für die Verw. von Graphit als Werkstoff ist die Beseitigung seiner Porosität. Die Tränkung mit Phenol-CH_2O-Harz (1:1,25 mol) erfolgt zweckmäßig nach dessen Kondens. mit 10,5% NaOH (bezogen auf Phenol) bei 30—35° im Wechsel von Vakuum u. Druck. Phenol-Furfurol-Harz (0,5—0,6:1, Kondens. in Ggw. von 3—4% konz. H_2SO_4 bei > 70°) wird in Lsg. zur Tränkung verwendet, die Härtung in den Gra-

phitporen erfolgt bei 70—90°. Ein zu Tränkung geeignetes Epoxidharz wird aus Diphenylolpropan u. Epichlorhydrin (optimal 1,05: 1) erhalten. Mit vorst. Mitteln getränkter Graphit ist nur bis 200° verwendbar. Ein Prod. mit hoher Korrosionsfestigkeit „Grafinert“ wird aus Graphitpulver durch sorgfältige Durchmischung mit fl. Harz, Trocknen, Überführen in Resolform, Mahlen mit Zusatz von Stearinsäure u. Pressen erhalten.
R. K. Müller. 5804□

Säurefeste Dichtungsmaterialien aus Ftorlon. N. T. Dodonow und S. A. Sasulina. (Химическая Промышленность [Chem. Ind.] **1960**. 339. Juni.) (Russ.)

Ftorlon (I), (Polytetrafluoräthylen) ist nach 60tägigen Verss. bei 20° beständig gegen 60%ig. H_2SO_4, 55%ig. u. 96%ig. HNO_3, 20%ig. H_2O_2, 96%ig. H_3PO_4 u. 43,5%ig. NaOH, bei 80° gegen 63%ig. HNO_3, 98%ig. H_2SO_4 u. 36%ig. HCl. Der Vgl. mit anderen, als säurefeste Dichtung angewandten Stoffen zeigt die Überlegenheit von **I**.
R. K. Müller. 5810□

Die Adsorption von Uran, Vanadin und Phosphor durch den stark basischen Anionenaustauscher AW-17. A. W. Gordijewski und W. I. Ssaweljewa. (Химическая Промышленность [Chem. Ind.] **1960**. 204—08. April/Mai.) (Russ.)

AW-17 ist ein stark bas., monofunktioneller Anionenaustauscher, erhalten durch Aminierung des chlormethylierten Copolymeren von Styrol u. Divinylbenzol, mit 65% W., Dichte 0,65, Austauschkapazität 3,8 mÄquivalent 0,1 n HCl/g. Aus Carbonat-Lsgg. u. HCl nimmt AW-17 bei Ggw. von U, V u. PO_4 bevorzugt U auf; U wird zu 96 bis 97% von V, prakt. vollständig von P getrennt. Die Auswaschung von U gelingt mit 2 m NaCl-Lsg. oder 1 m $NaNO_3$-Lsg. mit 0,05 m Na_2CO_3 zu > 99%. Aus H_2SO_4 aufgenommenes U wird mit 2 m HNO_3, 2 m HCl oder 1 m NH_4NO_3 quant. ausgewaschen; aus HCl aufgenommenes U läßt sich schon mit dest. W. leicht auswaschen. Am wirksamsten wird U durch AW-17 aus 0,01 m H^+ enthaltenen H_2SO_4 (pH 2,0) oder 8,0 m HCl aufgenommen. Gegen 10 m HCl oder 8 m HNO_2 ist AW-17 chem. beständig.
R. K. Müller. 5826□

Magnetische Regelung der Unterströmungsableitung eines Waschkonus für schwere Flüssigkeiten. P. Moiset und R. Dartois. (Int. Mineral Processing Congr., London **1960**. 564—71. Mons, Fac. Polytechn., Dép. de Mines.) (Engl.)

Beschreibung von Schwerflüssigkeitsanlagen zur Entfernung von Sinkgut mit Lufthebern oder mechan. Vorr., die durch ein magnet. Ventil gek. sind. Ein veränderlicher Fluß in diesem Ventil läßt unmagnet. Sinkgut durch. Das Ventil setzt den Energiebedarf herab u. erhöht den Wrkg.-Grad der Trennung. W. Wesly. 5828□

Analyse der Trennungsfaktoren von Mineralaufbereitungsverfahren. Marcus Digre. (Int. Mineral Processing Congr., London **1960**. 998—1013. Trondheim, Inst. of Technol., Min. Dressing Labor.) (Engl.)

Unterss. über die Beziehungen von Konzentrat- u. Ausbeutegrad zum Grad des Roherzes bei einstufiger Trennung eines Zweikomponenten-Syst. zeigen, daß die Betriebsergebnisse nur durch einen Parameter, den „Trennungsfaktor“, gek. sind. Die Anwendung dieser Analyse auf ein Vielkomponenten-Syst. wird erörtert. Die Ergebnisse mehrstufiger Trennungs-Verff. werden mittels eines bestimmten Trennungsfaktors berechnet.
W. Wesly. 5828□

Gesetzmäßigkeiten der Filtration bei der Trennung sich entmischender Suspensionen auf dem Filter. W. A. Shushikow. (Химическмя Промышленность [Chem. Ind.] **1960**. 315—23. Juni.) (Russ.)

Eine Suspension kann sich auf dem Filter unter der Einw. der Schwerkraft entmischen. Die einzelnen Stufen der Entmischung sind durch allmähliche Abnahme der Suspension u. Zunahme der reinen Fl. u. des Nd. mit Verdichtung der Suspension als Zwischenstufe gekennzeichnet. Schließlich verbleiben nur noch Fl. u. Nd., die durch die Filtration getrennt werden. Auf Grund von Gleichungen u. Diagrammen werden die Gesetzmäßigkeiten dieser Vorgänge u. die Grenzen zwischen den einzelnen Stufen theoret. behandelt. Die theoret. Beziehungen werden durch experimentelle Werte bestätigt. Für die 1. u. die 4. Stufe werden Zahlenwerte errechnet.
R. K. Müller. 5830□

Apparat zum Auswaschen von Filterniederschlägen mit großem hydraulischem Widerstand. Ja. R. Katzobaschwili, N. Ss. Kurkowa, W. Ss. Lichobabenko, E. A. Lewitzki, Ss. A. Golossow, F. A. Massolowa und G. I. Nasarow. (Химическая Промышленность [Chem. Ind.] **1960.** 340. Juni.) (Russ.)

Für das Auswaschen schwer filtrierbarer Ndd. wird ein App. empfohlen, an dessen zentraler Achse, über die ganze App.-Höhe verteilt, 6 Propellerrührer angebracht sind; der untere Teil des App. ist als Filter ausgebildet. Aus einem Nd. von $Al(OH)_3$, der noch 5 kg Na_2SO_4 auf 1 kg Al_2O_3 enthält, wird SO_3 bis auf Spuren, Na_2O bis auf < 0,01% ausgewaschen. R. K. Müller. 5830□

Untersuchung der Absorptionsgeschwindigkeit in horizontalen mechanischen Absorbern nach der Ähnlichkeitsmethode. Ss. N. Gans und M. A. Lokschin. (Журнал Прикладной Химии [J. angew. Chem.] **32.** 1477—83. 1959. Dnepropetrowsk, Chem.-technol. Inst.) (Russ.) — Vgl. C. **1959.** 4924 u. 7379.

Unter Verw. der REYNOLDS-, PRANDTL- u. GALILEI-Kriterien (Re, Pr, Ga) wird eine dimensionslose Gleichung für die Beziehungen zwischen den hydrodynam. u. physikal.-chem. Größen bei der Stoffübertragung in einem rotierenden Absorber der früher beschriebenen Art abgeleitet u. an der Absorption von $NO + NO_2$ in HNO_3 geprüft, wobei sich genügend genaue Übereinstimmung mit Vers.-Werten ergibt.
R. K. MÜLLER. 5848□

Sorption von Formaldehyd und Methanol in der Schaumkolonne. W. Ch. Katunin und S. G. Assejewa. (Химическая Промышленность [Chem. Ind.] **1960.** 513—14. Sept.) (Russ.)

Durch die Absorption von Formaldehyd u. Methanol aus einem Gasgemisch in W. in einer Schaumkolonne (vgl. MUCHLENOW u. a., C **1956.** 3776. 8820) werden im Vgl. mit Glockenböden die Verluste von 27,60—35,42 bzw. 20,70—24,40 auf 1,82—2,63 bzw. 6,30—8,00% herabgesetzt. R. K. MÜLLER. 5848□

Reaktionen von Stickstoffdioxid in wässeriger Lösung. E. J. Koval und M. S. Peters. (Ind. Engng. Chem., int. Edit. **52.** 1011—14. Dez. 1960. Urbana, Ill., Univ. of Ill.) (Engl.)

Die Absorption von NO_2, verd. mit N_2 in W. von Raum-Temp. verläuft unter Bldg. annähernd gleicher Mengen HNO_3 u. HNO_2. Ein Zusatz von NO zum eintretenden Gas vermindert die Säureausbeute (bezogen auf die Gesamtmenge der Stickoxide) u. drängt die Bldg. von HNO_3 zugunsten der Entstehung von HNO_2 zurück. Eine neue Bruttoformel für den Absorptionsvorgang wird vorgeschlagen. W. HERFURT. 5848□

Durchperlabsorption von Schwefeldioxid unter Gewinnung einer konzentrierten Lösung von Ammoniumbisulfit. I. N. Kusminych, D. M. Popow und B. I. Gorbatschew. (Химическая Промышленность [Chem. Ind.] **1960.** 128—32. März. Moskau, Chem.-Technol. Mendelejew-Inst. u. Kalinin-Fabrik.) (Russ.) — Vgl. C. **1957.** 4217.

Für die SO_2-Absorption in Absorbern mit Siebböden u. Kühlschlangen unter Gewinnung einer konz. NH_4HSO_3-Lsg. werden 3 Möglichkeiten untersucht: **A.** direkte Einführung von NH_3-Wasser; **B.** Kreislauf von $(NH_4)_2SO_3—NH_4HSO_3$-Lsg. (**I**); **C.** Unterteilung des Absorbers mit 2 Kreisläufen von **I.** Beim Syst. **A** bildet sich leicht ein $(NH_4)_2SO_3$-Aerosol, was bei **B** vermieden wird. Um aus einer Lsg. mit $c_{SO_2}/c_{NH_3} = 0,65$ Standard-**I** zu gewinnen, sind 9 Böden erforderlich; die SO_2-Konz. im Abgas übersteigt die hygien. zulässige Norm, weshalb im Syst. **C** noch eine 2. Stufe nachgeschaltet wird; dadurch werden 4 Waschtürme mit 4 Böden u. Kühler erspart. Zur Auswaschung von SO_2 aus einem Gas mit 0,5% SO_2 sind 4 Böden erforderlich; der Widerstand eines solchen Absorbers beträgt ca. 450 mm Wassersäule, sein Vol. nur ca. $^1/_{20}$ der durch ihn ersetzten Waschtürme. R. K. MÜLLER. 5848□

Adsorptionsmethode zur Trennung eines Krypton-Xenon-Gemisches. W. G. Fasstowski und A. Je. Rowinski. (Химическая Промышленность [Chem. Ind.] **1960.** 305—10. Juni.) (Russ.)

Die Adsorptionsisothermen an akt. Kohle AG-3 zeigen, daß bei -60^0 aus einem Kr–Xe-Gemisch mehr Xe als Kr adsorbiert wird. Bei einem Ausgangs-Geh. an Xe von 22,7—31,8% erreicht die Kohle bei Gas-Geschw. 1,25 (3,8) cm/s 86 (58)% des Sättigungswertes. Bei langsamem Erhitzen der beladenen Kohle erfolgt Desorption, wobei 70^0 reine Xe-Fraktion gewonnen werden; die restlichen 30% mit 61% Xe können zurückgeführt werden. Wenn das Kr–Xe-Gemisch einer Luftverflüssigungsanlage auf 20% Xe angereichert wird, kann man durch dynam. Adsorption u. fraktionierte Desorption mit vorausgehender Evakuierung des Adsorbers 70—75% des Xe gewinnen.
R. K. MÜLLER. 5848□

Optimale Verhältnisse der Röstgasreinigung. A. G. Amelin. (Химическмя Промышленность [Chem. Ind.] **1960.** 116—21. März.) (Russ.) — Vgl. C. **1959.** 4595.

Es werden die optimalen Bedingungen der Röstgasreinigung in einer H_2SO_4-Fabrik untersucht, in der auf 2 Waschtürme mit H_2SO_4-Beschickung ein Naßelektrofilter, ein Gasbefeuchtungsturm, wieder ein Naßelektrofilter u. Trockentürme folgen. Es wird auf die Zweckmäßigkeit der Bldg. großer Nebeltropfen hingewiesen, die bes. durch Abstimmung der H_2SO_4-Konz. u. der Temp. im ersten Waschturm erreicht wird. Die Temp. soll möglichst hoch gehalten werden, z. B. 100—120^0, weil dadurch die Wärmeübertragung in den Säurekühlern verbessert u. die Bldg. größerer Nebeltropfen gewährleistet wird. Die Nebeltropfen nehmen im Befeuchtungsturm (mit z. B. 5%ig. H_2SO_4) Wasserdampf auf; zweckmäßig ist ein Ersatz dieses Turmes durch Gaskühler mit zwischengeschalteten Elektrofiltern. R. K. MÜLLER. 5850□

Feinreinigung eines Gases von Kohlendioxid nach der Adsorptionsmethode bei niedriger Temperatur. Ja. D. Selwenski und Je. N. Charkowskaja. (Химическая Промышленность [Chem. Ind.] **1960.** 293—302. Juni.) (Russ.)

Das Adsorptionsvermögen (AV) von 5 verschiedenen akt. Kohlen für CO_2 bei -42^0 u. 1 at wird an CO_2-H_2-Gemischen bestimmt. Bei p (CO_2-Partialdruck in mm Hg) = 10—400 beträgt das AV der besten akt. Kohle SKT (I) 50—329 (mg/g) im Vgl. mit Silicagel mit 12,5—110. Mit zunehmendem p nimmt das AV zu, bei steigendem Gesamtdruck P u. steigender Temp. nimmt das AV ab. Bei gleichem p ist das AV bei p = 31 at um 15—20% geringer als bei P = 1 at, die Adsorptionswärmen sind 4140 bzw. 6200 cal/Mol bei AV = 30, 5735 bzw. 4500 bei AV = 200. Bei Wechsel von Adsorption u. Regeneration (mit N_2) wird CO_2 bei -42^0 bis auf 5 cm^3/m^3 entfernt, daneben auch KW-Stoffe, einschließlich C_2H_2. Der N_2-Verbrauch beträgt bei -42^0 20, bei $5-10^0$ Vol% des gereinigten Gases. H_2 wird an I nur zu < 1% bei -42^0 adsorbiert. R. K. Müller. 5850□

Anwendung von Anionenaustauschern für die Reinigung von Toluol von freien Fettsäuren bei der Herstellung von Aluminiumfarbe. D. I. Rjabtschikow und Ss. A. Kodymski. (Химическая Промышленность [Chem. Ind.] **1960.** 341—42. Juni.) (Russ.)

Die bei der Herst. von Al-Pigmentfarbe zugesetzten Fettsäuren werden durch 3maliges Waschen mit je 5 kg Toluol (I) je kg Paste entfernt. Die Regeneration des **I** gelingt mit Anionenaustauschern (AA) in der OH-Form. Vff. untersuchen das Aufnahmevermögen (AV, mVal/g) der AA für 6 Fettsäuren. Bei dem besten AA beträgt das AV für Ameisensäure 57,0, Essigsäure 48,9, Propionsäure 2,15, Buttersäure 2,23, Ölsäure 1,62 u. Stearinsäure 1,49. Die bei der Regeneration des AA mit 5%ig. HCl zurückgewonnenen Fettsäuren können wieder verwendet werden. R. K. Müller. 5850□

Membranfreier pneumatischer Pulsator für pulsierende Extraktionskolonnen. L. Ss. Raginski und A. N. Schirski. (Химическая Промышленность [Chem. Ind.] **1960.** 414—19. Juli/Aug.) (Russ.)

In einer Extraktionskolonne mit pulsierendem Betrieb ist bei einer Pulsationsfrequenz (PF) von < 150 (Schwingungen/min) die Beanspruchung des Pulsators durch den hydraul. Widerstand bei der Reibung von Fl. u. Füllkörpern u. aus der Trägheit der Fl. bestimmt, bei PF > 150 überwiegend durch die Trägheit. Mit einem membranfreien Pulsator kann eine Pulsationsintensität bis 2000—2150 mm/min erreicht werden. Die Pulsationsamplitude (PA) nimmt bei zunehmender PF ab u. ist bei PF > 150 dem Quadrat des PF-Verhältnisses umgekehrt proportional. Der beste Effekt wird erzielt, wenn das Verhältnis der Durchmesser von Kolonne u. Pulsationsrohr u. die Länge dieses Rohres klein sind. Aus PF u. Druck kann man die PA bestimmen.

R. K. Müller. 5862□

Vergleich der Extraktionswirksamkeit in pulsierenden Füllkörperkolonnen mit zusammenhängender wässeriger und organischer Phase. Ss. M. Karpatschewa, Je. P. Rodionow und G. M. Popowa. (Химическая Промышленность [Chem. Ind.] **1960.** 496—99. Sept.) (Russ.) — Vgl. C. **1958.** 4420.

Am Beispiel der Extraktion von $UO_2(NO_3)_2$ aus einer Lsg. in 0,5 n HNO_3 mit einem Lsgm. mit 20 (Vol.-%) Tributylphosphat u. 88% Paraffin-KW-Stoffen (Kp. $170-250^0$) in einer Füllkörperkolonne mit pulsierendem Betrieb (Ø 25 mm) wird gezeigt, daß es für die Grenzbelastung u. den Wirkungsgrad (WG) des Stoffaustausches ohne Belang ist, ob die organ. (OP) oder die wss. Phase (WP) als zusammenhängende Phase gewählt wird, wenn das Verhältnis n = OP/WP = 1 ist. Bei n = 4 ist der WG der Extraktion etwas kleiner, wenn die WP dispergiert wird. In allen Fällen wird der WG durch die Verweilzeit τ der dispergierten Phase in der Kolonne bestimmt, wobei zwischen der zur Erreichung des Gleichgewichts erforderlichen Zeit τ' u. der Zahl N_t der theoret. Böden die Beziehung $\tau' = \tau/Ni$ besteht. R. K. Müller. 5862□

Methode der Rektifikationsberechnung nach den Gleichungen der Massenübertragung. B. G. Bergo und W. M. Platonow. (Химическая Промышленность [Chem. Ind.] **1960.** 282—87. Juni.) (Russ.)

Bei vollständigem Gegenstrom von Dampf u. Fl. u. vollständiger Durchmischung der Phasen auf einem (theoret.) Boden wird ein dem realen Prozeß angenähertes Modell einer Rektifikation erhalten, das als Grundlage für die Berechnung mit einer Analogrechenmaschine (IPT-5) auf Grund der Stoffübertragungsgleichungen geeignet ist. Die Meth. wird an Beispielen erläutert. R. K. Müller. 5864□

Gesetzmäßigkeiten des Stoffaustauschprozesses bei der Rektifikationsabkühlung chemischer Reaktoren. N. I. Gelperin und W. B. Kwascha. (Химическая Промышленность [Chem. Ind.] **1960.** 406—11. Juli/Aug.) (Russ.)

In einer Modellanordnung werden als bin. Gemische, deren Rektifikation zur Temp.-Regelung dient, Methanol-W. (25, 50, 75% Methanol) u. Bzl.-Toluol (30, 40,

60% C_6H_6) verwendet. Mit diesen Gemischen werden die aus Strömungskriterien (Nu, Re, Pr) u. a. dimensionslosen Größen zusammengesetzten Gleichungen für den Stoffaustausch-Koeff. nachgeprüft; die gefundenen Beziehungen werden in Diagrammen dargestellt. Es ergeben sich verschiedene Gesetzmäßigkeiten für 2 Gebiete, das „Automodellgebiet" nach Re u. das Übergangsgebiet: für Re-Werte unter- u. oberhalb eines Grenzwertes Re_{gr} gelten verschiedene Gleichungen. R. K. MÜLLER. 5864□

Filmrektifizierung von Styrol–Äthylbenzol-Gemischen. W. A. Maljussow, N. A. Malafejew und N. M. Shaworonkow. (Химическая Промышленность [Chem. Ind.] **1960**. 153—57. März.) (Russ.)

Aus der Unters. der Phasengleichgewichte im Syst. *Styrol* (I)–*Äthylbenzol* (II) bei 30, 50 u. 90 mm Hg (Tabelle) u. der Darst. des Trennkoeff. α in der Dampfphase in Abhängigkeit von der II-Konz. in der Fl. u. der Gleichgewichtskurve (Diagramme) ist ersichtlich, daß α wenig von der Phasen-Zus. abhängt, daß also das Syst. I–II annähernd ideal ist; α beträgt, fast unabhängig vom Druck, im Mittel 1,38. Auf Grund einer Unters. der Filmrektifikation eines I–II-Gemisches in Kolonnen von 10 u. 22 mm Ø wird die Abhängigkeit der Höhe der Stoffübertragungseinheit (SÜE) von Druck, Aufgabedichte u. Äquivalentdurchmesser d (cm) der Kolonne ermittelt (Tabelle, Diagramme). Bei laminarer Strömung besteht zwischen der Höhe h der SÜE (cm), d u. den REYNOLDS- u. PRANDTL-Kriterien die Beziehung $h = 0{,}68 \cdot d \cdot Re \cdot Pr$ (bei $Re = 200-1000$), bei turbulenter Strömung ($Re = 1000-15000$) ist $h = 1{,}1\ d^{0,64} \cdot Re^{0,23} \cdot Pr^{0,67}$. Eine Trennung von I u. II durch Filmrektifizierung ist prakt. gut durchführbar.

R. K. MÜLLER. 5864□

Tensometer zur Messung niedriger Dampfspannungen. M. Houdek und E. Wittenberg. (Paliva **39**. 93—95. März 1959. Ústav pro výzk. a využití tuhých a plynných paliv.) (Tschech.)

An Stelle des beim Tensometer von BRÜCKNER [1931] verwendeten gleichschenkligen Rohres für das Hg-Manometer wird bei dem beschriebenen Gerät ein ellipsoid. größerer Hg-Behälter verwendet, an dessen untere Fläche ein zuerst schräg, dann senkrecht aufsteigendes Rohr angesetzt ist. Mit diesem Gerät kann der Dampfdruck mit einer Genauigkeit von $\pm$ 0,08 Torr auch in niedrigen Dampfspannungsbereichen gemessen werden. R. K. MÜLLER. 5886□

Berechnung der katalytischen Prozesse in technischen Reaktoren. G. K. Boresskow und M. G. Slinko. (Химическая Промышленность [Chem. Ind.] **1960**. 193—201. April/Mai.) (Russ.) — Vgl. C. **1958**. 8725.

An den Beispielen reversibler exotherm. katalyt. Rkk. in App. mit zwischengeschaltetem Wärmeaustausch u. exotherm. Prozesse in App. mit innerem Wärmeaustausch werden Gleichungen entwickelt, die als Grundlage für Programme bei elektron. Rechenmaschinen verwendet werden können. Auf diesem Wege ist es möglich, die optimalen Bedingungen solcher Rkk. bei vorgegebenen Verhältnissen (Anfangs-Temp., %-Geh. der Rk.-Teilnehmer usw.) rechner. zu ermitteln. Als Beispiel wird die SO_2-Oxydation erörtert. R. K. MÜLLER. 5904□

Herstellung technischer Katalysatoren. G. K. Boresskow und W. Ss. Tschessalowa. (Химическая Промышленность [Chem. Ind.] **1960**. 476—82. Sept.) (Russ.)

In einer Darst. des Perioden-Syst. sind die für Katalysatoren bes. geeigneten, die weniger geeigneten u. die selten verwendeten Elemente durch Schraffierung gekennzeichnet. Der Einfl. von Zusätzen (z. B. NaOH zu Al_2O_3), der Zus. (SiO_2–ZrO_2-Gemische bei Dehydratation von Isopropylalkohol) u. bes. der Porosität auf die Wrkg. von Katalysatoren u. die Verw. von Trägern u. ihrer Formung wird eingehend erörtert. Probleme der Zentralisierung der Katalysatorforschung werden besprochen.

R. K. MÜLLER. 5904□

Die radiochemische Markierung eines Katalysators im Fließbett. R. L. Hull und A. E. von Rosenberg. (Ind. Engng. Chem., int. Edit. **52**. 989—92. Dez. 1970. Baytown, Tex., Humble Oil & Refining Co.) Engl.)

Durch stoßweise Beimischung radioakt. markierten Materials zu der in einer Crackanlage umlaufenden Katalysatormenge wurde eine Best. der Geschw. fester Teilchen in der Zuleitung zum Reaktor ermöglicht. Aus Art u. Geschw. des Erscheinens strahlender Partikel in verschiedenen Teilen des Reaktors unter variierten Arbeitsbedingungen konnten Schlüsse hinsichtlich der Materialdurchmischung gezogen u. Abweichungen von den theoret. Arbeitskennlinien festgestellt werden. W. HERFURT. 5904□

Statistische Analyse der Makrokinetik von Prozessen in einer Katalysatorwirbelschicht. I. I. Ioffe und L. M. Pissmen. (Химическая Промышленность [Chem. Ind.] **1960**. 287—93. Juni.) (Russ.)

Bei der vorgeschlagenen statist. Meth. wird ein Wirbelschichtmodell zugrunde gelegt, das aus Gasphase u. Wirbelschichtphase besteht. Die Verteilungsfunktion der Verweilzeit des Gases wird näherungsweise durch die Parameter ω = in Blasen durchgehendes Gas u. h = Geschw.-Konst. der Stoffübertragung zwischen den Phasen dargestellt, wobei h u. ω mit steigender Gas-Geschw. zunehmen. Als dimensionsloses Kriterium ergibt sich $\Phi = h\,(1-\omega)/k'\sigma\omega$ (k' = Geschw.-Konst. der chem. Rk. an der Oberfläche, σ = spezif. Oberfläche des Katalysators. Bei $\Phi \ll 1$ verläuft die Rk. im Zwischenphasendiffusionsgebiet, bei $\Phi \gg 1$ im kinet. Gebiet der inneren oder äußeren Diffusion, bei $\Phi = 1$ im Übergangsgebiet. R. K. MÜLLER. 5904□

Oxydation des Propylens mit Luftsauerstoff. J. F. Woodham und C. D. Holland. (Ind. Engng. Chem., int. Edit. **52.** 985—88. Dez. 1960 College Station, Tex., A. and M. College of Tex., Dep. of Chem. Engng.) (Engl.)

Als Ergebnis der Rk. eines Propylen–Luft-Gemisches an einem Cu–Al-Spinell als Katalysator bei 500—525 °F u. 2 at wurden Acrolein, Aceton sowie geringe Mengen dimeren Acroleins beobachtet. Daneben trat CO_2 auf, dessen Menge durch Sekundär-Rkk. mit der Verweilzeit der Gase im Rk.-Rohr anstieg. W. HERFURT. 5904□

Rohm & Haas Co. (Erfinder: George Aloin Richter jun., Charles Hamilton McBurney und Benjamin Berryl), **Ionenaustauschmaterial,** bestehend aus Mischpolymerisaten, wobei mindestens 7, bes. 7—80 Mol.-% der Einheiten des Polymerisats ionenaustauschende Gruppen enthalten; als Mischpolymerisate werden z. B. solche aus Acrylonitril, Methylacrylat u. Hydroxypentylvinyläther verwendet, die mit Aminen wie Dimethylaminopropylamin behandelt werden. Die Ionen austauschenden Gruppen können auch außer Aminen quatern. NH_4- oder Sulfonium-Verbb. oder Carboxyl-, Sulfon- oder Phosphonsäurereste oder Metallsalze davon sein. (**Aust. P. 223 387** vom 22/5. 1957, ausg. 10/9. 1959. A. Prior. 29/5. 1956.) K. DEMMLER. 5827

Virginia-Carolina Chemical Corp., Richmond, Va., übert. von: Otto Charles Chapman, Lakeland, und Arnold Walker Dean, Nichols, Fla., V.St.A., **Aufbereitung von quarzhaltigen Phosphatmineralien** durch anion. Flotation, Entölung des dabei anfallenden Konzentrates u. kation. Flotation des entölten Konzentrates. Das Entölen des Konzentrates mit über 80% Feststoffen u. weniger als 25 W. erfolgt in Abwesenheit einer wasserlösl. starken Mineralsäure mit 3—25 lbs/ton Feststoff eines normalerweise fl. Lsgm., das mit dem W. nicht reagiert u. nicht mischbar ist, z. B. mit Dieselöl oder einer Mischung von 70—80% sek. u. tert. Terpenalkoholen, oder einer Mischung von 40—45% 2.4-Dimethylpentanol u. 40—45% von 2.4-Dimethylhexanol oder mit Essigsäurealkylester, wobei die Alkylgruppe 2 bis 8 C-Atome enthält. (**A. P. 2 927 691** vom 30/12. 1954, ausg. 8/3. 1960.) W. HAUSWALD. 5829

R. Lannoch, Berlin, **Filtrieren von Flüssigkeiten.** Um einen vom Filterkörper (I) leicht entfernbaren Filterrückstand zu erhalten, besteht der I aus einer Drahtspirale mit polygonalem Umfang u. ist im Filtergehäuse unter Federspannung (II) gehalten. Zur Rückstandsentfernung wird der I gegen II entspannt. — Abbildung. (**Belg. P. 553 331** vom 12/12. 1956, ausg. 15/1. 1960. D. Prior. 13/12. 1955.) H. BLACHETZKI. 5831

Santiago Cerletti, Mailand, Italien, **Filtrieren von Flüssigkeiten** über in einem geschlossenen Gehäuse (I) horizontal angeordnete u. drehbare Filterscheiben (II). Der auf den II gewonnene Rückstand wird durch schnelles Drehen der II von diesen entfernt. Auf jede II wird ein Fl.-Strahl gerichtet. Das I ist gegen seine Vertikale drehbar. — Abbildung. (**Schwz. P. 346 862** von 28/1. 1957, ausg. 30/7. 1960.) H. BLACHETZKI. 5831

Seitz-Werke G. m. b. H. (Erfinder: Hans Graeser, Wilhelm Depenbrock und Ernst Meinhard), Bad Kreuznach, **Filtrieren von Flüssigkeiten** über eine Filterpresse aus ringförmigen Filtrier-(I) u. Stützscheiben (II). Das Filtrat wird über muldenförmige Vertiefungen am äußeren Rand der II abgeführt, in welchen die I abdichtend gehalten werden. — Abbildungen. (**D. A. S. 1 115 221** Kl. 12d vom 28/2. 1953, ausg. 19/10. 1961.) H. BLACHETZKI. 5831

Gewerkschaft Erdöl-Raffinerie Deurag-Neurag, Hannover (Erfinder: Walter Burchert und Otto Schiphorst, Misburg), **Trennen der Filtrate und Waschflüssigkeiten an einem Vakuum-Zellen-Drehfilter.** Im Steuerkopf des Drehfilters (I) ist zur trennscharfen Abführung der einzelnen Filtrat- u. Waschflüssigkeitsabläufe ein stufenlos verschiebbarer Kolben vorgesehen, über welchen auch der Gasraum des I mit der Atmosphäre verbunden werden kann. — Abbildungen. (**D. A. S. 1 114 172** Kl. 12d vom 3/3. 1959, ausg. 28/9. 1961.) H. BLACHETZKI. 5831

Faudi-Feinbau G. m. b. H., Oberursel (Erfinder: Arnold Dornauf, Oberhöchstadt), **Filtrierscheiben, insbesondere für Öle.** Die Filtrierscheiben (I) sind an ihren Rändern durch Härtungsmittel (II) aneinander befestigt oder die zwischen zwei I vorgesehene Fasereinlage ist durch II mit den I verbunden. — Abbildungen. (**D. A. S. 1 110 614** Kl. 12d vom 13/11. 1954, ausg. 13/7. 1961.) H. BLACHETZKI. 5831

Purolator Products, Inc., Rahway (Erfinder: Herbert L. Forman, Plainfield, und Ronald Alfred Burla, Canford), N.J., V.St.A., **Herstellen eines Spaltfilters.** Auf den die Filterspalte aufweisenden oder diese bildenden Flächen wird eine poröse Metallstaubschicht aufgebracht, indem Metallstaub (I) in einer flüchtigen Fl. (II) dispergiert, auf die Flächen gebracht, die II verdampft u. der I gesintert wird. — Beispiele. (**D. A. S. 1 115 220** Kl. 12d vom 25/6. 1954, ausg. 19/10. 1961. A. Prior. 26/6. 1953.) H. BLACHETZKI. 5831

Drummond Patents Ltd. (Erfinder: Roy Macgregor Drummond), **Reinigen und Waschen von Luft oder anderen Gasen,** indem die Luft zusammen mit der Wasch-Fl. in einem mit Prallflächen ausgerüsteten Waschturm gesaugt, die von den Prallflächen zurücklaufende Wasch-Fl. in Sieb- bzw. Filterbehälter geleitet u. von Feststoffen gereinigt im Kreislauf zurückgeführt wird. — Vorrichtung. (**Aust. P. 223 610** vom 23/5. 1958, ausg. 17/9. 1959. E. Prior. 27/5. 1957.) K. DEMMLER. 5851

Commonwealth Industrial Gases Ltd. (Erfinder: Kazimierz Goldman), **Gewinnung von Krypton und Xenon.** Man trennt fl. Luft in die O_2 u. die N_2-Fraktion u. schickt den Kr u. Xe enthaltenden fl. O_2 bei niedriger Temp. von ca. — 180° durch eine Adsorptionsschicht eines Zeoliths mit einer Porengröße von vorteilhaft 5—13 Å, worauf dann anschließend durch Erhitzen des Zeoliths Kr u. Xe erhalten werden können. (**Aust. P. 222 327** vom 26/7. 1957, ausg. 16/7. 1959. E. Prior. 3/8. 1956.) O. ROICK. 5857

Indian Oxygen & Acetylene Co. Private Ltd., Calcutta, Indien, **Verdampfen von verflüssigten Gasen,** bes. fl. CH_4, O_2 u. N_2 unter Gewinnung von mechan. Energie. Man komprimiert das verflüssigte Gas, verdampft es u. erwärmt es mit Hilfe eines Wärmeaustauschers. Anschließend entspannt man das komprimierte Gas in einer Expansionsmaschine unter gleichzeitiger Gewinnung von mechan. Energie. — Vorr., Zeichnungen. (**Ind. P. 61 657** vom 6/9. 1957, ausg. 28/8. 1958. E. Prior. 19/9. 1956.) H. NEBELSIEK. 5857

C. C. Wakefield & Co. Ltd. (Erfinder: Norman Ernst Frederick Hitchcock und Robert Alan Cameron Ker), **Hydraulische Bremsflüssigkeit,** bestehend aus einem Gemisch von geblasenem Ricinusöl u. einen oder mehreren schwerflüchtigen Lsgm. von niedriger Viscosität u. niedrigem Gefrierpunkt, wobei dem Gemisch als Korrosionsverhüter zugesetzt sind 0,01—2 (Gew.-%) eines 1.2.3-Benzotriazols oder 0,05—2 eines Carbonates oder Carbamates eines bas. nicht aromat. Amins u. letzteres zusammen mit einem Triarylphosphit angewendet werden kann. — Beispiele: 16,25 (%) geblasenes Ricinusöl, 83,75 eines Gemisches aus 80 Diäthylen- u. 15 Triäthylenglykolmonoäthyläther sowie 5 Diäthylenglykolmonobutyläther + 0,25 (%) Benzotriazol oder + 0,25 Cyclohexylammoniumcarbonat + 0,10 Triphenylphosphit. (**Aust. P. 223 572** vom 20/2. 1958, ausg. 17/9. 1959. E. Prior. 25/2. 1957.) K. DEMMLER. 5893

Wissenschaftlich-Technisches Büro für Reaktorbau, Berlin (Erfinder: Max Steenbeck, Jena), **Lade- und Entladevorrichtung für Kernreaktoren.** Die Brennelemente werden im Zentrum der akt. Zone zugeführt u. dann auf einer Vielzahl von Evoluten-, Evolventen-, Spiral- oder Fächerbahnen mit gleichen oder verschiedenen Steigungen bis zum äußeren Rand der akt. Zone u. auf prakt. gleichlaufenden, aber entgegengesetzte oder auf progressive oder degressive Steigung aufweisenden Bahnen zum Zentrum zurückgeführt u. dann kontinuierlich abgegeben. (**D. A. S. 1 110 772** Kl. 21g vom 15/5. 1959, ausg. 13/7. 1961. **Zusatz zu D. A. S. 1 095 414; C. 1962. 1355.**) H. KESSEL. 5895

Deutsche Babcock & Wilcox Dampfkessel-Werke Akt.-Ges., Oberhausen (Erfinder: Wolfgang Junkermann, Mülheim), **Lade- und Entladevorrichtung für Kernreaktoren nach dem Hauptpatent** enthält ein Einführungsrohr u. ein Leitrohr, wobei das Einführungsrohr im Einsatzrohr um seine Achse drehbar angeordnet u. das Leitrohr als Verlängerung des Einführungsrohres schwenkbar ausgeführt u. an seinem unteren Ende mit einer Doppelsperre versehen ist, die die Einsatzstücke durch eine von außen zu betätigende Vorr. hält oder einzeln freigibt. (**D. A. S. 1 104 627** Kl. 21g vom 8/1. 1957, ausg. 13/4. 1961. **Zusatz zu D. A. S. 1 084 391; C. 1962. 977.**) H. KESSEL. 5895

V. F. Roberts und **V. M. Roberts**, Enfield, Australien, *Ionenaustausch.* (**Belg. P. 547 781** vom 12/5. 1956, ausg. 6/11. 1959. — C. **1959.** 10027 [E. P. 788 205].)

Deutsche Edelstahlwerke Akt.-Ges. (Erfinder: **Günter Stempel** und **Herbert Boge**), Deutschland, *Erschütterbare Filterkerze aus Kunststoff.* (**F. P. 1 221 752** vom 9/1. 1959, ausg. 3/6. 1960. D. Prior. 10/1. 1958. — C. **1961.** 5209 [Oe. P. 208 363].)

Deutsche Edelstahlwerke Akt.-Ges. (Erfinder: **Günter Stempel, Rolf Kempkes** und **Herbert Boge**), Deutschland, *Erschütterbare Filterkerze aus Kunststoff.* (**F. P. 1 221 753** vom 9/1. 1959, ausg. 3/6. 1960. D. Prior. 10/1. 1958. — C. **1961.** 5209 [Oe. P. 208 362].)

Montecatini Soc. Gen. per l'Industria Mineraria e Chimica, Mailand, Italien, *Trennung von Gasen.* (**Holl. P. 98 153** vom 19/5. 1953, ausg. 15/6. 1961. It. Prior. 21/5. 1952. — C. **1958.** 6640 [E. P. 747 411].)

General Electric Co. Ltd. (Erfinder: **Hugh Wilson Davidson**), *Herstellung von Graphit.* (**Aust. P. 225 415** vom 1/8. 1957, ausg. 10/12. 1959. E. Prior. 7/8. 1956. — C. **1960.** 13481 [F. P. 1 180 862].)

D. Napier & Son Ltd., England, *Katalytische Reaktionen.* (**F. P. 1 138 593** vom 15/12. 1955, ausg. 17/6. 1957. E. Prior. 15/12. 1954. — C. **1959.** 16753 [Aust. P. 206 427].)

A. Ss. Newski, Wärmeaustausch in Hochöfen und Kesselfeuerungen durch Strahlung. Moskau: Metallurgisdat. 1958. (368 S.) 1 Rbl. 41 Kop. [Russ.]

II. Betriebsschutz. Feuerschutz

Untersuchung der Explosionsgefahr der bei der Xanthogenatsynthese entstehenden brennbaren Gemische. W. Ss. Medwedewa, A. I. Roslowski und I. Ss. Roisen. (Химическая Промышленность [Chem. Ind.] **1960.** 330—32. Juni.) (Russ.)

Die Synth. von *Xanthogenaten* aus A., Butanol (I), CS_2 u. Alkali wird teilweise bei vermindertem Druck durchgeführt, wodurch die Möglichkeit des Einströmens von Luft gegeben ist. Vff. untersuchen die Explosionsgrenzen der Gemische von 0,5—3 Mol.-% CS_2, Luft u. Dämpfen (62% A. bzw. 75% I bzw. 75% I + 8% Bzl., Rest W.). Die Kurven der krit. Konzz. α_{kr} der Dampf-Luft-Gemische bei verschiedenen CS_2-Konzz. zeigen, daß die geringste Explosionsgefahr bei 18—33% Dampf-Luft-Gemisch vorliegt. Der Einfl. der CS_2- u. der N_2-Konz. ist gering. I-Gemische entzünden sich leichter als solche mit A.; für A. ist α_{kr} = 0,25—0,29, für I 0,15—0,18. Mit zunehmender CS_2-Konz. nimmt die Explosions-Temp. stark ab, sie entspricht bei 3% CS_2 noch derjenigen von reinem A. bzw. I (12 bzw. 28°). R. K. MÜLLER. 5936□

Luftfilterung. David G. Stephan und George William Walsh. (Ind. Engng. Chem., int. Edit. **52.** 999—1002. Dez. 1960. Cincinnati, Ohio, R. A. Taft Sanitary Engng. Center.) (Engl.)

Die Ausbildung von Verkrustungen auf einem Staubfilter, bes. ihre örtliche Verteilung u. Struktur, wurden in Abhängigkeit von der Filtrations-Geschw., Feststoff-Geh. des Gases u. Art der Filterreinigung untersucht. Der Einfl. dieser Ablagerungen auf die Arbeitsweise des Filters wird abschließend erörtert. W. HERFURT. 5948□

Ciba Ltd., Basel, Schweiz, *Absorbieren von Anstrichnebeln.* (**Jap. A. S. 1135/1960** vom 23/5. 1958, ausg. 25/2. 1960. Schwz. Prior. 24/5. 1957 u. 14/4. 1958. — C. **1960.** 13149 [Oe. P. 206 552].)

Heinrich Reiss, Bonn, *Trockenlöschmittel.* (**A. P. 2 881 138** vom 23/5. 1955, ausg. 7/4. 1959. D. Prior. 21/5. 1954. — C. **1959.** 3605 [F. P. 1 124 794].)

III. Elektrotechnik

Nickeloxid-Schichtwiderstände zur Feststellung von Stoßwellen niedrigen Drucks. K. E. McCulloh. (Rev. sci. Instruments **31.** 780—81. Juli 1960. Washington, D.C., Nat. Bur. of Standards.) (Engl.)

Vf. nimmt Bezug auf Unterss. von RABINOWICZ u. Mitarbeitern (vgl. C. **1957.** 4198) u. beschreibt die Darst. eines NiO-Detektors zum Nachw. von Stoßwellen mit niedrigem Druck. Auf ein poliertes u. gut gereinigtes Ende eines Pyrexglasstabes wird zuerst in einer O_2-Atmosphäre 10 Min. Bi_2O_3 aufgestäubt u. hierauf weitere 10 Min. NiO. Unter diesen Umständen beträgt die Dicke der Bi_2O_3-Schicht ca. 600 Å, die der NiO-Schicht $<$200. Der aufgestäubte Überzug wird zur Verbesserung der Stabilität zuerst in Luft 1 Std. auf 100° erhitzt u. hierauf in feuchter Luft bei Zimmer-Temp. gealtert, wobei der Anfangswiderstand von 1—2000 Ω auf einen Endwert von ca. 5000 Ω steigt, u. zwar mit einem Temp.-Koeff. des Widerstandes von —0,006/°C bei 25°. C. GOTTFRIED. 5954

Photomultiplier mit Sb–Na–K-Kathode. W. Baumgartner und J. Linder. (Helv. physica Acta **33.** 608—11. 1/10. 1960.) (Dt.)

Photokathoden vom Sb–Na–K-Typ zeigen eine relativ hohe Quantenausbeute für UV-Licht. Sie erreicht bei 3600 Å ein Maximum von 30%. In diesem Bereich beträgt die Empfindlichkeit ca. 25 μA/L. Der Dunkelstrom ist um 2—3 Zehnerpotenzen geringer als bei Sb–Cs-Schichten. Bei Herst. der Kathode wird bei 90—110° nacheinander eine Sb–Na- u. eine Sb–K-Schicht aufgebracht. Alkaliüberschuß ist zu vermeiden.

P. JACOB. 5976□

Libbey-Owens Ford Glass Co., Toledo, Ohio, V.St.A., **Glasscheibe mit elektrisch leitendem Film.** Die Scheibe wird zunächst zwecks Bldg. der Elektroden mit zwei parallelen Streifen eines Metallflusses belegt, worauf eine zweite Scheibe aufgelegt wird, u. beide durch Erhitzen, bes. in einer oxydierenden Atmosphäre, bis kurz vor dem Erweichungspunkt der zweiten Scheibe vereinigt werden. Als zweite Scheibe wird z. B. ein Gemisch aus 2 (Teilen) Nitrocellulose, 5 Glaspulver, 25 Ag_2O u. 25 Ag verwendet. Vorteilhaft werden die Scheiben vorher mit einer dünnen Schicht eines Sn-Salzes, das beim Erhitzen O_2 abgibt, oder $K_2Cr_2O_7$ überzogen. (**Ind. P. 62 422** vom 28/11. 1957, ausg. 12/5. 1959.) C. LÜTTGEN. 5953

Monsanto Chemical Co., St. Louis, Mo., übert. von: James W. Ragsdale, Texas City, Tex., V.St.A., **Formbares Isoliermaterial** für elektr. Kabel, bestehend aus Polyäthylen mit einem Molgew. von $\geqq$ 22000, bes. 30000—35000, dem 0,5—2% des öligen KW-Stoff-Gemisches zugesetzt wurden, das bei der Blockpolymerisation von Äthylen bei erhöhter Temp. unter hohem Druck in Ggw. von O_2 als Katalysator als Neben-Prod. anfällt. (**A. P. 2 863 850** vom 21/2. 1955, ausg. 9/12. 1958. **E. P. 794 616** vom 21/2. 1956, ausg. 7/5. 1958. A. Prior. 21/2. 1955.) C. LÜTTGEN. 5957

Western Electric Co., Inc. (Erfinder: John Benedict Howard und Vincent Leonard Lanza), **Färben von Isoliermaterial für elektrische Kabel.** Der aus Polymerisaten, wie Polyisobutylen-, -propylen, -äthylen, -buten-(1) u. dgl. bestehenden Grundmasse werden z. B. zugesetzt: 0,20 (Gew.-%) Phthalocyaninblau, 1,00 TiO_2, 0,05 eines Antioxydans (I); 1,00 $PbSO_4 \cdot PbMoO_4 \cdot PbCrO_4$-Pigment, 0,30 TiO_2, 0,05 I; 0,20 Phthalocyaningrün, 1,00 TiO_2, 0,05 I; 0,03 Ruß, 1,00 TiO_2, 0,05 I. (**Aust. P. 223 649** vom 6/1. 1958, ausg. 24/9. 1959. A. Prior. 29/3. 1957.) K. DEMMLER. 5957

Westinghouse Electric Corp., Pittsburgh, Pa., V.St.A. (Erfinder: N. C. Foster und H. M. Philofsky), **Glimmer enthaltende Isolierbänder,** bestehend aus a) einer biaxial verstreckten Polystyrolfolie als Träger für b) eine Schicht aus Glimmerblättchen, die mittels c) eines ungesätt. Polyesterharzes auf der Unterlage fixiert ist. Zusätzlich kann noch eine mit a) ident. Deckschicht aufgebracht werden. Elektr. Leiter, die mit derartigen Isolierbändern umwickelt wurden, können noch mit Gießharzen imprägniert werden, wenn diese monomeres Styrol oder Diallylphthalat enthalten, weil diese die Trägerfolie a) auflösen. — Zeichnung. (**Belg. P. 532 528** vom 13/10. 1954, ausg. 14/2. 1958. A. Prior. 15/10. 1953.) O. SCHÖN. 5957

North American Philips Co., Inc., New York, N.Y., V.St.A., übert. von: Gerard Heinrich Jonker, Henricus Petrus Johannes Wijn und Poul Bernard Braun, Eindhoven, Holland, **Ferromagnetisches Material** mit guter Anfangspermeabilität auch bei hohen Frequenzen. In dem A. P. 2 946 752 wird hierfür eine krist. Verb. nach der allg. Formel $Ba_{3-a}M_aCo_2Fe_{24}O_{41}$ genannt, in der M für Sr, Ca oder Pb steht u. a einen Wert unter 1 bezeichnet. Die Verb. enthält 17,6 (Mol.-%) der Oxide von Sr, Ca oder Pb, 11,8 CoO u. 70,6 Fe_2O_3. Die hexagonalen Kristalle haben eine c-Achse von ca. 52,3 Å u. eine a-Achse von ca. 5,9 Å. Zur Herst. wird das Gemisch der Oxide auf 800—1100° erhitzt u. die entstandene Verb. nach dem Zerkleinern in einer gleiche Teile O_2 u. Luft enthaltenden Atmosphäre auf 1200° bis zur Bldg. von Kristallen erhitzt. Nach dem A. P. 2 946 753 wird aus einem Oxidgemisch bei ca. 1000—1300° eine Verb. nach der allg. Formel $Ba_{1-a-(b+c)}Sr_aPb_bCa_cM^{II}Fe^{III}{}_{6-(e+f)}Al_eCr_fO_{11}$, die hexagonal krist., hergestellt mit einer c-Achse von ca. 43,5 Å u. einer a-Achse von ca. 5,9 Å. In der Formel bedeutet M^{II} ein Metall, wie Mn, Fe, Co, Ni, Cu, Zn oder Mg, a eine Zahl unter 0,5, (b + c) eine Zahl unter 0,25 u. (e + f) eine solche unter 0,6. (**A. PP. 2 946 752** u. **2946753** vom 9/8. 1956, ausg. 26/7. 1960. Holl. Prior. 10/8. 1955.) G. FRIKELL. 5959

N. V. Philips' Gloeilampenfabrieken, Eindhoven, Holland, **Herstellung ferromagnetischer Körper.** Man mischt feingepulvertes Fe_2O_3 mit Oxiden 2wertiger Metalle oder Verbb., die beim Erhitzen Oxide bilden, formt, erhitzt, überzieht den Körper mit einem Oxid eines 2wertigen Metalls, z. B. NiO, bes. in Form eines Lackes, u. erhitzt auf 900—1500°, bes. 1000—1400°. Als Beispiele für die Grundmischung werden angegeben: 27—32 (Mol.-%) MnO_2, 6—20 ZnO u. 50—55 Fe_2O_3, 15—25 MnO_2, 30—40 MgO u. 40—45 Fe_2O_3 oder 40—51 MnO, 4—15 CuO u. 44—50 Fe_2O_3. — Kurvenbilder über magnet. Induktion u. Anfangspermeabilität. (**Ind. P. 62 257** vom 12/11. 1957, ausg. 4/12. 1958.) C. LÜTTGEN. 5959

N. V. Philips' Gloeilampenfabrieken, Eindhoven, Holland, **Elektrolytischer Sammler** mit einer Ta- oder Nb-Anode, die mit einer dielektr. Oxidschicht überzogen ist, dad. gek., daß das Metall der Kathode an der Oberfläche in eine seiner Verbb. mit dem Anion der Elektrolyten verwandelt ist, die sich in dem Elektrolyten nicht löst. So besteht z. B. die Oberfläche einer Ag-Kathode aus einem Ag-Halogenid. (**Ind. P. 62 610** vom 17/12. 1957, ausg. 5/11. 1958.) C. LÜTTGEN. 5971

United Capacitor Co. Pty. Ltd. (Erfinder: Herbert Walker und Cyril Peter Barry), **Elektrische Sammler,** bei denen die aus Papier oder anderen Faserschichten bestehende Isolierung der einzelnen Elemente mit hydriertem Terphenyl imprägniert ist, z. B. mit einer 70—80 (Gew.-%) Hexahydrophenyl u. 30—20 chloriertes Diphenyl (42% Cl_2) enthaltenden Lösung. (**Aust. PP. 223 516** u. **223 517** vom 22/5. 1957, ausg. 17/9. 1959.) K. DEMMLER. 5971

Georg Wendel, Berlin-Zehlendorf, **Herstellung von Elektroluminescenzleuchtstoffen,** dad. gek., daß ein Schwermetall als Aktivator oder ein Aktivator u. ein Coaktivator in einen bekannten Leuchtstoff bei Temp., die unter den Herst.-Temp. des Leuchtstoffes liegen, nachträglich eindiffundiert. (**D. P. [DDR] 18 774** Kl. 21f vom 7/4. 1957, ausg. 4/5. 1960 [Wirtschaftspatent].) T. OPPERMANN. 5975

Henry Ortmann, Berlin-Niederschönhausen, **Herstellung von strukturfreien Leuchtschirmen.** Luminescenzreines ZnS, das beliebige Aktivatoren enthält, wird unter Zugabe von Alkali- oder Erdalkalichloriden bzw. einem Gemisch aus diesen bei 900 bis 1100° im Hochvakuum sublimiert u. danach aus der Dampfphase auf einem auf 400 bis 600° aufgeheizten Träger kondensiert. — Zum Beispiel wird eine Trägerplatte aus schwer schmelzbarem Glas, die in einem Quarzrohr bei ca. 580° gehalten wird, 10—20 Min. bedampft. — Zeichnung. (**D. P. [DDR] 21 232** Kl. 57b vom 13/4. 1959, ausg. 29/4. 1961 [Wirtschaftspatent].) M. F. MÜLLER. 5975

Franz Braunholz, Bad Liebenstein, und Hermann Krah, Bad Salzungen, **Herstellung von Leuchtstoffen** auf der Basis von Erdalkalihalogeniden für *Verstärkerfolien* zur Anregung durch Röntgen-, Kern- oder Elektronenstrahlung. Man verwendet neben BaF_2 u./oder $BaCl_2$ 0,1—99 Mol.-% $BaBr_2$ u. als Aktivatoren Verbb. der Elemente der IV. Nebengruppe des Period. Systems. — Beispiel: 100 (g) $BaBr_2$ u. 29,5 BaF_2 werden mit 0,35 KCl u. 2,12 $ThF_4 \cdot 12\,H_2O$ gemischt u. ½ Std. im Tiegel bei 650° geglüht. Nach dem Erkalten wird das Prod. durch Siebgaze von 50 μm Maschenweite gesiebt. Es leuchtet bei Röntgenbestrahlung intensiv blau. Die Phosphorescenz hält mehrere Std. an. (**D. P. [DDR] 21 199** Kl. 57b vom 15/5. 1957, ausg. 28/4. 1961 [Wirtschaftspatent].) M. F. MÜLLER. 5975

Standard Telephones & Cables Pty. Ltd. (Erfinder: Alois Kleinle und Rudolf Friedrich Weiß), **Selengleichrichter** mit die Leitfähigkeit erhöhenden Zusätzen von Ga u./oder Halogen enthaltender Se-Schicht, die z. B. 15 mg Cl oder 10 mg Ga pro 100 g Se aufweist. (**Aust. P. 223 403** vom 20/9. 1957, ausg. 10/9. 1959. D. Prior. 5/10. 1956.) K. DEMMLER. 5977

Moser-Glaser & Co., Muttenz (Erfinder: **Alfred Imhof**, Zürich), Schweiz, *Herstellung geformter fester Kunststoffe.* (**Oe. P. 212 024** vom 24/1. 1955, ausg. 25/11. 1960. Schwz. Prior. 15/7. 1954. — C. **1959.** 587 [F. P. 1 127 358].)

Soc. des Accumulateurs Fixes et de Traction Soc. An., Romainville, Frankreich, *Herstellung von gesinterten, positiven Elektrodenplatten.* (**Holl. P. 98 163** vom 16/7. 1954, ausg. 15/6. 1961. — C. **1957.** 236 [D. B. P. 946 071].)

Westinghouse Electric Corp., V.St.A. (Erfinder: **Willi Lehmann**), *Elektroluminescierender Leuchtstoff.* (**F. P. 1 155 597** vom 6/7. 1956, ausg. 6/5. 1958. A. Prior. 8/7. 1955. — C. **1961.** 8428 [E. P. 828 216].)

N. V. Philips' Gloeilampenfabrieken, Holland, *Im Ultraviolett lumineszierendes Silicat.* (**F. P. 1 155 129** vom 9/5. 1956, ausg. 23/4. 1958. Holl. Prior. 10/5. 1955. — C. **1959.** 5925 [Oe. P. 198 854].)

Aluminium-Walzwerke Singen G.m.b.H., Singen, *Elektrolytkondensator.* (**Belg. P. 540 125** vom 27/7. 1955, ausg. 17/7. 1959. D. Prior. 28/7. 1954. — C. **1959.** 2928 [D. A. S. 1 033 781].)

IV. Wasser. Abwasser

Beitrag zum Mechanismus der Chlorierung von Ammoniumsalz-haltigen Wässern. Ladislav Žáček und Myslibor Chalupa. (Vodní Hospodářství **1961.** 268—70. Juni. Řed. vodohosp. rozvoje Praha.) (Tschech.)

Vff. haben die Rk. zwischen ClO^- u. NH_4^+ untersucht u. freies Cl_2 colorimetr. mit o-Tolidin bestimmt. Sie sind der Ansicht, daß bei der Chlorierung von NH_4-Salze enthaltendem W. folgende Rkk. stattfinden: $NH_4^+ + ClO^- \rightleftharpoons NH_2Cl + H_2O$, $NH_2Cl + ClO^- + H^+ \rightleftharpoons NHCl_2 + H_2O$, $NH_2Cl + NHCl_2 \rightarrow N_2 + 3\,H^+ + 3\,Cl^-$. — 5 Literaturangaben. J. SPINKA. 6024□

Kontrolle der Chlorierung. Edmund J. Laubusch. (Water Sewage Works **106.** 356—61. Aug. 1959.) (Engl.)

Es werden ausführlich die Vor- u. Nachteile der colorimetr. o-Tolidin-Meth., der volumetr. Arbeitsweise mit Jodstärke u. der amperometr. Titration diskutiert. Letztere ist nicht für Feld-Unterss. geeignet, aber bes. brauchbar für Abwasser-Unterss., da sie durch Trübstoffe u. Färbungen im allg. nicht beeinflußt wird. Beschreibung einer amperometr. App., die eine kontinuierliche Best. des Cl u. damit eine automat. Dosierung der Cl-Zugabe ermöglicht. H. DORSCH. 6024□

Eine neue Antikorrosionsisolierung. A. Payer und V. Payerowa. (Нефтяное Хозяйство [Erdöl-Wirtsch.] **36.** Nr. 3. 59—67. März 1958.) (Russ.)

Um die Mängel zu vermeiden, die bei den bisher verwendeten Isoliermassen für in der Erde verlegte Gas- oder Wasserleitungen auftreten, wurden aus einem Glasgewebe von 50, 100 oder 200 mm Breite bestehende Bänder eingeführt, die auf beiden Seiten mit Schichten aus einer Mischung von Paraffin, Fungiciden u. polaren Stoffen (z. B. Cu-Naphthenat) versehen sind. Im Labor. wurden die Isolierungen hinsichtlich vieler wichtiger Eigg. untersucht, darunter: Wasseraufnahmevermögen, Beständigkeit gegen Chemikalien u. Bakterien. Man erzielte bessere Resultate als bei Isoliermassen auf Bitumengrundlage, was z. B. an der unterschiedlichen Veränderung des elektr. Widerstandes mit der Zeit in $^1/_{10}$m Na_2SO_4-Lsg. zu entnehmen ist. In einer Tabelle sind Vgl.-Daten der Eigg. verschiedener Isoliermassen angegeben. A. HELMS. 6034

Quantitative Bestimmung der Nitrat- und Nitritreduktion durch Bakterien aus Oberflächenwasser. B. Schmidt und W.-D. Kampf. (Gesundheits-Ing. **82.** 339—43. 10/11. 1961. Berlin, Freie Univ., Inst. für Hygiene u. medizin. Mikrobiologie.) (Dt.)

Vff. untersuchten 76 aus W. isolierte Bakterienstämme u. 9 Labor.-Stämme von in Oberflächenwasser vorkommenden Keimen auf ihr Denitrifikationsvermögen. Stärkste Reduzenten waren *Pseudomonas-fluorescens*-Labor.-Stamm (~2000 mg NO_3–N/Liter, ~500 mg NO_2–N/Liter) u. *Klebsiella*-Labor.-Stamm (~400 mg NO_2–N/Liter). Bei gleichzeitiger Vorlage von $NaNO_3$ u. $NaNO_2$ wird das Nitrat bevorzugt reduziert. Ergebnisse in 3 Tabellen. — 23 Literaturzitate. H. VÖLZ. 6044□

Öl-Bestimmung im Abwasser von Raffinerien. J. B. Rather jun., J. A. Grant, V. H. Gunther, C. E. Headington, J. H. Karchmer, S. S. Kurtz jun., A. R. Rescorla, F. M. Roberts, A. J. Stephenson, W. J. Troeller jun. und E. B. Tucker. (Analyt. Chem. **30.** 36—40. Jan. 1958.) (Engl.)

Vff. diskutieren verschiedene Best.-Meth.: 1. IR-Meth. (Extraktion mit CCl_4, Absorptionsmessung), 2. Pyknometer-Meth. (Extraktion mit CCl_4 u. Best. des Dichteunterschiedes), 3. API- (AM. PETR. INST.)-Meth. (der flüchtige Anteil wird abdest. u. volumetr. gemessen, der zurückbleibende Teil wird mehrmals extrahiert). Für jede Meth. werden Arbeitsvorschriften mitgeteilt. H. DORSCH. 6068□

Über Hydrolyse und Analyse von Phosphaten, die durch Detergentien in die Wässer gelangen. R. E. Shoup. (Water Sewage Works **106.** 354—55. Aug. 1959. Ohio, Dep. of Health, Chem. Div., Labor.) (Engl.)

Vf. führte Unterss. durch zur analyt. Best. von Orthopolyphosphaten u. Metaphosphaten, die durch den Gebrauch von synthet. Detergentien in die Wässer gelangen. Es wird eine Meth. zur quant. Best. entwickelt, die auf der spektrophotometr. Messung des Molybdänblaukomplexes beruht. H. DORSCH. 6068□

Gebrüder Sulzer Akt.-Ges., Winterthur, Schweiz, **Reinigen von Wasser mittels Mehrfeld-Filter-Anlage.** Um die einzelnen Filterfelder auf Filter- u. Spülbetrieb schalten zu können, werden in die gemeinsamen Wandungen der Sammelkanäle einerseits u. der Rinnen, Reinwasser- u. Spülluftkanäle andererseits hydraul. gesteuerte Ventile eingebaut, wobei jeweils ein hydraul. Ventilcylinder während des Betriebes unter W. liegt. Die Überlaufrinnen weisen Absperrorgane auf. (**D. A. S. 1 045 980** Kl. 12d vom 12/12. 1955, ausg. 11/12. 1958. **Belg. P. 553 193** vom 6/12. 1956, ausg. 15/1. 1960. Beide Schwz. Prior. 7/12. 1955.) H. BLACHETZKI. 6017

Ludwig Seibold, Wien, Österreich, **Elektrodialyse,** bes. zur *Reinigung von W.*, in Mehrzellen-App., dad. gek., daß man verschiedene Diaphragmen derart anwendet, daß in einem 1. Stadium Anionen u. Kationen mit gleicher Geschw. wandern, während gegen Ende der Dialyse (2. Stadium) die Anionen gebremst u. damit eine saure Rk. erreicht wird. Bes. geeignet zur Reinigung von W. mit hohem NaCl- u. $CaCl_2$Gehalt. (**It. P. 516 851** vom 30/4. 1954. Oe. Prior. 6/5. 1953.) K. KOEBKE. 6035

Rohm & Haas Co. (Erfinder: David Buchanan Fordyce), **Entwässern von wässerigen Suspensionen fein verteilter organischer Stoffe** durch Zumischen von 0,01—5,0 Gew.-%, bezogen auf die suspendierten Stoffe, eines linearen, wasserlösl. Polymerisats mit Molgew. >500000, das 45—100 Mol.-% einer quatern. Verb. der Formel $-CH_2-C(R)-CO-O-A-N(R^0)(R^1)(R^2)X$ (R = H oder CH_3; A = $-(CH_2)_2$-, $-(CH_2)_3$- oder $-CH_2CH(CH_3)$-; R^0 = β-Hydroxyäthyl, β-Hydroxypropyl oder γ-Hydroxypropyl; R^1 u. R^2 = Methyl oder Äthyl; X = Hydroxyl oder ein negativer, salzbildender Rest) u. 0—55 Mol.-% einer Verb. der Formel $-CH_2-C(R)-CO-O-A-N\cdot(R^1)(R^2)$ (A, R, R^1 u. R^2 wie oben) enthält, u. Entfernen des W. durch Filtration oder Dekantation. — Beispiel: Behandlung von *Abwasser* mit β-(N.N-dimethylamino)-äthylmethacrylat-Polymerisat. (**Aust. P. 223 531** vom 2/4. 1957, ausg. 17/9. 1959. A. Prior. 10/4. 1956.) K. DEMMLER. 6043

Sulzer Frères Soc. An., Winterthur, Schweiz, *Beeinflussung der Salzablagerung in den Rohrsystemen von Dampferzeugern.* (**Belg. P. 542 807** vom 16/11. 1955, ausg. 11/9. 1959. Schwz. Prior. 30/11. 1954. — C. **1959.** 15156 [E. P. 787 103].)

Union Rheinische Braunkohlen Kraftstoff Akt.-Ges. (**Erfinder: Heinz Sustmann** und **Arthur Schneider**), Wesseling, Bez. Köln, *Reinigung verockerter Brunnen und dergleichen durch Behandlung mit gasförmigem Chlorwasserstoff in Gegenwart von Wasser.* (**Schwz. P. 338 789** vom 30/6. 1955, ausg. 15/7. 1959. D. Prior. 2/7. 1954. — C. **1958.** 11072 [F. P. 1 126 830].)

Sulzer Frères Soc. An., Winterthur, Schweiz, *Beeinflussung der Salzablagerung in den Rohrsystemen von Dampferzeugern.* (**Belg. P. 541 469** vom 21/9. 1955, ausg. 14/8. 1959. Schwz. Prior. 15/10. 1954. — C. **1959.** 10031 [E. P. 787 143].)

Gebrüder Giulini G.m.b.H., Ludwigshafen/Rh., *Wasserbehandlung mit schwerlöslichen Phosphaten.* (**Belg. P. 545 414** vom 21/2. 1956, ausg. 9/10. 1959. D. Prior. 27/9. 1954. — C. **1959.** 6595 [E. P. 785 626].)

Heinrich Koppers G.m.b.H., Essen, und **W. J. Boulin**, Paris, Frankreich, *Abwasserreinigung durch Naßverbrennung der Verunreinigungen.* (**Belg. P. 545 932** vom 10/3. 1956, ausg. 9/10. 1959. D. Prior. 11/3. 1955. — C. **1959.** 13604 [D. A. S. 1 051 210].)

O. A. Alekin, Grundlagen der Wasserchemie. Leipzig: Deutscher Verl. für Grundstoffindustrie. 1961. (Etwa 304 S. m. 66 Abb.) Etwa DM 32,—.

Hans Liebmann, Handbuch der Frischwasser- und Abwasser-Biologie. 2 Bde. Bd. I, 2. Aufl. (Etwa 550 S. mit 436 Abb. u. 18 Taf.) Etwa DM 80,—. Bd. II: DM 147,—. Jena: Gustav Fischer Verl. 1961.

V. Anorganische Industrie

Regenerieren von Ammoniak durch Löschen von Branntkalk mit der Flüssigkeit aus dem Destillationsvorwärmer. Stanisław Kamiński und Ernest Pischinger. (Przemysł chem. **39.** 759—61. Dez. 1960. Toruń, Uniw. M. Kopernika, Kat. Technol. Chem.) (Pol.)

Durch Verw. von CaO statt Kalkmilch wird aus der NH_4Cl-haltigen Fl. des Vorwärmers der Na_2CO_3-Prozesse mehr NH_3 freigesetzt (ca. 20% mehr in 40 Min.). Mit steigender NaCl-Konz. in der Lsg. wird der Effekt abgeschwächt. F. Urban. H 243 □

Neue Typen von Salzlagern für Chlorfabriken. P. G. Chain und A. G. Ssimon. (Химическая Промышленность [Chem. Ind.] **1959.** 410—13. Juli/Aug.) (Russ.)

Für die Kochsalzlagergruben der Alkalichloridelektrolyse werden 2 neue Ausführungsformen beschrieben, bei denen ein unter bzw. über Erdniveau gelegener Lagerraum mit Behältern für die Herst. der Sole unter Zurückführung von Anolyt kombiniert ist. Für die Isolierung der eisernen Solerinne wird ein Gemisch von 70% Bitumen u. 30% Quarzsand verwendet. R. K. Müller. H 247 □

Graphitbearbeitung. Anonym. (Nuclear Engng. **4.** 206—15. Mai 1959.) (Engl.)

Beschreibung der für die Bearbeitung von in der Kerntechnik verwendetem Graphit geeigneten Technik u. Maschinen. H. Hochstein. H 260 □

Aufarbeitungsmethoden für die Kaligewinnung. Anonym. (Akad. tekn. Vidensk., Beretn. Nr. **35.** 159—64. Juli 1959.) (Dän.)

Zusammenfassende Darst. der Lsg.- u. Flotations-Meth. bei der Gewinnung reiner K-Salze aus *Sylvinit* u. *Hartsalz.* R. K. Müller. H 275 □

Gewinnung von Soda, Pottasche und Kaliumsulfat aus Lösungen einer Tonerdefabrik. G. Ss. Ssedelnikow und A. I. Lasarewa. (Химическая Промышленность [Chem. Ind.] **1959.** 401—04. Juli/Aug. Kurnakow-Inst. für allg. u. anorgan. Chem. der Akad. der Wiss. der UdSSR.) (Russ.)

Auf Grund der Diagramme für die quatern. Syst. $K_2CO_3 + 2\ NaHCO_3 \rightleftharpoons Na_2CO_3 + 2\ KHCO_3\ (+\ H_2O)$ u. $K_2CO_3 + Na_2SO_4 \rightleftharpoons Na_2CO_3 + K_2SO_4\ (+\ H_2O)$ bei 35° (Abb.) wird ein Verf zur fraktionierten Kristallisation des Fünfstoff-Syst. entwickelt, das auf Ablaugen der Al_2O_3-Fabrikation aus Nephelin angewandt wird; ihre Zus. ist 95 (g/Liter) Na_2O, 43 K_2O, 85 CO_2, 5 SO_3. Nach Carbonisierung auf 30—35% werden bei fraktioniertem Eindampfen nacheinander *Trona* ($Na_2CO_3 \cdot NaHCO_3$), *$NaHCO_3$*, *K_2SO_4* u. *$K_2CO_3 \cdot Na_2CO_3$* ausgeschieden u. abgetrennt. Durch Carbonisierung von $K_2SO_3 \cdot Na_2CO_3$ wird *$KHCO_3$* gefällt u. auf *K_2CO_3* verarbeitet. Die techn. Ausführung des Verf. wird im Schema dargestellt u. besprochen. Seine Vorteile werden erörtert. R. K. Müller. H 275 □

Phillips Petroleum Co., übert. von: Joseph D. Stafford jun. und Carl E. Alleman, Dumas, Tex., V.St.A., **Reinigen von Ammoniakwasser,** das noch gelöste Mineralsalze, bes. NaCl, enthält. Man rektifiziert die wss. Lsg. in Ggw. geringer Mengen an Lecithin, fl. Polydimethylsiloxan, Eugenol, Isoeugenol, Guajacol, Vanillin, Vanillylalkohol, Hydrochinonmonoäthyläther, 2-Hydroxy-3-methoxybenzaldehyd, 2-Methoxy-4-methylphenol oder Gemischen von ungesätt. C-16- oder C-18-Alkoholen. (**A. P. 2 905 597** vom 16/1. 1956, ausg. 22/9. 1959.) H. Nebelsiek. H 243

Metallgesellschaft Akt.-Ges., Frankfurt/M., **Behandeln von Erzen auf dem Sinterband** durch Durchleiten heißer Gase (I), dad. gek., daß man den I Rückgas, Wasserdampf, Cl_2 oder SO_2 beimischt. Das einzige Beispiel beschreibt die *Verarbeitung von Pyrit* unter Zusatz von Cl_2. — Zeichnung. (**Ind. P. 59 173** vom 18/12. 1956, ausg. 21/1. 1959.) C. LÜTTGEN. H 253

Osaka Gas Kabushiki Kaisha, Japan, **Wiedergewinnung von Schwefel** aus H_2S-haltigen Gasen durch Behandeln in einem Rieselturm mit Luft in Ggw. eines fl. Katalysators, der Polyhydroxy- oder Polynitro-Verbb. in schwach alkal. Lsg. (ca. 0,05 bis 5%) enthält. Der gebildete S wird von der Fl. abgetrennt. (**F. P. 1 192 076** vom 28/2. 1958, ausg. 23/10. 1959. Jap. Prior. 6/3. 1957.) W. WITTHOLZ. H 253

Rheinpreussen Akt.-Ges. für Bergbau und Chemie, Homberg/Ndrh. (Erfinder: Ernst Ruschenburg, Moers), **Herstellung einer nitrosefreien Schwefelsäure** aus H_2S-reichen u. gleichzeitig HCN u./oder NH_3 enthaltenden Gasen durch Verbrennung des H_2S (I) mit Luft u. anschließender naßkatalyt. Weiterverarbeitung der Verbrennungsgase. Der Verbrennungsluft für den Umsatz des I wird W. oder verd. H_2SO_4 fein verteilt u. in fl. Phase als wärmeentziehendes Mittel in einer solchen Menge zugesetzt, daß durch Herabsetzung der Verbrennungs-Temp. eine schädliche NO-Bldg. vermieden wird. (**D. A. S. 1 089 734** Kl. 12i vom 19/3. 1958, ausg. 29/9. 1960.) E. MIESSGANG. H 253

Werner Spichal, Bayreuth, **Erzeugung von Aktivkohle,** wobei das Aktivierungsgut die vertikal angeordnete Retorte von oben nach unten durchwandert u. die Aktivierungsgase im Querstrom geführt werden. Die Retorte ist aus mit Schrägflächen einander übergreifenden feuerfesten Körpern aufgebaut. — Darst. der Vorrichtung. (**D. A. S. 1 081 434** Kl. 12i vom 10/2. 1958, ausg. 12/5. 1960.) E. MIESSGANG. H 260

United Kingdom Atomic Energy Authority (Erfinder: Philip Michael Cherubino Lacey und David Flower Sangster), **Herstellung von reinen Lösungen einer ionisierten Metallverbindung aus unreinen, Ionen von Metallen mit niedrigerem Elektrodenpotential als dem des Metalls der Metallverbindung enthaltenden Lösungen.** Man bringt die unreinen Lsgg. mit einem Amalgam des Metalls der Metall-Verb. in Kontakt, wobei die Ionen der Metalle mit niedrigerem Elektrodenpotential von dem Amalgam aufgenommen werden, während Ionen des Metalls der Metall-Verb. aus dem Amalgam in die Lsg. übergehen. — Beispiel: Eine wss. Lsg. von LiOH mit 6,1 Gew.-% NaOH u. kleineren Mengen von Cr, Ni u. Fe wird mit einem Drittel ihres Vol. Li-Amalgam 8 Min. geschüttelt u. eine nur 0,03% NaOH u. kein Cr, Ni u. Fe enthaltende Lsg. erhalten. Auf gleiche Weise kann eine von Mg freie NaOH-Lsg. gewonnen werden. (**Aust. P. 223 526** vom 15/4. 1958, ausg. 17/9. 1959.) K. DEMMLER. H 270

Pechiney Comp. de Produits Chimiques et Électrométallurgiques, Paris (Erfinder: Jacques Clair, Grenoble, Isère), Frankreich, **Kontinuierliche Herstellung von Aluminiumnitrid** mit niedrigem Al_2O_3- u. C-Geh. durch Umsetzen von Al_2O_3 u. Kohle in Gestalt von durch Ca-Aluminat (I) abgebundenen porösen Aggregaten. In dem zur Anwendung gelangenden, durch elektr. Widerstandsheizung beheizten Nitrierofen mit senkrecht angeordneten Retorten sind an dem Retortenkopf Expansionskammern zur Abscheidung der Zers.-Prodd. des I eingebaut. — Abb. der Vorrichtung (**D. A. S. 1 076 099** Kl. 12i vom 14/5. 1958, ausg. 25/2. 1960. **Schwz. P. 353 726** vom 13/5. 1958, ausg. 15/6. 1961. Beide F. Prior. 16/5. 1957.) E. MIESSGANG. H 294

Imperial Chemical Industries Ltd., England, **Herstellung von Natriumaluminiumhydrid in erhöhter Menge.** Man setzt in 1. Stufe $NaAlH_4$ mit $AlCl_3$ in Ggw. eines innerten Lsgm., wie Tetrahydrofuran, Glykoldimethyläther, bei 0—100°, bes. bei Siede-Temp. des Lsgm., um. In 2. Stufe wird durch Einw. von feinverteiltem NaH auf das entstandene AlH_3 $NaAlH_4$ erhalten: $3\,NaAlH_4 + AlCl_3 \rightarrow 4AlH_3 + 3\,NaCl$; $4\,AlH_3 + 4\,NaH \rightarrow 4\,NaAlH_4$. Das bei der Rk. gebildete NaCl wird entfernt u. das Lsgm. abdestilliert. (**F. P. 1 197 042** vom 21/12. 1957, ausg. 27/11. 1959. E. Prior. 21/12. 1956 u. 25/11. 1957.) W. WITTHOLZ. H 294

United Kingdom Atomic Energy Commission (Erfinder: Arnold Audsley und Walter Ryan), **Gewinnung von Thorium aus seinen wässerigen, Eisen enthaltenden Sulfatlösungen.** Man extrahiert die auf pH 1,2—2,5 eingestellte Lsg. mit einer mit W. nicht mischbaren fl. Phase, die aus einem aliphat. prim. Amin mit 8—25 C-Atomen besteht, behandelt die nichtwss. Phase mit HNO_3 u. schlägt das Th aus der wss. salpetersauren Lsg. als ThO_2 nieder. (**Aust. P. 223 307** vom 22/4. 1958, ausg. 3/9. 1959. E. Prior. 10/5. 1957.) K. DEMMLER. H 324

Ciba Ltd., Basel, Schweiz, **Wiedergewinnen von Halogeniden der Metalle der V. Gruppe des Periodischen Systems** aus ihren Addukten mit $POCl_3$, bes. $TaCl_5 \cdot POCl_3$

u. $NbCl_5 \cdot POCl_3$, dad. gek., daß man die Addukte mit einem Alkalihalogenid, z. B. KCl ggf. in Lsg., z. B. von $SOCl_2$, unter Erhitzen zur Rk. bringt, das gebildete Doppelsalz (I) durch Erhitzen auf eine Temp., bei der es sich nicht zersetzt, von dem frei gewordenen $POCl_3$ trennt u. das I therm. zersetzt. (**Ind. P. 62 203** vom 5/11. 1957, ausg. 29/8. 1959.) C. LÜTTGEN. H 332

United States Atomic Energy Commission, V.St.A. (Erfinder: Warren E. Clifford), **Katalytische Oxydation des Urans in Carbonat-Lösungen.** Diese Lsgg. werden bei 80—90° in Ggw. von Schwermetallionen, wie Co, V, Tl, Mn, Cu, als Katalysatoren mit Luft, O_2 oder Hypochlorit-Lsgg. bei pH 10,5—11,1 behandelt. Die niederen Wertigkeitsstufen werden hierdurch bis zur 6wertigen oxydiert. Genannt sind: $KMnO_4$, MnO_2, $MnSO_4$, $CuSO_4$, Cu_2O, $CuCl_2$, $TlNO_3$ u. V_2O_5 in Mengen von 0,1 mg je Liter Lösung. (**F. P. 1 198 928** vom 18/2. 1958, ausg. 10/12. 1959. A. Prior. 23/5. 1957.) W. WITTHOLZ. H 339

United States Atomic Energy Commission, übert. von: David M. Ritter, Oak Ridge, Tenn., V.St.A., **Gewinnung von Plutoniumverbindungen** aus wss., sauren Lsgg. von U-Spaltprodukten. Man fällt einen Teil der Begleitstoffe durch Umsetzen der Lsg. mit Lanthanfluorid, wobei man die Wertigkeit von Pu auf >4 hält. Nach dem Abtrennen des Nd. versetzt man die Lsg. mit einer B-Verb., z. B. H_3BO_3, $NaBO_2$ oder $Na_2B_4O_7 \cdot 10\,H_2O$, unter Bldg. einer Komplex-Verb. mit dem F-Ion. Aus dieser Komplexsalz-Lsg. fällt man durch Zusatz von Bi-Phosphat einen Nd., mit dem Pu mit ausgefällt wird. Den Nd. trennt man ab u. leitet F-Gas hindurch, um evtl. mitgerissene B-Verbb. aus B-Fluoriden zu verflüchtigen. Den Nd. arbeitet man zum Schluß in üblicher Weise auf Pu auf. (**A. P. 2 868 619** vom 12/10. 1944, ausg. 13/1. 1959.) H. NEBELSIEK. H 343

Peter Spence & Sons Ltd. (Erfinder: Hanns Biegler, Heinrich Egghart und Karl Torkar), **Herstellung von Bayerit.** Man hydrolysiert in Eiswasser ein reines Al-Alkoholat, z. B. Al-Äthylat, wobei dieses in geschmolzener Form derart tropfenweise zugesetzt wird, daß Eisstückchen dauernd erhalten bleiben, läßt dann bei normaler Temp. wenigstens 1 Woche stehen, trennt das krist. γ-$Al(OH)_3$ ab u. trocknet es bei normaler Temp., bes. über P_2O_5. (**Aust. P. 223 309** vom 6/5. 1958, ausg. 3/9. 1959. E. Prior. 11/5. 1957.) K. DEMMLER. 6151

Badische Anilin- & Soda-Fabrik Akt.-Ges., Deutschland (Erfinder: **Walter Spormann** und **Joachim Heinke**), *Herstellung von Alkalidisulfit.* (**F. P. 1 238 195** vom 26/10. 1959, ausg. 30/11. 1960. D. Prior. 28/10. 1958. — C. **1960.** 13809 [D. A. S. 1 072 229].)

Studiengesellschaft Kohle m.b.H., Mülheim, *Herstellung von Alkali- und Erdalkaliborhydriden.* (**Holl. P. 97 705** vom 12/7. 1957, ausg. 17/4. 1961. D. Prior. 12/7. u. 17/11. 1956. — C. **1959.** 11377 [D. A. S. 1 018 397] u. C. **1960.** 5610 [D. A. S. 1 035 109].)

André Louis Verdier, Paris, Frankreich, *Herstellung von flüssigen Rußgemischen.* (**Schwz. P. 352 438** vom 30/10. 1956, ausg. 14/4. 1961. F. Prior. 7/11. 1955. — C. **1959.** 15804 [F. P. 1 135 554].)

Columbian Carbon Co., V.St.A. (Erfinder: **Harold Anthes Braendle** und **Georges Louis Heller**), *Ruß in Perlform.* (**F. P. 1 198 716** vom 4/2. 1958, ausg. 9/12. 1959. A. Prior. 6/2. 1957. — C. **1960.** 14150 [A. P. 2 908 586].)

Elektroschmelzwerk Kempten G.m.b.H., München, *Grünes Siliciumcarbid.* (**Norw. P. 92 893** vom 16/5. 1956, ausg. 24/11. 1958. — C. **1958.** 6068 [D. A. S. 1 016 688].)

Knapsack-Griesheim Akt.-Ges., Deutschland, *Aufarbeitung von Phosphorschlamm.* (**F. P. 1 208 280** vom 3/6. 1958, ausg. 23/2. 1960. D. Prior. 3/8. 1957. — C. **1959.** 10034 [D. A. S. 1 045 994].)

Kurt Peters, Wien, Österreich, *Trennung und Reindarstellung von Zirkonium und Hafnium.* (**Oe. P. 202 552** vom 27/4. 1956, ausg. 10/3. 1959. — C. **1960.** 5285 [D. A. S. 1 067 797].)

F. J. Collin Akt.-Ges., Dortmund (Erfinder: **Alfred Jäppelt**, **Alexander Doerges** und **Helmut Schade**), *Verwertung von Beizablaugen.* (**E. P. 793 560** vom 8/7. 1955, ausg. 16/4. 1958. Zusatz zu E. P. 791 057; C. 1959. 14555. — C. **1959.** 5600 [D. A. S. 1 012 594].)

VI. Silicatchemie. Baustoffe

Volautomatische Zubereitung des Glasgemenges. Vladimír Horák. (Sklář a Keramik **12.** 10—11. 1962. Praha, Československá akademie věd.) (Tschech.)

Vf. erörtert die Möglichkeiten der Einführung vollautomat. Methoden. G. BAUER. 6168□

Schnelltempern von Glaswannenöfen. Jaroslav Gryc, Zdeněk Paroubek und Zdeněk Šolar. (Sklář a Keramik **12.** 3—9. 1962.) (Tschech.)

Vff. teilen eine Reihe von Prüfungsergebnissen u. die mit dieser Meth. gemachten Erfahrungen mit. — 15 Literaturangaben. G. BAUER. 6172□

Durch Gammastrahlung erzielte Luminescenzerscheinungen an Quarz und Quarzglas. Rudolf Fischer. (Silikattechnik **11.** 453—54. Okt. 1960. Jena, VEB Jenaer Glaswerke Schott u. Gen.) (Dt.)

An opt. Quarzglas zeigen sich nach der Bestrahlung mit γ-Strahlen aus einer ^{60}Co-Quelle mit einer Energie von 1,2 MeV Flächen, die sich sowohl durch intensivere Verfärbung als auch in bezug auf die auftretende Luminescenz durch verstärkte Lichtemission auszeichnen. Die leuchtenden Zonen sind größer u. regelloser angeordnet bei einem Quarzglas minderer Qualität, bei einem solchen besserer Qualität sind sie dagegen kleiner u. regelmäßig angeordnet. Diese Leuchtzonen können somit als Kriterium für die Güte von Quarzglas angesehen werden. N. PETERS. 6204□

Zur Thermodynamik der Silicate und Hydrosilicate des Calciums. O. P. Mtschedlow-Petrossian und W. I. Babuschkin. (Silikattechnik **11.** 384—86. Aug. 1960. Charkow.) (Dt.)

Ergänzende Ausführungen zu den bereits früher veröffentlichten Arbeiten (vgl. MTSCHEDLOW-PETROSSIAN u. BABUSCHKIN, C. **1959** .2586 u. C. **1960.** 7090). — 16 Literaturangaben. G. BAUER. 6206□

Beitrag zur Klärung von Strukturen und Stabilitätsbeziehungen der für die Elektrokeramik wichtigen magnesiumhaltigen Kettensilicate (Mg-Pyroxene). W. Lindemann. (Sprechsaal Keram., Glas, Email **94.** 508—14. 5/10. 1961. Erlangen, Univ. Mineralog. Inst.) (Dt.)

Es wird eine Klärung der Stabilitätsfragen der einzelnen $MgSiO_3$-Phasen unter Benutzung der Unicam-Hochtemp.-Kammer erreicht. Sowohl der Enstatit als auch γ-$MgSiO_3$ gehen bei hohen Temp. in Klinoenstatit über. Die Struktur-Unterss. verschiedener monokliner Mg-Pyroxene ergaben, daß der Diopsid zur Raumgruppe C_{2h}^6 gehört, während Klinoenstatit, γ-$MgSiO_3$ u. bestimmte Pigeonite, die chem. in der Nähe von $MgSiO_3$ liegen, der Raumgruppe C_{2h}^5 zuzurechnen sind. Nach Ansicht des Vf. ist somit die Auffassung von FOSTER über die Existenzgebiete des $MgSiO_3$ als widerlegt anzusehen. — 26 Literaturangaben. N. PETERS. 6206□

Mineralogische Untersuchungen an den Feinstanteilen des Neuhäuser Sandes. Joachim Wiegmann, Günter Kranz und Carl Heinz Horte. (Silikattechnik **11.** 460—62. Okt. 1960. Berlin, Inst. für angew. Silikatforsch. der Dt. Akad. der Wiss.) (Dt.)

Die Feinstanteile des „Neuhäuser Sandes“ (NS) bestehen zum größten Teil aus einem glimmerartigen Tonmineral. Nebenbestandteile sind: Feldspat, Kaolinit, Quarz u. ein sehr kleiner Anteil eines montmorillonoiden Minerals. Die Brennfarben bei oxydierendem Brand sind bei 1000° hellbeige u. bei 1200° weißlichgrau. Es bestehen Ähnlichkeiten zu einem Glimmer ungar. Herkunft (aus Saropastak), so daß der NS wie dieser als keram. Rohstoff Verw. finden kann. Der Fe-Geh. läßt sich mit verd. HCl nicht wesentlich herabsetzen. N. PETERS. 6208□

Untersuchungen zur Frage der Mischkristallbildung in Mulliten und mullitähnlichen Verbindungen. G. Gelsdorf, H. Müller-Hesse und H. E. Schwiete. (Sprechsaal Keram., Glas, Email **94.** 502—08. 5/10. 1961. Aachen, Rhein.-Westf. TH, Inst. für Gesteinshüttenkunde.) (Dt.)

Ziel der Unterss. war die Herst. synthet. Mullite, bei denen ein Teil des Al_2O_3 durch Fe_2O_3 oder TiO_2 bereits bei der Herst. der Mischungen ersetzt wurde. Es ergab sich, daß in Fe_2O_3-haltigen Mulliten Al_2O_3 z. T. durch Fe_2O_3 bis zu ca. 8% ersetzt werden kann. Auch geringe Mengen TiO_2 (bis zu 2,5%) können aufgenommen werden, wobei Ti^{4+} Gitterplätze des Si^{4+} besetzt. Der Mechanismus der Zers. des Mullits durch Li_2O ist analog der Rk. mit Na_2O u. K_2O. Es wird die Herst. von Einkristallen der Verb. $3\,Al_2O_3 \cdot 2\,GeO_2$ beschrieben. N. PETERS. 6216□

Über die Erzeugung von dichten, schwarz gefärbten keramischen Platten. Albert Vasel. (Sprechsaal Keram., Glas, Email **94.** 490. 5/10. 1961. Bendorf/Rhein.) (Dt.)

Es wird über ein Verf. berichtet, mit dem es möglich ist, einen schwarzen dichten Scherben auch ohne Verw. des teuren Mangantons bei einem zweiten, niedrigeren Brand unter Verw. von Steinkohlengruß zu erzeugen. N. PETERS. 6216□

Anforderungen an Hochofenschlacken für die Zementindustrie. Joachim Günther. (Silikattechnik **12.** 475—79. Nov. 1961. Unterwellenborn, Forsch.-Inst. für Roheisenerzeugung.) (Dt.)

Vf. berichtet über die Brauchbarkeit der Hochofenschlacken verschiedener Hüttenwerke für die Zement-Herst. u. weist auf die Wertsteigerung durch Erhöhung des Al_2O_3-Anteils (Zusatz von Rotschlamm) hin. Die Schlacken werden auf Grund chem. Analysen nach verschiedenen Kennziffern beurteilt. Bedingungen der Granulation werden diskutiert. H. VÖLZ. 6222□

Ungebrannte Schlacke-Sand-Zemente für die Bohrlochdichtung mit Arbeitstemperaturen bis zu 200°. Je. K. Matschinski, A. N. Stafikopulo und A. I. Bulatow. (Нефтяное Хозяйство [Erdöl-Wirtsch.] **36.** Nr. 4. 15—20. April 1958.)

Aus granulierten Hochofenschlacken u. verschiedenen Quarzsanden wurden durch Labor.-Verss. Zemente erhalten, die bei hohen Temp. u. Drucken langsam abbinden, in der kurzen Zeit des Festwerdens genügend mechan. Festigkeit erlangen u. der fortgesetzten Einw. von hohen Temp. u. Mineralwässern standhalten. Abbindezeit u. mechan. Festigkeit dieser zur Bohrlochdichtung bei Temp. bis 200° u. Drücken bis 700 at dienenden Zemente lassen sich durch die Menge des zugegebenen gemahlenen Quarzsandes regulieren. Die gemahlenen Massenteilchen müssen $< 0,5$ mm sein, die Wassermenge für das Erhärten schwankt zwischen 30 u. 40% der trockenen Mischung. Diese Zemente besitzen, in Abhängigkeit von der Sandmenge, bei Temp. zwischen 150 u. 200° u. Drükken zwischen 500 u. 700 at Abbindezeiten von einigen Min. bis zu 24. Stunden.
A. HELMS/Ludwigshafen. 6222

Zementgemische für die Abdichtungen von Bohrlöchern unter erschwerten Bedingungen. Je. K. Matschinski und A. I. Bulatow. (Газовая Промышленность [Gas-Ind.] **5.** Nr. 12. 7—12. Dez. 1960.) (Russ.) — Vgl. C. **1961.** 5930 u. vorst. Referat.
Labor.- u. Betriebs-Verss. über die Eignung verschiedener Zuschlagstoffe für Zementmörtel zur Abdichtung von Erdöl- u. Erdgasbohrlöchern extrem großer Tiefen mit sehr hohen Temp. ergaben, daß das spezif. Gew. des Mörtels um so höher ist, je höher das spezif. Gew. dieser Zuschläge ist u. je sorgfältiger die Beimengungen beseitigt wurden. Die geringste wasserhaltende Kraft besitzen Magnetitkonzentrat u. Ferrophosphor, es folgen Ferrosilicium, Pb-Konzentrat u. Spiegeleisen, Hämatit, Pyritabbrände (unbrauchbar). Durch Zusatz von Sulfitschlempe (0,3% vom Zement-Gew.) wird die Abbindezeit etwa verdoppelt, die mechan. Festigkeit im Mittel um ca. 10% erhöht. Außer Sulfitschlempe können als Abbindeverzögerer Carboxymethylcellulose u. andere bekannte Verzögerer angewandt werden. O. LEBTAG. 6222□

Einfluß eines Calciumchloridzusatzes auf die Frostfestigkeit des Betons. A. A. Gordejew. (Бетон и Железобетон [Beton u. Eisenbeton] **1959.** 440—42. Okt.)
Portlandzement 400 mit 5% u. 8—9% C_3A, 3—10% Gips, grobem (5—30 mm) Schotter sowie reinem Quarz-Feldspat-Sand wurde in Verss. mit Sulfitschlempe u. techn. $CaCl_2$ versetzt, darauf wurden Betonwürfel von 10 cm³ geformt u. im Alter von 28 Tagen 200—1000 Einfrier- u. Auftauzyklen unterworfen. Es ergab sich, daß 2% $CaCl_2$-Zusatz (auf wasserfreies Salz berechnet) zum Zement-Gew. die Frostfestigkeit senkt, u. zwar um so stärker, je mehr C_3A im Zement enthalten ist. Der Zusatz empfiehlt sich daher nicht, soweit es um Beschleunigung der Härtung geht. Zusatz an Sulfitschlempe steigert bei $CaCl_2$-Zusatz zwar die Frostfestigkeit, unabhängig von der mineralog. Zus. des Zements, eine gleichzeitige Gabe beider Zusätze kann jedoch nachteilig sein, da die Schlempe die Hydratation beim Härtungsbeginn (1—2 Tage) bremst.
A. v. WILPERT. 6224□

Die Arbeiten des Forschungsinstituts für Roheisenerzeugung auf dem Gebiet der Herstellung von Leichtzuschlagstoffen nach dem Saugzugverfahren. Walter Zwade. (Silikattechnik **12.** 480—81. Nov. 1961. Unterwellenborn, Forschungs-Inst. für Roheisenerzeugung) (Dt.)
Als Ausgangsmaterial diente Rennschlacke, die in einer Mischung mit Bruchschiefer Braunkohlenasche u. Kalkstein verarbeitet wurde. Das erreichbare Liter-Gew. beträgt 725 g/Liter bei einem Druckzertrümmerungsgrad von 0,90. Ein Sinter aus 75% Sand u. 25% Asche besitzt ein Gew. von 765 g/Liter gegenüber 1494 g/Liter von trocknem Sand. Die Leistungssteigerung durch Zweischichtenzündung wird erwähnt.
H. VÖLZ. 6224□

Verwendung von Flugaschen zur Verbesserung der Betontechnologie der Leichtzuschlagbetone. Siegfried Reinsdorf. (Silikattechnik **12.** 484—87. Nov. 1961. Weimar, Außenstelle des Inst. für Stahlbeton) (Dt.)
Der Zementverbrauch ist von der Oberflächenstruktur der Zuschlagstoffe abhängig. Durch Verss. wurde nachgewiesen, daß das Untermischen puzzolanartiger Stoffe (Steinkohlenasche) als Schlamm eine Senkung des Zementverbrauchs bis zu 40% ermöglicht. Die Zusatzmengen sind abhängig von der Oberflächenstruktur der Zuschläge, dem Erhärtungs-Verf. u. dem Mischvorgang. Die Warmbehandlung bringt bes. günstige Werte. H. VÖLZ. 6224□

Laboratoriumsversuche mit Filteraschen zur Herstellung von Leichtzuschlagstoffen. Sigrid Skwirblies. (Silikattechnik **12.** 488—89. Nov. 1961. Cottbus, Hochschule für Bauwesen, Inst. für Baustoffe.) (Dt.)
Elektrofilterasche der Braunkohlenwerke wurde mit fettem Ton u. einem Fe-Hydroxidschlamm-Kohle-Gemenge unter Zusatz von NaCl als Mineralisator zur Zerstörung der Sulfate vermischt. Die daraus hergestellten u. gebrannten Körper (∅ 1 bis 1,5 cm) besaßen eine 1 mm dicke Oberflächenhaut; das Innere bestand aus einem sehr porösen Gefüge (Korneigenporigkeit 68—72%). H. VÖLZ. 6224□

Entwicklung und Perspektive geschäumter Kupferschlacken. Joachim Spitzner. (Silikattachnik **12.** 496—99. Nov. 1961. Eisleben, VEB Mansfeldkombinat Wilhelm Pieck, Forschungs- u. Entwicklungsstelle.) (Dt.)

Vf. beschreibt Eigg. u. Verwertungsmöglichkeiten von Cu-Schlacke. Geschäumte Cu-Schlacke ist als Leichtzuschlagstoff verwendbar. H. VÖLZ. 6224□

Untersuchung von Flußschlamm auf seine Verwendbarkeit in der Bauindustrie. Günter Wolff. (Silikattechnik **12.** 489—91. Nov. 1961. Weimar.) (Dt.)

Vf. ermittelte die Körnungskennlinien u. die chem. Zus. des Saaleschlammes u. stellte mikroskop., röntgenograph. u. therm. Unterss. an. Nach Aufbereitung im Schlämmkelch nach HARKORT wurden Brenn-Verss. mit Kalkhydrat durchgeführt. Die Rk. zwischen Schlamm u. Kalkhydrat erfolgt nach den DTA-Kurven zwischen 700° u. 850°. Der zu Granalien verformte u. gebrannte Schlamm ist als Leichtbetonzuschlagstoff geeignet. H. VÖLZ. 6224□

Einige Besonderheiten der Herstellung von Hüttenbims im Schäumbett. Lydia Wladimirowa. (Silikattechnik **12.** 491—96. Nov. 1961. Weimar.) (Dt.)

Vf. gibt eine Klassifikation der Schäumverfahren. Das voll mechanisierte Schäumbett-Verf. zur Aufblähung beliebiger Schlacken mit W. oder Tonwassersuspension wird beschrieben. Der Tonzusatz verbessert die Eigg. des Hüttenbimses. H. VÖLZ. 6224□

Wasserabweisende Mörtel. D. Teodorescu. (Rev. Construcţiilor Mater. Construcţii **12.** 244—46. 1960.) (Rum.)

Vf. beschreibt Herst., Verarbeitung u. Anwendungsgebiet von Mörtelmischungen mit Zusätzen von ungecracktem Paraffin. Diese Mörtel weisen eine bessere Bearbeitungsmöglichkeit, genügende mechan. Festigkeit, vermindertes Schwinden beim Trocknen u. sehr hohe Undurchlässigkeit auf. G. BAUER. 6226□

Nicht korrodierende, für Quecksilber undurchlässige Ebonitplatten für Fußböden. I. A. Schochin und B. I. Kutzenok. (Химическая Промышленность [Chem. Ind.] **1960.** 430. Juli/Aug. Forsch.-Inst. für Reifenind. u. Zentr. Forsch.-Labor. für chem. Bauwesen.) (Russ.)

Aus Altgummi werden Ebonitplatten hergestellt, deren geriffelte Unterseite mit Bitumenklebstoff mit mineral. Füllstoffen oder Wasserglasklebstoff aus Diabasmehl u. Na_2SiF_6 als Bodenbelag auf Beton aufgebracht wird. Die Platten, die mit einer dünnen (1,5—2 mm) aufgetragenen Schicht beliebig gefärbt werden können, sind bes. für Betriebe mit aggressiven Agentien geeignet. R. K. MÜLLER. 6228□

Die Bestimmung von Calcium und Magnesium in Silicaten mittels der photometrisch-komplexometrischen Titration. F. Hegemann und H. Thomann. (Ber. dtsch. keram. Ges. e. V. **38.** 345—50. Aug. 1961.) (Dt.)

Es werden Indicatoren beschrieben, die eine schnellere Best. von Ca u. Mg ermöglichen, ferner werden Analysen-Verff. entwickelt, die die Best. dieser beiden Elemente in Silicaten u. silicat. Stoffen wie Feldspat, Kaolin, Ton, Granit, Glas u. Zement gestatten. Ca u. Mg werden komplexometr. titriert, wobei zur genaueren Festlegung des Titrationsendpunktes photometr. ausgewertet wird. Für die Ca-Best. dient Calcein als Indicator, während sich für die Summentitration der Erdalkalimetalle Omegachromschwarz VS am besten bewährt hat. Größere Fe-Mengen sind vorher durch Ausschütteln mit 8-Hydroxychinolin u. Chlf. zu entfernen. N. PETERS. 6240□

Ein Beitrag zur Praxis der Polarisationsmikroskopie und -photographie von keramischen Rohstoffen unter vereinfachten Verhältnissen. R. Herrmann. (Sprechsaal Keram., Glas, Email **94.** 491—502. 5/10. 1961. Frankfurt/M., Batelle-Inst.) (Dt.)

Es werden in Anlehnung an bekannte Verff. vereinfachte Meth. der Polarisationsmikroskopie beschrieben, die einem größeren Kreis von Interessenten das Mikroskopieren erleichtern sollen. Es soll durch Zeichnungen u. Mikroaufnahmen keram. Rohstoffe Anregung u. Anleitung zu selbständigem, diagnost. Mikroskopieren u. zur photograph. Wiedergabe der mikroskop. Bilder gegeben werden. — 25 Literaturangaben.
N. PETERS. 6248□

Untersuchungen zur vollautomatischen Feuchtigkeitsmessung an Sand und keramischen Massen. 3. Mitt. Bestimmung des Wassergehalts mittels Mikrowellen an Tonen im Verarbeitungsbereich. E.-M. Amrhein. (Ber. dtsch. keram. Ges. e. V. **38.** 339—41. Aug. 1961. Würzburg, Max Planck-Inst. für Silicatforsch.) (Dt.) — 2. vgl. C. **1961.** 15885.

Messung des Brechungsindex u. des Absorptions-Koeff. an Kaolin K 08 in Abhängigkeit von der Feuchtigkeit bei 3 cm Wellenlänge. Die Polarisierbarkeit steigt im Verarbeitungsbereich des Tones linear mit dem Wasser-Geh. an. Zur Best. der Feuchtigkeit wurde die Änderung des Reflexionsfaktors einer Probe von $^1/_4$ Wellenlänge Dicke gemessen. Es wird eine Mikrowellenbrückenschaltung beschrieben, die eine kontinuierliche Anzeige u. Regelung des Wasser-Geh. ermöglicht. G. BAUER. 6248□

Universalgerät zur Schnellanalyse von Zementen. M. Wallraf. (Z. analyt. Chem. **170.** 420—23. 1959. Düsseldorf, Forsch.-Inst. der Zementind.) (Dt.)

Das Gerät kann gleichzeitig als Photometer (Al-, Fe-, Ti-Best.), Trübungsmesser (SO_4^{3-}-Best.) u. zur lichtelektr. ÄDTA-Titration von Ca u. Mg verwendet werden. H. VÖLZ. 6252□

Eine Untersuchung über Praseodymoxide unter Anwendung von DTA und Dilatometer. E. C. Shears. (Trans. Brit. ceram. Soc. **60.** 773—82. Nov. 1961. Gloucester, Impregnated Diamond Products Ltd.) (Engl.)

DTA-Kurven, die beim Erhitzen u. Abkühlen von Pr-Oxidpulvern bei 10°/min in Luft erhalten wurden, u. Schwindungskurven von Pr-Oxidproben, die beim Erhitzen in H_2, Ar, Luft u. O_2 jeweils bei atm. erhalten wurden, werden diskutiert. Die Ergebnisse der Röntgenanalyse an Proben verschiedener Brennbehandlung werden mitgeteilt. Die Schwindungs- u. DTA-Kurven stimmen miteinander u. auch mit dem bekannten O_2–Pr-Gleichgewichtsphasendiagramm überein. F. REINHART. 6260□

Deutsche Spiegelglas Akt.-Ges., Freden/Leine (Erfinder: Wolfgang Decker, Grünenplan), **Härten von Glasgegenständen.** Die Gegenstände werden zunächst in einem Ofen auf Härte-Temp. aufgetempert, anschließend durch einen Stoß z. B. einen Luftstoß, in den Härteraum übergeführt u. in diesem frei schwebend oder taumelnd bis zum Abschluß der Härtung mit Gas, Luft oder Dampf beaufschlagt. Diesen Kühlmitteln können die Oberfläche des Glases verändernde Zusätze, wie Siliconnebel, zugegeben werden. (**D. P.** [**DDR**] **19 561** Kl. 32a vom 12/5. 1957, ausg. 8/8. 1960 [Ausschließungspatent].) HANS HOFFMANN. 6181

Montecatini Soc. Gen. per l'Industria Mineraria e Chimica und Giuseppe de Varda, Mailand, Italien, **Chemikalienfeste und temperaturbeständige Steine,** bes. zum Auskleiden der Zellen, in denen Al durch Elektrolyse von Al_2O_3 in Fluorsalzen gewonnen wird, werden zur Beseitigung der Porosität mit einem Material, bes. Pech, imprägniert, das beim Erhitzen verkokt. (**Ind. P. 62 732** vom 2/1. 1958, ausg. 22/1. 1960. E. Prior. 24/12. 1957.) C. LÜTTGEN. 6219

Pechiney Comp. de Produits Chimiques et Électrométallurgiques, Paris, übert. von: Raymond Bollack und François Mathieu, Grenoble, Frankreich, **Herstellen von Formkörpern aus Aluminiumnitrid.** Da es kein Bindemittel gibt, das ebenso feuerfest u. chem. beständig gegen geschmolzenes u. gasförmiges Al bei hohen Temp. u. im Vakuum ist wie AlN, werden Körnungen von AlN dadurch miteinander verbunden, daß Dämpfe von AlN auf relativ kühlen festen AlN-Teilen zur Kondens. u. Kristallisation gebracht werden. Hierzu wird z. B. zur Herst. eines Rohres das gepulverte AlN in eine zylindr. Form aus Graphit gebracht, die mittels elektr. Stroms von z. B. 25 V u. 1000 A während 90 Sek. auf 2000—2250° aufgeheizt wird. (**A. P. 2 922 213** vom 23/12. 1955, ausg. 26/1. 1960. F. Prior. 5/1. 1955.) G. FRIKELL. 6221

Swift & Co. (Erfinder: Raymond T. Gavin und Rudolph B. Janota), **Zementmischung,** z. B. als feuchtigkeitsdichter Überzug für Kälteanlagen geeignet. — 50 (Gew.-Teile) Portland-Zement, 5—300 Zuschlagstoffe, 5—50 eines Mischpolymeren aus Methacrylat u. Methylmethacrylat sowie 0,02—0,5 Na-Methylsiliconat werden vermischt. (**Aust. P. 216 032** vom 5/10. 1956, ausg. 7/8. 1958. A. Prior. 11/6. 1956.) O. STEIL. 6223

Stefan Weychert und Janusz Milewski, Warschau, Polen, **Zersetzung von Calciumsulfat im Drehofen.** Bei der üblichen therm. Zers. von $CaSO_4$ im Drehofen in Ggw. C-haltiger Stoffe werden den Ausgangsstoffen zwecks Erniedrigung der Zers.-Temp. bis zu 3 Gew.-% $CaCl_2$ u./oder Na_2SO_4 zugesetzt. (**E. P. 860 952** vom 18/12. 1957, ausg. 15/2. 1961.) HANS HOFFMANN. 6227

Nihar Chandra Roy, Calcutta, Indien, **Herstellung feuerfester Steine, Platten Ziegel** u. dgl. durch Vermischen von Reisschalenasche mit granuliertem Fe_2O_3 u. soviel W., daß es beim Verpressen nicht heraustritt. Anschließend setzt man noch ein Bindemittel zu, wie Melasse, Dextrin, Stärke u. dgl., füllt das Gemisch in eine Form, trocknet u. brennt bei 1350—1450° je nach der Natur des zugesetzten Bindemittels. (**Ind. P. 60 735** vom 10/6. 1957, ausg. 28/4. 1958.) H. NEBELSIEK. 6229

Veitscher Magnesitwerke Akt.-Ges., Wien, Österreich, *Herstellung von Magnesit–Chrom-Formkörpern* (**E. P. 866 534** vom 30/8. 1957, ausg. 26/4. 1961. Oe. Prior. 17/9. 1956. — C. **1959.** 13290 [Oe. P. 202 506].)

Corning Glass Works, Corning, N.Y., V.St.A., *Keramische Körper mit geringer Ausdehnung.* (**E. P. 865 872** vom 3/2. 1959, ausg. 19/4. 1961. A. Prior. 12/2. 1958. — C. **1961.** 5578 [A. P. 2 919 995].)

Commonwealth Scientific & Industrial Research Organization, Melbourne, Australien, *Verbesserte Mörtel- und Zementgemische.* (E. P. **867 328** vom 26/8. 1957, ausg. 3/5. 1961. Aust. Prior. 27/8. 1956. — C. **1961.** 12610 [Aust. P. 218 745].)

John George Meiler, Tacoma, V.St.A., *Herstellung dichter Hartpappe.* (Oe. P. **207 670** vom 21/12. 1956, ausg. 25/2. 1960. A. Prior. 23/12. 1955. — C. **1961.** 1697 [Aust. P. 213 495].)

Ciba Soc. An., Schweiz, übert. von: **Aero Research Ltd.**, *Kunstharzüberzogene Gipskartonplatten.* (F. P. **1 172 766** vom 1/3. 1957, ausg. 16/2. 1959. E. Prior. 2/3. 1956. — C. **1960.** 15877 [E. P. 811 121].)

Ju. A. Brodski, Das geschliffene Glas (Herstellung und Anwendung). Moskau: Gosstroiisdat. 1961. (268 S.) 89 Kop. [Russ.]

I. L. Mak, W. B. Ratinow und **Ss. G. Ssilenok**, Herstellung von Gips und Gipserzeugnissen. Moskau: Gosstroiisdat. 1961. (200 S. m. Abb.; 1 Bl. Zeichng.) 79 Kop. [Russ.]

A. G. Ssorotschischin, Glaspaste. Herstellung und Anwendung. Moskau: Gosstroiisdat. 1961. (167 S. m. Abb.; 2 Bl. Abb.) 48 Kop. [Russ.]

W. I. Tretjakow, Metallkeramische feste Legierungen. Physik.-chem. Grundlagen der Herstellung, Eigenschaften und Anwendungsgebiete. Moskau: Metallurgisdat. 1962. (592 S. m. Abb.; 10 Bl. Abb.) 2 Rbl. 12 Kop. [Russ.]

VII. Agrikulturchemie. Schädlingsbekämpfung

Bekämpfung der Bildung von citratunlöslichem Phosphat bei der Gewinnung von Ammoniumphosphat. F. J. L. Miller, G. F. Brandon, J. B. Thompson und G. H. Turner. (J. agric. Food Chem. **9.** 2—3. Jan./Febr. 1961. Trail, Canada, Consolidated Mining and Smelting Co. of Canada, Ltd.) (Engl.)

Bei der Ammonisierung von H_3PO_4 läßt sich die Bldg. von citratunlösl. Phosphat ($NH_4H_2PO_4 \cdot FePO_4$) weitgehend durch Einhaltung eines pH $>$ 1,65 vermindern. Ein auf diese Weise gewonnener Mischdünger enthielt nur 0,4% citratunlösl. Phosphat. W. WESLY. 6290□

Überprüfung des (Begriffs) Boden. C. C. Nikiforoff. (Science [Washington] **129.** 186—96. 23/1. 1959.) (Engl.)

Überblick über die Auffassung von der Entstehung u. Entw. von Böden unter Berücksichtigung der einzelnen Klimazonen auf der Erde sowie über die Aufgaben der bodenkundlichen Forschung. W. HIRTE. 6300□

Verwitterung und Bodenbildung in arktischen Gebieten. D. E. Hill und J. C. F. Tedrow. (Amer. J. Sci. **259.** 84—101. Febr. 1961. New Brunswick, N.J., Rutgers Univ.) (Engl.)

Bei der Unters. von 4 arkt. Braunbodenprofilen aus dem nördlichen Alaska wurde sowohl an der Sand- als auch an der Tonfraktion eine laufende Verwitterung festgestellt. Ihre Geschw. ist jedoch verhältnismäßig gering. Säure-Bldg. an der Oberfläche beschleunigt die Lsg. der Carbonate, aber die Auflösung ist unvollkommen u. außerdem findet innerhalb des Profils wieder eine teilweise Fällung statt. Fe-Oxidhydratmineralien bleiben nahe der Oberfläche. In einem quarzreichen sandigen Profil wurde eine teilweise Verlagerung von Fe, Al u. Mn beobachtet. Die Tonmineralien bestehen vornehmlich aus hydratisierten Glimmern, Kaolinit, Chlorit. Daneben treten Quarz, Goethit u. Feldspat auf. Feldspat verwittert langsam zu tonartigen Stoffen. F. ENSSLIN. 6300□

Charakteristik der Böden der landwirtschaftlichen Versuchsstation Czesławice. Bohdan Dobrzanski, Ryszard Turski und Józef Pomian. (Ann. Univ. Mariae Curie-Skłodowska, Sect. E **14.** 1—30. 5 Tafeln. 1959, herausgeg. 1961. Lublin, WSR, Kat. Glebozn.) (Pol.)

Das im Lubliner Gebiet auf der Wasserscheide liegende Vers.-Gut Czesławice hat Böden, die aus Löß entstanden sind. Durch Erosion u. wirtschaftliche Nutzung ist eine starke Differenzierung der Böden verursacht worden. Der Geh. der Böden an assimilierbarem P ist genügend hoch, der K-Geh. ist zu niedrig. F. URBAN. 6304□

Die Wirkung polnischer Rohphosphoritmehle auf die Podsol- und Braunböden mit Lößunterlage im Lubliner Gebiet. Einführende Untersuchungen. Adam Wondrausch, Anna Myszka und Jerzy Ginalski. (Ann. Univ. Mariae Curie-Skłodowska, Sect. E **14.** 87—99. 1959, herausgeg. 1961. Lublin, WSR, Kat. Chem. roln.) (Pol.)

In Feld- u. Gefäß-Verss. mit Hafer, Wicke, Futterrüben u. Raygras wurde festgestellt, daß *Phosphoritmehl* nur dann ein wirksamer P-Dünger ist, wenn der Boden genügend Feuchtigkeit hat u. der pH-Wert bei 5,5—6,5 liegt. F. URBAN. 6304□

Zur Frage der „Stoppeldüngung" mit Phosphorsäure und Kali. H. Ansorge. (Dtsch. Landwirtsch. **11.** 339—41. Juli 1960. Halle-Lauchstädt.) (Dt.)

Feld-Verss. ergaben, daß außer auf sehr leichten Sandböden u. evtl. auf sauren, stark an Phosphorsäure verarmten Böden keine Unterschiede zwischen der Spätsommer- bzw. Herbstdüngung u. der Frühjahrsdüngung mit Phosphorsäure u. Kali vorhanden sind. M. Winiker. 6304□

Ausbeute, Beschaffenheit und Phosphoraufnahme von Kartoffeln unter dem Einfluß der Anwendungsart und Zusammensetzung von Kalidüngern. K. C. Berger, P. E. Potterton und E. L. Hobson. (Amer. Potato J. **38.** 272—85. Aug. 1961. Kansas City, Mo., Spencer Chem. Co.; Modesto, Calif., Shell Dev. Co.) (Engl.)

Mehrjährige, mit 3 verschiedenen Kartoffelsorten ausgeführte Unterss. über die Verw. von Cl^- u. SO_4^{2-} enthaltenden K-Salzen (reihenweise u. breitwürfig gestreut) zeigen, daß mit P_2O_5- u. N-Dünger reihenweise gestreutes Chlorid die P-Aufnahme hemmt u. die Ausbeute u. den Trockenstoff-Geh. im Vgl. mit K_2SO_4 vermindert. Die Trennung des Cl^- vom P-Dünger durch Breitwurf von Cl^- u. Reihenanwendung von P erhöht die P-Aufnahme u. den Ertrag. K_2SO_4 ist eine bessere K_2O-Quelle als KCl bei der Reihenanwendung mit N- u. P_2O_5-Dünger. Mit K_2SO_4 gedüngte Kartoffeln haben dickere, dunkler gefärbte Blätter als Proben, die KCl bekommen. W. Wesly. 6304□

Die Beeinflussung des Ansprechens von Kulturpflanzen auf Zinkdüngung durch Kalk- und Phosphorgaben. Lloyd F. Seatz, Athan J. Sterges und James C. Kramer. (Agronomy J. **51.** 457—59. Aug. 1959. Knoxville, Tenn., Agricult. Exp. Stat., Dep. of Agronomy.) (Engl.)

Mit steigenden Kalkgaben wird die Wirksamkeit einer Zn-Düngung (zu Flachs u. Hirse) deutlicher, da bei höheren Ca-Mengen größere Zn-Mangelerscheinungen auftreten. Steigende Phosphorsäuregaben haben keinen Einfl. auf die Wirksamkeit einer Zn-Düngung. Weiterhin scheint die Zn-Düngung das Ca/Mg-Verhältnis zu beeinflussen, indem der Mg-Geh. der Pflanzen sinkt. W. Hirte. 6304□

Dynamik der Nitrate im Boden bei Anbau verschiedener Pflanzen im Fruchtwechsel. Adam Wondrausch und Jan Bartuzi. (Ann. Univ. Mariae Curie-Skłodowska, Sect. E **14.** 77—85. 1959, herausgeg. 1961. Lublin, WSR, Kat. Chem. roln.) (Pol.)

Der Nitrat-Geh. im lehmhaltigen Sandboden, der im 3-, 4- u. 6-Fruchtwechsel bebaut wird, ist im Frühjahr u. im Herbst starken Veränderungen unterworfen. Die Änderungen werden teils durch mechan. Bearbeitung des Bodens, teils durch Düngung verursacht. Sie sind für die gerade angebaute Pflanze u. die Fruchtfolge typisch. F. Urban. 6304□

Untersuchungen über die Anwendung von Stallmist. 2. Mitt. **Der Einfluß der Unterbringung des Stallmistes im Boden auf den Ertrag bei verschiedener Anbauweise von Kartoffeln.** Leszek Kuszelewski. (Roczniki Nauk rolniczych, Ser. A **81.** 577—619. 1960.) (Pol.) — 1. vgl. Górski u. Kuszelewski, C. **1959.** 14860.

Die Wrkg. kleiner Gaben von Stallmist auf den Kartoffelertrag u. den Stärke-Geh. der Kartoffeln in leichten Böden bei trockener Witterung läßt sich durch Unterbringen des Düngers in Reihe unterhalb des Saatguts erhöhen, wenn die Kartoffeln frühzeitig u. etwas tiefer (12 cm) gesetzt werden. Die Unters.-Ergebnisse wurden in Feld-Verss. 1952—1955 erhalten. — 34 Literaturangaben. F. Urban. 6304□

Der Einfluß von Sägespänen, Stroh, Kompost und Stalldung auf Ertrag und chemische Zusammensetzung von Erdbeeren sowie Feuchtigkeit, Acidität und Gehalt des Bodens an organischer Substanz. G. R. Webster. (Canad. J. Plant Sci. **41.** 42—49. Jan. 1961. Saanichton, Brit. Columbia, Canada Dep. of Agric.) (Engl.)

In dreijährigen Feld-Verss. auf 2 trockenen sandigen Lehmen wurde die Wrkg. von Nadelholzsägespänen (2,5 in. gemulcht bzw. auf 4 in. eingearbeitet), 2 tons Stroh/acre u. je 20 cu. yd. Kompost u. Stalldung/acre auf Erdbeeren beobachtet. Um N-Festlegungen zu vermeiden, wurde auf den Sägespäne- u. Strohparzellen NH_4NO_3 zugedüngt. Die höchsten Erträge erbrachte das Mulchen mit Sägespänen. Bei dieser Behandlung traten auch die höchsten Feuchtigkeits-Geh. des Bodens auf, die Hauptursache der hohen Erträge. Die Geh. der Blätter an N, P, K, Ca u. Mg zum Zeitpunkt der Reife der ersten Früchte waren wenig unterschiedlich. Die pH-Wert-Erniedrigung der Stroh- u. Sägespäneparzellen wird auf den Einfl. der N-Düngung zurückgeführt. Alle Vers.-Glieder wiesen gegenüber der Kontrolle ohne organ. Düngung höhere Geh. des Bodens an organ. Substanz auf. Wilfried Werner. 6304□

Der Abbau der organischen Substanz. 1. Mitt. **Die Mineralisation des organischen Stickstoffs und Phosphors im Boden.** B. M. Gangwar und A. N. Pathak. (Indian J. agric. Sci. **30.** 85—90. Juni 1960. Kanpur, Government Agric. Coll.) (Engl.)

Proben eines kultivierten sowie eines Waldbodens wurden 3 Monate mit verschiedenen organ. Materialien (z. B. Stallmist u. Blutmehl) in einer 0,05 bzw. 0,1% N äquivalenten Menge versetzt u. während dieser Zeit im Hinblick auf die Veränderungen im

C-, N-Geh., im C/N-Verhältnis, pH-Wert u. im Geh. an Nitrat-N u. verfügbarem P untersucht. In beiden Böden wurde der Gesamt-N-Geh. durch die Beimischung der organ. Substanz erhöht. Der zunächst stark angestiegene C-Geh. fiel später wieder ab (bes. bei Blutmehl), so daß das C/N-Verhältnis erheblich eingeengt wurde. Die Nitrifikation während der Inkubation war bei Zugabe von Blutmehl am stärksten; der Nitrat-Geh. stieg hier am deutlichsten an. Der Geh. an verfügbarem P war nach Stallmistzufuhr am höchsten, jedoch im Waldboden wesentlich niedriger als im kultivierten Boden. Es wird angenommen, daß im Waldboden eine starke P-Fixierung erfolgt.

WILLFRIED WERNER. 6304□

Mull und Moder (Müller-Hesselman) in Beziehung zum Wasserzustand eines Waldbodens. G. Minderman. (Plant and Soil [The Hague] **13.** 1—27. Aug. 1960. Arnhem, Inst. for Biological Field Res.) (Engl.)

Die Verteilung von Mull- u. Moderhumus wurde in einer 3 acre umfassenden Probefläche eines alten Eichen–Birken-Forstes erfaßt, der sich auf einem alten Flußbett der Ijsell mit kleinräumig stark wechselnder Verteilung von Sand, Schluff u. Ton erhebt. Es wurden 5 Untertypen der organ. Schicht unterschieden: 1) normaler Mull (Blattwurf bis zum nächsten Herbst völlig zersetzt), 2) streureicher Mull (derselbe nicht völlig zersetzt) 3) schwacher Moder (mit losen, nicht sehr dunklen L-, F- u. H-Schichten, A_1-Horizont dunkel- bis schwarzbraun), 4) normaler Moder (mit starken, zusammengepreßten F- u. H-Schichten, A_1-Horizont schwarz) u. 5) humusarmer Moder (wenig Streu, auf Grobsand, A_1 schwarz von Pflanzenresten). Die pH-Werte (in KCl, zwischen 3,2 u. 3,8), Geh. an austauschbarem CaO (95—500 ppm), K_2O (18—46 ppm) u. Fe_2O_3 (1,5—27 ppm) zeigten keine Beziehung zum Auftreten der Humustypen. Der Mg-Geh. (10—70 ppm MgO) u. teilweise auch der P-Geh. (1,8—5 ppm P_2O_5) lagen in den Modertypen höher. Der Mn-Geh. (1,5—10 ppm Mn_2O_3) nahm mit zunehmender Erhebung über den Grundwasserspiegel (Höchststand 24—71 cm) ab. Wo freies $CaCO_3$ im A-Horizont auftrat, entwickelte sich auch auf Grobsand Mull. Weiter wurde gefunden, daß Bodenfarbe u. Auswaschung von der Textur abhängen u. daß diese enger mit dem Auftreten verschiedener Humustypen korreliert ist als Bodenfarbe u. Auswaschung. Jeder Humustyp hat innerhalb derselben Texturgruppe seine häufigste Bodenfarbe. Unter vorliegenden Bedingungen hängt die Art des sich entwickelnden Humustyps hauptsächlich von der Wassersättigung des Bodens u. diese wieder von Textur u. Grundwasserspiegel ab: Gröbere Textur mit hohem Grundwasser begünstigt Moder- u. feinere Textur mit niedrigerem Grundwasser Mullbildung. G. JAGNOW. 6304□

Ergebnisse von Düngungsversuchen mit Kationen. G. Scheys und J. Wijnhoven. (Agricultura [Louvain] [2] **9.** 451—500. Sept. 1961. Inst. voor het wetensch. Onderz. in Nijverheid en Landbouw.) (Fläm.)

An Hafer, Raygras u. Rüben im Treibhaus mit Lehm, Glaukonitsand u. braunem Podsol-Flugsand ausgeführte Dünge-Verss. mit $Ca(OH)_2$, K_2SO_4 u. $MgSO_4$ (deren Dosis mit Hilfe ihrer Kationenaustauschkapazität berechnet wird) zeigen, daß Lehm die höchsten, Flugsand die geringsten Erträge an Trockenmasse bringt. Dieser Ertrag verminderte sich von der 1. zur 3. Ernte eines Jahres, weil keine Kationendüngung erfolgte. Die Wrkg. von Ca u. K sowie von Ca u. Mg können nicht unabhängig voneinander beurteilt werden. Die höchsten Hafer-Trockenmasseerträge werden durch Gemische von 40 (%) Ca, 1,5 K, 2 Mg auf Sand, 50, 3, 1—2 auf Glaukonitsand u. 70—80, 3—4,5, 2 auf Lehm erhalten. Für Raygras gelten die gleichen Ergebnisse. Auf allen Böden erhält man die besten Trockenmasseerträge mit 80(%) Ca, 4,5 K, 4,5 Mg; nach 1 Jahr beträgt der Bedarf ca. 70, 3 u. 3. W. WESLY. 6304□

Die chemischen Ursachen der Rieselmüdigkeit der Berliner Rieselböden und Möglichkeiten zur Behebung der Ertragsminderung. H. Döring. (Dtsch. Landwirtsch. **11.** 342—45. Juli 1960. Großbeeren, Inst. für Gartenbau der Dt. Akad. der Landwirtschaftswiss. zu Berlin.) (Dt.)

Die Rieselmüdigkeit der Berliner Rieselböden manifestiert sich als *Fe*-Chlorose der auf ihnen angebauten Pflanzen. Vf. berichtet über Verss., deren Ergebnisse Hinweise auf die möglichen Ursachen der Verarmung dieser Böden an Fe geben, u. zeigt Möglichkeiten zur Verbesserung der Böden auf. M. WINIKER. 6304□

Blatt- und Bodendüngung mit Eisenverbindungen zur Bekämpfung der Eisenchlorose bei Körnerhirse. L. V. Withee und C. W. Carlson. (Agronomy J. **51.** 474—76. Aug. 1959. Kans. Agricult. Exp. State., Garden City Branch.) (Engl.)

Um Fe-Mangelerscheinungen im Pflanzenbestand rasch zu mildern, wird vor allem die Blattspritzung empfohlen. 2—3 Spritzungen mit einer 4%ig. $FeSO_4$-Lsg. (30 gal./acre) sind am wirksamsten. Spritzungen mit anderen Fe-Verbindungen, auch Chelaten, sind weniger günstig. W. HIRTE. 6304□

Einfluß des Molybdäns auf den Samenertrag von Luzerne und Esparsette in der nördlichen Waldsteppe. M. F. Gladki. (Селекция и Семеноводство [Selekt. u. Samenzucht] **26.** Nr 2. 41—42. März/April 1961.) (Russ.)

Auf dem mit Stallmist gedüngten ausgelaugten Tschernosemboden zeigten Luzerne u. Esparsette eine unbefriedigende Entw. u. Knöllchen-Bldg. auf ihren Wurzeln. Viel intensiver entwickelten sich die Pflanzen u. Knöllchen auf den mit *Mo* + Nitragin gedüngten Parzellen. Unter solchen Bedingungen erwiesen sich die beiden Leguminosenarten als widerstandsfähig genug gegen die unterdrückende Wrkg. der Deckkultur (Hafer): es blieben nach dem 1. Anbaujahr auf den gedüngten Parzellen 54%, auf den ungedüngten nur 34% von den aufgekeimten Pflanzen. Auch in späteren Jahren standen Luzerne u. Esparsette auf den ersten besser als auf den zweiten. Die Durchschnittserträge (1958—60) stiegen durch die Düngung bei Luzerne um 61%, bei Esparsette um 35%, der Geh. an Protein in der Pflanzenmasse stieg um 3—5%. Weiter erhöhten sich durch die Düngung die Bldg. von Samen u. ihre Qualität beträchtlich. Als sehr zweckmäßig erwies sich die Behandlung des Saatgutes mit Mo-Lsgg. bzw. Bepudern mit Mo im Gemenge mit Talk. M. GORDIENKO. 6304 □

Einfluß des Molybdäns auf die Qualität und Samenergiebigkeit von Klee und Wicke. I. A. Burkin. (Селекция и Семеноводство [Selekt. u. Samenzucht] **26.** Nr. 2. 38—40. März/April 1961.) (Russ.)

Eine der Ursachen für die schwache Entw. der Leguminosen ist der Mangel an *Mo* im Boden. Der Bedarf der Leguminosen an Mo beträgt nur 10—30 g/ha, jedoch ist Mo in diesen Mengen für sie unentbehrlich. In Verss. mit Wicke–Hafer-Gemenge beobachtete man bei Mangel von Mo im Boden einen starken Ausfall von Wicke. Gaben von Mo bewirkten eine Erhöhung der Pflanzenzahl um 45,3%. Die meisten Wickepflanzen starben auf den an Mo armen Parzellen schon vor bzw. zu Beginn der Knospen-Bldg. ab, nachdem der Mo-Vorrat in ihren Samen erschöpft war. Weiter erhöhte Mo den prozentualen Anteil der Wicke im Ertrag von 11,6 auf über 33, förderte die Bldg. der Samen u. erhöhte ihren Gew.-Anteil im Ertrag von 25% auf über 50%. In den Samen stieg durch Mo der Geh. an N u. Mo beträchtlich. In gleicher Weise beeinflußte Mo auch den Klee: es erhöhte die Zahl von Kleestengeln um 39,8%, ihre Länge um 5—9 cm, wobei die Pflanzen zahlreichere Blütenknospen u. größere Blätter bildeten als auf den Parzellen ohne Mo-Gaben. M. GORDIENKO. 6304 □

Der Einfluß von Bor auf Kartoffeln. Ch. H. Henkens. (Landbouwkund. Tijdschr. **73.** 838—47. Okt. 1961. Groningen, Inst. voor Bodemvruchtbaarheid.) (Holl.)

Auf Grund von Literaturangaben wurde die Hypothese aufgestellt, daß die Verminderung des spezif. Gew. von Kartoffeln durch zu hohe K_2O-Gaben eine Folge von B-Mangel sei. Unterss. zur Überprüfung dieser Hypothese bestätigen sie nicht. Auf Kartoffeläckern mit 0,24—0,34 mg/kg B vermindert eine *Borax* (I)-Düngung das spezif. Gew., die Verminderung wird mit steigenden K_2O-Gaben geringer. Eine I-Düngung kann den Ertrag solcher Äcker vermindern. Ein Einfl. der K_2O-Düngung auf den B-Geh. der Pflanze liegt nicht vor. W. WESLY. 6304 □

Einfluß der Dünger auf die Qualität des Sommerweizenkornes in der Uralzone. N. P. Iwtschenko. (Агробиология [Agrobiologie] **1961.** 293—95. März/April. Poltawa, Forschungsinst. für Schweinezucht.) (Russ.)

In Verss. wurde der Geh. an Protein u. Kleber im Sommerweizenkorn (Lutescens, Milturum u. a.) durch bakterielle Dünger, *Azotobakterin* (I), *Phosphobakterin* (II) bzw. I + II, um 1,80 bzw. 1,80%, 2,05 bzw. 2,30% bzw. 3,40 bzw. 3,80% von der Trockensubstanz erhöht. Bes. gut wirkte I + II. Granuliertes Superphosphat erhöhte den Protein-Geh. von 13,41 auf 16,95%, den Kleber-Geh. von 14,70 auf 19,40%. Durch Gaben von 10 t/ha Stallmist mit Superphosphat bzw. von 3 t/ha verrottetem Stallmist stieg der Protein-Geh. um 0,67%, der Kleber-Geh. um 1,60—2,10%. Verrotteter Stallmist wirkte noch besser, wenn er im Frühjahr gegeben wurde. Volle mineral. Düngung erhöhte den Protein-Geh. um 0,74%, den Kleber-Geh. um 2,20%. Zugaben von Gips zur mineral. Düngung bewirkten eine weitere Erhöhung des Protein-Geh. um 1,42%, des Kleber-Geh. um 4,5%, Zugaben von Tuffstein (an Stelle von Gips) erhöhten sie um 1,54 bzw. 5,0%. M. GORDIENKO. 6304 □

Zunehmende Toleranz von Sojabohnenpflanzen gegenüber einigen löslichen Salzen durch Anwendung von pflanzenwuchsverzögernden Chemikalien. Paul C. Marth und J. Ray Frank. (J. agric. Food Chem. **9.** 359—61. Sept./Okt. 1961. Beltsville, Md., Dep. of Agriculture, Agricult. Res. Serv., Crops Res. Div.) (Engl.)

Pflanzen (Sojabohnen), die mit Wachstumsverzögerungsmitteln, wie *Amo-1618* (*2-Isopropyl-4-dimethylamino-5-methylphenyl-1-piperidincarbonsäuremethochlorid*), *Phos-*

phon (*Tributyl-2.4-dichlorbenzylphosphoniumchlorid*) u. *CCC* (*2-Chloräthyltrimethylammoniumchlorid*) behandelt worden sind, werden gegen tox. Mengen NPK-Dünger, die rund um ihre Wurzeln dargeboten worden sind, toleranter als unbehandelte Vgl.-Proben u. erzeugen lebensfähige Samen. W. WESLY. 6312 □

Bestimmung der Toxizität der Ester von als Kalt- und Heißaerosole angewandten substituierten Phenoxyessigsäuren für den Weißen Senf (Sinapis alba L.) im Laboratorium. Václav Koula. (Sborník českoslov. Akad. zĕmĕdelských Vĕd, rostlinná Výroba **7** (**34**). 1009—30. Juli 1961. Praha-Ruzyne, CSAZV, výzk. úst. rostl. výr., odd. ochran. rostl.) (Tschech.)

Vf. untersuchte die Toxizität folgender Verbb. in kalten u. heißen Aerosolen für Sinapis alba: *2.4-Dichlorphenoxyessigsäuremethylester*, *-äthylester*, *-propylester*, *-isopropylester*, *-butylester*, *-isobutylester*, *-amylester*; *3-Methyl-4-chlorphenoxyessigsäuremethylester*, *-äthylester*, *-propylester*, *-isopropylester*, *-butylester*, *-isobutylester*, *-amylester*; *2.4.5-Trichlorphenoxyessigsäuremethylester -äthylester*, *-propylester*, *-isopropylester*, *-butylester*, *-isobutylester*, *-amylester*; *4.6-Dinitro-o-kresol*; *2-Chlor-4-nitrophenylthioglykolsäurebutylester*. Alle untersuchten Verbb. zeitigten tox. Wirkungen. — 29 Literaturangaben. E. VEVERA. 6312

Herbicide Stoffe als mögliche Hilfe bei der Auslese kranker Saatkartoffelpflanzen. George L. Barnes. (Amer. Potato J. **36.** 212—18. Juni 1959. Okla. State Univ., Dep. of Botany and Plant Pathology.) (Engl.)

Zur wirtschaftlichen Entfernung viruskranker Kartoffelpflanzen aus Saatgutbeständen wurden die kranken Pflanzen mit Herbiciden bespritzt. Es erwiesen sich Kombinationen von *Dieselöl* mit *2.4.5-T* (*Triäthanolaminsalz*), *CIPC*, *4.6-Dinitro-2-sek.-butylphenol* bzw. *MH-30* als geeignet. W. HIRTE. 6312 □

Nassellabüschel — Bekämpfung in Marlborough. J. P. Beggs und W. F. Leonard (New Zealand J. Agric. **98.** 539—46. 15/6. 1959.) (Engl.) — Vgl. C. **1959.** 5935.

Nassella trichotoma ist eines der gefährlichsten Weideunkräuter in Neu-Seeland. Es verdrängt andere Gräser, kann jedoch allein nicht als Weidegras dienen. Seine Bekämpfung ist schwierig, mit *TCA* u. *Dalapon* aber möglich. W. HIRTE. 6312 □

Die Wirksamkeit der Anwendung einiger Herbicide im Gemüsebau. P. Ss. Shukawa. (Известия Академии Наук Белорусской ССР, Серия Биологических Наук [Nachr. Akad. Wiss. BelorussSSR, Ser. biol. Wiss.] **1960.** Nr. 2. 67—73.) (Ukrain.)

In Verss. mit Mohrrübe, Zuckerrübe u. Zwiebel wurde durch Anwendung von *Isopropylchlorphenylcarbamat* der Ertrag wesentlich gesteigert, die Verunkrautung der Saaten um 90,5% vermindert. Durch Anwendung von $CaCN_2$ wird bei Zuckerrübe u. Zwiebel der Ertrag gesteigert, die Verunkrautung vermindert. Durch Anwendung von *Traktorkerosin* bei Mohrrübensaaten wird die Verunkrautung um 80—90% gesenkt. *Kresonit E* ist bei Zwiebelsaaten zur Unkrautbekämpfung geeignet. O. LEBTAG. 6312 □

Der Einfluß des Beizens des Saatguts auf die Infektion der Leinsaat mit dem Pilz Colletotrichum lini Manns et Bolley. Tadeusz A. Pietkiewicz und Sabina Czyżewska. (Roczniki Nauk rolniczych, Ser. A **81.** 671—710. 1960.) (Pol.)

Mit Colletotrichum lini infizierter Leinsamen läßt sich durch Beizen nicht vollständig desinfizieren. *Thiuram*-Beiz-Präpp. haben eine bessere Wrkg. als *organ. Hg-Verbindungen.* Der Erfolg des Beizens ist vom Wetter bei der Saat u. in der 1. Vegetationsperiode abhängig. Warme u. feuchte Witterung verschlechtert die Wirkung. Bei der Beurteilung der Beiz-Präpp. ist der Infektionsgrad des Samens zu berücksichtigen: Künstlich u. schwach infiziertes Saatgut führt zu falschen Ergebnissen. — 64 Literaturangaben. F. URBAN. 6312 □

Dithiocarbamat-Fungicide. P. G. Fenemore. (Pest Technol. [London] **2.** 260—62. Sept. 1960.) (Engl.)

In einem allg. Überblick wird die chem. Konstit. der *Dialkyldithiocarbamate*, *Monoalkyldithiocarbamate*, *Alkylen-bis-dithiocarbamate* u. von *Tetramethylthiuramdisulfid* kurz beschrieben sowie auf die fungicide Wrkg. verschiedener Salze dieser Verbb. hingewiesen. Die Art der Wirkungsweise dieser Fungicide ließ sich bisher nicht völlig klären. W. KREIPE. 6312 □

Das Aufplatzen und andere Auswirkungen der Fungicid-Behandlungen von Süßkirschen im Jahre 1958. Donald Cation. (Annu. Rep. Secretary State horticult. Soc. Michigan **1958.** 67—69. 31/12.) (Engl.)

Bei der Anwendung einer Mischung von *Cu* + *S* + *Kalk* wurden nur **13**% aufgeplatzte Früchte festgestellt. Die entsprechenden Werte betrugen für: *Phaltan* (**I**) mit Zusatz von *ML 104* (**II**, einem Haftmittel) 29%, S + *Glyodin* (**III**) 40%, *Thylate* (**IV**) 67%, *Cyprex* (**V**)-*Phthalat* 71%, *Captan* (**VI**) + **II** 72%, *Ferbam* (**VII**) + S + **III** 74%, **V** 88%,

Actidion (**VIII**) + **III** 77%, **III** 93%, **V**-Borat 96%. Bei den unbehandelten Kontrollen waren 82% der Früchte aufgeplatzt. Zur allg. Fäulnisbekämpfung eigneten sich Cu + S + Kalk sowie S + **III**. Braunfäule konnte mit **IV**, **VII** + S + **III** u. **VIII** + **III** erfolgreich bekämpft werden. Bei Behandlung mit **I**, S oder **VI** waren die Früchte überdurchschnittlich groß, während bei Behandlung mit Cu + S + Kalk, **VIII** + **III** oder **V**-Borat die Größe der Früchte unter dem Durchschnitt lag. Ferner wurden durch Behandlung mit **VIII** + **III** die Früchte geschädigt. **I** bewirkte bisweilen Laubschäden.

W. KREIPE. 6312□

Phytotoxizität der Insekticide und Akaricide. 1. Mitt. **Blattspritzungen.** E. B. Dennis und C. A. Edwards. (Plant Pathol. **10.** 54—60. Juni 1961. Bristol, National Agric. Advisory Service.) (Engl.)

Die Phytotoxizität von (% akt. Wirkstoff im Sprühmittel) 0,03 10%ig. γ-BHC, 0,10 25%ig. netzbarem DDT, 0,10 15%ig. DDT-Emulsion, 0,30 30%ig. Aldrin (**I**), 0,05 15%ig. Dieldrin (**II**), 0,01 18,5%ig. Kelthane (**III**), 0,02 20%ig. Phenkaptone, 0,10 50%ig. Malathion, 0,04 20%ig. Parathion (**IV**), 0,02 20%ig. Diazinon, 0,04 40%ig. Rogor (**V**), 0,04 50%ig. Methyldemeton (**VI**), 0,02 20%ig. TEPP, 0,025 99%ig. Phosdrin, 0,05 20%ig. Fenson (**VII**), 0,012 20%ig. Chlorbenside (**VIII**) u. 0,02 15%ig. Fluoracetamid wurde mit Hilfe von Blattspritzungen bei den Pflanzen, bei denen sie gewöhnlich eingesetzt werden, untersucht. Dabei erhöhte man die angegebenen normalen Dosen um das 1-, 2- u. 5fache u. verwendete die Mittel entsprechend angefeuchtet sowie ohne diese Vorbehandlung. Die Rk.-Erscheinungen bei den verschiedenen Pflanzen werden eingehend beschrieben. Abgesehen von den höchsten Dosen der schädlichsten Pesticide (DDT, **I**, **II**, **V**, TEPP u. **IV**) ließ sich in der Mehrzahl der Fälle eine Erholung der Pflanzen von den eingetretenen Schäden feststellen. Als bes. anfällig erwies sich das ältere Blattwerk. Sehr empfindliche Pflanzen zeigten auch eine starke Beeinträchtigung der jungen Blätter, z. B. mit DDT gespritzte Gurken. Von den weniger gebräuchlichen Mitteln verursachten **III**, **VII** u. **VIII** in einigen Fällen Schäden. Bei der Behandlung von Kohl mit DDT oder **II** hatte die Anfeuchtung eine Erhöhung der phytotox. Wrkg. zur Folge. Diese trat auch mit DDT bei Erbsen u. **V** bei Bohnen auf. Andererseits verursachte angefeuchtetes **VI** bei Kohl u. Erbsen geringe Schäden, die beim Unterlassen des Anfeuchtens nicht auftraten. Das galt jedoch nur für diesen Fall. Häufig waren die Erscheinungsformen bei den verschiedenen Pesticid-Einw. auf einer Pflanzenart nicht unterschiedlich, sondern zeigten das gleiche Bild, so daß sich meist auf Grund des Schadsymptoms kein eindeutiger Rückschluß auf das Behandlungsmittel ziehen ließ. W. KREIPE. 6312□

Vergleich der Wirksamkeit neuer Insekticide beim Rapsglanzkäfer (Meligethes aeneus F.). W. Szczypiński, W. Witkowski und D. Słabęcka. (Roczniki Nauk rolniczych, Ser. A **81.** 655—69. 1960. Puławy, IOR, Labor. Bad. Środków Ochrony Roślin.) (Pol.)

Die P-Mittel *Ekatox* u. *Wofatox* sowie *Gartolit* (*DDT* + *HCH*) wurden im Vgl. zu *Gesarol* (**I**, *DDT*) zur Bekämpfung des Rapsglanzkäfers eingesetzt. Während in Feld-Verss. alle Präpp. eine hohe Wirksamkeit zeigten, war im Labor.-Vers. **I** weniger wirksam. Käfer, die für Labor.-Verss. vom Winterraps gesammelt worden waren, waren resistenter gegen die untersuchten Präpp. als solche von Sommerraps.

F. URBAN. 6312□

Insektenbekämpfung bei Baumwolle. J. W. Rawson und I. S. Arant. (Agric. Chemicals **14.** Nr. 6. 49. Juni 1959. Auburn, Ala., Alabama Polytechn. Inst.) (Engl.)

Es wird eine Übersicht über die Bekämpfungsmöglichkeiten der Baumwollschädlinge mit chlorierten KW-Stoffen und Phosphorsäureestern gegeben.

W. HIRTE. 6312□

Die Giftwirkung dreier organischer Phosphorinsekticide auf drei Arten von Stechmückenlarven. Claude H. Schmidt und Donald E. Weidhaas. (J. econ. Entomol. **54.** 583—86. Juni 1961.) (Engl.)

Verss. mit markiertem *Parathion* (**I**), *Bayer 22408* (**II**) u. *Dimethoate* (**III**) an Larven von Anopheles quadrimaculatus Say., Aedes aegypti L. u. A. taeniorhynchus Wied. ergaben, daß die Aufnahme der Insekticide verschieden war. Die abtötende Konz. ist unabhängig von der in das Insekt eindringenden Menge. **III** ergab z. B. bei einer CL_{50} von 4 ppm eine DL_{50} von 0,004 μg/Larve, **II** dagegen bei einer CL_{50} von 0,009 ppm eine DL_{50} von 0,002 μg/Larve. Die in den Larven nach 24 Std. wiedergefundene Menge betrug bei **III** 0,02%, bei **I** 0,7% u. bei **II** 2,2% der CL_{50}. Sie wurden von den Larven schnell wieder ausgeschieden. Verbesserte Anwendungs-Verff. dürften die Wrkg. der Insekticide erhöhen. FRITZ MÜLLER/Ludwigshafen. 6312□

Diazinon zur Bekämpfung von Schädlingen, die die Volksgesundheit beeinträchtigen. J. B. Marchant. (Pest Technol. [London] **2.** 252—55. Sept. 1960.) (Engl.)

In allg. Ausführungen wird die Eignung von *Diazinon* (I) zur wirksamen Bekämpfung von Fliegen, Culex-Arten, Küchenschaben u. Bettwanzen beschrieben. I-Behandlungen zeichnen sich vor allem durch ihre larventötenden Eigg. sowie längere Zeit anhaltende Wrkg., die stärker als die von *Malathion* ist, aus u. eignen sich bes. zur Vernichtung resistenter Arten besser als *BHC, DDT, Chlordan* u. *Dieldrin*. W. KREIPE. 6312 ☐

Bekämpfung des Kartoffelknollenwurms an Kartoffeln. Oscar G. Bacon. (J. econ. Entomol. **53**. 868–71. Okt. 1960. Davis, Calif., Univ. of California, Dep. of Entomol.) (Engl.)

Gegen Gnorimoschema operculella Zell. bewährten sich 1958 u. 1959 Besprühungen des Kartoffelkrauts mit *Guthion* [**I**, 0,75 (lbs./acre)] u. *Endrin* (**II**, 0,6). *Thiodan* (**III**, 1) war 1958 ausgezeichnet wirksam, versagte aber 1959. *Sevin* (**IV**, 1,5) war in der Wrkg. dem **II** ähnlich, *Dimethoate* (1) wirkte nur schwach, *DDT* (**V**, 2) ungenügend, ebenso *Ca-Arsenat*-Staub. Bei einer sehr flach wurzelnden Kartoffelsorte hatten jedoch **I**, **II** u. **III** nur auffallend geringe Wrkg. auf die Larven in den Knollen, bei einer tiefer wurzelnden war die Wrkg. besser. 1958 u. 1959 wirkte **II** u. **III** auch ausgezeichnet gegen Macrosiphum solanifolii Ashm, während **I** u. **V** den Befall durch diesen Schädling erhöhten, ebenso wie 1959 **I** u. **IV** den durch Myzus persicae Sulz.

FRITZ MÜLLER/Ludwigshafen. 6312 ☐

Der Einfluß von DDT in Aerosolform auf einige Insektenarten des Kartoffelfeldes. K. Novák und V. Skuhravý. (Zool. entomol. Listy **6** (**20**). 41–51. 1957. ČSAV, Entomolog. labor.) (Tschech.)

Auf Vers.- u. Vgl.-Feldern von 5–6 ha wird die Wrkg. der Vernebelung mit 10% DDT (Anfang Juli) auf die Populationsdynamik folgender Insektenarten untersucht: *Brachynus crepitans, Pterostichus cupreus, Lygus rugulipennis, Empoasca pteridis, Eupteryx atropunctata, Doralis rhamni, Myzodes persicae, Trioza nigricornis* u. *Coccinellidae*. Es wurde gefunden: Die DDT-Vernebelung ist bei allen Insekten sehr wirksam; nach 2 Std. ist die Mehrzahl, nach 6 Std. sind mit Ausnahme der Carabiden (24 Std.) fast alle Insekten tot. In den ersten 3 Tagen ist das Kartoffelfeld fast ohne Insekten, hierauf beginnt die Erneuerung durch den Anflug von *Dipteren* u. *Hymenopteren*. Die Erneuerung der übrigen Insekten hängt von verschiedenen besprochenen Faktoren ab.

E. ROTTER. 6312 ☐

Die Erschöpfung von Insekticiden in Schaf-Tauchbädern: Weitere Feldversuche. I. R. Harrison und P. G. Marshall. (J. Sci. Food Agric. **12**. 548–52. Aug. 1961.) (Engl.) – Vgl. C. **1962**. 628.

Die Erschöpfung von *Aldrin, Dieldrin* u. *γ-Benzolhexachlorid* enthaltenden Schaf-Tauchbädern wird verfolgt. Das Bad ist anfangs eine Emulsion oder Suspension; das Insekticid gelangt aus dem Bad auf das Vlies durch Adsorption u. mit dem aufgenommenen Fl.-Vol., was die rasche Erschöpfung des Bades erklärt. Nach Durchgang zahlreicher Schafe durch das Bad erhöht sich dessen Geh. an Feststoffen, so daß sich das Insekticid nicht mehr bevorzugt im Vlies ablagert. Die Erreichung dieses physikal. Zustandes im Bad hängt ab von dessen Abmessungen u. der Schafart.

W. WESLY. 6312 ☐

Der Einfluß von Piperonylbutoxid auf die Giftigkeit von Pyrethrin für Lasioderma serricorne F. C. J. Lloyd. (Pyrethrum Post **6**. Nr. 1. 3–4. April 1961. Slough, Pest Infestation Labor.) (Engl.)

Bei Verss. mit Lasioderma sericorne F. konnte die Toxizität von *Pyrethrin* durch Zugabe von *Piperonylbutoxid* verstärkt werden. W. WESLY. 6312 ☐

Oscar Supino, Italien, **Mineraldünger** mit biolog. Zusätzen. Molke wird in den üblichen Gäranlagen, bes. unter Zusatz von Lactobakterien-Kulturen vergoren u. zum Anfeuchten des Mineraldüngers über diesen einschließlich der lebenden Bakterien versprüht. Hierdurch wird eine bessere Assimilierbarkeit des Düngers durch die Pflanzen erreicht u. die Bakterienflora des Erdbodens günstig beeinflußt. (**F. P. 1 198 105** vom 30/4. 1958, ausg. 4/12. 1959. It. Prior. 4/5. 1957.) W. WITTHOLZ. 6291

Geigy Chemical Corp., New York, N.Y., übert. von: Harry Kroll und Martin Knell, Warwick, R.I., V.St.A., **Synthese von Polyhydroxyäthylpolycarboxymethylpolyaminen.** Hergestellt werden Gemische der 3 Isomeren von Tris-[hydroxyäthyl]-bis-[carboxymethyl]-diäthylentriaminen sowie ihre wasserlösl. Salze mit einwertigen Kationen, bes. Alkalimetallen u. NH_4 u. ihre Chelate mit 2- u. höherwertigen Metallen. Die freien Säuren besitzen die allg. Formel $HO \cdot R \cdot CH_2-N(CH_2 \cdot CH_2 \cdot OH)-CH_2 \cdot CH_2-N(CH_2 \cdot R_1 \cdot OH)-CH_2 \cdot CH_2-N(CH_2CH_2 \cdot OH)-CH_2 \cdot COOH$ (I). Hierin ist R eine Methylengruppe, wenn R_1 eine CO-Gruppe ist u. umgekehrt. Beispiel für die Herst.: Zunächst werden unter Rückflußkühlung 130 (g) Äthylenoxid in 103 Diäthylentriamin eingeleitet, das Rk.-Prod. ist ein Gemisch aus einem (Teil) N.N'.N''- u. 2 N.N.N''-Tris-[hydroxyäthyl]-diäthylentriamin. 127 dieses Gemisches werden in 100 50%ig. NaOH unter Rückflußkühlung erhitzt u. innerhalb von 3 Std. werden 89 70%ig. Glykolnitril zugetropft. Das Endprod. besteht aus einem Gemisch der Na-Salze von N.N.N''-Tris-[hydroxyäthyl]-N'.N''- u. N.N'.N''-Tris-[hydroxyäthyl]-N.N''-bis-[carboxymethyl]-diäthylentriamin. In analoger Weise wird N.N.N'-Tris-[hydroxyäthyl]-N''.N''-bis-[carboxymethyl]-diäthylentriamin gewonnen. Die Verbb. dienen zur Herst. von Schwermetallkomplexen, die noch bei pH-Werten von 9—12 beständig sind, bes. mit Fe^{2+}, Fe^{3+}, Co, Ni, Mn, Cu, Zn usw., u. diese werden als *Zusatz zu Düngemitteln* zur Einführung von Spurenelementen in stark kalkhaltige Böden verwendet, die Fe-Komplexe als *Sprühmittel* zur Bekämpfung der Chlorose von Citrusgewächsen. (**A. P. 2 848 469** vom 13/8. 1954, ausg. 19/8. 1958.) A. KALIX. 6303

Food Machinery & Chemical Corp., V.St.A. (Erfinder: Robert Leroy Gates, Joe Raymond Willard und Kenneth Peter Dorschner), **Herstellung disubstituierter Anilide** der allg. Formel I (R = Alkylrest mit 1—8 C-Atomen; X u. Y = Cl oder CH_3), dad. gek., daß man ein disubstituiertes Anilin in Ggw. eines säurebindenden Mittels mit einem entsprechenden Acylhalogenid umsetzt. — *N-[3.4-Dichlorphenyl]-2-methylpropionamid*, F. 124—125°, *-2-methylhexanamid* F. 92,5—94°, *-2-methylpentanamid*, F. 106—107°, *N-[3-Chlor-4-methylphenyl]-2-methylhexanamid*, F. 108—110,5°, *-2-methylpropionamid*, F. 147—148,3° u. *-2-methylpentanamid*, F. 79—80°, aus 3.4-Dichloranilin bzw. 3-Chlor-4-methylanilin u. 2-Methylpropionyl-, -hexanoyl- bzw. -pentanoylchlorid in Bzl. in Ggw. von Triäthylamin. — Weitere Verbb. der Formel I, worin R, X u. Y (in dieser Reihenfolge) folgende Bedeutung haben: *C_2H_5, Cl, Cl*, F. 109—111°. — *C_2H_5, CH_3, Cl*, F. 112 bis 114°. — *n-Propyl, CH_3, CH_3*, F. 76—77°. — *n-Pentyl, Cl, Cl*, F. 107—111°. — *n-Hexyl, Cl, Cl*, F. 90—94°. — *n-Octyl, Cl, Cl*, $Kp._8$ 122—124°. — *Herbicide*. (**F. P. 1 220 568** vom 13/4. 1959, ausg. 25/5. 1960. A. Prior. 14/4. 1958.) S. BÖTTCHER. 6313

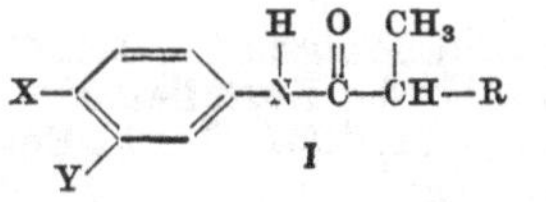

I

E. I. du Pont de Nemours & Co., Wilmington, Del., übert. von: John H. Haslam, Landenberg, Pa., V.St.A., **Fungicides Mittel**, enthaltend einen üblichen inerten Trägerstoff u. als akt. Komponente eine polymere Ti- oder Zr-Verb., deren polymere Kette aus —MO—-Gruppen besteht, in denen M für Ti oder Zr steht, wobei diese Metalle je Metallatom mit 0,1—1,9 Acylatgruppen, die sich von Monocarbonsäuren mit 4—24 C-Atomen ableiten, oder mit 0,1—1,9 halogenierten, aromat. Resten, wie Halogenphenoxy-, Halogennaphthoxy-, oder halogenierten Benzyloxyresten verbunden sind. Dabei besteht der Rest der Ti- oder Zr-Verb. aus Alkoxyresten mit 1—8 C-Atomen u./oder Hydroxylresten, die beide direkt mit dem Metall verbunden sind. — Beispiele für die Wirkstoffe: halogenierte „Phenoxypolytitanylacylate", halogenierte „Naphthoxypolytitanylacylate", halogenierte „Aralkoxypolytitanylacylate" oder die entsprechenden Polyzirkonylacylate. Die Herst. der Verbb. ist bekannt. — Weitere Beispiele: „4-Chlor-2-methylphenoxypolytitanylstearat" mit einem Verhältnis von Stearoyl- zu 4-Chlor-2-methylphenoxygruppen = 1:1; „Pentachlorphenoxypolyzirkonyloleat" mit einem Verhältnis von Oleoyl- : Pentachlorphenoxygruppen = 1:1; „p-Chlorphenylmethoxypolytitanyloleat" mit einem Verhältnis von Oleoyl- : p-Chlorphenylmethoxygruppen = 1:1. — Anzuwendende Menge 0,1—10%. (**A. P. 2 913 369** vom 5/7. 1955, ausg. 17/11. 1959.) H. NEBELSIEK. 6313

Monsanto Chemical Co., St. Louis, Mo., übert. von: Ernest G. Jaworski, Florissant, Mo., und Dexter B. Sharp, Dayton, Ohio, V.St.A., **Fungicide Mittel**, enthaltend W., ein Emulgiermittel u. ein Monophenylhydrazon eines α-Diketons der allg. Formel (R)CO—(R')CO (R u. R' = Alkyl- oder Arylreste mit 1—8 C-Atomen), eines α-Ketoaldehyds der allg. Formel (Y)CO—CHO (Y = Alkyl- oder Arylreste mit 1 bis 16 C-Atomen), des Glyoxals, eines α-Hydroxyketons der allg. Formel (Z)CO—(Z')CHOH (Z = Alkyl- u. Arylreste mit 1—8 C-Atomen u. Z' = Z oder H) oder eines α-Hydroxyaldehyds der allg. Formel (T)CHOH—CHO (T = H oder Alkyl- oder Arylreste mit 1—16 C-Atomen). — Die Herst. der Hydrazone ist bekannt. — Beispiele: *2.3-Butandionphenylhydrazon, Isopropylglyoxalbenzylhydrazon, Hydroxyaceton-α-methylphenylhydrazon, Glykolaldehydphenylhydrazon*. — Man versprüht wss. Emulsionen mit 0,5—0,25% Hydrazon. (**A. P. 2 870 056** vom 21/9. 1954, ausg. 20/1. 1959.) H. NEBELSIEK. 6313

Temp Skinner, Phoenix, Ariz., V.St.A., **Mittel zum Abweisen von pflanzenfressenden Insekten**, bestehend aus 4 (gal.) Melasse, 3½ Schwefel-Kalk-Gemisch, ¼ Kreosot, ¼ Kiefernharz, ¼ Brennöl u. ¼ oz. Pennyroyalöl. Um gleichzeitig auch eine Dünge-Wrkg. zu erreichen, vermischt man zuerst die obengenannte Mischung mit einem Grundstoff aus ½ Tricalciumsuperphosphat u. ½ fl. S_2 u. gibt diese beiden Mischungen zusammen mit 200 (lbs.) Tricalciumsuperphosphat, 100 K_2SO_4, 50 Baumwollsaatmehl u. 100 Harnstoff in einen Mischer. Man formt das Gemisch zu Kuchen, die bei Gebrauch zerkrümelt in den Boden eingebracht werden. (**A. P. 2 912 316** vom 22/3. 1957, ausg. 10/11. 1959.) H. NEBELSIEK. 6313

Montecatini Soc. Gen. per l'Industria Mineraria e Chimica, Italien (Erfinder: Pietro de Pietri Tonelli, Giuseppe Losco, Giorgio Rossi und Romano Santi), **Mittel zur Bekämpfung von Dacus oleae.** Es enthält als Wirkstoff O.O-Dimethylthiophosphorylessigsäure-N-methylamid. (**F. P. 1 220 962** vom 12/1. 1959, ausg. 30/5. 1960. It. Prior. 4/9. 1958.) S. BÖTTCHER. 6313

Farbenfabriken Bayer Akt.-Ges., Leverkusen-Bayerwerk (Erfinder: Gerhard Schrader, Wuppertal-Cronenberg), **Dithiophosphonsäureester** der Formel **A** (R = Alkyl, Cycloalkyl, ggf. durch Cl substituierter Phenylrest, R' u. R'' = Alkyl, R''' = H oder CH_3) erhält man durch Rk. eines mercaptosubstituierten Benzylhalogenids der allg. Formel I (Y = Halogen) mit einem Salz des Dithiophosphonsäure-O-äthylesters der Formel R—P(:S)(OR')(SX) (X = K, NH_4).

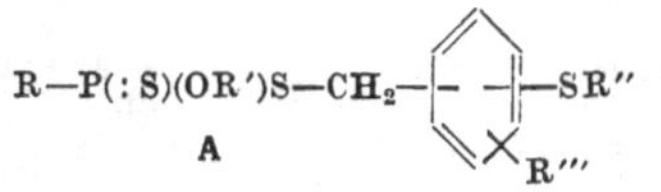

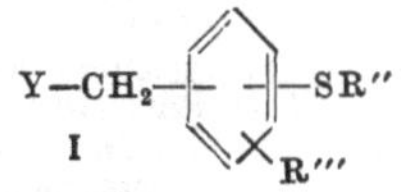

— 73 g K-O-Äthyl-p-Chlorphenylthionothiolphosphonat in 150 ml Methyläthylketon gibt man bei 80° unter Rühren zu 47 g 2-Chlormethyl-4-methylthioanisol, erwärmt die Mischung 1 Std. auf 80° u. gibt sie nach dem Abkühlen in 40 ml Eiswasser. Nach dem Aufarbeiten erhält man in 78%ig. Ausbeute p-Chlorphenyldithiophosphonsäure-O-äthyl-S-2-methylmercapto-5-methylbenzylester, gelbliches, in W. unlösl. Öl. — Analog erhält man die Dithiophosphonsäureester, in denen R' = C_2H_5, R''S = 2-Methylmercapto u. R''' = 5-Methyl ist: R = C_6H_5, gelbliches Öl. — R = CH_3, gelbliches in W. unlösl. Öl. — R = C_2H_5, gelbes, in W. unlösl. Öl. — R = Cyclohexyl, gelbliches, in W. unlösl. Öl. — *Insekticide.* — (**D. A. S. 1 114 489** Kl. 12o vom 28/3. 1959, ausg. 5/10. 1961.) A. JAHN. 6313

Farbenfabriken Bayer Akt.-Ges., Leverkusen (Erfinder: Gerhard Schrader, Wuppertal-Cronenberg), **Thiolphosphonsäure-O-äthylester** der Formel C_6H_5—P(:O)(OC_2H_5) SR (I) (R = substituierter Alkylrest) erhält man durch Rk. des K-Salzes des Phenylthionophosphonsäure-O-äthylesters mit Halogenalkylgruppen enthaltenden Verbb. in Ggw. von Acetonitril als Lösungsmittel. Man erhält Verbb. der Formel **I**: R = CH_2—CN, gelbes, in W. unlösl. Öl. — R = CH_2—CO—C_6H_5, gelbliches Öl. — R = CH_2—S—C_6H_5, gelbes Öl. — R = **A**, viscoses, in W. unlösl., gelbes Öl. — *Insekticide.* — (**D. A. S. 1 114 490** Kl. 12o vom 20/9. 1958, ausg. 5/10. 1961. **Zusatz zu D. A. S. 1 072 245; C. 1961. 2421.**) A. JAHN. 6313

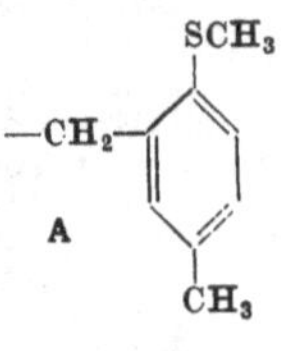

Eastman Kodak Co., Rochester, N.Y., übert. von: Richard L. McConnell und Joseph B. Dickey, Kingsport, Tenn., V.St.A., **Mucohalogensäurethiolthionphosphate** der allg. Formel I (R = Alkyl mit 1—4 C-Atomen; X = Cl oder Br) erhält man durch Rk. von Dialkylthiolthionphosphaten (**II**) mit Mucohalogensäure (**III**) bei —25 bis +150°, bes. 25—125°, in An- oder Abwesenheit eines Lsgm. (Pentan, Heptan, Bzl., Xylol, Äther, Ester, Chlor-KW-Stoffe) nach dem Rk.-Schema: $(RO)_2P(=S)-SH$ (**II**) + HOOCCX= CXCHO (**III**) → HOOC—C(X)(CHXCHO)—SP(=S)$(OR)_2$ — HCl → I. — Aus 0,1 Mol Diäthylthiolthionphosphat u. 0,1 Mol Mucochlorsäure bei 115° unter HCl-Entw. u. Erhöhung der Temp. auf 125° → *$(C_2H_5O)_2P\cdot(=S)-S-C(COOH)=CCl-CHO$*, gelbes Öl; n_D^{20} 1,5379. — Dimethylthiolthionphosphat + Mucobromsäure → *$(CH_3O)_2P(=S)SC(COOH)=CBr\cdot CHO$*, gelborangefarbenes Öl. — *$[(CH_3)_2CHO]_2P(=S)SC(COOH)=CBrCHO$*. — *$[(CH_3)_2\cdot CHCH_2O]_2P(=S)SC(COOH)=CClCHO$*. — *$(C_2H_5O)_2P(=S)SC(COOH)=CBrCHO$*. — *Schädlingsbekämpfungsmittel*, bes. gegen *Milben*, wie *Tetranychus bimaculatus*. (**A. P. 2 861 093** vom 24/9. 1956, ausg. 18/11. 1958.) G. KRAUSS. 6313

I 

Olin Mathieson Chemical Corp., V. St.A., **Reinigen von Pyrethrumextrakten.** Man verd. den Rohextrakt mit gereinigtem Kerosin bis auf 10—15% u. setzt 2—7% organ. Ammoniumhalogenid, z. B. Trimethylammoniumchlorid oder Dimethylammoniumchlorid, welche mit einem bzw. zwei Alkylresten der Cocosölfettsäuren substituiert sind, zu, rührt stark, kühlt die Lsg. auf 10 bis —30° ab u. hält sie bei dieser Temp. 1—3 Stunden. Der entstandene Schlamm wird durch Filtration oder Zentrifugation abgetrennt. (**F. P. 1 195 895** vom 14/5. 1958, ausg. 19/11. 1959.) W. WITTHOLZ. 6313

Aktieselskabet Bakteriologisk Laboratorium „Ratin", Dänemark, **Nagetierbekämpfungsmittel,** welches als Wirkstoffe ein Antikoagulans, z. B. 3-[α-Acetylbenzyl]-4-hydroxycumarin, u. eine abgetötete Dextrose-Bouillon-Kultur von Bakterien der Salmonella-Gruppe, z. B. Salmonella enteritidis var. Danysz u./oder Salmonella typhi murium, enthält. (**F. P. 1 199 898** vom 12/7. 1958, ausg. 16/12. 1959. Dän. Prior. 13/7. 1957.) W. WITTHOLZ. 6313

United States Rubber Co., V.St.A. (Erfinder: **Dwight Lorin Schoene** und **John William Zukel**), *Maleinsäurehydrazidderivate als Wachstumsregulatoren.* (**F. P. 1 164 969** vom 22/1. 1957, ausg. 16/10. 1958. **E. P. 805 117** vom 31/12. 1956, ausg. 26/11. 1958. Beide A. Prior. 11/4. 1956. — C. **1961.** 8448 [A. P. 2 805 926].)

Fahlberg-List G.m.b.H., Deutschland, *Pflanzenschutzmittel.* (**F. P. 1 169 462** vom 14/3. 1957, ausg. 29/12. 1958. — C. **1959.** 7602 [E. P. 796 399].)

Soc. Française des Glycérines, Seine, Frankreich, *Pflanzenschutzmittel.* (**F. P. 1 183 552** vom 28/9. 1957, ausg. 9/7. 1959. — C. **1961.** 15897 [D. A. S. 1 107 447].)

Atlas Powder Co., V.St.A. (Erfinder: **Robert W. Behrens**), *Emulgiermittel für Insekticide und Herbicide.* (**F. P. 1 166 568** vom 26/12. 1956, ausg. 13/11. 1958. A. Prior. 27/12. 1955. — C. **1961.** 4857 [Aust. P. 218 202].)

Aagrunol Chemische Fabriek, Holland, *Fungicide.* (**F. P. 1 186 782** vom 27/11. 1957, ausg. 1/9. 1959. Holl. Prior. 12/12. 1956. — C. **1959.** 8692 [Holl. P. 89 347].)

Rohm & Haas Co., V.St.A. (Erfinder: **Robert Arnold Braun, W. E. Craig** und **Chien-Pen Lo**), *Fungicide Furoyldithiocarbamate.* (**F. P. 1 167 328** vom 28/2. 1957, ausg. 24/11. 1958. A. Prior. 29/2. 1956. — C. **1959.** 8692 [A. P. 2 846 350].)

Ethyl Corp., V. St. A. (Erfinder: **Calvin Newton Wolf** und **Waldo Buford Ligett**), *Fungicide auf Basis von 1.3-Dihalogenhydantoinen.* (**F. P. 1 167 683** vom 14/2. 1956, ausg. 27/11. 1958. A. Prior. 14/2. 1955. — C. **1960.** 12822 [Belg. P. 545 200].)

Farbenfabriken Bayer Akt.-Ges., Leverkusen, *Herstellung von Arylisothioharnstoffen.* (**E. P. 786 318** vom 3/2. 1956, ausg. 13/11. 1957. D. Prior. 4/2. u. 9/4. 1955. — C. **1959.** 2596 [F. P. 1 140 725].)

Monsanto Chemical Co., V.St.A., *Insekticide und Akaricide.* (**F. P. 1 180 879** vom 6/8. 1957, ausg. 10/6. 1959. — C. **1961.** 8449 [D. A. S. 1 098 278].)

Farbenfabriken Bayer Akt.-Ges., Deutschland (Erfinder: **Rolf Pütter, Günther Unterstenhöfer** und **Gerhard Wolfrum**), *Akaricide.* (**F. P. 1 183 964** vom 5/10. 1957, ausg. 16/7. 1959. D. Prior. 5/10. 1956 u. 20/3. 1957. — C. **1959.** 7602 [D. A. S. 1 044 502] u. C. **1960.** 11794 [D. A. S. 1 057 124].)

N. V. Philips' Gloeilampenfabrieken, Holland, *Akaricid.* (**F. P. 1 166 393** vom 18/2. 1957, ausg. 5/11. 1958. Holl. Prior. 20/2. 1956. — C. **1960.** 12138 [Oe. P. 200 389].)

Farbenfabriken Bayer Akt.-Ges., Deutschland (Erfinder: **Winfried Kruckenberg** und **Bernhard Homeyer**), *Nematocide.* (**F. P. 1 166 332** vom 15/2. 1957, ausg. 5/11. 1958. D. Prior. 17/2. 1956. — C. **1958.** 7876 [D. A. S. 1 019 124].)

Farbenfabriken Bayer Akt.-Ges., Deutschland (Erfinder: **Ewald Urbschat** und **Bernhard Homeyer**), *Nematocide.* (**F. P. 1 168 072** vom 8/12. 1956, ausg. 4/12. 1958. D. Prior. 9/12. 1955. — C. **1958.** 1410 [D. A. S. 1 003 768].)

Badische Anilin- & Soda-Fabrik Akt.-Ges., Deutschland, *Synergisten für Insekticide.* (**F. P. 1 166 114** vom 23/11. 1956, ausg. 3/11. 1958. D. Prior. 24/11. 1955. — C. **1959.** 2945 [D. A. S. 1 029 189].)

Farbenfabriken Bayer Akt.-Ges., Leverkusen, übert. von: **Gerhard Schrader** und **August Dörken,** Wuppertal, *Thiophosphorsäureester aus O.O-Dialkylthionophosphorsäurehalogeniden und 1-Amino-3-mercaptopropanen.* (**A. P. 2 852 513** vom 17/4. 1957, ausg. 16/9. 1958. D. Prior. 27/4. 1956. — C. **1961.** 10342 [D. A. S. 1 085 887].)

Farbenfabriken Bayer Akt.-Ges., Leverkusen, übert. von: **Gerhard Schrader,** Opladen, *Thiophosphorsäureester aus O.O-Dialkylthiol- oder -thionothiolphosphorsäuren und Halogenacylurethanen.* (**A. P. 2 864 849** vom 28/8. 1956, ausg. 16/12. 1958. D. Prior. 7/9. 1955. — C. **1957.** 9759 [D. B. P. 963 872].)

Ciba Soc. An., Schweiz, *Schädlingsbekämpfungsmittel.* (**F. P. 1 164 211** vom 5/7. 1955, ausg. 7/10. 1958. Schwz. Prior. 9/7., 29/9. u. 9/11. 1954, 4/3. u. 14/6. 1955. — C. **1958.** 3728 [D. A. S. 1 012 112].)

Imperial Chemical Industries Ltd., England, *Schädlingsbekämpfungsmittel.* (**F. P. 1 167 927** vom 25/6. 1956, ausg. 3/12. 1958. E. Prior. 29/6. 1955 u. 4/6. 1956. — C. **1959.** 10381 [E. P. 797 603].)

Virginia-Carolina Chemical Co. (Erfinder: **Manlio A. Mawzelli, Virgil H. Young jun.** und **Charles L. Harowitz**), *Nagetierbekämpfungsmittel.* (**Aust. P. 228 260** vom 10/10. 1957, ausg. 9/6. 1960. — C. **1958.** 11648 [A. P. 2 811 478].)

VIII. Metallurgie. Korrosion

Wie die Russen Ultraschall in der Metallurgie verwenden. Arthur B. Tesmen. (Metal Progr. **79.** Nr. 1. 79—83. Jan. 1961. New York, Scientific Design Co., Inc.) (Engl.)

Die Verw. von Ultraschall zum Entgasen von Metallschmelzen, zur Beschleunigung von Diffusions-Verff., z. B. Aufkohlen u. das Auslagern von Al-Legg., Elektroplattieren, Schweißen in der UdSSR wird beschrieben. F. VIER. 6350 □

Die Einwirkung des radioaktiven Fallouts auf die Prospektierung mit Geräten. D. R. Wiles. (Canad. Mining J. **81.** Nr. 5. 61—63. Mai 1960. Carleton, Univ., Dep. of Chem.) (Engl.)

Erörterung der Vorgänge bei der Kernspaltung, des Ursprungs der radioakt. Verseuchung der Atmosphäre u. des Einfl., den die radioakt. Zerfallsstoffe, bes. ^{137}Cs auf die *U*- u. *Th*-Prospektierung ausüben. W. WESLY. 6354 □

Kontrollmethoden bei der Behandlung von Seesandmineralien. Stuart S. Pullar und R. J. Glenn. (Australas. Inst. Mining Metallurgy, Proc. **1960.** Nr. 193. 89—121. 1 Tafel. März.) (Engl.)

Beschreibung des Aufbereitungs-Verf. zur Gewinnung von *Rutil* u. *Zirkon* aus Seesanden bei der TITANIUM ALLOY MFG. Co. Die Meth. zur Betriebskontrolle bei der trockenen u. nassen Aufbereitung u. bei der Herst. der magnet. u. unmagnet. Konzz. werden angegeben. Diese erfolgt vorwiegend auf physikal. Wege mit vorhergehender automat. Probenahme. Zur Unters. wird zuerst eine Trennung durch Bromoform in Erz u. Gangart, dann eine Trennung nach der Leitfähigkeit u. anschließend für beide Prodd. eine magnet. Trennung durchgeführt. Erzeugnisse sind Rutil bes. Ilmenit u. Zirkon. F. ENSSLIN. 6360□

Die Verwendung der Bauxite in der Metallurgie als zusätzliche Rohstoffquelle. Aldo Spada. (Ind. mineraria [2] **11.** 511—25. Juli 1960.) (Ital.)

Nach allg. petrograph. Übersicht über Vork., Konst. u. Eigg. der *Bauxitmineralien* behandelt Vf. techn. Einzelheiten u. Endprodd. der alkal. Aufarbeitung des Bauxits nach dem BAYER-Verf. u. berichtet dann ausführlich über den techn. Stand der Wiedergewinnung u. Verwertung der wichtigsten mineral. Rohstoffe aus den als Nebenprod. anfallenden Rotschlämmen. Letztere bestehen je nach ihrer Herkunft ca. zur Hälfte des Trockengew. aus *Fe-Oxiden* u., neben *Al-* u. *Erdalkalisilicaten* sowie Spuren von *V-* u. anderen metall. Verbb., aus 5—12% TiO_2, das sich nach bes. Aufbereitungs-Verff. verwerten läßt. Aus den anfallenden Schlacken u. den Bergen der Magnetabscheidung lassen sich nach Feinzerkleinerung TiO_2-Konzentrate gewinnen, die sich zur Herst. von metall. *Ti* oder von TiO_2-*Pigmenten* eignen. Vf. erörtert die techn. u. wirtschaftlichen Möglichkeiten der verschiedenen Aufbereitungs-Meth., deren Entw. z. T. noch nicht abgeschlossen ist, da die außergewöhnlich hohen Anforderungen an Reinheit u. Werkstoff-Eigg. des Ti beim Einsatz im Bau von Überschallflugzeugen sowie auch des TiO_2 der Weißpigmente Sonderverff. für die Aufbereitung der Ilmenit- oder TiO_2-Konzentrate benötigen, auf die Vf. näher eingeht. A. SANDER. 6360□

Gewinnung sekundärer Isoalkohole als Schäumer für die Flotation von Erzen. L. A. Iwanowa und B. D. Krushalow. (Химическая Промышленность [Chem. Ind.] **1960.** 95—102. März.) (Russ.)

Zur Darst. von *Isoalkoholen* werden Olefine (Hexene, Heptene) in fl. Phase in Ggw. kleiner Menge Initiator (Isopropylbenzol- oder C_6—C_7-Olefinhydroperoxid) mit Luft zu Hydroperoxiden (HPO) u. Oxiden oxydiert, dann die HPO mit Alkali zu ungesätt. Alkoholen zersetzt. Die Ausgangsstoffe sind niedrige *Propylenpolymere*, von denen die C_9–C_{12}-Olefine zu Detergentien verarbeitet werden. Ihre Isohexenfraktion enthält ca. 70% tert. u. 30% sek. *Hexene*. Die Oxydation erfolgt zweckmäßig bei 75—80°, die Zers. der HPO mit 20—30%ig. NaOH bei 45° in 2 Stufen. Man erhält ein Gemisch mit 66,1 (%) nichtumgesetzten *Olefinen*, 13,8 *Alkoholen* u. 12,8 *Oxiden*, das durch Rektifizieren bei gewöhnlichem Druck, dann bei 150 mm Hg von Olefinen befreit wird. Das Alkohol–Oxid-Gemisch wird im mol. Verhältnis 1 : 8 mit H_2 bei 1 at u. 130—140° katalyt. hydriert, das Hydrierprod. in Paraffine, Oxide u. C_6–C_7-Alkohole zerlegt. Die Alkohole eignen sich als Schäumer bei der Flotation. R. K. MÜLLER. 6362□

Statistischer Vergleich der Wirksamkeit von 2 Flotationsreagentien. P. Seyer und R. Duval. (Rev. ind. minérale **43.** 445—53. Juli 1961.) (Franz.)

Statist. Unterss. über die Verw. von Na_2S u. *NaHS* bei der Flotation von (oxydiertem) Bleiglanz ergeben eine leichte Überlegenheit (2%) von NaHS. Zur Festlegung engerer Anwendungsgrenzen beider Verbb. werden weitere Unterss. empfohlen. W. WESLY. 6362□

Reagentien in der Pyrit-Flotation. T. Zadkin und R. Doig. (J. South African Inst. Mining Metallurgy **61.** 284—89. Dez. 1960.) (Engl.)

Aus den Erzen der Virginia Mine wird nach der Auslaugung des U ein Pyritkonzentrat durch Flotation gewonnen. Bei Verw. von *Rohkresol* als Schäumer u. *Merkaptobenzthiazol* an Stelle von *iso-Propylxanthat* als Sammler konnte das Ausbringen an Pyrit u. an *Au* wesentlich verbessert werden. Von dem ersten wurden 0,095—0,126 u. von dem letzteren 0,015—0,075 lb/t zugesetzt. F. ENSSLIN. 6362□

Die Aerodynamik von Gasen in kontinuierlichen Öfen. M. M. Korotaev. (J. Iron Steel Inst. **199.** 15—18. Sept. 1961. Moskau, Stahlprojekt.) (Engl.)

Eine hohe Düsen-Geschw. eines vorgewärmten Gas–Luft-Gemisches in einem kontinuierlichen Ofen erfordert eine sorgfältige Berücksichtigung des Ofenprofils, wenn Verbrennungsschwierigkeiten vermieden werden sollen. Das Theorem von EULER wird bei der Berechnung der Dynamik der Gasströmung im Ofen angewendet u. die theoret. Ergebnisse werden mit den im Betrieb erhaltenen verglichen. H. HOCHSTEIN. 6370□

Öfen mit Ölfeuerung. J. A. Taylor. (Metal Ind. [London] **98.** 163—66. 3/3. 183—86. 10/3. 203—06. 17/3. 1961. Shell-Mex and B. P. Ltd.) (Engl.) F. VIER. 6370 □

Einblasen von Heizöl in den Hochofen. W. R. Romburgh. (J. Metals **13.** 743—45. Okt. 1961. Hamilton, Ontario, Canada, Dominion Foundries & Steel Co., Ltd.) (Engl.)

Verss. zeigen, daß Koks im Hochofen durch Heizöl ersetzt werden kann. Der *S*-Geh. des Heizöls hat keinen Einfl. auf den S-Geh. des Metalls, wohl aber steigt der S-Geh. der Schlacke. F. VIER. 6370 □

Einige Gesichtspunkte über die Voraussage des Hochofenverhaltens. A. L. Hodge. (J. Iron Steel Inst. **199.** 6—15. Sept. 1961. Newark, Union Carbide Corp.) (Engl.) — Vgl. C. **1961.** 18107.

Eine mathemat. Meth. für die Analysierung u. Voraussage der Hochofenleistung wird beschrieben. Hiermit können Aussagen über die Wärmeübertragung im Hochofenschacht, über den Temp.-Verlauf, den C für die direkte Red., die H_2-Red. sowie über die Gas-Geschw. im Ofenschacht gemacht werden. Die Grundgleichungen werden mit Beispielen erörtert, um die technolog. Wrkg. von Veränderungen in den relativen Mengen von Gichtgas u. festen Möllerbestandteilen, von Prod.-Geschw., Möllerverhältnis u. Brennstoffeinspritzung zu zeigen. Die möglichen Auswirkungen der Wassergas-Rk. auf vorausgesagte gegenüber gemessener Gichtgas-Zus. werden behandelt. Die Übertragung dieser Meth. auf eine elektron. Rechenmaschine ist ein ausgezeichnetes Mittel zur Voraussage u. zur Regelung des Hochofenbetriebes. H. HOCHSTEIN. 6370 □

Bestimmung der Kapazität von Hochöfen. Mihály Szele und László Visnyovszky. (Kohászati Lapok [Ung. Z. Hüttenwes.] **94.** 499—503. Nov. 1961. Budapest, Eisenforsch.-Inst.) (Ung.)

Neue Berechnungs-Meth., bei der auch die Möller-Zus. berücksichtigt wird. Zwei neue Kennziffern werden eingeführt: der spezif. Hochofenrauminhalt u. die spezif. Hochofenkapazität. Auf Grund der Überlegungen u. Berechnungen kann die Kapazität von verschiedenen Hochöfen auf gleicher Basis bewertet werden. L. ZOMBORY. 6370

Strömungsuntersuchung im Gitterwerk eines 150 t SM-Ofens. István Péntek, Zoltán Bikics, József Mikó und József Hevesi. (Kohászati Lapok [Ung. Z. Hüttenwes.] **94.** 492—98. Nov. 1961. Miskolc, Wärmetechn. Stat.) (Ung.)

In Modell-Verss. wurde die Wind-Geschw. an den einzelnen Stellen des Gitterwerkes im Regenerator gemessen u. hieraus auf die Mengenverteilung der Gase geschlossen. Der Wrkg.-Grad war nicht entsprechend, daher wurde das Gitterwerk zweckmäßig umgebaut, wodurch die Wärmeausnützung günstiger u. die Produktivität des Ofens um 7—14% erhöht wurde. L. ZOMBORY. 6370

Verfahrensänderung der Ventilumstellung an generatorgasgeheizten Siemens-Martin-Öfen. 1. Mitt. Gasexplosionen im Kanalsystem während des Umstellvorganges. Horst Schicke und Helmut Gauter. (Neue Hütte **5.** 464—73. Aug. 1960. Leipzig, Forschungsinst. für technolog. Entw. u. Wärmetechnik der Metallurgie.) (Dt.)

Die SIEMENS-MARTIN-Öfen u. ihre Ventilanlagen werden gekennzeichnet u. die im Kanal-Syst. während des Umstellvorganges bei gekoppelten Ventilantrieb eintretenden Vorgänge behandelt. Die Explosionsbedingungen u. die bei „kaltem" u. „heißem" Kanal-Syst. auftretenden Explosionen werden besprochen. Möglichkeiten zur Vermeidung von Explosionen werden angegeben. H. HOCHSTEIN. 6370 □

Grundlegende Untersuchung über die trockene Entkupferung von Pyritabbrand. 3. Mitt. Über die Wirbelbett- und selektive, chlorierende Röstung von Pyritabbrand. Kazuhisa Okajima, Michio Inouye und Kokichi Sano. (Tetsu to Hagané [J. Iron Steel Inst. Japan] **47.** 795—800. Juni 1961.) (Jap.; Auszug: Engl.) — 2. vgl. C. **1960.** 10379.

Im Labor. ausgeführte Unterss. über die selektive, chlorierende Röstung von Pyritabbrand im Wirbelbett zeigen, daß in 30 Min. bei 900° mit 1,3% Cl_2-Geh. der Luft >83% des *Cu* gewonnen werden, wobei der Einfl. der Teilchengröße gering ist. *Zn* u. *S* werden erfolgreich eliminiert; der *Fe*-Verlust ist gering. Das Verf. ist befriedigend. W. WESLY. 6378 □

Einfluß der Schwefeldioxid-Konzentration und der Sekundärluft auf das Ausbrennen des Schwefels aus Kies. Je. M. Ljapusstina und A. I. Fefelow. (Химическая Промышленность [Chem. Ind.] **1960.** 512. Sept.) (Russ.)

Auf Grund von Unterss. an einem automat. gesteuerten Pyritröstofen mit tangentialer Luftzufuhr wird festgestellt, daß bei <10% SO_2 das Verhältnis Primärluft zu

Sekundärluft prakt. ohne Einfl. auf den Röstvorgang ist. Bei 10% SO_2 muß es erhöht werden, damit im Abbrand höchstens 1—2% *S* verbleiben, u. zwar bei 11% SO_2 auf 100: 40, bei 13—14% SO_2 auf 100: (60—65). R. K. MÜLLER. 6378□

Elektronenstrahlenschmelzen von schwer schmelzbaren Metallen. Kazuo Tsuya und Noriyoshi Aritomi. (Nippon Kinzoku Gakkai-Si [J. Japan Inst. Metals] **25.** 124—28. 1961.) (Jap.; Auszug: Engl.)

Die Arbeitsbedingungen für das Elektronenstrahlenschmelzen von Metallen (W, Ta, Mo, Nb, Zr) im dazugehörigen Ofen sind: Spannung 10000 V, Elektronenstrahlen-Stromstärke 300—750 mA, Druck 10^{-5} mm Hg, lichte Maße des wassergekühlten Cu-Schiffes 15·15·200 mm. Der erzielte Reinheitsgrad hängt vom Metall ab; Ta ist sehr plast. u. läßt sich ohne Anlassen bis ca. 99% Dickenabnahme kaltwalzen. Dagegen neigen W u. Mo an den Korngrenzen zum Bruch. W. WESLY. 6380□

Sauerstoffangereicherte Luft beim Schmelzen von Blei und Zink. L. Landucci und F. T. Fuller. (J. Metals **13.** 759—63. Okt. 1961. Trail, B. C., Canada, Consolidated Mining & Smelting Co. of Canada Ltd.) (Engl.)

Überblick über die Verw. beim Rösten von Zn-Erzen u. der Gewinnung von Pb. F. VIER. 6380□

Verarbeitung der Kupferkuchen der Zinkgewinnung unter Verwendung der Elektroschmelze. L. Ss. Getzkin und I. I. Kerschanski. (Цветные Металлы [Nichteisenmetalle] **33.** Nr. 1. 26—31. Jan. 1960.) (Russ.)

Labor.-Verss. zeigten die Vorteile einer Elektroschmelze der bei der elektrolyt. Zn-Konz. anfallenden Cu-Kuchen. Diese enthalten durchschnittlich ca. 28 (%) Cu, 14 Zn, 7 Pb, 1 Cd, 2,5 Fe, 9 SiO_2, 2,6 CaO, 4 S, 0,001 Tl, 0,002 In. Sie werden getrocknet u. zur Zers. der Sulfide 2 Std. bei 800—850° geglüht. Der Rückstand wird dann unter Zusatz von CaO u. Feinkoks im elektr. Ofen geschmolzen. Ein Teil der Metalle (17%) verflüchtigt sich u. setzt sich als ein Metallpulver mit ca. 50 (%) Zn, 18 Pb, 6 Cd, 1,5 Cu u. 0,0065 Tl ab. Im Ofen verbleiben Roh-Cu (87 Cu, 6,5 Pb), Stein (74 Cu, 3 Pb, 2 Zn) u. Schlacke (8 Zn, 8 Fe, 1,5 Cu). Das Metallpulver wird weiter durch Auflösen in H_2SO_4 getrennt (Restacidität 10 g/Liter), so daß eine $ZnSO_4$-Lsg. mit großen Anteilen an Cd u. Tl entsteht u. ein Kuchen mit 52 Pb, 5 Zn, 1 Cd u. 5 Cu zurückbleibt. J. TŮMOVÁ. 6380□

Untersuchung über die Sandformen für Schleudergußstahl. Die Festigkeit von Fabrikationsformen. Mitsuo Ochiai. (Imono, J. Japan Foundrymen's Soc. **33.** 553—59. Aug. 1961.) (Jap.; Auszug: Engl.)

Die Druckfestigkeit von getrockneten Produktionsgußeisenformen aus Silica-Sand u. Ölbindern bei Zimmer-Temp. fällt, je komplizierter die Form wird u. beträgt 100 bis 170 (kg/cm^2) für eine einfache, 50—100 für eine komplizierte Form. Die Festigkeit fällt auch mit steigendem Formgewicht. Bei höherer Temp. fällt die Festigkeit rasch bis 400° u. dann langsam bis 600°; sie beträgt $>400°$ <5 kg/cm^2. Die Warmfestigkeit fällt mit fallendem Binderverhältnis. Ein 65% $Zr_2O_3 \cdot SiO_2$ enthaltender, 3facher Überzug erhöht die Warmfestigkeit der Form über den Wert einer nicht oder nur 1mal überzogenen Form. W. WESLY. 6382□

Die Wirkungen der Arbeitsbedingungen des CO_2-Verfahrens auf Druckfestigkeit und Durchlässigkeit. Hideji Hotta. (Imono, J. Japan Foundrymen's Soc. **33.** 281—87. April 1961.) (Jap.; Auszug: Engl.)

Unterss. über die Arbeitsbedingungen des CO_2-Verf. auf die Eigg. der Sandformen mit 9,68—18,17 (%) Na_2O, 28,07—35,79 SiO_2, 0,302—0,344 Al_2O_3, 0,012—0,013 Fe_2O_3 zeigen: Mit steigender Feinheit des SiO_2-Kornes steigt die Druckfestigkeit u. fällt die Durchlässigkeit der Form. Ein Zusatz von 4—5% Wasserglas ergibt einen Höchstwert an Druckfestigkeit. Eine mehrfache Verw. des gleichen Sandes führt zu einer Abnahme von Druckfestigkeit u. Durchlässigkeit. W. WESLY. 6382□

Der Guß von Formstücken aus Silicium. A. M. Ssuworow. (Литейное Производство [Giesserei-Betr.] **1959.** 14—16. März. Moskau, Kalinin-Inst. für Buntmetalle u. Gold.) (Russ.)

Untersucht wird die Möglichkeit der Herst. von Formgußstücken aus krist. Si. Zu diesem Zweck wurde techn. Si der Marke *KrO* (nicht unter 99% Si) u. *Kr 1* (nicht unter 98% Si) in einem widerstandsbeheizten Ofen u. einem Hochfrequenz-Induktionsofen an Luft, im Vakuum, unter einer Schutzatmosphäre sowie unter einer Schlackendecke eingeschmolzen. Am geeignetsten erwies sich der Induktionsofen mit einem Graphit- oder Graphit–Schamotte-Tiegel, die vor ihrer Verw. bei 150—200° getrocknet u. 4 Std. auf 800° durchgeglüht wurden. Auch wurden Tiegel aus Quarz oder keram. Tiegel aus reinem Al_2O_3 mit Zusatz von 5% Melasse verwendet. Nach einer Schmelzüberhitzung auf 1550—1600° erfolgte der Abguß. Bei Verw. von Quarztiegeln oder Tiegeln au Graphit hohen Reinheitsgrades ist die Verschmutzung der Schmelze durch Oxide u. Carbide am geringsten. Beim Schmelzen von Si an der Luft beginnt die Oxydation bei 1000° u. ist nach dem Einschmelzen bes. intensiv. Das hierbei gebildete SiO_2 kann schlecht entschlackt werden u. dient zur Bldg. nichtmetall. Einschlüsse in den Formgußstücken. Im Falle der Schmelzüberhitzung bei einem Schmelzen an Luft kann sich auch *SiO* bilden, was zu einer starken Gasaufnahme der Schmelze, zu einem Wachsen der Gußstücke u. zur Bldg. von Gaszonen führt. C bildet mit Si Carbide, die sich in der Schmelze im freien Zustand befinden können. Empfohlen wird die Verw. einer Ar-Schutzatmosphäre beim Schmelzen. Als Flußmittel kommen CaF_2 u. als Desoxydationsmittel *Al* in Frage. Die Gießformen werden vor dem Abguß 2 Std. bei 1200° getrocknet u. auf 700—850° vorgewärmt. Empfohlen wird bes. die Verw. keram. Formen aus *Marschallit, Äthylsilicat* u. *Wasserglas,* die zweckmäßig auf 800—1050° vorgewärmt werden. Zur Herst. schwieriger Formstücke wird das Gießen in keram., nach dem Ausschmelz-Verf. hergestellte Formen empfohlen, jedoch sind auch Formen aus *Graphit* hoher Dichte verwendbar. Es werden Angaben über die Konstruktion der Formen u. Kerne gemacht. Die hohe Härte u. Sprödigkeit von Si erschwert die mechan. Bearbeitung der erhaltenen Gußstücke. Eine spanabhebende Bearbeitung mit einem metall. Schmiedwerkzeug ist unmöglich; am besten bewährt sich eine mechan. Behandlung mit Ultraschall. Bei Verw. eines weniger geeigneten Schleifmittels kommt *Borcarbid* in Frage. Bestimmt wird die Biege- u. Druckfestigkeit des Si; die mittlere Biegefestigkeit beträgt ca. 1000 kg/cm^2, die mittlere Druckfestigkeit ca. 600 kg/cm^2. Das Feingefüge von reinem Si ist polyedr. mit einem dünnen Netzwerk von Einschlüssen an den Korngrenzen (Silicate, SiO_2, Si- u. Fe-Carbide usw.). Die Proben zum Schleifen werden durch Ultraschall aus dem Gußstück herausgeschnitten u. unter Zusatz einer wss. Borcarbidemulsion geschliffen. Zum Ätzen dient eine 30%ig. wss. NaOH-Lsg. oder ein Gemisch aus 3 (Gew.-Teilen) HF, 5 70%ig. HNO_3, 3 Eisessig u. 2 3%ig. wss. $Hg(NO_3)_2$-Lösung. Die Silicateinschlüsse im Si treten bei einer Behandlung des Mikroschliffes mit Cl_2 im Verlauf von 3 Std. u. bei einer Ätzung durch konz. Flußsäure im Verlauf von 10 Min. hervor.

H. HOCHSTEIN. 6382

Über den Gegendruck von Formmasken für Stahlgußstücke. Kazuro Suzuki und Hiroshi Yamaoka. (Imono, J. Japan Foundrymen's Soc. **33.** 253—59. April 1961.) (Jap.; Auszug: Engl.)

An Stahl mit 0,6% C ausgeführte Unterss. über den beim Gießen in Formmasken auftretenden Gegendruck zeigen, daß dieser 2—5 Sek. nach dem Gießen seinen Höchstwert erreicht u. nach 3—4 Min. verschwindet. Der Gegendruck steigt mit der zugesetzten Harzmenge sowie bei einer Maskenstärke von 10—12 mm. W. WESLY. 6382 □

Zur Strahlenfestigkeit der Leichtmetalle. K. Lintner. (Aluminium **37.** 645—47. Okt. 1961. Wien.) (Dt.)

Überblick. — 14 Literaturangaben. F. VIER. 6388 □

Reduzierbarkeit einiger ägyptischer Eisenerze. Herman Schenck, Hans-Peter Schulz und Raouf Radwan. (Arch. Eisenhüttenwes. **32.** 431—36. Juli 1961. Aachen, TH, Inst. für Eisenhüttenwes.) (Dt.)

Die Reduzierbarkeit der wichtigsten ägypt. Fe-Erze wird untersucht u. dabei festgestellt, daß die limonit. pisolith. Erze aus Bahariya Wohat mit einem mittleren Fe-Geh. von 41% sowie die oolith. Erze aus Assuan mit einem mittleren Fe-Geh. von 50% am leichtesten reduzierbar sind. Die Zus. der Assuan-Erze kann von der reinen Oolithstruktur bis zur reinen Fe-Sandsteinstruktur schwanken, wobei mit steigendem Oo ith-Geh. der Fe-Geh. zunimmt u. der SiO_2-Geh. abnimmt. Da mit steigendem Oolith-Geh. die Porigkeit u. die Porenradien größer werden, wird die Reduzierbarkeit mit zunehmendem Fe-Geh. vergrößert. Das hämatit.-magnetit. Kereine-Erz hat einen mittleren Fe-Geh. von 48%. Bei den Stückerzen ist die Abbau-Geschw. zu Red.-Beginn durch die Rißanfälligkeit bestimmt. Die Endred. wird mit zunehmendem Hämatit-Geh. verbessert. Bei den Fe-haltigen Sandsteinerzen aus Assuan u. bei den Fe-reichen Wohat-Erzen treten bei 1050° fl. Fayalitschmelzen auf, deren niedriger F. durch die gleichzeitige Ggw. von Alkalisalzen erklärt werden kann. Liegt der Quarz wie bei den Fe-ärmeren Wohat-Erzen großstückig in der Mitte von Oolithen oder wie bei dem Kereine-Erz aderförmig vor, wird die Red. durch die Fayalit-Bldg. nicht vollständig gehemmt. Die günstigste Red.-Temp. liegt bei 900°, da oberhalb dieser Temp. bes. bei niedrigen Red.-Geschw. die entstandene Fe-Schicht sintert u. Fayalit gebildet wird. — 20 Literaturangaben.

H. HOCHSTEIN. 6390 □

Der Einfluß von drei Fremd-Kationen auf die Reduktion von Magnetit. V. J. Moran und A. E. Jenkins. (J. Iron Steel Inst. **199.** 26—33. Sept. 1961. Sheffield, Univ.) (Engl.)

Mkr. wird der Einfl. geringer Konzz. von *B*, *Cr* u. *Al* während der Rk. im festen Zustand zwischen Fe u. Magnetit untersucht u. zur Unters. der Regelvorgänge in der H_2-Red. von Magnetit verwendet. Es zeigt sich, daß die Geschw. der Feststoffdiffusion von Fe-Ionen im Wüstit durch die Ggw. von dreiwertigen Ionen, die im Wüstit lösl sind, erhöht wird. Diese Geschw. nimmt ab, wenn nur unlösl. Ionen vorhanden sind. Bei der H_2-Red. von Magnetit sind die bestimmenden Prozesse komplexer als zuvor angenommen wurde. In reinem, bei Temp. über 900° red. Magnetit ist der Regelprozeß derjenige an der H_2–Wüstit-Grenzfläche. Wenn die Red.-Temp. auf 700° erniedrigt wird, wird diese Steuerung zunehmend durch die Diffusion von Fe in Wüstit gehemmt. Beim Zusatz von B zum Magnetit schreitet die Red. mit der Bldg. von getrennten Schichten von Red.-Prodd. durch den Temp.-Bereich von 430—1000° voran u. genaue Geschw.-Konst. können bei allen Temp. bestimmt werden. Die Aktivierungsenergie für die O_2-Entfernung aus dem Wüstit ist ähnlich der für die Entfernung von O_2 aus dem Magnetit.
H. HOCHSTEIN. 6390□

Die Aktivität von Eisenoxid in CaO- und MnO-haltigen Silicatschmelzen. I. M. Davidson und C. Bodsworth. (J. Iron Steel Inst. **195.** 163—69. Juni 1960. Liverpool, Univ. u. Parsons Nucl. Res. Centre.) (Engl.)

Die Aktivität von *FeO* in *FeO–CaO–SiO*$_2$-Schmelzen wird in Ggw. von bis zu 12 Mol-% *MnO* durch Einstellung des Gleichgewichts in reinen Fe-Tiegeln mit H_2–H_2O–Ar-Gemischen im Temp.-Bereich von 1265—1365° untersucht. Es wird gezeigt, daß die Aktivität auf Werte, die zwischen den zuvor für das tern. FeO–CaO–SiO_2-Syst. u. den entsprechenden Werten in dem bin. FeO–SiO_2-Syst. liegen, verringert wird. Die Abnahme in der Aktivität nimmt nicht mit der zunehmenden MnO-Konz. zu. Innerhalb des untersuchten Zus.-Bereiches hängt die Aktivität merklich von der Temp. ab. Der Aktivitäts-Koeff. nimmt mit der Temp. bei niedrigen FeO-Geh. zu; jedoch wird bei höheren Konzz. der umgekehrte Effekt gefunden. Der Umkehrpunkt bewegt sich zu niedrigen Aktivitätswerten mit wachsendem MnO-Geh. hin. Die experimentellen Werte werden auf 1600° extrapoliert, um die angenährte Lage der Iso-Aktivitäts-Linien zu erhalten u. diese werden in bezug auf SIEMENS-MARTIN-Stahlerzeugungswerte erörtert. Eine empir. Formel wird zur Berechnung der Aktivität von FeO in diesen Schmelzen verwendet. Eine genügende Übereinstimmung wird erreicht, wenn MnO als ein inertes Verdünnungsmittel behandelt wird. — 18 Literaturangaben. H. HOCHSTEIN. 6390□

Das Verhalten von Chrom und Phosphor bei der Oxydationsschmelze von phosphorhaltigen Eisen–Chrom-Legierungen. I. I. Bokow und G. I. Ljudogowski. (Известия Академии Наук Казахской ССР, Серия Горного Дела, Металлургии, Строительство и Стройматериалов [Nachr. Akad. Wiss. Kasach SSR, Ser. Bergbau, Metallurgie, Bauwes., Baumater.] **1957.** Nr. 5. 112—15.) (Russ.; Auszug: Kasach.)

Bei der Oxydation von Legg., die 1—6% Cr u. P enthalten, durch Fe-Oxide, stellten Vff. fest, daß zunächst Si, C u. Mn oxydiert werden, daneben Cr. Mit der Erniedrigung der Temp. nimmt die Oxydation von P etwas zu. Die Zunahme des Oxydans im geschmolzenen Metall verringert den Einfl. der Temp. auf die Oxydation des P. Bei der Konverterumschmelzung von Gußeisen mit erhöhtem Geh. werden zunächst Si, Mn u. Cr oxydiert. Nach Entfernung des Cr-Schlackes aus dem Konverter u. Zugabe von $CaCO_3$ ist es zweckmäßig, das Durchblasen solange forzusetzen, bis man einen Stahl von gewünschter Zus. u. eine hochwertige Phosphatschlacke (Düngemittel) erhält.
K. WEKUA. 6390□

Calciumcarbid-Verwendung in sauren Kupolöfen. R. Schulze. (Mod. Castings **40.** Nr. 1. 75—80. Juli 1961. Knapsack bei Köln, Knapsack-Griesheim AG.) (Engl.)

Ein bes. CaC_2 mit einem genügend tiefen F. zum Schmelzen u. Verbrennen in der Verbrennungszone des üblichen sauren Kupolofens wird beschrieben. In westdeutschen Gießereibetrieben wird dieses CaC_2 seit 1954 zur Erhöhung der Gußeisen-Temp., zur Erhöhung der Schmelzgeschw. u. zur Verminderung des im Schmelzbetrieb sonst üblichen Koksverbrauches in starkem Maße verwendet. Durch den erniedrigten Kokssatz wird der *S*-Geh. des Gußeisens verringert. Typ. Beispiele der CaC_2-Verw. werden besprochen. H. HOCHSTEIN. 6402□

Einfluß einiger Spurenelemente auf den Graphitisierungsverlauf von Temperguß-eisen. G. Sandoz, B. F. Brown und W. A. Pennington. (Mod. Castings **39.** Nr. 1. 93—103. Jan. 1961. Washington, D. C., U. S. Naval Res. Lab. u. College Park, Univ. of Maryland.) (Engl.)

Spurenanteile von *Bi*, *Sb*, *Sn*, *Pb*, *Cd* u. *Zn* werden hinsichtlich ihres Einfl. auf den Ablauf einer jeden der drei für die Temperung von Gußeisen krit. Graphitisierungs-Rkk. untersucht. Die tatsächlichen Einfl. dieser Elemente werden unter Verw. von Gleichungen zur Berichtigung der Unterschiede in der Anzahl der Graphitknötchen je

Flächeneinheit des Eisens dargelegt. Die Einfl. der Spurenelemente werden in Gußeisen mit niedrigem u. mit hohem Mn/S-Verhältnis zwecks Nachw. möglicher Zwischenwrkg. mit S bestimmt. Die Ergebnisse zeigen, daß einige der Spurenelemente mit S im Gußeisen mit niedrigen Mn/S-Verhältnissen reagieren, andere Spurenelemente dagegen nicht. Diese Auswirkungen werden auf Grund thermodynam. Schätzungen der relativen Potentiale der Spurenelemente hinsichtlich ihrer Verb. mit S im Vgl. zum Fe erklärt. Die Spurenelemente bilden im Eisen keine Sulfide mit hohen Mn/S-Verhältnissen u. in solchen Gußeisensorten verringern die Spurenelemente in schwachem Maße die Graphitisierungsgeschwindigkeiten. — 17 Literaturangaben. H. HOCHSTEIN. 6404□

Graphitform-Klassifikation für Gußeisen mit Kugelgraphitausbildung. C. K. Donoho. (Mod. Castings **40.** 65—71. Juli 1961. Birmingham, Ala., American Cast Iron Pipe Co.) (Engl.)

Von den Graphitarten u. -größen werden Normbilder mitgeteilt zur Klassifizierung der kugelförmigen Graphitformen u. zur Feststellung von Modifikationen zwischen lamellarem u. kugelförmigem Graphit. Die Struktur der Grundmasse wird durch Prüfung der geätzten Proben unter Vergrößerung u. Schätzung der prozentualen Geh. an Carbiden, Perlit u. Ferrit ermittelt. H. HOCHSTEIN. 6404□

Gleichgewichte zwischen Kohlenstoff, Sauerstoff und den Metallen Chrom sowie Mangan in Abhängigkeit von der Temperatur beim Frischen mit Sauerstoff im basischen Lichtbogenofen. 1. Mitt. **Chrom.** Kurt Tesche. (Arch. Eisenhüttenwes. **32.** 437—50. Juli 1961. Krefeld, Deutsche Edelstahlwerke AG.) (Dt.)

Über die Oxydations-Rkk. in einer Stahlschmelze werden theoret. Betrachtungen angestellt u. die Bedeutung des Frischens mit reinem O_2 für die Erschmelzung hochlegierter Stähle im Lichtbogen–Elektrostahlofen wird erörtert. Ausgehend von seinem Verschlackungsverhältnis, wobei das Vorliegen des Cr in der Schlackenphase in zweiwertiger Form angenommen wird, wird der Zusammenhang zwischen Cr u. *C* unter oxydierenden Bedingungen gezeigt. Die Temp.-Abhängigkeit der sich einstellenden Gleichgewichtsverhältnisse wird bestimmt. Hierbei zeigt sich, daß der jeweilige Cr-Geh. zu Beginn des O_2-Frischens auf die Temp.-Abhängigkeit der untersuchten Gleichgewichte keinen Einfl. ausübt. Er ist jedoch mitbestimmend für die Größe der Kennzahl über den Zusammenhang zwischen Cr- u. C-Geh. unter oxydierenden Bedingungen bei konst. Temperatur. Dieser Einfl. wird erklärt durch die verschiedene Aktivität des O_2 in Abhängigkeit vom jeweiligen Cr-Geh. sowie von der Schlackenphase, deren Konz. an Cr neben der Temp. u. dem C-Geh. durch die Konz.-Größe des Cr in der Stahlphase zu Beginn des Frischens bestimmt wird. Die Vers.-Ergebnisse lassen erkennen, inwieweit sich beim Frischen mit O_2 ein gleichgewichtsartiger Zustand zwischen Stahl- u. Schlackenphase einstellt, welchen Einfl. die Schlackenbasizität auf die Cr-Kennzahlen hat u. welche Möglichkeiten gegeben sind, durch Beeinflussung der Schlackenphase das Cr-Ausbringen zu verbessern. Aus der Veränderung des *FeO*-Geh. der Schlacke u. des O-Geh. der Stahlphase während des Frischens mit O_2 in Abhängigkeit von den verschiedenen Einfl.-Größen kann man eine qual. Übereinstimmung mit den theoret. Überlegungen erkennen. H. HOCHSTEIN. 6408□

Beiträge zur Kinetik der Desoxydation flüssigen Eisens. Ludwig von Bogdandy, Wolfgang Meyer und Iwan N. Stranski. (Arch. Eisenhüttenwes. **32.** 451—60. Juli 1961. Oberhausen u. Berlin.) (Dt.)

Eine krit. Schrifttumsauswertung über den Desoxydationsvorgang von fl. Fe zeigt, daß eine Analyse der nacheinander ablaufenden Teilvorgänge u. eine Aufklärung des geschwindigkeitsbestimmenden Teilschrittes bei der Fällungsdesoxydation von fl. Fe bisher noch nicht gelungen ist. Auf Grund bekannter Stoffwerte werden daher die Grenzen der möglichen Keimgrößen u. Wachstums-Geschw. erörtert. In einer neuartigen Vers.-Anordnung konnten das Nebeneinander u. Nacheinander von Auflösungs- u. Fällungsvorgängen bei der Desoxydation getrennt werden. Aus versuchstechn. Gründen wurde zunächst mit *Ferrozirkonium* als Desoxydationsmittel gearbeitet. Die Verss. ergaben, daß sich Einschlüsse nur bei verhältnismäßig hohen Übersättigungen bilden können. Die Einschlüsse, d. h. die Fällungs-Prodd., können nur schichtweise in stark angereicherter Form auftreten, sofern eine konvektive Badbewegung ausgeschlossen ist. Die mathemat. Auswertung der Verss. zeigt, daß die Größe der Fällungskeime in der Größenordnung von einzelnen Molekeln liegt, was damit erklärt wird, daß die Bldg. einer Zirkoniumoxidmolekel innerhalb einer metall. Schmelze als ein verhältnismäßig verwickelteter Vorgang mit einer hohen Aktivierungsenergie angenommen werden muß. Die Unterss. liefern Anhaltspunkte für die Steuerung der Desoxydation im Betriebs-Verf., bes. was die Größe, Anzahl u. Verteilung der Einschlüsse im fl. Stahl betrifft. — 73 Literaturangaben. H. HOCHSTEIN. 6408□

Die Bedeutung von Kohlenstoff als Desoxydationsmittel bei der Erzeugung von vakuumerschmolzenem Stahl. G. H. J. Bennett, H. T. Protheroe und R. G. Ward. (J. Iron Steel Inst. **195.** 174—80. Juni 1960. Birmingham, Univ., Sheffield, Univ. u. Pittsburgh, Carnegie Inst. of Technol.) (Engl.)

Eine Reihe von Stahlschmelzen mit C-Geh. bis zu 0,85% wurde unter Vakuum in feuerfesten MgO-Tiegeln durchgeführt. Der Einfl. der Zeit der Vakuumbehandlung sowie der Bewegung, entweder durch Schaukeln des Tiegels oder durch Aufblasen von Ar mittels einer Lanze, auf den Desoxydationsgrad der Schmelzen durch C wird bestimmt. Ein Mechanismus für den Desoxydationsprozeß wird vorgeschlagen, der angibt, daß eine wahre dynam. Gleichgewichtsbedingung möglicherweise erhalten wird, die die End-O-Geh. entsprechend dem Gleichgewicht mit einem CO-Partialdruck von ca. 2 cm Hg angeben. Niedrigere O-Geh. können in den MgO-Tiegeln schwer erreicht werden. — 16 Literaturangaben. H. HOCHSTEIN. 6408□

Entschwefelung von basischem Elektrolichtbogenofen-Stahl durch Einblasen von pulverförmigen Materialien. L. Marples und J. Pears. (J. Iron Steel Inst. **195.** 195—201. Juni 1960. BISRA Sheffield Labor.) (Engl.)

Eine schnelle Entschwefelung von Stahl auf sehr niedrige S-Werte wird durch Einblasen von pulverförmigen Entschwefelungsmaterialien direkt in die Stahlschmelze eines bas. Elektrolichtbogenofens erzielt. Zur Durchführung dieses Verf. muß die Stahlschmleze entweder zuvor durch Behandlung mit *Al* oder durch *Mg*- oder Al-haltige Einblasmittel, sei es in Form einer Leg. oder in elementarer Form, stark desoxydiert werden. Mg-Pulver wird mit anderen pulverförmigen Materialien in geeigneter Weise verdünnt. Es können durch Einblasen von CaC_2 oder *CaCN* in ein mit Al desoxydiertes Stahlbad S-Geh. von 0,005% erhalten werden. Die schnellste Entschwefelung auf sehr geringe S-Geh. unter weißen reduzierenden Schlackenbedingungen wurde erreicht, wenn Gemische aus *CaO* u. Mg-Pulver u. *Calciumsilicomagnesium* als Einblasmittel verwendet wurde. Die Entschwefelungs-Geschw. schwankte dabei zwischen 0,002—0,007% S/min. Beim Abstich wurde nur eine zu vernachlässigende Veränderung des S-Geh. beobachtet. Bei allen Verss. wurde als Trägergas für das Entschwefelungsmittel O_2-freier N_2 verwendet, wodurch der N-Geh. des Stahles erhöht wurde. Dieser Nachteil kann durch Verw. von Ar als Trägergas vermieden werden. Die Zunahme von C, Si u. Mn im Stahlbad infolge der Zers. der eingeblasenen Entschwefelungsmittel kann die Anwendung von bestimmten Mitteln im prakt. Stahlerzeugungsbetrieb ausschließen. CaO/Mg-Pulvergemische jedoch zeigen keine nachteilige Einw. auf die Badzusammensetzung. H. HOCHSTEIN. 6408□

Die Erstarrung von Stahlblöcken unter der Einwirkung eines durch Wasserumlauf gekühlten Bodens. P. Ravizza und V. Giacomazzi. (Rev. Métallurgie **58.** 655—60. Aug. 1961. Aosta, Cogne S. P. A.) (Franz.)

Verss. über die Erstarrung von Stahlblöcken unter der Einw. eines durch Wasserumlauf gekühlten Bodens zeigen, daß eine solche Abkühlung die Form der Erstarrungsisothermen ändert u. die kristallinen Strukturen u. Primärseigerungen beeinflußt. Die Bldg. von Hohlräumen wird vermindert. Die direkte oder umgekehrte Blockseigerung wird vermindert u. das Blockgefüge ist homogener. Das Verf. wird für die Herst. großer Schmiedeblöcke sowie für Blöcke mit großer kristalliner Homogenität u. mit schwachen Seigerungen empfohlen. — Diskussion. H. HOCHSTEIN. 6408□

Untersuchung einer anormalen Struktur in einem Flußeisen mit 1,5% Mangan. B. J. Nield. (J. Iron Steel Inst. **199.** 22—26. Sept. 1961. Sheffield, Ministry of Power, Safety in Mines Res. Establ.) (Engl.)

Beschrieben werden Unterss. über ein anormales Gefüge sowie über die mechan. Eigg., wie sie zuweilen in normalisierten Proben eines Flußstahles mit 1,5% Mn als Werkstoff, für Grubenförder-Vorr. u. für Aufschwemmungstriebwerke beobachtet werden. Es wird gezeigt, daß die anormale Struktur, welche mit Kerbsprödigkeit verbunden sein kann, durch Mikroseigerung von Leg.-Elementen verursacht wird; diese Seigerung kann erfolgreich durch eine längere Durchglühung bei 1200° beseitigt werden. Eine einfachere Wärmebehandlung zum gleichen Zweck besteht in einem Anlassen nach Normalisierung, welche ebenfalls die Neigung zur Kerbsprödigkeit bei Raum-Temp. beseitigt u. die Härte auf eine normalere Höhe verringert. H. HOCHSTEIN. 6408□

Einfluß des zusätzlichen Legierens auf die Stahleigenschaften. M. P. Braun. (Известия Высших Учебных Заведений (Москва), Черная Металлургия [Hochschulnachr. (Moskau), Eisenmetallurgie] **1960.** Nr. 4. 190—93. Ukrain. Akad. der landwirtschaftl. Wiss.) (Russ.)

An verschiedenen Beispielen mit mehreren niedriglegierten Stählen wird nachgewiesen, daß die Gewährleistung hoher Festigkeits-Eigg. u. Durchhärtbarkeit durch eine zusätzliche Legierung eines *Cr–Mn–Si*-Stahles mit *W* oder *W + Ti + Ni* erzielt wird. H. HOCHSTEIN. 6410□

Zur Frage der Sulfatisierung von Bleihüttenstaub durch starke Schwefelsäure in der Wirbelschicht. A. G. Batjuk. (Известия Академии Наук Казахской ССР, Серия Горного Дела, Металлургии, Строительства и Стройматериалов [Nachr. Akad. Wiss. KasachSSR, Ser. Bergbau, Metallurgie, Bauwes. Baumater.] **1957.** Nr. 5. 116—25.) (Russ.; Auszug: Kasach.)

Durch halbtechn. Verss. wurde festgestellt, daß während der Granulierung des Hüttenstaubes mit starker H_2SO_4 u. Granulierung u. Sulfatisierung in der Wirbelschicht *Pb*, *Zn* u. *Cd* fast vollständig in die Sulfatform u. die seltenen Metalle in den lösl. Zustand übergehen. Das Abdestillieren schädlicher Beimengungen, wie As (zu 82—87%), F u. Cl (94—95%) vereinfacht die Verarbeitung des Sulfat-Prod. u. die Gewinnung seltener Metalle. Die experimentellen Konst. der Rk. deuten darauf hin, daß sich die Sulfatisierung bei der Anwendung von konz. H_2SO_4 mit großer Geschw. vollzieht. Es wurden die Wärmeeffekte, isobaren Potentiale u. Konst. der Gleichgewichts-Rkk. für die Pb, Zn, u. Cd-Verbb. berechnet. Die experimentellen Daten ermöglichen eine techn. Sulfatisierung mit starker H_2SO_4. Die experimentellen Daten stimmen mit den thermodynam. Berechnungen überein. K. Wekua. 6430□

Die Niederschlagung von Blei aus Chloridlösungen. 2. Mitt. Ss. I. Tarabajew, N. A. Miljutina, W. D. Budon und S. Ch. Dosstanowa. (Известия Академии Наук Казахской ССР, Серия Горного Дела, Металлургии, Строительства и Стройматериалов [Nachr. Akad. Wiss. KasachSSR, Ser. Bergbau, Metallurgie, Bauwes. Baumater.] **1957.** Nr. 5. 30—36.) (Russ.; Auszug: Kasach.) — 1. vgl. Известия Академии Наук Казахской ССР, Серия Горного Дела, Металлургии, Строительства и Стройматериалов [Nachr. Akad. Wiss. KasachSSR, Ser. Bergbau, Metallurgie, Bauwes. Baumater.] Nr. 4. [1957.] 59—65.

Vff. gewinnen $PbCl_2$ aus Cu–Pb-Konzentraten durch Kristallisation aus der erkalteten Lösung. Die $PbCl_2$-Lsg. braucht nicht unbedingt rein zu sein. Zur Gewinnung des Pb schmelzen Vff. $PbCl_2$ mit C u. $CaCO_3$. Mit der Charge aus 20 g $PbCl_2$ + 11 g $CaCO_3$ + 1,5 C erhielten sie bei 850° u. 1 Std. 95—96% Pb. Die optimale Ausbeute u. die techn. Daten wurden halbtechn. überprüft. Ebenso wurde die „Ermüdung" der Lsg. nach der Niederschlagung des $PbCl_2$ für ihre weitere Verw. als Lsgm. überprüft. K. Wekua. 6430□

Verfahren bei der Canadian Copper Refiners Ltd. G. Bridgstock, E. M. Elkin und S. S. Forbes. (Canad. Mining metallurg. Bull. **53.** 773—87. Okt. 1960. Montreal East, Que., Canadian Copper Ref. Ltd.) (Engl.)

Beschreibung der Anlagen zur Herst. von *Elektrolytkupfer*, Nebenprodd. u. Verfahren. F. Vier. 6432□

Holzkohle-Abdeckungen bei Kupferlegierungen. I. Schweiger. (Giessereipraxis **1960.** 6—8. 10/1.) (Dt.)

Überblick über die chem. u. metallurg. Zusammenhänge bei der Holzkohleabdeckung u. prakt. Hinweise für die Verw. der Holzkohleabdeckung für Cu u. Cu-Legierungen. W. Wesly. 6432□

Eine Schwefelsäuremethode zur Verarbeitung von Sericiten auf Tonerde. W. D. Ponomarew, N. N. Ruban und L. P. Ni. (Известия Академии Наук ССР, Серия Горного Дела, Металлургии, Строительства и Стройматериалов [Nachr. Akad. Wiss. KasachSSR, Ser. Bergbau, Metallurgie, Bauwes. Baumater.] **1957.** Nr. 5. 52—59.) (Russ.; Auszug: Kasach.)

Die Verss. ergaben, daß die Möglichkeit besteht, die Sericite (**I**) mit H_2SO_4 zu verarbeiten. Hierbei verbleibt das SiO_2 des **I** im Schlamm; *Alkalimetalle Fe* u. *Cu* der **I** werden gelöst. Es wurden die optimalen Bedingungen der Anreicherung von **I**-Abgängen, das Sintern von **I**-Konzentraten mit H_2SO_4 u. das Auslaugen ausgearbeitet. Vff. stellten fest, daß das Sintern im Drehofen bei 230—250°, 2 Std. u. bei 3 H_2SO_4/Al_2O_3 = 2 durchzuführen ist. Das Auslaugen muß bei einer Temp. nicht unter 70° unternommen werden; dabei soll das Verhältnis fl./fest 5 : 1 betragen. Die beim Auslaugen erhaltenen Lsgg. werden weiter verarbeitet. K. Wekua. 6446□

Eigenschaften und Anwendung einer aushärtbaren und schweißbaren AlZnMg-Legierung (Konstruktal 21/51). P. Brenner. (Aluminium **37.** 633—44. Okt. 1961. Bonn.) (Dt.)

Al–Zn–Mg-Legg. haben nach Schweißen gegenüber anderen aushärtbaren Al-Legg. nur eine geringe Festigkeitseinbuße, da der an der Schweiße erweichte Werkstoff nach dem Schweißen von selbst wieder aushärtet. Als besonders geeignet erwies sich eine Al-Leg. mit 4,5% *Zn* u. 1,2% *Mg*. An dieser Al-Leg. wurden bei mit *S-Al-Mg 5*-Zusatzdraht geschweißten Stumpfnähten nach einem Monat Festigkeitswerte von 26—32, nach 3 Monaten oder nach 12—24std. Erwärmen auf 120° 28—34 kg/mm² festgestellt. Das elast. Verh. der Schweißverbindungen dieser Leg. übertrifft das anderer Al-Legierungen. Die Korrosionsbeständigkeit der Leg. ist als gut zu bezeichnen. Bei Verw. von Al 99,8%99,9 läßt sich die Leg. glänzen. Zahlreiche Verw.-Beispiele werden gegeben. F. VIER. 6446□

Wirkung von Sauerstoff auf die mechanischen Eigenschaften von zonengereinigtem Niob. M. J. Leadbetter und B. B. Argent. (J. less-common Metals [Amsterdam] **3.** 19–27. Febr. 1961. Sheffield, Yorks., Univ.) (Engl.)

Das Streckgrenzen-Verh. von Nb wurde bei verschiedenen Geh. von O untersucht. Danach steigert O die Fließfestigkeit von Nb bei 293°K u. 77°K. Die bei zonengeschmolzenen Nb bei 77°K beobachtete Zwillings-Bldg. wird durch Zusätze von O verhindert. — 22 Literaturangaben. F. VIER. 6448□

Bericht über das Germanium. P.-B. de Cleene. (Mém. Soc. Ing. Civils France **114.** Nr. 11. 29–43. Soc. Gén. Métallurg. de Hoboken.) (Franz.)

Überblick über Gewinnung, Eigg. u. Anwendung von Ge. M. GEHLEN-KELLER. 6448□

Edelmetalle als Werkstoffe für Schmuck und edles Gerät. W. Mahler. (Metall **14.** 652–55. Juli 1960. Pforzheim, DEGUSSA, Metall-Labor.) (Dt.)

An Hand des Syst. *Au–Ag–Cu* werden die Probleme der mechanisierten Mengenfertigung in der Schmuckwarenindustrie aufgezeigt. M. GEHLEN-KELLER. 6458□

Druckloses Verdichten und Sintern von Metallpulver. H. H. Hausner (J. Metals **13.** 752–58. Okt. 1691. New York, N.Y.) (Engl.)

Druckloses Formen u. Verdichten von Metallpulver führen zu Teilen hoher Dichte. Das Sintern des losen Pulvers, das Verdichten unter Vibrieren u. das Schlickergießen werden beschrieben. F. VIER. 6474□

Die Herstellung von Kupferstreifen aus Kupferpulver. W. G. R. de Jager. (Metalen **16.** 98–101. 31/3. 133–35. 29/4. 1961.) (Holl.)

Beschreibung der Herst. von Cu-Streifen aus Cu-Pulver durch Walzen, Sintern u. Abkühlen in einer Schutzatmosphäre u. seiner Eigenschaften. W. WESLY. 6474□

Chromhartmetalle. W. W. Grigorjewa und W. N. Klimenko. (Цветные Металлы [Nichteisenmetalle] **33.** Nr. 1. 67–70. Jan. 1960. Inst. für Metallkeramik u. Sonderlegg. der Akad. der Wiss. der UdSSR.) (Russ.)

Beschreibung der Eigg. von aus Cr-Carbiden hergestellten Werkzeugen. Die Carbide werden aus Cr-Oxid durch Glühen unter Kohlezusatz hergestellt; Cr_3C_2 bei 1600°, Cr_7C_3 bei 1400°. Werkzeuge mit Cr_7C_3 sind härter u. spröder; die beschriebenen Werkzeuge wurden aus Cr_3C_2 mit maximal 6% Cr_7C_3 durch Sintern aus Carbid-, Ni- oder Ni-Leg.-Pulver hergestellt. Härte bei 20° bis 90 R_A, bei 1100° bis 200 kg/mm²; ausgezeichnete Korrosions- u. Erosionsfestigkeit, sowie Verschleißfestigkeit bei hohen Temp., Biegefestigkeit bei 20° 70, bei 1000° 40 kg/mm²; Wärmeleitfähigkeit (15% Metall) 0,03 cal/cm·s·grad; elektr. Leitfähigkeit bei 20° $1{,}4 \cdot 10^4\,ohm^{-1} \cdot cm^{-1}$. Vorteilhaft ist das niedrige spezif. Gew. von 7. J. TŮMOVÁ. 6476□

Untersuchungen über die Abhängigkeit der Härte von der Prüfkraft im Bereich kleiner Prüfkräfte. Werner Schmidt. (Arch. Eisenhüttenwes. **32.** 467–73. Juli 1961. Krefeld, Deutsche Edelstahlwerke AG.) (Dt.)

Es zeigte sich ein deutlich ausgeprägter Höchstwert bei einer Eindruckdiagonalen, die etwa gleich der mittleren Korngröße war. Bei kleineren Eindruckdiagonalen fällt die Härte dann auf kleine Werte ab, um unter Umständen bei noch kleineren Prüfkräften wieder anzusteigen. Bei *Schnellarbeitsstählen* u. *Hartmetallen* waren diese Erscheinungen bes. ausgeprägt durch Verlagerung vom Übergang der Vielkristall- zur Einkristallhärte durch den Einfl. der harten Teilchen in einer weichen Grundmasse.

H. HOCHSTEIN. 6480□

Untersuchung über Streuung der Blindhärte legierter Einsatzstähle. Sepp Ammareller, Walter Knorr und Gerhard Tacke. (Arch. Eisenhüttenwes. **32.** 461–66. Juli 1961. Bochum, Bochumer Verein für Gußstahlfabrikation AG, Versuchsanst.) (Dt.)

Die Wiederholbarkeit der Festigkeitswerte im Blindhärtungs-Vers. von Proben aus annähernd gleichem Werkstoff u. unter gleichbleibenden Bedingungen wird geprüft u. die Ergebnisse werden mit den Werten des Stirnabschreck-Verf. verglichen. Diese Verss. werden an den Einsatzstählen *16 MnCr 5* mit ca. 0,16 (%) C, 1,15 Mn u. 0,95 Cr u. *20 MnCr 5* mit ca. 0,20 C, 1,25 Mn u. 1,15 Cr durchgeführt. Die Härtewerte wurden für jede Schmelze im einfachen Wahrscheinlichkeitsnetz aufgetragen. Die Streubreiten für 90% aller Werte jeder Schmelze wurden tabellenmäßig zusammengefaßt. Die Streubreiten sind so groß, daß eine sichere Schmelzenzuteilung nur nach mehrfacher Wiederholung des Blindhärtungs-Vers. möglich ist. Die Streubreite der Stirnabschreckhärtewerte ist demgegenüber wesentlich geringer. Die Wiederholbarkeit ist dabei erheblich besser als ein Blindhärtungsversuch. Auch erscheint der Nutzen der Stirnabschreckkurve für die Gestaltung u. Wärmebehandlung von Bauteilen größer als der der Festigkeitswerte im Blindhärtungsversuch. — Diskussion. H. HOCHSTEIN. 6480□

Untersuchung über säurefestes, siliciumreiches Eisen. 3. Mitt. Einflüsse der Abkühlungsgeschwindigkeit und des Anlassens auf die mechanischen Eigenschaften und die Korrosionsfestigkeit. Hiroshi Sawamura, Osamu Tajima und Kyoichi Akamatsu. (Mem. Fac. Engng., Kyoto Univ. **19.** 77—91. Jan. 1957. Dep. of Metallurgy.) (Engl.) — 2. vgl. C. **1958.** 14161.

Bei schnellem Abkühlen von Gußstücken aus Fe mit 0,54—0,81 (%) C u. ca. 15 Si mit feinem eutekt. Graphit erhält man Proben mit hoher Schubfestigkeit u. ROCKWELL-Härte, aber geringer plast. Verformbarkeit. Bei geringerer Abkühl-Geschw. wächst das graphit. Gefüge, was zur Verminderung der Schubfestigkeit u. Härte u. Erhöhung der Verformbarkeit führt. Auf die Korrosionsfestigkeit hat die Abkühl-Geschw. keinen Einfluß. Bei höherer Temp. gegossene Proben kühlen langsamer ab, wodurch gröberes Gefüge entsteht. Die Abschreck-Wrkg. auf das Graphitgefüge ist in Proben mit niedrigem C-Geh. stärker als in solchen mit hohem C-Gehalt. Die Si-Carbid-Phase wird durch Anlassen bei 1000° unter Bldg. von feinem Graphit zerstört. Durch Anlassen bei 600 bis 800° werden die inneren Spannungen beseitigt, was die Schubfestigkeit erhöht, aber die Korrosionsfestigkeit vermindert. W. WESLY. 6480□

Die Überbewertung der Kerbschlagzähigkeit bei der Einschätzung der Stahlqualität. St. Kronmarck. (Technik **15.** 751—56. Nov. 1960. Henningsdorf, Eisen-Forschungsinst.) (Dt.)

Auf Grund einer Auswertung von 25 Literaturstellen u. eigener Verss. wird gefolgert, daß es nicht der Wirklichkeit entspricht, das Bruchaussehen, einen durch Vereinbarung gewählten Wert der Bruchenergie oder einen willkürlich gewählten Zusammenhang zwischen der Übergangs- u. der Gebrauchs-Temp. als ein Kriterium für die Eignung eines Stahls als Bauwerkstoff zu verwenden. Der Kerbschlag-Vers. ist eine Prüf-Meth., aber keine Meß-Meth., die gewonnenen Werte sind Relativwerte. Ein Verf. zur Voraussage des Verh. eines Stahles in einem Bauwerk mit dem Risiko des Sprödbruchs besteht nicht. Es wird daher gefordert, das Meßergebnis in Spannung u. Dehnung u. nicht in Bruchenergie auszudrücken. Der Widerstand gegen Sprödbruch ist nicht eine einfache Funktion der Werkstoff-Eigg., sondern hängt von den Beanspruchungsbedingungen ab. — 25 Literaturangaben. H. HOCHSTEIN. 6480□

Bemerkung über die Voraussage von Relaxationsspannungs-Zeit-Kurven von statischen Belastungsprüfungen. A. E. Johnson, J. Henderson und V. D. Mathur. (Metallurgia [Manchester] **59.** 215—20. Mai 1959. East Kilbride, Mechanical Engng. Res. Labor.) (Engl.)

Stat. Zug- u. Relaxationsprüfungen an einer *Mg*-Leg. zeigen, daß keine Vorhersagen über die Lage der Relaxationsspannungs-Zeit-Kurven möglich sind. — 14 Literaturangaben. F. VIER. 6480□

Über die Abhängigkeit der mechanischen Eigenschaften eisenreicher Eisen–Aluminium-Legierungen von der Temperatur. Franz Lihl und Roland Stickler. (Arch. Eisenhüttenwes. **31.** 47—57. Jan. 1960. Wien, TH.) (Dt.)

Ermittelt wurden die Zugfestigkeit, Reißfestigkeit, Bruchdehnung, Kerbschlagzähigkeit u. elektr. Widerstand im Temp.-Bereich von — 178 bis 1000° von Fe–Al-Legg., mit Al-Geh. bis zu 17,2%. Die Legg. wurden außerdem thermoanalyt. u. röntgenograph. untersucht. Aufgenommene Kurven lassen drei Gruppen von Legg. erkennen, deren Grenzen bei rund 4 u. 12% Al liegen. Für Legg. mit bis 4% Al ist ein sehr schroffer Übergang vom spröden zum bildsamen Verh. kennzeichnend, der sich in einem Steilabfall der Bruchdehnung- u. Kerbschlagzähigkeit–Temp.-Kurven äußert. Dieser Steilabfall verschiebt sich mit steigenden Al-Geh. gegen höhere Temperaturen. Bei Leg. der zweiten Gruppe wird dieser Übergang mit Erhöhung des Al-Geh. immer breiter, die Verschiebung dieses Überganges mit steigendem Al-Zusatz gegen höhere Temp. bleibt aufrechterhalten. Die Kurvenform für Legg. mit mehr als 12% Al unterscheidet sich grundsätzlich von den beiden ersten Kurven. Die Änderung dieser Kurve ist auf die Ausbldg. von Ordnungszuständen im Mischkristall zurückzuführen. Der Steilabfall in der Bruchdehnung- oder Kerbschlagzähigkeit–Temp.-Kurve folgt aus dem Wechselspiel zwischen der Beanspruchungs-Geschw. einerseits u. der Abhängigkeit der Translation von der Temp. andererseits. Die Unterss. bestätigen, daß Ordnungsvorgänge in einem Mischkristall mit der Abhängigkeit der mechan. Eigg. von der Temp. in kennzeichnender Weise verknüpft sind. Die Abhängigkeit der mechan. Eigg. von der Temp. scheint daher ein sehr empfindliches Merkmal für Änderungen der Atomordnung in einem Mischkristall zu sein. — 11 Literaturangaben. H. HOCHSTEIN. 6480□

Über das Zeitstandverhalten des warmfesten hochlegierten Chromstahls. W. A. Stauffer und A. Keller. (Schweiz. Arch. angew. Wiss. Techn. **27.** 121—25. März 1961. Zürich, Escher Wyss A. G.) (Dt.)

Widerspruchsvolle Angaben über das Zeitstand-Verh. von warmfestem Stahl mit 12 (%) Cr, 0,19 C, 0,50 Si, 0,25 Mn, 12,5 Cu, 1,05 Mo, 0,31 V, 0,75 W, 0,52 Ni bei 600° rühren daher, daß die Zeitstand-Bruch-Kurve im Bereich von einigen 100 oder 1000 Std. stark abfällt. Bei kurzen Zeiten besteht ein Zusammenhang zwischen Festigkeit bei Raum-Temp. u. Zeitstandfestigkeit, wogegen diese bei langen Zeiten vom Vergütungszustand weitgehend unabhängig ist. W. WESLY. 6480□

Zugversuche an niedrig phosphorlegierten Thomas-, SM- und Elektrostählen bei 250°. F. Erdmann-Jesnitzer, W. Precht und W. Scholz. (Bergakademie [Freiberg] **12.** 679—84. Dez. 1960. Freiberg/Sa., Kraków u. Kirchmöser.) (Dt.)

Durchgeführt werden Zug-Verss. an Stählen im Temp.-Gebiet der Blauwärme (um 250°), um den Einfl. von P auf die Ausbldg. der Anomalien im Kraft-Verlängerungsschaubild zu ermitteln. Es zeigt sich, daß ein P-Einfl. auf die Lastsprünge nicht festgestellt werden konnte, doch war eine Abhängigkeit der Zugfestigkeitszunahme u. der Größe der Lastsprünge vom *N*-Geh. der Stähle zu erkennen. Somit konnte ein unmittelbarer Zusammenhang zwischen dem Mechanismus der C-bedingten Reckalterung u. dem der Ausbldg. von Anomalien im Kraft-Verlängerungsdiagramm nicht festgestellt werden, weil P die Reckalterungsanfälligkeit herabmindert. H. HOCHSTEIN. 6480□

Untersuchung der mechanischen und magnetischen Charakteristiken von magnetischen Werkstoffen durch Ultraschalltechnik. W. J. Bratina und D. Mills. (Canad. Mining metallurg. Bull. **53.** 788—91. Okt. 1960. Toronto, Ontario, Ontario Res. Found.) (Engl.)

Die mechan. u. magnet. Eigg. von ferromagnet. Material wurde unter Beobachtung der Dämpfung von Ultraschallschwingungen untersucht. Die Wrkg. der elast. Zug- u. Druckbelastungen auf die Dämpfung der Schwingungen bei geglühtem u. kaltbearbeitetem Werkstoff wird beschrieben. Die Dämpfung ist von 2 Komponenten abhängig, der Versetzung u. der ferromagnet. Komponente. Weiter wurde der Einfl. der Ermüdung u. des duktil/brüchig-Übergangs untersucht. F. VIER. 6480□

Untersuchung einer elektrischen zerstörungsfreien Meßmethode der Tiefe der Oberflächenhärte in flammengehärteten Stählen. J. A. Betts und J. P. Newsome. (Proc. Instn. electr. Engr., Part C **107.** 265—71. Sept. 1960. Nottingham, Univ.) (Engl.)

Eine elektr. Meßmeth. für die Härteeindringtiefe in durch einen Brenner oberflächengehärteten Stählen wird untersucht, die auf der Messung der komplexen Impedanz einer magnet. mit der zu prüfenden Oberfläche gekuppelten Suchspule beruht. Die theoret. u. prakt. Gesichtspunkte dieses Meßverf. werden erörtert. Die Meßergebnisse sind günstig. H. HOCHSTEIN. 6480□

Beitrag zur Isolierung und Analyse von Oxideinschlüssen in Stahl. Siegfried Meyer und Othmar G. Koch. (Arch. Eisenhüttenwes. **31.** 651—57. Nov. 1960. Neunkirchener Eisenwerk AG.) (Dt.) — Vgl. C. **1961.** 15140.

Die Möglichkeit der Durchführung von elektrolyt. Ablösungen ohne Schutzgas wird erörtert. Hierzu bieten sich folgende Möglichkeiten: 1. Ununterbrochene Entfernung des gelösten Fe durch Ionenaustauscher; 2. Abdecken der Elektrolytoberfläche mit einer für Luftsauerstoff wenig oder nicht durchlässigen Haut; 3. Zusatz von Red.-Mitteln. Letztgenannte Verff. erscheinen wegen ihrer einfachen Durchführung am günstigsten. Bei elektrolyt. Ablösung der Mantelflächen von zylindr. Proben erhält man an geseigertem Material streuende, vom Rand zur Mitte der Probe sich ändernde Werte. Deshalb wird zur Erzielung eines besseren Durchschnittwertes auf die Ablösung über den ganzen Querschnitt der Probe hingewiesen. Die bei der mikrochem. u. spektrograph. Analyse von Oxideinschlüssen angewandte Arbeitstechnik wird beschrieben. — 28 Literaturangaben. Diskussion. H. HOCHSTEIN. 6480□

Erzuntersuchungen im Emissionsmikroskop. Giacomo Cevales. (Z. Erzbergbau Metallhüttenwes. **14.** 159—67. April 1961. Tübingen, Univ., Mineralog. Inst.) (Dt.)

Der Aufbau des Elektronen-Emissionsmikroskops mit durch Ionen ausgelösten Elektronen wird beschrieben, die theoret. Grundlagen der Sekundäremission werden behandelt. Über elektronenopt. Abbildungen einiger typ. Mineral- u. Erzparagenesen wird berichtet. F. VIER. 6482□

Übermikroskopischer Nachweis von Aluminiumnitrid in betriebsmäßig erschmolzenen Baustählen. Winfried Dahl, Paul Schwaab und Helmut Hengstenberg. (Arch. Eisenhüttenwes. **32.** 475—78. Juli 1961. Duisburg-Huckingen, Mannesmann AG., Forschungsinst.) (Dt.)

An Blechen zweier betriebsmäßig erschmolzener Al-beruhigter *Mn*-Stähle mit Al- u. N-Geh., deren Prod. (% $Al_{met.}$)·(% $N_{gef.}$) unter 10^{-3} lag, gelang es, die im festen

Zustand gebildeten Ausscheidungen von Al-Nitrid elektronenmkr. sichtbar zu machen u. durch Elektronenbeugung das hexagonale Al-Nitrid nachzuweisen. Die Zahl der Teilchen entsprach etwa dem analyt. bestimmten durch Al abgebundenen N-Gehalt. Die Teilchengröße lag zwischen 0,01 u. 0,2 μ. Bei einem V-haltigen Stahl ähnlicher Zus. konnten neben Al-Nitriden auch *V-Nitride* nachgewiesen werden. — Diskussion.
H. HOCHSTEIN. 6482□

Untersuchung über Blechbarren aus Aluminium (-Legierung). 2. Mitt. Jahresringähnliche Struktur im Korn. Tojiro Kobayashi und Hisao Otsuji. (Light Metals [Tokyo] **11.** Nr. 2. (47). 4—10. März 1961. Nippon Aluminium Mfg. Co. Ltd.) (Jap.; Auszug: Engl.) — 1. vgl. C. **1962.** 639.

Im mittleren, nicht aber im äußeren Teil von Tafeln aus *Al* mit 0,18 (%) *Cu*, 0,33 *Si*, 0,35 *Fe*, 0,03 *Mn*, 0,01 *Zn* zeigt sich eine jahresringähnliche Struktur. Ein Teil der Ringe wird durch Ätzen eingebeult. Diese Struktur verschwindet durch >48 std. Erhitzen der Tafeln auf 500° oder Walzen bei ≧68,8% Dickenabnahme. Die dreidimensionale Änderung zeigt sich bei wiederholtem Polieren. Es wird gefolgert, daß die jahresringähnliche Struktur durch Ungleichförmigkeit der Dichte der festen Lsg. gebildet wird.
W. WESLY. 6482□

Die thermische Vorgeschichte aus dem Korrosionsprodukt. P. K. Foster. (J. Iron Steel Inst. **199.** 18—21. Sept. 1961. Wellington, Neu-Seeland, Dominion Labor.) (Engl.)

Röntgenstrahlbeugungsanalysen von Zunder von einem fehlerhaft gewordenen Kessel zeigen, daß ein Teil eines Ofenrohres nicht mehr als 16 Std. über 570° vor dem Versagen erhitzt worden ist. Die angewandte Unters.-Technik ist eine zerstörungsfreie Fehlerfeststellungs-Meth. vor der Erwärmung des Stahles über 570° in oxydierenden Medien u. in bestimmten Fällen zur angenäherten Beurteilung der Überhitzungserscheinungen. Die Unters.-Vorr., mit der mittels eines GEIGER-Zählerdiffraktometers schnell der BRAGGsche Winkel geprüft werden kann, wird beschrieben. Innerhalb der durch die normale Betriebs-Temp. auferlegten Grenzen u. der Zers.-Eigg. von *Wüstit* kann die Überhitzungszeit bestimmt werden, was bei anderen Meth. nicht möglich ist. Eine weitere Anwendung der Meth. ist die Best. der 570°-Isothermen für das Syst. durch Best. der Grenzlinie zwischen den Flächen, in denen FeO (4,30) vorhanden ist u. Flächen, in denen dieses Oxid fehlt.
H. HOCHSTEIN. 6482□

Untersuchung der Entzinkung von β-Messing durch Prüfung kleiner Schnittflächen mit dem Elektronenmikroskop. Romain Kleinberger, Hiroshi Okuzumi und Pierre Perio. (Métaux **35.** 40—43. Jan. 1960. Centre d'Études Nucl. de Saclay.) (Franz.)

Mkr. u. durch das Elektronenmikroskop werden kleine Schnittflächen einer β-Messingprobe, die zuvor einer Entzinkungsbehandlung in einem wss. Mittel unterworfen waren, geprüft. Die erhaltenen Ergebnisse zeigen, daß das entzinkte Metall aus reinem Cu aufgebaut ist u. keine entzinkte Schicht auftritt. Die Textur dieses Metalls scheint von der des darunterliegenden Messings unabhängig zu sein.
H. HOCHSTEIN. 6482

Die Messung der Plattierungsdickte. R. H. Zimmerman. (Metal Finishing **59.** Nr. 5. 67—73. Mai 1961. Harrisburg, Pa., AMP, Inc.) (Eng.l)

Übersicht über Grundzüge, Ausführung, Zubehör u. Anwendung von RÖNTGEN-Verff. zur Best. der Dicke von Plattierungen. — 12 Schrifttumshinweise.
W. WESLY. 6484□

Schäden in rostfreiem Stahl durch Spaltfragmente. P. R. B. Higgins und A. C. Roberts. (Nature [London] **191.** 1158—60. 16/9. 1961. Harwell, Berks., AERE, Metallurgy Div.) (Engl.)

Bleche aus Cr–Ni-Stahl mit 19,6 (%) Cr, 0,72 Mn, 0,44 Nb, 20,1 Ni, 0,008 P, 0,004 S, 0,69 Si u. 0,02 C werden durch elektrolyt. Abtragen auf Dicken von einigen 100 Å gebracht, zwischen Folien aus natürlichem U bzw. ^{235}U gelegt u. im Reaktor bei 60° mit therm. Neutronen ($1{,}3 \cdot 10^{12}$ n/cm$^2 \cdot$s) bestrahlt. Die Folien werden nach Entfernung des U elektronenmkr. untersucht. Die durch Spaltprodd. hervorgerufenen Defekte treten bei höheren Bestrahlungsdosen zu Versetzungsschleifen zusammen; nach Bestrahlung mit therm. Neutronen allein werden keine Defekte beobachtet. Wird die Konz. der Punktdefekte als Funktion der Dosis bei einer Dosisrate von $1{,}6 \cdot 10^{10}$ Fragmente/cm^2 aufgetragen, so zeigt sich, daß selbst bei $1{,}2 \cdot 10^{20}$ Punktdefekten/cm^3 noch keine Sättigung erreicht ist. Offenbar ist die große Zahl von Defekten schon vor einer Sättigung auf das Vorliegen von Atomen auf Zwischengitterplätzen zurückzuführen. Aus der Anzahl der Punktdefektpaare, die pro Spalt-Rk. zu erwarten sind u. der beobachteten Anzahl folgt, daß bes. bei höheren Dosisraten ein großer Teil der gebildeten Defekte noch nicht zu beobachten ist; die beobachtete Menge steigt jedoch nach der Bestrahlung bei höheren Temp. oder kleineren Dosisraten an.
HERBERT MÜLLER. 6484□

Schmieden, Gießen, Schweißen und Schneiden, Härten. Otto Kienzle und Kurt Lange. (VDI-Z. **103.** 1218—22. 21/8. 1961. Hannover u. Stuttgart.) (Dt.)

Fortschrittsbericht. — 103 Literaturangaben. M. GEHLEN-KELLER. 6490 □

Die Grundlagen und die Praxis der explosiven Metallformung. L. Zernow. (Sheet Metal Ind. **37.** 897—99. 904. Dez. 1960. Downey, Calif., Aerojet-General Corp.) (Engl.) M. GEHLEN-KELLER. 6492 □

Härtereitechnik. Walter Stuhlmann. (VDI-Z. **103.** 1228. 21/8. 1961. Sindelfingen.) (Dt.)

Fortschrittsbericht über den Schwebesand-Glühofen (fluid-bed furnace). M. GEHLEN-KELLER. 6492 □

Über den Mechanismus des Einflusses der Härtung auf die Graphitisierung von weißem Gußeisen. F. K. Tkatschenko. (Литейное Производство [Giesserei-Betr.] **1961.** Nr. 6. 30—32. Juni.) (Russ.)

Durch Verss. wird eine direkte Beziehung zwischen der Größe des Vol.-Effektes bei der Härtung u. der Anzahl der Graphitisierungszentren bei der nachfolgenden Hochtemp.-Glühung von weißem Gußeisen festgestellt. Der Härtungseffekt ist das Ergebnis der Einw. einiger Faktoren. Die größte Bedeutung hat offenbar die carbid. Umwandlung, in deren Verlauf in Ggw. von *Si* sich Carbide mit erhöhter thermodynam. Unbeständigkeit bilden, außerdem sind auch dabei noch Zwischenphasenspannungen von Einfl., die zu einer Zementitverfestigung, d. h. zu Bldg. zahlreichen Störungen des Kristallgitters (Versetzungen, Leerstellen u. dgl.) führen. Der Carbidzerfall wird in Ggw. von Poren, die sich durch die Neuverteilung der Kristallgitterstörungen der Grundmasse bilden, beschleunigt. H. HOCHSTEIN. 6492 □

Erhöhung der mechanischen Eigenschaften von Stahl durch Ultraschallbehandlung. E. A. Alftan. (Известия Высших Учебных Заведений (Москва), Черная Металлургия [Hochschulnachr. (Moskau), Eisenmetallurgie] **1960.** 160—66. Leningrad, Inst. für Flugzeuggerätebau.) (Russ.)

Es wird die Möglichkeit einer Verbesserung der mechan. Eigg. von Stahl durch Ultraschall bei einem gleichzeitigen Anlassen bei niedriger oder mittlerer Temp. untersucht. Die Ergebnisse zeigen, daß die Ultraschallbehandlung die mechan. Eigg. erhöht. Bei 200 u. 250° ist der Einfl. der Behandlung nur gering, jedoch wird ihre Wirksamkeit mit der Temp.-Erhöhung gesteigert. Es ist kennzeichnend, daß der Probenbruch nach der Ultraschallbehandlung trotz seiner höheren Härte zäher u. gleichmäßiger wird. Die Korngröße beschallter u. unbeschallter Proben ist annähernd gleich. Bei der Unters. des Einfl. der Ultraschallbehandlung des Stahls *30ChGSA*, der normalisiert, von 890° in Öl abgeschreckt u. darauf bei 600° mit nachfolgender Abkühlung im Öl angelassen war, auf die Anlaßsprödigkeit des Stahls nach einem 1—6std. Anlassen bei 500° zeigt sich, daß mit der Verlängerung der Haltezeit der Effekt der nutzvollen Einw. der Ultraschallbehandlung abnimmt. Ferner wurde bei verschiedenen Stählen (*40ChNMA* u. Stahl *50*) der Einfl. der Ultraschallbehandlung auf die Festigkeits- u. die plast. Eigg. sowie auf die Durchhärtbarkeit bestimmt. Auch hierbei zeigte sich, daß die mit Ultraschall behandelten Proben höhere Festigkeits-Eigg. u. eine feinkörnigere Struktur als die sonst gleichbehandelten, nichtbeschallten Proben besaßen. Die plast. Eigg. u. die Härte waren bei beiden Stählen annähernd gleich. Der Ultraschall verstärkt die Durchhärtbarkeit um so mehr, je größer die Ultraschall-Leistung ist. Die Durchhärtbarkeit ist auf derjenigen Probenseite größer, die näher am Vibrator liegt. H. HOCHSTEIN. 6492 □

Das Brennschneiden von Blechen aus Aluminium und anderen Nichteisenmetallen. Hans H. Reinsch. (Schweisstechnik [Wien] **16.** 21—23. Febr. 1962.) (Dt.) M. GEHLEN-KELLER. 6502 □

Die Anwendung von Stadtgas in der Brennschneidtechnik. Johannes Wodara und Herbert Wendel. (Schweisstechnik **11.** 403—06. Sept. 1961. Magdeburg, TH, Inst. für Schweißtechnik.) (Dt.)

Bei der Verw. von Stadtgas zum Brennschneiden läßt sich die auf seiner niedrigen Heizleistung beruhende längere Anheizzeit durch Zünden mittels eines Drahtes, Erhöhung des Heizgasdruckes u. Verbrauches u. geeignete Heizdüsenkonstruktion verkürzen. Die Schnittgüte bei Verw. von Stadtgas ist der von C_2H_2-Schnitten gleich. Der Heizwert des Stadtgases sollte $\geqq 3500$ kcal/s³ betragen. W. WESLY. 6502 □

Die Effektivität des Schweißens mit Hochleistungselektroden. Vilém Hromádko. (Zváračský Sborník **9.** 480—82. 1960. Praha.) (Slowak.) M. GEHLEN-KELLER. 6506

Die MIG-Punktschweißung von Aluminium. I. A. MacArthur und A. A. Dolomont. (Mod. Metals **16.** Nr. 9. 52. 56. 58. Okt. 1960. Olin Mathieson Chem. Corp., Metallurg. Labor. u. Welding Dep.) (Engl.)

Grundzüge, Ausführung u. Zubehördes Verf. zur MIG-Punktschweißung von Al u. Eigg. der so erzeugten Schweißen. W. WESLY. 6506 □

Einfluß des Kohlenstoffs im Pulver bei der UP-Schweißung. Friedrich Erdmann-Jesnitzer, Georg Becker und Klaus Weigel. (Schweisstechnik **11.** 345—49. Aug. 1961. Freiberg/Sa., Bergakademie, Inst. für Metallkunde u. Materialprüfung.) (Dt.)

Mit aufgekohltem Sinterschweißpulver *MP18* mit 0,33 (g/Mol) *CaO*, 0,33 *MgO*, 0,33 *MnO*, 1,0 SiO_2 u. 0,10 CaF_2 ausgeführte Unterpulverschweißen zeigen, daß die Blechschweißen den mechan. Anforderungen entsprechen. Die Spaltüberbrückungsmöglichkeit für *MP18* mit maximal 1,6% *Ruß*-Zusatz ist bis zu 30% der Blechdicke — für Mehrlagenschweißen bis 2% — gegeben. Dieser Höchstwert wird bei relativ geringen Stromstärken erreicht. Zu hohe u. zu niedrige Stromstärken müssen vermieden werden. W. WESLY. 6506□

Die Schweißung von rostfreien austenitischen stickstofflegierten Sparstählen. Karel Löbl und Zdeněk Lehky. (Zváračský Sborník **9.** 445—61. 1960. Praha, SVÚMT, Vamberk, ZAZ.) (Slowak.) M. GEHLEN-KELLER. 6506□

Organisches und metallisches Finishen. R. J. Brown. (Metal Ind. [London] **98.** 167—70. 3/3.; 190—92. 10/3.; 207—09. 17/3.; 229—30. 24/3. 1961.) (Engl.)

Überblick über Eigg. u. Prüfung von Überzügen für die Automobilindustrie. F. VIER. 6508□

Die Entwicklung der Galvanisierautomaten. A. Hoch. (Metalloberfläche **16.** 20—23. Jan. 1962. Düsseldorf.) (Dt.) M. GEHLEN-KELLER. 6514□

Die Haftfestigkeit der elektrolytisch abgeschiedenen Überzüge. Guy Bacquias. (Galvano [Paris] **29.**—645—47. Nov. 1960.) (Franz.)

Die Bedeutung der die Haftfestigkeit von elektrolyt. abgeschiedenen Metallüberzügen bestimmenden Entfettung u. die Entfettungs-Verff. ohne u. mit *Cyanid* u. mit *Cu* enthaltenden Bädern werden beschrieben. W. WESLY. 6514□

Die elektrolytische Zersetzung von Cyanidabfällen. John M. Connard und G. Paul Beardsley. (Metal Finishing **59.** Nr. 5. 54—55. Mai 1961. Elgin, Ill., Illinois Tool Works, Shakeproof Div.) (Engl.)

Zur Zers. von 80 g/kg CN′ enthaltenden Lsgg. werden diese bei 180—200° F unter Verw. von C-Anoden u. Schmiedeeisen-Kathoden bei 18 V u. 1000 A elektrolysiert u. in 24—96 Std. zersetzt. W. WESLY. 6514□

Der Korrosionsschutz von Magnesium in elektronischen Einrichtungen. Harold Shapiro. (Metal-Finishing **59.** Nr. 3. 40—45. 48. März 1961. Buffalo, N. Y., Sylvania Electr. Products, Inc.) (Engl.)

Beschreibung der Grundzüge der Korrosion von Mg u. ihrer Verhütung durch Elektroplattierung, Aufbringung von organ. Schutzfilmen, bes. von *Vinylplastisolen* u. *Organosolen.* W. WESLY. 6528□

Eine neue Isolierung zum Schutz gegen Korrosion. A. Payer. (Energietechnik **9.** 90—94. Febr. 1959. Prag, Gasinst.) (Dt.)

Zur Isolierung erdverlegter Gasleitungen u. Anlagen dient eine auf Glasgewebebänder beiderseits aufgetragene Schicht, die aus einem Gemisch von *Paraffin-Kohlenhydraten* mit einem Zusatz von 2% *Cu-Naphthenat* [+ 0,2% *Phenylquecksilber(II)-naphthenat* in subtrop. Gegenden) besteht. Die korrosionsverhütende Paste enthält als einen bei der Chromat-Erzeugung abfallenden Schlamm mit ca. 3% Na_2CrO_4 u. 3% $CaCrO_4$. Prüfungen im Labor. u. Betrieb zeigen, daß Isolierungen u. Metall nach 8 u. 12 Monaten im ursprünglichen Zustand verblieben waren. W. WESLY. 6528□

Oxydation hitzebeständiger Stähle: Einfluß von Alkalisulfat-Ablagerungen bei gleichzeitiger Anwesenheit von Schwefel(VI)-oxidspuren in den Ofengasen. Alfred Rahmel. (Arch. Eisenhüttenwes. **31.** 59—65. Jan. 1960. Duisburg, Mannesmann Akt.-Ges.) (Dt.)

Ablagerungen von K_2SO_4 auf der Oberfläche hitzebeständiger Stähle lösen bei gleichzeitiger Ggw. geringer S(VI)-oxid-Geh. in den Ofengasen eine verstärkte Oxydation der Stähle oberhalb ca. 625° aus. Bei dieser Rk. entsteht neben anderen Korrosions-Prodd. $K_3Fe(SO_4)_3$, das mit überschüssigem K_2SO_4 ein bei 627° schmelzendes Eutektikum bildet. Der Beginn der verstärkten Oxydation fällt etwa mit dem eutekt. F. zusammen. Die verstärkte Oxydation verschwindet wieder bei Temp. um 800°, da bei diesen Temp. das $K_3Fe(SO_4)_3$ bei den in Verbrennungsgasen üblichen S(II)-oxid-Geh. nicht mehr beständig u. somit auch keine fl. Korrosions-Prodd. mehr entstehen. Die Oxydation verläuft im Gebiet der verstärkten Oxydation nach einem linearen Zeitgesetz. Eine Vergrößerung des S(VI)-oxid-Geh. der Ofengase erhöht die Oxydationsgeschwindigkeit. Eine Erhöhung der *Cr*-Geh. bewirkt bes. bei den ferrit. Cr-Stählen eine Abnahme der Verzunderungsgeschwindigkeit. Ähnlich verbessernd scheint auch ein erhöhter *Si*-Geh. der Stähle zu wirken. Dagegen scheinen die Leg.-Elemente *Mo*, *W* u. *V*, die die Warmfestigkeit der Stähle verbessern, nachteilige Auswirkungen zu haben. Im Betrieb sind diese Erscheinungen dort von Bedeutung, wo Alkalisulfatablagerungen auf den Bauteilen mit

S(VI)-oxidhaltigen Gasen zusammenwirken, z. B. bei Rost- oder Ölfeuerungen, soweit Temp. über ca. 600° in Betracht kommen. H. HOCHSTEIN. 6530□

Entwicklung der Phosphatierung. R. Lagarde. (Corrosion et Anticorrosion **9.** 203—08. Juni 1961. Soc. Continentale Parker.) (Franz.)

Überblick. F. VIER. 6532□

Beitrag zur Korrosion ferritischer Stähle in Blei-Wismut-Schmelzen eutektischer Zusammensetzung. Pavel Gröbner und Vladimir Čihal. (Arch. Eisenhüttenwes. **32.** 479—82. Juli 1961. Prag, C. V. Akimov-Forschungsinst. für Materialschutz.) (Dt.)

Bei Verss. über die Korrosion von ferrit. Stählen in Pb-Bi-Schmelzen eutekt. Zus. wurde festgestellt, daß die Korrosion vorwiegend interkristallin verläuft, wobei vorzugsweise Zementit aus dem Stahl herausgelöst wird. Dieser Korrosion kann entgegengetreten werden 1. durch Zusatz von korrosionshemmenden Stoffen, wie *Ti*, *Zr* oder *Nb* zur Schmelze oder 2. durch Stabilisierung des C im Stahl. Beide Wege führen zu einer bedeutenden Korrosionsverminderung. H. HOCHSTEIN. 6538□

Untersuchung über säurefestes, siliciumreiches Eisen. 4. Mitt. Korrosionsfestigkeit gegen Schwefelsäure. Hiroshi Sawamura, Osamu Tajima und Kyoichi Akamatsu. (Mem. Fac. Engng., Kyoto Univ. **19.** 92—101. Jan. 1957.) (Engl.) — 3. vgl. C. **1962.** 9136.

Gußstücke mit 14,64 (%) Si, 0,63 C, 0,38 Mn, 0,076 P, 0,006 S werden von H_2SO_4 um so stärker angegriffen, je höher die Temp. ist. Den stärksten Angriff verübt 15 bis 20%ig. H_2SO_4; dagegen greift selbst sd. >70%ig. H_2SO_4 kaum an. Die Korrosions-Geschw. ist in der ersten Zeit des Eintauchens am größten u. nimmt später deutlich ab. Die Korrosionsfestigkeit hängt von der Bldg. eines Schutzfilms ab; nach dieser Bldg. nimmt die Korrosions-Geschw. bei allen Konzz. u. Temp. der H_2SO_4 ab. Das Aussehen der Probenoberfläche zeigt den Grad des Korrosionsverlustes der Probe an.

W. WESLY. 6538□

Anodisches Verhalten der Edelmetall-Legierungen und die Frage der Resistenzgrenzen. H. Gerischer. (Werkstoffe u. Korrosion **12.** 608—13. Okt. 1961. Stuttgart, MPI für Metallforschung.) (Dt.)

Ausgehend von Beobachtungen an *Cu–Au*- u. an *Ag–Au*-Legg. wird festgestellt, daß eine Unterscheidung zwischen Resistenzgrenzen für die Edelmetall-Legg. u. Passivitätsgrenzen für Legg. passivierbarer unedler Metalle keine prinzipielle Berechtigung hat. Die Resistenz der Edelmetall-Legg. erweist sich vielmehr ebenfalls als Passivitätsgrenze, so daß Beobachtungen an diesen Legg. beispielhaft für die Möglichkeit sind, eine Passivierung durch Zulegieren einer passivierbaren Komponente zu erreichen. Die Edelmetall-Legg. können daher als Modelle für die Passivität der Legg. angesehen werden. F. VIER. 6538□

Über den Einfluß von Legierungszusätzen auf das Korrosionsverhalten von Titan. W. R. Fischer, Chr. Ilschner-Gensch und W. Knorr. (Werkstoffe u. Korrosion **12.** 597—602. Okt. 1961. Essen, Friedrich Krupp WIDIA-Fabrik.) (Dt.)

Potentialmessungen an geschweißtem Ti u. an *Ti–O*-Legg. ergaben mit zunehmendem O-Geh. der Schweiße bzw. der Leg. bis zu 0,6% O-Geh. eine Potentialveredlung, ohne daß sich dabei die Korrosions-Geschw. ändert. Höhere O-Geh. bewirken dagegen verstärkte Korrosion in nichtoxydierenden Medien. Ähnlich ist das Verh. von *Ti–N*-Legierungen. Die an geschweißten Proben auftretende verstärkte Korrosion konnte auf die Wärmebeeinflussung zurückgeführt werden. Durch Zusatz von 0,2% *Pd* u. mehr konnte die Korrosionsbeständigkeit in nichtoxydierenden Medien verbessert werden. — 25 Literaturhinweise. F. VIER. 6538□

Korrosion in Kälte erzeugenden Flüssigkeiten. James D. Jackson. (Chem. Engng. Progr. **57.** Nr. 4. 61—64. April 1961. Battelle Mem. Inst.) (Engl.)

Geeignete Werkstoffe bei der Verw. von fl. O u. fl. F als Raketentreibmittel sind *rostfreie Stähle*, *Al-*, *Cu-*, *Ni-* u. *Mg*-Legg., falls das F wasserfrei ist. In Ggw. von W. empfiehlt sich die Verw. von *Monel*. Die Verw. von *Ti* ist nicht ratsam, wenn die Oberflächen einer Schlagbeanspruchung ausgesetzt werden. — 10 Schrifttumshinweise.

W. WESLY. 6538□

Stillstand der galvanischen Korrosion. Federico Strasser. (Product. Engng. **32.** Nr. 8. 87. 89. 20/2. 1961. Santiago, Chile, Mankowitz and Strasser Ltd.) (Engl.)

Zur Verhütung der durch Berührung von 2 verschiedenen Metallen in Ggw. von Feuchtigkeit auftretenden Korrosion wird empfohlen, Metalle zu verwenden, die in der Spannungsreihe nahe bei einander stehen, Feuchtigkeit fernzuhalten, für gute Isolierung zu sorgen oder ein Metall (Zn) zu wählen, das der Korrosion geopfert wird, so daß die „edleren" Werkstoffe geschützt sind. W. WESLY. 6538□

Metallfehler in Kraftwerken. N. S. Martin. (Engng. Boiler House Rev. **76.** 156—62. Mai 1961. Brit. Engine Boiler and Electr. Insurance Co., Ltd.) (Engl.)
Beschreibung von Kraftwerksstörungen, die durch Überhitzen, Kriechen, Korrosionsermüdung, Längenbrüchigkeit, Spannungskorrosion, Lochfraß, Cu-Abscheidung von Stahl, Entzinkung von Messing u. Verzunderung von 70–30-*Cu-Ni*-Rohren verursacht worden sind. W. WESLY. 6538□

Der kathodische Korrosionsschutz im Gesamtgebiet von Lacq. Jean Callais. (Werkstoffe u. Korrosion **12.** 614—19. Okt. 1961.) (Dt.)
Als Folge der Elektrifizierung der Eisenbahnlinien treten starke vagabundierende Ströme auf. Durch eine Verstärkung des negativen Potentials konnte das Problem des Korrosionsschutzes weitgehend gefördert werden. F. VIER. 6538□

Korrosion von Rohren im Monohydrat und in der Trocknungssäure bei der Kontaktfabrikation der Schwefelsäure. W. M. Nowakowski, A. P. Prosorow, L. A. Ssokolowa, Ja. Je. Nussinow, E. F. Lapschina und G. F. Umnowa. (Химическая Промышленность [Chem. Ind.] **1960.** 323—28. Juni.) (Russ.)
Das Korrosions-Verh. von 2 *C-Stählen,* einer *Gußeisen*-Sorte u. 2 *rostfreien Stählen* mit 18 (%) Cr, 9 Ni, Ti u. 18 Cr, 12 Ni, 2 Mo, Ti unter den Bedingungen der SO_3-Absorption u. der Röstgastrocknung mit konz. H_2SO_4 in der H_2SO_4-Fabrikation wird untersucht. Die Korrosions-Geschw. (KG) nichtgekühlter Stahlrohre nimmt direkt mit der Gas-Geschw. (GG) u. exponentiell mit der Temp. der Säure zu u. ist vom Rohrdurchmesser unabhängig. Bei Gußeisen besteht nur die exponentielle Temp.-Abhängigkeit. Bei Außenkühlung entspricht die KG von Stahlrohren einem Mittelwert der Temp. zwischen der Temp. der Säure u. der Wand, bei GG bis 0,6 m/s der Wand-Temp. (bei Gußeisen bei allen GG). Gußeisen ist in Monohydrat u. Trocknungssäure beständiger als C-Stahl; bei GG $\leqq$0,5 m/s werden aber in der Trocknung zweckmäßig Stahlrohre verwendet. Die rostfreien Stähle sind im Monohydrat beständiger als Gußeisen.
R. K. MÜLLER. 6538□

Korrosion von Stählen und Legierungen in Extraktionsphosphorsäure. Je. W. Sotowa. (Химическая Промышленность [Chem. Ind.] **1960.** 329. Juni.) (Russ.)
Die Korrosionsfestigkeit (KF) *legierter Stähle* wird in Extraktions-H_3PO_4 mit 32 (55) (%) P_2O_5, 1,89 (0,8) F u. 2,2 (4,5) SO_3 bei 90° (105—110°) in fl. u. Dampfphase untersucht. Bei *Ni*-Stählen nimmt die KF mit steigendem Ni-Geh. (5—70%) ab. *Ni–Si*-Stähle sind unbeständig. *Cr–Ni-*, u. bes. *Cr–Ni–Mo-* u. *Cr–Ni–Mo–Cu*-Stähle zeigen befriedigende KF. Für die Fabrikation von Doppelsuperphosphat sind ***austenit. Stähle*** nachst. Zus. zu empfehlen: 18 Cr, 12 Ni, 2 Mo, Ti; 23 Cr, 28 Ni, 2 Mo, Ti; 23 Cr, 28 Ni, 3 Mo, 3 Cu, Ti, Rest Fe R. K. MÜLLER. 6538□

Klöckner-Werke Akt.-Ges., Hagen, **Herstellung von Vormetall oder Stahl aus P-haltigem Roheisen.** mit beliebigem P-Geh. in Konvertern oder anderen Frischgefäßen unter Verw. von O_2-haltigen, gasförmigen Frischmitteln u. Schlackenbildnern nach dem Aufblaseprinzip, wobei das Blasmittel unter solchen Bedingungen auf die Schlackenschicht auf bzw. in diese eingeblasen wird, daß eine in einer Anfangsphase des Frischprozesses auf dem Bad gebildete Schlackenschicht nicht bis zur Badoberfläche durchbricht bzw. diese nicht berührt u. derart laufend das in der Schlacke enthaltene *FeO* zu Fe_2O_3 oxydiert, welches an der Grenzfläche zwischen Schlacke u. Bad die Entphosphorung übernimmt, wobei das sich hierbei bildende FeO durch den gasförmigen O_2 laufend erneut zu Fe_2O_3 oxydiert wird; nach F. P. 1 168 089, dad. gek., daß das Fassungsvermögen des Frischbehälters so bestimmt wird, daß für eine Badhöhe von ca. 400 mm wenigstens 1,3 m³ je t Roheisenbeschickung vorgesehen u. die Oberflächenspannung der Schlacke durch Zusatzmittel, wie ***Kalkstaub*** oder Na_2CO_3, erniedrigt oder durch Zusatzmittel, wie ***Borax*** oder ***Fluoride***, zur Erzielung der günstigsten Schaum-Bldg. durch die Schlacke in bezug auf Badhöhe, Menge des eingesetzten Roheisens u. Innenvol. des Frischbehälters geregelt wird. Auch kann in der Anfangsphase des Frischbetriebes, u. zwar im Verlauf des ersten Viertels der gesamten Frischperiode dem gasförmigen Frischmittel überhitzter Wasserdampf in einer solchen Menge zugesetzt werden, daß ein Teil Wasserdampf für drei Teile O_2 verwendet wird. — Abbildung. (**F. P. 73 072** vom 17/1. 1958, ausg. 22/9. 1960. D. Prior. 22/1., 23/2. u. 29/6. 1957. **Zusatz zu F. P. 1 168089; C. 1960. 6312.**) H. HOCHSTEIN. 6401

Ruhrstahl Akt.-Ges., Hattingen/Ruhr, **Gewinnung von Roheisen in einem Hochofen.** Zur Erzielung einer möglichst großen Produktion u. zwecks Brennstoffersparnis, Verringerung der Schachthöhe u. Erniedrigung der Temp. des austretenden Hochofengases sowie zur Erhöhung des kalor. Wertes dieses Gases stellt man die Zus. des Gebläsewindes so ein, daß das Verhältnis $CO_2 : O_2$ 1 : 2,5 bis 1 : 4, bes. 1 : 3, u. der

O_2-Geh. 21—36 Vol.-% beträgt. — Vgl. F. P. 1 144 895; C. **1959.** 283. (**Holl. P. 97 917** vom 22/3. 1956, ausg. 15/5. 1961. D. Prior. 28/3. 1955.) F. BÖHM. 6401

Mond Nickel Co. Ltd. (Erfinder: John Henry Gittus und Ronald Herbert Thomas Dixon), **Herstellung von Gußeisen.** Die Struktur des Gußeisens (oder seiner Legg.), welche bei der Bldg. der Carbide entsteht, wird modifiziert, indem der Guß während seines Erstarrens einer Vibrations-Wrkg. unterworfen wird. — Strukturbilder. (**Aust. P. 223 673** vom 29/4. 1958, ausg. 24/9. 1959. E. Prior. 2/5. 1957.) K. DEMMLER. 6403

Union Carbide Corp. (Erfinder: Merle Howard Weatherly und Louis Alexander Conant), **Legierungen** mit großer Widerstandsfähigkeit gegen Oxydation u. hoher Festigkeit bei erhöhten Temp., enthaltend 10—40 (Atom-%) wenigstens eines der Metalle *Mo, W, Ta, Nb* oder *V*, 20—65 *Si*, 2—16 wenigstens eines der Metalle *Cr, Ti* oder *Zr*, 2—25 *B* u. 3—30 *Al*. — Beispiel: 37,5 (Gew.-%) Mo, 37,5 Si, 15 ZrB_2, 10 Al. (**Aust. P. 223 414** vom 21/11. 1957, ausg. 10/9. 1959. A. Prior. 4/12. 1956.) K. DEMMLER. 6471

United States Steel Corp., Pittsburgh, Pa., V.St.A., **Verformen von Stahl** im Warmziehverfahren. Man überzieht die rohen Formstücke vor der Verformung mindestens teilweise mit einer wss. Paste aus *Ton, Metalloxiden* u. *Silicaten*, trocknet u. erhitzt auf 1066—1260°. Der Überzug kann dunkel gefärbt sein. Man verwendet z. B. eine Paste aus 70 (Gew.-Teile) einer keram. Fritte (I), 30 Cr_2O_3, 7 Ton, 65 W., wobei I enthält: 2,0 (%) Al_2O_3, 30,5 BaO, 7,5 B_2O_3, 4,0 CaO, 0,5 Co_3O_5, 0,8 K_2O, 1,7 MgO, 1,0 Na_2O, 0,5 NiO, 0,5 P_2O_5, 30,0 SiO_2, 7,5 TiO, 3,5 ZnO, 10,5 ZrO_2. Der Überzug springt beim Abkühlen nach der Verformung ab. (**It. P. 516 450** vom 15/5. 1954. A. Prior. 20/5. 1953.) K. KOEBKE. 6491

Her Majesty's Postmaster General of the General Post Office (Erfinder: John Isaac Carasso und Eric Alfred Speight), London, England, **Reinigung von Gegenständen aus Silicium und Germanium** mittels einer wss. Lsg., die 5—30 Gew.-% eines *Alkalihydroxides* (KOH), 2—4 einer *Amino-*, *Imino-* oder *Nitrilo-Polycarbonsäure* (*Dinatriumdihydrogenäthylendiamintetraacetat*), 1—2 *Tartrat-*, *Cyanid-* oder *Citrat-Ionen* u. vorzugsweise noch 5—20 H_2O_2 enthält, bei 40—80°. (**E. P. 861 679** vom 24/2. 1956, ausg. 22/2. 1961. **D. A. S. 1 111 898** Kl. 48d vom 23/2. 1957, ausg. 27/7. 1961. E. Prior. 24/2. 1956.) H. BAUR. 6513

Harshaw Chemical Co. (Erfinder: Arthur Harry du Rose), **Niederschlagen von Kupfer auf Eisen** aus einer sauren, 2wertiges Cu enthaltenden Lsg., indem man das Fe vor dem Einbringen in die Cu-Lsg. mit einer Lsg. in Kontakt bringt, die eine *Polyalkoxyalkanol*-Verb. der allg. Formel $HO(C_2H_4O)_K[C_2(R)H_3O]_m(C_2H_4O)_nH$ enthält, worin R = H oder Methyl u. K, m u. n = 0 oder eine Zahl bedeuten, von denen wenigstens eine >1 ist, z. B. mit einer wenigstens 0,05 g/Liter eines Polyoxyäthylenglykols (Molgew. 400—6000) enthaltenden wss. Lösung. (**Aust. P. 223 513** vom 9/5. 1957, ausg. 17/9. 1959. A. Prior. 16/5. 1956.) K. DEMMLER. 6517

Gerhard Collardin G. m. b. H., Köln (Erfinder: Bruno Blaser, Düsseldorf, und Ernst Mayer, Köln), **Phosphatieren von Metallen.** Zusatz von wasserlösl. Salzen solcher Phosphorsäuren, bei denen die Oxydationszahl eines P-Atoms geringer als 5 ist u. die eine P—P-Bindung aufweisen, zu einer peroxidhaltigen Phosphatierungs-Lsg., die vorzugsweise Peroxid u. $Zn_3(PO_4)_2 \cdot 4\,H_2O$ enthält u. deren pH-Wert um ein geringes über dem pH-Wert des Gleichgewichts liegt. — Beispiel: Phosphatierungs-Lsg. aus 54 (Gew.-%) H_3PO_4 (75%ig), 12,5 *ZnO*, Rest W. mit einem Zusatz von 0,25 g/Liter $Na_2H_2P_2O_6$. (**D. A. S. 1 098 322** Kl. 48d vom 27/2. 1959, ausg. 26/1. 1961. **Zusatz zu D. A. S. 1 046 439; C. 1960. 1320.**) H. BAUR. 6533

Kali-Chemie Akt.-Ges. (Erfinder: Rolf Schober), Hannover, **Korrosionsschutz von Blei oder verbleiten Materialien als Werkstoff für Behälter** oder dgl. für die Durchführung von chem. Rkk., Erhitzen, Abkühlen, Verdampfen, Konzentrieren, Mischen mit *HF*, H_2SiF_6, sowie Salzen dieser Säuren. Das Pb wird während der Operationen kathod. polarisiert. (**D. A. S. 1 109 004** Kl. 48d vom 13/2. 1959, ausg. 15/6. 1961.) H. BAUR. 6539

Soc. le Carbone-Lorraine, Frankreich, **Mittel zur Verhinderung der Korrosion.** Die gemäß dem F. P. 1 178 117 vorgeschlagenen Kondens.-Prodd. aus Kohlenrückständen, Bitumen oder Teer mit Furfurol u. Zusätzen von Graphit, Koks, Kohle in feiner Form oder Minerale werden Zement, Dichtungsmaterial oder Anstrichmittel zur Verbesserung ihrer Korrosionschutz-Wrkg. zugesetzt. (**F. P. 72 476** vom 15/11. 1957, ausg. 14/4. 1960. **Zusatz zu F. P. 1 178 117; C. 1961. 4878.**) H. BAUR. 6539

Union Carbide & Carbon Corp., New York, N.Y., übert. von: **Chester E. Bieniosek**, Jersey City, **Homer C. Barnes jun.**, Fayson Lakes, und **George P. Dahm**, Roselle, N.J., V.St.A., *Einführung von Pulvern in Metallschmelzen.* (**Can. P. 551 764** vom 9/2. 1955, ausg. 14/1. 1958. A. Prior. 3/5. 1954. — C. **1958.** 3444 [F. P. 1 123 217].)

Duisburger Kupferhütte, Duisburg (Erfinder: **Ernst Kuss, Oskar Emert, Alfred Dietrich** und **Arnold Eibel**, Duisburg, und **Hans Zirngibl**, Leverkusen), *Aufarbeitung von Eisensulfidmineralien.* (**Can. P. 551 582** vom 11/8. 1953, ausg. 14/1. 1958. D. Prior. 18/8. 1952. — C. **1956.** 10804 [E. P. 730 446].)

Mack Gordon, Cleveland, Ohio, V.St.A., *Abschrecken von Metallen.* (**Can. P. 551 814** vom 27/6. 1956, ausg. 21/1. 1958. — C. **1959.** 5949 [A. P. 2 770 564].)

Crucible Steel Co. of America, Pittsburgh, Pa., übert. von: **Peter Payson**, New York, N.Y., und **William G. Johnson**, Bronxville, N.Y., V.St.A., *Harter Legierungsstahl.* (**Can. P. 551 565** vom 20/1. 1955, ausg. 14/1. 1958. A. Prior. 21/4. 1954. — C. **1957.** 3389 [A. P. 2 715 576].)

Unterharzer Berg- und Hüttenwerke G.m.b.H., Goslar, *Verflüchtigen von Blei als Bleisulfid aus bleihaltigem Zinkoxid.* (**Holl. P. 98 433** vom 29/8. 1955, ausg. 17/7. 1961. D. Prior. 11/9. 1954. — C. **1957.** 10875 [D. B. P. 956 994].)

Wickman Ltd., Coventry, County of Warwick (Erfinder: **Arthur G. Gardner**, Smethwick, und **Thomas S. Lister**, Handsworth Wood, Birmingham), England, *Bronzelegierungen.* (**Can. P. 551 419** vom 14/1. 1954, ausg. 7/1. 1958. E. Prior. 29/1. 1953. — C. **1956.** 10595 [E. P. 733 215].)

Magnesium Elektron Ltd. (Erfinder: **Edward F. Emley**), Clifton Junction bei Manchester, England, *Mischung zur Herstellung von Magnesiumlegierungen.* (**Can. P. 551 667** vom 5/1. 1953, ausg. 14/1. 1958. E. Prior. 9/1. 1952. — C. **1961.** 17741 [A. P. 2 788 271].)

Magnesium Elektron Ltd. (Erfinder: **Alfred C. Jessup**), Clifton Junction bei Manchester, England, *Magnesiumlegierungen.* (**Can. P. 551 668** vom 23/3. 1953, ausg. 14/1. 1958. E. Prior. 22/4. 1952. — C. **1956.** 9855 [E. P. 734 011].)

Union Carbide Corp., New York, N.Y., V.St.A., *Reinigen von Titan.* (**Holl. P. 98 278** vom 8/1. 1958, ausg. 15/6. 1961. A. Prior. 8/1. 1957. — C. **1960.** 11106 [Oe. P. 203 220].)

Alan Wood Steel Co., Conshohocken, Pa., übert. von: **Jerome F. Kuzmick**, Upper Montclair, und **Warne P. Schenck**, Dover, N.J., V.St.A., *Herstellung von Eisenpulver.* (**Can. P. 551 857** vom 5/4. 1956, ausg. 21/1. 1958. — C. **1957.** 9773 [A. P. 2 759 808].)

Harshaw Chemical Co., Cleveland, übert. von: **Walter P. Karash**, Middleburg Heights, Berea, Ohio, V.St.A., *Galvanische Sb-Elektrolytlösung.* (**Can. P. 551 647** vom 24/3. 1955, ausg. 14/1. 1958. — C. **1958.** 11657 [D. A. S. 1 009 453].)

Westinghouse Electric Corp., East Pittsburgh, übert. von: **Alois Langer** und **Carl R. Wilson**, Pittsburgh, Pa., V.St.A., *Galvanische Abscheidung von Uranoxid.* (**Can. P. 551 782** vom 12/3. 1954, ausg. 14/1. 1958. A. Prior. 17/3. 1953. — C. **1960.** 6994 [A. P. 2 784 486].)

American Chemical Paint Co., Ambler, übert. von: **Eugene Snyder**, Philadelphia, Pa., V.St.A., *Anstriche für eisenhaltige Metalloberflächen.* (**Can. P. 551 505** vom 3/5. 1948, ausg. 14/1. 1958. A. Prior. 3/4. 1948. — C. **1949.** E. 1566 [A. P. 2 471 908].)

Esso Research and Engineering Co., V.St.A. (Erfinder: **Ray A. Westlund jun.** und **Charles E. Paxton**), *Emulgierbares Antirostmittelkonzentrat.* (**F. P. 1 172 144** vom 29/1. 1957, ausg. 5/2. 1959. A. Prior. 2/2. 1956. — C. **1960.** 4019 [A. P. 2 862 825].)

Esso Research and Engineering Co., Del., übert. von: **Michael J. Furey**, Berkeley Heights, N.J., V.St.A., *Schmier- und Rostschutzmittel.* (**A. P. 2 959 549** vom 23/11. 1956, ausg. 8/11. 1960. — C. **1961.** 8110 [E. P. 823 484].)

Georgii Viktorovich Uzhik, Strength and plasticity of metals at low temperatures. Boston Spa (Yorkshire): National Leading Library for Science & Technology. 1961. 35 s.

IX. Organische Industrie

Der Einfluß der Zusammensetzung eines zu destillierenden Gemisches und der Verdampfungsgeschwindigkeit auf die Wirksamkeit einer Oldershaw-Kolonne. S. R. M. Ellis und R. J. Bennett. (J. Inst. Petroleum **46.** 19—25. Jan. 1960. Birmingham, Unvi., Dep. of Chem. Engng.) (Engl.)

Eine OLDERSHAW-Kolonne wird mit CH_3OH/W., mit A./W. u. mit W./CH_3COOH beschickt. Die einzelnen Gemische werden variiert u. der Einfl. des Mischungsverhältnisses u. der Verdampfungs-Geschw. auf die Wirksamkeit der Kolonne gemessen. Eine Abhängigkeit der Wirksamkeit der Kolonne vom Mischungsverhältnis u. der Verdampfungs-Geschw. wird festgestellt u. auf die Oberflächenspannung der Trennschicht Fl./Gasphase zurückgeführt. Bei einem gegebenen Gemisch wird eine maximale Wirksamkeit erreicht, wenn die Verdampfungs-Geschw. so gering ist, daß gerade noch Fl. durch die Löcher der Kolonnenböden rieseln kann. K.-H. RENTROP. 6560□

Automatische Regulierung des Prozesses der direkten Hydratisierung von Äthylen. W. W. Aronowitsch und R. Ss. Patuschinskaja. (Химическая Промышленность [Chem. Ind.] **1960.** 143—46. März.) (Russ.)

Ein Schema (Abb.) der Automatisierung der Hydratisierung von C_2H_4 an H_3PO_4 auf festem Träger zu A. wird in Einzelheiten erläutert. R. K. MÜLLER. H 560□

Synthese von Dicarbonsäuren durch direkte Oxydation flüssiger Paraffine mit Luftsauerstoff. W. K. Zysskowski, M. I. Lewina, B. G. Freidin und W. P. Leontjewa. (Химическая Промышленность [Chem. Ind.] **1960.** 272—75. Juni. Allunions-Forsch.-Inst. für Erdölchem.) (Russ.)

Eine Fraktion von n-Paraffinen (Kp. 240—350°) wird mit Luft bei 130—140° mit Mn-Naphthenat als Katalysator oxydiert. Nach 21—25 Std. werden 97—98% Oxydations-Prodd. mit SZ. 238—256, EZ. 226—253 u. 64—78,5% Hydroxysäuren erhalten. Nach Hydrolyse mit W. bei 150—180° (15 at, 2 Std.) beträgt die Ausbeute an Dicarbonsäuren mit 4—10 C-Atomen bis zu 40%. Bei der Oxydation mit Rückführung des Hydrolyserückstandes werden 54% Dicarbonsäuren u. 44% destillierbare Säuren (28% krist., 16% nichtkrist.) erhalten. R. K. Müller. H 820□

Untersuchung des Prozesses der azeotropen Destillation des Gemisches Styrol–Äthylbenzol. N. A. Malafejew, W. A. Maljussow und N. M. Shaworonkow. (Химическая Промышленность [Chem. Ind.] **1960**. 492—96. Sept.) (Russ.)

Bei der Trennung von *Styrol* (I) u. *Äthylbenzol* (II) durch Dest. werden als dritte Komponenten, die mit **II** Azeotrope bilden, Essigsäure (**III**), Diäthylcarbinol (**IV**), n-Propanol (**V**), Isobutanol (**VI**) u. Isoamylalkohol (**VII**) untersucht. Im Vgl. mit dem reinen Syst. **I/II** sind bei Zusatz von **III, IV** u. **V** die **I**-Verluste in den Zwischenfraktionen geringer, **VI** u. **VII** zeigen diese Wrkg. nicht. Bei Dest. unter verschiedenen Drucken (15—760 Torr) wird das Azeotrop **II/III** prakt. bei allen Drucken festgestellt, das Azeotrop **II/V** wird bei ca. 1,3 at zerstört, die Azeotrope **II**/n-Butanol (**II/IV**) existieren zwischen 64,5 (25,6) Torr u. 2,2 (5,3) at. **V** erscheint demnach als geeignetster Zusatz; es vermindert die **I**-Verluste um 20—40% bei den Phlegmazahlen 2,5 (5, 10) : 1 (Verss. bei 50 Torr). R. K. Müller. H 1410□

Die Gewinnung von trans-Stilben besonderer Reinheit durch thermische Spaltung von Benzalazin. L. Ja. Malkess und A. I. Timtschenko. (Химическая Промышленность [Chem. Ind.] **1960**. 256—57. April/Mai.) (Russ.)

Benzalazin (**I**), F. 91—93° (Isopropanol), wird durch Rk. von 2 Mol Benzaldehyd mit 1 Mol Hydrazinsulfat u. 25%ig. NH_4OH bei 50—60° erhalten. Bei der therm. Zers. von **I** bei 350° mit kontinuierlicher Dest. der flüchtigen Prodd. erhält man *trans-Stilben* (**II**), F. 124—125°, in 30—35%ig. Ausbeute, daneben bei 2—3maliger Dest. des Öles bei 30 Torr 10% *Benzonitril* (**III**), n_D^{20} 1,5289, u. einen (nicht untersuchten) harzigen Rückstand. Bei Ggw. von Cu-Pulver nimmt die **II**-Ausbeute ab, die **III**-Ausbeute zu. R. K. Müller. H 2210□

Soc. d'Électro-Chimie, d'Électro-Métallurgie et des Aciéries Électriques d'Ugine, Frankreich, **Chlorierung von Aromaten,** bes. von Bzl., dad. gek., daß Bzl. bei 15—20° mit einem Chlorierungskatalysator ($SbCl_3$, Sb_2S_3, Sb-Chlorsulfide) versetzt u. mit der fl. Phase eines Orientierungskatalysators (Benzolsulfonsäure u. H_2SO_4, Toluolsulfonsäure u. H_2SO_4, p-Chlor- oder Dodecylbenzolsulfonsäure) umgesetzt wird, so daß *p-Dichlorbenzol* entsteht. (**F. P. 1 209 222** vom 3/7. 1958, ausg. 29/2. 1960.) S. Böttcher. 6565

Stamicarbon N. V., Holland, **Hydrierung von organischen Verbindungen** dad. gek., daß diese, z. B. ε-Aminocapronitril, z. T. mit einer fl. Suspension von Raney-Ni gemischt u. dieses Gemisch unter Rk.-Druck in mehreren Phasen mit dem Rest des Nitrils u. H_2 umgesetzt wird. *Hexamethylendiamin* wird in 96%ig. Ausbeute erhalten. — Verfahrensschema. (**F. P. 1 220 719** vom 21/4. 1959, ausg. 27/5. 1960. Holl. Prior. 22/4. 1958.) S. Böttcher. 6585

Detrex Chemical Industries, Inc., Detroit, Mich., V.St.A. (Erfinder: Joseph C. Pallenberg und Wilbur H. Petering), **Reines Trichloräthylen, ß-Trichloräthan** (= 1.1.2-Trichloräthan), *Tetrachloräthan, Perchloräthylen, Äthylendichlorid, Methylenchlorid, Chlf.* u. *Kohlenstofftetrachlorid.* Die rohen Chlor-KW-Stoffe werden in Ggw. von wasserfreiem, festem, feinverteiltem $FeCl_3$, bes. 1%, auf wenigstens 70°, bes. bis zum Kp. erhitzt, bis die Bldg. von HCl u./oder CO_2 beendet ist; anschließend wird die Fl. mit W. oder wss. Alkali gewaschen u. ggf. fraktioniert oder mit Wasserdampf destilliert. (**E. P. 824 588** vom 25/10. 1957, ausg. 2/12. 1959.) G. Krauss. H 500

Kurt Peters, übert. von: Österreichische Stickstoffwerke Akt.-Ges., Österreich, **Herstellung von Kohlenwasserstoffen,** hauptsächlich *Äthylen,* dad. gek., daß CO u. H_2 bzw. Synth.-Gas bei 350—450° über einen Katalysator aus 1. einem Träger aus SiO_2, Bimsstein, keram. Massen, Kaolin, natürlichen oder synthet. Silicaten, 2. Gemischen aus ZnO, CdO, Ag_2O oder CuO u. Cr-Oxiden, V-, Nb-, Ta-, Mo-, W- oder N-Oxiden mit MgO, 3. 0,1—1 Gew.-% von Metallen der 8. Gruppe, bes. Co, 4. Oxiden oder Hydroxiden des Al u./oder Si, Ti, Zr, Hf, Th, Sc, Y u. der Seltenen Erden u. 5. Alkalicarbonaten, -oxiden oder -hydroxiden geleitet wird. — Zum Beispiel wird ein Gasgemisch aus 46,6 (%) CO, 42,5 H_2 u. 11,1 Inertgas bei 430° über einen Katalysator aus 51 (Teilen) ZnO, 13 Cr_2O_3, 0,64 Co, 0,04 K_2O u. 100 Ton geleitet. (**F. P. 1 223 311** vom 9/9. 1958, ausg. 16/6. 1960. Oe. Prior. 27/9. 1957.) S. Böttcher. H 520

Hans Kroepelin, übert. von: Hans Kroepelin und Heinz Kopsch, Braunschweig, **Acetylen** wird durch Cracken von fl. KW-Stoffen mit $Kp._{100} < 150°$ im Vakuum bis höchstens 100 Torr in Ggw. einer Vielzahl von Lichtbogen, die intermittierend in der Fl. brennen, erhalten. Gecrackt wird ein Bzn. mit $Kp._{40}$ 150° u. ein Rückstand mit $Kp._{40}$ 195—210° bei 40 Torr. Ausbeute 36—42%. (**A. P. 2 878 177** vom 29/1. 1957, ausg. 17/3. 1959. D. Prior. 1/2. 1956.) G. KRAUSS. H 530

Gulf Research & Development Co., übert. von: Charles M. Selwitz, Pittsburgh, Pa., V.St.A., **Hochmolekulare Alkohole,** die auch Substituenten enthalten können, werden von sie begleitenden Verunreinigungen durch Überführen in die Borsäureester u. Extrahieren der Ester bei 30—150° mittels eines polaren Lsgm., das die Verunreinigungen jedoch nicht den Borsäureester löst, gereinigt. Anschließend wird der Ester mit einer verd. Säure oder einem Säure/Alkohol-Gemisch bei 25—65° hydrolysiert. Wird als Extraktionsmittel ein niedrigmol. Alkohol verwendet, muß bei der Veresterung entstehendes W. abdest. werden. Tert. Alkohole können von Verunreinigungen nach dem Extraktions-Verf. nicht gereinigt werden, da sie zur Dehydratisierung neigen. Als Borsäureester sind sie auch gegen Hydrolyse resistent. Die Veresterung kann in Ggw. von Katalysatoren ausgeführt werden. Als Extraktionsmittel kommen niedrigmol. gesätt. Alkohole, Ketone, einige Äther, Ester, wie Essigsäuremethoxymethylester, Propionsäuremethylester, in Betracht, wobei sie in großem Überschuß angewendet werden. (**A. P. 2 897 244** vom 21/3. 1957, ausg. 28/7. 1959.) G. KÖNIG. H 560

Chemische Werke Hüls Akt.-Ges. (Erfinder: Herbert Meister), Marl, Kr. Recklinghausen, **Herstellung von 1.8-Dialkoxyoctatetraenen-(1.3.5.7)** der Formel RO—CH=CH—CH=CH—CH=CH—CH=CH—OR, in der R für einen Alkylrest steht, dad. gek., daß 1.8-Dialkoxyoctadien-(1.7)-diine-(3.5) in Ggw. von Katalysatoren (RANEY-Ni, Cu-Cr-Oxid, Ni auf Al_2O_3 oder bes. auf $CaCO_3$, Al_2O_3 oder $BaSO_4$ niedergeschlagenes Pd, das nach LINDLAR mit Pb vergiftet ist) partiell hydriert wird. So wird der *1.8-Dimethyläther*, F. 126—128°; der *Diäthyläther*, F. 60—61°; der *Diisopropyläther*, F. 72—74°, erhalten. — *Zwischenprodd.* zur Herst. z. B. von Korksäure oder 7.8-Dialkoxybicyclo-[0.2.4]-octadienen. (**D. A. S. 1 108 207** Kl. 12o vom 12/12. 1958, ausg. 8/6. 1961.) W. GRÄGER. H 570

Michael Franz Lappert, London, England, **Alkylester von Metaborsäure** werden durch 2—10std. Erhitzen von Dialkylchlorborat$(RO)_2BCl$ (R = Alkyl mit 2 u. mehr C-Atomen) auf 150—250° in Ggw. eines sauren LEWIS-Katalysators, wie wasserfreies $FeCl_3$, $AlCl_3$, in Mengen von 0,1—10 Gew.-% erhalten. Es können auch B_2O_3 u. Alkylorthoborate auf 100° erhitzt u. die Ester erhalten werden. Diäthylchlorborat wird im geschlossenen Rohr 10 Std. lang auf 250° erhitzt, auf —80° abgekühlt, das Gefäß, geöffnet, wobei C_2H_5Cl entweicht u. *Äthylmetaborat*, $C_6H_{15}O_6B_3$, n_D^{22} 1,4069, $D._4^{22}$ 1,113 erhalten wird. — Diisopropylchlorborat → *Isopropylmetaborat*, F. 52—54°; Di-n-propylchlorborat → *n-Propylmetaborat*, n_D 1,4133; Di-n-butylchlorborat → *n-Butylmetaborat*, n_D^{22}1,4235; Diisobutylchlorborat → *Isobutylmetaborat*, $D._4^{22}$ 0,977, n_D^{22} 1,4170; Di-sek.-butylchlorborat in Ggw. von $AlCl_3$ → *sek.-Butylmetaborat*, $D._4^{22}$ 0,985, n_D^{20} 1,4151. — Äthylorthoborat u. B_2O_3 wird im geschlossenem Gefäß 10 Std. lang auf 250° erhitzt, gekühlt, geöffnet, CH_2Cl_2 zugegeben, filtriert, bei 20° u. 0,1 Torr das Lsgm. entfernt u. *Äthylmetaborat* erhalten. Auf gleiche Weise werden die oben angegebenen Metaborate hergestellt. (**E. P. 815 140** vom 16/7. 1957, ausg. 17/6. 1959.) G. KÖNIG. H 590

B. F. Goodrich Co., New York, N.Y., übert. von: Charles Malcolm Hendry, Cuyahoga Falls, Ohio, V.St.A., **α.β-Ungesättigte α-Sulfocarbonsäuren und ihre Salze** werden durch Rk. einer Halogensulfonsäure mit β-Halogenpropionsäure oder einer α.β-ungesätt. Carbonsäure oder deren Anhydrid bei 50—158°, bes. 80—100°, u. Dehydrohalogenierung der entstandenen Sulfohalogencarbonsäure mit Alkali- oder Erdalkalicarbonaten, tert. Aminen oder Pyridinen erhalten; durch Zusatz von Säure wird aus dem Salz die freie Säure erhalten. — Aus $^1/_2$ Mol Acrylsäure, in Ggw. einer Spur Methylenblau u. $^1/_2$ Mol $ClSO_3H$ bei 145°, dann bei 65—90°, Zusatz von W. u. $BaCO_3$ → *Ba-α-Sulfoacrylat*; 64,7% (Ausbeute); leicht lösl. in heißem W.; auch erhältlich aus β-Chlor- oder -Brompropionsäure; 55,7%. — Maleinsäureanhydrid → *Ba-α-Sulfomaleinat*, unlösl. in Wasser. Aus den Salzen entsteht durch Behandeln mit Kationenaustauschern z. B. *α-Sulfoacrylsäure*, die sich mit Acrylsäureestern oder Vinylacetat mischpolymerisieren läßt. Ferner können umgesetzt werden: Croton-, Citracon-, Monohalogenmalein-, Penten-(2)- u. Hexen-(2)-säure oder deren Anhydride. — *Zwischenprodd.*; *Entwässerungs-* u. *Trocknungsmittel.* (**A. P. 2 895 987** vom 20/12. 1956, ausg. 21/7. 1959.) G. KRAUSS. H 600

Badische Anilin- & Soda-Fabrik Akt.-Ges. (Erfinder: Hans Nienburg, Ernst Eckert, Walter Kölsch, Malte Goilav und Hans Joachim Pistor), Ludwigshafen/Rh., **Herstellung sauerstoffhaltiger organischer Verbindungen durch die Oxosynthese.** In ein zweckmäßig senkrecht stehendes Hochdruckrohr, das ggf. mit Füllkörpern gefüllt ist, wird von unten her das Olefin, ggf. unter Zusatz eines Lsgm., wss. 1—5%ig. Co-Salz-Lsg. u. das aus CO u. H_2 bestehende Gasgemisch, letzteres in einer solchen Menge bei 150—200° u. einem Druck von mindestens 10 at zugeführt, daß die mit der Co-Salz-Lsg. eingeführte Menge W. vom Strom der Rk.-Teilnehmer mitgenommen wird, ohne daß sich im Rk.-Gefäß eine wss. Schicht bildet. (**D. B. P. 975 189** Kl. 12o vom 23/5. 1954, ausg. 21/9. 1961. Anmeldung bekanntgemacht 27/10. 1955.) A. JAHN. H 650

Badische Anilin- & Soda-Fabrik Akt.-Ges. (Erfinder: Walter Runkel und Ludwig Bootz), Ludwigshafen/Rh., **Reiner beständiger Formaldehyd** wird durch Behandeln von HCHO mit Dicarbonsäureanhydriden (Malein- u. Phthalsäureanhydrid) in fl. Form, bes. mit F. $<150°$, erhalten. Zum Beispiel kann die Zers. von Paraformaldehyd, Formaldehydacetalen oder -halbacetalen im geschmolzenen Anhydrid durchgeführt oder das durch Zers. dieser Verbb. erhaltene HCHO durch die Schmelze geleitet werden, die bes. mit einem inerten Stoff mit hohem Kp. (Phthalsäureester höhermol. Alkohole, hochsd. KW-Stoffe oder Äther) überschichtet wird, um mitgeführte Anhydriddämpfe zurückzuhalten. — HCHO-Gas, das z. B. 20 (Teile) HCOOH, 400 $HCOOCH_3$, 8 Methylal jeweils ppm, geringe Mengen W. u. CH_3OH enthält, hat nach dem Durchleiten durch Maleinsäureanhydrid bei 130° nur noch 6 HCOOH, 4 $HCOOCH_3$ u. 4 Methylal jeweils ppm. Die Polymeren haben den K-Wert >80, ohne Reinigung <30 (in o-Chlorkresol). (**D. A. S. 1 106 749** Kl. 12o vom 21/4. 1959, ausg. 18/5. 1961.) G. KRAUSS. H 670

Eastman Kodak Co., Rochester, N. Y., übert. von: Edward U. Elam und Robert H. Hasek, Kingsport, Tenn., V.St.A., **Ketale des Acetons** werden durch Rk. von Allen mit einem einwertigen aliphat. Alkohol mit 1—10 C-Atomen bei —30 bis +150°, in Ggw. eines sauerwirkenden Stoffes u. einer Hg''-Verb., bes. HgO, als Katalysatoren erhalten. Als saure Verbb. kommen in Betracht: BF_3, $ZnCl_2$, Mineralsäuren. Bes. geeignet sind BF_3-Komplexverbindungen. — Aceton u. Methanol → *Acetondimethylketal*, Kp.$_{75}$ 80°, n_D^{20} 1,3778. Aceton u. n-Butanol → *Acetondi-n-butylacetal*, Kp.$_{25}$ 90—93°, n_D^{20} 1,4126. (**A. P. 2 875 252** vom 18/7. 1957, ausg. 24/2. 1959.) G. KÖNIG. H 710

Rohm & Haas Co., Philadelphia, Pa., V.St.A., **Penten-(4)-säuredinitrophenylester** der allg. Formel **I**, in der eines der R_1 u. R_2 = NO_2 u. das andere eine Alkylgruppe mit 4—10 C-Atomen, eine Cyclohexyl-, Phenyl- oder Benzylgruppe ist, entstehen durch Rk. eines Phenolats, das aus einem Phenol u. einem Alkalimetall oder einem tert.-Amin erhalten wird, mit einem Penten-(4)-säurehalogenid bei 10—160° in Ggw. eines inerten Lösungsmittels. — Z. B. wird ein Gemisch aus 150 (Teilen) Octan u. 53,2 2.6-Dinitro-4-cyclohexylphenol auf 14° abgekühlt, langsam 41 Benzyldimethylamin bei 10 bis 14° zugefügt, langsam bei 10—21° 29,6 Penten-(4)-säurechlorid hinzugesetzt, 2 Std. lang bei 21—30° u. 2 Std. lang bei 60—80° gerührt auf 20° abgekühlt, in 2000 Eiswasser eingegossen, mit 1200 Bzl. extrahiert u. umkrist.: → *Penten-(4)-säure-2.6-dinitro-4-cyclohexylphenylester*, F. 74—75°; VZ. 324. — Analog wird erhalten: *-2.4-dinitro-6-cyclohexylphenylester*, F. 81,5—82°. — *-2.4-dinitro-6-methylheptylphenylester*. — *-2.6-dinitro-4-[1.1.-3.3-tetramethylbutyl]-phenylester*. — *-2.6-dinitro-4-tert.-butylphenylester*. — *-2.6-dinitro-4-tert.-amylphenylester*. — *-2.4-dinitro-6-phenylphenylester*, F. 55—57°. (**Ind. P. 60 602** vom 24/5. 1957, ausg. 30/6. 1959.) H. NEBELSIEK. H 810

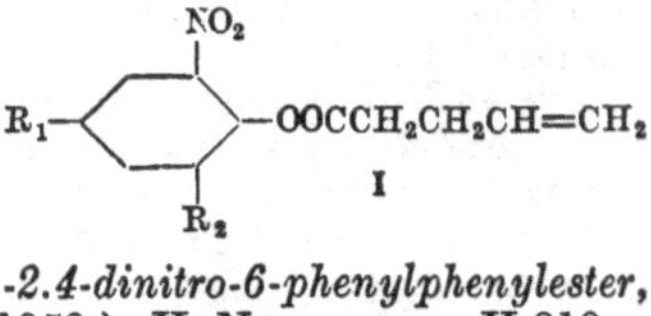

I

Texaco, Inc., übert. von: Robert Y. Heisler und Alfred J. Millendorf, Fishkill, N.Y., V.St.A., **Herstellung von substituierten Bernsteinsäuren** erfolgt durch Carbonylieren eines Amids einer einfach ungesätt. Fettsäure C_5—C_{30} bei 250 bis 600° F. u. 1000—5000 lbs /sq. in. in Ggw. des entsprechenden prim. Amins C_5—C_{12} u. eines Co-Katalysators, unter anschließender Hydrolyse des hierbei erhaltenen Diamids. — Z. B. werden äquimolare Mengen Ölsäure (**I**) u. Anilin (**II**) 2 Std. lang unter Abdest. des Rk.-Wassers auf 374—437° F erhitzt, nach dem Abkühlen 0,72 Mol weiteres **II** zugesetzt u. der Prozeß wiederholt, anschließend wird nicht umgesetztes **II** bei 100 Torr abdest., der Rückstand mit 1n HCl, W., 1n NaOH u. W. gewaschen u. das erhaltene feste Prod. aus CH_3OH umkristallisiert. Es wird mit „gewissen Fraktionen" der Dest. des Filtrats vereinigt u. durch Redest. Ölsäureanilid (**III**), Kp.$_3$ 482—510,8° erhalten. 0,665 (Mol) dieser Verb., die gleiche Menge **II** u. 0,665 Gew.-% Co-Carbonyl werden 4 Std. unter einem Anfangsdruck von 4339 lbs./sq. in. CO auf 404° im Rührautoklav erhitzt u. die Rk. beendet, wenn der Druck 550 lbs./sq. in. unter dem Anfangsdruck konst. bleibt. Das braune feste Rk.-Prod. wird mit Heptan erhitzt u. A-Kohle gekocht, die erhaltene Lsg. auf 32° abgekühlt. Ca. 79%, berechnet auf **III**, *Pentadecylbernsteinsäure* (**IV**)-*imid*, F. 71,2—72° (Isopropanol), u. als Nebenprod. ca. 1% **IV**-*Dianilid*, $C_{31}H_{46}N_2O_2$, werden erhalten. Das Gemisch dieser Verbb. wird entweder 4 Std. lang mit 10% ig. KOH unter 250 lbs./sq.in. auf 660° oder bei 248° F mit 50% ig. H_2SO_4 behandelt u. durch Umkristallisieren des isolierten Verseifungs-Prod. aus CH_3OH oder $(CH_3)_2CO$ **IV** erhalten. — *Korrosionsverhindernde Zusatzstoffe* zu KW-Stofffölen. (**A. P. 2 898 345** vom 17/2. 1956, ausg. 4/8. 1959.) O. MÜLLER-MEININGEN. H 820

Robert S. Aries, New York, N.Y., V.St.A., **α-Hydroxyisobuttersäure,** F. 72 bis 74°, wird durch Rk. von 1 (Mol) Isobutylen mit mindestens 4 NO_2 bei 0—20°, Entfernen von nicht umgesetztem NO_2 im Vakuum, Zugabe von so viel 5—20% ig. HNO_3, bis das Rk.-Gemisch 50% organ. Verbb. enthält, u. ½—3std. Erwärmen auf 30°, um intermediär gebildete α-Nitratoisobuttersäure zu hydrolysieren, erhalten. — *Zwischen-Prod.* zur Herst. von Methacrylsäure u. ihren Estern. (**A. P. 2 971 981** vom 10/5. 1957, ausg. 14/2. 1961.) O. MÜLLER-MEININGEN. H 850

Farbwerke Hoechst Akt.-Ges., vormals Meister Lucius & Brüning, Deutschland, **Herstellung von Chlorameisensäureestern,** dad. gek., daß Verbb. mit >2 OH-Gruppen bei —20 bis +50° in Ggw. tert. Basen oder ihrer Salze mit überschüssigem $COCl_2$ umgesetzt werden. — Zu 500 cm³ fl. $COCl_2$ wird bei —10° während 15 Min. 4,1 g Dimethylanilinhydrochlorid in 10 cm³ gegeben, 30 Pentaerythrit zugesetzt u. während 90 Std. die Temp. unter Rühren auf +9° steigen gelassen. Das *Tetrachlorformiat*, F. 95°, identifiziert als *Pentaerythrittetra*-[*N-dimethylurethan*], F. 128,5°, wird erhalten. — *Pentaerythrittri-*, *Trimethyloläthantri-*, *Sorbitdi-* u. *-mono-*, *Mannitdichlorformiat.* (**F. P. 1 212 139** vom 16/8. 1958, ausg. 22/3. 1960. D. Prior. 16/8. 1957.) S. BÖTTCHER. H 880

Doittau Products Chimiques, Frankreich, **Herstellung eines Antischaummittels** für die Textil-, Papier- u. Farbenindustrie durch Kondens. eines prim. Diamins $NH_2 \cdot R \cdot NH_2$ mit der äquimol. Menge Monocarbonsäuren $R_1 \cdot COOH$ u. $R_2 \cdot COOH$ oder deren Säurechloriden (R = Alkylrest mit mindestens 4 C-Atomen, bes. 6—25 C-Atomen; R_1 u. R_2 = Alkylreste mit >17 C-Atomen). — 604 (Teile) Stearoylchlorid u. 326 Stearylpropylendiamin (erhalten durch Kondens. von Acrylonitril mit Stearylamin u. anschließende Hydrierung) werden auf 160—175° erhitzt, wobei HCl entwickelt wird. Das gebildete Diamid wird durch katalyt. Hydrierung bei 180—210° u. 200 at H_2-Druck in die Amidoamino-Verb. übergeführt. Diese wird durch Zusatz von 5—10% einer Polyäthoxy-Verb. oder durch Bindung von ca. 5 Mol Äthylenoxid an die Aminogruppe hydrophil gemacht. — Ein Gemisch von 628 Rübölfettsäuren (SZ. 178 mit 60% Eruca-Fettsäure-Geh.) mit 116 Hexamethylendiamin wird 8—10 Std. lang auf 180 bis 190° erhitzt, bis die Kondens. beendet ist u. die SZ. auf 0 gesunken ist. Das Kondens.-Prod. wird partiell hydriert unter Bldg. der Amidoaminoverbindung. (**F. P. 1 201 409** vom 9/4. 1955, ausg. 30/12. 1959.) M. F. MÜLLER. H 910

General Mills, Inc., übert. von: Robert W. H. Chang, St. Paul, und Norval G. Barker, Robbinsdale, Minn., V.St.A., **Metallkomplexe von Glutaminsäuremonoestern.** Wird Glutaminsäure (**I**) verestert u. die Ester unter im wesentlichen neutralen Bedingungen mit der Verb. eines mehrwertigen Metalls in die Metallkomplexe umgewandelt, so werden Prodd. erhalten, die an der Estergruppe reaktionsfähig sind u. der Ammonolyse, Hydrazinolyse u. Hydroxylaminolyse unterworfen werden können. — 252 g wasserfreies HCl werden in 3 Liter abs. CH_3OH eingeleitet, langsam 900 g **I** zugegeben, 4½ Std. lang bei 45—50° gerührt, mehrere Std. lang stehengelassen, mit NH_4OH bis pH 7 neutralisiert, mit W. gekühlt, die Ndd. abgetrennt, das Filtrat eingedampft, abgeschiedene NH_4Cl entfernt, Nd. u. Filtrat vereinigt, in W. gelöst, unter Rühren eine wss. Suspension von $Cu(OH)_2$ (aus 512 g $CuCl_2 \cdot 2\,H_2O$ u. NaOH) zugegeben, mit NH_4OH auf pH 7 eingestellt, gekühlt, der bläuliche Nd. abgetrennt, zweimal mit geringen Mengen W. aufgeschlämmt u. filtriert. Nach 7std. Trocknen im Vakuum bei 80° wird 1020 g *Cu-Komplex* (**II**) von *Glutaminsäure-γ-methylester* erhalten. — Weitere Beispiele für Herst. des *Cu-Komplexes* von *Glutaminsäure-γ-äthylester* u. des *Ni-Komplexes* von *Glutamin*, ferner die Überführung von **II** in *Glutamin* u. *Glutaminsäure-γ-hydrazid* (**A. P. 2 915 540** vom 29/6. 1955, ausg. 1/12. 1959.) A. MOHR. H 950

Monsanto Chemical Co., St. Louis, Mo., übert. von: Stewart R. Montgomery, El Dorado, Ark., V.St.A., **1.3-Bis-[pentaalkyldisiloxanylalkyl]-harnstoffe** der allg. Formel $(R_1R_2R_6SiOSiR_3R_5R_4NH)_2 = C(:O)$, worin R_1, R_2, R_3, R_5 u. R_6 Alkylreste sind u. R_4 einen Alkylrest bedeutet, werden durch Rk. von COS mit Verbb. der allg.

Formel $R_1R_2R_6SiOR_4NH_2$ erhalten. — In einem Druckgefäß werden 0,2 Mol Pentamethyldisiloxanylmethylamin in 20 cm^3 Toluol mit COS bei 100 lbs./sq. in. vernetzt u. 4 Std. lang auf 100° bei 130 lbs./sq. in. erhitzt. Nach Abkühlen, Entspannen u. Verdampfen der Fl. wird *1.3-Bis-[pentamethyldisiloxanylmethyl]-harnstoff*, F. 60—72° (CH_3CN) erhalten. — *Antischaummittel*. (**A. P. 2 966 507** vom 20/12. 1957, ausg. 27/12. 1960.)
J. MÜHLEISEN. H 980

Schering Akt.-Ges., Deutschland, **Herstellung von Polychlorbenzolen,** z. B. *Hexachlorbenzol*, F. 226°, neben wenig *Tetrachlorbenzol*, dad. gek., daß Hexachlorcyclohexan in Ggw. von Adsorptionskohle u. Katalysatoren aus Fe_2O_3 u./oder Al_2O_3 bei $<350°$ chloriert wird. — Vgl. A. P. 2 886 606; C. **1960.** 13196. (**F. P. 72 010** vom 21/6. 1956, ausg. 21/3. 1960. D. Prior. 5/7. 1955. **Zusatz zu F. P. 1 110278; C. 1957. 800.**)
S. BÖTTCHER. H 1010

Uddeholms A/B, Uddeholm, Schweden (Erfinder: A. B. G. J. Sjöberg, B. G. Berglund und F. B. G. Axelsson), **Herstellung von Pentachlorphenol mit einem Erstarrungspunkt von mindestens 177°.** Ein Gemisch von 2,25 Mol NaOH, 1 Mol Hexachlorbenzol u. ausreichender Menge Glykol, z. B. Äthylen- oder Propylenglykol, wird auf 140—150° erhitzt. Nach dem Abkühlen wird mit W. verd. u. *Pentachlorphenol* mit HCl ausgefällt. Das ausgefällte Prod. wird mit CCl_4 extrahiert. (**Schwed. P. 164 677** vom 10/7. 1953, ausg. 16/9. 1958.) K. H. KÄHLER. H 1060

B. G. Jassnitzkij und Je. B. Dolberg, **Herstellung von Styrolchlorhydrin** durch Einleiten von Cl_2 in wss. Styrolemulsion in Ggw. oberflächenakt. Stoffe. — 40 (g) Styrol, 1800 W. u. 0,2 Emulgator werden 30 Min. lang mit 300 U/min gerührt, danach wird bei 38° 30 Min. lang ein Cl_2-Strom von 1 g/min eingeleitet. Das Ende der Rk. wird durch Gelbfärbung der Lsg. angezeigt. Die Chlorhydrinschicht wird abgetrennt, die wss. Schicht mit Dichloräthan extrahiert. Es werden 68 techn. *Styrolchlorhydrin* mit einem Geh. von 34,4 g reinem Prod. erhalten; 57,4% (Ausbeute). (**UdSSR. P. 118 261** vom 8/5. 1958.) L. GROSSNER. H 1070

Trustees of the University of Pennsylvania, Philadelphia, Pa., übert. von: Marvin Carmack, Bloomington, Ind., und John F. Harris jun., Wilmington, Del., V.St.A., **S-Nitrophenylcarboxyalkyldisulfide,** der allg. Formel R—S—S—R'—COOH, *deren Salze und Ester* (R = Nitrophenyl mit 1 oder 2 NO_2-Gruppen; R' = offenkettiger KW-Stoffrest, der noch Acyl enthalten kann) werden durch Rk. von 1 Mol eines Sulfenylhalogenids der allg. Formel R—S—X (X = Cl, Br) mit einer Mercaptocarbonsäure der allg. Formel HS—R'—COOH erhalten. Es kann auch ein Dithiohalogenid der allg. Formel $R—(S)_2X$ mit einem Keten umgesetzt u. anschließend hydrolysiert werden. Die Säuren sind in Alkalien löslich. — Aus 1 (Teil) frischdest. Thioglykolsäure in 10 abs. Ae. u. 2,6 o-Nitrobenzolsulfenylchlorid in 60 abs. Ae. bei Raum-Temp. → *o-Nitrophenylcarboxymethyldisulfid*, $C_8H_7NO_4S_2$, F. 119—120°, aus Bzl. gelbe Prismen; auch erhältlich aus o-Phenyldithiochlorid u. Keten in abs. Ae. u. Hydrolyse mit kaltem H_2O. — 2.4-Dinitrobenzolsulfenylchlorid → *2.4-Dinitrophenylcarboxymethyldisulfid*, aus H_2O. — 2.4-Dinitrobenzolsulfenylchlorid → *2.4-Dinitrophenylcarboxymethyldisulfid*, F. 138—139°, aus Bzl. gelbe Platten. — δ-Mercaptovaleriansäure → *2.4-Dinitrophenyl-4-carboxybutyldisulfid*, F. 124—125°, aus Bzl. gelbe Prismen. — o-Nitrophenyldithiochlorid u. Acetessigsäureäthylester → *α.o-Nitrophenyldisulfidoacetessigsäureäthylester*, $C_{12}H_{13}NO_5S_2$, F. 82—83°, aus Hexan gelbe Prismen u. Nadeln. — *2.4-Dinitro-5-carboxypentyl-*, F. 117°; *2-Nitrophenyl-5-carboxypentyl-*, F. 82—82,5°; *2.4-Dinitrophenyl-3-carboxypropyl-*; *2-Nitrophenyl-3-carboxypropyl-*; *2-Nitrophenyl-2-methoxycarbonylmethyl-*; *2.4-Dinitrophenyl-2-methoxycarbonyläthyldisulfid*; *[4-Nitrophenylthio]-essigsäure, Na-Salz*, *[2-Nitrophenyldithio]-propionsäure, K-Salz.* Durch Red. der Nitrogruppe z. B. mit Zn u. HCl entstehen die entsprechenden *Aminothiophenole*, deren Diazoniumsalze sich mit α-Naphthol zu *Azofarbstoffen* kuppeln lassen. — *Zwischenprodd.*, bes. für *Farbstoffe*; *Zusatzmittel* zu *Kautschuk*; *Fungicide*, bes. gegen *frühen Tomatenmehltau.* (**A. P. 2 849 479** vom 12/9. 1956, ausg. 26/8. 1958.) G. KRAUSS. H 1090

Monsanto Chemical Co., V.St.A., **Herstellung von Säureamiden,** dad. gek., daß ein prim. oder sek. Amin oder deren Hydrochloride in Hexan oder Bzl. mit etwa der gleichmol. Menge Säurechlorid in Abwesenheit von Alkali oder anderen Aminen unter HCl-Entw. auf 60° erwärmt werden. — *N.N-Diallyl-α-chloracetamid*, $Kp._{1,2}$ 89,5 bis 92°, aus Diallylamin u. Chloracetylchlorid. — *N-Methyl-m-methylbenzanilid*, $Kp._{0,5}$ 128 bis 132°, aus m-Toluylchlorid u. N-Methylanilin. — *N-[p-Methoxyphenyl]-p-methoxybenzamid*, F. 203—204°, aus p-Anisidin u. Anisoylchlorid. — *Butyranilid*, F. 92—94°, aus Anilin u. Butyrylchlorid. — *N.N-Diphenylbenzamid*, aus Diphenylamin u. Benzoylchlorid. — *N-Benzyl-p-nitrobenzamid*, aus Benzylamin u. p-Nitrobenzoylchlorid. —

N-Chloracetylmorpholin, $Kp._{1,5}$ 120—122°, aus Morpholin. — *N-[β-Methoxyäthyl]-α-chloracetamid*, $Kp._{0,9}$ 84—88°, aus β-Methoxyäthylamin. — *N.N-Diäthyl-α-chloracetamid*, $Kp._{1,2}$ 72°, n_D^{25} 1,4687, aus Diäthylamin. — *N-Butyl-o-chlorbenzamid*, $Kp._{0,5}$ 125°, F. 76 bis 80°, aus n-Butylamin u. o-Chlorbenzoylchlorid. (**F. P. 1 219 756** vom 6/4. 1959, ausg. 19/5. 1960.) S. BÖTTCHER. H 1210

Allied Chemical & Dye Corp., New York, N.Y., übert. von: Robert E. Miller und Rudolph Rosenthal, East Lansdowne, Pa., V.St.A., **Darstellung von Dialkylestern von Isophthalsäure und Terephthalsäure.** Das Nitril wird mit 5—7 Mol H_2SO_4 u. 2—4,5 Mol W. bei 30—80° gemischt u. dabei entstandenes Phthalamid bei 65—200° mit dem Veresterungsalkohol umgesetzt. Beispiele: Herst. von *Terephthalsäuredimethylester* in 92—98%ig. Ausbeute u. 95—99%ig. Reinheit. (**A. P. 2 809 208** vom 13/12. 1954, ausg. 8/10. 1957.) L. STADELMANN. H 1220

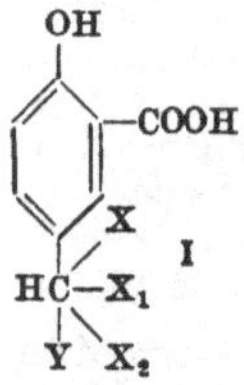
I

Jacques Servier, Frankreich, **Herstellung von Salicylsäurederivaten** der allg. Formel **I** (X, X_1 u. X_2 = Halogen; Y = Halogen, OH-, Alkoxy- oder Aryloxyrest), dad. gek., daß die Säure, ihre Ester oder Äther mit einer Verb. $(X)(X_1)(X_2)$—C—CH(Y)(Z) (Z = Halogen, OH-, Alkoxy-, Aryloxyrest), z. B. Chloralhemiäthylacetal, Chloraläthylacetal oder Tetrachloräthylmethyläther umgesetzt werden. — *2-Hydroxy-5-[β.β.β-trichlor-α-hydroxyäthyl]-*, F. 173—174°, u. *2-Hydroxy-5-α.β.β.β-tetrachloräthyl]-benzoesäure*, F. 162°. (**F. P. 1 223 654** vom 12/2. 1959, ausg. 20/6. 1960.) S. BÖTTCHER. H 1250

Rohm & Haas Co. (Erfinder: Edward Broderick), **Herstellung von hochmolekularen sekundären Aminen** der allg. Formel **I** (R^1 = Alkylrest mit 9—15 C-Atomen, R^2 = H oder CH_3, R^3, R^4, R^5 = Alkylreste mit zusammen 7—23 C-Atomen) durch Alkylieren von Bzl. mit einer Verb., die die gewünschte Anzahl von C-Atomen für R^1 liefern kann, Halogenmethylieren des erhaltenen Prod. u. Rk. des Alkylbenzylhalogenids mit einem Alkylamin der Formel $H_2N—C(R_3)(R_4)(R_5)$. — Beispiele: *Nonylbenzyl-tert.-octylamin*, $Kp._5$ 175—200°; *Nonylbenzyl-tert.-dodecylamin*, $Kp._5$ 201—230°; *Dodecylbenzyl-tert.-octylamin*, $Kp._5$ 200—210°; *Dodecylbenzyl-tert.-dodecylamin*; *Pentadecylbenzyl-tert.-octylamin*; *Methyldodecylbenzyl-tert.-octadecylamin*, $Kp._{0,7}$ 120—154°. Verw. in der *Hydrometallurgie zur Abtrennung von Metallen aus ihren wss. Salzlösungen.* (**Aust. P. 223 561** vom 24/12. 1957, ausg. 17/9. 1959. A. Prior. 7/1. 1957.) K. DEMMLER. H 1310

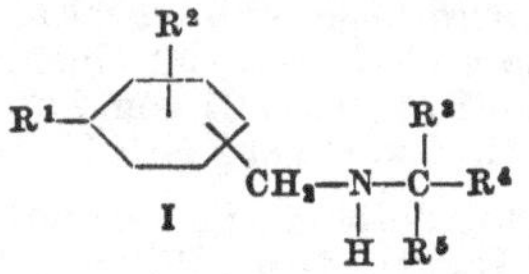
I

Dow Chemical Co., Midland (Erfinder: Frederick John Soderquist, Essexville, und James Lawrence Amos, Midland), Mich., V. St. A., **Fast indenfreies o-Vinyltoluol** wird durch Dehydrieren eines Gemisches aus 1 Teil o-Äthyltoluol u. 0,5—5 Teilen Wasserdampf, ggf. in Ggw. weiterer Verdünnungsmittel (CO_2, CH_4, Bzl.-Dampf), bei einer Raum-Geschw. von 0,3—10 g je cm^3 Katalysator je Std. bei 450—750° u. Ca-Ni-Phosphat als Katalysator (erhältlich nach Ind. Engg. Chem. **43.** [1951.] 2871) erhalten. Verhältnis von Inden : o-Vinyltoluol = 0,027. (**A. P. 2 909 573** vom 30/9. 1957, ausg. 20/10. 1959. **D. A. S. 1 069 141** Kl. 12o vom 27/8. 1958, ausg. 19/11. 1959. **E. P. 839 612** vom 3/7. 1958, ausg. 29/6. 1960. Beide A. Prior. 30/9. 1957.) G. KRAUSS. H 1410

Dow Chemical Co., übert. von: Dale N. Robertson, Midland, Mich., V.St.A., **Nitrostilbene** der allg. Formel **I** werden durch Rk. eines Aldehyds der allg. Formel **II** mit einem prim. Amin der allg. Formel R'—NH_2 in Ggw. eines mit W. nicht mischbaren Lsgm. (Bzl., Cyclohexan) u. weiterer Rk. der entstandenen SCHIFFschen Base der allg. Formel **III** mit einem Nitromethan der allg. Formel R—CH_2—NO_2 (erhältlich aus Benzylbromid der allg. Formel R—CH_2Br u. $NaNO_2$ bei —20 bis —15° in Dimethylformamid) in Ggw. einer Carbonsäure (Essig-, Propion-, Buttersäure) bei 20—40° erhalten (ein X = OH, die übrigen X u. Y = H, Halogen, NO_2, Alkyl mit 1—4 C-Atomen, Phenyl; R = Phenyl, das noch Alkyl, Alkoxy, Cl, F, NO_2, J u. Phenyl enthalten kann; R' = Alkyl mit 3—6 C-Atomen). — Aus 0,1 Mol n-Butylamin u. 0,1 Mol 3-Hydroxybenzaldehyd in 75 cm^3 Bzl. unter azeotroper Entfernung des W. → N-[3-Hydroxybenzyliden]-n-butylamin, F. 123,6—124,2°; Nadeln; 62,6% Ausbeute; aus 0,05 Mol davon u. 0,05 Mol Phenylnitromethan (**IV**) in 25 cm^3 Eisessig bei Raum-Temp., dann Eingießen in Eiswasser **u.**

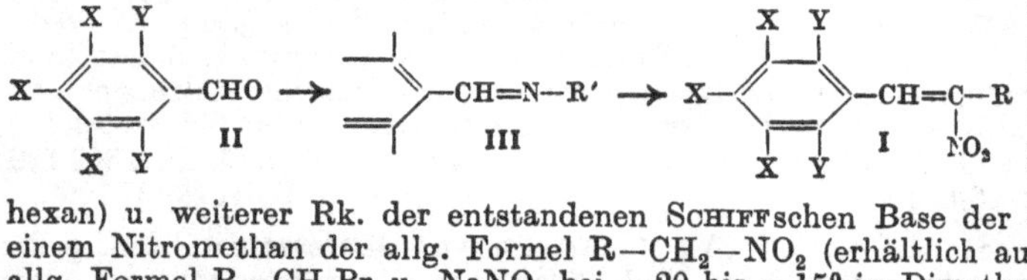

Filtrieren → *3-Hydroxy-α'-nitrostilben*, F. 120—125° (verd. Essigsäure). — Analog werden folgende *α'-Nitrostilbene* hergestellt: 4-Hydroxybenzaldehyd → N-[4-Hydroxybenzyliden]-n-butylamin + **IV** → *4-Hydroxy-*, F. 144,5—147°; aus A. orangefarbene Nadeln. — 2.6-Dichlor-3-hydroxybenzaldehyd → N-[2.6-Dichlor-3-hydroxybenzyliden]-n-butylamin + **IV** → *2.6-Dichlor-3-hydroxy-*, F. 170—171,3° (A.); 91%. — 3-Brom-4-hydroxybenzaldehyd → N-[3-Brom-4-hydroxybenzyliden]-n-butylamin + **IV** → *3-Brom-4-hydroxy-*. — 2-Chlor-**IV** → *3-Brom-2'-chlor-4-hydroxy-*. — 2-Chlor-3-hydroxy-4-nitrobenzaldehyd + n-Propylamin → N-[2-Chlor-3-hydroxy-4-nitrobenzyliden]-n-propylamin + 2-Chlor-**IV** → *2.2'-Dichlor-3-hydroxy-4-nitro-*. — 2-Äthyl-4-hydroxybenzaldehyd + n-Amylamin → N-[2-Äthyl-4-hydroxybenzyliden]-n-amylamin + 4-Nitro-**IV** → *2-Äthyl-4-hydroxy-4'-nitro-*. — 4-Hydroxy-2-jodbenzaldehyd → N-[4-Hydroxy-2-jodbenzyliden]-n-butylamin + 4-Äthyl-**IV** → *4'-Äthyl-4-hydroxy-2-jod-*. — *Zwischenprodd.* bes. zur Herst. von *Hydroxyaralkylaminen*; *Baktericide, Fungicide, Insekticide* bes. für *Seifen* u. *Textilien*, bes. gegen *Staphylococcus aureus* u. *Rhizopus nigricans*. (**A. P. 2 914 570** vom 18/10. 1956, ausg. 24/11. 1959.) G. Krauss. H 2210

Dow Chemical Co., übert. von: James Hiram Fookes, Hope, Earl Lyman Pelton und Merton Wayne Long jun., Midland, Mich., V.St.A., **4.4'.6.6'-Tetra-tert.-alkyl-o.o'-bis-phenole** werden durch Oxydation von 2.4-Di-tert.-butylphenol (**I**) bzw. 2.4-Di-tert.-amylphenol (**II**) mit einem O_2-haltigen Gas in Ggw. eines wss. Alkalihydroxids (**III**) zwischen 20 u. 300° u. einem Druck, der zwischen Atmosphärendruck u. 1250 lbs./sq.in. liegen kann, erhalten. Die Konz. der wss. **III**-Lsg. kann zwischen 5 u. 1200 g **III** pro kg W. betragen. Der **I**- bzw. **II**-Geh. der **III**-Lsg. kann so bemessen sein, daß das Gemisch eine dicke, pastenartige, aber beim Mischen nicht zur Krümel-Bldg. neigende Konsistenz aufweist; doch kann er auch bis herunter zu < 1 Mol **I** bzw. **II** pro kg **III**-Lsg. betragen. Werden z. B. 20,6 g 95%ig. **I** in einer auf 80° erhitzten Lsg. von 32 g 97%ig. NaOH in 160 g W. unter Rühren mit O_2 oxydiert, das Gemisch nach Zusatz von 60 ml konz. H_3PO_4 u. 2 Liter W. u. Entfernen von nicht umgesetztem **I** durch Wasserdampf-Dest. aufgearbeitet, so werden 19,8 g hellgelbes *4.4'.6.6'-Tetra-tert.-butyl-o.o'-bisphenol*, F. 193—195°, erhalten. Aus 80%ig. **II** (Rest 2.4-Di-sek.-butylphenol) wird entsprechend ein hellgelbes fl. Bis-phenol, $Kp._{0,4}$ 190 bis 270°, erhalten. (**A. P. 2 885 444** vom 5/3. 1958, ausg. 5/5. 1959.) A. Mohr. H 2260

Imperial Chemical Industries Ltd. (Erfinder: Robert Alexander Edington und Isaac Goodman), **Herstellung von Benzol-1.4- oder Naphthalin-2.6-disulfonsäure** durch Erhitzen der Alkalisalze der Benzol-1.3- oder Naphthalin-2.7-disulfonsäuren bei 375—600° unter erhöhtem Druck in Ggw. einer Schwermetall-Verb. als Katalysator. — Beispiel: Wasserfreies Di-Na-benzol-1:3-disulfonat wird mit HgO versetzt u. unter CO_2 bei 4 at 6 Std. lang auf 425° erhitzt u. *Benzol-1:4-disulfonsäure* aus dem wss. Auszug des erhaltenen Erhitzungs-Prod. mit einem aktivierten Kationenaustauschharz erhalten. (**Aust. P. 223 202** vom 17/7. 1957, ausg. 27/8. 1959. E. Prior. 23/7. u. 5/11. 1956.) K. Demmler. H 2700

N. V. de Bataafsche Petroleum Mij., Holland, **Herstellung von Diels-Alder-Additionsprodukten**, dad. gek., daß in Hexachlorcyclopentadien (**I**) bei —40 bis +50°, bes. —20 bis +10°, u. 35 at, bes. 10,5—25 at, 30—55 Mol-% C_2H_2 eingeleitet u. die Lsg. in mehreren Stufen bei 10,5—140 at auf 75—300°, bes. 150—175°, erwärmt wird. Ca. 50 Mol-% *1.2.3.4.7.7-Hexachlorbicyclo-*[*2.2.1*]*-heptadien-*(*2.5*) wird erhalten, abgetrennt u. der Rückstand mit Bicyclo-[2.2.1]-heptadien-(2.5) versetzt, wobei durch Erhitzen auf 50—200°, bes. 75—125°, mit **I** *1.2.3.4.10.10-Hexachlor-1.4.4a.5.8.8a-hexahydro-1.4-endo-exo-5.8-dimethanonaphthalin* (*Aldrin*) entsteht. (**F. P. 1 216 318** vom 2/10. 1958, ausg. 25/4. 1960.) S. Böttcher. H 2950

Hans Groß und Alfred Rieche, Berlin, **Herstellung von d-Chloralkenoxiden** durch Chlorierung von Alkenoxiden in fl. Phase, vorzugsweise in Lsgm., bes. CCl_4, unter UV-Belichtung. — In die Lsg. von 13,2 (Teilen) Äthylenoxid in 50 CCl_4 werden unter Eiskühlung u. UV-Belichtung 7,1 Cl_2 eingeleitet; das Rk.-Prod. wird destilliert. Die Fraktion mit Kp. 40—55° enthält das gesamte *Chloräthylenoxid*, verunreinigt mit CCl_4; aus dem Rückstand kann *Äthylenchlorhydrin* gewonnen werden. — Analog *α-Chlorpropenoxid*, Kp. 70—80°. (**D. P. [DDR] 21 197** Kl. 12o vom 21/10. 1958, ausg. 18/4. 1961 [Wirtschaftspatent].) L. Grossner. H 3030

Merck & Co., Inc. (Erfinder: John Douglas Garber und Robert Ellery Jones), **Herstellung von 5-Hydroxymethylfurfurol (I)**. Eine wss. Lsg. von Saccharose, Glucose, Fructose, Invertzucker, Fructosan, hydrolysiertem Holz oder hydrolysierter Stärke in wss. Lsg. evtl. unter Zusatz einer organ. Säure, bes. Lävulinsäure, als Katalysator wird auf 250° erhitzt. Günstig ist der gleichzeitige Zusatz eines Lsgm. für **I**. bes. Furfurol, um das gebildete **I** schnell aus dem Rk.-Gemisch zu entfernen. (**Aust. P. 227 514** vom 7/11. 1957, ausg. 28/4. 1960. A. Prior. 26/11. 1956.) C. Lüttgen. H 3061

J. R. Geigy Akt.-Ges., Basel, Schweiz, **Herstellung von Verbindungen der Isoindolinonreihe** der allg. Formel I (—OR und —OR′ = Reste von bes. niedermol. Monoalkoholen oder gemeinsam = Rest eines Dialkohols; A = ggf. substituierter aromat. Ring) werden erhalten durch Rk. von o-Cyanarylcarbonsäureestern, die ggf. inerte Substituenten, wie Alkyl-, Alkoxy-, Aryloxy-, Alkyl- u. Arylsulfongruppen, tert. Aminogruppen u. Halogene, tragen, mit Mono- oder Dialkoholen in Ggw. von Alkalien oder Erdalkalien. Durch Kondens. dieser Verbb. mit polyprim. Aminen werden *Azomethinfarbstoffe* erhalten, die bes. in organ. Kunststoffen wegen ihrer Licht- u. Migrationsechtheit wertvoll sind. — 2,3 (Gew.-Teile) Na werden in 200 CH_3OH gelöst u. 15 3.4.5.6-Tetrachlor-2-cyanbenzoesäuremethylester (II; F. 83—84°) zugesetzt. Nach 3std. Stehen wird in 1 Liter n-Essigsäure gegossen u. filtriert. Es werden 15 Teile *4.5.6.7-Tetrachlor-3.3-dimethoxyisoindolinon-(1)*, sintert bei 145° unter Zers., erhalten. — Analog folgende Isoindolinone-(1): *4.5.6.7-Tetrachlor-3.3-diäthoxy-*, sintert bei 160° (Zers.). — *4.5.6.7-Tetrachlor-3.3-dibutoxy-*, sintert bei 114—116° (Zers.) u. die entsprechenden *3.3-Dibenzyloxy-* u. *3.3-Bis-[methoxyäthoxy]-Verbb.*, gelbliche Öle. — *4.7-Dichlor-3.3-dimethoxy-*, aus 3.6-Dichlor-2-cyanbenzoesäuremethylester (F. 108—109°). — *4.5.6.7-Tetrachlor-3.3-äthylendioxy-*, F. 250—255°, aus Äthylenglykol u. II. — *4.5.6.7-Tetrachlor-3.3-propylendioxy-*, F. 190 bis 193°, aus Propandiol. — *4.5.6.7-Tetrachlor-3.3-dicyclohexyloxy-* u. *4.5.6.7-Tetrachlor-3.3-bis-[dimethylaminoäthoxy]-*, Öle, aus II u. Cyclohexanol bzw. Dimethylaminoäthanol. (**Oe. P. 207 835** vom 18/12. 1958, ausg. 25/2. 1960. Schwz. Prior. 19/12. 1957.)

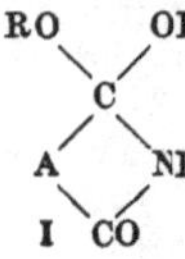

L. GROSSNER. H 3081

Olin Mathieson Chemical Corp., V.St.A., **Herstellung von 1-[n-Butyl]-boracylopentan (I).** Eine GRIGNARD-Verb. des 1.4-Dibrombutans wird mit Di-n-Butylchlorboran in Ae.-Lsg. umgesetzt u. I abdest.; $Kp._{75}$ 79—79,5°. (**F. P. 1 194 609** vom 11/4. 1958, ausg. 10/11. 1959.) T. OPPERMANN. H 3091

Ciba Ltd., Basel, Schweiz, **Herstellung von 2-Aryl-3-aminopyrazolen.** 34 (g) 100%ig. H_2O_2 als 30%ig. Lsg. werden tropfenweise unter Eiskühlung bei 15—20° zu einer Lsg. aus 161,2 N-Phenyl-N′-[β-cyanäthyl]-hydrazin, 0,65 $Fe_2(SO_3)_2$ u. 5 konz. H_2SO_4 in 325 W. gegeben, worauf die ölige Phase mit Chlf. extrahiert, mit $NaSO_4$ getrocknet u. im Vakuum bei 90—100° Chlf. abdest. wird; 159,2 des Rückstandes werden 1 Std. lang bei 90—95° in eine Lsg. von 4,4 NaOH in 500 W. gerührt, mit Chlf. extrahiert, der Extrakt aufgearbeitet, bei 138—140° u. 0,1 Torr dest. u. das Destillat aus Toluol umkristallisiert. *2-Phenyl-3-aminopyrazol*, F. 50—51°. (**Ind. P. 62 980** vom 29/1. 1958, ausg. 31/7. 1959. E. Prior. 3/9. 1957.) C. LÜTTGEN. H 3122

Betsy Hellinghuizer, Holland, **Herstellung von 3-[5′-Nitrofurfurylidenamino]-oxazolidinon-(2),** F. 246—248°, dad. gek., daß 5-Nitrofurfurol in Ggw. von H_2SO_4 mit N-Formylamino- oder N-Acetylaminooxazolidinon-(2) umgesetzt wird. (**F. P. 1 215 537** vom 24/5. 1957, ausg. 19/4. 1960. Holl. Prior. 15/4. 1957.) S. BÖTTCHER. H 3132

Cilag Akt.-Ges., Schaffhausen (Erfinder: Hans Suter, Dörflingen, Ernst Habicht, Schaffhausen, und Henry Martin, Zürich), Schweiz, **Herstellung von neuen Schiffschen Basen** der allg. Formel I, in welcher R_1 einen aromat. oder heterocycl. Rest, X einen geraden oder verzweigten Alkylen- oder Alkenylenrest oder reine direkte C-Bindung u. R_2 u. R_3 = H oder niedrige Alkylreste darstellen, dad. gek., daß ein o-Aminomethylaminopyridin mit einer Verb., die den Rest der Formel R_1—X—CH< zu liefern vermag, umgesetzt wird. —

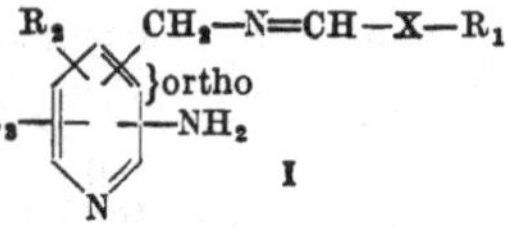

Aus 2-Amino-6-methyl-3-aminomethylpyridinhydrochlorid (II) in CH_3ONa u. p-Acetamidobenzaldehyd in abs. CH_3OH → *2-Amino-6-methyl-3-[p-acetamidobenzal]-aminomethylpyridin*, F. 180—181°; aus II u. p-Dimethylaminobenzaldehyd analog → *2-Amino-6-methyl-3-[p-dimethylaminobenzal]-aminomethylpyridin*, F. 135—136°; aus 2-Amino-3-aminomethyl-6-methylpyridin u. Benzaldehyd → *2-Amino-6-methyl-3-benzalaminomethylpyridin*, F. 147—149°; aus 2-Amino-6-methyl-3-aminomethylpyridin (III) u. 4-Benzyloxybenzaldehyd → *2-Amino-6-methyl-3-[4′-benzyloxybenzal]-aminomethylpyridin*, F. 129—131°; aus III u. 5-Nitrofurfurol → *2-Amino-6-methyl-3-[5′-nitrofurfural]-aminomethylpyridin*, F. 154°. Analog können hergestellt werden: ([*2-Amino-6-methyl-*] = **A**) **A**-*3-[4′-isopropylbenzal]-aminomethylpyridin*, F. 128—130°; **A**-*3-[4′-nitrobenzal]-aminomethylpyridin*, F. 142—144°; **A**-*3-[4′-chlorbenzal]-aminomethylpyridin*, F. 167—169°; **A**-*3-cinnamalaminomethylpyridin*, F. 136—138°; **A**-*3-[pyridal-(2′)]-aminomethylpyridin*, F. 114—115°; **A**-*3-[pyridal-(3′)]-aminomethylpyridin*, F. 171—174°, u. **A**-*3-[pyridal-(4′)-aminomethylpyridin*, F. 129—132°. (**Schwz. P. 331 989** vom 8/12. 1954, ausg. 30/9. 1958.) W. HEYER. H 3231

Koppers Co., Inc., übert. von: Gaetano F. D'Alelio, Pittsburgh, Pa., V.St.A., **Ungesättigte Dicarbonsäuremono- und -diamide** der allg. Formel Y—OC—CH=C(R')—CO—Z (Y = Z oder RO— oder $[R]_2N$—; R = H, Alkyl, Aryl, Aralkyl, Alkaryl, Cycloalkyl, die noch Halogen, Acyloxy oder Alkoxy enthalten können; wenn Y = $[R]_2N$— ist, dann können die beiden R zusammen mit N einen heterocycl. Ring bilden; R' = H, Methyl; Z = —NR''—Pyrimidin; R'' = H, Alkyl; Pyrimidin 4-Amino-, 4-Aminodi- u. -trialkylpyrimidin) werden durch Rk. des ungesätt. Dicarbonsäureanhydrids oder Säurechlorids (herstellbar mit $SOCl_2$) mit dem entsprechenden Aminopyrimidin erhalten. Eine Carboxylgruppe kann vor oder nach der Amidierung verestert oder mit NH_3 oder einem anderen Amin ebenfalls amidiert werden. — Aus 0,2 (Mol) Maleinsäureanhydrid u. 0,2 4-Amino-2.6-dimethylpyrimidin in 150 cm^3 Ae. durch $^1/_2$std. Kochen → *N-[2.6-Dimethylpyrimidyl-(4)]-maleinsäuremonoamid*; aus 0,2 davon in wenig W. u. 0,2 NaOH unter Verjagen des W. → Na-Salz, daraus mit 0,2 Dimethylsulfat in Ae. → *N-[2.6-Dimethylpyrimidyl-(4)]-maleinsäuremonomethylestermonoamid*. Mit $SOCl_2$ → Säureamidchlorid + Dimethylamin in Ae. → *N-Dimethyl-N'-[2.6-dimethylpyrimidyl-(4)]-maleinsäurediamid*. — *N.N'-[2.6-Dimethylpyrimidyl-(4)]-maleinsäurediamid*. — *N-[2.6-Dimethylpyrimidyl-(4)]-maleinsäureäthylestermonoamid*. Ebenso können amidiert u. verestert werden: Fumar-, Citracon- u. Mesaconsäure. R der allg. Formel kann noch sein: Propyl, Butyl, Amyl, Hexyl, Decyl, Chlormethyl, -äthyl, Cyclohexyl, Propylcyclopentyl, Dimethyl-, Chlorcyclohexyl, Phenyl, Chlorphenyl, Xenyl, Naphthyl, Tolyl, Chlortolyl, Xylyl, Äthylphenyl, Isopropylphenyl, Benzyl, Chlorbenzyl, Phenylbutyl, Acetoxyäthyl, -phenyl, -benzyl, -tolyl, -cyclohexyl, Methoxypropyl, -phenyl, -benzyl, -tolyl, -cyclohexyl, Piperidyl, Piperazino, Morpholino. Die Amide lassen sich mit Acrylsäurenitril z. B. in Ggw. von NH_4-Persulfat *mischpolymerisieren*, wodurch mit *sauren Farbstoffen färbbare Polymere* erhalten werden, die zu Fasern, Fäden u. Filmen verarbeitbar sind. Weitere Mischpolymere sind herstellbar mit: Acrylsäureestern, -amiden, Vinylestern, Vinylacetat, Itaconsäureestern, -amiden, Vinylfluorid, Vinylidenfluorid, Tetrafluoräthylen, Trifluorchloräthylen, Vinylnaphthalinen, Styrol, Methylstyrol, Mono-, Di- u. Trichlor-, Cyan-, Alkylstyrol. Das Acrylonitrilmischpolymere ist lösl. in N.N-Dimethylacetamid, -formamid, Butyrolacton, Äthylencarbonat, N.N-Dimethylmethylurethan, Äthylencarbamat oder N-Methyl-2-pyrrolidon auch im Gemisch mit N.N-Dimethylcyanamid, Methylendinitril, Methylendithiocyanat, Formylcaprolactam, Formylmorpholin, Tetramethylensulfon u. Nitroalkanen. (**A. P. 2 850 484** vom 26/6. 1953, ausg. 2/9. 1958.) G. KRAUSS. H 3272

Dr. Karl Thomae G.m.b.H., Biberach a. d. R., **Herstellung von 4-Oxo-2-[halogenalkyl]-2.3-dihydrobenzo-1.3-oxazinen,** dad. gek., daß einggf. halogeniertes Salicylamid u. Acrolein in Propionsäure bei < 50° mit Halogenwasserstoffgas u. W. bzw. Halogenwasserstoffsäuren behandelt, das Rk.-Gemisch in W. einlaufen gelassen u. aus CH_3O_2 oder A. umkrist. wird. — *4-Oxo-2-[β-chloräthyl]-2.3-dihydrobenzo-1.3-oxazin*, F. 146—147° (Zers.), aus Salicylamid (I), gelöst in konz. HCl, u. Acrolein u. Verdünnen mit W. oder aus I, in HCl u. HCOOH gelöst, oder aus I in Propionsäure u. Einleiten von HCl. — *4-Oxo-2-[β-bromäthyl]-*, F. 129° (Zers.), u. *6-Brom-4-oxo-2-[β-chloräthyl]-2.3-dihydrobenzo-1.3-oxazin*, aus 5-Bromsalicylamid. (**Oe. P. 206 897** vom 29/7. 1958, ausg. 28/12. 1959. D. Prior. 30/8. 1957. **Zusatz zu Oe. P. 200 152; C. 1960. 13459.**)
S. BÖTTCHER. H 3282

Établissements Clyn-Byla, Seine, Frankreich (Erfinder: Josef Schmitt), **Herstellung von substituierten Diphenylaminen und Phenothiazinen.** Aniline u. Phenole werden in Ggw. eines wasserabspaltenden Mittels in inerter Gasatmosphäre in der Hitze zu entsprechenden *Diphenylaminen* kondensiert, wobei das W. mit einem Schleppmittel (Toluol, Xylole, Tetralin, Dekalin, Anisol) entfernt wird; die Diphenylamine werden durch Schmelzen mit S in die entsprechenden *Phenothiazine* übergeführt. — Diphenylamine: *3-Chlor-3'-hydroxy-* (I), Kp.$_{0,4}$ 180—195°, durch Kochen von 255 (g) m-Chloranilin, 242 Resorcin, 16 $ZnCl_2$ u. 60 ml Xylol unter weiterer Zugabe von Xylol bis zur Abscheidung der theoret. Menge W., Dampf-Dest. u. Ausziehen des Rückstandes mit Essigester; 68% (Ausbeute). *Benzoat*, $C_{19}H_{14}ClNO_2$. — *3-Chlor-3'-methoxy-* (II), Kp.$_{0,2}$ 153—156°, durch Zugabe von 300 ml 10n NaOH zu 300 I, 375 $(CH_3O)_2SO_2$ u. 1500 ml A. bei 20—25°, Verdünnen u. Ausziehen mit Essigester; 95%. — *3-Hydroxy-4'-methoxy-*, Kp.$_1$ 220—230°, analog I aus p-Anisidin; 58%. — *3.4-Dimethoxy-*, F. 68°, Kp.$_1$ 185—190°; 85%. — *3-Hydroxy-*, F. 78—80°, Kp.$_1$ 160—175°, aus Anilin; 85%. — *3-Methoxy-*, Kp.$_1$ 155—165°; 96%. — *3-Acetoxy-*, $C_{14}H_{13}NO_2$, F. 89° (CH_3OH). — *2-Hydroxy-*, F. 57° (CH_3OH), Kp.$_1$ 130—140°, aus Brenzcatechin; 70%. — *3-Hydroxy-3'-methoxy-*, Kp.$_{0,7}$ 189—191°; 75%. — *3.3'-Dimethoxy-*, Kp.$_{0,5}$ 170—180°. — *2-Hydroxy-4'-methoxy-*, Kp.$_{0,5}$ 185—200°. — *3-Hydroxy-4'-chlor-*, Kp.$_{0,5}$ 185—195°, F. 109—110°; 63%. — *3-Methoxy-4'-chlor-*, F. 79—80°, Kp.$_{0,7}$ 167—172°. — Phenothiazine: *6-Chlor-*

3-methoxy-, $C_{13}H_{10}ClNOS$, F. 204—205°, Kp.$_{0,6}$ 230—240°, durch Erhitzen von 292 **II** mit 80 S-Blume auf 170—175° unter N_2, Zugabe von 1,25 Jod u. später von Bzl.; 69%. — *6-Chlor-3-hydroxy-*, $C_{12}H_8ClNOS$, schmilzt nicht bis 250°, durch Erhitzen von 5 vorst. Verb. mit 5 Pyridinhydrochlorid auf 200°, Behandeln mit W. u. Umkristallisieren aus Xylol. — *3.7-Dimethoxy-*, F. 154° (Toluol); 45%. — *3-Acetoxy-*, $C_{14}H_{11}NO_2S$, F. 184° (A., dann CH_3OH). — *4-Hydroxy-*, $C_{12}H_9NOS$, F. 133—134°; 60%. — *4-Methoxy-*, F. 98—99°. — *3-Hydroxy-*, F. 213°. — *3-Methoxy-*, F. 187—188°. — *1-Methoxy-*, F. 98 bis 99°. — *3.6-Dimethoxy-*, F. 174—175°. — *3-Methoxy-7-chlor-*, F. 176—177°. (**F. P. 1 173 121** vom 20/5. 1955, ausg. 20/2. 1959.) H.-J. NITZSCHKE. H 3292

American Cyanamid Co., V.St.A. (Erfinder: Frederic Charles Schaefer und Grace Ann Peters), **Herstellung trisubstituierter 1.3.5-Triazine,** dad. gek., daß Gemische aus einem Iminoäther mit einem seiner Salze bei 150—200° trimerisiert werden. — Ein Gemisch aus 0,26 (Mol) Acetimidoäthyläther (I) u. 0,017 CH_3COOH werden in einem Kolben mit Dest.-Aufsatz dest.: Nach 6 Std. sind 90% *2.4.6-Trimethyl-symm.-triazin,* Kp. 148—150°, abdestilliert. — Das gleiche Prod. wird aus I-Hydrochlorid u. CH_3COONa in A., aus I u. I-Hydrochlorid, aus I in Ggw. von Oxalsäuredihydrat, Weinsäure, Benzoesäure, HCOOH, $BF_3 \cdot (C_2H_5)_2O$ oder $(C_2H_5)_3N \cdot HCl$ oder aus I, der mit CO_2 gesätt. wird, erhalten. — Weitere symm.-Triazine: *2.4.6-Triphenyl-*, F. 235—237°, aus Benzimidomethyl- oder -äthyläther oder dem Hydrochlorid. — *2.4.6-Triäthyl-*, Kp.$_{30}$ 128—130°, aus Propionimidoäthyläther. — *2.4.6-Triundecyl-*, Kp.$_3$ 260°. — *Tri-[4-cyanbutyl]-*, F. 72—73°. — *Tribenzyl-*, Kp.$_2$ 238—239°. — *Trichlormethyl-*, F. 77—79°. — *Tris-[α-chloräthyl]-*, Kp.$_{0,8}$ 118—123°. — *Tris-[trichlormethyl]-*. — *Tris-[p-methoxyphenyl]-*, F. 214—216°. — *Tris-[p-chlorphenyl]-*, F. 340—342°. — *Tris-[p-nitrophenyl]-*, F. > 360°. — *Tris-[m-nitrophenyl]-*, F. 348—350°, u. *Tris-[α-propoxymethoxyäthyl]-*, Kp.$_3$ 192—194°, aus Lauroylimidoäthylätherhydrochlorid, 5-Cyanvaleroimidomethylätherhydrochlorid, Phenylacetimidoäthyläther, Chloracetimidoäthylätherhydrochlorid, iminiertem Äthyl-α-chlorpropionat, Methyltrichloracetat, Anisoylimidomethyläther, p-Chlorbenzimidomethyläther, p- u. m-Nitrobenzimidoäthyläther bzw. α-[Propoxymethoxy]-propionitril, das durch Behandeln mit CH_3OH in Ggw. von CH_3ONa in den Imidoäther (Kp.$_4$ 68°) übergeführt wird. (**F. P. 1 212 922** vom 15/10. 1958, ausg. 28/3. 1960. A. Prior. 18/10. 1957.) S. BÖTTCHER. H 3313

American Cyanamid Co., New York, N.Y., übert. von: Stephen J. Groszos, Darien, Conn., V.St.A., **Cyclische Borsiliciumverbindungen** der allg. Formel **I**, worin R carbocycl. Reste bedeuten, werden durch Rk. einer carbocycl. Boronsäure der Formel $RB(OH)_2$ mit einem dicarbocycl. Silandiol der Formel $R_2Si(OH)_2$ in Ggw. von Säuren erhalten. — 0,2 (Mol) Phenylboronsäure werden mit 0,1 Diphenylsilandiol in Ggw. von 125 cm³ Toluol u. 0,432 g p-Toluolsulfonsäuremonohydrat auf 91° erhitzt, wobei ein azeotropes Gemisch von Toluol u. W. abdestilliert. Bei der Abkühlung der Lsg. wird *2.2.4.6-Tetraphenyl-1.3.5-trioxa-2-siladiborinan,* F. 156—160°, erhalten. *Zusätze zu synthet. Harzen, Neutronenabsorber, Insekticide, Baktericide, Germicide, Fungicide, Pesticide, Wärmeaustauschmittel, Zusätze zu Schmiermitteln.* (**A. P. 2 957 900** vom 16/9. 1957, ausg. 25/10. 1960.) J. MÜHLEISEN. H 3354

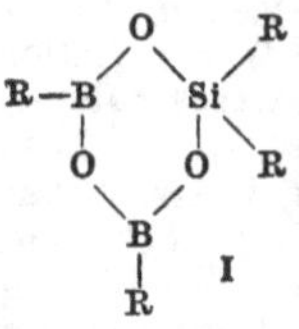

I

J. R. Geigy Soc. An., Schweiz, **Herstellung von DL-α-Amino-ε-caprolactam (I)** F. 73—74°, dad. gek., daß α.α-Dichlor-ε-caprolactam mit $NH_2OH \cdot HCl$ umgesetzt, das gebildete *α-Hydroximino-ε-caprolactam,* F. 206—208°, an RANEY-Ni hydriert u. I durch Sublimation oder über das *Hydrochlorid,* F. 294—296° bzw. *Acetat,* F. 176—178 u. 145° (2 Modifikationen) gereinigt wird. (**F. P. 1 216 037** vom 30/1. 1959, ausg. 21/4. 1960. Schwz. Prior. 31/1. 1958.) S. BÖTTCHER. H 3370

Heinz Stopsack, Jena, **Herstellung von Ribonsäure,** ihren *Salzen* oder ihres *Lactons* durch Epimerisieren von Arabonsäure (I), dad. gek., daß I, bes. als Ca-Salz, in organ. Lsgm., bes. mehrwertigen Alkoholen, die ggf. veräthert oder verestert sind, ½—3 Std. lang erhitzt wird. — 50 g Ca-D-Arabonat (mit 18% W.) werden in 25 (cm³) Glycerin 1½ Std. lang auf 130—135° erhitzt, 500 CH_3OH zugesetzt, u. der Nd. aus 300 W. umkrist., wobei 34,8 g Ca-Arabonat zurückerhalten werden. Die das *Ca-Ribonat* enthaltende Mutterlauge wird über einen Kationenaustauscher gegeben, das Eluat auf 150 m³ eingeengt, $Cd(OH)_2$ zugesetzt u. die Lsg. auf 50 ml eingeengt: 11,3 g *Cd-D-Ribonat.* (**D. P. [DDR] 21 547** Kl. 12o vom 29/11. 1958, ausg. 14/7. 1961 [Wirtschaftspatent].) L. GROSSNER. H 3400

UCLAF (Erfinder: P. Bellet), Frankreich, **Neue Substanz aus Colchicum-Extrakten.** 50 kg pulverisierte Colchicum-Samen werden mit 70%ig. wss. A. ausgezogen, nach Eindampfen wird mit einem mit W. unmischbaren organ. Lsgm., wie Chlf., aufgenommen, getrocknet, in abs. Bzl. an neutralem Al_2O_3 chromatographiert u. mit Bzl./Ae. (1:1) eluiert. Eine *Verb.* $C_{22}H_{25}NO_4S_2$, F. 267—269° (Zers.; CH_3OH), rechteckige Blättchen. $[\alpha]_D^{20}$ —366° (c = 1%; Chlf.); Ausbeute 1,7 g wird erhalten. Lösl. in Chlf., Dioxan, Dimethylformamid, Bzl., Aceton; unlösl. in W., PAe., Säuren u. Alkalien. (**F. P. 1 179 922** vom 6/12. 1954, ausg. 29/5. 1959.)

EBERHARD RIEDEL. H 3500

Koninklijke Nederlandsche Gist-en Spiritusfabriek N. V., Delft, Holland, **Herstellung von ß-Carotin und von verwandten Carotinen** durch submerse Kultivation bei 20—35° u. pH 5,5—7,0 der Gattungen Mucor, Blakeslea, Choanephora, Phycomyces, Pilaira u. Parasitella in entgegengesetzten (plus oder minus) Paarungstypen in fl. Nährmedien, die assimilierbare C- u. N-Quellen (Glucose, Asparagin, Sojabohnenmehl), eine Thiaminquelle, Mineralsubstanzen enthalten, ferner als Stimulans β-Ionon (erst 24—48 Std. nach Gärbeginn zusetzen) u./oder assimilierbare Lipide u./oder oberflächenakt. Stoffe. Als C- u. N-Quelle dienen hydrolysierte oder nicht hydrolysierte Samenkörner, die 3—15% des Nährmediums ausmachen. Die in Form von Fetten, Ölen, Fettsäurekomponenten eingesetzten Lipide sind in 1—6%ig. Menge anzuwenden. (**E. P. 854 419** vom 18/2. 1958, ausg. 16/11. 1960. A. Prior. 18/2. u. 1/7. 1957.)

L. MACHER. H 3550

Bergwerksgesellschaft Hibernia Akt.-Ges., Deutschland, **Herstellung der Hydroperoxide von Terpenkohlenwasserstoffen,** bes. von *p-Menthan* dad. gek., daß diese mit O_2, ggf. unter Zusatz von O_3, bis zu einer Hydroperoxid-Konz. von 5 bis 10% oxydiert werden, die Lsg. mit einer 1—50%ig. Alkali- oder Erdalkalihydroxid- oder -carbonat-Lsg. gewaschen wird, dekantiert wird, die obere Schicht mit CH_3OH oder Glykolen gewaschen u. die untere erneut verwendet wird. — Schema der Anlage. (**F. P. 1 223 754** vom 5/5. 1959, ausg. 20/6. 1960. D. Prior. 28/6. 1958.)

S. BÖTTCHER. H 3600

Bergwerksgesellschaft Hibernia Akt.-Ges., Deutschland, **Herstellung konzentrierter Lösungen von Hydroperoxyden der Terpenkohlenwasserstoffe,** dad. gek., daß man die verd. Lsgg. in einem Dünnschichtverdampfer dest. u. die zuerst übergehenden Prodd. in einer Kolonne rektifiziert, wobei am oberen Teil der Kolonne frischer Terpen-KW-Stoff aufgegeben wird. — Schema der Anlage. (**F. P. 1 223 755** vom 5/5. 1959, ausg. 20/6. 1960. D. Prior. 28/6. 1958.) S. BÖTTCHER. H 3600

Laboratoires Français de Chimiothérapie Soc. An., Paris, Frankreich, **Herstellung von 3α-Acetoxy-17ß-hydroxyätiocholan-11-on und 3α-Acetoxy-17α-hydroxyätiocholan-11-on.** 3α-Acetoxyätiocholan-11.17-dion wird mit $NaBH_4$ in A. bei Raum-Temp. zu *3α-Acetoxy-17β-hydroxyätiocholan-11-on* (**I**), F. 172°, $[\alpha]_D^{20}$ —69° (c = 0,5; Aceton), red., das durch Chromatographie oder fraktionierte Kristallisation isoliert wird. Gleichzeitig gebildetes 3α.17β-Dihydroxyätiocholan-11-on wird mit Eisessig zu **I** acetyliert. Durch Einw. von p-Toluolsulfonsäurechlorid in Ggw. von Pyridin wird aus **I** *3α-Acetoxy-17β-tosyloxyätiocholan-11-on* als harzartige Verb. erhalten, die in Dimethylformamid mit CH_3COOK gekocht wird. Das erhaltene Prod. wird dann in CH_3OH/W. mit Na_2CO_3 gekocht u. chromatographiert → *3α-Acetoxy-17α-hydroxyätiocholan-11-on,* F. 169—172°. Als Nebenprod. wird *3α-Hydroxy-17β-tosyloxyätiocholan-11-on,* F. 108—116°, $[\alpha]_D^{20}$ —2° (0,5%; A.) erhalten. (**Holl. P. 96 101** vom 9/6. 1958, ausg. 15/11. 1960. F. Prior. 28/6. 1957.) F. BÖHM. H 3700

E. I. du Pont de Nemours & Co., V. St. A. (Erfinder: **Donald Eldon Welton**), *Isomerisierung von Dichlorbutenen.* (**F. P. 1 224 075** vom 8/12. 1958, ausg. 22/6. 1960. A. Prior. 13/12. 1957. — C. **1961.** 14456 [A. P. 2 911 450].)

Badische Anilin- & Soda-Fabrik Akt.-Ges., Ludwigshafen/Rh., *Reinigung von sauerstoffhaltigen, organischen Verbindungen, die durch Reaktion von Olefinen mit CO und H_2 in Gegenwart von wässerigen Co-Salzlösungen erhalten wurden.* (**E. P. 811 939** vom 14/9. 1955, ausg. 15/4. 1959. D. Prior. 17/9. 1954. — C. **1959.** 2964 [F. P. 1 130 437].)

Continental Oil Co., Ponca City, Okla., V.St.A., *Herstellung ungesättigter Aldehyde.* (**Holl. P. 98 258** vom 18/6. 1957, ausg. 15/6. 1961. A. Prior. 18/10. 1956. — C. **1961.** 11135 [F. P. 1 177 814].)

Deutsche Gold- und Silber-Scheideanstalt vormals Roessler, Frankfurt/M., *ω-Halogenfettsäurenitrile.* (**E. P. 868 287** vom 26/8. 1958, ausg. 17/5. 1961. D. Prior. 10/9. 1957. — C. **1959.** 13314 [D. A. S. 1 046 013].)

N. V. de Bataafsche Petroleum Mij., Den Haag (Erfinder: **Henricus Georgius Peter van der Voort, Hendrik van Kranen, Herman Theodor Philippi** und **George Cornelis Adriaan Schuit**, Amsterdam), Holland, *Entfernung von Ameisensäure aus ihren Gemischen mit anderen Fettsäuren.* (**D. A. S. 1 117 558** Kl. 12o vom 16/4. 1959, ausg. 23/11. 1961. Holl. Prior. 18/4. 1958. — C. **1961.** 13355 [E. P. 844 598].)

Chemische Werke Hüls Akt.-Ges., Marl, *Kontinuierliche Oxydation von n-Butan.* (**E. P. 865 747** vom 28/7. 1959, ausg. 19/4. 1961. D. Prior. 23/9. 1958. — C. **1960.** 9724 [D. A. S. 1 074 027].)

Rohm & Haas Co., Philadelphia, Pa., V St.A., *Alkalisalze der 2.3-Dichlorbuttersäure.* (**E. P. 867 921** vom 9/1. 1958, ausg. 10/5. 1961. A. Prior. 25/1. 1957. — C. **1959.** 9732 [A. P. 2 823 232].)

Rohm & Haas Co., Philadelphia, Pa., V.St.A. (Erfinder: **Edward Henry Specht** und **Ch. E. Smith**), *Herstellung von Methacrylsäuredimethylaminoäthylestern.* (**Jap. A.S. 161/1960** vom 23/1. 1957, ausg. 14/1. 1960. A. Prior. 23/1. 1956. — C. **1961.** 3502 [A. P. 2 832 800].)

Kali-Chemie Akt.-Ges., Deutschland (Erfinder: **Herbert Jenkner**), *Herstellung von Natriumborhydrid von organischen Hydroborhydriden.* (**F. P. 1 184 344** vom 14/10. 1957, ausg. 20/7. 1959. D. Prior. 27/10., 12/12. 1956 u. 2/3. 1957. — C. **1961.** 13718 [E. P. 823 327].)

Imperial Chemical Industries Ltd., London (Erfinder: **Peter Smith**, Norton-on-Tees, Durham), England, *Herstellung von Aluminiumtrialkylen.* (**D. A. S. 1 117 576** Kl. 12o vom 22/1. 1955, ausg. 23/11. 1961. E. Prior. 22/1., 23/4. 1954 u. 5/1. 1955. — C. **1958.** 8190 [F. P. 1 120 572].)

Armour & Co., Chicago, Ill., V.St.A., *Al-Alkoholate.* (**E. P. 840 449** vom 12/9. 1957, ausg. 6/7. 1960. A. Prior. 13/9. 1956. — C. **1960.** 13195 [D. A. S. 1 076 110].)

Imperial Chemical Industries Ltd., England, *Organosilane.* (**F. P. 1 222 463** vom 13/9. 1958, ausg. 10/6. 1960. E. Prior. 13/9. 1957 u. 7/8. 1958. — C. **1960.** 5315 [D. A. S. 1 064 062].)

Kali-Chemie Akt.-Ges. (Erfinder: **Herbert Jenkner** und **Manfred Boedecker**), Hannover, *Herstellung von monomeren Organosiliciumverbindungen.* (**D. A. S. 1 116 665** Kl. 12o vom 18/12. 1956, ausg. 9/11. 1961. Zusatz zu D. B. P. 972 855; C. 1960. 8017. — C. **1960.** 12848 [E. P. 816 996].)

Dow Corning Corp., V.St.A. (Erfinder: **John L. Speier**), *Organosiliciumester.* (**F. P. 1 228 514** vom 11/5. 1959, ausg. 31/8. 1960. A. Prior. 26/6. 1958. — C. **1961.** 4885 [A. P. 2 906 735].)

Dow Corning Corp., V.St.A. (Erfinder: **Garrett H. Barnes jun.**), *Organodisiloxanester.* (**F. P. 1 228 515** vom 11/5. 1959, ausg. 31/8. 1960. A. Prior. 26/6. 1958. — C. **1960.** 12163 [A. P. 2 898 361].)

Corning Glass Works, Corning, N.Y., übert. von: **John L. Speier**, Pittsburgh, Pa., V.St.A., *Herstellung von Dichlormethyltetramethyldisiloxan.* (**Can. P. 552 236** vom 15/6. 1946, ausg. 28/1. 1958. A. Prior. 13/2. 1946. — C. **1950.** I. 1406 [F. P. 942 954].)

Metal & Thermit Corp., übert. von: **Elliott L. Weinberg**, Long Island City, N.Y., V.St.A., *Alkylierung von Zinn.* (**Can. P. 551 676** vom 26/3. 1952, ausg. 14/1. 1958. A. Prior. 24/4. 1951. — C. **1955.** 925 [E. P. 709 594].)

Ethyl Corp., New York, N.Y., V.St.A., *Herstellung von Organobleiverbindungen.* (**E. P. 859 478** vom 25/2. 1958, ausg. 25/1. 1961. A. Prior. 27/2. 1957. Zusatz zu E. P. 824 849; C. 1961. 1378. — C. **1962.** 1088 [F. P. 1 192 016].)

National Aluminate Corp., Chicago, Ill., V.St.A., *Herstellung von Organobleiverbindungen.* (**Belg. P. 569 921** vom 30/7. 1958, ausg. 14/7. 1961. A. Prior. 31/7. 1957. — C. **1961.** 11893 [E. P. 839 172].)

Farbwerke Hoechst Akt.-Ges., vormals Meister Lucius & Brüning, Deutschland, *Organische Phosphorverbindungen.* (**F. P. 1 225 111** vom 14/2. 1959, ausg. 29/6. 1960. D. Prior. 14/2. 1958. — C. **1960.** 5643 [D. A. S. 1 067 812].)

Badische Anilin- & Soda-Fabrik Akt.-Ges. (Erfinder: **Wilhelm Sarnecki** und **Horst Pommer**), Ludwigshafen/Rh., *Herstellung von quartären Phosphoniumhalogeniden.* (**Schwz. P. 355 451** vom 18/6. 1957, ausg. 31/8. 1961. D. Prior. 29/6. 1956. — C. **1959.** 13003 [D. A. S. 1 046 046].)

Ethyl Corp., New York, N.Y. (Erfinder: **Rex Dewayne Closson**, Northville, und **Thomas Hunter Coffield**, Farmington, Mich.), V.St.A., *Herstellung von Organomangancarbonylverbindungen.* (**D. A. SS. 1 116 661** u. **1 116 662** Kl. 12o vom 12/3. 1958, ausg. 9/11. 1961. Beide A. Prior. 13/3. 1957. — C. **1962.** 2905 [F. P. 1 201 531].)

California Research Corp. (Erfinder: **William H. Schiffler**), San Francisco, Calif., V.St.A., *Raffination aromatischer Kohlenwasserstoffe.* (**D. A. S. 1 114 174** Kl. 12o vom 15/10. 1955, ausg. 28/9. 1961. A. Prior. 20/10. 1954. — C. **1959.** 5298 [E. P. 782 064].)

Esso Research and Engineering Co., Elizabeth, N.J. (Erfinder: **Harry G. Boynton** und **William R. Edwards**, Baytown, Tex.), V.St.A., *Alkylierung aromatischer Kohlenwasserstoffe.* (**D. A. S. 1 114 795** Kl. 12o vom 22/7. 1958, ausg. 12/10. 1961. A. Prior. 27/9. 1957. — C. **1960.** 17618 [A. P. 2 896 001].)

Universal Oil Products Co., V.St.A. (Erfinder: **Georges Ladislav Hervert** und **Carl Barnes Linn**), *Alkylierung von Aromaten.* (**F. P. 1 228 349** vom 18/3. 1959, ausg. 29/8. 1960. A. Prior. 18/3. 1958. — C. **1961.** 6314 [A. P. 2 939 890].)

Imperial Chemical Industries Ltd., England, *Oxydation von Aromaten.* (**F. P. 1 225 957** vom 3/4. 1959, ausg. 6/7. 1960. E. Prior. 3/4. 1958. — C. **1961.** 14831 [E. P. 849 041].)

Imperial Chemical Industries Ltd., London (Erfinder: **William Alexander O'Neill**, Harrogate, Yorkshire), England, *Herstellen von Benzoldicarbonsäuren.* (**D. A. S. 1 114 179** Kl. 12o vom 16/1. 1958, ausg. 28/9. 1961. E. Prior. 23/1. 1957. — C. **1961.** 661 [E. P. 823 437].)

Inventa Akt.-Ges. für Forschung und Patentverwertung, Schweiz, *Cyancarbonsäureamide.* (**F. P. 1 202 874** vom 14/2. 1958, ausg. 14/1. 1960. Schwz. Prior. 8/3. 1957. — C. **1961.** 9978 [D. A. S. 1 094 728].)

California Research Corp., San Francisco, Calif., V.St.A., *Herstellung von Phthalsäure.* (**Holl. P. 98 449** vom 23/3. 1956, ausg. 17/7. 1961. A. Prior. 24/3. 1955. — C. **1959.** 2617 [F. P. 1 144 410].)

Comp. de Saint-Gobain Soc. An., Neuilly-sur-Seine (Erfinder: **Armand Jean Courtier**, Meudon), Frankreich, *Abtrennung von Maleinsäureanhydrid oder Phthalsäureanhydrid aus durch Oxydation aromatischer Kohlenwasserstoffe erhaltenen Gasgemischen.* (**Holl. P. 98 195** vom 11/4. 1956, ausg. 15/6. 1961. F. Prior. 20/4. 1955. — C. **1958.** 9910 [F. P. 1 125 014].)

Badische Anilin- & Soda-Fabrik Akt.-Ges., Ludwigshafen/Rh. (Erfinder: **Walter Schenk**, Heidelberg), *Aufarbeiten von rohem Kaliumterephthalat.* (**Schwz. P. 354 431** vom 13/2. 1957, ausg. 15/7. 1961. D. Prior. 3/3. 1956. — C. **1960.** 5976 [D. A. S. 1 068 689].)

Hercules Powder Co., V.St.A. (Erfinder: **Ross Oliver Watson**), *Veresterung von Terephthalsäure.* (**F. P. 1 218 222** vom 5/3. 1959, ausg. 9/5. 1960. A. Prior. 6/3. 1958. — C. **1960.** 6999 [A. P. 2 892 864].)

Stamicarbon N. V., Heerlen, übert. von: **Jan A. Bos** und **Harm N. Mulder**, Geelen, Holland, *Herstellen von Dialkylestern der Terephthalsäure.* (**A. P. 2 975 209** vom 4/4. 1957, ausg. 14/3. 1961. — C. **1961.** 10367 [F. P. 1 186 932].)

N. V. de Bataafsche Petroleum Mij., Holland, *Herstellung von Bis-[β-hydroxyalkyl]-terephthalaten und -isophthalaten.* (**F. P. 1 224 687** vom 20/5. 1959, ausg. 27/6. 1960. Holl. Prior. 22/5. 1958. — C. **1961.** 12289 [D. A. S. 1 100 613].)

Distillers Co. Ltd., England (Erfinder: **George William Godin** und **Archibald Robert Graham**), *Acetylpyridine.* (**F. P. 1 218 269** vom 6/3. 1959, ausg. 10/5. 1960. E. Prior. 14/3. 1958. — C. **1961.** 5969 [E. P. 839 522].)

Ciba Ltd., Basel, Schweiz, *Herstellung von Pyridincarbonsäuren*. (Holl. P. 98 201 vom 15/6. 1956, ausg. 15/6. 1961. Schwz. Prior. 16/6. 1955. — C. 1959. 4972 [F. P. 1 153 974].)

Deutsche Gold- und Silber-Scheideanstalt vormals Roessler, Frankfurt/M., übert. von: Wilhelm A. Schuler, Bad Homburg, und Hans Klebe, Gelnhausen, *Thiophenylpyridylamine*. (A. P. 2 974 139 vom 30/9. 1955, ausg. 7/3. 1961. D. Prior. 2/10. 1954. — C. 1957. 5654 [D. A. S. 1 001 684].)

X. Färberei. Organische Farbstoffe

Prozesse der Textilienveredlung als Funktionen molarenergetischer Wechselwirkungen. 1. Mitt. Färben und Waschen. Günther Wittmann. (Seifen-Öle-Fette-Wachse **87.** 339—41. 7/6. 1961.) (Dt.)

Maßgebend für den Färbevorgang ist die Größe des Farbstoffmol. im Verhältnis zum Capillarsyst. der Faser u. die „molarenerget." Beeinflussung des eindiffundierten Farbstoffmol. im Capillarbereich der Faser. Zwischen *Färbevorgang* u. *Waschprozeß* bestehen Übereinstimmungen. Bei beiden Vorgängen sind Wechselwrkg. zwischen beweglichen u. positionsfixierten Moll. maßgebend. Die Kenntnis der konstitutionsabhängigen molarenerget. wie reaktionskinet. Wechselwrkg. gestattet Voraussagen über die relative Effektivität. H.-A. WANNOW. 7002☐

Carubin und Guaran als neuzeitliche Verdickungsmittel. W. Porges. (SVF Fachorgan Textilveredlung **16.** 768—72. Dez. 1961. Kreuzlingen, Meypro AG.) (Dt.) P. ECKERT. 7006☐

Die Beurteilung von Druckverdickungsmitteln. U. Schobinger. (SVF Fachorgan Textilveredlung **16.** 773—77. Dez. 1961. Eschenz, Unipektin AG.) (Dt.)

Behandelt werden die Zusammenhänge zwischen der Viscosität u. der für die Praxis wichtigen verarbeitungstechn. Gesichtspunkten eines *Druckverdickungsmittels*. Gleichungen u. Diagramme. P. ECKERT. 7006☐

Farbstoffe und Textilhilfsmittel. Anonym. (SVF Fachorgan Textilveredlung **16.** 778—79. Dez. 1961.) (Dt.)

COMPAGNIE FRANÇAISE DES MATIÈRES COLORANTES: *Dimacide-Lichtgelb JRL* dient zum Färben von Polyamidfasern. Die allg. Echtheitseigg. der Färbungen sind gut. Im Druck kann man den *Farbstoff* nach der Vorschrift für saure Farbstoffe auf Polyamidfasern verwenden. — *Neutrogène-Lichtbraun 4 RV 1352* ist ein unlösl., auf der Faser durch neutrales oder saures Dämpfen entwickelbarer *Azofarbstoff*. Der Farbstoff kann zum Färben u. zum Drucken auf natürlichen u. künstlichen Cellulosefasern Verw. finden. — *Solanthrène Rot F-2B Neopulver* u. *Solanthrène Rot F-2B Superfein Teig*. Die Lichtechtheit der Färbungen wird als sehr gut bezeichnet. — *Perloryl AN Teig* u. *Perloryl AN Pulver* dient zur *wasserabweisenden Ausrüstung* von natürlichen u. künstlichen Cellulosefasern von dauerhafter Wirkung. Es ist ein Prod. kation. Charakters, welches, einer therm. Behandlung unterworfen, mit der Cellulose reagiert u. mit ihr eine Verb. eingeht, die den Wäschen u. Lsgm. widersteht. P. ECKERT. 7018☐

Das Färben von Acetatseide mit nichtlöslichen Azofarbstoffen. A. A. Gern. (Текстильная Промышленность [Textil-Ind.] **21.** Nr. 7. 56—58. Juli 1961.) (Russ.)

Es wird eine neue Färbemeth. beschrieben, die einfacher u. wirtschaftlicher ist u. mit deren Hilfe man leuchtendere u. echtere Färbungen erzielt. Dabei werden die Acetatfasern mittels unlösl., auf den Fasern sich bildenden Azofarbstoffen gefärbt. Wesentlich ist eine gute Dispersion der Azoverbindungen. Bei Rot empfiehlt man die Verw. von Triäthanolamin, bei Blau u. Schwarz Monoäthanolamin. Wahrscheinlich wirken diese Prodd. als Lsgm. u. als Quellmittel für die Acetetfasern, ohne diese zu schädigen. Mittels dieser Färbemeth. ist es auch möglich, Polyamidfasern (Capron) zu färben. Auch eine Vorschrift für Mischgewebe (Acetatfaser u. Viscose) ist angegeben. H. BIEBER. 7020☐

Über das Färben synthetischer Fasern mit Küpenfarbstoffen in unveresterter und veresterter Form. 2. Mitt. J. Müller. (Melliand Textilber. **38.** 1032—38. Sept. 1157—59. Okt. 1957.) (Dt.) — 1. vgl. C. **1957.** 10620.

Es wird das Färben von Polyesterfasern mit Küpen- u. Leukoküpenestern behandelt. Dabei wird das Küpensäureverf. bes. erwähnt u. der Thermosolprozeß untersucht, der auf diesem Fasermaterial zu mittleren bis tiefen Farbtönen führt. W. BERNARD. 7020☐

Fasermischungen aus synthetischen Fasern mit anderen Begleitfasern und die Methode ihrer Färbung. Walter Hees. (Melliand Textilber. **38.** 68—71. Jan., 167—71. Febr. 304—10. März 1957.) (Dt.)

Es werden die verschiedenen Fasermischungen auf Grund ihrer physikal. Textileigg. beschrieben u. näher auf die brauchbaren Färbemeth. tabellar. eingegangen. W. BERNARD. 7020☐

Färben und Ausrüsten von Acrilan und Mischungen aus Acrilan und Wolle. R. J. Schuster. (Amer. Dyestuff Reporter **50.** P442—P444. P450. 12/6. 1961. Decatur, Ala., Chemstral Corp.) (Engl.)

Unter Angabe ausführlicher Arbeitsvorschriften gibt Vf. anwendungstechn. Hinweise für die Durchführung verschiedener Verff. zum *Färben* u. *Ausrüsten* von: Mischgeweben aus Acrilan u. Wolle, Geweben aus 100% Acrilan (Tagesdecken) u. Mischgeweben aus Acrilan u. Baumwolle. H. Sontag. 7020□

Einige Beobachtungen über die Verwendung von Carriers beim Färben von Polyesterfasern. D. P. Hallada, M. C. Keen und R. J. Thomas. (Amer. Dyestuff Reporter **50.** P445—P450. 12/6. 1961. E. I. du Pont de Nemours & Co., Inc. Org. Chem. Dep., Techn. Labor.) (Engl.)

Vorteile u. Grenzen der Verw. folgender, beim *Färben* von Dacron (Polyäthylenglykolterephthalatspinnfaser) mit Dispersionsfarbstoffen verwendeten Carriers werden krit. erörtert: Benzoesäure, o- u. p-Phenylphenol, Mono- u. Trichlorbenzol, Methylsalicylat, Biphenyl, Phenylmethylcarbinol u. Latyl Carrier A, eine organ. Ester-Amid-Mischung. Auf Grund der Ergebnisse experimenteller Verss. wird der Einfl. der Hitzehärtungstemp. der Fasern auf ihre Anfärbbarkeit u. die Bedeutung der Wechselwrkg. zwischen kationakt. Farbstoffen u. Carriersyst. für die Geschw. der Baderschöpfung dargelegt. H. Sontag. 7020□

Die permanente Flammenfestausrüstung unter Berücksichtigung der färberei- und druckereitechnischen Probleme. Kurt Quehl und Hartmut Lutz. (Melliand Textilber. **38.** 85—87. Jan. 1957.)

Es werden Färbe- u. Druckverff. geschildert, die es ermöglichen, Textilien, die mit *Aflamman* ausgerüstet wurden, nachträglich mit substantiven, Küpen-, Leukoküpenester- u. Pigmentfarbstoffen zu färben u. zu bedrucken. W. Bernard. 7020□

Entwicklung des Pigmentdrucks. Karl Craemer. (Fibre e Colori **11.** 319—24. Sept. 1961.) (Ital.)

Fortschrittsbericht mit besonderem Hinblick auf die neuen *Helizarin*-Bindemittel mit zahlreichen Rezepturen für die verschiedenen Druckverfahren. A. Sander. 7022□

Neuere Erkenntnisse im Textildruck mit Reaktiv-Farbstoffen. Kühnel. (SVF Fachorgan Textilveredlung **16.** 764—67. Dez. 1961. Leverkusen, Farbwerke Bayer AG.) (Dt.) P. Eckert. 7022□

Das Bedrucken von Regenerat-Cellulose mit Reacton-Farbstoffen nach der Harnstoff-Methode. H. Rafael. (SVF Fachorgan Textilveredlung **16.** 754—56. Dez. 1961. Basel, J. R. Geigy AG.) (Dt.)

Kurzer Überblick über die Entw., Angaben der Eigg. der Drucke u. genaue Beschreibung der Arbeitsvorschriften. P. Eckert. 7022□

Das Drucken von Remazol-Farbstoffen nach Schnelldämpf- und Naßentwicklungsmethoden. G. Dillmann Zimmermann. (SVF Fachorgan Textilveredlung **16.** 757—61. Dez. 1961. Höchst, Anwendungstechn. Abt. der Farbwerke Hoechst AG.) (Dt.)

Genaue Angaben der Arbeitsvorschriften. P. Eckert. 7022□

Das Thermo-Schock-Verfahren mit Reacton-Farbstoffen für Druck und Färberei. H. Schumacher. (SVF Fachorgan Textilveredlung **16.** 747—50. Dez. 1961.) (Dt.)

Das Thermo-Schock-Verf. erfordert eine Änderung der üblichen Druckformel. Das Verf. gestattet eine vollständige Fixierung der Reacton-Farbstoffe auf Baumwolle u. Regeneratfasern bei 190—220° in 30 Sekunden. Die genaue Arbeitsweise wird beschrieben. P. Eckert. 7022□

Entwicklung der zu den Reaktivfarbstoffen gehörenden Klasse der Drimarene. Miro Capponi, Emil Metzger und Achille Giamara. (Amer. Dyestuff Reporter **50.** 505—14. 10/7. 1961.) (Engl.)

Die neue Klasse der Reaktivfarbstoffe ist dad. gek., daß sie als reaktive Komponente Tetrachlorpyrimidin enthält, das sich mit den üblicherweise zur Herst. von Reaktivfarbstoffen verwendeten Chromophoren zur Herst. einer lückenlosen Farbskala verbinden läßt. Auf Grund folgender Eigg. eignen sich die neuen Farbstoffe bes. zur Verw. im Textildruck u. zum Färben im Kontinueverfahren: hohe Alkalibeständigkeit bei niederen Temp., gute Löslichkeit u. geringe Salzempfindlichkeit, ausreichendes Rk.-Vermögen bei hohen Temp., Fähigkeit, mit der Cellulosefaser eine beständige chem. Bindung einzugehen, geringe Substantivität, klare Farbtöne u. gute Echtheitseigenschaften. Der Einsatz dieser Farbstoffe in den verschiedenen Textildruck- u. -färbeverff. wird unter Angabe anwendungstechn. Hinweise ausführlich erörtert. H. Sontag. 7022□

Papierverteilungschromatographie alkylsubstituierter 1-Benzolazonaphthole-(2). R. B. Smyth und G. G. McKeown. (J. Chromatogr. [Amsterdam] **5.** 395—407.

Mai 1961. Ottawa, Ont., Canada, Dep. of Nat. Health and Welfare, Food and Drug Labor.) (Engl.)

Vff. beschreiben die Synth. u. das chromatograph. Verh. einiger alkylierter *1-Benzolazonaphthole-(2)*. Die durchweg öllösl. Farbstoffe werden durch Kupplung der aus den entsprechenden Aminen hergestellten Diazoniumsalze mit β-Naphthol(I) erhalten u. durch mehrfache Rekristallisation aus A.-Bzl. gereinigt. Die Chromatographie erfolgt auf Whatman-Nr. 3 MM-Papier, das mit einer äther. Lsg. von leichtem Mineralöl (5 g in 100 ml Ae.) imprägniert wurde, absteigend nach dem Durchlaufprinzip. Als Elutionsmittel werden drei Mischungen aus Aceton-W. (40 : 60; 45 : 55 u. 50 : 50) benutzt, wobei die Laufzeiten der Chromatogramme mit steigendem Acetongeh. kürzer werden. Die R_S-Werte [Bezugsverb. 1-Benzolazonaphthol-(2)] sowie R_F- u. R_M-Werte werden für alle drei Laufmittel tabellar. angegeben u. der Einfl. der Substitution auf die R_M-Wert diskutiert.

Versuche: *1-Benzolazonaphthol-(2)*, F. 133,5—134,5°, dunkelrote Nadeln; aus Anilin durch Diazotieren u. Kupplung mit I. — *1-[2-Methylbenzolazo]-naphthol-(2)*, F. 131,9—132,4°, dunkelrote Nadeln; aus 2-Methylanilin u. I. — *1-[3-Methylbenzolazo]-naphthol-(2)*, F. 141,3—141,7°, dunkelrote Spieße; aus 3-Methylanilin u. I. — *1-[4-Methylbenzolazo]-2-naphthol-(2)*, F. 135,3—135,8°, dunkelrote Spieße; aus 4-Methylanilin u. I. — *1-[2-Äthylbenzolazo]-naphthol-(2)*, F. 123—123,5°, dunkelrote Nadeln; aus 2-Äthylanilin u. I. — *1-[2.3-Dimethylbenzolazo]-naphthol-(2)*, F. 187,5—188°, dunkelrote Nadeln; aus 2.3-Dimethylanilin u. I; *Acetylderiv.* von vorst. Amin, F. 134—135°. *1-[3.4-Dimethylbenzolazo]-naphthol-(2)*, F. 149,6—150,1°, dunkelrote Nadeln; aus 3.4-Dimethylanilin u. I. — *1-[3.5-Dimethylbenzolazo]-naphthol-(2)*, F. 196,4—196,9°, dunkelrote Nadeln; aus 3.5-Dimethylanilin u. I. *1-[2.4.5-Trimethylbenzolazo]-naphthol-(2)*, F. 164,4—164,9°, dunkelorange Nadeln; aus 2.4.5-Trimethylanilin u. I. *1-[2.4.6-Trimethylbenzolazo]-naphthol-(2)*, F. 135,3—135,8°, dunkelrote Nadelbüsche; aus 2.4.6-Trimethylanilin u. I. Außer den genannten Azofarbstoffen wurden noch *1-[2.4-*, *1-[2.5-* u. *1-[2.6-Dimethylbenzolazo]-naphthol-(2)* in die chromatograph. Unters. einbezogen.

M. Finke. 7052□

Badische Anilin- & Soda-Fabrik Akt.-Ges. (Erfinder: Bjarne Hartmark, Curt Schuster und Karl Herrle), Ludwigshafen/Rh., **Färbehilfsmittel** mit mindestens 2 Lactamresten im Mol. u. Heteroatomen außerhalb des Lactamrestes, in denen die Lactamreste über ihre N-Atome durch eine von mindestens einem Heteroatom unterbrochene C-Kette verbunden sind. Die Zahl der C-Atome in der Kette zwischen einem Lactam-N- u. dem Heteroatom (N, O oder S) beträgt 2—6. Lactamverbb. dieser Art erhält man z. B. durch Umsetzung von symm.-Dichlordiäthyläther oder -thioäther mit Lactamen, z. B Pyrrolidon oder Caprolactam, oder durch Umsetzung von Polyalkylenpolyaminen, wie Diäthylentriamin, N-Methyldiäthylentriamin, Triäthylentetramin, mit Lactonen, wie Butyro- oder Valerolacton. Die Färbereihilfsmittel dienen bes. als *Egalisiermittel*. — 9 Beispiele. (**Oe. P. 205 453** vom 23/6. 1958, ausg. 25/9. 1959. D. Prior. 10/7. 1957.)

M. F. Müller. 7007

Imperial Chemical Industries Ltd., England (Erfinder: Harry Rose Hadfield, Walter Percival Mills und Ronald Herbert Ricketts), **Färbeverfahren,** bes. von synthet. polymeren Material, mit einem in W. unlösl. reaktionsfähigen Farbstoff, welcher ein Halogenatom oder eine andere Gruppe enthält, die mit einem Amin, Phenol oder Thiophenol zu reagieren vermag. Vor, während oder nach der Einw. des Farbstoffes wird der Farbflotte ein Amin, ein Phenol oder ein Thiophenol zugesetzt. Diese Verbb. können auch dem synthet. Polymermaterial zugesetzt sein, u. zwar gleichzeitig mit Alkali (Na_2CO_3). Das Polymermaterial ist z. B. ein Cellulosederiv. (Celluloseacetat), ein Polyamid oder ein aromat. Polyester. Der Farbstoff enthält z. B. wenigstens eine γ-Halogen-β-hydroxypropylamino- oder eine Halogenalkylsulfamyl, eine Mono- oder Dihalogen-1.3.5-triazinyl-(2)-amino-, eine Halogenalkoxy-, eine Halogenalkylamino-, eine Epoxyalkyl- oder eine Bis-[γ-halogen-β-hydroxypropyl]-aminogruppe. Er wird z. B. erhalten durch Rk. von mol. Mengen eines in W. unlösl. Farbstoffes, der eine prim. oder sek. Aminogruppe enthält, mit einer Triazinverb. der allg. Formel I (X = Cl oder Br; Y = Alkyl-, Aryl- oder NH_2-Rest oder ein organ. Rest, der ein O-, N- oder S-Atom enthält). Ein anderer Weg führt zu wasserunlösl. Farbstoffen mit einem Pyrimidylrest, der 1 oder 2 Cl- oder Br-Atome enthält, u. zwar werden äquimol. Mengen eines in W. unlösl. Farbstoffes, welcher eine prim. oder sek. Aminogruppe enthält mit einer Pyrimidinverb. mit wenigstens 2 Cl- oder Br-Atomen in 2-, 4- u./oder 6-Stellung des Pyrimidinringes umgesetzt. Hierfür geeignete

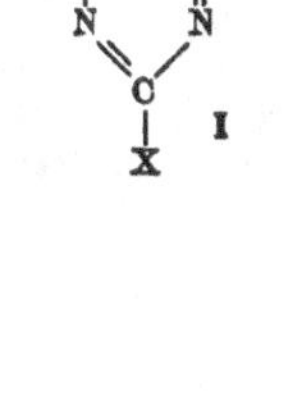

I

Pyrimidinverbb. sind z. B. 2.4.6-Trichlor-, 2.4-Dibrom-, 2.4-Dichlor-6-methyl-, -6-methoxy-, -6-phenyl-, -6-nitro-, -6-hydroxy-, -5-nitro- u. 2.4-Dichlor-5-nitro-6-methylpyrimidin. Wasserunlösl. Farbstoffe mit einer γ-Halogen-β-hydroxypropylsulfamyl- oder β-Halogenäthylsulfamylgruppe werden erhalten durch Umsetzung eines wasserunlösl. Farbstoffes, welcher eine Sulfochloridgruppe enthält, mit einem γ-Halogen-β-hydroxypropylamin oder mit einem β-Halogenäthylamin. Für das Verf. geeignete Farbstoffe, welche wenigstens eine β-Halogenäthoxy- oder β-Halogenäthylmercaptogruppe enthalten, werden hergestellt durch Halogenierung von wasserunlösl. Ausgangsfarbstoffen, welche wenigstens eine β-Hydroxyäthoxy- oder β-Hydroxyäthylmercaptogruppe enthalten. Farbstoffe mit wenigstens einer γ-Halogen-β-hydroxypropylamino- oder Bis-[γ-halogen-β-hydroxypropyl]-aminogruppe werden aus wasserunlösl. Farbstoffen, welche eine oder mehrere prim. Aminogruppen enthalten, durch Rk. mit einem Epichlorhydrin erhalten. Geeignete Farbstoffe sind z. B. 2-Hydroxy-5-methyl-4'-[4''.6''-dichlor-1''.3''.5''-triazinyl-(2'')-amino]-azobenzol, 2-Chlor-4-äthansulfonyl-4'-{{N-(β-hydroxyäthyl)-N-{β-[4''.6''-dichlor-1''.3''.5''-triazinyl-(2'')-amino]-äthyl}-amino}}-azobenzol, 4-[4''.6''-Dichlor-1''.3''.5''-triazinyl-(2'')-amino]-2-methylazobenzol, 2-Hydroxy-5-methyl-4'-{β-[4''-chlor-6''-(β-hydroxyäthylamino)-1''.3''.5''-triazinyl-(2'')-amino]-äthylamino}-azobenzol, 4'-[4''-Chlor-6''-methoxytriazinyl-(2'')-amino]-2.4-dinitrodiphenylamin, 1.4-Bis-[γ-chlor-β-hydroxypropylamino]-anthrachinon, 4'-[β-Chloräthansulfamyl]-benzolazo-4-[β-hydroxyäthylamino]-naphthalin, 1-Methylamino-4-[β-chloräthylamino]-anthrachinon, 1-{4'-[4''.6''-Dichlor-1''.3''.5''-triazinyl-(2)-amino]-benzolazo]-naphthol-(2). — 1 (Teil) 2-Hydroxy-5-methyl-4'-{4''-chlor-6''-[bis-(β-hydroxyäthyl)-amino]-1''.3''.5''-triazinyl-(2'')-amino}-azobenzol wird in 20 W. dispergiert. Die Dispersion wird in 4000 W. eingetragen, das 4 des Kondens.-Prod. aus Äthylenoxid u. einem Fettalkohol enthält. In das erhaltene Färbebad wird ein Gewebe aus Polyhexamethylenadipamid eingetaucht u. 6 Std. lang bei 95° gehalten. Nach dem Waschen mit W. wird das Gewebe 45 Min. lang mit einer 85° warmen Lsg. von 4 Äthylendiamin u. 4 Na_2CO_3 in 4000 W. behandelt. Danach wird das Gewebe mit W. gewaschen u. getrocknet. Es ist gelb gefärbt, wasch- u. wärmefest. (**F. P. 1 214 200** vom 4/10. 1958, ausg. 7/4. 1960. E. Prior. 4/10. 1957 u. 5/9. 1958.)

M. F. Müller. 7021

Ciba Soc. An., Basel, Schweiz, **Färben und Bedrucken von Hydroxylgruppen enthaltendem Material,** bes. Textilien aus Cellulose. Man verwendet wasserlösl. Reaktivfarbstoffe, die außer einer sauren, wasserlösl. machenden Gruppe einen monohalogenierten Triazinrest enthalten, z. B. den Azofarbstoff der Formel I. (**Belg. P. 559 944** vom 9/8. 1957, ausg. 22/4. 1960. Schwz. Prior. 10/8., 14/8., 31/8. 1956 u. 15/2. 1957.) F. Böhm. 7021

I

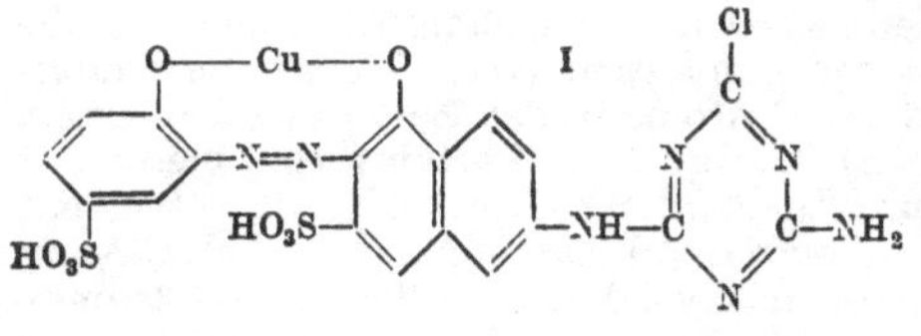

Badische Anilin- & Soda-Fabrik Akt.-Ges., Deutschland (Erfinder: Ernest Martin und Karl Craemer), **Färben, Wasserfestmachen und Appretieren von Textilien in einem Arbeitsgang** unter Verw. einer Öl-in-Wasser-Emulsion als Behandlungsfl., die ein oder mehrere Farbstoffpigmente, Pigmentbindemittel u. wasserabweisende Mittel enthält. Als Farbstoffe sind z. B. genannt: Küpen-, Azo- u. Organometallfarbstoffe, Phthalocyanine, Fe-Oxide. Als Bindemittel für die Pigmentfarbstoffe sind z. B. genannt: Harnstoff-Formaldehyd-Vorkondens.-Prodd. u. Urethanharze. Mittel zum Wasserabstoßendmachen sind z. B. Wachse, Paraffin, fettsaure Al-Salze, Zr-Salze u. Gemische mit synthet. Harzen, z. B. Harnstoff-CH_2O-Harze u. Silicone. Für die Emulsion verwendbare Öle sind z. B. Bzn., Trichloräthylen u. mit W. nicht mischbare Fll. mit Kp. $<200°$. — Herst. einer Farbemulsion unter Verw. eines Küpenfarbstoffs mit Zusätzen des Rk.-Prod. aus 1 Mol Spermaceti-Alkohol u. 25 Mol Äthylenoxid u. eines Mischpolymerisats aus 50 (Teilen) Vinylidenchlorid, 45 Butylacrylat, 5 Acrylsäureamid u. 0,3 Na-Alginat u. Wasser. Das erhaltene Gemisch wird mit einem Gemisch von 80 Paraffin u. 230 aliphat. KW-Stoffen (Kp. 150—210°) emulgiert. Damit wird ein Baumwollgewebe am Foulard imprägniert, nach dem Abpressen bei 60—70° getrocknet u. 5 Min. lang auf 130—140° erhitzt. Das gefärbte Gewebe ist wasserabweisend. (**F. P. 1 213 535** vom 25/8. 1958, ausg. 1/4. 1960. D. Prior. 31/8. 1957.) M. F. Müller. 7021

Farbenfabriken Bayer Akt.-Ges., Leverkusen (Erfinder: Walter Hees, Köln), **Färben von geformten Gebilden aus Acrylonitril- oder Vinylidencyanidpolymerisaten oder -mischpolymerisaten** mit kation. Farbstoffen. Als Egalisierungsmittel verwendet man quart. Ammoniumverbb., die neben einem Alkylrest mit mindestens 8 C-Atomen einen ggf. durch Halogen substituierten Benzylrest enthalten. Bes. gute Resultate werden erzielt, wenn man die genannten Verbb. als Additionsprodd.

von Harnstoff oder dessen Derivv., wie Monoacetylharnstoff, einsetzt. Ein Färbebad enthält z. B. 0,05 (g/Liter) Farbstoff, 0,2 Dimethylcetylbenzylammoniumchlorid, 0,25 Na-Acetat u. 0,2 Eisessig. (**E. P. 844 822** vom 1/8. 1958, ausg. 17/8. 1960. D. Prior. 14/8. 1957. **D. A. S. 1 064 016** Kl. 8m vom 14/8. 1957, ausg. 27/8. 1959.)

F. Böhm. 7021

Imperial Chemical Industries Ltd., England, **Färben und Bedrucken von Cellulosetextilmaterial** mit einem Farbstoff, der eine reaktionsfähige NH_2-Gruppe enthält, u. einer wasserunlösl. symm.-Triazimverb. mit 2 am Triazinring gebundenen Halogenatomen in alkal. Medium. Als Triazimverbb. sind z. B. genannt: 4.6-Dichlor-2-phenyl-, 4.6-Dichlor-2-methyl-symm.-triazin u. die Kondens.-Prodd. von Cyanurchlorid mit Aminen, z. B. mit Methyl-, Diäthyl-, β-Hydroxyäthyl- u, α-Naphthylamin, Anilin oder p-Diäthylaminoanilin, sowie von Cyanurchlorid mit Alkoholen oder Phenolen, wie Methanol, Phenol, p-Kresol, β-Naphthol, oder Mercaptanen, wie p-Thiokresol oder p-Chlorthiophenol. Von den in W. unlösl. gefärbten Triazimverbb. sind z. B. genannt die Kondens.-Prodd. von Cyanurhalogeniden mit Aminoazo- oder Aminoanthrachinonverbb., z. B. mit 4.4'-Diaminoazobenzol, 4-Amino-4'-dimethylaminoazobenzol, 2.4-Bis-[methansulfonyl]-4'-diäthylamino-2'-aminoazobenzol, 1-[β-Aminoäthylamino]-anthrachinon. — 100 Gew.-Teile eines gebleichten Baumwollgewebes werden mit einer wss. Lsg. foulardiert, welche 2 (%) Solochrome Jaune GN, 2 4.6-Dichlor-2-[β-naphthoxy]-symm.-triazin (I), 2 $NaHCO_3$ u. 5 Cr-Acetatlsg. (Dichte 1,16) enthält. Danach wird auf 200 Gew.-Teile abgepreßt u. 5 Min. lang mit Dampf bei 102° behandelt. Nach dem Waschen wird das Gewebe mit der sd. Lsg. eines Gemisches aus einem sulfonierten Fettalkohol u. dem Kondens.-Prod. eines Alkylphenols mit Äthylenoxid behandelt. Das gewaschene u. getrocknete Textilmaterial ist waschecht gelb gefärbt. — Eine Druckpaste für Baumwollgewebe wird hergestellt aus einer Lsg. von 2 (Teilen) 1.8-Dihydroxy-4.5-diaminoanthrachinon-2.7-disulfonsäure u. 10 Harnstoff in 42 W. durch Zusatz einer wss. Dispersion, welche aus 10 (%) I, 1 eines Kondens.-Prod. aus Alkylphenolen u. Äthylenoxid u. 35 5%ig. wss. Na-Alginatlsg. besteht u. von 1 Teil $NaHCO_3$. Das Baumwollgewebe wird damit blau bedruckt. Es ist waschecht. (**F. P. 1 214 270** vom 23/10. 1958, ausg. 7/4. 1960. E. Prior. 23/10. 1957 u. 8/10. 1958.)

M. F. Müller. 7023

American Cyanamid Co., New York, N.Y., übert. von: Hans Z. Lecher, Plainfield, und Bennet G. Buell, Bound Brook, N.J., V.St.A., **Kupplungskomponenten für braune Azofarbstoffe** bilden Kondens.-Prodd. von p-Aminosalicylsäure der allg. Formel I. Hierin ist X ein H-Atom oder eine Acylgruppe u. COY eine COOH- oder Carboxyarylidgruppe, n > 1. Herst. durch Erhitzen der monomeren p-Aminosalicylsäure (II) mit Thionylchlorid in einem organ. Lsgm., wobei sich das Säurechlorid von II bildet, das sich mit monomeren II kondensiert. Der Grad der Kondens. hängt vom verwendeten Lsgm. ab: in solchen, die nicht stark säurebindend sind, erhält man ein Gemisch aus Trimerem + Tetramerem, in Lsgm. wie Chinolin. Pyridin, Picolin u. Dimethylanilin erhält man Rk.-Prodd. aus 5—6 monomeren II. Die ersteren besitzen sowohl eine endständige NH_2- als auch eine solche OH-Gruppe, die vor ihrer Verw. als Kuppler in üblicher Weise blockiert werden können. Zur Azofarbstoffbldg. können alle dafür bekannten Diazokomponenten verwendet werden. — Beispiele: Zu einer Lsg. von 153 (Teile) II in 1000 Dioxan von 71—75° werden allmählich 144 Thionylchlorid zugesetzt. Der bei Abkühlung entstehende gelbe Nd. wird abfiltriert u. mit Na-Acetatlsg. daraus nicht umgesetztes monomeres II ausgewaschen. Es verbleibt ein nur in NaOH lösl. gelber Nd., (III), Molgew. ca. 480. Bei Durchführung der Rk. in Pyridin erhält man ein Endprod. mit einem Molgew. von ca. 700. Kupplung von III mit Mono- u. Dichloranilin gibt olivbraune Farbstoffe, mit Dianisidin u. Methoxynitroanilinen erhält man rotbraune, mit 4-Chlor-2-nitroanilin gelbbraune Farbstoffe. (**A. P. 2 847 461** vom 16/6. 1953, ausg. 12/8. 1958.)

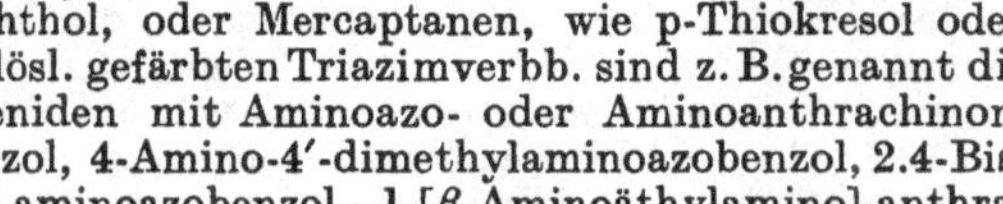

I

A. Kalix. 7053

Badische Anilin- & Soda-Fabrik Akt.-Ges., Deutschland, *Egalisiermittel für die Färberei.* (**F. P. 1 204 370** vom 24/3. 1958, ausg. 26/1. 1960. D. Prior. 26/3. u. 10/7. 1957. — **C. 1961.** 9210 [D. A. S. 1 091 979].)

Badische Anilin- & Soda-Fabrik Akt.-Ges., Deutschland (Erfinder: **Julius Eisele, Wilhelm Federkiel, Willy Braun, Werner Rohland** und **Hermann Weissauer**), *Färben und Bedrucken von Gebilden aus nativer oder regenerierter Cellulose.* (**F. P. 1 202 076** vom 10/9. 1958, ausg. 7/1. 1960. D. Prior. 11/9. 1957. — **C. 1961.** 12276 [D. A. S. 1 089 359].)

Farbenfabriken Bayer Akt.-Ges., Leverkusen (Erfinder: **Gerhard Dittmar**, Leverkusen, **Rolf Pütter**, Düsseldorf, **Walter Scholl**, Köln, und **Fritz Suckfüll**, Leverkusen), *Herstellung von Monoazofarbstoffen und deren Metallkomplexverbindungen.* (**Schwz. P. 355 548** vom 11/1. 1957, ausg. 31/8. 1961. D. Prior. 25/2. 1956. — **C. 1958.** 9354 [D. A. S. 1 011 100].)

Farbwerke Hoechst Akt.-Ges., vormals Meister Lucius & Brüning, Frankfurt/M. (Erfinder: **Ernst Fischer,** Offenbach/M.), *Herstellung von wasserunlöslichen Monoazofarbstoffen.* (**Schwz. P. 354 190** vom 21/3. 1957, ausg. 30/6. 1961. D. Prior. 23/3. 1956. — **C. 1960.** 3704 [D. A. S. 1 019 416].)

Farbenfabriken Bayer Akt.-Ges., Leverkusen (Erfinder: **Rolf Pütter,** Düsseldorf, **Fritz Suckfüll** und **Horst Nickel,** Leverkusen), *Herstellung von kupferhaltigen o.o'-Dihydroxyazofarbstoffen.* (**Schwz. P. 351 050** vom 19/7. 1956, ausg. 15/2. 1961. D. Prior. 19/8. 1955. — **C. 1961.** 11147 [F. P. 1 155 805].)

XIa. Farben. Anstriche. Lacke. Naturharze

Die Physik des Pinselstriches. N. D. P. Smith, S. E. Orchard und A. J. Rhind-Tutt. (J. Oil Colour Chemists' Assoc. **44.** 618—33. Sept. 1961. Slough, Bucks., Imp. Chem. Ind. Ltd., Paints Div.) (Engl.)

Vff. diskutierten die Rolle der Pinselborsten bei der Erzeugung von Pinselstrichen u. können zeigen, daß eine einfache Theorie der Borstenbüschel nicht zutrifft. Die Entstehung von Pinselstrichen scheint z. T. ein dynam. Prozeß zu sein u. zeigt etwas Ähnlichkeit mit der Furchen-Bldg. in der Spur von Rollern. Außerdem werden die Faktoren, die das Ausfließen der Pinselstriche bewirken, geprüft u. eine mathemat. Vorstellung für das Verschlichten von Fll. skizziert. So hängt die Ausflußzeit der Pinselstriche theoret. vom Verhältnis Viscosität/Oberflächenspannung ab. H.-J. TASCHOW. 7090□

Neue Daten von Pigmentgemischen. Edward Friel. (J. opt. Soc. America **50.** 791—801. Aug. 1960. Seattle, Wash.) (Engl.)

Die vom Vf. früher (J. opt. Soc. America **49.** [1959.] 1159) beschriebene graph. Meth. zur Kenntnis der Farben eines Pigmentgemisches wurden an Gemischen der gleichen Pigmente auf die Helligkeitsstufen 7, 5, 3 u. 1 ausgedehnt. C. GOTTFRIED. 7092

Die Herstellung und Kontrolle von „high dry hiding". F. B. Stieg jun. und R. I. Ensminger. (Off. Digest Federat. Soc. Paint Technol. **33.** Nr. 438. 792—806. Juli 1961. New York, N.Y., Ti Pigment Corp., Techn. Labor.) (Engl.)

Vff. empfehlen die früher abgeleitete Formel für die Deckkraft des Ti-Pigmentes, die als Funktion der Pigment-Vol.-Konz. (PVK) ausgedrückt wird, auch bei der Unters. von „high dry hiding", wenn die Konst. korr. werden. An Stelle der Pigment-Lösemittel-Grenzfläche wird die Pigment-Luft-Grenzfläche eingesetzt. Es wird eine Beziehung zwischen der PVK eines Ansatzes u. einer krit. PVK des Pigmentes abgeleitet, die Voraussagen über die Porosität des Anstrichfilmes ermöglicht. Dieser „Porositätsindex" drückt das Verhältnis aus, bei dem sich bei gegebener Pigmentierung „Trockendeckkraft" u. zugleich zunehmend Porosität entwickelt. K. WEKUA. 7092□

Physikalische Eigenschaften von Anstrichen. G. Phillips. (J. Oil Colour Chemists' Assoc. **44.** 575—95. Sept. 1961. Glamorgan, Brit. Resin Products Ltd.) (Engl.)

Vf. bestimmte an einer Reihe von verschieden zusammengesetzten Farbanstrichen Adhäsion, Zerreißfestigkeit, Dehnung, Wasserabsorption u. Wasserdampfdurchlässigkeit in Abhängigkeit von der relativen Luftfeuchtigkeit, bei der die Anstriche gelagert wurden. Im Bereich von 65—85% relativer Luftfeuchte nahm die Adhäsion zur Unterlage sprunghaft ab, während die Absorptionsisothermen im gleichen Bereich stark anstiegen. Es besteht also eine Beziehung zwischen der Wasserabsorption u. Adhäsion einerseits u. der Wrkg. des Anstriches andererseits. Vf. schließt daraus, daß die Wasserdampfdurchlässigkeit allein kein zuverlässiger Hinweis für die Schutzwrkg. eines Anstriches ist. Unterss. der Adhäsion u. Trockenzeit oxydativ verfilmender Anstrichstoffe zeigt, daß die maximale Adhäsion mit der maximalen O_2-Aufnahme korrespondiert.
H.-J TASCHOW. 7106□

Einige Betrachtungen über Theorie und Praxis des Nachmischens. Frederick K. Daniel. (Off. Digest Federat. Soc. Paint Technol. **33.** Nr. 438. 830—41. Juli 1961. Jersey City, N.J., Daniel Prod. Comp.) (Engl.)

Einige Faktoren, die die Einheitlichkeit eines Anstrichmittels beeinflussen, werden diskutiert: 1. Micell-Bldg. des Bindemittels, 2. Harzausscheidung während des Verdünnens, 3. Ausflocken des Pigments infolge Bindemittelextraktion an der Grenzfläche, u. nachteilige Wrkg. der Gelstruktur der Abtönpaste. Der Einfl. der Misch-App. u. techn. Mängel bei der Herst. auf die Qualität der Anstrichmittel werden beschrieben.
K. WEKUA. 7106□

Die Epoxidharze in der Lackfarbenindustrie. N. A. Ssuworowskaja. (Химическая Наука и Промышленность [Chem. Wiss. Ind.] **4.** 303—12. 1959.) (Russ.)
Übersicht. — 61 Literaturangaben. K. WEKUA. 7106□

Neues plastifizierendes Alkydharz für nicht vergilbende Einbrennemaillacke von großer Dauerhaftigkeit. M. van Noten. (Chim. Peintures **24.** 341—43. Nov. 1961. Drogenbos, S. A., Union chim. Belge, Div. Spécialités chim.) (Franz.)

Die Verw. des mit gesätt. synthet. C_8—C_{10}-Fettsäure modifizierten Alkydharzes auf Glycerin–Phthalsäure-Basis *Synkal AS* zusammen mit Harnstoff- u. Melaminformaldehydharzen als Einbrennlack oder ein Verschnitt mit Nitrocellulose wird beschrieben. Von seinen Eigg. werden Vergilbungsbeständigkeit, Oberflächenhärte, Geschmeidigkeit, Haftfestigkeit u. Stoßunempfindlichkeit besprochen M. HAGEDORN. 7106□

Emulsionsfarbanstriche auf Holz. Wesley G. Vannoy. (Off. Digest Federat. Soc. Paint Technol. **33.** Nr. 438. 807—29. Juli **1961**. Wilmington, Del., E. I. du Pont de Nemours & Co.) (Engl.)

Es wird über Vers.-Ergebnisse an verschiedenen Latexanstrichen auf Holzoberflächen berichtet. Probleme sind z. B. Haftfestigkeit auf kreidigen oder bröckligen Oberflächen, das Durchschlagen auf Zeder u. Rotholz. Geringere Schichtdicke des Erstanstrichs hat zwar bessere Haftung zur Folge, jedoch ist es vorteilhafter, spezielle Grundierungen oder eine Oberflächenbehandlung anzuwenden. Verschiedene Polyvinylacetat- u. Acrylemulsionsanstriche behalten ihren Farbton. K. WEKUA. 7106□

Wetterbeständigkeit von Anstrichfarben für Holzbauwerke und ihre Untersuchung. Kalervo Heinonen. (Valtion tekn. Tutkimuslaitos, Sarja IV [State Inst. techn. Res., Ser. IV] **1961.** Nr. 36. 1—16.) (Finn.)

Anstrichfarben für Holzbauten wurden auf Veränderungen des Glanzgrades u. Weiß-Geh. geprüft. Leinölfarben, standölhaltige Fassadenfarben u. Öllackfarben büßten bereits nach einigen Monaten ihren Glanz ein u. waren deutlich nachgedunkelt. Alkydharzfarbe war nach einem Jahr noch glänzend u. weißer als die ölhaltigen Anstrichfarben. Auch matte Vinylharz-Emulsionsfarbe war nach diesem Zeitraum noch wesentlich weißer. Labor.-Kurzteste lieferten nach einmonatiger Dauer eine analoge Klassifizierung. Auch hier zeigten sich Alkydharzfarbe mit TiO_2-Mischpigment u. Vinylharz-Emulsionsfarbe mit dem gleichen Mischpigment den ölhaltigen Anstrichfarben überlegen. B. SCHEIFELE. 7106□

Überziehen von Leichtmetallen mit Anstrichfarben und Lacken. J. Meynis de Paulin. (Peintures, Pigments, Vernis **37.** 488—95. Sept. 561—71. Okt. 1961.) (Franz.)

Angaben über die Oberflächenvorbereitung von Leichtmetallen durch Entfetten, Sandstrahlen, chem. Reinigung, anod. u. chem. Oxydation u. Durchführung der Lackierung sowie Trocknung der Überzüge. B. SCHEIFELE. 7106□

Organische Überzüge für Metalle. Robert J. Fabian. (Ind. Vernice — Lack- u. Farben-Chem. **13.** Nr. 11. 303—09. Nr. 12. 333—35. 1959. **14.** Nr. 2. 35—42. Nr. 3. 76—78. 1960.) (Ital.)

Zusammenfassend behandelt werden Alkydharzlacke u. -emulsionen, Harnstoffharz- u. Melaminharzkompositionen, Acrylharzlacke, Bitumenfarben, Cellulose-Derivv., Cumaron-Indenharze, Epoxidharze, Fluorcarbone, Phenolharze, Polyamidharze, Kautschuk-Derivv., Silicone, Styrol–Butadien-Polymere, Urethane, Vinylharze. — 17 Literaturangaben. B. SCHEIFELE. 7106□

Co-, Zn-, Mn- und Pb-Bestimmung in Sikkativmischungen. Alvin Graske. (Off. Digest Federat. Soc. Paint Technol. **33.** Nr. 438. 855—60. Juli 1961. Milwaukee, Wis., Pittsburgh Plate Glass Comp.) (Engl.)

Die Meth. beruht auf der komplexometr. Titration mit EDTA u. Eriochromschwarz T als Indicator. Durch Maskieren u. Demaskieren der einzelnen Metallionen wird der Geh. innerhalb einer Fehlergrenze von 0,2% (abs.) bestimmt. K. WEKUA. 7154□

Quantitative chemische Bestimmung der Kohlenwasserstoffe in Lack-Verdünnungsmitteln. H. E. Ashton. (Off. Digest Federat. Soc. Paint Technol. **33.** Nr. 438. 775—91. Juli **1961**. Ottawa, Nat. Res. Council.) (Engl.)

Die Meth. beruht auf der Unlöslichkeit der KW-Stoffe u. ihrer Halogen-Derivv. in konz. H_2SO_4 bzw. H_3PO_4. Sie wurde erprobt an Zwei-Komponenten-Mischungen, bestehend aus 40% KW-Stoff u. 60% polares Lsgm., welches mit den Säuren extrahiert wird. Der Brechungsindex diente zur Konz.-Best. der KW-Stoffe. Es wurden die Bedingungen zur Erzielung übereinstimmender Ergebnisse ermittelt. K. WEKUA. 7156□

Roméo Castellari, Frankreich, **Leuchtende, biegsame Flächengebilde,** wie Tischtücher, Decken u. dergleichen. Auf eine Vinylfolie wird mustergemäß eine Leuchtpaste aufgetragen u. mit einer Vinyldeckfolie versehen. Man polymerisiert nur die Konturen des Musters u. die Kanten der Folien, um ein Einreißen zu vermeiden. (**F. P. 1 190 916** vom 28/1. 1958, ausg. 15/10. 1959.) W. WITTHOLZ. 7092

Union Carbide Corp. (Erfinder: Kenneth Leroy Brown und William Herbert McKnight), **Grundiermittel für Anstriche aus Polyvinylchlorid.** Zur besseren Haftung des Anstriches werden die metall. oder anderen Oberflächen mit einem Mittel grundiert, das ein Polyurethanharz (I) u. ein Mischpolymerisat aus Vinylchlorid (II),

Vinylacetat (**III**) u. Maleinsäure (**IV**) oder deren Anhydrid enthält. Beispiel für eine Grundierung: 75 (Teile) **I** aus 400 Polyäthylenglykol u. 348 Toluoldiisocyanat u. 375 einer 20%ig. Lsg. eines Mischpolymerisats aus 85—88 **II**, 11—14,3 **III** u. 0,5—0,8 **IV** in Toluol-Methylisobutylketon. Die Grundierung wurde nach dem Auftrag 10 Min. auf 350° F erhitzt. Beispiel für das Anstrichmittel: 100 **II**, 180 Kreide, 5 TiO_2, 30 2-Äthylhexyldiphenylphosphat u. 90 Di-(2-äthylhexyl)-sebacat. (**Aust. P. 220 693** vom 3/10. 1957, ausg. 9/4. 1959. **E. P. 820 145** vom 8/10. 1957, ausg. 16/9. 1959. Beide A. Prior. 10/10. 1956.) C. LÜTTGEN. 7097

Soc. Chimique et Routière de la Gironde, Frankreich, **Verbesserung der Haftfestigkeit von Bindemitteln.** Ungesätt. Fett- oder Harzsäuren oder ihre Gemische, wie Harzöl oder Tallöl, werden mit H_2SO_4 sulfatiert, u. das Prod. wird mit einem Polymethylenpolyamin, welches endständige Aminogruppen aufweist, kondensiert. Genannt sind Äthylendiamin, Äthylentriamin, Diäthylentriamin u. Triäthylentetramin. Die Prod. werden den Bindemitteln in Mengen von 1—10% zugesetzt oder auf die zu überziehende Oberfläche aufgebracht. (**F. P. 1 192 573** vom 27/2. 1958, ausg. 27/10. 1959.) W. WITTHOLZ. 7107

Rheinpreussen Akt.-Ges. für Bergbau und Chemie, Deutschland, **Lufttrocknende Lacke** aus einem Gemisch aus mit Leinölfettsäure modifiziertem Alkydharz u. einem Formaldehyd-Kondens.-Prod., in welchem mindestens 2 Methylolgruppen mit einem wenigstens 5 C-Atome enthaltenden Alkohol veräthert sind. — Man mischt z. B. 45 (Teile) einer 60%ig. alkohol. Lsg. eines ölmodifizierten Alkydharzes [25 (%) Phthalsäureanhydrid, 67 Leinölfettsäure, 8 Pentaerythrit] mit 12 einer 50%ig. Lsg. von Methylolmelaminnonyläther in sek. Butanol u. fügt 1 Co-Naphthenat, 28 TiO_2, 3 Xylol, 8 A. u. 3 Terpentinöl zu. Die mit der Lsg. hergestellten *Überzüge* sind nach 2—3 Std. angetrocknet u. nach 6—8 Std. durchgehärtet. Gegen Chemikalien, wie Säuren, Laugen u. dgl., sehr widerstandsfähig. (**F. P. 1 194 805** vom 17/4. 1958, ausg. 12/11. 1959. D. Prior. 3/5. 1957.) W. WITTHOLZ. 7107

Srinivasa Ramanujam und Bharat Bhushan Ajmani, Chittaranjan, Indien, **An der Luft und in der Wärme trocknende zinkreiche Farben,** bestehend aus Zn-Staub u. einem Cashew-Nußschalenöl-Firnis, z. B. aus 80 (Gew.-Teilen) Zn-Staub, 14 Firnis u. 6 Verdünnungsmittel. Dabei bereitet man sich diesen Firnis aus 150 Cashew-Formaldehydharz, 50 trocknem Ricinusöl, 2 Co in Form von 10%ig. Co-Naphthenat, 12 Mn in Form von 3%ig. Mn-Resinat, 4 Pb in Form von 10%ig. Pb-Resinat u. 200 Verdünnungsmittel. — Man verrührt die Teile kalt u. erhitzt sie nach ca. 20 Min. auf 90°, hält die Mischung ½ Std. auf 90—100° u. steigert dann die Temp. auf 150°, um ggf. vorhandenes W. auszutreiben. Ein mit dieser Farbe aufgebrachter Film enthält mindestens 90 Gew.-% Zn-Staub. (**Ind. P. 60 614** vom 24/5. 1957, ausg. 28/12. 1959.) H. NEBELSIEK. 7107

British Titan Products Co. Ltd., England, **Herstellung von Aluminium-Titan-Salz-Lösungen.** Zu einer wss. Suspension von 300—400 g TiO_2 je Liter wird H_2SO_4 (95—97%ig) gegeben, so daß ein mol. Verhältnis H_2SO_4:TiO_2 von 2—13:1 besteht; die Temp. wird auf 140—150° gehalten. Dann wird Tonerdehydrat in der Lsg. bei 100—160° gelöst, so daß das mol. Verhältnis Ti:Al (berechnet als Oxyde) zwischen 1:0,5 u. 1:4, bes. zwischen 1:0,8 u. 1:2, liegt. Die Lsg. kann zum *Imprägnieren von Pigmenten,* bes. *TiO_2*, verwendet werden. (**F. P. 1 191 207** vom 7/2. 1958, ausg. 19/10. 1959. E. Prior. 8/2. 1957 u. 3/2. 1958.) W. WITTHOLZ. 7107

British Industrial Plastics Ltd., England, **Kunstharzherstellung** durch Rk. eines Aminharzes u. eines Epoxydharzes in einem Lsgm. in Ggw. eines sauren Katalysators. — 300 (Teile) des Epichlorhydrindiphenylolpropanharzes Epikote 1001, 500 einer 60%ig. butanol. Lsg. eines Melamin-CH_2O-Harzes u. 200 Xylol werden 50 Min. auf 75° erhitzt, dann mit 2 H_3PO_4 100 Min. bei 100° geheizt. Man gießt die Masse auf eine Fe-Platte u. hält ½ Std. bei 180°: Harte, nicht verfärbte Folie. (**F. P. 1 192 704** vom 5/3. 1958, ausg. 28/10. 1959. E. Prior. 7/3. 1957 u. 25/2. 1958.) M. PANKOW. 7107

Pittsburgh Plate Glass Co., Allegheny County, Pa., übert. von: James F. McKenna, Shorewood, Wis., V.St.A., **Harte, wasserfeste Überzüge bildende wässerige Verteilungen eines Filmbildners.** Als Filmbildner werden solche Prodd. verwendet, die durch Erhitzen einer Mischung aus einem trocknenden Glyceridöl u. 5—40 (Gew.-%) Maleinsäureanhydrid auf 175—300°, Hydrolyse u. anschließende Neutralisierung mit Ammoniumhydroxyd sowie erneutem Erwärmen bis zu 100° nach Zusatz von 20—70 Styrol, α-Methylstyrol oder Vinyltoluol zu dem Neutralisations-Prod. als fl. Mischpolymerisat erhalten worden sind. (**A. P. 2 941 968** vom 3/11. 1954, ausg. 21/6. 1960.) P. KRUG. 7107

Rudolf Baldus, Köln-Poll (Erfinder: Paul Voigt), **Flammspritzen von pulver- bzw. pastenförmigen Thermoplasten, insbesondere Hochpolymeren.** Die

Thermoplaste werden ggf. in Zumischung mit Weichmachern sowie Füllstoffen mittels eines Gasstrahls aus einem Syst. von koaxial angeordneten Düsen durch eine Brennstoff-Luft-Mischung im Ringbrenner geführt, so daß die Plastikteilchen schmelzen, u. in diesem Zustand auf die zu überziehende Fläche auftreffen. Zu verarbeitende Thermoplaste sind z. B. *Hart-* oder *Weichpolyvinylchlorid.* Als Brenngas eignet sich bes. Acetylen. (**E. P. 804 179** vom 1/11. 1955, ausg. 12/11. 1958.) P. Krug. 7107

Pittsburgh Plate Glass Co. (Erfinder: Roger Morris Christenson, Henry Adolf Vogel, Karl Robert Gosselink und Donald Peter Hart), **Überzugsmaterial** durch Polymerisieren von 50—90 (Gew.-%) Methylmethacrylat u. 10—50 Alkylester einer ungesätt. Carbonsäure. — Beispiel: Ein Ansatz von 120 (Gew.-Teilen) W., 80 Methylmethacrylat, 20 Äthylacrylat, 1 Emulgator (Igepon T 77), 0,5 tert.-Dodecylmercaptan, 2,5 KOH, 1,0 $K_2S_2O_8$, 0,5 K_2SO_4 wird 1 Std. auf 90° erhitzt, nach Abkühlen das Polymerisat mit Isopropanol niedergeschlagen, filtriert, gewaschen u. getrocknet. Der erhaltene *Lack* kann in 18—20%ig. Lsg. in Toluol versprüht werden. (**Aust. P. 223 551** vom 5/11. 1957, ausg. 17/9. 1959.) K. Demmler. 7107

Rohm & Haas Co. (Erfinder: Frederick William Toothill jun., Joseph August Stieber und Harold Lloyd Hatton), **Polymere, filmbildende Überzugsmischung,** z. B. als wasserabstoßender Überzug über Leder. Eine wss. Lsg. eines linearen Mischpolymeren (Mol-Verhältnis 1:1) von Maleinsäureanhydrid u. einem verzweigten ungesätt. KW-Stoff mit 4—10 C-Atomen (Diisobutylen) wird mit NH_4OH oder flüchtigem wasserlösl. Amin neutralisiert, mit einem wasserunlösl. Äthylenoxydkondensat höherer Alkylphenole mit 1—5 Äthylenoxydeinheiten u. 8—18 C-Atomen in der Alkylgruppe u. ggf. mit einem Pigment vermischt. (**Aust. P. 216 005** vom 25/9. 1956, ausg. 31/7. 1958. A. Prior. 26/9. 1955.) O. Steil. 7107

Ciba Akt.-Ges., Basel, Schweiz, **Herstellung eines ungesättigten Äthers eines Aminotriazinformaldehyd-Kondensationsproduktes.** Man läßt ein pro Aminogruppe des Aminotriazins mindestens eine Methylolgruppe enthaltendes, härtbares Formaldehyd-Kondens.-Prod. eines mindestens 2 Aminogruppen enthaltenden Aminotriazins (Melamin, Benzoguanamin) in Ggw. einer Säure $<50°$ mit solchen Mengen Buten-(2)-ol-(1) (I) reagieren, daß im entstehenden Äther pro Aminogruppe des Aminotriazins mindestens eine Butenyläthergruppe vorhanden ist. — 324 (Teile) Hexamethylolmelamin werden mit 1290 I unter Zugabe von ca. 119 36%ig. HCl 1 Std. bei 25° gerührt, anschließend wird mit ca. 118 calcinierter Soda neutralisiert, filtriert u. der Filterrückstand mit I nachgewaschen. Aus dem Filtrat werden unter vermindertem Druck I u. W. abdest., u. bei 105° wird völlig entwässert. Nach kaltem Filtrieren erhält man 535 wasserhellen Sirup, welcher aus nahezu 100% eines Butenyläthers besteht, der ca. 4,9 Butenyläthergruppen pro Mol Melamin enthält. In den üblichen Lsgm., wie Toluol, mit Trockenstoffen (Co-Naphthenat) gelöst, werden nach dem Durchtrocknen kratzfeste, beständige *Überzüge* erhalten. (**Oe. P. 206 550** vom 28/2. 1958, ausg. 10/12. 1959. Schwz. Prior. 1/3. 1957 u. 27/1. 1958.) W. Wittholz. 7107

E. I. du Pont de Nemours & Co., V.St.A., **Herstellung neuer Amide von aromatischen Polycarbonsäuren** der allg. Formel I, worin X = —CO–NH–$CR_1R_2R_3$ (n = 2 oder 3; R_1, R_2 u. R_3 = Alkylreste mit 1—19 C-Atomen; Summe der C-Atome in X = 10—21, die Gruppen X stehen nicht in o-Stellung zueinander), dad. gek., daß man Terephthaloyl-, Isophthaloyl- bzw. Trimesinsäurechlorid in CH_2Cl_2 $<60°$ in Ggw. von Alkalicarbonat mit einem entsprechenden prim. Amin umsetzt. — *N.N'-Bis-[2.2.3.4.4-pentamethylhexyl-(3)]-*, *-[9-methylnonadecyl-(9)]-*, *-[2.2.3.4-tetramethyl-4-äthylhexyl-(3)]-*, *-[3.5-dimethyl-5-äthylhexyl-(3)]-*, *-[8-heptylpentadecyl-(8)]-*, *-[5-methylundecyl-(5)]-*, *-[4-propylnonadecyl-(4)]-*, *-[3.3.7.11.11-pentamethyltridecyl-(7)]-*, *-[2.3-dimethyldecyl-(2)]-* u. *-[2-methylheptadecyl-(2)]-terephthal-* u. *-isophthalamid,* sowie die entsprechenden *N.N'.N''-trisubstituierten Trimesinsäureamide,* aus 2.2.3.4.4-Pentamethyl-3-aminohexan, 11-Methyl-11-aminononadecan, 2.2.3.4-Tetramethyl-4-äthyl-3-aminohexan, 3.5-Dimethyl-5-äthyl-3-aminoheptan, 8-Heptyl-8-aminopentadecan, 5-Methyl-5-aminoundecan, 4-Propyl-4-aminononadecan, 3.3.7.11.11-Pentamethyl-7-aminotridecan, 2.3-Dimethyl-2-aminodecan bzw. 2-Methyl-2-aminoheptadecan. Die Amine werden in bekannter Weise aus den Olefinen hergestellt. — Die Prodd. werden mit Wachsen, Mineral- u. Erdöl zu wasserabstoßenden *Lacküberzügen* verarbeitet. (**F. P. 1 220 351** vom 19/2. 1959, ausg. 24/5. 1960.) S. Böttcher. 7107

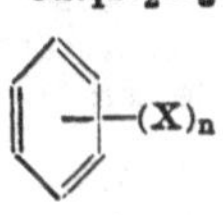

I

Imperial Chemical Industries Ltd., London, England, **Herstellung eines in einem flüssigen Kohlenwasserstoff dispergierten Polymeren.** Man polymerisiert eine Vinyl-Verb. in organ. Fl. in Ggw. eines Peroxyd- oder Hydroperoxydkatalysators u. von Rohkautschuk zu einem in der organ. Fl. unlösl. Polymeren. — Zu 500 (Teilen)

Isooctan, das 10 Rohkautschuk u. 10 alkyliertes Phenol-Äthylenoxyd-Netzmittel Lubrol MO enthält, von 80° gibt man 2 Benzoylperoxyd in Form einer 65% ig. Dimethylphthalatpaste u. tropft pro Std. 20 Vinylacetat zu, gibt im Abstand von 1 Std. 5mal 2 Benzoylperoxyd nach u. erhitzt insgesamt 30 Std., wobei eine weiße Dispersion entsteht. — Statt des Kautschuks kann man andere lyophile Koll., wie Polybutadien oder Polyisobutylen, verwenden. Man mischt die Dispersionen mit Plastiziermitteln u. Pigmenten u. spritzt sie auf Glas oder Metall, wobei dichte *Überzüge* entstehen. (**Oe. P. 211 449** vom 27/5. 1958, ausg. 10/10. 1960. **F. P. 1 196 416** vom 27/5. 1958, ausg. 24/11. 1959. Beide E. Prior. 27/5. 1957.) M. PANKOW. 7107

Benjamin Foster Co. (Erfinder: Wayne P. Ellis, Leo I. Smith und Irvin J. Steltz), **Mastix,** bes. Mittel zur Herst. von *wärmeisolierenden Überzügen*, bestehend im wesentlichen aus 20—40% Isobutylenpolymeren oder -mischpolymeren, 20—60% eines Kondens.-Prod. eines hochmol. viscosen Materials, das aus einer warmen Propan-Lsg. des Dest.-Rückstands von Paraffinerdölen niedergeschlagen ist, welches Kondens.-Prod. („Kendex") die JZ. nicht wesentlich >40, einen Ball-Ring-Erweichungspunkt 110—220° F, ein durchschnittliches Molgew. von wenigstens 1900 u. mindestens 40 C-Atome pro Doppelbindung aufweist, als Weichmacher u. 10—35% pulverisiertes, harzartiges chloriertes Paraffin mit D. ca. 1,64 u. F. 90° C als Feuerschutzmittel, welches Gemisch in Lsgm. (Bzn., Xylol, Methylisobutylketon) gelöst u. mit Pigmenten u. Füllstoffen (glimmerartiger Talk, Sb_2O_3, gemahlener Kork, faseriges Mg-Silicat „Asbestin", Asbest) verwendet wird. Beispiel: 11 (Gew.-%) Isobutylen-Styrol-Mischpolymer, 30 Bzn., 17 Xylol, 11 „Chlorowachs 70", 11 „Kendex 1430" (Erweichungspunkt 120—140° F), 8 „Asbestin" (99% durch 325 Maschensieb), 3 glimmerartiger Talk, 6 Asbestfasern, 2 Sb_2O_3, 0,5 „Bentone 18" (Montmorillonit u. Methylisobutylketon) u. 0,5 denaturierter Alkohol. (**Aust. P. 213 864** vom 23/1. 1957, ausg. 3/4. 1958.) W. GRÄGER. 7107

Badische Anilin- & Soda-Fabrik Akt.-Ges., Ludwigshafen/Rh. (Erfinder: Fritz Stastny, Ludwigshafen/Rh., Ferdinand Meyer, Ziegelhausen, und Julius Thewalt, Waldkatzenbach), **Überziehen von Gegenständen aus Polystyrolschaum mit einer harten, glatten Schicht.** Man verwendet hierzu ein fl. Gemisch, das einen Polyglycidyläther (I) u. ein Härtungsmittel hierfür enthält. Geeignet ist z. B. ein Gemisch aus 100 (g) I aus Butantriol u. Epichlorhydrin (Epoxywert 0,67) u. 35 p.p'-Diaminodiphenylmethan. (**Holl. P. 97 920** vom 12/4. 1956, ausg. 15/5. 1961.) F. BÖHM. 7107

Imperial Chemical Industries of Australia and New Zealand Ltd. (Erfinder: David Patrick Spencer und Hector Roland Bourne), **Überzugsmaterial für Metallplatten,** bestehend aus einem Carboxylreste enthaltenden Vinylterpolymerisat (I), einem Hydroxylgruppen enthaltenden Vinyltripolymerisat (II), einem Polyalkylmethacrylat, einer bas. Pb-Verb. u. einem polymeren Weichmacher. — Beispiel: 10,5 (Teile) I (80—90 Vinylchlorid, 19,7—7 Vinylacetat, 0,3—3,0 Maleinsäure), 1,5 II (91 Vinylchlorid, 3 Vinylacetat, 6 Vinylalkohol), 4 Polymethylmethacrylat, 3 bas. $PbSO_4$, 1,5 Weichmacher, 79,5 Methyläthylketon als Lösungsmittel. (**Aust. P. 223 747** vom 3/5. 1957, ausg. 1/10. 1959.) K. DEMMLER. 7107

Axel Åke Anjou, Ödeborg, Schweden, **Überziehen von Metalldrähten.** Die Überzugsmasse besteht aus einer Mischung aus Bitumen u. Polyvinylchlorid bzw. dessen Mischpolymerisaten. (**Dän. P. 84 725** vom 30/11. 1953, ausg. 14/4. 1958.) K. H. KÄHLER. 7107

Robert Bartonicek und Ladislav Cerveny, Prag, Tschechoslowakei, **Weiche Filme bildendes temporäres Rostschutzmittel,** enthaltend in üblicher Öl- oder Petroleumbasis einen passivierend wirkenden Ester der Chromsäure mit einem tert. Alkohol der allg. Formel $R_1(R_2)(R_3)C—OH$, worin R_1, R_2 oder R_3 gleiche oder verschiedene aliphat., cycloaliphat. oder aromat. KW-Stoffreste sind. (**E. P. 847 813** vom 12/11. 1956, ausg. 14/9. 1960. Tschech. Prior. 15/12. 1955.) P. KRUG. 7107

Detmolder Lackfabrik Niesen & Söhngen, Deutschland, **Aufbringen mehrschichtiger Überzüge auf Oberflächen jeglicher Art.** Man grundiert mit einem katalysatorfreien Polyesterlack, bringt auf diesen, zweckmäßig noch feucht, eine aus einem katalysatorfreien Polyesterlack bestehende, ggf. Musterungen aufweisende Zwischenschicht u. deckt mit einem katalysatorhaltigen Polyesterlack ab, worauf Durchhärtung bis zur Grundierung erfolgt. Man kann auch als Grundierung bzw. Zwischenschicht Überzugsmittel auf Basis anderer Filmbildner, wie Nitrocellulose-, Epoxyharz- oder Polyurethanlacke verwenden, wobei die Deckschicht in jedem Falle aus einem katalysatorhaltigen Polyesterlack besteht. (**F. P. 1 191 632** vom 17/2. 1958, ausg. 21/10. 1959. D. Prior. 10/12. 1957.) W. WITTHOLZ. 7107

Srinivasa Ramanujam und Abburi Ramamurthij, Chittaranjan, Indien, **Harzdispersionen** aus Cashewnußschalen-Lsgg. zur *Herstellung von Schutzschichten* für

Personen-, Güterwagen u. Lokomotiven. Man erhitzt die Roh-Lsg. auf 90—160°, dispergiert in Xylol u. dgl. im Gemisch mit einem Aldehyd, wie Formalin oder Hexamin, oder man kondensiert die heißpolymerisierte Roh-Lsg. bei Raum-Temp. mit einem Aldehyd in Ggw. von NaOH, KOH oder $Ca(OH)_2$ unter Zusatz eines Lsgm., wie Trichloräthylen, Toluol u. dergleichen. Den erhaltenen Dispersionen können noch Naphthenate des Co, Mn oder Pb zugesetzt werden, um schnelltrocknende Überzüge bzw. Schutzschichten zu erhalten. (**Ind. P. 60 613** vom 24/5. 1957, ausg. 9/11. 1959.) H. Nebelsiek. 7107

Aktiebolaget Svenska Fläktfabriken, Stockholm, Schweden, **Gewinnung von hochwertigem Terpentin** aus Holz. Das Holzmaterial wird auf maximal 99° erwärmt unter gleichzeitigem Trocknen. Die abdest. Gase werden kondensiert. Hierbei erhält man ein Prod., das weniger Harze, Terpene oder Öle enthält als nach den üblichen Verf. bei 150—300°. (**Norw. P. 92 459** vom 7/2. 1957, ausg. 15/9. 1958.) K. H. Kähler. 7141

Esso Research and Engineering Co., V. St. A. (Erfinder: **John Rehner jun.**, **Herbert K. Wiese** und **Albert M. Gessler**), *Mineralpigmente*. (**F. P. 1 165 167** vom 1/12. 1956, ausg. 20/10. 1958. A. Prior. 1/12. 1955. — C. **1961.** 17019 [A. P. 2 928 802].)

British Titan Products Co. Ltd., England, *Herstellung von Titandioxid*. (**F. P. 1 150 834** vom 21/4. 1956, ausg. 20/1. 1958. E. Prior. 22/4. 1955 u. 10/4. 1956. — C. **1959.** 15512 [Aust. P. 206 462].)

Thorn Electrical Industries Ltd., England, *Luminescierende Massen*. (**F. P. 1 161 720** vom 20/7. 1956, ausg. 3/9. 1958. E. Prior. 22/7. 1955 u. 21/3. 1956. — C. **1961.** 13369 [E. P. 792 598].)

J. R. Geigy Akt.-Ges. (Erfinder: **André Pugin**), Basel, Schweiz, *Mischungen von Phthalocyaninfarbstoffen*. (**Can. P. 551 607** vom 20/12. 1955, ausg. 14/1. 1958. Schwz. Prior. 23/12. 1954. — C. **1958.** 10509 [Oe. P. 193 040].)

Industria Chimica Profarmaco S.r.l., Italien (Erfinder: **Raffaele Fusco** und **Silvano Rossi**), *Herstellung von Imidazol-[2.3:2'.3']-1.2.4-triazinen*. (**F. P. 1 153 100** vom 12/3. 1956, ausg. 28/2. 1958. It. Prior. 26/5. 1955. — C. **1958.** 13366 [D. A. S. 1 026 321].)

J. R. Geigy Soc. An., Schweiz, *Nicht kristallisierendes oder ausflockendes Phthalocyanin-Gemisch*. (**F. P. 1 152 882** vom 22/12. 1955, ausg. 26/2. 1958. Schwz. Prior. 23/12. 1954. — C. **1958.** 10509 [Oe. P. 193 040].)

Unilever N. V., Holland (Erfinder: **Johannus Donatus von Mikusch-Buchberg** und **Karl-Heinz Hermann Mebes**), *Herstellung von trocknenden oder halbtrocknenden Kondensationsprodukten als Austauschstoffe für trocknende Öle*. (**F. P. 1 207 407** vom 6/10. 1956, ausg. 16/2. 1960. E. Prior. 7/10. 1955. — C. **1960.** 16270 [D. A. S. 1 074 177].)

N. V. de Bataafsche Petroleum Mij., Den Haag, Holland, *Herstellung von Epoxidharzen*. (**Holl. P. 98 450** vom 26/3. 1956, ausg. 17/7. 1961. A. Prior. 28/3. 1955. — C. **1958.** 13111 [D. A. S. 1 022 793].)

Olin Mathieson Chemical Corp. (Erfinder: **Ralph Luytles Cook** und **Eugene Ashton Andrew**), *Herstellung von Globularpulver*. (**Aust. P. 225 359** vom 1/5. 1958, ausg. 10/12. 1959. — C. **1961.** 3496 [E. P. 828 401].)

Esso Research and Engineering Co., V.St.A. (Erfinder: **John F. McKay**), *Wässerige Dispersionen von oxydierten Polymerölen*. (**F. P. 1 173 033** vom 18/3. 1957, ausg. 18/2. 1959. A. Prior. 23/3. 1956. — C. **1959.** 13012 [E. P. 802 563].)

E. I. du Pont de Nemours & Co., V.St.A. (Erfinder: **John Lloyd Evans**), *Überzugsmittel*. (**F. P. 1 172 111** vom 28/1. 1957, ausg. 5/2. 1959. A. Prior. 7/2. 1956. — C. **1959.** 14266 [E. P. 801 337].)

American Cyanamid Co., New York, N.Y., übert. von: **John H. Daniel jun.**, Stamford, Conn., V.St.A., *Überzugsmischung*. (**Can. P. 551 864** vom 18/8. 1954, ausg. 21/1. 1958. A. Prior. 22/9. 1953. — C. **1959.** 7972 [A. P. 2 819 237].)

Simoniz Co., V.St.A., *Überzugsmassen*. (**F. P. 1 154 731** vom 25/6. 1956, ausg. 16/4. 1958. — C. **1960.** 16606 [Aust. P. 214 868].)

Imperial Chemical Industries Ltd., England, *Pigmentierte Überzugsmittel*. (**F. P. 1 155 037** vom 20/7. 1956, ausg. 21/4. 1958. E. Prior. 21/7. 1955 u. 22/6. 1956. — C. **1960.** 5656 [E. P. 811 502].)

Esso Research and Engineering Co., V.St.A. (Erfinder: **Donald F. Koenecke**), *Aushärten von Überzügen*. (**F. P. 1 172 826** vom 5/3. 1957, ausg. 16/2. 1959. A. Prior. 6/3. 1956. — C. **1959.** 13646 [E. P. 802 562].)

International Business Machines Corp., V.St.A. (Erfinder: **Frank William Kulesza**), *Magnetisch feststellbare Markierungen*. (**F. P. 1 160 644** vom 6/12. 1955, ausg. 22/7. 1958. A. Prior. 20/12. 1954. — C. **1961.** 8849 [E. P. 820 932].)

XIb. Plaste (Kunstharze. Plastische Massen)

Über die Verarbeitung von Kunststoffen auf dem Kalander. J. F. Salhofer. (Kunststoff-Rdsch. **7.** 569—73. Dez. 1960. Krefeld, Joh. Kleinewefers Söhne.) (Dt.)

Die bei der Herst. von Kunststoffolien auf dem Kalander auftretende Durchbiegung der Kalanderwalzen kann durch parabol. Bombierung des Walzenballens, durch Schrägstellen oder durch Vorspannen der Walzen (roll-bending-Verf.) verringert werden. Die Durchrechnung der verschiedenen Möglichkeiten an einem Beispiel zeigt, daß das Schrägstellen insgesamt die besten Ergebnisse bringt. R. Helbig. 7170□

Bedeutung des Oxiran-Wertes und der Jodzahl bei Epoxidweichmachern. Joseph Fath. (Mod. Plastics **37.** Nr. 8. 135—44. 203. April 1960. Pawtucket, Thompson Chem. Co.) (Engl.)

Am Beispiel von epoxydiertem Sojaöl u. Isooctyltallat zeigt Vf. die Beziehungen zwischen JZ. u. Oxiran-Wert (= Zahl der bei der Epoxydierung aufgenommenen Epoxidgruppen) u. weist nach, daß die Epoxydierung der ungesätt. Verbb. im allg. nicht vollständig verläuft, sondern daß Neben-Rkk. auftreten. Die dabei entstehenden Nebenprodd. reagieren mit den Epoxidgruppen unter Spaltung des Oxiranrings, wodurch sie einen merklichen Einfl. auf die Stabilität dieser Weichmacher u. ihre Verträglichkeit mit Vinyl-Verbb. ausüben. Die Geschw. der Rkk. zwischen den Nebenprodd. u. den Epoxidgruppen läßt sich durch die Abnahme des Oxiranwertes u. im Falle epoxydierten Sojaöls auch durch den dadurch bedingten Viscositätsanstieg messen u. wird durch Hitze beschleunigt. H. SONTAG 7170□

Nach dem Ziegler-Verfahren hergestelltes Polyäthylen. M. N. Berger und T. H. Boultbee (J. appl. Chem. **9.** 490—500. Sept. 1959.) (Engl.)

Durch geeignete Wahl von Katalysatoren (Al-Alkyl u. Halogenide der Übergangsmetalle, z. B. $TiCl_4$) u. Verf.-Maßnahmen lassen sich Polymere mit Dichten zwischen 0,945 u. 0,967 u. in einem weitem Schmelzindexbereich erzielen. Die Molgew.-Verteilung u. die physikal. u. chem. Eigg. werden mitgeteilt. B. SCHEIFELE. 7172□

Einfluß einiger Faktoren auf die Bildung von Mikroblock-Polystyrol. M. M. Grudinina und Je. M. Alexandrowa. (Научные Доклады Высшей Школы (Москва), Химия и Химическая Технология [Wiss. Hochschulber. (Moskau), Chem. chem. Technol.] **1959.** 354—57. Moskau, Chem.-Technol. Mendelejew-Inst., Lehrst. für Kolloidchem.) (Russ.)

Die Bldg. von Mikroblöcken (MB) bei der Emulsionspolymerisation von Styrol (**I**) tritt bei 40—60% Umsatz ein u. hemmt durch Adsorption des Emulgators am MB die weitere Polymerisation. Ggw. von $\leqq 1\%$ Divinylbenzol ist nicht die Hauptursache der MB-Bildung. Am wenigsten MB entstehen bei K-Oleat (**II**) als Emulgator u. $K_2S_2O_8$ (optimal 0,76 Gew.-%) als Initiator. Verdünnung der Emulsion setzt die MB-Bldg. herab. Bei Polymerisation einer Emulsion mit W.:I = 5:1 wird eine gelartige Schutzschicht auf der Oberfläche der **I**-Tropfen erhalten, deren Festigkeit mit der **II**-Konz. zunimmt unter Abnahme des MB-Gewichts. Zusatz von $\leqq 2\%$ HCl kann zu 50% MB-Bldg. führen. Stabile Emulsionen werden mit Gelatine + Na-Oleat erhalten, die in W. u. **I** gut lösl. sind; bei langer Lösedauer, Erhöhung der Temp. u. des pH bei der Lsg. bilden sich aber auch hier bis zu 50—60% Mikroblöcke. R. K. MÜLLER. 7172□

Durchlässigkeit von Monochlortrifluoräthylenpolymeren. A. W. Myers, V. Tammela, V. Stannett und M. Szwarc. (Mod. Plastics **37.** Nr. 10. 139—45. 211. Juni 1960. Syracuse, N.Y., State Univ., Coll. of Forestry, Chem. Dep.) (Engl.)

Vff. stellten verschiedene Modifikationen von Monochlortrifluoräthylenpolymeren (**M**) dar, die sich durch Kristallinität, Weichmacher-Geh. u. Polymerisationstyp (Homopolymere u. Mischpolymere mit Vinylidenfluorid) unterschieden u. prüften jeweils die Durchlässigkeit der so gewonnenen Filme für Gase (N_2, O_2 u. CO_2) u. Dämpfe (H_2O u. CH_3OH). Der Vgl. der Prüfergebnisse ergab, daß die weichgestellten **M** — wobei unter Weichstellung sowohl der Zusatz an Weichmachern als auch innere Weichmachung durch Mischpolymerisation mit Vinylidenfluorid verstanden wird — eine merklich geringere Durchlässigkeit für diese Gase u. Dämpfe besitzen. H. SONTAG. 7172□

Synthese von Harzen aus Aryldiglycidäthern und Arylaminen. M. F. Ssorokin und K. A. Ljaljuschko. (Научные Доклады Высшей Школы (Москва), Химия и Химическая Технология [Wiss. Hochschulber. (Moskau), Chem. chem. Technol.] **1959.** 358—62. Moskau, Chem.-Technol. Mendelejew-Inst., Lehrstuhl für Technol. der Lacke u. Farben.) (Russ.)

Epoxidharze werden aus Resorcindiglycidäther (**I**) u. p.p'-Dihydroxydiphenylpropandiglycidäther (**II**) u. aromat. Aminen im Verhältnis 1—2:1 (Mol) bei 40—70° dargestellt. Sie sind gut lösl. in Aceton, Essigsäureestern u. n-Butanol–Xylol-Gemisch (1:1). Die Harze mit Anilin (**III**) sind hellgelb, durchsichtig, fest, diejenigen mit N.N'-disubstituiertem 4.4'-Diaminodiphenylmethan (**IV**) hellbraun. Die **I**—**III**-Harze haben Molgew. von 400—1270, Erweichungspunkt (EP) 51—97°, je nach Mol-Verhältnis u. Herst.-Temp., die **II**–**III**-Harze Molgew. 406—826 u. EP 68—79°, die **I**–**IV**-Harze Molgew. 426—1205, EP 60—82°, die **II**–**IV**-Harze Molgew. 628—730. Das höchste Molgew. haben die Harze mit dem Mol-Verhältnis 1:1. Temp.-Erhöhung beschleunigt die Harz-Bldg., hat aber wenig Einfl. auf die Eigg. der Harze. Die aus den Harzen mit Hexamethylendiamin als Härter erhaltenen Lacke zeigen gute physikal.-mechan. Eigenschaften. R. K. MÜLLER. 7176□

Niedermolekulare Epoxidharze und ihre Anwendung in der Technik. M. Lidaržík, I. Mlezivá, D. Beranová und I. Tamchiná. (Химическая Промышленность [Chem. Ind.] **1960.** 209—13. April/Mai. Pardubice, Výzk. úst. synt. prysk. a lak.) (Russ.)

Niedrigmol. Epoxydharze (Molgew. 400—850) werden durch alkal. Kondens. von Diphenolen, bes. 2.2-Bis-(p-hydroxyphenyl)-propan (Diphenylolpropan), mit Dichlorhydrin oder Glycerinepichlorhydrin erhalten. Vff. erörtern die Rkk., die bei diesen Prozessen stattfinden. Bei Katalyse mit sek. oder tert. Aminen oder Salzen schwacher Säuren mit starken Basen (z. B. Na-Acetat oder Na_2CO_3) werden Prodd. der Epoxidzahl 0,52—0,54 g-Äquivalent/100 g in ca. 95%ig. Ausbeute erhalten. Ein anderes Verf. wird in Ggw. von wenig NaOH u. viel NaCl (auch NaCl allein) ausgeführt. Als Härter eignen sich Allyl-, Butyl- oder Phenylglycidester, Butylester der Säuren von Sojaöl, Styrol, m-Phenylendiamin, Diäthylentriamin (auch dicyanäthyliert) oder Amin–Amid-Harz. Die techn. Anwendungsmöglichkeiten werden beschrieben. R. K. MÜLLER. 7176□

Statistische Auswertung von Festigkeitsversuchen an Kunststoffen. Wilhelm Späth. (Gummi-Asbest-Kunststoffe **14**. 445—47. 466. Mai 1961.) (Dt.)

Vf. prüft die Anwendbarkeit eines neuen Verf. zur verbesserten u. vereinfachten statist. Auswertung von Meßergebnissen, der sog. Arsita-Transformation, auf die Festigkeits-Unterss. von Kunststoffen. Die Anwendung dieses Verf. auf in der Literatur veröffentlichte Unterss. an Polystyrol im Zug-, Biege- u. Schlag-Vers. zeigt, daß die Verteilung der Meßwerte beim Zug- u. Biege-Vers. symm. ist u. der GAUSSschen Normalverteilung folgt. Beim Schlag-Vers. ist dagegen eine asymm. Verteilung deutlich bemerkbar. Auf theoret. Deutungen letzterer Erscheinung wird hingewiesen. R. HELBIG. 7210

Allgemeine Formel für die Beanspruchung auf Kriechen und Brechen bei Kunststoffen. S. Goldfein. (Mod. Plastics **37.** Nr. 8. 127—32. 134. 198—200. April 1960. Fort Belvoir, Va., USAERDL, Mater. Branch, Plastics Sect.) (Engl.)

Ausgehend von der ARRHENIUS-Gleichung leitet Vf. auf Grund theoret. Überlegungen folgende Funktion für das Verh. von Kunststoffen ab: $K = (T_0T/T_0 - T)(20 + \log t)$, worin T_0 die Temp. bei der Beanspruchung 0, T die Betriebs-Temp. u. t die Zeit bedeuten. Zur experimentellen Unters. wurden ein glasfaserverstärktes Epoxidlaminat, ein harter Thermoplast auf Basis von Polyformaldehyd u. ein Polyäthylen verwendet u. die Ergebnisse der Prüfung bei niederer u. erhöhter Temp. gegen den Parameter K graph. aufgetragen. Aus den so erhaltenen Eichkurven läßt sich das Verh. der Kunststoffe bzgl. Kriechen u. Brechen für Zeiten zwischen 0,01 Sek. u. 40000 Std. ablesen. H. SONTAG. 7210□

Beurteilung des Langzeitverhaltens von stranggepreßten Kunststoffrohren auf Grund ihrer Berstfestigkeit bei kurzzeitiger Beanspruchung. S. Goldfein. (Mod. Plastics **37.** Nr. 9. 139—42. Mai 1960. Fort Belvoir, Va., USAERDL, Mater. Branch, Plastics Sect.) (Engl.) — Vgl. vorst. Referat.

Die vom Vf. abgeleitete Formel über Kriech- u. Berstfestigkeit von Kunststoffen als Funktion von Temp. u. Zeit erwies sich als anwendbar für die Best. der Berstfestigkeit von Rohren aus Polyäthylen hoher Dichte, Acrylnitril–Butadien-Styrol, schlagfestem u. schlagempfindlichem PVC. Aus dem Verlauf der Kurven läßt sich die Berstfestigkeit der Rohre bei langfristiger Beanspruchung auf Grund ihres Verh. bei kurzzeitiger Beanspruchung voraussagen. H. SONTAG. 7210□

Mechanische Prüfung der plastischen Massen. 1. Mitt. **Physikalische Besonderheiten der mechanischen Eigenschaften von Polymeren.** Ss. B. Ratner. (Пластические Массы [Plast. Massen] **1960.** Nr. 7. 59—66.) (Russ.)

Vf. berichtet über die Abhängigkeit der Deformation von Polymeren von der Temp. bei gleicher Belastung, ihre Abhängigkeit von der Spannung bei verschiedener Temp. u. die Abhängigkeit der maximal zulässigen Spannung von der Temp. u. Streck-Geschw. u. stellt das Verh. von Plastmassen u. Gummi sowie Vulkanisaten in bezug auf Kälte- u. Wärmeabhängigkeit gegenüber. Abschließend werden die grundlegenden mechan. Eigg. von polymeren Materialien u. Berechnungsformeln ausführlich behandelt. K. WEKUA. 7210□

Mechanische Prüfung der plastischen Massen. 2. Mitt. **Spezifische Methoden der Untersuchung der plastischen Massen. Statische Untersuchungen.** Ss. B. Ratner. (Пластические Массы [Plast. Massen] **1960.** Nr. 8. 53—59.) (Russ.) — 1. vgl. vorst. Referat.

An Hand der Literatur werden die stat. Prüf-Verff. für die plast. Massen besprochen. — 20 Literaturangaben. K. WEKUA. 7210□

Mechanische Prüfung der plastischen Massen. 3. Mitt. **Untersuchung der Ermüdungserscheinungen.** Ss. B. Ratner, A. W. Stinskass und Ju. G. Gilgendorf. (Пластические Массы [Plast. Massen] **1960.** Nr. 9. 54—60.) (Russ.) — 2. vgl. vorst. Referat.

Vff. behandeln die Ermüdungserscheinungen sowohl der fl. als auch der harten Plastmassen u. versuchen, Ermüdungserscheinungen der Plastmassen mathemat. zu erfassen. K. WEKUA. 7210□

Mechanische Prüfung der plastischen Massen. 4. Mitt. **Die Reibfestigkeit plastischer Massen.** Ss. B. Ratner und I. I. Farberowa. (Пластические Массы [Plast. Massen] **1960.** Nr. 9. 61—69.) (Russ.) — 3. vgl. vorst. Referat.

Die Verss. mit verschiedenen plast. Massen u. Preßkörpern ergaben, daß der Ermüdungs-Koeff. bei den nichtgefüllten Plastmassen ca. 10% beträgt, bei den gefüllten 20—30%. Statt 10^7 Cyclen sind zweckmäßig 10^6 Cyclen zu wählen. K. WEKUA. 7210□

Mechanische Prüfung der plastischen Massen. 5. Mitt. **Untersuchung der Wärmebeständigkeit.** Ss. B. Ratner, M. D. Frenkel und A. W. Nowoshilow. (Пластические Массы [Plast. Massen] **1960.** Nr. 9. 69—76.) (Russ.) — 4. vgl. vorst. Referat.

Es stellte sich heraus, daß die Erweichungs-Temp. von Plastmassen mit Zunahme der Belastung nach der Formel $T = T_0 - bT$ abnimmt, T_0 = Erweichungs-Temp. ohne Belastung, b = Änderung der Wärmefestigkeit pro Einheit der Belastung. Bei Anwendung einer konst. Belastung (P = const) sind die Werte der Wärmefestigkeit bei weichen Prodd. zu niedrig, bei harten Prodd. zu hoch. Die Prüfungen bei P = const oder ε_0 (Anfangsdeformation) führen zu verschiedenen Werten der Wärmefestigkeit. K. WEKUA. 7210□

Messung der Spannungsrißbildung bei Kabelumhüllungen aus Polyäthylen. A. Rudin und A. M. Birks. (ASTM Bull. **1960.** Nr. 245. 60—65. April.) (Engl.)

Die Durchführung der Messung (vgl. ASTM Bull. **1958.** 1049) wurde verändert (Definition des Bruchs in der Umhüllung, Vorbereitung u. Schneiden der Probe, statist. Behandlung der Vers.-Daten, Vers.-Temp.) u. damit Genauigkeit u. Reproduzierbarkeit der Ergebnisse verbessert. B. SCHEIFELE. 7210□

Quantitative Bestimmung von Aluminium und Titan in Niederdruck-Polyäthylen durch Spektralanalyse. G. P. Fratkina. (Заводская Лаборатория [Betriebs-Lab.] **24.** 1373—74. 1958. Leningrad, Forsch.-Inst. für Polymerisationsplaste.) (Russ.)

10—15 mg der Asche des zu untersuchenden Prod. werden bei 800—900° bis zur Gew.-Konst. geglüht, mit dem 50—150fachen eines Kohlepulver-CuO-Gemisches (1:1) sorgfältig zerrieben u. in die Aushöhlung der unteren Elektrode des Spektrographen fest eingestampft. Die Aufnahme des Spektrums erfolgt bei einer Spaltbreite von 0,015 mm, der Elektrodenabstand beträgt 3 mm, die Stromstärke 20 A u. die Belichtungszeit 1½ Min. (völlige Verdampfung von Al u. Ti). Die Fehlergrenze der Best. beträgt für Al 5,5 u. für Ti 7,3%. S. BARYSCHNIKOW. 7210

Eine polarographische Bestimmungsmethode für Malein-, Fumar- und Phthalsäure in Polyesterharzen. E. A. Nawjashskaja. (Химическая Промышленность [Chem. Ind.] **1960.** 466—68. Sept.) (Russ.)

In Polyesterharzen werden *Malein-* u. *Fumarsäure* durch polarograph. Analyse mit 0,9m NH_4Cl-NH_4OH-Lsg. bei pH 8,2 bzw. 9,7 bestimmt (Eichdiagramme), *Phthalsäure* ohne vorherige Abtrennung durch Polarographie mit 0,2m $N(CH_3)_4J$-Lsg. in mit H_2SO_4 gegen Kongorot angesäuerter Lsg. vom pH 1,5; Halbstufenpotential —1,20 bis —1,25 V. Die Zuverlässigkeit der Meth. wird durch Beleganalysen bestätigt (Tabellen). R. K. MÜLLER. 7210□

United States Gasket Co. (Erfinder: Merrit A. Rudner), **Herabsetzen des Temperaturexpansionskoeffizienten von Kunstharzen,** bes. von Polytetrafluoräthylen u. Polytrifluorchloräthylen. Den pulverigen Polymerisaten werden Stoffe mit negativem Koeff. bis zu 25% zugemischt, bes. Li-Al-Silicate, die geglüht u. dann pulverisiert sind. Verwendbar sind u. a. Petalit ($Li_2O \cdot Al_2O_3 \cdot 8\,SiO_2$), Spodumen ($Li_2O \cdot Al_2O_3 \cdot 4\,SiO_2$) u. Eucryptit ($Li_2O \cdot Al_2O_3 \cdot 2\,SiO_2$). Ggf. können leitfähige Stoffe (Graphit, Tierkohle, Ruß, Kokspulver, B_4C, Ferrite, Fe, Ag, Sn, Zn, Al, Mg, Cd oder Pb) zugesetzt werden. Das Gemisch wird gepreßt u. auf 700° F zwecks Sinterung erhitzt. Die so hergestellten Formstücke können noch mit einer Metallschicht überzogen werden. (**Aust. P. 213 887** vom 26/1. 1956, ausg. 17/4. 1958.) W. GRÄGER. 7171

Union Carbide Corp., V.St.A. (Erfinder: John Robert Kilsheimer), **Herstellung von Polymerisationsprodukten** von Verbb. der allg. Formel **I** (R_1 u. R_2 = H oder Alkylreste mit 1—4 C-Atomen), dad. gek., daß man **I** in Ggw. organ. oder anorgan. Per-Verbb. homo- oder copolymerisiert u. das lineare Polymerisations-Prod. ggf. vulkanisiert. — 1 (g) Allyl-3.4-epoxy-2-hydroxybutyral (**II**), 9 Vinylchlorid, 5 cm³ Aceton u. 1 cm³ 25%ig. Lsg. von Acetylperoxyd in Dimethylphthalat werden unter O_2-Abschluß 22 Std. bei 50° gerührt. Das Prod. wird in Cyclohexanon mit 1% H_3PO_4 20 Min. bei 177° vulkanisiert. — Andere monomere Ausgangsstoffe sind **II** u. Acrylnitril, Vinylidenchlorid, Chlorstyrol, Äthylacrylat. — Allyl-3.4-epoxy-2-hydroxyvalerat

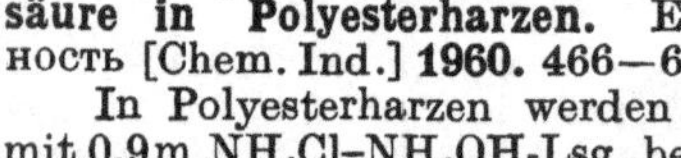
I

u. Acrylacetat, Methylmethacrylat, Vinylacetat. — II u. seine Homologen werden hergestellt, indem man ungesätt. Aldehyde, wie Acrolein, Methacrolein, 2-Äthyl-3-propylacrolein, 2-Methylcrotonaldehyd, 2-Methylpenten-(2)-al, 2-Propylocten-(2)-al, 2-Äthylcrotonaldehyd, in die Cyanhydrine überführt u. diese mit Allylalkohol umsetzt. (**F. P. 72 584** vom 13/12. 1957, ausg. 14/4. 1960. A. Prior. 19/12. 1956. **Zusatz zu F. P. 1 156 649; C. 1959. 12383.**) S. BÖTTCHER. 7173

Imperial Chemical Industries Ltd., England, **Polymerisieren von Olefinen.** Man verwendet als Katalysatoren die Rk.-Prodd. von Organo-Verbb. von Nichtübergangsmetallen der Gruppe 1, 2 oder 3 des Period. Syst. mit dem Rk.-Prod. von Al u. Ti-Halogeniden. — Man kocht 5 (g) Al-Pulver u. 2 $AlCl_3$ mit 120 $TiCl_4$ u. 120 ml PAe. (Kp. 100—120°) 6 Std., dest. PAe. u. überschüssiges $TiCl_4$ ab, erhitzt noch 12 Std. bei 200° u. 1 mm u. gibt zu 10 des erhaltenen Pulvers unter Propylen 16 Tripropyl-Al, erhitzt auf 80°, leitet Propylen mit 80 Liter/Std. 2 Std. lang ein u. fällt das Polymere mit CH_3OH: Erhöhter Anteil an krist. Material im Polymeren. (**F. P. 1 189 027** vom 26/12. 1957, ausg. 28/9. 1959. E. Prior. 27/12. 1956.) M. PANKOW. 7173

Phillips Petroleum Co., Bartlesville, Okla., V.St.A., **Herstellung von Polymeren aus Olefinen.** Bei der Polymerisation von Olefinen, bes. Äthylen, verwendet man als Katalysator ein Gemisch aus SiO_2 (I) u. Al_2O_3 (II), z. B. bei 225—300° F in einem inerten u. bei den Polymerisationsbedingungen fl. Medium, wie n-Hexan oder dgl., u. 200—500 lbs./sq. in. Der Katalysator besteht z. B. aus 90 Gew.-% I u. 10 II-Kügelchen, die durch 5std. Erhitzen auf 950° F mit Luft aktiviert sind. Man erhält feste, hochmol. Polymere. (**E. P. 834 933** vom 15/3. 1957, ausg. 11/5. 1960. A. Prior. 29/3. 1956.) K. SARRE. 7173

Phillips Petroleum Co., Bartlesville, Okla., V.St.A., **Verbesserte Herstellung von Olefinpolymeren.** Man polymerisiert 1-Olefine in Ggw. eines Katalysators in einem fl. KW-Stoff bei einer Temp., bei der das gebildete Polymere gelöst bleibt bis zu einer Konz. von höchstens 15 Gew.-%, kühlt die Lsg. soweit ab, daß das Polymere ausfällt, setzt frisches Olefin zu u. polymerisiert weiter, bis das Polymere unlösl. geworden ist. — Zum Beispiel polymerisiert man Äthylen (I) in Ggw. eines in Pentan suspendierten Katalysators aus Cr-Oxyd im Gemisch mit SiO_2 u./oder Al_2O_3, ZrO_2, ThO_2 bei 250—500° F, wodurch eine $<$15%ig. Lsg. des Polymeren erhalten wird, kühlt die Lsg. auf 230—150° F ab, gibt weiteres I zu der erhaltenen Suspension u. setzt die Polymerisation bei dieser Temp. bis zur Unlöslichkeit des Polymeren fort. Das Verf. gestattet eine bes. gute Ausnutzung des Katalysators. (**E. P. 831 581** vom 28/8. 1957, ausg. 30/3. 1960. A. Prior. 10/9. 1956.) K. SARRE. 7173

Simon Lyon Ruskin, New York, N.Y., V.St.A., **Katalysator zum Polymerisieren von α-Olefinen,** bes. Äthylen, Propylen oder Butylen, bestehend aus alkylierten Verbb. des Na, Li, Al, Hg, Zn, Be, Sn, In oder Ca, bes. $Al(C_2H_5)_3$, u. halogenierten oder halogenalkylierten Verbb. des Ti, W, Ni, Co, Mn, Fe, Al, Hg, Sn, Be, Th, U, Cr, Br, Na, Ho, Ta, Zn, In oder Ga, bes. $TiCl_4$. Man führt die Polymerisation unter leichtem Druck bei 50—80° u. ggf. unter Einw. von γ-Strahlen aus. (**Ind. P. 60 609** vom 24/5. 1957, ausg. 8/1. 1960.) H. NEBELSIEK. 7173

Union Carbide Corp., New York, N.Y., V.St.A., **Polymerisationskatalysator für niedere Olefine,** bestehend aus einem Al-Halogenid, bes. $AlCl_3$, einer Organometall-Verb., z. B. Di-n-butylzink, Diisoamylcadmium, Dibenzylquecksilber, Amyltriphenylgermanium, Dibenzyldiäthylzinn, Tetraäthylblei, Triphenylantimon oder Triäthylwismut, u. 0,00002—0,05 (Mol) einer V-Verb., z. B. $VOCl_3$, VCl_4 oder VF_5, bezogen auf 1 $AlCl_3$. Dabei liegt das Mol-Verhältnis von Al-Halogenid:organometall. Verb. zwischen 1:20 u. 20:1. (**Ind. P. 60 854** vom 20/6. 1957, ausg. 13/10. 1958.) H. NEBELSIEK. 7173

Montecatini Soc. Gen. per l'Industria Mineraria e Chimica und Karl Ziegler (Erfinder: Giulio Natta, Italo Pasquon und Ettore Giachetti), **Katalysator zur Herstellung linearer hochmolekularer und ausgeprägt kristalliner Polymerer aus α-Olefinen.** Man mischt eine Organometall-Verb. (II) von Metallen (I) der Gruppe I, II oder III des Period. Syst. mit einer Verb. von I der Gruppen IVa, Va oder VIa, die bei den Polymerisationsbedingungen lösl. ist u. mit II Rk.-Prodd. gibt, die im Polymerisations-Lsgm. lösl. sind, u. mit einer krist. I-Verb. der Gruppe IVa, Va, VIa oder VIII, bes. Ti, Zr, Va, Cr oder Co, die bei den Polymerisationsbedingungen unlösl. ist, z. B. $TiCl_2$, $Al(C_2H_5)_3$ oder Dichlordicyclopentadienyl-Ti. — Tabellen. (**Aust. P. 227 196** vom 17/4. 1958, ausg. 31/3. 1960.) C. LÜTTGEN. 7173

Sun Oil Co., Philadelphia, Pa., übert. von: Thomas S. Mertes, Wilmington, Del., V.St.A., **Abtrennen von festen Olefinpolymeren** aus fl. Medien durch Beschicken einer Zentrifuge, deren Außenwand auf eine Temp. oberhalb des F. des Polyolefins gehalten wird. Das Medium verdampft, u. das Polymere tritt frei von Verunreinigungen in geschmolzenem Zustand aus. Beschreibung des Verf. mit Polypropylen bei 375° F u. der Vorrichtung. — Zeichnung. (**A. P 2 946 777** vom 21/6. 1957, ausg. 26/7. 1960.) H. SCHINDLER. 7173

Farbwerke Hoechst Akt.-Ges., vormals Meister Lucius & Brüning, Frankfurt/M.-Höchst, **Aufarbeitung von Polyolefinen.** Man versetzt die Suspension des Niederdruckpolyolefins in einem KW-Stoff mit einem in diesem KW-Stoff lösl. Alkohol oder verd. Alkalilauge, extrahiert dann mit W. u. behandelt mit einer Mischung aus einem C_3—C_8-Alkohol u. einer alkal. Verb. der Metalle der Gruppe 1 u. 2 des Period. Syst. u. wäscht mit W. neutral. — Äthylen wird in einer Erdölfraktion vom Kp. 200 bis 220° mit $TiCl_4$ u. $(C_2H_5)_2AlCl$ polymerisiert. 300 ml der 100 g Polyäthylen enthaltenden Suspension werden mit 3 ml Butanol 1 Std. bei 80° unter Luftausschluß, dann mit 100 ml W. 10 Min. gerührt, die wss. Phase wird abgetrennt u. das Verf. 2mal wiederholt, dann wird mit 3 ml einer 10%ig. Lsg. von KOH in Butanol 30 Min. gerührt u. mit W. nachgewaschen. (**Oe. P. 212 011** vom 22/5. 1958, ausg. 25/11. 1960. D. Prior. 24/5. 1957.) M. PANKOW. 7173

Imperial Chemical Industries Ltd., London, England, **Herstellung von festem Polyäthylen** durch Polymerisation von Äthylen unter einem Druck von > 500 at u. einer Temp. von 100—400° in Ggw. eines Alkylperoxyds als Katalysator u. eines Antioxydationsmittels, wie Di-o-kresylolpropan, 2.6-Di-tert.-butyl-p-kresol oder 2.4-Dimethyl-6-tert.-butylphenol. (**Ind. P. 60 503** vom 15/5. 1957, ausg. 27/11. 1958.) H. NEBELSIEK. 7173

Petrochemicals Ltd., London (Erfinder: Robert Nobbs Haward, Bowdon, Cheshire, und Thomas Holbech Boultbee, Manchester), England, **Stabilisieren von Polyolefinen und Mischpolymerisaten aus niedrig molekularen Olefinen,** die als Hauptbestandteil ein Niederdruckpolyolefin enthalten, gegen den oxydativen Abbau in der Wärme, dad. gek., daß man den festen trockenen Polymeren bis zu 1%, bes. 0,2—0,6%, eines organ. Phosphits der allg. Formel (R'O)$_2$POR'', in der R' u. R'' gleiche oder verschied. KW-Stoffreste bedeuten, bes. Tris-(nonylphenyl)-phosphit, Trilaurylphosphit u. Trioctylphosphit, evtl. im Gemisch mit einem bekannten Stabilisierungsmittel u./oder Antioxydai s zusetzt. (**D. A. S. 1 065 170** Kl. 39b vom 18/1. 1957, ausg. 10/9. 1959. **Belg. P. 554 304** vom 19/1. 1957, ausg. 29/1. 1960. Beide E. Prior. 20/1., 27/4. u. 27/12. 1956.) C. LÜTTGEN. 7173

Eastman Kodak Co., Rochester, N.Y., übert. von: Alan Bell, M. B. Knowles und Clarence E. Tholstrup, Kingsport, Tenn., V.St.A., **Stabilisieren von Polyäthylen** u. dieses enthaltenden Prodd. durch Zusatz von 0,001—1% einer antioxydierend wirkenden Verb. der allg. Formel I, in der R H, einen C_1—C_{20}-Alkylrest, C_6—C_{20}-alicycl. Rest, C_2—C_{20}-Alkenylrest, C_6—C_{20}-aromat. Rest oder einen Furylrest bedeutet, bes. 2.4.5-Trihydroxybutyro-, -caprylo-, -stearobenzophenon u. 2.4.5-Trihydroxyphenylfurylketon. (**A. P. 2 843 563** vom 27/1. 1955, ausg. 15/7. 1958.) C. LÜTTGEN. 7173

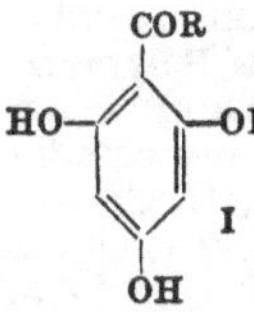

I

B. F. Goodrich Co., New York, N.Y., V.St.A. (Erfinder: C. E. Parks und G. L. Wheelock), **Stoßbeständige Polyvinylchloridkomposition.** Es werden 100 (Teile) eines steifen Vinylhalogenidpolymers mit 1—40 eines harzartigen hochmol. Mischpolymers aus 50—90 Styrol u. 10—50 Acrylnitril sowie mit 1—25 eines gummiartigen Mischpolymers aus 50—90 1.3-Butadien, 5—30 Acrylnitril u. 5—30 eines polymerisierbaren monoolefin. Monomers gemischt u. bei 93—205° geknetet. (**Schwed. P. 162 580** vom 30/8. 1954, ausg. 18/3. 1958.) K. H. KÄHLER. 7173

Alfred Rieche, Günter Hilgetag und Gerhard Schramm, Berlin, **Herstellung von Peroxyphosphorsäureestern** der allg. Formel *(RO)$_2$P(:O)OOR'* (R = Alkyl-, Aralkyl-, Cycloalkyl- oder Arylrest; R'= Alkyl-, Aralkyl- oder Cycloalkylrest) durch Umsetzung von Phosphorsäureesterchloriden (RO)$_2$P(:O)Cl mit Hydroperoxyden R'OOH oder deren Alkali- oder Erdalkalisalzen, ggf. in Ggw. HCl-bindender Mittel. — Zu 8,62 (Teilen) Diäthylchlorphosphat in 20 abs. Pyridin (**I**) werden unter Kühlung 6,75 tert.-Butylhydroperoxyd (**II**) in 20 **I** getropft u. nach einigen Std. 50 Bzl. zugesetzt; das Filtrat wird mehrfach mit 2n H_2SO_4, 5%ig. $NaHCO_3$-Lsg. u. W. gewaschen u. das Lsgm. bei 1 Torr u. 25° entfernt: 84% *O.O-Diäthyl-O-[tert.-butyl]-peroxyphosphat,* $Kp._{0,003}$ 53—54°. — Analog folgende tert.-Butylperoxyphosphate: Aus 2,2 Dimethylchlorphosphat in 10 **I** u. 2,1 **II** in 5 **I** 43% *Dimethyl-*, F. 24—25° (Bzn.). Aus 4,5 Di-[p-tolyl]-chlorphosphat in 10 **I** u. 2,1 **II** in 5 **I** *Ditoluyl-*, Flüssigkeit. Die Verbb. sind sehr hydrolyseempfindlich. — *Polymerisationskatalysatoren* für Vinylverbindungen. (**D. P. [DDR] 21 489** Kl. 12o vom 21/4. 1959, ausg. 27/6. 1961 [Wirtschaftspatent].) L. GROSSNER. 7173

Esso Research and Engineering Co., Elizabeth, N.J., übert. von: Philip S. Bailey, Austin, Tex., V.St.A., **Peroxide** der allg. Formeln **I** u. **II** werden durch Behandeln von Phenanthrenen der allg. Formel **III**, mit ozonisierbarer Doppelbindung in 9.10-Stellung mit O_3-haltigem O_2 oder Luft in Ggw. eines abs. Alkanols mit 1 bis 10 C-Atomen bei —100 bis +30° erhalten. Bei 0° bzw. beim Erwärmen entstehen **II**

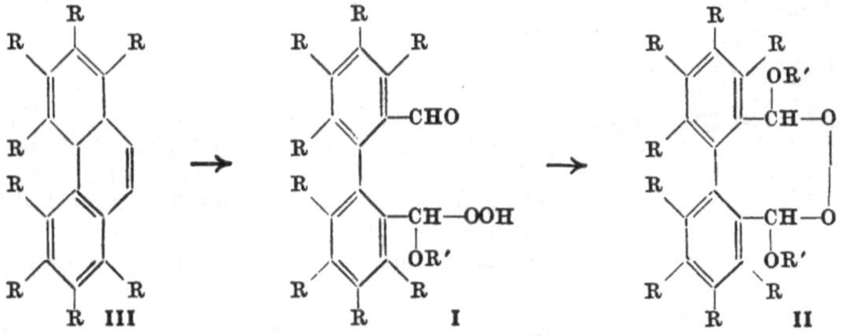

(R = H, Alkyl, Aryl; R' = Alkyl). — Aus 0,03 Mol Phenanthren in 125 cm³ reinem abs. CH_3OH durch Kochen bis zur Lsg., Abkühlen auf —20°, wobei ein feinverteilter Nd. entsteht, Durchleiten von 4%ig. O_3 in O_2 u. anschließendes Erwärmen auf Raum-Temp. → *3.8-Dimethoxy-4.5.6.7-dibenzo-1.2-dioxacyclooctan,* $C_{16}H_{16}O_4$, F. 180—181 (Methyläthylketon); 80% (Ausbeute). Ohne Erwärmen der Lsg. entsteht ω-*[2'-Formyl*-diphenyl-(2)]-ω-methoxymethylhydroperoxid, $C_{15}H_{14}O_4$, F. 84—88°; zers. sich langsam bei >0°; 75%; daraus mit abs. A. → *3-Äthoxy-8-methoxy-4.5.6.7-dibenzo-1.2-dioxacyclooctan,* $C_{17}H_{18}O_4$, F. 156—157° (Methyläthylketon). — Reten → *2.8-Dimethoxy-4.5-[3-methylbenzo]-6.7-[4-isopropylbenzo]-1.2-dioxacyclooctan.* — 3-Methylphenanthren → *3.8-Dimethoxy-4.5-benzo-6.7-[5-methylbenzo]-1.2-dioxacyclooctan.* — Als **III** sind noch verwendbar: 1-, 2- u. 4-Methyl-, 1- oder 2-Propyl-, 1-Butyl-, 1-Äthyl-2-methyl-, 1-Butyl-2-methyl-3-Äthyl-5-methyl-, 3-Äthyl-6-methyl-, 1.2.8-Trimethyl-, 1-Äthyl-7-isopropyl-, 1.2.7- oder 1.2.6-Trimethyl-, 2-Isopropyl-1.7.8-trimethyl-, 1- oder 2-Phenyl-, 2- oder 3-Nitro-, 2- oder 3-Acetylphenanthren, Pinanthren (= 1.7-Dimethylphenanthren), Phenanthren-2- oder -3-carbonsäure, Phenanthren-2-sulfonsäure u. Phenanthren-1.7-dicarbonsäure. — Katalysatoren zur Polymerisation von Vinyliden- u. Vinyl-Verbb.; Zwischenprodd. zur Herst. von Weichmachern u. bes. von *2.2'-Biaryldicarbonsäuren,* wie Diphensäure, nach A. P. 2 870 194; C. **1960.** 5647. (**A. P. 2 851 465** vom 14/5. 1956, ausg. 9/9. 1958.)
G. KRAUSS. 7173

Union Carbide Corp., New York, N.Y. (Erfinder: Benjamin Philips und Paul Spencer Starcher, Charleston, W.Va.), V.St.A., **3-Oxatricyclo-(3.2.1.0^2.4)-octan-6.7-dicarbonsäuren und deren Derivate** der allg. Formel **I** erhält man durch Epoxydieren von Verbb. der allg. Formel **II** (X u. X' = COOH, Carbalkoxy, Carbaryloxy, Carbalkoxyalkoxy, CN, Amid, beide können zusammen auch ein Anhydrid, Imid oder substituiertes Imid bilden) mit Peressigsäure in einem Lsgm. (Aceton, Acetale, Methyläthylketon, Butylacetat) bei 30—120°. Nachtrag zu F. P. 1 135 940; C. **1959.** 2620. — *Weichmacher* u. *Stabilisierungsmittel,* bes. für *Vinylharze.* (**Schwz. P. 333 509** vom 2/9. 1955, ausg. 15/12. 1958. A. Prior. 8/9. 1954.)
G. KRAUSS. 7173

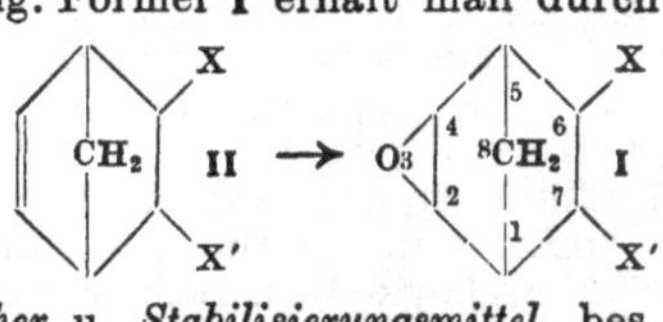

Union Carbide Corp., New York, N.Y., V.St.A., **Weichmacher für Vinylhalogenidpolymerisate und -mischpolymerisate,** der gleichzeitig als Stabilisator gegen die Einw. von Licht u. Wärme wirkt, bestehend aus Epoxy-Verbb. der allg. Formel **I**

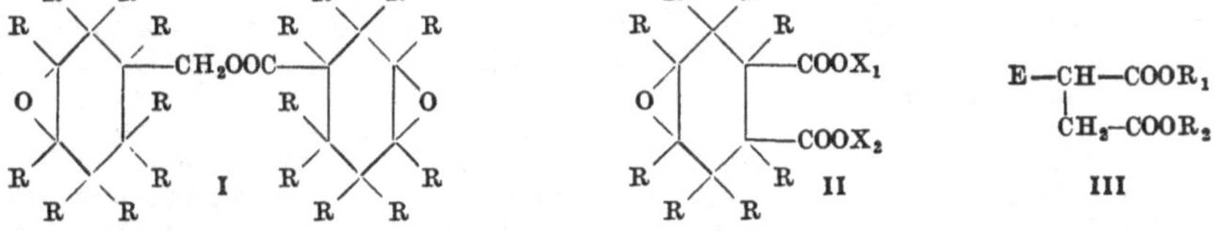

oder **II** (E. P. 796 391), in denen R einen niedermol. Alkylrest oder H; X_1 u. X_2 C_1 bis C_{18}-Alkylreste bedeuten, z. B. 3.4-Epoxy-1-, -2-, -3-, -4- oder -6-methylcyclohexylmethyl-3.4-epoxy-1- (oder 2, 3, 4 oder 6)-methylcyclohexancarboxylat, 3.4-Epoxycyclohexylmethyl-3.4-epoxycyclohexancarboxylat, Di-(2-äthylhexyl)-, Diäthyl-, Didecyl-,

Ditridecyl-, Dimethyl-4.5-epoxycyclohexan-1.2-dicarboxylat oder -4.5-epoxy-methylcyclohexan-1.2-dicarboxylat. Nach E. P. 800 309 werden Verbb. der allg. Formel III verwendet, in der R_1 u. R_2 gleiche oder verschiedene C_4—C_{12}-Alkylgruppen u. E eine epoxydierte C_4—C_{12}-Alkylgruppe bedeutet, z. B. Di-2-äthylhexylepoxypentyl-, -heptyl-, -hexylnonylsuccinat, Decyl-2-äthylhexylepoxynonylsuccinat, Didecylepoxyhexylsuccinat u. Decyl-2-äthylhexylepoxyoctylsuccinat. (**E. PP. 793 595** vom 16/7. 1956, ausg. 16/4. 1958. A. Prior. 2/8. 1955, **796 391** vom 29/8. 1956, ausg. 11/6. 1958. A. Prior. 23/9. 1955 u. **800 309** vom 9/8. 1956, ausg. 27/8. 1958. A. Prior. 30/8. 1955.)
C. LÜTTGEN. 7173

Union Carbide Corp., New York, N.Y., übert. von: Dennis H. Mullins, St. Albans, W.Va., V.St.A., **Weichmacher für Vinylhalogenidpolymerisate,** der gleichzeitig gegen die Einw. von Wärme u. Licht stabilisiert, bestehend aus Epoxy-Verbb. der allg. Formeln I oder II (E. P. 801 702), in denen R eine Alkylgruppe mit 1—4 C-Atomen oder H, R_1 einen 2wertigen aliphat. oder aromat. Rest mit 0—18 C-Atomen u. R_2 einen 2wertigen aliphat. Rest oder durch O unterbrochenen Alkylenrest

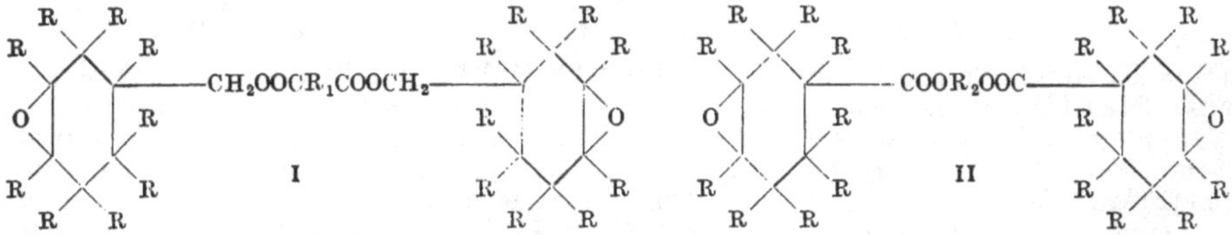

bedeutet, bes. Bis-(3.4-epoxycyclohexylmethyl)-maleat, -oxalat, -terephthalat, Bis-(3.4-epoxy-6-methylcylohexylmethyl)-succinat, Diäthylenglykol-bis-(3.4-epoxycyclohexancarboxylat), 2-Äthyl-1.3-hexandiol-, 3-Methyl-1.5-pentandiol-, Triäthylenglykol-, 1.5-Pentandiol-, 2-Methoxymethyl-2.4-dimethyl-1.5-pentandiol-, 2.2-Diäthyl-1.3-propandiol-, 1.6-Hexandiol-bis-(3.4-epoxycyclohexancarboxylat). (**E. PP. 801 701** vom 2/10. 1956 u. **801 702** vom 10/10. 1956, beide ausg. 17/9. 1958. Beide A. Prior. 20/10. 1955. **A. P. 2 862 904** vom 20/10. 1955, ausg. 2/12. 1958.) C. LÜTTGEN. 7173

United States of America, Secretary of Agriculture, übert. von: Frank C. Magne, Evald L. Skau und Robert R. Mod, New Orleans, La., V.St.A., **Weichmacher für Vinylchloridpolymerisate und -mischpolymerisate,** bestehend aus einem Gemisch von Morpholiden (I) von gesätt. (S), einfach (M) u. mehrfach ungesätt. (P) u. evtl. epoxydierten einfach ungesätt. (E) vegetabil. Fettsäuren, wobei das Verhältnis von $S:(S+M+P+E) = 1—9:100$ u. das Verhältnis von $P:(M+P+E)$ weniger als 1:10 betragen muß. Es wird in Mengen von 10—80% zugesetzt. Die **I** sind erhältlich durch dehydratisierendes Erhitzen der entsprechenden Morpholinsalze. Gemische der geforderten Zus. erhält man bei Verw. von hydrierten oder epoxydierten Baumwollfettsäuren als Ausgangsmaterial. (**A. P. 2 863 845** vom 19/8. 1955, ausg. 9/12. 1958.)
C. LÜTTGEN. 7173

Dow Chemical Co., übert. von: David A. Gordon, Midland, Mich., V.St.A., **Stabilisieren von Polymerisaten,** bes. Polyvinylidenchloridpolymerisaten u. -mischpolymerisaten, gegenüber der Einw. von Licht durch Zusatz von 0,5—6% o-Bis-(3.4.6-trichlorsalicyloyl)-tetrachlorbenzol oder m-Bis-(5-chlorsalicyloyl)-benzol. (**A. PP. 2 824 853** u. **2 824 854** vom 1/12. 1955, ausg. 25/2. 1958.) C. LÜTTGEN. 7173

Carlisle Chemical Works, Inc., V.St.A. (Erfinder: Stanley H. Longman), **Stabilisieren von Vinylchlorid- oder Vinylidenchloridharzen.** Man mischt das Harz mit 25—60 Gew.-% eines fl. Stabilisierungsmittels, erhitzt die Mischung bis fast an den Erweichungspunkt des Harzes, kühlt ab u. erhält ein Pulver u. verwendet das Pulver als Zusatz zu dem zu stabilisierenden Vinylchloridharz. — 181 (kg) Polyvinylchloridpulver Geon 103 E.P. u. 67 fl. Dibutyl-Sn-Dimethoxydpolymeres werden auf 82—88° erwärmt u. hier 15—25 Min. gemischt. 30 g des kalten Pulvers u. 5 g Stearinsäure werden dann in ein neues Geon 103 E.P. gemischt. (**F. P. 1 197 851** vom 13/1. 1958, ausg. 3/12. 1959. A. Prior. 18/1. 1957.)
M. PANKOW. 7173

E. I. du Pont de Nemours & Co., Wilmington, Del., übert. von: Julius Jackson, Westfield, N.J., V.St.A., **Stabilisieren von Polyvinylchlorid** durch Zusatz von 2—30% Mn-Pyrophosphat, in dem das Verhältnis Mn-Ionen zu Pyrophosphationen 1,3:1—1,8:1 beträgt. Die Prodd. sind farbbeständig u. bleiben transparent, wenn sie Hitze u. Sonnenlicht ausgesetzt werden. (**A. P. 2 865 883** vom 29/6. 1955, ausg. 23/12. 1958.)
C. LÜTTGEN. 7173

Eastman Kodak Co., Rochester, N.Y., übert. von: Marvin A. McCall und Richard L. McConnell, Kingsport, Tenn., V.St.A., **Lichtbeständige Polyvinyl-**

chloridprodukte erhält man durch Zusatz von 0,1—10% eines Rk.-Prod., das man durch Erhitzen von 1 (Mol) eines niedermol. Alkylmonoesters der Orthophosphorsäure mit 2 Harnstoff (I) erhält. — 22,4(g) Monomethylphosphat u. 24 I werden gemischt u. 4 Std. unter N_2 auf 120—155° erhitzt. Das Rk.-Prod. ist ein wasserheller, harzartiger Stoff. Ähnliche Prodd. erhält man mit Monopropyl- u. Monooctylphosphat. (**A. P. 2 824 081** vom 17/11. 1955, ausg. 18/2. 1958.)

Union Carbide Corp., New York, N.Y., V.St.A., **Härten von Vinylharzschaum.** Der in Formen gefüllte Schaum wird durch Hochfrequenzstrahlung u. durch eine äußere Wärmequelle erhitzt, wobei die von außen zugeführte Wärmemenge mit dem Ansteigen der Temp. im Innern des Schaumkörpers (I) erhöht wird, so daß kein Temp.-Unterschied zwischen dem Innern des I u. seiner Umgebung besteht. Während des Formens u. Härtens ist Feuchtigkeit weitgehend auszuschalten. — Zeichnungen u. Diagramme. (**E. P. 818 418** vom 9/4. 1956, ausg. 19/8. 1959. A. Prior. 12/4. 1955.) C. LÜTTGEN. 7173

Montecatini Soc. Gen. per l'Industria Mineraria e Chimica, Mailand, Italien, und Karl Ziegler, Mülheim/Ruhr, **Verringern des Molekulargewichtes von Polystyrolen,** dad. gek., daß man sie einer therm. u./oder mechan. Depolymerisation, bes. bei >200°, in Ggw. eines Depolymerisationsmittels, z. B. 4.4'-Thio-bis-(3-methyl-6-tert.-butylphenol), 2.2'-Methylen-bis-(4-methyl-6-tert.-butylphenol), p-(p-Tolylsulfonylamid)-diphenylamin, Benzoylperoxyd, tert.-Butylperoxyd, unterwirft. (**Ind. P. 62 979** vom 29/1. 1958, ausg. 21/11. 1959. E. Prior. 28/1. 1958.) C. LÜTTGEN. 7173

Monsanto Chemical Co., St. Louis, Mo., übert. von: Robert E. Colwell, Springfield, Mass., V.St.A., **Verschäumbares Gemisch aus Styrolpolymerisaten (I).** Man mischt die I mit 1—20(%) eines kautschukartigen Polyisobutylens, das mit bis zu 10 Isopren zusammenpolymerisiert sein kann, oder eines 1.3-Dienpolymerisats oder -mischpolymerisats, bes. Polystyrol oder Styrol–Butadien-Mischpolymerisat, zerkleinert zu kleinen Partikeln u. tränkt diese mit fl. KW-Stoffen (II), Kp. 10—80°, bes. n-Pentan. Die Mischungen absorbieren etwa doppelt soviel II wie ohne Zusatz. Bringt man die Prodd. z. B. in sd. W., so erhält man Schaumkörper mit einer Dichte von ca. 5 lbs./cu.ft. Als I kommen Polymerisate von Styrol, Vinyltoluol, p-Äthylstyrol, u. 2.4-Dimethylstyrol sowie die Mischpolymerisate dieser Monomeren untereinander oder mit ≦ 15 Butadien in Frage. (**A. PP. 2 857 339** u. **2 857 340** vom 28/12. 1955, ausg. 21/10. 1958.) C. LÜTTGEN. 7173

United States Atomic Energy Commission, übert. von: Arthur Charlesby, Headington, und Maurice Ross, London, England, **Herstellung von Zellkörpern mit glatter Oberfläche** durch Bestrahlen eines über 40° erweichenden Polymethacrylsäuremethylesters mit ionisierenden Strahlen (radioakt. ^{60}Co) bei mindestens 10° unterhalb der Erweichungs-Temp., worauf durch Erwärmen bis 10° über Erweichungs-Temp. expandiert wird. Bestrahlungsdosis: $>5 \cdot 10^6$ r. (**A. P. 2 862 862** vom 12/8. 1953, ausg. 2/12. 1958.) O. SCHÖN. 7173

H. D. Justi & Son, Inc., übert. von: Joginder Lal, Philadelphia, Pa., V.St.A., **Schnell härtende Formmassen** aus Katalysator u. ggf. Beschleuniger enthaltenden teigförmigen Mischungen von pulverförmigen Methylmethacrylat(misch)-polymerisaten, monomerem Methacrylsäureester des Buten-(2)-diols-(1.4) u. ggf. Methyl-, Äthyl- oder Butylacrylat. Ferner können noch Füllstoffe (Kieselgur, Glaspulver oder -fasern, Silicate, SiO_2) u. Pigmente enthalten sein. — Unlösl. u. nicht schm. Massen. (**A. P. 2 877 205** vom 16/3. 1954, ausg. 10/3. 1959.) O. SCHÖN. 7173

Deutsche Gold- und Silber-Scheideanstalt vormals Roessler, übert. von: Harry Kloepfer, Frankfurt/M., und Otto Schweitzer, Königstein/Taunus, **Verhinderung der Klumpenbildung in pulverförmigen Massen,** wie Polymethylmethacrylatpulver (oder S-Pulver), dad. gek., daß diesen 0,01—1% SiO_2 mit einer Teilchengröße von 10—50 mμ zugemischt wird. Der Böschungswinkel der Massen wird durch einen derartigen Zusatz stark erniedrigt. (**A. P. 2 882 254** vom 23/11. 1954, ausg. 14/4. 1959. D. Prior. 11/12. 1953.) O. SCHÖN. 7173

Ciba Soc. An., Schweiz, **Herstellung eines Polyglycidyläthers eines Polyhydroxy-1.3.5-triazins (I)** durch Rk. von I mit Epichlorhydrin in Ggw. einer HCl-bindenden, trocknen Verb., wie Na_2CO_3, worauf der erhaltene Polyglycidyläther mit Alkalimetallhydroxyden nachbehandelt werden kann. Die Polyäther werden durch Erhitzen, ggf. unter Zusatz von Härtemitteln, wie Aminen oder Anhydriden aromat. Polycarbonsäuren, gehärtet. Man verwendet sie in Lsg. zum *Imprägnieren von Textilien,* als *Belag auf Metall, Holz oder Glas,* als *Zusatz zu Druckpasten u. -tinten,* als *Klebstoffe,* als *Stabilisiermittel für Polyvinylhalogenide,* als *Modifizierungsmittel* bei der Herst. von thermoplast. u. härtbaren Kunstharzen. — 129 (Teile) Cyanursäure, 833 Epichlorhydrin u. 159 trocknes Na_2CO_3 erhitzt man unter Wasserentfernung u. Ersatz des abdestillierenden Epichlorhydrins 16 Std. bei 160°. Man erhält ein Harz, das bei 150° in 7 Std. unlösl. wird. (**F. P. 1177 501** vom 24/6. 1957, ausg. 27/4. 1959. Schwz. Prior. 26/6. 1956.) M. PANKOW. 7177

Goodyear Tire & Rubber Co., Akron, Ohio, V.St.A., **Verbesserungen bei biegsamen Elastomeren mit Zellstruktur.** Man erhitzt ein (Mol) eines Polypropylenglykoläthers mit einem Durchschnitts-Molgew. von 1500—3200 u./oder eines Polypropylenglykoläthers mit einer endständigen Oxyäthylengruppe mit einem Durchschnitts-Molgew. von 1500—2500 mit 3,0—6,0 Polyisocyanat u. fügt zu dem erhaltenen Vorpolymeren W., ein tert. Amin als Aktivator u. 0,25—1,5 (Gew.-Teile) Siliconöl auf 1 Vorpolymeres. — Man fügt z. B. zu 100 (Teilen) Polypropylenglykoläther (Molgew. 1950—2100) 46,3 einer Toluoldiisocyanatmischung, die 80 (Gew.-%) 2.4-Isomere u. 20 2.6-Isomere enthält, u. steigert die Temp. schnell auf 100°. Nach ca. 2 std. Erhitzen kühlt man auf 50°. Das so erhaltene Vorpolymere besitzt einen Isocyanat-Geh. von 8,7% u. eine Viscosität von 7500 cP bei 30°. 146,3 dieses Vorpolymeren werden zu 1 Siliconöl mit einer Viscosität von 10 cSt bei 25° gefügt unter Zusatz von 1,5 polyoxyäthyliertem Pflanzenöl als Emulgator. Dann setzt man unter lebhaftem Rühren eine Mischung aus 2,77 W., 1,5 N-Äthylmorpholin u. 0,5 Triäthylamin hinzu u. gießt nach ca. 30 Sek. die schäumende Masse in eine Form. Zum Schluß erhitzt man ca. 1 Std. auf 70°. (**Ind. P. 61 707** vom 11/9. 1957, ausg. 6/1. 1959.) H. NEBELSIEK. 7177

Union Chimique Belge Soc. An., Brüssel, Belgien, **Verbesserung von Diisocyanatharzen,** wie man sie aus Diisocyanaten u. Monoalkoholen u./oder Monophenolen erhält, durch Zusatz von 20—65 Gew.-% Plastiziermittel u. ggf. 0,5 bis 20 Gew.-%, bes. 3 Gew.-%, eines Trockners. Die Haftfestigkeit der Harze auf Unterlagen u. ihre Chemikalienfestigkeit wird verbessert. — 150 (g) eines Harzes, das man aus 168 Hexamethylendiisocyanat u. 205 Octylphenol unter CO_2 in 10 Std. bei 160—180° erhält (F. 56—61°), versetzt man mit 50 Triallylcyanurat als Weichmacher u. erhitzt 30 Min. auf 160°, wonach es aus Toluol-Lsg. festhaftende *Lacke auf Cu-Platten* gibt. (**Jap. A. S. 8135/1959** vom 21/12. 1957, ausg. 11/9. 1959. **F. P. 1 192 447** vom 23/12. 1957, ausg. 26/10. 1959. **E. P. 827 715** vom 20/12. 1957, ausg. 10/2. 1960. Alle Belg. Prior. 24/12. 1956. **Belg. P. 553 687** vom 24/12. 1956, ausg. 15/1. 1960.) M. PANKOW. 7181

N. V. Onderzoekingsinstituut Research (Erfinder: Jacob Christoffel Ferdinand Kessler, Harm Roelof Spreeuwers und Jan Lodwijk Voigt), **Herstellung von geformten Polyamidgegenständen,** indem man den Polyamiden höchstens 2 Gew.-% Tributylphosphit zusetzt u. das Gemisch in Strangpressen verformt. (**Aust. P. 223 976** vom 11/6. 1957, ausg. 8/10. 1959.) K. DEMMLER. 7181

Comp. de Saint-Gobain, Neuilly-sur-Seine (Erfinder: Michel André Jobard und Jean Marcel Virloget, Paris), Frankreich, **Polysulfonharze** werden hergestellt aus Schwefelsäureanhydrid u. Äthylen-KW-Stoffen bei Temp. bis 55° durch γ-Strahlen. (**Schwz. P. 351 408** vom 6/12. 1956, ausg. 28/2. 1961. F. Prior. 13/12. 1955.) F. KOCH. 7185

Dow Corning Corp. (Erfinder: Oskar K. Johannson), Midland, Mich., V.St.A., bzw. Midland Silicones Ltd., London, England, **Herstellung hochpolymerer Siloxane** durch Erhitzen von Cyclotrisiloxanen $[R''CH_2CH_2(R)SiO]_3$ (R'' = Perfluoralkylgruppe mit 1—10 C-Atomen, jedes R = einwertige KW-Stoffgruppe oder $R''CH_2CH_2$—) in Ggw. von Alkalimetall- oder NH_4-Hydroxyd oder den Siloxansalzen dieser Hydroxyde als Katalysatoren so lange u. so hoch, bis der gewünschte Polymerisationsgrad ohne wesentlichen Abbau des entstandenen Polymeren erreicht ist. — Man erhitzt 40,5 g $[CF_3CH_2CH_2Si(CH_3)O]_3$ im Vakuum auf 76°, rührt nach Zusatz von 0,0076 g $KO[(CH_3)_2SiO]_2K$ u. erhält in 4—5 Min. einen trocknen hochmol. Gummi, bei 150° dagegen unter Abbau niedrigmol. cycl. Produkte. Die Hochmolekularen quellen nur wenig in aromat. Lsgm., zeigen gute Wärmefestigkeit u. können z. B. auf *Filme* verarbeitet werden. (**F. P. 1 176 238** vom 27/5. 1957, ausg. 8/4. 1959. **Jap. A. S. 10 940/1959** vom 15/3. 1957, ausg. 24/12. 1959. **E. P. 832 489** vom 12/3. 1957, ausg. 13/4. 1960. Alle A. Prior. 27/6. 1956.) M. PANKOW. 7189

Dunlop Rubber Co. Ltd., England, **Kleben von Äthylenpolymeren oder -mischpolymeren an ein Elastomeres.** Man bringt Polyäthylen mit den Elastomeren in Ggw. von Dicumylperoxyd in Kontakt u. vernetzt das Elastomere durch Erhitzen unter Druck. Elastomere sind Kautschuk, Butadien-Styrol-Polymere, Polybutadien, kautschukartige Mischpolymerisate des Äthylens mit anderen Olefinen. — Folien aus Polyäthylen werden mit Folien aus einer Mischung von 100 (Teilen) Kautschuk, 60 Ruß u. 3,5 Dicumylperoxyd in der Etagenpresse 20 Min. bei 153° verpreßt. (**F. P. 1 192 820** vom 8/3. 1958, ausg. 28/10. 1959. D. Prior. 9/3. 1957 u. 17/1. 1958.) M. PANKOW. 7205

Magyar Állam (Erfinder: Ludwig Goricsán), Budapest, Ungarn, **Hohle PVC-Körper,** die frei von Luftblasen sind, erhält man aus einer Masse, die aus Igelit PCU „GN", Dibutylphthalat, Dioctylphthalat u. Pb-Stearat besteht. Sie wird in eine erwärmte Form gegossen, nach Bldg. einer Schicht wird die überschüssige Masse abgegossen u. die Form mit der PVC-Schicht in ein Druckgefäß gebracht u. durch Zugabe von Stoffen, welche beim Erhitzen Dämpfe oder Gase ergeben, Druck erzeugt. Die zu erzeugenden Formkörper sind gehärtet, frei von Blasen u. biegsam. (**Ung. P. 143 908** vom 31/5. 1955, ausg. 15/1. 1958.) G. KÖNIG. 7205

E. B. Björkman, Fagersta, Schweden, **Herstellung von unbrennbaren Preßkörpern aus mineralischen Fasern.** Eine Suspension aus mineral. Faserr u. Carboxymethylcellulose wird mit $Al_2(SO_4)_3$ versetzt. Hierbei wird das Al-Salz der Carboxymethylcellulose auf den Fasern ausgefällt. Die behandelte Masse wird dann entwässert, zu Formkörpern verpreßt u. getrocknet. (**Schwed. P. 157 175** vom 27/12. 1951, ausg. 4/12. 1956.) K. H. KÄHLER. 7205

Union Carbide Corp., New York, N.Y., V.St.A., *Lacton-Addukte.* (**E. P. 865 967** vom 10/4. 1957, ausg. 26/4. 1961. A. Prior. 27/4. 1956. — C. **1960.** 8026 [Oe. P. 205 236].)

Dow Chemical Co., Midland, Mich., V.St.A., *Herstellung polymerisierender Suspensionen.* (**Jap. A.S. 10 937/1959** vom 24/3. 1956, ausg. 24/12. 1959. A. Prior. 28/3. 1955. — C. **1960.** 15921 [E. P. 802 062].)

Badische Anilin- & Soda-Fabrik Akt.-Ges., Ludwigshafen/Rh., *Polymerisierung von Monoalkenen.* (**Holl. P. 98 200** vom 14/6. 1956, ausg. 15/6. 1961. D. Prior. 16/6. 1955. — C. **1959.** 2628 [D. A. S. 1 028 337].)

Standard Oil Co., Chicago, Ill., übert. von: **Herman S. Seelig**, Valparaiso, Ind., V.St.A., *Polymerisation von Olefinen.* (**Can. P. 551 740** vom 25/11. 1953, ausg. 14/1. 1958. A. Prior. 6/12. 1952. — C. **1956.** 6818 [A. P. 2 710 854].)

Phillips Petroleum Co. (Erfinder: **William James Wride**), *Gewinnung von Olefinpolymeren.* (**Aust. P. 222 965** vom 28/8. 1957, ausg. 20/8. 1959. A. Prior. 14/9. 1956. — C. **1961.** 3165 [Belg. P. 560 787].)

Phillips Petroleum Co., Bartlesville, Okla., V.St.A., *Katalytische Polymerisation von olefinisch ungesättigten Kohlenwasserstoffen.* (**Holl. P. 98 479** vom 20/8. 1956, ausg. 17/7. 1961. A. Prior. 22/8. 1955. — C. **1960.** 14882 [E. P. 807 628].)

N. V. de Bataafsche Petroleum Mij., Holland, *Polymerisieren äthylenisch ungesättigter Kohlenwasserstoffe.* (**F. P. 1 181 095** vom 12/8. 1957, ausg. 11/6. 1959. Holl. Prior. 13/8. u. 31/10. 1956. — C. **1961.** 11540 [E. P. 824 451].)

Imperial Chemical Industries Ltd., England, *Polymerisation äthylenisch ungesättigter Verbindungen.* (**F. P. 1 199 281** vom 8/1. 1958, ausg. 11/12. 1959. E. Prior. 8/1. u. 13/12. 1957. — C. **1960.** 6675 [Oe. P. 205 738].)

Imperial Chemical Industries Ltd., England, *Polyäthylenmischung.* (**F. P. 1 191 214** vom 8/2. 1958, ausg. 19/10. 1959. E. Prior. 8/2. 1957. — C. **1961.** 14483 [Aust. P. 221 560].)

Hercules Powder Co., übert. von: **Reginald W. Ivett**, Wilmington, Del., V.St.A., *Vernetzende Polyäthylenformmassen.* (**A. P. 2 826 570** vom 24/5. 1955, ausg. 11/3. 1958. — C. **1959.** 6648 [E. P. 789 116].)

California Research Corp., San Francisco, Calif., V.St.A., *Herstellung von Propylenpolymeren.* (**E. P. 823 287** vom 3/1. 1957, ausg. 11/11. 1959. A. Prior. 3/1. 1956. — C. **1960.** 15237 [F. P. 1 163 675].)

Imperial Chemical Industries Ltd., England, *Polymerisieren von Tetrafluoräthylen.* (**F. P. 1 198 426** vom 11/1. 1958, ausg. 7/12. 1959. E. Prior. 11/1. u. 20/12. 1957. — C. **1961.** 12287 [E. P. 821 353].)

Dominion Rubber Co. Ltd., Montreal, Quebec, Canada, übert. von: **Meyer H. Danzig**, Naugatuck, Conn., V.St.A., *Polymerisation von Vinylchlorid.* (**Can. P. 551 569** vom 17/1. 1952, ausg. 14/1. 1958. A. Prior. 10/7. 1951. — C. **1953.** 9008 [A. P. 2 616 886].)

Dominion Rubber Co. Ltd., Montreal, Quebec, Canada, übert. von: **Meyer H. Danzig**, Naugatuck, und **Leonard F. Marous**, Waterbury, Conn., V.St.A., *Polymerisation von Vinylchlorid.* (**Can. P. 551 571** vom 17/6. 1952, ausg. 14/1. 1958. A. Prior. 10/7. 1951. — C. **1953.** 9008 [A. P. 2 616 887].)

Dow Chemical Co., Midland, übert. von: **Kenneth G. Francis**, Bay City, und **John W. McIntire**, Midland, Mich., V.St.A., *Verarbeitung von kristallinem Polyvinylidenchlorid.* (**Can. P. 551 579** vom 28/1. 1955, ausg. 14/1. 1958. A. Prior. 1/3. 1954. — C. **1961.** 18522 [D. A. S. 1 073 189].)

General Aniline & Film Corp., New York, N.Y., V.St.A., *Stabilisieren von Vinylpyrrolidonpolymerisaten und -mischpolymerisaten gegen Verfärbung.* (**E. P. 819 676** vom 17/12. 1956, ausg. 9/9. 1959. A. Prior. 30/12. 1955. — C. **1959.** 10410 [A. P. 2 821 519].)

Imperial Chemical Industries Ltd., London, England (Erfinder: **Victor Denis Tughan**), *Lichtstabilisierte Polymerisate.* (**E. P. 814 548** vom 15/6. 1956, ausg. 10/6. 1959. — C. **1960.** 12176 [A. P. 2 889 310].)

Rohm & Haas Co., Philadelphia, Pa., V.St.A., *Polymerisierung von Acrylsäure- oder Methacrylsäureestern.* (**Holl. P. 98 435** vom 7/9. 1955, ausg. 17/7. 1961. A. Prior. 10/9. 1954. — C. **1959.** 11419 [E. P. 787 693].)

Imperial Chemical Industries Ltd., England, *Herstellung von kristallinem Polystyrol.* (**F. P. 1 185 392** vom 7/2. 1957, ausg. 31/7. 1959. E. Prior. 17/2. u. 13/4. 1956 u. 21/1. 1957. — C. **1960.** 9044 [E. P. 808 132].)

Union Carbide Corp., New York, N.Y., V.St.A., *Thermoplastisches Harzgemisch.* (**E. P. 822 981** vom 22/5. 1957, ausg. 4/11. 1959. A. Prior. 25/5. 1956. — C. **1961.** 15943 [Aust. P. 221 931].)

Farbwerke Hoechst Akt.-Ges., vormals Meister Lucius & Brüning, Frankfurt/M. (Erfinder: **Rudolf Reuber**, Frankfurt/M., und **Hans Gruschke**, Bad Soden/Taunus), *Herstellung von hochpolymeren Polyestern.* (**D. B. P. 973 992** Kl. 39c vom 23/10. 1952, ausg. 11/8. 1960. Anmeldung bekanntgemacht 19/1. 1956. — C. **1956.** 9046 [F. P. 1 085 319].)

Koninklijke Industrieele Mij. voorheen Noury & van der Lande N. V., Holland, *Mischpolymerisation ungesättigter Polyesterharze.* (**F. P. 1 197 431** vom 24/6. 1958, ausg. 1/12. 1959. Holl. Prior. 12/7. 1957. — C. **1960.** 5662 [D. A. S. 1 067 589].)

Solvay & Cie., Brüssel, Belgien, *Feuerfeste ungesättigte Polyesterharze.* (**E. P. 819 684** vom 21/2. 1957, ausg. 9/9. 1959. Belg. Prior. 9/3. 1956. — C. **1960.** 12858 [F. P. 1 167 220].)

Hooker Chemical Corp., Niagara Falls (Erfinder: **Paul Robitschek**, Wilson), N.Y., V.St.A., *Herstellung flammwidriger Polyestermethanschaumstoffe.* (**D. A. S. 1 117 864** Kl. 39b vom 22/11. 1957, ausg. 23/11. 1961. A. Prior. 23/11. 1956. — C. **1961.** 318 [Belg. PP. 559 961 u. 562 499].)

B. F. Goodrich Co., New York, N.Y., V.St.A., *Herstellung von Polymeren mit Anhydridgruppen.* (**Holl. P. 98 224** vom 27/12. 1956, ausg. 15/6. 1961. A. Prior. 27/12. 1955. — C. **1960.** 5993 [F. P. 1 166 567].)

Union Carbide Corp., New York, N.Y., V.St.A., *Äthylenoxydpolymere.* (**E. P. 869 118** vom 19/6. 1957, ausg. 31/5. 1961. A. Prior. 20/6. 1956. — C. **1959.** 7309 [Oe. P. 199 878].)

Imperial Chemical Industries Ltd., England, *Oxydation von Polyoxyäthylenglykolen.* (**F. P. 1 182 617** vom 11/9. 1957, ausg. 26/6. 1959. E. Prior. 1/4. u. 21/6. 1957. — C. **1959.** 11419 [D. A. S. 1 047 442].)

Ciba Ltd. (Erfinder: **Hans Brueschweiler** und **Paul Zuppinger**), *Härtbare Gemische aus Epoxydverbindungen und BF_3.* (**Aust. P. 229 599** vom 20/3. 1959, ausg. 18/8. 1960. Schwz. Prior. 25/3. 1958. — C. **1961.** 8855 [F. P. 1 222 925].)

XII. Kautschuk

Die Ursachen der Gelbildung in Kautschuklatices. D. M. Ssandomirski und I. D. Pilmenstein. (Коллоидный Журнал [Kolloid-J.] **22.** 759—61. Nov./Dez. 1960. Moskau, Lomonossow-Inst. für chem. Feintechnol.) (Russ.; Auszug: Engl.)

An Naturkautschuk-Latex (I) wird der Gelierungsvorgang in Ggw. von NH_3 durch ZnO-Paste untersucht. Es wird mit 950- u. 1340facher Vergrößerung im reflektierten Licht beobachtet u. gefilmt, wobei die Globularpartikel von I u. die ZnO-Teilchen sichtbar werden. Unter bestimmten Bedingungen, die von der Temp., der Konz. sowie der Zahl der Koagulationszentren abhängen, läßt sich das Gelstadium als diskontinuierliches Netzwerk, in dem die Koagulationszentren die „Gitterbausteine" darstellen, sichtbar machen. O. KRAMM. 7222☐

Die Kinetik der Veränderung der Trübung von verdünnten synthetischen Latices bei ihrer Koagulation durch Elektrolyte. R. E. Neiman und O. A. Ljaschenko. (Коллоидный Журнал [Kolloid-J.] **22.** 757—59. Nov./Dez. 1960. Woronesh, Univ., Chem. Fak.) (Russ.; Auszug: Engl.)

Die Kinetik der langsamen Koagulation eines 10^{-4}fach verd. *Butadienstyrolkautschuk-Latex* (SKS-30-AP) mit Nekal als Emulgator u. 0,5—9,0 (mMol/Liter) $CaCl_2$ u. 8,5—17,5 NaCl als Koagulationsmittel, wird nephelometr. untersucht. Mit steigender Konz. wird die Geschw. der Primäragglomeration erhöht (für $CaCl_2$ von 100 auf 9 Min.) u. der Teilchendurchmesser vergrößert. Dies wird durch die Erniedrigung des Potentials der Solvatschicht durch die erhöhte Elektrolyt-Konz. erklärt. O. KRAMM. 7222☐

Ausarbeitung der Koagulationsbedingungen für Nekal und Carbonsäureseifen enthaltende Latices durch Natriumchlorid bei kontinuierlichem Umlauf der Dispersionsphase. M. A. Rabinerson, A. Je. Kalauss, W. N. Beressnew und W. A. Drosdow. (Каучук и Резина [Kautschuk u. Gummi] **20.** Nr. 4. 16—22. April 1961. Woronesh, Allunions-Lebedew-Forschungsinst. für synthet. Kautschuk.) (Russ.)

Die von Vff. ausgearbeiteten Bedingungen der Koagulation von Laticis durch NaCl ermöglichen eine wesentliche Verringerung des NaCl-Verbrauches u. bieten damit eine ökonom. Begründung für diese neue Methode. Nach der Koagulation bzw. Abtrennung des Kautschuks von der Dispersions-Fl. (Filtrat) geht das auf der Maschine geformte Kautschukband in den Trockenraum. Die abfiltrierte Dispersionsphase (das „Serum") wird bis zu der nötigen Konz. mit Salz verstärkt u. wieder in den Kreislauf zurückgeführt. Es wurden auch weitere Meth. einer Salzersparung bei der Koagulation — auf der Grundlage von hochkonz. Latices — ausgearbeitet. C. KOZÁK. 7222☐

Die Wahl eines Kautschuktyps für die Herstellung von asbesthaltigen Friktionsgetrieben. I. T. Taranenko und I. M. Grjasnowa. (Каучук и Резина [Kautschuk u. Gummi] **20.** Nr. 4. 22—24. April 1961. Jaroslawl, Allunions-Forschungsinst. für asbesthaltige techn. Erzeugnisse.) (Russ.)

Es wurden die Friktionswärmebeständigkeit, die Abriebfestigkeit u. der Widerstand gegen Riß-Bldg. von Vulkanisaten verschiedener Kautschuktypen (SKB-50, SKS-3, SKD, MWP u. a.) untersucht, da diese Eigg. bei den asbesthaltigen Getrieben eine bedeutende Rolle spielen. Es wurde festgestellt, daß man die besten Ergebnisse (sogar bei einer Temp. von 300°) mit den Vulkanisaten solcher Kautschuke erzielen kann, welche die größte Anzahl von Vinyl-1.2-Seitenkettengliedern haben, z. B. SKB-50 oder SKN mit 25% 1.2-Kettengliedern. C. KOZÁK. 7224☐

Zur Frage der Untersuchung des Charakters der Bindung im System Kautschuk-Füllstoff. W. A. Schwetzow, A. P. Pissarenko und A. Ss. Nowikow. (Коллоидный Журнал [Kolloid-J.] **22.** 743—47. Nov./Dez. 1960. Moskau, Forschungsinst. der Gummi-Ind.) (Russ.; Auszug: Engl.)

Zur Überprüfung der Bindungsfrage Füllstoff–Kautschuk werden Extraktions-Verss. mit 1% NaOH-Lsg. an *Butadienacrylsäurenitril–Kautschuk* (SKN-26)-Mischungen u. deren Vulkanisaten ausgeführt. Als Füllstoff werden 20—60% *Ca-Silicat* u. *Aluminiumhydroxyd* (I) eingesetzt, wobei der Füllstoff dem Latex direkt zugesetzt oder auf Walzen eingemischt wird. Mit steigender Füllstoffdosierung nimmt die Extraktion zu, u. zwar werden für den im Latexzustand gewonnenen Batch geringere Werte ermittelt. Letztere werden durch zusätzliches Mastizieren noch weiter vermindert. Parallel zu diesem Extraktionsvorgang bewirkt die Mastikation eine Steigerung des physikal.-mechan. Niveaus daraus gewonnener Vulkanisate (Zerreißfestigkeit von 41 auf 192 kg/cm²). Zusatz von 1,5% Stearinsäure erhöht die Extraktionsgeschwindigkeit. An einem Vulkanisat mit im Latexzustand zugesetztem I wird nach 20 Std. für 60 Gew.-% eine 100%ig. Extraktion erzielt, während es für 40% ca. 95% u. für 20% ca. 25% sind. Auf Grund der geringeren Füllung wird eine bessere Dispergierung angenommen, die zu einer stabileren Bindung zwischen Füllstoff u. Kautschuk führt. O. KRAMM. 7226 □

Neues aktives weißes Füllmittel aus Nebenprodukten der Superphosphatindustrie. B. N. Dinsburg und B. A. Ssafrai. (Химическая Промышленность [Chem. Ind.] **1960.** 76—77. Jan./Febr. Allunions-Forschungsinst. für Filmmater. u. Kunstleder.) (Russ.)

Beim Aufschluß von Fluorapatit mit H_2SO_4 entsteht als Nebenprod. der Superphosphaterzeugung SiF_4, das durch das die Absorptionskammern berieselnde W. zu H_2SiF_6 u. SiO_2-Gel hydrolysiert wird. Wie der Vgl. mit „weißem Ruß" (Flugasche) zeigt, ist dieses SiO_2-Gel („Belax") als Füllstoff für Gummi geeignet.

R. K. MÜLLER. 7226 □

Ein neuer Weichmacher für frostbeständigen Gummi. W. K. Zysskowski, M. I. Lewina, A. Ss. Nowikow und N. W. Dorochina. (Химическая Промышленность [Chem. Ind.] **1960.** 459—61. Sept.) (Russ.)

Aus Diäthylenglykol (I) u. C_7—C_9-Monofettsäuren (II) werden mit I:II = 1,05—1,0 bei 200—220° in 4—5 Std. in 99,5% Ausbeute Ester (III) erhalten, die als Weichmacher für Butadienstyrol- u. Chloroprenkautschuk verwendet werden. In Tabellen werden Gummigemische mit III, mit Dibutylphthalat u. -sebacinat bzgl. ihrer Eigg. (Festigkeiten vor u. nach Alterung, Frostbeständigkeits-Koeff.; FBK) verglichen u. fast gleichwertig gefunden. FBK u. Plastizität nach KARRER sind bei den Gemischen mit III am höchsten (0,5—0,6 bzw. 0,7—0,8). R. K. MÜLLER. 7226 □

Über den Einfluß der chemischen Natur der Rußoberfläche auf die Reaktion mit Kautschuk und Schwefel und auf die Kinetik der Vulkanisation. B. A. Dogadkin, S. W. Skorodumowa und M. Ss. Feldstein. (Коллоидный Журнал [Kolloid-J.] **22.** 663—70. Nov./Dez. 1960. Moskau, Forsch.-Inst. der Reifenind.) (Russ.; Auszug: Engl.)

Die Wechselwrkg. zwischen Kautschuk u. Ruß (I) u. Kautschuk–I–S wird untersucht. Es wird normaler u. ölgestreckter Butadienstyrolkautschuk (II) u. Lampen (III)-, Thermal-, Ofen (IV)-, Kanal (V)-Ruß sowie Philblack 0 (VI; HAF-I) untersucht. In der Reihenfolge der Aufzählung nimmt die Sorptionsfähigkeit von I gegenüber II in n-Heptan bei 25° gelöst zu, d. h. pro Oberflächeneinheit wird um so mehr II absorbiert, je geringer der Geh. an O-Gruppen in der I-Oberfläche ist. **VI** verhält sich wie **V**. Die gleiche Reihenfolge der Sorption wird an II-Mischungen erzielt, die auf Vulkanisations-Temp. erhitzt werden. Durch Erhitzen von S mit I auf 145° werden die O-freien Oberflächen mit S-Gruppen beladen (0,7 Gew.-% S). Ein solcher I bewirkt eine Steigerung der Vernetzungsstellen, d. h. S nimmt teil an der Ausbildung von Vernetzungsstellen I–II. Wird **IV** bei 400° oxydiert, nimmt die Vulkanisationsaktivität einer Mischung damit ab. Die Festigkeit, der Modul u. der gebundene S-Anteil nehmen ab, während die Dehnung u. die Gleichgewichtsquellung zunehmen. Bei der Vulkanisation des Syst. I–II–S nimmt der Anteil an gebundenem S in folgender Reihe von 0,9 auf 1,6% nach 220 Min. zu: **V** < **III** = **IV** < **VI**. Es wird angenommen, daß die Wechselwrkg. zwischen I u. II an den nicht durch O-Gruppen besetzten akt. Zentren von I erfolgt, wobei S die Vernetzung fördert.

O. KRAMM. 7228 □

Imperial Chemical Industries Ltd. (Erfinder: Harry Cardwell Glover und William Mason), **Pelletieren von chemischen Stoffen,** bes. *für die Herstellung von natürlichen oder synthetischen Kautschukgemischen.* Man verwendet als Bindemittel einen Ester der Acryl- oder Methacrylsäure. — Beispiel: Eine wss., 10 (%) Di-o-tolylguanidin u. 3 NaCl enthaltende Suspension sowie eine 10 Cetylpyridiniumbromid enthaltende wss. Lsg. werden gemischt u. eine wss. 33 polymerisiertes β-Äthoxyäthylmethacrylat, 1 Na-Salz einer isopropylierten Naphthalinsulfonsäure u. 0,4 Türkischrotöl enthaltende Dispersion zugesetzt. Die filtrierten u. gewaschenen Feststoffe werden gepreßt, bei 90° getrocknet u. zerkleinert. (**Aust. P. 223 524** vom 4/3. 1958, ausg. 17/9. 1959. E. Prior. 13/3. 1957.) K. DEMMLER. 7221

General Aniline & Film Corp., New York, N.Y., übert. von: Robert W. Wynn, Easton, Pa., und Paul E. Hoch, Wallingford, Conn., V.St.A., **Schützen von organischen Substanzen gegen die Einwirkung von UV-Licht** durch Zusatz von 0,1—5% *2.2'-Dihydroxy-4.4'-di(alk)oxybenzophenonen*, z. B. *2.2'.4.4'-Tetrahydroxybenzophenon* oder *2.2'-Dihydroxy-4.4'-dimethoxybenzophenon*. Die UV-Absorptionsmittel werden bes. zum *Stabilisieren von Butadien/Acrylnitril-Mischpolymerisaten* beansprucht. Erwähnt, aber nicht beansprucht, wird ihr Zusatz zu: *Kautschuk, Balata, Guttapercha, Polychloropren, Butadien/Styrol-Mischpolymerisaten*, trocknenden Ölen, Lacken, Cellulose-Derivv., Vinyl- u. Acrylharzen u. bes. kosmet. Erzeugnissen (bes. gegen Sonnenbrand). (**A. P. 2 876 210** vom 10/2. 1954, ausg. 3/3. 1959.) O. SCHÖN. 7227

Soc. An. des Pneumatiques Dunlop, Frankreich, übert. von: Deutsche Dunlop Gummi Co. Akt.-Ges., Deutschland, **Vulkanisieren von Kautschuk.** Als Füllstoff u. Verstärkungsmittel nimmt man hochmol. polymere KW-Stoffe, die bei der Niederdruckpolymerisation mittels stereospezif. heterogener Katalyse erhalten werden. Vermutlich entsteht beim Mischen der Komponenten eine teilweise Sproßpolymerisation, die verstärkend wirkt. Die Hysteresisverluste des Vulkanisats, der Gefrierpunkt u. die Gasdurchlässigkeit werden herabgesetzt. — Als Lauffläche eines Reifens nimmt man eine Mischung aus je 40 (Teilen) smoked sheets u. Butadienstyrol-Tieftemp.-Mischpolymerisat, 20 Niederdruckpolyäthylen, 5 ZnO, 35 akt. Ruß, 2 Stearinsäure, 2 Alterungsschutzmittel, 6 Mineralölplastiziermittel, 2,5 S, 0,8 Beschleuniger u. 0,3 Vulkanisationsverzögerer u. vulkanisiert 40 Min. bei 3 kg/cm² Dampfdruck. (**F. P. 1 176 537** vom 5/6. 1957, ausg. 13/4. 1959. D. Prior. 11/8. 1956.) M. PANKOW. 7229

Soc. An. des Pneumatiques Dunlop, Frankreich, übert. von: Dunlop Rubber Co. Ltd., England, **Vulkanisieren von synthetischen Elastomeren aus Butadien–Alkylacrylat-Mischpolymeren,** wobei die Alkylgruppe des Acrylats negative Substituenten enthalten kann. Man erhitzt die Elastomeren mit einem Oxyd oder bas. Hydroxyd eines mehrwertigen Metalls u. einer neutralen oder bas. organ. Hydroxyl-Verb. (Stärke, Zucker, Glykole, trans-Chinit, 1.5-Bis-[2-hydroxyäthyl]-naphthalin, Cyclohexanol, Benzyl-, Laurylalkohol) auf ca. 150°. — So erhitzt man Butadien–Methylacrylat (70:30)-Mischpolymeres 3 Std. mit 75% $Ca(OH)_2$ u. 2% Stärke oder Butylenglykol. (**F. P. 1 174 002** vom 8/3. 1957, ausg. 5/3. 1959. E. Prior. 9/3. 1956 u. 5/2. 1957.) M. PANKOW. 7229

Imperial Chemical Industries Ltd., London, übert. von: David James Bryans Coulter und Vincent Kerrigan, Manchester, England, **Vulkanisationsregler,** bes. für ofenrußhaltige Mischungen, bestehend aus Verbb. der Formel $R_1[R_2NSO_2X]_n \cdot n = 1$ oder 2. R_1 = KW-Stoff, ggf. substituiert, oder, wenn $n = 1$, = H oder KW-Stoff, ggf. substituiert. R_2 = H oder KW-Stoff, ggf. substituiert. Wenn $n = 1$ ist, können R_1 u. R_2 zusammen mit dem N-Atom Teil eines heterocycl. Ringes sein. X = OM (M = Metall oder NH_4), OR_1 oder NR_3R_4 (R_3 u. R_4 je = H oder KW-Stoff, ggf. substituiert oder zusammen mit dem N-Atom Teil eines heterocycl. Ringes). Beispiele: Sulfamidsäure u. deren Salze; 4.4'-Sulfonyldimorpholin; 1.4-Bis-(dimethylsulfamyl)-piperazin; 2.4-Dichlorphenyldimethylsulfamat; p-Cyclohexylphenyldimethylsulfamat u. Cyclohexylsulfamidsäure. Anwendung in Mengen von 0,2—3 (%) neben ≤ 2 eines Thiazolbeschleunigers u. 1—3 S u. sonst üblichen Zusätzen. (**A. P. 2 945 834** vom 4/2. 1957, ausg. 19/7. 1960. E. Prior. 30/1. 1957.) W. OVERBECK. 7229

Schenectady Varnish Co., Inc. (Erfinder: A. Clinton), **Herstellung von Brommethylmethylolphenolen** durch Bromieren von 2-Hydroxymethyl-, 2.6-Dihydroxymethyl-4-alkylphenol, Resitolen dieser Phenole oder Mischungen von 4-Alkylphenolen mit CH_2O, wobei die Alkylgruppe 4—20 C-Atome aufweist, bis die Verbb. 1—9% Br_2 aufgenommen haben. — *Vulkanisiermittel für Butylkautschuk.* (**Aust. P. 227 010** vom 17/9. 1958, ausg. 17/3. 1960. A. Prior. 27/9. 1957.) C. LÜTTGEN. 7229

Soc. An. des Pneumatiques Dunlop, Frankreich, übert. von: Dunlop Rubber Co. Ltd., England, **Herstellung einer elastischen Masse aus Zellkautschuk.** Eine wss. Dispersion von Kautschuk oder synthet. Kautschuk wird nach Zusatz von Gelierungs- u. Vulkanisationsmitteln u. nach Einmischen von 0,2—10 Gew.-% (des Kautschuks) eines Salzes einer Fettsäure (Stearin-, Palmitin-, Laurin-, Naphthen-, Ölsäure) mit einem mindestens 2wertigen Metall (Ca, Zn, Al, nicht jedoch die schädlichen Cu, Cr, Fe, Co, Mn) zu Schaum geschlagen, vergelt u. vulkanisiert. — 166 (Teile) NH_3-haltige Kautschukmilch (100 Gew.-Teile Kautschuk), 0,2 Na-Oleat, 1 Vulkanisationsbeschleuniger, 3 S u. 0,5 Alterungsschutzmittel werden mit einer wss. Dispersion, die aus 29 Al-Stearat, 0,2% NaOH u. etwas NH_4-Caseinat erhalten wird, versetzt, so daß 5 Al-Stearat zugesetzt werden. Nach 24std. Stehen gibt man 0,3 K-Oleat zu, schlägt zu Schaum, gibt dabei 3 ZnO u. 1 Na-Fluorsilicat als Dispersion zu, gießt in eine Form u. vulkanisiert nach Gelbildung. Härte u. Kompressionsfestigkeit des Prod. sind verbessert. (**F. P. 1 195 308** vom 13/12. 1957, ausg. 17/11. 1959. E. Prior. 14/12. 1956 u. 21/11. 1957.) M. PANKOW. 7231

Dunlop Rubber Co. Ltd., London, England, **Herstellung von Schaumgummi** durch Verschäumen, Formen u. Vulkanisieren von schaumgebende Mittel u. Vulkanisiermittel enthaltendem Latex, dad. gek., daß dem Gemisch eine Metallseife, bes. Al- u. Zn-Stearat oder -naphthenat in einer Menge von ca. 2—6%, bezogen auf Kautschuk, zugesetzt wird, wodurch härtere Prodd. erhalten werden. (**Ind. P. 62 430** vom 29/11. 1957, ausg. 13/5. 1960. E. Prior. 14/12. 1956.) C. LÜTTGEN. 7231

Soc. An. des Pneumatiques Dunlop, Frankreich, übert. von: Dunlop Rubber Co. Ltd., England, **Oberflächenschutz für Kautschukwaren.** Man bringt auf die Oberfläche einen Ester eines mehrwertigen Alkohols u. einer aliphat. Carbonsäure mit wenigstens einer OH-Gruppe oder einer RCO-Gruppe (R = KW-Stoffrest), wie Ricinusöl, Mono- u. Diglyceride oder Glykolester der Ricinolsäure, zweckmäßig nach Verdicken, so daß der Überzug von der Oberfläche nicht abfließt, sondern noch in sie eindringt. Ferner können O_3 zerstörende Stoffe (koll. Ton, MgO, ZnO, Holzmehl, Diarylamine) zugesetzt werden. — Man rührt 100 (Gew.-Teile) Ricinusöl u. 10 $Ba(OH)_2$ 12 Min. lang bei 105°, mischt 100 des verdickten Öls mit 10 Kreide, 10 Ricinusöl u. 20 A. u. streicht die Mischung in dünner Schicht auf die Oberfläche eines Kautschukreifens. (**F. P. 1 170 383** vom 28/3. 1957, ausg. 14/1. 1959. E. Prior. 29/3. 1956 u. 12/3. 1957.) M. PANKOW. 7231

Wingfoot Corp., Akron, Ohio, V.St.A., **Mischung zum selbsttätigen Dichten von Luftreifen oder Schläuchen aus Kautschuk.** Man bringt auf die Innenseite gegenüber der Lauffläche eines Reifens oder eines Luftschlauchs eine Mischung von 80—20 (%) Naturkautschuk, Regeneratkautschuk, Polybutadien oder eines Butadien-Styrol-Mischpolymerisates u. 20—80 Polychloropren auf. (**It. P. 516 342** vom 5/5. 1954. A. Prior. 17/6. 1953.) K. KOEBKE. 7231

Union Carbide Corp., New York (Erfinder: **Donald M. Young**, New York, N.Y., und **Fritz Hostettler**, Charleston, W.Va.), V.St.A., *Herstellung von Harzpräparaten.* (**Jap. A.S. 498/1960** vom 12/4. 1957, ausg. 26/1. 1960. A. Prior. 13/4. 1956. — C. **1961.** 12666 [Oe. P. 201 856].)

Montecatini Soc. Gen. per l'Industria Mineraria e Chimica (Erfinder: **Giulio Natta, Giorgio Mazzanti** und **Giorgio Boschi**), Mailand, Italien, *Herstellung linearer ungesättigter hochmolekularer Mischpolymerisate.* (**Jap. A.S. 644/1960** vom 25/6. 1957, ausg. 30/1. 1960. It. Prior. 27/6. 1956. — C. **1960.** 5666 [F. P. 1 176 850].)

Dominion Rubber Co. Ltd., Montreal, Quebec, Canada, übert. von: **Marvin C. Brooks**, Packanack Lake, und **Roswell H. Ewart**, Bloomfield, N.J., V.St.A., *Reaktionsprodukte aliphatischer Diole mit Alicyclotrichlorsilanen.* (**Can. P. 551 245** vom 24/10. 1952, ausg. 7/1. 1958. A. Prior. 23/1. 1952. — C. **1955.** 6870 [A. P. 2 680 124].)

Dominion Rubber Co. Ltd., Montreal, Quebec, Canada, übert. von: **Bernhard C. Barton**, Clifton, und **Edward E. Auer**, East Orange, N.J., V.St.A., *Behandlung von Kautschuk.* (**Can. P. 551 244** vom 9/11. 1949, ausg. 7/1. 1958. A. Prior. 4/2. u. 25/3. 1949. — C. **1954.** 7529 [E. P. 660 070].)

Dominion Rubber Co. Ltd., Montreal, Quebec, Canada, übert. von: **Kenneth W. Doack**, Bloomfield, N.J., V.St.A., *Herstellung von Ruß-Kautschuk-Mischungen.* (**Can. P. 551 573** vom 9/10. 1954, ausg. 14/1. 1958. A. Prior. 16/11. 1953. — C. **1957.** 11738 [E. P. 754 685].)

Dominion Rubber Co. Ltd., Montreal, Quebec, Canada, übert. von: **Frank B. Smith**, Detroit, Mich., V.St.A., *Dispergierung von Ruß in Kautschuk.* (**Can. P. 551 574** vom 17/2. 1955, ausg. 14/1. 1958. A. Prior. 30/3. 1954. — C. **1959.** 10415 [A. P. 2 820 836].)

Dominion Rubber Co. Ltd., Montreal, Quebec, Canada, übert. von: **Frank B. Smith**, Detroit, Mich., V.St.A., *Dispergierung von Ruß in Kautschuk.* (**Can. P. 551 575** vom 17/2. 1955, ausg. 14/1. 1958. A. Prior. 30/3. 1954. — C. **1959.** 13022 [A. P. 2 820 837].)

Dominion Rubber Co. Ltd., Montreal, Quebec, Canada, übert. von: **Raoul L. Provost**, West Cheshire, Conn., V.St.A., *Einarbeitung von Lignin in synthetischen Kautschuk.* (**Can. P. 551 577** vom 28/5. 1955, ausg. 14/1. 1958. A. Prior. 28/7. 1954. — C. **1959.** 2305 [E. P. 769 288].)

Ridbo Laboratories, Inc., Trenton, übert. von: **Eric O. Ridgway**, Scotch Plains, und **Newell A. Perry**, Hamilton Square, N.J., V.St.A., *Mischung aus sulfuriertem Tallöl und Naturkautschuk.* (**Can. P. 551 718** vom 23/10. 1953, ausg. 14/1. 1958. A. Prior. 31/7. 1953. — C. **1959.** 7982 [E. P. 758 397].)

Monsanto Chemicals Ltd., London (Erfinder: **Gordon S. Mills**, Ruabon, und **W. H. Robinson**, Llangollen, Denbighshire, Wales), England, *Kautschukantioxydationsmittel.* (**Can. P. 551 680** vom 25/2. 1953, ausg. 14/1. 1958. E. Prior. 27/2. 1952. — C. **1955.** 10873 [E. P. 717 836].)

Dominion Rubber Co. Ltd., Montreal, Quebec, Canada, übert. von: **Pliny O. Tawney**, Passaic, und **Julian R. Little**, Packanack, Pa., V.St.A., *Substituierte Hydrochinondialkyläther als Vulkanisierungsmittel.* (**Can. P. 551 570** vom 13/1. 1953, ausg. 14/1. 1958. A. Prior. 11/3. 1952. — C. **1958.** 13918 [A. P. 2 767 156].)

Monsanto Chemical Co., St. Louis, Mo., übert. von: **Robert H. Cooper**, Nitro, und **Kenneth L. Godfrey**, St. Albans, W.Va., V.St.A., *Beschleunigerzubereitung.* (**A. P. 2 918 513** vom 23/8. 1955, ausg. 22/12. 1959. — C. **1959.** 10082 [E. P. 783 482].)

Imperial Chemical Industries Ltd., London, England (Erfinder: **Robert Arthur Hall** und **Norman New**), *Elastomere.* (**F. P. 1 158 421** vom 17/10. 1956, ausg. 13/6. 1958. E. Prior. 18/10. 1955 u. 14/5. 1956. **E. P. 800 554** vom 18/10. 1955, ausg. 27/8. 1958. — C. **1960.** 16960 [Jap. A. S. 5842/1958].)

XIII. Ätherische Öle. Parfümerie. Kosmetik

Die Möglichkeit der Gewinnung kleinerer Mengen ätherischer Öle durch Wasserdampfdestillation. Branka Šrepel. (Farmac. Glasnik **16.** 363—65. Nov. 1960. Zagreb, Farmac. fak., Zav. za farmakogn.) (Kroat.)

Es wird eine behelfsmäßige App. zur Gewinnung äther. Öle aus Pflanzenmaterial durch Wasserdampf-Dest. beschrieben, bestehend aus einem Metallkessel mit Einsatz für das Pflanzenmaterial u. einem Glasaufsatz nach COCKING-MIDDLETON zur Best. äther. Öle nach dem Rücklaufprinzip. — Abbildung. S. BECKMANN. 7262☐

Natürliche Duftnoten. 43. Mitt. **Die Korbblütler.** 1. Teil. E. S. Maurer. (Soap, Perfum. Cosmet. **33.** 1075—78. Okt. 1960.) (Engl.) — 41. u. **42.** vgl. C. **1961.** 14856; **43.**, 2. Teil vgl. C. **1962.** 1054.

Die parfümist. interessantesten Vertreter der verschiedenen Korbblütlergattungen werden unter Kennzeichnung ihrer botan. Merkmale u. ihrer Duftnoten beschrieben. H. SONTAG. 7276☐

Industrieparfüme — Auf der Höhe eines sich schnell entwickelnden Marktes. B. H. Kingston. (Manufact. Chemist **32.** 297—300. Juli 1961. A. Boake Roberts and Co. Ltd.) (Engl.)

Ausführungen über die vielseitige Verw. von Industrieparfümen u. Angabe einiger spezieller Rezepte. — 30 Literaturangaben. G. LOSSNER. 7276☐

Einige neue Wege der kosmetischen Chemie 1958. Paul G. I. Lauffer. (Perfum. essent. Oil Rec. **51.** 361—65. Juli 1960. 425—29. Aug. 1960. 545—49. Okt. 1960. Stamford, Conn., Northam Warren Corp.) (Engl.) — Vgl. C. **1960.** 17640.

Zur Kennzeichnung der Fortschritte auf dem Gebiet der kosmet. Chemie während der Jahre 1957 u. 58 wurde das in dieser Zeit veröffentlichte Schrifttum gesichtet u. wird nach folgenden Gesichtspunkten unterteilt besprochen: Enzyme, Durchlässigkeit von Zellen u. Geweben, antibakterielle u. fungicide Wrkg., Hautpigmentierung, Unterss. u. Vorbeugung des Alterungsprozesses der Haut, Beziehungen zwischen Struktur u. Wirksamkeit, Entzündungen, verschiedene neue Erkenntnisse auf dem Gebiet der Biochemie, Gelierung u. Gelstruktur, Probleme der Emulgierung u. Schaum-Bldg. u. neueingeführte kosmet. Rohstoffe u. Verfahren. — 422 Literaturangaben. H. SONTAG. 7284☐

Lanolin und Lanolinverbindungen. Eigenschaften und einige Verwendungsmöglichkeiten in Aerosolen. Th. Kunzmann. (Seifen-Öle-Fette-Wachse **87.** 131—34. 15/3. 1961.) (Dt.)

Übersicht über die Eigg. von Lanolin (**I**) u. Lanolin-Verbb. (**II**) u. ihre Anwendungsmöglichkeiten in der Kosmetik. Für die einzelnen Handels-Prodd. von **II** werden die chem. Benennungen aufgeführt sowie die Vorschriften für **I**-Präpp. in Aerosolform gegeben. J. SEIDEMANN. 7284☐

Lanolin und seine Derivate in Haarlacken. E. W. Clark und G. F. Kitchen. (Soap, Perfum. Cosmet. **34.** 739—41. Aug. 1961. Bradford, Yorkshire, Westbrook Lanolin Comp.) (Engl.)

Die Eigg. von 4 Lanolinsorten bzw. Derivv., nämlich von Lanolin (L.) wasserfrei (Arzneibuchqualität), liquid L., Spezial liquid L. u. alkohollösl. L. werden im Hinblick auf ihre Verw. in Haarlackaerosolen besprochen. Einige Formeln auf der Basis von Schellack, Polyvinylpyrrolidon, Äthylcellulose, Dimethylhydantoinharz u. Resyn 28 bis 1310 werden gegeben. K. HINTERAUER. 7284☐

Erste Versuche über die Verwendung von Extrakten aus Helix Pomatia L. und verwandten Arten in der Kosmetik. Giuliana Brambilla, Paolo Rovesti und Antonio Tosatto. (Riv. ital. Essenze, Profumi, Piante officin., Olii veget., Saponi **41.** 575—76. Dez. 1959. Milano, Centro Internaz. di Ric. biocosmiche.) (Ital.)

Das beachtliche Hydratisierungsvermögen von Haut-Präpp. aus Extrakten von *Helix pomatia L.*, *H. aspersa*, *H. strigata* u. *H. vermiculata* ist auf den Schleim (Mucin) zurückzuführen. Präpp. mit 10—20% dieses Koll. enthaltende wss. Dispersionen zeigen positive Ergebnisse für trockene, fette, gemischte u. flechtige Haut. Das erweichende u. den Blutandrang hemmende Vermögen von Präpp. auf Grundlage von Schleimdispersionen ergibt gleich gute Erfolge, so daß Mucin als der wichtigste Rohstoff in der modernen Kosmetik gilt. — 12 Literaturhinweise. G. PLATZER. 7284☐

Neue kosmetologische Untersuchungen über Gelée Royale und Bienenembryonen. Paolo Rovesti. (Riv. ital. Essenze, Profumi, Piante officin., Olii veget., Saponi **41.** 570—74. Dez. 1959. Milano, Ist. di Ric. sui Deriv. Vegetali.) (Ital.)

Mit 3 verschiedenen reinen Proben von Bienenköniginfuttersaft (GR) mit konst. Durchschnittswerten [32—60 (%) W., 12—20 Eiweiß, 6—10 Lipoide, 12—16 Glucoside u. 0,6—0,9 Asche; 132—254 μg/g Pantothensäure, pH 4,5—5,5] wurden Verss. über den Stimulationswert, Vernarbung u. Epithelisierung von Verletzungen u. kosmetolog. Verss. ausgeführt. Aus den Ergebnissen kann geschlossen werden, daß die verwendeten Proben biogene Stimulantien enthalten, die das Pflanzenwachstum fördern u. als Hautbiokatalysatoren wirken, daß alle kosmetolog. Verss. positiv sind, wobei die Gültigkeit von GR als akt. Prinzip mit hohem euderm. Vermögen bestätigt wird u. daß die Heilung von Wunden (Tier-Verss.) auf die Hälfte der Zeit herabgesetzt wird. Verss. mit 3% Bienenembryonen enthaltendem GR u. mit Honig (mit 3% Embryonen wie in Schönheits-Präpp. verwendet) zeigen dieselbe Wirksamkeit wie die mit normalen Embryonenextrakten erreicht wird. Die Qualität u. Herkunft sind bestimmend für die Wrkg. von GR. G. PLATZER. 7284 □

Hinweise über die Verwendung von Kunststoffen als Verpackungsmaterialien für kosmetische Waren. P. P. Hopf. (Seifen-Öle-Fette-Wachse **34.** 431—35. 1961.) (Dt.)

Inhaltlich ident. mit der C. **1961.** 4543 referierten Arbeit. H. P. FIEDLER. 7284 □

Über die Verwendung von Kohlendioxid und Distickstoffoxid in Aerosolpackungen. 1. Mitt. **Die Absorptionsgeschwindigkeit von CO_2 und N_2O in verschiedenen Lösungsmitteln.** A. Marks. (Parfümerie u. Kosmet. **42.** 389—95. Okt. 1961. Riehen, Basel, Aerosol-Service A.G.) (Dt.)

Die Absorption von CO_2 u. N_2O in W., Isopropanol, A., Propylenglykol-(1.2), Petroleumdestillat geruchlos, CH_2Cl_2 u. A./W. 1:1 wurde untersucht. Die Ergebnisse sind in Tabellen u. Kurven wiedergegeben. Die Konst. K des HENRYschen Gesetzes wurde für die verschiedenen Lsgm. berechnet. K. HINTERAUER. 7284 □

Versuche zur Bestimmung von Methanol und Äthanol in verdünnten Lösungen. 5. Mitt. **Mikroanalytik ätherischer Öle.** Th. Beyrich und R. Pohloudek-Fabini. (Ernährungsforschung **5.** 441—54. 1960.) (Dt.) — 4. vgl. Pharmaz. Zentralhalle Deutschland **99.** [1960.] 488.

Aus verd. wss. Lsgg. werden *Methanol* (**I**) u. *A.* (**II**) durch Dest. mittels einer WIDMER-Kolonne angereichert (90 ml in 1 Std.) u. hiervon geeignete Mengen für die Best. von **I** u. **II** entnommen. **I** wird in Anlehnung an BERGMANIS [1951] nach Oxydation mit Permanganat–H_3PO_4 u. Nachw. des gebildeten Formaldehyd durch die Chromotropsäure-Rk. (Extinktions-Best. im Spektrophotometer bei 570 mμ) unter Verw. einer Eichkurve bestimmt. Ähnlich arbeitet man bei **II**, wobei mit Chromsäure–H_2SO_4 zu Acetaldehyd oxydiert wird, der mit Nitroprussidnatrium–Piperazinhydrat-Lsg. nachgewiesen werden kann (Extinktions-Best. bei 560 mμ). M. ULMANN. 7286 □

Quantitative Bestimmung papierchromatographisch verteilter aliphatischer Alkohole als Azobenzolcarbonsäureester-(4). 7. Mitt. **Mikroanalytik ätherischer Öle.** Th. Beyrich und R. Pohloudek-Fabini. (Pharmazie **15.** 437—42. Aug. 1960. Greifswald, Univ., Pharmazeut. Inst.) (Dt.) — 6. vgl. Pharmazie **15.** [1960.] 356.

Nachdem in der 6. Mitt. die Umsetzung der aliphat. Alkohole zu *Azobenzolcarbonsäureestern-(4)* (**I**) beschrieben wurde, wurden zur Ermittlung einer quant. Best.-Möglichkeit die Absorptionskurven von präparativ dargestellten **I** im Bereich von 250 bis 600 mμ aufgenommen. Die Absorption ist vom Alkylrest unabhängig u. ist bedingt durch die —N=N-Gruppierung. Maxima werden bei 451 mμ u. bei 322 mμ gefunden. Die aus dem Papierchromatogramm mit Heptan eluierten **I**-Flecke können bei beiden Wellenlängen quant. bestimmt werden. Fehlergrenze bei 322 mμ $\pm$ 15%, bei 451 mμ $\pm$ 10%. Bei der Best. im UV benötigt man wesentlich weniger **I**, was für ein einwandfreies Chromatogramm einen bedeutenden Vorteil darstellt. S. ERBE. 7286 □

Trubek Laboratories, East Rutherford, übert. von: Joseph Levy, Paramus, und Robert M. Lusskin, Haworth, N.J., V.St.A., **Ungesättigte Dialkyl-2.3-epoxysäureester** der allg. Formel **I**, bes. **II** (R, R′ u. R″ = Alkyl oder Alkenyl, wenigstens einer der Reste R u. R′ soll ungesätt. sein). Ein aliphat. Aldehyd wird mit einem aliphat. Keton, mit wenigstens 4 C-Atomen, umgesetzt, aus dem entstandenen Hydroxyketon erhält man durch Wasserabspaltung, bes. mit J_2 oder wasserfreier Oxalsäure, ein $\alpha.\beta$-ungesätt. Keton, das dann mit Chlor- oder Bromessigsäureester in Ggw. von Na,

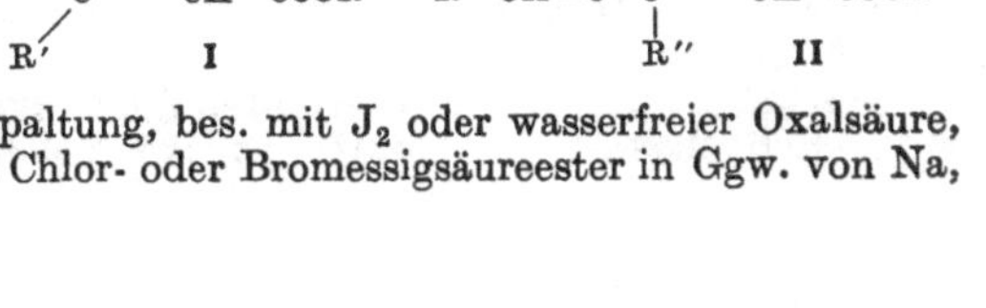

I II

dessen Alkoholat oder Amid umgesetzt wird. — Aus 968 g Acetaldehyd u. 4752 g Methyläthylketon in Ggw. von 33,6 g KOH in 166 g Methanol bei 0—5°, Zusatz von 40 g Oxalsäure, Entfernen des K-Oxalats, Zusatz von 40 g Oxalsäure u. Dest. → 3-Methylpenten-(3)-on-(2), Kp. 137—142°; aus 1176 g davon u. 2083 g Chloressigsäuremethylester in Ggw. von 1037 g wasserfreiem Na-Methylat bei —10 bis +0°, dann bei 30° → 1030 g *3.4-Dimethyl-2.3-epoxyhexen-(4)-säuremethylester*, $Kp._5$ 87—97°. — Chloressigsäureäthylester → *3.4-Dimethyl-2.3-epoxyhexen-(4)-säureäthylester*, $Kp._2$ 60—70°. — Durch Umestern des vorst. Methylesters mit Allylalkohol in Ggw. von wasserfreiem Na-Methylat entsteht *3.4-Dimethyl-2.3-epoxyhexen-(4)-säureallylester*, $Kp._5$ 104—108°. — Isobutanol →*Isobutylester*, $Kp._2$ 95—97°. — Geraniol → *Geranylester*, $Kp._{0,6}$ 140—142,5°. — Citronellol → *Citronellylester*, $Kp._{0,5}$ 136—137°; karamelartiger Geruch. — Isobutyraldehyd + Diäthylketon → 4.6-Dimethylhepten-(4)-on-(3), $Kp._{15}$ 74—78°, → *4.6-Dimethyl-3-äthyl-2.3-epoxyhepten-(4)-säuremethylester*, $Kp._5$ 100—103°; *Äthylester*, $Kp._{2,4}$ 77—80,5°. — n-Butyraldehyd + Methyläthylketon → 3-Methylhepten-(3)-on-(2) → *3.4-Dimethyl-2.3-epoxyocten-(4)-säuremethylester*, $Kp._5$ 106—110°; *Äthylester*, $Kp._{1,1}$ 68—72°. — Acetaldehyd + Methylpropylketon → 3-Äthylpenten-(3)-on-(2), Kp. 153—159°, → *3-Methyl-4-äthyl-2.3-epoxyhexen-(4)-säure*, $Kp._{2,3}$ 69,5—74,5°. — Acetaldehyd + Diäthylketon → 4-Methylhexen-(4)-on-(3) → *4-Methyl-3-äthyl-2.3-epoxyhexen-(4)-säureäthylester*, $Kp._{2,3}$ 69—71,5°. — *3.4-Dimethyl-2.3-epoxyhexen-(4)-säureisobutylester*. — Vgl. A. P. 2 889 339; C. **1960.** 15928. — *Riechstoffe* mit *fruchtartigem Geruch.* (**A. P. 2 889 340** vom 2/7. 1956, ausg. 2/6. 1959.) G. KRAUSS. 7277

Enalca Körperpflege G. m. b. H., Heidelberg, *Lösliche Polyamidbeläge für die Haut.* (**Norw. P. 91 879** vom 27/7. 1957, ausg. 16/6. 1958. — C. **1961.** 4188 [Belg. P. 559 613].)

Ashe Chemical Ltd. (Erfinder: **Lionel Leslie Frederick Deadman**), *Stabile, verdickte, wässerige Lösungen von Wasserstoffperoxid.* (**Aust. P. 225 568** vom 15/5. 1958, ausg. 17/12. 1959. E. Prior. 30/5. 1957. — C. **1961.** 3509 [E. P. 827 331].)

Chesebrough-Pond's, Inc., New York, N.Y., übert. von: **Saul A. Bell**, Nutley, N.J., V.St.A., *Desodorierender Antischweißstift.* (**A. P. 2 970 083** vom 6/3. 1958, ausg. 31/1. 1961. — C. **1962.** 2567 [E. P. 858 826].)

XIV. Zucker. Kohlenhydrate. Stärke

Düngung und Nährstoffentzug der Zuckerrüben. E. Primost und G. Rittmeyer. (Z. Zuckerind. **12** (**87**). 28—30. 20/1. 1962. Linz/Donau, Österreich. Stickstoffwerke A.G., Biol. Forschungsabt.) (Dt.)

An Hand der Ergebnisse mehrjähriger Düngungs-Verss. an Zuckerrüben wird der Nährstoffentzug (N, P_2O_5 u. K_2O) durch Rübe u. Blatt eingehend diskutiert. Auf die Bedeutung einer richtigen Düngung der Zuckerrüben, die auch für höhere Erträge der Folgefrucht wichtig ist, wird hingewiesen. J. SEIDEMANN. 7406□

Die Auslaugungsgrenze der Zuckerrübe und die Qualität von Preßwasser. P. Gorzanowsky und F. Bartholomae. (Zucker **14.** 378—82. Aug. 1961. Stuttgart, Süddt. Zucker A.G., Betriebslabor.) (Dt.)

Die Auslaugegrenze der Zuckerrübe u. die Qualität des Preßwassers unter Zugrundelegung des Verhältnisses Zucker zu Asche wurde untersucht. Die Best. des Zuckers erfolgte bei höheren Konzz. polarimetr. u. im Bereich niederer Konzz. colorimetr. (bis 0,0005%). Der Asche-Geh. wurde auf elektrometr. Wege bestimmt. Die Messungen ergaben, daß mit einer Saft-Geschw. 0,51 cm/min eine weitgehende Auslaugung bis ca. 0,05% Zucker („Melassegrenze") im Ablaufwasser möglich ist. Mit zunehmender Auslaugung nimmt der Zucker-Geh. ab, während die Asche (bezogen auf 100 Zucker) im Saft zunimmt. Je schlechter das Verhältnis Zucker zu Asche im Preßwasser ist, desto schlechter sind auch die Saftfarbe u. die FK-Werte. Das Preßwasser entspricht im Verhältnis Zucker zu Asche meist einer Melasse. J. SEIDEMANN. 7412□

Die Adsorption verschiedener Nichtzuckerstoffe an Calciumcarbonat. J. Dedek. (Z. Zuckerind. **12** (**87**). 14—16. 20/1. 1962. Tirlemont.) (Dt.)

Vf. untersucht den Saftreinigungseffekt, der auf der Adsorption von Nichtzuckerstoffen an $CaCO_3$ beruht, u. zwar getrennt nach Aminosäuren (**I**), Dextran (**II**) u. farbstoffbildenden Substanzen (**III**). Der Adsorptionseffekt wurde sowohl analyt. als auch mkr. untersucht. Durch die Adsorption des $CaCO_3$ werden beträchtliche Mengen an Nichtzuckerstoffen (93% **I**, 40% **II**, 80% **III**) aus dem Saft entfernt u. dadurch die Melasse-Bldg. verringert. Auf die wirtschaftliche Bedeutung des Adsorptionseffektes wird hingewiesen. J. SEIDEMANN. 7412□

Beeinflußt das Quentin-Verfahren die Brauchbarkeit der Melasse für die Herstellung von Backhefe? B. Fritzler. (Zucker **14.** 382—85. Aug. 1961. Dormagen.) (Dt.)

Die Unterss. über den Einsatz des QUENTIN-Verf. (Austausch der Alkali- durch Mg-Ionen) ergaben keine Qualitätsminderung von Melasse bzgl. der Herst. von Hefe. Gegenüber den üblichen Verff. waren mit Ausnahme des K-Geh. (Abnahme von 3,91 auf 3,32, berechnet auf 78° BRIX) u. Mg-Geh. (Anstieg von 0,009 auf 0,431) alle übrigen Werte annähernd unverändert, was bes. auch für den Gesamt-N gilt.
J. SEIDEMANN. 7418 □

Phosphorgehalt des Blattes und Ertrag des Zuckerrohres. Kulturen der Südküste Spaniens. Erste Ergebnisse. L. Recalde und V. Lombardia. (Agrochimica [Pisa] **3.** 336—50. Sept. 1959. Granada, Est. exp. del Zaidín.) (Span.)

Bei der untersuchten Zuckerrohrkultur schwankt der Ertrag zwischen 61,2 u. 101,6 t/ha, entsprechend 8,1—13,7 t Zucker/ha. Die Unterschiede beruhen in der Hauptsache auf mehr oder weniger großen Störungen des Nährstoffgleichgewichts. Der dem höchsten Ertrag (an Pflanzen u. an Zucker) entsprechende P-Geh. der Blätter beträgt 0,20—0,24% der Trockensubstanz. — 20 Literaturangaben. R. K. MÜLLER. 7440 □

Die Verwendung von Hydrolasen bei der Glucoseherstellung. A. Høltermand. (Stärke **13.** 337—42. Sept. 1961. Aarhus, Ceres Brauereien.) (Dt.)

Vergleichende Unterss. von *Hydrolasen* zeigten, daß auf Basis von Bakterien, Schimmelpilzen u. Malz hergestellte Präpp. ungefähr den gleichen Geh. an *β-Amylase* haben, wogegen der Geh. an *α-Amylase* bei Malz-Präpp. nur ca. $^1/_{10}$ von dem der anderen Präpp. ausmacht. Mit Präpp. von hohem Geh. an α-Amylase lassen sich *Stärke* (**I**)-Suspensionen von 30—35° Bé herstellen, die in einer kontinuierlich arbeitenden Anlage zu einem Dünnsaft von 60—65° Brix säurehydrolysiert werden können. Verzuckerung von **I** oder säurehydrolysierter **I** mittels Schimmelpilzamylasen führt zu einem stark abgebauten Prod., dessen Hauptbestandteil Glucose ist. Verzuckerung von **I**-Suspensionen mit Malzamylasen ergibt ein Gleichgew.-Prod. aus Maltose u. Dextrin mit Glucose als Nebenprodukt. M. ULMANN. 7442 □

Die Zucker der Johannisbrotbaumfrüchte (Karube). Hch. Tinner. (Mitt. Gebiete Lebensmittelunters. Hyg. [Bern] **51.** 366—72. 1960. Eschenz, Unipektin AG., Labor.) (Dt.)

Im Zuckersirup aus Karuben wurden *Xylose* (2,3%), *Fructose* (16,9%), *Glucose* (18,9%), *Saccharose* (52,6%) sowie 2 *reduzierende Disaccharide* (9,3%) unbekannter Konstit. gefunden. — 21 Literaturangaben. M. WINIKER. 7446 □

Eigenschaften und Bedeutung der H-Stärken. S. Winkler. (Stärke **13.** 319—27. Sept. 1961. Berlin, Bundesforschungsanst. für Getreideverarbeitung.) (Dt.)

Am Beispiel der *Stärke* (**I**) von Kartoffeln mit niedrigem u. hohem H_3PO_4-Geh. u. reiner Kationen-**I** vom Typus der Na-, H- u. Ca-**I** zeigt Vf., daß die wesentlichen Eigg. der **I** von vorliegendem H_3PO_4 u. dem äquivalenten Kationen-Geh. abhängen. Die handelsüblichen **I** erwiesen sich als Salze der H-**I**, sie stehen in allen Verkleisterungs-Eigg. zwischen der Alkali- u. Erdalkali-**I**. Der H_3PO_4-Geh. der **I** ist entscheidend für die Verkleisterungscharakteristik, die jedoch durch den Kationen-Geh. stark modifiziert wird. Zwischen Viscosität u. H_3PO_4 bestehen quant. Beziehungen. Es wird auf die Bedeutung der H-**I** als Ausgangsmaterial für die Herst. von **I** mit speziellen Eigg. hingewiesen. M. ULMANN. 7448 □

Der Milchsäuregehalt der Zuckerfabrikerzeugnisse. Konstantin Vukov. (Cukoripar [Zuckerind., Budapest] **12.** 325—30. Dez. 1959.) (Ung.)

Aus dem Geh. des Diffusionssaftes an Milchsäure (**I**) kann man auf die durch Mikroorganismen zersetzte Zuckermenge schließen. Für die **I**-Best. wird folgende Meth. empfohlen: Man koaguliert die Kolloide, entfernt Kationen u. Anionen durch Ionenaustauscher (H^+-gesätt. Dowex 50 bzw. CO_3^{2-}-gesätt. Dowex 2), wäscht sorgfältig aus, eluiert **I** mit $(NH_4)_2CO_3$-Lsg., erhitzt die Lsg. mit konz. H_2SO_4, gibt alkohol. Veratrol-Lsg. zu u. colorimetriert die Rosafärbung mit Grünfilter. Bei ungar. Rüben wird ein hoher **I**-Geh. (135—255 mg/100 g Trockensubstanz) gefunden. Der Rohsaft aus der ROBERT-Diffusion enthält mehr **I** als der aus der J-Diffusion. **I** bildet sich auch bei Saftreinigung. Der **I**-Geh. des Dünnsaftes nimmt mit dem Geh. des Rohsaftes an Invertzucker zu. — 31 Literaturangaben. R. K. MÜLLER. 7474 □

Studien über die Bestimmung des Invertzuckers in Melasse. V. Prey und E. Steinbauer. (Z. Zuckerind. **12** (**87**). 16—18. 20/1. 1962. Wien, TH, Inst. organ. Chem.) (Dt.)

Vergleichende Unterss. über die Best. des Invertzuckers in Melassen nach der Meth. von MÜLLER sowie PREY u. SZABOLCS (Formazan-Rk., TTC-Meth.). Im allg. konnte Übereinstimmung der Ergebnisse beider Meth. festgestellt werden. Jedoch wurden nach der MÜLLER-Meth. im Falle der Glucose zu niedrige Werte (bis zu 20%) erhalten, während sie nach der TTC-Meth. zu hoch (5—10%) lagen. Die größte Fehlergrenze liegt in der großen Verdünnung der entfärbten Melassen u. der Umrechnung der dabei gefundenen TTC-Werte auf die Ausgangsmelassen. J. SEIDEMANN. 7476 □

Über die Stärkebestimmung in Kartoffeln. Einfluß verschiedener Klärmittel auf die Stärkebestimmung in Kartoffeln und Kartoffelpülpe nach der Ewers-Methode. A. Bergmann. (Stärke **13.** 342—47. Sept. 1961. Kopenhagen.) (Dt.) — Vgl. C. **1961.** 6335.

Bei Anwendung der EWERS-Meth. zur Best. von *Stärke* (I) in Kartoffeln u. Pulpe macht nach Vf. die Entfernung vorliegender *Pektine* (II) die größten Schwierigkeiten. Unter den EWERSschen Vers.-Bedingungen behandeltes II zeigt eine spezif. Drehung von 197°, es ist das fast der gleiche Wert, welcher die nach EWERS gelöste I aufweist. Mit den üblicherweise angewandten Fällungsmitteln läßt sich II nicht vollständig entfernen. Neutrales Pb-Acetat fällt nur 85—88% des II aus, Phosphorwolframsäure nur ca. 4%. Der mit Pb-Acetat nicht fällbare II-Anteil besteht aus sehr hochverestertem II. Es wird empfohlen, die II-haltige I-Lsg. vor der Pb-Acetatfällung mit Alkali zu entestern, wonach die Fällbarkeit des II auf 97—100% ansteigt. Vf. bringt detaillierte Angaben für eine verbesserte Arbeitsweise bei der EWERS-Bestimmung.
M. ULMANN. 7490□

Atlas Powder Co., Wilmington, Del., übert. von: Paul E. Wilt III und Richard G. Nelson, Tannaqua, Pa., V.St.A., **Nitrostärke** mit Schutz gegen Verstaubung, gek. durch einen homogen verteilten Zusatz von 0,5—5% Polybuten, bes. eines solchen mit einer Viscosität von 135—620 SSV (210°F). (**A. P. 2 968 541** vom 7/5. 1957, ausg. 17/1. 1961.) A. GRADL. 7449

Chugai Seiyaku Kabushiki Kaisha, Tokyo, Japan, **Herstellung von Glucuronolacton** durch Hydrolyse oxydierter *Stärke* unter der Einw. von Amylase beim pH 5—7 u. 40—50°. Die so erhaltene Glucuronsäure führt beim Erhitzen unter Druck auf 80—100° zu *Glucuronolacton*, F. 170—172°. (**Ind. P. 63 649** vom 3/4. 1958, ausg. 15/2. 1960.) H. NEBELSIEK. 7449

XV. Gärungsindustrie

Die praktische Durchführung der biologischen Betriebskontrolle in Brennereien. Lorand Macher. (Alkohol-Ind. **74.** 15—18. 1/1. 1961.) (Dt.) — Vgl. C. **1961.** 17780.

Auf die Bedeutung der biolog. Betriebskontrolle beim frühzeitigen Erkennen u. Abwehren von Infektionen wird eingehend hingewiesen, da die Säurezunahme bzw. die pH-Verschiebung über einen infektiösen Gärverlauf wenig auszusagen vermögen. Zum Nachw. infektiöser Störungen werden die Abfüll- u. Abimpfmeth. empfohlen u. ihre Durchführung beschrieben sowie Möglichkeiten zur biolog. Prüfung der Preßhefe, der Raumluft u. des Betriebswassers aufgezeigt. Abschließend erfolgt eine Beschreibung der für diese Unterss. benötigten Gerätschaften. W. KREIPE. 7536□

Der zweimalige Einsatz einer Kühlung im Brennereibetrieb. Arnett Smiley. (Air Condit., Heating Ventilating **57.** Nr. 11. 86. Nov. 1960. York, Pa., Borg-Warner Corp., York Div.) (Engl.)

Die Notwendigkeit des Kühlens der Getreidemaischen sofort nach dem Kochen u. während des Gärprozesses zur Regulierung der Gärtemp. in Whisky-Brennereien wird bes. hervorgehoben. Nach dem Filtrieren des Whisky ist zur Verhinderung von Trübungen eine Kühlung angebracht. W. KREIPE. 7536□

Die Instabilität bei Trinkspriten. 1. Mitt. **Scotch Whisky.** L. A. Warwicker. (J. Sci. Food Agric. **11.** 709—16. Dez. 1960. London, W. & A. Gilbey Ltd., Res. Dep.) (Engl.)

In umfangreichen Unterss. konnte festgestellt werden, daß die Bldg. von „Tinten" (Eisengallat) nicht die Ursache für das Auftreten eines Nd. im Whisky ist. Vielmehr führt die Extraktion von Mg-Salzen aus Filtermaterialien u. -hilfsmitteln zur Entstehung eines Bodensatzes. Eine ähnliche Wrkg. zeigten Verunreinigungen mit Zn- u. Al-Salzen. Günstig für die Stabilität des Whiskys ist das Abziehen in der Kälte u. anschließendes Filtrieren, wobei jede Art von Verunreinigung verhindert werden muß. Bldg. u. Menge des Nd. sind auch abhängig von der Temp. u. dem pH. Für eine besondere Herst. von Schott. Whiskys liegt der krit. pH-Wert bei 4,5. Bei höheren Werten entsteht innerhalb weniger Tage ein Bodensatz. Möglicherweise wird ein tanninhaltiger Stoff während der Lagerung aus dem Holz des Aufbewahrungsgefäßes extrahiert u. beim Vorhandensein einer genügend hohen Konz. bestimmter Metalle sowie eines pH über dem krit. Wert ausgefällt. Durch H-Ionenaustausch läßt sich ein Faktor, der die Ursache für die Instabilität ist, ausschalten, da außer Holzextrakten keine anderen Fremdkörper oberhalb des krit. pH-Wertes einen Nd. bilden. — 17 Literaturangaben. W. KREIPE. 7536□

Aliphatische Aldehyde des Sulfit- und Getreidesprits. Päiviö Piha, Marja Kitunen, Ann-Marie Holmberg und Heikki Suomalainen. (Z. Lebensmittel-Unters. u. -Forsch. **113.** 134—43. 1960. Helsinki, Staatl. Alkoholmonopol, Forschungslabor.) (Dt.)

In Sulfitsprit wurden folgende aliphat. Aldehyde nachgewiesen: *Acetaldehyd* (I), *Isovaleraldehyd* u./oder *2-Methylbutyraldehyd, Formaldehyd, Isobutyraldehyd, n-Hexanal, Propionaldehyd* u. *Crotonaldehyd* (**II**). In Getreidesprit wurden die gleichen Aldehyde (außer **II**) gefunden. Mengenmäßig sind im Sulfitsprit mehr Aldehyde, bes. **I**, enthalten als im Getreidesprit. In keiner der beiden Spritarten konnte *Aceton* nachgewiesen werden. M. WINIKER. 7536□

Ist der Aldehydgehalt für die Beurteilung von Weindestillaten und Weinbränden ausschlaggebend? Erich Walter. (Alkohol-Ind. **74.** 19—21. 1/1. 1961.) (Dt.)

Durch eigene Unterss. wurde festgestellt, daß der Aldehyd (I)-Geh. sowohl in Weindestillaten als auch in Weinbränden sehr starken Schwankungen unterworfen ist u. somit für die Beurteilung der Güte dieser Erzeugnisse keine wesentliche Rolle spielt. Da jedoch frisch gebrannte Destillate einen bedeutend höheren I-Geh. besaßen, als schon ein oder zwei Jahre gelagerte Prodd., konnte bei Weindestillaten aus ihren I-Geh. auf ihr Alter bzw. auf eine längere oder kürzere Lagerzeit geschlossen werden. Bei Weinbränden läßt aber ein hoher I-Geh. nur die Vermutung zu, daß entweder ein nicht gelagertes Weindestillat verarbeitet worden ist oder bei der Herst. des betreffenden Weinbrandes Vorlauf mit verwendet wurde. Ein I-Geh. von 40—50 mg in 100 ml reinem A. ist durchaus als normal anzusehen. Der I-Geh. bei Weinbrandverschnitten beeinflußt die Qualität nicht. W. KREIPE. 7536□

Wodka. Erich Walter. (Alkohol-Ind. **73.** 315—17. 16/6. 1960.) (Dt.)

Wodka stellt ein reines Alkohol-W.-Gemisch dar, sein Alkohol-Geh. schwankt zwischen 40—60 Vol.-%. Er reagiert schwach alkal., meist neutral, enthält nur Spuren von Aldehyd u. Fuselöl sowie höchstens 0,02% Esterverbindungen. Wird für die Herst. kein fein filtrierter Sprit verwendet, sondern Primasprit oder Kornfeinsprit, so müssen diese mit dem Oxy-Esterator (Katadyn-Verf.), oligodynam. Ag-Präpp. (Oxylyt, Oxytose u. Cumasina-Estose) oder akt. Sauerstoff (Ozon) behandelt werden. Zum Herabsetzen auf Trinkstärke sollte kein hartes W. Verw. finden. W. KREIPE. 7536□

Berechnung der Süße bei der Herstellung von Likören bei Verarbeitung von Stärkesirup und Trockenglucose unter Berücksichtigung der Kontraktion. Erich Walter. (Alkohol-Ind. **73.** 341—43. 1/7. 1960.) (Dt.)

Da der zur Verdickung von Likören benutzte Stärkesirup oder die Trockenglucose einen gewissen, wenn auch im Vgl. zum Zucker geringeren Süßwert besitzen, muß dieser bei der Likör-Herst. entsprechende Berücksichtigung finden, um ein Übersüßen zu vermeiden. Die Süßwerte des Stärkesirups u. der Trockenglucose werden ermittelt sowie Beispiele für die Berechnung der erforderlichen Zuckermengen bei der Likör-Herst. gegeben. W. KREIPE. 7536□

Austauschdrogen. Georg Hartmann. (Alkohol-Ind. **73.** 339—40. 351—52. 1/7. 1960. Riechstoffe u. Aromen **11.** 172—75. Mai 1961.) (Dt.)

In einer allg. Übersicht werden die wichtigsten Möglichkeiten zum gegenseitigen Austausch bestimmter Drogen für die Spirituosenindustrie aufgezeigt. W. KREIPE. 7536□

TEGO 51 B — ein neues Desinfektionsmittel. W. Kilp und H. Grübler. (Alkohol-Ind. **73.** 123—26. 1/3. 1960. Isny, Technikum für Chemie u. Physik, Gärungstechn. Abt.)

Labor-Verss. zeigten, daß *Tego 51 B*, das mit 175 einen sehr hohen „Phenol-Koeff." aufweist, noch in 0,1%ig. Verdünnung Buttersäurebakterien in sehr kurzer Zeit vernichtet, während verzuckernde Schimmelpilzarten (*Aspergillus niger* u. *Mucor mucedo*) widerstandsfähiger sind, d. h. nur in ihrem Wachstum gehemmt, aber nicht abgetötet werden. Bei prakt. Verss. im Brennereibetrieb erwies sich eine 0,5 oder 1%ig. Tego-Lsg., je nach Art der Betriebseinrichtung, als gut geeignet für Desinfektionszwecke. W. KREIPE. 7536□

Über den Einfluß der schwefligen Säure und L-Ascorbinsäure bei der Weinbereitung. 2. Mitt. **Inaktivierung der Polyphenoloxydase.** W. Diemair, J. Koch und D. Hess. (Z. Lebensmittel-Unters. u. -Forsch. **113.** 381—87. 18/11. 1960. Frankfurt/M., Univ., Inst. für Lebensmittelchem.; Gneisenheim/Rh., Inst. für Obst- u. Gemüseverwertung.) (Dt.) — 1. vgl. C. **1961.** 17419.

Polyphenoloxydasen (I) sind für die Braunfärbung (Bldg. von Chinonkörpern) von Traubenmaische u. Keltermost bei Luftberührung verantwortlich. Durch SO_2 wird die Aktivität von I aus Kartoffeln oder Traubenmost stark herabgesetzt u. bei höherer

Konz. inaktiviert. Acetaldehyd, der SO_2 bindet, bewirkt in geringem Maße eine Reaktivierung der I. Ebenso können die I im Most auch nach einer Inaktivierung durch Zusatz von 500 mg SO_2 je Liter durch Belüftung teilweise wieder reaktiviert werden. Im Traubenmost sind die I an die Trübstoffe gebunden. Bei der Gärung nimmt die Aktivität der I rasch ab; in ungeschwefelten Mosten ist nach 25 Tagen, bei einem SO_2-Zusatz von >50 mg/Liter nach 9 Tagen keine I-Aktivität mehr nachweisbar. F. RADLER. 7554☐

Zusammensetzung und Beurteilung von Honigwein. E. Benk. (Alkohol-Ind. **74.** 7—10. 1/1. 1961.) (Dt.)

Auf Grund eigener Unterss., bei denen Honigwein aus Honig u. dest. W. (im Gew.-Verhältnis 1 : 2) unter Zusatz von Hefe hergestellt wurde, versuchte man Unterschiede zwischen Honig- u. in gleicher Weise gewonnenen Kunsthonigweinen festzustellen. So wiesen letztere bei der Sinnenprüfung keinen Honiggeschmack auf. Verfälschungen des Honigweins mit stärkesiruphaltigem Kunsthonig konnten leicht durch die auf Zugabe von HCl-haltigem Alkohol entstehende milchige Trübung bzw. Fällung von Dextrin nachgewiesen werden, während Honigdextrine keine Fällung hervorriefen. Da die Mineralstoff-Geh. aus verschiedenen Gründen außerordentlich stark schwankten, ergaben sich im Asche-Geh. von Honig- u. Kunsthonigweinen keine kennzeichnenden Unterschiede. Auch die Alkalität u. der Phosphat-Geh. stellten keine sicheren Unterscheidungsmerkmale dar. Eine Beurteilung mit Hilfe des Formolwertes sollte nur unter bestimmten Bedingungen vorgenommen werden. Unterschiede im Hydroxymethylfurfurol-Geh. waren kein Vgl.-Maßstab. Diastat. Fermente konnten in keinem Falle nachgewiesen werden.
W. KREIPE. 7554☐

Über die Zusammensetzung von Reiswein. E. Benk. (Alkohol-Ind. **74.** 392—94. 1/8. 1961. Reutlingen, Chem. Untersuchungsamt.) (Dt.)

Reiswein wird hauptsächlich in Japan unter der Bezeichnung „Sake" hergestellt, wobei „Koji" genannte Kulturen von *Aspergillus oryzae* die Reisstärke zu Glucose verzuckern. Die Unters.-Ergebnisse von zwei Proben japan. Sake u. einer Probe „Destilliertem chines. Reiswein" wurden mit älteren Angaben aus dem Schrifttum über die Zus. verglichen. Die neuen Werte für den Gesamtextrakt- u. Zucker-Geh. bei Sake lagen höher, während die Aschewerte deutlich geringer waren. Alkohol-, Gesamtsäure- u. Glycerin-Geh. entsprachen größenordnungsmäßig einander. Da die Werte für einzelne Inhaltsstoffe in weiten Grenzen schwanken, wird auf eine mannigfaltige Herst.-Art geschlossen. W. KREIPE. 7554☐

Der Pyrokohlensäurediäthylester, ein neues, rückstandloses gärhemmendes Mittel. K. Hennig. (Dtsch. Weinbau **15.** 550—51. 1. Aug.-H. 1960.) (Dt.) — C. **1961.** 8508.
M. WINIKER. 7554☐

Bestimmung des Methanolgehaltes im Sprit mit Chromotropsäure. Lauri Uino und Tapio Salo. (Z. Lebensmittel-Unters. u. -Forsch. **113.** 129—34. 1960. Helsinki, Staatl. Alkoholmonopol, Forschungslabor.) (Dt.)

Vff. entwickelten eine Modifikation der Meth. von BREMANIS [1951] zur quant. Methanol-Best. in Sprit. M. WINIKER. 7596☐

F. Hoffmann-La Roche & Co. Akt.-Ges., Basel (Erfinder: Hans Lüthi, Wädenswil/Zürich), Schweiz, **Mittel zur Förderung der alkoholischen Gärung,** dad. gek., daß es $(NH_4)_2SO_4$, Pepton, meso-Inosit, Thiamin u. Biotin enthält. Erzeugung von Obst- u. Beerenweinen, Enzian u. Umgärung von Weinen. — Mengenbeispiele. (**Schwz. P. 339 157** vom 18/10. 1955, ausg. 15/8. 1959. **Belg. P. 551 877** vom 17/10. 1956, ausg. 31/12. 1959. Schwz. Prior. 18/10. 1955.) G. VOGEL. 7511

Distillers Co. Ltd. (Erfinder: **Harry Nathan Sher**), *Herstellung von Hefe.* (**Aust. P. 225 061** vom 8/7. 1958, ausg. 26/11. 1959. E. Prior. 3/8. 1957. — C. **1961.** 690 [F. P. 1 209 378].)

XVI. Nahrungs-, Genuß- und Futtermittel

Mahlversuche an getrocknetem Roggen. D. Matthies. (Mühle **98.** 599—602. 16/11. 1961. Berlin, Bundesforschungsanst. für Getreideverarb.) (Dt.)

Temp. bis zu 70° während einer Trocknung von Roggen mit 17% Wasser-Geh. hatten keinen Einfl. auf dieMahlfähigkeit. Die Keimfähigkeit blieb bei Best. im Sandbett bis zu 70° Trocknungs-Temp. unverändert, sofern die Best. unmittelbar nach der Trocknung durchgeführt wurde. Einen Monat nach der Trocknung ließ die Keimfähigkeit jedoch auch bei den Proben nach, die auf 60—70° erwärmt worden waren. Die Tetrazolium-Meth. läßt geringe Keimfähigkeitsschäden nicht sicher erkennen. Ein Rückgang der Katalase- u. Glutaminsäuredecarboxylaseaktivität war bereits bei 50° Trocknungs-Temp. zu verzeichnen. M. W. ROTHE. 7664☐

Die Kohlenhydrate von hartem und weichem Weizen. 1. Mitt. **Die Zucker.** J. P. J. Casier und W. Putzeys. (Agricultura [Louvain] [2] **9.** 537—59. Sept. 1961. Labor. voor toegepaste scheikunde.) (Fläm.)

Übersicht über die niederen Zuckerarten in Weizenmehl u. deren Bedeutung für den Backwert. Chromatograph. Unterss. der niederen Zucker aus Mehl von hartem u. weichem Weizen durch Extraktion mit Ae. u. Ausziehen mit sd., abs. A. ergaben keinen merklichen, qual. oder quant. Unterschied zwischen den Zuckern der verschiedenen Varietäten. Dagegen spielen Alter u. Aufbewahrungsbedingungen des Weizens eine gewisse Rolle (Zahlentafeln). — 53 Schrifttumshinweise. W. WESLY. 7670□

Erhaltung der essentiellen Fettsäuren im Verlauf bestimmter oxydativer Behandlungsmethoden von Mehl und Teig sowie bei der Brotherstellung. N. Fisher, M. L. Ritchie und J. B. M. Coppock. (Chem. and Ind. **1958.** 720—22. 14/6. Chorleywood, Hertfordshire, Baking Ind. Res. Stat.) (Engl.)

Die übliche Behandlung von Weizenmehlen 70% ig. Ausmahlung mit ClO_2 (**I**) oder *Bromat* (**II**) hat keinen Einfl. auf den Geh. daraus erbackener Brote an essentiellen Fettsäuren. Der Geh. von mittels Aceton/Chlf. gewonnenen Extrakten an *Linolsäure* (**III**), *Linolensäure*, *Arachidonsäure* u. *konjugierten Diensäuren* (**IV**) blieb auch bei 10facher Überbehandlung mit **II** unverändert, die 10fache Dosierung von **I** verringert den **III**-Geh., teilweise zugunsten von **IV.** 6monatige Mehllagerung läßt den Fettsäure-Geh. gleichfalls unverändert. M. W. ROTHE. 7670□

Untersuchungen über Oberflächenphänomene bei Nahrungsmitteln. 2. Mitt. **Oberflächenspannung und capillare Eigenschaften von Mehlen und Grütze.** Jan Czajka. (Roczniki państwowego zakładu hig. **11.** 367—72. 1960.) (Pol.) — 1. vgl. C. **1961. 14864.**

Das Filtrat von 2% ig. Mehl- u. Grütze-Suspensionen in kaltem W. zeigt beim Stehen innerhalb 60 Tagen keine Änderung der Oberflächenspannung. Die Schaum-Bldg. beim Schütteln von 2% ig. Suspensionen ist bei Weizenmehl stärker als bei Roggenmehl. Die Capillarität ist bei Grütze am stärksten entwickelt. Grütze nimmt deshalb am leichtesten Feuchtigkeit beim Lagern auf. F. URBAN. 7670□

Das Kaliumbromat als Verbesserungsmittel in der Mehl- und Brotindustrie. José María Ráfols Rovira. (Ion [Madrid] **21.** 67—70. Febr. 1961.) (Span.)

Zusammenfassender Überblick. — 17 Literaturangaben. M. WINIKER. 7674□

Analytisch-bromatologische Untersuchung der Nebenprodukte aus dem in der bewässerbaren Zone des Badajoz-Planes erzeugten Reis. J. Remón. (An. Bromatol. [Madrid] **11.** 189—96. 1959.) (Span.)

Der Geh. an Fett, extrahierbarer Nicht-N-Substanz, Fasern, Proteinen, W. u. Asche in Nebenprodd. von Reis (Schalen, Stroh usw.) wird tabellar. mitgeteilt u. der Verdaulichkeits-Koeff. u. der Nährwert dieser Anteile berechnet. R. K. MÜLLER. 7686□

Einfluß verschiedener Verpackungen (Ölpapiere, Polythen) auf das Verhalten der Äpfel „Belles de Boskoop" in der Kälte. R. Ulrich und Cl. Leblond. (Rev. gén. Froid **32.** 31—34. Jan. 1955. Bellevue, Stat. expérim. du Froid.) (Franz.)

Vff. untersuchten das Verh. von Äpfeln der Sorte „Belle de Boskop" bei der Aufbewahrung bei $+4^0$ u. Verw. verschiedener Verpackungsmaterialien.

C. GOTTFRIED. 7688

Die Größe und Ursachen der Lagerverluste von Nigeria-Yamsknollen. D. G. Coursey. (J. Sci. Food Agric. **12.** 574—80. Aug. 1961. Port Harcourt, Nigeria, West African Stored Products Res. Unit.) (Engl.)

Erhebliche Gew.-Verluste erleiden Nigeria-Yamsknollen beim nur wenige Monate dauernden Lagern, bes. beim Faulen. Der vom Austrocknen herrührende Wasserverlust ist neben dem durch Atmen verursachten Gew.-Verlust (wahrscheinlich als CO_2) nur ein Teil des Gesamtverlustes. Dioscorea rotundata läßt sich besser lagern als Dioscorea caeyenensis. Eine Behandlung mit Fungiciden (z. B. Borax, Cu-8-Hydroxychinolinat) vermindert den Gew.-Verlust bei einer Lagerung bis zu 3 Monaten, aber nicht länger.

W. WESLY. 7688□

Zur Frage der Vitamin-C-Aktivität von Tomaten. Ju. G. Nowodershkina. (Вопросы Питания [Fragen d. Ernähr.] **19.** Nr. 1. 90—91. Jan./Febr. 1960. Rostow a. Don, Med. Inst., Lehrstuhl für allg. Hyg.) (Russ.)

Für die Unterss. wurde die übliche Meth. des Extrahierens der *Ascorbinsäure* durch eine 2% ig. HCl-Lsg. mit nachfolgendem Titrieren mit 2,6-Dichlorphenolindophenol angewendet. Im Durchschnitt wurde in den Tomaten eine *Vitamin-C-Aktivität* (**a**) von 32,8 mg% festgestellt. Bemerkenswert ist, daß Tomaten mit kleinen Fehlern eine bes. große **a** aufweisen. Es ist anzunehmen, daß die Defekte besondere Rkk. im Gewebe der Früchte auslösen, die eine Anreicherung von Ascorbinsäure bewirken.

H. TREUMANN. 7688□

Der Einfluß einer Trocknung in der Verpackung auf die Lagereigenschaften von gepreßtem und ungepreßtem Trockenkohl. E. G. B. Gooding und R. B. Duckworth. (J. Sci. Food Agric. **9.** 14—18. Jan. 1958. Aberdeen, Md., Ministry of Agric., Fish. and Food, Exp. Factory; Glasgow, Royal Coll. of Sci. and Technol.) (Engl.)

Der Einfl. der Beipackung eines Trockenmittels (CaO) auf die Lagerung von gepreßtem u. ungepreßtem Trockenkohl bei 37° wird untersucht. Geschw. u. Dauer der Wasserabgabe des Kohls waren beim gepreßtem Zustand geringer als im ungepreßtem. In beiden Fällen war der Verlauf der Qualitätsminderung im allg. ähnlich. Durch das Trockenmittel wurde die Geschw. des Abbaus bei Aroma, Gefüge, Ascorbinsäure-Geh. u. Farbe verringert. Bei nicht gepreßtem Material gehen zugunsten einer 3—4fachen Haltbarkeitsdauer ca. 5% Verpackungs-Vol., bei gepreßtem Material ca. 20% für das Trockenmittel verloren. PH. FRESENIUS. 7690□

Über die Ursachen der Rotfärbung von gesäuertem Gemüse. I. W. Swerschkow, I. B. Dobrier und R. Ja. Kasnatschei. (Вопросы Питания [Fragen d. Ernähr.] **19.** Nr. 1. 90—91. Jan./Febr. 1960. Forsch.-Inst. für Ernährung des Gesundheitsminist. der UkrainSSR.) (Russ.)

Unterss. haben gezeigt, daß eine Kultur von B. morulans die Ursache der Rotfärbung von gesäuertem Gemüse ist. Durch Verss. an weißen Mäusen konnte festgestellt werden, daß die B. morulans enthaltenden Prodd. unschädlich sind. Eine 3% ig. Lsg. von calcinierter Soda oder eine 1% ig. Lsg. von Chlorkalk bringt den B. morulans u. die von ihm gebildeten Sporen zum Absterben. Die Sporen werden auch bei einer Temp. von 100° in 15 Min. vernichtet. H. TREUMANN. 7690□

Über die Anwendung von Nystatin bei der Bekämpfung des Fleischschimmels. L. P. Wolkowa. (Микробиология [Mikrobiologie] **30.** 158—64. Jan./Febr. 1961. Moskau, Allunions-Forschungs-Inst. der Fleischind.) (Russ.; Auszug: Engl.)

16 Präpp. wurden auf ihre fungistat. u. fungicide Wrkg. gegenüber Reinkulturen von Schimmelpilzen untersucht. Am wirksamsten verhinderte eine Kombination von *Nystatin* (**I**; 250 mg/Liter) u. Chlortetracyclin (**II**; 100 mg/Liter) ein Verschimmeln des Fleisches (5—7 Tage länger als bei der Kontrolle) wobei die Ausbreitung des beginnenden Schimmels stark verlangsamt wird (bei 0—2°; 3—5°; 5—7° u. einer relativen Luftfeuchtigkeit von 75—95%). Hefen treten auf dem mit **I** u. **II** behandelten Fleisch 5 bis 6 Tage später (als einzelne, sich kaum ausbreitende Kolonien) auf als bei der Kontrolle oder dem nur mit **II** behandelten Fleisch. Eine wss. Lsg. von **I** hat die gleiche Wrkg. wie eine 10% ig. alkohol. Lösung. Die gleichzeitige Behandlung des Fleisches mit **I** u. **II** verlängert die mögliche Aufbewahrungszeit gegenüber der Kontrolle um 9—10 Tage. K. SATTLER. 7750□

Experimentelle Konservierung von frischem Rindfleisch mit Antibioticis und Bestrahlung. A. W. Phillips, H. R. Newcomb, T. Robinson, F. Bach, W. L. Clark und A. R. Whitehill. (Food Technol. **15.** 13—15. Jan. 1961. Syracuse, N.Y., Syracuse Univ., Biolog. Res. Labor.; Pearl River, N.Y., Amer. Cyanamid Co., Res. Dep., Agricult. Div.) (Engl.)

Gleichzeitige Behandlung von Rindfleisch-Schnitten mit 7 ppm *Tetracyclin, Chlortetracyclin* oder *Oxytetracyclin* u. Bestrahlung mit 0,1 megarad war, wie die mikrobiolog. Prüfung ergab, bei der Lagerung während 30 Tagen bei 34°F wirksamer als die einzelnen Maßnahmen allein. Die Antibiotica schienen auch eine durch Bestrahlung hervorgerufene Bräunung des Fleisches zu verhindern. K. SCHLEICH. 7750□

Bildung von Acetoin während der Kühllagerung der Filets von Dorsch und anderen Grundfischen. Herman S. Groninger. (Food Technol. **15.** 10—12. Jan. 1961. Seattle, Wash., Bureau of Commercial Fisheries, Technolog. Labor.) (Engl.)

In bei 34°F gelagerten Fischfilets stieg der Geh. an *Acetoin* (**I**) von <1 nach 4 bis 8 Tagen auf 7—10 mg/100 g. Unmittelbar nach dem Auftreten von **I** wurden die Filets ungenießbar. K. SCHLEICH. 7752□

Ein Beitrag von J. E. Purkynje zur Bewertung der Eierqualität. V. Orel. (Sborník českoslov. Akad. zemědělských Věd, živočišná Výroba **4** (**32**). 537—42. Juli 1959.) (Tschech.)

In seinen Arbeiten [1825, latein.; 1855, tschech.] empfiehlt PURKYNJE die Konservierung der Eier in Kalkwasser oder durch Eintauchen in Öl u. Talk. Ferner empfiehlt er Eintauchen in heißes W., wodurch das Eiweiß unter der Schale in feiner Schicht koaguliert, so daß das Austrocknen des Eiinhaltes vermindert wird. Diese Meth. ist im Prinzip heute als „flash heat treatment" bekannt; Vf. schlägt vor, sie als „PURKYNJE-Eierpasteurisation" zu bezeichnen. E. ROTTER. 7754□

Beurteilung von Carotinoidfarbstoffen zur Färbung von Eidotter. W. Marusich, E. De Ritter und J. C. Bauernfeind. (Poultry Sci. **39.** 1338—45. Nov. 1960. Nutley, N.Y., Hoffmann-La Roche, Inc.) (Engl.)

Folgende *Carotinoidfarbstoffe* (**a**) wurden an Legehennen verfüttert u. durch visuelle u. colorimetr. Unters. die Gelbfärbung der Eier gemessen: *β-Carotin, Lutein, Canthaxanthin* (**I**), *Isozeaxanthin* (**II**), **II**-*Diacetat*, **II**-*Dimethyläther, Capsanthin* (**III**), *Violaxanthin* (**IV**), *Zeaxanthin* (**V**) u. *β-apo-8'-Carotenal* (**VI**). Das Ausmaß der Gelbfärbung der Dotter ist der Menge der verfütterten **a** direkt proportional. **I**, **II**, **II**-Diacetat u. **III** bewirkten die Entstehung eines unerwünschten Orangestiches der Dotterfarbe. **IV** war wenig wirksam. **V**, **VI** u. **II**-Dimethyläther gaben die besten Ergebnisse, wobei **VI** bes. hervorragte. Die verfütterten **a**-Mengen betrugen 1—2 mg/Henne u. Tag.
E. LÜCK. 7754□

Beitrag zur Kenntnis der chemischen Zusammensetzung der Eier unserer vier wirtschaftlichsten Hühnerrassen. V. Znojilová, V. Pátková und V. Zoufalý. (Sborník českoslov. Akad. zemědělských Věd, živočišná Výroba **4** (**32**). 69—82. Jan. 1959. Brno, Ustřed. kontr. a zkušeb. úst. zeměd.) (Tschech.)

In den Monaten Jan. bis Aug. wurden chem. Analysen der Eier der 4 wirtschaftlichsten Hühnerrassen (Weiße Leghorn, rebhuhnfarbige Italiener, Rhode-Island, weiße Wyandotte) gemacht u. in 100 g folgende Durchschnittswerte gefunden: Eidotter: Trockensubstanz 53,02 g $\pm$0,11%; Eiweißstoffe 16,45 g $\pm$0,25%; Fett 30,31 g $\pm$0,39%; Lecithin 1,16 g $\pm$1,72%; Eiklar: Trockensubstanz 12,34 g $\pm$0,89%; Eiweißstoffe 10,38 g $\pm$0,58%. Mineralstoffe: Gesamtasche 1,07 g $\pm$2,80%; Ca 10,53 mg$\pm$7,03%; Mg 3,31 mg $\pm$8,15%; Na + K 1,28 g $\pm$5,75%; Cl 0,1586 g $\pm$2,21%; Fe 1,86 mg $\pm$1,61%. — Bei Trockensubstanz, Eiweißstoffen u. Fett sind deutliche Unterschiede zwischen den einzelnen Hühnerrassen festzustellen, bei Mineralstoffen nicht. — Es bestehen signifikante Korrelationen zwischen Eidottertrockensubstanz u. Fett, Eidottertrockensubstanz u. Eiweiß, Eiweiß u. Fett.
E. ROTTER. 7754□

Der Einfluß von Eisen auf den Verderb durch Pseudomonas bei experimentell infizierten Eierschalen. J. A. Garibaldi und H. G. Bayne. (Poultry Sci. **39**. 1517—20. Nov. 1960. Albany, Calif., Western Regional Res. Labor.) (Engl.)

Fe hat eine stark fördernde Wrkg. auf das Ausmaß von Pseudomonasinfektionen von Eierschalen. Die Fe-Wrkg. ist wahrscheinlich auf eine Umkehrung der Schutz-Wrkg. des Fe-bindenden Proteins Conalbumin zurückzuführen. Wegen der beobachteten unterstützenden Wrkg. des Fe auf die Infektionsmöglichkeiten sollte ein Waschen von Schaleneiern mit Fe-haltigem W. unterbleiben.
E. LÜCK. 7754□

Anwendung von Pseudomonas lupanini zum Entbittern von Lupinen. Ignacy Reifer und M. Możejko-Toczko. (Roczniki Nauk rolniczych, Ser. A **81**. 711—17. 1960. Polska Akad. Nauk, Inst. Biochem. i Biofiz., Zakł. Biochem. Roślin.) (Pol.)

Durch Erhitzen werden stabilisierter Samen, Samenmehl u. die Grünmasse der bitteren Lupine unter der Einw. von Pseudomonas lupanini-Bakterien zu 90, 88 bzw. 59,8% von Alkaloiden befreit. In nichtsterilisiertem Material (bei unbeschädigtem Zellgewebe) verläuft die bakterielle Zers. der Alkaloide langsamer u. in einem geringeren Grad (49, 80, 73%).
F. URBAN. 7782□

Infrarottrocknung mittels Laboranlagen für Rotkleeheumehl. G. Gebhardt und A. Columbus. (Arch. Tierernähr. **9**. 385—402. 1/10. 1959. Halle-Wittenberg, Martin-Luther-Univ., Inst. für Tierernährung.) (Dt.)

Mittels laboratoriumsmäßiger elektr. IR-Trocknung bei 90° sowie mittels Vakuumtrocknung konnten gute Rotkleeheumehle erzeugt werden. Hingegen kam es bei der laboratoriumsmäßigen IR-Tunneltrocknung mit *Propan* u. *Methan* zu Komplikationen, die einerseits auf techn. Schwierigkeiten u. andererseits auf die benutzten Gasarten zurückgeführt werden.
M. WINIKER. 7782□

Ergebnisse von Untersuchungen zur Einsäuerung der wichtigsten Futterpflanzen. F. Lüddecke. (Dtsch. Landwirtsch. **12**. 506—08. Okt. 1961. Rostock, Inst. für Landw. Vers.- u. Unters.-Wesen der Dtsch. Akad. der Landwirtschaftswiss. zu Berlin.) (Dt.)

Für das Gelingen der Kaltmilchsäuregärung von Futterpflanzen ist die chem. u. mechan. Beschaffenheit derselben bei der Einsäuerung von entscheidender Bedeutung. Zur Sicherung des Gärverlaufs sowie zur Verbesserung des Nährstoff-Geh. der Silage dienen Mischeinsäuerungen. Bei der Einsäuerung eiweißreicher Futterpflanzen sind Sicherungszusätze (*Kofasalz*) erforderlich.
M. WINIKER. 7782□

Einfluß verschiedener Bakterienkulturen der Milchgärung auf die Qualität der Silage. A. Kroulík und F. Flám. (Sborník českoslov. Akad. zemědělských Věd, živočišná Výroba **4** (**32**). 57—68. Jan. 1959. Praha, ČSAZV, Vys. škola, zeměd., labor. mikrobiol.) (Tschech.)

Die in der Silage auftretende *Essigsäure* (**I**) ist auf die untyp. Bakterienarten der Milchsäuregärung zurückzuführen. Sie wachsen auch in Abwesenheit von Luft gut u. bilden **I** aus Hexosen u. Pentosen, die durch enzymat. Spaltung von Pektinstoffen entstanden sind.
E. ROTTER. 7782□

Die Wirkung eines auf direktem Weg mit Chlortetracyclin angereicherten Futtermittels bei der Schweinemast. M. Karas. (Sborník českoslov. Akad. zemědělských Věd, živočišná Výroba **3** (**31**). 17—28. Jan. 1958. Prag, [Praha], Ústř. kontr. a zkuše b. úst. zeměd., odd. krmiv a výživy hosp. zvířat.) (Tschech.)

Mit *Streptomyces aureofaciens* „durchwachsenes" Gerstenschrot wurde als *Chlortetracyclin* [**I**; *Aureomycoin*] enthaltendes Futtermittel bei der Schweinemast verwendet. Die Verss. ergaben: Gegenüber Kontrollschweinen (= 100%) wird in 8 Fütterungs-Verss. an 334 Schweinen eine durchschnittliche Gew.-Zunahme von 110,6% bei **I**-Gaben gefunden. E. ROTTER. 7786□

Über Blutkonservierungsversuche mit Kaliumetabisulfit. I. Schröder und K. Nehring. (Dtsch. Landwirtsch. **11.** 618—21. Dez. 1960. Rostock, Univ., Inst. für Agrikulturchemie u. Bodenkunde.) (Dt.)

Durch einen Zusatz von 1,5% $K_2S_2O_5$ konnte *Schlachtblut* für mindestens 5—6 Monate haltbar gemacht werden, jedoch wurden bakterielle Tierseuchenerreger nicht abgetötet. Hingegen wurde durch eine Kombination von 0,5% $K_2S_2O_5$ u. 1,5% H_2SO_4 innerhalb von 24 Std. eine Abtötung der Rotlauf-, Paratyphus- u. Tuberkelbakterien bewirkt. Die Haltbarkeit des so konservierten Schlachtbluts betrug 3 Monate. M. WINIKER. 7786□

Die Verwertung abgerahmter acidophiler Milch zur Ernährung der Schweine. A. Pasičnyj. (Sborník českoslov. Akad. zemědělských Věd, živočišná Výroba **4** (**32**). 375—90. Mai 1959. Kostelec nad Orlici, ČSAZV, Výzk. úst. pro chov. prasat.) (Tschech.)

In umfangreichen Vgl.-Verss. (14 Tabellen) wird gefunden: 1. Fütterung mit acidophiler Magermilch erhöht bei Mastschweinen die tägliche Zuwachsrate um 12,8 (%) u. vermindert den Bedarf an verdauungsfähigem Eiweiß um 3,9, an Stärkewert um 2,6 u. den Futterpreis um 6,2 bei Erzeugung von 1 kg Lebend-Gew., verglichen mit Schweinen, die mit von selbst sauer gewordener Magermilch gefüttert werden. 2. Fütterung mit acidophilem Magermilchpulver erhöht die Zuwachsrate um 13,5 gegenüber Vers.-Tieren, senkt den Eiweißbedarf um 6,2, den Stärkewert um 4,6 u. den Futtermittelpreis um 2,3. — Unterschiede in der Qualität von Fleisch u. Fett können nicht festgestellt werden. E. ROTTER. 7786□

Technik zur Sammlung von flüchtigen Verbindungen aus Nahrungsmitteln für die gaschromatographische Analyse. W. W. Nawar und I. S. Fagerson. (Analytic. Chem. **32.** 1534—35. Okt. 1960. Amherst, Mass., Univ. of Mass., Dep. of Food Technol.) (Engl.)

Beschreibung der Technik. Sie wurde mit Erfolg angewandt auf die Isolierung flüchtiger Verbb. aus *Butteröl, Maisöl, Kartoffelschnitzeln, Garneelen* u. *Apfelsaft.* C. GOTTFRIED. 7788

Bewertung von Eiweißhydrolysaten nach ihrem Gehalt an Glutaminsäure. Jan Załęski, Irena Trzebska-Jeske und Henryka Kurzepa. (Roczniki państwowego Zakładu hig. **11.** 335—49. 1960.) (Pol.)

Die Qualität von Eiweißhydrolysaten läßt sich am besten durch ihren Geh. an *Glutaminsäure* (**I**) ausdrücken. Zweckmäßig geschieht das durch Angabe des Verhältnisses **I**/„Formol"-N. Die Best. von **I** erfolgt nach der colorimetr. Meth. von ZAMIR u. LICHTENSTEIN [1955], die von Vff. modifiziert wurde: Die Probe wird mit W. verd. u. auf pH 2 eingestellt. Die Lsg. wird durch Aufkochen mit Aktivkohle geklärt. Die Überführung von **I** in Pyrrolidincarbonsäure geschieht bei pH 3—4 u. 125° (4 Std.) im Autoklaven. Durch Erwärmen mit NH_2OH wird darauf die Hydroxamsäure hergestellt u. diese nach Zusatz einer $FeCl_3$-Lsg. in HCl u. Trichloressigsäure photocolorimetriert. Als Blindprobe wird nicht W., sondern eine analog, mit Ausnahme des Erhitzens im Autoklaven, behandelte Probe verwendet. W. als Blindprobe liefert zu hohe Ergebnisse. Die Meth von OLCOTT [1940], bei der die Formoltitration vor u. nach der Autoklavenbehandlung durchgeführt wird, u. die mikrobiolog. Meth. geben ähnliche Werte. — 15 Literaturangaben. F. URBAN. 7792□

Eine verbesserte Methode zur Bestimmung von Harnsäure in Nahrungsmitteln mit Insektenbefall. S. Venkat Rao, K. Krishnamurthy, M. Swaminathan und V. Subrahmanyan. (Ann. Biochem. exp. Med. [Calcutta] **19.** 187—90. Aug. 1959. Mysore, Central Food Technol. Res. Inst.) (Engl.)

Der „wahre" *Harnsäure* (**I**)-Geh. wss. Extrakte aus Nahrungsmitteln (Mehl, Hülsenfrüchte) wurde durch **I**-Best. mit BENEDICT-Reagens vor u. nach spezif. Zerstörung von **I** mittels Uricase als Differenz ermittelt. Die Werte stimmten mit papierchromatograph. gefundenen gut überein. K. MAIER. 7798□

Der biologische Wert von Eiweiß von Roggen- und Weizenmehl verschiedener Vermahlung, bestimmt nach Bender und Miller. W. Szkiłłądziowa. (Roczniki państwowego zakładu hig. **11.** 295—301. 1960.) (Pol.)

Roggenmehl mit dem Ausmahlungsgrad 0—98, 0—87 u. 0—45% sowie Weizenmehl mit der Ausmahlung 0—98 u. 0—50% wurden nach BENDER u MILLER an Ratten durch Messung der N-Retention im Tierkörper untersucht. Während Roggenmehlproteine einen von der Ausmahlung prakt. unabhängigen biolog. Wert haben (56, 57, 61%), nimmt bei Weizenmehl der biolog. Wert der Proteine mit der feineren Vermahlung ab (53, 44%). Die nach der angegebenen Meth. bestimmten Werte liegen höher als die mit der Wachstums-Meth. oder nach der chem. Zus. des Aminosäure-Geh. ermittelten Werte. F. URBAN. 7798□

Methode zur Bestimmung von Ammoniumdinitroorthokresolat für die sanitärhygienische Beurteilung der damit behandelten pflanzlichen Produkte. I. P. Bartschenko, Je. Ss. Kryshanowskaja, Je. M. Malewannaja, A. Ss. Skoropossti-shnaja und T. P. Koslowa. (Вопросы Питания [Fragen d. Ernähr.] **19.** Nr. 2. 72—75. März/April 1960. Kiew, Med. Inst., Lehrstuhl für Ernährungshyg.) (Russ.)

Das Insektenbekämpfungsmittel *Dinok* (**I**; enthält ca. 50% *Ammoniumdinitro-o-kresolat*) hat eine starke tox. Wirkung. Trotzdem gab es bisher kein Verf., um das Vorhandensein des Präp. in Ernte-Prodd. zu ermitteln. Vff. haben ein Verf. entwickelt, wonach das Vorhandensein von **I** mit Hilfe eines NESSLER-Reagens colorimetr. bestimmt werden kann. So wurde nachgewiesen, daß der Geh. an **I** in 4 Monate lagernden Äpfeln 4,6 mg/kg betrug. Vff. empfehlen, **I** in Obstgärten nicht anzuwenden. H. TREUMANN. 7808□

Abgewandelte Schöniger-Verbrennung zur Bestimmung von Rückständen von Arsen, Bromid, Chlorid, Mangan und Nickel in Pflanzen, die mit Schädlingsbekämpfungsmitteln behandelt worden sind. Walter H. Gutenmann, Leigh E. Saint John, David L. Barry, Edward D. Jones und Donald J. Lisk. (J. agric. Food Chem. **9.** 50. Jan./Febr. 1961.) (Engl.)

Die von GUTENMANN u. LISK (C. **1961.** 8149) empfohlene 5 Liter-SCHÖNIGER-Flasche wird zur Verbrennung von Kartoffeln, Kirschen, Zwiebeln, Hafer u. Kohl verwendet; in den Rückständen bestimmt man As, Br^-, Cl^-, Ni u. Mn. W. WESLY. 7810□

Weitere Untersuchungen über den Nachweis von öllöslichen Steinkohlenteerfarbstoffen in Piment (Capsicum). S. N. Mitra, P. N. Sen Gupta und B. R. Roy. (J. Proc. Instn. Chemists (India) **33.** 69—73. März 1961. Calcutta, Centr. Food Labor.) (Engl.)

Unter den von ROY (C. **1961.** 4550) angegebenen Verff. zum Nachw. öllösl. Steinkohlenteerfarbstoffe in Piment verwendet man am besten die Farb-Rk. des Ae.-Extraktes mit 3:1 u. 4:1 HCl. Der A.-Extrakt wird unmittelbar zur umgekehrten Phasenpapierchromatographie verwendet. Die natürliche Farbe des Piments läßt sich von der zugesetzter Farbstoffe gut unterscheiden. Die R_F-Werte mehrerer, in Piment enthaltener Farbstoffe werden bestimmt. Die natürliche Pimentfarbe verblaßt in 1—2 Tagen, wogegen zugesetzte Farbstoffe lange als leuchtende Farbzonen bestehenbleiben. W. WESLY. 7826□

Untersuchungen an Kaffee und Kaffee-Ersatz. 5. Mitt. **Quantitative Bestimmung des löslichen Mannans in Kaffee-Aufgüssen und Extrakten.** H. Thaler. (Z. Lebensmittel-Unters. u. -Forsch. **110.** 442—49. 1959.) (Dt.) — 4. vgl. C. **1960.** 3726.

Das lösl. *Mannan* von Kaffeeaufgüssen u. -extrakten läßt sich nach Zerstörung der Röststoffe mit ClO_2 u. Fällen mit FEHLINGscher Lsg. gravimetr. bestimmen. Hierfür wird eine Meth. angegeben, deren Werte gut reproduzierbar u. auf $\pm 2{,}5\%$ genau sind. M. WINIKER. 7828□

Distillers Co. Ltd., Edinburgh (Erfinder: Sidney John Branch, Salt End, Hedon, Hull), England, **Dehydracetsäure** wird durch Dimerisieren von Diketen erhalten, indem dieses einem Gemisch aus einem inerten Lsgm. (Bzl., Toluol, Xylol) u. einer Lsg. von Trimethylamin in einem nichtwss., bes. dem gleichen Lsgm. in dem Maße zugefügt wird, wie es unter Ausschluß von W. bei —10 bis + 50, bes. 10—20°, verbraucht wird. Die Säure wird in üblicher Weise abgetrennt u. gereinigt; Ausbeute 96,3%. — Wenig giftiges *Pilzbekämpfungsmittel*, bes. für *Lebensmittelpackungen, Farben, Zahnpasten, geruchlosmachende Cremes, Gesichtswässer* u. andere *kosmet. Mittel.* (**D. A. S. 1 083 807** Kl. 12o vom 29/8. 1957, ausg. 23/6. 1960. **A. P. 2 849 456** vom 3/9. 1957, ausg. 26/8. 1958. Beide E. Prior. 14/9. 1956. **E. P. 813 196** vom 14/9. 1956, ausg. 13/5. 1959.) G. KRAUSS. 7635

F. Hoffmann-La Roche & Co. Akt.-Ges., Basel, Schweiz, **Polyendione** erhält man nach folgendem Formelbild: $(RO)C{=}(CH_2){-}C(CH_3){=}CH{-}C{\cdots}C{-}CH{=}C\cdot(CH_3){-}C(OR){=}CH_2 + 2[(RO)_2CH{-}C(CH_3){=}CH{-}CH{\cdots}R'] \rightarrow R'{\cdots}CH{-}CH{=}C(CH_3){-}CH(OR){-}CH_2{-}C(OR)_2{-}C(CH_3){=}CH{-}C{\cdots}C{-}CH{=}C(CH_3){-}C(OR)_2{-}CH_2{-}CH(OR){-}C(CH_3){=}CH{-}CH{\cdots}R' \rightarrow R'{\cdots}CH{-}CH{=}C(CH_3){-}CH{=}CH{-}CO{-}C(CH_3){=}CH{-}C{\cdots}C{-}CH{=}C(CH_3){-}CO{-}CH{=}CH{-}C(CH_3){=}CH{-}CH{\cdots}R'$ (R = Alkyl; R' = 2.6-Trimethylhexyl, -hexenyl, -hexyliden, -hexenyliden oder Formel **a**—**g**; X = O; Y = OH, Acyloxy; punktierte Linie bedeutet eine Doppelbindung, wenn R' 2bindig ist, sonst eine 3fache Bindung). — 2.7-Dimethylocta-2.6-dien-4-in-1.8-dial gibt nach Rk. mit Methyl-

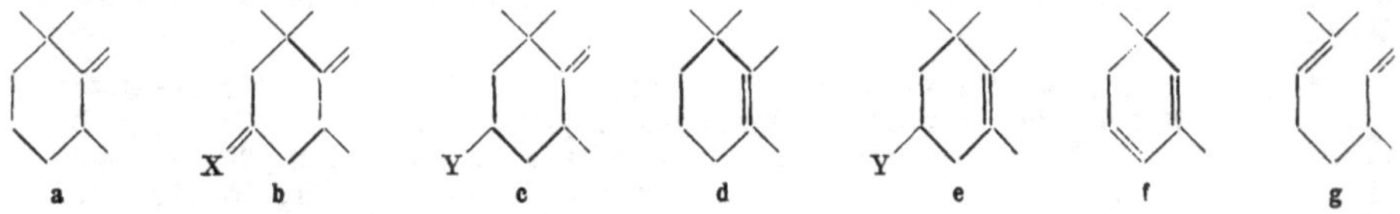

a b c d e f g

MgBr in Ae. u. Hydrolyse 3.8-Dimethyl-2.9-dihydroxydeca-3.7-dien-5-in, daraus entsteht mit MnO_2 in Methylenchlorid 3.8-Dimethyl-2.9-dioxodeca-3.7-dien-5-in; daraus erhält man mit A. in Orthoameisensäureäthylester in Ggw. von p-Toluolsulfonsäure bei 20° das Acetal, das mit $POCl_3$ in Ggw. von überschüssigem Pyridin in Toluol bei 100° 3.8-Dimethyl-2.9-diäthoxydeca-1.3.7.9-tetraen-5-in, F. 65°, liefert, dieses gibt mit 1.1-Diäthoxy-4-(2'.6'.6'-trimethylcyclo-1'-hexenyl)-2-methyl-2-buten in Ggw. von $ZnCl_2$ in Äthylacetat bei 30—35° 1.18-Di-(2'.6'.6'-trimethylcyclo-1'-hexenyl)-3.7.12.16-tetramethyl-4.6.6.13.13.15-hexaäthoxyoctadeca-2.7.11.16-tetraen-9-in; daraus erhält man durch Hydrolyse in Dioxan mit 90%ig. Essigsäure in Ggw. von Na-Acetat bei 95° *1.18-Di-(2'.6'.6'-trimethylcyclo-1'-hexenyl)-3.7.12.16-tetramethyloctadeca-2.4.7.11.14.16-hexaen-9-in-6.13-dion*, aus Methylenchlorid–Methanol F. 168—170°. — 3.8-Dimethyl-2.9-diäthoxydeca-1.3.7.9-tetraen-5-in + H_2 in Ggw. von Pb–Pd (nach LINDLAR) → 3.8-Dimethyl-2.9-diäthoxydeca-1.3.5.7.9-pentaen → 1.18-Di-(2'.6'.6'-trimethylcyclo-1'-hexenyl-3.7.-12.16-tetramethyl-4.6.6.13.13.15-hexaäthoxyoctadeca-2.7.9.11.16-pentaen → *1.18-Di-(2'.6'.6'-trimethylcyclo-1'-hexenyl)-3.7.12.16-tetramethyloctadeca-2.4.7.9.11.14.16-heptaen-6.13-dion*, aus Methylenchlorid–Methanol F. 178°. — 1.1-Diäthoxy-4-(2'.6'.6'-trimethyl-4'-oxocyclohexyliden)-2-methyl-2-buten → *1.18-Di-(2'.6'.6'-trimethyl-4'-oxocyclohexyliden)-3.7.12.16-tetramethyloctadeca-2.4.7.11.14.16-hexaen-9-in-6.13-dion*, wird chromatograph. gereinigt. — *1.18-Di-(2'.6'.6'-trimethyl-4'-acetoxycyclo-1'-hexenyl)-3.7.12.16-tetramethyloctadeca-2.4.7.11.14.16-hexaen-9-in-6.13-dion*, aus Methylenchlorid–Methanol F. 174 bis 175°. — *1.18-Di-(2'.6'.6'-trimethylcyclohexa-1'.3'-dienyl)-3.7.12.16-tetramethyloctadeca-2.4.7.11.14.16-hexaen-9-in-6.13-dion*, F. 153—154°. — *Zwischenprodd.* zur Herst. von *Carotinoiden*. (**E. P. 802 138** vom 29/8. 1956, ausg. 1/10. 1958. Schwz. Prior. 31/8. 1955.)

G. KRAUSS. 7639

F. Hoffmann-La Roche & Co. Akt.-Ges., Basel, Schweiz, **Polyendiole und deren Diacylverbindungen.** Die nach E. P. 802 138 erhaltenen Polyendione (vgl. vorst. Ref.) werden bes. mit Alkalimetallhydriden oder Na- oder $LiAlH_4$ hydriert u. ggf. acyliert. Aus den Diolen u. deren Acyl-Derivv. entstehen mit wss. oder wasserfreien Halogenwasserstoffen *Carotinoide*. — 2.6.6-Trimethylcyclo-1-hexen-4-on (Herst. aus Isophoron nach KARASH, J. Amer. chem. Soc. **63.** [1941.] 2308) gibt mit Peressigsäure in Eisessig bei 0—10° u. anschließendem Behandeln mit 30%ig. wss. NaOH bei pH 8 2.6.6-Trimethylcyclo-2-hexen-1-ol-4-on, $Kp._{0,1}$ 110—112°; Phenylsemicarbazon, F. 189—190°; daraus entsteht mit CrO_3 in Eisessig u. in Ggw. von W. 2.6.6-Trimethylcyclo-2-hexen-1.4-dion, $Kp._{11}$ 92—94°; Phenylsemicarbazon, F. 190°, dann Verfestigen u. Schmelzen nach 230°, das mit Zn-Staub in Eisessig bei 50° 2.6.6-Trimethylcyclohexan-1.4-dion liefert, Nadeln, F. 63—65°; Phenylsemicarbazon, F. 218—220°. Aus diesem erhält man mit Äthylenglykol in Ggw. von p-Toluolsulfonsäure unter Rückfluß 2.6.6-Trimethyl-4-äthylendioxycyclohexan-1-on, $Kp._{0,02}$ 70°; n_D^{21} 1,469, das mit 1-Methoxy-2-methyl-3-butin-2-ol in Ggw. von $LiNH_2$ in fl. NH_3 4-(2'.6'.6'-Trimethyl-4'-äthylendioxy-1'-hydroxycyclohexyl)-2-methyl-1-methoxy-3-butin-2-ol liefert, gelbes, viscoses Öl, aus dem mit $LiAlH_4$ in Ae. bei 0—5° 4-(2'.6'.6'-Trimethyl-4'-äthylendioxy-1'-hydroxycyclohexyl)-2-methyl-1-methoxy-3-buten-2-ol entsteht, schwach gelbes, viscoses Öl, dieses gibt mit HCOOH bei 100° nach dem Eingießen auf Eis, Extraktion mit Ae., nach dessen Entfernung u. folgendem Erhitzen mit Eisessig in Ggw. von W. u. Na-Acetat bei 95° 4-(2'.6'.6'-Trimethyl-4'-oxocyclohexyliden)-2-methyl-2-buten-1-al, $Kp._{0,02}$ 110°, aus dem in Orthoameisensäureäthylester mit abs. A. in Ggw. von H_3PO_4 u. p-Toluolsulfonsäure bei 20° 4-(2'.6'.6'-Trimethyl-4'-oxocyclohexyliden)-2-methyl-1.1-diäthoxy-2-buten entsteht, daraus mit $LiAlH_4$ bei 20° → 4-(2'.6'.6'-Trimethyl-4'-hydroxycyclohexyliden)-2-methyl-1.1-diäthoxy-2-buten; daraus mit Essigsäureanhydrid in Pyridin → 4-(2'.6'.6'-Trimethyl-4'-acetoxycyclohexyliden)-2-methyl-1.1-diäthoxy-2-buten; daraus mit Eisessig u. Na-Acetat bei 95° → 4-(2'.6'.6'-Trimethyl-4'-acetoxycyclohexyliden)-2-methyl-2-buten-1-al; daraus mit Isopropenylacetat in Toluol in Ggw. von p-Toluolsulfonsäure bei 120—140° → 4-(2'.6'.6'-Trimethyl-4'-acetoxycyclo-1-hexenyl)-2-methyl-1-acetoxybuta-1.3-dien; daraus mit wss. $NaHCO_3$ unter Rückfluß → 4-(2'.6'.6'-Trimethyl-4'-hydroxycyclo-1'-hexenyl)-2-methyl-2-buten-1-al; daraus mit Essigsäureanhydrid in Pyridin → 4-(2'.6'.6'-Trimethyl-4'-acetoxycyclo-1'-hexenyl)-2-methyl-2-buten-1-al, daraus mit A. → 1.1-Diäthoxy-4-(2'.6'.6'-trimethyl-4'-acetoxycyclo-1'-hexenyl)-2-methyl-2-buten; daraus mit 3.8-Dimethyl-2.9-diäthoxydeca-1.3.7.9-tetraen-5-in in Ggw. von $ZnCl_2$ u. Äthylacetat → 1.18-Di-(2'.6'.6'-trimethyl-4'-acetoxycyclo-1'-hexenyl)-3.7.12.16-tetramethyloctadeca-2.4.7.11.14.16-hexaen-9-in-6.13-dion, daraus mit $LiAlH_4$ → *1.18-Di-(2'.6'.6'-trimethyl-4'-hydroxycyclo-1'-hexenyl)-3.7.12.16-tetramethyloctadeca-2.4.7.11.14.16-hexaen-9-in-6.13-diol* → *Diacetyl-Deriv.*, daraus mit HBr in Methylenchlorid u. Verseifung mit Alkali → *15.15'-Dehydrozeaxanthin*, F. 207—208°. — *1.18-Di-(2'.6'.6'-trimethylcyclo-1'-hexenyl)-3.7.12.16-tetramethyloctadeca-2.4.7.9.11.14.16-heptaen-6.13-diol* → *β-Carotin*, F. 180°. — *1.18-Di-(2'.6'.6'-trimethylcyclo-1'-hexenyl-3.7.12.16-tetramethyloctadeca-2.4.7.11.14.16-hexaen-9-in-6.13-diol* → *15.15'-Dehydro-β-carotin*, F. 154—155°. — *1.18-Di-(2'.6'.6'-trimethylcyclo-1'.3'-hexadienyl)-3.7.12.16-tetramethyloctadeca-2.4.7.11.14.-16-hexaen-9-in-6.13-diol* → *3.4;3'.4';15.15'-Trisdehydro-β-carotin*, F. 164—167°. — *Zwischenprodd.*; *Farbstoffe* für *Nahrungsmittel*, bes. *Butter, Käse* u. *Margarine*. Ein Teil der Verbb. ist wie Vitamin A wirksam. (**E. P. 802 136** vom 29/8. 1956, ausg. 1/10. 1958. Schwz. Prior. 31/8. 1955.) G. KRAUSS. 7639

F. P. Research Ltd., Melton Mowbray, England, übert. von: Claude Giddey, Carouge, Genf, Schweiz, **Eiweißpräparat für Nahrungszwecke**, bes. als Fleischersatz. Ein an lösl. Proteinen angereicherter Extrakt aus z. B. Erdnuß- oder Sojamehl wird mit einem Polysaccharid mit reaktionsfähigen Seitengruppen in Verbindung gebracht u. mit Proteinfasern vereinigt. — Zum Beispiel wird entfettetes Erdnußmehl 1½ Std. bei normaler Temp. in verd. NaOH-Lsg. bei pH 8,5 digeriert. Der von den Feststoffen befreite Auszug dient zur Extraktion von frischem Erdnußmehl. Durch Einstellung des Extraktes auf den isoelektr. Punkt des Proteins (pH 4,7) fällt das Protein unter Bldg. einer Aufschlämmung aus, die mit Carragheen als Bindemittel versetzt u. weiterhin mit Proteinfasern vereinigt wird. Die Masse wird ca. 20 Min. bis auf 80° erhitzt u. zentrifugiert. Die abgetrennten Feststoffe werden gekühlt, zu fleischartigen Stücken aufgeteilt u. bei 100—120° sterilisiert. (**A. P. 2 952 542** vom 4/3. 1958, ausg. 13/9. 1960. E. Prior. 14/3. 1957.) W. KRANZ. 7647

Hercules Powder Co., Wilmington, Del., übert. von: Eric A. Borel und Robert H. Cotton, Harbor Beach, Mich., V.St.A., **Glutenin und Gliadin** werden hergestellt durch Behandeln von feuchtem Glutin (**I**; bes. aus Weizenmehl durch Auswaschen der Stärke erhalten) mit einer wss. Säure (HCOOH, Milch-, Malein-, Fumar-, Wein-Glucon-, Bernstein-, Aconit-, Malon-, Adipin-, Äpfel- u. bes. Citronen-, Essig- u. Propionsäure) bei pH 3—4, bes. 3,5—3,8, u. 40—70° unter nur schwachem Rühren. Glutenin (**II**) bleibt ungelöst u. kann abfiltriert oder abgeschleudert werden. Aus der Lsg. wird Gliadin (**III**) durch Zusatz von NH_3 oder Alkali bis pH 5 oder durch Zusatz von NaCl oder LiCl ausgefällt. Die Säurebehandlung dauert 1—20, bes. 2,5—20 Minuten, **II** u. **III** werden anschließend getrocknet oder in wss. saurer Lsg. sprühgetrocknet. Nach dem anderen Verf. wird **I** mit wenigstens 65, bes. wenigstens 70% Wasser-Geh. zuerst bei 65—75° so getrocknet, daß der Wasser-Geh. noch mindestens 50, bes. 60—63% beträgt. **I** wird dann mit den vorst. Säuren 5—15 Min. auf 40—80° unter schwachem Rühren erwärmt u. **II** u. **III** dann wie vorst. abgetrennt. **II**, bes. das mit Propionsäure gewonnene, dient als *Zusatzmittel zu Brot*, um den Protein-Geh. zu erhöhen u. bes. die Schimmel-Bldg. zu verringern. **III** wird an Stelle von Eieiweiß zur *Schaumerzeugung* verwendet. Das aus dem durch Vortrocknen von **I** erhaltene **II** gibt beim Behandeln mit sd. 15—28%ig. HCl *Glutaminsäure*. — Fließbild, Zeichnung. (**A. PP. 2 861 061** vom 27/11. 1956 u. **2 861 062** vom 13/5. 1957, beide ausg. 18/11. 1958.) G. KRAUSS. 7675

F. Hoffmann-La Roche & Cie. Soc. An., Schweiz, *Carotinoide*. (**F. P. 1 223 651** vom 12/2. 1959, ausg. 20/6. 1960. Schwz. Prior. 14/2. 1958. — C. **1961**. 2130 [D. A. S. 1 072 621].)

Tjoa Sie Lian, Surabaja, Indonesien, *Stabilisator für Kakaogetränke*. (**Norw. P. 92 651** vom 10/2. 1956, ausg. 20/10. 1958. — C. **1959**. 9081 [Aust. P. 167 652].)

N. V. Koninklijke Nederlandsche Zoutindustrie, Hengelo, Holland, *Magnesium enthaltende Lecksteine*. (**Dän. P. 85 246** vom 15/6. 1955, ausg. 7/7. 1958. — C. **1958**. 12850 [D. A. S. 1 014 421].)

XVII. Fette. Seifen. Wasch- u. Reinigungsmittel. Wachse. Bohnermassen usw.

Das Dörren ölhaltiger Rohstoffe. Bernard Freier, Ovidiu Popescu und D. Bălăianu. (Lucrările Inst. Cercetări aliment. [Arb. Nahrungsforsch.-Inst.] **3.** 69—82. 1959.) (Rum.)

Unterss. über den Einfl. der Temp. u. des Wasser-Geh. während der therm. Behandlung ölartiger Rohstoffe auf das Pressen u. die Lsgm.-Extraktion zeigen, daß die Preßausbeute mit der Temp. steigt; sie beträgt 80 (66) % bei 110 (75)°. Der Öl-Geh. der Preßkuchen fällt mit steigender Temp.; das Liter-Gew. ist um so höher, je niedriger die Temp. der Vorbehandlung ist. Das Öl setzt sich schwerer ab, wenn die Temp. zu hoch gewesen ist; jedoch wird in diesem Falle die Lsgm.-Extraktion der Preßkuchen verbessert. Die therm. Vorbehandlung der verwendeten Rohstoffe (Wasser-Geh. zu Beginn 8—8,5, am Ende 2—3%) bei 110—120° dauerte 45 Minuten. W. Wesly. 7872□

Neues Verfahren der Reinigung von Ölsamen von Mineralbeimischungen. G. P. Andrenko. (Маслобойно-Жировая Промышленность [Öl- u. Fett-Ind.] **26.** Nr. 8. 26—28. Aug. 1960. Charkow, Polytechn. Lenin-Inst.) (Russ.)

Vf. beschreibt einen zur Entfernung von Steinen u. anderen Verunreinigungen aus Erdnüssen sowie anderen Ölsamen vorgeschlagenen pneumat. Windsichter u. das Reinigungsverfahren. H.-P. Pietsch. 7874□

Peroxyde. Die Zersetzung einiger Peroxyde und ihr Mechanismus. N. A. Khan (Oléagineux **15.** 225—27. April 1960. Dacca, Pakistan Council of Sci. and Ind. Res., Div. of foods and nutrit. East Regional Labor.) (Franz.)

Es wird der oxydative Abbau des *Tetralinperoxyds*, der *Perbenzoesäure* u. des H_2O_2 beschrieben. Es wird darauf hingewiesen, daß sich die vorgenannten Substanzen bes. gut zum Studium des Mechanismus des oxydativen Abbaues eignen, da die sich bildenden Abbau-Prodd. ohne größere Schwierigkeit isoliert u. identifiziert werden können u. die dabei erhaltenen Ergebnisse ggf. Rückschlüsse auf das Verh. von z. B. in Fetten enthaltenen ungesätt. Verbb. gestatten. H. P. Fiedler. 7878□

Die Sharples-Prozesse zur Raffination pflanzlicher Öle. José Carlos E. Vasconcellos. (Rev. brasil. Quím. **48.** 132. 134. 136. Aug. 218. Sept. 1959.) (Port.)

Überblick über Entw. u. Stand der Sharples-Raffination. Schemat. Darst. der Arbeitsweisen. R. K. Müller. 7894□

Olivenöl einheimischer Produktion. 5. Mitt. **Über den Gesamttocopherolgehalt.** Maria Helena Bertoni und Pedro Cattaneo. (An. Asoc. quím. argent. **47.** 52—63. März 1959. Buenos Aires, Dirc. Nac. Quím., Labor. Centr. Invest. y Contralor.) (Span.)

Die Unters. von gepreßtem argentin. Olivenöl nach Parker u. McFarlane [1940] ergab mit einem α-Tocopherol-Geh. von 21—39 mg/100 g höhere Werte als bei der Vornahme der Prüfung am unverseifbaren Anteil des Öls. Im letzteren Fall ergeben sich Werte von 7—28 mg/100 g, was ungefähr den Ergebnissen entspricht, die man erhält wenn Ölproben verwendet werden, aus denen der wasserlösl. Anteil durch mehrmalige Extraktion mit Na_2SO_4-Lsg. entfernt worden ist (13—28 mg/100 g). — 21 Literaturangaben. M Reiher. 7894□

Neue Agentien für Feinseifen. H. Hoffmann. (Riv. ital. Essenze, Profumi, Piante officin., Olii veget., Saponi **41.** 577. Dez. 1959. Steinau, Labor. Chem. Fabr. REWO; London, Labor. Dutton & Reinisch Ltd.) (Ital.) — C. **1960.** 9065. G. Platzer. 7910□

Hochprozentige Schwimmseifen. Milos Fock. (Seifen-Öle-Fette-Wachse **87.** 577—79. 1. Sept.-H. 1961.) (Dt.)

Beschreibung einer neuen Maschine (Float-O-Matic) zur kontinuierlichen Herst. von hochprozentiger Schwimmseife, die sich bes. in den USA bewährt hat. E. Wiehr. 7910□

Der heutige Stand der Waschmittelprüfung. G. Weder. (Chimia [Schweiz] **14.** 69—73. 15/3. 1960.) (Dt.)

Die Waschmittelprüfung durch die EMPA-C bezweckt, sowohl dem Hersteller als auch allen Konsumentenkreisen eine möglichst zuverlässige Grundlage für die Qualitäts-, Eignungs- u. Wertbeurteilung zu vermitteln. Die qual. u. quant. Waschmittelanalyse wird ausführlich behandelt, bes. die Best. der waschakt. organ. Substanz. Für die umfassende Beurteilung des Verh. beim Gebrauch eines Waschmittels bedarf es noch der Ergänzung durch eine Gebrauchsprüfung (Waschvermögen u. Beurteilung der Einw. wiederholter Wäschen auf Textilien). Auf die Schwierigkeit der Auswahl einer künstlichen Anschmutzung wird hingewiesen. Bei der Prüfung bleichmittelhaltiger

Waschmittel wird zusätzlich eine bleichbare Schwarzfärbung verwendet. Eingegangen wird gleichfalls auf die Messung der Reinigungseffekte bei harten Oberflächen, wie Glas Metall, Keramik u. so weiter. Ein weiteres Problem bildet die Erfassung der Korrosion an Waschgeräten u. Waschmaschinen. L. JENTGEN. 7912□

Nachweis von Peroxiden auf Filterpapier. Tadeusz Patzek. (Chem. Techn. **11.** 326—27. Juni 1959. Gliwize, Polen, Inst. für NE-Metalle.) (Dt.)

Zum Nachw. von Peroxid in Fetten wurde die Meth. von DUBOULOZ u. DUMAS (C. **1950/54.** 395 S.) abgewandelt. Zur Herst. der Reagens-Lsg. versetzt man eine 6%ig. wss. CuSCN-Lsg. mit wenig CuCl, schüttelt 10 Min., filtriert nach einigem Stehen ab u. versetzt unmittelbar vor Gebrauch mit 0,4 ml 0,25%ig. alkohol. Rubeanwasserstoff-Lsg./10 ml Filtrat. Zum Peroxid-Nachw. trägt man 1 oder 2 Tropfen einer in einem peroxidfreien Lsgm. gelösten Fettprobe auf einen Filtrierpapierstreifen auf, läßt das Lsgm. verdampfen u. taucht den Streifen 10 Min. in die Reagenslösung. Die peroxidhaltige Probe erzeugt einen olivgrünen Fleck, dessen Intensität vom Peroxid-Geh. abhängt. Der Nachw. ist sehr empfindlich. Vor Licht geschützt, bleiben die Flecken lange beständig. Das in der Lsg. oxydierte Cu stört wenig. H. PLUSKAL. 7932□

Über die Eicosapolyensäuren des Heringsöls. E. Klenk und L. Brucker-Voigt. (Hoppe-Seyler's Z. physiol. Chem. **324.** 1—11. 30/5. 1961. Köln, Univ., Physiol.-Chem. Inst.) (Dt.)

Auf Grund der gaschromatograph. Analyse berichten Vff. über die Zus. des Heringsöls. Nach Verseifung u. Abtrennung des Unverseifbaren wurde das Fettsäuregemisch durch Kristallisation aus acetoniger Lsg. bei 0°, —20, —40 u. —70° fraktioniert u. die Zus. in Tabellen angegeben. Durch Hochvakuum-Dest. wurde die Fraktion der C_{20}-Polyensäureester dargestellt, die ihrerseits wiederum in ihre Komponenten fraktioniert dest. wurden. Durch oxydativen u. reduktiven Ozonidabbau der isolierten Substanzen wurden folgende Polyensäuren nachgewiesen: $\Delta^{11.14}$-Eicosadiensäure ($\ll$0,1% der Gesamtfettsäuren), $\Delta^{8.11.14}$- u. $\Delta^{11.14.17}$-Eicosatriensäure ($<$0,1%), $\Delta^{5.8.11.14}$- u. $\Delta^{8.11.24.17}$-Eicosatetraensäure (0,2%), $\Delta^{5.8.11.14.17}$-Eicosapentaensäure (5,8%); alle Säuren gehören dem Linol- u. dem Linolensäuretyp an. Unter Zusammenfassung der Arbeiten über die Polyenfettsäuren des Heringsöls werden die bisher in ihrer Konstit. aufgeklärten Konstituenten tabellar. angegeben. K. TÄUFEL. 7932□

Analyse der oberflächenaktiven Mittel. 8. Mitt. **Bestimmung von anionischen oberflächenaktiven Mitteln nach Epton und Weatnerburn.** Yasuji Izawa und Wasaburô Kimura. (J. Oil Chemists' Soc. Japan **9.** 69—72. Febr. 1960. Nagoya, Univ., Techn. Fak.) (Jap.) — 6. vgl. C. **1959.** 14591.

Aus dem käuflichen Gemisch von Na-Alkylbenzolsulfonaten (I) u. Na_2SO_4 wurde durch Ausziehen mit Butanol reines **I** erhalten u. aus diesem wss. Lsgg. verschiedener Konzz. vorbereitet. Während die nach EPTON [1947] bestimmte Konz. der Lsgg. in allen Fällen etwas niedriger war, stimmte die nach WEATHERBURN [1951] bestimmte mit den richtigen Werten gut überein. E. MAEKAWA. 7942□

Bestimmung von grenzflächenaktiven Mitteln in Emulsionen von monomeren Vinylderivaten. 4. Mitt. **Bestimmung von nichtionogenen grenzflächenaktiven Mitteln vom Äthylenoxid-Typ.** Shigeyoshi Miura. (J. Oil Chemists' Soc. Japan **9.** 73—76. Febr. 1960. Nagoya, Tôa-Gôsei-Kagaku-Kôgyô A.G.) (Jap.)

Emulsionen von monomeren Vinyl-Derivv., die nichtionogene grenzflächenakt. Mittel enthalten, werden in A. gegossen u. die ausgeschiedenen Polymerteilchen mit A. ausgezogen, wobei die nichtionogenen grenzflächenakt. Mittel in den A. übergehen u. nach dem Einengen des Auszugs mit K-Hexacyanoferrat(II) colorimetr. (vgl. SCHÖNFELDT, C. **1958.** 2531) bestimmt werden. Emulsionen, aus denen beim Eingießen in A. größere Mengen Polymerisate ausfallen, können direkt mit K-Hexacyanoferrat(II) behandelt werden. E. MAEKAWA. 7942□

Colgate-Palmolive Ltd., London, England, **Flüssiges Reinigungsmittel,** enthaltend einen anion. u./oder ion. Waschrohstoff, einen Schaumbildner, ein Amid einer Carbonsäure oder einer C_1—C_2-Dicarbonsäure, ein Alkali-, NH_4- oder Aminsalz einer Aryl-, Alkyl- oder Alkylarylsulfonsäure, z. B. 25,6 (Teile) handelsüblicher Paste von Na-Dodecylbenzolsulfonat, 13 techn. Lauroyldiäthanolamid, 22 Harnstoff u. 39,4 Wasser. (**Belg. P. 568 761** vom 20/6. 1958, ausg. 18/11. 1960. E. Prior. 21/6. 1957.)
C. LÜTTGEN. 7917

Wyandotte Chemicals Corp., Wyandotte, übert. von: Joseph V. Otrhalek, Dearbon, Mich., V.St.A., **Reinigungsmittel für Flaschen oder dergleichen Glasgegenstände.** Dieses besteht aus 70—99 (Gew.-%) NaOH u./oder KOH, 0,5—29 einer Hydroxycarbonsäure abspaltenden Verb. (I) u. 0,5—20 Na- u./oder K-Lignosulfonat als

Korrosionsschutzmittel. Als I kommen in Frage Verbb. der Milch-, Citronen-, Wein-, Glucon-, Arabon-, Galakton-, 2-Ketoglucon-, Zucker-, Schleim- u./oder Hexahydroxyheptonsäure. Bis zu 20 der Ätzalkalien können durch alkal. Salze, wie Phosphate, Carbonate oder dgl., ersetzt werden. — Z. B. besteht ein solches Gemisch aus 71,5 NaOH, 25,5 Na-Hexahydroxyheptonat u. 3,0 Na-Lignosulfonat. Zum Gebrauch wird, bezogen auf das alkal. Reinigungsmittel, eine 1—5%ig. wss. Lsg. hergestellt. (**A. P. 2 976 248** vom 1/8. 1957, ausg. 21/3. 1961.) Hans Hoffmann. 7917

Lazarus Laboratories, Inc., Buffalo, übert. von: Bernard J. Scheib, Kenmore, Nathan E. Lazarus und Michael T. Sullivan, Buffalo, N.Y., V.St.A., **Germicide Reinigungsmittel,** bestehend aus einem anionakt. oder nichtionogenen Waschrohstoff (I), J_2 u. H_3PO_4 in solcher Menge, daß das Mittel in gebrauchsfertiger Lsg. einen pH-Wert von 2—4 aufweist, z. B. 0,5—6 (%) J_2, 4—30 85%ig. H_3PO_4, 1,5—25 I, Rest Wasser. Bei pulverförmigen Prodd. wird das W. durch einen inerten Stoff, bes. Harnstoff, ersetzt. (**A. P. 2 977 315** vom 12/9. 1956, ausg. 28/3. 1961.) C. Lüttgen. 7917

Deutsche Supraton G. m. b. H., Düsseldorf, *Gewinnung von Ölen und Fetten.* (**Norw. P. 91 936** vom 15/9. 1955, ausg. 30/6. 1958. — C. **1959.** 985 [D. B. P. 968 693].)

Imperial Chemical Industries Ltd., London (Erfinder: **Arthur Lambert,** Blackley, Manchester), England, *Diarylmethanderivate.* (**Can. P. 552 323** vom 18/12. 1952, ausg. 28/1. 1958. E. Prior. 19/12. 1951. — C. **1957.** 1314 [E. P. 728 290].)

Armour & Co., Chicago, Ill., V.St.A., *Backfett.* (**Finn. P. 29 817** vom 21/5. 1954, ausg. 31/12. 1958. — C. **1957.** 3689 [F. P. 1 104 951].)

Unilever Ltd. (Erfinder: **Bertram James Frank Hudson** und **John Henry Paul Tyman**), *Stabilisieren von Seife gegen Geruchsverschlechterung.* (**Aust. P. 225 116** vom 10/5. 1957, ausg. 3/12. 1959. E. Prior. 17/5. 1956. — C. **1961.** 698 [Belg. P. 557 471].)

Herbert Manneck, Moderne Wasch- und Reinigungsmittel. Heft 4: Fettalkohole, Fettalkoholsulfate und Alkylsulfate. Nachtr.-Bd. 2. Mit Anschluß-Literatur bis 1960. Garmisch-Partenkirchen: Moser. 1961. (60 Bl.) 4°. DM 20,—.

XVIIIa. Holz. Cellulose. Zellstoff. Papier. Papierdruck. Celluloid. Linoleum

Die Imprägnierung von Holz mit wasserlöslichen Holzschutzmitteln. 2. Mitt. **Kontakt-Mikroradiographie mit Röntgenstrahlen.** D. S. Belford. (J. appl. Chem. **10.** 345—47. Aug. 1960. Castleford, Yorks., Hickson's Timber Impregnation Co. (G. B.) Ltd.) (Engl.) — 1. vgl. C. **1960.** 5682.

40 μ dicke Schnitte von Douglasfichtenholz, das mit einem wss. Cu–Cr–As-Holzschutzmittel behandelt war, wurden im Kontakt mit einem Röntgenspezialfilm im Philips Contact Microradiograph mit kontinuierlichem Röntgenlicht (5 KV, 2 mA; ca. 5 Å) 40 Sek. belichtet. Das entwickelte Negativ wird über ein Lichtmikroskop 200fach vergrößert; in der Vergrößerung wird die Dichte des Zellwandbildes über ein Mikrodensitometer ausgewertet. Die Aufnahmen bestätigen die früheren lichtmkr. Beobachtungen, daß das Schutzmittel innerhalb der Wände der Holzzellen verteilt ist. Als einfache Alternative zur Autoradiographie mit „gekennzeichneten" Komponenten wird der weitere Ausbau der Meth. für die Unters. des Holzschutzes diskutiert. M. Hagedorn. 7952□

Bericht über das Rundgespräch für Cellulosechemiker über den Lösungszustand der Cellulose in verdünnten und technischen Lösungen. Josef Schurz. (Papier **15.** 726—43. 25/12. 1961.) (Dt.) P. Eckert. 7954□

Schmutzanteilwerte für natürlich vorkommenden Schmutz in Nadelhölzern. Balsamtanne, Alpenföhre und Schwarzfichte. David Irwin und B. E. Lauer. (Tappi **44.** 33—35. Jan. 1961.) (Engl.)

Eine größere Probe der zu untersuchenden Hölzer wurde gesiebt, um den Feinstoff abzutrennen. Die Hackschnitzel wurden dann von Hand in saubere u. verschmutzte sortiert. Anschließend wurden die beiden Fraktionen nach dem sauren Sulfit-Verf. aufgeschlossen, aus den Zellstoffen Blätter hergestellt u. an diesen die Schmutzflecken nach der Tappi-Standard-Meth. T 213 m-43 erfaßt u. ausgewertet. Die Ergebnisse dieser Unters. stimmten allg. mit früheren Unterss. an Englemanfichte u. Western Hemlock überein. Der größere Schmutz-Geh. stammt aus der äußeren Rinde, ein wesentlich geringerer Teil kommt durch innere Rinde u. Äste in den Zellstoff. Genauigkeit der Best. ca. ± 25%. F. Lang. 7956□

Kaltnatronverfahren in den USA. Andreas von Koeppen. (Papier **15.** 707—15. 25/12. 1961. Michigan, USA, Western Michigan Univ., Dep. of Technol.) (Dt.) P. Eckert. 7958□

Zellstoff nach dem halbchemischen Aufschluß. 4. Mitt. **Weitere Untersuchung des Lignins im halbchemischen Zellstoff.** Isao Shimoda und Junichi Sato.

(J. Soc. Textile Cellulose Ind., Japan [Sen-i Gakkaishi] **17.** 628—31. Juli 1961. Kiryu City, Gunma Univ., Fac. of Engng.) (Jap.; Auszug: Engl.) — 3. vgl. C. **1961.** 13762.

Rotkieferholzspäne werden mit A./Bzl. extrahiert u. im Neutralsulfitaufschluß in Zellstoff (I) verwandelt. Aus I wird mit H_2SO_4 verschiedener Konzz. „präpariertes" Lignin hergestellt, dessen Geh. an Methoxylgruppen bestimmt wird. I wird auf seinen Geh. an S, Methoxylgruppen u. auf seine Chlorzahl untersucht. Die frühere Annahme, daß die in I enthaltenen Kohlenhydrate methoxylgruppenhaltig sind, muß fallengelassen werden. Das sulfonierte Lignin in I kann nicht nach der H_2SO_4-Meth. ermittelt werden, da Ligninanteile dabei in Lsg. gehen. Die Chlorzahl von I kennzeichnet den Lignin-Geh. im Zellstoff. Lignin im Holz u. in chem. u. semichem. Zellstoffen differiert nicht im Methoxylgruppen/Lignin-Verhältnis. M. HAGEDORN. 7962□

Die Wanderung der Hackschnitzel im kontinuierlichen Kamyr-Kocher. Olle Fineman. (Svensk Papperstidn. **60.** 425—28. 15/6. 1957. Karlstad A/B Kamyr.) (Schwed.)

Zur Verfolgung der Bewegung der Hackschnitzel durch einen kontinuierlichen Zellstoffkocher der Bauart KAMYR beim *Alkali-Sulfat-Verf.* dienten einzelne Hackschnitzel, die im Inneren mit je einem Cu-Draht von 1 mm Ø u. 24 mm Länge von 300 mg Gew. versehen wurden. Der Cu-Draht wurde vor dem Einbringen im Neutronenstrom eines Atomreaktors mit einer Ladung von 150 mc aktiviert. Bei dem in Finnland von der EKONO durchgeführten Kochvers. wurde die Abwärtsbewegung der aktivierten Schnitzel mit Scintillationsdetektoren durch die Kocherwand gemessen u. registriert. Die im Zentrum des Kochers befindlichen Schnitzel bewegten sich schneller als die in Wandnähe wandernden Schnitzel. E. BORCHERS. 7960□

Ein neues Verfahren zur Delignifizierung von holzigen Faserrohstoffen mittels Salpetersäure. Ivan Slávik und L'udevít Kuniak. (Papír a Celulosa **16.** 169—70. Aug. 1961. Bratislava, Ust. dreva, celulózy a chem. vláken.) (Slovak.)

Eine Lsg. mit 0,5—3% HNO_3 wird in Ggw. von 30—15% HCl während 16—30 Std. bei 20°, besser 2—6 Std. bei 45° (ohne Bldg. nicht regenerierbarer N-Verbb.), oxydierend u. nitrierend auf das Material einwirken gelassen u. dann das Lignin mit 4—10% NaOH/Holz-Gew. herausgelöst. Aus dem extrahierten Stoff gewinnt man durch Vakuum-Dest. HCl zurück (die im Kreislauf wiederverwendet wird), als Rückstand Zuckersirup. Die Lauge kann verbrannt oder darin gelöstes Nitrolignin als solches verwertet werden. Je nach den Bedingungen entstehen Stickoxide zu 10—36% vom HNO_3-Einsatz, die regenerierbar sind; HCl-Verbrauch entsteht nur durch mechan. Verluste. Die Leichtigkeit des Aufschlusses nimmt zu: Fichte—Buche—Zuckerrohr. Bei Stoffdichte 1 : 4 bis 5, 45°, 1 Std. alkal. Extraktion bei 95° wurden erhalten: a) bei Fichte mit Lsg. von 36% HCl + 3% HNO_3, 4 Std., 10% NaOH/Holz-Gew.: 50,3% Zellstoffausbeute, 12,3% Zucker/Holz-Gew., 9,44% HNO_3 Verbrauch/Holz-Gew., Küng-Zahl 9,6; b) bei Buche mit 20% HCl + 2% HNO_3 (30% + 1%), 2 Std. 10% NaOH/Holz-Gew.: 49,8 (51,5)% Ausbeute, 15,1 (18,9)% Zucker, Küng-Zahl 5,9 (9,2). Je nach den Bedingungen erhält man Zellstoffe (bis 60% Ausbeute) ähnlich Sulfatzellstoffen oder bei 40—45% Ausbeute: Zellstoffe für Papier oder Fasern. H. DEMUS. 7964□

Untersuchungen über die Chemie von Espenholz. 15. Mitt. **Weitere Untersuchungen über die Oxydation von Espenholzlignosulfonaten mit alkalischen Kupfer- und Silberoxiden.** Irwin A. Pearl, Donald L. Beyer und Donald Whitney. (Tappi **44.** 479—84. Juli 1961. Appleton, Wis., Inst. für Papierchem.) (Engl.) — 13. vgl. J. org. Chemistry **26.** [1961.] 3563.

Vff. führten quant. Unterss. über die Oxydation fermentativ abgebauter Espensulfitabsäuren mit alkal. CuO- u. Ag_2O-Lsgg. unter wechselnden Vers.-Bedingungen durch. Es wurden die Gesamtausbeuten an ätherlösl. „Säuren u. Phenolen" bestimmt, ebenso Ausbeute der einzelnen Oxydations-Prodd. mit Angabe der Methoxyl-Geh. aller Fraktionen. Bei Oxydation mit CuO wurde p-Cumarinsäure gefunden u. keine Ferulasäure, andererseits führten alle Oxydationen mit Ag_2O zu Ferulasäure, ohne Spuren von p-Cumarinsäure zu liefern. Bei allen Oxydationen mit CuO wurde p-Hydroxybenzaldehyd festgestellt, diese Verb. fehlte bis auf eine Ausnahme bei Oxydationen mit Ag_2O. Bei Ag_2O-Oxydationen wird ein beträchtlicher Anteil der eingesetzten Lignosulfonate abgebaut; Modell-Unters. an Vanillin- u. Syringasäure zeigten, daß diese Verbb. u. ihre Methoxygruppen unter den Bedingungen der alkal. Oxydation mit Ag_2O instabil sind. F. LANG. 7966□

Untersuchung des Lösungszustandes von Celluloseestern mit Hilfe von Spreitungsmessungen. 3. Mitt. **Einfluß der Lösungsmittelzusammensetzung und der Konzentration auf die Spreitung von Celluloseacetaten und Celluloseacetobytyraten.** Kurt Edelmann und Karl Wulf. (Faserforsch. u. Textiltechn. **12.** 514—21. Nov. 1961. Dtsch.

Akad. der Wiss. zu Berlin, Inst. für Faserstoff-Forsch. in Teltow-Seehof.) (Dt.) — 2. vgl. C. **1961.** 11943.

Celluloseacetate u. -acetobutyrate spreiten aus Aceton-Lsgg. stets unvollständig, Zusätze von W. verbessern den Umfang der Spreitung nur beim $2^1/_2$-Acetat. Zusätze von Bzl. sowohl beim $2^1/_2$-Acetat als auch beim Acetobutyrat bis zur vollständigen Spreitung. P. ECKERT. 7970 □

Grundlegende Angaben über das gleichförmige Fließen von verdünnten Fasersuspensionen unter der Einwirkung von Scherkräften. James W. Daily und George Bugliarello. (Tappi **44.** 497—512. Juli 1961.) (Engl.)

Gegenstand der Unterss. ist das Verh. verschiedener Fasersuspensionen unter laminaren u. turbulenten Strömungsbedingungen, bes. im Hinblick auf das Fließ-Verh. in Papiermaschinen. 3 Holzzellstoffarten u. 2 synthet. Fasersorten mit sehr unterschiedlichen physikal. Eigg. wurden für die Unters. von Strömungswiderstand, Geschw.-Verteilung u. Turbulenz als Funktion der Stoffdichte u. Strömungs-Geschw. herangezogen. Es wurde gefunden, daß Holzzellstoff- u. Nylonfasern eine ähnliche Abhängigkeit vom NEWTONschen Fließ-Verh. aufweisen. Mit zunehmendem Verhältnis Faserlänge : Faserquerschnitt u. zunehmender Flexibilität wurden immer stärkere Abweichungen vom NEWTONschen Fließ-Verh. festgestellt. — 54 Literaturangaben. F. LANG. 7974 □

Vinylacetat-Latices als Zusätze in der Naßpartie. Ralph S. Drake. (Tappi **44.** 289—96. April 1961. Avon Lake, Ohio; B. F. Goodrich Chemical Co., Dev. Center.) (Engl.)

Labor.-Unterss. über die Verw. von Vinylacetat-Latices zur Herst. trocken- u. naßfester Papiere. Unter den Koagulations-Verff. kommt man durch Verw. eines kation. Emulgators u. Fällen mit 10% Aluminium-Lsg. zum besten Ergebnis. Die geeignete Konditionierung der polymerimprägnierten Papiere wird besprochen. Unter den Latices ist ein Emulsionspolymerisat den Dispersionspolymerisaten überlegen. Die Eignung des Latex als Papierzusatz spricht auf kleine Veränderungen der Polymerstruktur leicht an. Unter den Mischpolymerisat-Latices ist die Kombination Vinylacetat/Vinylchlorid 80 : 20 bemerkenswert. Optimale Beschichtungsmengen u. Klebfragen werden besprochen. M. HAGEDORN. 7978 □

Warmluft-Düsentrocknung in Papier- und Streichmaschinen. Franz Hüllekremer. (Papier **15.** 703—07. 25/12. 1961.) (Dt.) P. ECKERT. 7980 □

Tierischer Leim in beschichtetem Papier. R. Tutt jun. und L. B. Lane. (Tappi Monogr. Ser. Nr. **22.** 242—61. 1961. Gowanda, N.Y., Peter Cooper Corp.; Alliance, Ohio, Armour Alliance Industries.) (Engl.)

Beschreibung der handelsüblichen Typen, der charakterist. Eigg. der tier. Leime. Herst. der Leim-Lsgg. u. ihre Anwendung bei der Papierbeschichtung; Labor.-Entw. ihrer Verw. als Mittel, um das Ausflocken von Tonerdesuspensionen in Beschichtungsansätzen zu verhindern u. Unters. des Alkali-Einfl.; Verw. in einzelnen Leimtypen; Klebstoffverbrauch; Hinweise für die techn. Verarbeitung. M. HAGEDORN. 7982 □

Einige Faktoren, die die Bedruckbarkeit von Photogravurepapieren beeinflussen. Pekka Hyvärinen, Paavo Manner und Erkki Aaltio. (Paperi ja Puu **40.** 509—16. 15/10. 1958. Helsinki, Kustannus Oy Otava; Helsinki, Inst. of Technol.) (Finn.)

Unters. über den Einfl. der nach BEKK-ULLSTEIN gemessenen Glätte u. der im PATRA-App. bestimmten Ölabsorption verschiedener Papiere, wie u. a. Photogravure, Schreibpapier, Pergamin u. Cellophan, auf die Bedruckbarkeit. Wesentlich ist dabei auch das Verhältnis zwischen Glätte u. Zusammendrückbarkeit. — 5 Kurven, 6 Abbildungen. E. BORCHERS. 7984 □

Bestimmung der Stoffausbeute und Stoffqualität lebender Bäume an Bohrkernproben. R. M. Echols. (Tappi **42.** 875—77. Nov. 1958. Gulfport, Miss., U.S. Dep. of Agric., Forest Serv.) (Engl.)

Eine zerstörungsfreie Unters. lebender Baumexemplare durch Entnahme von 10-mm-Bohrproben in verschiedener Höhe auf beiden Stammseiten zur Ermittlung von Stoff-Geh. u. Qualität wird beschrieben. Durch Messen von Dichte, Faserlänge, Zellwanddicke, Lumendurchmesser wird ein Holzqualitätsindex ermittelt. R. SCHÖLLHORN. 8004 □

Bestimmung der spezifischen Oberfläche von Zellstoffen mittels der Durchflußmethode. Květa Konopová und Radovan Konop. (Papír a Celulosa **16.** 171—74. Aug. 1961. Praha, Výzk. úst. papíru a celulosy Vrané, Pražské papírny.) (Tschech.)

Die Meth. stützt sich weitgehend auf die Arbeitsweise von BRECHT u. SCHRANZ. Nach dieser Meth. bestimmten Vff. die spezif. Oberfläche (cm^2/g): Gebleichter Sulfitzellstoff 15° SR 13870 ± 1090, 35° SR 28460 ± 1750, 56° SR 40320 ± 1980; ungebleichter Sulfatzellstoff 13,5° SR 10050 ± 810, 40° SR 37520 ± 2200, 54° SR 51630 ± 2410. Bei einer Wahrscheinlichkeit von 0,95 muß man für die Toleranzen ± 4, 5, 6, 7, 8%

mindestens 18, 12, 8, 6, 5 Meßreihen bei ungemahlenen Zellstoffen durchführen. Gemahlene Fasern verbessern die Genauigkeit, bei ca. >65° SR fließt das W. jedoch schon zu langsam durch die Fasern. H. DEMUS. 8006□

Die Zusammendrückbarkeit von Papieren in ihrer Abhängigkeit von einigen Fertigungsbedingungen. Walter Brecht und Martin Schädler. (Papier **15.** 695—703. 25/12. 1961. Darmstadt, TH, Inst. für Papierfabrikation.) (Dt.)

Mit einem einfachen Gerät, das beim Zusammendrücken Schaulinien für die vom Druck u. von der Entlastung hervorgerufenen Dickenänderungen aufzeichnet, wurde untersucht, wie die hauptsächlichen Fertigungsbedingungen der Papiere auf gewisse, die Kompressibilität kennzeichnende Eigg. einwirken. — 11 Abbildungen. P. ECKERT. 8010□

Goodyear Tire & Rubber Co., V.St.A. (Erfinder: Charles W. Taylor jun. und Kenneth N. Remita), **Herstellung von Sperrholz** unter Verw. eines Mischpolymerisats aus 65—50 (%) Äthylenterephthalat u. 35—50 Äthylenisophthalat als Leim. Bei 120—160° wird heiß gepreßt. (**F. P. 1 222 818** vom 26/1. 1959, ausg. 13/6. 1960. A. Prior. 9/5. 1958.) M. F. MÜLLER. 7953

E. I. du Pont de Nemours & Co., V.St.A. (Erfinder: James Melbourne Cordrey, Stanley Thomas Druckenmiller und James Edward Lufkin), **Herstellung von Na-Carboxymethylcellulose,** dad. gek., daß man eine abgebaute Cellulose mit A. u. wss. NaOH versetzt, die Fl. abpreßt, bei 50—70° mercerisiert u. die entstehende Na-Cellulose mit einer Lsg. von Chloressigsäure (**I**) in A. umsetzt. Mengenverhältnisse: W.: Cellulose 0,60—0,83 : 1; A.: Cellulose 1,6—2 : 1; NaOH: **I** 0,95—1 : 1. — Zeichnung. (**F. P. 1 220 277** vom 12/2. 1959, ausg. 24/5. 1960. A. Prior. 2/4. 1958.) S. BÖTTCHER. 7971

Montecatini Soc. Gen. per l'Industria Mineraria e Chimica, Mailand, übert. von: Enzo di Giulio, Ferrara, und Paolo Parrini, Terni, Italien, **Synthetisches Papier aus Polypropylen** mit einer Eigen- („intrinsic") Viscosität von $\geqq$0,5 (in Tetralin bei 135° gemessen), dad. gek., daß es zu $\geqq$ 70% aus isotakt., mit sd. n-Heptan nicht extrahierbaren Makromoll. besteht, $\geqq$ 1 opake Oberflächen besitzt u. aus gefälltem Polypropylen besteht. Zur Herst. des Blattes wird eine Lsg. von isotakt. Polypropylen in einer Erdölfraktion auf eine Unterlage gesprüht, das Lsgm. verdampft u. das Blatt abgezogen. Das glatte, durchsichtige Prod. wird für Schiffs- u. Landkarten, Dokumente, Bücher, Schreibtafeln, Verpackungen, Haushaltszwecke, Kabelisolierungen, Druck- u. Schreibpapiere verwendet. — Beispiele, Tabellen, Kurven. (**A. P. 2 971 858** vom 4/6. 1957, ausg. 14/2. 1961. It. Prior. 13/6. 1956.) G. VOGEL. 7975

General Mills, Inc. (Erfinder: Stuart A. Harrison, Kirtland E. McCaleb und William J. Ward), Minneapolis, Minn., V.St.A., **Herstellung quaternärer Ammoniumverbindungen polymerer Fettsäureamine,** dad. gek., daß man Amine polymerer Fettsäuren mit quatern. Salze bildenden Verbb., wie Methylchlorid, -jodid, -bromid, n-Propylchlorid, Benzylchlorid, Methyl-p-toluolsulfonat, umsetzt. — Beispiel: Polymere Fettsäureamine, die durch Rk. von bes. aus Dilinolsäure bestehenden polymeren Fettsäuren mit NH_3 zu dem entsprechenden Nitril u. Hydrierung des Nitrils zum Amin hergestellt wurden, 57%ig. NaOH u. Isopropanol werden im Autoklaven mit CH_3Cl bei 5,6—8,4 ata u. 105—130° umgesetzt; nach Abkühlen u. Ablassen der Gase erhält man eine Lsg., die 50% der quatern. Ammonium-Verb. des polymeren Fettsäureamins enthält. — *Weichmacher für Papier.* (**D. A. S. 1 090 860** Kl. 39c vom 4/12. 1958, ausg. 13/10. 1960.) K. DEMMLER. 7979

American Cyanamid Co., New York, N.Y. (Erfinder: Charles Sidney Maxwell, Old Greenwich, Conn.), V.St.A., **Herstellung von Papier mit verbesserter Naßfestigkeit.** Einer koll. wss. Lsg. eines teilweise polymerisierten, positiv geladenen Aminotriazin-Formaldehyd-Kondens.-Prod. mit einem pH-Wert von 0,5—5, gemessen bei einem Harzfeststoff-Geh. von 12% u. einem Polymerisationsgrad, bei welchem die Harzteilchen sich im koll. Bereich befinden, wird CH_2O zugesetzt, die Lsg. gealtert, einer Cellulosefasersuspension im Holländer zugesetzt u. zu Papier verarbeitet. (**D. A. S. 1 090 078** Kl. 55f vom 7/10. 1957, ausg. 29/9. 1960. A. Prior. 8/10. 1956.) P. MAYER. 7983

F. D. Farnam Co., Chicago (Erfinder: John Y. L. Kao, Lombard), Ill., V.St.A., **Herstellung kautschukhaltiger Papiere, Pappen und dergleichen.** Einer wss. Aufschlämmung von Fasern pflanzlichen, tier. oder mineral. Ursprungs mit einer Stoffdichte unter 2% wird ein Koaguliermittel (wasserlösl. Salze mehrwertiger Metalle) unter heftigem Durchwirbeln mittels eines Gases zugesetzt u. hierauf ohne Unterbrechung der Durchwirbelung langsam eine Kautschukemulsion zugegeben. Nach beendeter Koagulation der Emulsion wird der Stoff durch eine Papiermaschine geführt. —

Verw. als Verpackungsmaterial, Dichtungen, Lederimitation, elektr. Isoliermaterial. (**D. A. S. 1 103 122** Kl. 55f vom 17/4. 1954, ausg. 23/3. 1961.) P. MAYER. 7987

Imperial Chemical Industries Ltd., England, **Herstellung von elastischen Druckwalzen,** welche um den Walzenkörper einen elast. Überzug aus Polyurethan tragen. Dieses wird hergestellt aus einem linearen Polyester u. einem Polyisocyanat, das mehr als 2 Isocyanatgruppen im Mol. enthält. Der Polyester enthält bes. endständige Hydroxylgruppen u. hat ein Molgew. 500—5000. Die zur Herst. verwendete Polyisocyanatmenge ist nicht größer als zur Rk. mit den endständigen Gruppen des Polyesters notwendig, z. B. werden 0,5—1 (Äquivalent) Polyisocyanat auf 1 Polyester angewandt. — Vgl. D. A. S. 1 071 950; C. **1960.** 8363. (**F. P. 1 209 502** vom 9/8. 1958, ausg. 2/3. 1960. E. Prior. 9/8. 1957 u. 21/7. 1958.) M. F. MÜLLER. 7989

National Starch Products, Inc., New York, N.Y., V.St.A., **Herstellung eines linoleumähnlichen Fußbodenbelages** nach den Meth. der Linoleumfabrikation unter Verw. eines Mischpolymerisats (**I**) aus 90—50 (%) Vinylacetat (**II**) u. 10—50 eines C_4—C_{12}-Alkylesters von Malein- oder Fumarsäure, eines C_1—C_{12}-Alkylesters der Acrylsäure oder eines Vinylesters einer organ. Säure mit 3—18 C-Atomen als Bindemittel. Durch das Einpolymerisieren des Esters wird das **I** so flexibel, daß ein Zusatz von Weichmachern im allg. nicht erforderlich ist. Folgende **I** wurden auf Flexibilität, Abreibfestigkeit, Härte, Alkaliresistenz u. Wasserabsorption untersucht: aus 60 **II** u. 40 Dibutylmaleat; 60 **II** u. 40 Dibutylfumarat (**III**); 77,3 **II** u. 22,7 **III**; 80 **II** u. 20 Vinylstearat; 70 **III** u. 30 Vinylbutyrat; 68 **II** u. 32 Äthylacrylat; 70 **II** u. 30 2-Äthylhexylacrylat; 90 **II** u. 10 Di-2-äthylhexylmaleat; 50 **II**, 40 **III** u. 10 Vinylchlorid. (**E. P. 797 630** vom 24/5. 1956, ausg. 2/7. 1958. A. Prior. 29/6. 1955.) C. LÜTTGEN. 7999

National Cylinder Gas Co., Chicago, Ill. (Erfinder: **Robert Roger Bottoms,** Crestwood, Ky.), V.St.A, *Schützen cellulosehaltiger Materialien.* (**Schwz. P. 355 938** vom 19/5. 1956, ausg. 15/9. 1961. — C. **1957.** 3983 [A. P. 2 749 256].)

N. V. de Bataafsche Petroleum Mij., s'Gravenhage, Holland, *Bereitung von mikrokristallinem Paraffin.* (**Belg. P. 543 045** vom 24/11. 1955, ausg. 11/9. 1959. A. Prior. 26/11. 1954. — C. **1957.** 13844 [D. A. S. 1 007 164].)

Ole Bendt Rasmussen, Charlottenlund, Dänemark, *Farbstoffmuster.* (**Dän. P. 85 868** vom 12/2. 1953, ausg. 13/10. 1958. — C. **1959.** 13351 [E. P. 745 500].)

Montecatini Soc. Gen. per l'Industria Mineraria e Chimica (Erfinder: **Alberto Bonvicini**), *Herstellung von Druckfarbe.* (**Aust. P. 229 857** vom 9/4. 1958, ausg. 8/9. 1960. It. Prior. 10/4. 1957. — C. **1961.** 5651 [Oe. P. 205 515].)

Hickson's Timber Impregnation Co. (G. B.) Ltd. (Erfinder: **Jesse Thornton**), *Imprägnieren von Faserpappen.* (**Aust. P. 228 133** vom 27/3. 1958, ausg. 2/6. 1960. E. Prior. 30/7. 1957. — C. **1961.** 10024 [Oe. P. 206 735].)

XVIIIb. Textilfasern

Der Chemismus der Oniumverbindungen und ihre Bedeutung für die Textilchemie und Textilveredlung. H. Rath. (Melliand Textilber. **38.** 78—82. Jan. 181—88. Febr. 321—22. März. 656—62. Juni. 794—99. Juli. 927—32. Aug. 1166—71. Okt. 1290—95. Nov. 1406—10. Dez. 1957.) (Dt.)

Nach der Definition der Onium-Verbb., die als solche des N, P, O, S auftreten u. in spalt- u. nichtspaltbare eingeteilt werden können, werden deren Herst. u. Analysen-Meth. besprochen. Dabei wird näher auf den Alkylierungsmechanismus eingegangen. Im speziellen Teil werden die Wirkungsweise zur Stabilisierung der Wolle zum Zwecke der filzfreien, alkalifesten u. kochwaschfesten Ausrüstung u. die Prüfung der so behandelten Textilien besprochen. Ferner wird die Behandlung von Schwefelfärbungen u. substantiven Färbungen zur Verbesserung der Naßechtheiten angeführt. Ferner werden Herst.-Vorschriften der Verbb. gegeben. W. BERNARD. 8032☐

Zustandsformen und Zustandsänderungen textiler Behandlungsbäder. Georg Strauch. (Melliand Textilber. **38.** 58—61. Jan. 1957.) (Dt.)

Vf. behandelt wss. Lsgg. von Textilhilfsmitteln u. ihre Ionogenität; Emulsionen, Suspensionen u. Lsgg. in organ. Lösungsmitteln. Es wird dabei auf alle Textilveredlungsprozesse eingegangen. W. BERNARD. 8032☐

Verfahren zum Beschichten von Textilien mit Polyurethanschaum. D. M. Woodford und B. N. Malkin. (Textile J. Australia **38.** 962—64. 21/8. 1961. Scott Bader & Co. Ltd.) (Engl.)

Übersicht über die Verf. zum Beschichten von Textilien mit Schaumstoff aus Polyurethan. Besprochen werden die verschiedenen Meth., wie Anschmelzen durch offene Flammen, Verw. von Klebern aus Basis von Lsgm. oder auf Basis wss. Emulsionen. Letztgenannte Kleber enthalten meist reaktionsfähige Copolymere von Acrylestern in Verbindung mit härtbaren Harzen, wie Melaminformaldehyd, die das Copolymere vernetzen. H.-A. WANNOW. 8032☐

Untersuchungen über N.N-Äthylenalkylurethane. 1. Mitt. Synthesen und Wasserdichtausrüstung von Cellulose. Yoshio Iwakura und Yoshiro Tezuka. (J. Soc. Textile Cellulose Ind., Japan [Sen-i Gakkaishi] **17.** 681—87. Juli 1961. Tokyo, Japan, Tokyo Inst. of Technol., Ookayama, Moguro-ku.) (Jap.; Auszug: Engl.)

N.N-Äthylenalkylurethane werden hergestellt durch Kondens. von Chlorkohlensäurealkylestern mit Äthylenimin in Bzl. in Ggw. von Triäthylamin. Die krist. Urethane werden identifiziert durch N-Analyse. Viscosereyon, welches mit einer Dispersion von N.N-Äthylenstearylurethan erhitzt wird, ist ausgezeichnet wasserabstoßend.

G.-D. GOLLNISCH. 8036☐

Untersuchungen über N.N-Äthylenalkylurethane. 2. Mitt. Herstellung in Wasser und Ausrüstung. Yoshiro Tezuka und Yoshio Iwakura. (J. Soc. Textile Cellulose Ind., Japan [Sen-i Gakkaishi] **17.** 687—93. Juli 1961.) (Jap.; Auszug: Engl.) — 1. vgl. vorst. Referat.

N.N-Äthylenalkylurethane werden hergestellt durch Rk. unter Kühlung von Chlorkohlensäurealkylester u. einer wss. Lsg. von Äthylenimin in Ggw. von Na_2CO_3 u. wenig nichtionogenem Hilfsmittel. In W. hergestelltes N.N-Äthylenstearylurethan wurde mit oder ohne Harnstoff–Formaldehyd-Harz auf Reyon angewandt. Es wurde eine waschbeständige wasserabstoßende Ausrüstung erhalten. G.-D. GOLLNISCH. 8036☐

Untersuchungen über N.N-Äthylenalkylurethane. 3. Mitt. Versuchsproduktion und industrieller Ausrüstungsversuch. Yoshiro Tezuka. (J. Soc. Textile Cellulose Ind., Japan [Sen-i Gakkaishi] **17.** 693—98. Juli 1961.) (Jap.; Auszug: Engl.) — 2. vgl. vorst. Referat.

N.N-Äthylenstearylurethan wurde nach der Dispersions-Meth. industriell hergestellt. Viscosereyon wurde mit diesem ausgerüstet. Das Erzeugnis zeigte einen dauernden Wasserabstoßendeffekt; Biege-, Reiß- u. Dehnungsfestigkeit waren verbessert.

G.-D. GOLLNISCH. 8036☐

Über Untersuchungen zur Trocknung von Geweben. J. Juilfs. (Melliand Textilber. **38.** 88—91. Jan. 1957.) (Dt.)

Es werden Verss. beschrieben, die nachweisen, daß das Feuchtigkeitsgleichgewicht der Gewebe sehr stark von der Strömungs-Geschw. der Trockenluft abhängt. Daneben wird die Faserquellung in die Überlegungen eingeschlossen. W. BERNARD. 8038☐

Zur Auswertung von Elastizitätsschaubildern, speziell bei Quetschbeanspruchungen. Ludwig Vollrath. (Faserforsch. u. Textiltechn. **12.** 531—34. Nov. 1961. Dtsch. Akad. der Wiss. zu Berlin, Inst. für Technol. der Fasern in Dresden.) (Dt.)

Am speziellen Fall der Quetschelastizitäts-Verss. an Einzelfasern wurden Probleme der Auswertung von Elastizitätsschaubildern behandelt. Zwischen den Aussagen einer kraft- bzw. deformationsbetonten Auswertung können teilweise stärkere Unterschiede auftreten. Zur Charakterisierung des Deformations-Verh. werden Meßzahlen für die Elastizität u. Plastizität gewonnen. P. ECKERT. 8040☐

Über die partielle Nitrierung von Viscosezellwolle im Faserzustand. Toshikazu Fujimura. (J. Soc. Textile Cellulose Ind., Japan [Sen-i Gakkaishi] **17.** 632—36. Juli 1961. Yatsushiro City, Japan, Yatsushiro Labor., Kokoku Rayon & Pulp Co. Ltd.) (Jap.; Auszug: Engl.)

Wegen milder Rk. u. geringer Faserschädigung ist das Syst. CCl_4 (I)–Acetanhydrid (II)–HNO_3 (III) bes. zweckmäßig. Die Nitrierung wird gebremst, wenn der Anteil von I 90% übersteigt. Sie wird beschleunigt bei einem Wasser-Geh. des Rohmaterials von über 30% u. bei steigender Temperatur. Im Syst. Essigsäure–II–III nehmen Quellung u. Heftigkeit der Rk. mit sinkendem Geh. von II zu. G.-D. GOLLNISCH. 8074☐

Über Rekristallisationserscheinungen bei Trocknungsprozessen von Hydratcellulosefasern. 17. Mitt. Über den Zusammenhang von Jodsorption und dem Kristallisationszustand von Cellulosefasern. Karl Schwertassek und Otto Ligocki. (Faserforsch. u. Textiltechn. **12.** 509—13. Nov. 1961. Brno, Wirkereiforschungsinst.; Bratislava, ČSSR, VEB Kunstfaserwerk J. Dimirov.) (Dt.) — 15. vgl. C. **1961.** 6317; 16. vgl. Faserforsch. u. Textiltechn. **12.** [1961.] 369

Die bei mercerisierter Baumwolle u. Viscosereyon im feuchten Zustand durch Einw. von höheren Temp. entstehenden Unterschiede im Kristallisationsgrad u. ihr Einfl. auf das Anfärbevermögen werden erklärt. Bei Zentrifugenspinnseide wurden am Spinnkuchenanfang u. -ende Unterschiede im Farbaufnahmevermögen festgestellt, die hauptsächlich durch Orientierungsunterschiede, in zweiter Linie durch Unterschiede im Kristallisationsvermögen, bedingt sind. Dies dürfte mit dem verschiedenen Abbaugrad, hervorgerufen durch die längere Säure-Einw. beim Spinnanfang, zusammenhängen. Es wird gezeigt, wie durch längeren Temp.-Einfl. auf das feuchte Material in der Praxis Farbungleichmäßigkeiten entstehen u. wie diese nachgewiesen werden können.

P. ECKERT. 8074☐

Untersuchungen über die dynamischen viscoelastischen Eigenschaften verschiedener regenerierter Fasern. Naoji Komatsu, Rinzo Ōno und Shingo Fujiwara. (J. Soc. Textile Cellulose Ind., Japan [Sen-i Gakkaishi] **17.** 584—89. Juli 1961. Kyoto, Japan, Res. Inst., Nippon Rayon Co. Ltd.) (Jap.; Auszug: Engl.)

Die dynam. viscoelast. Eigg. verschiedener regenerierter Fasern wurden nach der Schwingungen-Meth. gemessen. Die Orientierung der Moll. in den kristallinen u. amorphen Bereichen hat einen starken Einfl. auf die dynam. Viscoelastizität der Fasern. Das Wachsen der Kristalle u. die Zunahme der Vernetzung in den amorphen Bereichen führen zu einer Zunahme des dynam. Moduls. Dieser nimmt mit dem Polymerisationsgrad ab. G.-D. GOLLNISCH. 8074□

Neues auf dem Gebiet der synthetischen Faserrohstoffe. A. Sippel. (Melliand Textilber. **38.** 239—40. März 1957.) (Dt.)

Es werden Verss. geschildert, um bei Copolymerisaten die bisher dem Zufall überlassene Ordnung der einzelnen Faserbausteine so zu steuern, daß eine Symmetrie eintritt. Dazu werden vor allem beschleunigte Elektronen vorgeschlagen. Die so erzeugten Misch- oder Propfpolymerisate zeigen eine verbesserte Resistenz gegenüber chem. Einfl., höhere Schmelz- u. Erweichungspunkte u. damit bessere Gebrauchseigenschaften. W. BERNARD. 8080□

Beitrag zum Studium der Strukturänderungen von Polycaproamidfasern bei Deformationen in der Faserlängsrichtung. 1. Mitt. **Deformation von Polycaproamidfasern bei 20 und 200° unter Anwendung eines einstufigen kinematischen Schemas.** Martin Jambrich und Ivan Diačik. (Faserforsch. u. Textiltechn. **12.** 522—30. Nov. 1961. Forschungsinst. für Chemiefasern in Svit.) (Dt.)

Die Kristallorientierung u. die Umwandlung der Mol.-Anordnung der bei 20 u. 200° bei verschiedenen Streckungsgraden verstreckten Faserproben wurden untersucht. Die Verstreckung bei höheren Temp. ergab eine höhere Orientierung der kristallinen Bereiche u. eine schnellere u. stärkere Umwandlung der Mol.-Struktur. P. ECKERT. 8080□

Die Erspinnung eines Polymerengemisches aus Polyvinylalkohol und basischem polymerem Latex. 1. Mitt. **Die Herstellung von Latex von Vinylpyrigin-Copolymeren.** Kanji Matsubayashi und Yutaka Hirano. (J. Soc. Textile Cellulose Ind., Japan [Sen-i-Gakkaishi] **17.** 643—49. Juli 1961. Kurashiki City, Japan, Res. Labor., Kurashiki Rayon Co. Ltd.) (Jap.; Auszug: Engl.)

Es werden die Ergebnisse der Emulsionscopolymerisation von Vinylpyridin u. Divinylbenzol beschrieben. In Ggw. anion. Hilfsmittel koagulieren die Latices bei höheren Temperaturen. Unter den üblichen Spinnbedingungen, bes. beim Trockenspinnen, sind sie nicht stabil. Die Erspinnung des Polymerengemisches ist ohne Schwierigkeiten möglich, wenn die Emulsionspolymerisation in Ggw. von Säuren oder aminoacetyliertem Polyvinylalkohol erfolgt. Das Stabilitäts-Verh. der Latices scheint mit den hydrophilen Eigg. der Partikeln zusammenzuhängen. G.-D. GOLLNISCH. 8080□

Die Erspinnung eines Polymerengemisches aus Polyvinylalkohol und basischem polymerem Latex. 2. Mitt. **Die Erspinnung des Latex von Polyvinylalkohol-Vinylpyridin-Copolymeren.** Kanji Matsubayashi und Yutaka Hirano. (J. Soc. Textile Cellulose Ind., Japan [Sen-i-Gakkaishi] **17.** 650—54. Juli 1961.) (Jap.; Auszug: Engl.) — 1. vgl. vorst. Referat.

Es werden die Ergebnisse der Naß- u. Trockenerspinnung von Polymerengemischen aus Polyvinylalkohol- u. Vinylpyridin-Copolymeren beschrieben. Die aus Latex in Ggw. anion. Hilfsmittel ersponnenen Fasern zeigen eine gute Affinität zu Direkt- u. Säurefarbstoffen, auch bei hohem Benzalisierungsgrad, bes. bei trockengesponnenen Fasern. Die aus säurehaltigem Latex ersponnenen Fasern werden tief angefärbt, aber nur bei niedrigem Benzalisierungsgrad. Die färber. Eigg. dieser Fasern scheinen durch Spalt-Prodd. bedingt zu sein, die sich auf der Faseroberfläche befinden. G.-D. GOLLNISCH. 8080□

Über ein Feinstruktursystem monosubstituierter Polyäthylenoxidderivate. M. Kehren und M. Rösch. (Melliand Textilber. **38.** 96—99. Jan. 191—96. Febr. 319—21. März. 1957.) (Dt.) — Vgl. C. **1958.** 5839.

Vff. zeigen, daß je nach Polymerisationsgrad sowohl zickzackförmige als auch mäanderförmige Molekülanordnungen bei Äthylenoxid-Derivv. allein oder auch gemeinsam auftreten können. W. BERNARD. 8080□

Pierre Horace Boivin, Granby, Quebec, Canada, **Herstellung eines biegsamen, porösen und dehnbaren beschichteten Gewebes mit wildlederartigem Charakter** durch *Beschichten* eines Grundgewebes mit einer thermoplast., mit Weichmachern u. Blähmitteln (**I**) versehenen Masse u. unter Verw. herauswaschbarer, wasserlösl. Salze (**II**), dad. gek., daß ein Jersey-Tuch in Längs- u. Querrichtung — unter Anwendung eines Spannrahmens — gespannt u. mit einer mit I versehenen, thermoplast. Masse, bes. weichgemachtem PVC, beschichtet wird, worauf auf die Beschichtung **II**, z. B. NaCl aufgebracht, gehärtet der Überschuß der **II** entfernt, mit W. ausgewaschen u. getrocknet wird. — Vgl. auch A. P. 2 837 440; C. **1960.** 2745. (**D. A. S. 1 103 884** Kl. 81 vom 5/10. 1957, ausg. 6/4. 1961.) M. BÖTTCHER. 8025

United States Borax & Chemical Corp., Los Angeles, Calif., V.St.A., **Haltbares, festes Bleichmittel,** das wenig hygroskop. ist u. gute bleichende Eigg. besitzt. Es besteht aus einem Gemisch aus einem Alkali- oder Erdalkalihypochlorit u. einem Borat in welchem je (Mol) B_2O_3 0,029—0,36 OCl^- u. 0,65—0,9 titrierbares Alkali- bzw. Erdalkalioxid vorhanden sind. — Zur Herst. gibt man z. B. 42 (g) $Na_2B_2O_4 \cdot 4\,H_2O$ u. 6,55 $Na_2B_4O_7 \cdot 10\,H_2O$ in 100 W. u. leitet Cl_2 in die Aufschlämmung, bis eine 1:10 verd. Probe einen pH-Wert von 9,7 besitzt. Dann wird bei 60—65° u. 1—3 mm Hg das W. verdampft. (**E. P. 863 288** vom 8/12. 1958, ausg. 22/3. 1961. A. Prior. 17/1. u. 24/4. 1958.) F. BÖHM. 8027

Titangesellschaft m.b.H., Leverkusen-Bayerwerk (Erfinder: Charles Addison Russell, Fair Haven, N.J., V.St.A.), **Stabilisieren von Aminoalkoholestern der Titan- oder Zirkonsäure.** Man stabilisiert diese Ester, bes. die Ester von Aminoalkoholen der allg. Formel HO·R·N(R')R'' (R = ggf. substituiertes $-C_2H_4-$; R' u. R'' = H, Alkyl mit höchstens 3 C-Atomen, β-Aminoalkyl- oder β-Hydroxyalkylrest), dadurch, daß man sie — ggf. bereits während ihrer Herst. — mit monomeren aliphat. oder alicycl. Polyalkoholen, Mono- oder Disacchariden oder Polyhydroxycarbonsäuren versetzt. — So kann man z. B. zu dem durch Umesterung von 71,1 g Isopropyltitanat mit 61,1 g Äthanolamin erhaltenen braunen Äthanolamintitanat (**I**) 23,9 g Sorbithemihydrat $C_6H_{14}O_6 \cdot \frac{1}{2}\,H_2O$, gelöst in 100 cm^3 W., zugeben u. die Mischung unter Rühren auf 80° erhitzten, bis der gesamte Isopropylalkohol abgetrieben ist u. hierbei das Vol. durch Wasserzusatz (insgesamt ca. 500 cm^3) konst. halten. Die so hergestellte **I**-Lsg. ist stabil im pH-Bereich 6—11, selbst bei Verdünnung von 1 Teil **I**-Lsg. mit ca. 500 Vol.-Teilen Wasser. Ähnlich kann man das durch Umesterung von Butyltitanat mit Diisopropanolamin hergestellte Titanat mit Mannit bzw. das durch Umesterung von Isopropyltitanat mit Triäthanolamin erhältliche Titanat mit Inosit, Glycerin, Gluconsäure oder Glucose stabilisieren. Die stabilisierten Aminoalkoholtitanate u. -zirkonate können zur *Textilimprägnierung* im sauren u. alkal. Bereich verwendet werden. (**D. A. S. 1 081 024** Kl. 12q vom 14/5. 1954, ausg. 5/5. 1960. A. Prior. 14/5. 1953.) A. MOHR. 8037

Hutter & Schrantz Akt.-Ges. Siebwaren- und Filztuchfabriken und Dr. August Chwala, Wien, Österreich, **Verbesserung der Eigenschaften von Papiermacherfilzen und Filztüchern aus Keratinfasern und solche enthaltenden Mischwaren,** bes. zur Erhöhung der Wirksamkeit, Leistungsfähigkeit u. Lebensdauer. Die Filze bzw. Filztücher werden, ggf. nach Behandlung mit einem Triäthanolaminbad von ca. 0,05 bis 2%, einer kombinierten ein- oder mehrmaligen Behandlung mit organ. Basen bzw. deren Salzen mit schwachen Säuren, Derivv. u. Substitutions-Prodd., bes. mit einer wss. Alkylolamin-Lsg., bes. Triäthanolamin-Lsg., u. gelösten oder gasförmigen Aldehyden, bes. CH_2O, Glutaraldehyd oder aldehydabspaltenden Verbb., wobei im Falle der Verw. von gasförmigen Aldehyden die Behandlung mit der organ. Base der CH_2O-Behandlung vorangeht, in Ggw. von Hydrosolen der wasserunlösl. u. hydrophoben anorgan. Säureanhydride, wie Antimon-, Chrom-, Wolfram-, Molybdän-, Vanadin-, Zirkonsäure, im bes. der Solvatokratoide, wie die koll. Kieselsäurehydrosole u./oder anion. geladene koll. Hydrosole, wie Zinn- u. Titansäure, unterworfen, auch in Ggw. von im W. bzw. im Tränkungsbad koll. lösl., mit Aldehyden härtbaren Stoffen, wie Albumin, Gelatine oder Gelatineabbau-Prodd., Polyvinylalkohol u. dgl., u. anschließend in einer Aldehydatmosphäre bis 90° getrocknet. (**Oe. P. 214 256** vom 31/3. 1959, ausg. 27/3. 1961.) W. WITTHOTZ. 8061

Franz Ladislaus Rujàk und Paul Urányi, Budapest, Ungarn, **Verfahren zum Wasserabstoßendmachen von Häuten und Pelzen,** gek. durch Imprägnieren der gegerbten Häute oder Pelze mit organ. Metallsalzen in einem wss. oder organ. Lösungsmittel. Als Kationen der Metallsalze kommen vorteilhaft Cu, Cr, Al oder Fe u. als Anionen bes. Milch-, Butter-, Essig- oder Ameisensäure in Betracht. Als Puffer wirken die NH_4-Salze der oben genannten organ. Säuren. (**Ung. P. 143 816** vom 11/2. 1949, ausg. 30/11. 1957.) G. KÖNIG. 8067

Herbert Schiedewitz und Rolf Scheer, Karl-Marx-Stadt, **Vorbereitung von Fäden aus Synthesefaserseide für die Verwendung als Kett- und Schußmaterial in der Weberei.** Man behandelt niedriggedrehte Einzelfäden, z. B. aus Polyamid- oder Polyesterkunstseide, die nicht mehr als 500 Drehungen je m aufweisen, mit einer Lsg. von Umsetzungs-Prodd. aus mehrbas. organ. Säuren u. mehrwertigen Alkoholen, z. B.

aus Adipinsäure u. Triäthanolamin oder aus Citronensäure u. Glycerin, u. trocknet sie unter Beibehaltung ihrer Drehung. Man erhält Einzelfäden von guter Reißfestigkeit u. sehr hoher Scheuerfestigkeit. (**D. P. [DDR] 21 166** Kl. 8k vom 21/7. 1958, ausg. 12/4. 1961 [Wirtschaftspatent]. **Zusatz zu D. P. [DDR] 20 123; C. 1961. 14512.**) W. Raetz. 8071

Celanese Corp. of America, New York, N.Y., V.St.A., **Textilmaterial aus Celluloseestern,** bes. Celluloseacetat (**I**) mit hohem Geb. an Acetatgruppen, das sich mit üblichen Farbstoffen abgasecht färben läßt. Man setzt der Spinn-Lsg. N-freie ungesätt. Verbb., z. B. auf 21 (Teile) **I** 0,63 des Polyesters aus Äthylenglykol u. Methallylbernsteinsäure, zu. (**E. P. 835 430** vom 14/9. 1956, ausg. 18/5. 1960. A. Prior. 14/9. 1955.) F. Böhm. 8077

Rohm & Haas Co., Philadelphia, Pa., V.St.A. (Erfinder: Charles Hamilton McBurney, George Alvin Richter jun. und Benjamin Berryl Kine), **Herstellung von Formkörpern** von kleiner Dimension (0,0025—0,5 mm) in wenigstens einer Richtung aus wasserunlösl. Additionspolymeren, die wenigstens ca. 0,2% der Verb. $CH_2{=}C(R){\cdot}SR'{\cdot}OR''$ [R = H, CH_3; R' = $-CH_2-$, $-CH(CH_3)-$, $-C(CH_3)_2-$;. R'' = 8 C-Alkyl] enthalten; man behandelt das Form-Prod. mit einem sauren Medium u. danach mit einem Oxydationsmittel u. vernetzt so das Mol. mittels der Sulfidverbindung. Herst. von *Folien, Fasern, Fäden.* — Eine wss. Dispersion eines Mischpolymeren aus 70 (Teilen) Acrylnitril, 10 Butoxyäthylacrylat u. 20 Methoxymethylvinylsulfid wird in ein 10%ig. Na-Bisulfitbad von 80° versponnen; man trocknet bei 260°, streckt bei 140° bis zu 600%, behandelt mit 4%ig. H_3PO_4-Lsg., dann mit 5%ig. J_2-Lsg. in A. je 1 Std. bei 40° u. hält 40 Min. bei 150°. Die Schrumpfung des nachbehandelten *Fadens* ist geringer als die eines unbehandelten. (**F. P. 1 182 290** vom 29/5. 1957, ausg. 24/6. 1959. **Jap. A. S. 32/1960** vom 29/5. 1957, ausg. 5/1. 1960. Beide A. Prior. 29/5. 1956.) M. Pankow. 8081

Saul & Co., Newark, N.J., V.St.A., übert. von: **Kurt Hofer**, Munchenstein, Schweiz, *Netzmittel.* (**A. P. 2 925 316** vom 24/2. 1954, ausg. 16/2. 1960. Schwz. Prior. 6/3. 1953. — **C. 1959.** 6998 [Schwz. P. 315 882].)

Deutsche Gold- und Silber-Scheideanstalt vormals Roessler, Frankfurt/M., *Bleichen von Fasern.* (**Holl. P. 97 796** vom 26/5. 1959, ausg. 17/4. 1961. D. Prior. 29/5. 1958. — **C. 1961.** 10030 [D. A. S. 1 083 221].)

Hickson & Welch Ltd., Castleford, England, *p-(Aryl-[4'.5']-triazolyl-[2'])-styrolsulfonsäuren.* (**Holl. P. 97 713** vom 11/9. 1957, ausg. 17/4. 1961. E. Prior. 18/9. 1956 u. 18/4. 1957. — **C. 1961.** 13403 [F. P. 1 183 142].)

Imperial Chemical Industries Ltd., England (Erfinder: **Leonard Harrison Groves, John Alwyn Hall** und **James William Roberts**), *Hydrophobierungsmittel für Textilien.* (**F. P. 1 204 412** vom 27/3. 1958, ausg. 26/1. 1960. E. Prior. 27/3. 1957 u. 3/3. 1958. — **C. 1961.** 15969 [E. P. 835 596].)

Union Chimique Belge Soc. An., Brüssel, übert. von: **René Leclercq**, Woluwe Saint Pierre, und **Jean Colle**, Huizingen, Belgien, *Wässerige Organopolysiloxanemulsion.* (**A. P. 2 970 976** vom 18/3. 1957, ausg. 7/2. 1961. Belg. Prior. 26/4. 1956. — **C. 1961.** 707 [F. P. 1 183 022].)

N. V. Kunstzijdespinnerij Nyma, Nimwegen, Holland, *Viscosespinnverfahren.* (**Belg. P. 545 188** vom 13/2. 1956, ausg. 9/10. 1959. — **C. 1960.** 15619 [Holl. P. 92 525].)

E. I. du Pont de Nemours & Co., Wilmington (Erfinder: **Melvin Adam Dietrich**, Claymont), Del., V.St.A., *Herstellung von Gebilden aus regenerierter Cellulose.* (**D. A. S. 1 108 849** Kl. 29b vom 28/5. 1952, ausg. 15/6. 1961. A. Prior. 29/5. 1951. — **C. 1956.** 12717 [Schwz. P. 308 243].)

I. P. Bemberg Akt.-Ges., Wuppertal, *Kontinuierliche Erzeugung von parallel nebeneinanderliegenden Fäden aus regenerierter Cellulose.* (**E. P. 839 295** vom 7/8. 1958, ausg. 29/6. 1960. D. Prior. 10/8. 1957. — **C. 1959.** 12733 [D. A. S. 1 048 861].)

Sandoz Soc. An., Schweiz, *Herstellung von in der Masse gefärbten Gebilden aus Acetylcellulose.* (**F. P. 1 206 261** vom 25/6. 1958, ausg. 9/2. 1960. Schwz. Prior. 27/6. u. 28/6. 1957. — **C. 1961.** 1775 [D. A. S. 1 082 700].)

Montecatini Soc. Gen. per l'Industria Mineraria e Chimica, Mailand, Italien, *Gut färbbare Textilfasern.* (**It. P. 524 266** vom 18/11. 1954. — **C. 1959.** 9770 [F. P. 1 135 625].)

Courtaulds Ltd., England, *Herstellung einer Spinnlösung.* (**F. P. 1 170 177** vom 15/9. 1956, ausg. 12/1. 1959. E. Prior. 16/9. u. 1/11. 1955 u. 11/5. u. 21/6. 1956. — **C. 1960.** 7046 [E. P. 796 294].)

Montecatini Soc. Gen. per l'Industria Mineraria e Chimica (Erfinder: **Domenico Maragliano** und **Cornelio Caldo**), Mailand, Italien, *Polymerisieren von Acrylnitril* (**F. P. 1 187 576** vom 9/12. 1957, ausg. 14/9. 1959. **Jap. A. S. 9288/1959** vom 9/12. 1957, ausg. 16/10. 1959. Beide It. Prior. 11/12. 1956. — **C. 1961.** 14512 [Belg. P. 563 086].)

Courtaulds Ltd., England, *Herstellung von Fasern und Fäden aus Polyacrylnitril.* (**F. P. 1 182 567** vom 10/9. 1957, ausg. 26/6. 1959. E. Prior. 10/9. 1956. — **C. 1960.** 10105 [D. A. S. 1 068 859].)

Chemstrand Corp., Decatur, Ala., V.St.A., *Polyester.* (**E. P. 866 220** vom 29/4. 1957, ausg. 26/4. 1961. A. Prior. 25/6. 1956. — **C. 1960.** 8731 [Aust. P. 212 807].)

XIX. Brennstoffe. Erdöl. Mineralöle

Der heutige Stand der Kohleforschung. M. F. Kessler. (Paliva **39.** 145—46. Mai 1959. Praha, ČSAV, Hornický ústav.) (Tschech.)

Übersicht über die Richtungen der Kohleforschung in den verschiedenen Ländern u. ihre Probleme. R. K. Müller. 8126 □

Beitrag zur Kenntnis der Entstehung der Kohle. Anwendung der Infrarotabsorption. Charles Alexanian. (C. R. hebd. Séances Acad. Sci. **246.** 1192—95. 24/2. 1958. Verneuil-en-Halatte, Oise, Centre d'Étud. Rech. Charbonnage France.) (Franz.)

Um zu entscheiden, ob die Kohle aus der Cellulose oder aus dem Lignin entstanden ist, hat Vf. IR-Absorptionskurven verschiedener Kohlen aufgenommen u. kommt zu dem Ergebnis, daß die Cellulose die Muttersubstanz des Torfes u. des fossilen Holzes ist, während die Kohle aus dem Lignin entstand. Es ist verkehrt, zwischen Torf u. Ligniten eine Verwandtschaft zu suchen. F. ROSENDAHL. 8126□

Röntgen-Untersuchungen einiger Indischer Fusite. B. K. Banerjee, D. P. Dutta und R. S. Dubey. (J. sci. ind. Res. [New Delhi], Sect. B **20.** 486—89. Okt. 1961. Jealgora, Indien, Central Fuel Res. Inst.) (Engl.)

Fusithaltige Kohlen verschiedener ind. Vork. werden röntgenograph. untersucht. Es ergab sich, daß die Fusite aus zweidimensionalen Graphitschichten aufgebaut sind; der Ordnungsgrad ist geringer als der der Vitrite. Als Gesellschafter treten Tonmineralien (in Form orientierter Aggregate), Quarz u. Siderit auf. ERNST SCHULTE. 8126□

Bestimmung der Gasausscheidung aus der Förderkohle. A. Ss. Zirulnikow. (Доповіді Академії Наук Української РСР [Ber. Akad. Wiss. UkrainSSR] **1961.** Nr. 7. 915—19. Inst. für Wärmeenergetik der Akad. der Wiss. der UkrainSSR.) (Ukrain.; Auszug: Engl.)

Durch Best. des Entgasungsgrades der geförderten Kohle u. Berechnung der zu erwartenden Gasausscheidung bei den verschiedenen Förderprozessen u. bei plötzlicher Zerstörung der gasführenden Schicht wird gezeigt, daß der Entgasungsgrad der Fraktionen vor allem von der Gasdurchlässigkeit der Kohle u. von der Ggw. geschlossener Mikroporen abhängig ist. Bei allen Fraktionen verläuft die Entgasung in den ersten 5—10 Min. sehr rasch, nimmt dann rasch, nach 30—60 Min. langsam ab. Bei den Feinfraktionen ist die Entgasung 2—3 mal stärker als bei den groben Fraktionen. Bei den Fraktionen oberhalb 10—20 mm verläuft die Entgasung in den ersten 2—3 Std. mit fast der gleichen Geschwindigkeit. O. LEBTAG. 8126□

Untersuchung über die empirischen Gleichungen zur Berechnung der Schmelztemperatur von Kohlenasche. Hsing-i Yao und Wen-sen Wang. (Acta Focalia sinica **4.** 216—23. Juli 1959. Ministry of Coal Ind., Peking Inst. of Coal Sci., Dep. of Coal Chem.) (Chin.; Auszug: Engl.)

Zur Berechnung der Schmelz-Temp. der Asche chines. Kohle werden 2 Gleichungen vorgeschlagen: $Y \cdot W_1 = 24\,Al_2O_3 + 11\,(SiO_2 + TiO_2) + 7\,(CaO + MgO) + 8\,(Fe_2O_3 + KNaO)$ u. $Y \cdot W_2 = 200 + 21\,Al_2O_3 + 10\,SiO_2 + 5\,(Fe_2O_3 + CaO + MgO + KNaO)$. W. WESLY. 8126□

Über die Gesamtarbeit der Verwertung der Braunkohle und der Produkte aus Kohle durch Verbrennung. Jaromír Jílek. (Paliva **39.** 27—40. Jan.; 95—97. März 1959.) (Tschech.)

In schemat. Darst. der Rohstoff- u. Energiebilanzen werden die Wrkg.-Grade der Verschwelung von Braunkohle in Pulver- u. Brikettform u. der unterird. Vergasung verglichen. Die Gewinnung elektr. Energie durch Kombination von Druckgenerator u. Gasturbine wird erörtert. Bei der Druckvergasung ist zu berücksichtigen, ob CO verwertet wird oder nicht. Die Meth. der Berechnung des Wrkg.-Grades bei der Verkokung u. Verschwelung, bes. von Briketts, werden zusammenfassend behandelt u. durch Tabellen u. Berechnungsbeispiele erläutert. R. K. MÜLLER. 8128□

Einfluß der Asche auf den Verbrennungsvorgang in einer Schicht fester Brennstoffe. Jan Novák und Vladimír Ludvík. (Práce Ústavu Výzkum Využiti Paliv, Řada A. **13.** 5—70. 1959.) (Tschech.)

Wenn der Asche-Geh. bei Braunkohlen 80, bei Steinkohlen 30 g/1000 kcal überschreitet, muß bei der Verbrennung mit einem Sinken der Wärmeleistung des Rostes gerechnet werden. Bei der Verbrennung von Braunkohlen bis 280 u. Steinkohlen bis 350 g/1000 kcal, wie sie als Abfall-Prodd. der Kohlenwäsche erhalten werden, müssen besondere Maßnahmen getroffen werden. Zur Verminderung der Schlacken-Bldg. können der Verbrennungsluft Rauchgase ($>30\%$, Gesamt-$CO_2 \geqq 3{,}5\%$) beigemischt werden; Zusatz von Wasserdampf ist nicht zu empfehlen. R. K. MÜLLER. 8128□

Einfluß der technologischen Bedingungen der Verkokung auf die Koksqualität. Einfluß der Länge der Verkokungszeit und die Verkokungsgeschwindigkeit. J. Kunc und J. Holub. (Paliva **39.** 6—8. Jan. 1959. Praha, úst. výzk. paliv.) (Tschech.)

Die Koksqualität (KQ) wird durch Verlängerung der Verkokungsdauer verbessert. Auch eine Verlangsamung der Verkokung durch niedrigere Temp. in den Heizzügen verbessert die KQ; die günstigste Temp. muß für jeden Ofentyp ermittelt werden. Niedrigere Verkokungs-Temp. kann auch durch geringeren Wasser-Geh. der Kohle erreicht werden. R. K. MÜLLER. 8144

Erzeugung von Koks mit Zumischung von Kiesabbränden und Hochofenschlacke. V. Stuchlík. (Paliva **39.** 150—54. Mai 1959.) (Tschech.)

Durch Zuschlag von Kiesabbrand (I) zu einem Gemisch von Koks- u. Fettkohle vor der Verkokung wird „Ferrokoks" erhalten, in dem der Gesamt-Fe-Geh. (Geh. an metall. Fe) bei Zuschlag von 5—30% von 2,16 (0,64) auf 13,28 (9,97%) steigt. Statt I kann auch Hochofenschlacke (II) zugemischt werden, wobei mit 2—15% II Ferrokoks mit 1,30 (0,73)—7,68 (2,00)% Fe erhalten wird. Der erhaltene Ferrokoks kann in Hochöfen verwendet werden. R. K. MÜLLER. 8144□

Technologische Parameter eines zweistufigen Konverters für Wassergas mit optimalen Größen der Katalysatorbriketts. B. I. Popow und A. Ss. Schmelew. (Химическая Промышленность [Chem. Ind.] **1960.** 45—47. Jan./Febr.) (Russ.) — Vgl. C. **1961.** 10477.

Für die Konversion von Wassergas bei 400 u. 450° werden die optimalen Dimensionen der Briketts des Fe_2O_3–Cr_2O_3-Katalysators (I) untersucht. Die Höhe der Pillen (Ø 1,0 cm) soll bei 400° 0,61, bei 450° 0,57 cm betragen. Für einen Konverter mit I-Pillen von 7 mm Höhe u. 10 mm Ø werden die technolog. Parameter ermittelt: Eintritts- u. Mitteltemp., Höhe der I-Schicht, Gleichgewichts-Konst. K ($s^{-1} \cdot cm^{-3}$) u. CO-Geh. am Ausgang. Die für einen zweistufigen Konverter aus der Gleichung einer monomol., reversiblen Rk. 1. Ordnung aus dem CO-Geh. berechneten Werte stimmen mit solchen aus der Fabrikation gut überein. Die Leistung des Konverters erhöht sich bei Verw. von I optimaler Dimensionen gegenüber den gewöhnlich verwendeten I-Dimensionen um 12,5%. R. K. MÜLLER. 8152□

Gewinnung von Äthylen aus Kokereigas. N. Ss. Torotscheschnikow und A. P. Darjussin. (Химическая Промышленность [Chem. Ind.] **1959.** 658—65. Dez.) (Russ.)

Die C_2H_4-Fraktion von Kokereigas enthält >20 Komponenten, die in einem Wärmeaustauscher mit 4 Verdampfungszonen zerlegt werden können. Durch Einbau von 2 Kühlschlangen (fl. N_2) u. Entfernung von C_2H_2 u. CO wird gereinigtes C_2H_4 für die Synth. von Äthyl- u. Isopropylbenzol erhalten. Für die direkte Gewinnung von C_2H_4 aus Kokereigas werden verschiedene nichtsowjet. Anlagen beschrieben, die in der Hauptsache mit Sublimation arbeiten; andere Anlagen mit Adsorption u. Hypersorption werden im Prinzip erläutert. Die optimale Temp. für die direkte C_2H_4-Gewinnung beträgt hierbei 0—20°. R. K. MÜLLER. 8156□

Richtungswechsel bei der Gaserzeugung. 2. Mitt. **Neue Technik.** A. R. Myhill. (Chem. Process Engng. **39.** 396—98. Nov. 1958. M. Inst. Gas E., M. Inst. F.) (Engl.) — Vgl. C. **1960.** 6019.

Die Eignung der LURGI-Druckvergasung auf der Basis geeigneter engl. Steinkohlen u. Gemischen von Steinkohle u. Erdöl wird erörtert. Verbesserungen des Wrkg.-Grades können durch einen modifizierten LURGI-Generator mit Hydrierungskammer u. höherer Temp.-Führung, die den Aschenabzug in Schlackenform bewirkt, erreicht werden. Eine Vereinfachung der Gaswäsche durch den Rectisolprozeß (Methanolwäsche bei —50°) erlaubt den Einsatz des Gases für Synth.-Zwecke. R. MAHRWALD. 8156□

Anwendung gasförmiger Brennstoffe zur Heizung. O. Merta. (Paliva **39.** 86—90. März 1959.) (Tschech.)

Neuere Probleme der Raumheizung; Beheizung mit selbständigen Gaserzeugern; Automatisierung der Gasheizung; Gasheizung im Wohnungsbau, unter Berücksichtigung der zentralen Beheizung von Siedlungen. R. K. MÜLLER. 8156□

Anwendung von Rohöl und Ölen in der Entwicklung der Gasfabrikation. S. Odehnal, J. Klíma und J. Štrobl. (Paliva **39.** 221—23. Juli 1959.) (Tschech.)

Übersicht über die Ausführungsformen der Gewinnung von Kraft-, Heiz- u. Leuchtgas aus Ölen u. die Erfahrungen bei ihrer Anwendung. R. K. MÜLLER. 8156□

Veränderung des Gehaltes an Cyanwasserstoff im Kokereigas. A. W. Granshan. (Химическая Промышленность [Chem. Ind.] **1960.** 164. März.) (Russ.)

Der HCN-Geh. im Kokereigas beträgt ursprünglich (im untersuchten Falle) 0,76 (g/m^3), an der As_2O_3-Soda-Reinigung Eingang 0,62, Ausgang 0,29, an der Trockenentschwefelung Eingang 0,24, Ausgang 0,0073, an den Kompressoren 0,0062. Der größte Teil des HCN wird also bei der Trockenentschwefelung entfernt. R. K. MÜLLER. 8172□

Regenerierung von Monoäthanolamin nach Reinigung von Kokereigas. P. A. Chodak und W. W. Wassko. (Химическая Промышленность [Chem. Ind.] **1960.** 511. Sept. Gorlowo, ATS.) (Russ.)

In dem zum Auswaschen von CO_2 u. H_2S aus Kokereigas verwendeten *Monoäthanolamin* (I) reichert sich I-Thiosulfat (II) an u. krist. aus. Bei der Rückgewinnung von I aus II mittels NaOH wird die I-Ausbeute von 36 auf 87% erhöht, wenn man auf 1 g gebundenes I 1 g NaOH (statt bisher 0,75 g) verwendet. Durch den überstöchiometr. Anteil des NaOH werden die neben II vorliegenden Verunreinigungen (regenerierbarer S, O-Verbb. von Fe u. I) beseitigt. R. K. MÜLLER. 8174□

Thionaphthen, ein schwefelhaltiger Begleiter des Naphthalins. B. M. Patz und A. Ss. Nepomnjaschtschaja. (Химическая Промышленность [Chem. Ind.] **1959.** 666—68. Dez. Ukrain. Forsch.-Inst. für Kohlechemie.) (Russ.)

Thionaphthen (I) begleitet Naphthalin (II) in der II-Fraktion der Teerrektifikation, bei der Kristallisation u. bei der Gewinnung von Roh-II; dabei kann man den I-Geh. in der festen Phase durch die Wahl der Endtemp. der Kristallisation oder deren Durchführung in 2 Stufen (z. B. bei 50 u. 20°) herabsetzen. Auch die Zus. des Mediums hat Einfl. auf die Trennung von I u. II. Wenn man II bei 55—60°, also oberhalb des F. von I, abpreßt, bleiben 39—50% des I (1,5—2%, bezogen auf II) in fester Lsg. im II. Durch Rektifikation gereinigtes II enthält noch 10% I, sublimiertes II prakt. das gesamte I. Während zur Entfernung von β-Methylnaphthalin aus II nur 4 theoret. Böden erforderlich sind, sind es für die Entfernung von II 22. Bei Kombination von Rektifikation u. H_2SO_4-Wäsche beseitigt die Rektifikation 30%, die Wäsche 70% des I.

R. K. MÜLLER. 8176□

Das Gleichgewicht der Essigsäure im System Gas–Holzteer. N. W. Tschalow und O. A. Alexandrowa. (Гидролизная и Лесохимическая Промышленность [Hydrolysen- u. holzchem. Ind.] **11.** Nr. 8. 8—11. 1958.) (Russ.)

Es werden die Gleichgewichtsbedingungen in den Syst. Essigsäure (I)–Holzteer (II), I–wasserlösl. Teil von II u. I–wasserunlösl. Teil von II im Bereich von 40—100° untersucht u. halbempir. Formeln für ihre Berechnung vorgeschlagen. H. NESTLER. 8178□

Zähe Tonlösungen unter Anwendung von Alabaster. Je. A. Demjanowa. (Нефтяное Хозяйство [Erdöl-Wirtsch.] **36.** Nr. 5. 26—27. Mai 1958.) (Russ.)

In der Bohrpraxis empfiehlt sich die Verw. von Torf/Alkali-Pasten, wobei die Alkalimenge von der Torfsorte, der Menge u. der Art der Löslichkeit der lösl. Humate abhängt. Beim verwendeten Torf war der Zusatz von 7,5% NaOH (vom Torf-Gew.) am günstigsten. Setzt man noch Alabaster hinzu, so steigt die Wasserabgabe bei Zusatz von 6—9 g Alabaster stark an, wenn die Ton-Lsg. 100 g/Liter Torf/Alkali-Paste enthält; enthält sie jedoch daran 200 g/Liter, so kann man 10—15 g Alabaster zusetzen, ohne die Filtrations-Eigg. zu verschlechtern. Bei Verw. von Kaolinittonen stabilisiert die Paste zu schwach: Alabasterzusatz steigert stark die Viscosität, ohne die Wasserabgabe zu steigern. Man kombiniert am besten Alkali/Torf- mit Braunkohle/Alkali-Präpp. unter Zusatz von Alabaster zwecks Gewinnung viscoser thixotroper Gele bei den Bohrungen.

A. v. WILPERT. 8190

Pyrolyse von Benzin aus der direkten Destillation („straight-run"-Benzin) zu Äthylen. Ss. D. Rasumowski, L. Ss. Ssemenowa und L. I. Kulitschenko. (Химическая Промышленность [Chem. Ind.] **1960.** 19—23. Jan./Febr.) (Russ.)

Bei der katalyt. therm. Zers. von „straight-run"-Bzn. (I) ohne Zusatz bei 750° werden 24—26 (Gew.-%) C_2H_4 u. 13—19% Teer (bei langer Kontaktdauer 30%) erhalten, bei 780° 26 bzw. 36%. Für die Zers. in Ggw. von Wasserdampf werden die optimalen Bedingungen bzgl. der C_2H_4-Ausbeute untersucht. Man erhält bei 780° u. 0,8 Sek. Kontaktdauer aus 40 (%) I + 60 Wasserdampf 33,0% C_2H_4 (13,0% Teer), aus 40 I + 20 Wasserdampf + 40 Crackgas 43,4% C_2H_4 (5,3% Teer), bei 800° u. 1,0 Sek. Kontaktdauer aus 75—70 I + 20 Wasserdampf + 5—10 CH_4 32,0% C_2H_4 (20,0% Teer).

R. K. MÜLLER. 8200□

Die Anwendung der Ozonolyse bei der Konstitutionsermittlung von Ölen. 2. Mitt. **Seitenketten-Analyse von Aromaten und Benzothiophenen aus verschiedenen Öl-Fraktionen.** H. Boer. (J. Instn. Petroleum **46.** 234—36. Juli 1960. Amsterdam, Koninklijke/Shell-Labor.) (Engl.) — 1. vgl. Proc. 4th World Petrol Congr., 1955, **5.** 1—12.

Eine ozonolyt. Best.-Meth., bei der die gebildeten Fettsäuren gaschromatograph. bestimmt werden, wurde auf straight-run-Destillate, katalyt. Reformate u. auf durch Hydrodesulfurisierung von Benzothiophenen gewonnene Aromaten angewandt. Die Verteilung der Seitenketten in Aromaten von straight-run-Benzinen aus weithin variierenden Rohprodd. ist ziemlich ähnlich: In allen Fällen sind 70—80% der Substituenten CH_3-Gruppen, 10—20% C_2H_5-Gruppen u. 0—10% Propyl- u. Butylgruppen. Die Verteilung der Gruppen in katalyt. Reformaten ist damit vergleichbar. In den straight-run Gas–Öl-Fraktionen (Kp. 290—325°) vorkommendes Benzothiophen ist sehr häufig in der 2-Stellung substituiert. J. SCKUBERT. 8200□

Bestimmung der individuellen Kohlenwasserstoff-Zusammensetzung von Benzinen der Erdöle von Tatarien. 3. Mitt. **Benzine aus den Erdölen verschiedener Horizonte.** F. A. Urmantschejew, R. I. Ismailow und B. Le. (Известия Академии Наук СССР, Отделение Химических Наук [Nachr. Akad. Wiss. UdSSR, Abt. chem. Wiss.] **1960.** 495 bis 497. März. Chem. Arbusow-Inst. der kasan. Zweigstelle der Akad. der Wiss. der UdSSR.) (Russ.) — 2. vgl. C. **1959.** 14601.

Die Zus. eines Bzn. aus Erdöl der Carbonformation u. von 2 Bzn. aus Erdöl der Devonformation wird, aufgegliedert nach paraffin. Cyclopentan- u. Cyclohexan- u. aromat. KW-Stoffen u. innerhalb dieser Gruppen nach individuellen KW-Stoffen, tabellar. mitgeteilt. Der Siedebeginn liegt bei allen Proben bei 150°. In allen Fällen überwiegen bei den verzweigten Paraffinen die KW-Stoffe mit einem tert. C-Atom in der Kette; dabei haben die KW-Stoffe mit ungerader Zahl von C-Atomen in der geraden Kette die CH_3-Gruppe vorzugsweise am 2., die mit gerader Zahl am 3. C-Atom. Unter den Cyclopentanen überwiegen Methylcyclopentan u. trans-1.2-Dimethylcyclopentan, bei den Dimethylcyclohexanen u. Trimethylcyclohexanen ist 1.3 > 1.4 > 1.2. R. K. MÜLLER. 8200□

Eigenschaften von Fluorkohlenstoff-Schmiermitteln und -Trennflüssigkeiten. T. N. Nikolajewa und Je. P. Kryshko. (Химическая Промышленность [Chem. Ind.] **1959.** 388—90. Juli/Aug.) (Russ.)

Die physikal. Eigg. der als säure- u. halogenfeste Schmiermittel u. Trenn-Fll. (für Manometer, Gleichgewichtswaagen usw.) verwendbaren C–F-Verbb. werden in Tabellen zusammengestellt: spezif. Gew. 1,86—2,05, F. 158—200°, bei Fll. $Kp._3$ 60—200°, SZ. 0—0,2. Ein Nachteil dieser Verbb. ist die rasche Abnahme der Viscosität schon bei relativ niedrigen Temp. (Diagramme). In Tabellen wird die Beständigkeit gegenüber rauchender HNO_3, $HClO_4$, HCl, H_2SO_4, H_2O_2 u. HF u. ihre Löslichkeit in CCl_4, Aceton, Dichloräthan u. Xylol mitgeteilt. — 13 Literaturangaben. R. K. MÜLLER. 8220□

Die Anwendungstechnik von Gleitlacken. H. H. Reinsch. (Schmiertechnik **8.** 191—93. Juli/Aug. 1961. Berlin.) (Dt.)

Beschreibung von Gleitlacken als Korrosionsschutzlacke, die an Stelle des Farbpigments einen geeigneten festen Schmierstoff u. als Bindemittel Vinylbutyralharze oder phenolmodifizierte Epoxidharze enthalten. Beschreibung von Verff. zur Aufbringung der Gleitlackfilme auf Fe, Stahl, cadmierten, verzinkten, verchromten u. vernickelten Fe-Teilen, Al, Mg, Ti u. Cu sowie deren Legierungen. O. HENNING. 8222□

Anwendung eines Monochromators zur Untersuchung der Feinstruktur von Kohlen und Koks. M. F. Kessler und V. Večeříková. (Paliva **39.** 90—93. März 1959.) (Tschech.) — Vgl. C. **1961.** 15618.

Die Röntgen-Unters. von Kohlen u. Koks wird durch die Verw. von flachen Monochromatoren oder solchen aus gekrümmten Kristallen genauer als bei Verw. von nur gefilterten Röntgenstrahlen, wie an Beispielen gezeigt wird. R. K. MÜLLER. 8246□

Untersuchung der Schmierfähigkeit und der Dielektrizitätskonstanten von Schmiermitteln in Gegenwart von Ammoniakgas als Funktion des Druckes. Grégoire Volovick und Henri Damany. (C. R. hebd. Séances Acad. Sci. **249.** 2766—68. 21/12. 1959.) (Franz.)

Die Einw. von NH_3 auf die Schmierfähigkeit von Schmiermitteln als Funktion des Druckes sowie die DK des Paares Öl + NH_3 in Abhängigkeit vom Druck wird untersucht, um festzustellen, welche Rolle die elektrostat. Erscheinungen bei der Schmierähigkeitsänderung spielen. Wird die für das Syst. Öl–NH_3 bei verschiedenen NH_3-Drucken gemessene DK gegen die Zeit graph. aufgetragen, so ergibt sich, daß je nach dem Druck ein Gleichgewicht erst nach 5—10 Tagen eintritt. Andererseits nimmt für jeden Druck die Schmierfähigkeit ab u. erreicht einen Grenzwert nach einigen Zehnstunden. Dieses Gleichgewicht stellt sich demnach viel schneller ein, da das Schmiermittel als dünner Film vorliegt, dessen Oberfläche in bezug auf das Vol. groß ist, während für die DK im Meßkondensator die im Kontakt mit dem Gas befindliche Oberfläche klein ist in bezug auf das Volumen. Die Messungen ergaben eine lineare Abhängigkeit der Schmierfähigkeit vom Druck. Die Schmierfähigkeit sinkt linear von 0,310 bei einem abs. Druck von 0 auf 0,240 bei einem Druck von 8 at. C. GOTTFRIED. 8258

Svenska Skifferolje Aktiebolaget, Oerebro, Schweden, und Husky Oil Co., Cody, Wyo., V.St.A., übert. von: Fredrik Ljungstrom, Fiskebackskil, Schweden, **Vergasung von Kohle und Ölschiefer in situ.** Die Flözschichten oder Ölschieferschichten werden zunächst auf Temp. unterhalb der Ölverdampfung (etwa auf 100—250°) vorerhitzt, bevor die Verbrennungsstufe bei 300—500° eingeleitet wird. (**A. P. 2 923 535** vom 11/2. 1955, ausg. 2/2. 1960.) W. HAUSWALD. 8149

Power Gas Corp. Ltd. (Erfinder: Arthur Turner Grisenthwaite), **Herstellung von Brenngas** durch hydrolyt. Cracken von KW-Stoffen (**I**) in Ggw. von Wasserdampf (**II**). Man führt den festen Katalysator (**III**), der aus sphär. Körpern von ca. ½ in. Ø besteht, im Kreislauf durch eine Erhitzungs- u. eine Rk.-Kammer, wobei zwischen diesen eine oder mehrere Zonen vorgesehen sind, in denen der **II** vor seinem Eintritt in die Rk.-Kammer in direktem Kontakt mit dem **III** vorgewärmt wird. — Zeichnung. (**Aust. P. 220 433** vom 12/7. 1956, ausg. 19/3. 1959. E. Prior. 18/7. 1955.) C. LÜTTGEN. 8155

N. V. de Bataafsche Petroleum Mij. (Erfinder: Jacobus Johannes Hofstede), **Herstellung von Wasserstoff und Kohlenmonoxid durch Teilverbrennung eines Kohlenwasserstoffs mit Sauerstoff** u. ggf. mit Dampf. Der O_2 wird in dem Maße durch die tangentialen Schlitze einer Wirbelkammer zugeführt, daß die größte Druckdifferenz auf der Innenseite des die Wirbelkammer umgebenden Raumes klein ist im Verhältnis zum Druckabfall in den Schlitzen. — Abbildungen. (**Aust. P. 223653** vom 20/2. 1958, ausg. 24/9. 1959. Holl. Prior. 22/2. 1957.) K. DEMMLER. 8163

Universal Oil Products Co., Des Plaines (Erfinder: Charles Henry Watkins, Arlington Heights). Ill., V.St.A., **Umwandlung von Kohlenwasserstoffen mit Wasserdampf** zur Gewinnung von H_2 u. CO enthaltenden Gasen, dad. gek., daß die dampfförmigen KW-Stoffe u. Wasserdampf kontinuierlich durch ein Katalysatorbett aufwärts geleitet werden, gleichzeitig ein Strom inerter Feststoffteilchen, deren Korngröße geringer als die der Katalysatorteilchen ist, aus einer höher als die Rk.-Zone angeordneten Heizzone bei $>1095^0$ in solchen Mengen in den oberen Teil der Rk.-Zone eingebracht wird, daß die Temp. 815—1095° im Rk.-Raum aufrechterhalten wird, daß die Rk.-Prodd. oben abgezogen u. die Feststoffteilchen nach Abtrennung der Katalysatorteilchen unten abgeführt werden. — Zeichnung. (**Schwz. P. 353484** vom 29/6. 1956, ausg. 31/5. 1961. A. Prior. 1/7. 1955.) E. KAHLES. 8163

Koppers Co., Inc., Del., übert. von: Kenneth R. Burke, Harrisburg, Pa., V.St.A., **Korrosionsverhütung in Teerdestillationsanlagen für Tief- und Mitteltemperaturteere.** Diese, wie Braunkohlenteere, nach dem „Disco"-Verf. hergestellte Teere oder Mitteltemp.-Teere aus Vertikalretorten, enthalten 0,4—2% Carbonsäuren, wie Essig-, Butter- u. Benzoesäure. Diese greifen Dest.-Anlagen aus Kohlenstoffstählen derart an, daß man bisher Anlagen aus Spezialstählen benutzen mußte. Setzt man den Teeren jedoch 0,05—1% H_3PO_4 oder HPO_3 zu, so wirkt diese als Korrosionsinhibitor, so daß man Flußstahl als Baustoff verwenden kann. Dieser Zusatz wirkt sich im übrigen nicht auf die Zus. oder Farbe der Dest.-Prodd. aus. Will man die Korrosion der Böden von Fraktioniersäulen verhindern, so fügt man die H_3PO_4 dem diesen aufzugebenden Rückfluß zu. (**A. P. 2901424** vom 7/5. 1957, ausg. 25/8. 1959.) E. LINDEMANN. 8179

N. V. de Bataafsche Petroleum Mij., Den Haag, Holland, **Förderung von viscosem Erdöl aus Lagerstätten** unter Einpressen von oxydierend wirkenden Gasen, z. B. Luft. Nach einiger Zeit wird die Luftzufuhr abgebrochen. Man läßt die Luft mit dem Öl reagieren, das langsam oxydiert wird. Das Öl wird ohne Bldg. einer Verbrennungsfront gefördert, da die Viscosität des Öls infolge der durch die Oxydation eingetretenen Temp.-Steigerung der Lagerstätte erniedrigt wird. (**Oe. P. 208800** vom 20/11. 1958, ausg. 25/4. 1960. Holl. Prior. 22/11. 1957.) W. HAUSWALD. 8191

American Viscose Corp., Philadelphia, übert. von: Kenneth Deane Groves, Bryn Mawre, Pa., V.St.A., **Bohrflüssigkeit.** Zum Abdichten der die Bohrung umgebenden durchlässigen Formation werden der Bohrschlamm-Fl. je barrel 2—30 lbs. einer Mischung von Baumwollfasern u. Celluloseacetat zugesetzt. (**A. P. 2912380** vom 17/7. 1953, ausg. 10/11. 1959.) W. HAUSWALD. 8191

Minnesota Mining & Mfg. Co., St. Paul, Minn., übert. von: Paul Klaas, Arden Hills, Gordon M. Ide, Denmark Township, Buck Stricklin und John A. Brown, St. Paul, Minn., V.St.A., **Vermeidung von Verlusten an zirkulierenden Bohrflüssigkeiten.** Diesen Fll. werden ca. 30 lbs. Pellets/je 42 gal. Bohrfl. zugesetzt. Die Pellets bestehen aus einer gleichmäßigen Mischung von 5—75 (Teilen) Polyvinylalkohol, 5—35 an Stoffen, die mit dem A. ein Gel bilden, z. B. Na-Borat, u. 5—70 faseriges Material, z. B. Torfmoos. (**A. P. 2935472** vom 16/8. 1954, ausg. 3/5. 1960.) W. HAUSWALD. 8191

Harpener Bergbau Akt.-Ges. (Erfinder: Erich Engel), Dortmund, **Druckraffination von Kohlenwasserstoffgemischen** aus der Verkokung, Vergasung oder Verschwelung fester oder fl. Brennstoffe in Ggw. von H_2 oder H_2-haltigen Gasen in wenigstens 2 aufeinanderfolgenden Stufen unter Verw. verschiedener Katalysatoren in den einzelnen Stufen. In der 1. Stufe verwendet man einen Katalysator hoher mechan. Festigkeit, der als akt. Filter dient, z. B. einen Co- u. Mo-haltigen Kontakt, u. in der 2. Stufe z. B. einen Mo-haltigen Katalysator. (**D. A. S. 1115393** Kl. 23b vom 7/7. 1958, ausg. 19/10. 1961.) P. UNGER. 8195

Metallgesellschaft Akt.-Ges., Frankfurt/M. (Erfinder: Karl-Heinz Eisenlohr, Buchschlag, Otto Ludwig Garkisch, Erich Arnold, Werner Scheiber, Frankfurt/M.), **Katalytische hydrierende Raffination von Kohlenwasserstoffen,** die zwischen 150 u. 400° sieden, nach D. A. S. 1087309, wobei die Raffination des bei der Verdampfung fl. bleibenden Anteils des Ausgangsöls in der Weise erfolgt, daß der Katalysator von einer geschlossenen Fl.-Schicht bedeckt ist, zweck-

mäßig in der Weise, daß das H_2-haltige Gas u. das Öl von unten nach oben durch den fest angeordneten Katalysator strömen. — Zeichnung. (**D. A. S. 1 113 784** Kl. 23b vom 2/2. 1957, ausg. 14/9. 1961. **Zusatz zu D. A. S. 1 087 309; C. 1961. 5664.**)
P. UNGER. 8195

Scholven-Chemie Akt.-Ges. (Erfinder: Volkert Faltings), Gelsenkirchen, **Hydrierende Raffination von Kohlenwasserstoffgemischen,** die verharzende u. polymerisierende Bestandteile enthalten u. deren Kp.-Bereich so liegt, daß sie unter Rk.-Bedingungen vorwiegend dampfförmig sind, bei erhöhter Temp. u. unter Druck. Das KW-Stoff-Gemisch wird vor der Erhitzung bzw. Raffination mit einem unter den Rk.-Bedingungen fl. bleibenden schwereren KW-Stoff-Gemisch mit gutem Lösevermögen für die beim Erhitzen entstehenden Harze u. Polymerisate vermischt. Das Gemisch wird raffiniert u. anschließend wieder in seine beiden Teilgemische zerlegt. (**D. A. S. 1 118 913** Kl. 23b vom 27/1. 1958, ausg. 7/12. 1961.) P. UNGER. 8195

Union Oil Co. of California, Los Angeles, übert. von: Robert C. Oliver und Cloyd P. Reeg, Long Beach, Calif., V.St.A., **Umwandlung von Kohlenwasserstoffen.** Feststoffe fließen als Fließbett durch eine Rk.-Zone nach unten u. nach dem Durchgang durch eine Sperrzone in die Regenerierzone. Aus der Regenerierzone gelangt der regenerierte Feststoff in eine Zwischenzone. Ein Großteil des regenerierten Katalysators wird entspannt u. zur Regenerierzone zurückgeleitet. Der geringe Teil des regenerierten Katalysators gelangt in eine 2. Sammelzone u. von dort aus in die Rk.-Zone. — Zeichnung. (**A. P. 2 922 757** vom 6/12. 1955, ausg. 26/1. 1960.) E. KAHLES. 8197

M. W. Kellogg Co., Jersey City, N.J., V.St.A., **Regenerieren eines Platinkatalysators,** der H_2 u. C-haltiges Material absorbiert enthält. Dieser Katalysator wird bei 400—600° F für 10—360 Min. mit einem 0,2—2 Vol-% O_2 enthaltenden Regeneriergas behandelt, wobei der H_2 abbrennt u. das C-haltige Material beseitigt wird. (**E. P. 869 508** vom 1/4. 1959, ausg. 31/5. 1961.) E. KAHLES. 8197

Badische Anilin- & Soda-Fabrik Akt.-Ges. (Erfinder: Fritz Christmann und Wilhelm Gieg), Ludwigshafen/Rh., **Herstellung höhersiedender Kohlenwasserstoffe** durch Kondens., dad. gek., daß man das bei der Kondens. erhaltene Rk.-Gemisch mit nur 0,3—3 Gew.-% W., bezogen auf den langkettigen KW-Stoff, versetzt. (**D. A. S. 1 114 173** Kl. 12o vom 26/6. 1957, ausg. 28/9. 1961.)
E. KAHLES. 8201

Esso Research and Engineering Co., übert. von: Donald Schwartz, Moorhead, Minn., V.St.A., **Isomerisieren von n-Paraffinen.** Diese werden bei 32 bis 125° F, 0—200 lbs./sq.in. mit $AlBr_3$ in Kontakt gebracht u. dabei 0,1—1,0 Gew.-% J_2 sowie H_2-Gas zugegeben. (**A. P. 2 963 528** vom 21/10. 1958, ausg. 6/12. 1960.)
E. KAHLES. 8201

Esso Research and Engineering Co., Elizabeth, N.J., V.St.A., **Isomerisieren und Alkylieren von C_1—C_6-n-Paraffinen.** Das Paraffin wird in fl. Phase mit einem C_{2-5}-Olefin in Ggw. eines Katalysators aus $AlBr_3$ bei 50—120° F zur Rk. gebracht. Das Verf. wird so geführt, daß nur wenig Katalysator mit dem Olefin unter Bldg. von Olefinpolymeren in Berührung kommt. — Zeichnung. (**E. P. 861 797** vom 5/11. 1958, ausg. 22/2. 1961. A. Prior. 19/12. 1957.) E. KAHLES. 8201

Atlantic Refining Co., Philadelphia, übert. von: Leonard N. Leum, Media, und James E. Connor jun., Drexel Hill, Pa., V.St.A., **Isomerisieren von alkylierten Benzolen** mit 8—10 C-Atomen, wobei der Alkylrest ein Methyl- oder Äthylrest ist. Mindestens ein alkylierter Benzol-KW-Stoff wird in Ggw. von H_2 mit einem Katalysator in Kontakt gebracht, der aus einem Gemisch aus einem inerten Träger, auf dem 0,1—2,5 Gew.-% Pt aufgebracht sind, u. einer Kieselsäure–Tonerde–Crack-Komponente besteht. Vom inerten Träger mit Pt sind 5—75 Gew.-% im Gemisch vorhanden. Die Crack-Komponente enthält 7—30 Gew.-% Tonerde u. weist eine Oberfläche von 80 bis 400 bzw 425 m^2/g auf. (**A. P. 2 976 332** vom 17/2. 1958, ausg. 21/3. 1961.)
E. KAHLES. 8201

Texaco, Inc., übert. von: Howard V. Hess, Glenham, N.Y., V.St.A., **Verbesserung von Schwerbenzin.** Dieses wird zuerst katalyt. reformiert u. hierauf das Reformat selektiv extrahiert. Das Raffinat wird zur Entfernung des Lsgm. mit W. versetzt. Im Raffinat befinden sich hauptsächlich die nichtaromat. KW-Stoffe, während im Extrakt W., Aromaten u. das Lsgm. enthalten sind. Das selektive Lsgm. wird aus dem Extrakt durch Inkontaktbringen mit frischem Reformat entfernt u. das so mit Lsgm. beladene Reformat zur Extraktionszone geführt. — Zeichnung. (**A. P. 2 969 317** vom 27/5. 1958, ausg. 24/1. 1961.) E. KAHLES. 8201

„Shell“ Research Ltd., London, England, **Flüssige Brennstoffe** für Verbrennungsmotoren, bestehend aus einem üblichen Brennstoff u. einem Antiklopfmittel,

z. B. Tetraäthyl-Pb, unter Zusatz einer B-Verb. der Formel $R—B(OH)_2$ oder R—B(R)—OH, in denen R für einen cycl. Rest steht, der direkt mit dem B-Atom durch ein C-Atom verbunden ist, das ein Teil des Ring-Syst. ist, oder eines Anhydrids oder Salzes der B-Verb. u. einer S- oder P-Verbindung. — Beispiele für die B-Verbb.: Borine u. Borane, für die S-Verb.: Dialkyldisulfid oder ein Thiophen-Deriv., u. für die P-Verb.: Triisopropylphosphit. (**Ind. P. 60 674** vom 9/8. 1956, ausg. 24/6. 1958.) H. NEBELSIEK. 8205

Esso Research and Engineering Co., Elizabeth, N.J., V.St.A. (Erfinder: Kenneth Geoffrey Latham), **Schmieröl,** bestehend aus einer Emulsion einer wss. Lsg. eines Erdalkalihydroxids in einem Schmieröl, die mit einem Partialfettsäureester (I) eines Polyalkohols stabilisiert ist. — Beispiel für I: Sorbitmonooleat, Glycerinmonooleat. Zusatzmenge von I: 10 Gew.-%. (**E. P. 799 080** vom 13/4. 1956, ausg. 30/7. 1958.) E. DREWS. 8221

Esso Research and Engineering Co., Elizabeth, N.J., V.St.A. (Erfinder: John Tyson Tyson), **Schmiermittel** auf der Basis einer W.-in-Öl-Emulsion. Es besteht aus einem Hauptanteil an Schmieröl, geringen Mengen W. unter Zusatz eines Emulgators u. enthält zur Vermeidung der Korrosions-Bldg. durch Überhitzung einen Alkylharnstoff, z. B. einen N-Dialkylharnstoff. (**E. P. 802 941** vom 10/7. 1956, ausg. 15/10. 1958.) E. DREWS. 8221

Pure Oil Co., Chicago, übert. von: Paul E. Pfeifer, Crystal Lake, und Kenneth Boldt, Cary, Ill., V.St.A., **Schmieröl** für Kurbelgehäuse von Automaschinen, bestehend aus 97,8—86,5 (Gew.-%) Schmieröl, 0,1—7,5 hochmol. polymeren Estern der Acrylsäure mit höheren Fettalkoholen, 1,5—4 Gemisch aus Ba-Dibutylphenylsulfid u. Ca-Petroleumsulfonat, 0,5—1 Zn-Dithiophosphat (I) der allg. Formel $(RO)_2 \cdot P \cdot S_2 \cdot Zn$ ($R = C_{5-40}$-KW-Stoff-Rest), 0,1—1 öllösl. NH_4-Salz der Petroleummahogany- oder einer Alkarylsulfonsäure. — Beispiel für I: Zn-Diamyldithiophosphat (**A. P. 2 839 469** vom 29/12. 1954, ausg. 17/6. 1958.) E. DREWS. 8221

Pure Oil Co., Chicago, übert. von: Allan Manteuffel, Union, Paul R. Chapman und George R. Cook, Crystal Lake, Ill., V.St.A., **Schmieröl** u. Transmissions-Fl., bestehend aus einem Mineralöl (I) mit Zusätzen von Polyacrylaten zur Erzielung eines hohen Viscositätsindex. I besteht aus einem Schmierölraffinat mit Zusatz geringer Mengen Solventextrakte (II), z. B. Phenolextrakte. Die Zugabe von II erfolgt in solchen Mengen, daß die Fließfähigkeit des Gesamtöls bei tiefen Temp. den Vorschriften des „GENERAL-MOTOR-CORP.-Test" entspricht, z. B. in Mengen von 3—4,5 Gew.-%. (**A. P. 2 851 422** vom 7/11. 1952, ausg. 9/9. 1958.) E. DREWS. 8221

Minnesota Mining & Mfg. Co., St. Paul, Minn., übert. von: Richard A. Smith, Cornwall-on-Hudson, N.Y., V.St.A., **Schmiertinte** bestehend aus Gemischen fester anorgan. Antifriktionsmittel (I) u. festen Mischpolymeren (II) von Trifluorchloräthylen (III) u. anderen Halogenolefinen. II haben einen Erweichungspunkt $>150^0$ u. müssen in Tetrahydrofuran (IV), -pyran, Dioxan, Tetrahydro-2-methylfuran u. 3-Chlortetrahydrofuran lösl. sein. — Beispiele für I: MoS_2 (V), Graphit, Cr, Pb, Talkum. — Beispiel: Man gibt zu einer 10%ig. Lsg. eines Polymeren aus III u. Vinylidenfluorid (Mol-Verhältnis 75:25) in IV 10% V u. überzieht damit einen Kunststoff aus einem Trifluorchloräthylen-Homopolymerisat. (**A. P. 2 866 765** vom 5/3. 1954, ausg. 30/12. 1958.) E. DREWS. 8221

California Research Corp., San Francisco, übert. von: Bruce W. Hotten, Orinda, Calif., V.St.A., **Schmierfette** auf Schmierölbasis enthalten als Verdicker Metallsalze (Gruppe I—II des Period. Syst.) der N-Acylaminoaryl- u. -alkancarbonsäuren (I), wobei die Säuregruppe aus C_{8-22}-Fettsäuren besteht, die Arylgruppe 6 bis 9 C-Atome u. die Alkangruppe 4—9 C-Atome enthält. — Beispiel für I: N-Octadecanoylaminohexansäure, hergestellt aus 284 (g) Stearinsäure u. 113 Σ-Caprolactam bei 230^0, umkrist. aus Bzl. u. gewaschen mit Äther. (**A. P. 2 852 466** vom 24/5. 1956, ausg. 16/9. 1958.) E. DREWS. 8223

Esso Research and Engineering Co., Del., übert. von: Russell Albert Thompson jun. und John Francis Richards, Baton Rouge, La., V.St.A., **Schmierfettherstellung** aus Schmierölen u. Komplexsalzen aus Erdalkalisalzen von C_{1-6}-Fettsäuren u. Gemischen mittel- u. hochmol. Säuren durch Bldg. der Komplexe im Schmieröl. Man bildet zunächst eine Aufschlämmung des Erdalkalihydroxids in einem Teil des Schmieröls in der Bldg.-Zone des Schmierfettes, läßt diesen Strom in dieser Zone u. außerhalb derselben zirkulieren u. fügt diesem zirkulierenden Strom langsam die C_{1-8}-Fettsäuren zu, wobei das Verhältnis der Zirkulation zur Fettsäurezugabe 10:1 bis 100:1 in Vol. ist. — Zeichnung. (**A. P. 2 850 457** vom 1/5. 1956, ausg. 2/9. 1958.) E. DRE.

Pure Oil Co., Chicago, übert. von: George R. Cook, Des Plaines, Warren W. Cortiss, Cary, und Allan A. Manteuffel, Crystal Lake, Ill., V.St.A., **Hochdruckschmiermittel,** bestehend aus einem „lösl. Öl" folgender Zus.: 15—30 (Gew.-%) Na-Mahoganysulfat, 15—0 K-Resinat, 20—55 Mineralschmieröl, 0,01—0,5 KOH, 2,5—3,5 Hexylenglykol, 20—30 sulfurierte Alkylester (15—22 S) von tier. C_{16-18}-Fettsäuren, 0,01—0,5 Wasser. (**A. P. 2 846 393** vom 17/11. 1955, ausg. 5/8. 1958.)

E. DREWS. 8223

Texas Co., New York, N.Y., übert. von: Melvin E. Gililland und Richard C. Givens, Port Arthur, Tex., V.St.A., **Hochdruckschmiermittel und Schneidöle** auf der Basis „lösl. Öle" aus einem Mineralöl mit öllösl. Emulgatoren enthalten als Hochdruckzusätze 4—6 (Gew.-Teile) chloriertes Dibenzyldisulfid u. je 3,5—5 Chlorparaffin u. sulfuriertes Spermöl. (**A. P. 2 848 416** vom 8/10. 1956, ausg. 19/8. 1958.)

E. DREWS. 8223

Stamicarbon N.V., Heerlen, Holland, **Einbringen von geschlossenen bituminösen Schichten unterhalb einer wässerigen Flüssigkeit,** z. B. *zwecks Abdichten von Deichdämmen oder Schächten (Brunnen).* Das Bitumen wird durch ein langes Rohr bis zu seinem Best.-Ort unterhalb der wss. Fl. mit einer Geschw. (Q in m^3/h), die mindestens $^1/_{100}$ der Rohrlänge (in m) beträgt, u. mit einer Temp. von mindestens 120° eingeführt. Die Temp. für die Einführung ergibt sich aus der Formel $T = T_K \cdot e^{0,005} \cdot L/Q$. Hierin bedeutet T_K die Siede-Temp. der bituminösen Fl. am Ort der Mündung des Rohres u. L die Länge des Rohres u. e die Entfernung des Rohres unterhalb des Wasserniveaus. (**Belg. P. 562 133** vom 5/11. 1957, ausg. 3/6. 1960. Holl. Prior. 7/11. 1956.)

W. HAUSWALD. 8231

Strabag Bau-Akt.-Ges., Köln, **Straßen und Startbahnen,** deren Reflexionsvermögen für Strahlen mit einer Wellenlänge bis ca. 1,5 μ derjenigen von Pflanzen angepaßt ist u. die infolgedessen bei IR-Photographie eine gute Tarn-Wrkg. zeigen. Man bildet die Deckschicht aus einer auf mechan. Weg kalt erzeugten Emulsion aus feinkörnigem Material, bituminösem Bindemittel, W. u. 1—5% Metallpulver (Al). Andere Bitumen u. Al enthaltende Mischungen besitzen die gewünschte Eig. nicht. (**Holl. P. 97 338** vom 9/2. 1957, ausg. 15/3. 1961. D. Prior. 10/2. 1956.) F. BÖHM. 8237

Badische Anilin- & Soda-Fabrik, Akt.-Ges., Ludwigshafen/Rh. (Erfinder: **Ernst Bartholomé,** Heidelberg, **Karl-Heinz Gruendler** und **Walter Teltschik,** Ludwigshafen/Rh.), *Flammlose Umsetzung S-haltiger gasförmiger Kohlenwasserstoffe zu CO und H_2.* (**Oe. P. 212 274** vom 24/8. 1959, ausg. 12/12. 1960. D. Prior. 3/9. 1958. — **C. 1961.** 14155 [D. A. S. 1 076 634].)

Metallgesellschaft Akt.-Ges., Frankfurt/M., *Herstellung von Heizgas mit geringem CO-Gehalt.* (**E. P. 868 870** vom 9/3. 1959, ausg. 25/5. 1961. D. Prior. 18/3. 1958. — **C. 1961.** 7093 [D. A. S. 1 094 395].)

N. V. de Bataafsche Petroleum Mij. (Erfinder: **Karel Swart**), *Herstellung von methanreichen Gasen.* (**Aust. P. 229 583** vom 8/10. 1958, ausg. 18/8. 1960. Holl. Prior. 10/10. 1957. — **C. 1960.** 3748 [D. A. S. 1 062 880].)

Giovanni Hilgers, Hau, *Vergasen von Kohlenwasserstoffen.* (**E. P. 865 732** vom 26/11. 1958, ausg. 19/4. 1961. D. Prior. 4/7. 1958. — **C. 1960.** 10455 [D. A. S. 1 090 772].)

Foster D. Snell, Inc., Brooklyn, N.Y., V.St.A., *Mittel zum Dispergieren von Erdölschlamm.* (**Dän. P. 85 609** vom 26/4. 1951, ausg. 1/9. 1958. — **C. 1950/54.** 2948 S [Belg. P. 503 829].)

Esso Research and Engineering Co., Elizabeth, N.J., V.St.A., *Abtrennen von Aromaten aus Gemischen.* (**E. P. 869 299** vom 16/10. 1957, ausg. 31/5. 1961. A. Prior. 6/11. 1956. — **C. 1960.** 13897 [A. P. 2 909 576].)

Max Gerhold, Graz, Österreich, *Katalysatorpackung.* (**Oe. P. 204 013** vom 25/5. 1957, ausg. 25/6. 1959. — **C. 1959.** 5344 [D. A. S. 1 044 341].)

Universal Oil Products Co., Des Plaines (Erfinder: **Louis Stevenson Kassel,** Oak Park, und **Vladimir Haensel,** Hinsdale), Ill., V.St.A., *Herstellung von Benzin hoher Octanzahl.* (**Schwz. P. 355 885** vom 30/12. 1955, ausg. 15/9. 1961. A. Prior. 31/12. 1954. — **C. 1959.** 3690 [E. P. 786 835].)

N. V. de Bataafsche Petroleum Mij. (Erfinder: **John Alfred Marshall** und **Frederick Kunreuther**), *Katalytische Spaltung von Kohlenwasserstoffölen.* (**Aust. P. 222 974** vom 18/11. 1957, ausg. 20/8. 1959. A. Prior. 19/11. 1956. — **C. 1959.** 8371 [D. A. S. 1 046 810].)

Esso Research and Engineering Co., Elizabeth, N.J., V.St.A., *Hydrofinierung von Kohlenwasserstoffen.* (**Holl. P. 98 442** vom 15/12. 1955, ausg. 17/7. 1961. A. Prior. 21/12. 1954. — **C. 1958.** 12860 [E. P. 785 158].)

British Petroleum Co. Ltd., London (Erfinder: **Frederick William Bertram Porter,** Sunburry-on-Thames), England, *Herstellung von Motorenbenzin durch Hydrierung von Polymeren.* (**D. B. P. 975 127** Kl. 23b vom 20/10. 1955, ausg. 24/8. 1961. Anmeldung bekanntgemacht 21/6. 1956. E. Prior. 22/10. 1954. — **C. 1959.** 6347 [E. P. 790 547].)

British Petroleum Co. Ltd., England (Erfinder: **John H. D. Hooper** und **David T. McAllan**), *Motorenbenzin.* (**F. P. 1 160 555** vom 20/11. 1956, ausg. 18/7. 1958. E. Prior. 24/11. 1955. — **C. 1958.** 11412 [D. A. S. 1 019 504].)

Gulf Research & Development Co., Pittsburgh, Pa., V.St.A., *Motortreibstoff.* (**E. P. 867 789** vom 18/3. 1958, ausg. 10/5. 1961. A. Prior. 5/4. 1957. — **C. 1960.** 4078 [D. A. S. 1 065 216].)

„Shell" Research Ltd., England, *Kraftstoffe für Verbrennungsmotoren*. (**F. P. 1 162 768** vom 9/11. 1956, ausg. 17/9. 1958. E. Prior. 11/11. 1955, 2/1. u. 9/10. 1956. — C. **1960**. 14571 [Oe. P. 207 027].)

E. I. du Pont de Nemours & Co., Wilmington, Del., V.St.A., *Brennstoffgemische*. (**E. P. 866 385** vom 27/6. 1958, ausg. 26/4. 1961. A. Prior. 27/6. 1957. — C. **1961**. 11580 [D. A. S. 1 099 261].)

E. I. du Pont de Nemours & Co., Wilmington, Del., V.St.A., *Brennölgemische*. (**E. P. 867 884** vom 27/6. 1958, ausg. 10/5. 1961. A. Prior. 27/6. 1957 u. 19/5. 1958. — C. **1961**. 11580 [D. A. S. 1 099 262].)

Olin Mathieson Chemical Corp., übert. von: **Bruno H. Wojcik**, Niagara Falls, N.Y., V.St.A., *Motortreibstoffe*. (**A. P. 2 969 278** vom 21/2. 1956, ausg. 24/1. 1961. — C. **1959**. 4022 [F. P. 1 147 539].)

Alpha Molykote Corp., V.St.A. (Erfinder: **Günter Spengler** und **Hannsheinz Hohn**), *Hochschmierwirksame Überzüge*. (**F. P. 1 165 957** vom 3/12. 1956, ausg. 31/10. 1958. A. Prior. 4/1. 1956. — C. **1960**. 7054 [D. A. S. 1 067 959].)

N. V. de Bataafsche Petroleum Mij. (Erfinder: **Julian Gilbert Ryan**), *Schmiermittel*. (**Aust. P. 222 991** vom 2/4. 1958, ausg. 20/8. 1959. A. Prior. 9/4. 1957. — C. **1960**. 1724 [D. A. S. 1 063 312].)

Dow Corning Corp., V.St.A. (Erfinder: **Ogden R. Pierce**), *Chlordifluorpropylchlorsilane*. (**F. P. 1 228 517** vom 11/5. 1959, ausg. 31/8. 1960. A. Prior. 26/6. 1958. — C. **1961**. 11582 [A. P. 2 951 862].)

Midland Silicones Ltd., London, England, *Höhere Alkoxysilane und Disiloxane*. (**E. P. 867 167** vom 19/10. 1959, ausg. 3/5. 1961. A. Prior. 10/11. 1958. — C. **1961**. 10040 [A. P. 2 947 772].)

„Shell" Research Ltd., England, *Herstellung organischer Borverbindungen*. (**F. P. 1 198 633** vom 30/1. 1958, ausg. 8/12. 1959. E. Prior. 1/2. u. 23/11. 1957. — C. **1961**. 10041 [E. P. 829 634].)

Ford Motor Co. of Canada Ltd. (Erfinder: **William Albert Cannon** und **Charles Edwards Welling**), *Katalysator*. (**Aust. P. 222 994** vom 11/4. 1958, ausg. 20/8. 1959. A. Prior. 27/5. 1957. — C. **1960**. 16997 [D. A. S. 1 074 325].)

D. W. van Krevelen, Coal. Typology, chemistry, physics, constitution. Amsterdam: Elsevier Publishing Cy. 1961. (XVIII + 514 S. m. Abb.) hfl. 50.—.

Jacques Meunier, Vergasung fester Brennstoffe und oxydative Umwandlung von Kohlenwasserstoffen. Theoretische Grundlagen und industrielle Anwendung. Weinheim/Bergstr.: Verl. Chemie. 1962. (XVI + 584 S. m. 105 Abb.) DM 40,—.

Heinz Prinzler, Einführung in die Technologie des Erdöls. Leipzig: Deutscher Verl. für Grundstoffindustrie. 1961. (239 S. m. 98 Abb. u. 76 Tab.) DM 19,80.

Wojciech Świętosławski, Physikalische Chemie des Steinkohlenteers. Köln: N. J. Hoffmann; Warszawa: Pánstwowe Wydawnictwo naukowe. 1959. (315 S.) 8⁰. DM 28,—.

XX. Schieß- und Sprengstoffe. Zündmittel

Über die Detonationsfähigkeit flüssiger Explosivstoffgemische auf Grundlage von Salpetersäure. R. Ch. Kurbangalina. (Журнал Прикладной Химии [J. angew. Chem.] **32**. 1467—70. Juli 1959.) (Russ.)

Gemische von HNO_3 mit verschiedenen, an sich nicht explosiven organ. Stoffen erweisen sich als Explosivstoffe. Die untersuchten Gemische sind: HNO_3 + Nitrobenzol (72:28%) Explosionswärme 1465 (cal/kg), Detonations-Geschw. 6200—6800 (m/s) bei Ladungsdurchmesser 0,26 u. 10,0 mm; HNO_3 + Dichloräthan (56:44) 1000, 6100; HNO_3 + Glykol (67:33) 1420, 6200; HNO_3 + m-Nitrotoluol (48:52) 1000, 5200, zum Vgl.: fl. *Trotyl* 1000, 5200—6500. Bei den meisten Gemischen sind die krit. Durchmesser sehr klein. Daraus wird gefolgert, daß in den Gemischen Explosion durch Schlag, Stoß u. Erhitzen eintreten kann. Sie sind außerdem, bes. bei O-Bilanz, nahe null, sehr empfindlich gegen initiierenden Impuls. Bei Gemischen von HNO_3 mit Alkoholen besteht die Gefahr einer teilweisen Nitrierung u. Oxydation, wodurch die Homogenität des Gemisches gestört wird. R. K. MÜLLER. 8304□

Hypergole Raketen-Treibstoffe mit Salpetersäure als Sauerstoffträger und deren Messung unter besonderer Berücksichtigung organischer Amine. Rolf Fuchs. (Explosivstoffe **6**. 89—97. Mai 1958. Stuttgart, Flughafen, Fa. Bölkow-Entw. KG.) (Dt.)

Die bisher bekannten Test- u. Meß-App. zur Best. der Zündverzugszeit selbstentzündlicher (hypergoler) Treibstoffgemische werden verglichen u. ein weiteres, noch unveröffentlichtes Gerät, das mit Photozellen operiert u. im Bereich von 20—70 ms mit ∓ 7% Genauigkeit arbeitet, beschrieben. Die Größe der Selbstentzündlichkeit bei Zusammengeben von *konz.* HNO_3 (>98%; I) u. aliphat. Aminen ist von der Konstit. abhängig (vgl. RAPP u. STRIER, Jet Propulsion **1957**. 401). Unter den aromat. Aminen weist Anilin (II) einen relativ großen Zündverzug mit I auf. Wesentlich zündfreudiger ist techn. *Xylidin* (50—60% 2.4-Dimethylanilin, 15—20% 2.5-Dimethylanilin; III) mit einem Zündverzug von 70 ms. Es werden die Zündverzugszeiten von I mit Gemischen aus II/*Triäthylamin*, I/Triäthylamin in Abhängigkeit von den Mischungsverhältnissen u. der HNO_3-Konz. gemessen. Wird I Fe, Cr- u. Cu-Salze bis zu bestimmten Mengen zugesetzt, so wird der Zündverzug mit genannten Aminen vermindert. Eine gleiche Wrkg. hat Zusatz von *Fe-Dibutylnaphthalinsulfonat* zum II/Triäthylamin-Gemisch; Zusätze von Rohpetroleum oder Motorpetroleum (Fraktion 187—275⁰) zu den Aminen setzen gleichfalls die Hypergolität herab. R. LAFFERENZ. 8310□

Untersuchungen über die Thermostabilität von Raketentreibstoffen mit Hilfe des Elektronenmikroskops. Robert K. Johnston und J. E. Shamblin. (J. Inst. Petroleum **47**. 241—50. Juli 1961. Austin, Tex. Univ.) (Engl.)

Eine Technik zur Best. der Thermostabilität von Raketentreibstoffen unter dem Elektronenmikroskop aus der Bldg. von Festkörpern nach dem Erhitzen wird entwickelt. Es werden nur 3 ml Probe benötigt. Der Begriff der Brechpunkt-Temp., die im Einklang steht mit dem Brechpunkt, der im CRC-Koker bestimmt wird, wird definiert. Neben dem eigentlichen Verw.-Zweck kann die entwickelte Technik auch für die Beurteilung der Wärmestabilität von Additiven u. die zersetzenden katalyt. Wrkg. von Metallen verwendet werden. Da die Bldg. von festem Material in den Treibstoffen ein sehr ernstes Problem ist, wird die entwickelte neue Technik für die wichtigste Neuerung gehalten. Daneben können die Teilchen im Hinblick auf Größe, Aussehen u. Häufigkeit untersucht werden. F. ROSENDAHL. 8310□

Aerojet-General Corp., Azusa, übert. von: Milton B. Frankel, Pasadena, Calif., V.St.A., **Alkinylennitrodicarbamate** der Formel R—N(H)—C(O)—O—Y—O—C(O)—N(H)—R′ (I) werden bei der Kondens. von Nitroisocyanaten mit Alkindiolen unter Rückfluß u. bes. in Ggw. von Fe(III)-Acetylacetonat erhalten. In I bedeuten R u. R′ gleiche oder verschiedene Nitroalkylradikale, u. Y ist eine Alkinylengruppe. — Äquivalente Mengen Butindiol-(1.4) u. 3.3.3-Trinitropropylisocyanat werden unter Zusatz von 1 Gew.-% Fe(III)-Acetylacetonat 8 Std. lang gekocht, im Vakuum zur Trockne eingedampft u. *N.N′-Bis-[3.3.3-trinitropropyl]-butin-(2)-dicarbamat*, gelbes Öl, erhalten. Analog wird dargestellt: *N.N′-Bis-[3.3-dinitrobutyl]-butin-(2)-*; *N.N′-Bis-[3.3.3-trinitropropyl]-hexin-(3)-* u. *unsymm.-N′-[3.3-Dinitrobutyl]-N-[3.3.3-trinitropropyl]-butin-(2)-dicarbamat.* (**A. P. 2 978 488** vom 3/1. 1955, ausg. 4/4. 1961.) G. KÖNIG. 8305

Karl Klager, Monrovia, Calif., V.St.A., **Tetranitrodiäthylaminsalze** der allg. Formel $R_1 \cdot C(NO_2)_2 \cdot CH_2 \cdot N(R_2) \cdot CH_2 \cdot C(NO_2)_2R_1$ (R_1 = H, Halogen, Aklalimetall; R_2 = CN, NO_2, NO), die gleichmäßige Kristalle bilden, rauchlos verbrennen u. deshalb als Bestandteile von *Sprengstoff*-Mischungen angewendet werden, werden z. B. dadurch erhalten, daß 80 g 2.2′-Dibrom-2.2.2′.2′-tetranitrodiäthylamin (I) in kleinen Mengen zu 300 ml 70%ig. HNO_3 unter gutem Rühren bei 60—65° gegeben werden, wobei braune Dämpfe entweichen, ½ Std. lang gerührt, kurze Zeit auf 70° erhitzt, auf Zimmer-Temp. abgekühlt, der abgeschiedene Nd. abfiltriert u. mit W. säurefrei gewaschen wird. Es wird *N-Nitroso-2.2′-dibrom-2.2.2′.2′-tetranitrodiäthylamin* (II), F. 117—118°, erhalten. Aus einer Suspension von II in CH_3OH u. wss. KCN-Lsg. wird das gelbe *Di-K-Salz* von *N-Nitroso-2.2.2′.2′-tetranitrodiäthylamin* erhalten, aus dem mit verd. H_2SO_4 in CH_2Cl_2 *N-Nitroso-2.2.2′.2′-tetranitrodiäthylamin*, F. 61° (Zers.) erhältlich ist. Aus I u. wss. KCN hergestelltes *Di-K-Salz* von *N-Cyan-2.2.2′.2′-tetranitrodiäthylamin* (III) liefert beim Behandeln mit Br_2 *N-Cyan-2.2′-dibrom-2.2.2′.2′-tetranitrodiäthylamin*, F. 157—158°. Aus III erhält man durch Behandeln mit 20%ig. H_2SO_4 freies *N-Cyan-2.2.2′.2′-tetranitrodiäthylamin*, F. 88°. Durch Einw. von rauchender HNO_3 auf I wird *N-Nitro-2.2′-dibrom-2.2.2′.2′-tetranitrodiäthylamin*, F. 165—167° (Zers.), erhalten, aus dem mit wss. KJ-Lsg. das *Di-K-Salz* von *N-Nitro-2.2.2′.2′-tetranitrodiäthylamin* gewonnen wird. Beim Behandeln mit verd. H_2SO_4 gibt letzteres freies *N-Nitro-2.2.2′.2′-tetranitrodiäthylamin*, F. 78° (Zers.). (**A. P. 2 901 512** vom 7/1. 1957, ausg. 25/8. 1959.) A. MOHR. 8305

Standard Oil Co., Chicago, übert. von: Don R. Carmody, Crete, Evan A. Mayerle, Chicago, und Alex Zletz, Park Forest, Ill., V.St.A., **Raketentreibstoff.** In die Brennkammer werden das Oxydationsmittel u. der Treibstoff getrennt eingebracht. Als Oxydationsmittel dient HNO_3, während als Treibstoff ein hauptsächlich aus 15 bis 85 Vol.-% Dialkyldisulfid, wie Dimethyldisulfid oder Diäthyldisulfid, u. einem Trialkyltriphosphit, wie Trimethyltriphosphit oder Triäthyltriphosphit bestehendes Gemisch verwendet wird. — Zeichnung. (**A. P. 2 898 734** vom 16/9. 1953, ausg. 11/8. 1959.) E. KAHLES. 8311

XXI. Leder. Gerbstoffe

Die Stabilität von Kalkäscher Suspensionen. E. Voyatzakis, D. Jannakoudakis, G. Vassilikiotis und B. Strates. (J. Amer. Leather Chemists Assoc. **56**. 585—88. Okt. 1961. Thessaloniki, Griechenland, Univ., Dep. of Phys. and Pharmaceut. Chem.) (Engl.)

Unterss. über die Beständigkeit von $Ca(OH)_2$-Suspensionen, die aus frisch gebranntem CaO hergestellt wurden, zeigen, daß Zusätze zur $Ca(OH)_2$-Suspension, wie Hautstücke, Hautextrakt oder Gelatine die Beständigkeit herabsetzen u. somit ein schnelleres Absetzen bewirken. H. G. FRÖHLICH. 8334 □

Die Nicht-Tannine der Gerbextrakte. G. A. Bravo. (Cuoio-Pelli-Mater. concianti **35.** 395—406. Okt. 1959. Milano, S. p. A. Ledoga, Uff. Ric.) (Ital.)

Die Gerbextrakte unterscheiden sich nicht nur in dem üblicherweise bestimmten Verhältnis Tannine/Nichttannine, sondern auch im Verhältnis Salz/Säure. Wenn man hohen Geh. mit +, niedrigen mit — bezeichnet, dann ist dieses Verhältnis bei Mirabolanen +/+, bei Mimose —/—, bei Quebracho —/+, bei Kastanie +/—. Optimal ist ein Verhältnis Salz/Säure zwischen 5 u. 1,2. Für die verschiedenen Lederarten spielen die Geschw. des Eindringens der Gerbstoffe u. ihrer Umsetzung mit den Hautfasern u. die erzielbare Adstringenz eine verschiedene Rolle, wie im einzelnen erörtert wird. R. K. MÜLLER. 8336 □

Beitrag zur Kenntnis der Gerbstoffextraktion aus der schwarzen Akazie in Bottichen bei gewöhnlichem Druck. Saviniano de Castro Marques. (Rev. brasil. Quím. **48.** 138—62. Aug. 220—48. Sept. 1959.) (Port.)

Übersicht über pflanzliche Gerbstoffe u. ihre wirksamen chem. Bestandteile, über zur Gewinnung von Gerbstoffen verwendete Pflanzen u. die in ihnen enthaltenen Gerbstoffe, über Verff. der Gerbstoffgewinnung u. Bedeutung der Gerbstofferzeugung in Brasilien. R. K. MÜLLER. 8336 □

Der Einfluß der natürlichen Acidität des Kastanienextrakts auf die Gerbung im Vergleich mit künstlich angesäuerten Extrakten. C. Bellucci-Sessa. (Cuoio-Pelli-Mater. concianti **35.** 420—23. Okt. 1959. Milano, S. p. A. Ledoga, Labor. Ric.) (Ital.)

Frischer Kastanienextrakt hat ein pH 2,8, nach der üblichen Behandlung pH 3,2, den optimalen Wert für die Verw. bei der Gerbung. Auf die Vorteile dieses Extrakts gegenüber angesäuerten Extrakte von Brenztraubensäure enthaltenden Extrakten (Mimose, Quebracho) wird hingewiesen. R. K. MÜLLER. 8336 □

Oxydierende-reduzierende Reaktion der Verbindungen des Eisens mit Eiweißstoffen und Gründe für die mangelnde Widerstandsfähigkeit von eisengegerbtem Leder. M. L. Derbaremdiker. (Журнал Прикладной Химии [J. angew. Chem.] **33.** 2350—56. Okt. 1960.) (Russ.)

In Modell-Verss. zur Feststellung der mangelnden Widerstandsfähigkeit von eisengegerbtem Leder werden an 0,5% ig. Gelatine-Lsgg. die Bedingungen für die Desaminierung untersucht. Durch H_2O_2 wird nach 3 Tagen nur wenig NH_3 gebildet; die NH_3-Menge wird jedoch durch Fe^{3+} u. H_2SO_4 auf das 10fache erhöht. Komplexbildende organ. Säuren verringern die NH_3-Bldg. auf die durch H_2O_2 hervorgerufene Menge. In Verss. ohne H_2O_2 werden nach halbjährigem Stehen nur geringe Mengen NH_3 gebildet (weniger als bei den Verss. mit H_2O_2 ohne weiteren Zusatz). Durch Ggw. von Komplexbildnern wird der Einfl. von Fe-Salzen auf die Desaminierung stark herabgedrückt. Daher kann eine Oxydation der Eiweißstoffe in Ggw. von Fe-Salzen bei der Desaminierung nur eine geringe Rolle spielen. In Ggw. von Säuren, die meistens in eisengegerbten Ledern vorhanden sind u. eine Spaltung der Eiweißstoffe verursachen, kann eine Desaminierung durch Fe-Salze erfolgen. Möglicherweise geht die Zerstörung der Eiweißstoffe durch katalyt. Wrkg. des Fe^{3+} auf die durch hydrolyt. Spaltung entstandenen N-haltigen Komplexe vor sich, die durch Einw. von Säuren entstehen. Wenn das Leder mit beständigen komplexen organ. Fe-Salzen gegerbt ist (also weder Fe^{3+} noch Säure vorhanden ist) kann durch sie keine Desaminierung erfolgen. J. v. SCHROEDER. 8336 □

Untersuchungen über die Wechselwirkung von Kollagen mit Dialdehydstärke. Y. Nayudamma, K. Thomas Joseph und S. M. Bose. (J. Amer. Leather Chemists Assoc. **56.** 548—67. Okt. 1961. Madras, Indien, Central Leather Res. Inst.) (Engl.)

Die Bindung von Dialdehydstärke (I) an Kollagen wurde in Abhängigkeit vom pH (4—9), der Temp. (20—50°), verschiedenen Salzen, wie NaCl, Na_2SO_4, Mg- u. Na-Acetat, der Modifikation des Kollagens (acetyliert, desaminiert, methyliert, mit Cr-Salzen, SO_2Cl_2 u. CH_2O vorgegerbt) untersucht u. die Einw. von I auf Aminosäuren studiert. Die erhaltenen Ergebnisse lassen jedoch noch keine Schlüsse, wie I an das Kollagen gebunden wird, zu (H-Brücken oder kovalente Bindung). — 70 Literaturhinweise. H. G. FRÖHLICH. 8336 □

Über die Bedeutung einer rationellen Kontrolle in den einzelnen Phasen der Bearbeitung von Sohlenleder. N. de Pisapia. (Cuoio-Pelli-Mater. concianti **35.** 407—19. Okt. 1959. Milano, S.p.A. Ledoga, Labor. Ric.) (Ital.)

Im Hinblick auf die Modellähnlichkeit der Additionspolyamide mit den Hautfasern werden einige neuere Unterss. über synthet. Polyamide besprochen, aus denen sich Schlüsse auf die rationelle Kontrolle der Vorgänge bei der Gerbung von Sohlenleder ziehen lassen. R. K. MÜLLER. 8336 □

Bestimmung des „wahren“ Reduktionsvermögens einiger bei der Reduktion des Chroms verwendeter Stoffe. L. del Pezzo. (Cuoio-Pelli-Mater. concianti **35.** 380—94. Okt. 1959. Napoli-Torino, Staz. experiment. Ind. pelli mater. concianti.) (Ital.)

Zur Unters. des „wahren“ Red.-Vermögens der in der Herst. von Gerb-Lsgg. zur Red. von $K_2Cr_2O_7$ verwendeten zuckerhaltigen Mittel (Rohrzucker, Rohmelasse, Dextrin, Holzhonig), wird ihr Red.-Vermögen auf dasjenige einer reinen Glucose-Lsg. bezogen. Es ergeben sich erhebliche Unterschiede in den so erhaltenen Werten gegenüber den nach der FEHLING-Meth. bestimmten. Daher wird diese in schwefelsaurer Lsg. durchgeführte Best. für die Unters. der Red.-Mittel empfohlen. R. K. MÜLLER. 8364 □

Die Basizität von Chromgerbstoffen und Lösungen. W. H. Hartford. (J. Amer. Leather Chemists Assoc. **56.** 568—84. Okt. 1961. Syracuse, N.Y., Allied Chem. Corp.) (Engl.)

Vergleichende Unterss. über die Genauigkeit der Basizitäts- bzw. Säure-Best. (LEHIGH-Meth.) sowie der direkten Best. der an Cr gebundenen Säure durch Titration gegen Phenolphthalein werden beschrieben. Der Fehlerbereich beider Meth. entspricht 1—2 Basizitäts-%. Bei Basizitäten $>50\%$ bietet die LEHIGH-Meth. jedoch rechner. Vorteile. — 26 Literaturhinweise. H. G. FRÖHLICH. 8364 □

Beitrag zur Kenntnis der brasilianischen Sohlenleder. Lech Anusz. (Rev. brasil. Quím. **48.** 52—56. Juli 1959.) (Port.)

13 Proben von Sohlenleder werden analysiert (Tabelle) u. die Meth. der Analyse erläutert. R. K. MÜLLER. 8368 □

Faktoren, die die Bestimmung der wasserlöslichen Anteile im Leder beeinflussen. Lester M. Whitmore und George V. Downing. (J. Amer. Leather Chemists Assoc. **56.** 518—22. Sept. 1961. Salem, Va., Leas & McVitty, Inc.) (Engl.)

Die Genauigkeit der Ergebnisse bei der Best. der wasserlösl. Bestandteile im Leder wird durch die Extraktions-Temp., den Durchmesser des Extraktionsgefäßes sowie die Menge u. die Art der Zerkleinerung der Lederprobe wesentlich beeinflußt. Das gleiche gilt auch für die Bedingungen beim Weichen (Flotte, Zeit, Temp.) der Lederprobe in W. vor der eigentlichen Extraktion. Die Extraktion selbst wird bei 35° in einem Extraktionsgefäß von einem Innendurchmesser von 43,5 mm mit einer auf ca. 4 mm zerkleinerten Probe von 15 g durchgeführt (vgl. ALCA-Test-Meth. B 1 u. B 8).
H. G. FRÖHLICH. 8368 □

Die Bestimmung des Eindringens von Feuchtigkeit in Leder-Schuhwerk unter Gebrauchsbedingungen. James C. Perkins jun. (J. Amer. Leather Chemists Assoc. **56.** 502—17. Sept. 1961. Fort Lee, Va., Quartermaster Res. and Field Evaluation Agency, US-Army.) (Engl.)

Es werden Unterss. über eine objektive u. zuverlässige Meth. zur Best. des Eindringens von Feuchtigkeit in Militärschuhwerk unter dynam. Bedingungen mitgeteilt. Zu diesem Zweck wurde eine sockenartige Testeinlage entwickelt, die dem Träger während des Vers. keinerlei Unannehmlichkeiten verursacht. Das Eindringen der Feuchtigkeit in den Schuh sowie die Menge des W. wird durch elektr. Widerstandsmessung ermittelt. Die Unterss.-Ergebnisse sowie die Meß-Meth. werden ausführlich besprochen.
H. G. FRÖHLICH. 8368 □

United States of America, Secretary of Army, übert. von: Ludwig Seligsberger, Newton Center, Mass., V.St.A., **Gerbverfahren.** Man tränkt die Haut mit einer 1—2,5 n wss., alkal. Salz-Lsg. vom pH 9—10,5 bis zum chem. Gleichgewicht zwischen der Lsg. u. der Haut, fügt Glyoxal zu, erniedrigt den pH-Wert der Haut nach dem Gerben, jedoch vor dem Spülen u. Trocknen bis 7 u. trocknet. Erhalten werden volle, körnige, griffige Leder, vermieden werden Schwellung u. Rissigwerden. (**A. P. 2 971 814** vom 23/12. 1957, ausg. 14/2. 1961.) E. DREWS. 8337

American Cyanamid Co., New York, N.Y., übert. von: Frank A. Edmonds, Arlington Heights, und Russell P. Doyle, Chicago, Ill., V.St.A., **Gerbverfahren.** Zum Gerben von Häuten oder zum Nachgerben von Leder tränkt man diese bei 60 bis 160° F mit einer Lsg. vom pH 3—6, welche, bezogen auf das Blößen- bzw. Leder-Gew., 0,5—10 (Gew.-%) Dicyandiamid, 0,5—10 wasserdispergierbare methylierte Melamin-Formaldehydharze u. 0,5—20 Ligninsulfonate enthält. (**A. P. 2 970 033** vom 6/9. 1957, ausg. 31/1. 1961.) E. DREWS. 8337

Dow Corning Corp., Midland, übert. von: Richard W. Alsgaard und John W. Gilkey, Midland, Mich., V.St.A., **Gerben mit Siliconen.** Verwendet werden Organosilicone der allg. Formel I, in welcher R ein Alkylrest mit weniger als 4 C-Atomen u. n = 2—3 ist. Man gerbt bei pH ≥ 9 u. setzt I in Mengen von mindestens 10% des Trocken-Gew. der Haut ein. (**A. P. 2 970 881** vom 15/12. 1958, ausg. 7/2. 1961.)

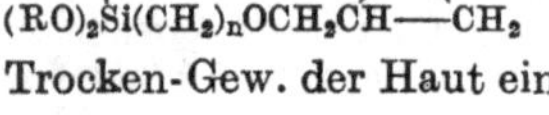

E. DREWS. 8337

Otto C. Jekel, Salzburg, Österreich, **Gerbmittel für tierische Häute und Mittel gegen Mycose** sind Lsgg. von Tanninborsäure (**I**) in einem Gemisch von Äthylacetat (**II**), A. (**III**), Essigsäure (**IV**) u. W., das bis 4% **IV** enthält u. der Gleichgewichtsformel mol-Konz. **IV**·mol-Konz. **III**/mol-Konz. **II** · mol-Konz. **W.** = 1/4 entspricht. **I** wird hergestellt aus 25,5 (Teilen) Tannin u. 4,5 Borsäure in 70 A. bei Raum-Temp. u. Abdest. des A. nach 1 Stunde. (**A. P. 2 970 032** vom 27/5. 1957, ausg. 31/1. 1961.) E. DREWS. 8337

Bernard A. Roll, Milwaukee, Wis., V.St.A., **Gerben mit Furfural.** Die gepickelten Häute (pH bis 6,4) werden mit 100%ig. Furfural behandelt, z. B. während 12 Std. u. anschließend z. B. bei 70° F luftgetrocknet. (**A. P. 2 976 111** vom 7/10. 1957, ausg. 21/3. 1961.) E. DREWS. 8337

United Shoe Machinery Corp., Flemington, übert. von: Robert C. Putnam, Mountain Lakes, N.J., und Stanley J. Hayes jun., Hamilton, Mass., V.St.A., **Gerbung mit sulfomethyliertem Yaccaharz (I).** Dieses aus Xanthorrhoea-Arten gewonnene Acaroidharz wird in einen in W. auch bei stark saurer Rk. lösl. Gerbstoff umgewandelt, indem es in wss. Dispersion bei 70—110° mit Aldehyden (**II**) u. Sulfiten (**III**) umgesetzt wird. Hierbei wird der p-Cumarsäureester des Resinotannols (**IV**), aus dem **I** zu 80—85% besteht, sulfomethyliert, wenn man als **II** CH_2O, Paraformaldehyd CH_2O-Alkalibisulfit oder CH_2O-Alkalimetabisulfit verwendet. Als **III** kommen Alkalisulfite, -bisulfite, -metabisulfite u. ihre oben genannten CH_2O-Verbb. in Betracht. Auf 1 (Mol) **IV** (Molgew. 826) sollen 2,5 bis 5,4 **III** u. 5,0 bis 11,2 **II** verwendet werden; SO_3 soll aber nicht wesentlich überwiegen. Wünscht man außer der Einführung von $-CH_2 \cdot SO_3Na$-Gruppen eine Vernetzung herbeizuführen, so wird **II** im Überschuß über **III** verwendet. Läßt man das Rk.-Prod. in 0,5—10%ig. Flotte beim pH 3,5 auf gebeizte oder gepickelte tier. Häute einwirken, so erzielt man hellfarbige, pflanzlich gegerbten ähnliche *Leder.* (**A. P. 2 872 278** vom 3/1. 1955, ausg. 3/2. 1959.) E. LINDEMANN. 8337

Indian Council of Agricultural Research, Neu-Delhi, Indien, **Herstellung von Fettlickern** aus Sardinentran. Man sulfoniert den Tran, neutralisiert das Sulfonierungs-Prod. mit Alkali u. mischt mit fetten Ölen u./oder Mineralöl im gewünschten Verhältnis. Das Prod. gibt mit W. stabile Emulsionen. (**Ind. P. 62 566** vom 12/12. 1957, ausg. 7/12. 1959.) C. LÜTTGEN. 8339

E. I. du Pont de Nemours & Co., Wilmington, Del., V.St.A., **Kunstlederartige Erzeugnisse** auf der Grundlage von nichtgewebten Stoffen enthalten Terephthalsäureesterfasern, welche mittels eines Polymerisations-Prod. von Polyalkylenäthergykal als Bindemittel verbunden sind, sowie ein organ. Diisocyanat und ein Kettenverbindungsmittel mit akt. H-Atomen, z. B. Wasser. (**E. P. 811 444** vom 15/9. 1955, ausg. 8/4. 1959. A. Prior. 1/10. 1954.) M. BÖTTCHER. 8353

St. Lawrence Corp. Ltd., Canada (Erfinder: **Hans Ehrensperger**), *Gerben von Fellen und Häuten.* (**F. P. 70 222** vom 30/1. 1956, ausg. 25/3. 1959. A. Prior. 31/1. 1955. Zusatz zu F. P. 1 155 106; C. 1959. 8420. — C. **1961.** 18936 [E. P. 798 780].)

Dow Corning Silicones Ltd., Toronto, Ontario, Canada, übert. von: **Toivo A. Kauppi**, Midland, Mich., V.St.A., *Wasserabstoßende Imprägnierung für Leder.* (**Can. P. 551 921** vom 21/8. 1951, ausg. 21/1. 1958. A. Prior. 21/2. 1951. — C. **1955.** 6178 [F. P. 1 049 447].)

XXIV. Photographie

Systemanalyse des photographischen Prozesses. 2. Mitt. **Messungen der Kontrastübertragungsfunktion.** D. H. Kelly. (J. opt. Soc. America **51.** 319—30. März 1961. Burbank (Calif.), Technicolor Corporation, Res. Labor.) (Engl.) — 1. vgl. C. **1961.** 11588.

Vf. gibt einen Überblick über die Verff. zur Messung der photograph. Übertragungsfunktionen, der opt. u. der chem. Übertragungsfunktion. Im einzelnen werden die Meth. zu ihrer Berechnung beschrieben. Es wird ein Verf. diskutiert, mit dessen Hilfe man die opt. Verluste trennen kann, die dem Objektiv u. der Emulsion zuzuschreiben sind. Die nach dieser Meth. erhaltenen Werte werden mit den nach anderen Verff. erhältlichen Meßergebnissen verglichen. Die Messung der opt. u. der chem. Übertragungsfunktion wurden unter verschiedenen Bedingungen an einer Reihe von KODAK-Filmemulsionen durchgeführt. Die Meßergebnisse sind mit dem vom Vff. vorgeschlagenen nichtlinearen isotropen Modell im Einklang. Der Begriff „Nachbareffekt" sollte durch eine allg. Formulierung ersetzt werden. — 17 Literaturhinweise. W. GÜNTHER. 8590 □

Eine Technik zur Untersuchung von tafelförmigen Mikrokristallen, angewandt auf Bromsilberkörner zum Beweis der Zwillingsbildung. G. C. Farnell und F. S. Judd. (J. photogr. Sci. **9.** 67—69. Jan./Febr. 1961. Wealdstone, Harrow, Middlesex, Kodak Ltd., Res. Labor.) (Engl.)

Vff. können durch Elektronenaufnahmen von Mikrokristall-Präpp., die nach dem Kohlebedampfungs-Verf. erhalten wurden, nachweisen, daß zwischen kugel- u. tafelförmigen Bromsilberkristallen an den (111)-Flächen Zwillings-Bldg. eintritt. Diese Beobachtung stützt die Annahme von MITCHELL, daß für das Wachstum tafelförmiger Kristalle ein Netz von schraubenförmig angeordneten Störstellen in der Zwillingsebene verantwortlich zu machen ist. W. GÜNTHER. 8600□

Methoden zur Erhöhung der wirklichen Empfindlichkeit des photographischen Systems. K. V. Chibisov. (J. photogr. Sci. **9.** 26—35. Jan./Febr. 1961. Moskau, Akademie der Wissenschaften.) (Engl.)

Betrachtungen über die Ursachen, die zu Empfindlichkeitssteigerungen bei photograph. Materialien seit der Erfindung der Photographie führten, über die Faktoren, die bei der Emulsions-Herst. eine Rolle spielen, u. über die Theorien von der photograph. Empfindlichkeit (Primärakt. Sekundärprozeß, latentes Bild, Innen- u. Oberflächendefekte) führen zu der Annahme, daß für die herkömmlichen photograph. Materialien wenig Aussicht auf eine sprunghafte Erhöhung der Empfindlichkeit besteht. Die Syst. ohne Halogensilber sind heute noch nicht so weit entwickelt, daß man eine Empfindlichkeitssteigerung mit Sicherheit voraussagen könnte. Elektron. Syst. in Verb. mit photograph. Verff. ermöglichen eine Empfindlichkeitssteigerung auf das Zwei- bis Dreifache, allerdings auf Kosten der Bildqualität. — 21 Literaturhinweise. W. GÜNTHER. 8604□

Modellbetrachtungen zum Mechanismus der spektralen Sensibilisierung. Friedrich Dörr und Günter Scheibe. (Z. wiss. Photogr., Photophysik Photochem. **55.** 133—140. Okt. 1961. München, TH, Phys.-Chem. Inst.) (Dt.)

Zusammenfassende Übersicht, verbunden mit einer Auswertung der Literatur u. einer theoret. Abhandlung der Vff. zum Mechanismus der Sensibilisierung. — 45 Literaturangaben. H. CZECH. 8604□

Der Einfluß von Halogensilberlösungsmitteln im Entwickler auf die Eigenschaften der Negativ- und Umkehrschwärzungskurve. E. Klein. (J. photogr. Sci. **8.** 178—82. Sept./Okt. 1960. Leverkusen, AGFA AG., Wissensch.-Photograph. Labor.) (Engl.) — Vgl. C. **1961.** 3210. W. GÜNTHER. 8618□

Die Messung des Auflösungsvermögens von photographischen Emulsionen in Abhängigkeit des Rasterobjektkontrastes. A. Hautot und H. Thiry. (Z. wiss. Photogr., Photophysik Photochem. **55.** 206—17. Okt. 1961. Lüttich, Univ., Labor. Phys. Générale.) (Dt.)

Aus objektiven Messungen des Auflösungsvermögens mit dem Mikrodemitometer geht hervor, daß das Auflösungsvermögen sich in Abhängigkeit vom Kontrast des Rasterobjektivs in dem Bereich prakt. linear ändert, in dem der Kontrast >5 ist. Die mikrodemitometr. Meth., zusammen mit den period. Interferenzrastern, gibt sichere u. unumstrittene Ergebnisse. Bei Messungen mit Interferenzrastern erreicht man die von SANDVIK mit FOUCOULT-Rastern erzielten Ergebnisse, d. h. daß Auflösungsvermögen der Emulsionen ist prakt. unabhängig vom Kontrast, sobald dieser über 100 liegt. Dies wurde an positiven u. negativen Emulsionen nachgeprüft. H. CZECH. 8660□

REDAKTIONSSCHLUSS: 6. April 1962

Herausgeber: Prof. Dr. Heinrich Bertsch, Berlin, u. Prof. Dr. Dr. h. c. Wilhelm Klemm, Münster. Chefredakteure und verantwortlich für den Inhalt: Dr. Eugen Klever, Berlin W 30, Geisbergstraße 39, Fernsprecher: 24 95 41, u. Dr. Willi Barz, Berlin N 4, Schiffbauerdamm 19, Fernsprecher: 425571.

©

Verlag: Akademie-Verlag GmbH, Berlin W 8, Leipziger Str. 3—4 (Fernsprecher: 220441, Telex-Nr. 011773, Postscheckkonto Berlin 35021), und Verlag Chemie GmbH, Weinheim/Bergstr. (Fernsprecher: Weinheim 3635 [Sammelnummer]; Fernschreiber: 0465516 chemieverl wnh; Postscheckkonten: Frankfurt/M. 145314 u. Berlin [West] 7430). Bestellnummer: 1007/133. Das Chemische Zentralblatt erscheint wöchentlich. Preis des Jahrganges einschl. Autoren-, Patent-, Sach- u. Formelregister: DM 1200,—; einseitig bedruckte Ausgabe: DM 1350,—. Abgabe der Zeitschrift nur mit sämtlichen Registern. Abbestellungen nur bis spätestens 6 Wochen vor Ablauf des Kalenderjahres.

Satz u. Druck: VEB Leipziger Druckhaus, Leipzig, III/18/203. VI. 62.
Veröffentlicht unter der Lizenznummer ZLN 5002 des Ministeriums für Kultur, Hauptverwaltung Verlagswesen.
Printed in Germany.